石油化工职业技能培训教材

锅炉运行值班员

中国石油化工集团公司人事部
中国石油天然气集团公司人事服务中心 编

中国石化出版社

内 容 提 要

《锅炉运行值班员》为《石油化工职业技能培训教材》系列之一，涵盖石油化工生产人员《石油石化职业资格等级标准》中对该工种中级工、高级工、技师、高级技师四个级别的专业理论知识和操作技能的要求。主要内容包括相关基础知识、电厂基础知识、锅炉设备及原理、锅炉运行、除灰除尘运行、锅炉事故处理、循环流化床锅炉以及锅炉装置的安全、环保、节能降耗等知识。

本书是锅炉装置操作人员进行职业技能培训的必备教材，也是专业技术人员必备的参考书。

图书在版编目（CIP）数据

锅炉运行值班员／中国石油化工集团公司人事部，中国石油天然气集团公司人事服务中心编．—北京：中国石化出版社，2011.1（2023.5 重印）
石油化工职业技能培训教材
ISBN 978-7-5114-0666-8

Ⅰ.①锅… Ⅱ.①中… ②中… Ⅲ.①锅炉运行-技术培训-教材 Ⅳ.①TK227

中国版本图书馆 CIP 数据核字（2011）第 011024 号

中国石化出版社出版发行
地址：北京市东城区安定门外大街 58 号
邮编：100011 电话：(010)57512500
发行部电话：(010)57512575
http://www.sinopec-press.com
E-mail：press@sinopec.com.cn
北京富泰印刷有限责任公司印刷
全国各地新华书店经销
*
787×1092 毫米 16 开本 32 印张 802 千字
2011 年 1 月第 1 版　2023 年 5 月第 4 次印刷
定价：50.00 元

《石油化工职业技能培训教材》

前言

为了进一步加强石油化工行业技能人才队伍建设，满足职业技能培训和鉴定的需要，中国石油化工集团公司人事部、中国石油天然气集团公司人事服务中心联合组织编写了《石油化工职业技能培训教材》。本套教材的编写依照劳动和社会保障部制定的石油化工生产人员《国家职业标准》及中国石油化工集团公司人事部编制的《石油化工职业技能培训考核大纲》，坚持以职业活动为导向，以职业技能为核心，以“实用、管用、够用”为编写原则，结合石油化工行业生产实际，以适应技术进步、技术创新、新工艺、新设备、新材料、新方法等要求，突出实用性、先进性、通用性，力求为石油化工行业生产人员职业技能培训提供一套高质量的教材。

根据国家职业分类和石油化工行业各工种的特点，本套教材采用共性知识集中编写，各工种特有知识单独分册编写的模式。全套教材共分为三个层次，涵盖石油化工生产人员《国家职业标准》各职业（工种）对初级、中级、高级、技师和高级技师各级别的要求。

第一层次《石油化工通用知识》为石油化工行业通用基础知识，涵盖石油化工生产人员《国家职业标准》对各职业（工种）共性知识的要求。主要内容包括：职业道德，相关法律法规知识，安全生产与环境保护，生产管理，质量管理，生产记录、公文及技术文件，制图与识图，计算机基础，职业培训与职业技能鉴定等方面的基本知识。

第二层次为专业基础知识，分为《炼油基础知识》和《化工化纤基础知识》两册。其中《炼油基础知识》涵盖燃料油生产工、润滑油（脂）生产工等职业（工种）的专业基础及相关知识，《化工化纤基础知识》涵盖脂肪烃生产工、烃类衍生物生产工等职业（工种）的专业基础及相关知识。

第三层次为各工种专业理论知识和操作技能，涵盖石油化工生产人员《国家职业标准》对各工种操作技能和相关知识的要求，包括工艺原理、工艺操作、设备使用与维护、事故判断与处理等内容。

《锅炉运行值班员》为第二、三层次教材，可供燃煤锅炉、循环流化床锅炉操作工等职业(工种)操作人员学习，也可供相关管理人员参考学习。在编写时采用传统教材模式，不分级别，在编写顺序上遵循由浅到深、先基础理论知识后技能操作的编写原则，在章节安排上打破了常规操作法按操作顺序编写的惯例，把机、电、仪等基础理论知识单独编写，专业基础理论和操作知识分为锅炉设备原理、锅炉运行等8个模块，每个模块的设备使用(操作)知识和工艺操作知识分开编写，使得技能人员通过对有关设备从理论到技能的学习后，达到自觉把所学知识应用到操作中的目的。

《锅炉运行值班员》教材由齐鲁石化负责组织编写，主编阎丽敏(齐鲁石化)，参加编写的人员有王树诠(齐鲁石化)、张金炳(齐鲁石化)、朱相利(齐鲁石化)、卢丛波(齐鲁石化)；本教材已经中国石油化工集团公司人事部、中国石油天然气集团公司人事服务中心组织的职业技能培训教材审定委员会审定通过，主审：王和平、张文武，参加审定的人员有：王军明、赵永权、龚志松等，审定工作得到了齐鲁石化、广州石化、上海石化、扬子石化等单位的大力支持；中国石化出版社对教材的编写和出版工作给予了通力协作和配合，在此一并表示感谢。

由于石油化工职业技能培训教材涵盖的职业(工种)较多，同工种不同企业的生产装置之间也存在着差别，编写难度较大，加之编写时间紧迫，不足之处在所难免，敬请各使用单位及个人对教材提出宝贵意见和建议，以便教材修订时补充更正。

目　录

第1章　热　工　基　础

第2章　电厂基础知识

第3章 锅炉设备原理及运行

第4章 锅 炉 运 行

第5章 除灰除尘运行

第6章 锅炉事故处理

第7章 循环流化床锅炉

第 8 章 装置的安全环保和节能降耗

第1章 热工基础

1.1 工程热力学

1.1.1 工质的基本状态参数

在热力设备中，工质通过吸热、膨胀等过程将热能转变为机械能。在这些过程中，工质的物理特性随时都在起变化，或者说它的状态随时都在起变化。所谓工质状态就是指工质在某一时刻的物理特性。

凡能够表示工质状态特性的物理量就叫做状态参数，例如温度、压力等。知道了必要的状态参数，就可确定工质的状态；而知道了工质的状态，也就确定了它的一切状态参数。在工程热力学中，我们主要学习六个状态参数：压力、温度、比体积、内能、焓、熵。由于前三个参数是可以直接测得的，且它们是最早被确定的具有简单的物理意义，因而称为基本状态参数。内能不能独立的表示工质的状态，也不是理想气体状态方程中的状态参数，内能是物体具有的所有能量之和。

本节仅介绍工质的基本状态参数——温度、压力和比体积。

1.1.1.1 温度

温度是表示物体冷热程度的参数。夏天气温高，冬天气温低，热水温度比冷水温度高等，都是用温度表示物体冷热程度的例子。当两物体相接触时，如果两者的冷热程度不等，则高温物体就要向低温物体传递热量。如果两者间没有热量传递，就说明它们的冷热程度相等，即两物体温度相等。

从分子运动论看，热的根本原因在于物体内部分子的热运动，所以温度实质上是标志分子热运动剧烈程度的一个物理量。为了测量温度，必须规定温度数值的表示方法，即必须建立温度的标尺，这种测量温度叫温标。常见的温标有三种：摄氏温标、热力学温标和华氏温标，现分述如下。

1. 摄氏温标

规定在1标准大气压下，冰的熔点为0℃，水的沸点为100℃，中间分为100分度，每一分度为1摄氏度，这种温标称为摄氏温标，用符号“t”表示，测量单位用“℃”表示。

2. 热力学温标

在热力学分析计算中，常用的是国际单位制中的热力学温标，也叫开式温标或绝对温标。热力学温度的符号用“T”表示。测量单位用“K”(开尔文)表示。它与摄氏温标的分度相同，零度起点不同。它的起点是把分子停止运动时的温度作为零度，这个温度相当于摄氏温度零下273.15℃。

热力学温标与摄氏温标都是国际单位制中所规定使用的温标，它们之间的换算关系为：

$$T/\text{K} = t/^\circ\text{C} + 273.15$$

3. 华氏温标

规定标准大气压下纯水的冰点和沸点为32华氏度和212华氏度，其间分为180等份，每一等份表示的温度间隔为1华氏度。

1.1.1.2　压力

单位面积上所受到的垂直作用力称为压力(物理学中称压强)，用符号“p”表示，单位“Pa”，简称帕。每 $1m^2$(平方米)面积上受到 1N(牛顿)的作用力，这个作用力称为 1Pa，即

$$1Pa = 1N/m^2 = 10^{-4}N/cm^2$$

过去我国常用的压力单位还有很多种，其中直接以单位面积上受到的作用力为单位的有 bar(巴)、kgf/m^2 等，另外，以液柱高度为单位的有 mmH_2O、mmHg。

常用的各种压力单位的换算关系列在下面，且取了工程上允许的近似值。

$$1atm = 1kgf/cm^2 = 10^4 kgf/m^2 = 9.81\times10^4 Pa = 0.981bar$$
$$= 735.6mmHg = 10^4 mmH_2O = 10mH_2O$$
$$1mmHg = 133.3Pa$$
$$1mmH_2O = 9.81Pa$$
$$1bar = 10^5 Pa = 1.019kgf/cm^2$$

纬度在 45 度海平面上常年的平均气压为 760mmHg，称为标准大气压(通常用符号 atm 表示)，也称为物理大气压。即

$$1atm = 1.013\times10^5 Pa = 1.013bar(= 1.033kgf/cm^2 = 760mmHg)$$

直接指明容器内介质的真正压力，称为绝对压力；用测压表计的读数来间接指明介质的压力，在不同的情况下，表计读数分别称为表压力和真空。表压力与绝对压力之间的关系是：

$$p_e = p - p_{amb}$$

式中　p_e——介质的表压力；

p——介质的绝对压力；

p_{amb}——当地大气压力。

真空 p_v 与绝对压力 p 的关系是：

$$p_v = p_{amb} - p$$

1.1.1.3　比体积和密度

单位质量的物质所具有的体积叫做比体积，用符号 v 表示，单位是 m^3/kg。对气体来说，这里的体积改称容积更确切些。若 $8m^3$ 的容器内装有 4kg 气体，则其比体积

$$v = \frac{8}{4} = 2m^3/kg$$

即每 1kg 气体占有 $2m^3$ 的容积。

反之，单位体积物质的质量叫密度，用符号 ρ 表示，常用的单位是 kg/m^3。上述容器内气体的密度：

$$\rho = \frac{4}{8} = 0.5kg/m^3$$

即每 $1m^3$ 气体的质量为 0.5kg。

若用数学式表示，则：

$$v = \frac{V}{m}$$

$$\rho = \frac{m}{V}$$

所以 $v\rho=\frac{V}{m}\frac{m}{V}=1$，可见比体积与密度互为倒数，若 $v=2\text{m}^3/\text{kg}$，则 $\rho=0.5\text{kg/m}^3$。

比体积和密度都是用来说明物质状态的物理量。比体积越大，表示物质越轻；密度越大，则表示物质越重。氢气比空气轻，它的比体积大于空气，密度则小于空气。发电厂中工质的比体积不断变化，例如蒸汽流经汽轮机时，比体积不断增大，可增大数百倍；排汽在凝汽器中凝结成水，则比体积大大减小，可减小为原来的数万分之一。

介质(水、烟气、蒸汽、空气等)流经各设备时，它们的物理状态在不断地变化，我们常用温度、压力、比体积等量来描述其状态。这种用来描述介质状态特征的物理量称为状态参数。常用的状态参数有温度、压力、比体积、内能、比焓及比熵。前三者称为基本状态参数。状态参数的变化，表明介质的状态发生了变化；反之，状态的变化也必定通过状态参数的变化反映出来。

1.1.2 气体比热容

1.1.2.1 气体比热容的基本概念

物体温度升高1℃所需要的热量，称为该物体的热容，以符号 C 表示，单位为J/K或J/℃。物体热容的大小不仅与组成物体的性质有关，还与该物体的数量和加热过程有关。

单位质量的气体温度升高(或降低)1℃所吸收(或放出)的热量，称为该气体的比热容，以符号 c 表示。单位为千焦/(千克·开)或千焦/(千克·摄氏度)。

这里提到的热量是指外界传给气体(或气体传给外界)的能量，也就是依靠温度差所传递的能量。

热量的单位为J(焦)或kJ(千焦)。工程上长期以来，一直使用cal(卡，卡路里)作为热量的单位。卡的定义是在标准状态下，1g纯水温度升高1℃所需要的热量。但因为水的比热容随温度不同而多少有些变化，故严格说来，这个定义是不够标准的。为此，我国已采用法定计量单位中的J(焦)作为热量的单位。千焦与千卡之间的关系为：

$$1\text{kcal}=4.1868\text{kJ}\approx4.187\text{kJ}$$

$$1\text{kJ}=0.2388\text{kcal}\approx0.239\text{kcal}$$

对单位量的气体加入或放出的热量称为热流密度，用符号 q 表示。由于所取的单位量不同，所以热流密度的单位也不同。如果取单位量为1kg，则 q 的单位是J/kg或kJ/kg；如果取1Nm³(标准立方米)气体，则 q 的单位是J/Nm³(焦/标准立方米)或kJ/Nm³(千焦/标准立方米)；如果取1mol(摩尔)气体，则 q 的单位是J/mol(焦/摩尔)。

对一定量气体加入或放出的热量称为热流量，用符号 Q 表示，单位是J(焦)或kJ(千焦)。

计算结果，如果热量是正值，即 $q>0$，表示气体是吸收热量；如果热量是负值，即 $q<0$，表示气体对外放出热量。

1.1.2.2 影响比热容的主要因素

影响气体比热容的因素有很多，下面我们简单介绍影响气体比热容的主要因素。

1. 比热容与气体加热过程的关系

因为热量与过程有关，所以在不同条件下加热所需要热量不同。换句话说，在不同的加热条件下，对同量的气体加热，温度虽然都变化1℃，但所需要的热量是不同的。

在热力工程中，最常遇到的是保持容积不变的定容加热过程和保持压力不变的定压加热过程。由于加热过程特性不同，比热容的数值也不同。例如，对同一种气体来说，定压过程的比热容较定容过程的比热容值要大，即 $c_p>c_V$，式中：c_p 表示定压比热；c_V 表示定容比热。

定压比热与定容比热的关系是：

$$c_p = c_V + R \tag{1-1}$$

R 是气体常数，恒大于零。式(1-1)表明，同一种气体的 c_V 和 c_p，同样温度时也不相同，且 $c_p>c_V$。其差值(c_p-c_V)恒等于气体常数 R。

式(1-1)称为迈耶公式，它给出了理想气体 c_p 和 c_V 的关系。

由于气体受热要膨胀，若限制其体积不变，则容器壁需承受很高的压力，技术上有困难，所以通常先用试验方法测定定压比热 c_p，再由迈耶公式计算确定 c_V。

2. 比热容与气体温度的关系

实验证明，当温度不同时，气体的比热容也不同。例如，对 1kg 空气在定压下加热，使其温度从 100℃升高到 101℃，或从 1000℃升高到 1001℃，虽然温度都升高了 1℃，但是两种情况下所吸收的热量不同。这就是说，气体的比热容是温度的函数，即 $c=f(t)$。

气体的比热与温度的函数关系很复杂，一般说来，比热随温度的升高而增大，它们之间的关系可近似地表示为一曲线。也可写为下式：

$$c = f(t) = a_1 + a_2t + a_3t^2$$

式中　a_1、a_2、a_3 等系数均由实验确定，不同气体有不同数值。

在温度不太高时，例如在 0~150℃范围内，比热随温度的变化不大，可以忽略温度的影响。当温度比较高时，比热容随温度的变化很大，其影响就不能忽略不计。

3. 比热容与气体分子结构的关系

比热容与气体分子结构有关，一般比热容随着组成气体分子的原子数增加而增加。例如，在同样条件下，二氧化碳的比热容要比氧气的比热容大。因为二氧化碳(CO_2)是三原子分子气体，而氧气(O_2)是双原子分子气体。

另外，对于实际气体，比热容还与压力有关，这就是说，实际气体的比热容随压力和温度的变化而变化，即

$$c = f(t,\ p)$$

但是，对于理想气体，由于分子间没有相互作用力，分子仅具有内动能而不存在内位能。故理想气体的比热容仅仅是温度函数，与压力、比体积无关。

1.1.3　水蒸气的基本概念

火力发电厂生产过程是利用水的液、气两态的转化来实现能量的转换的，这可从发电厂的生产过程中明显地体现出来。火力发电厂所采用的工质为水蒸气，本节将介绍水蒸气的几个概念。

1.1.3.1　汽化

物质从液态转变成气态的过程叫汽化。汽化有两种方式——蒸发与沸腾。

1. 蒸发

在液体表面进行的比较缓慢的汽化现象叫蒸发。例如：晾着的湿衣服会干，装在杯子里的水、酒精等任何一种液体都会逐渐减少，这就是由于液体蒸发的缘故。

在任何温度下，液体表面都进行蒸发。各种不同的液体蒸发快慢也不同，而且同一种液体，在不同的条件下，蒸发的快慢也不同。一般来说，蒸发的速度以决定于以下条件：

(1) 蒸发面的大小。液体表面越大，蒸发得越快。例如：洗净的湿衣服，把它打开晾

晒，由于表面面积大，所以容易干。

(2) 温度。虽然在任何温度下液体都能蒸发，但温度越高，蒸发得越快。例如：海盐的生产就是把海水引进盐田，经过日晒，水逐渐蒸发掉，就得到盐。在炎热的夏天，烈日曝晒，温度很高，加速了水的蒸发，就能加速海盐的生产。

(3) 液面上空气流动的速度。液面上的空气流动得越快，水蒸气排走得越快，水的蒸发也越快。例如：火力发电厂机力通风冷水塔，就是利用风机强迫通风把蒸发的蒸汽迅速排除，以提高冷水塔的效率。从凝汽器来的热冷却水由上部进入冷水塔，并经淋水装置后溅成水滴下流，冷空气由下部进入，两者接触过程中进行交换。被冷却的水集中在水池中，热空气和水蒸气的混合物由风机排入大气。

(4) 液面上气体的分压力越小蒸发得越快。

在同一温度下，不同的液体蒸发的速度是不同的。例如：乙醚、汽油、酒精等蒸发得很快。这些液体称为易挥发的液体。水蒸发较慢，而油、水银等则蒸发得更慢。

下面应用分子运动论来解释蒸发现象。液体的分子是在不停地、无规则地运动着，而且分子运动的速度是不同的。处在液体表面层以很大速度运动着的分子，能够克服表面层其他分子的引力而飞出液面相当远的距离，超出了分子作用的范围，所以不再受分子的吸引，而成为气体的分子，这就是蒸发的过程。如果液体的表面增大，那么，在相同时间里从液面飞出的分子数就增多，所以液面增大，蒸发就加快。无论什么温度，液体里总有一些速度很大的分子能够飞出液面成为气体分子，所以液体在任何温度下都可以蒸发。如果液体的温度升高，液体的分子平均速度就增大。因此，能够从液面飞出的分子数就增多，所以液体温度越高蒸发也越快。

跳入气体里的分子常与液面上空的其他气体分子发生碰撞而回到液体里去。如果把液面上的气体很快排走，或减小液面上气体的分压力，那么，气体分子被撞回液体的机会就减小了，因此，加速了蒸发。

假如阻碍分子飞出的分子引力越大，那么，蒸发就进行得越慢。例如：水银的分子相互作用力很大，所以水银蒸发得很慢；而乙醚分子小得多，所以在同样条件下，乙醚蒸发要快得多。

液体在蒸发时，从液体里跑出来的分子必须克服液体表面层的分子对它们的引力，因此必须做功，也就是要消耗能量。这个能量如果不是由外界的热源供给，便是靠液体本身的内能来进行蒸发。那么因为液体分子的平均动能减小了，所以液体的蒸发可使液体温度降低。

2. 沸腾

在液体内部进行汽化的现象称为沸腾。

当我们把贮在开口容器内的水不断加热时，水温会继续升高，我们会看到有许多小气泡从液体底部分离出来。这些气泡生成的原因，主要是在装入水以前被容器壁所紧紧吸附而停留在器壁附近的空气所形成的。

在这些小气泡里也有蒸发现象发生。小气泡的容积很小，里面的汽很快就达到了饱和状态，液体的温度继续升高，小气泡里的饱和汽压就逐渐增大，同时气泡的体积也越来越大，因此，所受的浮力也就越大，最后脱离器壁而上涨。在全部液体达到一定温度时，气泡将升到液面而破裂，这时液体就开始沸腾了。

所以，在一定的外部气压下，液体只有达到一定温度时才能发生沸腾现象。

显然，沸腾是液体的饱和汽压等于外部气压时才能发生的。液体沸腾时的温度叫做沸点，所以沸点也就是液体的饱和蒸气压等于外界气压时的温度。

在沸腾期间，虽然继续加热，可是沸点总是保持不变。

在一定的外部气压下，各种液体的沸点是不同的。因为在一定的温度下，各种液体的饱和汽压并不相同。所以，在一定的外部气压下，要使液体沸腾，各种液体所要达到的温度(即沸点)也就不同。例如：乙醚的饱和汽压在室温时已经相当大，只需稍微升高温度，它的饱和汽压就能和外部气压相等而发生沸腾。所以乙醚的沸点较低。而水银在室温时饱和汽压很小，必须升到较高的温度，它的饱和汽压才能和外部气压相等。所以水银的沸点较高。表1–1列出几种物质在标准大气压下的沸点。

表1–1　标准大气压下几种物质的沸点

物　　质	沸点/℃	物　　质	沸点/℃
乙醚	35	水	100
酒精	78	水银	357

从上面的讨论可知，液体的沸点与外部的气压有关。当外部气压增大时，液体的温度必须继续升高，才能使饱和汽压和外部气压相等。当外部气压减小时，液体的温度不必达到以前那样高，就能使饱和汽压和外部气压相等。所以，外部气压增大，沸点就升高；反之，沸点就降低。

沸腾有下列的特点：

(1) 在一定的外部压力下，液体升高到一定温度时才开始沸腾。例如水的压力是1标准大气压时，沸腾温度为100℃，外部压力越高，沸腾温度也越高。

(2) 沸腾时气体和液体同时存在，而且气体和液体温度相同，都等于该压力下所对应的沸点温度。

(3) 在整个沸腾阶段，虽然吸收热量，但温度并不高。温度始终等于沸点。

(4) 从物态变化的结构看，沸腾与蒸发无根本区别。沸腾时，物态变化仍在汽液分界面以上以蒸发的方式进行，只是液体内部大量涌现气泡，因而大大地增加了气液之间的分界面。

1.1.3.2　凝结

物质从气态变成液态的现象叫做凝结(液化)。

水蒸气遇到冷的物体，会冷却，即放出热量凝结成水。露水就是大气中的水蒸气凝结形成的。在热力工程和化工生产中，凝结有广泛的应用。

水蒸气的凝结有以下特点：

(1) 一定压力下的蒸汽，必须降低到一定的温度才开始凝结成液体。这个温度就是该压力下所对应的凝结温度。如果压力降低，则凝结温度也随之降低。相反，压力升高，对应的凝结温度也升高。

(2) 在凝结温度下，如不断地冷却蒸汽，即使蒸汽不断地放出热量，蒸汽也可以不断地凝结成水，并且保持温度不变(汽和水都处于凝结温度)。

实验证明：在一定压力下，液体的沸点温度也就是蒸汽的凝结温度，都是该压力下的饱和温度。凝结与沸腾是两个相反的过程。在沸点温度或凝结温度下，汽和液同时存在。这时如果不断地供给热量，则发生沸腾，液体不断地转化为蒸汽。蒸汽锅炉中进行的过程就是这样。反之，如果不断地由蒸汽放出热量，蒸汽即凝结，使蒸汽不断地转化为液体。凝汽器中进行的过程就是这样。

所以，在沸点或凝结温度下，决定液转化为汽的条件是供给热量，决定汽转化为液的条件是放出热量。在热力工程、化工业、冶金业等生产实践中，我们就根据这个规律来创造条件(供热或放热)，以产生我们所需要的转化过程(沸腾或凝结)。

1.1.3.3 气液转化和饱和状态

前面我们介绍了汽化与凝结的现象，产生这些现象的原因是什么呢？为什么液体外部压力增大时，它的沸点要升高呢？我们来说明这些问题。

1. 气液相互转化的根本原因

气液相互转化的根本原因可用分子运动来说明。

液体内部少数动能较大的分子，不断地挣脱液体分子之间的引力跑出液面，成为蒸汽分子。温度越高，动能较大的分子越多，因而跑出液面的分子数越多。同时，蒸汽分子在无规则地运动中，也会不断地碰撞液面，被液体分子吸引而返回，成为液体分子。液面上方蒸汽的分子越多，则返回液体的分子数也越多。

分子从液体跑出和蒸汽分子向液体返回，这两种相反的运动总是同时进行着。当跑出的液体分子数超过返回的液体分子数时，液体逐渐减少，蒸汽逐渐增多，这就是蒸发现象；相反，当返回的液体分子数超过跑出的液体分子数时，蒸汽不断凝结成液体。例如：在敞口容器里的液体，液面上方存在着蒸汽。蒸汽因分子热运动和空气流动而向周围空间中去。这样，每秒钟跑出的分子数总比返回的分子数多一些，结果是液体不断地蒸发，时间久了，容器内的液体就会全部蒸发掉。

不论是汽化还是凝结，液体的分子和蒸汽的分子都在不停地运动，有的跑出去，有的返回来。如果跑出的分子多于返回的分子，此时就是汽化现象。如果返回的分子多于跑出的分子，此时就是凝结现象。

2. 饱和状态

如果把装有液体的容器密闭起来，并且不对液体加热也不进行冷却，这时汽、液共存的状态会有什么特征呢？从表面看蒸汽和液体的量分别保持不变，容器中显示出静止的状态。但是，从分子运动的观点来分析，是真的完全静止吗？不是的，在这种情况下，液体和蒸汽的分子仍然是不停地运动，有的跑出液面，有的返回，只是在同一时间内，从液体跑出的分子数等于返回液体的分子数，跑出与返回达到了暂时的相对平衡。液体和蒸汽分子在运动中达到的这种平衡叫动态平衡。处于动态平衡的汽、液共存的状态叫饱和状态。处于饱和状态的液体和蒸汽分别称为饱和液体和饱和蒸汽。

在饱和状态时，液体和蒸汽温度相同，等于液体的沸点温度或蒸汽的凝结温度，此时称为饱和温度。液体和蒸汽的压力也相同，称为饱和压力。

分子运动的动态平衡是暂时的，不平衡则是经常的。在工程实验和科学实验中，经常遇到的是不平衡的情况。在很多情况下还创造条件破坏平衡，例如：加热使水在锅炉中汽化，冷却使蒸汽在凝汽器中凝结等。在这种转化过程中的液体和蒸汽，并不像密闭的容器中那样严格地处于饱和状态。但是大量的实践证明，在大多数的转化过程中，液体和蒸汽都是非常接近饱和状态的，实际上也完全可以当做饱和状态来处理。因此，研究饱和状态的规律就具有实际的重要意义。在发电厂中，关于水和水蒸气的饱和状态的规律就是必不可少的知识。

1.1.3.4 饱和温度和饱和压力的关系

对于一种液体来说，它的饱和压力只决定于它的温度，也就是说：一定的饱和温度，对

应一定的饱和压力，即

$$t_s = 42.184p_s^{0.223} - 17.95 \tag{1-2}$$

式中 p_s——饱和压力，kPa；

t_s——饱和温度，℃。

式(1-2)仅适用于 $p_s \geq 70$kPa，此时 t_s 计算值与查表值小于1℃。为什么饱和压力随着温度升高而增加呢？这个问题可用分子运动的理论来分析：当液体温度升高时，液体分子运动的平均动能增加，运动速度大的分子增多，因而能够跑出液体的分子数就增加了，这时饱和蒸汽的密度也增大了，在单位时间里撞击液面或器壁的次数因而增多，所以饱和压力随饱和蒸汽的密度增加而增加。同时，由于温度的升高，蒸汽分子运动的平均速度也变大了。正是由于上述原因，使饱和压力随着温度升高而升高。

由实验测出的水的饱和温度和饱和压力的关系如表1-2所示。

表1-2 水的饱和温度与饱和压力的关系

饱和压力 p_s/MPa	0.005	0.05	0.1	0.2	0.3	0.4	0.5	1
饱和温度 t_s/℃	32.90	81.35	99.63	120.23	133.54	143.62	151.85	179.88

在生产中很多问题要用到饱和温度随压力变化的规律，例如：锅炉的压力为9.8MPa（100kgf/cm^2），这时必须把水加热到310.96℃才能沸腾。水在较低温度下沸腾时，就必须减小它的外部压力。例如：81.35℃的水在0.098MPa（1kgf/cm^2）时并不沸腾，若把液面上的压力减小到0.05MPa时，它就沸腾了。

随着压力的增加，水的饱和温度也相应增加。在压力开始升高时，饱和温度增加得多；当压力继续增加时，饱和温度的增加逐渐变小。

1.1.3.5 汽化潜热和凝结热

1. 汽化潜热

1kg液体完全汽化为同温度的蒸汽所需要的热量，称为该液体的汽化潜热，简称汽化热。用符号 γ 表示，单位为kJ/kg。

前面我们介绍过：水到了沸点以后，虽然继续加热，但温度并不升高。如果停止加热，水也就立即停止沸腾。可见，要使液体继续沸腾，必须不断地供给热量。这些热量不是用来升高液体温度的，而是用来使液体汽化的。所以沸腾时水和汽的温度都不上升，直到最后一滴水烧干为止，温度才开始上升。

水的汽化热可以由实验测定。在不同的饱和压力下，汽化热的数值也不同，汽化热随饱和压力的升高而减小。表1-3为不同压力下的汽化潜热。

表1-3 不同饱和压力下水的汽化潜热

饱和压力 p_s/MPa	0.1	1	5	10	20	22	22.129
汽化潜热 γ/(kJ/kg)	2258.2	2014.4	1638.2	1315.8	585.0	184.8	0.0

液体沸腾时，要吸收大量的热量而温度不升高，这些热量到哪里去了呢？

我们知道分子有动能和位能，分子的位能与分子之间的距离有密切关系。分子距离小，位能就小；距离大，位能就大。物质由液态转变为气态后，体积大幅膨胀，所以蒸气分子之间的平均距离比液体之间的平均距离大。因此，蒸气分子的平均位能比液体分子平均位能大。蒸气分子增加的位能从哪里来的呢？它是从汽化过程中所吸收的汽化潜热转化来的。另外，沸腾时，液面上有一定的外压力，蒸气跑出液面后，要克服外部压力做功，这部分做功的能量也是从汽化时所吸收的汽化潜热转化而来。

总的来说：汽化潜热一部分用来克服分子之间的内聚力，也就是增加了分子的位能；一部分用来克服外力而做功。所以水在汽化时吸热而温度不升高，但发生了相态的变化（相变），由液体变为气体了。

2. 凝结热

1kg 蒸汽完全凝结成同温度的液体所放出的热量叫做凝结热。

实验证明：各种液体在一定的饱和温度或压力下的凝结热与相应饱和温度或压力下的汽化潜热相等。例如：饱和压力为 0.1MPa（$1kgf/cm^2$）或饱和温度为 99.63℃时，水的凝结热为 2258.2kJ/kg，它的汽化潜热也是 2258.2kJ/kg，所以说凝结就是汽化的相反过程。在凝汽器、加热器等热交换器中，冷却水所吸收的热量就是蒸汽凝结所放出的热量。

总之，液体汽化，需要吸收热量；相反，蒸汽凝结，会放出热量。

1.2 流 体 力 学

1.2.1 空气的基本特性及流动的基本概念

流体是液体和气体的统称，由液体分子和气体分子组成，分子之间有一定距离。理想的流体是一种假想，属于没有黏性的流体。而我们接触的流体可视为连续体，即所谓连续性的假设。这意味着流体在宏观上质点是连续的，其次还意味着质点的运动过程也是连续的。研究证明，按连续质点的概念所得出的结论与试验结果是很符合的。因此在工程应用上，用连续函数来进行流体及运动的研究，并使问题大为简化。

1.2.1.1 空气的基本特性

1. 密度和重度

单位体积流体所具有的质量称为流体密度，用符号 ρ 表示。其表达式为：

$$\rho = \frac{m}{V} \tag{1-3}$$

式中 ρ——流体的密度，kg/m^3；

m——流体的质量，kg；

V——流体的体积，m^3。

液体的密度一般看为常数，完全气体密度是一个无量纲量。

单位体积流体所具有的重量称为流体重度，用符号 γ 表示。其表达式为：

$$\gamma = \frac{G}{V} \tag{1-4}$$

式中 γ——流体的重度，N/m^3；

G——流体的重量，N；

V——流体的体积，m^3。

对于同一种液体而言，重度和密度随温度和压力改变而变化。而对于气体而言，气体的重度取决于温度和压强的改变，当气体的压力升高、温度降低时，其体积减小。

由公式（1-3）和（1-4）可以求出空气的密度与重度存在如下关系；

$$\gamma = \rho \cdot g$$

式中　g——当地重力加速度，通常取 9.81（m/s^2）。

2. 压强

气体或液体分子总是永远不停地作无规则的热运动。在管道中这种无规则的热运动，使管道中的分子间不断地相互碰撞，这就形成了对管道的撞击力。虽然每个分子对管道壁的碰撞是不连续的，致使撞击力也是不连续的，但是由于管道中有大量的分子，它们不停且非常密集地碰撞管壁，因此，从宏观上就产生了一个持续的有一定大小的压力。正如雨点落到伞面上，虽然每个雨点对伞面的作用力并不是连续的，但是，大量密集的雨点落到伞面上，就能感觉到雨点对伞面形成了一个持续的压力。对管壁而言，作用在管壁上压力的大小取决于单位时间内受到分子撞击的次数以及每次撞击力量的大小。单位时间撞击次数越多，每次撞击的力量越大，作用于管壁的压力也越大。

压强的大小可用垂直作用于管壁单位面积上的压力来表示，即：

$$P=\frac{F}{A}$$

式中　P——压强，N/m^2；

F——垂直作用于管壁的合力，N；

A——管壁的总面积，m^2。

压强的单位通常有三种表示方法。

第一种，用单位面积上的压力表示。

在工程应用中，常以千克为力的单位，平方米作为面积的单位，于是压强的单位为 kgf/m^2，有时也用 kgf/cm^2 作为压强的单位。在国际单位制中压强单位采用 Pa，即 N/m^2。其换算关系为：

$$1kgf/cm^2=9.81\times10^4Pa$$

第二种，用液柱高度表示。

在测定管道中空气的压强时，常采用里面装有水或水银的 U 形压力计为测量仪器，以液柱高度表示压强的大小。

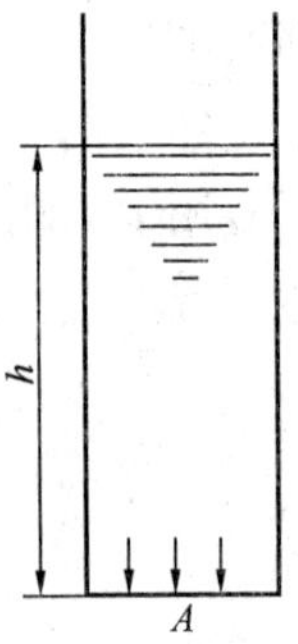

图 1-1　液柱高度表示压强示意图

如图 1-1，液柱作用于管底的压力为液柱的重量，其大小为：

$$F=\gamma\cdot h\cdot A$$

式中　γ——液体重度，kg/m^3；

h——液柱高度，m；

A——受力面积，m^2。

压强为：

$$P=\frac{F}{A}=\frac{\gamma\cdot h\cdot A}{A}=\gamma\cdot h$$

或

$$h=\frac{P}{\gamma}$$

例如，水的重度为 $1000kg/m^3$，水银的重度为 $13600kg/m^3$，试将 $P=1kgf/cm^2$ 换算成相应的液柱高度。

用水银柱(汞柱)高度表示：

$$h=\frac{P}{\gamma}=\frac{10000}{13600}=0.736\text{mHg}=736\text{mmHg}$$

用水柱高度表示：

$$h=\frac{P}{\gamma}=\frac{10000}{1000}=10\text{mH}_2\text{O}$$

第三种，用大气压表示。

国际上，把海拔高度为零，空气温度为0℃，纬度为45°时测得的大气压强为1个标准大气压，它等于10336kgf/m^2。工程上为简化起见，在不影响计算精度的前提下，取一个工程大气压为10000kgf/m^2。

工程中需要规定某一状态的空气为标准空气。国际上把一个标准大气压，温度为0℃的空气状态规定为标准状态。标准状态下的空气称为标准空气。标准空气的密度为$\rho=1.2$(kg/m^3)。

表示压强的三种方法换算关系为：

1标准大气压=10336(kgf/m^2)=10336(mmH_2O)=760(mmHg)

1工程大气压=10000(kgf/m^2)=10000(mmH_2O)=736(mmHg)

为了满足工程上的需要，压强可按以下三种方法进行计算，如图1-2所示。

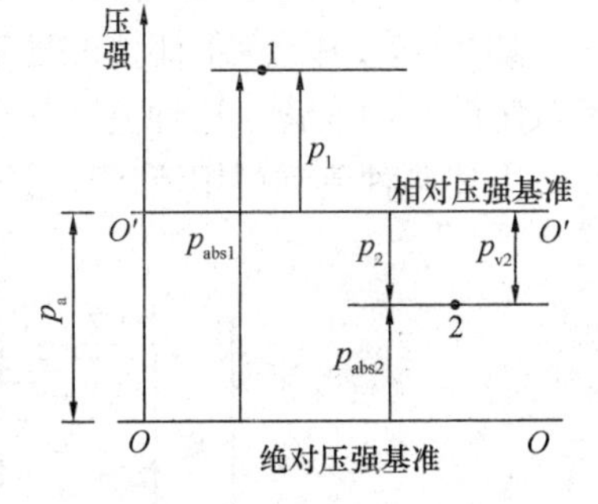

图1-2 压强计算方法示意图

绝对压强：当计算压强以完全真空为基准算起，称为绝对压强，用P_s表示，其值恒为正。

相对压强：当计算压强以当地大气压(P_a)为基准算起时，称为相对压强，用P_r表示。也称为表压(P_b)。

真空度：当绝对压强低于大气压强时，其低于大气压的数值称为真空度。

热量不可以在真空状态下传递，电磁波可以在真空状态下传递。

需要说明的是，通风工程中所指的压力就是物理学中所指的压强。由于通风工程中的压力(压强)相对较小，常用毫米水柱作单位，其换算关系为：

$$1\text{mmH}_2\text{O}=1\text{kgf/m}^2=9.81\text{Pa}$$

流体在压力一定时，流体的密度随温度的增加而减小；当温度一定时，流体的密度随压力的增大而增大。平衡流体中任一点处的静压强的大小与其作用面的方位无关。

1.2.1.2 流体的黏滞性

流体流动时所表现出的内摩擦力(黏滞力)反映了流体抵抗外力使其产生变形的特性，这种特性称为黏滞性，简称黏性。当我们把油和水倒在同一斜度的平面上，发现水的流动速度比油要快的多，这是因为油的黏滞性大于水的黏滞性。流体的黏性大小用动力黏性系数(动力黏度)μ表示，单位为帕·秒(Pa·s)。而动力黏性系数μ值越大，流体的黏性越大。而动力黏性系数μ又随不同流体及温度和压力而变化，即流体的黏性随压力升高而增大。通常黏性系数与压力的关系不大，在多数情况下可以忽略压力对液体黏性系数的影响。

流体的黏性系数与温度的关系已被大量的实验所证明。即液体的黏性系数随温度的增加而下降，气体的黏性系数随温度的降低而增加。这种截然相反的结果可用液体的微观结构去阐明。流体间摩擦的原因是分子间的内聚力、分子和壁面的附着力及分子不规则的热运动而引起的动量交换，使部分机械能变为热能。这几种原因对液体与气体的影响是不同的。因为液体分子间距增大，内聚力显著下降。而液体分子动量交换的增加又不足以补偿，故其黏性系数下降。对于气体则恰恰相反，其分子热运动对黏滞性的影响居主导地位，当温度增加时，分子热运动更为频繁，故气体黏性系数随温度的降低而增加。

另外，在我们研究流体运动规律的时候，ρ 和 μ 经常是以 μ/ρ 的形式相伴出现，这是为了使用方便，就把 μ/ρ 叫做运动黏性系数(运动黏度)，用符号 v 表示。

$$v=\mu/\rho \quad (\mathrm{m}^2/\mathrm{s})$$

流体的黏度是表示黏性大小的物理量，同一种液体的黏度随温度和压力的变化而变化，气体的黏性随温度的升高而增大。

1.2.1.3　流体流动的有关概念

液体是一种流体，其流动规律遵循流体力学的一般规律。

充满运动流体的空间称为流场。用以表示流体运动规律的一切物理量统称为运动参数，如速度 v、加速度 a、密度 ρ、压力 P 和黏性力 F 等。流体运动规律，就是在流场中流体的运动参数随时间及空间位置的分布和连续变化的规律。

1. 稳定流与非稳定流

如果流场中各点上流体的运动参数不随时间而变化，这种流动就称为稳定流。如果运动参数随时间而变化，这种流动就称为非稳定流。

上述两种流动可用流体经过容器壁上的小孔泄流来说明(如图 1-3)。

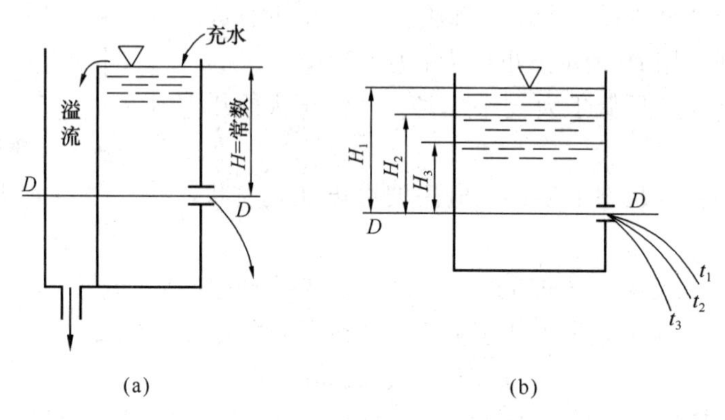

图 1-3　流体经过容器壁上的小孔泄流

图 1-3(a)表明：容器内有充水和溢流装置来保持水位恒定，流体经孔口的流速及压力不随时间变化而变化，流出的形状为一不变的射流，这就是稳定流。

图 1-3(b)表明：由于没有一定的装置来保持容器中水位恒定，当孔口泄流时水位将渐渐下降。因此，其速度及压力都将随时间而变化，流出的形状也将是随时间不同而改变的流，这就是属于非稳定流。

液体的静压力特性是：静压力方向和其作用面相垂直并指向作用面，静止液体内任意给定点的各个方向的液体静压力相等。

在通风除尘网路中，如果网路阻力不变，风机转速不变，则空气的流动可视为稳定流动。在气力输送网路中，如果提升管的输送量不变，管内空气流动也可以视为稳定流动。

2. 迹线与流线

(1) 迹线

流场中流体质点在一段时间内运动的轨迹称为迹线。

(2) 流线

流场中某一瞬时的一条空间曲线，在该线上各点的流体质点所具有的速度方向与该点的切线方向重合。

3. 流管与流束

(1) 流管

流场中画一条封闭的曲线。经过曲线的每一点作流线，由这些流线所围成的管子称为流管。非稳定流时流管形状随时间变化；稳定流时流管形状不随时间而变化。

由于流管的表面由流线所组成，根据流线的定义流体不能穿出或穿入流体的表面。这样，流管就好像刚体管壁一样，把流体运动局限于流管之内或流管之外。故在稳定流时，流管就像真实管子一样。如图 1-4。

(2) 流束

充满在流管中的运动流体(即流管内流线的总体)称为流束。断面无限小的流束称为微小流束(dA)。如图 1-5。

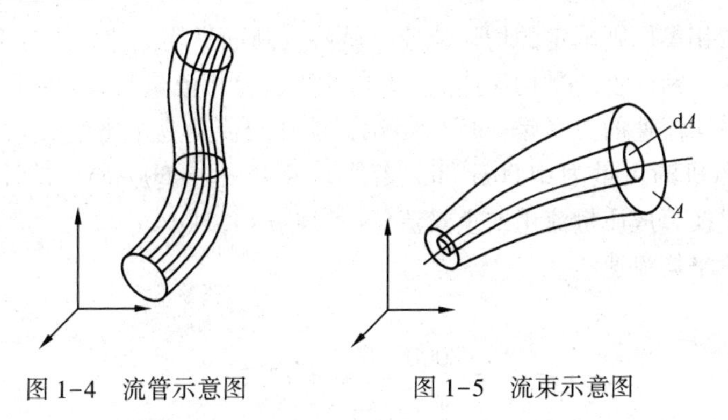

图 1-4 流管示意图　　图 1-5 流束示意图

(3) 总流

无数微小流束的总和称为总流(A)，如水管及风管中水流和气流的总体。

4. 有效断面、流量与平均流速

(1) 有效断面

与微小流束或总流各流线相垂直的横断面，称为有效断面，用 dA 或 A 表示，在一般情况下，流线中各点流线为曲线时，有效断面为曲面形状。在流线趋于平行直线的情况下，有效断面为平面断面。因此，在实际运用上对于流线呈平行直线的情况下，有效断面可以定义为：与流体运动方向垂直的横断面。如图 1-6。

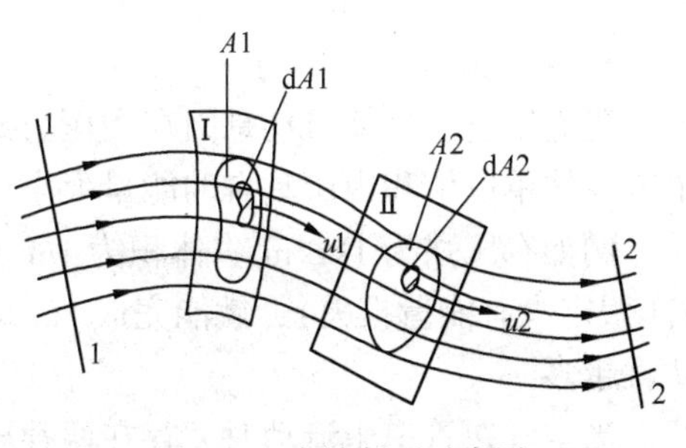

图 1-6 有效断面示意图

(2) 流量

单位时间内流体流经有效断面的流体量称为流量。流量通常用流体的体积、质量或重量来表示，相应地称为体积流量 Q、质量流量 M

和重量流量 G 来表示。它们之间的关系为：

$$G=\gamma\cdot Q(\mathrm{N/s})$$

$$M=\gamma/g\cdot Q=\rho\cdot Q(\mathrm{kg/s})$$

$$Q=G/\gamma=M/\rho(\mathrm{m^3/s})$$

对于微小流束，体积流量 $\mathrm{d}Q$ 应等于流速 v 与其微小有效断面面积 $\mathrm{d}A$ 之乘积，即：

$$\mathrm{d}Q=v\cdot\mathrm{d}A$$

对于总流而言，体积流量 Q 则是微小流束流量 Q 对总流有效断面面积 A 的积分。即：

$$Q=\int v\cdot\mathrm{d}A$$

流量的法定计量单位有两种，即体积流量 $\mathrm{m^3/s}$ 和质量流量 kg/s。

(3) 平均流速 v

由于流体有黏性，任一有效断面上各点速度大小不等。由实验可知，总流在有效断面上速度分布呈曲线图形，边界处 u 为零，管轴处 u 为最大。假设流体流动在有效断面上以某一均匀速度 v 分布，同时，其体积流量则等于以实际流速流过这个有效断面的流体体积，即：

$$VA=\int v\cdot\mathrm{d}A$$

根据这一流量相等原则确定的均匀流速，就称为断面平均流速。工程上所指的管道中的平均流速，就是这个断面上的平均流速 v。平均流速就是指流量与有效断面面积的比值。

质量流量和平均流速的关系是：$M=v\times\rho\times A$，流速与流量成正比。

【例题】 通风机的风量为 $2000\mathrm{m^3/h}$。若风管直径 $d_{内}=200\mathrm{mm}$。试计算流体的平均流速，并将体积流量换算成质量流量或重量流量（空气 $\rho=1.2\mathrm{kg/m^3}$）。

解：(1) 计算平均流速

$$v=\frac{Q}{A}=\frac{2000/3600}{\frac{\pi}{4}\times0.2^2}=17.7(\mathrm{m/s})$$

(2) 计算重量流量：

$$G=\gamma Q=\rho\times gQ=1.2\times9.81\times2000=23544(\mathrm{N/h})=6.54(\mathrm{N/s})$$

(3) 计算质量流量

$$M=\rho\times Q=1.2\times2000=2400(\mathrm{kg/h})=0.67(\mathrm{kg/s})$$

5. 空气流动时的压力

我们知道，气体流动是因存在压力差而产生的。压力的实质，根据分子热运动原理，表示着液体单位体积内所具有的能量大小。

例如有压强为 $1\mathrm{kg/m^2}$、体积为 $1\mathrm{m^3}$ 的空气被压缩在一个密闭容器内，当它从容器排出时（假定没有能量损失），就能完成 $1\mathrm{m^3}\times1\mathrm{kg/m^2}=1\mathrm{kg\cdot m}$ 的功。压缩的压力越大，所完成的功就越多。

当空气在管道中流动时，存在两种压力，即静压力和动压力。空气静压力与动压力的和称为空气的全压力。

(1) 静压力。静压力是使空气收缩或膨胀的压力，它在管道中对各个方向均起相等的作用。它可以比大气压力大（称为正压），也可以比大气压力小（称为负压）。这可以用一根具有弹性的风管来做试验。当管内压力为负压时我们可以看到风管有收缩现象；当管内压力为正压时，可以看到风管有膨胀现象。静压力用符号 $H_{静}$ 表示。

(2) 动压力。动压力是反映空气流动现象的压力，它只是在空气的前进方向起作用，并且永远为正值。动压力用符号 $H_{动}$ 表示。

(3) 全压力。空气的静压力与动压力的和称为全压力，用符号 $H_{全}$ 表示：

$$H_{全} = H_{静} + H_{动}$$

全压力代表着空气在管道中流动时的全部能量。静压力有正负之分，全压力也有正负之分。在吸气管道中全压力为负值，在压气管道中全压力为正值。而静止空气的静压力就是空气的全压力。

(4) 动压力与风速的关系。动压力既然只在空气流动时才表现出来，所以动压力表示着流动空气所具有的动能，它必然与空气流动时的速度有关。根据动能原理，设有一质量为 m，速度为 u 的空气在管道中流动，则其动能 E 为：

$$E = \frac{1}{2}mu^2$$

因为 $m=\rho v$，所以

$$E = \frac{1}{2}\rho vu^2$$

压力是空气单位体积所具有的能量，上式两边各除以 v 得：

$$H_{动} = \frac{E}{v} = \frac{1}{2}\rho u^2$$

再将 $\rho=\gamma/g$ 代入上式得：

$$H_{动} = \frac{\gamma}{2g}u^2 \tag{1-5}$$

式中 u——空气流动的速度，m/s；

g——重力加速度，取 9.81m/s^2；

ρ——空气密度，在标准状态下取 1.2kg/m^3。

从公式(1-5)中可以看到，知道了空气流动时的动压力，就可以算出它的速度，反过来，知道了空气流动时的速度，也可以算出它相应的动压力。

1.2.2 流动阻力和能量损失

实际流体具有黏性，在流动时就存在阻力。流体在流动过程中因克服阻力而做功，使它的一部分机械能不可逆地转化为热能，从而形成能量损失。在应用能量方程解决有关流体流动问题时，首先，必须解决能量损失的计算问题。

1.2.2.1 能量损失的两种形式

为了便于分析和计算，根据流体流动的边壁是否沿流程变化，把能量损失分为两类：沿程损失和局部损失。

1. 沿程阻力和沿程损失

在边壁沿程不变的管段上(如图 1-7)中的 ab、bc 和 cd 段，流速基本上是沿程不变的，流动阻力只有沿程不变的切应力，称为沿程阻力。克服沿程阻力引起的能量损失，称为沿程损失，用 h_f(或 H_f)表示。图中的 h_{fab}、h_{fbc} 和 h_{fcd} 就是 ab 段和 bc 段及 cd 段的沿程损失。它们分布在各个管段的全程上，并与管段的长度成正比。

影响流体沿程阻力损失的因素：运动状态、管道内粗糙度、管道结构尺寸、流体黏度。

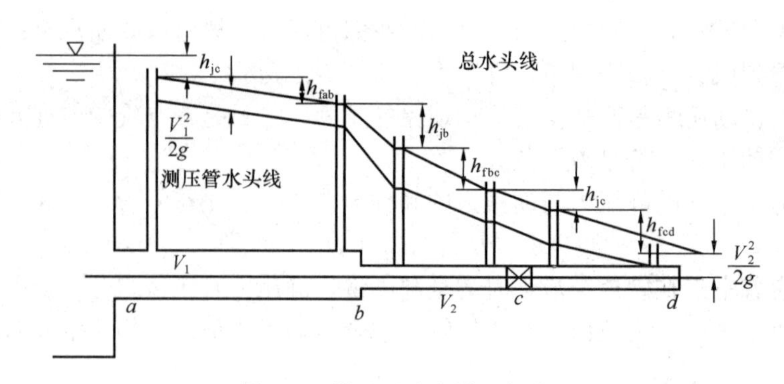

图 1-7　沿程阻力和沿程损失

2. 局部阻力和局部损失

在边界急剧变化的区域，由于出现了漩涡区和速度分布的变化，流动阻力大大增加，形成比较集中的能量损失。这种阻力称为局部阻力，相应的能量损失称为局部损失，用 h_j(或 H_j)表示(见图 1-8)。在管道的进口、变径管和阀门等处，都会产生局部阻力。h_{ja}、h_{jb}、h_{jc} 就是相应的局部损失。

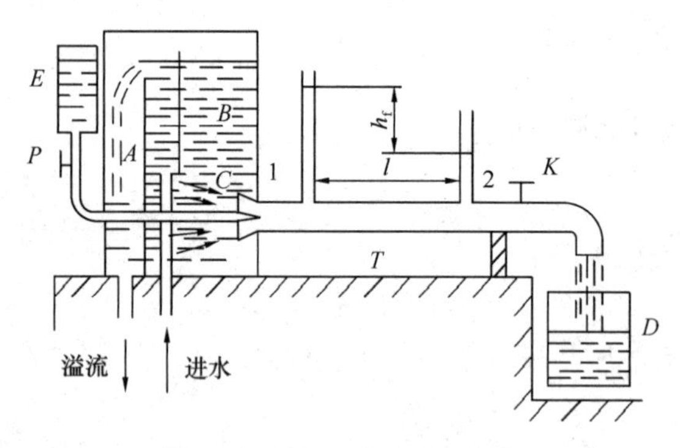

图 1-8　局部阻力和局部损失

1.2.2.2　*层流、紊流和雷诺实验*

实验表明，沿程损失的规律与流动状态密切相关。1883 年，英国物理学家雷诺通过大量实验研究后，发现实际流体运动存在着两种不同的状态，即层流和紊流。这两种流动状态的沿程损失规律大不相同。

1. 雷诺实验

雷诺实验的装置(如图 1-9)所示。

实验程序是：利用溢水管 A 保持水箱 B 中的水位恒定。开始时，先稍微开启试验管段 T 上的调节阀门 K，则有液体沿 T 管流动，并流入末端的容器 D 内。再开启颜色液体杯 E 的小阀门 P，使有颜色的液体经嗽叭口 C 流入 T 管中，与无色液体一起流动。当 K 阀门开度较小，即 T 管中流速很小时，有色液体在 T 管中呈现出一条沿管轴运动的流束，它并不与液体流束相混杂(见图 1-8)。这就表明 T 管中液体沿管轴方向流动时，流束之间或流体层与层之间彼此不相混杂，质点没有径向的运动，都保持各自的流线运动。这种流动状态，称为层流运动。

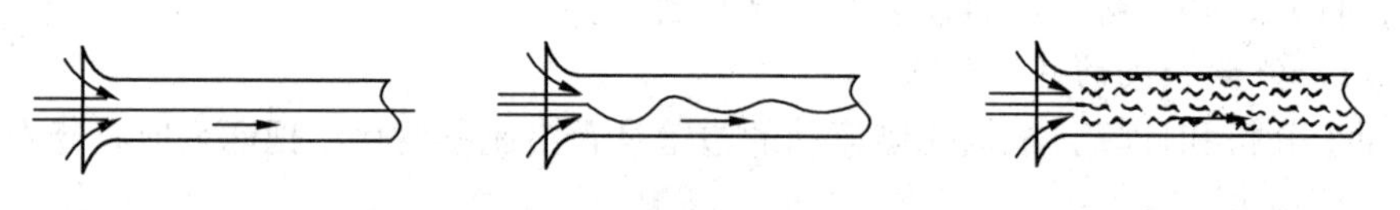

图 1-9　雷诺实验装置

继续开大阀门 K，即 T 管中流速增大，当 T 管中平均流速达到某一临界值时，有色液体流束发生动荡、分散，个别地方出现中断，此即为过渡状态，如图 1-9 所示。这时再稍开大阀门 K，即 T 管中流速再稍增加，或有其他外部干扰振动，则有色液体将破裂、混杂成为一种紊乱状态。这说明有色及无色液体它们既有轴向运动又有瞬息变化的径向运动。有色液体质点布满 T 管中，表明液体质点有大量的交换混杂，破坏了直线运动。这种运动状态，称为紊流运动，反之，将阀门 K 逐渐关小，即 T 管中流速逐渐减小，液体流动将由紊流状态，经过另一个流速的临界值，才能恢复到层流状态。

2. 雷诺数及其临界值

雷诺从上述的一系列实验数据中发现临界速度是随流体物理性质(ρ、μ)及管径 d 的改变而改变的，也就是说，V_K 是 ρ、μ 及 d 的函数。

雷诺和其他学者的大量实验数据证实，若这四个物理量写成无因次数：

$$Re_k = \frac{V_k \rho d}{\mu}$$

当 $Re=\frac{Vd}{\nu}>13800$，则流动是紊流；$Re=\frac{Vd}{\nu}<2320$，则流动是层流。

实验同时表明：若雷诺数在 $2320<Re<13800$ 范围内，其流动可能是紊流，也可能是层流，通常称这一区域为过渡区。但层流在这个区域内很不稳定，外界稍有干扰立刻就转变为紊流。因此，在工程上一般把这个区域当作紊流来处理。所以在流体力学中以临界雷诺数，作为判定管中流动状态的标准，即：

$$Re = \frac{Vd}{\nu} < 2320(\text{流动是层流})$$

$$Re = \frac{Vd}{\nu} > 2320(\text{流动是紊流})$$

应该指出，上面讨论是圆管中的流动状态，因而管径 d 是管道的特征尺寸。对于研究非圆形断面或在流体中运动的物体时，式中的 d 应以其相应的特征尺寸代替。能够综合反映断面水力特性的量是水力半径 R，它被定义为

$$R = \frac{A}{X}$$

$$r_H = \frac{\text{流通截面积}}{\text{润湿周边长}}$$

其中 A 为有效断面面积(m^2)。X 称为湿周(m)，指在有效断面 A 上，流体与固体边界的接触长度。不同断面面积和湿周的各种断面对流体流动有不同的影响。

按定义，对于圆形管道，其水力半径 R 为：

$$R = \frac{1}{4}\pi d^2/\pi d = \frac{d}{4} = d/4$$

或

$$d = 4R$$

可见，圆管水力半径的 4 倍刚好等于圆管直径。因此，根据这一概念，对任意形状断面的流道，均可将其水力半径的 4 倍作为断面特征尺寸，称为该断面的水力学直径或当量直径，并以 $d_{当}$ 表示，即 $d=4R=d_{当}$。

在通风工程中，除圆断面管道外，常见还有矩形断面管道，其相应的 $d_{当}$ 为：

$$d_{当} = 4R = 4ab/2(a + b) = 2ab/(a + b)$$

引进了当量直径 $d_{当}$，对于非圆形截面管道的流体流动，其雷诺数为：

$$Re = Vd_{当}/\nu$$

判定流动状态的临界雷诺数仍为 2320。

从雷诺实验中所观察到的层流和紊流现象，是一切流体运动时的基本现象。

1.2.2.3　*单位摩阻 R 及沿程阻力的计算*

每米长管道所具有的沿程阻力损失称为单位摩阻，以 R 表示。

1. 圆管的沿程阻力

对于每米长的圆管，其单位摩阻为：

$$R=\lambda/(d\cdot H_{动})$$

则圆管的沿程阻力

$$H_{\mathrm{f}}=R\cdot L$$

2. 矩形直长管道的沿程阻力

求矩形管道中的摩擦阻力时，最方便的方法是利用当量直径来计算。即根据流速 v 和流速当量直径 $d_{当}$ 可查表直接求出单位摩阻 R，上述数字均可通过查表取得。

1.2.2.4　*局部阻力的计算*

空气在管道中流动时，局部阻力在总压力损失中占有极重要的地位。必须仔细计算。

1. 局部阻力的分类

按照产生阻力的方式不同，局部阻力一般可分为两类：

(1) 流动方向改变引起的流动阻力

在一定管件中流速大小不变而流向改变时所产生的局部阻力。如流体流经弯头时所引起的能量损失。

(2) 流动大小改变所引起的流动阻力

由于流速大小改变所产生的阻力，往往是由于管道几何条件变化，使得流体速度的分布改变，流体微团撞击，造成主流与漩涡的质量交换所致。其根本原因当然是由于流体的黏性。

局部阻力形式繁多，只能就其有代表性的进行研究与计算。

2. 常用管件及其局部阻力

常用的管件有弯头、三通、渐缩管、渐扩管等异形管件和插板阀、蝶阀及各类风帽等。它们局部阻力系数各不相同。

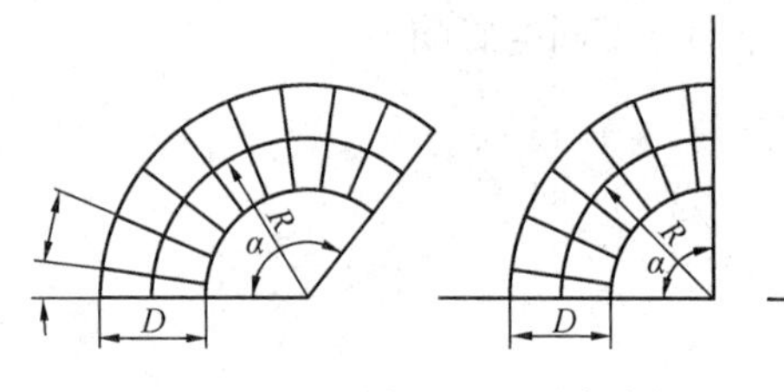

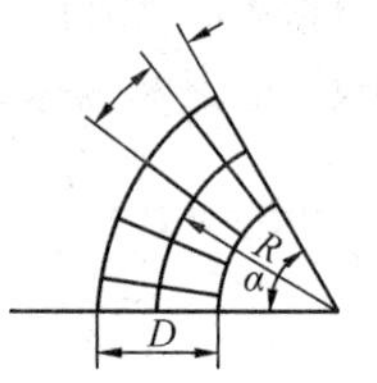

图 1-10　圆弯头规格

(1) 弯头

圆弯头的规格如图 1-10 所示。

图中：D——弯头的直径(mm)；α——弯头的转向角；R——弯头的曲率半径，通常以管径 D 的倍数来表示。

弯头的曲率半径越大，则它的阻力越小，但弯头的耗用材料和所占空间也随之增加，为此要同时考虑这两方面利弊。

在通风除尘风网中，弯头的曲率半径 R 可在(1~2)D 的范围内选择。在气力输送装置中，弯头的曲率半径 R 在(6~10)D 为宜，以降低阻力损失并减少摩耗。弯头的节数不宜过多，一般每节不大于 15~180，但 D 或 R 较大时，节数需适当增多。

计算弯头局部阻力，其计算公式仍为：

$$H_{\mathrm{f}}=\xi\frac{R\nu^{2}}{2g}$$

式中 ξ 即弯头的局部阻力系数，它与 R、α 有关。在附录中列出了各种圆形弯头的阻力系数数值。正方形、矩形截面的弯头阻力系数等于同规格(R 和 α 相同)圆形截面弯头的阻力系数乘以相应的修正系数 C。

(2) 三通

三通是汇合和分开气流的一种管件。三通的规格包括三通的直管直径 $D_{直}$、支管直径 $D_{支}$、总管直径 $D_{总}$ 以及支管和直管的中心夹角 α。如图 1-11 所示：

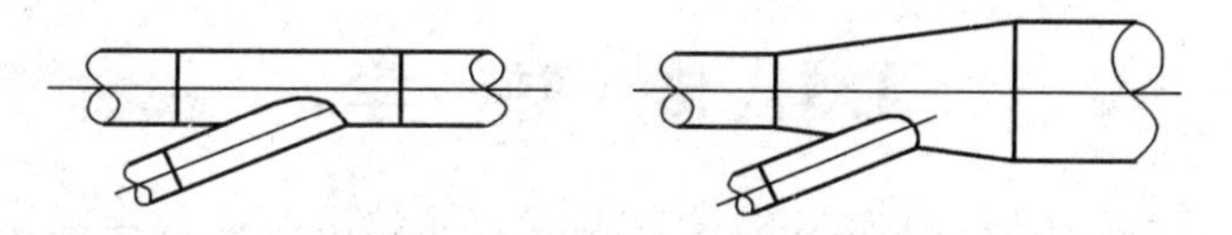

图 1-11　三通型式

对空气而言，汇合气流的三通称吸气三通，分开气流的三通称压气三通，根据管网的需要，常用中心夹角为 30°~45°的三通。三通的阻力取决于两股气流合并的角度 α 及直流与支流的直径比($D_{直}/D_{支}$)、支流与直流的速度比($V_{支}/V_{直}$)。

因为三通结构由直管和支管两部分组成，因此三通管的局部阻力计算公式为：

$$H_{直} = \xi_{直} \cdot H_{动直}$$

$$H_{支} = \xi_{支} \cdot H_{动支}$$

式中　$\xi_{直}$、$\xi_{支}$——对应的直管和支管的阻力系数；

$H_{动直}$、$H_{动支}$——对应的直管和支管的动压。

若三通的阻力系数为负数时，表示气流在该支流不仅没有消耗能量，反而增加了能量。

(3) 汇集管

在工程上，常遇到多点进风且吸风量相同、进风口距离相等的较长圆锥形汇集管的阻力计算(见图 1-12)，可近似按照下列公式计算：

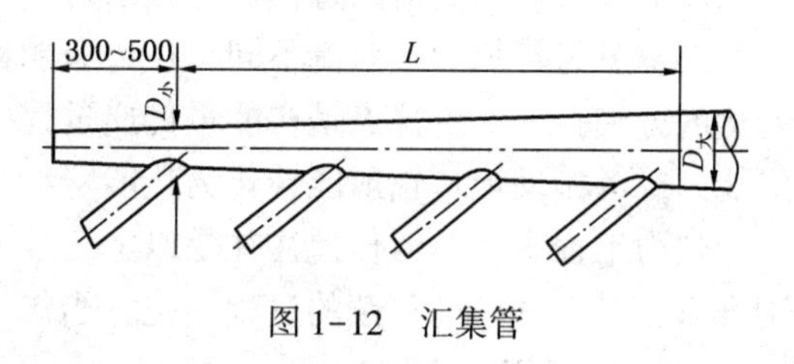

图 1-12　汇集管

$$H = 2R_{大} L \quad (\mathrm{kg/m^2})$$

式中　$R_{大}$——按汇集管大头直径和流量计算的单位摩阻；

L——圆锥形管的长度。

1.2.3　稳定的概念

1.2.3.1　流体的稳定流动

所谓稳定流动就是指工质在流动情况下，流道中任何截面上的各种参数(温度、压力、比体积、流速等)及质量流量都不随时间而改变；系统在单位时间内与外界的热量及功量的交换也不随时间而改变。

工程上，加热、冷却、膨胀、压缩等过程一般都是在工质不断流过加热器、冷凝器、锅炉、内燃机、压气机等热工设备时进行的。在流经热工设备时，工质与外界进行着热量交换与功量交换，本身状态也随之发生变化。工程上常用的热工设备除起动、停止或者加减负荷外，大部分时间是在外界影响不变的条件下稳定运行的。这时，工质的流动状况不随时间而改变，即任一流通截面上工质的状态不随时间而改变，各流通截面上工质的质量流量相等，且不随时间而改变。

对于连续、周期性工作的热力设备，如活塞式压气机或内燃机，工质的进出是不连续的，但按照同样的循环过程重复着，所以整个工作过程仍可以按稳定流动来处理。

1.2.3.2　流体的连续流动

所谓连续流动就是指工质在流动情况下，流道中任何截面上的各种参数(温度、压力、比体积、流速等)及质量流量都随时间而改变；系统在单位时间内与外界的热量及功量的交换也随时间而改变。

流体的黏滞性随温度升高而降低的特性，对电厂锅炉燃油输送和雾化是个有利因素。

1.3　传　热　学

传热学对于发电厂的生产过程来说是十分重要的，所以我们必须具备传热的基本知识。为了分析和研究传热的规律，一般把热量传递分为三种基本方式，即：热传导、热对流和热辐射。

热传导是指接触物体之间的热量传递现象，又称为导热。

热对流是指液体各部分发生相对运动所引起的热量传递现象。热对流只能在液体或气体中出现。在工程上经常遇到的不是纯粹的热对流，而是流体与固体壁之间的热量传递，这种流体与壁之间的热量传递过程称为对流换热，它包括流体的热对流作用，也包括流体和壁面接触层之间的导热作用。

热辐射是一种依靠电磁波的方式来传播能量的现象。物体因热的原因而发生辐射并能以电磁波的形式向外发射的过程称为热辐射。

热辐射与导热和热对流不同，在传递能量时，物体相隔一定的空间，是一种非接触传递能量的方式；另一个特点是在能量传递过程中伴随着热能与辐射能的转化。从热能转化为辐射能，或者相反地从辐射能转化为热能。

热力工程中，热量传递往往是以上三种方式同时发生作用的过程，很难明显地把它们区别开来，对于这一类复杂的过程，把它当作一个整体来看待，叫做传热过程。

1.3.1　导热

导热是热量传递的基本形式之一。一个物体的高温部分向低温部分传热，或彼此互相紧密接触的两个物体间的热量传递都是通过导热来进行的。例如：我们手拿金属棒的一端，将另一端放在火炉中，不久热量就会通过金属棒传递到我们手上，而感觉烫手，这个现象就是导热。导热也称为热传导。

从微观角度来看，导热是由于组成物质的微粒相互碰撞传递动能而进行的热传递过程。它可以在固体、流体、气体中发生，但单纯的导热只能发生在密实的固体中，因为对于流体和气体，只要存在温差，就会发生流动，难以保持单纯的导热。

导热可分为两大类，即稳定导热和不稳定导热。以锅炉的炉墙为例，点火时，炉墙的各部分温度逐渐升高，运行一段时间后，各处的温度就保持不变了。前面那种情况，即在温度随时间而变化的条件下进行的导热叫做不稳定导热；后面那种情况，即温度不随时间变化的导热叫做稳定导热。本节只讨论稳定导热。后面所讨论的各种热传递现象也都是在稳定条件进行的。

在热传递的计算中，称单位时间内通过的热量为热流量或热流，记为 Q，单位是 W(瓦)或 kW(千瓦)，即 J/s(焦/秒)或 kJ/s(千焦/秒)。

单位时间内通过单位面积的热量称为热流密度，以符号 q 表示，单位是 W/m^2 或 kW/m^2，即 $J/(m^2 \cdot s)$或 $kJ/(m^2 \cdot s)$。

Q 和 q 之间的关系是：

$$Q = Aq$$

式中　Q——热流量，W；

A——面积，m^2；

q——热流密度，W/m^2。

1.3.1.1　导热的基本定律——傅立叶定律

物体中冷热不同的两部分之间有热量的转移，那么单位时间内热量转移的大小如何确定呢？这个问题就由导热的基本定律来回答。

为了说明问题起见，假定平壁两面各有不随时间而变化的温度 t_1 和 t_2，并且 $t_1>t_2$，壁的厚度为 δ。

实验表明：在单位时间内，由高温 t_1 的面传向低温 t_2 的面的热量 Q，应和两面的面积 A 以及两面的温度差 $\Delta t=t_1-t_2$ 成正比，而和壁的厚度 δ 成反比。可用下式表示：

$$Q = \lambda \frac{t_1 - t_2}{\delta} A \tag{1-6}$$

式中　Q——导热的热流量，W；

t_1——高温侧壁温，K 或℃；

t_2——低温侧壁温，K 或℃；

δ——壁厚，m；

A——平壁的面积，m^2；

λ——平壁的热导率，W/(m·K)或 W/(m·℃)。

λ 单位中的 K 指的是热力学温差 1K，而热力学温差 1K 和摄氏温差 1℃是相等的，所以 λ 的单位也可以写为 W/(m·℃)。

式(1-6)揭示了导热的基本规律，称为傅立叶定律，该式称为傅立叶公式。因为 $q=\frac{Q}{A}$，所以，傅立叶公式也可写为：

$$q = \lambda \frac{t_1 - t_2}{\delta} \tag{1-7}$$

式中　q——导热的热流密度，单位是 W/m^2。

式(1-7)的物理意义是：导热的热流密度与温差成正比，与壁厚成反比。

1.3.1.2　热导率

从上面分析可以看到，要计算导热的热流密度，首先要知道公式中的比例系数 λ，这个比例系数就称为热导率，或称为导热系数。

从导热基本定律公式得出：$\lambda=\frac{q}{\frac{t_1-t_2}{\delta}}$，其单位为 W/(m·℃)。

热导率是表示物质导热能力强弱的物理量，热导率越大，表明物质的导热能力越强。热导率是衡量物质导热能力的一个指标，其数值可从导热仪器测定。即使是同一物质，热导率的大小也随物质的结构、压力以及湿度等因素而变化。

气体的热导率在 0.0058～0.58W/(m·℃)。

液体的热导率在 0.093～0.698W/(m·℃)。

金属材料热导率均比非金属材料的大，各种纯金属中又以银的导热能力为最强，铜次之。大多数金属材料的热导率都随湿度的变化而变化，纯金属中掺有杂质时，也会导致其热导率 λ 值急剧降低。

某些热导率小于0.23W/(m·℃)的固态材料因常被用于保温，所以习惯上称之为“保温材料”或称“绝热材料”。

由于钢的热导率较大，又有很高的机械强度，所以在高温、高压下工作的设备，通常采用钢材制造，例如蒸汽锅炉各受热面的管子、汽轮机的高压加热器等。而低温、低压的的热设备，对机械强度要求不高，所以常采用铜材制造，如凝汽器、冷油器的铜管。

需要避免散热损失的设备外部应包绝热材料以达保温的目的。例如：炉墙的保温层用耐火砖、硅藻土砖、矿渣棉等材料组成。管道的保温层常用石棉、矿渣棉、珍珠岩等材料组成。由于空气具有热导率 λ 值很低、保温性能好的特点，不少绝热材料都是蜂窝状多孔结构。在多孔材料的孔隙内充填着空气，由于空隙很小，限制了其中空气的流动，因此，这些空气几乎只有导热作用，而空气的热导率又很小，故多孔性材料的热导率较小。

综上所述，金属的热导率较大，非金属次之，液体较小，气体最小。应指出的是，氢气和氦气的热导率比一般气体要高得多(高5~10倍)，这是因为氢气和氦气的相对分子质量较小，在相同温度下，它们的分子比其他气体分子的运动速度快。

对于绝热材料应力求保持干燥，因为湿度对绝热材料影响很大，这是由于水的热导率较空气大20~30倍，当材料受潮后，原来被空气所占据的空隙有一部分被水占据了，促使导热率增大。

1.3.2 对流换热

1.3.2.1 对流换热的基本概念

液体与固体直接接触时，它们之间的热交换过程称为对流换热。

以导热方式所传递的热量无论在数量上，还是在距离上都受到一定的限制。火力发电厂常借助于流体的流动来达到转移热量的目的，如在锅炉的过热器，省煤器、空气预热器和汽轮机的凝汽器、除氧器、加热器等设备中，热量的交换都是在流动的流体和金属壁面之间进行的。流动的流体和固体壁面间接热量交换称为对流换热。

对流换热是导热和对流综合作用的结果，其中导热是由流体内部微粒碰撞引起的，热对流指的是由于冷热流体相对位移引起的热交换。由于热对流直接与流体的流动情况有关，而流体的流动又是非常复杂的，所以对流换热是一个极其复杂的过程。

1.3.2.2 对流换热计算的基本公式——牛顿公式

对流换热时，壁面与流体间的热交换可用牛顿公式计算：

$$q = \alpha_{对}(t_{壁} - t_{流}) \tag{1-8}$$

式中 q——对流换热的热流密度，W/m^2；

$\alpha_{对}$——对流换热系数，W/(m·℃)或W/(m·K)；

$t_{壁}$——固体壁面温度,℃或K；

$t_{流}$——流体温度,℃或K。

式(1-8)是计算对流换热的基本公式。式中对流换热系数是一个很重要的量，对流换热的复杂性都集中在对流换热系数上。如果能求出对流换热系数，那么对流换热的热流密度就可根据牛顿公式计算出来。

对流换热系数的数值等于流体与壁面温差为1℃(或1K)时的热流密度。它是表明对流换热强弱的物理量。

若把式(1-8)写成热流密度 $q=\frac{温压}{热阻}$的形式，则

$$q=\frac{t_{壁}-t_{流}}{\frac{1}{\alpha_{对}}}$$

式中 $\frac{1}{\alpha_{对}}$——对流换热的热阻。

1.3.2.3 影响对流换热的因素

由于对流换热的复杂性，$\alpha_{对}$ 受很多因素的影响，主要有以下四方面。

1. 流体发生流动的原因

由外力作用引起的流动称为强迫流动，例如水泵作用下水的流动。由流体的温差造成的密度差引起的流动称为自由运动，例如热空气上升，冷空气下降。在一般情况下，强迫运动的流速比自由运动时大得多，所以对流换热随着流速增大而加强。例如，气温相同时，有风天气比无风天气要冷，说明强迫运动时对流换热系数大于自由运动时的对流换热系数。

2. 流体流动的状态

流体的流动有层流及紊流两种。当流体黏性较大而流速较慢时，它易分层作平等于壁面的有规则运动，这种流动叫层流。在这种情况下，流体的换热主要是借助于导热方式来进行，因此，其值很小。

如果流体黏性较小而流速较快时，则流体除了有沿着主流方向的流动以外，流体内部各层之间还发生不断的扰动与混合，这种流动称为紊流。在这种情况下，热的交换主要依靠对流方式来进行。因此，换热强度比较大。但在紊流情况下，靠近壁面的总有一薄层维持层流状态，这一薄层称为“层流边界层”。在层流边界层中，热的交换只能借助于导热，因此它阻碍了换热。在紊流情况下，换热的强度在很大程度上取决于层流边界层的厚度。

试验表明，流体的流动状态与无因次数 Re 有关

$$Re=\frac{\omega d}{\nu}$$

式中 Re——雷诺数；

ω——流体流动速度；

d——流道的几何尺寸；

ν——流体的运动黏度。

3. 流体的物理性质

流体的物理性质是由热导率 λ、比热容 c、密度 ρ、流体的运动黏度 ν 等物性参数来描述的，它们直接影响着对流换热。例如热导率 λ 值大，导热性能好，$\alpha_{对}$ 也大；又如黏度大的流体，不易形成强烈的紊流，$\alpha_{对}$ 就小。从表 1-4 可以看出，一般情况下，以流体有相态变化时的对流换热系数为最大，其次是水，再其次是过热蒸汽，最小的是空气。

表 1-4 工业设备中对流换热系数 $\alpha_{对}$ 的大致范围 单位：W/(m·℃)

项 目	$\alpha_{对}$	项 目	$\alpha_{对}$
空气自由运动	3~10	水沸腾	2500~25000
空气强迫运动	20~100	高压水蒸气强迫运动	500~3500
水自由运动	200~1000	水蒸气凝结	5000~15000
水强迫运动	1000~15000	有机化合物的蒸汽的同类状凝结	500~2000

4. 几何因素

几何因素指的是换热面的几何形状、几何尺寸及流体与换热面的相对位置，这些因素直接影响了流体扰动情况。例如流体在管外与管内流动相比，前者扰动强，所以 $\alpha_{对}$ 值较大；流体在管外流动时，横向冲刷与纵向冲刷相比，前者扰动强，所以 $\alpha_{对}$ 值大；流体横向冲刷管束时，管束叉排与顺排相比，叉排扰动性强，$\alpha_{对}$值大。

1.3.2.4　*流体相态变化时的对流换热*

沸腾和凝结都与流体的相态变化有关。如锅炉水冷壁中水的沸腾，汽轮机的凝汽器中蒸汽的凝结。相态变化时的对流换热要比单相流体强烈得多，影响的因素和换热的规律也和单相流体换热不同。

1.3.2.5　*蒸汽凝结时的对流换热*

蒸汽遇到低于其饱和温度的壁面时，就要在壁面上凝结成液体。如果液体对固体壁面呈浸润性，则凝结液在固体表面呈膜状，这种凝结叫膜状凝结；如果液体对固体壁面是非浸润性的，则凝结液在固体表面呈珠状，这种凝结叫珠状凝结。工业设备中实际遇到的多是膜状凝结，很难得到珠状凝结。

蒸汽凝结时形成的液膜附在固体壁面上，这层液膜紧贴壁面一侧的温度等于壁面温度，而与蒸汽接触一侧的温度为饱和温度。蒸汽凝结所放出的热量必须通过这层凝结液膜才能到达固体壁面，这个液膜是凝结放热的主要热阻所在。液膜的厚度及其运动的性质(层流还是紊流)直接决定凝结放热的强度。

影响凝结放热的因素很多，例如：①蒸汽中不凝结气体(主要是空气)的含量增加时，凝结放热系数要大大下降。这是因为空气在冷却面旁边形成空气层，从而使热阻力增加所至。汽轮机的凝汽器多在低于大气压力的情况下工作。由于给水除空气不彻底以及排汽管道和凝汽器的结构不严密，蒸汽中难免混杂有空气，所以凝汽器都装有抽气器；②蒸汽的流动速度和方向对凝结放热也有影响。当蒸汽的流动方向与液膜一致时，蒸汽的冲刷作用使液膜变薄，从而热阻减小，使凝结放热系数增大。若蒸汽在凝结时具有较大的流动速度，这样的蒸汽对冷却壁面的凝结液膜必然有摩擦扰动作用，使热阻大大减小，凝结放热系数大大增大；③冷却表面情况的影响。表面情况主要指表面的粗糙度与洁净状况，这也直接关系到凝结液膜的厚度及其流动状态。若冷却表面较粗糙，使凝结液膜不易向下流动，这就使其厚度增加，热阻增大，凝结放热系数减小。同样，表面不清洁而有结垢、生锈等现象时，不仅凝结液膜加厚，且有附加热阻，会使凝结放热系数降低。所以凝汽器管子必须定期清洗以便除去垢、锈等物；④管子排列方式的影响。冷却面水平布置与垂直布置相比，前者在壁面上形成的液膜较薄，液膜热阻较小，所以凝结放热系数较大。凝汽器铜管采用横向布置就是考虑了这一因素。同时水平布置，管束的排列方式对放热系数也有影响。

冷却表面越光滑洁净，液膜越易形成，所以液膜较薄，$\alpha_{对}$ 值较大。反之，表面粗糙时，$\alpha_{对}$ 值较小。

当蒸汽的流动方向与液膜一致时，蒸汽的冲刷作用使液膜变薄，从而使 $\alpha_{对}$ 增大，例如凝汽器。

1.3.2.6　*液体沸腾时的对流换热*

液体沸腾时，由于气泡的强烈扰动，使对流换热大大加强。沸腾时的临界温压是一个十分重要的指标。随着温压($t_{壁}-t_{流}$)的增大，气泡增多，扰动加强，从而使对流换热大大加强，这种沸腾状态称为沫态沸腾，但温压增大到一定程度以后，产生的气泡太多，以致来不及上升，便在加热面上堆积起来，形成气膜。由于气膜热阻很大，所以使对流换热大大恶化，这种沸腾状态称为膜态沸腾。这时，不仅因 $\alpha_{对}$ 值的下降影响了热交换设备的经济性，更严重的是，由于热阻增大，而使壁温升高，严重时会烧毁设备。从沫态沸腾转化为膜态沸腾时所对应的温压叫临界温压。

1.3.3 辐射换热

1.3.3.1 热辐射的基本概念

从物质微观结构来看，组成物质的分子或原子中都包含有电子，物质处在不停地运动状态，电子无疑也是在不停地运动。由于分子的碰撞和原子的振动，会引起电子运动轨道的变化，于是在周围产生变化的电场，通过电磁感应相应产生变化的磁场，这种电磁场的交替变化形成电磁波，以电磁波载运能量向外放射的过程叫做辐射。

由于热的原因，引起微粒振动所激发的电磁波而产生的辐射叫做热辐射。

在热辐射过程中，物体把它的热能不断地转换为辐射能向外放射。当物体温度升高或降低时，辐射能也相应增加或减少。因此，热辐射的大小与该物体的热力学温度有关。任何物体都有一定的温度，所以热辐射是一切物体固有的特性。

任何物体随时对外发射着电磁波，随着波长的不同，这些电磁波具有不同的特性。其中有一部分具有显著的热效应，即当它投射到其他物体并被吸收后，又会重新变为热能。这种电磁波称为热射线。物体之间依赖热射线进行热传递的过程叫做辐射换热。例如人站在火炉旁感到被炉火烤得很热，冬天在阳光下感到很暖和，都是辐射换热的结果。

辐射换热和导热、对流换热有本质区别，它可以在相互不接触的物体之间进行，而且在换热过程中伴随着能量形式的变化，即热能→辐射能→热能。导热和对流换热则只能在互相接触的物体间进行，且只有热能的转移，而没有能量形式的变化。

1.3.3.2 热辐射的吸收、反射和穿透

因为任何物体都有温度，所以必然随时对外发射热射线，同时也必然随时接收到其他物体投射过来的热射线。当物体的温度不同时，高温物体发射辐射能多，接收的少，低温物体则相反。总的结果是热量从高温物体传给了低温物体，即发生了辐射换热。

如有辐射能 Q 由高温物体辐射到某一低温物体上，其中一部分 Q_{α} 进入表面并被吸收而转为热能，一部分 Q_{ρ} 被反射，另一部分 Q_{τ} 穿透该物体。根据能量守恒定律有：

$$Q = Q_{\alpha} + Q_{\rho} + Q_{\tau}$$

式中 Q——落在物体上的总辐射能；

Q_{α}——被物体所吸收的辐射能；

Q_{ρ}——被物体所反射的辐射能；

Q_{τ}——穿透物体的辐射能。

令：$\frac{Q_{\alpha}}{Q}=\alpha$，$\frac{Q_{\rho}}{Q}=\rho$，$\frac{Q_{\tau}}{Q}=\tau$。将 α、ρ、τ 分别叫吸收率、反射率、穿透率。则

$$\alpha + \rho + \tau = 1$$

一般物体，特别是工程材料的穿透率等于零，所以 $\alpha+\rho=1$。可以看出，吸收能力强的物体，它的反射率就比较小。如物体的吸收率 α 等于 1，即对于周围物体投来的辐射能量百分之百的吸收，这样的物体称为全辐射体（黑体）。全辐射体在自然界中虽然是不存在的，但是可以用人工的方法近似地获得它。

由于实际物体的辐射和吸收的情况较为复杂，而全辐射体（黑体）对于投来的辐射能全

部吸收($\alpha=1$)，这样可使问题的研究简便许多。在研究全辐射体(黑体)的基础上，对于实际物体进行比较并引入一些修正系数，就可把研究出的规律推广应用到实际物体中去。

$\rho=1$ 的物体就是对投来的辐射能全部反射出去的物体。如这种反射是有规律的反射，即反射时的入射角等于反射角的物体叫镜体，若是乱反射则叫绝对白体。

$\tau=1$ 的物体叫做透明体或透热体。

在自然界中并没有全辐射体(黑体)、绝对白体和透明体，这些都是为了研究热辐射而假定的。煤烟和黑丝绒接近于全辐射体(黑体，$\alpha=0.97$)；磨光的金属可接近于白体($\rho=0.97$)；双原子气体 O_2 和 N_2 以及空气等接近透明体($\tau\approx1$)。

1.3.3.3 辐射力和黑度

辐射力和黑度是表示物体对外辐射能力强弱的物理量。

1. 辐射力

单位时间从物体单位表面积上发射出去的辐射能叫做物体的辐射力，用符号 E 表示。如辐射面积为 A，热辐射的总能量为 Q，则辐射力为：

$$E=\frac{Q}{A}\quad(\mathrm{W/m^2}\text{ 或 }\mathrm{kW/m^2})$$

辐射力的数值决定于物体的物性和温度。

2. 黑度

任意物体的辐射力 E 与同温度下全辐射体(黑体)的辐射力 E_0 的比值定义为物体的黑度，用符号 ε 表示。即：

$$\varepsilon=\frac{E}{E_0}$$

式中 ε——物体的黑度；

E——物体的辐射力；

E_0——同温度下全辐射体(黑体)的辐射力。

黑度的数值范围为0~1，绝对黑体的黑度为1，即 $\varepsilon_0=1$。所有物体中以绝对黑体的辐射能力为最强。黑度是表示物体辐射能力强弱的物理量，黑度是物性参数。

1.3.3.4 热辐射的基本定律

1. 斯蒂芬-波尔茨曼定律(热辐射四次方定律)

全辐射体(黑体)辐射力的大小与其热力学温度的四次方成正比。辐射四次方定律的表达式为下列形式：

$$E_0=C_0\left(\frac{T}{100}\right)^4\tag{1-9}$$

式中 E_0——绝对黑体的辐射力，$\mathrm{W/m^2}$；

C_0——绝对黑体的辐射系数，$C_0=5.67$，$\mathrm{W/(m^2\cdot K^4)}$；

T——绝对黑体的温度，K。

辐射力是按热力学温度四次方的关系递增的。若从300K升至600K，温度只升高为原来的两倍，辐射力却增至原来的16倍。热力学温度若按1∶2∶3∶4的倍数递增，则辐射力按 $1^4:2^4:3^4:4^4=1:16:81:256$ 的倍数递增。可见辐射力随着温度递增的程度是十分惊人的。

一般工程材料常可看作为灰体，式(1-9)可推广应用于灰体。这时式(1-9)应改写为：

$$E=C\left(\frac{T}{100}\right)^4$$

式中　E——物体的辐射力，W/m^2；

C——物体的辐射系数，$W/(m^2 \cdot K^4)$；

T——物体的热力学温度，K。

2. 基尔荷夫定律

由于全辐射体(黑体)的特殊性，它的吸收率和黑度均等于1。那么一般物体的辐射力与吸收率之间有何关系呢？可用基尔荷夫定律来回答这个问题。

任意物体的辐射力与其吸收率的比等于同温度下全辐射体(黑体)的辐射力，这就是基尔荷夫定律。

基尔荷夫定律的数学表达式为：

$$\frac{E}{\alpha} = E_0 \tag{1-10}$$

式中　E——物体的辐射力；

α——物体的吸收率；

E_0——同温度下全辐射体(黑体)的辐射力。

由式(1-10)还可以导出下面的关系：因为$\frac{E}{\alpha}=E_0$，所以$\frac{E}{E_0}=\alpha$；又因为$\frac{E}{E_0}=\varepsilon$，故$\varepsilon=\alpha$。也即在某温度下，物体的黑度与吸收率在数值上相等。例如氧化的钢在500℃时吸收率为0.8，那么它在500℃时的黑度也是0.8。吸收率和黑度分别表示了物体的吸收能力和辐射能力，所以吸收能力越强的物体，其辐射能力也越强。换句话说，善于吸收的物体，也善于辐射，反之亦然。全辐射体(黑体)的吸收能力最强，所以其辐射能力也最强，这就说明了为什么所有物体的黑度均小于1。

应该指出，黑度与吸收率在数值上相等，但在物理概念上是不同的。黑度说明材料表面辐射力强弱的程度，只取决于材料的热辐射性能。而吸收率是材料表面对外来辐射能够吸收的能力，它不仅取决于材料本身辐射性能，而且也与外来辐射的温度和波长有关。

1.3.3.5　两物体间的辐射换热

在辐射换热中，两平行平板间的换热是最简单的情况，因为这时从任何一块板面发射出来的能量都能达到对方，而不会从两端逸出。具体计算公式计算公式为：

$$q = \varepsilon_n C_0\left[\left(\frac{T_1}{100}\right)^4 - \left(\frac{T_2}{100}\right)^4\right] \tag{1-11}$$

式中　q——辐射换热的热流密度，W/m^2；

T_1——高温板面的热力学温度，K；

T_2——低温板面的热力学温度，K；

ε_n——系统黑度。

$$\varepsilon_n = \frac{1}{\frac{1}{\varepsilon_1} + \frac{1}{\varepsilon_2} - 1}$$

其中　ε_1——高温板面的黑度；

ε_2——低温板面的黑度。

式(1-11)说明，两平行平板之间辐射换热的热流密度与它们的热力学温度四次方之差成正比。这一规律对于处于其他相对位置的物体来说(例如互相垂直的板面之间)也是成立的，只是系统黑度的计算式有所变化。

1.3.4 传热的增强与减弱

在火力发电厂所遇到的大量传热问题中，除需要计算热流量外，还涉及如何增强或减弱传热问题。例如，如何提高换热器的传热效果就是一个增强传热的问题，而如何减少热管道的散热损失则是减弱传热的问题。

分析这类问题应从计算传热的基本方程式着手。

因为 $q=K(t_1-t_2)$，而 $\Phi=Aq$，所以

$$\Phi = AK(t_1 - t_2)$$

式中 Φ——传热热流量；

A——传热面积。

从传热基本方程式可以看出，传热热流量大小取决于三个因素：即冷热流体的温度差 Δt、传热面积 A 和总传热系数 K。改变其中的任一项都会对传热强度带来影响。

1.3.4.1 增强传热

增强传热，可以提高传热设备的出力(传热量)，节省能源，提高热经济性。

对新设计的传热设备，在传热热流量 Φ 一定时，增强传热能减少传热面积 A，从而节省了金属的消耗量，减轻设备的重量，降低设备投资。

1. 提高总传热系数 K

提高传热系数，实质上就是如何设法减小传热总热阻(即减少各局部热阻)。实际上往往并不需要去减小每一个局部热阻。一般情况下，各项局部热阻的数值是不同的，这时，只要减小最大的那一个局部热阻对提高传热系数 K 值就可达到最有利的效果。这是因为大热阻是阻碍传热的主要因素。例如：对于省煤器来说，管壁导热热阻很小(因为金属导热系数大，且管壁又薄)，又因为水侧的对流换热系数 α_1 值远大于烟气侧的对流换热系数 α_2，所以烟气侧的热阻 $\frac{1}{\alpha_2}$ 是最大的局部热阻。降低烟气热阻时，K 值将明显增大。若降低水侧热阻，则 K 值增大甚微。

减小热阻的具体方法要根据实际情况决定。例如为了减小导热热阻，换热设备应选用导热系数 λ 值大的材料，应避免设备传热面的结垢和积灰；为了减小对流传热热阻，应提高流速，正确布置换热面；为了减小辐射传热热阻，应增大黑度，等等。

2. 增大传热面积

在换热面的一侧加装肋片(又称鳍片、翅片)的办法来增加传热面积。电动机外壳上的肋片，暖器设备上的散热片、汽车上的散热器以及锅炉中的膜式水冷壁等都是应用肋片的例子。肋片装在热阻大的一侧，对增强传热最有利。

3. 增大冷、热流体的温差

提高热流体的温度 t_1，降低冷流体的温度 t_2，从而增大传热温差，可以达到增强传热之目的。

1.3.4.2 减弱传热

火力发电厂的许多热力设备和连接管道，为了避免大量的热损失，就必须对这些高温设备采取保温措施，以削弱设备对外界的传热。例如：汽轮机的外壳、蒸汽管道等都要加保温层，设法增大热阻以减少散热损失。

减弱传热其目的是节省燃料，保持车间的温度不要过高，改善劳动条件。

减弱传热可用减小总传热系数、减小传热面积、减小冷热流体之间的温差等方法来

达到。

在通常的固定设备中，则只有用减小总传热系数的办法来减弱传热。与前面分析的增强传热方法相反，减小总传热系数必须增大传热总热阻。此时原则上只要增加任何一项局部热阻，即可达到减弱传热的目的，通常是采用增加一附加导热热阻的方法。例如在管道外壁面上敷设热绝缘层来减弱传热。热绝缘材料是指导热系数小于0.23W/(m·K)的材料。如天然石棉、石棉制品、矿渣棉和膨胀珍珠岩等导热性能差的材料，都可用来做热绝缘层。

1.3.5 换热器

1.3.5.1 换热器的基本概念

火力发电厂的电能生产过程与热量传递过程是密切联系在一起的。发电厂中许多装置实质上都是冷热流体进行热量交换的设备。我们把这类进行热量交换的设备统称为换热器。

在换热器里，热量由一种流体传给另一种流体，使热流体被冷却，冷流体被加热，所以换热器是实现加热或冷却过程的一种设备。例如，火力发电厂中的过热器、省煤器、空气预热器、回热加热器、除氧器、冷水塔等都属于换热器。甚至可以说，整台蒸汽锅炉就是一个组合的换热器。

1.3.5.2 换热器的分类

1. 按工作原理分

根据工作原理不同，换热器可分为表面式、回热式和混合式三种。

(1) 表面式换热器

在表面式换热器里，冷热流体同时在器内流动，但冷、热两种流体被壁面隔开，互不接触，热量由热流体通过固体壁面传给冷流体。

发电厂中的换热设备大多是这种表面式的换热器。例如：过热器、再热器、管式空气预热器、省煤器、表面式回热加热器以及凝汽器等。由于表面式换热器具有冷、热流体互不掺混的特点，所以这种类型的换热器的应用最为广泛。

(2) 回热式换热器

在这种换热器内，流体流过同一换热面，一会儿是热流体，一会儿是冷流体。当热流体流过时，热量被壁面所吸收，并且就储存在器壁内；当冷流体流过时，壁面就把这部分储存的热量又传给冷流体。就这样，冷热流体交替不断地流过换热壁面，热量也就周期性地不断由热流体传给了冷流体。

回热式换热设备的优点是结构紧凑，节省金属材料，一般用于换热系数不大的气体之间的传热。如锅炉中的回转式空气预热器。

(3) 混合式换热器

在混合式换热器中，热流体与冷流体依靠直接接触、互相混合的方式来进行热量的交换。在这种情况下，传热的同时伴随着物质的交换。所以它具有传热速度快、效率高、设备简单等优点。发电厂中的除氧器、冷水塔，喷水减温器等都属于这种类型。

2. 按流动方向分类

在表面式换热器中，根据冷、热流体的流向，换热器可分为顺流式、逆流式、叉流式和混合式四种。其中顺流式和逆流式为两种基本形式。

(1) 顺流式

冷、热流体作平行同向流动的换热器称为顺流式。

（2）逆流式

冷、热流体作平行反向流动的换热器称为逆流式。

（3）叉流式

冷、热流体作垂直方向流动的换热器称为叉流式。

（4）混合式

由以上几种方式混合而成的换热器称为混合流式。若冷、热流体交叉次数超过四次，则按总的流动方向称它为顺流式或逆流式。

与顺流式相比，逆流式换热器的优点是：

① 在进出口温度相同的条件下，逆流式平均温差比顺流大。当换热面积相同时，采用逆流式可传递较多的热流量；若要传递相同的热流量，逆流式换热器可用较小的换热面积，从而节约了金属消耗量，减轻了设备的重量。

② 采用了逆流式可以把冷流体加热到较高的温度，或者说，可以把热流体冷却到较低的温度。这是因为顺流时，冷、热流体的出口集中在同一端，冷流体出口温度受到热流体出口温度限制的缘故。逆流时由于冷热流体的出口分别在两端，所以不受这个限制。

逆流式的缺点是冷、热流体的高温端集中在同一端，当流体温度较高时，这一端材料因承受高温从而影响安全运行。

一般情况下，换热器多采用逆流式，但当流体温度很高时，需要考虑采用顺流式，例如锅炉的过热器。

1.4 热工测量仪表

热工测量是指对热力生产过程中各种热工参数的测量。测量热工参数的仪表称为热工测量仪表。热工测量是保证热力生产过程安全、经济运行和实现热力过程自动化的非常重要的条件。

热工测量系统通常由传感单元、信息处理单元和数据显示单元等组成。传感单元装在被测对象处，感受被测参数的变化，并将这种变化转换成一个相应的信号输出。信息处理单元的作用是将传感单元的输出传输到数据显示单元。除直接传输外，还有经放大或变换后传输的。数据显示单元是仪表的终端装置，其作用是显示被测参数的测量结果。

热工测量仪表应用于热力设备，比普通仪表的工作条件恶劣，重点监测的内容有温度、压力、流量以及流速。热工测量仪表的分类方法有很多种，其中按被测参数可分为温度、压力、流量、物位、成份分析等测量仪表。

1.4.1 测量仪表

1.4.1.1 温度测量仪表

1. 温度和温标

（1）温度

温度是表示物体冷热程度的物理量，自然界中的许多现象都与温度有关，在工农业生产和科学实验中，会遇到大量有关温度测量和控制的问题。

在火电厂中，温度测量对于保证生产过程的安全、经济性有着十分重要的意义。例如，锅炉过热器的温度非常接近过热器钢管的极限耐热温度，如果温度控制不好，会烧坏过热器；在机组启、停过程中，需要严格控制汽轮机汽缸和锅炉汽包壁的温度，如果温度变化太快，汽缸和汽包会由于热应力过大而损坏；又如，蒸汽温度、给水温度、锅炉排烟温度等过高或过低都会使生产效率降低，导致设备损坏，这些都离不开对温度的测量。

温度概念的建立是以热平衡为基础的。例如，将两个冷热程度不同的物体相互接触，它们之间会产生热量交换，热量将从热的物体向冷的物体传递，直到两个物体的冷热程度一致，即达到热平衡为止。对于处在热平衡状态下的两个物体就称它们的温度相同，而称原来的冷物体温度低、热物体的温度高。从微观上看，温度标志着物质分子热运动的剧烈程度，温度越高，分子热运动越剧烈。

（2）温标

用来衡量温度高低的标尺叫做温度标尺，简称温标。

建立温标的过程是十分曲折的，实际上自从制成第一支水银温度计起，一直到目前为止，国际通用的温标还没有达到十分满意的地步。

18 世纪时，人们只能依据测温工质的某一特性随温度变化的关系来制定温标，这种温标通常称为经验温标。例如，摄氏温标和华氏温标都依附于测温工质(水银)的性质。但工质的纯度及其膨胀系数等都会影响温标分度的准确性。

1848 年，开尔文根据卡诺循环原理提出了热力学温标。根据卡诺定理，用上述方法确定的温度就避免了经验温标依附于测温工质所产生的随意性。现在采用的摄氏温标和华氏温标，实际上都已根据热力学温标赋予了新的概念，不再是以往的经验温标了。

因为卡诺循环是不能实现的，所以热力学温标只是一种理论温标。为了找到一种既符合热力学温标，又简单实用的温标，各国科学家经过努力，于 20 世纪 20 年代建立起一种与热力学温标相近的、呈现准确度高、使用简便的实用温标，这就是国际实用温标。

国际实用温标以热力学温度为基本温度，符号为 T，单位名称是开(尔文)，单位符号是 K，定义 1K 等于水的三相点温度的 1/273.16。在我国法定计量单位中，规定使用热力学温度和摄氏温度，热力学温度和摄氏温度的关系是

$$t = T - 273.15$$

2. 温度表的分类和特点

温度表又称温度计，通常把温度计分为接触式与非接触式两大类，前者感温元件与被测介质直接接触，后者感温元件不与被测介质相接触。常用温度计的分类和特点如表 1-5 所示。

表 1-5　常用温度表的测温原理、特点和测温范围

种类	温度表	测温原理	优　点	缺　点	测温范围/℃
接触式温度表	玻璃管液体温度计	利用液体体积随温度变化的性质	结构简单、准确度高、价格便宜	容易破损、读数不便、信号不能远传	-80~600
	压力式温度表	利用定容气体或液体压力随温度变化的性质	结构简单可靠、信号能远传(60m 以内)	准确度低，受环境温度影响大	-100~600
	双金属温度表	利用固体热膨胀变形量随温度变化的性质	结构简单可靠	准确度低信号不能远传	-80~600
	热电偶温度表	利用金属导体的热电效应	测温范围宽、准确度高、信号能远传	冷端温度需补偿、测低温准确度较低	-200~1800
	热电阻温度表	利用金属导体或半导体的热电阻效应	准确度高、性能稳定、信号能远传	传感器结构复杂、需要外接电源	-200~800

续表

种类	温度表	测温原理	优　点	缺　点	测温范围/℃
非接触式温度表	光学高温计	利用物体的单色辐射强度或亮度温度变化的性质	结构简单、携带方便、不破坏对象	受环境温度影响大	300～3200
	辐射高温计	利用物体全辐射能随温度变化的性质	结构简单、性能稳定	受环境温度影响大	700～2000

3. 感温元件

热电偶温度表是目前应用最广泛的一种温度表，是一种温度电测仪表，它通常有热电偶、热电偶冷端温度补偿装置(或元件)和显示仪表三部分组成，三者之间用导线连接起来，实测信号是电势信号。

①热电偶的原理：将两种不同性质的导体的一端焊接起来，即构成一只热电偶。当热电偶的两端温度不同时，在热电偶回路中将产生热电势，如果冷端温度恒定，则热电势只与热端温度有关，因此测出热电势，即可测的热端温度。

②热电偶的结构类型：有普通型热电偶(有电极、绝缘管保护套管及接线盒等组成)、铠装热电偶(将热电极、绝缘材料和保护套管三者组合加工成一坚实整体)、热套式热电偶(用于大型机组的主蒸汽温度测量)等。测量范围为-200～1700℃。

热电阻温度表也是应用很广泛的一种温度电测仪表，是利用金属导体或半导体的电阻随温度的变化的原理制成的，它在中、低温下具有较高的准确度，通常用来测量-200～500℃范围内的温度。例如，火电厂锅炉给水、排烟、轴瓦回油、循环水等的温度就是用热电阻温度表测量的。热电阻温度表由热电阻和显示仪表组成。

①热电阻测温原理：将热电阻插在测温场所，被测温度变化会引起金属阻值变化，测出电阻值，便可测得温度的数值。

②常用热电阻：有铂电阻(分度号为 Pt50、Pt100)、铜电阻(分度号为 Cu50、Cu100)。其中铂电阻的准确度高、稳定性好、性能可靠；铜电阻的线性度好、灵敏度高，但测温上限不超过 150℃。

③热电阻的结构类型：有普通型热电阻和铠装热电阻等。

除感温元件外，热电阻的结构和热电偶基本相同。

热电阻与热电偶的测温原理不同点是：热电阻是基于电阻的热效应进行温度测量的，即电阻体的阻值随温度的变化而变化的特性，因此只要测量出感温热电阻的阻值变化，就可以测量出温度。热电偶和热电阻在某些条件下可以互换使用，但是热电偶的工作温度范围比热电阻大。

1.4.1.2　压力测量仪表

1. 压力测量的意义

压力是表现生产过程中工质状态的基本参数之一，只有通过压力及温度的测量才能确定生产过程中各种工质所处的状态。在发电厂中饱和蒸汽可以由压力直接确定其状态。通过压力测量，还可以监视重要压力容器，如除氧器、加热器及管道的承压情况，防止设备超压爆破。

2. 常用压力测量仪表的分类

测量压力和真空的仪表，按信号转换原理的不同，大致可分为四大类：

①液柱式压力计可将被测压力转换成为液柱高度差进行测量，例如：U 形管压力计、单管压力计、斜管压力计等，直接将压力显示出来，不需要经过二次仪表变送。

②弹簧式压力计可将被测压力转换成为元件变形位移而进行测量，例如：弹簧管压力计、波纹管压力计及膜合式压力计等，测量范围在 0~40MPa。

③电气式压力计可将被测压力转换成电量进行测量，例如：电容式变送器、扩散硅式变送器、力平衡式压力变送器等。

④活塞式压力计可将被测压力转换成为活塞上所加平衡砝码的重力进行测量，例如：压力校验等。

压力表的最大量程应该保证常用的指示值位于压力表全刻度的 1/2~3/4。气动式压差传感器是将被测量的差压变换为气压信号，差压计是测量介质由于受管道的阻力产生的压力差的仪器，并不是测量某个点，而是整个流程。

3. 压力变送器

压力信号变送器是将压力信号转换为电信号的变送器，以实现压力的远程检测和控制。压力信号的变送方法很多，如 1151 系列电容式变送器，其作用是将压力、差压、流量、液位等热工参数，转换成 4~20mADC 的统一信号，便于显示和自动控制。

压力(压差)变送器都是将测点取出的压力或差压信号转换为相应的电信号，并对电信号进行远距离传送、测量和显示。随着机组自动化水平的不断提高，压力变送器的应用越来越广泛。按照变换原理，目前压力变送器的种类有电阻式、电容式、电感式、振弦式等。此外，还有一种新型的系列智能变送器，它的特点是：可进行远距离双向通信，以便远距离设定和校验；促使变送器与计算机、分散控制系统直接对话；通过程序编制各种参数，使变送器具有自校正、自补偿和自诊断功能，提高变送器的准确度，并且量程调解范围宽，调校简便。

(1) 组成

由感测部分和测量部分组成，被测压力或差压通过感测元件转换成差动电容量的变化，再经测量电路转换为 4~20mA DC 的统一信号。

(2) 工作原理

感测元件主要有隔离膜片、测量膜片(可动极板)和两个弧形固定极板组成。测量膜片和两固定极板间分别形成电容 C_L 和 C_H。在被测差压(或压力)作用下，测量膜片产生弹性位移，使 C_L 和 C_H 发生相应变化，其中一个电容量 C_L 增大，另一个电容量 C_H 减小，于是被测差压(或压力)转换成差动电容量的变化，再经测量电路将差动电容比值$\frac{C_L-C_H}{C_L+C_H}$转换为输出电流，则变送器的输出电流与被测差压(或压力)成正比。

4. 差压变送器

(1) 分类

差压变送器的分类有气动差压变送器、电动差压变送器。

(2) 工作原理

来自双侧道牙关的差压直接作用于变送器传感器双侧隔离膜片上，通过膜片内的密封液传导至测量元件上，测量元件将测得的差压信号转换为与之对应的电信号传递给转换器，经过放大等处理变为电信号输出。

差压变送器可以用于流量的测量。

1.4.1.3　流量测量仪表

1. 流量测量的意义及概念

在发电厂的热力过程中，流量是反映生产过程中物流、工质或能量的产生和传输的量。监视的目的是多方面的，例如：为了进行经济核算，需要测量锅炉原煤消耗量及汽轮机蒸汽消耗量；锅炉汽包水位的调节，应以给水流量和蒸汽流量的平衡为依据等。

单位时间内通过管道中某一界面的流体体积或质量称为瞬时流量，简称流量；其中以体积表示的称为体积流量，以符号 q_v 表示；以质量表示的称为质量流量，以符号表 q_m 表示。在某一段时间内所通过的流体体积或质量的总和称为累计流量或流体总量。用来测量流量的仪表统称为流量计。流量计可分为差压式流量计、转子流量计、涡街流量计、容积式流量计、靶式流量计、超声波流量计及流量变送器。其中差压式流量测量仪表通过测量流体流经截流装置时所产生的静压力差，或测速装置所产生的全压力与静压力之差来测流量的。它具有结构简单，使用可靠，维护方便以及测量较准确等优点。

2. 差压式流量计

火电厂中蒸汽和水的流量常用差压式流量计来测量。

(1) 差压式流量计的工作原理

在流体流动的管道内设置截流装置，流体流经截流装置时，在其前后产生局部收缩，部分位能转化为动能，平均流速增加，静压减小，产生静压差。此压差 ΔP 与质量流量 q_m 关系(均速管内)用式表示为

$$q_m = A\alpha\sqrt{2\Delta P\rho} \tag{1-12}$$

式中 A——管道霍截面积，m^2；

α——流量系数；

ρ——流体密度，kg/m^3

ΔP——所测压差，Pa。

对于一定的截流装置，测出其前后压差 ΔP，即可求出质量流量 q_m 的大小。

(2) 节流装置

节流装置包括节流件、取压装置和前、后测量管段。常用的节流件有孔板、喷嘴和长径喷嘴。

测量水和蒸汽的节流装置常用孔板或喷嘴，目前，国际上已把常用的节流装置标准化，成为标准节流装置，并通过公式 $q_m = A\alpha\sqrt{2\Delta P\rho}$ 计算确定流量与压差的关系，无需进行单独实验标定。

(3) 流量测量系统的组成

流量测量系统一般是由节流装置、流量变送器及流量仪表组成。流量变送器将节流装置测得的压差信号经过开方运算以后送到流量仪表，流量仪表根据公式计算求得介质的瞬时流量以及累计流量。必要时引入介质的温度信号和压力信号对流量进行修正。

3. 节流差压流量计

节流差压流量计工作原理是：充满管道的流体，当它经过管道内节流件时，流束将在节流件处形成局部收缩；则流速增加，静压力降低，在节流件前后产生了压差，流体流量愈大，产生的压差愈大，因而可以依据压差来衡量流量的大小。在火电厂中，以速度式测量方法中的差压式流量计使用最为广泛。

1.4.1.4　液位测量仪表

液位是指开口容器或密封容器中液体介质液面的高低，两种介质的分界面高度。液位测量仪表可分为直读式、差压式、浮力式和电学式等四种类型。

1. 直读式液位计

它是利用连通管液柱静压平衡原理工作的。液位可从连通管中直接读出，如玻璃板式液位计。也可利用汽、液对光线折射率不同，用双色光柱来显示液位，如双色液位计。

直读式液位计在火力发电厂中用于测量锅炉汽包或水箱的水位，它具有结构简单，工作可靠的特点。

2. 差压式液位计

差压式水位测量是将汽包内的水位信号，通过平衡容器转换为相应的差压信号，经差压变送器和二次仪表，测出水位的高低，它可远传显示和控制水位，故而得到广泛应用。

各种低读水位表都需要将水位变化的信号测出，经过放大转变成电或汽的信号传递到操作盘上的二次仪表上。水位信号的测量一般都用平衡容器。

平衡容器是有一个容器和其中的一个内管组成的。容器的上部与汽包的汽相连，内管与汽包水、汽侧相通。从平衡容器和内管分别引出两根表管。平衡容器内的水位由于蒸汽的凝结而不断升高，但由于内管的溢流作用，容器里的水位始终保持不变。内管里的水位与汽包里的水位是一致的，汽包内的水位变化，内管里的水位也变化。

从平衡容器引出的两根表管之间的压差只随汽包水位变化，只要将此差压信号取出变换、放大，传至操作仪表盘上的二次仪表，即可测出汽包水位的变化。

差压水位计投入应注意以下事项：

(1) 检查水位二次阀是否关闭，平衡阀是否打开；

(2) 打开一次阀门、排污阀门，冲洗管路，检查正负压侧的通路是否畅通；

(3) 根据管路畅通情况关闭排污阀门；

(4) 待管路中的介质冷却后，开启气侧一次阀门；

(5) 缓慢打开正压侧的二次阀，使流体流入测量室，并用排气阀排除管路及测量室的空气，直到排到排气阀没有气泡溢出时，关闭排气阀，打开负压侧二次阀，仪表指示应该正确。

3. 浮力式液位计

它是利用液位变化引起液体内浮子或浮筒位置或浮力的变化来测量液位的，它可分为杠杆带浮子式，沉筒式和随动式等类型。

4. 电学式液位计

它是利用浸入液体中的测量元件输出量(电容、电阻、电感)随浸入深度变化而变化的规律进行液位测量的。最常见的为电接点水位计，它在火力发电厂中主要用来测量锅炉汽包水位，也用于加热器、除氧器、蒸发器、凝汽器、直流锅炉启动分离器和双水内冷发电机水箱的水位测量。

电接点水位表是利用蒸汽和锅水的电阻不同制成的。锅水的电阻比蒸汽的电阻小得多。电接点水位表接线原理是沿容器的高度，每隔一定距离(20~30mm)有一个电接点，当水位高度超过该电接点时，由于锅水电阻小，电路接通，指示该水位的灯泡发光，当水位继续升高，超过第二个电接点后，指示该水位的灯泡又发光，以此类推，第几个灯泡发光就代表了水位有多高。由于蒸汽的电阻很大，没有被锅水浸没的电接点，流过的电流极小，不能使灯泡发光。

电接点水位表构造简单，工作可靠，观察水位直观，所以得到广泛应用。

1.4.1.5 水位二次仪表

1. 氖灯显示

氖灯显示仪表是电接点水位计中线路和结构最简单的一种二次仪表。氖灯显示仪表有氖灯、限流电阻和并联电阻组成。氖灯的一端接电极芯，另一端通过限流电阻接电源的相线。水位容器的外壳接公共接地点，此点与电源的地线相连。当水位升高淹没电极时，由于水的电阻小，水中电极接通，氖灯中有电流通过，氖灯被点燃。当水位下降时电极处在蒸汽中时，由于蒸汽的电阻较大，电极开路，氖灯中没有电流通过，氖灯不亮。因此可以根据氖灯点燃的多少来判断水位的高低。

2. 双色显示

双色显示是使用红、绿两种光色在显示屏上所占高度的变化来表示汽包水位的变化。这种仪表线路简单，能醒目直观的显示水位。

3. 数字显示

① 水位：数字显示式电接点水位计直接以数字的形式显示水位的变化，它要求将水位变化转换为电位变化。水位在整个测量范围内变化时，电极具备在水中或在汽中的条件只有一个，两个特点同时存在的关系相当于两个特点相“与”的关系，可以通过“与”门逻辑电路来实现，将电极所处的水、汽状态转换成电位的高低。把所有的电极信号之间都接成逻辑电路，就可反映水位的高低。

② 原理：数字显示式电接点水位计由输入转换、逻辑开关、显示控制、数字显示、自检电路、报警电路和电源等部分组成。由水位发送器或自检电路输出反映水位的交流电压信号，送到输入转换电路换成直流电位信号，然后输入逻辑开关电路、显示控制电路，最后由数码数字显示出水位值。当水位达到高、低限值时，水位计才可发出报警信号。

1.4.1.6 特殊测量仪表

1. 烟气含氧量测量仪表

锅炉的燃烧效率主要取决于燃料中可燃物的完全燃烧状况，为使燃烧为最佳，必须使进入锅炉中的燃料与空气有恰当的比例，这一比例可用过量空气系数 α 来表示，α 的测量主要取决于烟气中的含氧量，为此，必须有专门的烟气含氧量测量仪表，以确保燃烧调节的经济性和安全性。常用的氧量测量仪表有热磁式氧量计和氧化锆氧量计。

(1) 热磁式氧量计

热磁式氧量计是利用氧气的磁化特性与烟气中其他气体有明显不同的特性来实现氧气测量的。物质按磁化特性可分为顺磁物质和逆磁物质，凡在不均匀磁场中被强磁场吸引的物质称为顺磁物质，而被强磁场所掩护的物质称为逆磁物质。

热磁式氧量计根据其发送器的类型不同，有环管式及直管式两种，其中环管式受气样压力变化影响较大，所以现场采用直管式的较多。无论何种形式的热磁式氧量计都存在较大的测量迟延。

(2) 氧化锆氧量计

氧化锆氧量计是利用氧化锆在高温下电解质两侧氧浓度不同时，会形成氧浓差来进行氧量测量的，其最大特点是测量迟延小、准确度高。氧化锆数据反映了锅炉燃烧状况的好坏，二氧化碳仪器测量效果受到外界的影响，其结果与实际情况不一样。

氧化锆氧量计构成的测量系统大致可分为直插式和抽出式两大类，后者由于需将烟气抽出分析、系统结构复杂且不能及时反映烟气中含氧量的变化，因此，火电厂采用较少。直插式测量系统反应速度快，响应时间短，因而被广泛采用。

2. 电子皮带秤

煤耗量是衡量火电厂经济性的重要指标，为此，必须准确测量单位发电量或供热量所对应的煤耗。火电厂中广泛采用电子皮带秤来测量煤量，电子皮带秤的结构形式很多，例如模拟式电子皮带秤和利用微处理机进行控制的电子皮带秤等。

电子皮带秤是一种可以连续测量并累计皮带运输原煤的设备。它主要由框架、传感器及显示仪表组成，它既可以秤量出皮带上的瞬时输煤量，也可以指示皮带上的累计输煤量。电子皮带秤的传感装置主要有荷重传感器及测速传感器两种。

3. 飞灰含碳量在线仪表

飞灰含碳量在线检测装置是用于电站锅炉飞灰含碳量在线连续监测的仪表，它是由安装在锅炉尾部的灰样收集器，实时收集待测灰样，利用介质微波检测传感器将飞灰的含碳量转换成与之相应的电压信号，经微机处理单元运算，得出飞灰中含碳量数据，为锅炉运行提供燃烧调整以及热效率计算依据。飞灰含碳量在线仪表有利于锅炉的经济运行、节能降耗。

（1）工作原理

微波是一种高频电磁波，是一种电磁能量，频率大约9GHz，它不同于超声波，因为超声波是一种机械能，它是对被测介质的体积有反应。锅炉飞灰含有未燃尽的碳微粒，由于碳具有导电性，它对微波具有吸收作用，吸收要求被测介质在静止状态，需要一个短的时间，吸收有两个方面：一是被测飞灰样本的多少。同样含碳量的灰样，被测样本越多，对微波的吸收越多；二是被测飞灰样的含碳量。在同样多的灰样下，含碳量越多，对微波的吸收越多。

（2）设计原则

飞灰含碳量在线检测装置，通过取样器每次将灰样收集在固定大小的集灰器内，每次测量取同样多的灰样，这就剔除了灰样多少的因素对微波的吸收作用，只留下样本的含碳量对微波的吸收作用。

所有的微波检测设备只能对飞灰含碳量测出一个相对线性关系值，含碳量的绝对值需要通过人工对同一飞灰样本(仪器测量过的样本)进行化学分析一次，测出含碳量绝对值，对微波检测设备进行一次标定，这样微波检测设备每次就可以测量出飞灰含碳量的绝对值。

（3）主要组成

由飞灰取样器、集灰器、灰位监测器、排灰监测器、微波测量传感器、微机处理单元、动力排灰机构和仿真试验控制单元组成。

（4）主要功能及特点：

① 实施含碳量数据值及曲线显示；

② 平均含碳量数值及曲线显示；

③ 一年历史含碳量曲线显示；

④ 系统报警及状态显示；

⑤ 含碳量模拟信号输出。

飞灰取样器一般安装在锅炉尾部烟道水平段，从下方插入，并将管头切割成约30度的斜面，取样器采用法兰连接，如果连接管密封不严会造成取样器取不到灰样。在锅炉投入运行后测碳仪长时间取不到灰样，一般是因为锅炉刚投运待机状态还没有恢复，如果测碳仪系统完好而无法测到灰样，其原因是取样器撞击管被磨损断裂。

4. 转速测量仪表

汽轮机转速是由调速控制系统来保持恒定的，目前火电厂主要采用数字显示式转速测量仪表来测量汽轮机转速，再通过调速控制系统实现转速恒定调节的。

转速测量仪表主要由转速传感器及显示仪表两大部分组成。转速传感器根据其作用不同可以分成磁电式、光电式、霍尔式及涡流式四种，火电厂常用的是磁电式和涡流式转速传感器。

5. 振动测量仪表

转动机械振动对火电厂机组的安全运行有很大影响。火电厂规定不同的转速设备有不同的允许振动值。振动测量仪表一般由拾振器、积分放大器及显示仪表等部分组成，其核心部件是拾振器。

6. 烟气含硫量在线检测系统

烟气排放在线连续监测系统 CEMS 是在兼顾国内实际情况为连续监测烟气排放污染物而设计的系列化在线监测系统。根据使用者不同的需要可以自动连续监测 SO_2、NO_x、CO、和烟尘浓度及其附带测量的有关参数——温度、湿度、O_2/CO_2、流量等。并可以经过数据采集通讯装置，通过调制解调器(Modem)或 GPRS 以有线或无线方式将数据传送至环保行政主管部门，使用单位也可以进行远程的监测或接入 DCS 系统。

1.4.2 分散控制系统(DCS)

1.4.2.1 分散控制系统(DCS)的含义

现代大型发电机组分散控制系统(DCS)是一种标准模式，是监视、控制机组启停和运行的中枢系统，其安全、可靠与否对于保证机组的安全、稳定运行至关重要。随着计算机技术和控制技术的飞速发展，DCS 对机组监控覆盖面日趋完善，其渗透深度也随之增强。目前 DCS 系统的控制功能已不仅仅局限于热机系统的监视、控制及大连锁等，发电机—变压器组、常用电系统乃至开关场的控制也纳入 DCS 中，甚至连自动铜器、励磁等指标、可靠性要求很高的专用设备，也在尝试用 DCS 来实现其功能，而且机组控制室人机界面的设计也由常规仪表加硬手操的监控模式转变为大屏幕、CRT 操作员站加软手操来实现。可见，机组的安全、经济运行对 DCS 的依赖性越来越大。

1.4.2.2 分散控制系统的基本概念和特点

1. 计算机控制系统

随着火力发电机组容量的不断增大、参数的不断提高，热力系统变得更加复杂，在运行中必须监视的信息量和用于控制的指令迅速增加。一些机组的信息量和指令量的总和多达 4000~6000。如此大的信息量和指令量，如果仍然采用常规仪表、独立工作的控制装置和控制开关是很难胜任的。不仅要用很多、很长的监控仪表盘和多人监盘，且很难实现复杂的控制任务，如机组的协调控制，并且也很难保证机组的安全、稳定和经济运行。为此，从 20 世纪 60 年代起，国外就开始将电子计算机技术应用于发电厂的监视和控制。早期的计算机控制系统是以集中型计算机控制系统出现的。集中型控制系统是把几十个甚至几百个控制回路及数千个过程变量的显示、操作和控制集中在单一计算机上实现的，即在一台计算机上实现过程监视、收集数据、处理、储存、报警、登陆以及过程控制，甚至于部分生产调度和工厂管理等。

常规控制是由调节器、测量元件和执行器等仪器仪表组成，根据一般规律所进行的一种自动控制系统。调节方式有串级调节、前馈调节、均匀调节和分程调节。常规调节可以使变量保持在常数的定值调节，也可以是使变量跟踪变化的随动调节，是模拟控制。

2. 与常规仪表控制系统相比具有以下优点

① 控制组态灵活。对控制回路的增减、控制方案的变化、监控画面的修改等，可由软件来实现，一般不需要增建硬件设备。

② 控制功能齐全。可以实现各种先进的控制策略，复杂的连锁控制功能等。

③ 单一计算机的集中控制和管理，便于信息的分析和综合，容易实现整个大系统的最优控制。

④ 有良好的人机接口。使大量的模拟仪表盘仅用几台 CRT 显示，改善了操作员站的工作环境，可减少操作人员，以提高劳动生产率。

但是集中型计算机控制系统有一个致命的弱点，就是危险集中。单台计算机控制着几十个甚至几百个回路，为机组的所有参数提供显示，一旦计算机发生故障，将导致整个生产过程全面瘫痪。其次是它处理的信息多，负荷重，实时性差。第三是系统开发比较困难等。这些缺点影响了集中型计算机系统的应用。

分散控制系统(DCS)是融计算机技术、控制技术、通信技术、CRT 技术为一体，对生产过程进行监视、控制、操作和管理的一种新型控制系统，既具有监视功能(如 DAS)，又具有控制功能(如 FSSS、SCS、DEH 等)。分散控制系统的监视功能和控制功能之间可通过网络或总线进行数据、信息通信，实现信息共享，还可以通过接口与全厂管理计算机联网。分散控制系统通常由集中监视与管理部分、分散控制部分和通信部分等组成。其中集中监视与管理部分是在控制室内，由运行人员通过 CRT 实现人机对话，达到监视、操作、控制、管理机组的目的。分散控制部分则是由各个控制单元，如分散处理单元(DPU)或过程控制单元(CPU)，按工艺流程系统控制几个控制回路或整个子系统，实现控制危险的分散，使系统发生局部故障时，不至于威胁到整个单元机组的安全运行。通信部分是指它与系统中的控制和操作单元相联接，完成对数据信息的传输、转接、存储和处理，达到对信息的操作和管理的目的。

1.4.2.3 火力发电厂对分散控制系统的技术要求

在火力发电厂中，分散控制系统(DCS)应能实现模拟量控制(MCS)、锅炉炉膛安全监控(FSSS)、顺序控制(SCS)和数据采集(DAS)功能。有时也把数字电液位控制系统(DEH)、锅炉和汽轮机旁路控制系统(BPC)以及给水泵汽轮机的电液位控制系统(MEH)包括在内，组成一体化系统，以满足各种运行工况的要求，来保证机组的安全稳定运行。火力发电厂的 DCS 通常由数据通信系统、过程控制站、操作员站及工程师站构成。

1. 过程控制站

过程控制站是 DCS 的一个重要组成部分，它承担着系统的数据采集、模拟量闭环控制、开关量顺序控制、机组辅机连锁及保护等功能。控制站由机柜、电源、控制器、I/O 模件等组成。

(1) 控制器

控制器是过程控制级中的核心，由 CPU、存储器、I/O 接口和总线组成。目前，各种 DCS 均采用了 16 位以上的微处理器。部分产品采用了准 32 位或 32 位微处理器，数据处理能力大幅提高，控制周期可缩短到 0.1~0.2s，并且可执行更为复杂的控制算法，如预测控制、模糊控制以及自整定等。一些先进的DCS还为用户提供了在线修改组态的功能，组态应用程序存到具有电池后备的SRAM中。

控制器是DCS中的重要部分，对于承担机组连锁保护和模拟量自动调节功能的控制器必须冗余配置，一旦某个工作的处理器模件发生故障，系统应能以无绕方式，快速切换至于其冗余的控制器模块上，并在操作员站报警。对于有盘装仪表作后备的DCS系统，硬件配置不一定要冗余，但是对于无监视仪表的系统，DAS的硬件配置也必须冗余。在顺序控制系统中，当控制器分散度较高或驱动级的硬件和软件可独立于上一级工作且对重要对象已配置了直接控制区机动的后备操作器时，控制器可以不冗余配置。

所有控制和保护回路的数字量输入信号的扫描和更新周期应小于100ms；其模拟量输入信号的扫描和更新周期应小于250ms；事件顺序纪录(SOE)的输入信号分辨力应达到1ms；对于需要快速处理的控制回路，其数字量输入信号的扫描周期应不大于50ms，模拟量输入信号应不大于150ms。

(2) I/O模件

DCS中的I/O模件有开关量输入/输出、模拟量输入/输出和脉冲量输入等几种类型。

① 开关量输入模件(DI)。它是用来输入各种开关、继电器或电磁阀触点的开、关状态，输入可以是直流、交流电压信号或干触点。开关量输入信号在模件内经电平转换、光电隔离并经抖动处理后存入寄存器。DI的数量一般为字节数为8的倍数。事件顺序记录(SOE)所用的开关量输入模件是中断型开关量，要求对开关量跳变时的时间标签的分辨率应达到1ms。

② 开关量输出模件(DO)。它是用来将CPU输出的开、关状态信号经光电隔离后控制阀门、继电器、报警装置等。

③ 模拟量输入模件(AI)。它主要是由信号调理和A/D转换两部分构成。对AI要求的两个重要技术指标是测量精确度和抗干扰能力。

④ 模拟量输出模件(AO)。它一般是输出4~20mA或1~5V的直流信号，用来控制各种电动或气动执行机构或调速装置，如各种交流变频调速器。模拟量输出的主要环节是D/A转换，其精度一般为12位，输出通道一般为4~8路。

⑤ 脉冲量输入模件(PI)。它用于转速、电量、涡街流量计等对精确度要求较高的计数式仪表信号采集。

(3) 机柜

控制站的机柜均装有多层机架，供安装电源、控制器和各类I/O模件用。外壳采用金属材料，柜门与机柜主体等活动部分之间应保证有良好的连接，使其为柜内的电子设备提供完善的电磁屏蔽。为保证电磁屏蔽效果及操作人员的安全，要求机柜可靠接地且接地电阻应小于4Ω。

为保证机柜内电子设备的散热，柜内要有风扇，以提供强制风冷气流。为防止灰尘进入，在与柜外进行交换时，最好采用正压送风，将柜外低温空气经滤网过滤后压入机柜。此外，机柜还应有温度自动检测装置，当柜内温度超过规定范围时，应能发出报警信号。

2. 数据通信网络

数据通信网络是DCS的又一重要组成部分，它与系统中的控制和操作单元相联接，完成对数据信息的传输、转接、存储和处理，达到对信息的操作和管理的目的。通信网络应具有的特点是：①快速的实时响应能力；②极高的可靠性；③适应恶劣的现场环境，具有抗电源、雷击和电磁干扰的能力。

DCS 的数据通信网络的结构一般分为现场总线级、机组级和工厂级三层，每一级均有适合于自己的通信网络。

3. 操作员站

操作员站挂在网络通信线上，其任务是通过 CRT、键盘和打印机，为运行人员对机组的运行状况进行监视和操作提供手段。它的基本功能有：

① 监视系统内的每一个模拟量和数字量；

② 显示并确认报警；

③ 显示操作指导；

④ 建立趋势画面并获得趋势信息；

⑤ 打印报表；

⑥ 进行性能计算；

⑦ 自动和手动控制方式选择；

⑧ 调整过程设定值和偏置；

⑨ 控制驱动装置。

操作员站 CRT 画面的切换时间不应超过 2s；数据更新每秒一次；调用任一画面的击键次数，不应多于 3 次。运行人员通过键盘、鼠标等手段发出任何操作指令到被执行完毕的确认信息应在 1s 或更短的时间内执行。从运行人员发出操作指令到被执行完毕的确认信息在 CRT 上反映出来的时间也应在 2. 5~3s。

操作员站一般由处理机系统、存储设备、显示设备、操作设备、打印设备以及支撑和固定这些设备的操作台所构成。

4. 工程师站

工程师站是挂在 DCS 网络上的用于应用系统开发和服务的工作站。它由硬件与软件构成。硬件一般由一台微机系统，包括 CRT、键盘和鼠标组成；软件包括系统软件、组态软件和其他支撑软件等。

工程师站的主要功能是：

① 进行应用程序开发，控制系统组态、数据库和画面的编辑和修改。

② 使组态数据从工程师站下载到各分散处理单元和操作员站。当重新组态的数据被确认后，系统应能自动地刷新内存。

③ 能通过通信总线调出任一已定义的系统显示画面、任一分散处理单元的系统组态信息和运行数据等。

5. 功能分散原则

DCS 的主要优点之一就是整体系统的可靠性高，因为基本控制功能被分散到一些以微处理器为基础的控制器中，这些控制器可以按功能或系统来划分，任一个控制器出现故障只影响一部分功能。DCS 中的控制器或控制单元一般是多回路控制器，其容量很大，能实现上百个回路的控制。一个控制器承担的回路越多，整体系统的投资越少，但在运行中一旦发生故障，所影响的控制回路也就越多，越不利于安全运行。此外，控制器所带的负荷越少，运行可靠性就越高。所以，在进行 DCS 系统硬件配备的设计中，不能为了节省投资而使控制器承担过重的负荷，影响系统的可靠性。

在电力生产过程中，所有被控制的设备都是同时工作来共同完成一个整体的任务，但是各个设备的功能是有分工的，而且其功能的大小也是不相同的。根据各设备功能，合理分成各种局部控制系统，将整个控制系统分散化，是符合实际的。

控制系统分散的基本原则就是提高系统的可靠性，所以，分散化了的各子系统之间应尽量避免交叉。控制器的功能最好按被控制系统划分，这些系统独立性较强，当该系统切换为手动时，不影响其他系统在自动工况下的运行。如在锅炉自动控制系统中，可分为燃烧控制、汽温控制、给水控制等子系统。

6. DCS 的安全性

DCS 因具有很高的可靠性，才能确保电力生产的安全运行。所以 DCS 必须具备以下几条安全措施：

① 整个系统要按被控对象的实际结构和功能要求进行分级分散控制。

② 在分散控制系统中，要尽可能地采用冗余配置。一般来说，各级通信网络、交直流供电电源一定要冗余；MCS、SCS、BMS、DEH 的控制器一定要冗余；DAS 的控制器，若用于监视的常规仪表较多，可不冗余，否则最好冗余；I/O 模件可不冗余，若条件允许也可按 N∶1冗余(N 为工作模件数)。

③ 设备出现故障时，应能在线自诊断。

④ DCS 应具有输出锁定功能，当系统故障或电源消失时，确保执行机构在故障前位置不动，避免控制过程出现扰动。

7. DCS 的供电

系统电源应设计有可靠的后备手段，如采用 UPS 电源，每台 UPS 负荷不得超过 40%，备用电源的切换时间应小于 5ms，以保证控制器不初始化。系统电源故障应在控制室内设有独立于 DCS 之外的声光报警。

DCS 宜采用隔离变压器供电。系统应设计双回路冗余方式供电。其中一路电源要采用 UPS 供电。

UPS 电源应能保证连续供电 30min，以确保安全停机、停炉的需要。

采用直流供电方式的重要 I/O 板件，其直流电源应采用冗余配置，其中一路电源故障应有报警信号。

1.4.2.4 DCS 故障处理

由于 DCS 是由多种硬件、软件及网络构成的系统，其故障点的分布和故障的分析都是比较复杂的，所以应加强对 DCS 的运行监视、检查和技术处理。

DCS 发生故障的紧急处理原则为：

① 配备有 DCS 的电厂，应根据机组的具体实际情况，制定出在各种情况下 DCS 失灵后的紧急停机停炉措施；

② 当全部操作员站故障时(所有上位机“黑屏”或“死机”)，若主要后备硬手操及监视仪表可用且暂时能够维持机组正常运行，则转用后备操作方式运行，同时查找排除故障并恢复操作员站运行方式，否则应立即停机停炉。若无可靠的后备操作监视手段，应立即停机停炉；

③ 当部分操作员站故障时，应由可用操作员站继续承担机组监控任务，此时应停止重大操作，同时迅速排除故障，若故障无法排除，应根据当时运行状况酌情处理；

④ 当系统中的控制器或相应的电源故障时，应按以下原则处理：

1) 辅机控制器或相应电源故障时，可切换至后备手动方式运行并迅速处理系统故障，若条件不允许则应将该辅机退出运行；

2）调解回路控制器或相应电源故障时，应将“自动”切换为“手动”维持运行，同时迅速处理系统故障，并根据处理情况采取相应措施；

3）若是机炉保护的控制器故障时，应立即更换或修复控制器模件；若是机炉保护的电源故障时，则应采取强送措施，此时应做好防止控制器初始化的措施。若恢复失败，应紧急停机停炉；

4）加强对DCS系统的监视检查，特别是发现CPU、网络、电源等故障时，应及时通知相关人员并迅速做好相应的对策。

可见，由于机组类型、DCS配置和机组运行方式等的不同，其采取的措施也不尽相同，但其核心思想是保证机组运行的安全。对DCS故障处理把握性不大或故障已严重威胁机组安全运行的情况下，决不能以侥幸的心理维持运行，应立即停机停炉处理。

此外，热控人员在DCS系统的维护管理方面也应注意同运行人员一样进行，特别是在机组运行中对工程师站的操作，也应执行工作票制度，严防非运行人员(或未经运行人员允许)对机组的安全运行有干预行为。运行人员应对DCS运行的异常状态，如操作员站显示画面微小的颜色、音响及提示的变化等反应敏捷，并能及时做出正确的判断和采取相应的对策。

1.4.3　自动调节概述

热力过程自动化是发电厂热力过程现代化的重要技术措施之一，是确保电厂安全经济运行的重要的手段。所谓自动控制，就是指在没有人直接参与的条件下，自动控制装置是生产设备或生产过程按预定的目标进行的一切技术手段。目前热力过程自动控制主要包括自动检测、自动调节、顺序控制及自动保护四项内容。本篇主要介绍自动调节原理的基本知识及其在电厂热力生产过程中的应用。

1.4.3.1　人工调节

所谓人工调节，是指运行人员根据对参数变化原因的分析，人工操作某一阀门或挡板的开度，改变流入量或流出量，使参数恢复到给定值。例如锅炉汽包水位调节系统，对水位的调节过程是：运行人员首先用眼睛观察水位计的指示值，并通过大脑将水位指示值进行比较，如有偏差，就手动操作给水阀门，直到水位重新达到给定值为止。

1.4.3.2　自动调节

随着机组容量的增大，参数不断提高，人工调节愈来愈显得不可靠和不可能。故现代电厂在生产过程中，为了使被调量恒定或按预定规律变化，可采用一整套自动调节装置来代替运行人员的操作，这种用自动控制仪表进行的操作称为自动调节。比如锅炉汽包水位自动调节，用差压变送器代替人眼，起着观察水位和转换的作用，并把电信号传送给调节器；调节器代替人的大脑进行测量信号与给定值的比较，并进行放大和运算，输出的电信号去控制执行器；执行器代替人手，根据调节器的命令去操作控制机构，改变阀门的开度。由此可见，自动调节是建立在人工调节的基础上的，它既是模拟人工调节，又是人工调节的发展。自动调节的基本原理是根据偏差进行调解，在生产自动化系统中，经常将比例、积分、微分三种调节作用结合起来，构成比例积分微分调节，即称PID调解。

1.4.3.3　自动调节系统中常用的名词和术语

在上述水位自动调节系统中，锅炉汽包是被调节的对象，所要维持的正常水位 H_0 叫做给定值，需要进行调节的实际水位 H 叫作被调量。燃烧率变化、蒸汽流量或给水阀前后压差变化，都会使对象的平衡状态受到破坏，破坏平衡作用的产物称为扰动作用，其中燃烧率的变化和蒸汽流量的变化属于外部扰动；水阀前后压差的变化属于内部扰动。在扰动的作用下，被调量水位 H 发生变化偏离给定值 H_0 时，通过改变给水阀的开度，可使水位 H 恢复到给定值 H_0，这种作用称为调节作用，而给水称为调节机构。

在自动调节领域中广泛地使用下述技术用语：

调节对象：被调节的生产过程或生产设备称为调节对象。

被调量：表征生产过程是否正常进行而需要加以调节的物理量称为被调量。

给定值：被调量所应保持的希望值称为给定值。

扰动：引起被调量偏离给定值的各种因素称为扰动。

调节量：由调节机构改变的使被调量恢复到给定值的物理量称为调节量。

调节机构：实现调节作用的装置称为调节机构，如调节阀、挡板、给粉机等。

基本扰动：由调节机构产生的扰动。

1.4.3.4 自动调节系统的组成

采用自动化仪表和装置来自动的完成调节任务的系统，称为自动调节系统，它有两类设备构成：一是起调节作用的整套仪表和装置，它包括传感器、变送器、定值器、调节器和执行器等，称为广义调节器；二是被调节器所控制的生产设备，即调节对象。由此可见自动调节系统是由起调节作用的广义调节器和被调节器所控制的调节对象通过信号的传递、相互联系有机地组合在一起构成的闭合回路。即自动调节系统由调节对象、变速器、调节器、调节机构组成。

目前火电厂自动调节系统主要是单元机组协调控制系统，它包括协调主控制系统以及锅炉控制子系统、汽轮机控制子系统等。

为了便于形象的研究调节系统，调节器和调节对象之间的相互联系可用方框图形式表示，图 1-13。

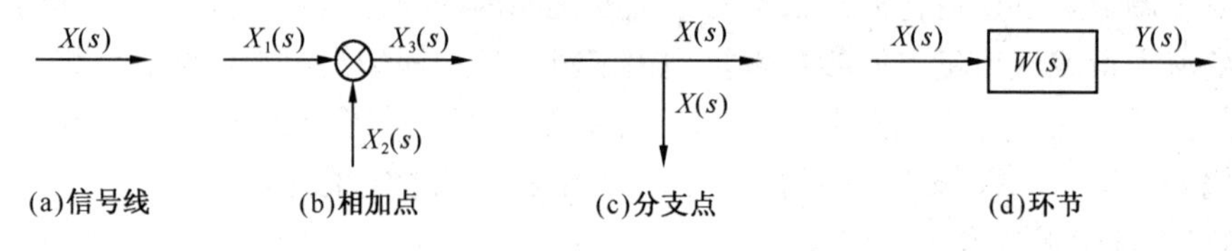

图 1-13　方框图的四要

方框图有四要素：信号线、信号相加点、信号分支点和环节。必须指出，在方框图中信号只能沿信号线箭头方向传递，不能倒回，否则将使输入、输出关系混乱，这说明方框图中信号传递的单向特性。对于同一系统，从不同的角度分析、可以画出若干个不同的方框图。

1.4.3.5 自动调节系统的分类

1. 按调节系统的结构不同分类

(1) 开环调节系统

开环调节系统是指调节器与调节对象之间只有正向作用，而没有反向联系的系统。它的工作原理是直接根据扰动进行调节，也称为前馈调节。若按扰动进行调节的调节量选择合适，就可以及时抵消扰动的影响，使被调量保持不变。但由于没有被调量的反馈，调节结束后，很难保证被调量等于给定值。因此在生产过程中，这种系统是不能单独使用的。

(2) 闭环调节系统

闭环调节系统是指调节器与调节对象之间既有正向作用，又有反向联系的系统。它是按反馈的原理工作的，即根据偏差进行调节，最终消除偏差，也称为反馈调节。

(3) 复合调节系统

在反馈调节系统的基础上加入主要扰动的前馈调节，构成复合调节系统，也称为前馈-反馈调节系统。复合调节与反馈调节相比，有更高的快速性和调节质量，因此得到了比较广泛的应用。

2. 按给定值不同分类

(1) 定值调节系统

被调量的给定值在运行中恒定不变的系统，称为定值调节系统。例如锅炉的汽包水位调节系统，锅炉的过热汽温调节系统。

(2) 随动调节系统

被调量的给定值是时间的函数的系统，称为随动调节系统。例如在机组滑压运行中的锅炉负荷调节回路中，主蒸汽压力的给定值是随外界负荷而变化的，其变化规律是时间的函数。

(3) 程序调节系统

被调量的给定值是时间的已知函数的调节系统，称为程序调节系统。例如发电厂锅炉汽轮机的自启停就是程序调节系统。

3. 自动调节系统按调节规律分类

按调节规律分为双位式调节系统、比例积分微分调节系统等。

4. 其他分类

按动态分类分为连续调节系统、断续调节系统、随动调节系统。

1.4.3.6 锅炉自动调节系统

锅炉是一个多输入、多输出的复杂调节对象，主要输入变量是：负荷、燃料、给水、送风和引风。主要输出变量是：蒸汽、汽包水位、炉膛负压、含氧量等。输入变量发生变化影响蒸汽压力、汽包水位等参数的稳定，导致锅炉不能正常生产。锅炉自动控制系统就是监测锅炉运行参数的变化，来调节燃料量、进风量、排风量、给水量，控制锅炉运行在最佳状态。主要自动控制系统有汽包水位自动控制系统、主蒸汽温度自动控制系统、主蒸汽压力调节的燃烧自动控制系统、炉膛负压调整自动控制系统、氧量调节送风自动控制系统。

1. 蒸汽压力自动控制

大型机组的主蒸汽压力调节系统多采用具有负荷前馈的串级调节系统，主蒸汽压力信号与压力定值信号的偏差值，经主压力调节器输出后作为燃料需求信号送到燃料调节器，燃料调节器输出信号同步控制给粉机转速，实现燃料量的调整。主压力调节器的主要功能是消除主蒸汽压力的偏差，燃料调节器用于快速消除燃料量的扰动，并在燃料需求改变后，使燃料量能快速适应。

① 燃料信号的选择。在燃煤机组中，进入炉膛的煤粉量尚无直接测量的方法，一般采用给粉机转速信号负荷或热量信号代表燃料量信号。

② 负荷前馈信号的选择。作为负荷前馈信号，目前采用的有主蒸汽流量信号、速度级压力与主蒸汽压力比值的信号，还有从协调控制系统来的功率指令信号。

2. 炉膛负压自动控制系统

锅炉引风机调节主要用于维护炉膛负压的稳定，保证机组安全运行。引风机调节系统是一个具有前馈作用的复合调节系统。炉膛负压测量信号和炉膛负压定值信号经调解器直接控制引风机挡板。在前馈信号通道接入送风机挡板控制信号，当送风机挡板信号改变时，同步调节引风机挡板，防止因送风量变化而使炉膛负压产生较大波动。

3. 一次风压自动控制系统

一次风压信号机一次风定值信号经调解器控制二次风总风门，来维持一次风压。一次风压定值信号由两部分组成，即由主蒸汽流量信号转换的一次风压值(由锅炉热效率试验给出)和手动给定偏置值。

4. 送风调节自动控制系统

送风自动控制系统是为了保证锅炉安全经济燃烧而设置的。常用的有蒸汽—空气、燃料—空气、负荷—空气系统以及带有氧量校正的送风调节系统。

① 蒸汽—空气送风调节控制系统。首要任务是保证锅炉具有一定的过剩空气系数。在送风调节系统中，送风调节器接收两个信号：主蒸汽流量信号和经校正后的风量信号，调解器输出信号控制送风量，达到一定的蒸汽流量—空气流量的配比。

燃料—空气系统、负荷—空气系统是以维持一定过剩空气系数为出发点的，只是风量定值信号不同。

② 带有氧量校正回路的送风调节系统。锅炉运行中，烟气含氧量是衡量燃烧系统竞技性的一个重要指标，保证含氧量与过剩空气系数是一致的，含氧量与过剩空气系数之间的关系是

$$过剩空气系数=21/(21-含氧量)$$

带氧量校正回路的送风调节系统可以消除风煤配比造成的误差。风量稳定，一次风压及二次风压就比较稳定，对稳定燃烧有利。当氧量出现较小偏差时，不希望风量有过大的调整。因此氧量校正回路的作用以慢为主，同时对大偏差信号也有一定的调整能力。

氧量的定值信号由两部分组成，一部分是蒸汽流量信号经函数模件转换后的氧量随负荷变化的值(由锅炉热效率试验给出)，另一部分是手动给定信号，作为偏置信号。

5. 汽包水位的自动控制系统

采用三冲量控制方式，自动控制系统监测水位、蒸汽流量、给水流量的变化，控制改变给水流量达到稳定汽包水位的目的。其中引入蒸汽流量的前馈校正，用于抵消或减少由于虚假水位而引起的给水调节器误动作，例如蒸汽流量加大，则控制给水流量增加，克服了假水位而引起的反向动作，稳定了汽包水位；而给水流量是给水调节器动作的反馈信号，使给水调节器早知道调节效果，较好的控制水位变化。

6. 主蒸汽温度的自动调节

① 采用相位补偿的汽温调节系统。在主信号回路中串接了比较器和相位补偿器，比较器的作用是将主汽温度的信号与给定值进行比较，其偏差值进入相位补偿器进行相位和幅值校正，也可统称相位补偿。

② 过热汽温的分段调节系统。大型锅炉的过热器管道较长，结构复杂，为了改善调节品质，可以采用分段汽温调节系统，即将整个过热器分成若干段，每段设置一个减温器，分别控制各段的汽温，以维持主汽温为给定值。如两端调节系统，调节器接收第2段过热器出口汽温及第一级喷水减温后的汽温的微分信号，去调解第一级喷水量，以保持第2段过热器

出口汽温不变。各段的调节系统都采用具有导前微分信号的双回路系统。如果过热器受热面传热形式既有对流又有辐射，则必须采用温差控制的分段调节系统，即前级喷水量用以维持后级减温器前后的温差。

1.4.4 锅炉的热工保护

1.4.4.1 热工保护的基本概念

在机组运行过程中，自动监测系统会不断对热工过程参数进行监视，并及时向值班运行人员提供这些热工参数变化的信息。也就是说，即使运行值班人员未及时发现热工参数的异常情况，自动报警系统也可能在必要时通过声、光等报警信息提醒值班人员。因此在自动调节系统和联动控制系统等自动处理热工参数的异常时，运行值班人员还可以采取其他必要措施。只有当所有处理措施均失效，同时异常情况不断发展甚至可能危及机组设备安全时，自动保护系统的跳闸回路才使用最后的极端措施——立刻停止机组运行，确保机组设备及人身的安全。保护、联锁、程序控制的逻辑框图符号及意义见表1-6。

表1-6 保护、联锁、程序控制的逻辑框图符号

分类	序号	名　称	图形符号	说　明
保护、联锁、程序控制的逻辑框图符号	1	“与”逻辑（$A=X1\cdot X2\cdot X3$）	X1、X2、X3 —[&]— A	当条件X1、X2、X3都存在时，A有输出
	2	“或”逻辑（$A=X1+X2+X3$）	X1、X2、X3 —[≥]— A	当条件X1、X2、X3之一存在时，A有输出
	3	“非”逻辑（$A=X$）	X —[1]o— A	当条件X不存在时，A才有输出
	4	“与非”逻辑（$A=X1\cdot X2\cdot X3$）	X1、X2、X3 —[&]o— A	当条件X1、X2、X3都不存在时，A有输出
	5	“或非”逻辑（$A=X1+X2+X3$）	X1、X2、X3 —[≥]o— A	当条件X1、X2、X3之一不存在时，A才有输出
	6	“禁”逻辑（$A=X1\cdot X2$）	X1、X2(o) —[ ]— A	当条件X1、X2、X3都存在时，A有输出当条件X1、X2同时存在时，A的输出被禁止

1.4.4.2 热工保护的特点

1. 热工保护是保证设备及人身安全的最高手段

一个热工保护系统大致可分成两级：事故处理回路及跳闸回路。事故处理回路是以维持机组继续运行不中断为目的；跳闸回路则以保护设备及人身的安全为目的。

2. 热工保护的操作指令拥有最高优先级

即在任何情况下，不允许人为干扰它的工作，更不允许在机组运行过程中切除或退出热工保护系统。

3. 热工保护系统必须与其他自动控制配合使用

在保护动作过程中，有的联动控制系统完成(例如：送风机或引风机全停时联动停炉)；有的则直接由专门的执行机构去独立完成(例如：汽轮机超速或低真空引起跳闸停机)。后者一般在跳闸后还需通过联动控制区完成一系列操作。

4. 热工保护监测信息的可靠性高

由于保护系统最终是通过终止机组的运行来保证设备及人身安全的，因此，对保护系统监测信息的可靠性要求极高。一般必须是独立的监测系统，如果监测信息不准确，就会引发保护误动或拒动，给设备或人身带来严重安全隐患。

5. 热工保护具有监测和实验手段

热工保护系统在机组正常运行是长期处于待机状态，一旦发生异常情况，要求它能立即动作，为此，热工保护系统必须具有监测和实验手段。

6. 热工保护的结构与特点各不相同

由于机组的结构及运行特性不同，对热工保护系统的要求亦不同，热工保护的组成方式亦不同。

7. 常见的大型火电机组专用的热工保护系统及装置

(1) 辅机故障减负荷系统 RUNBACK(简称 RB)

(2) 机组甩负荷保护系统 FAST CUT BACK(简称 FCB)

(3) 锅炉安全监视系统 FURNACE SAFETY SUPERVISORY SYSTEM(简称 FSSS)

(4) 汽轮机保护监视系统 TURBINE SAFETY INSTALLATION(简称 TSI)

1.4.4.3 锅炉设备的安全监控系统(FSSS)

1. 炉膛保护系统的功能

锅炉是火力发电厂的主要设备之一。燃料在炉膛里燃烧，进行能量转换，如果风、燃料及系统参数配合不当，就有可能造成燃烧不稳或灭火。炉膛灭火后，如果发生误操作，就可能发生爆炸而造成严重的设备损坏事故。因此，安装炉膛安全监控系统，是防止因易燃物积存和误操作而造成锅炉事故的重要措施。

对炉膛及系统进行保护的设备称为炉膛安全监控系统(FSSS)，或称安全监控装置。

(1) 炉膛安全监控系统的主要功能

对炉膛安全监控系统功能的设计，应根据锅炉机组容量的大小和所用燃料特性而定。

锅炉容量对炉膛安全监控系统的要求：

锅炉容量不同，其要求炉膛安全监控系统所应达到的功能也有很大差异，具体设计时，应依据实际情况和有关规定进行。例如，670~850t/h 锅炉应依据以下要求设计：

① 锅炉冷态自动点火；

② 全炉膛火焰检测；

③ 单支燃烧器火焰检测；

④ 炉膛压力越限报警；

⑤ 炉膛压力越限保护；

⑥ 炉膛自动吹扫；

⑦ 全炉膛灭火保护；

⑧ 制粉系统程序自启停(对有条件的电厂)；

⑨ 首次跳闸原因记忆；

⑩ 单支燃烧器火焰消失保护(对有条件的电厂)；

⑪ 自检。

(2) 炉膛安全监控系统功能说明

① 锅炉点火前必须对炉膛进行吹扫。吹扫开始和吹扫过程中必须满足吹扫条件。吹扫条件应根据锅炉容量及制粉系统型式而定。例如，对于670~850t/h锅炉应达到的条件是：

1) 至少一台吸风机、一台送风机在运行，且相应挡板应打开。

2) 至少一台回转式空气预热器在运行，且相应挡板应打开。

3) 全部给粉机停运(中储式制粉系统)，全部排粉机停止运行(中储式)，全部一次停止运行，全部磨煤机停止运行(直吹式系统)。

4) 汽包水位达到点火的规定水位。

5) 总燃油(或气)阀关闭。

6) 风量为额定负荷时的风量的25%~30%。

7) 全部油枪(或气枪)的关断阀或快关阀关闭。油(或气)的检漏试验合格，燃油压力正常，各火焰检测器检测不到火焰。火焰检测器冷却风压正常。

8) 全部给煤机、磨煤机停止运行且相应挡板关闭。二次风机挡板有50%以上打开。

② 炉膛灭火保护系统和机电炉大连锁系统宜相互独立，MFT(主燃料掉闸)信号宜直接作用于最后执行对象。

③ 不是因送风机、吸风机掉闸引起的MFT动作，送、吸风机不能跳闸；由于送、吸风机跳闸引起MFT动作后，应延时打开所有送、吸风机挡板，并保持全开状态下自然通风不少于15min。

④ 给粉机或给煤机控制电源中断时，应同时切断给粉机或给煤机的电动机电源。

(3) 炉膛安全监控系统的信号

① 炉膛火焰检测

火焰检测装置是FSSS系统的关键设备。火焰检测器根据火焰的物理特性对燃烧工况进行检测。当火焰燃烧状态不正常或灭火时，可按一定方式给出信号，作为故障报警或FSSS的逻辑判断条件。

火焰检测装置一般由探头、传输电缆、信号处理装置等组成，三者均有各自相应的类型。常用的火焰监测装置有：

1) 离子式火焰检测装置。

2) 可见光式火焰检测装置。

3) 紫外线式火焰检测装置。

4) 红外线式火焰检测装置。

② 炉膛压力检测

1）炉膛压力取压装置及脉冲管路的安装。

2）安装取压装置及脉冲管路，应依照本书所述的有关规定进行。

3）一般须开3~4个ϕ100mm的取压孔。其取样点位置，按炉型由制造厂确定。一般在距炉顶2~3m处两侧墙和前墙上开孔，每侧开孔应均匀分布。插入的取样管口与内炉墙面平齐并下斜约45°~60°。取样管与墙体接触处应严密不漏风。取样孔四周1.5m内不应有吹灰孔，以免吹灰时干扰炉膛压力的检测值。

如果是对已运行过的锅炉开孔，开孔标高与原有取压孔一致，且与原取样孔之间的水平距离应大于2m。其他要求与原取样孔一致。

4）各取压孔必须单独使用，脉冲管路不得紧贴炉墙或其他热体敷设。

5）在取压装置与变送器之间可装设缓冲容器（亦称平衡容器），但必须考虑由此引起的传输延时作用。一般情况下缓冲器的时间常数τ应不大于2s。另外可采取在缓冲容器与取压装置之间装一缩孔的方法进行延时，容积为38L的缓冲容器配孔径2.4mm的缩孔是最佳的安装组合。

③ 压力保护定值的确定

1）炉膛压力高、低报警值和保护（MFT动作）定值及延迟时间由锅炉制造厂和电力设计院确定。如属已运行的锅炉，因无厂家和设计控制指标，则应根据实际情况通过试验确定，并按以下几点作为确定定值的依据：锅炉正常启动和停运过程中炉膛压力波动的幅值；炉膛强度；实际灭火试验所测得的炉膛压力数值。

2）炉膛压力的越限报警值，应适当大于锅炉正常启、停时的最大压力值。

3）保护动作值的确定，首先应考虑能保障人身和设备安全，但又不可过于保守，以致造成不必要的频繁保护动作。所以，炉膛保护动作值，可考虑选用锅炉额定负荷情况下，火焰消失时的最大负压值的50%。

4）炉膛压力保护动作值应低于炉膛强度设计值。随着锅炉服役年限的延长，尤其是对曾经发生过炉膛爆炸事故的锅炉，其炉膛强度必然有所下降，因此在确定炉膛压力保护定值时必须充分考虑这些因素。

5）锅炉在正常操作或异常工况下，炉膛可能产生瞬时的压力波动。为了抑制由此而造成的报警或保护动作，可适当增加阻尼环节。

6）炉膛压力保护动作值及动作延迟时间的确定，必须经总工程师批准后方可在运行中实施。

7）压力信号应选用“三取二”逻辑运算信号。

④ 开关量压力变送器

1）炉膛安全保护系统的正、负压开关，必须选购质量可靠、性能满足实际要求的开关量变送器。

2）关于压力（包括微压、负压）变送器的工作原理，请参阅有关内容。

2. 炉膛安全监控系统的组成

炉膛安全监控系统所使用设备的类型很多，但目前由微机组成的炉膛安全监控系统在各火力发电厂中已普遍使用，所以本节只以微机型炉膛安全监控系统为例加以说明。

在锅炉控制台（盘）上宜装设以下设备：

① 炉膛吹扫操作设备。

② MFT操作设备。

③ 点火方式选择，包括点火、助燃油枪及燃烧器切投等设备，要根据主设备的要求和自动化程度而定。

④ 系统显示、报警等要根据锅炉容量和自动化程度而定，并应尽量满足以下几点建议：

1）MFT 动作条件宜进入热工信号系统和 CRT。

2）炉膛吹扫条件送入热工信号系统和 CRT，不必单设专门的信号系统。

3）跳闸首出原因应送信号灯及 CRT。

3. 提高微机保护可靠性的措施

① 为提高整机抗干扰能力，输入、输出接口应采用光电隔离技术。

② 为防止微机拒动，应采用跨越逻辑保护。

③ 宜采用冗余配置，双机并行运行。

④ 应有软件、硬件自检程序，防止程序和元器件发生故障。

⑤ 为防止偶然停电事故，应采用双路电源供电，其中一路为 UPS 电源，微机内存应有后备电池，以防止数据丢失。

⑥ 要有符合微机运行的环境条件。

4. 对炉膛火焰监测装置的要求

① 能正确检测火焰。

② 能区分被检燃烧器和背景火焰。

③ 有故障自检功能。

④ 能检测全炉膛火焰及单支燃烧器火焰。

5. 外围设备

① 应有连续、稳定供给探头冷却风的冷却风系统，并要求风量、风压满足要求。

② 冷却风系统的电源应可靠，要求双风机每台为 100% 容量，能自动切换、就地启动，并有风压高、低连锁功能。

③ 炉膛压力取样及管路敷设，应符合本章第一节中所述的各项要求。

④ 开关量变送器必须安装在不易发生碰撞、振动小、灰尘少的安全地方（专用房间或专用保护柜内）。

6. 微机型炉膛安全监控系统

微机是炉膛安全监控装置的控制和逻辑运算的核心，下面我们对以 MCS8031 单片机组成的 FSSS 为例进行说明，其基本结构。

（1）输入接口

该系统的输入信号包括模拟量输入信号和开关量输入信号。系统输入信号的处理，包括滤波、电平转换以及光电隔离等。因为系统中火焰检测器和压力变送器来的信号均为模拟量信号，故采用统一的 A/D 转换器。由于现场有强电磁场干扰，在 A/D 转换前应进行光电隔离，而信号的传送则采用屏蔽电缆。全部开关量也经过光电隔离。

（2）输出接口

输出接口为控制对象提供控制信号，并通过输出寄存器来控制继电器完成 MFT 动作和点亮面板上由发光二极管构成的显示器。火焰信号输出通过 D/A 转换，用电平显示器显示每个火焰信号的强弱，送往现场的信号全部实行光电隔离。

（3）跨越逻辑保护

为了提高整个装置的可靠性，增加了跨越逻辑保护部分。该部分是将炉膛压力高、低两个重要信号送入一个由硬件构成的三取二逻辑处理回路，经运算、延时处理后去动作 MFT，这样就使监控系统相当于双机系统。因为越跨保护的动作过程稍大于微机的延时，所以正常情况下微机指令起主导作用。这样相当于两个保护回路并联工作，可有效地防止保护拒动。

FSSS 系统采用了 Intel 公司 MCS8031 单片机，这是 Intel 公司于 80 年代初推出的产品，即 MCS-51 系列单片机。该系列单片机包含三个品种：8051、8751 和 8031。其特点是：

1）高可靠性。由于总线在芯片内部，不易受干扰，且整机体积小容易采取屏蔽措施。

2）高集成度。该芯片内部有 128 个字节的 RAM，4 个 8 位并行口，一个全双工串行口，两个 16 位的定时计数器及功能很强的 CPU，不过 8031 内部无 ROM，必须外接 EPROM。

3）价格低。

编制软件的原则及抗干扰措施如下：

1）采用模块式的软件编制原则。其编制原则就是：将装置需要的各种逻辑、运算功能编写成子程序；每一子程序占有一定的存储空间和起始地址，形成一个功能模块；系统管理程序可分时调用这些功能模块去完成实时的逻辑运算处理。

2）采用数字滤波。数字量滤波采取故障信号判别法。现场采集的故障信号以“OF”方式存入 RAM 中。当各信号均被采集到一定次数后，利用判别指令判断它们总的故障率是否大于 90%。如大于 90%，则在事故单元存入事故标志“AA”，每隔若干毫秒(ms)滤波一次。只有在故障单元出现两次“AA”的情况下，才发出 MFT 跳闸指令。这是消除采样过程中随机干扰的有效措施。

3）自检。软件自检程序能对各个接口进行自检，以判断装置本身的完好性。

4）采用卷回技术。卷回，就是利用 CTC 对整个程序执行时间进行计时，如程序在执行过程中受到随机干扰，产生飞程现象时，其运行时间与程序正常运行时间不符，CTC 发出脉冲，使单稳触发器被触发，申请中断；CPU 发出指令，使程序重新执行，即卷回到正确位置。

5）保持堆栈平衡。在调用某些功能模块时使用了堆栈，返回时脱离了堆栈，造成了栈顶地址变动。在编程中采用了自动将堆栈内存抛入垃圾堆中的措施，以保持栈顶平衡，保证程序正常运行。

故障模块功能：

调入故障判断模块中的子程序，以决定是否发出跳闸 MFT 或报警。当 MFT 跳闸后，进行首次跳闸记忆，点亮记忆灯，打印出跳闸原因及时间，追忆事故顺序。

吹扫及点火功能：

对现场吹扫条件进行采样，10 个吹扫条件全部具备，则进行定时吹扫。吹扫完毕后进行点火。如在限制时间内点火成功，管理程序重新返回到初始入口，这样不断循环进行。

7. 锅炉炉膛安全监控系统的调试与运行

认真做好调试前的准备工作。

① 技术资料及设计图纸应齐全，工作人员应认真阅读和掌握。

② 准备好必要的调试用仪器和工具，主要有光源装置、测量用仪表和记录仪、倾斜式微压计等。

③ 进行一次全面的设备大检查，检查的重点是：

1）结构设计和整体布置应合理，且应便于安装、调试和检修。

2）装置内部线路应无开焊、短路、甩线现象。

3）电缆接线整齐、完整，无接地故障。

4）系统硬件配置齐全且与设计要求相符。

5）相关设备已具备调试条件。

④ 系统调试要点

首先应调整好探头的机械位置，使之对准被检火焰。在调试火焰信号时，既要考虑可靠性，又要考虑鉴别能力，故应满足下述要求：

1）调试火焰检测信号，应分别在锅炉高、低两种负荷工况下进行，以使全工况下均能正常检测。高负荷时应确保对切、投火嘴的鉴别能力；低负荷时应确保火焰信号能可靠显示。

2）在单个火焰监测装置调整正确后，可进行同一层面上各火焰信号的调整。

3）火焰信号、压力信号是否需要加延迟时间以及延迟时间的确定，应通过试验和总结运行经验后确定。

4）火焰信号应有一定的调整范围，且应能鉴别出不同负荷下不同亮度的火焰信号，并考虑以下的原则要求：

5）调试层面火焰信号为“四取三”逻辑保护回路时，应分别对各层的四个火焰信号进行不同组合，并反复多次地调试。

6）为实现点火程序控制，油层火焰检测应具有单支油枪火焰鉴别能力。

7）底层火焰定值宜偏低，主要考虑可靠性要求。

8）顶层火焰定值宜侧重考虑鉴别能力。

9）炉膛压力报警和保护动作定值，应根据以下因素来确定：

a. 锅炉正常启、停时炉膛压力波动范围。

b. 锅炉发生局部爆燃、掉焦等非正常工况时，炉膛压力波动范围。

c. 锅炉炉膛的设计强度(参照制造厂提供的数据)。

d. 锅炉已运行的时间。运行时间越长，炉膛强度会相应下降，定值应减小。

e. 对运行其间发生过“放炮”或其他原因造成损坏的锅炉定值宜偏低。

f. 应保证低负荷灭火后保护装置不会拒动，高负荷时不会误动。

g. 既要保证锅炉灭火后的安全，又不要因定值不合适而造成保护频繁动作。

h. 正压定值绝对值比负压定值绝对值一般宜低 100~200Pa。

⑤ 调试炉膛压力为“三取二”逻辑保护回路时，应分别将三个正压(或负压)进行不同的组合，并反复试验多次，其逻辑关系均应正确。

8. 炉膛安全监控系统的调试项目与内容

(1) 试验室内的检查与调试项目

① 火焰检测探头应进行耐温试验。

② 火焰检测器应作性能测试：探头前方有光时，“火焰发暗”和“灭火”报警灯应熄灭，且平均光强度指示表应指示在80%以上；探头前方无光时，“火焰发暗”和“灭火”报警灯应亮，同时应输出灭火接点信号，且全信号光强、平均光强、闪烁光强指示表均应指在零位。

③ 调校好压力、温度开关及有关仪表和变送器。

④ 进行系统静态调试时，应将停炉连锁保护(MFT)切除，然后按以下项目进行：

1）测试系统绝缘性能应合格。

2）电源波动、送电、失电及电源切换试验均不应出现异常情况，不应发生误报警、误动作。

3）探头安装位置(角度及插入深度)的调整试验：冷却风系统、风机(电压、切换、风量、风压、差压等)、管路(无水、无尘、无堵、无泄漏)及探头连接等调试合格；源为压缩空气，则应做空气压缩机出口的最低压力定值试验；探头插入角度试验。

4）炉膛压力系统试验：炉膛压力越限报警定值试验；炉膛压力保护动作整定试验。

5）MFT跳闸逻辑功能检查试验：手动MFT，掉闸动作是否正常；炉膛压力高(或低)"三取二"逻辑功能是否正常；逐个检查单个火嘴"火焰丧失"显示是否正常；检查全炉膛"火焰丧失"的"四取三"、显示、报警及保护动作功能是否正常；"燃料中断"显示、保护动作是否正常；"冷却风系统故障"显示、保护动作是否正常；其他"MFT"跳闸条件存在时，动作是否正常。

6）检查炉膛吹扫逻辑功能：各吹扫条件满足时，"允许吹扫"灯亮；在吹扫过程中，"吹扫进行"灯亮，而当任一条件被破坏时，"吹扫中断"灯应亮；吹扫时间是否符合设计值；吹扫结束后，"吹扫完成"灯应亮。

(2）现场动态试验内容

① 试验前的检查及准备：

1）火焰检测、炉膛压力、冷却风等系统均应完成分部调试且一切正常。

2）各项定值均已设置好。

3）锅炉运行正常且负荷稳定。

4）各有关执行机构、烟风挡板动作灵活。

5）锅炉事故放水门、对空排汽门完好且动作可靠。

② 调试项目及其要求：

1）检查现场干扰电平，挡住探头前方光源，观察以下指示值：全信号光强度指示应在1%及以下；平均光强指示应在10%及以下。闪烁光强指示应20%及以下。

2）检查灵敏度：锅炉在额定负荷下运行正常，燃烧稳定，平均光强和闪烁光强均在80%及以上。

3）"火焰发暗"报警整定试验：利用锅炉正常停炉过程，随着负荷下降火焰平均光强指示值下降直到燃烧严重不稳定，炉膛火焰发暗，全炉膛火焰将要消失时，应发出"火焰发暗"报警信号。否则，应调整，使"火焰发暗"的显示、报警(声光)信号出现。

4）"锅炉灭火"整定试验：利用正常停炉机会观察，当锅炉灭火时"火焰发暗"及"灭火"报警声光信号出现，否则应调整灵敏度。

5）炉膛压力越限报警及动作试验：这与锅炉灭火试验同时试验，也可在锅炉点火前进行试验。

6）冷却风机启、停、切换试验。

7）使MFT动作及手动试验MFT。

8）吹扫程序试验。

9. 炉膛保护系统的运行

因为采用的系统各有差异，所以应根据所用设备制定FSSS系统的运行规程，并严格执行。运行规程应包括以下主要内容。

(1)炉膛保护设备

① 火焰检测器的型式、数量等，并包括冷却风系统的设备和运行方式。

② 炉膛正、负压监测。

③ 逻辑功能及操作面板(盘台)设备说明。

④ 灭火保护的工艺信号。

(2) 炉膛保护动作及停炉条件

这主要包括炉膛正负压力定值、燃料丧失、全炉膛灭火等设备状态说明。

① 炉膛吹扫条件主要有：

1) 各层均无火；

2) 无掉闸指令；

3) 吸送风要求；

4) 无油、粉投入要求。

② 炉膛安全监控系统的投入与切除。

冷态时投入步骤为：

1) 启动冷却风机，其具体操作步骤为：

a. 送冷却风机电源及合上热工电源开关。

b. 放好并核对有关风机操作开关位置。

c. 启动。

d. 启动后的检查。包括逐个检查探头通风情况、风压，管路有无泄漏等。

e. 风机启动后不允许停运，并定期切换风机。

2) 投入保护。

a. 开启吸、送风机。

b. 检查吹扫条件并进行吹扫。吹扫完成后，炉膛保护即投入。

灭火保护动作后的操作：

灭火保护动作停炉后，因灭火保护有“清扫”闭锁条件，所以清扫未完成不能进行点火操作。应按下列要求进行操作和检查：

3) 允许清扫指示灯应全亮。

4) “清扫准备好”灯亮后，按下“可清扫”按钮，这时“正在清扫”灯应亮，表明正在清扫。

5) “清扫完成”灯亮后，表明清扫已结束。

6) 清扫完成后方可进行点火操作。

(3) 保护装置的维护

① 进行冷却风系统的定期维护工作。

② 按保护系统巡回检查项目及要求检查所属设备。

③ 定期吹扫正、负压取样管路。

④ 执行灭火保护装置切、投的规定。

⑤ 炉膛保护的定期试验。

1.4.5 计量知识

计量工作是国民经济中一项重要的技术基础和管理基础，它的基础作用主要表现在一是技术保证作用，二是技术监督作用。国务院于 1984 年 2 月 27 日发布了《关于在我国统一实行法定计量单位的命令》，要求我国的计量单位一律采用以国际单位为基础的法定计量单位。国际单位制是在 1960 年第十二届国际计量大会(CGPM)上正式通过并命名，简称为

"SI"。中华人民共和国计量法于 1986 年 7 月 1 日实施。

1.4.5.1　计量与计量单位

计量就是"实现单位统一和量值准确可靠的测量"。

计量管理的任务是：认真贯彻执行国家法律、法规及股份公司各项规章制度，科学公正地开展计量工作，保证测量器具的正确使用、保证量值的一致、准确。

计量工作的特性具有自然科学和社会科学两重性，表现为科学技术和管理的统一。根据它的两重性具体可归纳为以下四个特点。

1）统一性，它是计量工作的本质特性。

2）准确性，没有准确性就无法达到统一性。

3）广泛性和社会性，表现在自然科学和社会科学两方面。

4）法制性，计量工作具有以上几个特点，也就决定了计量工作必须具有法制性。

1.4.5.2　法定计量单位

法定计量单位，是指国家以法令的形式，明确规定并且允许在全国范围内统一实行的计量单位。凡属于一个国家的一个法定计量单位，在这个国家的任何地区、任何领域及所有人员都应按规定要求严格加以采用。一个单位制中基本的主单位称为基础单位。国际单位制的单位有 7 个，可以适应各个科学领域的需要，在国际单位制中以长度、质量、时间、电流、热力学温度、物质的量、发光强度为基本单位。我国的法定计量单位中，压强的单位帕斯卡(Pa)是 SI 的导出单位。国际单位制是在米制基础上发展起来的单位制，其国际简称为 SI，国际单位制包括 SI 单位和 SI 单位的十进倍数与分数单位两部分。

我国的法定计量单位包括以下内容：

1）国际单位制的基本单位；

2）国际单位制的辅助单位；

3）国际单位制中具有专门名称的导出单位；

4）国家选定的非国际单位制的单位；

5）由词头和以上单位所构成的十进倍数和分数单位。

1.4.5.3　法定计量单位的构成

按照国务院《关于在我国统一实行法定计量单位的命令》的规定，我国法定计量单位由以下六个部分组成。

1）国际单位制的基本单位，见表 1-7。

2）国际单位制的辅助单位，见表 1-8。

3）国际单位制中具有专门名称的导出单位，见表 1-9。

4）国家选定的非国际单位制单位，见表 1-10。

5）由以上单位构成的组合形式的单位。

6）由词头和以上单位构成的十进倍数和分数单位，见表 1-11。

表 1-7　国际单位制的基本单位

量的名称	单位名称	单位符号	量的名称	单位名称	单位符号
长度	米	m	热力学温度	开【尔文】	K
质量	千克(公斤)	kg	物质的量	摩【尔】	mol
时间	秒	s	发光强度	坎【德拉】	cd
电流	安【培】	A			

表 1-8　国际单位制的辅助单位

量 的 名 称	单 位 名 称	单 位 符 号
平 面 角	弧 度	rad
立 体 角	球面度	sr

表 1-9　国际单位制中具有专门名称的导出单位

量的名称	单位名称	单位符号	其他表示式例
频率	赫【兹】	Hz	s^{-1}
力；重力	牛【顿】	N	$(kg \cdot m)/s^2$
压力，压强；应力	帕【斯卡】	Pa	N/m^2
能量；功；热	焦【耳】	J	N. m
功率；辐射通量	瓦【特】	W	J/s
电荷量	库【仑】	C	A·s
电位，电压，电动势	伏【特】	V	W/A
电容	法【拉】	F	C/V
电阻	欧【姆】	Ω	V/A
电导	西【门子】	S	A/V
磁通量	韦【伯】	Wb	V·S
磁通量密度，磁感应强度	特【斯拉】	T	Wb/m^2
电感	亨【利】	H	Wb/A
摄氏温度	摄氏度	℃	
光通量	流【明】	lm	cd·sr
光照度	勒【克斯】	lx	lm/m^2
放射性活度	贝可【勒尔】	Bq	s^{-1}
吸收剂量	戈【瑞】	Gy	J/kg
剂量当量	希【沃特】	Sv	J/kg

表 1-10　国家选定的非国际单位制单位

量的名称	单位名称	单位符号	换算关系和说明
时间	分	min	1min = 60s
	【小】时	h	1h = 60min = 3600s
	天(日)	d	1d = 24h = 86400s
平面角	【角】秒	(″)	1″=(π/648000)rad (π 为圆周率)
	【角】分	(′)	1′= 60″=(π/10800)rad
	度	(°)	1°= 60′=(π/180)rad
旋转速度	转每分	r/min	$1r/min = (1/60)s^{-1}$
长度	海里	nmile	1nmile = 1852m (只用于航行)
速度	节	kn	1kn = 1nmile/h =(1852/3600)m/s (只用于航行)
质量	吨	t	$1t = 10^3 kg$
	原子质量单位	u	$1u \approx 1.6605655 \times 10^{-27} kg$
体积	升	L，l	$1L = 1dm^3 = 10^{-3} m^3$
能	电子伏	eV	$1eV \approx 1.6021892 \times 10^{-19} J$
级差	分贝	dB	
线密度	特【克斯】	tex	1tex = 1g/km

表 1-11　用于构成十进倍数和分数单位的词头

所表示的因数	词头名称	词头符号	所表示的因数	词头名称	词头符号
10^{18}	艾【可萨】	E	10^{-1}	分	d
10^{15}	拍【它】	P	10^{-2}	厘	c
10^{12}	太【拉】	T	10^{-3}	毫	m
10^{9}	吉【咖】	G	10^{-6}	微	μ
10^{6}	兆	M	10^{-9}	纳【诺】	n
10^{3}	千	k	10^{-12}	皮【可】	p
10^{2}	百	h	10^{-15}	飞【母托】	f
10^{1}	十	da	10^{-18}	阿【托】	a

注：1. 周、月、年(年的符号为 a)，为一般常用时间单位。

2.【　】内的字，是在不致混淆的情况下，可以省略的字。

3. (　)内的字为前者的同义语。

4. 角度单位度分秒的符号不处于数字后时，用括弧。

5. 升的符号中，小写字母 l 为备用符号。

6. r 为“转”的符号。

7. 人民生活和贸易中，质量习惯称为重量。

8. 公里为千米的俗称，符号为 km。

9. 10^4 称为万，10^8 称为亿，10^{12} 称为万亿，这类数词的使用不受词头名称的影响，但不应与词头混淆。

1.4.5.4　计量器具

计量器具是指能用以直接或间接测出被测对象量值的装置、仪器仪表、量具和用于统一量值的标准物质。国家计量基准有如下特点：

① 它是一个国家内量值溯源的重点；

② 它是量值传递的起点；

③ 用以复现和保存计量单位量值；

④ 具有最高的计量学起点。

1.4.5.5　计量器具的分类及一般管理知识

1. 按结构特点分类，计量器具可以分为以下三类：

① 量具。即用固定形式复现量值的计量器具，如量块、砝码、标准电池、标准电阻、竹木直尺、线纹米尺等；

② 计量仪器仪表。即将被测量的量转换成可直接观测的指标值等效信息的计量器具，如压力表、流量计、温度计、电流表、心脑电图仪等；

③ 计量装置。即为了确定被测量值所必须的计量器具和辅助设备的总体组合，如里程计价表检定装置、高频微波功率计校准装置等。

2. 按计量学用途分类，计量器具也可以分为以下三类：

① 计量基准器具；

② 计量标准器具；

③ 工作计量器具。

3. 计量器具必须具备的条件：

① 经计量检定合格；

② 具有正常工作所需的环境条件；

③ 具有称职的保存、维护、使用人员；

④ 具有完善的管理制度。

4. 计量器具的管理

一般情况下企业根据实际情况和主要产品的技术要求及常用计量器具低值易耗的特点，将计量器具划分为 A、B、C 三类进行管理。

(1) A 类计量器具的范围

① 生产工艺过程中和质量检测中关键参数用的计量器具；

② 精密测试中准确度高或使用频繁而量值可靠性差的计量器具；

③ 进出厂物料核算用计量器具；

④ 用于贸易结算、安全防护、医疗卫生和环境监测方面，并列入强制检定工作计量器具范围的计量器具。

实际用以检定计量的计量器具是工作计量基准。计量器具的强制检定特点是检定由政府计量行政部门强制执行，检定关系固定，定点定期送检，检定必须按检定规程实施。

(2) B 类计量器具的范围

① 生产工艺过程中非关键参数用的计量器具；

② 产品质量的一般参数检测用计量器具；

③ 二、三级能源计量用计量器具；

④ 企业内部物料管理用计量器具。

(3) C 类计量器具的范围

① 低值易耗的、非强制检定的计量器具；

② 一般工具用计量器具；

③ 在使用过程中对计量数据无精确要求的计量器具；

④ 国家计量行政部门明令允许一次性检定的计量器具。

5. 计量器具管理办法

(1) A 类计量器具管理办法

① A 类计量器具中属强制检定的计量器具，必须严格按国家计量行政部门的检定管理办法，执行强检。属于非强制检定的计量器具，按有关的检定管理办法、规章制度和检定周期定期进行检定；

② 对准确度高、量值易变、使用频繁的计量器具要列作抽查重点，加强日常监督管理；

③ A 类计量器具的配置数量，应能确保计量器具按期检定，检定与维修期间生产经营活动正常进行；

④ A 类计量器具原则上由质管部统一控制管理。

(2) B 类计量器具管理办法

① 对列入 B 类管理范围的计量器具，如符合国家检定规程要求的应按规定进行周期检定；

② 对无检定规程但需要校准的计量器具(检测设备)应按规定进行校准；

③ B 类计量器具的配备数量，应能保证企业生产经营活动正常进行。

(3) C 类计量器具管理办法

① 一般工具用计量器具，可根据实际使用情况实行一次性检定和有效期管理使用；

② 对准确度无严格要求，性能不易改变的低值易耗计量器具和工具类计量器具可在使用前安排一次性检定；

③ 对 C 类计量器具要进行监督管理，如不定期的抽查和以比对的方式对其进行校对。

计量器具新产品是指本单位从未申请过的计量器具，包括对原有产品在结构、材质等方面作了重大改进导致性能、技术特征发生变更的计量器具。注销印和鉴定结果通知书是计量检定机构对检定不合格的计量器具出具的证明。修理本单位制造的计量器具可以免予申请修理许可证。

6. 计量器具的检查内容

按照管理环节的不同，计量检定可以分为周期检定、出厂检定、修后检定、进口检定、仲裁检定。计量检定工作应按照经济合理的原则，就地、就近进行，不受行政区划分和管辖范围的限制。对于在连续运转装置上的 B 类计量器具，可根据国家有关检定规程的要求，按企业设备大修的自然周期安排检定。一般检查内容为：

① 外观的检查。

② 仪表示值量程校验。

③ 灵敏度校验。

④ 精度校验。

⑤ 出具实验报告和结果证书。

1.4.5.6 计量误差的概念

测量值与被测量真实值之间的差异称为测量误差，主要有系统误差、随机误差等。

1. 系统误差

在偏离规定的测量条件下多次测量同一量时，误差的绝对值和符号保持恒定，或者在该测量条件改变时，按某一测定规律变化的误差，称为系统误差。当造成系统误差的某项因素发生变化时，系统误差本身也按一定的规律随之变化，系统误差与引起的原因之间存在着某种内在的联系。

2. 基本误差

测量设备在规定的条件下使用时产生的示值误差称为基本误差。

3. 随机误差

随机误差是指在实际测量条件下，多次测量同一量时，误差的符号和绝对值以不可预定的方式变化的误差。

4. 粗大误差

粗大误差是指超出在规定条件下所预期的误差。粗大误差的特点是使测得值明显地偏离被测量的真值，其原因是有关工作人员的失误、计量器具的失准以及影响量超出所规定的值或范围等。

计量器具的零位误差应属于定值系统误差。设备误差是计量误差的主要来源之一，可分为器具误差、测量装置误差、附件误差、随机误差。

准确度是正确度和精密度的总称。正确度表征系统误差的大小；精密度表征随机误差的大小。因此，仪表的准确度是表示测量结果与被测量真值之间的综合的接近程度。为确保测量的准确性，测量工作者在测量过程中必须仔细认真，避免产生疏忽误差，对于系统误差和随机误差则应采取修正、补偿等措施来减小误差，或多测几次，用求取平均值的办法来减小误差。

常用的消除定值系统误差的方法，除了消除误差源外，还有交换法、加修正法、替代法、抵消法。

1.4.5.7 仪表误差的概念

电厂生产过程中的各种参数和变量都是通过各种仪表来测量，并以此有效地进行工艺操作和稳定生产。测量的准确性关系到工艺操作的平稳和正确，因此总是希望测量的结果能准确无误。但是测量结果都具有误差，任何先进的测量方法，任何准确的测量仪器，均不可能使测量的误差等于零。误差自始至终存在于一切科学实验和测量的过程中。

1. 测量误差的定义

测量误差是指测得值与被测量的真值之差。它有绝对误差和相对误差两种表达方式。

(1) 绝对误差

绝对误差 Δx 是测得值 x 与其真值 x_0 之差，即

$$\Delta x = x - x_0$$

绝对误差是带符号的，Δx 有可能是正号，也可能是负号。

(2) 相对误差

相对误差 δ_x 是绝对误差 Δx 与真值 x_0 之比，即

$$\delta_x = \frac{\Delta x}{x_0} = \frac{x - x_0}{x_0}$$

(3) 引用误差

引用误差指绝对误差与测量范围的上限值或量程之比值，以百分数表示，即

$$\delta'_x = \frac{\Delta x}{x_{max} - x_{min}} \times 100\%$$

式中，δ'_x为引用误差，x_{max}为测量范围上限值，x_{min}为测量范围下限值。

引用误差也称相对折合误差或相对百分误差，它用来表示仪表的准确度。

2. 测量误差的来源

① 测量器具(仪器仪表)本身的结构、工艺、调整以及磨损、老化等因素引起的误差。

② 测量方法(或理论)不十分完备，采用近似测量方法和近似计算方法所引起的误差。

③ 测量环境的各种条件，如温度、湿度、气压、电场、磁场与振动引起的误差。

④ 由于观测者的主观因素和实际操作，诸如眼睛的分辨能力、视差和反应速度、个性和情绪等引起的误差。

1.4.5.8 量值传递的过程

量值传递系统是指通过检定或其他传递形式，将国家基准所复现的计量单位量值通过标准逐级传递到工作用计量器具，以保证被测对象所测得的量值准确一致的工作系统。量值传递是计量领域中的常用术语，其含义是指单位量值的大小，通过基准、标准直至工作计量器具逐级传递下来。它是依据计量法、检定系统和检定规程，逐级地进行溯源测量的范畴。其传递系统中根据量值准确度的高低，规定从高准确度量值向低准确度量值逐级确定的方法、步骤。

我国现采用的计量印证分为鉴定证书、检定合格印、鉴定合格证、鉴定结果通知书和注销印等 5 种类型。

量值传递的方式为：

① 用实物进行逐级传递；

② 用传递全面考核进行传递；

③ 用发放物质进行传递；

④ 用发播信号进行传递。

第2章 电厂基础知识

2.1 汽 轮 机

火力发电厂是利用煤、石油、天然气作为燃料生产电能的工厂，它的基本生产过程是：燃料在锅炉中燃烧加热使水变成蒸汽，将燃料的化学能转变成热能，蒸汽压力推动汽轮机旋转，热能转换成机械能，然后汽轮机带动发电机旋转，将机械能转变成电能。这个能量转变的热力循环过程便是一个朗肯循环。朗肯循环由四个主要设备组成，即蒸汽锅炉、汽轮机、凝汽器和给水泵。火力发电厂主要实现的是化学能到电能的转化。发电厂装机容量一般是指该发电厂的所有发电机额定功率的总和，电力系统中，火力发电厂承担基荷的任务。

火力发电厂提高朗肯循环热效率的主要途径有提高过热器出口蒸汽温度和蒸汽压力；降低汽轮机排气压力；减少不可逆损失；采用中间再热、给水回热和供热循环等，其中减少不可逆损失的主要方法是提高管道保温效果、降低跑冒滴漏现象和减少疏水、排气率等。

火力发电厂按原动机分有凝汽式汽轮机发电厂、燃气轮机发电厂、内燃机发电厂、蒸汽—燃汽轮机发电厂等，按容量来分有小容量发电厂、中容量发电厂、大中容量发电厂、大容量发电厂，300MW 的属于大中容量发电厂。

2.1.1 汽轮机设备及系统简介

汽轮机设备主要由汽轮机主机及其辅助设备组成。汽轮机是火力发电厂的关键设备之一，其任务是将蒸汽的热能转变为汽轮机转子旋转的机械能。蒸汽进入汽轮机，先经过喷嘴，使压力和温度降低，流速增加，蒸汽的热能转变为高速动能，这种高速汽流冲动叶片，带动汽轮机转子旋转，将蒸汽的高速动能转变为转子旋转的机械能。在汽轮机内做完功的蒸汽(又叫乏汽)，排入凝汽器。

汽轮机的辅助设备主要有凝汽器、高低压加热器、除氧器、给水泵、循环水泵、凝结水泵等。凝汽器的作用是把汽轮机排出的乏汽凝结成水，在汽轮机排汽口建立并保持高度的真空。高、低压加热器是用汽轮机中间不同压力的抽汽来加热供给锅炉的给水，这就避免了部分蒸汽在凝汽器中的热量损失，提高了机组的效率。有回热加热系统的汽轮机其排汽量减少了1/3，发电煤耗可降低13%左右。除氧器的任务是将送给锅炉的水进行除氧，除去溶解在给水中的气体，以防止氧气对锅炉、汽轮机及其管道的腐蚀。给水泵的作用是把除氧器贮水箱内除过氧的给水送入锅炉。循环水泵的作用是向凝汽器提供冷却汽轮机排汽的冷却水。而凝结水泵的作用是抽出凝汽器中的凝结水，并将其输到除氧器。凝结水在除氧器中经过除氧后用作锅炉的给水。

1. 凝汽器设备及组成

凝汽器设备主要由凝汽器、凝结水泵、射水泵和真空泵以及各连接管道等组成，是火力发电厂热力系统中的一个重要组成部分。工作主要靠循环水来冷却蒸汽，然后通过凝结水泵把凝结水带走，保证凝汽器水位正常，射水泵和真空泵是保证凝汽器内部蒸汽流动的动力。

凝汽设备的作用主要有：①在汽轮机排汽口建立并保持高度真空，提高汽轮机的循环热效率；②冷凝汽轮机的排汽，再用水泵将凝结水送回锅炉，以方便地实现热功转换的热力循环。除此之外，凝汽器还对凝结水和补给水有一级真空除氧的作用。并且可回收机组启停和正常运行中的疏水，接收机组启动和甩负荷过程中汽轮机旁路系统的排汽，减少工质的损失。

在机组启动时，凝汽器真空是靠抽气器抽出其中的空气建立起来的，此时所能达到的真空值较低。在汽轮机正常运行时，低压缸的排汽进入凝汽器，凝汽器内的真空主要是依靠排汽的凝结形成的。在4.9kPa的压力下，1kg蒸汽的体积比1kg水的体积大两万多倍。这样，当蒸汽凝结成水后，其体积骤然缩小，原来被蒸汽充满的空间就形成了一定的真空。此时抽气器的作用是抽出真空系统中漏入的空气及其他不凝结气体，维持凝汽器的真空。

2. 凝结水和给水系统

汽轮机的排汽进入凝汽器冷凝后的凝结水，汇集在凝汽器的下部，由凝结水泵送至除氧器，做为锅炉的给水。循环水泵供给凝汽器工作时所需的冷却水(一般为水质较差的循环水)，冷却水进入凝汽器内吸收并带走汽轮机排汽凝结时所放出的热量。

凝汽器的凝结水在进入除氧器之前为了避免除氧水与凝结水的温差过大造成水击，凝结水需要经过低压加热器加热。锅炉的给水需要较大的压力和较高的温度，为了满足锅炉生产的安全稳定，除氧水还需要经过给水泵和高压加热器。凝汽器的凝结水靠凝结水泵排出。凝结水的水质较好，一般情况下都作为合格水回收至除氧器利用。

3. 给水回热设备

(1) 加热器概述

回热加热器是指从汽轮机的某些中间级抽出部分蒸汽来加热凝结水或锅炉给水的设备。

按传热方式的不同，回热加热器可分为混合式和表面式两种。混合式加热器通过汽水直接混合来传递热量，表面式加热器则通过金属受热面来实现热量传递。

混合式加热器可将水直接加热到加热蒸汽压力下的饱和温度，无端差，热经济性高，没有金属受热面，结构简单，造价低，且便于汇集不同温度的汽水，并能除去水中含有的气体。但是，混合式加热的严重缺点是：每台加热器的出口必须配置升压水泵，这不仅增加了设备和投资，还使系统复杂化；而且当汽轮机变工况运行时，升压水泵的入口还容易发生汽蚀。如果单独由混合式加热器组成回热系统投入实际运行，其厂用电量将大大增加，经济性反而降低，因此火力发电厂一般只将它用作除氧器。

表面式加热器由于金属受热面存在热阻，给水不可能被加热到对应抽汽压力下的饱和温度，不可避免地存在着端差。因此，与混合式相比，其热经济性低，金属耗量大，造价高，而且还要增加与之相配套的疏水装置。但是，由表面式加热器组成的回热系统比混合式的回热系统简单，且运行可靠，因而得到了广泛采用。

根据水的布置和流动方向不同，表面式加热器可分为立式和卧式两种。卧式加热器内给水沿水平方向流动，立式加热器内给水沿垂直方向流动；立式加热器便于检修，占地面积小，可使厂房布置紧凑。卧式加热器传热效果好，结构上便于布置蒸汽冷却段和疏水冷却段，因而在现代大容量机组上得到了广泛采用。

在整个回热系统中，一般将除氧器之后经给水泵压过的回热加热器称为高压加热器，这些加热器要承受很高的给水压力；而将除氧器之前仅承受凝结水泵较低压力的回热加热器称为低压加热器。加热器是利用蒸汽加热给水，蒸汽和水不直接接触，通过换热管来实现，换热管为“S”型管束，换热管束一般采用胀管的形式连接。

(2) 低压加热器

低压加热器有进水口、出水口、水室、壳体、管板、导向隔板、管系、疏水入口、疏水出口、水侧放水口、汽侧放水口等组成。低压加热器的抽空气管是将不凝结气体抽出。

低压加热器运行时主要监视加热器进口水温、加热器出口水温、加热器汽侧压力、温度以及加热器的热水的流量、水位、加热器的端差。

低压加热器内集聚的空气增大传热的热阻，会使得端差增大；水位过低，容易降低机组回热经济性；水位高，会淹没受热面影响传热。加热器的出口水温与本级加热器工作蒸汽压力所对应的饱和温度的差值越小，工作效率状况越好。

（3）高压加热器

高压加热器是利用汽轮机抽汽来加热凝结水或锅炉给水的设备，表面的换热管一般采用“U”型管束，由水室、汽室、缓冲挡板、安全阀、加热管、凝结水箱内部的固定架以及进出口水管等组成。高压加热器的投入主要是提高机组的经济性。

高压加热器投入运行时候的一般温度上升率是1.87℃/min，《火力发电厂高压加热器运行维护守则》规定，温升率≤5℃/min。

高压加热器的疏水自动调节阀的开度与机组负荷有关，一般情况下，高压加热器的汽侧排气阀在高加运行时保持全开。

高压加热器可以随时投入也可以根据负荷投入。

为了提高回热效率，更有效地利用抽汽的过热度，加强对疏水的冷却，高参数大容量机组的高压加热器，甚至部分低压加热器又把传热面分为蒸汽冷却段、凝结段和疏水冷却段三部分。蒸汽冷却段又称为内置式蒸汽冷却器，它利用蒸汽的过热度，在蒸汽集态不变的条件下加热给水，以减小加热器内的换热端差，提高热效率。疏水冷却段又称为内置式疏水冷却器，它是利用刚进入加热器的低温水来冷却疏水，既可减少本级抽汽量，又防止了本级疏水在通往下一级加热器的管道内发生汽化，排挤下一级抽汽，增加冷源损失。随着加热器容量的发展，还有的机组将蒸汽冷却段或疏水冷却段布置于该级加热器壳体之外，形成单独的热交换器，称为外置式蒸汽冷却器或外置式疏水冷却器。

4. 除氧器除氧原理

电厂热力设备发生腐蚀主要原因是水中溶解有活性气体，这些游离气体在高温条件下可以直接和钢铁产生化学反应，腐蚀设备，降低机组安全性；另外在热交换器中如有气体聚集，将会使传热恶化，降低机组的经济性。因此必须除去给水中溶解的气体。

溶解于水中的活性气体主要是氧气，除氧器的作用就是除去给水中的氧气，保证给水品质。同时除氧器也是一级混合式加热器。除氧器按除氧原理可以分为热力除氧和化学除氧。

（1）热力除氧原理

气体的溶解定律：在一定温度下，当液体和气体之间处于平衡状态时，单位体积水中溶解的气体量与水面上该气体的分压力成正比。这就是加热除氧的理论基础。

热力除氧器的工作原理是：用压力稳定的蒸汽通入除氧器内，把水加热到除氧器压力下的饱和温度，在加热过程中，水面上蒸汽分压力逐渐增加，气体分压力逐渐降低，使溶解在水中的气体不断地逸出，待水加热到饱和温度时，气体分压力接近于零，水中气体也就被除去了。

为了增强除氧效果，增加除氧速度，除氧器都采用机械方法把水分成细流、水膜、雾状等状态，以增强传热效果，降低水的表面张力和黏滞力对气体逸出的影响，缩短水中氧气逸散到水面的距离和时间，使水中气体更快更多地分离。

(2) 除氧器的给水溶氧量

运行中应定期化验给水溶氧量是否在正常范围内。除氧器内部结构是否良好，一、二次蒸汽配比是否适当，是降低溶氧量的先决条件。如喷嘴偏斜使雾化不良，淋水盘堵塞使水流不畅等，都将直接影响除氧效果。一次加热蒸汽汽门开度偏小时，会使淋水盘下部二次蒸汽压力升高，从而可能形成汽把水托住的现象，使蒸汽自由通路减少，并且一次加热蒸汽量的不足将直接影响除氧效果；而一次加热蒸汽汽门开度过大时，二次蒸汽量不足，将会影响深度除氧的效果。为保证除氧效果，还应特别注意排气门的开度，开度过小会影响除氧器内的蒸汽流速，减慢对水的加热，更主要的是对气体排出不利；而开度过大不仅会增大汽水热量损失，还可能造成排气带水，除氧头振动。排气门开度应通过调整试验确定。

合格的除氧水，其中溶解氧气的含量是 3~10mg/L。

(3) 化学除氧的工作原理

用来进行给水化学除氧的药品，必须具备能迅速地和氧完全反应，反应产物和药品本身对锅炉的运行无害等条件。对于高压及更高参数的锅炉进行化学除氧所常用的药品为联氨。近年来，还有采用催化联氨和有机除氧剂的，对于中、低压锅炉也有用亚硫酸钠的。

① 联氨的性质

联氨(N_2H_4)，在常温时，是一种无色液体；在大气压力为 0.1MPa 下，它的沸点为 113.5℃，凝固点为 1.4℃；在 25℃时，它的密度为 1.004g/cm^3；凝固时，体积缩小。联氨吸水性很强，易溶于水和乙醇。它遇水会结合成稳定的水合联氨($N_2H_4 \cdot H_2O$)。水合联氨是无色液体，凝固点低于-40℃，沸点为 119.5℃，也易溶于水和乙醇。联氨易挥发，在溶液中其浓度愈大，挥发性愈强。当溶液中 $N_2H_4 \cdot H_2O$ 含量不超过 40%时，常温下挥发出的联氨蒸汽量尚不大。空气中联氨对呼吸系统及皮肤有侵害作用，故空气中联氨蒸汽量不能太大。最高不允许超过 1mg/L。联氨能在空气中燃烧，无水联氨的闪点为 52℃，85%的 $N_2H_4 \cdot H_2O$溶液的闪点也只有 90℃。高浓度的联氨溶液遇火容易爆炸。但当联氨溶液中的 $N_2H_4 \cdot H_2O$ 含量低至 40%时，就不易燃烧，因此市售的联氨一般是含量为 40%的水合联氨。当空气中联氨蒸气的含量达到 4.7%(按体积计)时，遇火便要发生爆燃现象。

联氨是一种很强的还原剂，特别是在碱性水溶液中。它可将水中的溶解氧还原，如下式：

$$N_2H_4+O_2 \longrightarrow N_2+2H_2O$$

反应产物 N_2 和 H_2O 对热力系统的运行没有任何害处，用联氨除去给水中溶解氧就是利用它的这种性质。在高温(>200℃)水中，

N_2H_4 可将 Fe_2O_3 还原成 Fe_3O_4 以至 Fe，反应式如下：

$$6Fe_2O_3+N_2H_4 \longrightarrow 4Fe_3O_4+N_2+2H_2O$$

$$2Fe_3O_4+N_2H_4 \longrightarrow 6FeO+N_2+2H_2O$$

$$2FeO+N_2H_4 \longrightarrow 2Fe+N_2+2H_2O$$

N_2H_4还能将 CuO 还原成 Cu_2O，反应式如下：

$$4CuO+N_2H_4 \longrightarrow 2Cu_2O+N_2+2H_2O$$

$$2Cu_2O+N_2H_4 \longrightarrow Cu+N_2+2H_2O$$

联氨的这些性质可以用来防止锅内结铁垢和铜垢。

② 联氨除氧的条件

联氨和水中溶解氧的反应速度受温度、pH 值和联氨过剩量的影响。为了使联氨和水中溶解氧的反应进行得迅速而且完全，应维持以下条件：

1）必须使水有足够的温度。给水的温度和联氨除氧的反应速度有密切的关系。温度愈高，反应愈快。从图 2-1 所示的曲线可以看出这种关系，低于 50℃时，N_2H_4 和 O_2 的反应速度很慢；当水温超过 100℃时，反应速度已明显增快；当水温超过 150℃时，反应速度很快。

2）必须使水维持一定的 pH 值。因为联氨必须处在碱性水中才能是强还原剂，而且它和溶解氧的反应速度与水的 pH 值有密切关系，如图 2-1 所示，所以，维持适当的 PH 值是一个很重要的条件。由图 2-2 可知，当 pH 值在 9~11 时，反应速度最大。

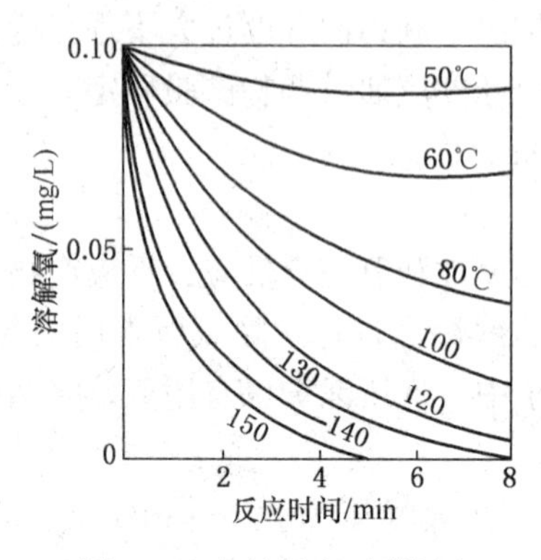

图 2-1　水的温度对联氨和溶解氧的反应速度的影响

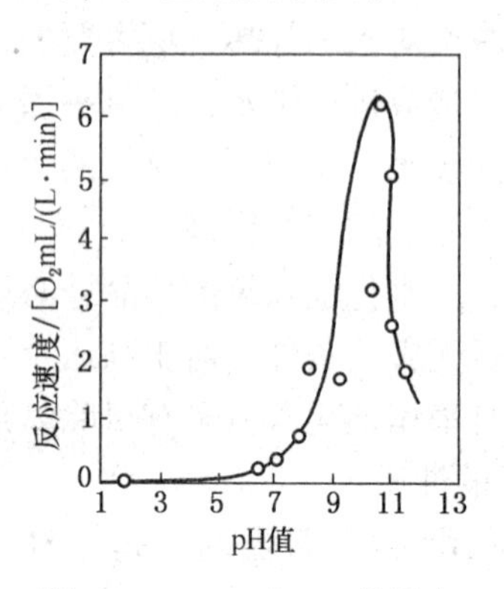

图 2-2　N_2H_4 和 O_2 的反应速度与水 pH 值的关系

3）必须使水中联氨有足够的过剩量。在 pH 值和温度相同的情况下，N_2H_4 过剩量愈多，除氧所需的时间愈少，即反应的速度愈快，效果愈好，但在实际运行中，N_2H_4 过剩量应适当，不宜过多，因为过剩量太大不仅多消耗药品，而且有可能使反应不完全的联氨带入水蒸汽中。综合以上的叙述可知，联氨除氧的合理条件为：150℃以上的温度，pH 值为 9~11 的碱性介质和适当的 N_2H_4 过剩量。

4）加药系统如图 2-3 所示，联氨大都加在给水泵的低压侧，即除氧器出口管处，这样，通过给水泵的搅动，有利于药液和给水的混合；联氨也可加到除氧器的贮水箱中，此法可延长联氨和给水中氧的反应时间。为了保证给水系统联氨的过剩量，给水取样点一般设在省煤器入口。

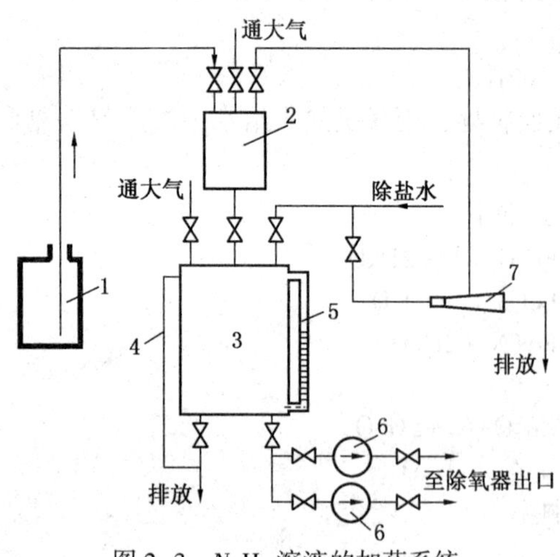

图 2-3　N_2H_4 溶液的加药系统

1—工业联氨桶；2—计量器；3—加药箱；4—溢流管；5—液位计；6—加药泵；7—喷射器

锅炉加药是指对锅炉给水和锅水加药，目的是降低给水含氧量，调理汽水品质。

汽包锅炉锅水加药的主要化学药剂是磷酸盐，主要是除去锅水中的钙镁离子。通过对锅水加药处理，硬度较大的钙镁离子通过定期排污排掉。

锅炉连续排污管和加药管分开设置，避免将锅水加药的磷酸盐从连续排污管排出，达不到除去钙镁离子的作用。

化学除氧常用的反应剂有硫酸钠、亚硫酸、氢氧化亚铁、铁屑、联氨。化学除氧中，亚硫酸钠在高于280℃时会分解成硫化氢和二氧化硫，对汽水管道产生腐蚀，而联氨为无色液体，遇到水以后会形成稳定的水合物，除氧效果好，因此高压锅炉不采用亚硫酸作为除氧剂而采用联氨。

保证除氧器稳定运行的两个基本条件是一定量的水和一定压力的蒸汽。

除氧器除了设置安全门来保证除氧器的安全以外，还设置排气口，将通过热力除氧从水中析出来的氧气和其他气体及时排走，保证除氧过程能持续高效运行。

除氧器即除去给水中的氧气又需要加热给水，因此热力除氧不能被化学除氧所代替。

5. 火力发电厂供水系统

火力发电厂在生产过程中需要大量的用水。包括冷却汽轮机排汽的冷却水，发电机冷却用水，汽轮发电机组润滑油的冷却水，辅助机械轴承的冷却水，锅炉给水的补充水，除尘及生活用水等。由水源、取水、供水设备和管路组成的系统叫做发电厂的供水系统。按地形条件和水源的多少，可分为以下两种形式的供水系统。

(1) 直流供水系统

直流供水系统也叫开式供水系统。以江河、湖泊或海洋为水源，供水直接由水源引入，经凝汽器等设备吸热后返回水源系统，它又分下述三种系统：

① 岸边水泵房直流供水系统

这种系统把水泵装在水源岸边的水泵房内，经水泵升压的冷却水沿铺设在地下的供水管道送到机房。

② 中继泵直流供水系统

这种系统设置两个水泵房，一个在岸边，另一个靠近发电厂，称为中继泵房，其间用明沟或水管连接。

③ 水泵置于机房内的直流供水系统

这种系统多以明沟把水直接引进机房的吸水井中，再用机房内的水泵抽出供水。

(2) 循环供水系统

冷却水经凝汽器等吸热后进入冷却设备(如喷水池或冷却塔)冷却，被冷却后的水由循环水泵再送入凝汽器，如此循环使用，这种系统称为循环供水系统，也叫闭式供水系统。循环供水系统根据冷却设备的不同又分为冷却水池、喷水池和冷却塔三种类型。

① 冷却水池循环供水系统

这种系统直接利用湖泊、水库或在河道上筑坝构成冷却水池，循环水排入冷却水池，依靠与周围空气的对流换热自然冷却。

② 喷水池循环供水系统

这种系统由喷嘴、喷水池和管道组成。循环水由循环水泵打入凝汽器，吸热后经过压力配水总管进入置于喷水池上的若干配水管内，由喷嘴喷出，喷出的循环水呈伞形细雨状，被空气冷却后落入池中，经水沟流入循环水泵的吸水井，由循环水泵重新送入凝汽器。

③ 冷却塔循环供水系统

大容量火力发电厂一般采用冷却塔循环供水系统。按冷却塔的通风方式冷却塔又分为自然通风冷却塔和机力通风冷却塔两种。自然通风冷却塔循环供水系统：循环水由循环水泵打入凝汽器，吸热后送至冷却塔。在冷却塔内距离地面高约8~10m处，经过配水槽从塔心流向四周，再经滴水管、溅水碟等淋水装置的作用，形成细小水滴和水膜自由下落。冷却塔呈双曲线形，在冷却塔中，空气被抽吸由下向上流动，与下落的水进行换热，冷却循环水。这种空气自然流动的冷却塔叫自然通风冷却塔。机力通风冷却塔的工作原理与自然通风冷却塔基本相同，只是冷却塔的通风方式不一样，机力通风冷却塔是依靠电动机带动的风机使空气强迫流动来冷却循环水的。

④ 循环水的生产过程。

1）循环水池通过循环水泵，将循环水送到汽轮机的凝汽器内；

2）循环水进入凝汽器，冷却蒸汽，同时提高循环水的温度；

3）加热后的循环水进入冷却塔冷却；

4）冷却风机冷却循环水；

5）对循环水加药，保证循环水水质合格；

6）在通过循环水泵供给凝汽器，达到冷却水的循环利用。

循环水冷却方式是空冷式，按照循环水热量是不是外输送，可以分为开放式和闭式。闭式类型的循环，循环水量会有一定的损失，主要是冷却过程的水量蒸发，循环水池的漏水。

循环水控制的主要指标是循环水的水温以及循环水的水质。

2.1.2 汽轮机的基本工作原理和类型

汽轮机是一种以具有一定温度和压力的水蒸气为工质，将热能转变为机械能的回转式原动机。它在工作时先把蒸汽的热能转变成动能，然后再使蒸汽的动能转变成机械能。

2.1.2.1 汽轮机的基本工作原理

最简单的汽轮机(单级汽轮机)由喷嘴、动叶片、叶轮和轴等基本部件组成。具有一定压力和温度的蒸汽通入喷嘴膨胀加速，这时蒸汽的压力、温度降低，速度增加，使热能转变成动能。然后，具有较高速度的蒸汽由喷嘴流出，进入动叶片流道，在弯曲的动叶流道内，改变汽流方向，给动叶片以冲动力，产生了使叶轮旋转的力矩，带动主轴旋转，输出机械功，即在动叶片中蒸汽推动叶片旋转做功，完成动能到机械能的转换。

由上述可知，汽轮机在工作时，首先在喷嘴叶栅(静叶片)中蒸汽的热能转变成动能，然后在动叶栅中蒸汽的动能转变成机械能。喷嘴叶栅和与它相配合的动叶片完成了能量转换的全过程，于是便构成了汽轮机做功的基本单元。通常称这个做功单元为汽轮机的级。

2.1.2.2 汽轮机的分类

汽轮机不仅用于火电厂，也被广泛应用于其他行业，因而汽轮机的类型繁多。实际应用中，常按下列方法来对汽轮机进行分类。

1. 按工作原理分类

(1) 冲动式汽轮机

按冲动作功原理工作的汽轮机称为冲动式汽轮机。它工作时，蒸汽的膨胀主要在喷嘴中进行，少部分在动叶片中膨胀。

(2) 反动式汽轮机

按反动作功原理工作的汽轮机称为反动式汽轮机。它工作时，蒸汽的膨胀在喷嘴、动叶片中各进行大约一半。

(3) 冲动反动联合式汽轮机

由冲动级和反动级组合而成的汽轮机称为冲动反动联合式汽轮机。

2. 按热力过程分类

(1) 凝汽式汽轮机

进入汽轮机做功的蒸汽，除少量漏汽外，全部或大部分排入凝汽器的汽轮机。蒸汽全部排入凝汽器的汽轮机又称纯凝汽式汽轮机；采用回热加热系统，除部分抽气外，大部分蒸汽排入凝汽器的汽轮机，称为凝汽式汽轮机。

(2) 背压式汽轮机

蒸汽在汽轮机中做功后，以高于大气压的压力排出，供工业或采暖使用，这种汽轮机称为背压式汽轮机。若排汽供给中、低压汽轮机使用时，又称为前置式汽轮机。

凝汽式汽轮机较背压式汽轮机在设备方面最大的区别是凝汽机有凝汽器。从能量利用的角度来说，背压机对热能的利用效率高于凝汽机。

(3) 调整抽气式汽轮机

将部分做过功的蒸汽在一种或两种压力(此压力可在一定范围内调整)下抽出，供工业或采暖用汽，其余蒸汽仍排入凝汽器，这类汽轮机叫调整抽汽式汽轮机。调整抽汽式汽轮机和背压式汽轮机统称为供热式汽轮机。

(4) 中间再热式汽轮机

将在汽轮机高压缸部分做守功的蒸汽，引至锅炉再热器再次加热到某一温度，然后重新返回汽轮机的中、低压缸部分继续做功，这类汽轮机叫中间再热式汽轮机。其再热次数可以是一次、两次或多次，但一般多采用一次中间再热。

3. 按蒸汽初参数分类

(1) 低压汽轮机

新蒸汽压力为1.176~1.47MPa。

(2) 中压汽轮机

新蒸汽压力为1.96~3.92MPa。

(3) 高压汽轮机

新蒸汽压力为5.88~9.80MPa。

(4) 超高压汽轮机

新蒸汽压力为11.76~13.72MPa。

(5) 亚临界压力汽轮机

新蒸汽压力为15.68~17.64MPa。

(6) 超临界压力汽轮机

新蒸汽压力为22.06MPa以上。

4. 按蒸汽流动方向分类

(1) 轴流式汽轮机

蒸汽流动总体方向大致与轴平行。

(2) 辐流式汽轮机

蒸汽流动总体方向大致与轴垂直。

(3) 周流式汽轮机

蒸汽大致沿叶轮轮周方向流动。

此外，还有一些分类方法，例如按汽缸的数目分为单缸、双缸、多缸汽轮机，按汽轮机转轴数目分为单轴、双轴汽轮机等。

汽轮机的汽缸最主要的作用是保证高压蒸汽具有足够的膨胀空间，主轴的作用是传递机械能，轴封的作用是防止过热蒸汽从轴端泄漏。汽轮机散热损失最大的压力缸，汽轮机的压力缸可以根据过热蒸汽的压力等级的不同具有多个压力缸，而不是仅局限在2个以内，多个缸会出现各个缸调整中心比较难的技术问题。

2.1.2.3　汽轮机的合理启动方式

汽轮机的启动过程是将转子由静止或盘车状态加速至额定转速并接带负荷直到正常运行的过程。汽轮机冷态启动时，转子和汽缸温度等于室温(约25℃)。而在正常运行中，转子、汽缸的温度很高，如国产300MW汽轮机在满负荷时调节级处金属温度为510℃左右。这就是说在整个启动过程中，调节级处的金属温度要升高约485℃。相反，停机时，汽轮机金属温度从一很高的水平降至一个很低的水平。因此，从传热学观点来说，汽轮机的启停过程是一个不稳定的加热和冷却过程。

汽轮机启动时，由于各金属部件均受到剧烈的加热，使得启动速度受到了以下一些因素的制约：汽轮机零部件的热应力和热疲劳；转子和汽缸的胀差；各主要部件的热变形以及机组振动等。所谓合理启动，就是寻求合理的加热方式，使启动过程中机组各部分的热应力、热变形、转子和汽缸的胀差以及振动值均维持在允许范围内，尽快把机组的金属温度均匀地提高到工作温度，进入正常运行状态。

汽缸和转子的热应力、热变形、转子与汽缸的胀差均与蒸汽的温升率有关。在汽轮机启停过程中，有效的控制蒸汽的温升率，就能使金属部件的热应力、热变形、胀差等维持在其允许范围内。

汽轮机的启停应以转子的寿命分配方案所确定的寿命损耗率、寿命管理曲线作为依据，按分配给每次启动的寿命损耗，确定部件允许的最大热应力，然后确定部件允许的温升率。但是根据转子寿命所确定的温升率(温降率)只能满足热应力的要求，不一定能满足热变形和胀差的要求。因此，机组启停速度要综合考虑各方面的，通过试验确定最佳的温升率。

在一般情况下，规定主蒸汽温升率不应大于2℃/min。在换热系数较小的情况下可以加快到3~4℃/min，对于一些采用五组一孔转子的机组，由于转子没有内表面，转子应力降低，温升率即使选的稍大一些，也不会增加转子的寿命损耗。

除了温升率(温降率)以外，影响汽轮机热应力、热变形和胀差的因素还很多。例如，汽缸、转子结构不合理、滑销系统有缺陷、管道阻碍汽缸的膨胀以及汽缸保温不良等。因此，在启动及停机过程中除了主要监控蒸汽的温升(降)率外，还应当监视汽缸内外壁温差、法兰内外壁温差、上下缸温差、汽缸的绝对膨胀、转子与汽缸的胀差、轴及轴承振动等。上述监视指标，只要有一个超过允许值，都可能会引起设备的损坏。

为了使汽轮机汽缸变形和胀差不成为启动关卡，大型汽轮机从结构上均采取了一系列的改进措施。例如，东方汽轮机厂300MW汽轮机放大了动静部分的轴向间隙，改进了滑销系统，同时加强了叶栅动静部分的径向密封，叶片顶部设有径向汽封，以减小由于轴向间隙放大而增加的级间漏汽，提高机组的热效率。

在汽轮机启停过程中，锅炉蒸汽参数应尽可能地密切配合汽轮机的要求，使汽温呈线性变化，以保证满足汽轮机寿命损耗所要求的温升率。

研究汽轮机的合理启动方式本质是研究汽轮机的合理升温方式。

汽轮机启动方式很多，归纳起来大致有以下四种分类方法。

1. 按新蒸汽参数分类

(1) 额定参数启动

额定参数启动时，从冲转至汽轮机带额定负荷，汽轮机前蒸汽参数始终保持额定值。额定参数启动汽轮机，使用的新蒸汽压力和温度都相当高，蒸汽与汽轮机汽缸和转子等金属部件的温差很大，而大机组启动中又不允许有过大的温升率，为了设备的安全，只能将蒸汽的进汽量控制得很小，但即使如此，新蒸汽管道、阀门和机体的金属部件仍产生很大的热应力和热变形，使转子与汽缸的胀差增大。因此，采用额定参数启动的汽轮机，必须延长升速和暖机的时间。另外，额定参数下启动汽轮机时，锅炉需要将蒸汽参数提高到额定值才能冲转，在提高参数的过程中，将消耗大量的燃料，降低了电厂的经济效益。由于存在上述缺点，大容量汽轮机几乎不采用额定参数启动方式。

（2）滑参数启动

滑参数启动时，汽轮机前蒸汽参数随机组的转速和负荷的增加而逐渐升高。滑参数启动有真空法和压力法两种方式。真空法滑参数启动指锅炉点火前，锅炉到汽轮机蒸汽管道上所有的阀门全部开启，汽轮机抽真空一直到锅炉汽包或汽水分离器，锅炉点火产生一定蒸汽后，转子即被自动冲转，此后汽轮机升速和接带负荷全部由锅炉工况来控制调整。在该方式下启动时，系统疏水困难、蒸汽过热度低、依靠锅炉热负荷来控制汽轮机转速难以符合技术要求。压力法滑参数启动指冲转前汽轮机具有一定的蒸汽压力，冲转和升速是由汽轮机调节汽门控制进汽来实现的，从冲转、升速、带初负荷过程中锅炉维持一定的压力，汽温按一定规律升高，到初负荷后，锅炉汽温、汽压一同升高，滑参数接带大负荷。滑参数压力法启动参数一般为3.0~5.0MPa、300~350℃，在此参数下汽轮机能够完成定速及超速试验、并网接带初负荷。这种方式在冲转升速过程中，汽轮机侧留有一定的调整余地，便于采取控制手段，在冲转前能有效的排除过热器和再热器中积水以及管道疏水，有利于安全启动。因此，目前大多数高参数大容量的汽轮发电机组均采用滑参数压力法启动。

2. 按冲转时进汽方式分类

（1）高中压缸联合冲动

高中压缸联合冲动时，蒸汽同时进入高压缸和中压缸冲动转子，这种启动方式可使合缸机组分缸处均匀加热，减小热应力，并能缩短启动时间。

（2）中压缸启动

中压缸启动冲动转子时，高压缸不进汽，而是中压缸进汽，待转速升到2000~2500r/min或机组带10%~15%负荷（根据机组核算工况而定）后，切换成高中压缸同时进汽。这种方式对控制胀差有利，可以不考虑高压缸的胀差问题，达到安全启动的目的。但冲转参数选择要合理，以保证高压缸开始进汽时高压缸没有大的热冲击。

3. 按汽轮机金属温度分类

（1）冷态启动

汽轮机汽缸金属温度（高压内缸上半内壁温度）在180℃以下时启动，称为冷态启动。

（2）温态启动

上述汽缸金属温度在180~350℃启动时，称为温态启动。

（3）热态启动

上述汽缸金属温度在350℃以上启动时，称为热态启动。热态启动又可分为热态（350~450℃）和极热态（450℃以上）两种。

有的国家是按停机后的时间划分汽轮机启动方式的，即停机一周为冷态；停机48h为温态；停机8h为热态；停机2h为极热态。

4. 按控制进汽的阀门分类

(1) 调节汽门启动

调节汽门启动时，电动主汽门和自动主汽门全部开启，进入汽轮机的蒸汽由调节汽门控制。

(2) 自动主汽门或电动主汽门的旁路门启动

启动前，调节汽门大开，进入汽轮机的蒸汽流量由自动主汽门或电动主汽门的旁路门来控制。

自动主汽门可以同时控制所有的调速汽门，但是没有办法独立控制每个调速汽门。

汽轮机的停机方式可根据停机后再启动的需要，采用额定参数停机或滑参数停机。一般以维修为主要目的停机时，可采用滑参数停机，停机后汽轮机金属温度水平较低，可尽快冷却下来进入检修状态；消除缺陷或两班制运行停机时，可采用额定参数停机或滑压停机，以保持较高的金属温度水平，便于再次快速启动。

单元机组滑参数启动较额定参数启动具有缩短启动时间，增加运行调度的灵活性，增大机组安全可靠性，提高经济性的优点。

2.1.2.4 主蒸汽和再热蒸汽之间的关系

再热蒸汽是从汽轮机的高压缸抽来的蒸汽，主蒸汽压力、温度大于再热蒸汽压力、温度。

再热蒸汽在锅炉内二次加热的目的是提高再热蒸汽的温度，但是压力在其加热过程中不变。

两者之间的区别是：

① 两种蒸汽的参数不同；

② 主蒸汽与再热蒸汽的压力等级不同；

③ 过热器与再热器在烟道中的位置不一样；

④ 主蒸汽和再热蒸汽的来源不同，主蒸汽来自锅炉供汽，再热蒸汽是从汽轮机汽缸抽汽；

⑤ 两种汽体的焓值不一样，做功的能力大小不一样；

⑥ 再热蒸汽是为了防止汽轮机蒸汽到了末级叶片温度不够，产生水以至损伤汽轮机叶片，所以再次到锅炉来提高气体的焓值。

2.2 化学水处理

2.2.1 水质分析的概述

水质是指水中各项指标的好坏，水质分析是有效地进行锅炉水处理的必要条件。如何选择锅炉水处理方式，保持一定的水工况，判断水处理设备的工作情况等，均要进行水质分析，否则是无法达到水处理的预期效果的。

对水质分析的要求：

① 分析的水样应具有代表性。正确采集水、汽样品，使样品具有代表性，是保证分析结果准确性的重要一环。

② 正确地配制、使用试剂溶液。选用化学试剂的纯度及试剂的配制，应严格按照《火力发电厂水、汽试验方法》的规定操作。对标准溶液的，一般应进行平行试验。试验的相对误

差应在0.2%~0.4%。

③ 正确地使用分析仪器。为保证分析结果的准确性，对所使用的分析仪器如分析天平、砝码，应定期进行校正。对分光光度计等分析仪器，应根据使用说明进行校正。对于容量分析仪器如滴定管、容量瓶、称液管等，应按试验要求进行校准。

④ 应掌握分析方法的基本原理和操作步骤，正确地进行分析结果的计算。

2.2.1.1 水质、汽质标准

各种水质、汽质标准，在国家标准GB/T 12145—2008《火力发电机组及蒸汽动力设备水汽质量》中都作了规定。现对这些标准作简要介绍。

1. 蒸汽

蒸汽中杂质主要来源于锅炉的给水。蒸汽带盐的原因有两种，第一种是蒸汽携带锅水水滴，因为锅水具有较高的盐分而使蒸汽带盐，这种带盐方式为机械性携带；第二种原因为某些盐分直接溶解于蒸汽中造成蒸汽带盐，这种带盐方式称为溶解性带盐。由于蒸汽对不同的盐分的溶解能力不同，蒸汽的溶盐具有选择性，因而这种带盐方式又称为选择性携带。

影响蒸汽机械性携带的原因主要有锅炉负荷、蒸汽空间高度以及锅水含盐量等。

(1) 锅炉负荷

锅炉负荷对蒸汽湿度的影响具体表现在三方面：

① 锅炉负荷增加，使蒸汽速度增加，蒸汽对水滴的输送能力也增加，较大的水滴也能被带走，所以蒸汽带水增加。

② 锅炉负荷增加，水空间的含气量增加，锅炉水胀气的更高，使蒸汽空间高度减少，蒸汽湿度增加。

③ 炉负荷增加，单位时间内通过蒸发表面的气泡量增多，所以气泡破碎形成的水滴增多，使蒸汽湿度增加。

锅炉负荷增加时，汽水混合物进入汽包的动能增大，将引起锅水大量飞溅，使生成的水滴数量增加，同时，蒸汽在汽包汽空间的流速增大，带水能力增强，因此蒸汽湿度增大。

在锅水含盐量一定时，蒸汽湿度ω与锅炉负荷D的关系可用下式表示：

$$\omega = AD^n$$

式中 A——与压力和汽水分离装置有关的系数；

n——与锅炉负荷有关的指数。

(2) 汽包蒸汽空间高度(汽包水位)

当蒸汽空间高度较小时，大量较粗的水滴可以到达蒸汽空间顶部并被蒸汽引出管抽走，所以即使蒸汽速度不大，其蒸汽湿度也会很大，当蒸汽空间高度增大时，较大的水滴在上升到一定高度时会因为本身动能消失而返回汽包的水容积中。因此当蒸汽速度一定时，蒸汽空间高度增加，能到达抽汽口高度的水滴减少，所以蒸汽湿度下降。当蒸汽高度再增加时，所有较粗的水滴均不能到达蒸汽引出管，靠其自重落回水中，此时蒸汽中只带走小于飞逸直径的水滴。因此，在这种情况下，高度再增加已对蒸汽湿度无影响了。当蒸汽空间高度达到0.6m左右时，蒸汽湿度随蒸汽空间高度的变化已经很小了。

(3) 锅水含盐量

锅水含盐量对蒸汽机械性携带的影响：

① 锅水含盐量越大，锅水的表面张力就越大，气泡破裂时所形成的水滴越小，被蒸汽带走的水滴也越多。

② 锅水含盐量特别是碱性物质增大时，汽泡不易破裂，并在水面停留时间较长，所以易在水面堆积气泡，严重时将形成很厚的一层泡沫，使蒸汽空间高度大幅下降，造成蒸汽大量带水。

③ 锅水含盐量大时，汽泡的聚合能力减弱，汽泡尺寸较小，上浮速度较慢，使锅炉水的胀起更高，蒸汽湿度增加。

④ 锅水含盐量增加，即使蒸汽湿度不变，但因为带走的水滴含盐量增加，蒸汽带盐也会增多。

在一定的负荷下，当锅水含盐量在一定范围内提高时，蒸汽湿度保持不变。但当锅水含盐量增大到某一数值时，蒸汽湿度随锅水含盐量的增加而急剧上升，这是由于汽包水面泡沫层增厚、蒸汽空间实际高度减小的缘故。蒸汽湿度急剧增加时的含盐量称为临界含盐量。

目前对锅水最大允许含盐量的规定如表 2-1 所示

表 2-1　允许锅水浓度

汽包压力/MPa	汽包内装置型式	含盐量/(mg/kg)	SiO_2 含量/(mg/kg)
15	旋风分离器、无清洗	300	0.4~0.5
	旋风分离器、有清洗	400	1.5~2.0
17.7	旋风分离器、无清洗	150	0.2

(4) 汽包压力

汽包压力越高，其饱和温度越高，蒸汽和水的密度越接近，水的表面张力减小，所形成的水滴直径也较小，更易被蒸汽带走。

汽包工作压力的急剧波动也会影响蒸汽带水，例如，当蒸汽负荷突然增大而炉膛燃烧放热还来不及增大时，蒸汽压力就急剧下降。汽压降低，相应的饱和温度也降低，这时汽包和蒸发系统中的存水处于过饱和状态，因而放出热量产生附加蒸汽。同时蒸发系统的金属也会放出热量产生附加蒸汽。因此，蒸发管和汽包水容积中的含汽量急剧增加，汽包水容积膨胀，这时穿过蒸发面的汽量增多，使蒸汽带水。

蒸汽溶盐及其影响因素

在高压和超高压锅炉中，蒸汽具有溶解某些盐分的能力，锅水中的该种盐分会因蒸汽的溶解而被带入蒸汽中，压力越高，蒸汽的溶盐能力越大，因此，高压以上锅炉蒸汽的污染除蒸汽带水外，还有溶盐。

蒸汽溶盐有如下特点：

① 饱和蒸汽和过热蒸汽均可溶解盐，凡能溶于饱和蒸汽的盐也能溶于过热蒸汽；

② 蒸汽的溶盐能力随压力的升高而增大；

③ 蒸汽对不同盐类的溶解是有选择性的，在相同条件下不同盐类在蒸汽中的溶解度相差很大。

对蒸汽锅炉最值得注意的是硅酸，它在蒸汽中的溶解度最大，而且在汽轮机内的沉积影响也很大。一般在锅水中同时存在着硅酸和硅酸盐，饱和蒸汽溶解这两种盐的能力很不相同，以硅酸形态存在于锅水中时，饱和蒸汽对其的溶解很大。锅水中硅酸盐属于很难溶解的盐。当锅水中同时存在有硅酸和硅酸盐时，根据锅水的条件不同可互相转化，硅酸在强碱作用下形成硅酸盐，而硅酸盐又可以水解成硅酸，如果锅水的碱度，即 pH 值增大，则锅水中的硅酸含量减少，硅酸盐含量增多，所以蒸汽中硅酸含量也减少。实际运行中锅水碱度不能过大。试验表明，当 pH>12 时，对减少硅酸含量的影响已经很小，pH 值过大反而会使锅水表面形成很厚的泡沫层，使蒸汽的机械携带增加，同时还可能引起碱性腐蚀。

为了防止蒸汽通流部分，特别是汽轮机的内积盐，必须对锅炉生产的蒸汽汽质进行监督。

蒸汽汽质标准如表 2-2 所示。

表 2-2　汽包锅炉的过热蒸汽和饱和蒸汽汽质标准

锅炉出口压力/MPa	钠/(μg/kg)		二氧化硅含量/(μg/kg)	电导率(25℃，氢离子交换后)/(μS/cm)
	磷酸盐处理	挥发性处理		
3. 8~5. 8	≤15		≤20	—
5. 9~18. 3	≤10	≤10(争取≤5)	≤20	≤0. 3

表 2-2 中各个项目的意义如下：

① 含钠量。因为蒸汽中的盐类主要是钠盐，所以蒸汽中的含钠量可以表征蒸汽含盐量的多少，故含钠量是蒸汽汽质的指标之一，应给予监督。为了便于及时发现蒸汽汽质劣化的情况，应连续测定(最好是自动记录)蒸汽的含钠量。

② 含硅量。蒸汽中的硅酸会沉积在汽轮机内，形成难溶于水的二氧化硅附着物，它对汽轮机运行的安全性与经济性常有较大影响。因此含硅量也是蒸汽汽质指标之一，应给予监督。

③ 氢离子交换后电导率。将蒸汽凝结水的样品(25℃)通过氢离子交换后测定电导率的大小，可用来表征蒸汽含量的多少。采用氢离子交换后的电导率而不是采用总电导率是为了避免蒸汽中氨的干扰。这种方法方便易行、灵敏度高，所以作为监督蒸汽汽质的一个指标。

④ 对于出口压力≥15. 7MPa 的汽包锅炉，还应定时检查蒸汽中铁和铜的含量，铁含量应不大于 20μg/kg、铜含量应不大于 5μg/kg，以防止汽轮机内沉积金属氧化物。

由表 2-2 中可以看到，参数越高的机组，对蒸汽汽质的要求越严格。因为在高参数汽轮机内高压级的蒸汽通流截面很小(这是由于蒸汽压力越高，蒸汽比体积越小的缘故)，所以即使在其中沉积少量盐类，也会使汽轮机的效率和出力显著降低。

对出口压力小于 5. 8MPa 的汽包锅炉，当其蒸汽送给供热式汽轮机时，与送给凝汽式汽轮机相比，蒸汽的含钠量可允许大一些，其原因如下：

① 供热式汽轮机的供热蒸汽会带走一些盐分，因此沉积在汽轮机内的盐量较少；

② 供热式汽轮机的负荷波动较大，当它的负荷波动时，会产生自清洗作用，洗下来的盐类物质能被抽汽或排汽带走，其结果也使汽轮机内沉积的盐量减少。

③ 当锅炉检修后启动时，由于锅炉水水质一般较差，蒸汽中杂质含量较大。如果使锅炉的蒸汽汽质符合表 2-2 所规定的标准后再向汽轮机(或主蒸汽母管)送汽，就需要锅炉长时间排汽。这不仅使机炉长时间不能投入运行，而且还会增大补给水率，又会使给水水质变坏。所以机组启动时的蒸汽汽质标准可适当放宽些。

2. 锅炉水

为了防止内结垢、腐蚀和产生的蒸汽汽质不良等问题，必须对锅炉水水质进行监督。锅炉水的水质标准如表 2-3 所示。

表 2-3 中各水质项目的意义如下：

① pH 值。锅炉水的 pH 值应不低于 9，原因如下：

表 2-3　锅炉水水质标准

锅炉出口压力/MPa	pH（25℃）	磷酸根/（mg/L）			含盐量/（mg/L）	含硅量/（mg/L）	氯离子/（mg/L）
		不分段蒸发锅炉	分段蒸发锅炉				
			净段	盐段			
3.8~5.8	9~11	5~15	5~12	≤75	—	—	—
5.9~12.6	9~10.5	2~10	2~10	≤50	≤100	≤2.0	≤4
12.7~15.6	9~10	2~8	2~8	≤40	≤50	≤0.45	≤4
15.7~18.6（磷酸盐处理）	9~10	0.5~3	—	—	≤20	≤0.25	≤1
15.68~18.6（挥发性处理）	9~9.5	—			≤2.0	≤0.2	≤0.5

注：当锅炉进行协调磷酸盐处理时，应控制炉水的 Na^+ 与 PO_4^- 摩尔比为 2.3~2.8。

1）pH 值低时，水对锅炉钢材的腐蚀性增强；

2）锅炉水中磷酸根与钙离子的反应只有在 pH 值足够高的条件下，才能生成容易排除的水渣；

3）为了抑制锅炉水中硅酸盐的水解，减少硅酸在蒸汽中的溶解携带量。

锅炉水的 pH 值也不能太高（例如对高压及高压以上锅炉，pH 值不应大于 11），因为当锅炉水磷酸根浓度符合规定时，若锅炉水 pH 值很高，就表明锅炉水中游离氢氧化钠较多，容易引起碱性腐蚀。

② 含盐量（或含钠量）和含硅量。限制锅炉水中的含盐量（或含钠量）和含硅量是为了保证蒸汽汽质。锅炉水的最大允许含盐量（或含钠量）和含硅量不仅与锅炉的参数、汽包内部装置的结构有关，而且还与运行工况有关。对于出口压力小于 5.9MPa 的汽包锅炉未作统一规定，必要时应通过锅炉热化学试验来确定。

③ 磷酸根。锅炉水中应维持有一定量的磷酸根，这主要是为了防止钙垢。锅炉水中磷酸根不能太少或过多，应该适当地控制锅炉水中的磷酸根含量。

④ 氯离子。锅炉水的氯离子超标时，可能破坏水冷壁管的保护膜并引起腐蚀（在炉管热负荷高的情况下，更易发生这种现象）。此外，还影响蒸汽携带氯离子进入汽轮机内，可能引起汽轮机内高级合金钢的应力腐蚀损坏。

3. 给水

为了防止锅炉给水系统腐蚀、结垢，并且为了能在锅炉排污率不超过规定数值的前提下，保证锅炉水水质合格，对锅炉给水的水质必须进行监督。锅炉给水的水质指标有给水导电率、给水含氧量、给水酸碱度等多项指标。给水水质标准如表 2-4 所示。

由于水质不良会造成汽水设备、系统结垢、积盐，金属腐蚀等一系列的故障，还会发生蒸汽品质恶化，所以必须严格控制给水品质。

蒸汽品质指的是蒸汽中的杂质含量，保持合格的蒸汽品质是保证锅炉、汽轮机及其他应用蒸汽设备安全经济运行的重要条件。

锅炉给水的含氧量为 2~7mg/L。

表 2-4 汽包锅炉给水水质标准

<table>
<tr><th>锅炉工作压力/MPa</th><th>硬度/(μmol/L)</th><th>含油量/(mg/L)</th><th>溶解氧/(μg/L)</th><th>联氨/(μg/L)</th><th>pH/(25℃)</th><th>电导率/(μS/cm)</th><th>全铁/(μg/L)</th><th>全铜/(μg/L)</th></tr>
<tr><td>3.8~5.8</td><td>≤3</td><td>≤1.0</td><td>≤15</td><td>—</td><td>8.5~9.2</td><td>—</td><td>≤50</td><td>10</td></tr>
<tr><td>5.9~8.7</td><td>≤2</td><td rowspan="4">≤0.3</td><td>≤7</td><td>—</td><td rowspan="4">8.8~9.3
或
9.0~9.4
(加热器为钢管)</td><td rowspan="2">—</td><td>≤30</td><td>≤5</td></tr>
<tr><td>8.8~12.6</td><td>≤2</td><td>≤7</td><td rowspan="3">10~50
或
10~30
(挥发性处理)</td><td>≤30</td><td>≤5</td></tr>
<tr><td>12.7~15.6</td><td>≤2</td><td>≤7</td><td rowspan="2">≯0.3</td><td>≤20</td><td>≤5</td></tr>
<tr><td>15.7~18.3</td><td>~0</td><td>≤7</td><td>≤20</td><td>≤5
(争取≤3)</td></tr>
</table>

注：1. 给水的含钠量(或含盐量)和含硅量应根据各台锅炉的锅炉水水质标准和允许的排污率决定。

2. 出口压力为 3.82~5.78MPa 的液态排渣炉和原设计为燃油的锅炉，给水中的铜、铁含量应符合 5.88~12.64MPa 锅炉的标准。

3. 5.78MPa 及以下的锅炉，当给水采用亚硫酸钠处理时，其含量应以保证锅炉水中亚硫酸钠不超过 5~12mg/L 为原则。

表 2-4 中监督各水质项目的意义如下：

① 硬度。为了防止锅炉和给水系统中生成钙、镁水垢，避免增加锅内磷酸盐处理的用药量而使锅炉中产生过多的水渣，应监督给水硬度。

② 油。给水中如果含有油，当它被带进锅内以后会产生以下危害：

1）油质附着在炉管管壁上并受热分解而生成一种热导率很小[λ 为 0.09~0.12W/(m·℃)]的附着物，会危及炉管的安全；

2）油质会使锅炉水中生成漂浮的水渣和促进泡沫的形成，容易引起蒸汽汽质的劣化；

3）含油的细小水滴若被蒸汽携带到过热器中，会生成附着物而导致过热器管的过热损坏。

③ 溶解氧。为了防止给水系统和锅炉省煤器等发生氧腐蚀，同时为了监督除氧器的除氧效果。

④ 联氨。给水中加联氨时，应监督给水中的过剩联氨，以确保完全消除热力除氧后残留的溶解氧，并消除发生给水泵不严密等异常情况时偶然漏入给水中的氧。

⑤ pH 值。为了防止给水系统腐蚀，给水 pH 值应控制在规定的范围内。若给水 pH 值在 9.2 以上，虽对防止钢材的腐蚀有利，但是因为提高给水 pH 值通常是用加氨的方法，所以给水 pH 高就意味着水、汽系统中的含氨量较多，这就会在氨容易集聚的地方引起铜制件的氨蚀，如凝汽器空气冷却区、射汽式抽气器的冷却器汽侧等处。所以给水最佳 pH 值的数值应通过加氨处理的调整试验决定，以保证热力系统铁、铜腐蚀产物最少为原则。达到最佳 pH 值时，给水含氨量还与给水总二氧化碳有关。

⑥ 总二氧化碳。给水中各种碳酸化合物(CO_2、HCO_3^-、CO_3^{2-})的总含量(以 CO_2mg/L 表示)称为总二氧化碳量。碳酸化合物随给水进入锅炉后，全部分解而放出 CO_2，这些 CO_2 会被蒸汽带出。我们知道，蒸汽中 CO_2 较多时，即使进行水的加氨处理，热力系统中某些设备和管中仍会发生腐蚀，并导致铜、铁腐蚀产物的含量较大。为了避免发生上述不良后果，对于出口压力大于 12.7MPa 的锅炉，必须监督给水中总二氧化碳量(给水总二氧化碳应为 0~1mg/L)。

⑦ 全铁和全铜。为了防止在锅炉炉管中产生铁垢和铜垢，必须监督给水中的铁和铜的

含量。给水中铜和铁的含量，还可作为评价热力系统金属腐蚀情况的依据之一。

⑧ 含盐量(或含钠量)、含硅量以及电导率。为了保证锅炉水的含盐量(或含钠量)、含硅量以及电导率不超过允许数值，并使锅炉排污率不超过规定值，应监督给水的含盐量(或含钠量)、含硅量以及电导率。

⑨ 亚硫酸钠。采用亚硫酸钠处理作为给水除氧的辅助方法时，应监督给水的亚硫酸钠含量，使其符合表 2-4 中注 3 的规定，以免因亚硫酸钠过多，进入锅内后生成 SO_2 和 H_2S 等气体，引起金属腐蚀。

2.2.1.2 提高蒸汽品质的途径

1. 提高给水品质

送入锅炉的水称为给水。有的锅炉给水是由汽轮机蒸汽的凝结水、补给水和供热用汽返回水等组成的，有的锅炉的给水是由汽轮机蒸汽的凝结水和补给水组成的。提高给水品质应从以下几方面进行。

① 提供合格的补给水。

② 减少冷却水渗漏。

③ 除去供热返回水含有的杂质。

④ 减少被水流携带来的金属腐蚀产物。

2. 设计方面

采用汽水分离装置减少机械性携带；采用蒸汽清洗装置减少对盐类的选择性携带；采用分段蒸发等方法来提高蒸汽品质。

3. 锅炉排污

运行中可用排出一部分锅水，而代之以较清洁的给水的办法，称为锅炉排污。排污的目的是排出杂质和磷酸盐处理后形成的软质沉淀物及含盐浓度大的锅水，以降低锅水中的含盐量和碱度，从而防止锅水含盐浓度过高而影响蒸汽品质。

4. 运行管理方面

采用合适的锅水控制指标，既要控制汽包水位和压力稳定，根据负荷变化控制排污量；又要尽量降低热力系统的汽水损失，减少补给水量。

2.2.1.3 给水的各组成部分

锅炉给水的组成部分有：补给水、凝结水、疏水箱的疏水以及生产返回水等。为了保证锅炉给水的水质，对于给水各组成部分的水质也应监督。补给水按其制备方法不同，可分为软化水、蒸馏水和除盐水等。现将凝结水、疏水箱疏水、返回水的水质标准分述如下：

1. 凝结水

凝结水水质标准如表 2-5 所示。

表 2-5 凝结水水质标准

汽包锅炉出口压力/MPa	硬度/(μmol/L)	溶解氧/(μg/L)	电导率(25℃氢离子交换后)/(μS/cm)	钠/(μg/L)
3.8~5.8	3.0	≤50	≤0.4	≤15
5.9~12.6	2.0	≤50		
12.7~15.6	2.0	≤40	≤0.3	≤10
15.7~18.3	—	≤30		

2. 疏水箱的疏水

锅炉及热力系统中有些疏水先汇集在疏水箱中，然后定时送入锅炉的给水系统。为了保证给水水质，这种疏水在送入给水系统以前，应监督其水质。按规定，疏水的含铁量应不大于50μg/L。若发现其水质不合格，必须对进入此疏水箱的各路疏水分别取样进行测定，不合格的水源。

3. 返回水

从热用户返回的冷凝水收集于水箱中。为了保证给水水质，应定时取样检查，监督返回水箱中的水质，确认其水质符合规定后，方可送入锅炉的给水系统。按规定，返回水的含铁量应不大于100μg/L，硬度应不大于5μmol/L，含油量应不大于1mg/L。当热电厂内设有返回水的除油、除铁处理的设备时，返回水经处理后，应监督其水质，符合上述规定后，方可送入给水系统。

2.2.2 水的沉淀与过滤处理

2.2.2.1 水的石灰沉淀软化

水的沉淀是通过物理静置的方法，将水中的固体杂质分离的过程，属于水处理的最初环节，沉淀效果与沉淀时间直接相关。

水的沉淀软化一般是指在水中加入一定量的化学药品(如石灰)，使钙、镁离子转变成难溶于水的化合物而沉淀析出的方法。

石灰加水反应后生成熟石灰[$Ca(OH)_2$]，在水中加入$Ca(OH)_2$后，OH^-与水中的一部分H^+中和，使水中原有的碳酸平衡向生成CO_3^{2-}的方向移动：

$$H_2O+CO_2 \rightleftharpoons H^+ +HCO_3^- \rightleftharpoons 2H^+ +CO_3^{2-}$$

$$2H^+ \xrightarrow{+OH^-} 2H_2O$$

只要水中保持一定的OH^-浓度，就可将原水中钙、镁碳酸化合物分别转化成难溶的$CaCO_3$和$Mg(OH)_2$。石灰沉淀软化处理时，$Ca(OH)_2$和水中不同的碳酸化合物先后发生如下化学反应：

$$Ca(OH)_2+CO_2 \longrightarrow CaCO_3\downarrow +H_2O$$

$$Ca(OH)_2+Ca(HCO_3)_2 \longrightarrow 2CaCO_3\downarrow +2H_2O$$

$$Ca(OH)_2+Mg(HCO_3)_2 \longrightarrow CaCO_3\downarrow +MgCO_3+2H_2O$$

$$Ca(OH)_2+2NaHCO_3 \longrightarrow CaCO_3\downarrow +Na_2CO_3+2H_2O$$

$$Ca(OH)_2+MgCO_3 \longrightarrow CaCO_3\downarrow +Mg(OH)_2$$

由上述反应式可知，石灰沉淀软化只能除去钙、镁的碳酸盐硬度即暂时硬度，至于水中的非碳酸盐硬度，则不能用石灰沉淀软化法除去。

因此石灰沉淀软化主要是消除水中钙、镁的碳酸氢，使水中的碱度和硬度都有所降低。在火力发电厂中采用石灰处理的目的，主要是降低水中的碱度；至于硬度，还必须做进一步的深度处理，才能满足锅炉用水的水质要求。

为使水质稳定，实际采用的工艺有两种：一种是氢氧根规范，即出水的碱度除了有CO_3^{2-}之外，还保持有OH^-，通常OH^-量在0.1~0.4mmol/L。另一种是碳酸氢根规范，即维持HCO_3^-在0.1~0.2mmol/L。

提高水温对石灰软化处理有利，因为温度升高，有利于降低水中的残留碱度，加快沉淀物的生成和分离，降低水的黏度，使沉淀物的沉降速度加快。石灰处理的水温一般控制在20~25℃，根据需要，有时可能稍高一些。

2.2.2.2　水的过滤处理

原水经过混凝、沉淀处理后，虽然降低了水中大部分的悬浮物和胶体的含量，但还残留少量细小的悬浮颗粒，会对进一步深度水处理工艺过程产生不良影响。水的过滤就是用滤料将水中分散的悬浮颗粒从水中分离出来的过程。

1. 原理

过滤法是指对水中悬浮物滤料的机械阻留和表面吸附的综合结果，也就是过滤过程中有两个作用：一种是机械筛分，另一种是接触凝聚。

机械筛分作用主要发生在滤料层的表面。滤层在反洗后，由于水的筛分作用，小颗粒的滤料在上，大颗粒的在下，依次排列，所以上层滤料间形成的孔眼最小。当含有悬浮物的水进入滤层时，滤层表面易将悬浮物截留下来。不仅如此，截留下来的或吸附着的悬浮物之间发生彼此重叠和架桥等作用，结果在滤层表面形成了一层附加的滤膜，它也可起机械筛分作用。这种滤膜的过滤作用，有人称为薄膜过滤。

在过滤中，当带有悬浮物的水进入滤层内部时，事实上也在发生过滤作用。这正和混凝过程中用泥渣作为接触介质相类似。由于滤层中的滤料比澄清池中悬浮泥渣的颗粒排列得更紧密。水中的微粒，在流经滤层中弯弯曲曲的孔隙时，与滤料颗粒有更多的碰撞机会，在滤料表面起到有效的接触作用，使水中的颗粒易于凝聚在滤料表面，故称为接触凝聚作用。有人也称为渗透过滤。

2. 影响过滤的因素

影响过滤运行的因素有很多，其中主要的因素有滤料、滤速、水头损失、水均匀性和反洗等。

2.2.3　金属的电化学腐蚀和汽水腐蚀

金属表面和其周围介质发生化学或电化学作用而遭到破坏的现象称为腐蚀。金属腐蚀，按其本质的不同可分为电化学腐蚀和化学腐蚀两类。电化学腐蚀是由金属接触到电解质溶液构成微电池而发生金属腐蚀的过程。在电化学腐蚀过程中有局部电流产生，金属处于潮湿的地方或者遇到水时，特别容易发生这一类腐蚀，电化学腐蚀中的微电池其负极一般都是金属被氧化形成离子进入溶液；在化学腐蚀过程中没有电流产生，而是金属表面和其周围的介质直接进行化学反应，使金属遭到破坏。锅炉发生电化学腐蚀的部位是给水系统管道的内壁。

在给水系统中发生的腐蚀都属于电化学腐蚀，电化学腐蚀中有吸氧腐蚀和吸氢腐蚀，空气中的氧气溶解于金属表面水中而发生的电化学腐蚀。

在钢铁制品中一般都含有碳。在潮湿空气中，钢铁表面会吸附水汽而形成一层薄薄的水膜，水膜中溶有二氧化碳后就变成一种电解质，使水里的 H^+ 增多，这就构成无数个以铁为负极、碳为正极、酸性水膜为电解质溶液的微小原电池。这些原电池里发生的氧化还原反应是负极(铁)：铁被氧化 $Fe-2e = Fe^{2+}$，正极(碳)：溶液中的 H^+ 被还原 $2H+2e = H_2\uparrow$，这样就形成无数的微小原电池，最后氢气在碳的表面放出，铁被腐蚀，所以叫吸氢腐蚀

1. 影响电化学腐蚀的因素

影响金属腐蚀的因素可分为金属本身的内在因素和周围介质的外在因素两方面。影响金属腐蚀的内在因素有金属的种类、结构，金属中含有的杂质以及存其内部的应力等。其中，

金属的种类是一个很重要的因素，不同金属的耐腐蚀性能有很大差别。当金属设备已经制成投用时，金属的材质已经确定了，周围介质就成为影响该设备金属腐蚀的主要因素。电化学腐蚀的本质是金属失去电子而变成离子投入溶液的过程。

大气中含有大量的氧气，所以水中也难免或多或少地溶解有氧。当钢铁与含有溶解氧的水接触时(水中溶解氧是一种阴极去极化剂)，就会引起钢铁发生电化学腐蚀，这是最常见的腐蚀现象。此外，外界因素，如水的溶解氧量、pH 值、温度，盐类的含量和成分以及水的流速等，都对腐蚀过程有影响，现分述如下。

(1) 溶解氧量

由于 O_2 是一种去极化剂，所以在一般情况下，水中 O_2 含量愈多，钢铁的腐蚀愈严重。但在某些特定条件下，钢材受溶解氧腐蚀的结果会在其表面上产生保护膜，从而减缓腐蚀速度。此时，水中 O_2 的含量愈大，产生保护膜的可能性也就愈大，所以会使腐蚀减弱。

溶解氧不仅可以引起金属的化学腐蚀，而且由于水中氧浓度分布不均匀不会导致危害更大的电化学腐蚀。当溶解氧量小于 0.005mg/L 时，一般不会引起锅炉腐蚀，

(2) pH 值

水的 pH 值是对金属腐蚀速度影响很大的一个因素。当水中溶解氧引起钢铁腐蚀时，水的 pH 值的改变对腐蚀产生的影响可用实验所得到的结果来说明。随 pH 值增大，腐蚀速度降低。

①当 pH 值很低时，也就是在含有氧的酸性水中，pH 值越低，腐蚀速度越大，这是因为在低 PH 值时，铁的腐蚀主要是由 H^+充当去极化剂引起的；

②当 pH 值在中点附近时，腐蚀速度随 pH 值的变化很小，这是因为此时发生的主要是氧的去极化腐蚀，水中溶解氧扩散到金属表面的速度才是影响此腐蚀过程的主要因素；

③当 pH 值较高时，即 pH 值大于 8 以后，随着 pH 值的增大，腐蚀速度降低，这是因为 OH^- 含量增高时，在铁的表面会形成保护膜。

(3) 温度

水温对溶解氧引起的钢铁腐蚀过程有较大的影响。在封闭系统中，水的温度愈高，金属腐蚀的速度愈快。这是因为，温度升高时，各种物质在水溶液中的扩散速度加快和电解质水溶液的电阻降低，这些都会加速腐蚀电池阴阳两极的电极过程。在相同 pH 值的条件下，温度高的比温度低的腐蚀速度快。

但如果钢铁的腐蚀过程是在敞口系统中发生的，那么温度升高到一定值时，腐蚀速度就会下降。这是由于温度升高，气体在水中的溶解度减小。当温度达到水的沸点时，由于气体在水中的溶解度降为零，就不再有溶解气体的腐蚀。

(4) 水中盐类的含量和成分

从水中含有盐类的总量(即含盐量)来说，一般的情况是，水的含盐量愈多，腐蚀速度愈快。因为水的含盐量愈多，水的电阻就愈小，这样，腐蚀电池的电流就愈大。

但是，当水中含有会和腐蚀产物形成难溶化合物的盐类时，这些难溶物覆盖在金属面上，会降低腐蚀速度。例如当水中有 CO_3^{2-} 和 PO_4^{3-} 时，就能在铁的阳极部分生成难溶的碳酸铁和磷酸铁薄膜，成为保护膜，能起抑制腐蚀过程的作用。反之，当水中含有会破坏金属表面保护膜的阴离子时，就会加快腐蚀速度。这些离子称为活性离子，常见的为 Cl^-。其原因是 Cl^- 很容易被金属表面的氧化物膜吸附，这时膜中的氧离子被 Cl^- 所替代，因而形成可溶性的氯化物，使氧化物膜遭到破坏，金属表面便会继续遭到腐蚀。

(5) 水的流速

一般来说，水的流速愈大，水中各种物质扩散的速度也愈快，从而使腐蚀速度加快。

在空气中氧进入水溶液而引起腐蚀的敞口式设备中，当水的流速达到一定数值时，大量的氧会使金属表面形成保护膜，所以腐蚀速度减慢；但当水的流速很大时，由于水流的机械冲刷作用，保护膜遭到破坏，腐蚀速度又会增高。

2. 防止金属电化学腐蚀的方法

锅炉发生电化学腐蚀的部位是给水系统管路的内壁。为了使金属免受腐蚀，主要办法是设法消除产生腐蚀电池的各种条件。大体上说，这可从金属设备的材质(包括其表面状态)和周围介质两方面着手。

(1) 金属材料的选用

改变金属内部的组成结构，将金属制成合金，增强抗腐蚀能力。金属材料本身的耐蚀性，主要与金属的化学成分、金相组织、内部应力及表面状态有关，还与金属设备的合理设计与制造有关。从防止金属腐蚀的角度看，无疑应该选用耐蚀性强的材料，但是金属材料的耐蚀性能是与它所接触的介质有密切关系的。到现在为止，还没有找到一种对一切介质都具有耐蚀性的金属材料，所以应该根据金属周围介质的性质来选用金属材料。在工业实践中，选用金属材料时，除了应考虑它的耐蚀性之外，还要考虑它的机械强度、加工特性及材料价格等各方面的因素。

(2) 介质的处理

同金属相接触的介质，对金属材料的腐蚀性，在某些情况下是可以改变的，也就是说，通过改变介质的某些状况，可以减缓或消除介质对金属的腐蚀作用。例如，锅炉给水的除氧处理，就是除掉锅炉给水中溶解氧这种有害成分，提高了水质，从而达到了防止给水对金属腐蚀的目的。又例如，在锅炉化学清洗时，在除垢用的酸液中加入少量缓蚀剂等药品，改变了清洗液的化学组成，就可以大幅减少酸液对锅炉钢材的腐蚀。

电化学保护法是利用电化学反应使金属钝化而受到保护，或者利用原电池反应将需要保护的金属作为电池的正极而受到保护。

为防止金属腐蚀，将被保护的金属作为阳极，在一定条件下进行阳极氧化，使金属钝化(在金属表面形成金属氧化物组成的钝化膜)这种方法叫阳极保护。

阴极保护是将被保护的金属变为阴极，以防止金属腐蚀的方法。阴极保护法有两种：一是外加电流的阴极保护法，把要保护的金属设备作为阴极与外电源的负极相连，另外永不溶性电极作为辅助阴极，与外电源的正极相连，连电极都与电解质溶液接触。二是牺牲阴极保护法，在要保护的金属设备上连接一种负电位更低的金属，作为更有效阴极。

汽水腐蚀是金属铁被饱和蒸汽氧化而发生的一种腐蚀，属于均匀腐蚀，是一种纯化学腐蚀。锅炉的汽水腐蚀是过热器的主要腐蚀方式，在蒸汽管道中，出现汽水分层或循环停滞时也会发生汽水腐蚀。

2.2.4 水、汽的取样

锅炉汽水取样，属于对锅炉汽水化学监督，保证合格的给水和过热蒸汽，保护设备免受损害。水、汽样品的采集是保证分析结果准确性的一个极为重要的步骤，因此，需要从锅炉及其热力系统的各个部位取出具有代表性的水、汽样品。所谓有代表性就是指此样品能反映热力设备和系统中水、汽质量的真实情况，否则，即使采用很精密的测定方法，测得的数据也不能真正说明水、汽质量是否已达到标准，也不能被用来作为评价热力设备和系统内部结垢、腐蚀和积盐等情况的可靠资料。为了取得有代表性的水、汽样品，必须做到以下几点：

① 合理地选择取样地点；

② 正确地设计、安装和使用取样装置；

③ 正确存放样品，防止样品的污染。

锅炉取样分析是为了控制汽水品质提供依据，从而保证设备的安全运行。

2.2.4.1 水的取样

锅炉及其热力系统中的水大都温度较高，而高温水不便于取样，也不便于测定，在取样中应加以冷却，所以要把取样点的样品引至取样冷却器进行冷却。一般要求保证样品流量在500~700，样品能冷却到30℃以下。

取样的导管均采用不锈钢管，不能用普通钢管和黄铜管，以免样品在取样过程中被导管中的金属腐蚀产物污染。

为保证样品的代表性，机组每次启动时，必须冲洗采样器，冲洗时将两个阀门都打开，以大流量样品冲洗取样器和取样冷却器，经较长一段时间冲洗后(一般30min以上，也可根据样品冲洗程度确定)，将样品流量调至正常流速。机组正常运行时，也应定期冲洗，冲洗时间可略短一些。

1. 锅炉水的取样

锅炉水样品一般从汽包的连续性排污管中取出，再引至冷却器。为保证样品的代表性，取样点应尽量靠近排污管引出汽包的出口处，并尽可能地装在引出汽包后的第一个阀门之前。对于分段蒸发锅炉的盐段锅炉水，也从排污水引出管中取样；净段锅炉水由装在汽包净段的专用管取样，取样管采用匀孔的细钢管，水平装在汽包正常水位下200~300mm处，应尽量远离给水管和加药管，离开盐段也应有一段距离，以免取出水样受盐段锅炉水的影响。

2. 给水的取样

给水取样点一般设在给水泵之后，省煤器之前的高压给水管上，应该是在给水管的垂直管路上接一小管，给水样品由此引至取样冷却器。给水的取样管应设在给水加药后足以混匀的位置上，以确保样品的代表性。为了监督除氧器运行情况，在除氧器水箱出口的下降管上也设取样管。

3. 凝结水的取样

凝结水取样点一般设在凝结水泵出口处的凝结水管道上，不宜装在凝结水泵的入口处，因为凝结水泵入口处的压力低于大气压。对于有凝结水处理装置的系统，从凝汽器出来的凝结水称为一级凝结水，经过凝结水处理装置的水为二级凝结水。一级凝结水取样点仍设在凝结水泵之后；而二级凝结水取样点一般有两处，一处设在凝结水升压泵的入口，以掌握凝结水处理的效果，另一处设在凝结水升压泵的出口(加药点后)，以了解加药后的凝结水水质。凝结水温度较低，所以不需要进行冷却。

4. 疏水的取样

疏水一般在疏水箱中取样。取样点通常设在距疏水箱底300mm左右处，以防沉渣吸入。也有的疏水样品直接从疏水泵出口引至冷却器中。

2.2.4.2 蒸汽的取样

在采集蒸汽样品时，应将蒸汽样品通过取样冷却器，使其凝结成水。锅炉发生电化学腐蚀的部位是给水系统管路的内壁。

1. 饱和蒸汽的取样

取得具有代表性样品的条件是锅炉所产生的饱和蒸汽常携带着少量锅炉水水滴。当饱和蒸汽沿着管道流动时，这些水滴在管内不一定分布得很均匀。如蒸汽流速较低时，其携带的水滴便有一部分粘附在管壁上，形成水膜，饱和蒸汽的这种流动特点使其取样比较困难。如果将一根管子插在蒸汽管道的中心或者连在管壁上，都不能取得代表性的样品，插在蒸汽管道中心所取出的蒸汽样品的湿度偏低，分析结果偏小；连在管壁上所取出的蒸汽样品的湿度偏高，分析结果偏大。

2. 过热蒸汽的取样

过热蒸汽和饱和蒸汽不同，在过热蒸汽中没有水分，属单相介质，所以较易获得有代表性的样品。其取样点可设在过热蒸汽的母管上(高温段过热器后、集汽联箱前)，一般采用乳头式取样器，也可用缝隙式取样器。取样时，只要保证取样孔中的蒸汽流速与安装取样器管道中的蒸汽流速相等，就可取得有代表性的样品。

取样汽水由于压力和温度都较高，所以必须经过冷却，降压后才能进入二次仪表分析检测。

2.2.5 离子交换

离子交换法是利用一种叫做离子交换剂的物质，这种物质遇到水时可以将其本身所具有的离子和水中不同符号的离子相互交换，水中的硬度钙镁离子就被吸附在交换剂上，而交换的离子进入水中，从而实现了除去水中的硬度。

离子交换设备中，将阳离子交换而除去的设备是阳床，将阴离子交换而除去的设备是阴床，离子属于阴床可以除去 Cl^-，离子属于阳床可以除去 Na^+。既可以除去阳离子又可以除去阴离子的设备是混床。

离子交换的作用是降低水中的离子浓度，主要降低给水的含盐量，降低硬度较大的钙 Mg^{2+}。

离子交换运用离子交换树脂，而离子交换树脂可以再生，应用此类设备的运行成本较小。ROH 属于阳离子交换剂。

2.2.6 反渗透原理

如果将淡水和盐水(或两种不同浓度的溶液)用只透水而不透过溶质的半透膜隔开，淡水中水分子将自发地透过半透膜向盐水(或从低浓度溶液向高浓度溶液)侧流动，这种自然现象叫作渗透。当渗透进行到盐水一侧的液面达到某一高度而产生一个压力 p 时，水通过膜的净流量等于零，此时该过程达到平衡，这个平衡压力 p 就叫做渗透压。当在盐水一侧施加一个大于渗透压的压力时，水的流向就会逆转，盐水中的水分子向淡水一侧渗透，这种现象就叫作反渗透。

渗透是利用两类溶液的密度差来完成的。

渗透压的大小与溶液的种类、浓度和温度有关，与半透膜本身无关。

2.2.7 锅外水处理及锅内水处理

锅外水处理就是制备热力系统所需高品质的补给水。它包括除去天然水中的悬浮物和胶体状态杂质的澄清、过滤等预处理；除去水中溶解的钙、镁离子的软化处理；或除去水中部分或全部溶解盐类的反渗透或离子交换除盐处理。这些制备补给水的处理，通常称为锅外水处理。锅内水处理就是在汽包锅炉的炉水中加入某种化学药品，使随给水带入锅内的结垢物质，或者成为水渣析出，或者使之呈溶解状态，或者使之变为悬浮细粒呈分散状态，通过锅炉排污将其排除于炉外，以防止结垢物质在锅内结垢，这种水处理方法也称为锅内水处理。锅内处理一般总是与锅外水处理配合使用，作为一种必不可少的补充手段。尽管锅内处理使用的设备及操作都较炉外水处理设备简单得多，但是，它对于保证锅炉的安全运行起着很大的作用。

锅外水处理主要是除去给水中的盐和碳，锅内水处理重点除去的是钙离子、镁离子、二氧化硅。锅水加药不会用联氨。

锅外水处理与锅内水处理有如下关系：

① 锅外水处理属于水处理的粗调，锅内水处理是锅水处理的二次处理，属于细调。

② 锅外水处理主要是除盐，调整给水酸碱度，保证给水质量，锅内水处理则是保证过热蒸汽品质。

③ 锅外水处理主要是以离子交换或者反渗透作为主要处理手段，而锅内水处理则是利用磷酸盐将钙镁离子形成不溶于水的化合物，然后通过定期排污排出锅外。

④ 虽然锅内外水处理的方式、保证的指标不一样，但是两者目的是一样的，都是保证锅炉设备的安全，稳定运行。

高参数锅炉虽然给水水质纯度高，但给水中仍常含有机物。有机物进入锅内后，在高温高压下发生的变化，会产生一些能引起锅炉和汽轮机组金属材料腐蚀的物质。

在锅内水的高温沸腾条件下，有机物发生以下的变化过程：

①有机物在高温作用下发生热分解产生酸。据研究，天然水中腐殖酸类有机物，在锅内受热分解后，可产生甲酸、乙酸(醋酸)、丙酸等有机酸。被污染的水源水中含有的人造有机物在锅内热分解，不仅能产生有机酸，也能产生无机酸。离子交换树脂碎末等有机物。在锅内受热分解产生酸，而且产生的酸量也很大。

有机物在锅内分解产生酸性物质，有以下不良后果：

1) 使炉水 pH 下降，影响锅炉正常的水化学工况。

2) 致使蒸汽中携带微量的挥发性酸，引起汽轮机内部腐蚀。

② 有机物在炉管管壁上生成碳质沉积物。有机物随给水进入锅内，在高温高压作用下发生热分解，热分解过程在水冷壁管向火侧管壁上发生，析出分解产物后，在管壁上形成含碳的沉积物，这种碳质沉积物传热性能差，即使热负荷不高，也会导致金属过热损坏。有资料报道，国外有些热电站曾发生有机物在炉管上生成碳质沉积物导致金属过热和爆管事发生，但在国内未发现此类事件。

③ 减少有机物对热力系统金属腐蚀的措施：

1) 必须尽可能除掉水中的有机物，保证除盐水的纯净。也就是说主要要在锅外水处理系统、设备、调试运行方面作研究，力求减少除盐水中的有机物。

2) 注意保证凝汽器的严密性，防止有机物从冷却水漏泄到凝结水中进入热力系统。加强凝结水水质监测，发现凝汽器有泄漏，立即按照三级处理标准进行堵漏处理。

3) 在锅水处理方面，应投加纯净的磷酸盐，在必要时[比如，锅水中磷酸根 5mg/L 左右，而 pH(25℃)在 9.2 以下]可添加适量的纯净的氢氧化钠溶液，最好使炉水 pH(25℃)保证在 9.3~9.5。同时查清有机物来源，杜绝高有机物水质进入热力系统。

4) 加强锅炉排污处理。

2.2.8 化学监督的目的、任务和意义

锅炉化学监督的目的是：防止水、汽系统发生腐蚀、结垢和积盐，保证锅炉安全、经济

运行。化学监督的主要任务是：对水、汽品质，对设备结垢、腐蚀、积盐程度，对设备投运前金属表面的清洁程度以及停用时的防腐等进行全面地监督和指导。

锅炉化学监督是一项全过程的监督工作，涉及锅炉制造、安装、运行、检修和停备用各个阶段，只有在每一阶段都进行有效地化学监督，才能防止锅炉发生腐蚀、结垢，保证锅炉的安全运行。

化学监督的意义：

1）保证给水品质合格；

2）保证锅水品质合格；

3）过热蒸汽的蒸汽品质合格；

4）保护给水设备；

5）保护过热器设备；

6）保证汽轮机设备的安全运行。

2.3 金属材料及锅炉用钢

2.3.1 金属材料的概念及分类

金属是指具有特殊的光泽、良好的导电性、导热性、一定的强度和塑性的物质，如铁、锰、铝、铜、镍、钨等。

具有金属特性的元素称为金属元素。在所有应用的材料中，凡是有金属元素或以金属元素为主而形成的，并具有一般金属特性的材料通称为金属材料。

通常把金属材料分为黑色金属材料和有色金属材料两类。

1. 黑色金属材料

以铁、锰、铬或以它们为主而形成的具有金属特性的物质，称为黑色金属材料。如碳素钢、合金钢、铸铁等。如08、15、15F为优质碳素结构钢；T12号钢具有硬度高、磨加工、韧性好、淬透性和红硬性差的特性。

2. 有色金属材料

除黑色金属材料以外的其他金属材料，称为有色金属材料。如黄铜、硬铝、锡基轴承合金等。

钢材按照用途可分为结构钢、工具钢、特殊材料钢。

对于碳素工具钢含碳量比例为0.7%~1.35%。

2.3.1.1 金属材料的工艺性能

金属材料的工艺性能是指金属材料在加工过程中所表现出来的接受加工难易程度的性能，是金属材料的物理、化学性能和力学性能在加工过程中的综合反应，是指是否易于进行冷热加工的性能。金属材料的工艺性能有铸造性，可锻性，可焊性及切削加工性等。

1. 铸造性

金属材料能否用铸造的方法制成优良铸件的性能，称为铸造性。

铸造性包括流动性、收缩性和偏析(化学成分不均匀的现象)的倾向等。凡是流动性好、收缩小、倾斜偏向小的金属材料，其金属铸造性良好。

一些大型设备的基座大都对金属要求不是很高，经常采用铸件，灰铸铁具有优良的铸造性能但可锻造性差，不能应用于锅炉承压部件。

2. 可锻性

金属材料在压力加工时，能承受一定程度的变形而不产生裂纹的能力，称为可锻性能。

可锻性与材料的变形抗力和塑性有关。钢能承受锻造、拉拔、挤压等加工，可锻性好。铸铁塑性及韧性均很低，可锻性很差。

3. 焊接性能

通过局部加热熔溶或加压(或两者并用)，使金属件造成原子间的相互结合力，从而得到永久连接的过程称为焊接。金属材料在焊接过程中所表现出的性能称为焊接性能。焊接性能的好坏，主要以有无裂缝、气泡等缺陷及焊接接头的机械性能来衡量。焊接的加工工艺改变了金属内部结构。

锅炉的过热器管要承受较大的压力，所以采用无缝钢管，锅炉对于金属的冲压性能、热处理性能、焊接性能、锻造性能等工艺性能要求较高。

4. 切削性能

金属材料在常温下，接受切削刀具加工的能力称为切削加工性能。其好坏主要以切削速度、刀具磨损，被加工面的粗糙程度等衡量。

2.3.1.2　金属材料的机械性质

材料机械性能就是材料的力学性能，即材料抵抗外力作用的能力。常用的机械性能指标有：强度、塑性、硬度、冲击韧性、疲劳强度等。金属材料的机械性能是以实验为依据的。常用的机械性试验是拉力试验、硬度试验和冲击试验等。

1. 强度

强度是指金属材料在外力作用下，抵抗塑性变形和断裂的能力，抵抗能力越大，则强度越高。根据载荷作用方式不同，强度可分为抗拉强度、抗压强度、抗剪强度、抗扭强度和抗弯强度等五种。其中以抗拉强度最易测得，通过拉力试验可测定金属材料的弹性极限、屈服极限和强度极限。

屈服点是金属在拉伸过程中产生屈服现象的应力大小，应力的单位是 MPa。

2. 塑性

塑性是指金属材料在外力的作用下，产生塑性变形而不被破坏的能力。常用的塑性指标有延伸率 δ 和断面收缩率 Ψ。

塑性变形是指金属材料产生塑性变形和不被破坏的能力，通常以延伸率来表示，延伸率是伸长量与原长的比值。

3. 延伸率

延伸率是指试样拉断后的总伸长与原始长度比值的百分率，用 δ 表示，即：

$$\delta = \frac{L_i - L_0}{L_0} \times 100\%$$

式中　δ——延伸率，%；

L_i——试样拉断后的长度，mm；

L_0——试样原始长度，mm。

延伸率是衡量金属材料塑性的物理量，还可以衡量金属材料塑性大小和断面收缩率。

4. 断面收缩率

断面收缩率是指试样拉断后断面面积与原断面面积比值的百分率，用 Ψ 表示，即：

$$\Psi = \frac{F_0 - F_1}{F_0} \times 100\%$$

式中 Ψ——断面收缩率,%;

F_0——试样原来的断面面积，mm^2;

F_1——试样拉断后的断面面积，mm^2。

材料的 δ 和 Ψ 愈大，则表示其塑性愈好，即材料能随较大的塑性变形而不被破坏。一般把 $\delta \geqslant 5\%$ 的材料称为塑性材料(如低碳钢)，而把 $\delta < 5\%$ 的材料称为脆性材料(如灰口铸铁)。塑性好的材料可以顺利地进行某些成型工艺，如锻压，冷冲和冷拨，冷变等。另外，良好的塑性使零件在使用时万一过载，也能由于塑性变形使材料强度提高，因而可避免突然断裂。

5. 其他强度指标

(1) 抗弯强度

对于铸铁、铸铁合金、工具钢及硬质合金等脆性材料来说，因为由它们制成的机件和刀具多在弯曲载荷下工作，应该用抗弯强度来评定其性能。抗弯强度是指试样在位于两支承点中间的集中载荷作用下，使其折断时，试样断裂弯矩与试样截面系数的比值，即:

$$\sigma_{bb} = M_b / W$$

式中 σ_{bb}——抗弯强度，MPa;

M_b——试样断裂弯矩，若为三点弯曲加载时，其值为 $P \cdot L/4$，L 为两支承点间的距离，单位为 m，P 为试样所承受的集中载荷，单位为 N;

W——试样截面系数，圆柱试样 $W = \pi d_0^3/32$，矩形试样 $W = bh^2/6$。

(2) 抗压强度

试样受压缩时，在破坏前所随的最大压缩载荷对应的应力称为抗压强度，通常以 σ_{bc} 表示，单位是 MPa。计算公式为:

$$\sigma_{bc} = \frac{P_{bc}}{F}$$

式中 P_{bc}——试样破坏前所承受的最大压缩载荷，N;

F——试样横截面面积，m^2。

6. 硬度

硬度是指金属材料抵抗硬物体压入表面的能力。从本质上说，它是反映材料抵抗局部塑性变形的能力，与强度属于同一范畴，所以材料的硬度与强度之间有一定关系。根据硬度可以大致估计材料的抗拉强度。例如：低碳钢 $\sigma_b = 3.6$HB(布氏硬度)，高碳钢 $\sigma_b = 3.4$HB，调质合金钢 $\sigma_b = 3.25$HB。

测定硬度的常用方法有布氏硬度、洛氏硬度、维氏硬度等。

7. 韧性

在发电厂中，有些热力设备除受到拉伸、弯曲、扭转、剪切等作用外，还受到冲击作用，如汽轮机转子。金属材料的韧性就是指抵抗冲击负荷的能力。为了确定材料的冲击韧性，需要进行冲击试验。锅炉和汽轮机等设备的重要部件，在选择材料和设计时，都要考虑材料的韧性。

一般来说，钢材在某些温度下冲击韧性较高，但是随着温度的下降，冲击韧性明显降低，工程上把冲击韧性显著下降时的温度称为脆性转变温度，它与材料中的合金元素种类有关，特别是与材料的组织有关。低中强度钢的脆性转变温度较高，而高强度钢的脆性转变温度往往很低。在汽轮机启动过程中，要通过暖机等措施尽快把转子温度提高到脆性转变温度以上，以增加转子随较大的离心力和热应力的防变形的能力。近年来，采用盘车的办法预热，待转子温度达到脆性转变温度以上（如 150℃）时再冲击转子，这样不但使转子温度均匀，热应力下降，而且转子中心孔温度也达到脆性转变温度以上。

钢中的非金属夹杂物越多，其韧性就越差，特别是氢对韧性有很大影响。氢可造成所谓氢脆，使钢的塑性及韧性大大下降。它可以在钢内部形成许多微裂纹，这些裂纹在断口上表现为光亮的白色斑点，称为氢致“白点”，这种现象在高强度 Ni-Cr 钢中（如汽轮机转子）最为明显。因此，必须严格控制钢中非金属夹杂物的含量，特别是氢的含量。

钢中的硫、磷是钢中残存的有害成分，当钢材中有硫存在的时候，加热到 1000~1200℃在进行锻造或者轧制过程中，会使得工质沿着晶界开裂。另外硫还使得钢中的焊接性能降低，焊缝易出现裂缝和气孔。磷使得钢的强度及硬度明显提高，但是塑性和韧性下降，特别是钢的脆性转变温度升高，增强了钢的冷脆性。

8. 疲劳和疲劳极限

有很多零件（如各种轴、齿轮、弹簧等，汽轮机的主轴、叶片等）经常受到大小及方向变化的交变载荷。这种交变载荷常会使金属材料在小于其强度极限的长期作用下断裂，这种现象叫做疲劳。它的破坏特点是突然的。汽轮机的轴及叶片等零件的破坏，以疲劳失效为最多。

显然，材料所承受的交变载荷愈大，材料的寿命愈短；反之，则愈长。金属材料在长期（无限次）经受交变载荷作用下，不致引起断裂的最大应力，称为疲劳极限。用它来定金属材料的耐疲劳性能。

2.3.1.3 金属材料的高温机械性能

1. 温度对金属强度的影响

金属在高温时所表现出来的机械性能与常温下的机械性能有很大差别，因为高温机械性能受工作温度、时间及组织变化等因素的影响。

金属的强度取决于金属原子间的结合力，由于高温下原子活动能力增加，原子间结合力下降，因此强度要下降。金属的强度由晶内强度和晶界强度两部分组成，室温下晶界强度大于晶内强度，随着温度升高，使晶内和晶界强度都下降，但高温下晶界强度要比晶内强度下降要快。到达一定温度后晶界强度与晶内强度相等，此时的温度叫做等强温度。当金属温度超过等强温度时，金属的断裂就由室温下的穿晶断裂转变为晶间断裂。

高温下，金属原子结合力下降的同时，组织结构也要发生变化，使金属的高温机械性能，特别是高温强度和塑性显著下降。

2. 蠕变

金属材料在高温条件下，其所受的应力，即使在低于此金属材料在此温度下的屈服极限，当经过长时间的作用，仍然能产生连续的、缓慢的塑性变形积累。这种金属材料在长时间是一定温度和一定应力作用下，产生缓慢、连续塑性变形的现象，称为金属的蠕变。

金属的蠕变现象可用蠕变曲线来表达，蠕变曲线即金属的变形与时间关系曲线。在恒定温度和拉应力下，金属首先在应力作用下马上出现瞬时变形，包括弹性变形和塑性变形。随着时间加长，接着逐渐经历蠕变减速、等速和加速三个阶段，典型的蠕变曲线见图 2-4。

为表征金属在高温下抵抗蠕变的能力，必须把强度、蠕变变形和时间结合起来，通常工程上用蠕变极限来衡量，即金属在一定温度下与规定的持续时间内，产生一定蠕变变形量或引起规定蠕变速度时的最大应力。火电厂高温金属部件条件蠕变极限有两种方法：

① 在一定温度下，引起规定变形速度能使钢材产生 1×10^{-7} mm/(mm · h)(或 1×10^{-5}%/h)的等速阶段蠕变速度的应力，称为该温度下 1×10^{-7} mm/(mm · h)(或 1×10^{-5}%/h)的蠕变极限，记为 $\sigma^{t}_{1/10^{-7}}$(或 $\sigma^{t}_{1/10^{-5}}$)。

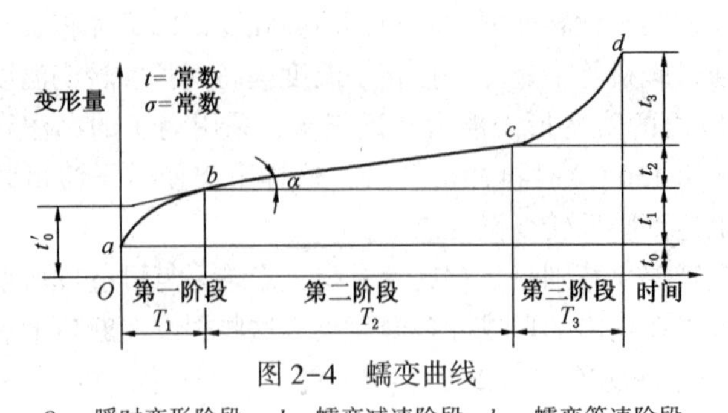

图 2-4 蠕变曲线

Oa—瞬时变形阶段；*ab*—蠕变减速阶段；*bc*—蠕变等速阶段；*cd*—蠕变加速阶段；*d*—断裂点

② 在一定温度下，能使钢材在 10^5h 工作时间内发生 1%总蠕变变形量的应力，称为该温度下 10^5h 变形 1%的蠕变极限，记为 $\sigma^{t}_{1/10^{-5}}$。

在实际中，多采用第二种表示方法。以上两种方法都是有条件的，故又称条件蠕变极限。

3. 蠕变断裂

在蠕变过程中，金属晶粒之间不断重新排列，最终导致晶粒之间出现微裂纹并沿晶界发展，形成晶间断裂，最后导致金属部件脆性断裂。

由于蠕变和常温塑性变形机理不同，其断裂的塑性值比常温时小很多。常用持久强度来反映金属在高温和应力下断裂时的强度，即用给定温度下经一定时间破坏时所能承受的应力来评定。火电厂高温金属部件持久强度的具体规定为：在给定温度下，使钢材在 10^5h 工作时间发生破坏的应力，称为该温度下 10^5h 的持久强度，记为 $\sigma^{t}_{10^5}$。

另外，根据持久强度试验试样断裂后测定的延伸率和断面收缩率可以确定金属的持久塑性，反映其承受蠕变变形的能力。如果持久塑性较高，则不易发生脆性破坏。

4. 影响蠕变和持久强度的因素

钢的抗蠕变能力和持久强度一般统称为热强性。钢的热强性主要因素有冶金质量、晶粒度、热处理、金相组织、机械加工、运行过程中温度波动等。

5. 应力松弛

金属零件在高温和应力的长期作用下，若总变形不变，而工作应力将随时间的延长而逐渐降低的这种现象称为应力松弛。在应力松弛过程中，应力和变形的变化关系是

$$\varepsilon_0 = \varepsilon_p + \varepsilon_e = 常数$$

式中 ε_0——松弛过程开始时的总变形；

ε_p——塑性变形；

ε_e——弹性变形。

松弛与蠕变有差别也有联系，蠕变是在恒定应力下塑性变形随时间增长的持续增加过程，而松弛是在总变形一定的条件下随时间增长的应力减小过程，当应力接近于零时就不再发生松弛。从根本上说，两者是一致的，应力松弛可以看作是随塑性变形的增加而应力不断减小的蠕变过程。在火电厂设备中，处于松弛条件下工作的部件有螺栓等紧固件以及弹簧等。

6. 应力集中

应力集中是受零件或构件在形状、尺寸急剧变化的局部出现应力显著增大的现象。反应局部应力增高程度的参数称为应力集中系数，它是峰值应力与不考虑应力集中式的应力的比值。反映应力集中程度的参数是应力集中系数。零部件的尖角、空洞、沟槽、缺口容易出现应力集中现象，传动轴轴肩圆角、键槽、油孔和紧配合等部位，受力后均产生应力集中现象。

控边应力集中的特点是：

① 集中性，即在空洞附近的应力远大于无孔时的应力；

② 局部性，即在孔边较远之处(例如几倍孔径之外)，应力几乎不受孔的影响，其分布情况与数值大小都几乎与无孔时相同；

③ 在弹性范围内，应力集中程度仅与孔的形状以及受力状态有关，而与荷载的大小无关。

7. 热疲劳

金属材料由于温度的循环变化而引起热应力的循环变化，由此而产生的疲劳损坏称为热疲劳。热疲劳产生的原因是零件在工作过程中受到反复加热和冷却后，在零件内部产生温度梯度或零件的自由膨胀和收缩受到约束产生附加热应力。若温差值周期变动，则零件就会在周期性的变动的热应力作用下产生塑性变形，热疲劳变形是塑性变形逐渐积累损伤的结果，最终导致零件的破裂。

影响热疲劳的因素主要是部件内部的温度差，温度差越大，造成的热应力越大，则越容易发生热疲劳损坏。

8. 热脆性

某些金属材料由于高温和应力的长期作用，而产生冲击韧性下降的现象，称为热脆性。在高温和应力作用下的时间越长，热脆性就越明显。

9. 金属材料的显微结构性质

金属在固态情况下一般都是晶体，即原子在空间的排列呈规律性排列；而液态下，金属原子的排列并不规则。因此金属结晶就是金属液态转变为晶体的过程，也就是金属原子由无序到有序的排列过程。

纯铁按照其晶相结构的不同可以分为α-Fe、γ-Fe、ε-Fe，铁素体是碳溶解于α-Fe中形成的固溶体，力学性能与纯铁相近。铁素体和渗碳体组成的机械混合物称为珠光体。

金相结构与含碳量的对应关系是铁素体0.006%。

2.3.1.4 高温用钢的组织稳定性

在常温下，金属原子的扩散能力很低。组织结构基本上不发生变化，但在高温下长期运行时，除出现蠕变、断裂和应力松弛等现象外，由于扩散过程的加速进行，内部也会发生缓慢的组织性质变化。对锅炉所使用的耐热钢，最主要的组织性质变化有珠光体球化、石墨化、合金元素转移和碳化物结构的变化等。

1. 珠光体球化

锅炉珠光体热强钢的金相组织为珠光体加铁素体，珠光体组织中的渗碳体是呈薄片状相间分布的。这些钢在高温和应力的长期作用下，珠光体中的片状渗碳体将逐渐变为球状，并且聚集长大，这种现象称为珠光体球化，球化后的碳化物继续长大，使小直径的球变成大直

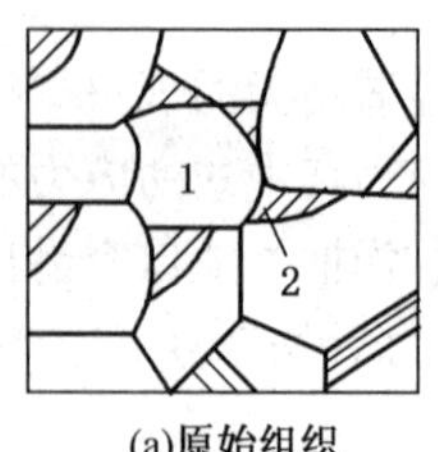

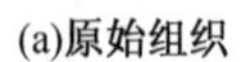

(a)原始组织

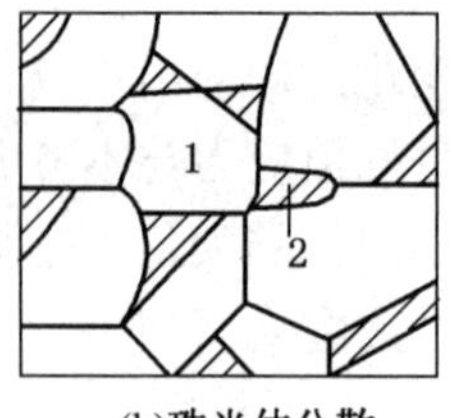

(b)珠光体分散

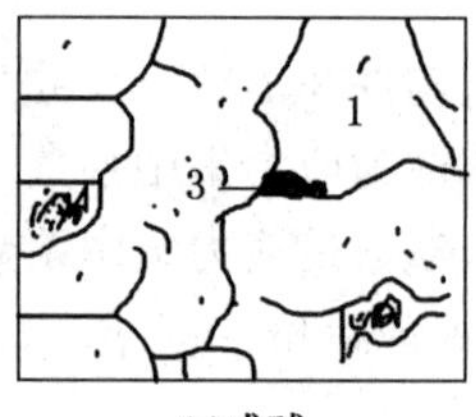

(c)成球

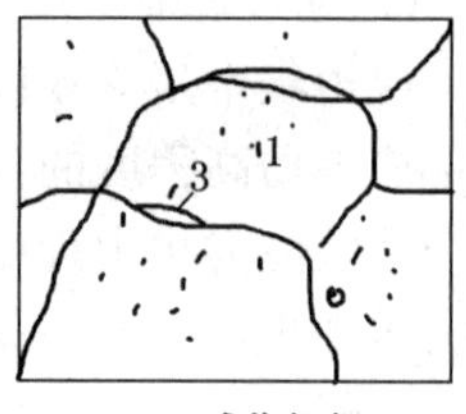

(d)球化组织

图 2-5 球光体球化过程示意图

1—铁素体；2—片状珠光体；3—球状碳化物

径的球，并向晶界处聚集。金属热强性降低。整个过程示意见图 2-5，由于晶界上原子扩散能力比晶内强，因此球化首先从晶界开始。

通常依据球化的组织状态和相应力学性能来区分珠光体球化程度，由于不同钢种的初始状态不同，其评级标准也不相同。对已产生珠光体球化的材料，通过热处理可使其基本恢复原来的组织和力学性能。

2. 石墨化

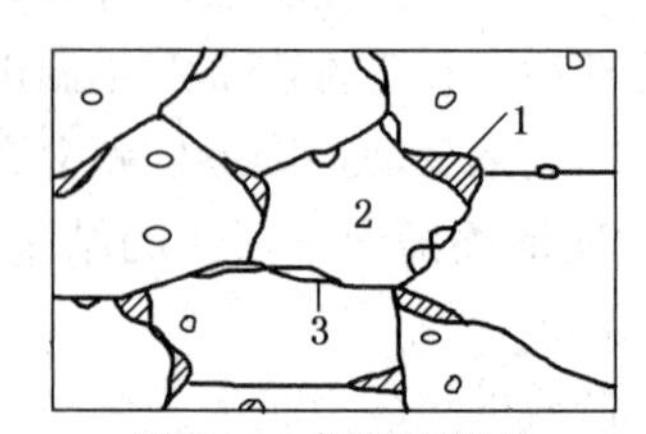

图 2-6 钢的石墨化

1—石墨；2—铁素体；3—已球化的渗碳体

钢在高温下长期运行中，由于原子活动能力增加，渗碳体会分解出游离碳，以石墨方式析出并不断增大，从而形成石墨夹杂现象，称为石墨化，如图 2-6。当游离石墨析出后，割断了基体的连续性，产生应力集中，使钢材脆性增大，强度和塑性降低，组织结构发生危险变化，通常根据钢材组织特性、弯曲角和冲击韧性来判定石墨化程度。

一般只有碳钢和 0.5%Mo 等珠光体热强钢在高温下长期运行过程中会出现石墨化现象。钢中加入铬、钒、铌、钛等元素能有效阻止石墨化过程的进行，加入镍、硅、铝则会促进石墨化进行。

碳钢在 450℃以上、0.5%Mo 钢在 480℃以上开始石墨化，温度越高则石墨化进程越快，但温度过高达 700℃左右时，不但不出现石墨化现象，反而可使已生成的石墨与铁化合成渗碳体。

3. 合金元素的重新分配

钢在高温长期应力作用下，除球化和石墨化外，还会出现合金元素重新分配现象。这一现象包含两个方面，一是固溶体和碳化物中合金元素成分的变化，二是同时发生的碳化物结构类型、数量、形状和分布形式的变化。

锅炉高温钢材从根本上说只有固溶体和碳化物两种相，即铁素体和碳化物，钢中合金元素存在于这两种相内。在高温下，合金元素活动能力增加，产生转移过程，铬、锰、铝等固溶元素不断脱溶，向碳化物转移，导致碳化物中合金元素逐步增多，并造成碳化物析出相类型的转变、碳化物在晶内和晶界的析出与聚集。合金元素的转移使钢的固溶强化和沉淀强化作用降低，造成钢的热强性下降。

以下因素会加速合金元素的重新分配过程：

① 钢的原始组织不稳定，碳化物在基体中呈不均匀分布；

② 运行温度增高，合金元素原子活动能力增加；

③ 运行中部件承受的应力增加。

2.3.2 退火、正火、淬火

2.3.2.1 退火

将钢加热到一定温度并保温一段时间，然后使它慢慢冷却，称为退火。钢的退火是将钢加热到发生相变或部分相变的温度，经过保温后缓慢冷却的热处理方法。退火的目的，是为了消除组织缺陷，改善组织使成分均匀化以及细化晶粒，提高钢的力学性能，减少残余应力；同时可降低硬度，提高塑性和韧性，改善切削加工性能。所以退火既为了消除和改善前道工序遗留的组织缺陷和内应力，又为后续工序作好准备，故退火是属于半成品热处理，又称预先热处理。

2.3.2.2 正火

将钢加热到一定温度，保温一定时间，随后在空气中冷却下来的热处理工艺，称为正火。主要作用是：代替部分完全退火；用于普通结构件的最终热处理；减少或者消除网状二次渗碳体，为球化退火作准备。

正火与退火两者的目的基本相同，但正火的冷却速度比退火稍快，故正火钢的组织比较细，它的强度、硬度比退火钢高。

正火主要用于：普通结构零件，当机械性能要求不太高时可作为最终热处理；作为预备热处理，可改善低碳钢或低碳合金钢的机械性能，并为以后的热处理作好准备。

退火与正火的选择：

退火与正火在某种程度上有相似之处，在实际选用中可从以下三方面考虑：

(1) 从切削加工性考虑

一般认为硬度在170~230HB的钢材，其切削加工性较好。硬度高，不但难于加工，且刀具容易磨损；但硬度过低时，切削加工中易“粘刀”，使刀具发热而磨损，且加工后零件表面粗糙度也高。

(2) 从使用性能上考虑

对于亚共析钢来说，正火处理比退火具有较好的机械性能。如果零件的性能要求不高，可用正火作为最终热处理。但当零件形状复杂，正火的冷却速度较快，有形成裂纹危险时，则采用退火。

(3) 从经济上考虑

正火比退火的生产周期短，成本低，操作方便，故在可能的条件下，应优先采用正火。

2.3.2.3 淬火

将钢加热到某个适当的温度，保持一定的时间以后，使其急剧冷却的工艺称为淬火。表面淬火是通过快速加热使工件表层迅速达到淬火温度，不等热量传到心部就立即冷却的一种热处理工艺。表面淬火后，钢件表层为马氏体，而心部仍为塑性、韧性较好的退火、正火或调质状态的组织。表面淬火主要有火焰加热表面淬火和感应加热表面淬火两种。

淬火在金属的加工工艺中不属于冷加工。

钢材淬火时要注意：严格控制淬火加热温度；合理选择淬火介质；正确选择淬火方法。

2.3.3 合金元素在钢中的应用

合金元素在钢中的作用有：与钢中的铁和碳两个基本组元发生作用，合金元素之间的相互作用，以及由此而影响钢的组织和相变过程，改变钢的性能等。合金钢是在金属中加入一些合金元素改变金属的某些性质，比如抗腐蚀性、耐高温性能，而焊接性能没有变差。

2.3.3.1 强化铁素体

大多数合金元素都能溶于铁素体，形成合金铁素体。由于合金元素与铁的晶格类型和原子半径的差异，引起铁素体的晶格畸变，产生固溶强化，使铁素体的强度、硬度提高，但塑性和韧性有下降的趋势。如 Si、Mn 能显著提高铁素体的强度和硬度，但 Si 超过 1%，Mn 超过 1.5%时，都会降低铁素体的韧性，只有 Ni 比较特殊，在一定范围内(不超过 5%)能显著强化铁素体的同时又能提高韧性。

2.3.3.2 形成合金碳化物

在钢中能形成碳化物的元素有 Fe、Mn、Cr、Mo、W、V、Nb、Zr、Ti 等(按与碳的亲合能力由弱到强依次排列)。与碳的亲合力越强，形成的碳化物越稳定。随着钢中含碳量的增加，钢在常温下的强度、硬度提高，塑性、韧性、焊接性能降低。

根据合金元素与碳的亲合力的强弱和元素在钢中含量的多少，钢中的合金碳化物有合金渗碳体和特殊碳化物两种类型。

弱碳化物形成元素(如 Mn)或较强碳化物形成元素(如 Cr、W 等)在钢中含量不多(0.5%~3%)时，一般都倾向于溶入渗碳体形成合金渗碳体。如$(Fe, Mn)_3C$、$(Fe, Cr)_3C$、$(Fe, W)_3C$ 等。合金渗碳体的硬度和稳定性都略高于渗碳体。

强碳化物形成元素(如 V、Nb、Ti 等)或较强碳化物形成元素在钢中含量足够高(大于5%)时，就形成与渗碳体晶格完全不同的特殊碳化物。如 $Cr_{23}C_6$、WC、VC、TiC 等。这些碳化物具有更高的熔点、硬度和耐磨性，并且更为稳定。在淬火加热时很难溶于奥氏体；回火时加热到较高温度才能从马氏体中析出，聚集长大也较慢。当其在钢中呈弥散分布时，能显著提高钢的强度、硬度和耐磨性，而不降低韧性。所以工具钢中常加入碳化物形成元素。

2.3.3.3 阻碍奥氏体的晶粒长大

强碳化物形成元素 Ti、Nb、V 等形成的碳化物及 Al 形成的 AlN、Al_2O_3 等细小质点，分布在奥氏体晶界上，能强烈地阻碍奥氏体晶粒的长大，所以合金钢(除锰钢外)淬火加热时不易过热，这样有利于获得细马氏体，有利于提高加热温度，使奥氏体中溶入更多的合金元素，有利于改善钢的淬透性和机械性能。

1. 提高钢的淬透性

大多数合金元素(除 CO 外)，溶入奥氏体后都能增加过冷奥氏体的稳定性，从而使 C 曲线位置右移，减小了钢的临界冷却速度，提高了钢的淬透性。因此，合金钢淬火能力使大截面的工件获得均匀一致的组织，从而获得较高的机械性能。合金钢可用冷却能力较弱的淬火剂(如油、熔盐等)淬火，可减少工件淬火时的变形和开裂。

提高淬透性作用最大的元素是 Mo、Mn、Cr，其次是 Ni，微量的 B(<0.005%)能显著提高钢的淬透性。

2. 提高钢的回火稳定性

合金元素在淬火时溶入马氏体中，在回火过程中，由于合金元素的阻碍作用，使马氏体不易分解，碳化物不易析出，析出后也较难聚集长大，所以合金钢在回火时硬度下降较慢。钢在回火时抵抗硬度下降的能力称回火稳定性。

由于合金钢的回火稳定性比碳钢高，在要求相同硬度的情况下，合金钢的回火温度比碳钢高，因而残余应力可得到充分消除，塑性和韧性也比碳钢好。若与碳钢在相同的温度回火，则合金钢的强度和硬度比碳钢高。

高的回火稳定性使钢在较高的温度条件下，仍能保持高硬度和高耐磨性。金属材料在高温下保持高硬度(≥HRC60)的能力，称为红硬性。这种性能对于切削速度较高的刃具具有很重要的意义。

合金钢牌号用数字+元素符号+数字表示。

2.3.4 锅炉主要零部件用钢

2.3.4.1 锅炉受热面用钢

锅炉受热面管子是在高温、腐蚀介质和应力作用下长期工作的。钢管外壁受烟气的作用，内壁受炉水或蒸汽的作用。锅炉受热面主要包括水冷壁、过热器、再热器、省煤器和空气预热器等，其金属工作在高温和亚高温区域，主要由不同规格的碳素钢或合金钢管材构成。对钢材有以下要求：

① 钢材的机械性能。受热面管材要具有足够的抗拉、抗压、抗弯、抗剪等强度极限，足够的弹性极限和屈服极限，适当的塑性、硬度和韧性，在高温下有足够的蠕变极限、持久强度和持久塑性。对水冷壁管子材料，要有足够的强度，这样可使管壁厚度不致于太大，以利于加工和热量传递。

② 钢材要有在高温条件下长期使用的组织结构稳定性。在高温长期应力的作用下，保证组织结构基本稳定，避免受热面金属的热强度降低和脆性增大。一般而言，如果受热面在发生明显蠕变的温度下运行，则在考虑钢材耐热性的同时，需考虑钢材的组织稳定性问题。

③ 良好的钢材热加工、冷加工和焊接等工艺性能。尤其要求可焊性和弯曲性能要好。

④ 钢材抗氧化和抗腐蚀性能。锅炉受热面在高温烟气和水、水蒸气的长期作用下工作，因而会出现氧化和腐蚀问题，使金属强度下降，甚至造成爆破事故。通常要求在工作温度下，腐蚀速度应小于0.1mm/a。

2.3.4.2 过热器和再热器用钢管

过热器和再热器管内工质为蒸汽，换热能力较差，而且处在烟气温度较高的区域，所以受热面金属工作在高温范围。过热器在锅炉内布置在炉膛辐射和烟气对流共同作用的地方，运行时管壁温度高于蒸汽温度几十摄氏度至100℃左右。再热器内蒸汽温度与过热器内相同，处在烟气温度仍较高的区域，运行中管壁温度低于过热器，但再热蒸汽压力低、密度小、传热性能差，放热系数比过热蒸汽小得多，因而需选用级别较高的钢材。

过热器和再热器管用钢的选择主要以金属温度为依据，强度计算时通常以高温持久强度为基础，用蠕变极限来校核。

2.3.4.3 水冷壁和省煤器用钢材

水冷壁虽然处于锅炉温度最高的炉膛区域，但由于管内汽水沸腾换热能力很强，管壁温度与管内工质温度接近，壁温不很高，属于亚高温范围。从温度水平看，大部分钢材都能承受。但在运行中，如果锅水品质不合格造成结垢时，会带来换热减弱和垢下腐蚀问题；如果燃料中含硫量较高，则易使管外产生硫腐蚀，都会给受热面金属造成损坏。

省煤器附近烟气温度已下降，管内水侧的换热能力较好，管壁温度与工质温度相差不多，金属温度不高，但波动比较大。由于烟气温度较低，烟气中飞灰变硬，所以管外磨损现象比较明显。

2.3.4.4 空气预热器用钢材

空气预热器不属于锅炉承压部件，它是利用烟气的热量来加热锅炉送风的换热器，用以达到向燃烧供热风和降低排烟温度的目的。空气预热器目前使用最多的有管式和回转式两种，由于压力和温度都不高，使用普通碳钢的薄壁管和波纹板即可。在锅炉各受热面中，空气预热器的钢材用量最大。

在空气预热器的低温段，排烟温度已降到150℃左右，而另一侧为冷风，使得金属温度很低，往往低于烟气中的酸露点，造成受热面上的腐蚀和堵灰，这就要求低温段的钢材有较强的抗腐蚀能力。

锅炉承压受热面长期在高温和应力下运行，金属材料会出现蠕变、断裂、应力松弛、组织变化和其他损坏等常温下所没有的情况，增加了温度、时间和组织变化等影响因素，构成金属热强性问题。

2.3.4.5 锅炉管道用钢

1. 锅炉管道用钢的性能要求

锅炉管道主要包括水冷壁管、过热器管、再热器管、省煤器管、联箱和主蒸汽管等。这些管道在高温、应力及腐蚀介质的作用下长期工作，会产生蠕变和氧化、腐蚀其中尤以过热器和蒸汽管道最典型，其一旦发生事故，影响面大。为了保证热力设备安全可靠的运行，对管子用钢提出一下要求：

① 足够的蠕变强度、持久强度和持久塑性。

② 良好的组织稳定性。

③ 高的抗氧化性、耐腐蚀性，一般要求在工作温度下的氧化深度小于0.1mm/a。

④ 良好的工艺性能，特别是焊接性能要好。

受热面管道和蒸汽管道用钢选择的主要依据是金属的工作温度。考虑到火力发电厂蒸汽管道发生事故的影响面大，后果严重，因此对同一钢号，用于蒸汽管道所允许的最高使用温度一般要比过热管低30~50℃。

2. 锅炉管道用钢

温度在450℃以下低压锅炉管道主要使用10、20号优质碳素钢，中、高压锅炉水冷壁管和省煤器管用20号钢，其他受热面管道大部分采用低合金钢管。

① 壁温小于或等于500℃的过热器及壁温小于或等于450℃的蒸汽管道用钢一般采用优质碳素钢，其含量为0.1%~0.2%，热轧后空冷，组织为铁素体和珠光体。对国产锅炉来说，主要选用20号优质碳素钢。在一些引进设备中采用ST45.8/I钢管与ST45.8/Ⅲ钢管，分别相当于20低、中压锅炉无缝钢管与20高压锅炉钢管。目前我国已将20号与ST45.8/Ⅲ定为互换钢种。

② 壁温小于或等于550℃的过热器及壁温小于或等于510℃的蒸汽管道用钢主要用15CrMo钢。15CrMo钢在500~550℃具有较高热强性、足够的抗氧化性和良好的工艺性能。

③ 壁温小于或等于580℃的过热器及壁温小于或等于540℃的蒸汽管道用12Cr1MoV钢，钢管具有足够的抗氧化性能，工艺性能也好，国内广泛应用。12Cr1MoV钢是由15CrMo钢发展而来，其中部分钼被钒所代替。

④ 壁温小于或等于600~620℃的过热器和蒸汽管道用钢当金属温度小于或等于620℃时，还可以采用珠光体耐热钢制作过热器管。12Cr2MoWVTiB和12Cr3MoWVTiB钢均可用于壁温为600~620℃超高压或亚临界锅炉过热器、再热器和导管。

⑤ 壁温小于或等于600~620℃的过热器和蒸汽管道用钢壁温超过600℃以上时，需要使用奥氏体耐热钢。奥氏体耐热钢具有较高的高温强度和高温抗氧化性能以及较高的耐腐蚀性能，最高使用温度可达700℃。

2.3.4.6 汽包及联箱用钢

1. 汽包用钢

汽包所处的温度是饱和蒸汽温度，长期处于中温高压状态下工作，最高压力达16.7MPa，壁温高达350℃，同时还受热应力作用，其受力状态非常复杂。由汽包所处的工作条件及加工工艺的要求，对汽包用钢的性能提出如下要求：

① 具有较高的强度，使汽包壁厚减薄一些，有利于制造、安装和运行；

② 较好的韧性和塑性；

③ 钢板有较低的缺口敏感性，减少在开孔、焊接时形成应力集中；

④ 良好的焊接性能；

⑤ 较低的失效敏感性。失效敏感性低会使其在相同的条件下冲击韧性下降缓慢，所以较低的失效敏感性对设备运行安全、延长使用寿命均有好处。

在低、中压锅炉的汽包制造中，一般采用10号优质碳钢，但为了减轻汽包重量，有的也采用低合金结构钢。在高压、超高压锅炉汽包制造时，则普遍采用低合金结构钢。这类钢由于加入了Mn、Mo、V、Nb等强化元素，具有较碳素钢高的多的屈服强度。

2. 联箱用钢

联箱所用材料也有其工作条件决定。对于同一钢号用于蒸汽管道或联箱时，其允许的最高金属温度比过热器低30~50℃。

2.3.5 锅炉可靠性

2.3.5.1 可靠性管理中锅炉主机的状态划分、状态定义、性能指标

1. 机组状态

机组状态：停用停机、在使用。

在使用：可用、不可用。

(1) 可用：运行、备用。

运行：全出力运行、降低出力运行(计划降低出力运行、非计划降低出力运行)。

备用：全力备用、降低出力备用(计划降低出力备用、非计划降低出力备用)。

(2) 不可用：计划停运、非计划停运。

计划停运：大修停运、小修停运、节日或公用系统检修停运。

非计划停运：第1类非计划停运、第2类非计划停运、第3类非计划停运、第4类非计划停运、第5类非计划停运，前三类属强迫停运。

2. 状态定义

(1) 在使用

指锅炉处于要评价的状态。

(2) 可用

指锅炉处于能运行状态，不论其是否在运行，也不论其能够提供多少容量。

(3) 运行

指锅炉处于在向汽轮机供汽，可以是全出力运行，也可以是降低出力运行。

(4) 备用

指机组处于可用、但不在运行状态，可以是全出力备用，也可以是降低出力备用。

(5) 不可用

指机组因故不能运行的状态，不论其由什么原因造成。

(6) 计划停用

指机组处于计划检修期内的状态，分大小修、小修、节日和公用系统检修三类。

(7) 非计划停运

指机组处于不用而又不是计划停运的状态。根据停运的紧迫程度分为：

① 第1类非计划停运是指机组需立即停运或被迫不能投入运行的状态；

② 第2类非计划停运是指机组虽不需立即停运，但需在6h以内停运的状态；

③ 第3类非计划停运是指机组可延迟至6h以后，但需在72h以内停运的状态；

④ 第4类非计划停运是指机组可延迟至72h以后，但需在下次计划停运的状态；

⑤ 第5类非计划停运是指处于计划停运的机组因故超过原定计划期限的延长停运状态；

⑥ 强迫停运是指上述1、2和3类非计划停运。

⑦ 停运停机是指机组经网局批准封存停用者。处于该状态的机组不参加统计评价。

3. 可靠性管理性能指标

计划停运系数=(计划停运小时/统计期间小时)×100%

非计划停运系数=(非计划停运小时/统计期间小时)×100%

强迫停运系数=(强迫停运小时/统计期间小时)×100%

可用系数=(可用小时/统计期间小时)×100%

运行系数=(运行小时/统计期间小时)×100%

机组降低出力系数=(降低出力等效停运小时/统计期间小时)×100%

等效可用系数=[(可用小时-降低出力等效停运小时)/统计期间小时]×100%

毛容量系数=[毛实际发电量/(统计期间小时×毛最大容量)]×100%

出力系数=[毛实际发电量/(运行小时×毛最大容量)]×100%

强迫停运率=[强迫停运小时/(强迫停运小时+运行小时)]×100%

非计划停运率=[非计划停运小时/(非计划停运小时+运行小时)]×100%

等效强迫停运率=[(强迫停运小时+第1、2、3类非计划降低出力等效停运小时之和)/(运行小时+强迫停运小时+第1、2、3类等效备用停机小时之和)]×100%

强迫停运发生率=(强迫停运次数/可用小时)×100%

平均计划停运间隔时间=运行小时/计划停运次数

平均非计划停运间隔时间=运行小时月/非计划停运次数

平均计划停运持续小时=计划停运小时/计划停运次数

平均非计划停运持续小时=非计划停运小时/非计划停运次数。

平均连续可用小时=可用小时/(计划停运次数+非计划停运次数)

平均无故障可用小时=(可用小时/强迫停运次数)×100%

启动成功可靠度=[启动成功次数/(启动成功次数+启动失败次数)]×100%

平均启动间隔小时=运行小时/启动成功次数

利用小时=实际发电量/铭牌容量

2.3.5.2 锅炉主要辅机可靠性统计范围及内容

1. 统计范围

磨煤机及其电动机、送风机及其电动机、引风机及其电动机。

2. 辅机状态划分

状态划分可分为可用状态和不可用状态。可用状态又分为运行和备用状态，不可用状态分为计划停运和非计划停运，计划停运又分为大修、小修和定期维护。

3. 状态含义

(1) 运行

辅机全出力或降出力为主机工作。

(2) 备用

辅机处于可随时启动为主机工作的状态。

(3) 计划停运

① 辅机随主机计划停运而停运。

② 月度生产计划中安排的辅机计划停运。

③ 辅机在主机低谷消缺中进行了维护工作的停运。

(4) 非计划停运

① 辅机故障且不能拖延至主机计划停运或消缺停运时的停运。

② 主机非计划停运期间，辅机进行了 8h 以上维护检修工作的停运。

4. 辅机可靠性指标

可用系数=[(运行小时+备用小时)/统计期间小时]×100%

运行系数=(运行小时/统计期间小时)×100%

计划停运系数=[(大修小时+小修小时+定期维护小时)/统计期间小时]×100%

非计划停运系数=(非计划停运小时/统计期间小时)×100%

平均连续运行小时=运行小时/(计划停运次数+非计划停运次数)

平均无故障运行小时=运行小时/非计划停运次数

平均修复小时=非计划停运小时/非计划停运次数

故障率=8760/平均无故障运行小时

修复率=8760/平均修复小时

2.3.5.3　锅炉金属监督

1. 受热面的失效分析

锅炉高温承压部件发生事故直接表现为金属材料断裂泄漏或爆破，可以从金属组织、断口形状和氧化腐蚀情况来分析事故的原因。失效分析一般包括现场调查、残骸分析、试验鉴定和综合分析几个方面。

(1) 锅炉承压受热面金属失效方式

① 塑性破坏：指由于壁厚不够或超温、超压的作用，材料的应力达到或接近其工作温度下的抗拉强度，使部件发生较大范围的显著塑性变形直至破裂。塑性破坏是锅炉承压受热面破坏的主要方式，也称为强度的基本问题，破坏后一般管壁都有明显伸长，不发生碎裂，断口呈暗灰色纤维状，无金属光泽，断口不齐平与主应力方向呈 45°夹角。

② 蠕变破坏：承压受热面部件在发生蠕变的温度下长期运行时，逐步发生不断累积的塑性变形，当变形超量或发生破裂时，部件失效、蠕变破裂和材料的高温持久强度有直接联系。

③ 脆性破坏：部件在较低应力状态下发生突然的断裂破坏，取决于材料的韧性，破坏后无明显伸长变形，裂口齐平呈金属光泽且与主应力方向垂直，有指向裂口的辐射状裂纹。

④ 疲劳破坏：承压受热面部件在多次加载、卸载或脉动载荷的作用下，会产生疲劳微裂纹，最后导致破裂。疲劳破裂中应力循环的次数比承压的时间更重要。有低周疲劳破坏和

高周疲劳破坏两种情况。

⑤ 腐蚀破坏：腐蚀破坏主要为金属表面的均匀腐蚀和点状腐蚀，造成承压部件有效壁厚减薄而引起不同方式的破坏。另外，也存在应力与腐蚀综合作用引起的破坏和交变载荷与腐蚀综合作用引起的破坏。

（2）锅炉高温金属部件失效的判断

① 锅炉各部件可能的失效方式。锅炉各部件在运行中可能产生的损坏现象见表 2-6，失效原因可能有一种或多种，需综合分析。

表 2-6 锅炉各高温承压部件可能产生的损坏现象

部　件	可能产生的损坏现象
锅　筒	热疲劳，应变时效，苛性脆化，低周疲劳
水冷壁	短时过热，应变时效，垢下腐蚀，氢腐蚀，硫腐蚀
过热器管子和联箱过热蒸汽管道	短时过热，长期蠕变破裂，高温氧化，钒腐蚀，氢腐蚀，球化，石墨化，碳化物沿晶界析出，热脆性
省煤器	磨损，氧腐蚀，硫腐蚀，热疲劳

② 锅炉部件失效特征与实效原因对照见表 2-7。

表 2-7 失效特征与实效原因对照

损 坏 特 征	损 坏 原 因
破口大且边缘锐利	短时过热
破口处壁后无明显变化	材料缺陷
破口处管子周长明显增加	短时过热
破口处管子周长增加不多	长期过热蠕变，材料缺陷
大量纵向裂纹且有氧化皮	长期过热，错用材料
脆性脆裂	热脆性，石墨化，苛性脆化
晶间断裂	长期过热蠕变，蒸汽腐蚀，氢损坏，苛性脆化
穿间断裂	热疲劳，缺陷破裂，短时过热，应力过高
珠光体球化	长期过热
珠光体消失	蒸汽腐蚀，氢损坏
表面脱碳	蒸汽腐蚀，氢损坏，高温氧化
析出石墨	石墨化
晶粒长大	过热
冲击韧性明显下降	石墨化，热脆性，苛性脆化

2. 受热面的超温运行问题

在电厂运行过程中，锅炉事故，特别是承压受热面中水冷壁、过热器、再热器和省煤器的爆管事故在全厂事故及非计划停运中占有较大的比重，是影响机组安全稳定运行的主要原因之一。从技术分类角度看，“四管”爆漏中由于磨损造成爆漏约占 30%，焊接质量约占 30%，金属过热约占 15%，腐蚀约占 10%，其他占 15%。受热面超温是运行中造成爆管的主要原因之一。

3. 温度对金属部件寿命的影响

对锅炉受热面高温部件，目前设计运行时间为 10^5h，其温度水平是选择钢号的主要考虑指标。在相同应力下，钢材设计运行时间 t 和工作温度 T 的关系一般可用拉尔森—米列尔公式表示：

$$T(C + \lg t) = 常数$$

式中 C——与参数有关的常数，可按表 2-8 选取。

表 2-8 不同钢材的 C 值

钢 种	C 值	钢 种	C 值
低碳钢	18	Gr-Mo-Ti-B 钢	22
钼钢	19	18Gr-8Ni 奥氏体不锈钢	18
铬钼钢	23	高铬不锈钢	24~25

在相同工作应力下，其工作温度越高，则设计运行时间越短。如果钢材工作温度为 510℃，长期超温 10℃运行，则可对其寿命损耗估算如下：

$$(273 + 510)(20 + \lg t_1) = (273 + 520)(20 + 20 + \lg t_2)$$

$$t_1/t_2 \approx 0.56$$

可见部件壁厚如无余量，长期超温 10℃后部件寿命几乎降低至 1/2。正由于温度高低对金属蠕变状况影响很大，为保证设备的按全运行，要特别注意运行中防止超温，同时在检修时要定期对蠕变变形量和蠕变速度进行测量。

4. 受热面的短期过热和长期过热爆管

金属超过其额定温度运行时，有短期超温和长期超温两种情况，受热面过热后，管材金属温度超过允许使用的极限温度，发生内部组织变化，降低了许用应力，管子在内压力下产生塑性变形，最后导致超温爆破。由于过热器、再热器处于高温区域，而汽侧换热效果又相对较差，所以过热现象多出现在这两个受热面中。受热面在管内水动力工况发生破坏后，往往发生短期过热爆管。

(1) 受热面短期过热

锅炉受热面内部工质短时内换热状况严重恶化时，壁温急剧上升，使钢材强度大幅度下降，会在短时内造成金属过热引起爆破。由于短时过热爆破是沿一点破裂而相继张开，所以破口常呈喇叭形撕裂状。断面锐利，减薄较多，损坏时伴随较大的塑性变形，破口处管子胀粗较大，有时在爆破情况下高压工质的作用力会使管子明显弯曲。尽管爆破前壁温很高，但在这一温度下短时就产生了破坏。因此管子外壁还没有产生氧化皮，同时，爆破后金属从高温下迅速冷却，破口处金相组织为淬硬组织或部分铁素体。

(2) 受热面长期过热

锅炉受热面部分管子由于热偏差、水动力偏差或积垢、堵塞、错用材料等原因，管内工质换热较差，金属长期处于幅度不很大的超温状态下运行，会造成长期过热蠕变直至破裂。

长期过热爆破之前，管子由于蠕变变形而胀粗，但破口周长增加不如短时过热爆破大，由于长期在高温下运行，破口内外壁有一层疏松氧化皮，组织上碳化物明显呈球状，合金元素由固溶体向碳化物转移。管壁过热程度较大时，较短时间后即发生蠕变破裂，破口也呈喇叭形。当断面粗糙、过热程度较小时，要经较长时间才产生蠕变破裂，于内外壁形成许多纵向平行裂纹，有些裂纹可能穿透管壁，但破口不明显张开。

(3) 运行中受热面超温的原因及应采取的措施

在设计上，如果存在锅炉炉膛高度偏低、火焰中心偏高，受热面偏大、受热面选材裕度不够，水动力工况差、蒸汽质量流速偏低和受热面结构不合理等因素，都会造成受热面普遍超温或存在较大的热偏差局部超温。在制造、安装和检修中如果出现诸如管内异物堵塞、屏过联箱隔板倒等缺陷，会造成工质流动不畅、断路、短路等情况，引起受热面超温。运行中如果出现燃烧控制不当、火焰后移、炉膛出口烟温高或炉内热负荷偏差大、风量不足、燃烧不完全引起烟道二次燃烧、减温水投停不当等情况，也会造成受热面超温。

给水品质不良，一方面会对管子形成化学腐蚀和电化学腐蚀，另一方面会引起受热面管内结垢积盐，影响传热。当给水硬度较高时，水冷壁上会形成结垢并形成垢下腐蚀，在个别过热器弯头也有出现，会造成受热面在运行中的超温现象。

为防止锅炉受热面运行中超温爆管，在检修上应对受热面进行蠕胀、变形和磨损等情况的定期检查，同时应对受热面重点部位设立固定监视段，给予长期连续监督检查，摸清规律。对长期存在过热问题的受热面，应加装热工温度测点进行监督控制。应定期进行割管检查，对高温过热器、再热器管子做金相检验，对炉膛热负荷最高区域水冷壁管内壁结垢、腐蚀情况进行检查，在大修前最后一次小修检查水冷壁向火侧垢量或锅炉运行年限达到规定值时，应在大修中进行锅炉酸洗。对锅炉受热面管子，在碳钢和低合金钢管壁厚减薄大于30%或计算剩余寿命小于一个大修期时，碳钢管外径胀粗超过3.5%、合金钢管外径超过2.5%时，石墨化达到或超过四级时，高温过热器表面氧化皮超过0.6mm且晶界氧化裂纹深度超过3~5晶粒时，都应进行更换。

在运行方面，锅炉启停时应严格按启停曲线进行，控制锅炉参数和各受热面管壁温度在允许范围内，并严密监视及时调整，同时注意汽包、各联箱和水冷壁膨胀是否正常。运行人员应认真监盘和巡回检查。当受热面发生爆漏后，应及时采取有效措施，查明爆漏部位，对可能危及人身安全或带来设备严重损坏的严重爆漏情况，应在报告调度的同时实行紧急停炉。

要提高自动投入率。完善热工表计，灭火保护应投入闭环运行，并执行定期校验制度。严密监视锅炉蒸汽参数、蒸发量及水位，主要指标要求压红线运行，防止超温超压、满水或缺水事故发生。应了解近期内锅炉燃用煤质情况，做好锅炉燃烧的调整，防止气流偏斜，注意控制煤粉细度，合理用风，防止结焦，减少热偏差，防止锅炉尾部再燃烧。加强吹灰和吹灰器管理，防止受热面严重积灰，也要注意防止吹灰器漏水、漏汽和吹坏受热面管子。注意过热器、再热器管壁温度监视，在运行上尽量避免超温。保证锅炉给水品质正常及运行中汽、水品质合格。把好煤质控制关，减少煤种偏离设计值较多而且变化较大的情况，从根本上避免因燃煤灰分加大、石子多、热值低带来锅炉制粉系统和受热面的磨损或积灰加重，同时使运行工况与设计工况偏离，造成受热面频繁爆破的后果。

2.3.6 锅炉寿命管理

1. 寿命及寿命损耗

一个设备或部件的寿命是指在设计规定条件下的安全使用期限。锅炉部件的寿命则是在设计工况下预期能运行的时间。由于设备制造所用材料、批次的不同、制造公差以及材料性能试验数据的分散、设备设计时强度计算都采用了一定的安全系数，所以，设计寿命实际上应该是最低安全使用期限，也就是制造厂所保证的使用寿命。通常锅炉设备的寿命是30年。

2. 造成锅炉部件寿命损耗的因素

造成锅炉部件寿命老化损伤的因素，主要是疲劳、蠕变、腐蚀和磨损。

疲劳损伤是由于部件长期受交变载荷作用而造成材质的损伤。蠕变则是由于部件持续在高温和应力的共同作用下而造成的。材质损伤、腐蚀和磨损则是由于部件长期接触腐蚀性介质或含尘气流使有效壁厚减薄而造成的老化损伤。

3. 寿命评估的主要对象

锅炉寿命管理的主要对象是它的承压部件，即通常称为锅炉本体的部分。但在实际监测的是不和烟气直接接触的炉外部件，如锅炉汽包、联箱、主蒸汽管道等，其原因是：

① 这类部件属厚壁元件，消耗金属材料多，价格昂贵。且地位重要，影响面大，它们的损坏难于修复，更换工作量大，其破坏的后果十分严重，故必须给予充分重视。前面谈到的 30 年的寿命期，主要是针对这类部件给出的。

② 这类部件多设在炉外，易于进行监测。

③ 这类部件受到的随机影响较小，人们对其寿命损耗的规律认识较充分，故较易估算。

4. 锅炉寿命管理的意义

锅炉寿命管理的目的就是在安全、经济运行的基础上保证锅炉的使用寿命，同时以科学的态度经过慎重的研究，探讨延长其寿命的可能性。

锅炉寿命管理，是锅炉安全管理的重要组成部分，其内容概括如下：

① 按锅炉制造厂给出的操作规程进行操作，运行人员要建立起寿命损耗的概念，以保证其在使用期限中的安全。

② 装置关键部件的寿命监测系统，对各种运行工况和参数利用计算机进行在线实时监测并对寿命损耗进行统计，使运行管理人员了解设计寿命的剩余约值。

③ 拟定检修计划，根据寿命损耗情况，确定应重点检查的部件和内容，并建立技术档案。

④ 在运行超过一定期限后，进行无损探伤，以进一步验证材质是否处于完好状态。

⑤ 在确认设备已处于接近寿命终结时，需进行破坏性试验，研究是否要对运行参数进行限制或将设备报废、更换。

5. 锅炉寿命与强度

锅炉本体是由各种不同规格、不同材料的管子组成的。它们承受内压，在高温或较高温度下工作，有些还要受到有害气体的腐蚀和磨损，对调峰机组还要承受交变载荷和应力的作用，所以，锅炉寿命管理的核心，就是在这种条件下，能保证承压管件的强度。

寿命管理和安全运行两者有联系又有区别。对安全运行而言，故障常来源于介质的热力参数的异常，而造成正常工况的破坏，所以要保证热力参数处于正常状态。而寿命管理则着重于保证设备的机械强度。

所谓强度是指在一定的材料和形状结构的条件下，部件承受外载而不失效的能力。对锅炉承压部件而言，外载中最重要的是压力和温度，它们都会使部件内部产生一定的变形和应力。只有当应力低于材料的强度极限，甚至屈服极限时，部件的强度才能得到保证，关于这类问题可参阅 GB 9222—1988《水管锅炉受压元件强度计算标准》。

(1) 内压应力

在锅炉强度计算中，内压应力属于一次应力，即由外载(内部介质压力)引起并且始终与外载相平衡的应力。它是承压部件强度必须保证的条件，通常用薄膜应力的当量应力必须小于材料的许用应力来保证(其值接近于平均切向应力)。

我国强度计算标准中规定内压应力角中径公式计算，即

$$\sigma_p = pD_m/2s$$

$$D_m = (D_n + D_w)/2$$

式中 σ_p——内压应力；

s——圆筒壁壁厚；

p——内压，MPa；

D_m——圆筒壁的平均直径；

D_n、D_w——圆筒壁的内径和外径。

(2) 热应力

热应力在强度计算中属于二次应力，它是由于温度作用，元件各部分的变形不同，其衔接处为满足位移连续条件而形成的应力。

在锅炉部件中，热应力主要是内外壁温差热应力和上下壁温差热应力(主要发生在汽包)两种。它们不同于管道整体均温膨胀受限时所受的热应力。所以，即使管筒的膨胀是自由的，由于不均匀的温度分布，也会产生热应力。

内外壁温差热应力：在稳定工况下(负荷恒定时)，管件的内外壁温差决定于壁厚和热流量。一般炉外承压部件，如汽包或联箱等，具有良好的保温绝热设施，对外散热损失很小，故内外壁温差也很小(常不足1℃)，由此产生的热应力很小。但炉内的受热面管子，因热流很大，则可能造成一定的内外壁温差。其产生的热应力应在强度计算中加以校核，特别是压力愈高，则壁厚就愈厚，对热负荷高处的管子，更应注意。在不稳定工况下(如起、停、变负荷时)，炉外部件的内外壁温差将加大。

上下壁温差热应力：上下壁温差主要发生在自然循环汽包炉的汽包上。由于内置汽水分离器对汽水的阻隔作用及水汽的放热系数不同，在锅炉起、停时造成汽包的上下部温度不同。

汽包上下壁温差使汽包发生弯曲变形，从而形成热应力，这个热应力主要是轴向的。它的大小与位置和汽包的环向温度分布有关。实际中，往往由于缺乏温度分布的实测数据而难于分析计算，其变化规律也较难掌握。一般规程中规定不得大于40℃(或50℃)，是沿袭了前苏联的经验。从分析角度来看，主要是从强度来考虑的。

(3) 高温蠕变与持久强度

前面章节提到锅炉承压部件还有一部分是处于高温下工作的，如过热器、再热器、它们的出口联箱以及主蒸汽管道等，这类管件受压力、高温和持续时间三个因素的作用而会发生蠕变变形，材质受到损伤，强度降低。它们的设计都是根据某一高温下持续工作一定时间的强度极限来设计的，即所谓的持久强度。

6. 负荷变化对锅炉寿命的影响

(1) 不稳定热工况

前面谈到锅炉的炉外厚壁承压部件，在稳定工况下运行时，内外壁温差及由此产生的热应力是很小的。但是，在不稳定热工况下，由于金属壁的吸热使部件的内外壁温差大大增加，在一定的材质和壁厚的条件下，其数值决定于介质温度变化的速度。温度变化愈剧烈，则造成的内外壁温差就愈大，内外壁温差热应力也愈大。

（2）疲劳损伤

材料在承受多次重复交变应力的作用下发生破坏称为疲劳破坏。通常用破断时经历的应力循环次数作为疲劳寿命的定量标识，并用经历次数与破断时应力循环次数的百分比表示疲劳损伤。

锅炉承压部件因负荷变化而造成的疲劳多属低周疲劳。发生部位多在受最大应力的应力集中区，该处应力值常高于屈服极限，故又属于应变疲劳。锅炉汽包及强制流动锅炉的炉外汽水分离器等，其运行温度大都低于400℃，其寿命损耗主要来源于疲劳。

对疲劳损伤目前还没有良好的试验检测方法，只能用分析法来进行评估，评估时，要取承受最大应力的点作为样点。计算出该点所受的总应力及其在运行中的变化范围，再根据一定的计算标准，确定其破断周次，从而估计出其在该应力循环下应有的寿命。

和强度计算不同，影响疲劳寿命的，不是部件所受应力的最大值，而是它变化的幅度。计算时，不仅要把同一时间内压应力和各种热应力在样点处叠加，还要找出它们最大的变化幅度。

因此，锅炉的冷态起、停和热态起、停(日起停)，以及低(变)负荷运行，其寿命损耗是不同的。冷态起停一次应力变化幅度最大，其寿命损耗也最大；热态起停则相对较少，滑参数到低负荷运行(50%额定负荷)则更小一些。以超高参数($P=15.7$MPa)锅炉的汽包为例，设其温度变化范围冷态为100~346℃，热态为224~346℃，滑压低负荷运行(50%~100%)为290~346℃，则热态起停一次寿命损耗是冷态起停一次寿命损耗的1/5~1/4，变负荷运行的寿命损耗约为冷态起停时的寿命损耗或更低。这些数据只是一个粗略的估计，具体的寿命损耗和设备的几何结构、应用的材料、温度变化率以及计算标准的选取有关。

7. 高温部件的寿命损耗

炉外高温承压部件包括过热器、再热器出口联箱以及对外联络的主蒸汽管道等。对调峰机组，它们也有疲劳损伤，但它们还存在蠕变损伤，而且，这类部件无论是在变负荷运行，还是在定负荷下工作，只要高温和应力持续作用，就会发生蠕变损伤。

（1）蠕变寿命损耗

蠕变损伤是在高温、应力和时间三个因素的作用下就会发生的。当温度和应力一定时，某种钢材的破断时间就是一定的，这个时间实际上就是它在相应条件下的蠕变寿命。通常按某高温下持久强度来设计部件，那个规定时间也就是该部件的蠕变寿命的统计平均值。不过由于设计中采取了一定的安全系数，部件的实际蠕变寿命比设计时的蠕变寿命要高，

其次，蠕变寿命随应力和温度的提高而缩短，所以，运行温度超过设计温度时，部件的寿命会急剧缩短。根据拉森—米勒(Larson-Miller)公式的计算。若温度提高10℃则寿命将减少一半。所以运行人员必须尽可能防止超温现象，以保证设备在寿命期内的安全运行。

（2）高温下金属组织的变化

① 珠光体球化　它是指金属组织珠光体中的渗碳体由层片状变成球状，并逐渐增大，向晶界上聚集的现象。珠光体球化使钢的屈服极限、抗拉强度，以及硬度都下降，并加快蠕变速度。

② 渗碳体石墨化　它是指钢中的渗碳体，在高温长期作用下分解成游离碳，并以石墨的形式析出的现象。石墨化使材料的强度降低，并大大降低冲击韧性，由于石墨在钢中割裂基体，而石墨本身的强度又非常低，故石墨化比珠光体球化更为有害。

③ 合金元素的迁移　钢在高温下长期工作会发生合金元素由固溶体内碳化物中的迁移，

使固溶体中的合金元素减少，钢材的强度降低。钼是最容易迁移的元素，而高温部件，如过热器、再热器、联箱、主汽管道等，多为铬钼钢。

2.4 机械工程基础

2.4.1 机械的概述

在电力生产和建设中，要使用各种各样的机器，如汽车、起重机、发电机、机床及搅拌机等。机器是有许多构件装配成的整体，构件是机器中运动的单元。

各类机器的构造、性能、用途是不一样的，但它们都具有以下三个共同特征：

① 都是由构件组合而成；

② 各构件之间具有确定的相对运动；

③ 都能利用机械能来完成有用功或转换机械能。

同时具有上述三个特征的为机器，如发电机、机床等。只具有前两个特征的称为机构，机构的作用是传递或转变运动。例如机械钟表、热工仪表，其作用只是各指针以一定的角速度转动，而不涉及转换机械能和完成有用功。所以它们不是机器，而是机构。

机构是由若干构件组成，个个构件之间具有确定的相对运动，并能实现运动和动力的传递。构件是机器中的运动单元，零件是制造单元。

机器一般是由机构组成，机构是由构件组成，构件又由零件组成。为完成统一使命在结构上组合在一起的、一道协同工作的部件总称为零件，零件是加工的基本单元，机械零件可分为两大类：一类是在各种机器中经常都能用到的零件，称为通用零件；另一类则是在特定类型的机器中才能用到的零件，称为专用零件。一般常用机械这个词作为机构和机器的统称。

机器与机构的区别在于机器能实现能量的转换或代替人的劳动去做有用功，而机构没有这种功能。

2.4.2 轴与轴承

2.4.2.1 轴

轴是组成机器中的基本的和主要的零件，一切作旋转运动的传动零件(如带轮、齿轮、飞轮等)，都必须安装在轴上才能实现旋转和传递动力。按照轴的轴线形状不同，可以把轴分为曲轴和直轴两大类。曲轴可以将旋转运动改变为往复直线运动或者作相反的运动转换。直轴在生产中应用最为广泛，直轴按照其外形不同，可分为光轴和阶梯轴两种。此外，还可以有一些特殊用途的轴，如凸轮轴(凸轮与轴连成一体的轴)，挠性钢丝软轴(由几层紧贴在一起的钢丝层构成的软轴，它可以把扭矩和旋转运动灵活地传到任何位置)等。一般常用的是直轴。根据轴的所受载荷不同，可将轴分为心轴、转轴和传动轴三类。轴设计的基本参数只有轴的材料、结构、强度、刚度和稳定性。

2.4.2.2 轴承

1. 滑动轴承

(1) 滑动轴承的类型

按轴承所承受的载荷的方向不同，可分为向心轴承、推力轴承和组合轴承。向心滑动轴承只能承受径向载荷，轴承上的反作用力与轴的中心线垂直；推力滑动轴承只能承受轴向载荷，轴承上的反作用力与轴的中心线方向一致。如将向心轴承和推力轴承组合设计在轴的某一支点上，或设计成圆锥面形状，即为组合轴承，既可以承受径向载荷，又可以承受轴向载荷。滑动轴承承载能力大，回转精度高。

(2) 滑动轴承的典型结构

① 向心滑动轴承

向心滑动轴承一般由壳体、轴承(轴瓦)和润滑装置组成。轴承壳体可以直接利用机器的箱壁凸缘或机器的一部分做成，例如减速器或金属切削机床主轴箱。有时为了加工、装拆方便，轴承壳体可以做成独立的轴承座。

根据结构需要，具有独立轴承座的向心滑动轴承可做成整体式或剖分式(基本结构如图 2-7 所示)。轴承座通常采用铸铁材料制作，轴承(轴套)采用减摩材料制成并镶入轴承座中，轴套上开有油孔，可将润滑油输入至摩擦面上。整体式结构较简单，但装拆时要求轴或轴承作轴向移动，这在某些机器的结构上是不允许的。整体式轴套磨损后轴承间隙难以调整。因此，整体式多用在间歇工作或低速轻载的简单机械中。

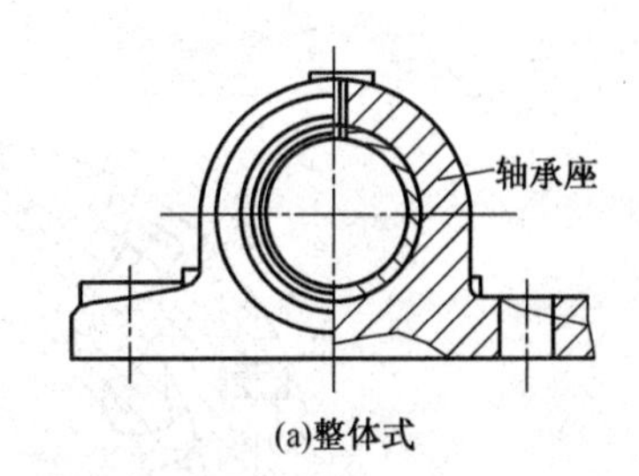

(a)整体式

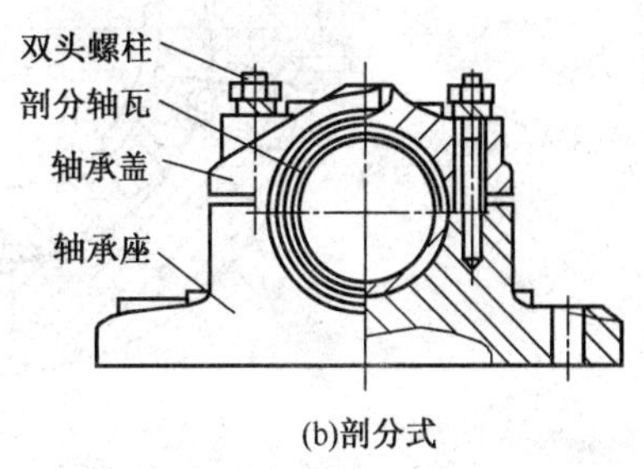

(b)剖分式

图 2-7　滑动轴承基本结构

剖分式的轴套叫做轴瓦。这种结构的优点是装拆方便，轴承间隙可以在一定范围内调整。轴承盖和轴承座的剖分面处通常做成阶梯形，以便定位和防止工作时发生横向错位。

为了适应各种特殊的工作条件，有的滑动轴承具有某种特殊结构。如自动调心轴承，其轴瓦外表面作成球状，与轴承座的球状内表面相配合，当轴弯曲变形或两轴承轴线不对中时轴瓦就能自动调心。如可调间隙轴承，通过转动螺母，改变轴套的轴向位置，或利用开有一纵向通槽的轴套的弹性变形调节轴套和轴颈间的间隙。

② 推力滑动轴承

实心端面推力轴承，结构最简单，但由于止推面上不同半径处的线速度不同，因而磨损不同，压力分布不同，靠近轴心处的压强最高。为改善这种结构的缺点，常将轴颈设计为环形或空心端面。如载荷较大，可做成多环式轴颈。

③ 液体摩擦滑动轴承

按滑动轴承的摩擦状态不同，滑动轴承还可分为非液体摩擦滑动轴承和液体摩擦滑动轴承两大类。非液体摩擦滑动轴承中的润滑剂不能将轴承(轴瓦)与轴颈的表面完全分开，它们之间的直接接触点依然存在。这种轴承结构简单，精度要求不高，主要用于速度较低，载荷不大，工作要求不高，难于维护等条件下。液体摩擦滑动轴承按其承载油膜形成机理的不同可分为液体动压滑动轴承和液体静压滑动轴承两类。

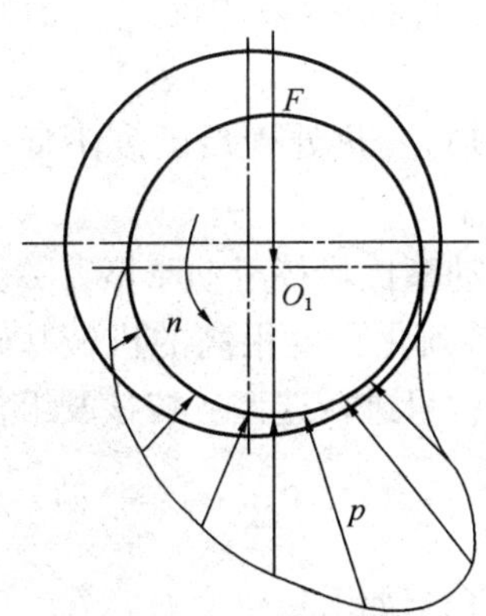

图 2-8　油膜承载能力

液体动压滑动轴承由摩擦表面的相对运动将粘性流体带入楔形间隙，形成动压承载油膜。液体静压滑动轴承承载油膜的形成是依靠润滑系统泵入具有足够压力的粘性流体。本节仅对动压轴承作简单介绍。

如图 2-8 所示，向心滑动轴承与轴颈之间有一定的间隙，由于轴的自重，在静止状态下自然形成楔形间隙。当轴颈转动，“泵入”润滑油并经过一定阶段的运转后，楔形间隙内逐渐形成了压力而将轴颈抬起，两摩擦表面完全脱离接触，从而实现液体动压润滑。沿轴承圆周方向上的油膜承载能力如图 2-9 所示。

由于单油楔动压轴承有可能产生“油膜振荡”而影响其工作的稳定性，所以在实际生产中多采用多油楔动压滑动轴承。图 2-9 所示为常用的五油楔倾斜块式径向轴承的结构形式。

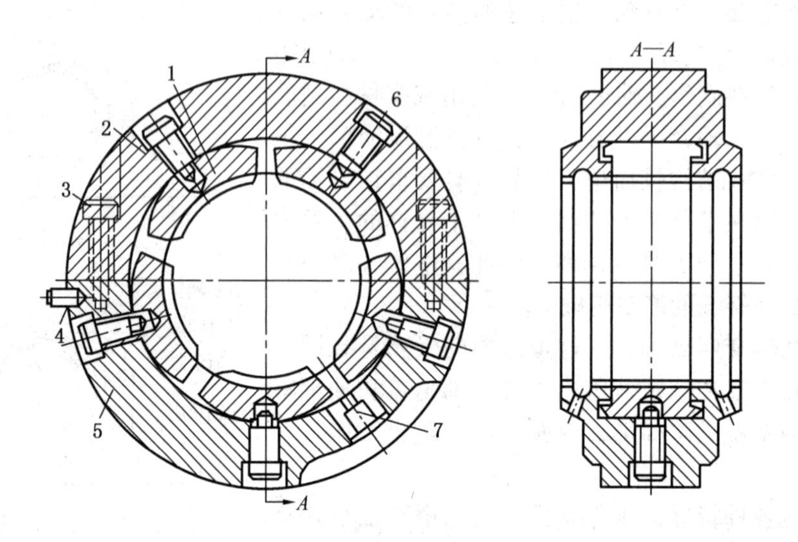

图 2-9　五油楔倾斜块式径向轴承

1—瓦块；2—上轴承套；3—螺栓；4—圆柱销；5—下轴承套；6—定位螺钉；7—进油节流圈

2. 滚动轴承

（1）滚动轴承的构造

滚动轴承的结构通常由内圈、外圈、滚动体和保持架四部分组成。内圈装在轴颈上，外圈装在轴承座孔内。内圈与轴一起转动，外圈不动。工作时，滚动体在内、外圈滚道上滚动，保持架将滚动体均匀地隔开，以减少滚动体之间的摩擦和磨损。

在某些具体情况下，滚动轴承可以没有内圈、外圈或保持架。还有一些轴承，除具有以上四种基本零件外，根据工作要求增加有止动环、密封盖等特殊零件。

滚动体按其形状可分为滚子和球两大类，其中滚子又有圆柱形、圆锥形、滚针等。球和滚道间为点接触，其摩擦系数小，重量轻；滚子和滚道间为线接触，摩擦系数较大。所以，滚子轴承的承载能力较球轴承高，而极限转速较球轴承低。

轴承内、外圈和滚动体的材料一般采用滚动轴承钢（如 GCr15），热处理后硬度不低于 HRC60。保持架多用低碳钢冲压制成，也可用黄铜、塑料等材料制成。

以滑动轴承为基础发展起来的滚动轴承，其工作原理是以滚动摩擦代替滑动摩擦，一般由两个套圈、彝族滚动体和一个保持架所组成的通用性很强、系列化程度很高的机械基础件。由于滚动轴承已高度标准化，由专用厂家生产，因此设计时，只进行选型、校核及组合设计。

（2）滚动轴承的类型、特点及应用

作为标准件，目前国产轴承可分为十大类，现将其主要特点介绍如下：

① 深沟球轴承(单列向心球轴承)

类型代号为0000。深沟球轴承主要承受径向载荷，也能承受一定的双向轴向载荷，极限转速较高，工作中允许内外圈偏斜≤0.25°~0.5°。这类轴承结构紧凑，重量轻，价格便宜，供货方便，是应用最广的一种轴承。

② 调心球轴承(双列向心球面球轴承)

类型代号为1000。调心球轴承的结构特点是滚动体为双列球，外圈滚道是以轴承中点为中心的球面。因此，当内、外圈轴线有较大相对偏转角时，能自动调心，使轴承保持正常工作，最大偏转角2°~3°。这类轴承主要承受径向载荷，也能承受较小的双向载荷。这类轴承适用于多支点轴或刚性较小的轴，以及轴承安装时不能精确对中的场合。

③ 圆柱滚子轴承(单列向心短圆柱滚子轴承)

类型代号为2000。这类轴承能承受较大的径向载荷。内外圈分离，安装方便。适用于有冲击载荷，并要求支承刚性好的场合。

④ 调心滚子轴承(双列向心球面滚子轴承)

类型代号为3000。这类轴承能承受大的径向载荷和不大的轴向载荷。因能自动调心，主要用于刚性较差的轴或轴承座孔同心度差和多支点的支承上。

⑤ 滚针轴承

类型代号为4000。这类轴承只能承受径向载荷。在结构上可分为有内、外圈的；无内、外圈的和有外圈无内圈的三种。它的径向尺寸小，一般无保持器，滚动体间摩擦，极限转速低。有保持器时，可提高极限转速。主要用于径向尺寸受限制，承载较大的场合。

⑥ 螺旋滚子轴承

类型代号为5000。只能承受径向载荷。因滚动体是由窄钢带卷成的空心螺旋滚子，有弹性，可减缓冲击和振动。由于生产工艺复杂，这类轴承应用较少，新设计不再采用。

⑦ 角接触球轴承(向心推力球轴承)

类型代号为6000。因接触角 α 值不同分为：$36000\alpha=15°$，$46000\alpha=25°$和$66000\alpha=40°$。这类轴承能同时承受径向和轴向载荷，也可承受纯轴向载荷。最适合转速高、轴向力大的场合。

⑧ 圆锥滚子轴承

类型代号为7000。能同时承受径向和轴向载荷，承载能力大，不宜单独承受纯轴向载荷。这类轴承适用于要求装拆方便的场合。

⑨ 推力球轴承

类型代号为8000。这类轴承只能承受轴向载荷。轴承的两个圈上的孔径大小不一样，小孔径者与轴紧配，称为紧圈；大孔径者与轴有间隙，并支承在支座上称为活圈。双向的推力球轴承可承受双向轴向载荷，类型代号是38000。

⑩ 角接触推力滚子轴承(推力向心球面滚子轴承)

类型代号为9000。这类轴承承载能力大，在承受轴向载荷的同时，可承受一定的径向载荷，调心性好，价格贵。

以上10类为滚动轴承的基本类型，每一种基本类型都可以派生出很多种变型，以适合各种不同需要。

滑动轴承和滚动轴承的区别在于滑动轴承是面接触轴承，而滚动轴承是点接触或者是线接触。滚动轴承的摩擦系数比滑动轴承小，传动效率高。一般滑动轴承的摩擦系数为0.08~0.12，而滚动轴承的摩擦系数仅为0.001~0.005。滚动轴承可以方便的用于空间任何方位的轴上。相对来说滚动轴承的耐热性好于滑动轴承。

3. 润滑

机械设备在工作过程中，相互接触的零件在相对运动时必然要产生摩擦，由于摩擦而引起零件表面材料的磨损，降低设备的机械效率，使能量急剧增加，生产能力显著下降。据统计，约80%的机械零件是由于磨损而失效。

减少磨损的措施之一就是加强润滑，在摩擦面之间加入润滑剂，使原来直接接触的表面相互隔开，以减少和防止磨损，同时减小摩擦消耗的能量。

（1）润滑剂的主要作用

① 润滑作用　改善摩擦状况，减少摩擦，防止磨损，同时还能减少动力消耗。

② 冷却作用　在摩擦时所产生的热量，大部分被润滑油带走，少部分热量经过传导、辐射直接散发出去。

③ 冲洗作用　磨损下来的碎屑被润滑油带走。冲洗作用的好坏对磨损影响很大，在摩擦面间形成的油膜很薄，金属碎屑停留在摩擦面上会破坏油膜，形成干摩擦，造成磨粒磨损。

④ 减振作用　摩擦件在油膜上运动，像浮在“油枕”上一样，对设备的振动起一定的缓冲作用。

⑤ 保护作用　利用润滑油来防腐蚀和防尘，起到保护作用。

⑥ 卸荷作用　由于摩擦面间有油膜存在，作用在摩擦面上的负荷就比较均匀的通过油膜分布在摩擦面上，油膜的这种作用叫卸荷作用。

⑦ 密封作用　利用润滑油来防止气体泄漏。如活塞式压缩机的气缸壁与活塞环之间的润滑油密封，就是借助了油膜的密封作用。

由此可见，在轴承和机器的运动摩擦部位使用润滑剂进行润滑，不但能降低摩擦，减少磨损，防止表面损坏，同时还可以起到冷却、吸振、防尘、防锈等作用。

（2）常用的润滑剂的分类及命名

① 分类

常用的润滑剂有液体（润滑油）、半固体（润滑脂）和固体三类。分类情况见表2-9。

表2-9　润滑剂和有关产品（L类）的分类（根据应用场合划分）

序号	组别	应用场合	序号	组别	应用场合
1	A	全损耗系统	11	P	风动工具
2	B	脱模	12	Q	热传导
3	C	齿轮	13	R	暂时保护防腐蚀
4	D	压缩机（包括冷冻机和真空泵）	14	T	汽轮机
5	E	内燃机	15	U	热处理
6	F	主轴、轴承和离合器	16	X	用润滑脂的场合
7	G	导轨	17	Y	其他应用场合
8	H	液压系统	18	Z	蒸汽气缸
9	M	金属加工	19	S	特殊润滑剂应用场合
10	N	电器绝缘			

② 命名

在分类标准中，各产品名称系用统一的方法命名，产品名称的一般形式如下所示：

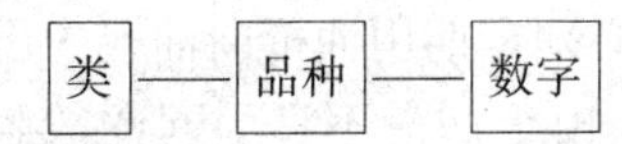

类：类别(润滑剂)名称用英文字母“L”表示。

品种：一个组的详细分类是由产品的品种确定的，该品种又应符合该组所要求的主要应用场合。每个品种由一组大写英文字母所组成的符号来表示，它构成一个编码，编码的第一个字母总是表示该产品所属的组别，任何后面所跟的字母单独存在时有无意义在有关组的详细分类标准中予以明确规定。

数字：润滑油黏度等级或润滑脂稠度等级。

示例：

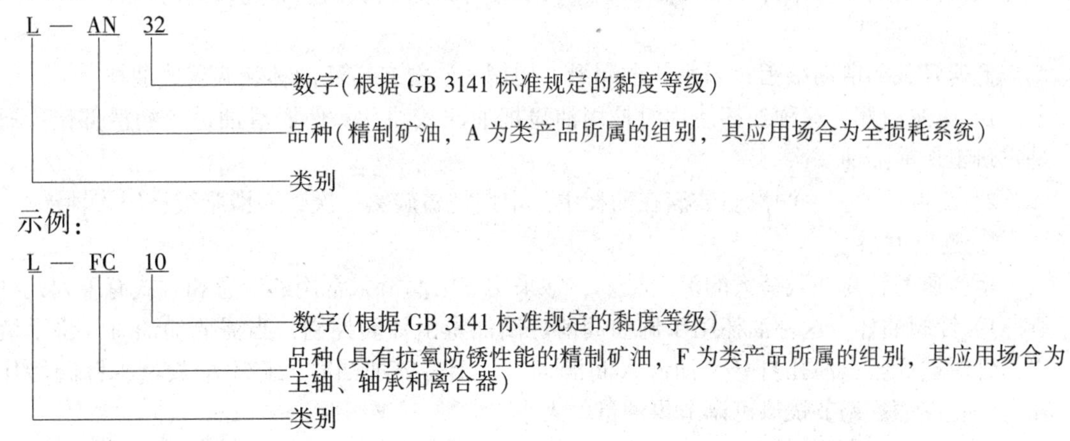

润滑剂的选择原则

要得到良好的润滑，必须选择合适的润滑剂。润滑剂的选择应考虑轴承上载荷的大小和性质，润滑表面相对速度的大小，以及轴承的工作温度等因素。选择的基本原则是：轻载、高速、低温的轴承应选用黏度较小的润滑油；重载、低速、高温的轴承应选用黏度较大的润滑油。

(3) 润滑方式选择

① 润滑油润滑

采用润滑油润滑时，常用的润滑方式可分为间歇式供油和连续式供油两大类。间歇式供油(如用油壶定期加油)只能用于低速、轻载轴承。对较重要的滑动轴承应采用连续式供油。常用的连续供油方式有以下四种：

1) 滴油润滑　用针阀油杯，使润滑油流到轴颈上去。可以通过旋动螺母，调节供油量的大小。

2) 油环润滑　轴套上套有油环，油环下部浸在油池里，当轴回转时，油环随之转动，把油带到轴上去。一般适用的转速范围为 100~2000r/min。

3) 飞溅润滑　利用转动零件(例如齿轮、曲轴的曲柄或装在轴上的甩油盘)浸入油池中，在旋转时把润滑油溅到轴承中。

4) 压力润滑　用油泵把油通过油管打进轴承等位置。常用于高速或重载的机器中。

② 润滑脂润滑

润滑脂的润滑只能是间歇地供应。通常采用的方法有：

1) 旋盖式注油杯，这是应用较广泛的油脂润滑装置，也称黄油杯，杯内充满润滑脂，旋紧杯盖时，便可将润滑脂压到轴承油孔中。

2）压注油杯，使用这种油杯必须定期用油枪向油孔内压注润滑脂。

据一些工厂设备事故的分析，由于润滑不良引起的故障约占30%左右，如通常所说的“抱轴”、“烧瓦”等设备事故，多数是由于润滑不当所引起的。搞好设备润滑有利于节约能源、材料和费用等，有助于提高生产效率和经济效益。因此，必须重视设备润滑工作，加强设备润滑管理。

在设备润滑工作中，要做到：定点、定质、定量、定人、定时，即所谓“五定”。

4. 轴承的润滑

（1）滑动轴承的润滑

根据设备的工作条件，滑动轴承常用的润滑方式有间歇润滑和连续润滑两种。

① 间歇润滑

低速轻载的滑动轴承常采用间歇润滑，使用的装置有压注油杯和旋盖式油杯。

1）压注油杯　这种油杯使用时是用油壶把油注入油孔，使润滑油进入润滑部位。通常是每班工作前加油一次。

2）旋盖式油杯　润滑脂装满在油杯中，定期把盖旋紧一次，润滑脂被挤压入轴承。

② 连续润滑

承受速度较高、载荷大的滑动轴承，常采用连续润滑，常用的装置和方式有下列几种。

1）针阀油杯　这种油杯用于滴油润滑。滴油量由针阀控制，当需要加油时，将手柄直立，针阀被提起、油孔打开，油滴入润滑点上。不需要加油时，将手柄放倒，针阀堵住油孔，停止供油。调节螺母可调节供油量的大小。

2）油环润滑　这种润滑是在轴颈上套有油环，油环又浸入到油池中。当轴回转时带动油环旋转，把油引入轴承进行润滑。此方式只适合于水平轴。

3）飞溅润滑　这种方式是将转动零件，如齿轮、甩油盘等浸入油池适当深度，旋转时将油飞溅到箱盖上后，油再通过油沟流入轴承。齿轮箱中的轴承润滑常用这种方法。

4）压力润滑　用一定压力将润滑油输送到轴承处。此方法适用于调整、重载要求连续供油的轴承，但润滑装置复杂，成本较高。

对于滑动轴承来说，润滑油最重要的特性是黏度和黏温特性。润滑膜的形成是滑动轴承能正常工作的基本条件，影响润滑膜形成的因素有润滑方式、运动副相对运动速度、润滑剂的物理性质和运动副边面的粗糙度等。滑动轴承在运行中规定轴承温度不得超过70℃。

（2）滚动轴承的润滑

滚动轴承润滑的作用是降低摩擦阻力和减轻磨损，也有吸振、冷却、防锈和散热作用。

在不同情况下，采用不同的润滑方式。当轴颈的圆周速度小于5m/s时，可采用润滑脂或黏度较高的润滑油润滑。用润滑脂润滑容易密封和维护，而且可长期不必补充润滑脂。润滑脂的填充量一般以占轴承空间的1/3到1/2为宜。当轴颈圆周速度大于5m/s时，可以采用浸油，滴油、飞溅润滑和喷油润滑。在特殊条件下工作的轴承，也可采用固体润滑剂。

2.4.3　齿轮传动

2.4.3.1　齿轮传动的概念及类型

在两个齿轮组成的传动中，两个齿轮相互啮合，其中一个齿轮的齿用力拨动另一个齿轮的齿，从而使另一个齿轮随之转动，这种传动就称为齿轮传动。齿轮传动的类型很多，分类方法也很多。常用的分类方法如下：

（1）按齿轮的形状可分为圆柱齿轮传动（包括直齿轮传动、斜齿轮传动和人字齿齿轮传动）、齿条传动和圆锥齿轮传动。

（2）按两齿轮轴线的相对位置可分为两平行轴之间的齿轮传动、两相交轴之间的齿轮传动和空间两交错轴之间的齿轮传动。

（3）按齿轮传动的工作条件可分为开式齿轮传动和闭式齿轮传动。开式齿轮传动中的齿轮完全暴露在外面，闭式齿轮传动中的齿轮全部在密闭的箱体内。

（4）按齿轮齿面硬度的不同可分为软齿面齿轮（齿面硬度小于350HBS）传动和硬齿面齿轮（齿面硬度大于350HBS）传动。

衡量齿轮大小的根本依据是分度圆。

2.4.3.2 齿轮传动的特点

与带传动、链传动相比，齿轮传动的特点是：

① 能保证恒定的瞬时传动比，传递运动准确可靠。

② 传递的功率和圆周速度范围大，传递的功率可以大到十几万千瓦，也可以很小；圆周速度可高达300m/s，也可慢似蜗牛。

③ 结构紧凑、体积小，使用寿命长。

④ 传动效率比较高，一般圆柱齿轮的传动效率可达0.98。

⑤ 齿轮制造、安装要求高，成本较高。

2.4.3.3 渐开线直齿圆柱齿轮各部分名称和主要参数

齿轮轮齿的曲线轮廓形状有渐开线、圆弧线、摆线等多种形式，其中渐开线齿轮应用最为广泛。

1. 齿轮各部分名称

对圆柱齿轮（见图2-10所示），所有轮齿顶部所在的圆称为齿顶圆，其直径和半径以 d_a 和 r_a 表示；过所有轮齿底部的圆称为齿根圆，其直径和半径以 d_f 和 r_f 表示；人为的规定一个圆作为度量齿轮尺寸的基准圆称为分度圆，其直径和半径以 d 和 r 表示。在圆柱齿轮的端面上，相邻两齿同侧齿廓之间的分度圆弧长称为齿距，用 P 表示，它包括齿厚 s 和槽宽 e 两部分，即 $P=s+e$，对于正常齿标准齿轮 $s=e$；齿顶圆与齿根圆之间的径向距离为齿高，用 h 表示，其中齿顶圆与分度圆之间的径向距离为齿顶高 h_a，齿根圆与分度圆之间的径向距离为齿根高 h_f。

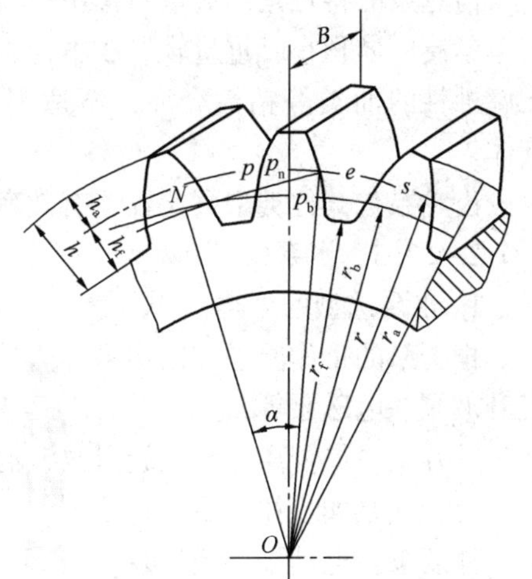

图2-10 齿轮各部分的名称及尺寸

2. 齿轮的主要参数

在齿轮整个圆周上均匀分布的轮齿总数称为齿数，以 z 表示。

在分度圆上，分度圆的周长为 $d\pi$，也可表示为 zP，即 $d\pi=zP$，所以 $d=zP/\pi$，式中 π 是无理数，为了不使 d 为无理数，以便于设计、制造和检验，人为地规定 P/π 的值为标准值，称为模数，用 m 表示，单位是mm。齿数相同的齿轮，模数越大，轮齿越大，承受载荷的能力越强。模数是齿轮尺寸计算和反映齿轮性能的重要参数，国标规定了一系列的标准模数值。

我国规定标准齿轮分度圆上的压力角 $\alpha=20°$。

3. 齿轮的正确啮合条件与传动比

(1) 正确啮合条件

只有两个齿轮的模数相等，压力角相等时，才能正确啮合。

即：
$$m_1 = m_2 = m; \ \alpha_1 = \alpha_2 = \alpha$$

(2) 传动比

因为每分钟两轮转过的齿数相同，所以有 $n_1z_1 = n_2z_2$。

即
$$\frac{n_1}{n_2} = \frac{z_2}{z_1}$$

所以传动比
$$i = \frac{n_1}{n_2} = \frac{z_2}{z_1}$$

两个互相啮合的齿轮齿数确定后，齿轮的传动比就是定值。

2.4.3.4 齿轮泵

齿轮泵工作原理：一对啮合齿轮中一个主动齿轮由电机带动旋转，另一个从动齿轮与主动齿轮啮合而转动。齿轮泵是依靠齿轮相互啮合，在啮合过程中工作容积变化来输送液体的，属于容积泵的一种类型。齿轮泵种类很多，按齿轮啮合方式可分为外啮合齿轮泵和内啮合齿轮泵；按齿轮齿形可分为圆弧齿轮泵、正齿轮泵、斜齿轮泵和人字齿轮泵等。其中斜齿轮泵和人字齿轮泵运转平稳，应用较多。但小型齿轮泵仍多采用正齿轮。

齿轮泵是一种容积式回转泵，齿轮泵最基本形式就是两个尺寸相同的齿轮在一个紧密配合的壳体内相互啮合旋转。齿轮泵出口物料的位置是两个齿轮的啮合处。

齿轮泵的特点是：流量与排出压力基本无关，流量和压力有脉动，无进、排阀，结构较简单紧凑、体积小、重量轻、成本低、制造容易，维修方便，运转可靠。齿轮泵常用于输送无腐蚀性的油类等粘性介质，不适用于输送含有固体颗粒的液体及高挥发性、低闪点的液体。

齿轮泵与其他类型泵比较，有效率低、振动大、噪音大和易磨损的特点。

2.4.3.5 水泵

1. 水泵选型的分类

根据泵的工作原理和结构可分为叶片式泵、容积式泵(和其他类型的泵如：喷射泵、空气升液泵、电磁泵等)。

叶片式泵如：离心泵、旋涡泵、混流泵、轴流泵等。

容积式泵如：往复泵、转子泵。

往复泵：电动泵、蒸气泵。

电动泵：柱塞(活塞)泵、隔膜泵、计量泵。

转子泵：齿轮泵、螺杆泵、罗茨泵、滑片泵等。

2. 水泵的特性参数

表征泵主要性能的基本参数有以下几个：

(1) 流量 Q

流量是泵在单位时间内输送出去的液体量(体积或质量)。

体积流量用 Q 表示，单位是：m^3/s，m^3/h，L/s 等。

质量流量用 Q_m 表示，单位是：t/h，kg/s 等。

质量流量和体积流量的关系为：

$$Q_m = \rho Q$$

式中　ρ——液体的密度，kg/m^3，t/m^3。

常温清水 $\rho = 1000kg/m^3$。

(2) 扬程 H

扬程是泵所抽送的单位重量液体从泵进口处(泵进口法兰)到泵出口处(泵出口法兰)能量的增值。也就是一牛顿液体通过泵获得的有效能量。其单位是 $N \cdot m/N = m$，即泵抽送液体的液柱高度，习惯简称为米。

(3) 转速 n

转速是泵轴单位时间的转数，用符号 n 表示，单位是 r/min。

(4) 汽蚀余量 NPSH

汽蚀余量又叫净正吸头，是表示汽蚀性能的主要参数。汽蚀余量国内曾用 Δh 表示。

(5) 功率和效率

泵的功率通常是指输入功率，即原动机传支泵轴上的功率，故又称为轴功率，用 P 表示；

泵的有效功率又称输出功率，用 P_e 表示。它是单位时间内从泵中输送出去的液体在泵中获得的有效能量。

因为扬程是指泵输出的单位重液体从泵中所获得的有效能量，所以，扬程和质量流量及重力加速度的乘积，就是单位时间内从泵中输出的液体所获得的有效能量——即泵的有效功率：

$$P_e = \rho g Q H(W) = \gamma Q H(W)$$

式中　ρ——泵输送液体的密度，kg/m^3；

γ——泵输送液体的重度，N/m^3；

Q——泵的流量，m^3/s；

H——泵的扬程，m；

g——重力加速度，m/s^2。

轴功率 P 和有效功率 P_e 之差为泵内的损失功率，其大小用泵的效率来计量。泵的效率为有效功率和轴功率之比，用 η 表示。

离心式水泵是依靠叶轮高速旋转产生离心的泵。

水泵在正常运行中一般由两种设置方式：串联、并联。

水泵串联多数情况下用于保证足够大的出口压力系统，是为了满足工程需要较大扬程条件所采取的措施，特点是各泵相互连接，公用一个进口一个出口。最明显的缺点是各泵之间互相影响，如果一台泵出现故障，所有机泵都要停止，而且水泵流量少到串联泵的第一台水泵流量的限制，比如像高山顶引水，多泵运行；灰浆泵将灰浆打到灰场就属于泵的串联应用。

并联水泵是两台或者两台以上的水泵公用一个进口一个出口，有利于提高出口压力，同样可以保证水泵的出口流量。并联水泵最重要的目的是启备用泵，保证安全运行。如磨煤机润滑油泵为并联运行方式，可以单泵运行；一台运行另一台备用；工作压力低的时候备用泵自动启动，保证磨煤机润滑油压的正常运行；短时间可以一台工作，一台检修，保证磨煤机运行的连续性。

2.4.4 链传动

2.4.4.1 链传动的传动比和传动类型

链传动及其传动比　链传动是由一个具有特殊齿形的主动链轮，通过链条带动另一个具有特殊齿形的从动链轮传递运动和动力的一套传动装置。它是由主动链轮、链条和链轮组成的。当主动链轮转动时，从动链轮也就跟着旋转。

设在某链传动中，主动链轮的齿数为 z_1，从动链轮的齿数为 z_2，主动链轮每转过一个齿、链条就移动一个链节，而从动轮也就被链条带动转过一个齿。若主动链轮转过 n_1 转时，其转过的齿数为 $z_1 \cdot n_1$，而从动链轮跟着转过 n_2 转，则转过的齿数为 $z_2 \cdot n_2$。显然两链轮转过的齿数应相等。即

$$z_1 \cdot n_1 = z_2 \cdot n_2$$

$$\frac{n_1}{n_2} = \frac{z_2}{z_1}$$

并用 i_{12} 表示传动比，所以

$$i_{12} = \frac{n_1}{n_2} = \frac{z_2}{z_1}$$

链传动的传动比，就是主动链轮的转速 n_1 与从动链轮的转速 n_2 之比，也等于两链轮齿数 z_1、z_2 的反比。

2.4.4.2 链传动的类型

链传动的类型很多，按用途不同，链分为以下三类：

① 传动链：在一般机械中用来传递运动和动力；

② 起重链：用于起重机械中提升重物；

③ 牵引链：用于运输机械驱动输送带等。

传动链种类繁多，最常用的是滚子链和齿形链。

1. 滚子链(也称套筒滚子链)

套筒滚子链是由内链板、外链板、销轴、套筒和滚子组成。销轴与外链板、套筒与内链板分别采用过盈配合固定。而销轴与套筒、滚子与套筒之间则为间隙配合，这样当链节屈伸时，内链板与外链板之间就能相对转动。套筒、滚子与销轴之间也可以自由转动。当链条与链轮进入或脱离啮合时，滚子可在链轮上滚动，两者之间主要是滚动摩擦，从而减少了链条和链轮齿的磨损。

若要随较大载荷，传递功率较大时，可用多排链。它相当于几个普通单排链彼此之间用长销轴联接而成。其承载能力与排数成正比。但排数越多，越难使各排均匀。为了避免受载不均匀，排数不能过多，常用双排链或三排莲，四排以上的少用。

套筒滚子链已经标准化，使用时可查找有关标准。

2. 齿形链

齿形链根据铰接的结构不同，可分圆销铰链式，轴瓦铰链式和滚柱铰链式三种。

圆销铰链式齿形链主要由套筒、齿形板、销轴和外链板组成。销轴与套筒为间隙配合。这种铰链的承压面仅为宽度的一半，故比压大，易磨损，成本较高。但它比套筒滚子链传动平稳，传动速度高，且噪声小，因而齿形链又叫无声链。

2.4.4.3 链传动的应用特点

当两轴平行，中心距较远，传递功率较大且平均传动比要求较准确，不宜采用带传动和

齿轮传动时，可采用链传动。链传动多用于轻工机械、农业机械、石油化工机械、运输起重机械和机床、汽车、摩托车和自行车等机械传动上。

链传动一般控制在传动比 $i_{12} \leq 6$，推荐采用 $i_{12}=2\sim3.5$，低速时 i_{12} 可达 10；两轴中心距 $a<5\sim6\text{m}$，最大中心距可达 15m。传递的功率 $P<100\text{kW}$。

链传动与带传动、齿轮传动相比，具有下列特点：

① 和齿轮传动比较，可以有较大的中心距，可在高温环境和多尘环境中工作，成本较低；

② 和带传动比较，没有弹性滑动，能保持准确的平均传动比，传动效率较高，连挑不需要大的张紧力，所以轴与轴承所受载荷较小；不会打滑，传动可靠，过载能力强，能在任何低速重载下较好工作；

③ 传递效率较高，一般可达 0.95~0.97。

缺点是瞬时链速和瞬时传动比都是变化的，传动平稳性较差，工作中有冲击和噪声，不适合高速场合，不适用于转动方向频繁改变的情况。

2.4.5　变速机构

所谓变速机构是指在输入转速不变的条件下，使从动轮(轴)得到不同转速的传动装置。例如机床主轴的变速传动系统是将动力源(主电动机)的恒定转速通过变速箱变换为主轴的转速；进给变速传动系统是在主轴每转一转时，变换为进给箱的多级进给。

机床、汽车和其他机械上常用的变速机构有滑移齿轮变速机构、塔齿轮变速机构、倍增变速机构、拉键变速机构和无级变速机构等。但无论哪一种变速机构，都是通过改变一对齿轮传动比大小，从而改变从动轮(轴)的转速。

齿轮变速原理：主轴进入行星齿轮变速机构，在这个机构中多套行星齿轮在一起工作，产生不同速度比以满足不同的负载和速度要求。变速齿轮传动和一般的齿轮传动一样稳定，变速齿轮拥有一个可以提供不同传动比的滑动齿轮组，同一般减速器最大的不同在于可以形成不同的传动比。

2.4.5.1　联轴器、离合器

联轴器、离合器是机械传动中的重要部件。联轴器和离合器用作轴与轴之间的联接，使它们一起回转并传递转矩；有时也可以用作安全装置、调速装置和定向装置。

用联轴器联接的两根轴，在机器运转时两轴不能分离，只有在机器停车后，经过拆卸才能使它们分离。用离合器联接的两根轴，在机器工作中能很方便地使它们分离或接合，离合器可用来操纵机器传动系统的断续，以便进行变速及换向等。某些特殊功能的联轴器和离合器在工作中起保护和自动控制的作用，如果扭矩超过规定值，这种联轴器及离合器即可自行断开或打滑，以保证机器中的主要零部件不致过载而损坏，通常叫作安全联轴器及安全离合器。按照联轴器有无弹性远见、对各种相对位移有无补偿能力，即能都在发生相对位移条件下保持廉洁功能以及联轴器的用途等划分，联轴器可分为刚性连轴器、挠性联轴器和安全联轴器。

联轴器、离合器的类型很多，目前大多数已标准化，设计选择时可根据工作要求，查阅有关手册，以选择合适的类型。必要时，对易损零件需进行强度校核。本章只对常用的几种联轴器、离合器作一介绍，其他类型的可参阅有关资料。

1. 联轴器

连轴器是连接两个任意轴之间的机构，实现了轴与轴之间的力的传递。联轴器用于连接电动机和传动机械，连接对象不可能是电动机和电动机。

联轴器应具备以下工作性能：

① 能补偿两轴线的偏移；

② 当传递冲击载荷和周期性振动载荷时，具有缓冲和吸振能力；

③ 能保护机器不致因过载而损坏。

(1) 分类

根据工作性能的不同，联轴器可分为刚性联轴器和弹性联轴器两大类。刚性联轴器又根据结构特点分为固定式和可移式两类。固定式刚性联轴器结构简单，但要求被联接的两轴严格对中，而且在运转时不得有任何相对移动。可移式刚性联轴器对两轴间的偏移具有一定的补偿能力。弹性联轴器因有弹性元件存在，所以可缓冲吸振，同时还能在不同程度上补偿两轴间的偏移。

(2) 类型的选择

对于低速、刚性大，而且两轴能准确对中的短轴，宜选用固定式刚性联轴器；对低速、刚性小，而且两轴对中困难的长轴，宜选用可移式联轴器；对高速有振动的轴，应选用弹性联轴器；对两轴线有一定夹角要求的，可选用万向联轴器。

类型选定后，即可根据传递的转矩、转速及轴径的大小，从手册中选择适当的型号，具体应满足以下要求：所选型号的许用转矩和许用转速应大于计算转矩和实际转速，联轴器所联接的两轴的直径可能不相同，但所选联轴器的孔径、长度及结构型式应能分别与两轴相配。

联轴器的联结方式有多种，有螺钉、法兰、销钉等。

2. 离合器

离合器和联轴器的差别在于离合器在机器的运转过程中能很方便地接合或分离。例如汽车中使用离合器可以实现缓慢地起动，减小起动力矩，而且在停车时无需关闭原动机。在使用过程中，随两轴的接合和分离，离合器必然要产生摩擦和冲击，从而使离合器的元件发热并产生磨损，因此离合器必须满足以下基本要求：接合、分离迅速平稳；操作方便省力；具有良好的散热能力和耐磨性；结构简单、维修方便、寿命长等。

离合器的类型很多，总体上可分为操纵离合器和自动离合器(多数具有特殊功能)两大类。根据结合元件传动工作原理的不同，操纵离合器又分为嵌合式离合器和摩擦式离合器两种。

离合器的摩擦件一般是通过离合器的壳体散发到外面去的，一般情况下离合器的外壳温度不超过70~80℃。离合器可以通过改变传动的工作状态来改变传动比，从而实现运动和动力的传递。离合器的选择条件受原动机的启动特性、离合器的承载特性、结合元件的性质的因素影响。

2.4.5.2 减速器

减速器是指原动机与工作机之间独立封闭式传动装置，用来降低转速并相应地增大转距，在某些场合，也有用作增速的装置，并称为增速器。减速器按传动类型分斜齿轮减速器、行星齿轮减速器、摆线齿轮减速器、涡轮蜗杆减速器。按照齿轮形状可分为圆柱齿轮减速器、圆锥齿轮减速器和圆锥-圆柱齿轮减速器。减速器的选择依据有传动比、传动类型、传动的稳定性等等。

2.4.5.3　液力偶合器

1. 液力偶合器的工作原理

液力偶合器的泵轮和涡轮组成一个可使液体循环流动的密闭工作腔，泵轮装在输入轴上，涡轮装在输出轴上。动力机(内燃机、电动机)带动输入轴旋转时，液体被离心式泵轮甩出。这种高速液体进入涡轮后即推动涡轮旋转，将从泵轮获得的能量传递给输出轴。最后液体返回泵轮，形成周而复始的流动。

工作过程：液力联轴器主要由泵轮、涡轮和旋转内套组成。它们形成两个腔：在泵轮与涡轮间的腔中有工作油所形成的循环流动圆；在泵轮与旋转内套的腔中，由泵轮与涡轮的间隙(也有在涡壳上开几个小孔的)注入的工作油，随旋转内套和涡轮旋转，在离心力的作用下，形成油环。工作油在泵轮里获得能量，而在涡轮里释放能量，如果改变工作油油量，就可改变传递动力的大小，从而改变涡轮的转速，以适应负荷的需要。工作油油量的改变可由工作油泵(或辅助油泵)经调节阀或涡轮的输入油孔(也有在涡轮空心轴中输入的)来实现，也可改变旋转内套腔中的勺管(径向)行程以改变油环的泄放油量来实现。

液力偶合器靠液体与泵轮、涡轮的叶片相互作用产生动量矩的变化来传递扭矩，特性因工作腔的形状、泵轮、涡轮、透平油不同而有差异。液力偶合器的输入轴与输出轴间靠液体联系，工作构件间不存在刚性联接。

泵轮的转轴是主动轴，它由电动机经增速齿轮升速后传动，所以主动轴是转速固定的调整轴。涡轮的转轴是从动轴，它由泵轮出口的工作油以一定油压冲动涡轮旋转，从而驱动直接(经联轴节)连接在从动轴上的水泵转子。也可先由液力联轴器变速，后经增速齿轮升速，去驱动给水泵转子的。

在泵轮与涡轮的腔里有径向叶片，叶片数一般为20~40片，为了避免共振，涡轮的叶片数一般比泵轮少1~4片，在叶片间组成了工作油的循环流道。

泵轮在旋转离心力的作用下，将工作油沿着径向流道外甩升压，在出口处以径向相对速度与泵轮出口圆周速度组成合速，冲入涡轮的进口径向流道，并沿着径向流道由工作油动量矩的改变去推动涡轮旋转。在涡轮出口处又以径向相对速度与涡轮出口圆周速度组成合速，进入泵轮的进口径向流道，重新在泵轮中获得能量。如此周而复始，构成了工作油在泵轮和涡轮二者间的自然环流，从而传递了动力。由于工作油的不断环流，会摩擦发热，为了避免油的汽化和叶轮的温升影响联轴器的安全运行，对工作油必须采取冷却措施：一种是用勺管吸出油量，去热交换器进行冷却；另一种用喷嘴，当泵轮出口压力改变时，喷嘴射出的压差改变，从而改变了喷嘴的喷出油量，去热交换器进行冷却。

液力偶合器在工作时，泵轮中的工作液体受到了泵轮旋转时的离心作用力，产生了离心压力，涡轮旋转时也同样会使工作液体进入涡轮，只有当泵轮中产生的离心压力大于涡轮中产生的离心压力时(或者说：泵轮的角速度 ω_1 大于涡轮的角速度 ω_2 时)，泵轮腔室中的工作液体才能注入涡轮中，这时液力联轴器工作腔室中的液体才能形成环流，此时才能实现转矩的传递，因此，液力偶合器在工作时，它的泵轮转速必须大于涡轮转速，这是液力联轴器传递转矩的必要条件，这种转速差称之为液力偶合器的滑差率，即

$$s=\frac{n_1-n_2}{n_1}=1-\frac{n_2}{n_1}=1-i$$

式中　s——液力联轴器的滑差率；

n_1——泵轮转速，r/min；

n_2——涡轮转速，r/min；

i——传动比。

滑差率与传动比的大小，表示液力偶合器的调节范围，也就是液力偶合器的运行特性。液力偶合器正常工作工况的转速比在 0.95 以上是可获得较高的效率。

液力偶合器的特点：能消除冲击和振动；输出转速低于输入转速，两轴的转速差随载荷的增大而增大；过载保护性能和起动性能好，载荷过大而停转时输入轴仍可转动，不致造成动力机的损坏。

2. 液力联轴器的调节方式

在泵轮转速固定的情况下，工作油量愈多，传递的动转矩也就愈大，涡轮的转速也愈高，可以通过改变工作油量来调节涡轮的转速，以适应给水泵的需要。

工作油量的调节基本上有两种方式：

① 调节工作油的进油量；

② 调节工作油的出油量。前者由另设的工作油泵和调节阀来进行，而工作油的冷却则是由旋转内套上的喷嘴喷出工作油经热交换器来进行的。由于循环油量愈多，在泵轮中的升压愈高，于是喷嘴喷出的油量也愈多，从而抑制了因循环油量的增多而使油温上升。但是，喷出的油量未被利用，这意味着能量损失，为此，喷油孔尽可能地缩小(一般按 0.5%的额定功率来计算)，只要能保证在最大转差率下，工作油温升不超过 30℃即可(一般地说 22#汽轮机油，在 65~70℃下运行，是没有问题的，甚至允许高达 95℃)。这种调节方式的最大缺点是：当喷油量过小时，限制了发电厂单元机组在事故甩负荷情况下对给水泵迅速降速的要求。后一种调节方式是由改变旋转内套里的勺管径向位移来进行的。由于旋转内套里的油环(紧贴内套)随半径(从而离心力)增大，使油压也增大，故改变勺管的径向位移量，就改变了进入勺管的油的速度头。因此，勺管提高越多(径向半径越大)，泄放出的油量也越多，这些油靠甩出油的动压去热交换器进行冷却。当单元机组在事故甩负荷的情况下，要求涡轮迅速降速时，只要提高勺管的径向位移量，就可很快地把工作油泄放于贮油箱，从而迅速降速。这就是调节工作油出油量的调节方式的最大优点。但是，当单元机组迅速增加载荷要求涡轮迅速升速时，却不能及时适应，所以还得要设置进油泵，靠油泵油压来适应。为此，现代的偶合器都采用了上述两种调节方式的联合，以达到能够尽快升降速的目的。

2.5 电路与电气设备

2.5.1 电路的组成

由电源、负载、开关经导线连接而形成的闭合回路，是电流所经之路，称为电路。图 2-11 为一简单电路示意图。

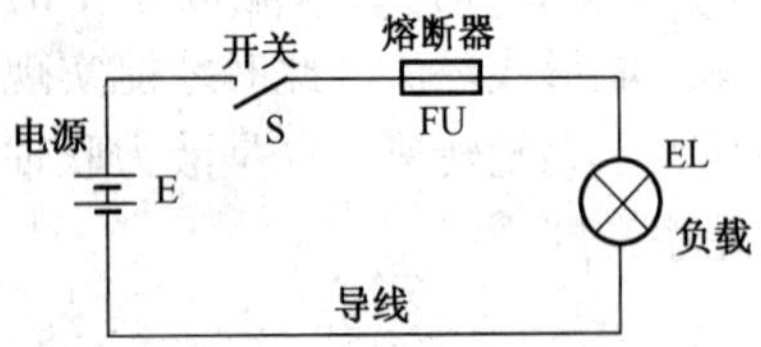

图 2-11 简单电路示意图

电源是提供电能的装置，如各种电池、发电机等。其作用是将化学能、机械能等其他形式的能量转化为电能。

负载是消耗电能的设备，如电灯、电炉、电动机等。它们分别把电能转换为光能、热能、机械能等各种形式不同的能量。

导线是连接电源和负载的导体，为电流提供通路并传输电能的部分。

2.5.1.1　电流(电流强度)

1. 当带电质点在外力(电磁场)作用下定向运动时，即形成电流。单位时间内通过导体任一横截面的电量叫电流强度，简称电流。电路中能量的传输和转换是靠电流来实现的，表示为：

$$I = q/t(\mathrm{A})$$

通过单位面积的电流大小，称为电流密度，即：

$$J = I/s(\mathrm{A/mm^2})$$

习惯上把正电荷移动的方向为电流的正向方向。

式中　q——电量，C；

t——时间，t；

s——导线横截面积，$\mathrm{mm^2}$。

电流的基本单位是安培，简称“安”，用字母“A”表示。

电流的单位也可以用千安(kA)、毫安(mA)、微安(μA)表示，它们之间的换算关系是：

$$1\mathrm{kA} = 1000\mathrm{A} \quad 1\mu\mathrm{A} = 10^{-3} \quad \mathrm{mA} = 10^{-6}\mathrm{A}$$

2. 电流的方向

习惯上规定以正电荷的移动方向作为电流的方向，而实际上导体中的电流是由带负电的电子在导体中移动而形成的。所以，我们所规定的电流方向与电子实际移动的方向恰恰相反。

3. 电流的种类

导体中的电流不仅可具有大小的变化，而且可具有方向的变化。大小和方向都不随时间而变化的电流称为恒定直流电流。方向随时间而变化的电流称为脉动直流电流。大小和方向均随时间变化的电流称为交流电流。

2.5.1.2　电位和电压

1. 电位

电场力将单位正电荷从电路中某一点移到参考点(零点位点)所作的功，称为该点电位。电路中不同位置的电位是不同的。其数值与参考点的选择紧密相关，所以，电位是一个相对的概念。通常在电力系统中以大地作为参考点，其电位定为零点位。

电位用字母“ϕ”表示，其单位是“伏特”(V)。

2. 电压

电压是指电场中任意两点之间的电位差。它实际上是电场力将单位正电荷从某一点移到另一点所作的功。电路中两点间的电压仅与该两点的位置有关，而与参考点的选择无关。

电压用字母“U”或“u”表示。电压的基本单位是“伏特”，简称“伏”，用字母“V”表示。电压的大小还可以用千伏“kV”、毫伏“mV”表示。它们之间的换算关系是：

$$1\mathrm{kV} = 1000\mathrm{V}$$

$$1\mathrm{mV} = 10^{-3}\mathrm{V}$$

2.5.1.3　电动势

由其他形式的能量转换为电能所引起的电源正、负极之间的电位差，叫做电动势。电动势是在电源力的作用下，将单位正电荷从电源的负极移至正极所做的功。他是用来衡量电源本身建立电场并维持电厂能力的一个物理量。通常用字母“E”或“e”表示，单位也是“伏特”，用字母“V”表示。

电源电压与电源电动势在概念上不能混淆。电压是指电路中任意两点之间的电位差，而电动势是指电源内部建立电位差的本领。

规定电压的正方向是由高电位指向低电位的方向；电动势的正方向是由负极指向正极的方向，即电位升高的方向。

2.5.1.4　电阻

电流在导体中通过时受到的阻力称为电阻。电源内部对电荷移动产生的阻力称为内电阻，电源外部的导线及负载电阻称为外电阻。电阻常用字母“*R*”或“*r*”表示。其中单位是欧姆，简称“欧”，用字母“Ω”表示。电阻的单位也可是千欧“kΩ”、兆欧“MΩ”，它们之间的换算关系是：

$$1\text{k}\Omega = 10^3\Omega$$

$$1\text{M}\Omega = 10^3\text{k}\Omega = 10^6\Omega$$

2.5.1.5　电功率、电能

1. 电功率

电场力在单位时间内所做的功叫做电功率，简称功率，在物理学中，用电功率表示消耗电能的快慢．电功率用 *P* 表示，它的单位是瓦特，简称瓦，符号是 W。常用的单位还有兆瓦(MW)、千瓦(kW)、毫瓦(mW)，它们的换算关系是：

$$1\text{MW} = 10^3\text{kW} = 10^6\text{W} = 10^9\text{mW}$$

一个用电器功率的大小等于它在 1 秒(1s)内所消耗的电能．如果在“*t*”这么长的时间内消耗的电能“*W*”，那么这个用电器的电功率“*P*”就是

$$P = W/t$$

式中　*W*——电能焦耳，J；

t——时间秒，s；

P——用电器的功率瓦特，W。

有关电功率的公式还有：

$$P = UI$$

$$P = I \times IR$$

$$P = U \times U/R$$

用电器在额定电压下的功率叫做额定功率。

2. 电能

在电源的作用下，电流通过电气设备时，把电能转变为其他形式的能。电灯泡发光、电炉发热、电机转动、扬声器发声分别表明电能通过电气设备转换为光能、热能、机械能、声能等，这些能量的传递和转换，证明了电流做了功。

具体来讲电能就是在一段时间内，电流通过负载时，电源所做的功，称为电能。电能用字母“*A*”表示，其单位是焦耳，简称“焦”，用字母“J”表示。电能的大小跟通过用电器具的电流大小及加在它们两端电压的高低和通电时间的长短成正比。用公式表示为：

$$A = Pt = UIt \quad 或 \quad A = I^2Rt$$

式中　*A*——电能焦耳，J；

P——电功率瓦特，W；

I——电流安培，A；

U——电压伏特，V；

t——时间秒，s；

R——电阻欧姆，Ω。

2.5.2 电路的状态

2.5.2.1 通路

接通的电路叫通路。这时，电路是闭合的，且处处有持续的电流。

2.5.2.2 断路

断开的电路叫断路，这时电路某处断开了，电路中就没有了电流。

2.5.2.3 短路

直接用导线把电源的两极(或用电器的两端)连接起来的电路叫短路。

1. 短路的分类

短路有两种形式：一是整体短路，也称电源短路，它是指用导线直接连接在电源的正负极上，此时电流不通过任何用电器而直接构成回路，电流会很大，可能把电源烧坏。二是局部短路，它是指用导线直接连接在用电器的两端。此时电流不通过电器而直接通过这根导线。发生局部短路时会有很大的电流。因此，短路状态是绝对不允许出现的。

2. 短路的实质

无论是整体短路还是局部短路，都是电流直接通过导线而没有通过用电器，使电路中的电阻减小从而导致电流增大。这就是短路的实质。

3. 短路的分析方法

有时短路发生比较隐蔽，一眼不容易看出，如何分析呢？可以采取电流优先流向分析法。如果电流有两条路径可供选择，一条路径全部是导体，一条路径中含有用电器，那么电流总是优先通过导线。具体的分析方法是：当电路构成通路时，电流从电源的正极出发，它总是优先通过导体并且能够回到电源的负极，便构成电源短路或用电器短路。

4. 短路故障的判断方法

短路是一种常见的电路故障，由于发生短路时电流没有通过用电器，导致用电器的电压为零，这就是发生短路的特征。此时可用电压表测量用电器两端的电压，若此处电压为零，则可能短路。

2.5.3 直流电路

2.5.3.1 直流电的概念

1. 直流电的定义

方向不随时间改变的电流叫直流电，方向和强弱不随时间改变的电流叫恒定电流，通常所说的直流电指的是恒定电流。

2. 直流电路

什么叫电路？简单的说就是电流流过的全部通道。电压、电流不随时间变化的电路叫做直流电路。这种电路较为简单，因为与电路联系的电场、磁场都不随时间而变化，不必考虑电磁感应现象与变化的电场有关的物理现象。用两条导线把灯泡和电池联接起来，形成一个闭合通道，便有电流通过，于是灯泡发亮，可用来照明，这就是最简单的电路。

2.5.3.2 电路的串联、并联

1. 串联电路

将电气设备首尾顺次相联，而剩下一个首端和一个尾端的接法叫串联。几个电池正负极相联为电池串联，串联后的总电压为各个电池电压之和，几个用电器首尾相联称为负载串联。图 2-12 为三个电阻串联的电路。电阻串联的电路有以下特点：

① 串联电路中的电流处处相同，即流过 R_1、R_2、R_3 中的电流都相同。

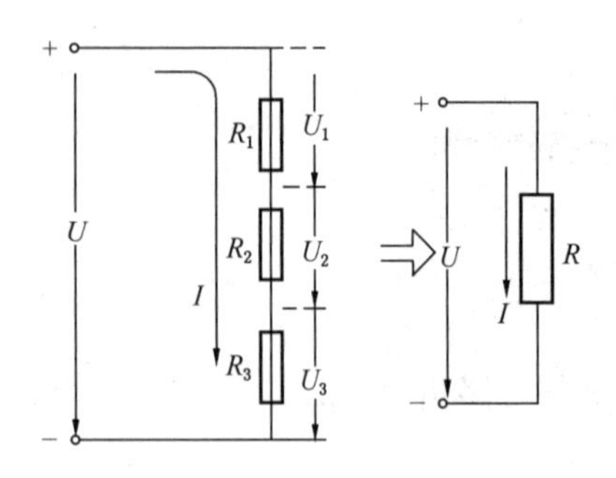

图 2-12　串联电路图

② 在串联电路中，总电压等于各负载电阻两端电压之和，即：

$$U = U_1 + U_2 + U_3$$

③ 几个电阻串联，可用一个电阻来代替，保持线路电流不变，这个电阻称为电路的等效电阻 R，其值为各电阻值之和，即：

$$R = R_1 + R_2 + R_3$$

串联电路在生产中也有应用，例如在炼油催化装置主风机电机起动时通常串联软起动器，增大起动回路阻抗，降低起动电机电流，减少电压波动对其他运行电机的影响。

2. 并联电路

将用电器或者电源相应的两端分别联在一起，叫做并联电路。电源并联时其电压必须相等。电源的并联可供给负载更多的电流。在一个电厂装置中，通常只有两个或三个电源，但电机可能有上百台，而照明灯具可能有几百盏甚至上千盏，这些负载都是采用并联接法。图 2-13 是三个电阻的并联电路。并联电路有以下特点：

① 在并联电路中各用电器(电阻)两端的电压等于外加的电源电压。$U=U_1=U_2=U_3$，因此在并联电路中接通或者断开某些用电器时，对于其他正在工作的用电器没有影响。这些优点是串联电路所没有的。

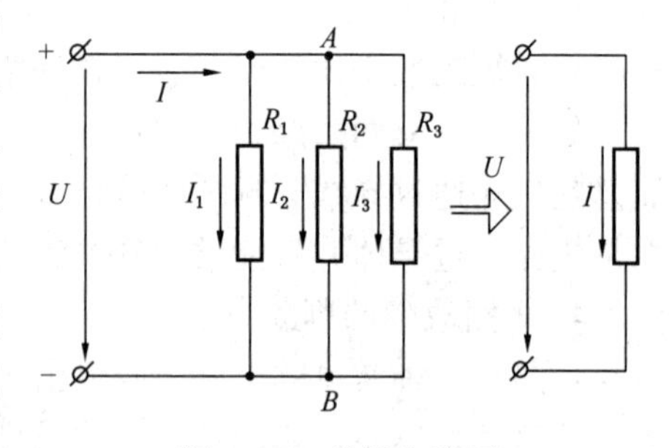

图 2-13　并联电路图

② 并联电路的总电流是各分电路电流之和。在图 2-13 中，$I=I_1+I_2+I_3$。即流入 A 点或 B 点的电流始终等于流出 A 点或 B 点的电流。

③ 在几个电阻并联时可以用一个等效电阻来代替，见图 2-13，

因为 $I=U/R=I_1+I_2+I_3=U/R_1+U/R_2+U/R_3=U(1/R_1+1/R_2+1/R_3)$

所以 $1/R=(1/R_1+1/R_2+1/R_3)$

上式表示在并联电路中总电阻的倒数等于各电阻的倒数之和。如果两个电阻并联则有以下公式：$R=R_1 \times R_2/R_1+R_2$，如果在图 2-10 里 $R_1=R_2=R_3$，则等效电阻为 $R/3$。这说明并联电阻越多，负载总电阻就越小，电源的负载就越重。

例 8-1：已知 $R_1=6\Omega$，$R_2=3\Omega$，把这两个电阻接成并联电路，试求该电路的等效电阻？

解：已知 $R_1=6\Omega$，$R_2=3\Omega$，代入下式

$$R = R_1 \times R_2/R_1 + R_2 = 6 \times 3/(6 + 3) = 18/9 = 2\Omega$$

答：该电路的等效电阻是 2Ω。

3. 欧姆定律

将电阻 R 用两根导线接到电源上，则在电源电压 U 的作用下，就会有电流 I 通过电阻 R。这个电阻代表用电器，如灯泡、电炉和电烙铁等。见图 2-14，在一个电路里，如果电阻两端的电压变了，电流会随着改变，如果导体的电阻值变了，电流也会随着改变。那么电流、电压和电阻三者的关系是怎样的呢？

通过实验发现电阻中的电流，跟电阻两端的电压成正比，跟电阻值成反比，用下面公式表示：$I=U/R$，式中 I 的单位为安培，U 的单位为伏特，R 的单位为欧姆。欧姆定律是电工学基本定律之一。

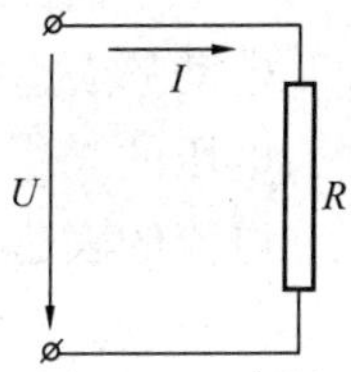

图 2-14　电阻电路

例 8-2：一个灯泡，接到 220V 电压上，电流为 2A，求灯泡的电阻值。

解：$R=U/I=110\Omega$

例 8-3：一条电缆，电阻值为 0.01Ω，流过电流 100A，求电缆两端的电压。

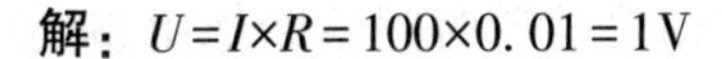

解：$U=I\times R=100\times 0.01=1\text{V}$

4. 闭合电路欧姆定律

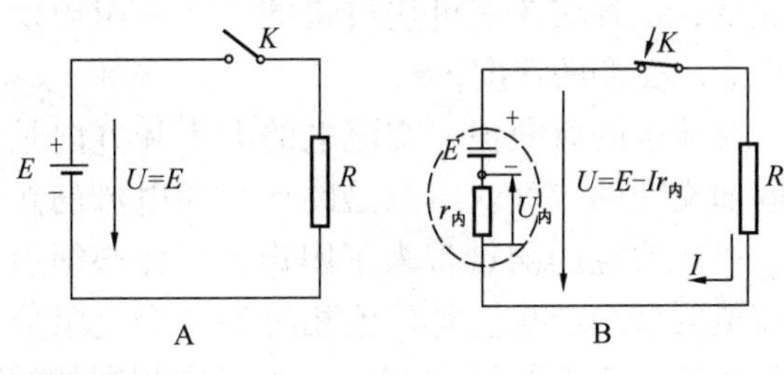

图 2-15　最简单的闭合电路

下面来分析闭合电路欧姆定律。图 2-15A 是最简单的闭合电路，由电源 E、用电器 R 开关及导线组成。电源内部也存在电阻，称为内电阻，用 $r_{内}$ 表示。为了便于分析，将 $r_{内}$ 画在电源外面，如图 2-15B 所示。当开关合上时，电流从电源正极流出，经过开关 K、用电器 R 与内电阻流回电源负极。

因为在闭合电路中，电压升始终等于电路中的电压降，所以电源电动势 $E=U$（电阻 R 上的电压降）$+U_{内}$（内电阻 $r_{内}$ 上的电压降）

$$E = IR + Ir_{内}$$

即

$$I = E/(R + r_{内})$$

上式就是闭合电路的欧姆定律，由此可见，电路中流过的电流，其大小与电动势成正比，与闭合回路中全部的电阻值成反比。

在一般情况下，电源电动势 E 与内电阻 $r_{内}$ 都可以认为是不变的，因此外电路 R 的变化是影响电流大小的唯一因素。

当开关 K 断开时称为断路，R 变的无限大，I 变为零，$U=E$。这就是说断路时的路端电压等于电源的电动势。

当电源两端短路时，外电阻 $R=0$，由 $I=E/(R+r_{内})=E/r$，由于电源的内阻一般很小，例如，铅电池的内阻只有 0.005~0.1Ω，干电池的内阻通常只有 1Ω，所以短路时电流很大，电流太大会烧坏电源，烧坏导线绝缘引起火灾。因此，绝对不允许将电源两端用导线联接在一起。

2.5.4　交流电

2.5.4.1　交流电的定义

交流电是指大小和方向都随时间作周期性变化的交变电动势、交变电压和电流。

2.5.4.2　正弦交流电的表示方法

我们在工农业生产和日常生活中使用的交流电都是按正弦规律变化的交流电。其波形如图 2-16(a)所示，图 2-16(b)、(c)表示的是不按正弦规律变化的交流电。以后我们所讨论的交流电如果不加说明，都是指正弦交流电。随时间按正弦规律变化的物理量如电动势、电压和电流等都叫做正弦量，正弦量在任一瞬间的数值叫做瞬时值，用小写字母表示，例如

e、u 和 i 分别代表电动势、电压和电流的瞬时值。其中

电动势表达式为 $e = E_m \sin(\omega t + \psi)$

电压的表达式为 $u = U_m \sin(\omega t + \psi)$

电流的表达式为 $i = I_m \sin(\omega t + \psi)$

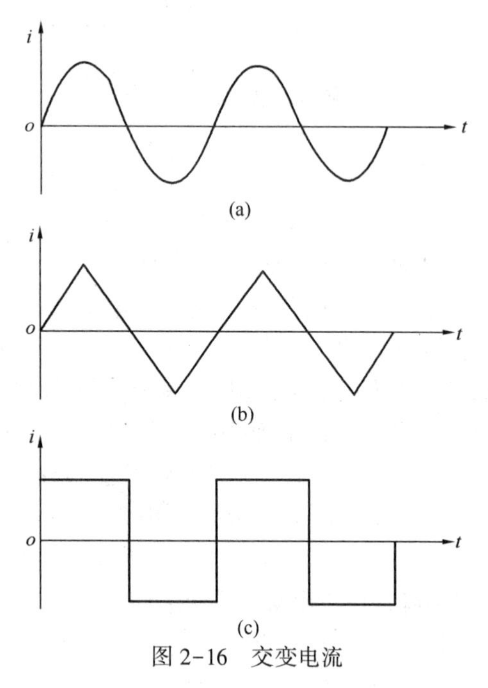

图 2-16 交变电流

在以上瞬时值表达式中，E_m、U_m、I_m 叫做最大值和幅值。$(\omega t+\psi)$ 称为正弦量的相位或相位角。$t=0$ 时的相位或相位角，叫做初相角或初相位，用 ψ 来表示。

一个正旋电动势随着时间不断地由正到负进行交变，这种交变是可快可慢的。通常用周期或频率表示交变的速度。

交流电的有效值：交流电的大小和方向是随时间而交变的，这就给电路的计算和电流的热效应及机械效应的测量带来了困难，因此必须引入有效值的概念。我们将数值相等的两个电阻分别通与直流电流 I 和交流电流 i，如果在相同的时间内，两个电阻上发出的热量相等，则直流电流 I 就称为交流电流 i 的有效值。

交流电的有效值用大写字母表示，电流为 I，电压为 U，电动势为 E。

交流电的有效值数值上等于正弦量的最大值除与开方根 2。它们之间的关系式如下：

$$I = I_m / \sqrt{2}$$

$$U = U_m / \sqrt{2}$$

$$E = E_m / \sqrt{2}$$

通常所说的照明电路的电源电压 220V，电动机的电源电压 380V，都是指的是有效值。它们的最大值分别为$\sqrt{2}\times 220 = 311$V，$\sqrt{2}\times 380 = 537$V。所有交流电器设备的产品铭牌上标示的额定电压和额定电流指的都是有效值。

2.5.4.3 交流电的周期和频率

周期和频率是用来衡量交流电变化快慢的物理量。

交流电变化一周所需要的时间称为周期，通常用 T 来表示，见图 2-17，它的单位是秒。

一秒钟内交流电变化的周期个数称为频率。通常用 f 来表示，它的单位为周/秒或赫兹(简称赫，用符号 Hz 表示)。我国和其他大多数国家规定使用的交流电频率为 50 赫兹。频率与周期的关系是互为倒数，即

$$f = 1/T \text{ 或 } T = 1/f$$

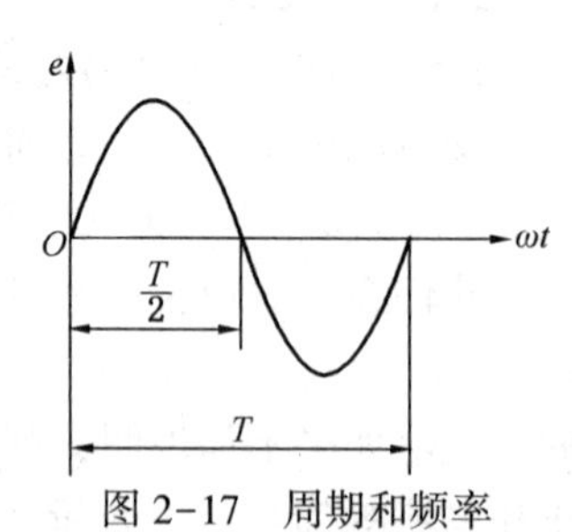

图 2-17 周期和频率

交流电变化的快慢除了用周期或频率表示外，还用角频率 ω 表示，其单位是弧度/秒。例如在两极发电机中转子线圈以角速

度 ω 不停地旋转，由于线圈在磁极旋转一圈所需的时间是 T，所经历的角度是 360 度，（或 2π 弧度），即 $\omega T=2\pi$，这时交流电也变化了一周，所以交流电的角频率与周期 f 的关系是

$$\omega = 2\pi/T = 2\pi f$$

例 8-4：已知 $f_1=50\text{Hz}$，$f_2=100\text{Hz}$，试求它们的角频率 ω 和周期 T。

解：$f_1=50\text{Hz}$ 时，$\omega_1=2\pi f=2\pi\times50\approx314\text{rad/s}$

$$T_1=1/f_1=1/50=0.02\text{s}$$

$f_2=100\text{Hz}$ 时，$\omega_2=2\pi f=2\pi\times100\approx628\text{rad/s}$

$$T_2=1/f_2=1/100=0.01\text{s}$$

2.5.5 电气设备

2.5.5.1 电动机

1. 直流电动机

直流电动机是将直流电能转换成机械能的设备，在直流电路中是作为负载。直流电动机具有良好的起动性能和调速性能。也就是说它能够方便而经济的实现平滑和在很宽广的范围内均匀调速，以适应生产机械的需要。在起动和调速方面其他交流电动机是难以比拟的。因此在矿山中大型提升机、挖掘机、电机车和冶金工业的轧钢机等对起动和调速要求较高的设备，都广泛采用直流电动机。

直流电动机的工作原理。

图 2-18 是直流电动机的原理示意图。在两个固定的磁极 N、S 之下，有一个可以旋转的圆柱型铁心，在铁心放着单匝线圈 $abcd$，这个转动部分称为电枢。线圈的首尾分别接在彼此绝缘的两个半圆铜片上，称为换向片。它被固定在转轴上，并与其绝缘。在换向器表面对称放置着一对位置对称固定的电刷 A、B，它与换向器滑动接触，通过它将转动的线圈与外界电源接通。在外加电压的作用下，电流从 A 刷流入，经线圈 a-b-c-d 后，从 B 刷流出。根据电磁感应定律，载流导体在磁场中受到力的作用，由图 2-18(a)可见，导体 ab 受电磁力的方向是向左的，而导体 cd 受电磁力的方向是向右的，它们构成力矩使转子按逆时针方向旋转起来。

当转子旋转使导体 ab 进入 S 极区，cd 进入 N 极区时，与 a 端连接的换向片转向下方，离开 A 刷而与 B 刷相接触，与 d 端连接的换向片转向上方，离开 B 刷而与 A 刷相接触，由

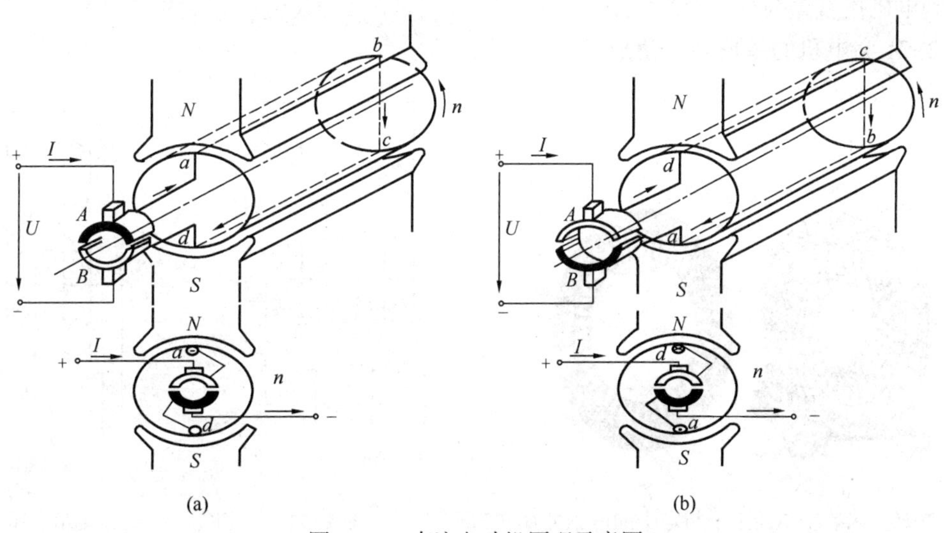

图 2-18　直流电动机原理示意图

转子图 2-18(b)可见，这时仍从 A 刷流入 B 刷流出，但线圈中的电流却改变了方向变为$d-c-b-a$，根据左手定则，电磁力矩的方向不变，转子仍按逆时针方向继续旋转。由上述可知，当转子电枢导体从一个磁极转入另一个磁极时，直流电动机通过电刷和换向器的作用，保持了电磁力矩的方向不变，从而使电机按一定方向连续旋转。

2. 交流电动机

交流电动机是将交流电能转换成机械能的设备，根据转子转速与电机定子旋转磁场转速的关系，又可分为同步电动机和异步电动机两种。同步电动机的转速与其旋转磁场的转速相同，转速是恒定的，不受负载的影响，只要调节它的励磁电流，它可以成为容性负载，提高电网的功率因数。一般用来拖动不需要调速的大型设备，例如空气压缩机和通风机等。异步电动机的转速总是低于其旋转磁场的转速的。例如一台极对数 $P=1$ 的异步电动机，其定子旋转磁场的转速为 3000r/min，其额定转速一般为 2985r/min，负荷增加时有所降低。交流电动机具有结构简单、使用方便、运行可靠和价格低廉等优点，是炼油生产装置最主要的动力设备。

三相交流异步电动机的构造和工作原理

(1) 三相交流异步电动机的构造：三相交流异步电动机由两个基本部分组成，定子和转子。转子又可分为鼠笼式和绕线式两种，图 2-19 为三相鼠笼式异步电动机的结构图。

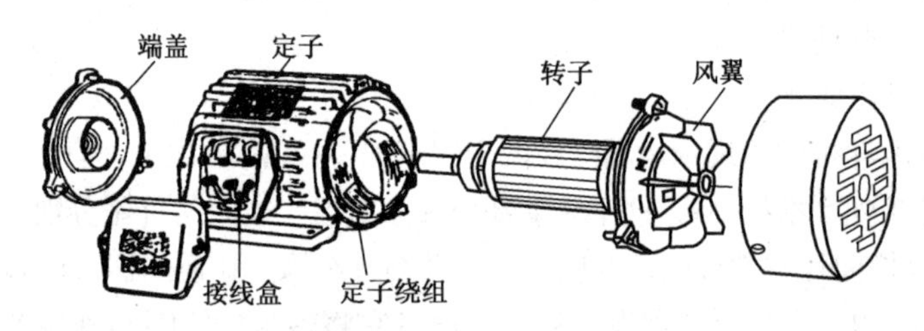

图 2-19　三相鼠笼式异步电动机的结构

定子包括机座、定子铁芯、定子绕组和端盖等，机座内装有用 0.5mm 厚的硅钢片叠成的筒形铁芯，为防止涡流硅钢片之间有绝缘。如图 2-20 所示，铁芯表面上分布有与轴平行的槽，槽内嵌放三相绕组，绕组与铁芯之间有良好绝缘。定子三相绕组被对称放置在定子铁芯槽中，三相绕组的首端一般用 A、B、C 来表示，尾端用 X、Y、Z 表示。三相绕组的六个端子引到电机接线盒与外部电缆连接。

图 2-21 为电机的星形和三角形接法示意图。

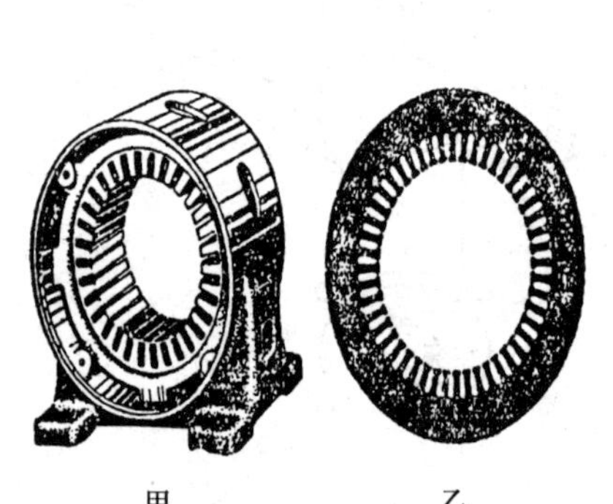

图 2-20　未装绕组的定子与定子的硅钢冲片

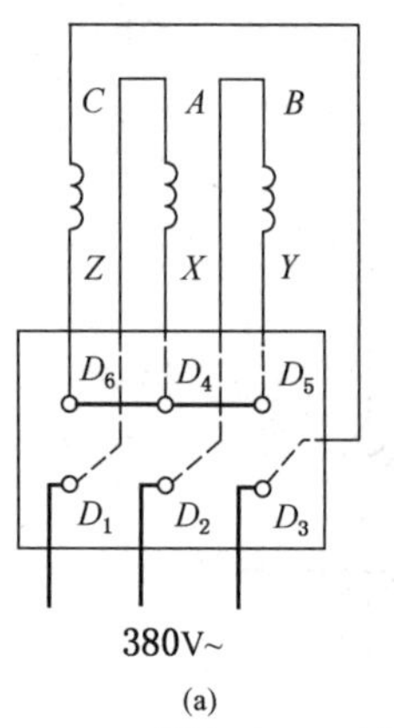

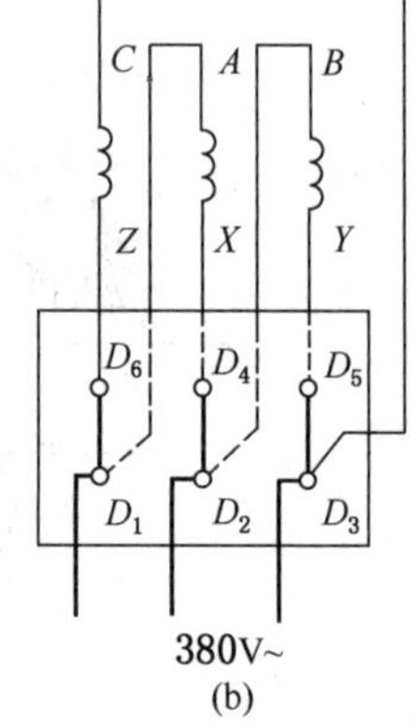

图 2-21　三相定子绕组连接示意图

转子铁芯也是由 0.5mm 的硅钢片叠成，压装在转轴上，转子冲片的形状见图 2-22。片与片之间涂有绝缘漆以减小铁损。鼠笼式转子的绕组是由安放在槽内的裸导体构成，导体的材料有铜条和铸铝两种。铜条绕组是把裸铜条插入转子铁芯的槽内，两端由两个端环焊接成通路，铸铝绕组是将铝熔化后浇铸到转子铁芯的槽内和两个端环与冷却用的风翼内，如图 2-23所示。绕线式转子的绕组和定子绕组相似，也是三相对称绕组。转子的三相绕组一般接成星形，三个端线则分别接到三个铜制滑环上。环与环之间和环与轴之间都彼此绝缘，在各个环上都装有一对电刷，通过电刷与变阻器连接，如图 2-24 所示。

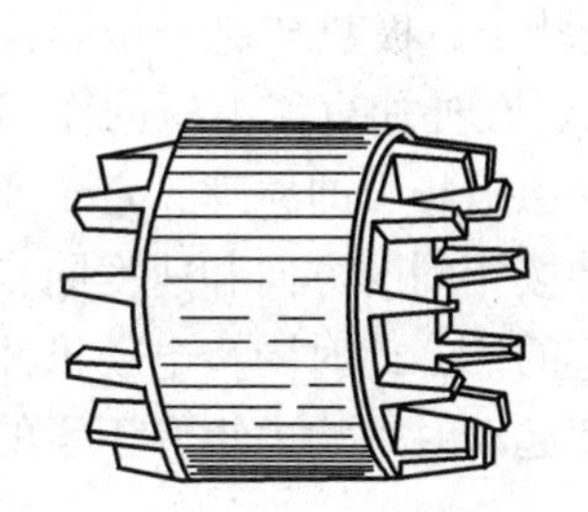

图 2-22　转子的硅钢片

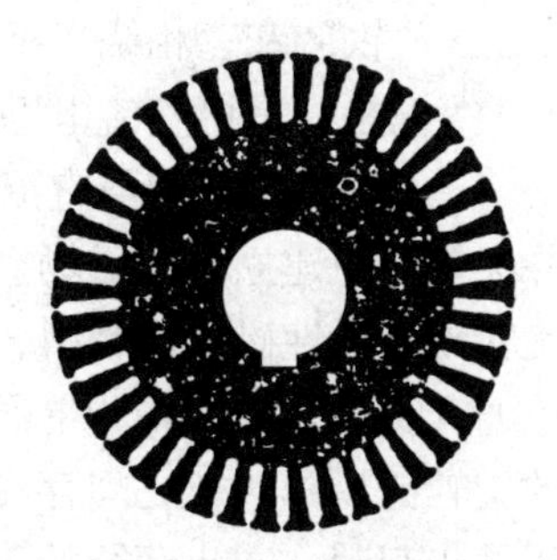

图 2-23　转子的绕组

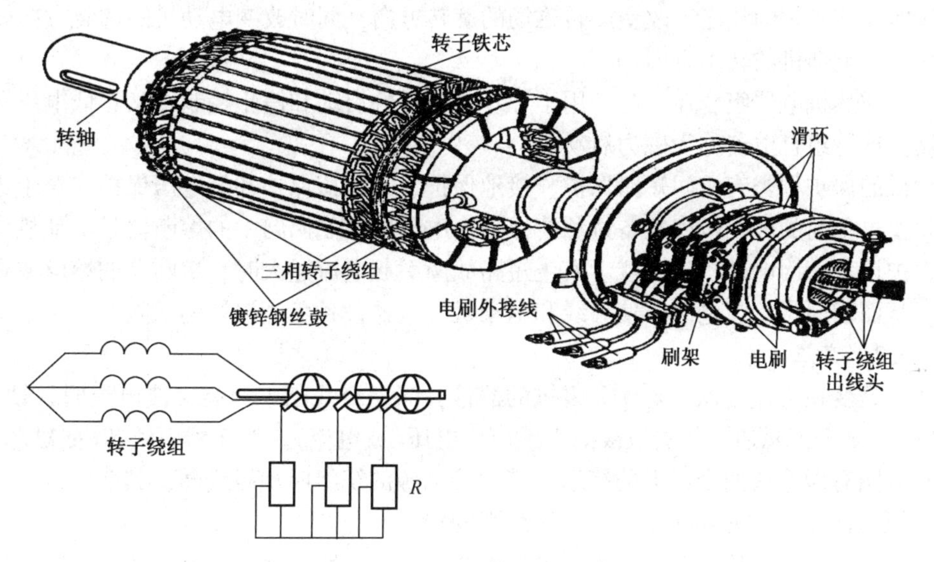

图 2-24　绕线式电动机转子的外形和结构

（2）三相交流异步电动机的工作原理：当电机定子绕组接通三相电源后，在定子内的空间便产生旋转磁场。此时旋转磁场按 A-B-C 方向逆时针方向旋转，则转子与旋转磁场之间就有相对运动，如图 2-25 所示，转子导线产生感应电动势。由于磁场按逆时针方向旋转，相当于磁场不动，转子导线以顺时针方向运动切割磁力线，按照右手定则，可确定转子上半部导线的感应电动势方向是进入纸面的。下半部导线的感应电动势方向是穿出纸面的。由于所有转子导线的两端分别被两个铜环联在一起，因而构成了闭合回路。在此感应电动势的作用下，转子导线内就有电流通过，称为转子电流。转子电流在旋转磁场中受力，其方向由左手定则决定。这些电磁力对转轴形成一个力矩，称为电磁力矩。其作用方向与旋转磁场方向一致，因此转子就顺着旋转磁场的方向转动起来。转子的转速 n_2 永远都小于定子旋转磁场

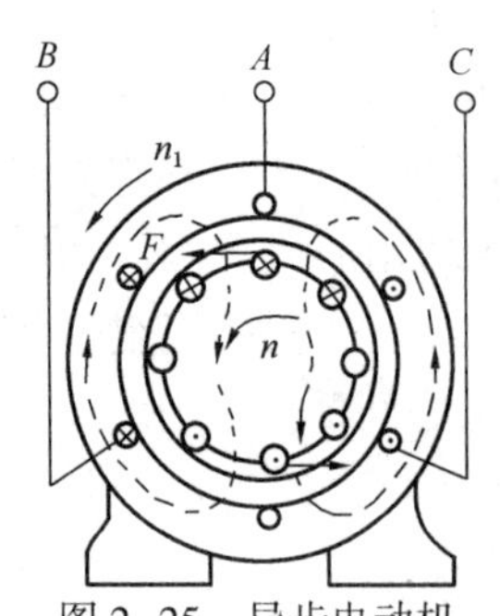

图 2-25　异步电动机的工作原理

的转速(同步转速)n_1。因为如果转子转速 $n_2=n_1$，转子导线与旋转磁场之间就没有相对运动，因而就没有感应电流和电磁力矩。所以转子总是紧跟着旋转磁场，以小于同步转速的转速旋转。实际上只要任意调换电动机的两根电源进线，就能够改变电动机的旋转方向。

(3) 交流同步电动机的构造和工作原理

交流同步电动机是由定子和转子两大部分组成，定子是由定子铁芯和三相绕组组成，其作用是在三相绕组中产生旋转磁场。转子是一个用直流电励磁的凸极转子，极数与定子相同，励磁绕组通过滑环和电刷与直流电源联接，在外加直流电压的作用下，励磁绕组流过励磁电流，并在气隙中建立恒定磁场。根据异性磁极相吸的原理，定子通电之后，转子磁极将受到定子旋转磁场异性磁极的吸引，而被带动按相同的方向和速度同步旋转。但是如果同时在定子绕组通入交流电和在转子上通入直流电的话，此时同步电动机并不能起动，这是因为高速旋转的旋转磁场和转子之间存在惯性，使起动时平均力矩等于零的结果。所以同步电动机一般采用异步起动，同步运行的工作方式。

电动机名牌参数上的温升是指电动机绕组温度减去规定环境温度。通过调换电源任意两相的接线即改变三相的相序、改变旋转磁场的旋转方向，同时改变电动机的选装方向就可以改变三相异步电动机的转子方向。

接触器和热机电器组合在一起，用于异步电动机的启动和停止控制，又有低电压和过载保护作用，这种组合电器称为磁力启动器。

电动机的保护种类有机间短路保护、接地保护、过负荷保护和低电压保护。对于生产过程中会发生过负荷的电动机应装备过负荷保护。电动机控制回路中的熔断器是电动机负载最简单的保护设备，当电动机过载或者发生短路故障引起电流过大时，熔断器的熔丝或融片发热熔断，从而切断了负载电源，使导线和电动机等电器设备免遭损坏的危险。

2.5.5.2　变压器

变压器是变换交流电压、电流和阻抗的器件，当初级线圈中通有交流电流时，铁芯(或磁芯)中便产生交流磁通，使次级线圈中感应出电压(或电流)。变压器由铁芯(或磁芯)和线圈组成，线圈有两个或两个以上的绕组，其中接电源的绕组叫初级线圈，其余的绕组叫次级线圈。变压器低压线圈的导线直径比高压线圈的粗。

变压器是一种电能传递装置，将发电机电压升高，远距离输送电能，减少电能损失，交流电通过变压器变压后频率不变。

1. 分类

按冷却方式分类：干式(自冷)变压器、油浸(自冷)变压器、氟化物(蒸发冷却)变压器。

按防潮方式分类：开放式变压器、灌封式变压器、密封式变压器。

按铁芯或线圈结构分类：芯式变压器(插片铁芯、C 型铁芯、铁氧体铁芯)、壳式变压器(插片铁芯、C 型铁芯、铁氧体铁芯)、环型变压器、金属箔变压器。

按电源相数分类：单相变压器、三相变压器、多相变压器。

按用途分类：电源变压器、调压变压器、音频变压器、中频变压器、高频变压器、脉冲变压器。

2. 电源变压器的特性参数

（1）工作频率

变压器铁芯损耗与频率关系很大，故应根据使用频率来设计和使用，这种频率称工作频率。

（2）额定功率

在规定的频率和电压下，变压器能长期工作，而不超过规定温升的输出功率。

（3）额定电压

指在变压器的线圈上所允许施加的电压，工作时不得大于规定值。

（4）电压比

指变压器初级电压和次级电压的比值，有空载电压比和负载电压比的区别。

（5）空载电流

变压器次级开路时，初级仍有一定的电流，这部分电流称为空载电流。空载电流由磁化电流（产生磁通）和铁损电流（由铁芯损耗引起）组成。对于50Hz电源变压器而言，空载电流基本上等于磁化电流。

（6）空载损耗

指变压器次级开路时，在初级测得功率损耗。主要损耗是铁芯损耗，其次是空载电流在初级线圈铜阻上产生的损耗（铜损），这部分损耗很小。

（7）效率

指次级功率 P_2 与初级功率 P_1 比值的百分比。通常变压器的额定功率愈大，效率就愈高。

（8）绝缘电阻

表示变压器各线圈之间、各线圈与铁芯之间的绝缘性能。绝缘电阻的高低与所使用的绝缘材料的性能、温度高低和潮湿程度有关。

3. 原理演示

变压器的基本原理是电磁感应原理，现以单相双绕组变压器为例说明其基本工作原理（如图2-26）：当一次侧绕组上加上电压 U_1 时，流过电流 I_1，在铁芯中就产生交变磁通 Φ_1，这些磁通称为主磁通，在它作用下，两侧绕组分别感应电势 E_1，E_2，感应电势公式为：

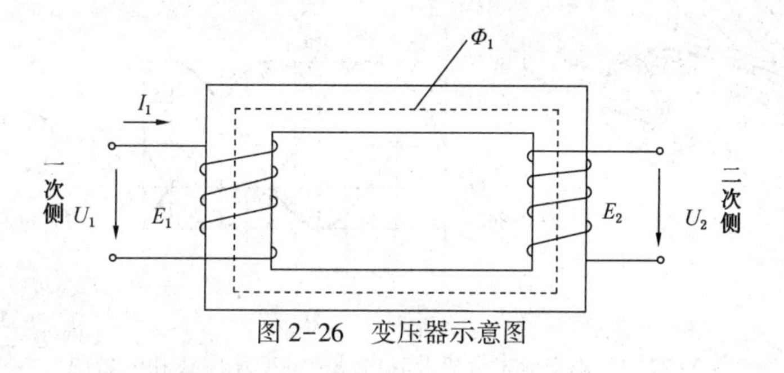

图2-26 变压器示意图

$$E = 4.44fN\Phi_m$$

式中 E——感应电势有效值；

f——频率；

N——匝数；

Φ_m——主磁通最大值。

由于二次绕组与一次绕组匝数不同，感应电势 E_1 和 E_2 大小也不同，当略去内阻抗压降后，电压 U_1 和 U_2 大小也就不同。

当变压器二次侧空载时，一次侧仅流过主磁通的电流(I_0)，这个电流称为激磁电流。当二次侧加负载流过负载电流 I_2 时，也在铁芯中产生磁通，力图改变主磁通，但一次电压不变时，主磁通是不变的，一次侧就要流过两部分电流，一部分为激磁电流 I_0，一部分为用来平衡 I_2，所以这部分电流随着 I_2 变化而变化。当电流乘以匝数时，就是磁势。

上述的平衡作用实质上是磁势平衡作用，变压器就是通过磁势平衡作用实现了一、二次侧的能量传递。

变压器的铜损是电流通过绕组时，变压器一次、二次绕组的电阻所消耗的电能之和；铁损是交变磁通在铁芯中产生的涡流损失和磁滞损失之和。

2.5.5.3　发电机

发电机就是根据电磁感应原理，将机械能转换成电能的旋转电机。发电机的额定电流是该台发电机正常连续运行时的最大工作电流。

1. 三相交流电的概念

(1) 三相交流电动势的产生

三相电动势一般是由三相发电机产生的，图 2-27A 表示一台最简单的三相发电机，磁极需要做成特殊形状，使转子表面上的磁通密度按正弦规律分布。在转子上装有三个绕组，首端用 A、B、C 表示，尾端用 X、Y、Z 表示，分别称为 A 相绕组、B 相绕组和 C 相绕组。各相绕组的几何形状、尺寸和匝数都相同，安装时，使其始端或尾端在空间上彼此相隔 120°。当原动机带动转子按反时针方向做恒速运转时，各相绕组将产生三相交流电动势 e_A、e_B、e_C。其变化曲线如图 2-27B 所示，矢量图见图 2-27C。

(2) 三相交流电路中电源的联接

如果把发电机的各相绕组的两端分别接上负载，需用 6 根输电线，这样很不经济。通常是把三相绕组按一定方式联接起来向负载供电。联接方法有两种：星形联接(用符号 Y 表示)和三角形联接(用符号△表示)。

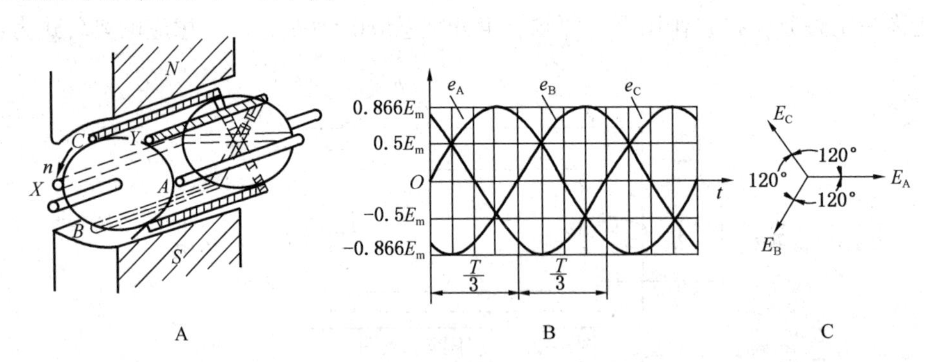

图 2-27　三相交流发电机及其电动势的变化曲线和矢量图

① 如果将发电机(或变压器)三相绕组的尾端 X、Y、Z 接在一起，再从首端 A、B、C 引出三根导线。如图 2-28 所示，这种联接方式称为星形联接。三个尾端联接的那一点称为中点或零点，从中点或零点引出的导线称为中线或零线。从三个首端引出的输电线称为端线。

星形联接的发电机可输送两种电压，一种是端线与零线之间的电压，称为相电压，相电压的有效值用 U_A、U_B、U_C 表示，或者用 $U_{相}$ 表示。另一种是端线与端线之间的电压，称为

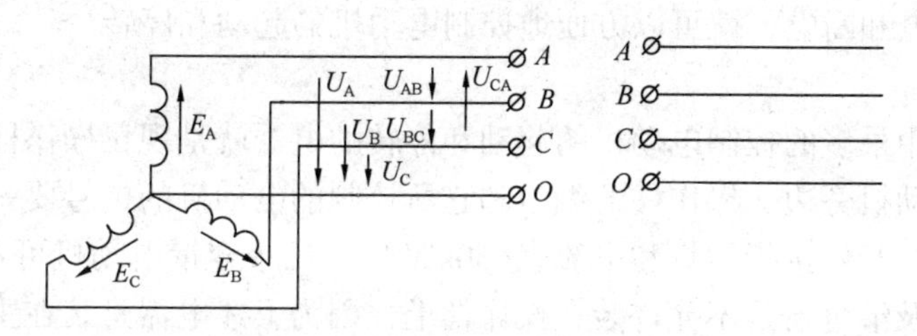

图 2-28　三相发电机的星形接法

线电压，线电压的有效值用 U_{AB}、U_{BC}、U_{CA} 表示，或者用 $U_{线}$ 表示。线电压与相电压的数量关系可用下式表示：

$$U_{相} = \sqrt{3}U_{线}$$

各个线电压与相应的相电压之间有 30 度的相位差，且线电压超前。炼油装置经常用的 380V 和 220V 电压，是从同一个三相电源输送来的，380V 是线电压，220V 是相电压。

② 发电机的三角形联接就是把一个绕组的尾端和另一个绕组的首端依次联接，例如 X 接 B，Y 接 C，Z 接 A，形成一个闭合回路再从三个联接点引出三根导线向外供电。

③ 如图 2-29 所示这种供电线路是三相三线制。

从图上可明显看出，这时端线之间的线电压也就是电源每相绕组的相电压，写成关系式为

$$U_{相} = U_{线}$$

发电机三相绕组很少用三角形联接，通常用星形联接。

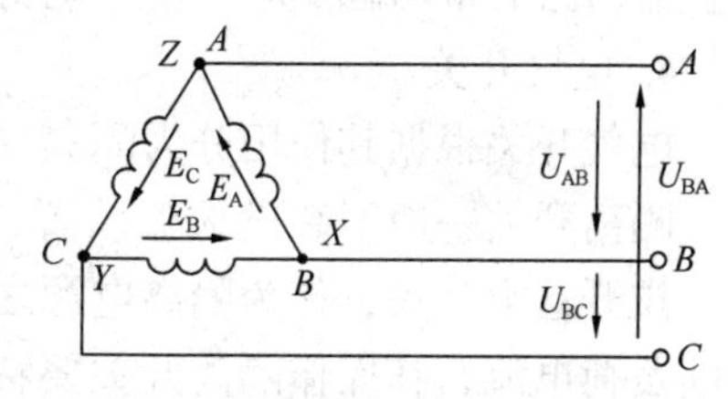

图 2-29　三相发电机的三角形接法

交流发电机的频率决定于发电机的转子转数和磁极对数。

2.5.5.4　简单电动机控制电路知识

在每套生产装置里，都有几十台甚至上百台电动机带动各类转动设备运转，一般说来，各类转动设备对电动机的控制都有以下最基本的要求：

① 能够正常开机；

② 能够正常停机；

③ 电动机或转动设备发生故障时，能够自动进行保护性停机。

要达到上述的要求，电动机控制系统一般由主回路和控制回路两部分组成，主回路一般由隔离开关、接触器或断路器、动力电缆和电动机组成；控制回路则由接触器或断路器线圈、继电器、控制电缆、操作按钮组成。

2.5.5.5　电动机常见的配电和控制电器

1. 接触器

接触器是电动机控制中使用的主要电器，利用它可以完成各种自动控制的要求，一般用于 380V 电动机配电回路中，它的结构和工作原理如下：

接触器主要由电磁系统和触头系统组成，线圈与静铁芯固定不动，当线圈通电时，铁芯线圈就会产生吸力将上铁芯吸合，由于动触点片和动铁芯都是固定在一起的，因此动铁芯就带动三条动触点片向下运动与三条静触点片接触，使电源与电动机接通，电动机就起动运转。当线圈断电时，吸力消失，动铁芯和静铁芯依靠反作用弹簧的作用而分离，此时动、静触头也同时分开，电路就被切断，电动机就会停止运转。因此我们通过操作开、停机按钮控

制接触器线圈的通电和断电，就可以方便地控制电动机的起动和停转。

2. 现场操作柱

在生产装置使用最多的控制电动机的起动和停转的电器就是现场操作柱，操作柱一般安装在它所控制的电动机旁边，操作柱的编号和它所控制的电动机的位号要一致。操作柱上一般装有开停机按钮、开停机指示灯和电流表(30kW 以下的小容量电动机可不装电流表)。象空气开关闸刀开关及继电器是不允许装在操作柱上，因为上述电器是装在主回路上的。开停机指示灯和电流表的作用是监视电动机的开停机和运行，开停机按钮的作用是控制开、停电动机。

3. 继电器

继电器在电动机控制系统中是用来转换和传递信号的控制元件，它通常是根据某一参数(如电压、电流、压力和温度)的变化达到预先设定的继电保护整定值来动作的。目前使用的较多的继电器是电磁式继电器和热继电器。电磁式继电器的动作原理和接触器相类似，但触点容量较小，也没有灭弧装置。热继电器是利用双金属片在受热时弯曲的原理制成的，当电动机过负荷时，发热元件和双金属片的发热量增大，温度升高，双金属片弯曲推动串联在接触器回路的常闭触点断开使电动机停机，从而使电动机不因过负荷损坏。

4. 电气开关

电气开关根据其作用分为隔离开关和负荷开关。

隔离开关一般不装设灭弧装置，但动静触头之间的距离比较大，通常在用电设备检修时，拉开这类开关，作为隔离电源之用。由于隔离开关一般不装设灭弧装置，因此不能用来切断负荷电流，在操作隔离开关要特别注意，必须在负荷开关断开后，才能操作隔离开关。

负荷开关装设有灭弧装置和自动脱扣装置，用来切断负荷电流和故障电流。负荷开关用的最多的是断路器。断路器主要用来作为主回路的切换装置，可以在过载和短路时自动跳闸，遮断能力强，断路器分真空、油断路器和空气断路器(自动空气开关)，前者多用于高压电气设备，后者多用于低压电气设备。

2.5.6 电气一次回路和二次回路

电气回路是指电流通过器件或其他介质后流回电源的通路，通常指闭合电路。电气回路又分一次回路和二次回路。

1. 一次回路

由一次设备相互连接构成发电、输电、配电或进行其他生产的电气回路，成为一次回路或一次接线。一次设备是指发、输、配电的主系统上所使用的设备，如发电机、变压器、断路器、隔离开关、母线、电力电缆和输电线路等。

2. 二次回路

由二次设备互相连接，构成对一次设备进行监测、控制、调节和保护的电气回路，成为二次回路或二次接线。二次设备是指对一次设备的工作进行控制、保护、监察和测量的设备。如测量仪表、机电器、操作开关、按钮、自动控制设备、计算机信号设备、控制电缆以及提供这些设备能源的一些供电装置(如蓄电池、硅整流器等)

二次回路用于监视测量仪表，控制操作信号，继电器和自动装置的全部低压回路均称二次回路，二次回路依电源及用途可分为以下几种回路：

① 电流回路；

② 电压回路；

③ 操作回路；

④ 信号回路。

一次设备(也称主设备)是构成电力系统的主体，它是直接生产、输送和分配电能的设备，包括发电机、电力变压器、断路器、隔离开关、电力母线、电力电缆和输电线路等。二次设备是对一次设备进行控制、调节、保护和监测的设备，它包括控制器具、继电保护和自动装置、测量仪表、信号器具等。

可以简单的认为三根线上(UVW. L1L2L3. ABC.)联接的大电流设备都属一次回路，其他(小电流)联接的设备都属二次回路，一次起主要的输电、变电作用，而二次是对一次起保护、监测、控制、调节等作用的。

在发电厂变电所中，发电机、变压器、电动机、开关(断路器)、隔离开关等叫一次设备。为了安全、经济地发、供电，对一次设备及其电路进行测量、操作和保护而装设的辅助设备，例如各种测量仪表、控制开关、信号器具、继电器等，叫做二次设备，连接二次设备的电路就叫做二次回路。

2.5.7 电力安全常识及有关保护

2.5.7.1 防静电措施

燃料油与设备静电火花放电时，其火花电能量超过管道周围积存油气与空气混合物的最小引燃能量 0.009~2.4mJ 时，就会发生爆炸。为了防止静电所造成火灾和爆炸事故，必须在消除设备所带静电和预防人体带静电两方面都要采取可靠措施。具体的防静电措施如下：

(1) 在消除设备所带静电方面应采取的措施

① 对于能够产生静电的物体，如管道、储罐、过滤器、油罐、机械设备、阀门等设备，应采用金属的或其他导电性能良好的材料，且有良好的接地，从而使产生的静电能迅速导入地下而消失。装设接地装置时应注意，接地装置与冒出液体、蒸气的地点要保持一定距离。接地电阻不应大于 100Ω，敷设在地下的部分不宜涂刷防腐油漆。土壤有强烈腐蚀性的地区，应采用铜或镀锌的接地体。

② 为防止设备与设备、设备与管道、管道与容器之间产生电位差，在其连接处(特别是在静电放电可引起燃烧的部位)用金属导体连接在一起，以消除电位差，防止发生事故。油管道的法兰之间有绝缘垫时，必须用金属导体跨接技术连接起来。

③ 在不导电或低导电性能的物质中，掺入导电性能较好的填料和防静电剂，或在物质表层涂抹防静电剂等方法增加其导电性，降低其电阻，从而消除生产过程中产生静电的火灾危险性。

④ 在传动装置中，采用三角皮带或直接用轴传动，以减少或避免因平面皮带磨擦面积和强度过大产生过多静电。限制和降低易燃液体、可燃气体在管道中的流速。也可减少和预防静电的产生。

⑤ 检查盛装高压水蒸气和可燃气体容器的密封性，以防其喷射、漏泄引起爆炸，倾倒或灌注易燃液体时，应用导管沿容器壁伸至底部输出或注入，并需在净置一段时间后才可进行采样、测量、过滤、搅拌等处理。同时，要注意轻取轻放，不得使用未接地的金属器具操作。严禁用易燃液体作清洗剂。

⑥ 在有易燃易爆危险的生产场所，应严防设备、容器和管道漏气。勤打扫卫生清除粉尘、加强通风等措施，以降低可燃蒸汽、气体、粉尘的深度。不得携带易燃易爆危险品进入易产生静电的场所。

⑦ 可采用旋转式风扇喷雾器向空气中喷射水雾等方法，增大空气相对湿度，增强空气导电性能，防止和减少静电的产生与积聚。在有易燃易爆气体存在的场所，喷射水雾应由房外向内喷射。

⑧ 在易燃易爆危险性较高的场所的工作人员，应先以触摸接地金属器件等方法消除人体所带静电，方可进入。同时还要避免穿化纤衣物和导电性能低的胶底鞋，以预防人体产生的静电在易燃易爆场所引发火灾及当人体接近另一高压电体时造成电击伤害。

⑨ 可在产生静电较多的场所安装放电针(静电荷消除器)，使放电范围的空气游离，空气成为导体，中和静电荷而无法积聚。但在使用这种装置时应注意采取一定的安全措施，因它的电压较高，防止伤人。

⑩ 预防和清除静电危害的方法还有金属屏蔽法(将带电体用间接的金属导体加以屏蔽可防止静电荷向人体放电造成击伤)；惰性气体保护法(向输送或储存易燃、易爆液体、气体及粉尘的管道、储罐中充入二氧化碳或氮气等惰性气体以防止静电火花引起爆燃等)。

(2) 人体带电的防静电措施

防止人体静电带电的对象是人，因此不但在物质上要采取人体接地和防止劳动保护用品的带电等措施，而且要着重进行安全思想教育。安全思想教育方面要落实到认真执行安全作业规程。

① 人体的接地

人体接地就是使人体与大地之间不出现绝缘现象。具体的措施是：将工作地面做成导电性地面，同时操作人员要穿防静电鞋；利用接地用具使人体接地等。

为使人体上的静电能尽快通过地面泄漏到大地，工作地面的泄漏电阻越小越好。为使工作地面的泄漏电阻达到要求，应按照不同的需要选择各种地面材料。

② 防止劳动保护用品的带电

1) 操作人员应穿掺有导电性纤维或用防静电剂处理的防静电工作服。衬衣应根据需要穿棉制品或经过防止带电处理的。在危险场所以及在静电上出问题的场所应不穿一般的化纤工作服。

2) 使用的手套和帽子(包括安全帽)等用品，也应考虑到工作内容和环境，必要时应采用具有防止带电性质的材料制成。胶皮手套应使用导电性手套。

3) 认真执行安全作业规程。工作应尽量标准化，操作人员应严格遵守操作规程；操作人员一般应使用规定的劳动保护用品和工具；操作人员应尽可能不进行与人体带电有关的动作，如接近和接触带电量大的物体、工作时处于绝缘状态的物体等等。

2.5.7.2 装置电气设备的灭火常识

常用电气设备产生火灾的原因如下：

(1) 电动机火灾的原因

电动机是一种将电能转变为机械能的电气设备。电动机容易发热和起火的部位是定子绕组、转子绕组。电动机的火灾原因有以下几个方面：

① 绕组短路。由于保养不善，线圈受潮，绝缘能力下降；检修时，垫圈、小石子等硬物不慎落入机体内，损坏了绝缘，这些都会形成匝间短路，迅速引起发热。

② 过负载运行。电动机输出的最大功率是有限度的，如果电动机输出功率超过电动机的额定输出功率，会导致电动机超量过载；电压过低，也会使电动机超量过载，引起绕组过热，甚至烧毁电动机，或引燃周围可燃物而酿成火灾。

③ 三相电动机两相运行，俗称“缺相”。三相线路中有一相熔断，或绕组断路，只剩下两相通电。等于三个“人”的任务落在两个“人”的肩上，这时电路上的电流将增加到1.73倍，发热量增加，此时由于有大电流通过，电动机会迅速发热。

④ 转动不灵导致磨擦生热。电动机在旋转过程中，如果轴承磨损或轴承球体被碾碎，或轴承上缠有杂物，电动机轴承被卡住等就会造成过热高温，烧毁电动机或引燃可燃物成灾。

⑤ 选用不当。不同场所要选用不同型式的电动机。如：在有火灾爆炸危险性的场所，应选用隔爆型或防爆通风型电动机，结果选用了防护式电动机，当电动机发生故障时，产生的高温和火花、电弧会引燃可燃物或引起爆炸性混合物造成火灾和爆炸事故。在潮湿场所，如选用防护式电动机，往往因绕组受潮而破坏绝缘，烧毁电动机。

此外，纤维、粉尘吸入电动机等都可能引起燃烧。一般说来，电动机起火只是将绕组烧毁，但是，如果使用可燃物作底座，或者有可燃物，那就可能引起大火。

(2) 变压器的火灾原因

电气短路、超负荷、接触电阻过大、油面过低都容易产生高温、电弧或火花。可燃的绝缘材料和变压器油因受高温或电弧作用、分解、膨胀以致气化，使变压器内部的压力急骤增加，重则造成外壳爆炸，大量喷油，燃烧的油流又进一步扩大了火灾危害，使工厂，甚至整个供电地区停电，影响正常生产和生活。

① 变压器长期过载引起线圈发热，加速绝缘老化，造成匝间短路、相间短路或对地短路，导致变压器着火或爆炸。

② 绝缘油质不好或油量过少，引起绝缘强度降低而发生短路。变压器油在贮存、运输或使用过程中维护管理不善，使水分、杂质等混入油中，降低绝缘强度。

③ 接触不良。如螺栓松动、焊接不牢或分接开关接点损坏等原因，都会产生局部过热，破坏绝缘，发生短路或断路而引起事故。

④ 接地不良。油浸变压器的二次侧(380/220V)中性点都要接地。当三相负载不平衡时，零线上就会出现电流。如果这一电流过强、接地点接触电阻又较大时，接地点会出现高温，引燃可燃物。

(3) 照明灯具的火灾原因

一般最常用的照明灯具有：白炽灯、荧光灯、高压钠灯、高压汞灯等，这些灯具具有不同程度的火灾危险性。

2.5.7.3 用电设备维修安全知识

在生产装置中，有许多用电设备例如电动机、照明装置和桥吊等，但生产工人接触最多的用电设备就是电动机，如何正确的操作和维护电动机是非常重要的，一方面可以防止因操作不当造成电动机和配电设备的损坏，另一方面也可以防止人身事故的发生。

1. 电动机操作时的安全注意事项

① 电动机起动前必须要进行盘车，对于输送黏度较大物料的机泵还必须进行预热，这样做的目的是防止因机泵卡住或粘住造成电动机堵转，避免起动时烧坏电动机或造成开关跳闸及熔断器熔断。

② 电动机起动前必须要检查它所拖动的设备上是否还有人在进行检修或其他工作，特别要注意空冷风机等较隐蔽的场所，确认无人在进行检修或其他工作时，方允许起动电动机。

③ 起动大容量电动机带动的大型机组之前，必须要检查机组联锁条件是否满足要求，当操作盘面允许合闸指示灯亮或 DCS 屏幕允许合闸条件满足时，方允许起动电动机。起动时，按钮要按到位，因为如果按不到位，合闸按钮接通时间小于 0.1 秒，就可能使开关合不上，造成起动失败。大容量电机起动时，当发现电流表指针摆动异常或开停机指示灯乱闪时，应立即停机并通知电气值班人员处理。

④ 在试运新安装电动机转向时，一般要点动一下，如果方向不正确，就要将两相电缆线对调。但在点动时要注意，要等电动机起动完了之后，才能按停止按钮。一般在现场操作柱上不装电流表的小电机都是在几秒钟之内就可完成起动，大电机可通过电流表判断，一般起动时现场电流表指针都会打到满刻度，起动完后电流表指针就会下降到电机额定值以下。根据有关防火的规定，电动机在热状态下不能连续起动 2 次。

⑤ 在停机时，一定要检查确认电动机是否真的停下来才能离开，因为有可能出现按下停机按钮无法停机的情况，此时要马上通知电工处理。

2. 电动机运行时的检查和监视

电动机故障的种类很多，原因也很复杂。但是许多故障从发生、发展，到损坏设备的过程中，肯定会出现一些异常现象，如果在此过程中我们能及早发现并采取措施，就可以防止事故的扩大，减少对炼油装置生产的影响。因此，操作工在日常的巡检中，对于运行中的电动机应该进行必要的检查和监视。主要内容如下：

① 监视电动机是否在额定电流值以下运行，一般可通过现场电流表进行检查，如发现电流超过额定值或电流表指针大幅度剧烈摆动时，要通知电工值班人员进行处理，并及时采取减负荷措施。

② 监视电动机的温升是否在操作规程规定的范围内，一般可以用手抚摸来检查，必要时可用温度计测量，大容量的电动机的绕组温升也可采用电阻法在线监测。

③ 经常检查电动机是否振动，有无异常的焦臭味和声响，主要依靠操作工的仔细观察、抚摸和嗅闻检查。

发现故障后应采取措施及时处理，必要时切换机泵停机进行检查。

3. 机泵检修时的注意事项

① 对于需要检修的电机或机泵，要先填写检修作业票，由运行电工停掉该电动机动力电源开关，并在该电动机开关处挂上“有人工作，严禁合闸”标示牌，方允许对故障机泵或电动机进行检修。

② 操作工在对装置搞卫生时，不能用水冲洗电动机，只能用干布清扫和擦掉电机外壳上的灰尘。因为即使是防爆电动机，如果它的防护等级达不到 IP55 以上，都无法承受水的冲洗。

4. 临时用电安全知识

生产装置除了有固定用电之外，还有临时用电。固定用电指的是电动机、照明、桥吊、电脱盐、电精制等用电设备的用电。而临时用电指的是装置设备抢修、大修和基建用电，新装置设计时，一般按照区域范围配置临时开关箱供装置检修使用。

由于临时用电使用的设备与固定用电不同，临时用电的设备一般不具备防爆和防火等防护性能(例如电焊机等)，而且有时是在炼油装置正常运行期间使用，因此使用临时用电必须按规定办理临时用电票。在易燃易爆场所使用临时用电时，必须办理动火证，现场施工时，还必须要有看火人。临时用电开关配电回路必须配置防触电的漏电保护器，临时用电线路必须经电气运行人员检查符合规范要求后，才能够向临时用电设备送电。

2.5.7.4 设备接地线的常识

生产装置的部分金属设备和设施上均安装有接地线，这些接地线根据其的作用不同，通常分成三类：防雷防静电接地、保护接地和工作接地。

接地装置和避雷装置的作用不同，接地装置可将静电引入地层，而避雷装置是将雷电产生的电位冲击波沿规定的跨线、接地进入防雷电感应的接地装置上。

本节主要讨论保护接地。

将电动机、现场操作柱、照明开关箱、临时用电盘和仪表盘等带电设备的金属外壳用导线同接地极可靠地联接起来，称为保护接地。图 2-30 说明电动机用保护接地后，当操作人员接触到带电的外壳时，由于人体电阻比接地极的电阻大得多，几乎没有电流流过人体，从而保证了人身安全。

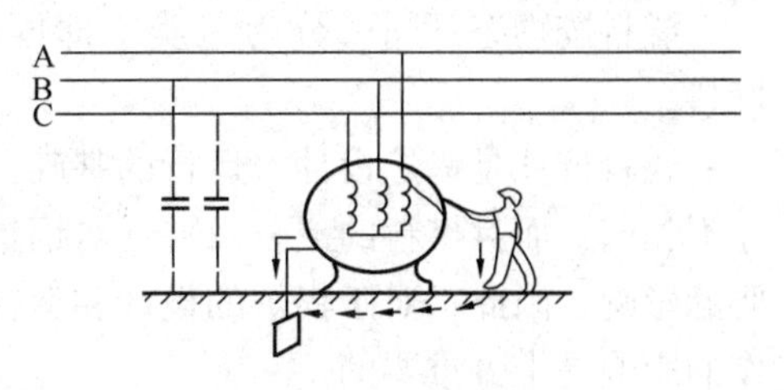

图 2-30 保护接地

生产装置带电设备的保护接地，通常是用截面积大于 6mm^2 金属导体，例如金属导线、圆钢、扁钢和铜包钢等作为接地线与装置接地网进行可靠的联接，当防雷防静电接地和保护接地都接进装置接地网时，接地网的接地电阻必须小于 4Ω。

2.5.7.5 有关保护

主保护是指发生短路时，能满足系统稳定及设备安全的基本要求，首先动作跳闸，有选择地被保护的设备和全线路。

后备保护是指主保护断路器拒动时，用以切除故障的保护。

对于变电所的变压器来说通常装设有过电流保护、电流速断保护、过电压保护。

对于生产过程中易发生过负荷的电动机，应装设过负荷保护。如果用熔断器实现电动机的相间短路保护，则用装在磁力启动器内的热继电器作为过负荷保护。

2.5.8 电器信号及基础照明

1. 电器信号

电器信号的作用是反映电器工作的状态，如合闸、断开及异常等。

电器信号一般采用红灯、绿灯显示。若电气设备在运行状态，控制回路电源正常，跳闸回路正常，则红灯亮；在电气设备未送电时，红灯绿灯均灭，运行中电气设备跳闸后，红灯灭绿灯闪。用绿灯监视合闸回路是否正常。

2. 照明基础

照明电路必须用三相四线制，安全照明电压一般携带式作业灯为 36V，在金属容器内等危险场所用携带式作业灯不得超过 12V，行灯的电压可以使用 12、24、36V。

照明电源负载的额定电压为相电压。

刀闸开关可以接通和断开额定电流以下的负荷，组合开关手柄验证方向旋转 90°，使开关快速闭合或断开，自动开关性能完善，当电路发生故障时，能自动地切断电路，保护有关的电气设备、电缆和电路。闸刀开关主要起隔离电源的作用，按钮能接通和断开控制回路，是一种发送指令的电路器件。

2.6 燃料基础理论

2.6.1 燃料概述

世界上所用燃料可分为两大类，一是核燃料，二是有机燃料，也称为矿物燃料。火力发电厂锅炉燃用的是有机燃料。所谓有机燃料就是含有元素碳、氢等有机物质的天然燃料及其加工后的人工燃料。

燃料按物态不同可分为三类，即固体、液体和气体。煤是我国电厂锅炉的主要固体燃料。

燃料特性是锅炉设计、运行的基础，所用燃料的种类不同，锅炉的燃烧设备和运行方式亦不相同，而且燃料的成分及特性对锅炉设计的合理性、运行操作的可靠性和经济性都有重要的影响。因此，对于锅炉的设计和运行人员而言，掌握好燃料的成分、特性及其对锅炉工作的影响是十分重要的。

2.6.1.1 煤的组成及其性质

固体燃料和液体燃料的成分通过元素分析和工业分析确定，用质量百分比数表示。气体燃料的成分用容积百分数来表示。

1. 煤的元素分析

煤是包括有机成分和无机成分等物质的混合物，其分子结构十分复杂。为了使用方便，都通过元素分析和工业分析来确定各种物质的百分含量。

煤的元素组成，一般是指有机物中的碳(C)、氢(H)、氮(N)、氧(O)、硫(S)、灰分(A)及水分(M)的含量。根据现有的分析方法，尚不能直接测定煤中有机物的化合物，因为其中大多数的化合物在进行分析时会逐渐分解。因此，一般是用测定煤的元素组成，即确定上述元素含量的质量百分比，作为煤的有机物的特性。

煤的有机物的元素组成并不能表明煤中所含的是何种化合物，也不能充分确定煤的性质。但是，元素组成与其他特性相结合，可以帮助我们判断煤的化学性质。元素组成的变化往往代表着煤化程度的差别。随着煤化程度的提高，碳含量逐渐增加，氧含量则逐渐减少。氢的含量也随煤化程度的增加而稍微下降。煤的元素组成是燃烧计算的依据。此外，煤的技术分类也与元素组成有一定关系。

煤元素组成的测定(元素分析)，大多数借助燃烧，并设法测定燃烧生成物中该元素的含量，或加入某种化合物使被测成分转化为易于测定物质等。元素分析是相当繁杂的。一般电厂只做工业分析，即按规定的条件将煤样进行干燥、加热或燃烧，以测定煤中的水分、挥发分、固定碳和灰分。通过工业分析，能了解煤在燃烧时的某些特性。

煤的元素分析成分见表2-10。

表2-10 煤的元素分析成分

分析成分	对锅炉工作的影响	含量/%	发热量/(kJ/kg)	埋藏年代加深含量	存在方式
碳(C)	主要可燃元素	20~70	32700	增多	固定碳、挥发性碳
氢(H)	有利可燃元素	3~5	120370	减少	化合物
氧(O)	不利元素，降低煤的发热量	1~40		减少	与碳、氢化合

续表

分析成分	对锅炉工作的影响	含量/%	发热量/(kJ/kg)	埋藏年代加深含量	存在方式
氮(N)	有害元素，生成 NO_x 污染环境	0.5~2.5		减少	惰性气体
硫(S)	极为有害，低温腐蚀，污染环境	1~2	9050		有机硫、黄铁矿硫、硫酸盐硫
灰分(*A*)	有害成分，不利于着火和燃烧，积灰、结渣、磨损、污染环境	5~45			
水分(*M*)	不利于燃烧，降低热效率，制粉困难	20~40			

2. 煤的成分

为了进行燃料的燃烧计算并了解煤的某些特性，常将燃料的成分分为碳(C)、氢(H)、氧(O)、氮(N)、硫(S)、水分(*M*)和灰分(*A*)。

(1) 碳

碳是煤中含量最多的可燃元素。地质年代长的无烟煤，其含碳量可高达90%(按可燃基成分)；而年代浅的煤则只有50%左右。每公斤碳完全燃烧时可放出约32700kJ(7800kcal)的热量。碳是煤的发热量的主要来源。煤中一部分碳与氢、氮、硫等结合成挥发性有机化合物，其余部分则呈单质状态，称为固定碳。固定碳要在较高的温度下才能着火燃烧。煤固定碳的含量愈高，就愈难燃烧。

(2) 氢

氢是煤中发热量最高的元素，煤中氢的含量大多在3%~6%的范围内。煤中的氢，一部分与氧结合成稳定的化合物，不能燃烧；另一部分则存在于有机物中，在加热时挥发出氢气或各种碳氢化合物(C_mH_n)。这些挥发性气体较易着火和燃烧。氢的发热量很高，每公斤氢燃烧可放出约120MJ(2860kcal)的热量(当燃烧产物为水蒸气时)。

(3) 氧和氮

氧和氮是煤中的杂质，是有机物中的不可燃成分。燃料中的氧有两部分。一部分是游离氧，它能助燃；一部分与氢或碳结合成化合状态，不能助燃。氧在各种煤中的含量差别很大。年代浅的煤含氧量较高，最高的达40%左右。随着炭化程度的提高，氧的含量逐渐减少。煤中氮的含量一般不多，只有0.5%~2.0%。氮在燃烧时会或多或少地转化为氮氧化物(NO_x)，造成大气污染。

(4) 硫

煤中的硫以三种形态存在：有机硫(与C、H、O等结合成复杂的化合物)、黄铁矿硫(FeS_2)和硫酸盐硫。硫酸盐一般不再氧化，表现为灰分。可燃硫只包括前面两种形态。每公斤硫完全燃烧时可放出热量9040kJ。硫是煤中的有害元素，虽然在燃烧时可放出一定热量，但其燃烧产物是二氧化硫或三氧化硫气体，这种气体和水蒸气结合生成亚硫酸或硫酸蒸气，当烟气流经低温受热面时，若金属受热面温度低于硫酸蒸气开始结露的温度(露点)时，硫酸蒸气便在其上凝结，腐蚀锅炉尾部受热面。

二氧化硫和三氧化硫气体从烟囱排入大气，对环境将造成污染，所以现在大容量的锅炉在烟气出口均设有烟气脱硫装置。

(5) 水分

水分也是煤中的杂质。煤中水分由外在水分和内在水分组成。各种煤的水分含量差别很大，最少的仅2%左右。一般来说，随着地质年代的增加，水分逐渐减少。此外，煤的水分含量还与其开采方法、运输和贮存条件等因素有关。

外在水分(M_{wz})，主要由于在开采过程中因雨、露、冰、雪而进入煤中的，依靠自然干燥就可以除掉。煤样在40~50℃干燥8h后，再在温度为20℃±1℃、相对湿度为65%±5%的空气中自然风干8h后所逸走的水分为外在水分；内在水分(M_{nz})，靠自然干燥不能除掉，必须将煤加热至102~105℃才能除去；外在水分和内在水分的总和通称为全水分。当进行煤的试验分析时，在实验室里要先把煤在规定的温度和相对湿度下进行自然干燥，干燥后煤样所含有的内部水分，称为分析水分。

水分的存在，不仅使煤中的可燃元素含量减少，当煤燃烧时，水分蒸发还要吸收热量，使煤的实际发热量减少。

水分多的煤着火困难，且会延长燃烧过程，降低燃烧室温度，增加不完全燃烧及排烟损失。

(6) 灰分

煤中含有不能燃烧的矿物杂质，在煤燃烧后形成灰分，灰分是煤中的主要杂质。将煤样在空气中加热到800℃±25℃，燃烧2h，余下的物质就是灰分。灰分是燃料完全燃烧后形成的固体残余物的总称。其主要成分是硅、铝、铁、钙以及少量镁、钛、钠和钾等元素组成的化合物。各种煤中灰分含量差别很大，少的只有10%左右，多的可达50%。此外，灰分含量与煤的开采方法、运输和贮存条件等因素有关。

灰分含量越大，发热量就越低，开采费用相对增加，同时会增大制粉电耗。灰分容易隔绝可燃质与氧化剂的接触，因而多灰分的煤不易燃尽。

灰分的存在会对锅炉运行造成如增大物理排渣显热、受热面管和除尘、风机磨损增大；受热面积灰结渣，妨碍碳粒子燃烧；炉膛温度下降，燃烧不稳定；机械不完全燃烧损失增大等问题。

3. 煤的工业分析成分

燃料的元素分析是比较复杂的，所以火电厂常采用工业分析法。按规定的条件将煤样进行干燥、加热或燃烧，以测定煤中的水分、挥发分、固定碳和灰分。通过工业分析，能了解煤在燃烧时的某些特性。

(1) 水分

把试样放在烘干箱内，保持102~105℃，约2h后，试样失去的质量占原试样质量的百分数，即为该煤的水分值。

(2) 挥发分

把上述失去水分的试样置于不通风的条件下，加热到800℃±20℃，这时挥发性气体不断析出，约7min后可基本结束，煤失去的质量占原试样(未烘干加热前)质量的百分数，即为该煤的挥发分值。

(3) 固定碳和灰分

去掉水分和挥发分后，煤的剩余部分称为焦炭。焦炭由固定碳和灰分组成的。将焦炭放在 815℃±10℃下灼烧(不要出现火焰)，到质量不再变化时，取出来冷却，这时焦炭所失去的质量就是固定碳的质量，剩余部分则是灰分的质量。这两个质量各占原试样质量的百分数，即是固定碳和灰分在煤中的含量。焦炭属于单质，金刚石与焦炭组成成分完全相同。焦炭属于纯净物，原煤是混合物，组成成分多；焦炭相对表面积大，原煤相对表面积小。

2.6.1.2　煤的主要特性

煤的特性指标包括煤的发热量、煤灰的熔融性能、煤的可磨性等指标。煤的发热量是衡量煤的发热能力高低的物理量；煤的熔融性能是反映煤灰的结焦性能的参数；煤的可磨性是反映原煤的可磨性能的参数，同时也是磨煤机选择的依据，特性指标都是通过煤的工业分析得出来。

1. 发热量

单位质量的燃料在完全燃烧时所放出的热量称为燃料的发热量，其单位为 kJ/kg(固体燃料、液体燃料)或者 kJ/m^3(气体燃料)。发热量是动力用煤最重要的特性，它决定煤的价值，也是进行热效率计算不可缺少的参数。

燃料的发热量分为高位发热量和低位发热量。高位发热量是指 1kg 燃料完全燃烧时放出的全部热量；低位发热量则需从燃料高位发热量中扣除燃料燃烧过程中氢燃烧生成的水和燃料带的水分汽化的吸热量，因为这个热量锅炉收不回来，所以锅炉技术中常采用低位发热量。

对于煤的收到基，高位发热量和低位发热量的关系可以用下式来表示

$$Q_{gr,\ ar} - Q_{net,\ ar} = 2500(9H_{ar}/100 + M_{ar}/100)$$
$$= 25(9H_{ar} + M_{ar})$$

式中　$Q_{gr,ar}$、$Q_{net,ar}$——高、低位发热量，kJ/kg；

2500——水在恒容状态下的汽化热，kJ/kg。

由于不同种类的煤具有不同的发热量，并且往往相差很大。同一燃烧设备在相同的工况下，燃用发热量低的煤时，煤的消耗量必然就大，燃用发热量高的煤时，煤的消耗量必然就小。因此，只能说明煤消耗量的大小，不能正确表明其经济性。为了正确地表明设备运行的经济性，引用了“标准煤”的概念。规定标准煤收到基的低位发热量为 29307.6kJ/kg。这样，不同燃料的消耗量即可通过下式换算成标准煤的消耗量：

$$B_b = BQ_{net,\ ar}/29307.6$$

式中　B_b——标准煤的消耗量，kg/h；

B——实际煤的消耗量，kg/h。

2. 挥发分(V)

燃料中的挥发物质随温度不断升高而挥发出来。这些气体大部分是可燃的，如 CO、H_2、CH_4、H_2S 等，只有少部分是不可燃的，如 O_2、CO_2、N_2 等。

燃料中挥发分的含量取决于燃料的碳化程度。一般说来，燃料碳化程度越深，挥发分含量越少。燃料种类不同，挥发分的含量也不相同。大致数值是：褐煤大于 40%；烟煤为 20%~40%；贫煤为 10%~20%；无烟煤在 10%以下。

挥发分开始析出的温度与燃料的碳化程度有关，一般来说，碳化程度越浅，挥发分析出的温度越低。大致数值是：褐煤为 130~170℃；烟煤为 170~260℃；贫煤为 390℃；无烟煤为 380~400℃。

挥发分的含量对燃烧过程的发生和发展有很大影响。燃料燃烧时，挥发分首先析出与空

气混合并着火。因此，挥发分对燃烧过程的初阶段具有特殊意义。燃料含挥发分越多，越容易着火，燃烧过程越稳定。

挥发分是燃料分类的重要依据。在设计锅炉时，炉膛结构、燃烧器型式以及受热面的布置等均与挥发分含量有关。在锅炉运行时，燃料的着火、燃烧的稳定、燃烧过程的经济调整等也都与挥发分含量有直接关系。

3. 焦结性

煤在隔绝空气加热时，水分蒸发、挥发物析出后，剩下不同坚固程度的固体残留物(焦炭)的性质，称为煤的焦结性。它是煤的重要特性之一，但在煤粉炉中，这个特性对燃烧的影响并不显著。

强结焦性煤的焦炭呈坚硬的块状。

4. 灰分熔融特性

煤的灰分熔融指标的特性是指煤中灰分熔点高低。

通过试验的方法可以测出煤的灰分熔融特性的数据 *DT*、*ST*、*FT*，旧称灰熔点 t_1、t_2、t_3。*DT* 是灰分熔融性变形温度，*ST* 是灰分熔融性软化温度，*FT* 是灰熔融性熔化温度。用它们可以判断煤在燃烧过程中结渣的可能性，其中软化温度是决定煤灰结焦性的最关键的因素。为了防止锅炉结焦，一般要求锅炉的炉膛出口烟气温度低于软化温度 50~100℃。

各种煤的灰分熔融特征温度一般在 1100~1600℃。凡 $ST>1400$℃ 的煤称为难熔灰分的煤，$ST=1200\sim1400$℃ 的煤称为中熔灰分的煤，$ST<1200$℃ 的煤称为易熔灰分的煤。

不同的煤具有不同的灰分熔融特征温度，而同一种煤的灰分熔融特征温度也不是固定不变的，这与灰分的各种成分、灰分所处的周围介质条件及灰分含量有关。具体来说，影响灰熔融特征的主要因素是煤灰的化学组成及煤灰周围高温环境介质的性质，两者也是相互影响的。

(1) 煤灰的化学组成

组成煤灰的成分以及各种成分的含量比例，是决定灰熔融特征温度高低的最基本因素。煤灰的成分一般是三氧化二铝(Al_2O_3)、二氧化硅(SiO_2)、各种氧化铁(FeO、Fe_2O_3、Fe_3O_4)、钙镁氧化物(CaO、MgO)及碱金属氧化物(Na_2O、K_2O)等，但主要成分有四种：SiO_2、Al_2O_3、FeO 和 CaO，其他成分则甚微。

当灰中含有熔点高的物质越多时，灰的熔点也越高；反之，若含有熔点较低的物质(FeO、Na_2O、K_2O 等)越多时，则灰的熔点也越低。煤中硫铁矿等含量多时，也会使灰熔点下降。有的物质有助熔作用，比如 CaO 本身熔点为 2570℃，但它在与 FeO 和 Al_2O_3 组成混合物时，灰熔点会降低到 1200℃。

(2) 煤灰周围高温环境介质的性质

实践证明，当周围介质性质改变时，会使灰熔点发生变化。例如，当有 CO、H_2 等还原性气体存在时，会使熔点降低。这是由于还原性气体能使灰分中的高价氧化铁(Fe_2O_3)还原，产生低熔点的氧化亚铁(FeO)。

(3) 浓度的因素

当灰分组成一样，所处环境的周围介质也一样，但煤中含灰量不同时，熔点也会发生变化。还原性气氛越大、灰的黏度越大，越容易结焦，实践证明，烧多灰分的煤容易结渣。

灰的熔融特性对锅炉运行的经济性和安全性均有重大的影响，运行中必须随时了解煤种变化，分析新煤种灰的熔融性。

灰的熔融特性是判断锅炉运行中是否会结渣的主要因素之一。

5. 可磨性

由于各种煤的机械强度不同，可磨性也不同。煤的可磨性用可磨性指数 K_{km} 表示。

某一种煤的可磨性指数，就是在风干状态下，将标准煤和所磨煤由相同粒度破碎到相同细度时消耗的电能之比，用下式表示：

$$K_{km} = E_{bz}/E_x$$

式中　E_{bz}、E_x——磨标准煤和所磨煤种时的耗电量，kW·h/t 煤。

标准煤是一种极难磨的无烟煤，其可磨性指数等于 1。越容易磨的煤，可磨性指数 K_{km} 越大。我国规定一般难磨的煤种 $K_{km}<1.2$；易磨的煤种 $K_{km}>1.6$。

另外，GB 2565—1987《煤的可磨性指数测定方法(哈德格罗夫法)》规定了哈氏可磨性指数 HGI，它与 K_{km} 的换算可用下式求出：

$$K_{km} = 0.034(HGI)^{1.25} + 0.61$$

6. 着火点

煤的着火点是在一定的条件下，将煤加热到不需外界火源即开始燃烧时的初始温度，单位为℃。着火点与煤的风化、自燃、燃烧、爆炸等有关，所以它是一项涉及安全的指标。

2.6.1.3　几种主要动力煤的特点

火电厂燃用的煤通常称为动力煤。动力煤主要依据煤的可燃基挥发分(V_{daf})进行分类，一般分为以下 4 种。

1. 无烟煤($V_{daf}\leq10\%$)

无烟煤俗称白煤，碳化程度低。它具有明亮的黑色光泽，机械强度一般较高，不易研磨，焦结性差。无烟煤碳化程度最高，即含碳量很高，杂质又很少，故发热量较高，大致为 21000~25000kJ/kg(约 5000~6000kcal/kg)。但由于挥发分很少，故难以点燃。燃烧时火焰很短，燃尽也较困难。无烟煤贮存时不会自燃。

2. 贫煤($V_{daf}=10\%\sim20\%$)

贫煤的碳化程度比无烟煤低，它的性质介于无烟煤和烟煤之间，而且与挥发分含量有关。挥发分较低的贫煤，在燃烧性能方面比较接近于无烟煤。

3. 烟煤($V_{daf}=20\%\sim40\%$)

烟煤的碳化程度低于贫煤。烟煤的挥发分较多，水分和灰分一般又较少，故发热量也较高。某些烟煤由于含氢较多，其发热量甚至超过无烟煤。但也有部分烟煤因灰分较多使其发热量降低。烟煤容易着火和燃烧。对于挥发分超过 25%的烟煤及煤粉，要防止贮存时发生自燃，制粉系统要考虑防爆措施。对于多灰(有时还是多水)的劣质烟煤还要考虑受热面的积灰、结渣和磨损等问题。

4. 褐煤($V_{daf}>40\%$)

褐煤的碳化程度较低。褐煤的外表呈棕褐色，似木质，挥发分含量最高，有利于着火。但褐煤水分和灰分都较高，发热量较低，一般小于 16750kJ/kg(4000kcal/kg)。对于褐煤也应注意贮存中发生自燃的问题。

2.6.1.4　燃料油

我国火力发电厂锅炉主要燃用煤炭，但在点火及低负荷运行时，要用液体燃料。常用的液体燃料是重油和渣油。重油是石油炼制后的残余物，因其密度较大，所以称为重油。

重油的的发热量较高，一般为 38000~45000kJ/kg。重油的含氢量较高，所以重油很容易着火燃烧，并且几乎没有炉内结渣及磨损问题，但硫分和灰分对受热面的积灰要比煤粉炉严重得多。

轻柴油在发电厂中主要是用于点火，而不作为主要燃用的燃料。

1. 燃料油的特性指标

（1）黏度

反映液体的流动性，是流体黏性大小的度量，用以衡量燃油质点之间的摩擦力。黏度愈小，流动性能愈好。重油在常温下黏度过大，温度越高，黏度越小，影响燃油的输送和雾化，所以燃料油的黏度应当有一定的要求和稳定性。但温度100℃以上后重油的黏度则无多大的变化，所以输送前必须加热。加热温度根据重油的品种及黏度情况而定。对于压力雾化喷嘴的炉前燃油，为了保证油喷嘴前油的黏度小于5.7mm^2/s，以保证其雾化质量，油的温度大致应在100℃以上。

常用黏度指标有动力黏度、运动黏度和恩氏黏度。

（2）凝固点

物质由液态转变为固态的现象叫凝固。开始发生凝固时的温度叫凝固点。当油温降到某一数值时，重油变得相当黏稠，以致使盛油试管倾斜45°时，油表面在1min之内，尚不出现移动倾向，此时的温度称为凝固点。油中含有石蜡时会使凝固点升高。凝固点高的油将增加输送和管理的困难。我国重油的凝固点一般在15℃以上。

（3）闪点

当燃油加热到某一温度时，表面就有油气产生，油气和空气混合到某一比例，当明火接近时即产生蓝色的闪光，瞬间即逝，这时的温度叫做闪点。闪点是安全防火的一个指标。容器内的油温，至少应比闪点低10℃，但压力容器和管道内，由于没有自由液面，可不受此限。由于重油不含容易蒸馏的轻质成分，故闪点较高，常在80~130℃之间；原油的闪点只有40℃左右。

（4）燃点

当加热温度升高到某一值时，燃油表面上油气分子趋于饱和，当与空气混合、且有火焰接近时即可着火，并能保持连续燃烧，此时的温度称为燃点或着火点。油的燃点一般要比它的闪点高20~30℃，其具体数值视燃油品种和性质而不同。闪点和燃点越高的油，着火危险性越小。

（5）含硫量

燃油的含硫量若高，会对锅炉低温受热面产生腐蚀。按油中含硫量的多少，燃油可分为低硫油（$S_{ar}<0.5\%$）、中硫油（$S_{ar}=0.5\%\sim2\%$）和高硫油（$S_{ar}>2\%$）三种。一般来说，当燃油的含硫量高于0.3%时，就应注意低温腐蚀问题。

（6）灰分

重油的灰分虽少，但灰中含有钒、钠、钾、钙等元素的化合物所生成的燃烧产物的熔点很低，约600℃，对壁温高于610℃的受热面会产生高温腐蚀。此外，由于无大灰粒的冲刷，燃油锅炉受热面的玷污比煤粉炉严重。

2. 燃料油的分类

发电厂锅炉燃料油有重油和柴油等。

（1）重油

从广义上讲，重油是比重较大的油品。重油可分为燃料重油和渣油。燃料重油是由裂化重油、减压重油、常压重油和蜡油等按不同比例调和制成的，根据国家标准有一定的质量要求。按80℃时的运动黏度分为20、60、100和200等四个牌号。渣油是在炼制过程中排除下来的残余物，不经处理，直接供给电厂做燃料，它没有质量标准，渣油可以是裂化重油、减压重油、常压重油等。

重油的特点是重度和黏度较大，重度大脱水困难，黏度大则流动性就差。重油在燃烧前需要加热到一定的温度方可保证良好的雾化。因为重油固有特性的原因，在油管道或油泵改变油品种时，为了慎重起见，应将管道或油泵进行蒸汽吹扫。

渣油与重油的共同特点是比重大，比值大，脱水困难；黏度较大，流动性差；沸点较高；闪电高，不易挥发，与轻质油相比火灾危险性小。重油燃烧过程中冒黑烟主要原因是部分高分子烃在500℃以上高温下裂解成碳黑，碳黑被烟气带走。因此，运行过程中充分让油滴在着火前就已经完全蒸发并和空气混合，就可以避免热分解和形成碳黑。

（2）轻柴油

轻柴油主要由C12~C24组成，呈淡黄色，按柴油比重可分为重柴油和轻柴油。

轻柴油在发电厂中主要是用于点火，而不作为主要燃用的燃料。轻柴油是由各种石油的直馏柴油馏分、催化柴油馏分或混合热裂化柴油馏分等组成的，其产品按凝固点不同可分为10、0、-10、-20、-35 5个牌号，国内轻柴油的自然温度一般在250~380℃。

柴油比重油容易着火，但自然温度比重油高，这是因为柴油内碳原子数目比较少，碳氢化合物比较稳定，不易氧化的结果。

由于燃油中的可燃元素碳和氢总含量高达97%以上，而且各种燃油的碳和氢总含量差别很小，因此燃油的发热量差别不大。

3. 燃油燃烧特性

燃油的着火热就是把炉内的油气混合物加热到着火温度时所需要的热量。

燃油是以雾态形式进行燃烧，由于液态燃料的“汽化”温度比着火温度低得多，因此油燃烧实际上是油蒸汽的燃烧。燃油燃烧前线蒸发，蒸发后的油蒸汽和空气中的氧相互扩散，然后着火燃烧，因此蒸发、扩散、燃烧过程是同时进行的。燃烧过程会产生残碳，火焰黑度高，可增强火焰辐射。

2.6.1.5 气体燃料

1. 气体燃料的种类和成分

气体燃料有天然气体燃料和人工气体燃料。

天然气体燃料有气田煤气、油田伴生煤气和煤层气。气田煤气是从纯气田中开发出来的可燃气体；油田伴生气是在石油开发过程中获得的可燃气体；煤层气是煤田中的瓦斯气体。前两种天燃气体燃料的主要成分是甲烷（CH_4），同时还含有少量的烷烃（C_nH_{2n+2}）、烯烃（C_nH_{2n}）、二氧化碳、硫化氢和氮气等。气田煤气的甲烷含量更高些，其容积含量可达75%~98%，油田半生煤气的甲烷含量略低，为30%~70%，但其CO含量较高，可达5%。两者的发热量君很高，可达3500~54400kJ/m^3。

人工气体燃料的种类很多，有高炉煤气、焦炉煤气、发生炉煤气和液化石油气等。除液化石油气外，其余的发热量均较低，为低热值煤气。

2. 气体燃料的燃烧及火焰

气体燃料燃烧过程分为两个基本阶段，即着火阶段和着火后的燃烧阶段。气体燃料燃烧时有一定的速度，当气体燃料在空气中的浓度处于燃烧极限浓度范围内，而且可燃气体在管道内的流速低于燃烧速度时，火焰就会向燃料来源的方向传播而产生回火。运行中应使燃料的流速大于燃料的燃烧速度，也就是要控制气体燃料的压力不低于规定的数值。

气体火焰传播是指火焰沿火焰上某点表面垂直方向向未燃烧气体传播的速度。气体燃料的无焰燃烧就是不发光的火焰燃烧，不发光的火焰呈浅蓝色。

为了避免气体燃料燃烧时产生回火，应采取燃料的流速大于燃料的燃烧速度、在气体管道上安装组火器、安装气体压力低值保护等措施。

扩散火焰是依靠可燃气体与空气中的氧相互扩散来完成的燃烧过程，通过燃烧器底部提供足够的空气，空气和可燃气体在管道内充分混合，此时的火焰强，火焰温度高，不冒黑烟。

甲烷形成的碳黑直径很小，数量很多，在高温下黑粒子有很强的辐射能力，发出亮光，形成发光火焰。

2.6.2 煤粉燃烧的概念

所谓燃烧，一般指燃料中的可燃质与空气中的氧进行发光、放热的高速化学反应。

大型燃煤锅炉的燃烧特点是将煤粉用热风或干燥剂输送至燃烧器吹入炉膛与二次风混合作悬浮燃烧。

对锅炉燃烧进行研究的目的是尽可能地使燃料在炉内迅速而又良好地燃烧，以求将其化学能最快、最大限度地转化为热能。

煤粉是电厂锅炉使用最广泛的燃料。传统的燃烧理论认为：固体燃料颗粒的燃烧过程是由一系列阶段构成的一个复杂的物理化学过程。首先是析出水分，进而发生热分解和释放出可燃挥发分。煤热分解的发生是由于加热使温度升高，分子的振动加剧，当达到一定值时，分子和原子间的键断裂而引起化学反应。煤在分解过程中受升温速度、加热温度、周围气体的压力、煤的成分和颗粒尺寸以及炉膛形势、流体动力条件等因素的影响。

当可燃混合物的温度高到一定程度时，挥发分离开煤粒后就开始着火和燃烧。挥发分燃烧放出的热量从燃烧表面通过导热和辐射传给煤粒，随着煤粒温度的提高，导致进一步释放挥发分。但是，此时由于剩余焦炭的温度还比较低，也由于释放出的挥发分及其燃烧产物阻碍氧气向焦炭扩散，焦炭还未能燃烧。当挥发分释放完毕，而且其燃烧产物又被空气流吹走以后，焦炭开始着火，这时只要焦炭粒保持一定的温度而又有适当的供氧条件，那么燃烧过程就可一直进行到焦炭粒烧完为止，最后形成灰渣。

但是，近年来根据试验研究的结果提出另一种看法，即在煤粉燃烧过程中，挥发分的析出过程几乎延续到煤粉燃烧的最后阶段，而且挥发分的析出与燃烧是和焦炭的燃烧同时进行的。煤粉气流进入炉膛后，受高温烟气的高速加热，温升速度达 10^4℃/s 甚至更高。快速的加热不仅影响析出挥发分的数量和组成成分，更重要的是改变了煤粉着火燃烧的进程。煤粉粒子升温过程见图 2-31。

当煤粉颗粒加热速度较高时，挥发分的析出可能落后于煤粉粒子的加热。因此，煤粉粒子的着火燃烧可能在挥发分着火之前或之后，或同时发生，称为多相着火，这取决于煤粉粒子的大小和加热速度。

2.6.2.1 煤粉的燃烧阶段

煤粉在炉膛内的燃烧过程大致可分为三个阶段。

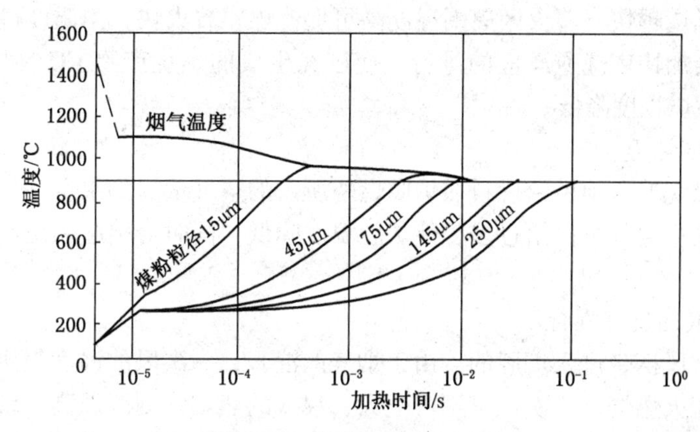

图 2-31　煤粉粒子升温过程

1. 着火前的准备阶段

煤粉进入炉膛至着火前这一阶段为着火前的准备阶段。在此阶段内，煤粉中的水分要蒸发，挥发分要析出，煤粉的温度也要升高至着火温度。

可见，着火前的准备阶段是一个吸热阶段。影响着火速度的因素除了喷燃器本身结构外，主要是炉内热烟气对煤粉气流的加热强度、煤粉气流的数量与温度以及煤粉性质和浓度等。

2. 燃烧阶段

当煤粉温度升高至着火点，而煤粉浓度又适合时，开始着火燃烧，进入燃烧阶段。开始时挥发分首先着火燃烧，并放出大量热量；这些热量对焦炭直接加热，使焦炭也迅速燃烧起来。燃烧阶段是一个强烈放热阶段，这一阶段进行的快慢(燃烧速度)主要取决于燃料与氧气的化学反应速度和氧气对燃料的供应速度。当炉内温度很高，氧气供应充足而气粉混合强烈时，燃烧速度就快。

3. 燃尽阶段

燃烧阶段未燃尽而被灰包围的少量固定碳在燃尽阶段继续燃烧，一直到燃尽。此阶段是在氧气供应不足，气粉混合较弱，炉内温度较低的情况下进行的，因而其过程需要时间较长。

应该说明，以上三个阶段既是串联的，又是交错的，即使对一颗煤粒来说也是这样。如挥发分在燃烧的同时还在不断析出，而焦炭在燃烧时就形成灰渣。

对应于煤粉燃烧的三个阶段，可以在炉膛中划分出三个区，即着火区、燃烧区与燃尽区。由于燃烧的三个阶段不是截然分开的，因而对应的三个区也没有明确的界限。大致可以认为：喷燃器出口附近是着火区，炉膛中部与喷燃器同一水平的区域以及稍高的区域是燃烧区，高于燃烧区直至炉膛出口的区域都是燃尽区。其中着火区很短，燃烧区也不长，而燃尽区却比较长。根据 $R_{90}=5\%$ 的煤粉的试验，其中 97%的可燃质是在 25%的时间内燃尽的，而其余 3%的可燃质却要 75%的时间才能燃尽。

2.6.2.2　燃烧条件

煤粉在炉膛内燃烧，既要燃烧稳定，又要有较高的效率。要做到燃料燃烧迅速而又完全，必须具备下列四个条件，称燃烧四要素：

1. 炉膛内维持足够高的温度

燃料燃烧的速度和完全程度与炉膛温度有关。炉温过低，燃烧反应缓慢，也使燃烧不完全。炉温越高，燃烧越快，着火区周围温度高可促使煤粉着火快。当温度过高时，虽对燃烧反应有利，但也会加快燃烧逆反应的进行，使已经生成的燃烧产物 CO_2 和 H_2O，又分解成 CO 和 H_2，造成燃烧程度降低。

2. 供给适当的空气

要达到完全燃烧就必须供给燃料在炉膛燃烧所需的空气量。如果空气供给不足，将会造成不完全燃烧损失；空气量供给过多，使炉膛温度降低，同时会引起燃烧不完全，增大排烟热损失。

3. 燃料与空气的良好混合

煤粉是由一次风携带进入炉膛的，由于烟气的混入，一次风的温度很快提高到煤粉的着火点，而使煤粉着火燃烧。一次风量不可过大，混入的热烟气则因温高、量大，这样才能使一次风很快升温、着火。当然，不分一、二次风，所有风一起送入煤粉炉膛，对燃烧更是不利的。

一次风量一般应满足挥发分燃烧的需要。因此，煤粉着火后，一次风很快消耗完，这时，二次风必须及时地加入并与煤粉混合。

炉内混合是否良好，还决定于炉内气体流动的情况，即所谓炉内的空气动力工况。一般情况下，炉内往往形成旋转气流，以促使气粉充分混合。

可以看出，燃料和空气的混合是否良好，对能否达到完全燃烧是非常关键的，它决定于炉内空气动力工况、燃烧方法、炉膛结构、燃烧器工作状况等。

4. 要有足够的燃烧时间

煤粉由着火到燃烧完毕，需要一定的时间。煤粉从燃烧器出口到炉膛出口经历的时间为 2～3s，在这段时间内煤粉必须完全燃烧掉，否则到了炉膛出口处，因受热面多，烟气温度下降很快，燃烧就会停止，从而加大了不完全燃烧热损失。为使煤粉在此期间内完全燃烧掉，除了保持炉内火焰充满度和足够的空间外，要尽量缩短着火与燃烧阶段所需的时间。

2.6.3 煤粉的燃烧过程

煤粉的燃烧可以分成三个阶段，即着火前的准备阶段、燃烧阶段、燃尽阶段。煤粉在炉膛内，必须在 2s 左右的时间内，经过这三个阶段，将可燃质基本烧完。

2.6.3.1 煤粉的燃烧过程

图 2-32 表示着火区、燃烧区、燃尽区三个区域的火炬工况。由图可见：气流温度 θ 的变化是在着火区和燃烧区中温度上升，在燃尽区中温度下降。气流进入炉膛时温度很低，吸收了炉内热量温度升高，到着火点就开始着火；随着着火煤粉的加多，温度上升速度加快。当可燃物质开始大量燃烧，温度突然很快上升时，可以认为气流进入燃烧区。如果是绝热燃烧的话，火焰的理论燃烧温度可达 2000℃ 左右，但是炉膛周围有水冷壁不断吸热，所以炉膛中心温度只升高到 1600℃ 左右。当大部分可燃质烧掉后，气流温度开始下降，这时可以认为进入燃尽区。在燃尽区内，燃烧放热很少。而水冷壁仍在不断吸热，故烟气温度逐渐下降，到炉膛出口降至 1100℃ 左右。

煤粉中的灰分质量占煤粉质量的百分比 A 在整个过程中是不断增大的。在着火区，由于水分、挥发分析出，灰分的百分比逐渐增加；到燃烧区，由于固定碳大量燃烧，使灰分的百分比大大增加；到燃尽区，燃烧减缓，灰分的增加也就慢了；到炉膛出口，飞灰中仍会有很少量未燃尽的碳，但一般不超过飞灰总量的 5%，而灰分则高达 95%左右。

氧气占气流容积的百分比在整个过程中不断减少，但在燃烧区减少得很快。燃烧产物二氧化碳和二氧化硫占气流容积的百分比在整个过程中不断增加，但在燃烧区增加得特别快。O_2 在喷燃器出口处约为21%，到炉膛出口处下降到 2%~4%。RO_2 在喷燃器出口处约为零，到炉膛出口处上升到16%~17%。

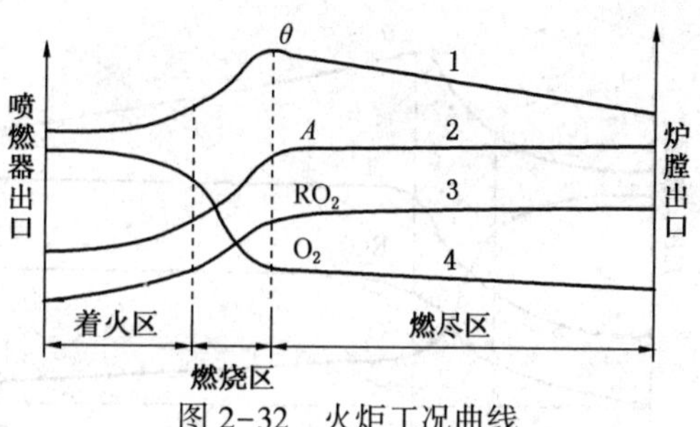

图 2-32　火炬工况曲线

1—气流温度；2—煤粉颗粒中的灰分；3—气体中 RO_2 的含量；4—气体中 O_2 的含量

总之，火炬工况在燃烧区都有剧烈的变化，而在着火区，尤其是在燃尽区，变化较缓慢。由此可见，燃烧过程的关键是燃烧阶段。但是燃烧阶段是由着火阶段发展来的，没有迅速的着火也就不会有迅速而完全的燃烧。因此，讨论燃烧过程，总是要讨论着火问题和着火后的燃烧问题。

2.6.3.2　煤粉气流的着火

煤粉气流喷入炉膛以后气体呈直线流状态，煤粉气流最好能在离燃烧器约 200~300mm 处着火。着火太迟，会使火焰中心上移，造成炉膛上部结渣，过热蒸汽温度、再热蒸汽温度偏高，不完全燃烧损失增大。着火太早，则可能烧坏燃烧器或使燃烧器周围结渣。

煤粉气流的着火热源来自两个方面，一是卷吸炉膛高温烟气而产生的对流换热，另一方面是炉内高温火焰的辐射换热。两者中前者为主。通过这两种换热，使进入炉膛的煤粉气流的温度迅速提高，当温度上升到某一数值时，煤粉开始燃烧，我们把煤粉开始燃烧的这一温度称为着火温度。

进入炉膛的煤粉气流一面作横向运动，同时把周围的高温烟气带入气流的现象称为卷吸。

煤粉气流在进入炉膛以后最好在离燃烧器出口不远处着火，合适的着火距离应该由试验来确定。如果着火太迟，也就是距离燃烧器出口的距离太远，会推迟整个燃烧，导致煤粉来不及燃烧就要离开炉膛，增大了机械不完全燃烧损失，而且着火推迟还会导致火焰中心上升，造成炉膛出口的受热面结渣和过热器汽温偏高。如果着火过早，可能烧坏燃烧器，也容易造成燃烧器周围结渣。

煤粉在不同的条件下着火温度也不相同，试验资料表明煤粉气流的着火温度主要与三个因素有关。

① 一般来说，煤的挥发分愈低，着火温度愈高，即不容易着火。对于紊流条件下的煤粉气流，褐煤的着火温度约为 400~500℃；烟煤为 500~600℃；贫煤和无烟煤为 700~800℃。

② 煤粉细度 R 愈大，即煤粉愈粗，着火温度也愈高。

③ 煤粉气流的流动结构对着火温度也有影响，煤粉气流在紊流或层流条件下的着火也是有差别的。

在煤粉炉中除着火温度外，还有火焰传播速度的影响。着火是从局部开始蔓延开来的，火焰传播速度涉及到着火的稳定性。如某一煤种的火焰传播速度较低，而一次风速又选择得过高，着火就不稳定，甚至发生灭火。对于一定的煤，影响火焰传播速度的因素有四点，见图 2-33。

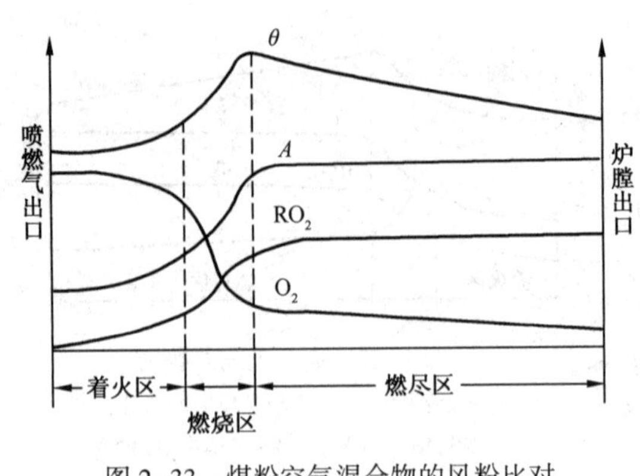

图 2-33　煤粉空气混合物的风粉比对火焰传播速度的影响

① 煤的挥发分愈低，火焰传播速度也愈低，火焰也愈不稳定；

② 煤的灰分愈高，火焰传播速度也愈低；

③ 对不同煤种有一个最佳的气粉比(即火焰传播速度最大的气粉比)，挥发分愈低、灰分愈高的煤，最佳气粉比愈低；

④ 煤粉细度值 R 愈高，火焰传播速度愈低。

2.6.3.3　煤粉气流着火后的燃烧

1. 燃烧速度与燃烧程度

在锅炉实际操作过程中，燃烧速度一般用化学反应速度来表示。

燃烧速度表现为单位时间内烧去燃料量的多少。燃烧程度即燃烧完全的程度，表现为烟气离开炉膛时可燃质带走的多少。燃烧速度的关键是碳的燃烧速度，燃烧程度越高，则烟气中的可燃质越少，燃烧损失越小。一是氧和碳化合的速度，叫做化学反应速度，这个速度的大小主要决定于温度的高低；另一个是氧气供应速度，叫做物理混合速度，这个速度的大小主要决定于炉内气体的扩散情况，或者说决定于氧气与碳混合的情况。这两个因素缺一不可。因此，要炉内燃烧迅速，必须炉温较高，而且气粉混合要充分。

细小颗粒的固体燃料，其燃烧反应是在固体表面进行，反应速度取决于燃料表面附近温度的高低、氧化剂的浓度和固相物质的表面积。

影响化学反应速度的因素有反应温度、反应物的浓度和活化能。

燃料的活化能是表示燃料着火与燃尽的难易程度和反应能力。燃料的活化能越小，反应能力就越大，反应速度随温度变化也越小，在低温下越能燃烧。对于活化能较大的燃料，提高反应系统的温度，可达到提高反应速度的目的。

2. 扩散燃烧与动力燃烧

当温度较高、化学反应速度很快而物理混合速度相对较小时，燃烧的速度决定于炉内气体的扩散情况，我们把这种燃烧情况叫做扩散燃烧，或者说燃烧处于扩散区。

当温度较低、化学反应速度较慢而物理混合速度相对较快时，燃烧的速度决定于炉内温度，我们把这种燃烧情况叫做动力燃烧，或者说燃烧处于动力区。

当温度不很高又不很低而与混合情况适应时，燃烧速度既与温度有关又与气粉混合速度有关，这种燃烧情况叫做过渡燃烧(中间燃烧)，或者叫做燃烧处于过渡区。油的燃烧属于过渡燃烧。

为了说明燃烧的扩散区与动力区，我们只讨论一下焦炭粒在静止状态下的燃烧情况。焦炭在燃烧过程中，一般都有以下几种化学反应：

完全氧化反应　　$C+O_2 \longrightarrow CO_2$

不完全氧化反应　　$2C+O_2 \longrightarrow 2CO$

还原反应　　$C+CO_2 \longrightarrow 2CO$

随着温度的升高，静止炭粒的燃烧是从氧化反应的动力区过渡到氧化反应的扩散区，然后再进入还原反应的动力区，最后到还原反应的扩散区，这个过程如图 2-34 表示。图中曲线Ⅰ是氧化反应动力燃烧曲线，曲线Ⅱ是还原反应动力燃烧曲线。

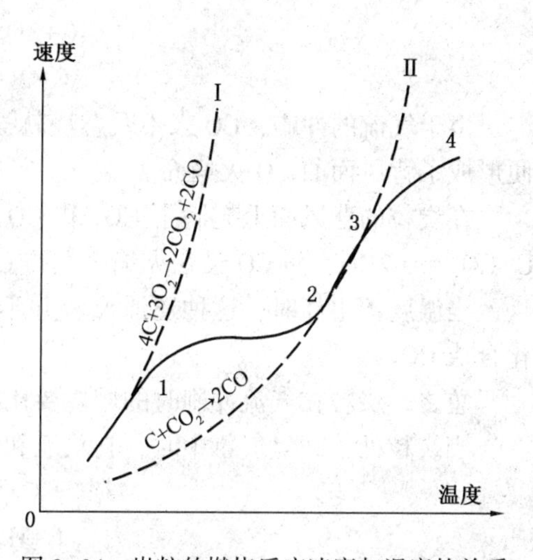

图 2-34　炭粒的燃烧反应速度与温度的关系

当温度为 600～800℃时，燃烧反应主要是氧化反应，既有完全氧化反应又有不完全氧化反应。两者合起来，得到以下反应式：

$$4C+3O_2 —— 2CO_2+2CO$$

在这个温度范围内，燃烧速度决定于温度，温度越高，燃烧速度越快。如图 2-34 中的曲线 0~1。

当温度为 800～1200℃时，化学反应与上述低温时的相同，但反应速度加快，在碳的表面，氧与碳作用后，生成 CO_2 与 CO，同时向外扩散，CO 遇到 O_2 立即进一步氧化成 CO_2，这样就形成了 CO 火焰面。与 CO 作用后剩余的 O_2，继续扩散，才能到达碳表面，与碳继续化合。在这个温度范围内，氧气的扩散速度跟不上化学反应的速度，燃烧速度主要决定于氧的扩散能力。如图 2-34 中的曲线 1～2。

当温度为 800～1200℃时，还原反应加强，而产生的 CO 增多，把周围的 O_2 用完，O_2 已经到达不了碳表面，这时，在碳表面的反应是 CO_2 向内扩散而与碳起作用，生成 CO，即 $C+CO_2 \longrightarrow 2CO$。由于这是吸热反应，所以温度越高，反应速度越快。见图 2-34 中的曲线 2～3。

当温度更高时，CO_2 的扩散速度跟不上还原反应的速度，因而此时的燃烧速度决定于 CO_2 的扩散能力。见图 2-34 中的曲线 3～4。

也就是说碳粒燃烧的温度低于 900～1000℃，提高扩散速度对燃烧速度影响不大，燃烧速度取决于反应温度和碳的活化能，此时燃烧处于动力区；炭粒燃烧的温度高于 1500℃时，提高温度对燃烧速度影响不大，燃烧速度取决于氧气向碳粒表面的扩散速度，此时称燃烧处于扩散区。

当碳粒燃烧处于过渡区时，提高温度和提高扩散速度可以提高燃烧速度，若扩散速度不变，只提高温度，燃烧过程向扩散区转化；若温度不变，只提高扩散速度，燃烧过程向动力区转化。

碳粒燃烧时处于动力区、扩散区还是过渡区，可用碳粒表面氧气浓度和远离碳粒氧气浓度之比（即 C/C_0）来判断，当 C/C_0 接近 1 时燃烧处于动力区。

3. 炭粒在炉内的燃烧

燃料在炉膛内加热升温速度很快，仅在 0.1～0.2s 的时间内就可达到约 1500℃的水平。当挥发分燃烧时，碳粒子附近温度提高，使碳粒子随着挥发分的燃烧而燃烧。

碳粒燃烧过程：燃料颗粒受热，水分析出→继续受热→挥发分着火→引燃焦炭并继续析出挥发分→挥发分与焦炭一道燃尽→形成灰渣。

碳粒子燃烧时必须保持一定的温度和适当的供氧条件才能使碳粒子燃尽。但挥发分燃烧时，碳粒子附近温度提高，使碳粒子随着挥发分的燃烧而燃烧。

炭粒在炉内是随着气流不断运动的。由于炭粒的运动速度较低，加上气流的方向不断变化，因此，气流与炭粒之间有相对运动，也就是气流不断冲刷炭粒。在炭粒的迎风面上发生如下反应：

$$4C+3O_2 = 2CO_2+2CO$$

$$3C+2O_2 = CO_2+2CO$$

由于气流的冲刷，CO 来不及燃烧就被气流带走。这些 CO 到了后面与 O_2 化合成 CO_2，便形成了背风面的 CO 火焰面。

在炭粒的背风面上充满了 CO_2 和 CO，但缺乏 O_2，当温度很高时，产生还原反应，即 $C+CO_2 = 2CO$，而 CO 又在火焰面上与 O_2 化合而生成 CO_2。

当温度不很高时，这种还原反应并不显著，炭粒的背风面也参加燃烧，即 CO 再与 O_2 化合成 CO_2。

总之，炭粒在气流冲刷时的燃烧要比相对静止时迅速得多。

当炭粒处于缺氧气氛中时，它只能和 CO_2、H_2O 相遇而产生还原反应，即

$$C+CO_2 = 2CO$$

$$C+H_2O = CO+H_2$$

这些反应都是吸热反应，吸热使炭粒温度下降，反应速度降低。因此除非炉温很高有大量热量供给时可产生这种吸热反应以外，一般炭粒在还原气氛中难以燃烧。

焦炭粒子与碳粒子的区别是焦炭粒子多孔性内部表面可能发生化学反应，焦炭燃烧时灰分裹在焦炭外表面，阻碍氧气向碳粒表面的扩散，从而对燃烧产生不利影响，而纯碳粒燃烧则不考虑灰分和多孔性对燃烧的影响。

一般原煤表面温度达到 759℃ 以上开始形成焦炭。

2.6.3.4　影响煤粉气流着火与燃烧的因素

煤粉气流进入炉膛后应迅速着火，着火后又应迅速而完全地燃烧。要做到这些要求，必须对影响着火与燃烧的因素进行分析。

1. 煤的挥发分与灰分

挥发分的多少对煤的着火和燃烧影响很大。挥发分低的煤，着火温度高，煤粉进入炉膛后，加热到着火温度所需要的热量比较多，时间比较长。所以，当燃用无烟煤、贫煤等低挥发分煤种时，为了着火迅速，应采取提高着火区温度、吸取更多的高温烟气等措施。挥发分高的煤着火是比较容易的，这时应注意着火不要太早，以免造成结渣或烧坏喷燃器。挥发分低的煤燃烧完全所需要的时间长。挥发分高的煤，焦炭所占分量较小，而且挥发分逸出后，焦炭比较疏松，容易烧透，所以燃烧速度较快。

灰分多的煤，着火速度慢，对着火稳定性不利，而且燃烧时灰壳对焦炭核的燃尽有阻碍作用，所以不易烧透。

2. 煤粉细度

煤粉越细，总表面积越大，挥发分析出较快，着火可提前些。煤粉越细，燃烧越完全。另外，煤粉的均匀性指数 n 越小，粗煤粉越多，会降低燃烧的完全程度。因此烧挥发分低的煤时，应该用较细的、较均匀的煤粉。

3. 炉膛温度

炉膛温度高，喷燃器根部回流或补入的热烟气温度也高，着火点可以提前。所以炉膛温度高燃烧迅速，也容易燃烧完全。但是，炉膛温度过高，会造成炉内结渣。

燃用低挥发分煤时，应适当提高炉温。为此，可以采用热风送粉、敷设卫燃烧带、保持较高负荷等方法来提高炉温。

燃用挥发分高而灰的熔融温度又较低的煤时，可以适当降低炉膛温度。

4. 空气量

空气量过大，炉膛温度要下降，对着火和燃烧都不利。空气量过小则燃烧不完全。因此，保持适当的空气量是很重要的。从提高锅炉的效率角度来看，应保持最佳的过量空气系数。

5. 一次风与二次风的配合

一次风量以能满足挥发分的燃烧为原则。一次风量和一次风速提高都对着火不利。一次风量占总空气量的份额叫做一次风率。一次风量增加将使煤粉气流加热到着火温度所需的热量增加，着火点推迟。一次风速高，着火点靠后，一次风速过低，会造成一次风管堵塞，而且着火点靠前，还可能烧坏喷燃器。一次风温高，煤粉气流达到着火点所需的热量少，着火点提前。

二次风混入一次风的时间要合适。如果在着火前混入，就等于增加了一次风量，使着火点延后；如果二次风过迟混入，又会使着火后的燃烧缺氧。所以二次风应在着火后及时混入。二次风一下子全部混入一次风，对燃烧也是不利的。因为二次风的温度大大低于火焰温度，大量低温二次风混入会降低火焰温度，使燃烧速度降低，甚至造成灭火。因此，二次风最好能分批混入着火后的气流，做到既使燃烧不缺氧，又不会降低火焰温度。

二次风速一般应大于一次风速，二次风速比较高，才能使空气与煤粉充分混合。但是，二次风速不能比一次风速大得过多，否则会迅速吸引一次风(大量卷吸周围介质形成高负压区)，使混合提前，以致影响着火。

总之，二次风的混入应该及时、分批、强烈，才能使混合充分、燃烧迅速而完全。

燃用低挥发分煤时，应提高一次风温，适当降低一次风速，选用较小的一次风率，并应分批送入二次风，这样，对煤粉着火和燃烧有利。

燃烧高挥发分煤时，一次风温应低些，一次风速、风率大些。有时也可有意识地使二次风混入一次风时间早些，将着火点推后，以避免结渣或烧坏喷燃器。

6. 燃烧时间

燃烧时间对煤粉燃烧完全程度影响很大。燃烧时间的长短决定于炉膛容积的大小，一般来说，容积越大，则煤粉在炉膛中的飞行时间越长。除此以外，燃烧时间的长短还与炉膛火焰充满程度有关。炉膛火焰充满程度差，就等于缩小了炉膛的容积，煤粉在炉膛中停留的时间就短了。燃用低挥发分的煤时，应适当加大炉膛容积，以延长燃烧时间。

7. 炉膛高温烟气对煤粉气流的加热

采用旋流喷燃器时，提高旋流强度，从而加大回流区，可以有更多的高温烟气回流，使着火点提前。燃烧低挥发分煤时，喷燃器的旋流强度应大些。

采用直流喷燃器时，加大气流的迎火周界(气流断面的周界)，使气流边沿有较多煤粉直接接触高温烟气，可以使着火点提前。燃烧低挥发分煤时，应适当加大迎火周界。

煤粉喷燃器是煤粉炉的主要燃烧设备。携带煤粉的一次风和不带煤粉的二次风都经喷燃器喷入炉膛，并使煤粉在炉膛中很好地着火和燃烧。因此，喷燃器的性能对燃烧的稳定影响较大。

2.6.3.5 强化燃烧的措施

根据以上对煤粉气流燃烧影响因素的分析，要强化燃烧，必须强化各个阶段，特别是着火和燃尽阶段。缩短着火阶段可以增加燃尽阶段的时间和空间，同时还必须特别注意强化炭粒的燃尽，因为它占了燃烧过程的大部分时间和空间。目前一般采用的强化燃烧的措施如下：

① 提高热风温度。有助于提高炉内温度，加速煤粉的燃烧和燃尽。在烧无烟煤时，空气预热到400℃左右，并采用热风作输送煤粉的一次风，而乏气可送人炉膛作为三次风。

② 保持适当的空气量并限制一次风量。空气量过大，炉膛温度要下降，对着火和燃烧都不利。因此，保持适当的氧气量是很重要的，从燃烧角度来看应保持最佳的过量空气系数。

一次风量必须能保证化学反应过程的发展，以及着火区中煤粉局部燃烧的需要。

在燃烧煤粉时，首先着火的是挥发分和空气所组成的可燃混合物，为了使可燃混合物的着火条件最有利，必须保持适当的氧气浓度。因此，对挥发分多的煤粉一次风率可大一些，而对挥发分少的无烟煤和贫煤，一次风率应小些。

③ 选择适当的气流速度。降低一次风速度可以使煤粉气流在离开燃烧的不远处开始着火，但此速度必须保证煤粉气流和热烟气强烈混合，当气流速度太低时，燃烧中心过分接近燃烧器喷口，将使燃烧器烧坏，并引起燃烧器四周结渣。二次风速一般均应大于一次风速，二次风速较高，才能使空气与煤粉充分混合。但是二次风速又不能比一次风速大得太多，否则会迅速吸引一次风，使混合提前，以致影响着火。

④ 合理送入二次风。二次风混入一次风的时间要合适。如果在着火前混入，会使着火延迟；如果二次风过迟混入，又会使着火后的燃烧缺氧。所以，着火后二次风应及时混入。二次风同时全部混入一次风对燃烧也不利，因为二次风温大大低于火焰温度，使大量低温的二次风混入会降低火焰温度，减慢燃烧速度。二次风最好能按燃烧区域的需要及时分批送入，做到使燃烧不缺氧，又不会降低火焰温度，达到燃烧完全。

⑤ 在着火区保持高温。加强气流中高温烟气的卷吸，使火炬形成较大的高温烟气涡流区，这是强烈而稳定的着火源，火炬从这个涡流区吸入大量热烟气，能保证稳定着火。

⑥ 选择适当的煤粉细度。煤粉越细，总表面积越大，挥发分析出就快，这对着火的提前和稳定是有利的。煤粉越细燃烧也越完全。另外，煤粉均匀性对燃烧也有影响，均匀性差，粗颗粒就多，完全燃烧程度就会降低。燃用无烟煤和贫煤时，应用较细较均匀的煤粉，至于烟煤和褐煤，因着火并不困难，煤粉可粗些。

⑦ 在强化着火阶段的同时必须强化燃烧阶段本身。炭粒燃烧速度决定于两个基本因素：一是温度，一是氧气向炭粒表面的扩散。根据实际情况，燃烧速度受其一个因素的限制或与两个因素都有关。在燃烧中心，燃烧可能在扩散区进行，而在燃尽区，由于温度低，燃烧可能亦在扩散区进行，因此对燃烧中心地带，应设法加强混合；对火炬尾部应维持足够高的温度。

2.6.4 固体燃料的燃烧计算

锅炉燃料的燃烧计算包括空气量、烟气量、烟气焓以及过量空气系数的计算等，本节主要介绍燃料燃烧所需的空气量及燃料燃烧生成的烟气量的计算。

计算燃料燃烧所需的空气量和生成的烟气量是把空气和烟气当作理想气体看待的。当燃料完全燃烧时，所需的空气称为理论燃烧空气量。在实际运行中，燃料和空气的混合并不十分理想，实际送入的空气量要比理论空气量稍多一些。实际送入的空气量称为实际燃烧空气量。燃烧计算的各参数，对分析锅炉运行工况起着较大的作用。现以燃煤为主介绍燃烧计算。

2.6.4.1 燃煤成分、基准及其换算

煤由碳、氢、氧、氮、硫五种元素及水分、灰分组成，这些成分都以质量百分数含量计

算，其总合为100%。

煤中水分和灰分含量易受外界的影响而发生变化。由于水分和灰分含量的变化，其他元素成分的质量百分数也随之而变化。根据煤存在的条件或需要而规定的“成分组合”称为基准。如果所用的基准备不同，同一种煤的同一成分的百分含量结果便不一样。

常见的基准见表2-11。

表2-11 煤的成分基准

基准名称	曾用名	意　义	表示方法(下标)
收到基	应用基	以进入锅炉的工作煤为基准	ar
空气干燥基	分析基	以在实验室自然干燥后的煤为基准	ad
干燥基	干燥基	以假象无水状态的煤为基准	d
干燥无灰基	可燃基	以假象无水、无灰状态的煤为基准	daf

干燥无灰基因无水、无灰，各剩下的成分便不受水分和灰分变动的影响，使表示碳、氢氧氮硫成分百分数稳定的基准，可作为燃料分类的依据。

元素分析成分和基准见表2-12，工业分析成分和基准见表2-13。

表2-12 元素分析成分和基准

C	H	O	N	S	A	M	
						M_{inh}	M_f
干燥无灰基	$C_{daf}+H_{daf}+O_{daf}+N_{daf}+S_{daf}+M_{daf}+A_{daf}=100$						
干燥基	$C_d+H_d+O_d+N_d+S_d+M_d+A_d=100$						
空气干燥基	$C_{ad}+H_{ad}+O_{ad}+N_{ad}+S_{ad}+M_{ad}+A_{ad}=100$						
收到基	$C_{ar}+H_{ar}+O_{ar}+N_{ar}+S_{ar}+M_{ar}+A_{ar}=100$						

表2-13 工业分析成分和基准

FC	V	A	M	
			M_{inh}	M_f
干燥无灰基	$FC_{daf}+V_{daf}=100$			
干燥基	$FC_d+V_d+A_d=100$			
空气干燥基	$FC_{ad}+V_{ad}+M_{ad}+A_{ad}=100$			
收到基	$FC_{ar}+V_{ar}+M_{ar}+A_{ar}=100$			

2.6.4.2 燃烧所需的空气量(本节所指体积均为标准状态下的体积)

理论空气量$V°$：1kg收到基燃料完全燃烧时所需要的标准状况下的空气量称为理论空气量。

每千克燃料中碳完全燃烧所需氧气量 $\frac{22.4}{12}\times\frac{C_{ar}}{100}=1.866\times\frac{C_{ar}}{100}(m^3)$

每千克燃料氢完全燃烧时所需氧气量 $\frac{22.4}{4\times1.008}\times\frac{H_{ar}}{100}=5.55\times\frac{H_{ar}}{100}(m^3)$

每千克燃料硫完全燃烧时所需的氧气量 $\frac{22.4}{32}\times\frac{S_{ar}}{100}=0.7\times\frac{S_{ar}}{100}(m^3)$

每千克燃料中的氧量	$\frac{22.4}{32}\times\frac{O_{ar}}{100}=0.7\times\frac{O_{ar}}{100}(m^3)$
每千克燃料完全燃烧时，所需的理论氧气量	$1.866\frac{C_{ar}}{100}+5.55\times\frac{H_{ar}}{100}+0.7\times\frac{S_{ar}}{100}-0.7\times\frac{O_{ar}}{100}$
理论燃烧空气量	$V^{\circ}=\frac{1}{0.21}(1.866\frac{C_{ar}}{100}+5.55\times\frac{H_{ar}}{100}+0.7\times\frac{S_{ar}}{100}-0.7\times\frac{O_{ar}}{100})$ $=0.0889C_{ar}+0.265H_{ar}+0.0333S_{ar}-0.0333O_{ar}(m^3/kg)$

2.6.4.3　过量空气系数

锅炉运行中影响燃料完全燃烧的因素很多，为了减少不完全燃烧，使燃料与空气能够充分混合，实际送入炉内的空气量总是要比理论燃烧空气量多一些。实际供给的空气量与理论燃烧空气量的比值称为过量空气系数 α，其表达式为

$$\alpha=V_k/V^{\circ}$$

式中　V_k——实际空气量，m^3/kg

最佳炉膛出口过量空气系数 α_1 与锅炉型式、燃烧方式、燃料种类、燃烧设备的结构等因素有关，设计推荐值见表 2-14。

表 2-14　炉膛出口过量空气系数推荐值

燃料及燃烧设备型式	固态排查煤粉炉		链条炉	沸腾炉	燃油及燃气炉	
	无烟煤、贫煤及劣质烟煤	烟煤、褐煤	各种煤	各种煤	平衡通风	微正压
α_1	1.20~1.25	1.15~1.20	1.3~1.5	1.1~1.2	1.08~1.10	1.05~1.07

2.6.4.4　燃料燃烧生成的烟气量

1. 理论烟气量

当 $\alpha=1$ 时，燃料完全燃烧所生成的烟气量称为理论烟气量。完全燃烧时的烟气量是以 1kg 燃料为基础的燃烧反应进行时计算的，对于固体或液体燃料为

$$V^{\circ}_y=V_{SO_2}+V_{CO_2}+V_{N_2}+V_{H_2O}$$

式中　V°_y——理论烟气量，m^3/kg；

V_{SO_2}、V_{CO_2}——烟气中二氧化硫、二氧化碳容积，m^3/kg；

V_{N_2}、V_{H_2O}——理论氮容积、理论水蒸气容积，m^3/kg。

上式中的 V_{SO_2} 与 V_{CO_2} 之和可用三原子气体容积 V_{RO_2} 表示，故上式可写成

$$V^{\circ}_y=V_{RO_2}+V^{\circ}_{N_2}+V^{\circ}_{H_2O}\,V^{\circ}_y=V_{RO_2}+V^{\circ}_{N_2}+V^{\circ}_{H_2O}$$

(1) 三原子气体的计算

燃料中 C 和 S 完全燃烧时生成 V_{RO_2} 的容积为

$$V_{RO_2}=V_{SO_2}+V_{CO_2}=1.866\times\frac{C_{ar}}{100}+0.7\times\frac{S_{ar}}{100}=1.866(\frac{C_{ar}+0.375S_{ar}}{100})$$

(2) 氮气容积的计算

烟气中的氮来源于燃料本身所含的氮与理论空气中所含的氮，即

$$V^{\circ}_{N_2}=0.79V^{\circ}+0.8\times\frac{N_{ar}}{100}$$

(3) 理论水蒸气容积的计算

理论水蒸气容积由三部分组成，分别是

① 燃料中氢完全燃烧生成的水蒸气，计算公式为

$$11.1\times\frac{H_{ar}}{100}=0.11H_{ar}(m^3/kg)$$

② 燃料中水分形成的水蒸气，计算公式为

$$\frac{22.4}{18}\times\frac{M_{ar}}{100}=0.0124M_{ar}(m^3/kg)$$

③ 理论空气带入的水蒸气

1kg 干空气带入的水蒸气一般为 10g，每标准立方米带入的水蒸气容积为

$$1.293\times\frac{10}{100}\times\frac{22.4}{18}=0.0161$$

入炉理论空气量带入的水蒸气容积为 $0.0161V°$，理论水蒸气容积为

$$V°_{H_2O}=0.111H_{ar}+0.0124M_{ar}+0.0161V°$$

2. 锅炉实际燃烧过程中，为了有利于完全燃烧，送入炉内的空气量均大于理论需要量，即 $\alpha>1$，这部分过剩的空气量不参与燃烧化学反应直接进入烟气中，并带入一部分水蒸气。这样实际烟气量即为理论烟气量、过剩空气量和所带入的水蒸气之和，即

$$Vy=V°_y+(\alpha-1)V°+0.0161(\alpha-1)V°$$
$$=V°_y+1.0161(\alpha-1)V°$$

2.6.4.5 根据烟气分析法确定过量空气系数、漏风量及烟气量

锅炉运行中往往需了解其用风的合理性、漏风状况及生成的烟气量，而运行锅炉产生的烟气成分是可以实际测量的。

1. 烟气中一氧化碳与三原子气体最大值的确定

若用气体分析仪测得的 RO_2 与 O_2 的最大含量时，可用下式计算一氧化碳含量

$$CO=\frac{(21-O_2)-(1+\beta)RO_2}{0.605+\beta}(\%)$$

$$\beta=2.35\frac{H_{ar}-0.126O_{ar}+0.038N_{ar}}{C_{ar}+0.375S_{ar}}$$

式中 β——燃料特性系数。

当 $\alpha=1$ 并且燃料完全燃烧时，$CO=0$、$O_2=0$，生成的 RO_2 为最大值，即

$$RO_{2,max}=\frac{21}{1+\beta}(\%)$$

常用燃料的 β 和 RO_2 的最大值见表 2-15。

表 2-15 常用燃料的 β 和 RO_2 的最大值

燃料	β	RO_2 最大值	燃料	β	RO_2 最大值
无烟煤	0.05~1	19~20	褐煤	0.055~0.125	18.5~20
烟煤	0.1~0.135	18.5~19	重油	0.30	16.1
贫煤	0.09~0.15	18~19.5	天然气	0.78	11.8

2. 用烟气分析确定过量空气系数

当前投运的大容量锅炉燃烧工况都比较好，燃尽程度很高，运行正常时烟气中的一氧化

碳含量极少，可按完全燃烧考虑，此时可分析推导得出过量空气系数的计算公式为

$$\alpha=\frac{RO_{2,max}}{RO_2}$$

或

$$\alpha=\frac{21}{21-O_2}$$

3. 用烟气系数和漏风量的计算

当前运行的锅炉，一般都采用负压燃烧的方式，在锅炉炉膛和烟道的不严密处可以漏入外界的冷空气（空气预热器由空气侧漏入烟气侧）。烟道内漏入的空气量 ΔV_K 与理论空气量 V°之比，成为该段烟道的漏风系数 $\Delta\alpha$，即

$$\Delta\alpha=\frac{\Delta V_K}{V^\circ}$$

一般设计锅炉烟道各部漏风系数见表 2-16。

表 2-16　锅炉各部分烟道的漏风系数

烟道名称	炉膛		对流受热面				
	光管式水冷壁	膜式水冷壁	凝渣管屏式过热器	第一级过热器、再热器直流炉过渡区	每级或每段省煤器	空气预热器	
						每级或每段管式	回转式
$\Delta\alpha$	0.1	0.05	0	0.03	0.02	0.03	0.1~0.2

锅炉烟道漏风系数可用直接测取烟道各段出、入口烟气含量的方法计算，即

$$\Delta\alpha=21\left(\frac{1}{21-O''_2}-\frac{1}{21-O'_2}\right)$$

式中　O'_2、O''_2——某段烟道进、出口烟气中氧的百分含量。

锅炉各段烟道每小时的漏风量即可用下式进行计算

$$\Delta V=\Delta\alpha BV^\circ$$

式中　ΔV——某段烟道每小时的漏风量，m^3/kg；

$\Delta\alpha$——某段烟道的漏风系数；

B——实际燃料消耗量，kg/h；

V°——理论空气量，m^3/kg。

4. 干烟气容积计算

有了运行锅炉的烟气分析结果，还可以计算运行锅炉的烟气量。实际烟气量等于干烟气容积加烟气中的水蒸气容积，可写作

$$V_y=V_{gy}+V_{H_2O}$$

（1）干烟气容积计算

当燃料中的碳燃烧完全后全部生成一氧化碳和二氧化碳时，从烟气分析中可分析出其百分含量，即有

$$RO_2=\frac{V_{RO_2}}{V_{gy}}\times100\%$$

$$CO=\frac{V_{CO}}{V_{gy}}\times100\%$$

将上两式相加，建立如下关系式：

$$RO_2+CO=\frac{V_{RO_2}}{V_{gy}}\times100+\frac{V_{CO}}{V_{gy}}\times100=\frac{V_{SO_2}+V_{CO_2}+V_{CO}}{V_{gy}}\times100\%$$

$$V_{gy}=\frac{V_{CO_2}+V_{SO_2}+V_{CO}}{RO_2+CO}\times100(m^3/kg)$$

每千克碳燃烧后，不论生成一氧化碳还是二氧化碳，其烟气容积均为 $1.866m^3$，这样，燃料中的碳生成的一氧化碳和二氧化碳的容积为

$$V_{CO}+V_{CO_2}=1.866\times\frac{C_{ar}}{100}(m^3/kg)$$

燃料中的硫生成的二氧化硫的容积为

$$V_{SO_2}=0.7\times\frac{S_{ar}}{100}(m^3/kg)$$

所以干烟气体积为

$$V_{gy}=\frac{1.866\times\frac{C_{ar}}{100}+0.7\times\frac{S_{ar}}{100}}{RO_2+CO}\times100=\frac{1.866(C_{ar}+0.375S_{ar})}{RO_2+CO}(m^3/kg)$$

(2) 水蒸气容积计算

水蒸气容积可按下式计算：

$$\begin{aligned}V_{H_2O}&=V^\circ{}_{H_2O}+0.0161(\alpha-1)V^\circ\\&=0.111H_{ar}+0.0124M_{ar}+0.0161V^\circ+0.0161(\alpha-1)V^\circ\\&=0.111H_{ar}+0.0124M_{ar}+0.0161\alpha V^\circ(m^3/kg)\end{aligned}$$

(3) 实际烟气量计算

用烟气分析计算的实际烟气量为

$$V_y=1.866\times\frac{C_{ar}+0.375S_{ar}}{RO_2+CO}+0.11H_{ar}+0.0124M_{ar}+0.0161\alpha V^\circ$$

第3章 锅炉设备原理及运行

3.1 锅炉设备的作用及锅炉类型

3.1.1 锅炉设备的作用及构件

火力发电厂的三大主机是锅炉、汽轮机、发电机。锅炉是利用燃料燃烧放出的热能将水加热成具有一定参数的蒸汽的设备。

图3-1所示是一台燃用煤粉的自然循环锅炉。煤经给煤机送入磨煤机，磨制好的煤粉由一次风机排出的空气携带，经过燃烧器送入炉膛燃烧。炉内燃烧产物有高温烟气、细小的飞灰和体积较大的灰渣，灰渣落入炉底被排渣装置排出，携带飞灰的高温烟气在炉膛中对水冷壁进行辐射放热后，顺序流过过热器、再热器、省煤器和空气预热器，与这些受热面中的工质进行热交换，在除尘器中除掉飞灰，再通过脱硫脱硝装置，除去烟气中所含的硫氧化物和氮氧化物，最后由吸风机排入烟囱。冷风由送风机送入空气预热器，从空气预热器出来的热空气分成两股，一股进入磨煤机，另一股直接经燃烧器送入炉膛。

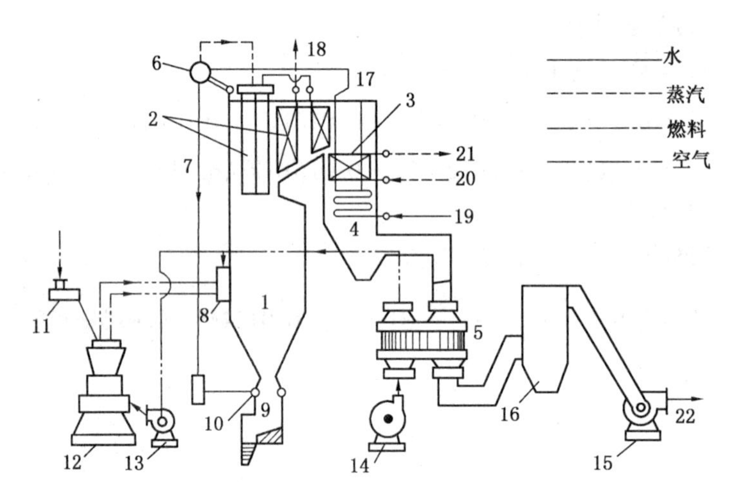

图3-1 煤粉锅炉及辅助设备示意

1—锅炉水冷壁；2—过热器；3—再热器；4—省煤器；5—空气预热器；6—汽包；7—下降管；8—燃烧器；9—排渣装置；10—下联箱；11—给煤机；12—磨煤机；13—排粉机；14—送风机；15—引风机；16—除尘器；17—省煤器出口联箱；18—过热蒸汽；19—给水；20—进口再热蒸汽；21—出口再热蒸汽；22—排烟

锅炉的汽水流程为：给水泵输送来的高压给水进入省煤器，在其中加热后进入汽包，和汽包内的锅水混合后流过下降管，再进入水冷壁，在水冷壁中受热形成汽水混合物上升到汽包内，在汽包中进行汽、水分离，水再流入下降管，而蒸汽则进入过热器中加热，最后送入汽轮机的高压缸。高压缸的排汽重新回到锅炉，在再热器中被加热后送入汽轮机的中压缸。

由图可知，锅炉是由“汽锅”和“炉子”两部分组成的。“汽锅”就是锅炉的汽水系统，由省煤器、汽包、下降管、水冷壁、过热器及再热器等设备组成。它的任务是使水吸热蒸发，最后变成一定参数的过热蒸汽。“炉子”就是锅炉的燃烧系统，由炉膛、烟道、喷燃器及空气预热器等组成。它的任务是使燃料与空气混合、燃烧并释放出热量。

3.1.2 锅炉分类

1. 按用途分类

锅炉可分为电站锅炉、工业锅炉、船舶锅炉和机车锅炉。

2. 按工质种类及其输出状态分类

锅炉可分为蒸汽锅炉、热水锅炉和特种工质锅炉。

3. 按锅炉本体结构分类

锅炉分为火管锅炉、水管锅炉和铸铁锅炉等。

4. 按循环方式分类

锅炉可分为自然循环锅炉、控制循环锅炉、直流锅炉和复合循环锅炉四种。

5. 按主蒸汽出口压力分类

锅炉按主蒸汽压力可分为低压锅炉、中压锅炉、高压锅炉、超高压锅炉、亚临界压力锅炉、超临界压力锅炉和高效超临界压力锅炉。

6. 按燃烧方式分类

锅炉可分为层燃炉、室燃炉、旋风炉和沸腾燃烧锅炉。

7. 按燃料性质或能源分类

(1) 固体燃料锅炉

指以煤、油页岩、城市垃圾、生物质为燃料的锅炉。

(2) 液体燃料的锅炉

指以原油、重油、渣油、工业废料为燃料的锅炉。

(3) 气体燃料锅炉

指以天然气、高煤煤气、焦炉煤气等为燃料的锅炉。

(4) 余热锅炉

指利用冶金、石油化工等工业余热作为热源的锅炉。

(5) 原子能锅炉

指利用核反应堆所释放热能作为热源的蒸汽发生器锅炉。

(6) 其他能源锅炉

指利用太阳能、地热等能源的蒸汽发生器的锅炉。

8. 按排渣方式分类

燃用固体燃料的锅炉可分为固体排渣锅炉和液体排渣锅炉。

9. 按炉内压力分类

锅炉可分为平衡通风锅炉、微正压锅炉、增压锅炉等。

10. 按锅筒布置分类

锅炉可分为单锅筒纵置式、单锅筒横置式、双锅筒纵置式和双锅筒横置式等。

11. 按炉型分类

锅炉有倒 U 型、塔形、箱型、T 型、U 型、N 型、L 型、D 型、A 型等。

12. 按锅炉炉房形式分类

锅炉有露天、半露天、室内、地下、洞内布置之分。

13. 按运输安装方式分类

锅炉有快装锅炉、组装锅炉和散装锅炉。

14. 按运行方式分类

锅炉分为定压运行、变压运行、复合变压运行。

15. 按负荷方式分类

分为基本负荷机组、尖峰负荷机组、中间负荷机组。

3.2 锅炉整体布置及烟风系统

3.2.1 影响锅炉整体布置的因素

锅炉的整体布置是指锅炉炉膛和炉膛中辐射受热面与对流烟道和其中的各种对流受热面的总布置。影响锅炉整体布置的因素很多，主要有蒸汽参数、锅炉容量、燃料性质等。

1. 蒸汽参数对锅炉整体布置的影响

给水进入锅炉后的加热过程可分为水的预热(省煤器)、水的蒸发(水冷壁)和蒸汽的过热(过热器)三个阶段。这三个阶段的吸热量的比例是随着蒸汽压力而变化的。压力越高，蒸发热的比例越小；预热热和过热热的比例越大。压力超过 14MPa 的锅炉一般均为再热锅炉，除过热热外，还有再热热。

低参数小容量锅炉，蒸发吸热量所占的比例大约为 75.6%，锅炉受热面中以蒸发受热面为主，除采用省煤器和水冷壁外还需布置大量的锅炉管束吸收对流热量。

中压锅炉蒸发吸热量所占的比例稍大于炉膛辐射吸热量，工质在炉膛水冷壁中已能吸到所需的热量。省煤器和空气预热器可单级布置，过热器根据过热吸热量一般采用对流式过热器即可。

高压锅炉的过热器吸热量较多，约占总吸热量的 1/3，而炉膛的辐射吸热量又大于水蒸发所需的吸热量，过热器受热面较大，因此将部分过热器受热面移入炉膛，出现了顶棚过热器和屏式过热器。

超高压力锅炉为提高机组效率一般为再热锅炉。对流烟道内需要布置对流式再热器，因而采用吸收辐射热的墙式过热器、屏式过热器和对流过热器组合的过热器系统，以解决过热器、再热器受热面较大难于布置的问题。

在超临界压力锅炉中，工质已成为单相流体。此时加热吸热量约占总吸热量的 30%，其余吸热量却为过热吸热量，不存在蒸发受热面，只有采用直流锅炉型式。

2. 容量对锅炉受热面布置的影响

锅炉容量增大时，每吨蒸汽所对应的炉膛壁面积相对减少，水冷壁的面积也相对减少。为了保证炉膛出口烟温不致过高，大容量锅炉要在炉内布置双面水冷壁和辐射式、半辐射式过热器才能降低炉膛出口温度到允许值。此外，如果炉膛做得瘦长些，炉壁面积会多一些。因此，大容量锅炉的炉膛形状要瘦高些，小容量锅炉的炉膛则做得矮胖些。

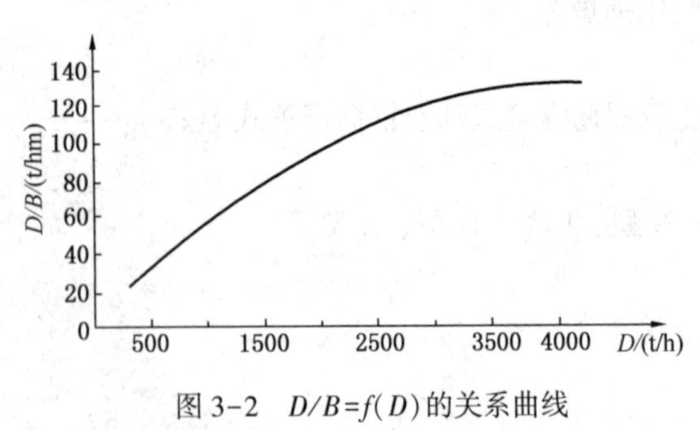

图 3-2　$D/B=f(D)$ 的关系曲线

图 3-2 是锅炉蒸发量 D 和锅炉炉膛宽度 B 的比例 D/B 随锅炉蒸发量变化的曲线。

由图可见，随着容量增大，锅炉单位宽度上的蒸发量迅速增大。由于烟气量基本与蒸发量成正比增长，为了使烟速不过高就必须增大尾部对流竖井的深度。对流过热器需采用多重管圈以保证达到规定的过热蒸汽流速。省煤器除采用多重管圈外，还要采用双面进水方案以避免水速过高；管式空气预热器也用双面进风以防止风速过高。

随着锅炉容量的增大，部件的数量和级数也逐渐增多，采用Π型布置的锅炉，管式空气预热器改用体积紧凑的回转式预热器，烟道采用多烟道布置，省煤器、过热器和再热器也要采用紧凑式布置并强化传热工艺。

炉膛容积的大小，在锅炉容量确定后主要取决于容积热负荷的大小、燃料的种类。一般炉膛出口处的温度比烟气中灰分开始变形的温度低50~100℃，以防止在炉膛出口处和以后的对流受热面结渣。燃煤锅炉炉膛出口烟温为1050~1100℃，而燃油锅炉灰分很少，炉膛出口没有结焦可能，不用考虑防渣问题，炉膛出口温度可高些。因此燃油锅炉容积热负荷比煤粉锅炉高，体积比煤粉锅炉小。

3. 燃料对锅炉受热面布置的影响

挥发分低的煤不容易着火和燃尽，燃用这种燃料的锅炉，炉膛容积大些，以保证燃料在炉内有足够的燃烧时间。为保证这种燃料的稳定着火通常采用热风送粉的方式，同时在布置燃烧器区域的水冷壁上敷设卫燃带，减少燃烧器区域的吸热量，以保证燃烧器区域的高温，给燃料的稳定着火创造有利条件。

燃料的水分增多，将引起炉内温度下降，烟气量增大，使炉内辐射传热量减少，对流受热面的吸热量增大。此外，对于水分多的燃料，要求较高的热空气温度，因此空气预热器的受热面要布置多些。这样，对于Π型布置的锅炉来说，要求炉膛的高度较小，尾部对流竖井的高度较大，给锅炉的整体布置带来不便。

燃料的灰分增多，将加剧对流受热面的磨损，在设计对流受热面时，应采用较低的烟速或其他减轻磨损的措施。对于燃用多灰燃料的锅炉尾部受热面的烟气速度要选得低一些，以减轻磨损。此外，灰分的性质，如灰熔点和灰的成分对锅炉的布置也有影响。

3.2.2 锅炉整体布置方式

锅炉整体布置包括确定炉膛、对流烟道以及各受热面之间的相互关系和相对位置。随着燃料性质、燃烧方式、锅炉容量、蒸汽参数、循环方式和厂房布置等因素的不同，选用不同的锅炉整体布置型式。锅炉整体布置形式主要有Π型、N型、T型、塔型、半塔型和箱型。大中型锅炉布置形式如图3-3所示。

1. Π型布置

Π型布置也称倒U型布置，是最广泛的一种布置方式，由炉膛、水平烟道和下行对流烟道(竖井)组成。

采用这种布置方式的锅炉和厂房的高度都较低，转动机械和笨重设备，如引风机、送风机、除尘器和烟囱布置均建筑在地面上，可以减轻厂房和锅炉构架的负载。烟气在垂直烟道中向下流动，便于清除积灰，并有自行吹灰作用；水平烟道中，可布置支吊方式比较简便的悬吊式受热面。下行对流(竖井)烟道中受热面易于布置成逆流传热方式，使尾部受热面的检修比较方便。Π型布置的主要缺点是占地面积较大，烟气从炉膛进入对流烟道时要改变流动方向(转弯)，从而造成烟气速度场和飞灰浓度场的不均匀性，影响传热性能并造成受热面的局部磨损。

2. T型布置

T型布置有两个水平烟道和对流竖井，这样可减小炉膛出口烟窗高度和竖井深度，改善

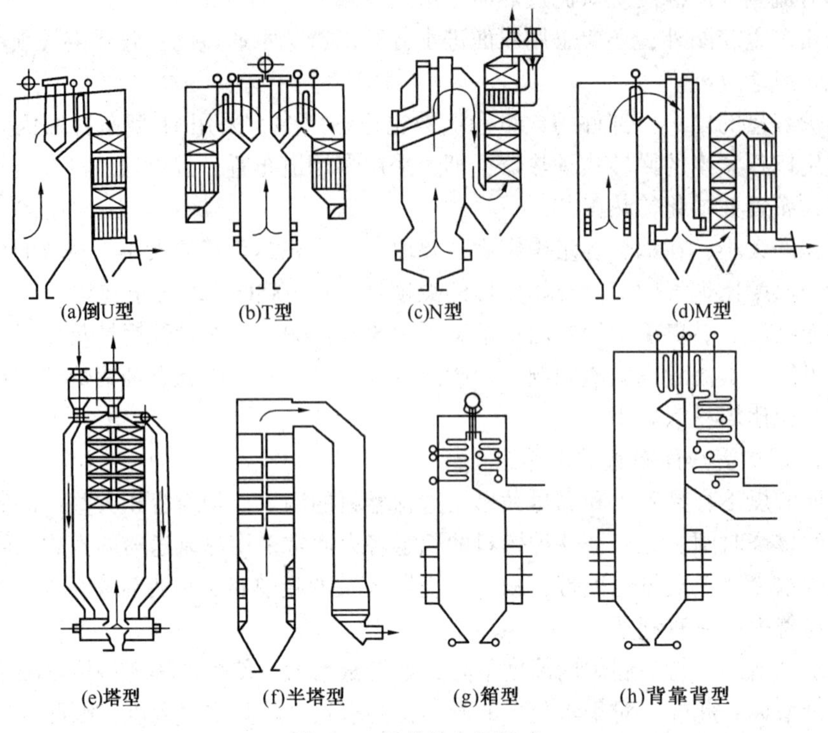

图 3-3　锅炉的布置形式

水平烟道中的烟气沿高度的热力不均匀性并降低竖井中的烟气流速，以减少磨损，有利于解决对流受热面的布置困难问题。缺点是 T 型布置比 Π 型布置占地面积更多，使汽水管道连接复杂。

3. 塔型布置

对流烟道在炉膛上方与炉膛连成一个塔型整体，烟气由炉膛顶部出来向上流动，称为塔型布置。所有对流受热面布置在炉膛的上方的对流烟道内，这是塔型布置锅炉的一大特点。塔型布置中锅炉烟气一直向上流过各对流受热面，烟气不转弯，能均匀地冲刷受热面。塔型布置的优点是占地面积小，无转弯和下行烟道，有自生通风作用，烟气流动阻力最小，燃烧器布置方便。其缺点为过热器、再热器位置布置很高，空气预热器、引风机、送风机除尘器都采用高位布置，增加了锅炉构架和厂房结构的载荷。

半塔式布置即将回转式空气预热器、引风机、送风机除尘设备等布置在地面，再用空烟道将烟气自炉顶引下和空气预热器的烟气进口管连接，则可减少纯塔式布置的缺点。塔式布置适用于燃用多灰分褐煤的大容量锅炉，因为在这种布置中烟气不转弯，不会造成烟气中灰粒分布不均现象，因而可以减轻对流受热面的磨损。

4. 箱型布置

箱型布置箱型布置其特点为锅炉各部件均布置在一箱型炉体中，占地面积小，结构紧凑，构架简单。燃烧器多为前、后墙对称布置，水冷壁受热均匀。主要用于燃油和燃气锅炉。

3.2.3　烟风系统

锅炉烟风系统是指由燃烧生成的烟气与空气组成的系统。它主要包括一、二次风管、燃烧器、炉膛、烟道、空气预热器、引风机、送风机、脱硫装置及烟囱等设备组成。

3.3 锅炉燃烧及煤粉制备

3.3.1 煤粉燃烧器及燃烧特性

1. 旋流燃烧器

旋流喷燃器适宜于燃用 $Q_{ar,net}\geqslant 20MJ/kg$、$V_{daf}\geqslant 25\%$的烟煤。旋流燃烧器分为双蜗壳型、轴向可动叶片型和切向可调叶片型。

(1) 双蜗壳型燃烧器

双蜗壳燃烧器的构造如图 3-4 所示。大蜗壳中是二次风，小蜗壳中是一次风，中间有一根中心管，中心管内可插入油枪。一、二次风从侧面切向偏心进入蜗壳，靠蜗壳产生旋转喷入炉膛。两股射流旋转方向相同，有利于气流的混合。二次风进口处装有舌形挡板，用来调整二次风的旋转强度。

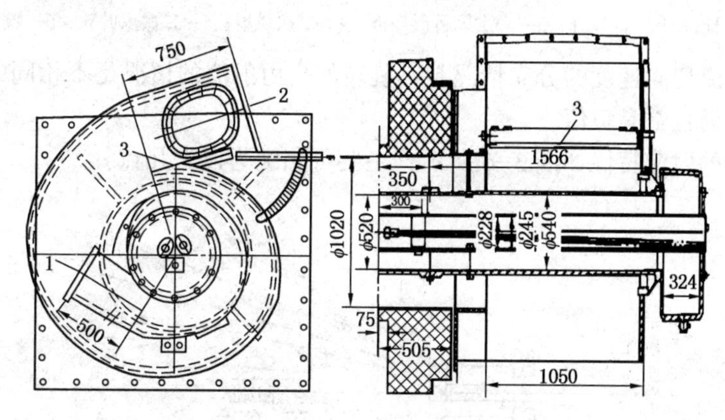

图 3-4 双蜗壳燃烧器

1—一次风进口；2—二次风进口；3—舌形挡板

由于一、二次风都是旋转气流，所以进入炉膛后就扩展成空心锥的形状，即形成扩散的环形气流，由于气流的卷吸作用，在空心锥的内、外表面都会受到高温回流烟气的加热。这种燃烧器能将煤粉气流扩展开来，吸热面积较大，着火条件还是很好的。

旋转射流和直流射流相比，主要特征是中心有负压回流区，射流的扩张角大，射流的初期流动混合强烈，但气流速度衰减很快，射程短，后期湍动微弱，不利于煤粉的燃尽。

(2) 轴向可动叶轮旋流煤粉燃烧器

其结构如图 3-5 所示。煤粉一次风气流为直流或靠挡板产生弱旋转射流。一次风通道的出口装有扩流锥，携带煤粉的一次风气流经过它喷入炉膛后就扩展开。二次风气流通过装有轴向叶片的叶轮产生旋转运动。叶轮可沿燃烧器轴线方向前后移动，当把叶轮向外拉出时，会有部分二次风在叶轮外侧直流通过，其余部分通过叶轮内的轴向叶片产生旋转运动。这样，改变叶轮的位置就可改变直流风和旋转风的比例，以此来调节二次风出口射流的旋转强度。由于二次风的风量和风速都比一次风大，所以二次风射流的旋转程度除了影响它本身的扩展之外，也影响一次风射流的扩展角和内回流区的大小。这种旋流燃烧器的调节作用也比较有限，所以对煤种的适应范围较窄，多用于烟煤。

(3) 旋流燃烧器的射流特性

旋流喷燃器的气流喷入炉膛时，可以近似地看成旋转自由射流。由于气流进入炉膛后立即扩展成空心锥形，因此气流的流动工况就可以由互相垂直的轴向速度和切向速度来描述。

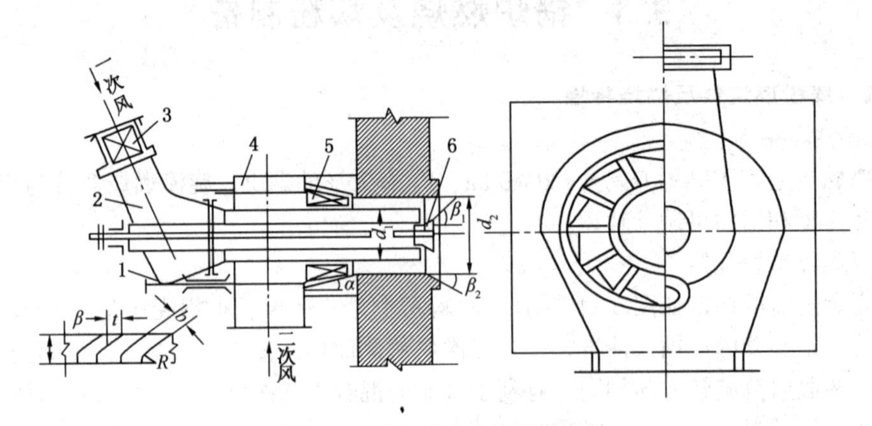

图 3-5　轴向叶轮式旋流燃烧器

1—拉杆；2——一次风管；3——一次风舌形挡板；4—二次风扇；5—二次风叶轮；6—喷油嘴

旋转自由射流切向速度的分布情况与不旋转的自由射流的情况是不相同的，其轴心附近的速度反而小，而且常是负值。

旋流燃烧器的射流特性如图 3-6 所示，主要可归纳为以下几点：

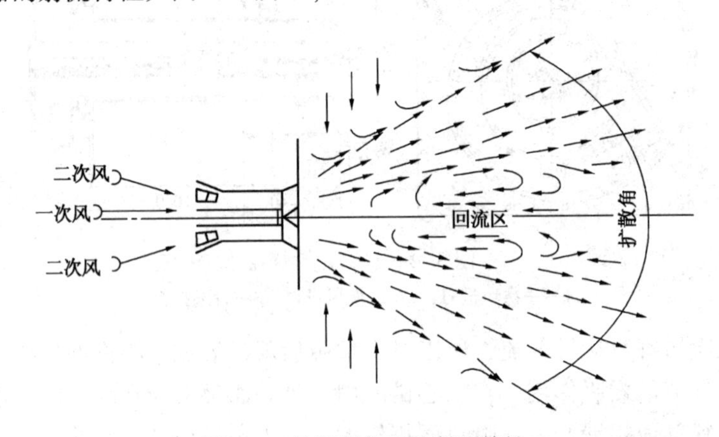

图 3-6　旋流燃烧器的射流特性

① 二次风是旋转气流，一出喷口就扩展开。一次风可以是旋转气流，也可以因装扩锥而扩展，因此整个气流形成空心锥形状的旋转射流；

② 旋转射流有强烈的卷吸作用，可将中心及外缘的气体带走，造成负压区。在中心部位就会因高温烟气回流而形成回流区。回流区越大，对煤粉着火越有利；

③ 旋转射流空心锥外边界所形成的夹角叫扩展角。随着旋流强度的增加，扩展角也增大，同时回流区也加大；

④ 当旋转强度增加到一定程度，扩展角也增加到某一程度时，射流会突然附至炉墙上，扩散角成为 180°，这种现象叫做飞边，形成炉墙结渣。

2. 旋流燃烧器炉内空气动力场

图 3-7 表示在各种不同情况下，采用旋流喷燃器时的炉内空气动力场。与直流喷燃器切圆燃烧不同，采用旋流喷燃器时虽然喷燃器出口气流旋转，但很快衰减，因而炉膛内气流是直接上升的。由于布置方式不同，在炉膛内会形成大小不一的死滞旋涡区。死滞旋涡区越

大，炉膛火焰充满程度越差。

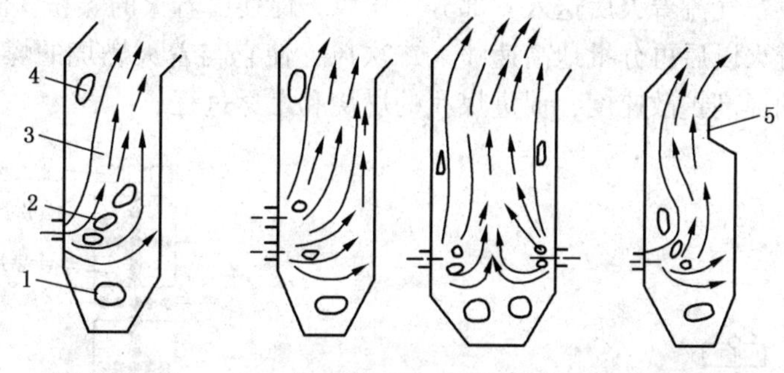

图 3-7　采用旋流喷燃器时的炉内空气动力场

1、4—死滞旋涡区；2—回流区；3—火炬；5—折焰角

从图 3-7 可以看出，喷燃器前后墙布置及装有折焰角时，都可以减小死滞旋涡区，炉膛火焰充满程度好，对提高燃烧完全程度有利。

旋流式燃烧器一、二次风速的推荐值见表 3-1。

表 3-1　旋流式燃烧器一二次风速

燃烧器型式	燃烧器功率/MW	无烟煤和贫煤		烟煤和褐煤	
		一次风速/(m/s)	二次风速/(m/s)	一次风速/(m/s)	二次风速/(m/s)
直流蜗壳	25~35	14~16	17~19	18~20	22~25
双蜗壳	25~75	14~20	18~30	20~26	26~34
轴向可动叶轮	—	—	—	10~25	20~40

3. 直流燃烧器

直流喷燃器的出口是由一组圆形、矩形或多边形的喷口组成。按流过的介质不同喷口可分为一次风喷口、二次风喷口和三次风喷口。煤粉气流和燃烧所需的空气分别由不同喷口以直流射流形式喷进炉膛。

直流喷燃器的布置方式有：正四角布置法；四墙布置法；两角对冲、两角相切；大切角四角切圆法；八角切圆法；切角双室炉膛法；双室炉膛法；大小切圆法；六角切圆法等。

根据燃烧器中一、二次风口的布置情况分类，直流燃烧器可分为均等配风和分级配风两种形式。

(1) 均等配风直流煤粉燃烧器

均等配风方式是采用一、二次风口相间布置，即在两个一次风口之间均等布置一个或两个二次风口，或者在每个一次风口的背火侧均等布置二次风口。

在均等配风方式中，一、二次风口间距相对较小，一、二次风混合早，很适合燃用挥发分较高的烟煤和褐煤，所以叫做烟煤-褐煤型直流燃烧器。挥发分较低的贫煤，如用热风送粉，也可应用这种形式的燃烧器。典型的均等配风直流燃烧器喷口布置方式如图 3-8 所示。

(2) 分级配风直流煤粉燃烧器

分级配风是把燃烧器的一次风口相对集中的布置在一起，以提高燃烧器区域局部热负荷和温度，使燃料易于着火。把燃烧所需要的二次风分级、分阶段地送入燃烧的煤粉气流中。首先，在一次风煤粉气流着火后送入一部分二次风，促使已着火的煤粉气流的燃烧过程能继续扩展；待全部着火以后再分批地高速喷入二次风，使它与着火燃烧的煤粉火炬强烈混合，借以加强气流扰动提高扩散速度，促进煤粉的燃烧和燃尽过程。

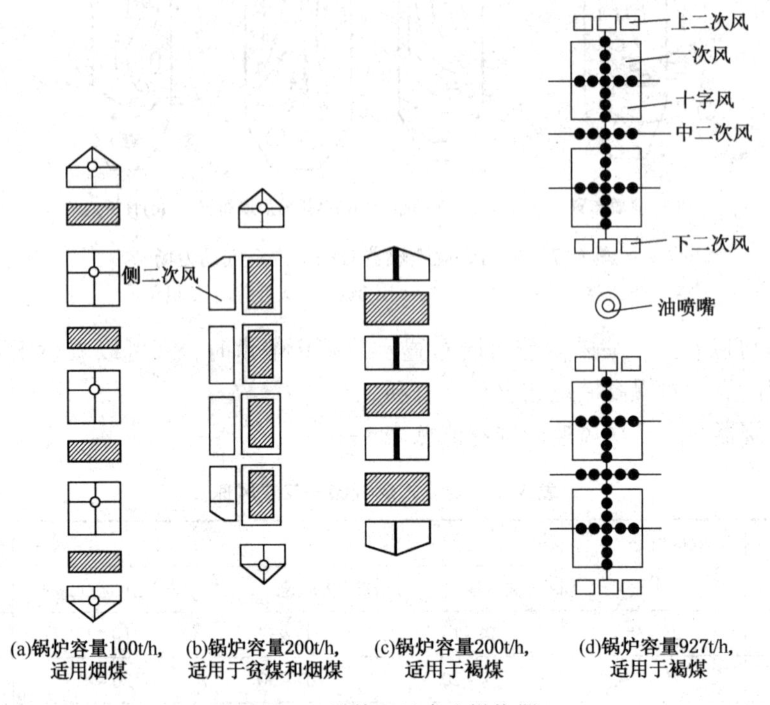

图 3-8　均等配风直流燃烧器

这种燃烧器适用于燃烧挥发分低的无烟煤、贫煤和劣质烟煤等，所以又叫做无烟煤型直流煤粉燃烧器。典型的分级配风直流煤粉燃烧器喷口布置形式如图 3-9 所示。

(3) 直流燃烧器工作原理

① 直流燃烧器风粉气流的着火

单组直流燃烧器气流的轴向速度较高，气流与高温烟气接触的表面积较小，煤粉气流射入炉膛后高温烟气只能在气流周围混入，所以首先着火的是气流周界上的煤粉。然后逐渐点燃气流中心的煤粉，如图 3-10 所示，在 A 点，周界着火，到 B 点时，中心才着火。B 点以前是着火区，B 点以后是燃烧区。这种燃烧器能否迅速着火，一方面看是否能很快混入高温烟气，另一方面要看迎火周界的大小，也就是气流截面周界的长度。迎火周界越长，则吸收高温烟气热量越多，着火越迅速，迎火周界越短，则着火越慢。

从整体气流情况来分析，这种燃烧器着火条件还是好的。从燃烧器射出的煤粉气流经过炉膛中部(为高温烟气)以后，就会有一部分直接补充到相邻燃烧器的根部着火区，造成相邻燃烧器的相互引燃。如图 3-11 所示，直流燃烧器着火区的吸热面积虽然小，但却能得到炉膛中心温度较高烟气的混入和加热。

采用四角布置的直流燃烧器，火焰集中在炉膛中心，形成一个高温火炬，炉膛中心温度比较高，而且气流在炉膛中心强烈旋转，煤粉与空气混合较充分，气流一边旋转，一边上升。总的来说，这种燃烧方式的后期混合条件还是比较好的。

② 直流燃烧器的射流特性

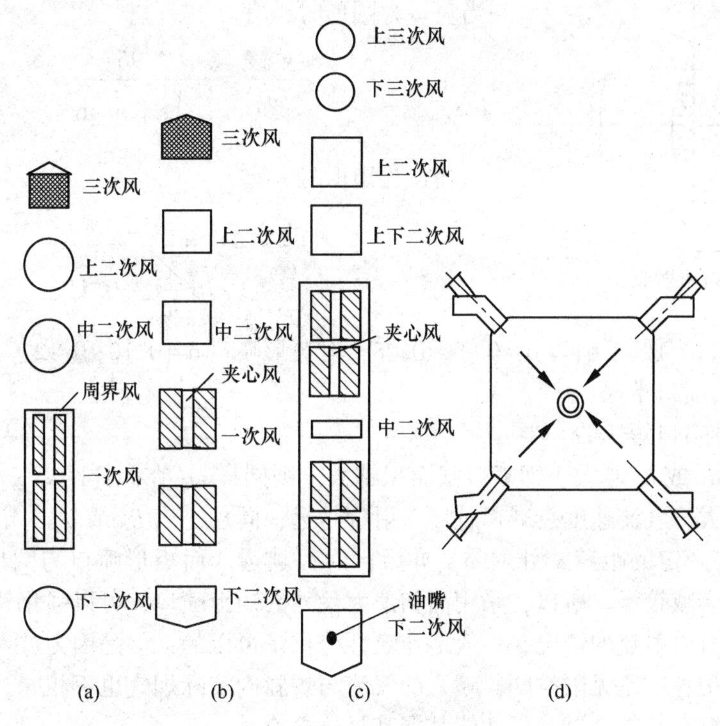

图 3-9　分级配风直流煤粉燃烧器

(a)锅炉容量 130t/h，适用于无烟煤(采用周界风)；(b)锅炉容量 220t/h，适用于无烟煤(采用夹心风)；(c)锅炉容量 670t/h，适用于无烟煤(采用夹心风)；(d)670t/h 锅炉燃烧器布置

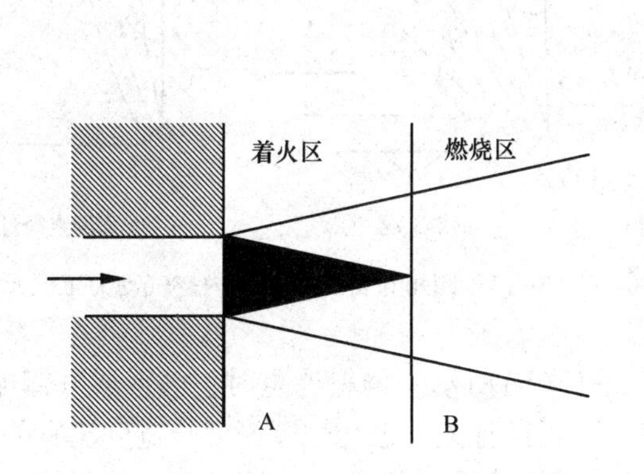

图 3-10　直流燃烧器的着火区与燃烧区

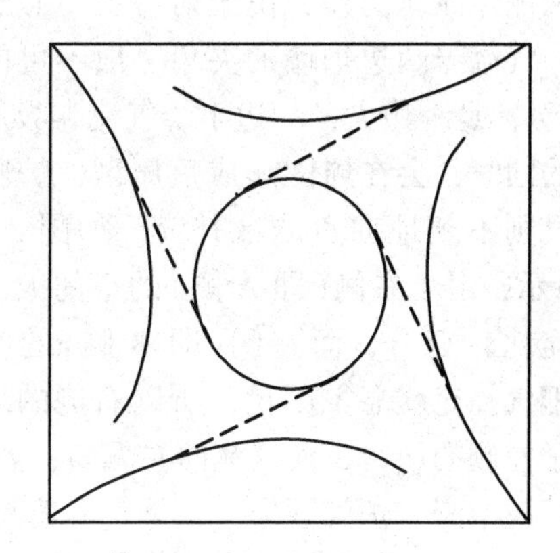

图 3-11　直流四角布置煤粉气流喷射工况

直流燃烧器的气流不旋转地喷入炉膛，可以近似地看作是自由射流(气流喷入相同气体的无限空间)。由于卷吸作用，气流中气体的量逐渐增加，范围逐渐扩大，流速逐渐减小。图 3-12 为自由射流的卷吸过程。图中的扩散角，根据自由射流的规律，一般为 28°左右。

在喷燃器出口的横截面上，气流各点的流速可看作是相同的，用 ω_0 来表示。但离开喷燃器后，由于气流卷吸周围气体，使气流外围流速很快下降，中心流速则下降较慢。离开喷燃器出口距离为 x 时，对应于此处断面的中心流速(即最大流速)假定为 ω_{max}，则可求得下列关系式。

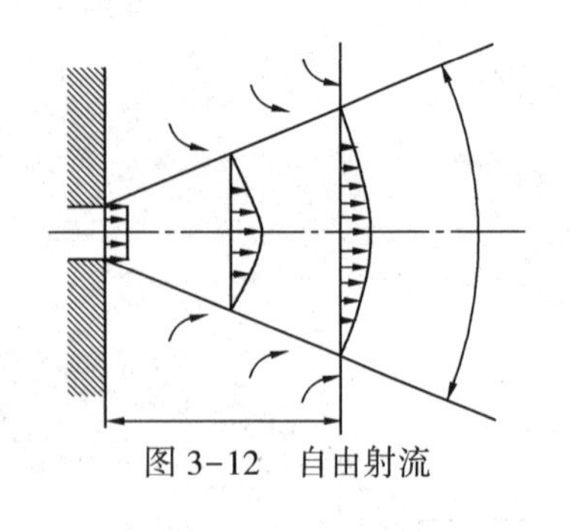

图 3-12　自由射流

当喷口为圆形时，有

$$\frac{\omega_{max}}{\omega_0}=\frac{0.96}{\alpha\frac{\chi}{R_0}+0.29} \tag{3-1}$$

当喷口为矩形时，有

$$\frac{\omega_{max}}{\omega_0}=\frac{1.2}{\sqrt{\alpha\frac{\chi}{b_0}+0.41}} \tag{3-2}$$

式中　α——系数，对圆形喷口 $\alpha=0.07\sim0.08$，对矩形喷口 $\alpha=0.10\sim0.12$；

R_0——圆形喷口半径；

b_0——矩形喷口短边的一半。

可以看出，R_0 或 b_0 越大，即喷口截面积越大，则同样 ω_0 在同样距离 x 处的 ω_{max} 越大，也就是说喷口越大，气流速度衰减得越慢，射程越远；同理，当 R_0 或 b_0 一定时，气流初速度 ω_0 越大，则在一定的距离 x 处的 ω_{max} 亦大，射程越远。而矩形喷口与圆形喷口相比较，前者的气流速度衰减较慢。所以，采用高初速大尺寸的矩形喷口，可以强化气流。

上面讲的是自由射流的情况，一般地作定性分析是可以的，但是因为进入炉膛的射流并不是自由射流，炉膛不是无限空间，喷入的气流与炉膛内实际烟气也不相同。因此，实际的炉内空气动力工况必须结合试验，才能掌握其具体规律。

③ 气流的偏斜问题

四角布置燃烧器的偏斜主要原因，一是射流两侧存在压力差，由于射流要与假想圆相切，气流与两边炉墙的夹角一般不可能为45°，经常是一边大，一边小。气流卷吸周围烟气的同时，会在周围形成负压区，炉膛中的烟气则不断地向负压区补充。如图 3-13(a)所示，由于右侧(即 A 侧)的空间大，烟气补充比较充分，而左侧(即 B 侧)的空间小，烟气补充就显得不足，所以右侧的压力将大于左侧的压力，使气流向左偏斜，如图 3-13(b)所示。偏斜严重时，会形成气流贴壁，以致炉膛结渣，炉管磨损。二是气流偏斜与切圆直径有关，也与炉膛深度与宽度比有关。切圆直径越大，炉膛深度与宽度相差越远，越易偏斜。切圆直径过小也不好，如切圆直径接近于零，即对冲喷射时，气流很不稳定。一般切圆直径以 600~800mm 为宜。

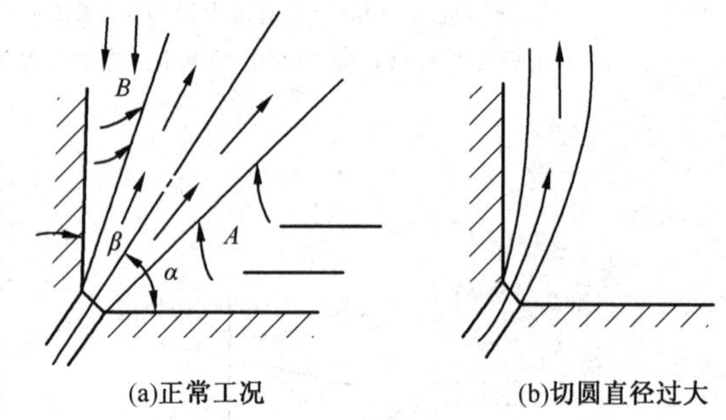

图 3-13　四角布置方式的炉内空气动力工况示意

所谓射流的刚性，是指射流喷入炉内抵抗射流的轨迹偏离假想轴心线的能力。射流的刚性不够也是造成气流偏斜的原因，喷口截面积越大，气流的速度越快，宽度比越小，则刚性越好。相反，刚性就较差。一般地，宽度比大于 8 易偏斜，小于 4 不易偏斜。射流上游燃烧器的横向推动作用也是四角布置燃烧器射流偏斜原因之一。

④ 四角布置燃烧方式的炉内空气动力场

切向燃烧时，从四角直流喷燃器喷嘴流出的射流与炉内的一个假想切圆相切，切圆燃烧的好坏与炉内空气动力场有密切关系，而主要的影响因素是假想切圆直径与一、二次风速度。

图 3-14 所示为切圆燃烧的炉内空气动力场。气流喷入炉膛以后，产生强烈的旋转运动，螺旋形上升，到顶部离开炉膛。由于离心力的作用，气流向四周压缩，使炉膛中心形成真空，即所谓的无风区。无风区外围是气流强烈旋转的强风区，最外围是弱风区。由于无风区的吸引作用，部分烟气向下倒流，有利于减少飞灰损失，同时倒流下来的烟气会回流到喷燃器根部，有利于着火。但是，有了无风区，将影响火焰的充满程度，而且由于气流的强烈旋转，会将粗煤粉抛向温度低、混合差的弱风区，增加不完全燃烧损失。当然，已燃尽的灰渣也会分离出来，故飞灰量将减少。

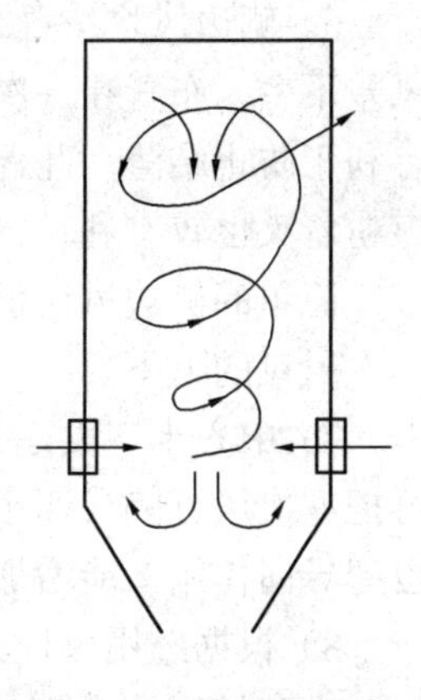

随着气流的螺旋上升，气流的扰动逐渐减弱，然而，由于气流螺旋上升，使路程加长，煤粉的燃烧时间加长，这对燃尽是有利的。

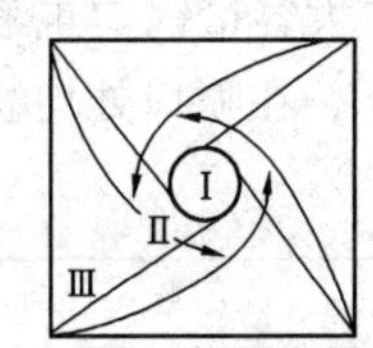

图 3-14　切圆燃烧的炉内空气动力场

Ⅰ—无风区；Ⅱ—强风区；Ⅲ—弱风区

⑤ 直流燃烧器的配风

直流燃烧器的二次风，分上、中、下三部分，此外尚有周界二次风、夹心二次风、侧二次风、中心十字风等，通过对它们的调配，可以实现其良好的配风。

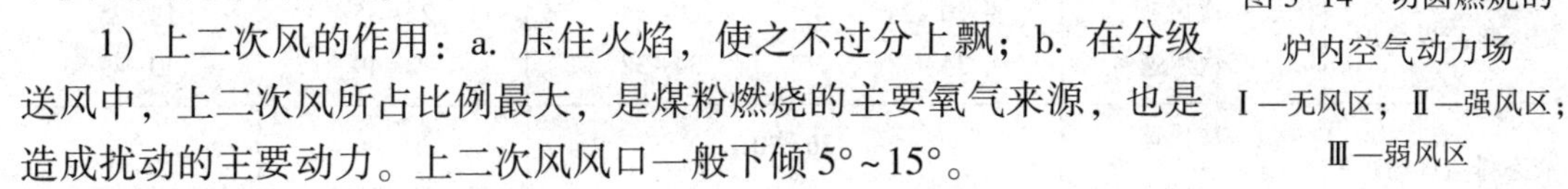

1）上二次风的作用：a. 压住火焰，使之不过分上飘；b. 在分级送风中，上二次风所占比例最大，是煤粉燃烧的主要氧气来源，也是造成扰动的主要动力。上二次风风口一般下倾 5°～15°。

2）中二次风在均等配风中是燃料燃烧需氧和紊动的主要来源，占风量比例较大，而在分级配风时，它的风量很小。中二次风风口一般下倾 5°～15°。

3）下二次风的作用是：a. 防止煤粉离析；b. 托住火炬使之不致过分下冲，以防冷灰斗结渣。下二次风风量最小，约为二次风总量的 15%～20%，下二次风风口一般是水平的。

4）周界风：布置在一次风喷口的周围。周界风的作用为：a. 冷却一次风喷口，防止喷口烧坏或变形。b. 少量热空气与煤粉火焰及时混合。由于直流煤粉火焰的着火首先从外边缘开始，火焰外围易出现缺氧现象，这时周界风就起着补氧作用。周界风量较小时，有利于稳定着火；周界风量太大时，相当于二次风过早混入一次风，因而对着火不利。c. 周界风的速度比煤粉气流的速度要高，能增加一次风气流的刚度，防止气流偏斜，并能托住煤粉，防止煤粉从主气流中分离出来而引起不完全燃烧。d. 高速周界风有利于卷吸高温烟气，促进着火，并加速一、二次风的混合过程。但周界风量过大或风速过小时，在煤粉气流与高温烟气之间形成“屏蔽”，反而阻碍加热煤粉气流。故当燃用的煤质变差时，应减少周界风量。周界风的风量一般为二次风量的 10% 或略多一些，风速为 30～40m/s，风层厚度为 15～25mm。

5）夹心风布置在一次风喷口中间。夹心风有 4 个作用：(a)补充火焰中心的氧气，同时也降低着火区的温度，而对一次风射流外缘的烟气卷吸作用没有明显的影响。(b)高速的夹心风提高了一次风射流的刚度，能防止气流偏斜，而且增强了煤粉气流内部的扰动，这对加速外缘火焰向中心的传播是有利的。(c)夹心风速度较大时，一次风射流扩展角减小，煤粉气流扩散减弱，这对于减轻和避免煤粉气流贴壁，防止结渣有一定作用。(d)可作为变煤种、变负荷时燃烧调整的手段之一。夹心风也能增强一次风的刚性，并有及时补给氧气的作用。夹心风对一次风着火的影响较小，其风量约占二次风总量的 10%～16%，风速约为 50m/s。

6）侧边风均布置在一次风口两侧或外侧。布置在一次风口两侧的二次风其作用与周界风差不多。布置在一次风外侧的二次风可在炉墙附近形成一层气幕，既增加了气流刚性，又有利于防止结渣。此外，由于内侧未布置二次风，所以高温烟气可以直接卷吸入一次风，对煤粉着火也较有利。

简单的侧边风仅仅是在一般燃烧器一次风口外侧加一条二次风窄缝。主二次风仍布置在一次风口的上下。

7）中心十字风是夹在一次风口中成十字形缝隙的二次风。它对一次风喷口有保护作用，可把一次风分隔成四小股，有助于风粉的均匀混合。同周界风、夹心风等一样，它对一次风也起导向作用，能增加其刚性。中心十字风多用于褐煤燃烧。

8）根据燃用煤种，直流煤粉燃烧器一、二次风速的推荐值列于表 3-2 中。

大容量锅炉也有装设摆动式直流燃烧器的，其在垂直方向的摆动角度分别为±27°、±30°，在喷口处均装设有冷却风或冷却水，以保护燃烧器防止烧坏。

表 3-2　直流煤粉燃烧器一、二次风速推荐值　　m/s

煤种		无烟煤	贫煤	烟煤	褐煤
固态排渣煤粉炉	一次风速	20~24	20~24	22~35	18~25
	二次风速	34~38	34~38	40~49	40~49
液态排渣煤粉炉	一次风速	26~30		30~36	—
	二次风速	40~70		50~70	

① 一二次风口间距大时，ω_1、ω_2均取上限。

② 对大容量液态排渣炉，风速宜采用上限。

③ 热风送粉时，ω_1 取上限；乏气送粉时，ω_1 取下限。

④ 一次风中如掺炉烟，ω_1 应取下限。

⑤ 宜结渣煤，ω_1 可取大些，ω_2 可取下限。

3.3.2　新型稳燃设备简介

1. 预燃室燃烧器

预燃室燃烧器是我国应用最早的一种煤粉稳燃装置，全国许多电厂都进行过改装。为了适应不同煤种的燃烧要求，预燃室燃烧器在我国各电厂的改装有多种多样的形式，主要有一、二次风旋转，一、二次风不旋转，一次风旋转、二次风不旋转几种。

预燃室燃烧器主要由一次风口、二次风口和预燃室三部分组成。预燃室是一个有限空间的绝热筒，根据燃用煤种的不同，筒内衬有耐火涂料、耐火砖或直接由钢板卷制而成。一次风粉混合物由预燃室的根部通过轴向夹角为20°~35°的叶片旋转射人预燃室。二次风布置在距一次风出口较大间距的预燃室出口部分，以带有15°~20°的压缩角旋转或直流射入预燃室(也有的是切向进入预燃室)。一、二次风在预燃室内混合喷入炉膛。

预燃室燃烧器的工作原理是，在一个有限的绝热空间里，依靠一次风粉混合气流的旋转形成强烈的回流，采用较小的点火热量点燃煤粉，并使其在绝热筒内稳定燃烧。稳燃后的高温火焰在预燃室出口补给燃烧所需的空气量，然后喷入炉膛。回流区还可以依靠一次风粉气流通过绕流钝体形成，也可以依靠设计在筒壁的高速蒸汽与一次风出口的速度差形成。

预燃室燃烧器根据其在锅炉运行中的功能不同可分为自身点燃和引燃主燃烧器两种。如果预燃室燃烧器作为主燃烧器使用时，运行中只考虑其自身点燃和稳燃的问题。

2. 船形燃烧器

船形燃烧器(亦称多功能燃烧器)是由清华大学研制的专利产品，是一种安装在直流燃烧器一次风口内的稳燃装置，在我国不少发电锅炉上都进行了改装，取得了较好的效果，目前已在1025t/h锅炉上取得了成功。

图3-15是船形燃烧器的示意图，它是在直流燃烧器的一次风口内加装了一只形同船体的火焰稳燃装置。试验研究结果认为，一次风粉混合物绕过船体稳燃装置之后，形成一个很短的回流区，回流区内的温度只有100~260℃，喷出的风粉混合物的射流呈现为一束腰形状。有惯性作用的煤粉颗粒离开风口后不随气体作束腰状流动，而在束腰部富集。形成了一个具有高温度、高煤粉浓度、较高氧浓度的所谓“三高区”。高温度有利于将煤粉很快地加热到着火温度；高煤粉浓度可以降低燃料所需要的着火热；高氧气浓度便于满足燃料燃烧的需要。加之一次气流与周围介质的紊流热交换，使一次风粉混合物在燃烧器出口有一个较好的着火条件。所以说，这个“三高区”成为一次风粉出口着火的稳定热源，保证了煤粉的稳定燃烧。

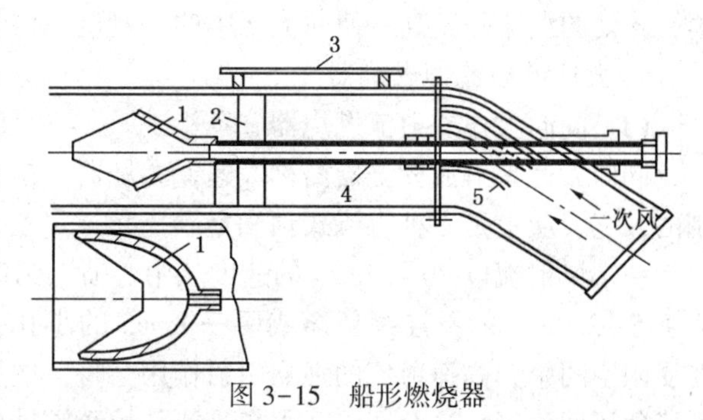

图3-15　船形燃烧器

1—船形体稳燃器；2—支架；3—人孔门；4—油枪套管；5—均流板

加装船形燃烧器后，运行中应注意保持锅炉同层四角各一次风喷口煤粉分配的均匀程度，合理调整一、二次风速，以保证火焰中心适当，避免出现燃烧器区域结渣、影响过热汽温等问题。在负荷调节时，应尽量使用火焰稳定船体燃烧器，以更好地发挥其稳燃作用。

目前，改装火焰稳定船体燃烧器的锅炉，运行效果较好，可以减少锅启动用油并扩大锅炉的稳燃负荷，一般可以使锅炉不投油的稳燃负荷从90%降到60%。

船形稳燃器存在的问题：一是磨损；二是加装稳燃器后要保持一次风速需增加喷口截面积；三是安装质量要求较严格。

3. 浓淡分离煤粉燃烧器

浓淡分离煤粉燃烧器，是在一次风管最后一个弯头以后一定距离处，安装煤粉导流楔块，将一次风粉混合气流分离成浓相和淡相两股含粉浓度不同的气流，再通过喷口送入炉膛进行燃烧的稳燃装置。

为了降低运行锅炉不投油的最低稳燃负荷，提高燃烧稳定性，国内已有不少电厂把四角直流燃烧器改为浓淡分离煤粉燃烧器，有仅改造一层一次风喷嘴的，也有改造多层一次风喷嘴的，一般都取得了比较满意的效果。运行中，应尽量调平同层浓淡燃烧器的下粉量，保证其热负荷均匀。

四角布置的浓淡分离煤粉燃烧器的一次风应平衡合理。锅炉在低负荷运行时，为稳定燃烧，不可停用浓淡分离煤粉燃烧器和减少它们的给粉量，使之尽量在满负荷下运行，以保证浓相的煤粉浓度。改变锅炉负荷时，一是应调整未经改造的燃烧器的给粉量，这样可使浓淡分离煤粉燃烧器成为锅炉燃烧的稳燃源。二是应适当调整燃烧器的上、下二次风量和风速，避免煤粉后期燃烧不完全和煤粉离析，以保证锅炉的经济性。

4. 钝体燃烧器

钝体燃烧器是前华中理工大学开发的新型燃烧器，即将空心三菱柱钝体或V型截面钝体置于直流燃烧器一次风门喷口而成。钝体也可置于喷口之外，也可部分或完全缩进喷口之内。

钝体后面能形成温度为800~900℃的高温烟气回流区，它为煤粉气流的着火提供了一个稳定的热源。煤粉气流绕流过钝体后，气流膨胀，受惯性力的作用，煤粉在回流区边界富集，该处的湍流强度高，使回流区中的热量迅速传给主气流，改善了煤粉气流的着火条件。

5. 大速差射流型燃烧器

(1) 同向大速差射流燃烧器

同向大速差射流燃烧器简称大速差燃烧器，是清华大学和中国科学院力学研究所开发研制的，它实质上是一种直流式预燃室。

一次风射流以20~25m/s的速度从中心喷入圆筒。在距中心轴线一定距离处，开有宽度为1.5~2.0mm的不连续环逢或两三个$\phi 5$的小孔，通入蒸汽或压缩空气，形成高速射流。在受限空间中，高速射流的强烈引射作用会将一次风射流中的气体吸引过去，在一次风下游形成负压回流区。这个回流区很长，能从炉膛深处攫取高温烟气，使回流区的烟气温度可达到1000℃以上。另一方面，大部分煤粉颗粒因惯性作用及继续作直线运动进入高温回流区，在其内着火燃烧。这种燃烧器即使用冷风启动，也可以使烟煤和贫煤稳定燃烧。

大速差燃烧器可燃用劣质烟煤、烟煤、贫煤和无烟煤，用于75~670t/h锅炉，稳燃效果较好，调峰能力得到增强。但稳燃腔筒体结渣严重，通常作为点火器使用。

(2) 双通道燃烧器

为了解决大速差燃烧器的结渣问题，清华大学在该技术的基础上研制成双一次风道燃烧器，作为主燃烧器使用。它的上、下壁各有一个一次风通道，两侧是腰部风喷口，中间有突扩室，在下一次风口两侧各装一个$\phi 6$~8的高速蒸汽射流管。

一次风射流卷吸突扩室内的介质，使其中压力下降，炉内高温烟气流来补充，形成强烈的回流区。一次风的风速越大，回流区内的温度越高。

6. 偏置射流型燃烧器

偏置射流燃烧器是中国科学院力学研究所开发的燃烧器。在圆形或矩形截面的预燃室内，将一次风煤粉射流偏置于中心轴线下方的一定距离处，并且在底部送入一股控制射流。一次风速通常在20~30mm，控制射流的速度则比一次风速高一倍以上。由于气流之间的引射作用，燃烧器的上部出现一个很大的回流区。回流的高温烟气成为燃烧器内部的一个稳定热源，提供了煤粉着火所需的热量，一次风上倾一个小角度，使煤粉颗粒直接进入高温回流区内，为其着火和稳定燃烧创造条件。

控制射流能有效地吹灰，防止燃烧器结渣，增强扰动，并使上部回流区变得更大。

7. 夹心风燃烧器

夹心风燃烧器是西安交通大学和武汉锅炉厂合作研制的燃烧器。它将普通直流煤粉燃烧器的一次风喷口改为三个并排的喷口，它们分别是向火侧和背火侧的一次风喷口以及布置在它们中间的一个二次风喷口。通过后者喷入高速的二次风，称之为夹心风。夹心风可提高一次风射流的刚性，当煤质或锅炉负荷变化时，可作为调整燃烧的手段。

夹心风燃烧器适用于烟煤、贫煤、劣质烟煤和无烟煤。

3.3.3 煤粉的性质及品质

1. 煤粉的一般性质

煤粉是由不规则形状的尺寸一般为0~50μm的颗粒组成，其中20~50μm的颗粒占多数。刚磨出来的煤粉是疏松的，轻轻堆放时，自然倾角约为25°~35°。它的堆积密度约为0.45~0.5t/m³，在煤粉仓内堆放久了的煤粉，被压紧成块，流动性小，堆积密度可增加到0.8~0.9t/m³，平均可取0.7t/m³。

煤粉具有较好的流动性。煤粉颗粒度小，比表面积大，能吸附大量的空气，流动性很好，像流体一样很容易在管内输送。同时它可以流过很小的不严密的缝隙，因此制粉系统的严密性至关重要。煤粉的流动性好，还会造成自流现象，给运行锅炉的调整操作带来困难。

2. 煤粉的自燃与爆炸

煤粉的自燃是指长期积存的煤粉受空气的氧化作用缓慢地发出热量，当温度逐渐上升到其自燃点而自行着火燃烧的现象。煤粉和空气的混合物在适当的浓度和温度下会发生爆炸。

长时间积存的煤粉和热空气接触，逐渐氧化，常常是形成自燃与爆炸的主要原因。影响煤粉爆炸的因素有：

① 煤粉的挥发分。挥发分多的煤粉易爆炸，挥发分少的煤粉不易爆炸。在一般条件下，$V_{daf}<10\%$的煤粉是没有爆炸危险的；

② 氧的浓度。当氧占气体的比例小于15%(按体积计算)时，不会爆炸；

③ 混合物中煤粉浓度。煤粉在空气中的浓度为0.3~0.6kg/kg时爆炸性最强。浓度大于1时爆炸性较低，浓度小于0.1时，不会爆炸；

④ 当混合物中含有二氧化碳与二氧化硫，而二者之和占的比例大于3%~5%时，不会爆炸；

⑤ 煤粉水分和灰分的增加，将使爆炸的可能性降低；

⑥ 煤粉细度。煤粉越细，可爆性越大。对于烟煤煤粉，当粒径大于100μm时，几乎不会发生爆炸。

煤粉空气混合物只是在遇到明火以后才有可能发生爆炸。制粉设备中沉积煤粉的自燃往往是引爆的火源。气粉混合物温度越高，危险性就越大。因此，在制粉系统运行中，都严格控制制粉系统末端气粉混合物的温度。

3. 煤粉的细度

煤粉的细度是衡量煤粉品质的重要指标，煤粉过粗、过细都是不经济的。锅炉燃烧的煤粉应有一个适当的细度。

所谓煤粉细度是指煤粉中各种大小颗粒所占的质量百分数。用筛分分析法，指经过专用筛子筛分后，残留在筛子上面的煤粉质量占筛分前煤粉总质量的百分值，以R来表示，即

$$R_x = \frac{m_a}{m_a + m_b} \times 100\% \tag{3-3}$$

式中　m_a——筛子上面剩余的煤粉质量；

m_b——通过筛子的煤粉质量；

下角x——筛号或筛孔的内边长。

筛子的标准各国不同。国内电厂目前采用的筛子规格及煤粉细度的表示方法列于表3-3。

表3-3　常用筛子规格及煤粉细度表示符号

筛号(每厘米长的孔数)	6	8	12	30	40	60	70	80	100
孔径(筛孔的内边长/μm	1000	750	500	200	150	100	90	75	60
煤粉细度表示	R_1	R_{750}	R_{500}	R_{200}	R_{150}	R_{100}	R_{90}	R_{75}	R_{60}

进行比较全面的煤粉筛分，同时需要 4~5 个筛子叠在一起筛分。电厂中对于烟煤和无烟煤煤粉常用 30 号和 70 号两种筛子，也就是说，常用 R_{200} 和 R_{90} 来表示煤粉细度；如果只用一个数值来表示煤粉的细度，则常用 R_{90}。对于褐煤则用常用 R_{200} 和 R_{500}（或 R_{1000}）。

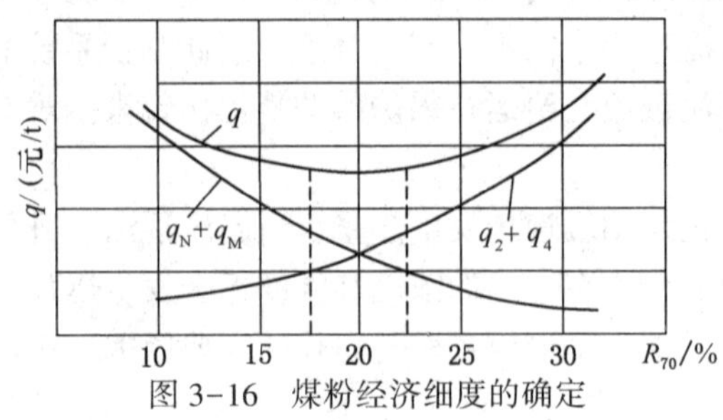

图 3-16　煤粉经济细度的确定

q_2—排烟热损失；q_N—磨煤电能消耗；q_4—机械不完全燃烧热损失；q_M—制粉金属消耗量；q—q_2、q_N、q_4、q_M 的总和

煤粉越细，在锅炉内燃烧时，燃料的不完全燃烧损失（主要是 q_4）就越小，但对制粉设备而言，则磨制单位质量的煤所消耗的能量越大。反之，较粗的煤粉虽然制粉电耗较小，但会使炉内不完全燃烧损失增大。因此锅炉设备运行中，应该选择能耗和未燃尽热损失都较小的煤粉细度，即 $q_4+q_2+q_N+q_M$ 的总和最小时的煤粉细度，称为经济细度。如图 3-16 所示。

影响煤粉经济细度的因素很多，主要有以下几点。

（1）燃料的燃烧特性

一般来说挥发分 V_{daf} 高、发热量 $Q_{ar,net}$ 高、灰分少的煤燃烧性能好，煤粉可以粗一些，否则应磨得细一些。一般的燃煤锅炉制粉系统设计计算时，经济细度可按表 3-4 数据选取。

对于无烟煤、贫煤和烟煤，在具有离心式粗粉分离器的钢球磨煤机、中速磨煤机、高速捶击式磨煤机磨制的情况下，也可采用式(3-4)所示的经验公式计算经济细度，即

$$R_{90} = (0.5V_{daf} + 4)\% \tag{3-4}$$

表 3-4　经济细度的经验推荐值

煤　种		R_{90}
无烟煤	$V_{daf} \leqslant 5\%$	5~6
	$V_{daf}=6\%\sim10\%$	$\approx V_{daf}$
贫煤 $V_{daf}=10\%\sim20\%$		12~14
烟煤	优质烟煤	25~35
	劣质烟煤	15~20
褐煤、油页岩		40~60

（2）磨煤机和分离器的性能

不同型式的磨煤机磨制煤粉的均匀性不同。在各种磨煤机中，竖井磨煤机以及带回转粗粉分离器的中速磨煤机磨制的煤粉颗粒度比球磨机的均匀。煤粉颗粒度均匀，即使煤粉粗一些也能燃烧得比较完全，所以 R_{90} 可以大一点。因此应考虑煤粉颗粒均匀度（用系数 n 表示）对经济细度的影响，可用式(3-5)所示的经验式计算，即

$$R_{90} = (0.5nV_{daf} + 4)\% \tag{3-5}$$

（3）燃烧方式

对燃烧热强度高、具有较大炉膛的锅炉及旋风炉，由于燃烧强烈，煤粉可以磨得稍粗。

此外，由于燃烧设备的型式和运行工况对燃料燃烧过程影响很大，因此，实际工作中对于不同的燃烧设备和不同的煤种，应通过燃烧调整试验来确定煤粉的经济细度。

（4）煤粉的颗粒特性

煤粉的颗粒特性是指均匀性。均匀性好的煤粉可以磨得稍粗。

4. 煤粉颗粒组成特性

煤粉颗粒组成特性单由一个煤粉细度值来表示是不够全面的，还要看煤粉的均匀性。磨煤机磨制出来的煤粉不但粒径大小不一，而且不同种类的磨煤机磨制出来的煤粉粒径的分布也是不相同的。比如甲、乙两种煤粉，其 R_{90} 都相等，但甲种留在筛子上较粗的颗粒比乙种的多，而通过筛子的煤粉中较细颗粒也比乙种的多，则甲种煤粉就不均匀。粗颗粒多，不完全燃烧损失大；细颗粒多，磨制时电耗和金属损耗大。各种制粉设备所制煤粉的 n 值见表 3-5。

表 3-5　各种制粉设备所制煤粉的 n 值

磨煤机型式	粗粉分离器型式	n 值	数值来源
筒式球磨机	离心式	0.8~1.2	青岛电厂试验
	回转式	0.96~1.10	
中速磨煤机	离心式	0.86	娘子关电厂试验
	回转式	1.2~1.4	
风扇磨煤机	惯性式	0.7~0.8	谏壁电厂试验望亭、谏壁厂试验望亭电厂试验
	离心式	0.8~1.3	
	回转式	0.8~1.0	
竖井式磨煤机	重力式	1.12	

如 R_{90} 和 R_{200} 已知，则可由式(3-6)可计算出煤粉均匀性指数 n

即

$$n = \frac{\lg\ln\frac{100}{R_{200}} - \lg\ln\frac{100}{R_{90}}}{\lg\frac{200}{90}} \tag{3-6}$$

$$b = \frac{1}{90^n}\ln\frac{100}{R_{90}}$$

煤粉颗粒的均匀性指数用 n 来表示。n 值一般都接近于 1，此值越大，均匀性越好。当 $n<1$ 时，煤粉中含有较多的过粗和过细的粉粒；当 $n>1$ 时，煤粉中的颗粒就较均匀，即中间尺寸的颗粒较多，而过粗和过细的颗粒都较少；所以 n 是代表煤粉的均匀性指标。

煤在一定设备中被磨制成煤粉时，其颗粒尺寸是有一定规律的，所以电厂里每一套制粉系统都可以通过试验找出一个 n 值，这个 n 值是常数。各种不同设备的 n 值可以参考表 3-7。

b 值表示煤粉的粗细。在 n 值一定时，煤粉粗，R_{90} 越大，则 b 值越小；反之，b 值大，R_{90} 小，煤越细。

3.3.4　磨煤机

磨煤机是将煤块破碎、磨成煤粉并对煤粉进行干燥的机械，是制粉系统中最重要的设备。磨煤机通常是靠撞击、挤压或者碾压的作用将煤磨成煤粉的。每一种磨煤机往往同时有上述两种甚至三种作用，但以哪一种作用为主则视磨煤机类型而定。

磨煤机类型很多，按磨煤机转速不同可分为以下三种类型：

① 低速磨煤机。常用的有筒型钢球磨煤机，其转速为 15~25r/min。

② 中速磨煤机。常用的有中速平盘磨、中速钢球磨（E 型磨）和中速碗式磨（BP 型和 HP

型)，改进的碗式磨(MPS 型磨以及 MBF 型磨)，其转速为 25~120r/min。

③ 高速磨煤机。常用的有风扇式磨煤机和锤击式磨煤机，其转速为 500~1500r/min。

低速磨煤机常用于中间储仓式制粉系统，中速磨煤机和高速磨煤机常用于直吹式制粉系统。

1. 低速磨煤机

(1) 筒型钢球磨煤机

单进单出筒型钢球磨煤机的结构如图 3-17 所示。它的主体是一个直径 2~4m，长 3~10m 的圆筒，圆筒内壁为锰钢制成的波浪形护板(波浪瓦)；护板与筒壁间是一层绝热石棉垫；石棉垫外是钢板制成的筒身；筒身外壁是一层毛毡，起隔音作用；毛毡外还有一层薄钢板制成的护面层。圆筒的两端各有一个端盖封头，封头上有架在大轴承上的空心圆轴。一端是热风与原煤的进口，另一端是煤粉与空气混合物的出口。空心轴颈的内壁有螺旋形槽，当有钢球或者煤落上时，能沿着槽回到筒内。磨煤机圆筒有电机驱动，通过减速器拖动旋转。

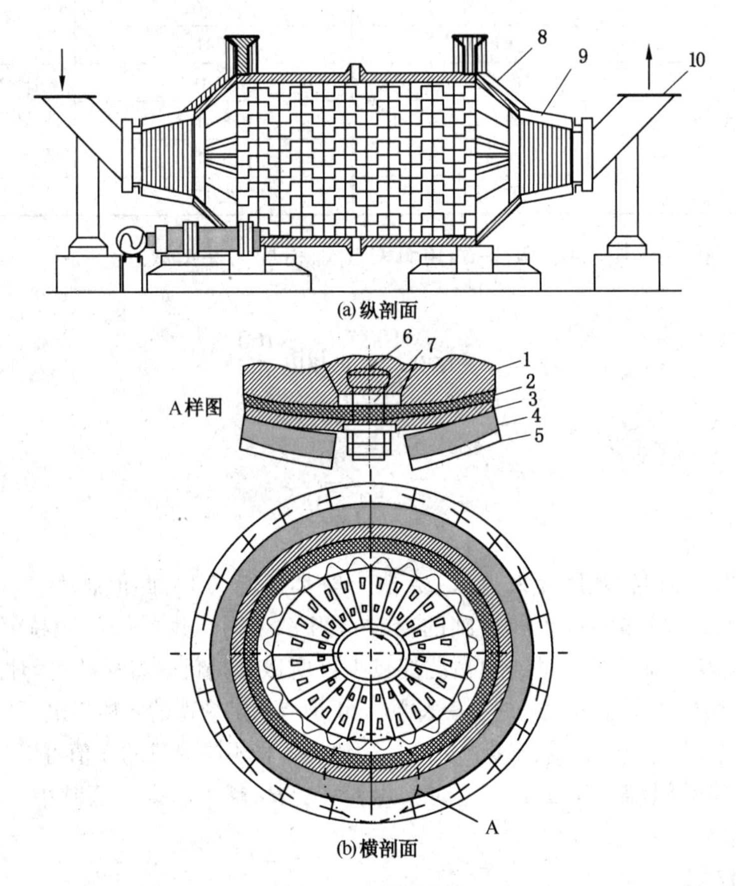

图 3-17　磨煤机

1—波浪形的护板；2—绝热石棉垫层；3—筒身；4—隔声毛毡层；5—钢板外壳；
6—压紧用的楔形块；7—螺栓；8—封头；9—空心轴颈；10—短管

钢球磨煤机工作原理为：电动机通过减速器带动圆筒转动，筒内钢球和煤在离心力和摩擦力的作用下被提升到一定的高度。在重力作用下钢球从一定的高度落下，将煤击碎。所以钢球磨煤机主要是靠撞击作用将煤制成煤粉的，同时钢球和钢球，钢球与护甲之间的挤压、碾压的作用。热风既是干燥剂又是输送剂，磨好的煤粉有热空气带出筒体。

磨煤机圆筒的转速如果过低，则钢球不能被提到应有的高度，不能形成足够的落差，从而影响对原煤的击碎作用降低了磨煤机的出力；如果转速过高，因离心力过大，以致钢球紧贴圆筒内壁上随筒体旋转，起不到磨煤的作用。只有在转速适当时，磨煤能力才最强。为得到适当的转速，常引入临界转速的概念。当圆筒的转速达到某一数值而使作用在钢球上的离心力等于钢球的重量，这时所对应的圆筒转速叫临界转速 n_{lj}，其计算公式为

$$n_{lj} = 42.3/\sqrt{D} \tag{3-7}$$

式中 D——圆筒直径。

由上式可知，临界转速 n_{lj} 与钢球的质量无关而只与圆筒的直径有关，圆筒直径越大，临界转速越低。

要得到最大的磨煤出力，钢球磨煤机转速必须低于它的临界转速。此转速能使钢球带到适当的高度，脱离筒壁落下，跌落高度大，磨煤作用强。工业上球磨机的最佳工作转速须由试验得出，也可通过理论推导得出。两种方法得到的最佳工作转速很接近。理论推导钢球磨煤机圆筒的最佳工作转速 n_{zj} 由式(3-8)计算得出，

即

$$n_{zj} = 32/\sqrt{D} \tag{3-8}$$

筒式磨煤机圆筒的临界转速是 $42.3/D^{0.5}$，最佳转速是 $0.76n_{lj}$。筒型钢球磨煤机的轴承一般为滑动轴承，采用稀油润滑系统。

筒型钢球磨煤机能磨各种煤，而且能磨很硬的煤，工作可靠，可以长期连续运行，因而在电厂中使用较广泛。但是，钢球磨煤机设备笨重，金属消耗量大，占地面积大，噪声大，煤粉均匀性指数比较小，耗电量大，特别是低负荷时，单位制粉电耗更高。

(2) 双进双出筒型钢球磨煤机

双进双出筒型钢球磨煤机与单进单出钢球磨煤机结构类似，不同是单出钢球磨煤机的一端是原煤与干燥剂的进口，另一端是气粉混合物的出口。双进双出筒型钢球磨煤机的两端同时既是入口也是出口，即一台磨煤机具有两个对称的独立制粉回路，其工作示意如图 3-18 所示。

普通的双进双出磨煤机两端的空心轴内各装空心圆管，空心圆管外与空心轴内壁间装有弹性螺旋输送装置，螺旋输送装置随筒体一起转动。原煤由给煤机经混料箱落入空心轴底部，经螺旋片输入筒体内。热风从设在两端的热风箱由空心轴内的空心圆管进入筒体对煤进行干燥。按与原煤进入磨煤机的相反方向，通过空心轴与空心圆管之间的空间将煤粉送出，进入上部的粗粉分离器。分离出来的粗粉经回粉管回落到中心轴入口，与原煤混合进入磨煤机。从分离器出来的乏气作为一次风或三次风送进炉膛。

双进双出筒型钢球磨煤机的主要特点是：

① 磨煤机进口装有螺旋输送装置，避免了因燃料水分高而引起的进口堵煤现象，运行安全可靠；

② 原煤中的一些细粉不经研磨即可送出，使磨煤机出力提高，磨煤机功率消耗下降；

③ 煤在筒体内的轴向运动距离小，煤粉的均匀性高；

④ 可获得稳定的煤粉细度及较小的风粉比。

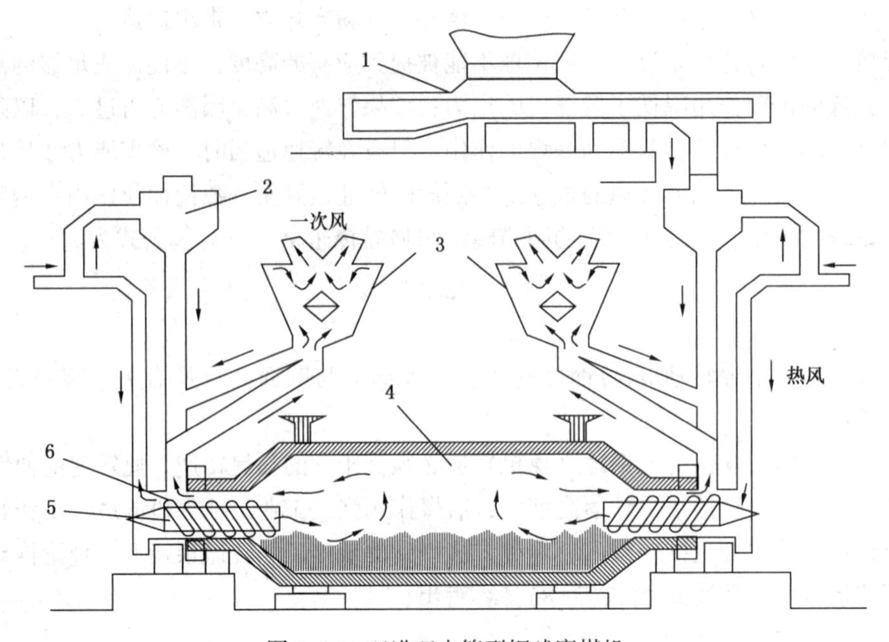

图 3-18　双进双出筒型钢球磨煤机

1—给煤机；2—混料箱；3—粗粉分离器；4—筒体；5—空心圆管；6—螺旋片

(3) 锥型钢球磨煤机

锥型钢球磨煤机的结构特点是除中间部分仍保持一段圆柱型外，两端都是锥型的，特别是出口侧有较长的一段是锥型的。锥型磨煤机内钢球的分布情况比较合理：在入口处有一段较短的锥型体，在煤多而粗的圆柱体部分钢球数量多；出口侧有一段较长的锥型体，其中钢球量较少。在运行时，不同的钢球能得到合理的分布，大的钢球在中间圆柱体内磨大颗粒煤，小的钢球可在两侧锥体内磨小颗粒煤。同时，锥型结构使钢球和煤在筒内沿轴向也有一定的扰动作用，这些都使磨煤效果得到了改善。

2. 中速磨煤机

中速磨煤机在结构方面较筒式磨煤机工作面之间的距离小，结构紧凑，占地少，金属用量少，投资费用小。磨煤电耗低，金属损失和运行噪音都相对较小，低负荷运行时，单位耗电量增加不多，有良好的变负荷运行的经济性。它适用于直吹式制粉系统。但是，中速磨煤机的元件易磨损，不宜磨硬煤和灰分、水分较大的煤，对进入磨煤机内的铁块、木块等杂物较敏感，易引起振动。它对煤的要求较高。

目前国内电厂锅炉应用最多的中速磨煤机有：RP 磨煤机(改进型为 HP 型磨煤机)、MPS 磨煤机(中速辊环式磨煤机)和 E 型磨煤机等。

平盘磨煤机的主要部件是磨盘和磨辊，而碗式磨煤机的主要部件是碗型磨盘和锥型磨辊。图 3-19 为 RP 型碗式磨煤机的结构，磨盘为浅碗型，四周是倾斜的工作面，有三个独立的锥形磨辊，相互呈 120°布置于磨盘上方；磨盘由下部的减速器经电动机带动旋转。磨辊与磨盘之间保持一定的间隙。磨煤机工作时，煤在磨辊与磨盘之间被碾碎。所以，这种磨煤机主要是靠碾压作用来磨煤的。碾压煤的压力主要靠辊子自重和液压系统的压力或者弹簧产生的压力(通常采用液压加压法、弹簧加压法和弹簧液压加压法给磨辊加一定的压力，加压系统中液压系统和弹簧作用可以单独使用，也可以联合使用)。

原煤由落煤管送至磨盘的中部，依靠磨盘转动产生的离心力，使煤连续不断地向倾斜的

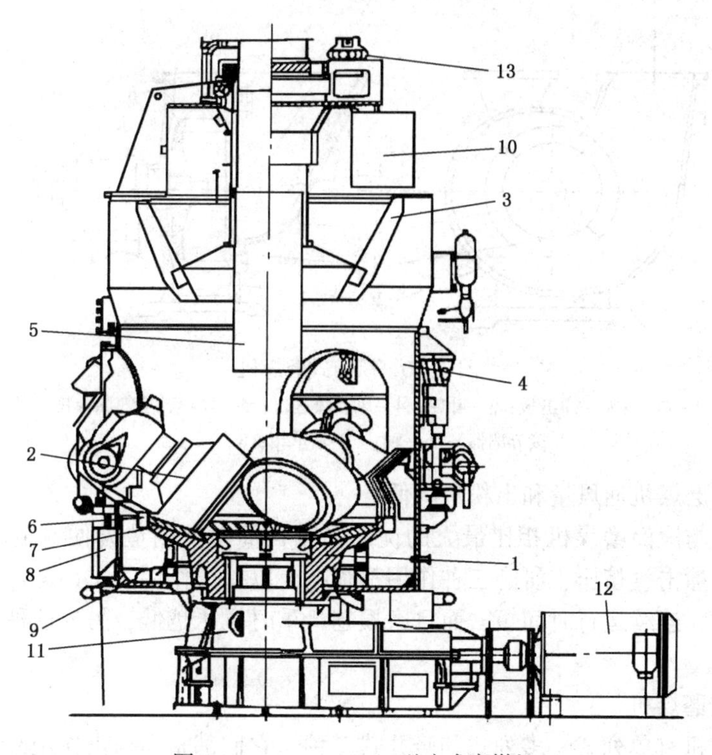

图 3-19　RP-1043XS 型碗式磨煤机

1—磨盘；2—磨辊；3—旋转分离器；4—磨室；5—下煤管；6—风环；7—磨盘衬板；
8—进风口；9—矸石刮板；10—磨煤机出粉口；11—减速机；12—电动机；13—液压马达

磨盘边缘移动，在通过辊子下面时被碾碎，磨盘与磨辊不接触，保持 5~10mm 的间隙。为了提高煤的破碎效果，一般磨成的煤粉被磨碗四周的热风带走，进入磨煤机上部的粗粉分离器。气粉混合物流入分离器内锥体顶部的调节角度的折流板窗，经过出口管路送到锅炉炉膛，原煤中的铁块和木块等杂质落入磨煤机下部的杂质室排出。

MPS 型磨煤机的磨辊形如轮船，直径大，但研磨面窄，轮辊与磨盘间是接触的，轮辊与磨盘护瓦均为圆弧形，再加上轮辊的支点处有圆柱销使轮辊可以左右摆动，辊轮与磨盘间的倾角可在 12°~15°之间变化，辊轮磨损面可以改变，因此辊轮磨损比较均匀。

3. 高速磨煤机

(1) 风扇式磨煤机

风扇式磨煤机是最常用的高速磨煤机，多用于燃用褐煤的锅炉，其构造如图 3-20 所示。风扇式磨煤机由叶轮和蜗壳形外罩组成。叶轮、叶片和护板都是由耐磨材料(如锰钢)制成的，是主要的磨煤部件。

风扇式磨煤机本身就是排粉机。风扇本身有较强的通风作用，能产生约 1.5~3.5kPa 的压头。热风将原煤干燥并送入磨煤机内进行磨制，在叶轮旋转所造成压力的作用下，将空气及其所携带的煤粉送入粗粉分离器进行分离，分离后的细粉由空气带入炉膛燃烧，粗粉回到磨煤机重新磨制。同时原煤被高速旋转叶轮上的冲击板击碎或抛到护板上撞碎，所以风扇式磨煤机主要是靠撞击作用来磨煤的。

影响高速磨煤机出力的因素是：风扇磨煤机冲击板的磨损、通风出力、磨煤机分离器的磨损、干燥出力等。冲击板、护板和分离器受到严重的磨损时，可以使磨煤机运行周期缩

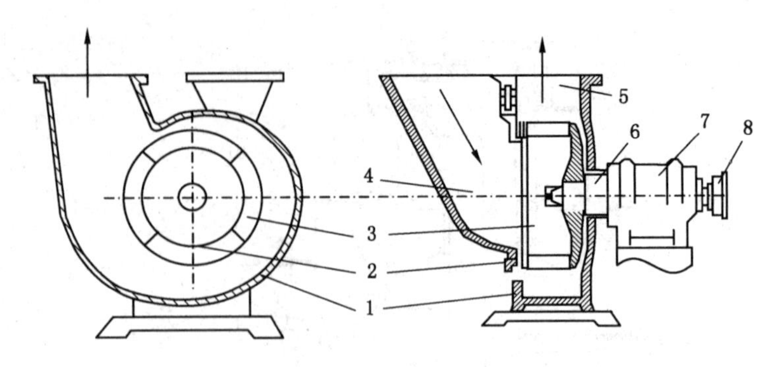

图 3-20　风扇式磨煤机

1—外壳；2—冲击板；3—叶轮；4—风、煤进口；5—煤粉、空气混合物出口（接分离器）；6—轴；7—轴承箱；8—联轴器

短，同时还会使磨煤机通风量和出粉量降低。

高速磨煤机与滚筒磨煤机相比最大的优点是结构简单、制造方便、金属损耗小、电耗小。制粉过程中撞击、挤压、研磨三种作用都存在，以撞击作用为主，运行可靠性低。缺点是：磨损较严重，连续运行时间短，而且磨损越严重时风压越低，另外这种磨煤机磨出的煤粉均匀性差。

（2）锤击式磨煤机

锤击式磨煤机有单列式、多列式和竖井式三种。它们都是靠撞击作用来磨制煤粉的。

1）多列式锤击磨煤机

图 3-21 所示多列式锤击磨煤机有锤子、护板和粗粉分离器组成。它的锤子可以固定在转子上，也可以活动地装在销子上。活动锤子在停运时是下垂的，运行时靠离心力作用径向伸出，若遇到金属块等阻碍物时，锤子可以转开而不致损坏机体。

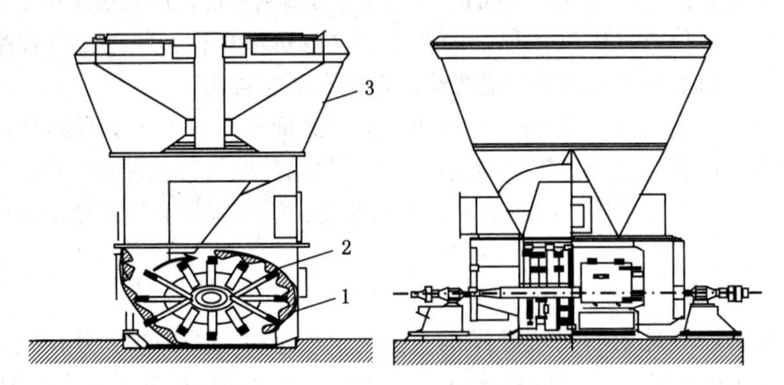

图 3-21　多列式锤击磨煤机

1—锤子；2—护板；3—粗粉分离器

磨煤机磨制的煤粉，被气流带到上部的分离器，粗粉被分离出来后落下来重磨。

锤击式磨煤机适用于褐煤和挥发分高、可磨性系数大的烟煤等。

2）竖井式磨煤机

竖井式磨煤机由外壳和转子组成，在转子上装有一排排的锤子。燃料进入竖井后，被高速旋转的锤子击碎，同时燃料与外壳、燃料与燃料间的撞击，锤子沿外壳表面对燃料的碾压也都起着破碎作用。

热风从磨煤机两端进入后，对原煤进行干燥，已经干燥和磨碎的煤粉，被转子抛向竖井，细粉被热风带走，进入锅炉炉膛，而粗粉受重力的作用落回磨煤机内重新磨制。因此，竖井可起到分离作用。

当竖井中气流速度改变时，煤粉的细度也改变，气流速度越大，则煤粉的细度越粗。

竖井式磨煤机的优点是：结构简单，制造方便，投资费用和金属耗量较小，单位电耗低。低负荷运行时，单位电耗量增加不显著。其缺点是：不适合磨制较硬的煤，锤子磨损严重，需经常更换。它适合磨制褐煤和可磨性指数 $K_{km}>1.2$ 而挥发分 $V_{daf}>30\%$ 的烟煤。

运行中高速磨煤机的出力增大之前，首先需要增加磨煤机的通风量。

3.3.5 制粉系统其他设备

1. 原煤仓

原煤仓是储备原煤的容器，其容量必须满足电厂上煤方式下的锅炉运行要求；保证给煤机正常供给磨煤机的用煤，保持连续的煤流；同时也调节了输煤系统与多台磨煤机的供需关系。

2. 给煤机

给煤机是制粉系统的主要设备之一，其作用时将原煤连续均匀的送入磨煤机中。常用的给煤机有电磁振动式、圆盘式、皮带式和刮板式。机组容量在 300MW 及以上锅炉常用的给煤机是皮带式给煤机和刮板式给煤机。

(1) 电磁振动式给煤机

电磁振动式给煤机主要由给煤槽与电磁振动器组成，如图 3-22 所示。其工作原理是：煤由原煤斗落入给煤槽，在电磁振动器的作用下，给煤槽发生振动，振动器与给煤槽平面之间有一个夹角 α，因此给煤槽上的煤就以 α 角抛起，并沿抛物线轨迹向前跳动，均匀地下滑到落煤管中。

电磁振动器有弹簧板式和弹簧式两种，其工作原理如图 3-23 所示。电磁线圈的电流是经半波整流的脉冲电流。在正半周时，电流通过，电磁铁有吸力，吸引振动板靠近；而在负半周时，无电流通过，电磁铁吸力消失，由于弹簧的作用，振动板又回到原来的位置。给煤槽是与振动板连成一体的，这样在电磁振动器的作用下，使给煤槽不断的振动。

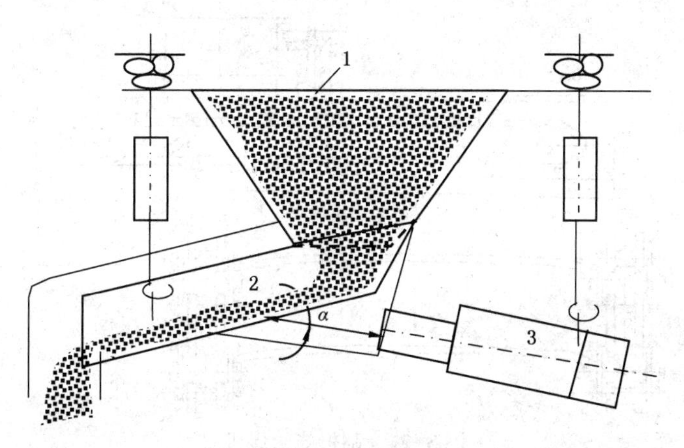

图 3-22 电磁振动给煤机示意

1—煤斗；2—给煤槽；3—电磁振动器

通过改变电压和电流的大小可以调节电磁振动式给煤机的煤量，此外，调节给煤闸板的

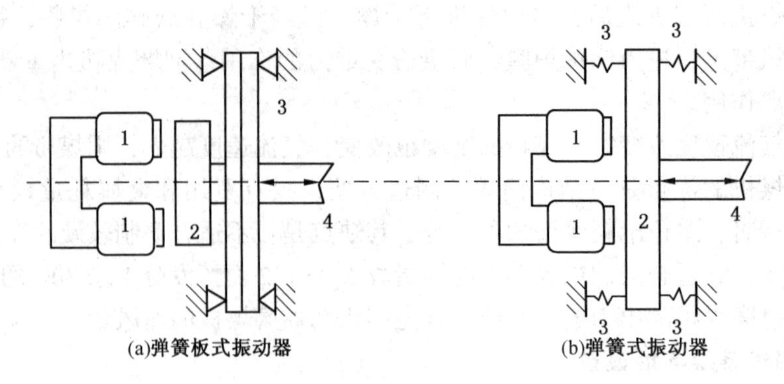

图 3-23　电磁振动器原理

1—马蹄型电磁铁；2—振动板；3—弹簧；4—振动板与给煤槽的连接杆

位置也可，以调节给煤量。

电磁振动式给煤机的优点是无转动部分，维护简单、检修方便、给煤均匀、耗电量小、体积小、质量轻。缺点是当煤过湿时容易堵煤和板结，煤粒小且水分低时易发生自流现象。

（2）圆盘式给煤机

由圆盘、调节刮板、调节套筒、进煤管、出煤管、电动机、减速装置组成。其特点是结构紧凑。运行中可以通过改变刮板的位置，改变调节套筒的位置以及改变圆盘的转速来实现给煤量的调整。在湿煤或煤中有杂物时容易堵塞。

（3）刮板式给煤机

刮板式给煤机主要结构有电动机、变速箱、前后轴、刮板链条、刮板及机壳组成，如图 3-24 所示。运行时煤从进煤管首先落入上台板，随着刮板的移动，将煤带到左边，通过落煤通道落到下台板上，在下台板上，刮板又将煤带到右边，经出煤管送往磨煤机。

刮板式给煤机可以通过改变煤层厚度的调节挡板来调节给煤量，调节板越高，煤层越厚，给煤量越大；调节档板越低，给煤量越小。另外，也可用改变给煤机转速的方法来调节给煤量。

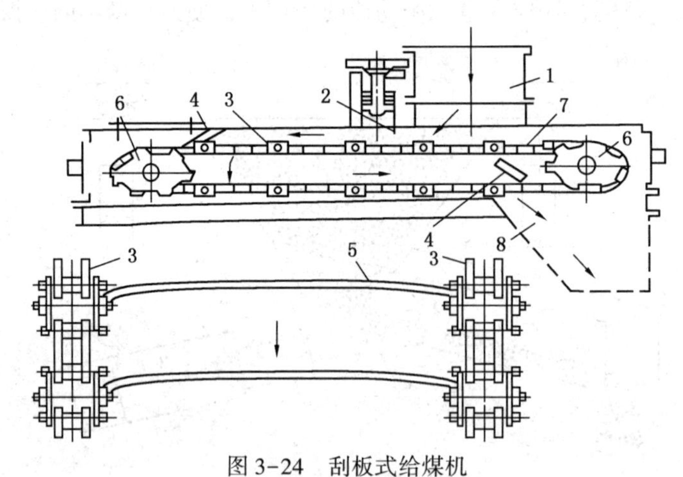

图 3-24　刮板式给煤机

1—进煤管；2—煤层厚度调节挡板；3—链条；4—导向板；5—刮板；6—链轮；

7—上台板；8—出煤管

刮板式给煤机运行时，电动机经变速器带动主动链轮转动，主动链轮的转速通常为

1.5~6.0r/min。从动链轮上带有链条紧度调节装置，可对链条施加一定的紧力，该拉紧装置上设有弹簧以增加链条工作的弹性。链条的紧度在给煤机检修时调好，经过一段时间的运行，由于链环之间不断的磨损会使链条变长而过松，这时应对链条的紧度及时调整，以保证给煤机的安全稳定运行。对于正压运行的给煤机，为保护轴承防止煤粉进入，还设有通往链轮轴承的密封风。

刮板式给煤机的主要优点是不易堵煤，调节范围大，密封性好，有利于电厂布置。但是当煤块过大或煤中有杂物时宜卡。

(4) 皮带式给煤机

皮带式给煤机属于容积式给煤机，其结构简单，通常用皮带上面的闸门开度来改变煤层厚度，或者改变拖动皮带行走的电动机转速，都可以改变给煤量。

如图3-25所示为一种称重式皮带给煤机，它的传送方式与一般皮带输送机一样，不同的是它带有计量功能，具有连续称量的能力。

在给煤机的输送带下设有一个清扫链条，其作用是将上部皮带散落或者漏下来的少量煤及时带走，防止原煤堵积在给煤机中，影响给煤机的正常运行。清扫链条与皮带须同时运行。

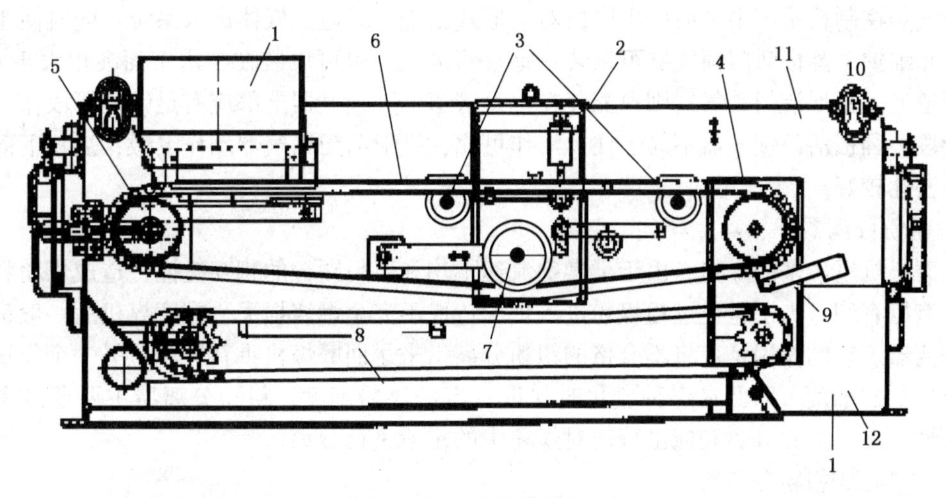

图3-25 皮带给煤机

1—煤管；2—称重装置；3—链条；4—称重托辊；5—从动轮；6—主皮带；7—张紧轮；
8—清扫链条；9—皮带刮板；10—照明灯；11—外壳；12—煤出口

皮带的称重机构包括称托辊和称重传感器两部分，它是通过称重传感器测量单位皮带长度上煤的质量，并发出该质量的称重信号，用测出的煤量和皮带的行走速度得出给煤率(kg/s)，再通过热工仪表即能直观地指示给煤量，又能通过计算得出一天所消耗的煤量。有了这种测量数据也为正平衡法计算锅炉效率以及在线计算锅炉热效率创造了条件。

这种给煤机的外壳具有较好的密封，便于在正压下工作，内部还装有照明灯，运行值班人员可以清楚的观察给煤机内部皮带的运行状况。但是运行中会出现皮带跑偏现象。

3. 锁气器

储仓式制粉系统中，锁气器是只允许煤粉通过而阻止空气流过的设备，通常安装在细粉分离器的落粉管、粗粉分离器的回粉管以及给煤机到磨煤机的落煤管上。应用最广泛的为平板式锁气器和锥形锁气器，通常称为翻板式锁气器和草帽式锁气器，如图3-26所示。

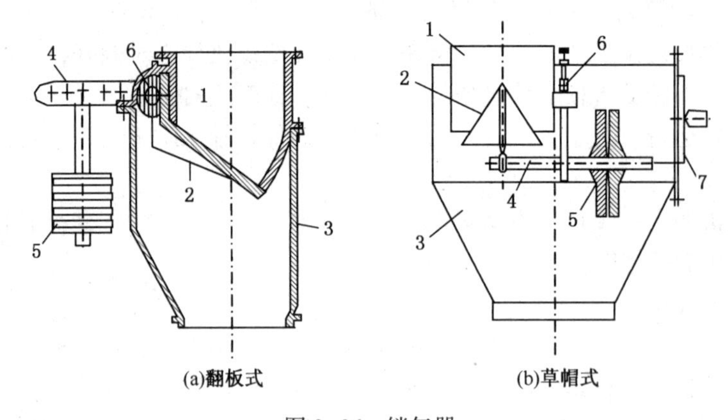

图 3-26　锁气器

1—煤粉管；2—平板或活门；3—外壳；4—杠杆；5—平衡重锤；6—支点；7—手孔

这两种锁气器都是利用杠杆原理工作的。当翻板或锥体上的煤粉超过一定数量时，由于重量大于重锤的重量，它们就自动打开，煤粉落下。当煤粉减少到一定程度时，翻板或锥体又因重锤的作用而自行关闭。

锁气器在制粉系统中一般以串联成对的形式出现，以避免气体进入系统，同时便于运行中调整和维护。翻板活门锁气器可以装在垂直管道上，也可以装在与水平面夹角大于60°的倾斜管道上。锥形活门锁气器则只能装在垂直管道上。锁气器上部应有足够的管段作为粉柱密封管段。翻板活门锁气器不易卡住，工作可靠；锥形活门锁气器动作灵敏，煤粉下落较均匀，严密性较好。

4. 粗粉分离器

从磨煤机里出来的煤粉，由于干燥剂流速不均和煤粉颗粒的相互碰撞，造成煤粉颗粒大小不均有粗有细。为了避免过粗煤粉进入炉膛造成不完全燃烧损失，在磨煤机后一般都装有粗粉分离器。它的作用是：将不合格的粗粉分离出来送回磨煤机重新磨制；另一个作用是可以调节煤粉的细度，以便在煤种变化时保证一定的煤粉细度。粗粉分离器主要通过重力分离、惯性分离、离心分离和撞击分离对煤粉中的粗粉进行分离。

(1) 离心式粗粉分离器

图 3-27 所示为两种用于球磨机的离心式粗粉分离器。

图 3-27(a)为目前国内应用最多的一种粗粉分离器，它主要由内空心锥体、外空心锥体、回粉管、可调折向挡板组成。工作原理是：由磨煤机出来的气粉混合物，以较高的速度自下而上从入口管进入圆锥时，在内外锥体之间的环形空间内，由于流通面积增大，其速度逐渐下降，最粗的煤粉在重力作用下首先从气流中分离出来，经外锥体回粉管返回磨煤机重新磨制。带粉气流继续进入分离器上部，然后在折向挡板的引导下，气流在内圆锥产生旋转运动，在离心力的作用下，大部分较粗的煤粉分离出来，显然折向档板与圆周切线之间的夹角越小，气流旋转强度越大，分离下来的煤粉越多，因而带走的煤粉越细。反之越粗。最后煤粉气流进入出口管时，由于急转弯，惯性力又使一部分粗煤粉分离出来。气粉混合物最后由上部出口管引出。

粗粉分离器的回粉中会带有一些合格的细粉，这些细粉返回到磨煤机中会被磨得更细，不但使煤粉的均匀性变差，而且增加了制粉电耗。为了减少回粉中合格细粉，将离心式分离器改装为图 3-27(b)所示的改进型粗粉分离器，它将内锥体的回粉锁气器装在分离器内，

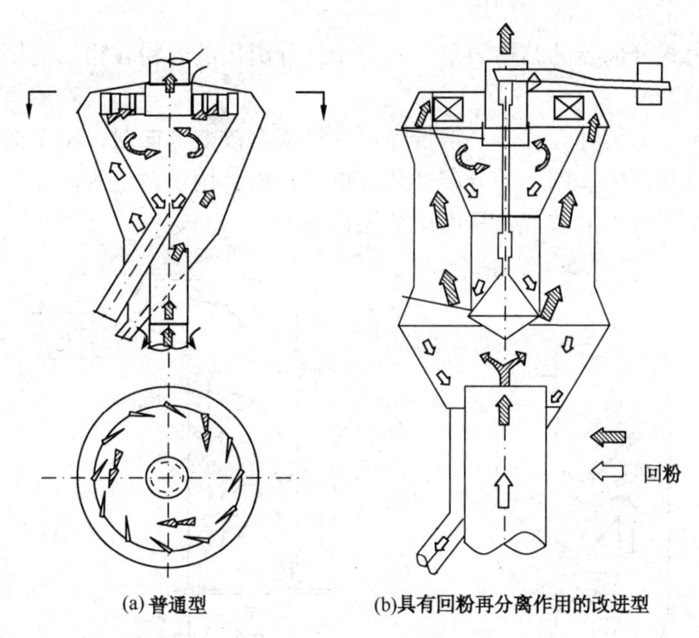

图 3-27　离心式粗粉分离器

一方面使入口气流增加了撞击分离，另一方面使内锥体回粉在锁气器出口受到入口气流的吹扬，从而减少了回粉中夹带的细粉，提高了分离效率。

离心式粗粉分离器调节煤粉细度的方法一般有三种：改变可调折向挡板的角度；调整磨煤机的通风量；调节活动套筒的上下位置。调节活动套筒的上下位置，可调节惯性分离作用的大小，从而达到调节出口煤粉细度的目的。

（2）回转式粗粉分离器

回转式粗粉分离器工作原理如图3-28所示：在回转式粗粉分离器上部装有一个带叶片的转子，由电动机经减速器驱动转子旋转，气粉混合物由下部进入分离器，由于流通面积的增大，一部分煤粉在重力作用下被分离出来。当煤粉进入转子区域被转子带动作旋转运动时，又有很多粗粉受到离心力作用再次被分离，沿筒壁落下经回粉管返回磨煤机。当气流沿叶片间隙通过转子时，一部分煤粉颗粒受到叶片撞击而再次分离。转子的转速越高，气流带出的煤粉越细，反之越粗。通过调节转子的转速便可达到调节煤粉细度的目的。

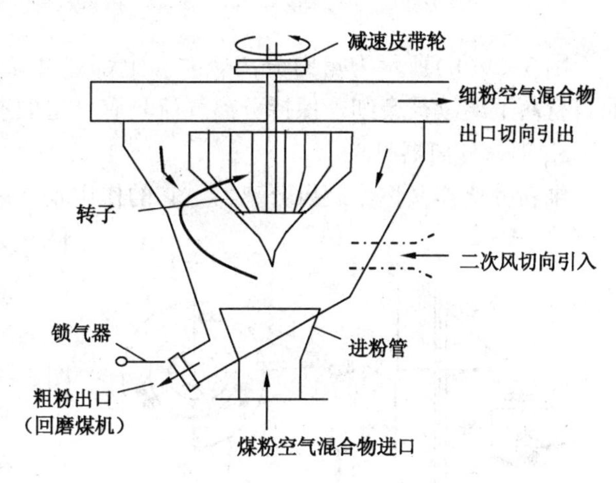

图 3-28　回转式粗粉分离器

有的回转式分离器加装了切向引入的二次风，将粉再次吹扬，减少了回粉中细粉的数量，提高了分离效率，在提高制粉系统出力的同时，也降低了磨煤机的电耗。

回转式和离心式粗粉分离器相比较，多了一套传动机构，结构比较复杂，检修工作量大，但其阻力小，调节方便，适应负荷和煤种变化性能较好。此外，它的尺寸小，布置紧凑，增加了它在特定条件下的实用性。

惯性式和重力式分离器的结构简单，阻力小，分离出的煤粉较粗，适用于磨制高挥发分煤的风扇磨和竖井磨。

图 3-29(a)所示为惯性分离器。携带煤粉的气流在改变方向时，由于惯性力的作用，使粗煤粉从气流中分离出来。图示的分离器装有折向挡板，用于改变气流的方向。通过改变折向挡板的角度，使气流方向改变，从而调节煤粉细度。

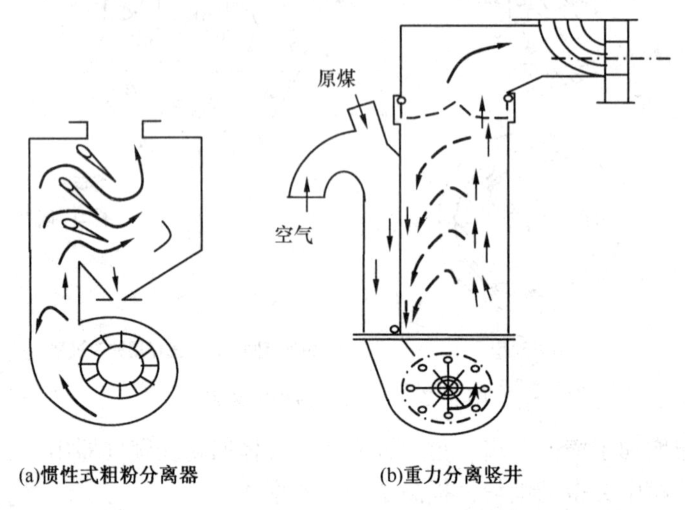

图 3-29　惯性式粗粉分离器和重力分离竖井

图 3-29(b)所示为重力分离竖井。上部竖井截面积扩大，气流速度降低，粗粉靠自重而自行落下继续被磨细。保持分离气流具有一定的速度便可获得需要的煤粉细度。

5. 细粉分离器

细粉分离器又称作旋风分离器。它的作用是将风粉混合物中的煤粉分离出来，储存在煤粉仓内。

细粉分离器是依靠煤粉气流作旋转运动产生的离心力进行分离的，细粉分离器的结构如图 3-30 所示。

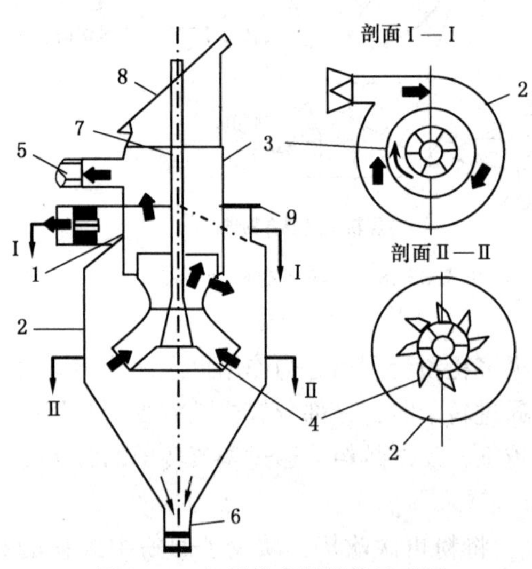

图 3-30　细粉分离器结构示意图

1—进口管；2—外圆筒；3—内圆筒；4—导向叶片；5—出口管；6—煤粉出口；7—拉杆；8—中部防爆门；9—外圆柱体上的防爆门

气粉混合物有入口管切向进入外圆筒上部，在外圆筒与中心管之间高速旋转，煤粉颗粒由于离心力的作用被甩向四周沿筒壁落下。当气流折向上进入内圆筒时，由于惯性力，煤粉再次被分离。导向叶片使气流均匀平稳地进入内圆筒，不产生旋涡，从而避免了在分离器中部的局部地区形成真空，将圆锥部分的煤粉吸出而降低分离效率。

为了提高分离效率，如图 3-31 所示是一种小直径旋风分离器，其直径较小，长度较长，分离效率可达到 90%~95%。

6. 煤粉仓

煤粉仓是存储煤粉的设备。在中间储仓式制粉系统中，它是制粉系统和锅炉燃烧系统连接的纽带，煤粉仓容量应满足 2~4 小时锅炉最大连续出力，是保证球磨机适应负荷需要而又能经济运行的必要设备。

7. 给粉机

给粉机在中间储仓式制粉系统中，是将粉仓中的煤粉送入一次风管，然后再送入燃烧器的设备。炉膛内燃烧的稳定性，在很大程度上取决于给粉机给粉量的均匀性，以及给粉机适应锅炉负荷变化的调节性能。通常用改变给粉机转速来保证锅炉的出力。

给粉机的作用是根据锅炉煤粉需求量将，煤粉仓中的煤粉连续均匀地送入一次风管中。常用的给粉机是叶轮式给粉机，如图 3-32 所示。它主要由上叶轮、下叶轮、外壳和搅拌器等部件组成。电动机经减速器带动给粉机的叶轮一起转动，煤粉进入给粉机后，首先由搅拌器叶片拨至左侧，通过固定盘上的上板孔落入上叶轮，然后由上叶轮拨送至右侧下板孔，最后由下叶轮送至左侧，落入一次风管中。煤粉在被驱动过程中两次改变方向，避免了煤粉在重力作用下的自流。运行中，煤粉仓内应保持一定高度的粉位，防止由于一次风管内压力过高，空气穿过给粉机吹入煤粉仓，破坏正常的供粉。

叶轮式给粉机供粉较均匀，不易发生煤粉自流，又可防止一次风冲入粉仓，但其结构较复杂，易堵塞，电耗较大。

8. 螺旋输粉机

螺旋输粉机俗称为绞龙，用于中间储仓式制粉系统。它上部与细粉分离器落粉管相接，下部有接到煤粉仓的管子。带动输粉机螺杆旋转的电动机，可以正、反方向旋转。因此，它既可把甲炉制粉系统的煤粉输往乙炉煤粉仓，也可将乙炉制粉系统的煤粉输往甲炉煤粉仓，提高运行的可靠性。

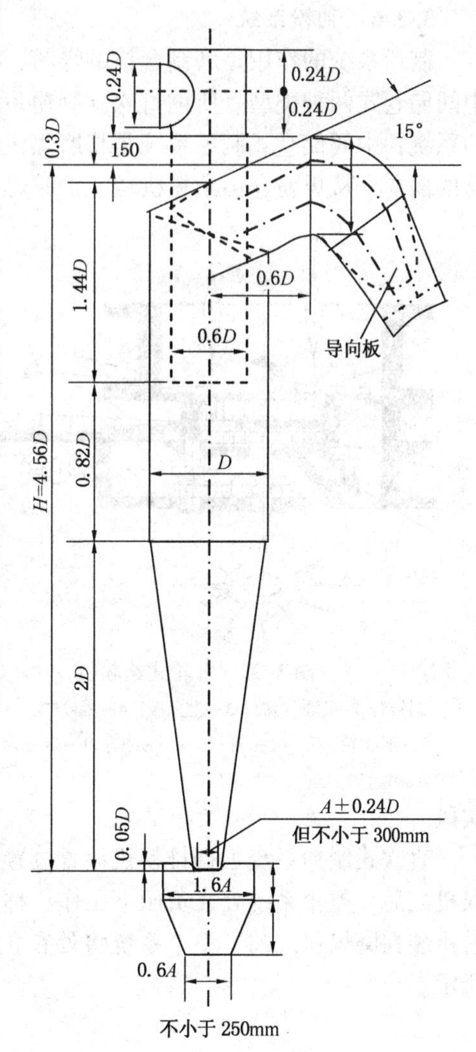

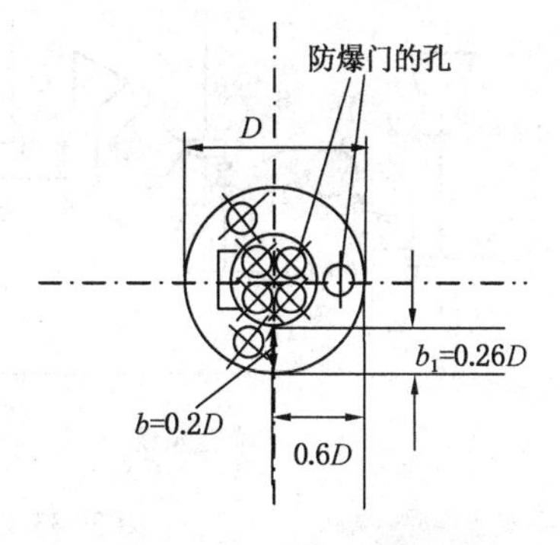

图 3-31　小直径旋风分离

螺旋输粉机输粉量的多少可通过改变电动机转速来控制，也可以通过控制进入螺旋输粉机的煤粉量来控制。它的控制电机可以向正、反两个方向转动。

螺旋输粉机结构简单，对杂物不敏感，工作安全、可靠，但容易发生煤粉自流和积粉堵塞的现象。而且，输粉距离不宜过长，以免因自重造成弯曲变形而卡涩。

3.3.6 制粉系统

制粉系统的作用是磨制合格的煤粉，以保证锅炉燃烧的需要。制粉系统可分为直吹式和中间储仓式两种类型。所谓直吹式制粉系统，是指磨煤机磨出的煤粉直接吹入炉膛进行燃烧的系统；中间储仓式制粉系统是将磨煤机磨好的煤粉先储存在煤粉仓中，然后再根据锅炉负荷的需要，从煤粉仓由给粉机送入炉膛燃烧的系统。

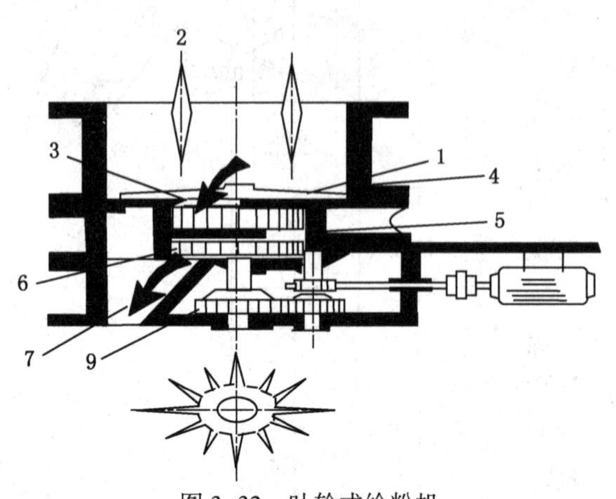

图 3-32 叶轮式给粉机

1—搅拌器；2—遮断挡板；3—上孔板；4—上叶轮；5—下孔板；6—下叶轮；7—给粉管；8—电动机；9—减速器叶轮

1. 直吹式制粉系统

直吹式制粉系统中，磨煤机磨制的煤粉直接送入炉膛内燃烧。运行时，制粉量在任何时刻均等于锅炉的燃煤消耗量。也就是说，制粉量随锅炉负荷的变化而变化。直吹式制粉系统大多配用中速或高速磨煤机，不采用低速球磨机，主要原因是在低负荷或变负荷工况下，球磨机的运行是不经济的，只有对带基本负荷的锅炉，才考虑采用低速钢球磨煤机直吹式系统。

(1) 中速磨直吹式制粉系统

排粉机是制粉系统负压动力的来源、空气和煤粉混合的动力来源、将煤粉携带进入炉膛的动力来源、作用锅炉的一次风。

直吹式制粉系统根据排粉机放置位置的不同，分为正压系统和负压系统。排粉机装在磨煤机之后，整个系统处在负压下工作，称为负压直吹式制粉系统，如图 3-33(a)所示。若排粉机装在磨煤机之前，整个系统将处在正压下工作，称为正压直吹式系统，如图 3-33(b)所示。

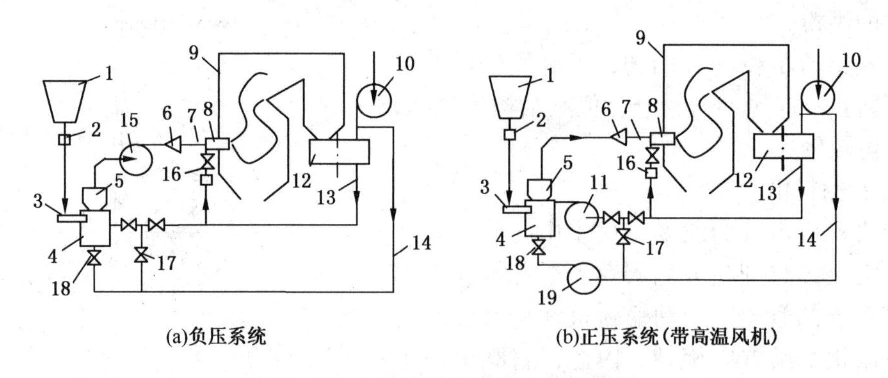

图 3-33 中速磨煤机直吹式制粉系统

1—原煤仓；2—自动磅秤；3—给煤机；4—磨煤机；5—粗粉分离器；6—一次风箱；7—去燃烧器的煤粉管道；8—燃烧器；9—锅炉；10—送风机；11—高温一次风机；12—空气预热器；13—热风管道；14—冷风管道；15—排粉机；16—二次风箱；17—冷风门；18—磨煤机密封风门；19—密封风机

在正压直吹式制粉系统中，根据排粉机放置位置的不同，分为热一次风系统和冷一次风系统。排粉机装在空气预热器后，抽取热空气送入磨煤机的系统，称为热一次风系统；排粉机装在空气预热器之前，抽取冷空气经预热器后送入磨煤机的系统，称为冷一次风系统。

热一次风系统与冷一次风系统相比较：热空气容积流量大，将使得风机叶轮直径及出口宽度增大，风机钢耗量增加；工质温度高，风机效率下降，耗电量增大，风机轴承及密封部位工作条件较差。冷一次风机可兼作制粉系统的密封风机，而热一次风系统需装设专用密封风机。另外，热一次风机的热风温度受到限制，限制了制粉系统的干燥出力，不适应高水分的煤种。而冷一次风机则无这种限制。

正压直吹式系统中，不存在排粉机的磨损问题，不会降低锅炉运行的经济性，但磨煤机和煤粉管道密封性要求较高。

负压直吹式系统中，排粉机内部流动的介质是煤粉和空气混合物或者是单纯的空气，煤粉气流的颗粒越大，叶片磨损越严重，增加了运行维护费用。排粉机的磨损是长期磨损作用导致的结果。由于排粉机叶片的磨损，也导致排粉机电耗增大、效率降低，从而使得系统可靠性降低。另外，负压运行使得漏风量增大，势必使经过空气预热器的空气量减少，增加了排烟热损失，降低了锅炉效率。这种系统的最大优点是整个系统处于负压状态下运行，不会向外跑粉，工作环境比较干净。

(2) 风扇磨直吹式制粉系统

风扇磨直吹式制粉系统多用来磨制褐煤、烟煤、贫煤，采用热风干燥直吹式制粉系统，如图 3-34(a)所示。

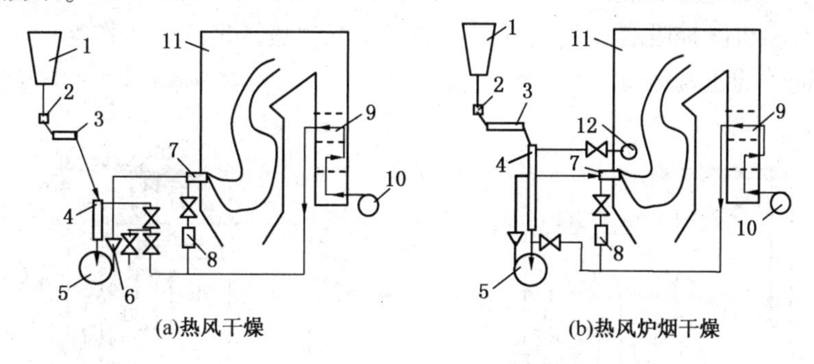

图 3-34　风扇磨煤机直吹式制粉系统

1—原煤仓；2—自动磅秤；3—给煤机；4—下行干燥管；5—磨煤机；6—煤粉分离器；7—燃烧器；8—二次风箱；9—空气预热器；10—送风机；11—锅炉；12—抽烟口

磨制褐煤的风扇磨一般采用炉烟和热风作为干燥剂，采用热风和炉烟的混合物作为干燥剂有如下优点：

① 由于干燥剂内炉烟占有一定的比例，降低了干燥剂中氧的浓度，可以防止高挥发分的褐煤煤粉爆炸；

② 增加烟气量降低燃烧器区域的温度，避免燃用低灰熔点褐煤时炉内结渣；

③ 燃煤水分变化幅度较大时，通过改变干燥剂中炉烟所占的比例，便可满足制粉系统干燥的需要。

一般的直吹式制粉系统，采用乏气送粉，一次风温低，不利于着火和稳定燃烧。为了克服以上缺点，在原直吹式制粉系统的基础上，加装旋风分离器，采用直吹式系统热风送粉，称为半直吹式热风送粉制粉系统。

磨煤机出来的气粉混合物，经粗粉分离器后进入旋风分离器，将煤粉从气流中分离出来；煤粉由下部经锁气器送入混合器，在其中与热空气混合后送入燃烧器；由旋风分离器出来的乏气作为三次风送入炉膛。

2. 储仓式制粉系统

储仓式制粉系统多为负压系统与直吹式制粉系统相比，储仓式制粉系统增加了细粉分离器、煤粉仓、给粉机和螺旋输粉机等设备。由磨煤机出来的风粉混合物先经粗粉分离器后，再经旋粉分离器将煤粉从气粉混合物中分离出来，储放在煤粉仓中或送入其他锅炉的煤粉仓中，然后根据锅炉负荷的需要，由给粉机送入炉膛燃烧。这种制粉系统的特点是：磨煤机的出力不受锅炉负荷的限制，磨煤机可始终保持自身的经济出力，所以中间储仓式制粉系统一般配用钢球磨。

储仓式制粉系统可分为干燥剂(乏气)送粉系统和热风送粉系统两种。在乏气送粉系统中，送风机把冷空气送进空气预热器加热后，一部分作为二次风经燃烧器进入炉膛，另一部分送入磨煤机作为干燥剂对煤进行干燥，同时携带煤粉离开磨煤机进入粗粉分离器，不合格的煤粉被分离出来后，经回粉管回到磨煤机重新磨制，合格的煤粉被干燥剂带入细粉分离器，被分离出来的合格煤粉存入粉仓，再由给粉机均匀的送入一次风管。由细粉分离器分离出来的干燥剂内含有10%~15%的煤粉，被排粉机送入一次风管作为一次风输送煤粉至炉膛。所以这种制粉系统称为乏气送粉系统，如图3-35(a)所示此时干燥剂即为一次风。乏气作为一次风，其温度较低(60~130℃)，又含有水蒸气，对煤粉气流的着火、燃烧不利。因此，乏气送粉系统不适宜挥发分低、水分高的煤种，而适用于烟煤等易着火的煤种。在乏气送粉系统中，排粉机除抽吸磨煤乏气，还可抽吸空气预热器来的热风作为一次风，以保证制粉系统停运时锅炉的正常运行。

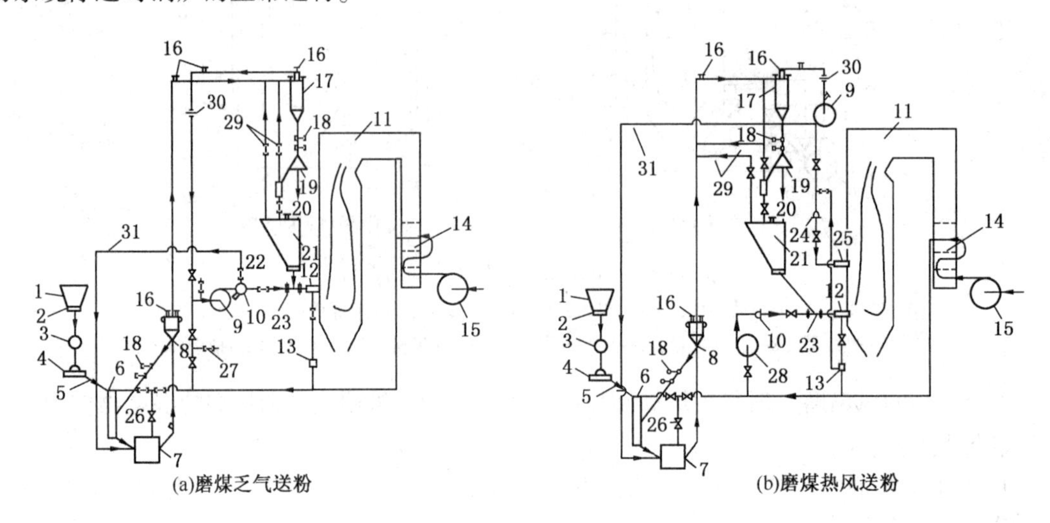

图3-35 筒式钢球磨煤机中间储仓式制粉系统

1—原煤仓；2—煤闸门；3—自动磅秤；4—给煤机；5—落煤管；6—下行干燥管；7—球磨机；8—粗粉分离器；9—排粉机；10—一次风机；11—锅炉；12—燃烧器；13—二次风箱；14—空气预热器；15—送风机；16—防爆门；17—细粉分离器；18—锁气器；19—换向阀；20—螺旋疏粉机；21—煤粉仓；22—给粉机；23—混合器；24—三次风箱；25—三次风喷口；26—冷风门；27—大气门；28—一次风机；29—吸潮管；30—流量测量装置；31—再循环管

热风送粉系统与干燥剂送粉系统基本相同，如图3-35(b)所示。不同之处是它直接空气预热器来的热空气(300~400℃)作为一次风输送煤粉。热风作为一次风，温度较高，有利于煤粉气流的着火与稳定燃烧，适用于无烟煤、贫煤、劣质烟煤等煤种。

中储式制粉系统中，在煤粉仓和螺旋输粉机上部装设有吸潮管，吸潮管的作用是借助排粉机产生的负压，抽吸螺旋输粉机、煤粉仓中的水蒸气和漏入的空气，防止煤粉受潮结块和自然爆炸。另外，还可使输粉机及煤粉仓中保持一定的负压，防止由不严密处向外喷粉。

中储式制粉系统中，排粉机出口至磨煤机的入口有一根连接管叫做再循环管。当需要通风量而不需要增加干燥能力时，可以打开再循环管让一部分乏气回到磨煤机，提高磨煤机内的通风量、风速，增大送粉能力。因此，再循环风是控制干燥剂温度、协调磨煤风量与干燥风量的手段之一，它的主要作用是增大系统通风量，调节磨煤机出口温度，提高磨煤出力。在乏气送粉系统中，当磨煤机停运时，排粉机可以直接抽吸空气预热器来的热空气来输送煤粉，以维持锅炉的正常运行。

3. 储仓式制粉系统和直吹式制粉系统的比较

① 直吹式制粉系统结构简单、设备少、输粉管道阻力小，因而制粉系统输粉电耗小。储仓式制粉系统中，因为锅炉和磨煤机之间有煤粉仓，磨煤机出力不受锅炉负荷变动的影响，制粉系统可以一直在最大出力工况下运行。但是，储仓式系统运行时漏风量大，输粉电耗要高。

② 负压直吹式系统中，煤粉全部经过排粉机输送，因此其磨损较快，发生振动和检修量增大。而在储仓式制粉系统中，排粉机只携带少量煤粉的，所以其磨损较轻，工作比较安全检修量少。

③ 储仓式制粉系统中，制粉系统的工作对锅炉影响较小，即使磨煤设备发生故障，煤粉仓内积存的煤粉仍可供应锅炉燃烧，同时，可以经过螺旋输粉机将邻炉制粉系统的煤粉送到粉仓中，使锅炉继续运行，提高了系统的可靠性。在直吹式系统中，制粉系统的运行直接影响锅炉的运行工况，锅炉机组的可靠性相对低一些，因此直吹式系统需要较大的裕量。

④ 储仓式制粉系统部件多、管道长，初投资和系统的建筑尺寸都比直吹式系统大。

⑤ 当锅炉负荷需要变动时，储仓式制粉系统只要调节给粉机出力就可以适应需要，既方便又灵敏。而直吹式系统要从改变给煤量开始，通过调整整个系统才能改变给粉量，因而惰性较大。此外，直吹式系统的一次风管是在分离器之后分支通往各个燃烧器的，燃料量和空气量的调节手段都设置在磨煤机之前，同一制粉系统供给煤粉的各个燃烧器之间，容易出现风粉不均现象。

4. 制粉系统的运行与维护

(1) 直吹式制粉系统的启、停及运行

直吹式制粉系统在运行中，制粉量是随锅炉负荷的变化而变化的。即制粉量等于锅炉的燃料消耗量。直吹式制粉系统一搬用中速或高速磨煤机。具有热一次风机正压直吹式制粉系统为例，其原则性启动程序如下：①启动密封风机，调整风压至规定值，开启待启动的磨煤机入口密封风门，保持正常密封风压；②启动润滑油泵，调整好各轴承油量及油压；③启动排粉机，开启进口热风挡板进行暖磨，使磨后温度上升至规定值；④启动磨煤机，开启一次风门点火；⑤制粉系统稳定后投入自动。

中速磨直吹式制粉系统的正常运行，是通过稳定磨煤机的通风量(一次风量)和给煤量，并使风煤比控制在合适的范围内来实现的。通过磨煤机出入口风压差表的指示来判断通风量的大小。要稳定通风量，首先要保证给煤的畅通，其次应当根据负荷及时准确地调节给煤量。调节时给煤要均匀，防止磨煤机堵塞、石子煤量增多等异常现象。

一般直吹式制粉系统的风煤比为1.8∶1~2.2∶1(质量比)。

通过磨煤机和排粉机电流表的指示，来判断设备的出力状况和其他方面的运行状况。因此，运行时必须认真监视电流的变化，及时做出调整。当通风量及风粉浓度变化时，排粉机电流相应发生变化；给煤量的变化能引起磨煤机电流的变化。根据煤质变化对于磨煤机出口风粉混合物温度及时调整，使其在规定范围内。

在正压直吹系统中，热风温度过高时，会使排粉机工作条件不好，轴瓦易烧坏，电耗也较大，所以一般限制热风温度不得高于300℃，当磨制水分较多而挥发分较低的煤时风温就不够。同时正压制粉系统中的风粉混合物会向外漏，造成工作环境恶化；负压系统中通过排粉机的是干燥剂和煤粉的混合物，虽然温度低，但磨损严重，检修量和运行维护量增加，而且系统漏风量大，会降低锅炉效率。

直吹式制粉系统的停止顺序：①停止给煤机，吹扫磨煤机及输粉管内余粉，并维持磨煤机温度不超过规定值。②磨煤机内煤粉吹扫干净后，停止磨煤机。③再次吹扫一定时间后，停止一次风机。④磨煤机出口的隔绝挡板，应随一次风机的停止而自动关闭或手工关闭。⑤关闭磨煤机密封风门。如该磨煤机系专用密封风机，则停用密封风机。⑥停止润滑油泵。

(2) 储仓式制粉系统的运行

中间储仓式制粉系统启动时，漏风量增大，排入锅炉的乏气增多，即进入炉膛的冷风及低温风增多，使炉膛温度水平下降，除影响稳定燃烧外，炉内辐射传热量将下降。由于低温空气进入量增加，除使烟气量增大外，火焰中心位置有可能上移，这将使对流传热量增加，对蒸汽温度的影响，视过热器汽温特性而异：如为辐射特性，汽温下降；如为对流特性，汽温将升高。同时，由于相应提高了后部烟道的烟气温度，通过空气预热器的空气量也相应减小，一般排烟温度将有所升高。制粉系统停止运行时，对锅炉运行工况的影响与启动相反。因此，在制粉系统启动或停止时，对蒸汽温度应加强监视与调整，并注意维持燃烧的稳定性。

储仓式制粉系统的启动：①制粉系统启动必须得到司炉的同意，检查磨煤机、排粉机，启动油泵，保持压力0.14~0.18MPa，投入润滑油系统，运转正常。②投入木屑分离器和活动筛。③开启磨煤机入口混合风总门，全开排粉机出口三次风门及再循环风门，关闭三次门风口的冷却风门。④得到可以启动排粉机、磨煤机的通知后，通知司炉启动排粉机。⑤缓慢开启排粉机入口风门，开始倒风。⑥利用热风门、冷风门进行倒风。开启热风风门，关小冷风门开始暖管5~10min，保持磨煤机入口负压在-100~-400Pa(-10~-40mmH_2O)。⑦当磨煤机出口温度达65℃时，排粉机入口温度在50℃以上，联系司炉，启动磨煤机，电流应在12秒内恢复正常。⑧启动给煤机，调整给煤量，开热风，关冷风，保持制粉系统负压不变，维持磨煤机出口温度，根据制粉系统出力及磨煤机出口温度调整再循环风门。⑨启动完毕正常后，投入自动、联锁，对系统作一次全面检查，开启煤粉仓的吸潮管。通知化学车间煤粉分析岗位人员取样进行煤粉分析。⑩锅炉启动制粉系统暖管时冷风门保持一定开度控制温度的升高，监视磨煤机出口及排粉机入口温度，使其受热均匀，在投煤前要活动系统锁气器，制粉系统暖管时间不少于20min。

储仓式制粉系统的运行特点是：可以独立的进行调节，与锅炉负荷没有直接的关系。其正常运行主要监视磨煤机入口负压、出入口压差、出口温度、磨煤机电流和排粉机电流等。运行中通常根据磨煤机进出入口压差的大小、磨煤机电流的变化来调整给煤机的给煤量，以保证磨煤机的最大出力。例如：HG-410/100—11 型锅炉配套的磨煤机为 DTM320/580 型钢球磨煤机，运行中控制磨煤机入口负压为-400Pa，磨煤机出入口压差 2000Pa，压差小说明煤量少，应加大给煤量，反之压差大，则应减少给煤量。磨煤机出口温度反映了磨煤机的干燥出力和煤粉含水量的大小，对不同型式的磨煤机，在磨制不同的煤种时，有不同的规定值。排粉机电流的变化随系统通风量和气粉浓度的变化比较明显。它能直观地反映出系统出力的大小及风煤的配比。当磨煤机煤量增多时，由于磨煤机内通风阻力增加而使通风量减少，因而，进入排粉机的风量也相应减小，此时排粉机电流因负荷的减小而降低。当磨煤机满煤时，由于通风量的大大减少而使排粉机电流明显下降。反之，当给煤量减少时，排粉机电流则上升。

在乏气送粉系统中，必须保证排粉机出口风压正常，因为当排粉机出口风压降低时，一方面会引起管内积粉，易造成一次风管堵塞；另一方面，由于煤粉气流提前着火还将引起燃烧器喷口烧坏等事故。若排粉机出口风压过高，煤粉在炉内的着火时间被推迟，影响锅炉燃烧的稳定性，降低了锅炉效率。在乏气送粉的制粉系统中，排粉机的运行不能间断。磨煤机在启动或停运时，需要进行"倒风"操作。当煤粉仓内粉位高需停用磨煤机时，或磨煤机因故跳闸停运时，可通过"倒风"切断磨煤机风源，而排粉机直接吸取高温风作为一次风送粉。排粉机运行中，如需启动相连的磨煤机时，应将热风"倒"入磨煤内作干燥介质，同时切除排粉机入口温风，将制粉乏气作为一次风输粉。"倒风"操作在乏气送粉的制粉系统运行中是很重要的，如果操作不当，会引起燃烧恶化，甚至造成锅炉灭火。

中间储仓式制粉系统的停止顺序：①逐渐降低磨煤机入口温度，并相应地减小给煤量，然后停止给煤机。②给煤机停止运行后，磨煤机继续运行 10 分钟左右，将系统煤粉抽净后，停止磨煤机。③停止排粉机。对于乏气送粉系统，排粉机要供一次风，磨煤机停止后，排粉机应倒换热风或冷、热混合风继续运行。对于热风送粉系统，在磨煤机停止后，即可停止排粉机。④磨煤机停止后，停止油泵，关闭上油箱的下油门，并关闭冷却水。

（3）煤粉细度的调整

煤粉细度是煤粉的重要指标，煤粉过粗，会增加不完全燃烧损失；煤粉过细，又会增加制粉电耗。煤粉细度主要与煤种、系统的通风量、制粉设备的运行工况及结构特性等有关。因此，运行中应根据煤种和燃烧工况的需要，合理地进行调节，尽量保持煤粉的经济细度。煤粉细度的调整方法很多，不同的制粉系统调节方法也不同，一般来讲：

① 调整粗粉分离器折向档板，通过改变安装在粗粉分离器上的折向挡板开度来改变风粉气流的速度和旋转半径。在一定范围内，折向挡板开度增大，煤粉细度变粗；折向档板开度关小，煤粉细度变细。实践证明，只有折向挡板在 20°~75°范围内调节时，才可有效的控制煤粉细度。

② 调整粗粉分离器套筒，套筒向上，煤粉变粗；套筒向下，煤粉将变细。

③ 回转式粗粉分离器通过调整转速改变煤粉细度，在通风量一定转速增加时，离心力增大，煤粉细度变细；转速降低时，煤粉细度变粗。

④ 调整制粉系统的风量，磨煤机入口负压大时煤粉变粗；磨煤机入口负压小时煤粉变细。当通风量增加时，煤粉变粗；通风量减小时，煤粉相应变细。对于直吹式制粉系统通风量的改变还将造成一次风量的改变，因而在采用该方式调节煤粉细度时，还应考虑一次风量变化所带来的影响。

（4）制粉系统的出力调整

制粉系统的出力是指每小时制出合格煤粉的数量。它与制粉系统的运行工况及设备状况有关。制粉系统出力主要包括磨煤出力、干燥出力和通风出力。

① 磨煤出力

磨煤出力指磨煤机在单位时间内，在保证一定煤粉细度条件下，所能磨制的原煤量。其单位以 t/h 表示。对于设备方面，影响钢球磨煤机出力的主要因素有：磨煤机的转速、护甲(波浪瓦)的形状、钢球形状、钢球装载量及充满系数等。

钢球磨煤机转速必须低于它的临界转速。此转速能使钢球带到适当的高度，脱离筒壁落下，跌落高度大，磨煤作用强。

波浪瓦的形状与钢球间的摩擦系数直接影响钢球的提升高度，摩擦系数大钢球提升高度高，反之则低。运行中波浪瓦磨损严重时，磨煤机出力会逐渐下降，所以磨煤机的波浪瓦应定期检查磨损情况，对波浪瓦波浪凸处磨损 2/3 时就应更换。

钢球装载量是用钢球充满系数表示的。所谓钢球充满系数就是钢球容积占筒体容积与钢球堆积比重乘积的比值。实验证明装球量不超过大罐出入口管下缘时，钢球装载量越大，钢球磨煤机出力越大，但钢球装载量达到一定程度后，由于钢球充满程度增大，钢球落下的有效工作高度减小，撞击作用减弱，而使磨煤出力降低，磨煤单耗增加。所以对于一定型号的磨煤机钢球装载量都有一个最佳值。一般取钢球充满系数为 0. 2~0. 35。

另外，筒内大小钢球的形状也影响磨煤出力，小钢球撞击次数多碾磨能力强，但是钢球磨损加剧，金属损耗增加。大钢球多破碎能力强，所以大小钢球的比例必须配好。钢球直径应根据电耗和金属损耗为最小的原则选用。在运行过程中，钢球逐渐被磨损，钢球直径变小，因此要定期补加钢球。一般在运行 2500 ~ 3000 工作小时后，要对钢球进行挑选。

中速磨煤机的给煤量通过托盘的转速来调节，磨煤出力主要与碾磨装置的运行工况、碾磨件的磨损程度及转盘上煤层厚度等因素有关，通过增大磨煤机的通风出力、干燥出力、选择合理的下煤量等方法可以提高其出力。

中速钢球磨(E 型磨)的碾磨压力、风环气流速度、辊式磨煤机的碾磨压力和风环气流速度等，均是影响碾磨装置运行工况的主要因素。碾磨压力的增大，磨煤机的制粉能力增大，然而碾磨压力过大时，将使碾磨部件磨损加剧，同时单位制粉量的电量消耗也将增大。对于 E 型磨碾磨装置的调整基本要求是，维持每个钢球上平均外加载荷(即碾磨压力)不变，使磨煤机的运行性能基本上不受碾磨部件磨损的影响。同时，当钢球磨损到一定程度时，要及时补加相同直径的钢球，保持磨煤出力不变。对于弹簧预紧施压的 E 型磨，随着磨环和钢球的磨损，弹簧工作高度相应增大，弹簧松弛，碾磨压力减小。根据磨损程度，应定期检查并调整(压紧)弹簧，保持磨煤出力不变。对于采用气压油封施压的 E 型磨，碾磨压力决定于气体压力。因此，只要保持规定的气体压力，即可保持碾磨压力恒定，且不受碾磨部件磨损的影响。大型辊式磨煤机采用液压缸加载，保持油压即可保持碾磨压力不变，从而保持磨煤出力不变。

中速磨煤机环形风道中气流速度和出力的关系是：气流速度越高时出力越大而煤粉粗；气流速度越低时出力越小而煤粉细。

碾磨部件磨损的影响：随着磨辊的辊胎磨损，要及时进行加载，否则碾磨力将降低，使磨煤出力下降。碗磨的衬圈和辊套间隙增大，磨煤出力下降，同时煤粉质量降低，石子煤量增多。此外，碾磨部件发生磨损后，还将使碾磨部件工作面的线性产生不规则变化，使磨煤机的制粉能力下降。

煤层厚度：煤层过厚或过薄都会降低磨煤出力，而且煤量过多还会使磨煤机堵塞、石子煤排放量增多等异常现象发生。在磨煤机工作稳定的条件下，适当降低煤层厚度，可以降低制粉单位电耗。

对于高速磨煤机肩负着制粉和通风的双重任务，因此高速磨煤机(以风扇磨煤机为例)的出力主要受通风出力和干燥出力的影响，当磨煤机进煤量大时，磨内空气阻力和输粉阻力都将增加，使进入磨煤机的风量下降，输粉量将减少，煤粉积聚在磨煤机里，将导致磨煤机超负荷，因此，必须保持磨煤机内有足够的通风出力。另外，当进煤量增大时，磨煤机内和出口风粉温度将下降，为了保持磨煤机运行工况稳定，使出口风粉混合物的温度保持在一定范围内，就应适当减少给煤量。所以运行中要增加磨煤机的出力，必须增加磨煤机的通风量。还应适当开大分离器的导向挡板，以保证磨煤机在最佳工况运行。同时，风扇磨煤机的冲击板、护极和分离器受到严重磨损时，不但会使运行周期缩短，还会使磨煤机的通风量和出粉量均下降。

② 干燥出力

干燥出力指制粉系统在单位时间内，将原煤干燥到一定程度的产量，其单位为t/h。

原煤中含有水分，水分越大，越不易磨制。为了保持磨煤出力并便于输送、分离、储存和燃烧，都需要对原煤进行干燥。

在给煤量一定时，影响制粉系统的干燥出力的因素有：干燥剂的温度、干燥剂的流量和原煤的水分。原煤的水分越大，需要的干燥热量越多。干燥剂初温越高，干燥进行得越强烈。初温的选择应根据原煤的水分来决定。

③ 通风出力

进入磨煤机的热风，除用作干燥煤粉外，还将起到预热煤粉和输送煤粉的作用。通风出力是指气流对煤粉的携带能力，即单位时间内，为了保证磨煤出力而必须的磨煤通风量。合理的制粉通风量不仅取决于给煤量、煤的特性和所要求的煤粉细度，而且还与原煤的水分含量等因素有关。

在运行过程中，通风量的调节是制粉系统出力调节的重要手段。在其他条件不变时，通风量增大，系统内的风速增加，易将不合格的煤粉带走，因而磨煤出力升高。风速的增大，还会使设备管道的磨损加剧和通风阻力增加，电耗上升。反之，通风量减小，磨煤机出力则降低，而且还会使干燥出力下降。当通风量过小时，甚至会造成磨煤机堵塞而无法工作。协调这两个风量的基本原则是：首先满足磨煤通风量的需要，以保证磨煤细度及磨煤机出力；其次保证干燥任务的完成。

(5) 燃煤特性对制粉出力的影响

燃煤的水分对磨煤机出力、煤粉的流动性以及燃烧的经济性都有很大的影响。水分过大时，给煤机出入口易堵，煤粉仓内煤粉易被压实结块，落粉管容易堵塞，煤粉输送困难，磨煤机出力下降等不良后果。因此，要特别注意监视检查和及时调节，以维持制粉系统运行正常和锅炉燃烧稳定。运行人员主要应注意以下几方面：①经常检查磨煤机出、入口管壁温度变化情况；②经常检查给煤机落煤口有无积煤、堵煤现象；③加强磨煤机出入口压差及温度的监视，以判断是否有断煤或堵煤的现象；④制粉系统停止后，应打开磨煤机进口检查孔，如发现管壁有积煤，及时铲除。

运行中，原煤水分增大，将使干燥出力下降，磨煤机出口温度降低，为了恢复干燥出力和磨煤机出口温度，可增加热风数量，如果热风门大开仍满足不了干燥所需要的热风数量时，只能减少给煤量，降低磨煤出力。

煤的可磨性系数，又叫可磨度，它表示是否易被磨碎的难易程度。煤的可磨性系数 K_{km} 越大煤越易磨，制粉电耗越低；煤的可磨性系数置 K_{km} 越小煤越难磨，电耗越高。

灰分是燃料中的杂质，煤中灰分含量越大，则煤的发热量越低，所需的燃煤量加大，制粉电耗也随之增加。

(6) 系统漏风的危害及对出力的影响

制粉系统漏风，会减少进入磨煤机的热风量，恶化通风过程。如果漏风在磨煤机之前，使得通过磨煤机的风量增加，为了保证磨煤机入口的负压，势必要减少热风，使得磨煤机的干燥出力下降，从而造成磨煤机的出力下降。如果系统漏风出现在磨煤机之后，将会增大排粉机的负荷和电耗，加大了一次风量，降低了一次风温。当排粉机出力不够时，会减少磨煤机的通风量，使得磨煤机的干燥条件变差，磨煤机的出力降低。漏入系统的冷风，最后是要进入炉膛的，结果使炉内温度水平下降，辐射传热量降低，对流传热比例增大，同时还使燃烧的稳定性变差。由于冷风通过制粉系统进入炉内，在总风量不变的情况下，经过空气预热器的空气量将减小，结果会使排烟温度升高，锅炉热效率将下降。

易于出现漏风的部位是：磨煤机入口和出口，旋风分离器至煤粉仓和螺旋输粉机的管段，给煤机、防爆门、检查孔等处，均应加强监视检查。

(7) 分离设备对制粉出力的影响

分离器分离效率的高低，对制粉系统的出力有一定的影响，分离效率高，煤粉重复回到磨煤机的少，制粉出力就大；反之，则小。

3.4 锅炉水循环及受热面

3.4.1 锅炉汽包及内部结构

1. 汽包的作用

汽包又称锅筒，是汽包锅炉中最重要的受压元件，其作用是；①连接上升管和下降管组成自然循环回路，同时接受省煤器来的给水，还向过热器输送饱和蒸汽。因而，汽包是加热、蒸发与过热三个过程的连接点；②汽包中存有一定的水量，因而有一定的蓄热能力。在工况变化时，可以减缓汽压变化速度。有利于负荷变化时的运行调节。同容量的锅炉，汽包容积大的储热能力强，随着锅炉容量的增大，汽包的直径不变长度增长；③汽包内部装有汽水分离装置和蒸汽清洗装置，可以进行蒸汽净化，从而获得品质良好的蒸汽。此外，汽包还有排污装置，可以降低炉水含盐量等。汽包常用的钢材有 22g、20g、BHW35、18MnMoNb 等。

2. 汽包外部结构

图 3-36 所示为国产超高压 410t/h 锅炉的汽包本体结构图。有图可见，汽包外部有很多管接头，连接着各种管道，如给水管、上升管来的引入管、下降管、饱和蒸汽引出管、连续排污管、事故放水管和加药管等。事故放水管的作用是汽包满水时紧急放水。

3. 汽包内部结构

如图 3-37、图 3-38 所示，汽包内部主要有汽水分离装置(旋风分离器、涡轮分离器、波形板分离器、汽孔板等)和蒸汽清洗装置组成。

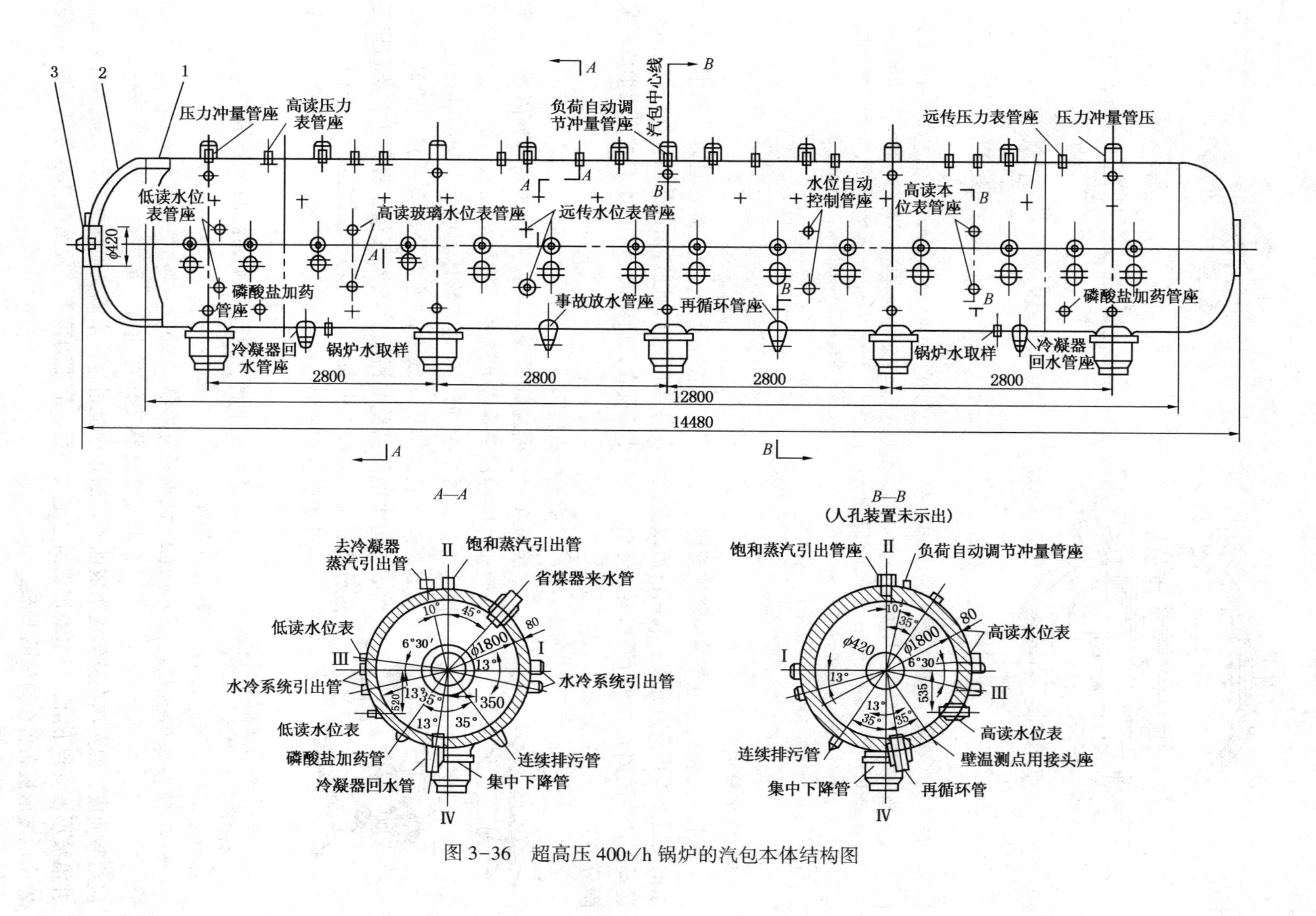

图 3-36　超高压 400t/h 锅炉的汽包本体结构图

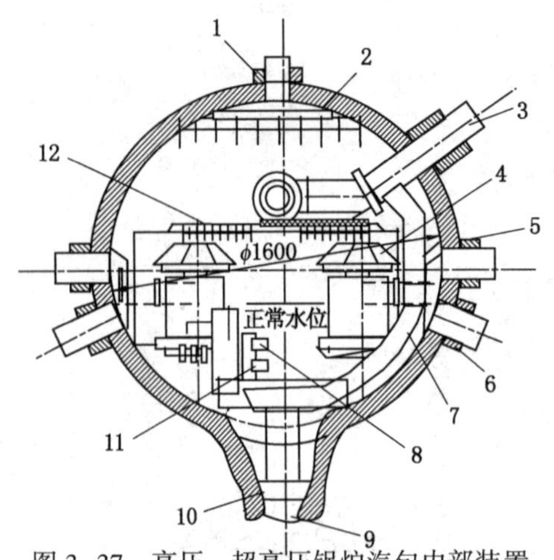

图 3-37 高压、超高压锅炉汽包内部装置

1—饱和蒸汽引出管；2—均汽板；3—给水管；4—旋风分离器；5—汇流箱；6—汽水混合物引入管；7—旋风分离器引入管；8—排污管；9—下降管；10—十字挡板；11—加药管；12—平孔板清洗装置

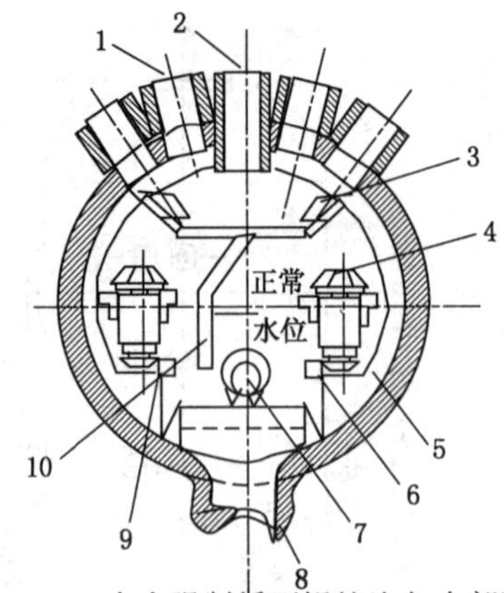

图 3-38 多次强制循环锅炉汽包内部装置

1—汽水混合物引入管；2—饱和蒸汽引出管；3—百叶窗；4—涡轮分离器；5—汽水混合物汇流箱；6—加药管；7—给水管；8—下降管；9—排污管；10—疏水管

4. 汽水分离装置

汽水分离装置是用来减少蒸汽湿度，提高蒸汽品质的设备。其工作原理是：利用蒸汽和水的密度差进行重力分离；利用汽流改变流动方向时的惯性力进行惯性分离；利用汽流旋转运动时产生的离心力进行汽水离心分离；利用水黏附在金属壁面上形成水膜往下流形成的吸附分离。

(1) 旋风分离器

装置在汽包内的旋风分离器称为炉内旋风分离器，装置在汽包外的旋风分离器称为炉外旋风分离器。炉内旋风分离器的构造如图 3-39 所示。他有筒体、引管、顶帽和筒底导叶组成。汽水混合物从切线方向进入分离器后产生旋转运动，离心力将水抛向筒壁并沿筒壁流入汽包水容积中，蒸汽则通过分离器顶部的波形板和水进一步分离后流入蒸汽空间。

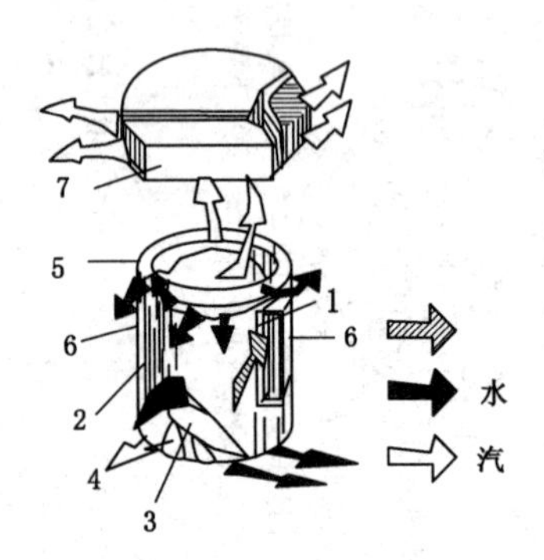

图 3-39 汽包内置旋风分离器

1—进口法兰；2—筒体；3—底板；4—导向叶片；5—环形分离槽；6—拉杆；7—波形板分离器

炉外旋风分离器的构造及其工作原理与旋风分离器相同，一般用在分段蒸发系统中作为炉外盐段。

为了保证水位平稳，汽包内相邻的两个旋风分离器的旋转方向相反。

(2) 波形板分离器

波形板分离器又称百叶窗，是由许多波形板按一定的距离组装而成，湿蒸汽在波形板组成的曲折通道中流过时，水滴受惯性的原因，撞到波形板上并沿波形板流到下沿，当水滴积累到一定大小后，靠重力落下，使蒸汽和水分离。旋风分离器中的波形板布置在筒体的上部。

(3) 均汽孔板

均汽孔板也叫顶部多孔板，它的作用是利用孔板的阻力使蒸汽沿汽包的长度和宽度均匀引出。与波形板分离器配合使用时，还可使波形板前的蒸汽负荷均匀，避免局部蒸汽流速过高。另外它还能阻挡住一些小水滴，起到一定的细分离作用。

饱和蒸汽引出管前面装有阻汽板，主要作用是阻止蒸汽由引出管管口前面沿轴线进入，让蒸汽绕过阻汽板后由侧面进入引出管，防止入口前蒸汽流速局部过高而带水。

（4）蒸汽清洗装置

汽水分离装置只能减少蒸汽机械携带的盐分含量，而不能解决蒸汽溶盐问题，因此对高压以上的锅炉，除采用汽水分离装置外，还需采用蒸汽清洗装置以减少蒸汽中的溶盐量。蒸汽清洗的原理就是让蒸汽和含盐量较低给水接触，通过质量交换，可使溶于蒸汽中的盐分部分转移到给水中，从而使蒸汽含盐量降低。按蒸汽与给水接触方式的不同，可将清洗装置分为穿层式、雨淋式、水膜式等几种。由于汽包内的蒸汽穿过清洗水层会起泡，因此穿层式清洗装置也称起泡穿层式清洗装置。目前我国主要采用穿层式。

汽水分离器的钟罩式穿层清洗装置蒸汽是从下地板两侧缝隙中进入清洗装置，汽包内的平板式清洗装置平孔板上的水，是依靠蒸汽穿孔阻力所造成的孔板前后压差来托住。汽包内穿层式清洗装置上的水层厚度一般以40~50mm为宜。

影响穿层式清洗效果的因素有：

① 清洗前蒸汽的品质；

② 清洗水量和清洗水的品质；

③ 清洗水层的厚度；

④ 蒸汽的流动速度。

涡流式分离器由筒体、顶帽及旋转叶片等组成。

3.4.2 下降管

下降管的作用是：把汽包中的水连续不断地送入下联箱供给水冷壁。为了保证水循环的可靠性，下降管都布置在炉外，不受热。

下降管有小直径下降管(即分散下降管)和大直径下降管(即集中下降管)两种。小直径下降管的管径小(如用ϕ108、ϕ133、ϕ159等管子)，根数多，故下降管阻力较大，对水循环不利。为了减小阻力，加强循环，节约钢材，简化布置，目前生产的高压、超高压锅炉多采用大直径下降管，送到炉下后再用分配支管与水冷壁下联箱连接。

下降管带汽时将使得下降管中工质平均密度减少，循环运动压头降低，工质的平均容积流量增大，流速增加，造成流动阻力增大，导致克服上升管阻力的能力减少，循环水速降低，增加了循环滞留、倒流等事故发生的可能性。

3.4.3 水冷壁

锅炉水冷壁是表面式换热器。水冷壁是锅炉的辐射蒸发受热面，它布置在炉膛四周，吸收炉内高温火焰的辐射热。水冷壁主要有以下两方面作用：

① 依靠火焰对水冷壁的辐射传热，使饱和水蒸发成饱和蒸汽。在有些高压、超高压锅炉中，送入水冷壁的是未饱和水，要在水冷壁中先加热成饱和水，然后再使之蒸发。

② 保护炉墙。用了水冷壁，炉墙温度大大下降，炉墙不会被烧坏，同时也防止了结渣和熔渣对炉墙的侵蚀。采用水冷壁，还可以简化炉墙，用轻型炉墙，使炉墙的重量减轻。当采用敷管式炉墙时，水冷壁本身更起着悬吊炉墙的作用。

水冷壁的类型可以分为光管式、膜式和刺管式三种。如图3-40所示。

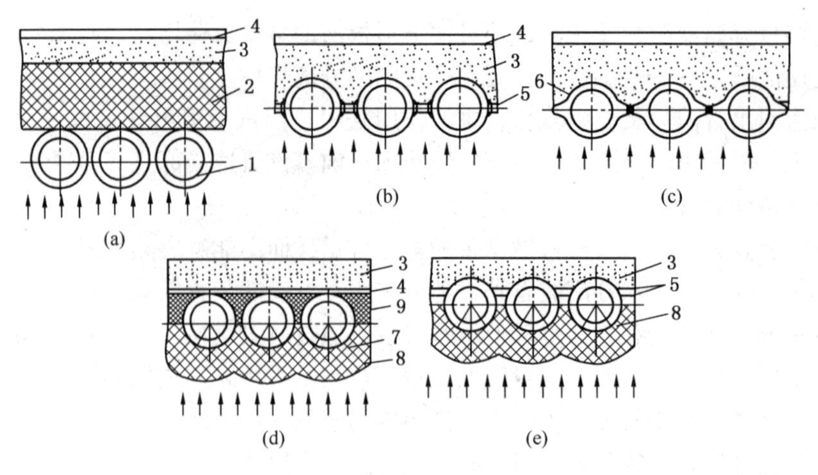

图 3-40　水冷壁结构

1—管子；2—耐火材料；3—绝热材料；4—炉外包皮；5—扁钢；6—轧制鳍片管；7—销钉；8—耐火材料；9—铬矿砂材料

1. 光管水冷壁

光管水冷壁的结构很简单，如图 3-40(a)所示，它有一些外表光滑的管子组成。大型锅炉的光管水冷壁管子外径为 42～60mm，相对节距 $s/d \leqslant 1.1$（s 为管子的节距，d 为管子外径），普遍采用敷管式炉墙。

2. 膜式水冷壁

膜式水冷壁是由鳍片管连接成的，如图 3-40(b)(c)所示鳍片管分为焊接和扎制两种，整个水冷壁就连成一体，把炉膛周围严密地包围起来，所以叫做膜式水冷壁。膜式水冷壁的优点：能用全部面积来吸收炉膛辐射热量，故很彻底地保护了炉墙；膜式水冷壁的敷管式炉墙，不需要耐火层，只要绝热层和抹面，所以质量轻，使炉墙结构简化，同时使炉膛结构蓄热能力减小，炉膛升温快，冷却也快，可缩短启动时间，缩短事故情况下的抢修时间；此外膜式水冷壁气密性好，可以使炉膛漏风大大减少，排烟损失减少，锅炉效率提高，人们又称为气密式水冷壁；刚性也比较好；不易结焦；制造厂组合方便，可加快锅炉安装速度等。由于可以增大辐射受热面积，因此大型锅炉基本采用膜式水冷壁。其缺点是管子与鳍片的温差大时易使管子损坏。

膜式水冷壁可以减轻炉膛质量的 60%～70%，与重型炉墙相比启动时间缩短。

膜式水冷壁锅炉运行时为了防止炉膛出现水平晃动，在水冷壁四周安装了刚性圈梁，使炉膛在水平方向、垂直方向能自由膨胀，而且保持准确定位。

3. 带销钉的水冷壁（刺管水冷壁）

刺管水冷壁是用来敷设燃烧带的。如图 3-40(d)(e)所示刺管水冷壁是在水冷壁管子上焊上许多长 20～25mm、直径 6～12mm 的销钉（抓钉）而构成的，所以叫刺管。在刺管水冷壁上敷盖铬矿砂耐火材料就组成卫燃带。销钉可使铬矿砂耐火材料与水冷壁连接，并将卫燃带的吸热量传递给水冷壁，从而降低了卫燃带的温度，防止卫燃带烧坏。敷设卫燃带的区域，由于水冷壁吸热量减少，炉内温度比较高。因此，卫燃带常用于：

① 烧无烟煤的膛的喷燃器区；

② 液态排渣炉的炉膛下部，亦即熔渣段；

③ 其他需要提高温度的部位，如旋风炉的旋风筒内。

4. 后水冷壁上部结构

容量较大的锅炉多为平顶炉，为了提高炉膛火焰充满度，并改善气流对屏式过热器或对流过热器的冲刷状况，使炉膛后墙出口处向炉内凸出，然后向后延伸形成折焰角。对于中、低压锅炉，由于汽化潜热大，炉内的蒸发受热面满足不了要求，通常在后水冷壁上部的炉膛出口处就拉稀成 2~4 排，这样每排管子的节距就增加到原节距的 2~4 倍。这种结构的好处是：一方面是形成一个烟气通道，另一方面可以弥补蒸发受热面的不足，同时冷却烟气，使烟气中半熔融状态的灰渣迅速凝固下来，以免形成结渣。所以，通常把这部分管子叫凝渣管。

高压、超高压锅炉都有屏式过热器，炉膛出口就是屏式过热器的进口，这样，屏式过热器就起了凝渣作用。因此，后水冷壁上部在结构上也发生了变化，管子不必延伸，更不必拉细。而是直接和上联箱连接，进入上联箱的汽水混合物由穿过水平烟道的引出管送入汽包。

折焰角水冷壁内介质的流动阻力比其他水冷壁大，为了防止折焰角管过热烧坏，在悬吊管内设置节流孔，使悬吊管的总阻力与折焰角管大致相等，以保证折焰角内有足够的汽水混合物流过。折焰角上斜管角度一般在 20°~45°，下斜管在 20°~30°。

图 3-41 是国产 410t/h 高压锅炉的后水冷壁上部结构。整个后水冷壁共有 208 根 $\phi60\times5$mm 的水冷壁管，管子节距为 65mm。在折焰角处，有 88 根管子用三叉管分成两根，一根垂直上升与上联箱连接，一根是弯形管，用来构成折焰角，也通入上联箱。为使汽水混合物主要流经弯形管，且也有部分工质流过直管，在直管与上联箱连接处装有节流孔为 $\phi5$ 的节流圈。这样，大部分工质走弯形管有利于折焰角的冷却，而小部分工质走直管就保证了直管与弯形管有相应的膨胀量，以减少内应力。这种结构的主要好处是：

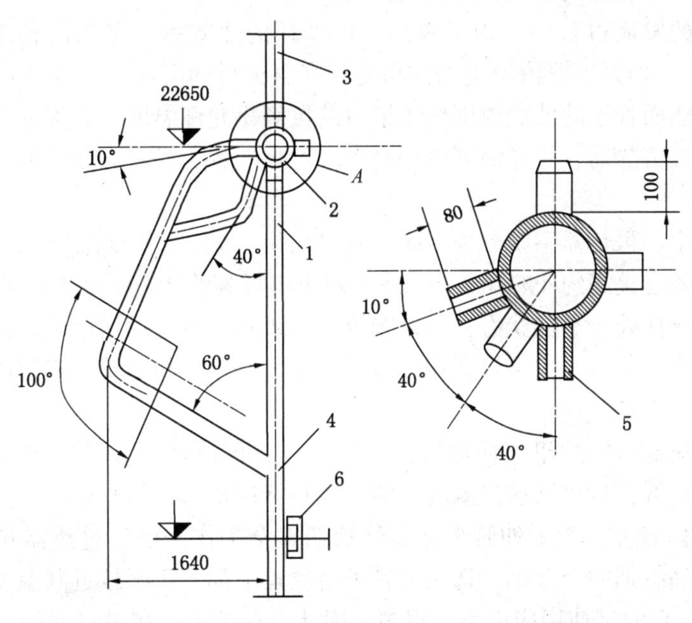

图 3-41　国产 410t/h 高压锅炉的后水冷壁上部结构

1—水冷壁；2—上联箱；3—汽水混合物引出管；4—三叉管；5—节流小孔；6—刚性带

① 增加了水平烟道的长度，在不增加炉膛深度的情况下，为水平烟道内各受热面的布置提供了便利。

② 改善了烟气对屏式过热器的冲刷特性，增加了烟气流程，加强烟气混合，使烟气流沿烟道高度分布均匀。

③ 提高了烟气对炉膛上前角的充满程度，因而使该处涡流区减小，使前墙和侧墙水冷壁的吸热能力加强。

后水冷壁上联箱上有 18 根 ϕ133mm×10mm 的管子穿过水平烟道通往汽包，这些管子没有凝渣作用，也不能吸收炉膛辐射热，已经成为对流蒸发受热面，这些管子不但是蒸发受热面的汽水混合物引出管，还是后水冷壁的悬吊管。

水冷壁管内设置节流孔有两种形式，一种是节流孔板焊接在悬吊管上，另一种是在悬吊管与联箱或汽包连接处设置缩孔。

5. 内螺纹水冷壁

内螺纹水冷壁是在管子内壁开出单头或多头螺旋形槽道的管子。

6. 水冷壁挂钩装置

为了既满足水冷壁在运行中的膨胀补偿，又防止弯曲的水冷壁管在自身、下联箱和其中锅水重量的作用下，有被拉直的趋向，在管子的弯曲部位引起附加应力，逐渐发生永久变形，因此在水冷壁上部背火侧设置挂钩装置。锅炉运行时钢架向上膨胀，水冷闭管向下膨胀，水冷壁管被挂钩托住，挂钩承受了大部分水冷壁的重量。

3.4.4 过热器与再热器

锅炉过热器为表面式换热器。

1. 过热器与再热器的特性

过热器是将饱和蒸汽加热到具有一定温度的过热蒸汽的受热面。再热器是将汽轮机高压缸排汽在锅炉中再次加热到一定温度的受热面。

在电力工业的发展过程中，为了提高电厂循环的热效率，蒸汽的初参数(如压力和温度)不断地被提高。但是，蒸汽温度的提高受到高温钢材的限制，因为在设计过热器时，必须确保过热器受热面管子的外壁温度低于钢材的抗氧化允许温度，并保证其机械强度和耐热性。在锅炉内装置再热器，一方面可以提高循环的热效率，另一方面降低汽轮机末级叶片的蒸汽湿度。

在大型锅炉中，再热器系统分为多级，其目的是：进一步提高循环的热效率(采用一次再热可使循环热效率提高约 4%~6%，二次再热可再提高约 2%)；使整个再热器系统出口温度随负荷的变化特性处于平稳状态，三级布置比二级布置每级的焓增量降低，每级再热器出口蒸汽温度差偏小。一般屏式再热器和末级再热器之间用中间联箱、三通或两根大口径管道相连接。

过热器和再热器是锅炉里工质温度最高的部件，再热器工作条件比过热器更差，压力低、密度小、流速低，再热器蒸汽侧的放热系数只有过热蒸汽侧放热系数的 1/5，吸热能力(冷却管子的能力)较差，为了使管子金属能长期安全工作，设计过热器和再热器时，为了尽量避免采用更高级别的合金钢，选用的管子金属几乎都工作于接近其温度的极限值。这时 10~20℃的超温也会使其使用应力下降很多。因此，在过热器和再热器的设计和运行中，应注意如下问题：

① 运行中应保持汽温稳定、调节灵敏；

② 为防止再热器过热超温，将再热器布置在热负荷稍低的烟道或炉膛出口处；

③ 蒸汽流速和烟气流速合理，尽量防止或减少管子之间的热偏差；

④ 合理利用金属材料。尽量少用高级的钢材，节约投资，又要使受热面管壁温度接近钢材允许使用的极限温度；

⑤ 制造、安装、检修方便。

2. 过热器的型式与布置方式

按照传热方式的不同，过热器可分为对流、辐射及半辐射三类。锅炉的过热器都是以对流、辐射、半辐射型式组合而成。

（1）对流过热器

对流过热器一般布置在水平烟道或尾部烟井中，主要吸收烟气的对流放热量。对流过热器由大量的无缝钢管弯制成的蛇形管组成。根据蛇形管的布置方式可分为立式和卧式两种。水平烟道中的对流过热器都是立式的（垂直布置），尾部竖井中的对流过热器则采用卧式的（水平布置）。过热器根据烟气和蒸汽的相对流动方向不同可分为：顺流、逆流、双逆流和混流布置四种方式，如图 3-42 所示。顺流布置，壁温最低，传热最差，受热面最多；逆流布置，壁温最高，传热最好，受热面最小；双逆流和混流布置，管壁温度和受热面大小居前两者之间，应用较广。逆流布置较多应用于低烟温区，顺流布置较多应用于高烟温区或过热器的最后一级。

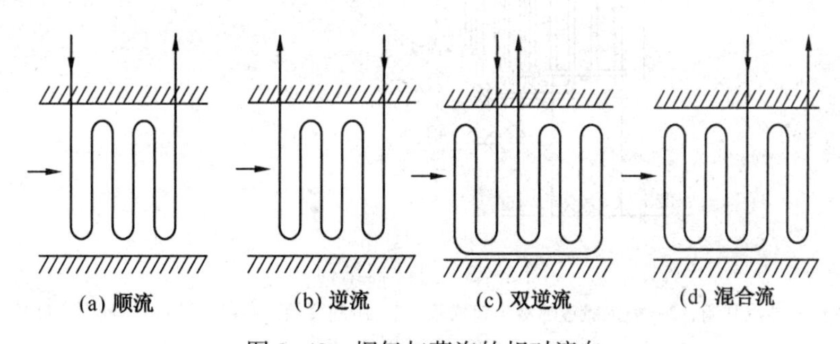

图 3-42　烟气与蒸汽的相对流向

（2）半辐射式过热器

图 3-43 为过热器结构。将过热器管子紧密排列像“屏”一样，吊在炉膛出口或炉膛上部，既能吸收炉膛内高温火焰的辐射热，又能吸收屏间烟气的辐射热和烟气流过时的对流热，这样的过热器称为半辐射式过热器。

半辐射式过热器由外径为 32~42mm 的钢管及联箱组成，吸收的对流热和辐射热的比例依布置位置而定。有的锅炉装有两组屏式过热器，通常把靠近炉前的叫前屏过热器，靠近炉膛出口的叫后屏过热器。前者属于辐射式过热器，后者属于半辐射式过热器。

（3）辐射式过热器

放置在炉膛中直接吸收火焰辐射热的过热器称辐射过热器。在大型锅炉中布置辐射过热器对改善汽温调节特性及节省材料有利。辐射过热器的布置方式很多，除了布置成屏式过热器外，还可以布置在炉膛四周称墙式过热器，墙式过热器可布置在炉墙上部，也可以自上而下布置在一面墙上。布置在炉墙上部可以不受火焰中心的强烈辐射，对工作条件有利，但这使炉下半部水冷壁管的高度缩短，不利于水循环；自上而下布置在一面墙上的过热器对水循环无影响，但靠近火焰中心的管子受热很强，炉膛热负荷高，管内蒸汽冷却差，壁温较高，工作条件差，因此对金属材质有更高的要求，一般采用高材质金属。同时，还需解决锅炉启动和低负荷时，过热器的安全性和水冷壁管膨胀不一致的问题。

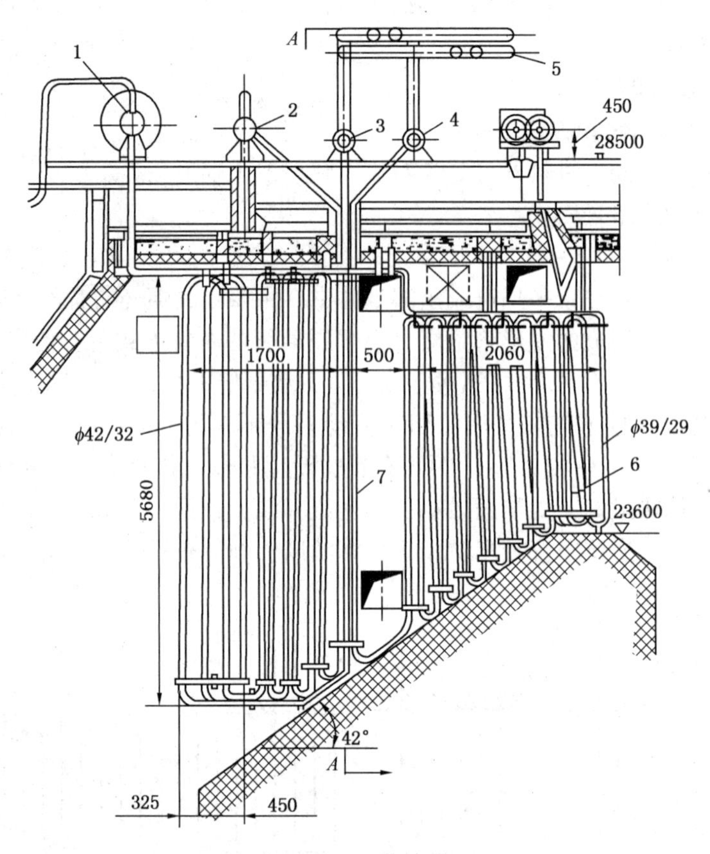

图 3-43　过热器结构

1—饱和蒸汽联箱；2—第二级过热器出口联箱；3—中间联箱；4—第一级过热器出口联箱；5—交叉连通管；6—第一级过热器；7—第二级过热器

过热器按布置位置分类可分为顶棚过热器、包墙过热器、低温对流过热器、分隔屏过热器、后屏过热器、高温对流过热器。

(1) 顶棚过热器

顶棚过热器布置在炉膛及水平烟道顶部，主要用于支撑炉顶的耐火材料和保温材料，并保持锅炉的严密性。它吸收炉膛火焰辐射热及烟气流中的一部分辐射热，也吸收烟气的对流热。

(2) 包墙管过热器

包墙管过热器布置在水平烟道、竖井烟道的内壁上，其主要作用是将水平烟道和竖井烟道的炉墙直接敷设在包墙管上形成敷管炉墙，从而可以减轻炉墙重量，简化炉墙结构，但包墙管过热器紧靠炉墙受烟气单面冲刷，而且烟气流速低，故传热效果较差。

(3) 低温对流过热器

低温对流过热器布置在竖井烟道后半部(尾部烟道)，一般采用逆流布置对流传热。有垂直布置和水平布置两种形式。

(4) 分隔屏过热器

布置于炉膛上部，靠近前墙处，主要吸收辐射热。其作用是：1) 对炉膛出口烟气起阻尼和分割导流作用。四角燃烧锅炉，炉膛内气流按逆时针方向旋转时，通常炉膛出口右侧烟温偏高，为了消除出口烟气的残余旋转及烟温偏斜的影响，在炉膛上部设置了分割屏以扰动烟气的残余旋转，使炉膛出口的烟气沿烟道高度方向能分布得比较均匀些。2）降低炉膛出口烟气温度，避免结渣。3）在锅炉放大调节范围内，其过热器出口蒸汽温度可维持在额定数值中。4）可有效吸收部分炉膛辐射热量，改善高温过热器管壁温度工况。

（5）后屏过热器

布置在靠近炉膛出口折焰角处，同时吸收辐射热和对流热，属于半辐射式过热器。后屏采用顺流布置。为了降低屏过间的热偏差，分割屏与后屏之间可左右交叉连接。

（6）高温对流过热器

高温对流过热器布置在折焰角上方、吸收对流热。因高温对流过热器处于烟温和工质温度都相当高的工况下，故采用顺流布置。高温对流过热器为立式布置，悬吊方便，结构简单，管子外壁不易磨损，不易积灰，但管内存水不易排除，在启动初期，应开启过热器疏水门，防止形成水塞而导致局部受热面过热。

锅炉辐射过热器吸热份额小于对流过热器吸热份额。大容量直流锅炉中由于辐射过热器面积增大而使负荷上升，汽温下降。

3. 过热器与再热器的热偏差

过热器和再热器是由许多并列的管子组成的，由于管子的结构尺寸、内部阻力系数和热负荷各不相同，因而，每根管子中蒸汽的焓增也就不同，这种现象叫做过热器和再热器的热偏差。过热器和再热器的热偏差主要是由于吸热不均和流量不均所造成的。

（1）吸热不均

影响过热器并列的管子之间吸热不均的因素较多，有结构因素，也有运行因素。受热面的结渣或积灰会使管间吸热严重不均。结渣和积灰总是不均匀的，部分管子的结渣或积灰会使其他管子吸热增加。炉内温度场和热流的不均将影响辐射式和对流式过热器的吸热不均。

过热蒸汽左右交叉流动，有助于减轻沿炉膛宽度方向因烟温不均而造成热负荷不均的影响。

（2）流量不均

影响并列管子间流量不均的因素也很多。例如联箱连接方式的不同，并行管圈间重位压头的不同和管径及长度的差异等。此外，吸热不均也会引起流量的不均。

过热器的分级布置可以减小热偏差，分级后每一级的受热面积不太大，蒸汽流过后的焓增就不太大，即使存在热偏差，热偏差的绝对值也不会太大；另外，级与级之间有中间混合联箱，蒸汽在中间联箱内互相混合，即可消除前一级受热面中所形成的热偏差。

4. 汽温特性及汽温调节

所谓汽温特性，是指汽温随锅炉负荷（或工质流量）变化的规律。

辐射式过热器主要吸收炉内的辐射热。当负荷增加时，辐射式过热器内工质的流量增大，由于炉内火焰温度的升高并不太高，造成炉内的辐射热不会增加很多。也就是说，随着锅炉负荷的增加，炉内辐射热的份额相对下降，辐射式过热器中的蒸汽焓增减少，出口蒸汽温度下降。当锅炉负荷增大时，消耗的燃料量增大，流经对流过热器的烟气流量、流速和烟气温度将增加，对流过热器等受热面吸热量增加。对流换热不仅决定于烟气的温度，还与烟气的流速有关，随着烟气流速相应的增大，烟气侧对流放热系数增加，过热器中工质的蒸汽焓增随之增大。因此，汽包锅炉对流过热器的出口汽温随着负荷的增加而升高。过热器布置远离炉膛出口时，汽温随锅炉负荷提高而增加的趋势更加明显。屏式过热器的汽温特性将稍微平稳一些，因为它以炉内辐射和烟气对流两种方式吸收热量。不过它的汽温特性有可能是在高负荷时对传热占优势，而低负荷时则辐射传热占优势。大容量锅炉的过热器，虽然采用辐射、半辐射和对流多级布置的过热器系统，但辐射吸热的份额较小，整个过热器的汽温特性仍是对流式的，即负荷增加时，出口汽温下降。

采用将过热器受热面布置在远离火焰中心的上部、作为低温受热面、采用较高的质量流速等措施可有效改善辐射过热器的工作条件。

再热器的汽温特性与过热器相似，都是对流式为主。因为再热器多半布置在对流烟道中，而且常常布置在高温对流过热器之后，此外，负荷降低时，再热器的入口汽温(汽轮机高压缸的排汽温度)还要下降，这使得当负荷降低时，再热蒸汽温度比过热蒸汽温度的下降要严重得多。

5. 过热器积灰、高温腐蚀及高温结焦

所谓高温积灰就是高温烟气中的飞灰沉积在管束外表面的现象。过热器管外的积灰属于高温积灰。积灰使传热热阻增加，烟气流动阻力增大，还会引起受热面金属腐蚀。高温腐蚀是指高温对流受热面的烟气侧腐蚀。

根据灰的易熔程度可分为低熔灰、中熔灰和高熔灰。低熔灰的熔点大都在700~850℃，其主要成分是碱金属氯化物和硫化物 $NaCl$、Na_2SO_4、$CaCl_2$、$MgCl_2$、$Al_2(SO_4)_3$ 等。中熔灰的熔点在900~1100℃，其主要成分是 FeS、Na_2SiO_3、K_2SO_4 等。高熔灰的熔点在1600~2800℃，是由纯氧化物 SiO_2、Al_2O_3、CaO、MgO、Fe_2O_3 组成。高熔灰的熔点超过了火焰区的温度，它通过燃烧区时不发生状态变化，颗粒直径细微，是飞灰的主要成分，飞灰直径分细径灰群(10μm)、中径灰群(10~30μm)和粗径灰群(≥30μm)。

高温过热器与再热器布置在烟温在700~800℃的烟道内，管子的外表面积灰由两部分组成，内层灰紧密，与管子粘结牢固，不容易清除；外层灰松散，容易清除。内灰层的坚实程度称为烧结强度。烧结强度越大的灰层越难以清除。烧结强度和温度、灰中 Na_2O、K_2O 的含量及烧结时间等因素有关。炉内过量空气系数、燃烧方式和炉膛结渣等都影响进入对流烟道的烟气温度，从而影响烧结强度。烧结强度随着时间而增大，时间越长越结实，故积灰必须及时清除。

此外，氧化钙(CaO)含量大于40%的灰，开始积在管外表面的是松散的灰层，但是当烟气中存在硫氧化物气体时，在高温(烟气温度高于600~700℃)长期作用下，也会烧结成坚实的灰层。对于灰中含钙较多的燃料，设计过热器与再热器时，应重点考虑实施防止烧结成坚实灰层或减轻其危害性的措施，如加大管子横向中心节距，减小管束深度，采用立式管束，装置有效的吹灰器，保证每根管子都能被吹灰和易于将积灰清除。

3.4.5 省煤器

1. 省煤器的作用与结构

省煤器是利用排烟余热来提高给水温度的装置。其在锅炉中的主要作用是：一是降低排烟温度，提高锅炉效率，节省燃料。二是减少了水在蒸发受热面内的吸热量，因此，省煤器可以取代部分蒸发受热面，也就是以价格较低的省煤器来代替部分造价较高的蒸发受热面，从而降低了锅炉造价。三是提高进入汽包的给水温度，减少给水与汽包壁之间的温差，降低了汽包热应力，改善了汽包的工作条件，延长了使用寿命。

按省煤器出口工质的状态将其分为沸腾式和非沸腾式两种。省煤器出口水温低于饱和温度的省煤器，为非沸腾式省煤器；如果水被加热到饱和温度并产生部分蒸汽的省煤器，是沸腾式省煤器。按使用材料可分为钢管式和铸铁式两种。

钢管式省煤器结构由进口联箱、出口联箱和蛇形管组成(如图 3-44 所示)。

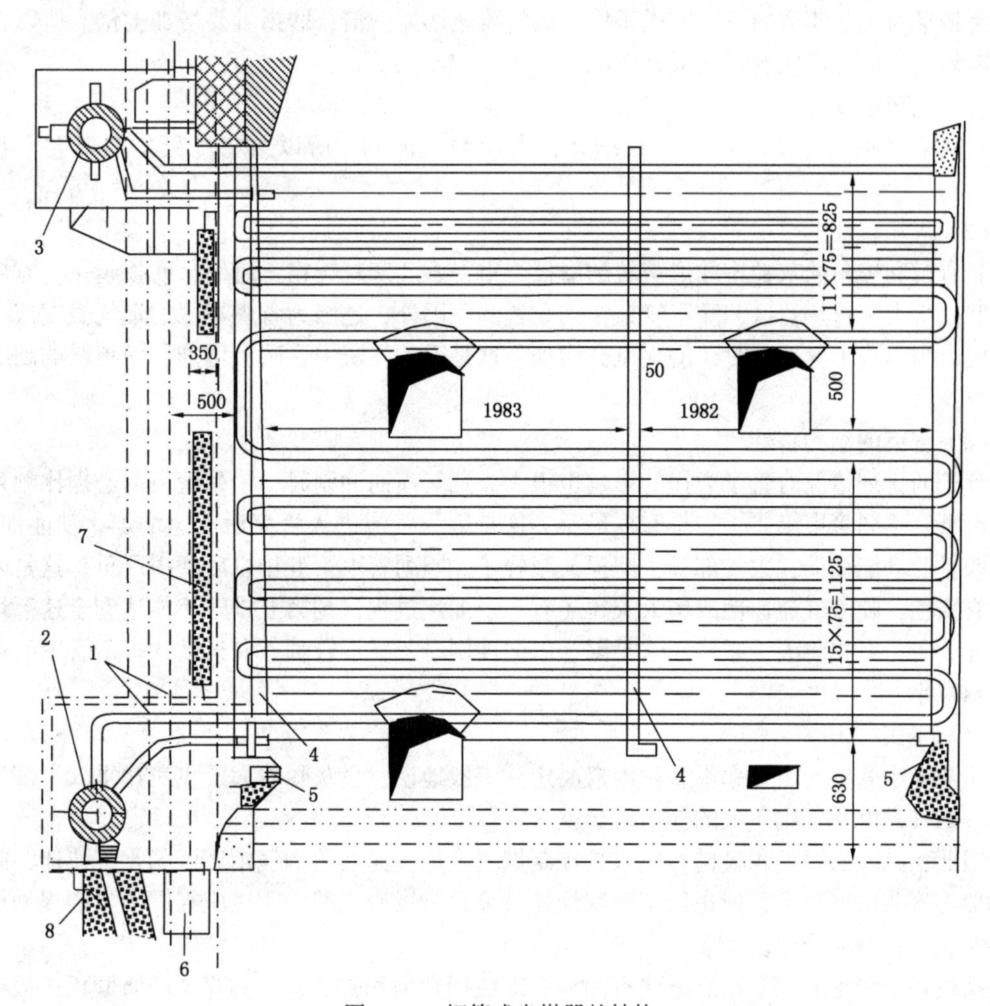

图 3-44　钢管式省煤器的结构

1—蛇形管；2—进口联箱；3—出口联箱；4—支架；5—支撑梁；6—锅炉钢架；7—炉墙；8—进水管

2. 省煤器的主要参数及运行保护

锅炉在启动初期，由于蒸发量小通常采用间断给水的方法补水。当停止上水时，省煤器内的水处于停滞状态，部分水将汽化，生成的蒸汽会附着在省煤器管壁或聚集在省煤器上部，造成管壁局部超温烧坏。为了防止省煤器在锅炉启动初期超温，通常在省煤器入口与汽包下部装设外置再循环管，再循环管上装有再循环门，当停止上水时，应打开再循环门，借助工质的密度差使省煤器内的水不断的循环流动，从而使省煤器管壁得到冷却。锅炉上水时，应关闭再循环门，避免给水经省煤器再循环管直接进入汽包。

3. 省煤器的磨损和低温腐蚀

煤粉炉的烟气中带有大量的飞灰粒子。当高速烟气冲刷受热面时，飞灰粒子就不断地冲击受热面金属壁面，对金属壁面产生冲击和切削作用，形成受热面磨损。省煤器磨损最严重的方位是迎烟气前面二三排。时间一长，管壁因磨损而变薄，强度降低，结果造成管子的损坏。影响磨损的因素有：飞灰速度、飞灰浓度、灰粒特性、管束的结构特性和飞灰撞击率等。

(1) 飞灰速度

磨损量与飞灰速度的三次方成正比。烟气流速增加一倍，磨损量要增加七倍。所以，适当控制烟气流速对减轻磨损是很有效的。

(2) 飞灰浓度

飞灰浓度增大，灰粒冲击次数增多，因而磨损加剧。所以，烧多灰分的煤时，磨损严重。

(3) 灰粒特性

具有锐利棱角的灰粒比球形灰粒的磨损严重得多。灰粒越粗、越硬，磨损越重。省煤器区的磨损常大于过热器区，除了管束错列布置的原因外，还因为省煤器区的烟气温度低，灰粒较硬。当燃烧工况恶化时，磨损也会增加，这是因为飞灰中含碳量增加，而焦炭的硬度比灰粒要高。

(4) 管束的结构特性

管子的排列情况对管子磨损的影响也很大。烟气横向冲刷时，错列管束的磨损比顺列管束的严重。错列管束第二、三排磨损最重，这是因为气流进入管束后流速增加，动能加大，而第四排后动能被消耗去一部分，磨损又减轻了。顺列管束第五排以后磨损严重，这是因为灰粒有惰性，随着气流速度的增大灰粒还有一个加速过程，到第五排时才能达到全速。烟气纵向冲刷时，磨损将大为减轻。这是因为纵向冲刷时灰粒沿管轴方向运动，打击管壁的可能性大幅减小。

(5) 飞灰撞击率

飞灰撞击管壁的机会率由多种因素决定。一般地说，飞灰颗粒大、飞灰比重大、烟气流速快、烟气黏度小，则飞灰的撞击机会就多。

因此，减轻磨损的积极措施应该是控制烟气流速，尤其是烟气走廊区的烟气流速，防止局部地方飞灰浓度过大，但是局部区域烟速过高是难以避免的，所以应在管子易磨损处加装防磨装置，检修时予以更换。

从设备上考虑省煤器防磨方法有两种，即使用圆钢和防磨板。省煤器的防磨板一般选用低碳钢。

防止省煤器磨损的措施：

① 适当控制烟气流速，特别要防止局部流速过高；

② 降低飞灰浓度，在易于磨损的部位加装防磨装置；

③ 在尾部烟道四周及回流区设置导流板，防止蛇形管与炉墙间形成烟气走廊而产生局部磨损；

④ 锅炉不宜长期超负荷运行；

⑤ 减少锅炉漏风。

4. 省煤器吊架

省煤器的固定方式有两种，一种是支撑结构，另一种是悬吊结构。横向布置的省煤器多采用支撑结构，悬吊式省煤器是将省煤器管用耐热扁钢，或者受热面管子本身的蛇形管作为吊架，使整个省煤器悬吊在钢梁上。省煤器的悬吊梁是利用两条槽钢焊接而成的空心梁，其空心梁里保持一定的冷却介质。省煤器的吊挂管联箱布置在炉外。

3.4.6 空气预热器

由于冷热流体不能混合，因此空气预热器采用表面式换热器。

1. 空气预热器的型式

空气预热器是利用排烟余热把空气加热为热空气的热交换器。空气预热器使燃烧和制粉需要的空气温度得到提高，同时也降低了排烟温度，减少排烟热损失。

空气预热器的种类很多，按传热方式不同将空气预热器分为导热式和蓄热式(回转式)两大类。在导热式空气预热器中，热量连续不断的通过导热面由烟气传给空气。烟气和空气各有自己的通路。导热式空气预热器常见的有板式和管式两种，管式预热器烟气在管内纵向冲刷管壁，传热效果较差。蓄热式空气预热器多为回转式，有受热面回转式和风罩回转式两种。蓄热式空气预热器是烟气和空气交替流过受热面，烟气将热量传给受热面并积蓄起来，空气流过时，受热面将热量传给空气。现代锅炉多采用的传热式空气预热器是管式空气预热器，采用较多的蓄热式是回转式空气预热器。

(1) 管式空气预热器

管式空气预热器由一定规格的直管子制成，管子两端焊接到管板上，形成一个立方形管箱。承受预热器重量的下管板通过支架支承在锅炉钢架上。通常烟气在管内纵向流动，空气从管间的空间横向绕流过管子，两者成交叉流动，如图 3-45 所示。沿空气流动方向管子成错列布置。为了使空气能作多次交叉流动，水平方向装有中间管板。为了方便安装和运输，在制造厂中通常将管式空气预热器做成若干个箱体。安装时，为防止空气在流经相邻管箱间的间隙漏到烟气中，通常把相邻管箱的管板直接焊接起来或在间隙处加装密封膨胀节。

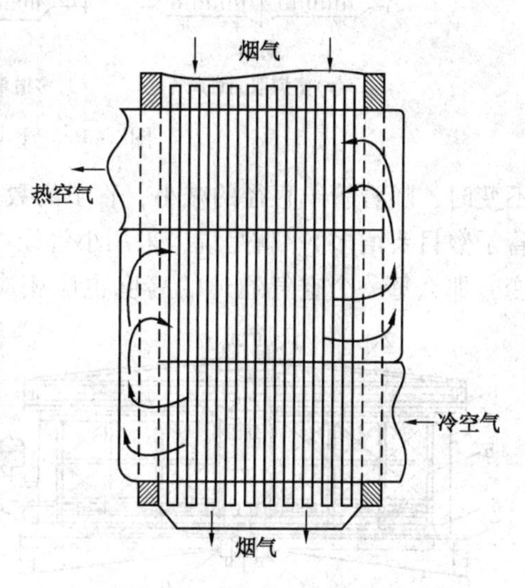

图 3-45 管式空气预热器

1—管子；2—上管板；3—膨胀节；4—空气罩；5—中间管板；6—下管板；7—钢架；8—支架

空气预热器运行时，空气预热器各部分及钢架间的温度不同，其膨胀量也不相同。这样，预热器的上管板和外壳都不能完全固定在锅炉的钢架上，而应允许其间有相对位移，以补偿各部件间的不同伸缩。管式空气预热器的膨胀补偿装置中补偿器由薄钢板制成，膨胀补偿装置既允许各部件能相对移动，又能保证连接处的密封，以防止漏风。漏风的危害是很大的，空气漏入烟气，不仅会增大引风机电耗，还要增加排烟热损失，使锅炉效率降低。管式空气预热器的布置要适合于锅炉的整体布置。图 3-46 为管式空气预热器的几种典型布置方式。

按照空气流程的不同，管式空气预热器有单道和多道之分。当受热面积不变时，通道数目的增加会使每一个通道的高度减小，因而空气流速增大。另外，通道数目增多，也使交叉流动的次数增多，这时，空气预热器的传热效果就会更加接近逆流工况，从而可以得到较大的平均温差。按照进风方式不同，空气预热器又可分为单面进风、双面进风和多面进风。很明显，进风面增多，空气的流通面积就增大，空气流速就可降低。或者当维持空气流速不变时，可以降低每个通道的高度。

一般来说，采用小管径可使空气预热器更加紧凑，占用的空间更小。当保持烟气的流速

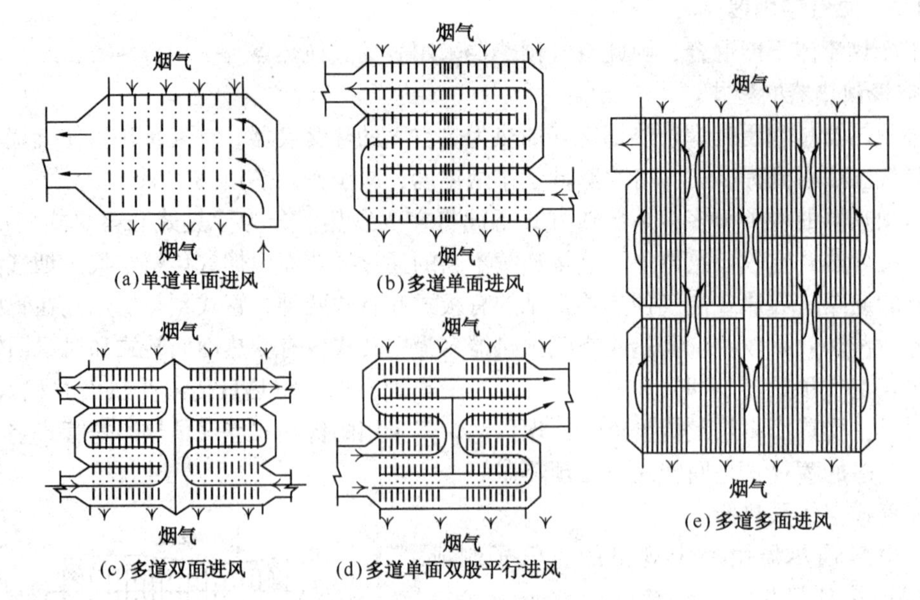

图 3-46　管式空气预热器的分布方式

不变时，随着管子直径的减小，管子的数目必须增加。若管径减小则管子长度也减小(此时管子数目要增多)。就是说，采用小管径可以降低预热器的高度。若维持空气的绕行次数不变，那么每一个空气通道的高度也应相应降低。譬如，管径减小 1/2，那么管长也将减小 1/2。即管子排数的增加与管径的减小是按相同比例进行的。在这种情况下，若想继续维持原来的空气流速，就必须使空气通道的高度保持不变，也就是必须减少空气通道的绕行次数。但这将降低总的传热温差。为了保持原来的传热温差，可以在采用小管径的同时又采用双面进风，如图 3-46(c)所示的布置方式。每一个流程只通过其中 1/2 的空气。显然，这样既可以保持空气流速不变，又可维持原来的绕行次数，因而也就能使传热温差不变。

为了增加传热，多采用小管径、小节距、管子错列排列。

完好的管式空气预热器漏风量不超过 5%，管式空气预热器最大的缺点是体积大、钢材耗量大，随着运行时间的增加，低温腐蚀和磨损穿孔机遇增加。

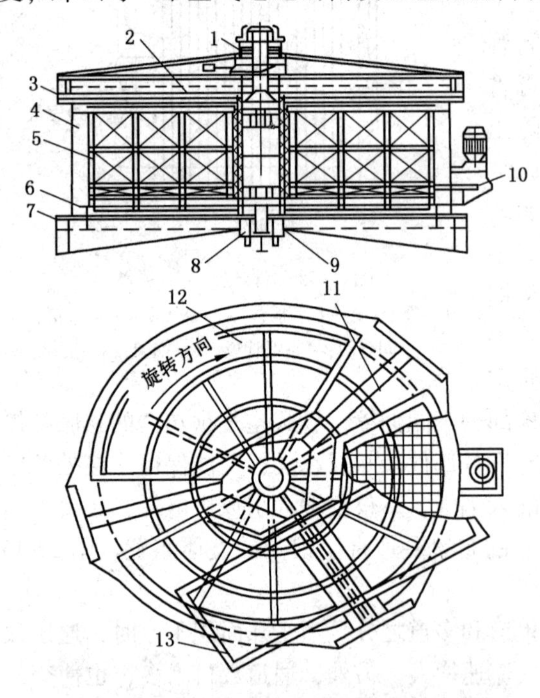

图 3-47　受热面旋转的回转式空气预热器

1—上轴承；2—径向密封；3—上端板；4—外壳；5—转子；6—环向密封；7—下端板；8—下轴承；9—主轴；10—传动装置；11—三叉梁；12—空气出口；13—烟气进口

(2) 回转式空气预热器

受热面回转式空气预热器的整体结构见图 3-47，它主要由转子、外壳、传动装置和密封装置四部分组成。受热面回转式空气预热器的工作过程大致如下：电动机通过传动装置带动转子以1.6~2.4r/min的速度转动，转子中布置有很多受热元件(或称传热元件)；空气通道在转轴的一侧，空气自下而上通过预热器；烟气通道在转轴的另一侧，烟气自上而下通过预热器。当转子上的受热元件转过烟气侧时，被烟气加热而本身温度升高，接着转过空气侧时，又将热量传给空气而本身温度降低。由于转子不停地转动，就把烟气的热量不断地传递给空气。

① 转子

转子由主轴、中心筒、外圆筒、仓格板、等组成，是放置受热元件的。轴的中间段常做成空心轴，且直径较大，便于固定受热面，两端是实心轴。空心轴外套着中心筒，或者就用中心筒做空心轴，两端接上实心轴。转子的最外层是外圆筒，中心筒与外圆筒之间有很多径向的隔板，把整个转子均匀地分成若干个扇形仓格。仓格中还有几块环向的隔板，再把每个仓格分成几个小仓格。这样，轴、中心筒、外圆筒、仓格板、隔板就组成一个有很多小仓格的转子整体。在每一个小仓格中放置传热元件。

② 外壳

外壳由外壳圆筒、上下端板、上下扇形板和上下风烟道短管组成。上下端板与上下风烟道短管相连接，中间装有上下扇形板的密封区，即风区、烟区和密封区。

③ 传动装置

电动机通过减速器带动小齿轮，小齿轮同装在转子外圆圆周上的围带销啮合，并带动转子转动。整个传动装置都固定在外壳上，在齿轮与围带销的啮合处有罩壳与外界隔绝。一台空气预热器都设有两个传动装置。回转式空气预热器中的千斤顶由传动装置驱动。

④ 密封装置

回转式空气预热器因为转动的转子与固定的外壳之间有间隙，而空气侧与烟气侧之间又有相当大的压差，所以总是要漏风的。为了减少漏风量，预热器装有各种密封装置，受热面回转式空气预热器的密封装置有径向密封、环向密封和轴向密封三部分，这些密封装置的作用是减少空气向烟气侧泄漏，另外主轴与风壳的结合处也设有密封装置，防止空气向外泄漏。

可弯曲扇形板的外力由传动连接装置中的千斤顶施压，形成与转子下垂时近似曲面而达到密封的目的。回转式空预器所有轴封无明显漏风。热端径向密封控制系统应置于上限位置。

(3) 风罩回转式空气预热器结构

风罩回转式空气预热器由定子、上下风罩、传动装置、密封装置和固定的风道、烟道组成。定子的构造与受热面回转式空气预热器转子的构造相同，传热元件也是同样构造的波形板。风罩的构造为一裤衩管，其一端是与固定风道相接的圆形风口，另一端是罩在静子受热面上的8字形风口，所以又叫8字形风罩。上、下风罩的构造相同，且8字形风口互相对准又同步回转。上下风罩用穿过中心筒的轴连成一体。

这种预热器的传动装置是电动机通过减速器带动一个小齿轮。小齿轮与下风罩外围上装的环形齿带相啮合，从而使风罩转动。

风罩回转式空气预热器的工作原理与受热面回转式空气预热器的工作原理一样。其工作过程是：空气从下经固定风道向上进入下风罩，再由8字形风口之间的受热面仓格进入上风罩，然后由上固定风道送出。烟气从上风道进来，经过8字形风罩外面的受热面仓格，由下烟道引出。由于风罩不停地转动，受热面不停地交替有空气和烟气通过，先在风罩外吸取烟气热量，后在风罩内向空气放热。也就是说受热面转子在低速运动下转动，转子中的传热元件交替被烟气加热和空气冷却，达到提高空气温度、降低排烟温度的目的。风罩每转动一周，受热面换热两次，因而风罩转速可低些，约为 0.8～1.2r/min。

三分仓式空气预热器将通道分为三等分，即烟气通道、一次风通道、二次风通道各占 1/3。

2. 空气预热器的低温腐蚀

烟气进入低温受热面后，其中的水蒸气可能由于烟温降低，或在接触温度较低的受热面时发生凝结。烟气中水蒸气开始凝结的温度称为水露点。纯净水蒸汽的露点决定于它在烟气中的分压力。常压下燃用固体燃料的烟气中，水蒸汽的分压力为 0.010～0.015MPa，水蒸汽的露点低达 45～54℃。可见，一般不易在低温受热面发生结露，但如果凝结时可能使受热面金属产生氧腐蚀。

当燃用含硫燃料时，硫燃烧后形成二氧化硫，其中一部分会进一步氧化成三氧化硫。三氧化硫与烟气中水蒸汽结合成为硫酸蒸气。烟气中硫酸蒸汽的凝结温度称为酸露点。它比水露点要高很多。烟气中三氧化硫（或者说硫酸蒸气）含量愈多，酸露点就愈高。酸露点可达 140～160℃甚至更高。烟气中硫酸蒸气本身对受热面金属的工作影响不大。但当它在壁温低于酸露点的受热面上凝结下来时，就会对受热面金属产生严重的腐蚀作用。这种由于金属壁温低于酸露点而引起的腐蚀称为低温腐蚀。

三氧化硫的形成主要有两种方式，一是在燃烧反应中，二氧化硫与火焰中的原子状态氧反应，生成三氧化硫，即

$$SO_2+[O]\longrightarrow SO_3$$

二是二氧化硫在烟道中遇到氧化铁（Fe_2O_3）或氧化钒（V_2O_5）等催化剂时，与烟气中的过剩氧反应生成三氧化硫，即

$$2SO_2+O_2\longrightarrow 2SO_3$$

烟气中的三氧化硫量是很少的，但是极少量的三氧化硫，就会使烟气露点升高。但当硫酸露点很高时，壁温也不一定要高于硫酸露点，因为壁温升高则排烟温度也高，使锅炉效率下降。因此，壁温的高低或排烟温度的高低应通过技术经济比较来定。从腐蚀的角度来看，必须使壁温不在腐蚀速度最高点。

低温受热面的腐蚀与低温黏结灰是相互促进的。硫酸蒸气的凝结，一方面造成腐蚀，一方面又能粘住飞灰，飞灰与硫酸会生成坚硬难除的水泥质黏结灰。黏结灰使受热面壁温又下降，促使硫酸凝结得更多，于是腐蚀加重、黏结灰加多。

减轻低温腐蚀的途径有两条：一是减少二氧化硫的量，这样不但露点降低，而且减少了凝结量，使腐蚀减轻；二是提高空气预热器冷端的壁温，使之高于烟气露点，至少应高于腐蚀速度最快时的壁温，这是防止低温腐蚀最有效的办法。实现前一途径的有燃料脱硫、低氧燃烧、加入添加剂等方法；实现后一途径的有热风再循环、加暖风器等方法。另外还可以采用抗腐蚀材料制做低温受热面。合理控制锅炉的排烟温度，高于烟气酸露点 30℃以上。

备用驱动装置应处于备用状态，以便在空气预热器运行驱动装置故障时启动。回转式空气预热器运行应考虑低温腐蚀预防。

3. 空气预热器磨损与堵管

低温受热面的腐蚀与低温黏结灰是相互促进的。硫酸蒸气的凝结，一方面造成腐蚀，一方面又能粘住飞灰，飞灰与硫酸会生成坚硬难除的水泥质黏结灰。黏结灰使受热面壁温又下降，促使硫酸凝结得更多，于是腐蚀加重、黏结灰加多。

管式空预器磨损部位易发生在烟气进口端，最严重的部位在管子进口约管子直径的1.5～2.5 倍处；管子因低温腐蚀穿孔部位易发生在烟气出口端；可以使用灯光观察穿孔位置。

空预器防磨套管一般采用有缝钢管（A3 钢制作），防磨套管安装在空气预热器入口管段。

4. 空气预热器的启停与运行维护

（1）回转式空气预热器的启动

① 检查各人孔门、检查孔门应关闭严密。

② 上、下轴承油箱油位达到规定值，油质良好。投上、下轴承冷却水。

③ 将要运行的传动装置推到工作位置。备用的传动装置退到备用位置，用销钉固定。检查减速器的油位在规定高度，油质良好。对传动装置的电动机进行检查，启动前盘动不少于 3 圈。

④ 检查空气预热器消防水应在关闭位置，冲洗水系统各截门在关闭位置。

⑤ 启动空气预热器，进行全面检查，正确的旋转方向应为上方向看顺时针旋转为正常。

（2）回转式空气预热器的监视

① 预热器运行时，转子应运转平稳无异常摩擦声或撞击声，主驱动电动机的电流无大幅度摆动，应维持在额定电流的 50%~75%。

② 上、下轴承运转无异常声音。轴承箱油位达到规定刻度，油质良好。轴封处不应有明显的漏风。轴承冷却水量充足。轴承温度应低于 60℃，一般最大不允许超过 70℃。

③ 传动装置运转无异常振动或异常声音。减速器油位正常、油质良好。传动装置密封良好不漏风。减速器各轴承和润滑油温度不得超过 60℃。驱动电动机运转良好。

④ 各人孔门、检查孔门密封良好，无明显的泄漏。风道、伸缩节无漏风，保温完好。

⑤ 减速器传动装置应定期切换，保证备用驱动装置处于良好的备用状态。

⑥ 锅炉受热面吹灰前后对回转预热器分别进行吹灰，一般应保持每天吹灰一次。以提高其传热效果。在吹灰效果不佳时，可以采用水冲洗的办法来清洁传热元件。

⑦ 锅炉冬季启动及运行中应投入暖风器。提高进入空气预热器的冷风温度，提高预热器冷段的金属温度，减小低温腐蚀。在启动过程中，还可以使用热风再循环提高冷段金属温度。

（3）回转式空预器的清洗

运行中的回转式空预器，冲洗前应该开启空气预热器烟气侧与空气侧底部放水装置，然后降低锅炉负荷，把烟气入口挡板关闭。增加另外一侧送风机负荷，减小对应侧的送风机负荷，冲洗过程中维持该空气预热器出口温度不低于 150℃，如果低于 150℃就应该停止该侧送风机，并将该侧的空气预热器出口空气挡板关闭。

冲洗的时候，如果备用驱动装置为气动，应该将空气预热器有电动驱动改为气动驱动，带冲洗工作完毕后再改为电动驱动。启动蒸汽空气加热器，维持送风机在低负荷下运行，并对空气预热器进行干燥。在空气预热器没有完全干燥的前提下，不准开启烟气入口挡板。

回转式空气预热器的冲洗可以在锅炉运行中进行，也可以在停炉以后冲洗。

（4）回转式空气预热器的停止

① 锅炉停炉后，炉内烟气温度仍然很高，如果预热器停止工作，则预热器烟气侧的温度较高，空气侧的温度降低，会造成转子受热面或风罩变形从而使得预热器卡死，难以启动，甚至过负荷而损坏。停炉后，空气预热器继续运行，经过自然冷却并低于 80℃后停止运行，关闭冷却水门，停止油泵运行。

② 如果预热器在锅炉运行状态下由故障停止而无法恢复时，应立即关闭风烟侧挡板，

手动盘车使其继续转动。

5. 空气预热器故障及处理

(1) 轴承损坏

下轴承损坏的现象:

① 预热器驱动电动机过负荷跳闸,手动盘车不动;

② 损坏前下轴承内部有异常摩擦声。

下轴承损坏的原因:

① 主轴不垂直;

② 下轴承缺油;

③ 下轴承润滑油牌号使用不当;

④ 轴承受到意外应力。

下轴承损坏的处理:

立即关闭风烟挡板使空气预热器自然冷却,必要时停止锅炉运行。

(2) 转子卡住

现象:

① 电动机电流到最大值,跳闸;

② 手动盘车不动;

③ 故障前可能出现异常摩擦声。

原因:

① 密封装置脱落卡住;

② 转子受热不均匀;

③ 处理:关闭风烟挡板,空气预热器自然冷却,取出异物。

(3) 传动装置故障

原因:电动机或减速器损坏,电源故障。

现象:电动机损坏电流到零,启动不起来,减速器损坏时电流过大。

处理:退出损坏的驱动装置,投入备用的驱动装置。

(4) 上轴承温度异常升高

上轴承温度升高往往是由于空气预热器漏出热风或烟风道保温太差,使上轴承温度提高。这时,应适当增加冷却水量降低轴承温度。当温度超过现场规程规定的最大允许值时,应停止空气预热器的运行。

3.5 直流锅炉的基本结构与工作原理

3.5.1 强制循环锅炉与直流锅炉的概述

与自然循环锅炉相比,控制循环锅炉在下降管中加装了锅炉水循环泵,工质在蒸发受热面中的流动主要靠循环泵所产生的压头。自然循环锅炉蒸发受热面中,工质的流动是依靠下降管和上升管之间的密度差来进行的。随着锅炉容量的增大,特别是压力的提高,自然循环和汽水分离的困难大大增加,这是因为水蒸汽的性质决定的,压力愈高,汽水密度差愈小,自然循环的形成就愈困难且愈不可靠,特别当压力达到甚至超过临界压力时,自然循环就无法形成。在此情况下,锅炉蒸发受热面中工质的流动只有依靠外来能量(循环水泵)来进行,这种依靠外来能量建立强迫流动的锅炉称为强制流动锅炉，亦称强制循环锅炉。

强制循环锅炉特点：蒸发受热面中工质的流动主要依靠锅水循环泵的压头，水循环可靠性高，循环倍率小、循环水量少，因此汽包尺寸有所减小，启动时间比自然循环锅炉快。

强制流动锅炉有三种类型，即直流锅炉、控制循环锅炉和复合循环锅炉。

3.5.2 直流锅炉

3.5.2.1 直流锅炉的概述

直流锅炉没有汽包，给水在给水泵的压头下，依次经过加热、蒸发和过热而生成具有一定压力和温度的过热蒸汽即为直流锅炉。由于直流锅炉没有汽包，对给水品质要求很高。

直流锅炉没有加热、蒸发和过热的固定分界线。

3.5.2.2 直流锅炉的分类

直流锅炉的水冷壁可自由地布置成各种形式，概括起来可分成以下几种类型：水平围绕管圈式、垂直管屏式、回带管圈式。

1. 水平围绕管圈式(拉姆金型)

水平围绕管圈式如图3-48(a)所示，这种结构是由前苏联拉姆金教授提出的，故也称拉姆金型。它由许多根平行的管子组成的管带沿炉膛四壁一面倾斜，三面水平盘旋上升。倾斜度的大小主要考虑防止汽水分层和结构的几何因素，常采用9°~15°之间的角度，管带宽度取决于管子直径和平行工作的管数。管带越宽，各平行管子之间受热不均匀性越大，因此，当锅炉容量较大时，常将管子分成几个管带，使每个管带不致过宽。

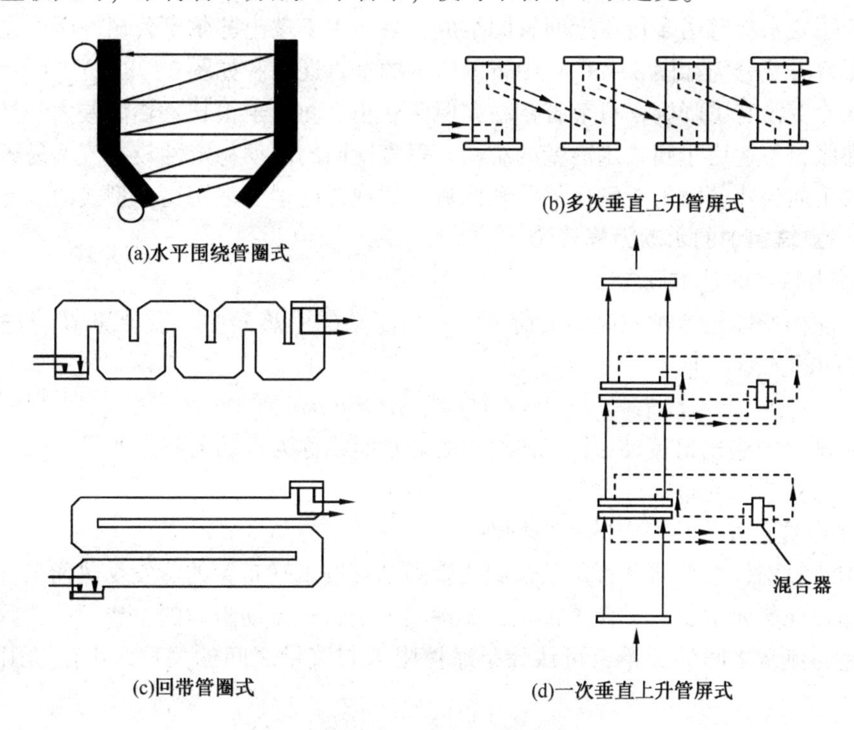

图3-48 直流锅炉常见几种结构型式

水平围绕管圈式直流锅炉的主要优点是：不用中间联箱，没有不受热的连接管，节约金属材料，便于滑压运行。主要缺点是：安装组合率低，现场焊接工作量大，水冷壁支吊结构复杂。用于较大容量时，沿炉膛高度吸热不均，会使各管之间热偏差过大。

2. 垂直管屏式(本生式)

垂直管屏式又分多次垂直上升管屏式和一次垂直上升管屏式，如图 3-48(b)和(d)所示，多次垂直上升管屏式是由若干个管屏串联起来成为一组，整个水冷壁由一组或几组管屏组成。同组的相邻管屏由炉外的下降管相连接，给水通过这些管屏全部蒸发成蒸汽。这种水冷壁的优点是：组合率较高，安装较简单，支吊结构简单，便于做成悬吊炉膛结构。工质经联箱的多次混合，热偏差较小。缺点是：采用较多的下降管和联箱，金属耗量大，故不适用于变压运行。

锅炉容量大时，炉膛的周界相对较短，工质在垂直管屏中采用一次上升，如图 3-48(d)所示。水通过所有管屏一次上升到顶，就全部蒸发成蒸汽。水在水冷壁管上升的过程中还要经过几次混合。其目的是消除工质在蒸发受热面中流动的流量和吸热不均。为了安全起见，炉内高热负荷的水冷壁采用内螺纹管，水首先流经省煤器和双面水冷壁，然后一次平行流经四面墙水冷壁管屏。管屏高度分为三段：下部、中部和上部辐射区，在各段之间有混合器，为了调节各管屏间的工质流量，使其与各管屏的热负荷相适应，在下辐射部分的进口处装有调节阀，各阀门的开度是在机组调试时整定的，正常运行时固定不变。

一次垂直上升管屏型的优点是：可以做成组合件，金属消耗量少，从制造工艺角度上看，最宜于采用整焊膜式壁，便于全悬吊结构。但只有在超大容量锅炉上才能采用。否则管内工质流速太低，影响水冷壁工作的可靠性；或者为保证工质流速而使管子的直径减小，影响水冷壁刚度。由于有中间混合器，这种型式对变压运行的适应性较差。

3. 回带管圈式(苏尔寿式)

回带管圈式水冷壁由多行程迂回管圈组成，最初用于瑞士苏尔寿公司，所以也叫苏尔寿型。其按布置方式分为如图 3-48(c)中下图所示的垂直迂回和如图 3-48(c)中所示的水平迂回，这种水冷壁没有下降管，可节省钢材，但两联箱之间管子很长，热偏差大，且不利于管子的自由膨胀，不适用于膜式水冷壁的结构。垂直迂回的流动稳定性较差，不易于疏水和排汽，尤其当工质流速低时可能发生停滞和倒流，故现在已很少采用这种型式的水冷壁了。

3.5.3 直流锅炉的水动力学理论

1. 水动力特性的基本概念

所谓水动力特性是指在一定热负荷下，强制流动的受热面中工质流量 G 与进出口流动压降 ΔP 之间的关系。即

$$\Delta P = f(G) \text{ 或 } \Delta P = f(\rho\omega)$$

工质流量 G 与进出口流动压降 ΔP 之间的关系曲线称为水动力特性曲线。蒸发受热面的水动力特性与受热面的布置型式有关。

2. 水平布置蒸发受热面中的动力特性

水平围绕管圈、水平回带管圈及螺旋式管圈都可按水平布置的蒸发受热面来分析。在水平围绕的蒸发受热面中，由于管子很长，摩擦阻力是整个流动阻力的主要部分，因而，管子进出口压差与流量之间的关系，可认为是摩擦阻力与流量之间的关系。由流动阻力公式可推知

$$\Delta P = kG^2\nu$$

式中 ΔP——汽水流动的阻力损失，MPa；

G——汽水混合物重量流量，N/s；

ν——汽水混合物平均比体积，m^3/kg；

k——常数。

上式说明流动阻力的大小与流量的平方和平均比体积的乘积成正比关系。

水平管圈的水动力特性线是一条多值的不稳定曲线。产生水动力特性不稳定的根本原因是蒸汽和水比体积的不同。

3. 垂直管屏的水动力特性

垂直布置蒸发受热面包括垂直管屏式和垂直迂回管带式等，由于垂直布置的管屏的高度相对较高，重位压头 ΔP_{zw} 的影响大，因而在计算管屏的压差 ΔP 时，必须同时考虑流动阻力 ΔP 与重位压头卸 ΔP_{zw}，即

$$\Delta P = \Delta P_{ld} + \Delta P_{zw}$$

4. 消除或减轻水动力不稳定性的措施

① 提高工作压力。由于引起水动力不稳定的根本原因是蒸汽和水的比体积存在差别，而随着压力的提高，汽水的比体积差减小，所以水动力特性趋于稳定。

② 适当减少蒸发受热面进口工质的欠焓。进口工质的欠焓越小，即进口水温越接近相应压力下的饱和温度，管中加热区段越短，甚至没有，在一定的热负荷下，管内蒸汽产量不再变化，即工质比体积不变化，因而流动阻力总是随着给水流量的增加而增加，所以水动力特性是稳定的。但进口水的欠焓过小也不合适，因为工质流量稍有变动时管屏进口就可能产生蒸汽，这将引起进口联箱至各个管中的蒸汽量分配不均，容易增大热偏差，影响安全性。

③ 增加加热区段的阻力。在进口水欠焓相同的情况下，若增加加热区段的阻力，使压差增大，水将很快达到饱和温度，则加热区段将缩短，这样与减少欠焓的方法一样，使水动力特性趋于稳定。

④ 加装呼吸箱。用一联箱把并联工作的蒸发管连通，借以平衡蒸发管中部分的压力波，可减轻水动力的不稳定性。当管屏发生不稳定流动时，各并列管中的流量不同。故沿管长的压力分布也不同。在同一管长处，流量小的管子压力较高，而流量大的管子压力较低，于是，工质便从流量小的管子通过呼吸箱流入流量大的管子。这样原来流量小的管子流量增加，而流量大的管子流量减少，最终使管屏中各管的压力和流量逐渐趋于平稳。

试验证明，呼吸箱装在管间压差较大的地方，即蒸汽干度在 0.1~0.15 的地方，效果较显著。

为了防止给水过热出现汽水混合物在联箱内分配不均，或过冷而使水冷壁的水动力特性恶化，直流锅炉省煤器出口水温在额定负荷下比饱和温度低约 30℃。

3.5.4 直流锅炉的热偏差

无论采用何种型式，直流锅炉的蒸发受热面都是由一系列并行连接的管圈组成的，它们被连接到进出口联箱上，对于并行连接各管子的结构和工作情况，不可能绝对相同，一些管圈可能热负荷高一些，而另一些管圈则可能因结构上的差异而使水阻力大一些，都可能使某些管圈出口的工质温度及热焓与平均的数值相差很大，亦即热偏差很大，它不仅导致个别管圈的金属壁温超过允许值，还可能出现传热恶化和膜式水冷壁相邻两管热应力过大，造成严重损坏。

关于具有单相工质的过热器热偏差问题，其基本内容原则上也适用于直流锅炉蒸发受热面，但由于直流锅炉蒸发受热面是布置在高温的炉膛中，特别是管圈内部既有单相流体也有双相流体，问题就较为复杂。引起直流锅炉蒸发受热面热偏差的原因是热力不均和工质流量不均，下面分别加以讨论。

1. 影响热偏差的主要因素

(1) 热力不均

锅炉的结构特点、燃烧方式和燃料种类都会引起直流锅炉蒸发受热面的热力不均。在炉膛中温度场的分布无论在宽度、深度、高度方面都是不均匀的。通常情况下，液态排渣炉热负荷不均匀程度大于固态排渣炉，燃油炉大于燃煤炉；在结构方面，垂直管屏的热力不均匀程度大于水平管屏。

在运行中，如发生炉膛结渣、火焰偏斜等情况，将使某些管圈发生很大的热偏差，严重时可使结渣管圈的吸热量仅为清洁管圈的几分之一，因此，运行时提高炉膛火焰的充满程度、维持燃烧稳定、保持良好的火焰中心位置，对减轻热偏差有一定作用。

直流锅炉蒸发受热面受热不均对热偏差的影响与自然循环锅炉不同，由于没有自补偿特性，所以直流锅炉受热较强的管子产汽量增加，工质比体积增大，使流动阻力增大，其流量反而减少，这样由于受热不均而又造成流量不均，从而热偏差加剧。

(2) 工质流量不均

工质流量不均是由并联各管的流动阻力不同、重位压头不同及联箱的静压分布特性的影响而引起的。水动力不稳定和脉动也是工质流量不均的原因。另外，热力不均又会引起工质流量不均，一般来讲，联箱静压分布特性的影响相对较小，可略去不计。以下分析流动阻力和重位压头不同所引起的工质流量不均。

① 流动阻力的影响：对于水平围绕管圈，因重位压头的影响相对较小，故只需考虑流动阻力的影响。当并联管子的流动阻力不同时将引起流量不均，使某些管子的流量与平均流量发生偏差。流动阻力的不同，一般是由于结构和安装质量不好，如管子长度不等、管径不同，粗糙度和弯曲程度不同以及管内有焊瘤等。

对于双相流体，由于工质比体积随热焓的增加而剧烈地增加，因而当某根管子的热负荷较大时，其中工质的热焓和平均比体积增大，从而导致流动阻力的增大和流量的减少，而该管中流量的减少又进一步增大了工质热焓和比体积，这样热偏差达到相当严重的程度。

② 重位压头的影响：在垂直上升管屏中，由于管屏高度相对较大(相对水平围绕管圈而言)，因而重位压头的影响必须考虑。当个别管子热负荷偏高时，由于工质平均比体积增大将引起流动阻力增大，因而使流量降低。但由于管中工质比重的减少，重位压头降低，会使流量增大，因此，重位压头有助于减少热偏差。

2. 减轻热偏差的方法

要完全消除热偏差是不可能的，因为运行工况是不断发生变动的，必然会引起热力和流量不均，从而引起热偏差。但我们应尽量地减轻(减少)热偏差，并将其控制在一定的范围内。根据以上分析和生产实践经验，除在运行中注意维持炉内良好的温度场和速度场，防止火焰重心发生偏斜，使炉膛热负荷均匀；及时吹灰打焦，防止受热面积积灰、结渣；尽可能采用双风机运行，如采用单风机运行，则应采取相应措施，使烟道两侧烟气流速均匀以外，还可以采用下列方法来减轻热偏差。

(1) 加装节流装置

在并联各蒸发管进口加装节流圈，或管屏进口加装节流阀以减轻热偏差。加装节流装置是目前直流锅炉提高蒸发受热面安全性的一种常用而有效的办法，在蒸发管进口加装节流装置后，等于增大了每根管子的流动阻力，由于蒸发管进口处流过的是单相的水，其阻力总是与流量的平方成正比，故原来流量大的管子就有较大的阻力增量，原来流量小的管子就有较小的阻力增量。在同一管屏中，各蒸发管并列连接在进出口联箱上，各管两端的压差必须相等，要满足这个条件，则原来流量大的管子必须减少流量，即管屏中的流量不均匀性较小。

节流圈孔径的选择对减轻热偏差很有影响。若直径选大了，就起不到节流的作用，也不能减轻热偏差；若直径选小了，会增大水泵电耗。近几年，多是先用计算机对每根管进行水力计算，然后根据需要加装不同直径的节流圈，即原来流量大的管子，加装直径较小的节流圈；而对原来流量小的管子，加装直径较大的节流圈。从而可以有效地减少热偏差，而又不过分地增加阻力损失。

(2) 将蒸发受热面分成若干并联的独立管屏

独立管屏的数量越多，每一管屏的宽度将减小，则在同样的炉膛分布下，可使每一管屏中各管之间的热力不均和工质流量不均减小，因而可减小热偏差。

(3) 装设中间联箱和混合器

在蒸发系统中装设中间联箱和混合器，使工质在其中进行充分混合，然后再进入下一级受热面，这样前一级热偏差就不会延续到下一级，使工质进入下一级时焓值趋于均匀，因而可减少热偏差。

(4) 采用较高的工质质量流速

提高工质质量流速可降低管壁温度，从而使热偏差管不致过热。对于垂直管屏，由于其重位压头较大，如果质量流速过低，则在低负荷运行时，因受热不均会引起不正常工况。故对垂直管屏的工质质量流速采用较大值，一般为2000~2500kg/(m^2·s)，如国产1000t/h直流锅炉在额定负荷下的质量流速为2060kg/(m^2·s)。

3.5.5 直流锅炉的膜态沸腾

1. 核态沸腾和膜态沸腾

在直流锅炉蒸发面管中给水经加热而后沸腾，在一般情况下，沸腾并不是在整个受热面上产生蒸汽，而只是在粗糙不平点发生，这些点我们称为汽化核心，这种状态的沸腾称为核态沸腾。还有另一种沸腾，沸腾时热水与受热面之间被完整的汽膜所隔开，也就是说，在管子内壁上形成一层汽膜，这种沸腾称为膜态沸腾。

在汽化核心产生的汽泡靠其自身的浮力和水流的冲力离开壁面，周围的水立即补充上去，因此，管内壁至工质的放热系数较大，壁温升高的速度较慢，不会引起管壁过热。所以，核态沸腾只是正常的沸腾。而膜态沸腾时，壁面与水隔开，由于汽膜的热阻很大，不能及时带走管壁的热量，将使管壁温度迅速升高，引起管子过热损坏。直流锅炉蒸发受热面中的膜态沸腾使传热恶化是不可避免的。

2. 影响膜态沸腾的因素

直流锅炉蒸发受热面的膜态沸腾主要与工作压力、热负荷和工质的质量流速有关。并常以界限含汽率作为判断沸腾传热恶化出现的界限。随着工作压力的升高，饱和水的表面张力减小，水膜稳定性下降，受热面管内壁上的水膜容易被撕破，导致壁温升高。热负荷增大则汽化核心数目增多，产生的汽泡来不及离开就聚积在壁面上，形成使沸腾传热恶化的蒸汽膜。工质质量流速提高可增强水膜扰动，一方面使水膜的稳定性减弱，容易发生膜态沸腾，另一方面可带走贴壁汽膜，增大管壁的放热系数，使膜态沸腾时的壁温降低很多。

3. 防止蒸发受热面沸腾传热恶化的措施

防止沸腾传热恶化的方法有两种：一是防止其产生；二是允许其产生，但必须限制壁温不超过允许值。在直流锅炉中，蒸发受热面内必然会出现蒸干现象，因此一般不能防止其产生，而只能在产生后降低壁温。目前所采取的措施有：

① 提高工质的质量流速。在热负荷和压力一定的条件下，提高工质的质量流速对降低壁温是十分有效的。

② 采用内螺纹管。内螺纹管是指在管子内壁开出螺旋形槽道的管子。工质在螺纹管内流动时，发生强烈扰动，将水压向壁面而迫使汽泡脱离壁面被水带走，从而就破坏了汽膜层的形成，使管壁温度降低。采用内螺纹管的缺点是：加工工艺复杂，流动阻力大。

③ 加装扰流子。它是装在蒸发管内螺旋状的金属片。加装扰流子后，管子截面中心与沿管壁流体因受扰动而混合充分，不易在壁面上形成汽膜，故扰流子在推迟沸腾传热恶化和降低壁温方面，可起到与内螺纹管类似的作用。

④ 组织好炉内燃烧，将燃烧器的布置沿炉高、炉宽方向尽量分开，并采用"多只、少燃料"的方法以分散热负荷，防止局部热负荷过高。

3.6 锅 炉 辅 机

3.6.1 风机的作用与分类

锅炉常用的风机有吸风机、送风机、排粉机、一次风机和冷却风机等。吸风机的作用是输送较高温度的烟气同时维持一定的系统负压。送风机和一次风机的作用是输送冷空气或热空气，同时维持系统的一定风压保证燃烧所需风量。排粉机的作用是输送风粉混合物，维持制粉系统通风量与负压。冷却风机的作用是输送空气，保证设备冷却用风量。根据风机工作原理及结构将风机分为离心式风机和轴流式风机。

3.6.2 离心风机工作原理及特性

离心式风机是利用叶轮旋转产生离心力的作用来工作的。当叶轮在外壳中转动时，充满在叶片间的气体同叶轮一起旋转，旋转的气体因其自身的质量产生了离心力，而从叶轮中甩出去，并使叶轮外缘处的空气压力升高，最后有涡壳汇集利用此压力将气体压向风机出口。与此同时，在叶轮中心位置，气体压力下降。形成一定的真空或者负压，使入口风道的气体自动补充到叶轮中心。

离心式风机所产生压头的高低主要与叶轮直径和转速有关，叶轮直径越大，转速越快，气体在风机中获得的离心力就越大，因而产生的压头就越高。除此之外还与流体的密度(或相对密度)有关，流体的密度越大，能够产生的压头也就越高。

如图 3-49 所示，离心式风机的构造可以分为动、静两部分。

转动的部分由叶轮和转轴所组成，静止部分由风壳、轴承、支架、导流器、集流器、扩散器等组成。主要性能参数有流量、扬程、全风压、功率、效率和转速。

1. 叶轮

离心式风机的叶轮由前盘、后盘、轮毂、叶片四个部分组成，有封闭式和开式两种。锅炉风机中常用的是封闭式叶轮。封闭式叶轮又分为单吸式和双吸式两种。叶轮的作用在于使吸入叶片间的气体强迫转动，产生离心力而从叶轮中排出去，使其具有一定的压力和流速。叶片分为前弯叶片、后弯叶片、径向叶片。

2. 主轴

离心式风机的主轴是传递机械能的主要零件。

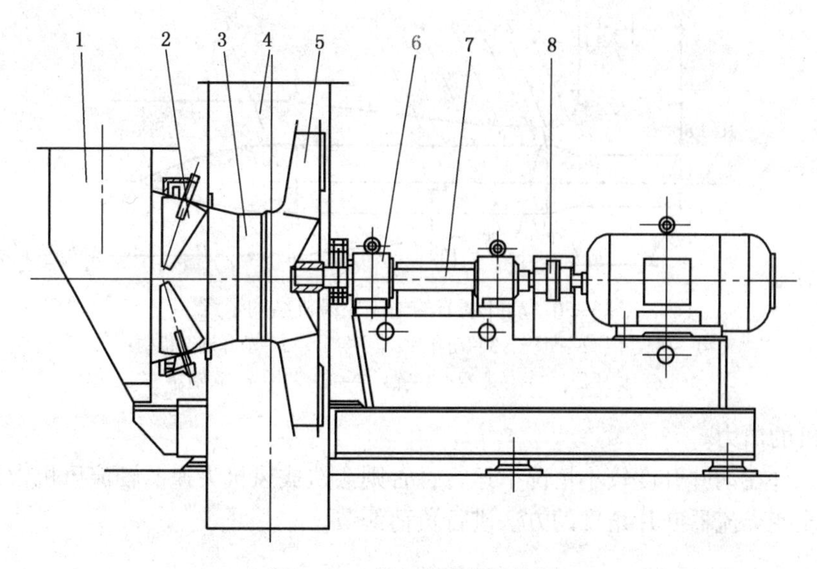

图 3-49　离心式风机结构图

1—进气箱；2—进口调节门；3—进风口；4—蜗壳；5—叶轮；6—轴承座；7—主轴；8—联轴器

3. 外壳

风壳的作用是收集自叶轮排出通向风机出口断面的气流，并将气流中部分动能转变成压力能。在一般情况下，风壳出口断面上气流速度分布是不均匀的，通常朝叶轮一边偏斜。因此，扩散器最好是向叶轮一侧偏斜，并采用扩大的单面扩散管。一般扩散器的扩散角在6°~8°的范围内。

4. 集流器

风机叶轮进口处装有集流器。其作用在于保证气流能均匀地充满叶轮的进口断面，并使风机进口处的阻力尽量减小。它安装在叶轮的入口处。它的型式主要有圆锥型、线型、短圆柱型、缩放体型等。

5. 导流器(进口导叶调节门)

在离心式风机集流器前，一般安装有导流器。导流器常称为入口挡板。导流器的作用是调节风机的负荷。

3.6.3　轴流风机工作原理及特性

轴流式风机是按叶栅理论中的升力原理工作的。当叶轮旋转时气体受叶片的推挤作用而提高压力，并产生轴向流动经导流叶片由轴向压出。如图 3-50 所示为轴流式风机的结构示意，它由叶轮、转轴、风壳及导流叶片(也称导叶)等组成，轴流风机的负荷调节器由动叶、调节杆、液压部分、控制轴、指示轴、叶片调节器等组成，每当动叶调节完毕后，动叶的调解机构会处于相对平衡状态。

1. 叶轮

叶轮是轴流式风机的主要部件，由叶片、轮毂、叶柄、轴承、曲柄、平衡块等组成，叶轮的作用是实现能量转换。轴流式风机叶片有固定式和动叶调节式两种型式。动叶调解过程是动叶从一个平衡状态向另一个平衡状态过渡的过程，动叶调节式叶片沿径向宽度逐渐缩小并扭曲，这样既可以减小叶片旋转时产生的离心力，不使叶柄及推力轴承受力过大，又不影响叶片的强度。扭曲叶片能减少气流的分离损失，提高风机的效率。在运行中，改变叶片角

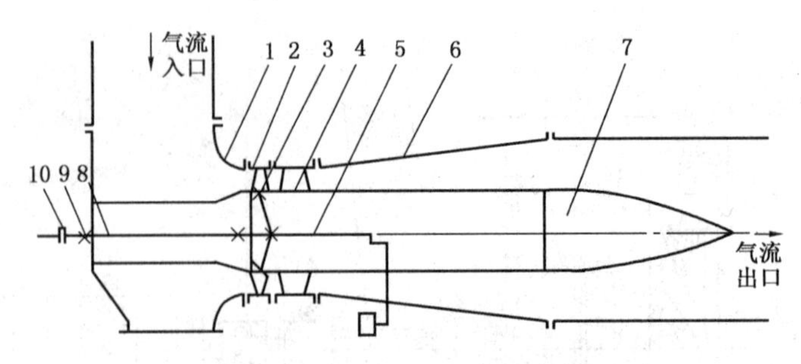

图 3-50　动叶调节的轴流式风机结构示意

1—进气室；2—外壳；3—动叶片；4—导叶；5—动叶调节机构；
6—扩压器；7—导流器；8—轴；9—轴承；10—联轴器

度可调节风机的出力。

一般不允许在动叶开度较小情况下运行，否则会造成风机失速。轴流风机常采用改变动叶片角度和改变导流器叶片角度的方法进行负荷调节。

2. 导叶

导叶包括进口导叶和出口导叶，装在动叶轮的后面。进口导叶的作用是使进入风机的气流发生偏转，使轴向气流变为旋转气流。出口导叶是将旋转气流变为轴向气流，同时将部分动压转换为静压。导叶出口角与轴向一致，进口角正对准气流从叶片中流出的方向。

3. 进气室

进气室的作用主要是保证气流在损失最小的情况下平顺地、充满整个流道地进入叶轮。

4. 扩压室

经导叶流出的气体具有一定的压力及较大的动能，为了使动能转变为压力能，以提高流动效率及适应锅炉工作的需要，在导叶后设有渐扩形的风道，叫做扩压室，或称扩压器。从扩压功能来看，轴流风机扩压器又分为内扩、外扩、内外同时扩展几种类型。从结构形式分有筒形和锥形两种。在扩压器中，气流速度逐渐下降，压力逐渐上升，达到动能部分转变成压力能的目的。但扩压器的扩散角度不能太大，否则局部损失太大，噪声也大。为了保证扩压器内流动损失最小，一般以扩散角避免流体的边界层分离为最佳。扩散角一般以 5°~6°为宜。扩压器一般安装在风机的出口端。

轴流风机有四种基本形式，即无静叶型、后置静叶型、前置静叶型、前后双静叶型。

3.6.4　罗茨风机工作原理及特性

罗茨风机为容积式风机，输送的风量与转数成比例，三叶型叶轮每转动一次由 2 个叶轮进行 3 次吸、排气。与二叶型相比，气体脉动性小，振动也小，噪声低。风机 2 根轴上的叶轮与椭圆形壳体内孔面，叶轮端面和风机前后端盖之间及风机叶轮之间者始终保持微小的间隙，在同步齿轮的带动下风从风机进风口沿壳体内壁输送到排出的一侧。气缸体的吸入口和排风口的连通角度约为 240°，吸入侧和排风侧之间形成以转子和气缸体所围成的封闭空间。这个区域充满空气，其压力就成为排风侧和吸入侧之间的压力差。

罗茨风机的特性：由于采用了三叶转子结构形式及合理的壳体内进出风口处的结构，所以风机振动小，噪声低。叶轮和轴为整体结构且叶轮无磨损，风机性能持久不变，可以长期连续运转。风机容积利用率大，容积效率高，且结构紧凑，安装方式灵活多变。轴承的选用较为合理，各轴承的使用寿命均匀，从而延长了风机的寿命。风机油封选用进口氟橡胶材料，耐高温，耐磨，使用寿命长。机种齐全，可满足不同用户不同用途的需要。

3.6.5 风机的调节与运行

离心式风机的负荷调节通常用变角调节和变速调节。运行参数有电流、轴承温度、风压、流量等。

变角调节是用改变性能曲线的方法来改变工作点的位置，在离心式风机中应用较普遍，通常称为导流器调节。任何工况下风机的工作点不得靠近失速线和喘振线。在离心式风机进口装有导流器，利用导流器叶片角度的变化进行流量的调节。变速调节多采用液力联轴器对风机实现变速调节，这种调节没有附加阻力，是比较理想的一种调节方法。

轴流式风机常采用改变动叶片角度和改变导流器叶片角度的方法进行负荷调节。轴流式风机采用的导流器其结构与离心式风机采用的导流器结构相同。

1. 启动前的检查

① 对于检修后的风机在启动前检查，检修工作已结束，检修用的脚手架全部拆除，通道和平台保持畅通、平整，检修现场已全部清理，保温已恢复，各人孔门、检查孔门已关闭。

② 电动机、各轴承及风机本体的地脚螺栓、风机的风壳法兰结合面螺栓全部拧紧。

③ 联轴器的固定螺栓齐全牢固，防护罩完好牢固。

④ 风机的入口挡板、动叶可调风机的动叶角度，以及带有液力联轴器风机的勺管开度应关小到零。检查执行器及传动部分的连接良好，执行器置于远方操作位置。

⑤ 强制油循环润滑的风机，应检查油箱的油质、油位、油温达到启动要求。检查就地油压表应投入运行，开启油泵的出口门。带有油冷却器的，应根据环境温度情况投入冷却器并调好冷却水的流量。冬季启动时，有油箱电加热器的，应投入电加热器自动温度控制。

⑥ 强制油循环的油系统，可提前启动油泵运行，并在油泵启动后对油系统的油压、油温、油流量、回油量、油泵运转情况进行全面检查。

⑦ 油环润滑的轴承，应检查轴承油位表油位指示达到规定值。

⑧ 电动机的电源线、地线接线盒完好。

⑨ 带有轴承冷却风机的应启动冷却风机，并对运转的冷却风机进行检查。

⑩ 风机启动前不允许有明显的反转。

⑪ 风机主电动机事故按钮应良好并处于释放位置。

2. 风机的启动步骤

① 启动轴承润滑油泵。带有轴承冷却风机的则应启动轴承冷却风机。带有液力联轴器的风机，应启动辅助润滑油泵对各级齿轮和轴承进行供油。

② 动叶调节的轴流风机，应将动叶角度关到零位。带有液力联轴器的风机应将勺管位置关到零位。关闭风机入口调节挡板，关闭风机出口挡板，使风机在空载下启动。

③ 启动风机主电动机，待电流恢复到正常值时，开启风机出入口挡板，增加风机负荷。

④ 风机启动后，应对风机运转状况做一次全面检查。

3. 风机的运行监视和检查

① 用听针检查各轴承、液力联轴器、电动机、风机的运转声，以便及时发现异常的摩擦声、碰撞声、气流噪声。

② 用手摸各轴承的振动情况，根据经验确定风机轴承振动值的大小。如果振动较大(超过正常范围)，应向专工汇报，并用振动仪测量准确的振动值。

③ 检查各轴承的温度。

④ 轴承油位应在规定刻度范围内，无异常的下降或者渗漏，油质良好。油环润滑的轴

承，应检查油环带油正常。

⑤ 对于强制油循环的轴承润滑油系统，应检查油箱的油位、油质和油温在正常范围内，油泵运转无异声，油压、油流量、供油温度等参数正常。油系统管道应严密不漏。

⑥ 冷却水量应根据油温、轴承温度进行合理的调节。

⑦ 带有冷却风机的应检查冷却风机的运转声和振动情况。

4. 风机的停止

① 对于采用入口调节挡板的风机，应关闭入口挡板。对于采用液力联轴器的风机，应将转速(勺管位置)减至最小。对于采用动叶调节的风机应将动叶关小到零位。

② 停止风机主电动机运行，关闭风机出、入口风挡板。

③ 对于带液力联轴器的风机，在主电动机停止时注意检查辅助润滑油泵应联动启动，并继续运转一段时间自动停止。

④ 停止冷却风机运行。停止辅助润滑油泵运行。

3.6.6 风机的故障处理

1. 风机振动大

风机振动超标是风机的一种常见故障。引起风机振动的原因是多方面的，主要有：

① 转子动、静不平衡引起的振动，这除了与制造、安装、检修的质量有关外，运行中发生不对称的腐蚀、磨损，叶片不均匀的积灰，转轴弯曲，转子原平衡块位移或脱落，以及双侧进风风机的两侧风量不均衡，都能引起风机振动。

② 风机、电动机联轴器找中心不准或者联轴器销子松动，造成电动机与风机轴不在一条中心线上。

③ 转子的紧固件松动或者活动部分间隙过大，轴与轴瓦间隙过大，滚动轴承固定螺母松动等。

④ 基础不牢固或者机座刚度不够。如基础浇注质量不良，地脚螺栓或垫铁松动，机座连接不牢或连接螺母松动，机座结构刚度太差等。

发现风机振动大时应加强运行监视，适当减小振动风机的负荷。如果振动太大超过最高允许值，威胁到设备和人身安全时，应立即停止风机运行。

各转速下的振动允许值见表 3-6。

表 3-6 各转速下的振动允许值

转速/(r/min)	3000	1500	1000	750 以下
振幅/mm	0.05	0.085	0.10	0.12

2. 风机轴承温度高

引起轴承温度偏高的主要原因有以下几点：

① 润滑油质量不良。油环润滑的轴承。因油位太低会带油不足，因油环损坏会影响正常带油。强制油循环的系统，供油压力太低或者供油流量太小会使动静金属直接摩擦发热，油脂润滑的轴承油脂太少形成缺油等。

② 滚动轴承装配质量不良。如内套与轴的紧力不够。外套与轴承座间隙过大或者过小。

③ 滑动轴承轴瓦表面损伤或过量磨损，轴瓦刮研质量不良，乌金接触不好或者脱胎；滚动轴承滚动体表面有裂纹、碎裂、剥落等，都会破坏油膜的稳定性与均匀性，而导致轴承发热。

④ 轴承振动过大受冲击负载，严重影响润滑油膜的稳定性。

⑤ 润滑油牌号使用不合理，油的物理性能不能满足轴承的要求。

⑥ 轴承冷却水量不足或者中断，而使轴承产生的热量带不走。

当风机轴承温度偏高时，应检查冷却水量是否过小或者中断，如是此种原因，则调整冷却水量后轴承温度恢复正常。检查油环带油状况和油质。对于强制油循环的系统，应检查轴承供油压力、供油流量、供油温度和回油温度，检查轴承振动情况。用听针检查轴承内部的运转声。通过检查分析确定风机是否可以继续运行，以及继续运行应采取哪些安全措施。

当供油压力不足或者供油流量不足、供油温度偏高时，应及时采取调整手段使这些参数恢复正常。如果属于用油牌号不合适，但风机仍可继续运行，则应选择合适的机会停机换油。若属于机械检查修理才能解决的问题，应在停机检修时处理。当轴承温度达到或者超过运行最高允许值时，应立即停止风机运行，轴承温度最高允许值见表 3-7。

表 3-7　轴承温度最高允许值　　℃

设　　备	滚动轴承	滑动轴承	设　　备	滚动轴承	滑动轴承
电　　机	100	80	辅　　机	80	70

3. 风机的紧急停运

遇到下列情况时，应立即用就地事故按钮紧急停运风机：

① 风机内部强烈振动威胁设备和人身安全。

② 风机轴承振动大，达到现场规程规定的紧急停机数值。

③ 风机轴承温度达到或者超过规程规定的最高允许值。

④ 风机轴承冒烟。

⑤ 风机主电动机冒烟或着火。

⑥ 润滑油泵停止运行或者润滑油压低于最低允许值，风机未跳闸。

3.6.7　仓泵

3.6.7.1　仓泵种类介绍

仓泵是一个装有气固混合物的压力容器。

仓式泵的种类较多，按仓式泵的型式分，有上引式仓泵、下引式仓泵、流态化仓泵和喷射式仓泵；按仓式泵的配置方式分，可为单仓泵系统和双仓泵系统；按仓式泵的布置方式分，又可分为集中式和直联式仓泵系统。

1. 上引式仓泵如图 3-51 所示。其优点是从上部引出排灰管，所以灰、气还必须先在仓

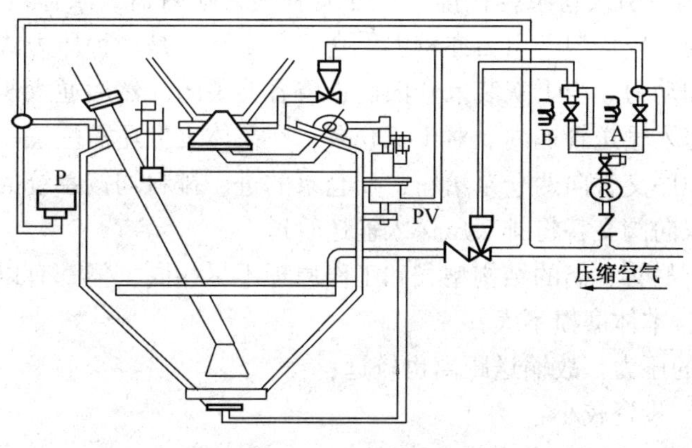

图 3-51　上引式仓泵

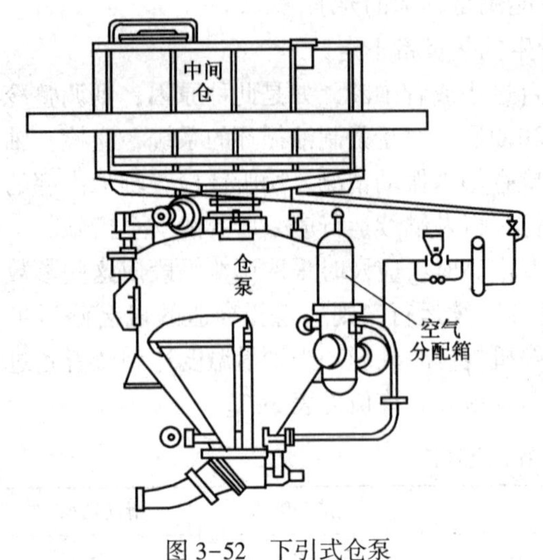

图 3-52　下引式仓泵

内混合悬浮才能排出，并有三种调节混合比手段，一般混合较好，可输送较长距离。不足之处是浓度尚不够均匀稳定，本体阻力较大，缸底阀和透气阀磨损较快，需经常检修。

2. 下引式仓泵如图 3-52 所示。排出管由下部引出，故灰可依靠重力自流排出，本体附力较小，浓度较大，适用于输送距离短、出力大的系统。缺点是灰、气混合不大均匀，运行稳定性较差，远距离输送易堵灰管，出料喷嘴和透气阀磨损较快等。

3. 流态化仓泵如图 3-53 所示。也是上引式仓泵，但在泵体下部增加了流态化透气层。在透气层中心，垂直向上对准排出管入口装有一只空气喷嘴，用以调节出力。排出管出口设有环室二次风口，因此灰、气混合均匀，再经悬浮排出，运行相当稳定，不易堵管。具有浓度均匀、阻力较小、出力较大、适用于长距离输送等优点。但在运行中要注意强化空气干燥，保持各处连续疏水，否则气化板受潮、硬化，易被吹破。

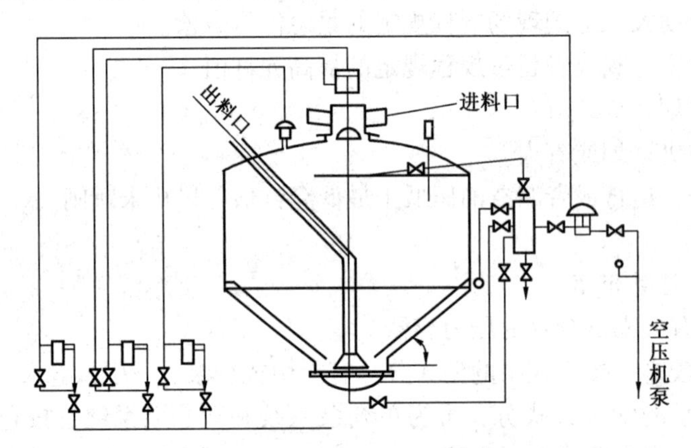

图 3-53　流态化仓泵

4. 喷射式仓泵属下引式仓泵。在排出口处装有气力喷射器，泵体内设气化环管及下部出口弧形放灰门，混合较均匀，出力亦较大。仓式泵实际上是一种压力式供料容器，并以压缩空气为输送介质和动力。当干灰装入仓内后，将容器关闭。然后通入压缩空气，灰与空气在仓内混合并一起送入输送管道内。对于双仓泵，在泵体之上还需配置一台输料机，干灰进入输料机，然后按顺序交替向两仓泵给料，双仓泵的进、排料均按系统的程序要求进行，排料通过仓泵出口的双向阀交替将排灰压送入输送管道。

上述各型仓泵，尽管它们的结构型式和工作原理不尽相同，但都有以下共同特点：

① 运动部件少，本体磨损不大；

② 能承受较高的压力，故输送距离也较远；

③ 全部国产化，投资较小；

④ 几乎没有噪声。

3.6.7.2 仓泵的工作

仓泵工作中首先进料阀向仓泵内放灰，当料位达到限位值时，关闭进料阀，此时完成一个进料过程。仓泵工作时所有的开启操作、关闭操作、排灰操作、疏水操作都采用气动执行机构完成。

仓泵冲压时，仓泵内的灰会悬浮起来，当仓泵内的压力达到设定值后，仓泵开始向管道输送灰料；当进料阀关闭后，仓泵内开始充气，这个过程称为冲压过程。

3.6.7.3 仓泵的停运

① 启动水力除灰设备，开启水力除灰闸门；

② 解除联锁，待仓泵的存粉输送完毕，停止各进料阀、透气阀，仓泵停止装灰；

③ 将仓泵存灰吹完后，切换系统阀门，对输灰管吹扫，确认管路通畅后关闭进气阀；

④ 停止空气压缩机运行、泄压、放水，断开控制键盘电源。

锅炉运行中，仓泵需要停止前应启动水力除灰设备、解除联锁，仓泵停止前必须把仓泵内的存粉输送完。

3.6.8 空气压缩机

3.6.8.1 空气压缩机概述

压缩机是一种用于输送气体和提高气体压力的机器。按结构形式主要分为离心式、轴流式、往复式及螺杆式压缩机。

1. 离心式压缩机

离心式压缩机的基本结构主要分为转子和定子。转子是压缩机的转动部分，主要由主轴、叶轮和平衡盘构成。定子主要指不能转动的零部件，由机壳、扩压器、弯道、回流器和蜗室构成。离心式压缩机的工作原理：离心式压缩机属于透平式压缩机，指气体在叶轮内的流动方向大致与旋转轴相垂直的压缩机。叶轮随轴高速旋转，气体在叶轮中受旋转离心力和扩压流动的作用，从叶轮出来后，气体的压力和速度提高，然后利用扩压器使气流减速，将动能转变为势能，气体的压力提高。

2. 轴流式压缩机

轴流式压缩机的基本结构分为转子和定子。转子主要由主轴和动叶构成。定子主要由进气室、收敛器、进气导流器、静叶(导流器)、出口导流器、扩压器、排气室构成。另外还有密封和轴承等部件。

轴流式压缩机的工作原理：轴流式压缩机也属于透平式压缩机，指气体在压缩机内的流动方向大致与旋转轴相平行的压缩机。动叶在轴的带动下高速旋转，推动气体沿轴向流动，气体的压力和动能提高，进入静叶后部分动能转变为势能，压力进一步提高，然后进入下一级动叶，直到最后进入出口导流器及扩压器。

3. 往复式压缩机

活塞式压缩机是典型的容积式压缩机，它依靠气缸内活塞的往复运动来压缩气体。往复式压缩机结构包括机身、工作机构(气缸、活塞、活塞杆、气阀等)、运动机构(曲轴、连杆、十字头)、填料密封、润滑系统、冷却系统、气路系统。往复式压缩机的工作原理：活塞从左止点向右移动时，气缸工作容积从零逐渐增大，缸内压力降低，吸气阀在气体压力的作用下打开，吸气。活塞运行到右止点时，吸气完成，缸内外压差减小，进气阀在弹簧的作用下关闭。活塞从右向左回行，气缸容积减小，缸内气体受压缩，压力升高。当缸内压力大于出口压力时，出口阀在气体作用下打开，气体排出。活塞运行到左止点时，排气完成，缸内外压差减小，出口阀在弹簧的作用下关闭。进入下一个循环。

4. 螺杆式压缩机

螺杆式压缩机是转子作旋转运动的容积式气体压缩机械。螺杆压缩机的工作循环分为吸气、压缩，排气三个过程，随着转子的旋转，每对相互啮合的齿相继完成工作循环。双螺杆螺杆压缩机主要有机壳、阳转子(节圆外具有凸齿的转子)、阴转子(节圆内具有凹齿的转子)、轴承等部分构成。

3.6.8.2　空气压缩机的运行特性

(1)离心式压缩机的性能

离心式压缩机的稳定工作范围较窄，当排气量偏离设计流量时，机组效率很低。

① 倾斜特性曲线。离心式压缩机性能曲线无平坦区域，因此当压缩机的压力或流量发生变化，另外参数也随着大幅变化。

② 阻塞工况。压缩机的流量增加到某一值时，气体在工作面产生分离，流道变窄，当出口流通面积与入口相等甚至小于入口时，叶轮失去扩压作用，压力下降的一种工况。阻塞工况下压缩机的性能大大降低，严重时会损坏压缩机。

③ 喘振工况。喘振对压缩机的危害很大，千万部件损坏，严重时整台压缩机损坏。

(2) 离心式压缩机的用途

离心式压缩机具有结构紧凑、尺寸小、流量大、易损件少等优点，常用于大流量、低压比的场合，可用于任意气体。

(3) 离心式压缩机的喘振和预防

由离心式压缩机的 P_c-Q 曲线可以看出：当流量减少时，气体脱离叶片的非工作面，出现涡流区。当流量减小到某一值(对应性能曲线上的喘振点)时，涡流区扩大至整个流道，涡流区的气体不再沿径向而是沿轴向流动，对气流产生阻滞作用，压缩机出口流量和压力大幅降低，甚至仪表测量的流量值瞬时为零，出口气体倒流至压缩机内，叶轮内又充满了气体，工作暂时恢复正常，出口压力和流量上升，气体排出后流量又减小，进入下一个波动周期，同时引起机组的强烈振动，称为喘振。

压缩机严禁在喘振区运行，可采取以下方法预防喘振的发生：

① 开大入口阀，提高压缩机入口流量，让压缩机的工作点离开喘振区。

② 降低后部系统的压力。压力降低，工作点下移，喘振区范围变窄，工作范围变宽。

③ 压缩机转速可调时，降低转速，压缩机的特性曲线下移，工作范围变宽，可预防喘振。转速降低时，压缩机出口压力随着降低。

④ 后部系统压力无法降低而生产需求流量又很小的情况下，可开大压缩机防喘振阀(放空系统或将出口部分回流到入口)来提高入口流量，让压缩机的工作点离开喘振区。

3.6.8.3　空气压缩机的启动与运行调整

压缩机启动前先检查油路系统、电气系统、仪表系统正常。打开防喘振阀，关小入口阀。压缩机启动后，开大入口阀至入口流量大于喘振流量，或工作点离开喘振区。逐步关小防喘振阀提高出口压力。升压时要密切注意流量及出口压力变化，避免压缩机喘振。

压缩机运行时一般要进行如下检查：

① 储气罐工作压力保持在额定压力，压力太低时启动备用压缩机，压力太高时停止一台压缩机；

② 空气压缩机的电动机应在规定范围之内，并且没有摆动；

③ 一、二次缸排气压力在规定范围内；

④ 冷却水量充足，冷却水压力正常；

⑤ 润滑油压力在正常范围内，油箱油位正常，油质良好，曲轴、连杆转动部分润滑良好；

⑥ 汽缸内运行中没有异常摩擦和撞击声；

⑦ 电机运转正常；

⑧ 定期排放冷却水和汽水分离器内的积水，储气罐也应该定期放水；

⑨ 对干燥剂进行检查，干燥器应该投入使用。

3.6.8.4　空气压缩机一般事故及处理

离心式压缩机的常见故障及处理方法见表 3-8。

表 3-8　离心式压缩机的常见故障及处理方法

序号	故　　障	可能引起的原因	处　理　方　法
1	振动和不正常噪声	操作转速接近临界转速，振幅增加	变换操作转速
		喘振	提高压缩机的流量，查明喘振原因，予以消除
		转子不平衡。径向振幅最大	检查转子是否积垢；联轴器是否不平衡
		不对中。轴向振幅较大	重新找正
		轴弯曲。轴向振幅较大	校直轴或更换新轴
		部件松动	紧固部件，加防松措施
		齿轮箱振动大	重新检查安装
		密封片摩擦，启停时可听到金属响声	重新检查安装
		基础不牢固	加固基础
2	推力轴承损坏	轴向推力过大	检查联轴器、平衡盘及其他可传递轴向力的部件
		润滑不良	检查油质、油压、油温及轴承间隙
3	径向轴承损坏	润滑不良	检查油质、油压及温温，是否有水和杂质
		对中不良	重新找正
		轴承间隙不符合规定	调整间隙或更换轴承
		转子或联轴节不平衡	见振动故障部分
4	油密封故障	对中不良	见振动故障部分
		油脏	检查过滤器，更换滤芯
		密封浮环间隙不符合规定	检查间隙，必要时调整
		密封油压低	检查参考气压，不得低于最小值

3.7　锅　炉　附　件

3.7.1　阀门

3.7.1.1　阀门概述

阀门是管道系统中的重要部件，它用于接通或截断管路中的流通介质，或用于控制介质的流量和压力，或用于保证设备以及管路的安全。

锅炉管道系统中常用的阀门按其用途可分为：关断用阀门、调节用阀门、保护用阀门。具体见表3-9。

表3-9　锅炉阀门分类和作用

分　类	作　　用
闸　阀	一般用于切断流动介质，全开全关的操作场合，允许介质双向流动。启闭件在垂直于阀门通道中心线的平面内作升降运动，实现截断介质。有两个密封面，加工、维修、研磨困难；开闭过程中密封面因有相对摩擦易引起擦伤。全开时密封面受工作介质的气蚀比截止阀小。
截止阀	一般作用同闸阀，但其不允许介质双向流动，当调节参数不严格时，可代替节流阀，不起关断作用，密封性能比闸阀好。流动阻力最大。注意安装方向，低进高出。
调节阀	依靠阀前、阀后给定的压力信号自动调节介质的流量和压力。根据通道的截面积来调节介质的压力和流量。
止回阀	自动防止介质倒流，一般用于省煤器入口。
电磁阀	依靠供电线圈产生的电磁力驱动活动铁心使阀瓣开关。
安全阀	安装在锅炉的汽包、过热器、再热器等部位上，作超压保护装置，能自动泄放。
疏水阀	能自动、迅速排除蒸汽管道或系统产生的凝结水，防止蒸汽泄漏，同时排除空气及其他不可凝气体。

按阀门介质压力分为：真空阀(绝对压力低于0.1MPa)；低压阀(压力低于1.6MPa)；中压阀(压力在2.5~3.6MPa)；高压阀(压力高于9.8MPa)。

按照阀门的驱动形式又分为电动阀门、气动阀门和手动阀门。

如图3-54所示。阀门是由阀体、阀盖、阀杆、阀杆螺母、关闭件(阀瓣闸板)、密封面、填料密封及传动装置等组成的。

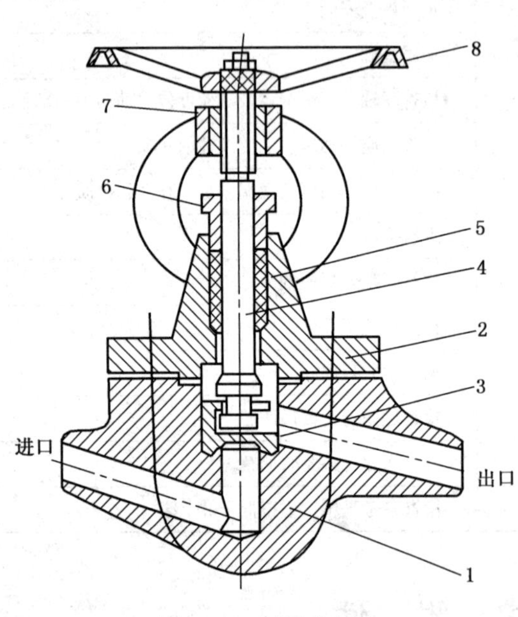

图3-54　高压疏水阀

1—阀体；2—阀盖；3—阀瓣；4—阀杆；5—阀杆密封填料；6—阀杆压兰；7—阀杆螺母；8—手轮

调节阀是用来调节流量的阀门，调节阀的阀门开度与流量有一定关系，开度越大，流量越大，开度与流量成正比。调节阀由调节柄带动阀杆旋转或往复来实现调节，调节柄又由执行器带动。阀门开度的大小取决于阀杆的垂直位移量。

常用的调节阀有一般调节阀和窗形调节阀，窗形调节阀的阀芯和阀座都是圆形。

调节阀流通能力与介质的压缩系数有关，调节阀最大流通量所对应的调节阀最大开度为90%。

启动调节阀一般为20~100kPa的压缩空气。

阀门密封材料要考虑耐腐蚀性、耐擦伤性、耐冲蚀性、抗氧化性等因素。可以用于腐蚀性截止阀门的密封材料是镍基合金。

调节阀的选择：选择调节阀就是选择调节阀的结构特性，在工作特性确定后，必须考虑管路系统的影响，两者结合才能选择好合适的调节阀门。

3.7.1.2 阀门投入运行时主要检查内容

① 阀盖结合面、阀杆密封填料处无工质向外泄漏；

② 阀体保温完好，阀体无泄漏；

③ 执行器传动部分无松脱现象；

④ 阀门电动或启动装置应有防止受潮的措施。

3.7.1.3 阀门试验

① 手动阀门、电动阀门和液动阀门都要用手动开关，试验其灵活性。

② 调节阀试验一般分为静态试验和流量试验，进行调节阀流量试验时，应将调节阀开度分为五个级别进行，试验必须由仪表人员和运行人员同时进行。调节阀试验标准是反应迅速、远方控制、现场手动控制都灵活、方向指示正确。

调节阀应选 0%、25%、50%、75%、100%进行流量试验，介质流量值应接近开度的比例。调节阀的死程不得超过调节阀杆全行程的 20%（死程就是阀杆无法调节的行程量），但调节阀处于关闭位置时进行开启操作，在开启初期，其死程不得大于全程的 10%。

③ 电动阀门进行手动试验后进行远方电动试验。电动阀试验时，远方进行操作，就地检查，阀门开关方向与控制室指示表的指示方向一致。电动阀在电动关闭位置时，在手动继续关闭，检查其关闭位置的预留开度，一般预留开度为 1/3 圈以下。

3.7.2 安全阀

安全阀是设备保护用阀门，广泛应用在各种高压容器和管道上，当系统压力超过规定值时，安全阀自动打开，以保证受压容器和管道的安全，当压力回降到工作压力或略低于工作压力时自动关闭。

1. 脉冲式安全阀

脉冲安全阀是利用机械动作、电磁装置或电动装置，实现遥控系统人为打开或关闭的安全阀。

如图 3-55 所示，脉冲式安全阀由主阀和副阀组成，其工作原理是用副阀控制主阀。在正常工作压力下，主阀被高压蒸汽压紧，严密关闭。当压力达到安全阀起座值时，副阀首先打开，蒸汽引入主阀活塞上面，因为活塞受压面积大于阀瓣受压面积，所以此压力同时克服蒸汽压力和弹簧的作用力，将主阀打开。压力降到一定数值时，副阀关闭，活塞上的汽源中断，因此在蒸汽压力和弹簧力作用下主阀自动关闭。脉冲式安全阀的脉冲阀一般采用重锤式或弹簧式，也可以用压力继电器和电磁线圈组成电气自动起座、回座系统。

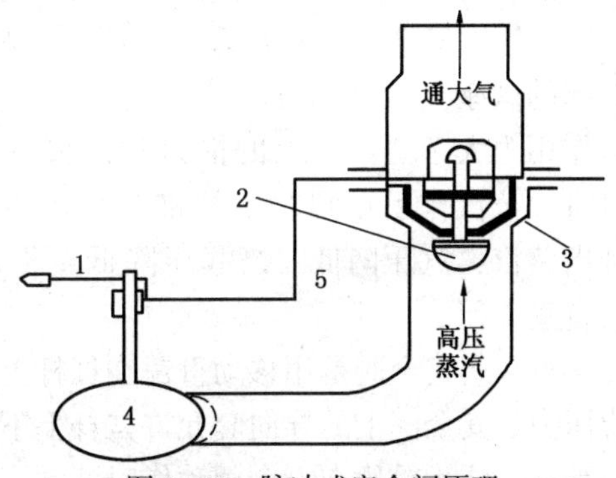

图 3-55 脉冲式安全阀原理

1—重锤式脉冲阀；2—主阀；3—活塞；4—主蒸汽管；5—导汽管

脉冲式安全阀主要部件有蒸汽连接管、脉冲管、脉冲阀、主安全阀、电磁装置、疏水阀等。

安全阀中的脉冲管上设置疏水阀，主要是及时将排汽导管内的凝结水排尽，应确保全开位置。

汽包上的脉冲安全阀主阀阀芯在下放，阀座在上方，其阀芯所承受容积内的压力在阀芯的下方圆弧面上。主阀均安装在集汽联箱上，并由小安全阀控制。两个安全阀所承受的压力相等。

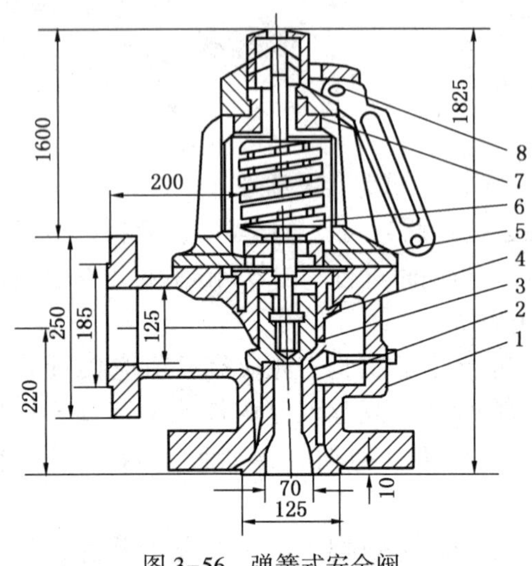

图 3-56　弹簧式安全阀

1—阀体；2—阀座；3—阀瓣；4—阀杆；5—阀盖；6—弹簧；7—调整螺丝；8—锁紧螺母

2. 弹簧式安全阀

弹簧式安全阀是依靠弹簧的力量将阀芯压紧。

如图 3-56 所示。弹簧式安全阀动作原理：利用弹簧的作用力将阀芯压紧在阀座上，汽压低于规定值时，蒸汽的作用力低于弹簧的作用力，使阀门处于关闭状态。当汽压升到超过规定值，阀芯下面受到蒸汽作用力超过阀芯上面所受到的弹簧作用力时，阀芯被顶开，排出蒸汽，使汽压下降。利用调整螺丝改变弹簧对阀芯的作用力，即可调整开启压力值的大小。

这种安全阀的结构简单，其缺点是易泄漏；优点是结构尺寸较小。弹簧式安全阀常用于大型锅炉的吹灰系统、压缩空气系统等低压系统中。

弹簧式安全阀由阀体、阀座、阀瓣、阀杆、阀盖、弹簧、调整螺丝和缩紧螺母等组成。

活塞弹簧式安全阀，保留了脉冲安全阀主阀密封压力高的优点，是在一般弹簧安全阀的基础上外加了一个动力，实现了远方控制。

弹簧安全法的手柄是用来人为动作安全阀的，弹簧随着时间和温度的变化而变化，动作准确性下降。

3. 重锤式安全阀

重锤式安全阀是根据杠杆的原理而制作的。

重锤式安全阀工作原理：重锤通过杠杆作用，将力作用在阀杆上，使阀芯压紧在阀体上部的阀座上，蒸汽自阀体的通道进入，作用在阀芯下部的表面上，当阀芯受到的重锤的作用力大于蒸汽向上的推力时，阀门保持关闭状态。当起压升高到安全门的开启压力值时，蒸汽作用在阀芯上的推力大于重锤作用在阀芯上的力，阀芯被顶起，阀门开启，排出蒸汽，汽压降低。当起压降低至不足以顶起阀芯的数值时，由于重锤的作用力使阀门自动关闭。

重锤式安全阀是用移动重锤在杠杆上的位置来改变动作压力，重锤向后移动可以提高起跳压力。安全阀上的导向套允许杠杆上下移动，限制左右移动，重锤两侧的两个螺丝用于固定重锤，防止重锤在安全阀动作时移动。

4. 安全阀调试准备工作

① 按安全阀位置编排，确定工作安全阀和控制安全阀。

② 电气回路试验良好，电磁铁上下动作灵活自如。

③ 如采用脉冲式安全阀，其活塞室及空气系统应进行严密性试验。

④ 准备规格合适的标准压力表一块，装在汽包处，试验时以汽包就地压力表为准。

⑤ 准备好所需工具及通讯联络设施。

⑥ 检修、运行调试人员分工明确，由专人指挥。

5. 安全阀校验的有关规定

① 汽包和过热器上所装全部安全阀排放量的总和应大于锅炉最大连续蒸发量；

② 当锅炉上所有安全阀均全开时，锅炉的超压幅度在任何情况下，均不得大于锅炉设计压力的6%；

③ 再热器进、出口安全阀的总排放应大于再热器的最大设计流量；

④ 直流锅炉启动分离器安全阀的排放量中所占的比例，应保证安全阀开启时，过热器、再热器能得到足够的冷却；

⑤ 安全阀的回座压差，一般应为起座压力的4%～7%，最大不得超过起座压力的10%。

3.7.3 水位计

锅炉安全运行中汽包水位是重要安全指标之一。为准确控制汽包水位，就必须正确测量汽包的实际水位。锅炉汽包大约都要安装6～8套水位检测系统。常用的汽包水位计有双色水位计、电接点水位计、差压式水位计等。

1. 双色水位计

双色水位计也称牛眼水位计，是在云母水位计的基础上，利用光学系统改进其显示方式的一种连通器式水位计。双色水位计的汽水两相无色显示变成红绿两色显示，即汽柱显红色，水柱显绿色，提高了显示清晰度，克服了云母水位计观察困难的缺点。这种水位计可在就地监视水位，还可采用工业电视系统远传至控制室进行水位监测。

图3-57为双色水位计原理结构示意图。光源发出的光经过红色和绿色滤光玻璃10、11后，红光和绿光平行到达组合透镜，由于透镜的聚光和色散作用，形成了红绿两股光束射入测量室。测量室是由水位计钢座、云母片和两块光学玻璃板以及垫片等构成的。测量室截面成梯形，内部介质为水柱和蒸汽柱[如图3-57(b)、(c)]，连通器材内水和蒸汽形成两段棱镜，当红、绿光束射入测量室时，绿光折射率较红光大(光折射率与介质和光的波长有关)。在有水部分，由于水形成的棱镜作用，绿光偏转较大，刚好射到观察窗口，人们看见水柱呈绿色，红光束因折射角度不同未能到达观察窗口。在测量室内蒸汽部分，棱镜效应较弱，使得红光束正好到达观察窗口，而绿光因没发生折射不能射到窗口，因此所见汽柱呈红色。

当用于超高压及以上压力的锅炉汽包水位测量时，水位计的光学玻璃由长条形板改做成多个圆形板，这样玻璃小，装配容易，受力较好。而水位计显示窗也由长条形(称为单窗式)变为沿水位高度排列的圆形窗口，称为多窗式双色牛眼水位计。该结构的缺点是小窗之间有一段不透明，观察水位变化趋势不如单窗式。

为了减小由于测量温度低于被测窗口内水温而引起的误差，双色水位计还设有加热室对测量室加热，使测量室温度接近窗口内水温，当被测对象为锅炉汽包时，加热室应使测量室水温接近饱和温度，并维持测量室中的水有一定的过冷度，否则汽包压力波动时水位计内水沸腾而影响测量。

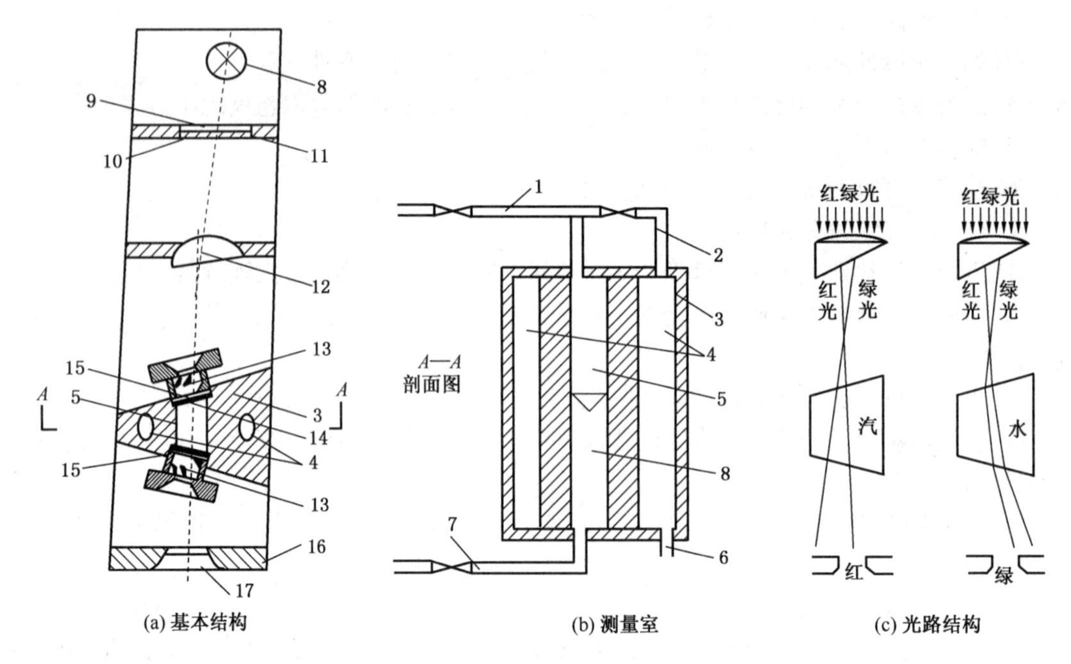

图 3-57　双色水位计原理结构示意图

1—汽侧连通管；2—加热用蒸汽进口管；3—水位计钢座；4—加热室；5—测量室；6—加热用蒸汽出口管；7—水侧连通管；8—光源；9—毛玻璃；10—红色滤光玻璃；11—绿色滤光玻璃；12—组合透镜；13—光学玻璃板；14—垫片；15—云母片；16—保护罩；17—观察窗

2. 电接点水位计

电接点水位计在水测量中得到广泛的应用。它采用电信号，便于远传指示，而且结构简单、延迟小，能够适应锅炉变参数运行，在锅炉启停过程中都能准确地显示汽包水位，电接点水位计还可用于凝汽器、除氧器和加热器等设备的水位测量。它输出的信号是不连续的形状信号，一般只作水位显示，或在水位越限时进行声光报警，不宜用作调节信号。

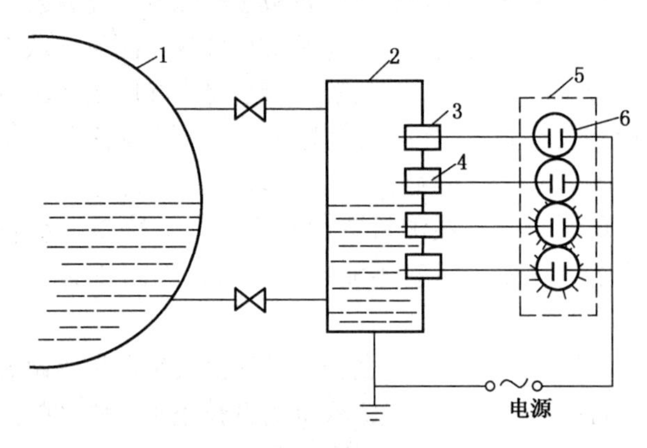

图 3-58　电解点水位计结构示意图

1—汽包；2—水位容器；3—电接点；4—电极芯；5—显示窗；6—氖灯

电接点水位计的基本结构如图3-58所示。

它由水位容器、电接点和水位显示器等组成。电接点安装在水位容器的金属壁上，电极芯与金属壁绝缘，显示器内有氖灯，每一个电接点的中心极芯与一个相应氖灯组成一条并联支路。水位容器中，汽水界面以下的电接点被水淹没，而汽水界面以上的电接点处于饱和蒸汽当中。饱和水与饱和蒸汽的导电性能有很大差别，一般 360℃ 以下的饱和水，其电阻率小于 $10^4\Omega\cdot m$，而饱和蒸汽的电阻率大于 $10^6\Omega\cdot m$，所以当某一电极被淹没在水下时，因水的导电性能好，电极芯与水位容器壁相连构成回路，使相应的氖灯燃亮；而处在饱和蒸汽中的电接点，由于蒸汽电阻很大，相当于断路，相应的氖灯不亮。

水位越高，被淹没的电接点越多，显示器上燃亮的氖灯数量越多，通过观察显示器上燃亮的氖灯的数量，即可了解水位的高低。

3. 差压式低地位水位计

差压式低地位水位计可以安装在控制室内，其工作原理见图 3-59。

低地位水位计由冷凝箱、膨胀室、低水位计和连接管组成，构成一个 U 形管差压计。汽包的上连通管与冷凝箱相接，饱和蒸汽在冷凝箱内凝结，当凝结水过多时，能溢流到汽包水容积中去，使冷凝箱中左边的水位保持恒定。冷凝箱左、右侧的底部分别接有正、负导压管，后者还与汽包的下连通管相接。冷凝箱水面上的压力相同，但管路中却有三种密度不同的流体，即密度为 ρ_1 的锅炉水、室温下密度为 ρ_2 的凝结水以及差压计中密度为 ρ_3 的重液。负压导管的上段由于保温作用，其内流体的密度与锅炉水的密度相同。

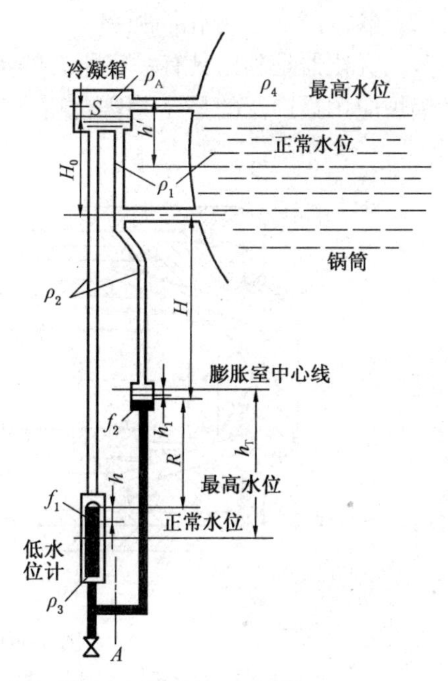

图 3-59　差压式低地位水位计工作原理图

3.8　燃油设备及点火装置

3.8.1　燃油燃烧器

油燃烧器是燃油炉的重要燃烧设备，通常由油雾化器和配风器组成。

1. 油雾化器

油雾化器也叫油枪或油喷嘴，其作用是将油雾化成细小的油滴。燃油雾化的好坏直接关系到锅炉是否能够正常长周期运行。雾化质量的主要指标是雾化细度和颗粒的均匀度、流量密度，其次还有油雾化角和射程。

雾化细度是指雾化油滴的大小。颗粒均匀度是指雾化炬中各油滴大小差异的程度。

其种类繁多，下面主要介绍经常使用的两种：

(1) 压力式油喷嘴

压力油喷嘴也称离心式喷嘴或机械雾化喷嘴，是利用油压转变为高速旋转动能使油雾化的油喷嘴，它分简单压力式喷嘴、回油压力式喷嘴。

① 简单压力式喷嘴。主要由雾化片、旋流片和分流片组成。压力油由进油管经分流片的几个小孔汇合到一个环形槽中，再流经旋流片的切向槽切向进入旋流室，从而获得高速的旋转运动，最后由喷孔喷出，粉碎成油雾。简单机械雾化器是依靠改变进油压力来调节油的流量的。

② 回油压力式喷嘴。其结构和雾化原理与简单压力式雾化器基本相同，不同的是在分流片上开有回油孔并与回油管路连接。分为集中大孔回油和分散小孔回油两种。回油雾化器调节锅炉负荷时，利用改变回油量来调节喷油量，即让一部分从切向槽流入旋流室的油从回油孔回到回油管路。

(2) 蒸汽(空气)雾化油喷嘴

蒸汽雾化器是利用具有一定压力的蒸汽冲击油流，使油雾化。蒸汽雾化器的种类较多，电厂锅炉应用最广泛的是 Y 型雾化喷嘴，其结构如图 3-60 所示。

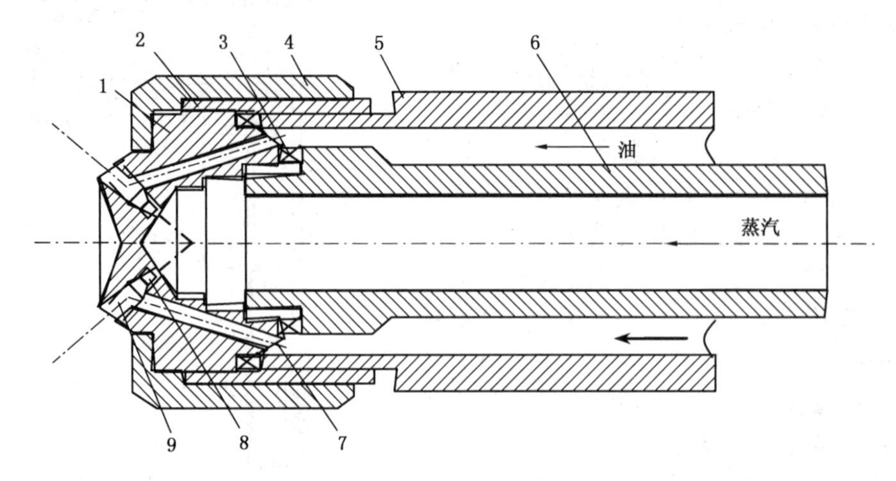

图 3-60 蒸汽雾化 Y 型喷嘴

1—喷嘴头；2、3—垫圈；4—压紧螺帽；5—外管；6—内管；7—油孔；8—汽孔；9—混合孔

这种喷嘴由油孔、汽孔和混合孔构成 Y 字型，故得名 Y 型喷嘴。油、汽进入混合孔相互撞击，形成乳状油、气混合物，然后由混合孔高速喷出雾化成细油滴进入炉膛燃烧。由于喷嘴上有多个混合孔，所以很容易和空气混合。Y 型喷嘴一般采用调节油压的方法来调节出力，将蒸汽压力保持不变，用调节油压的方法来改变喷油量。这种喷嘴的优点是：出力大、雾化质量好、负荷调节幅度大、结构简单并可用于高黏度劣质油的雾化。缺点是：喷孔容易堵塞，汽、油部件结合面加工精度要求高，影响雾化质量的因素有漩涡式直径、喷口直径、切向槽总面积、进油压力、回油压力、燃油黏度、喷嘴出力、加工精度等。

2. 配风器

配风器也称调风器是油燃烧器的另一个重要组成部分。其作用是供给油燃烧所需氧，并形成良好的空气动力场，保证油稳定的着火和燃烧。配风器有旋流式和直流式两大类。

(1) 旋流配风器。油燃烧器的旋流配风器与旋流煤粉燃烧器类似，采用旋流装置使一、二次风产生旋转并形成扩散的环形气流。目前，我国常用的旋流配风器又分为切向叶片式和轴向叶轮式两种。

(2) 直流配风器。直流配风器又叫平流配风器，它多布置在炉膛四周，二次风是直流的，以较大的交角切入油雾，而且二次风的速度高，衰减慢，能穿入火焰核心，加强了后期混合，强化了燃烧过程，这就为低氧燃烧提供了有利的条件。燃煤锅炉是在二次风口安装油枪，属于直流式配风器。

(3) 稳焰器。使一次风产生旋转，形成稳定的中心回流区并使中心风略有扩散，加强了火焰根部的扰动和混合。

3.8.2 天然气燃烧器及点火装置

3.8.2.1 天然气燃烧器

天然气燃烧器有直流式和旋流式两种。直流式天然气燃烧器采用多根喷管，将天然气喷入炉膛，喷出速度达 150~230m/s，方向为切向和径向，以便喷出后形成旋转运动。空气喷出速度为50~65m/s和燃气正交。一般燃气、空气速度比为3~3.5，动压比为10~16。这种多枪式天然气燃烧器每只热功率可达54MW，300MW机组燃气锅炉中配备十六只。中心进气旋流式燃烧器天然气，由中心管引入，天然气出气孔的速度为100~170m/s。空气采用蜗壳旋流装置，空气轴向速度为30~60m/s。燃气和空气的速比为3.3~4.7，动压比为11~28。天然气和空气混合后经过缩放喷嘴进入炉膛，这种结构有利于燃气和空气的混合。由于有旋转的空气气流，有利于形成回流区和稳定混合物的着火。这种燃烧器结构简单低负荷时稳定性好。

周向进气燃烧器中的天然气，经空气通道外圆周上的几排小孔横向喷入旋转的空气流中，其他结构与中心进气式的相同。为了使燃气能在空气流中均匀分布，天然气开孔应采用不同的孔径，以便获得不同的穿透深度，使燃气均匀分布在空气流中以提高燃烧效率。

3.8.2.2 点火装置

锅炉的点火装置主要在锅炉启动时使用，应用它来点燃主燃烧器。此外，锅炉低负荷和煤质变差时，用它来稳燃或作辅助燃烧设备。点燃过程主要是用气体燃料和液体燃料，有气-油-煤三级系统和油-煤二级系统两种。两种系统中都是用电火花点火、电弧点火或高能点火，点燃可燃气或油，再点燃主燃烧器。

电火花点火是借助5~10kV的高电压，在电极间产生火花把可燃气体点燃的。

电弧点火是借助于大电流(低电压)，通电后再使两极离开，在两极间产生电弧，把可燃气体或液体燃料点燃，它的起弧原理与电焊相似，而电极是由炭棒和炭块组成的。通电后炭棒与炭块接触再拉开，在其间隙处形成高温的电弧，当点火装置电容的电压升高放电管击穿电压时，放电电流经过放电管、扼电圈、屏蔽电缆直至在半导体电嘴间形成高压电火花，足以把可燃气体和液体燃料点着。引弧电源由一交流电焊机供给，电压为60~80V，为确保起弧常用气动自控设备以保炭极间的距离。放电结束后，点火装置中的电容中剩余电荷会通过接地装置泄放电荷。点火完成后，为防止引燃炭极和油喷嘴烧坏，利用气动装置将点火器退出至风管内。

高能点火装置与电火花点火相比，不需要过渡燃料(如液化气、轻油)，可直接点燃重油。高能点火器的发火部分也是两个电极，在沾污与结炭的条件下仍能工作。它的工作原理是，使半导体电阻两极处在一个能量很大、峰值很高的脉冲电压作用下，这样在半导体表面就可产生很强的电火花，以此作为点火能源。高能点火装置的结构如图3-61所示。

3.8.3 燃油系统

燃油系统一般由炉前点火油管路、助燃油管路、手动电动进回油门、电磁速断阀、压力表、温度表、流量变送器、逆止阀、吹扫管路及阀门、伴热管路及阀门、油枪、连接软管等。

燃油系统投运前的检查及操作：

① 检查油枪进油手动门、旁路门、电磁速断阀关闭严密；

② 油枪蒸汽吹扫电动门、手动门关闭严密；

③ 炉前燃油系统各压力表、温度表、流量变送器及油压调节装置齐全完好；

④ 通知值长、邻炉准备投油，各炉注意燃油系统运行情况，及时调整，保证燃油系统稳定运行；

⑤ 开启进油手动总门，开启流量表前后门，开启燃油电磁阀，燃油系统压力逐渐上升，关回油旁路手动门；

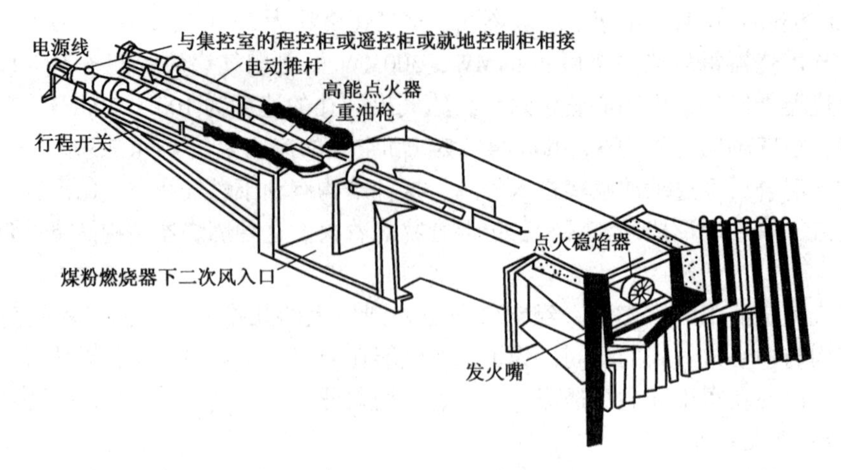

图 3-61　高能点火装置

⑥ 开回油调节阀前后手动门，开回油流量表前后手动门，用回油自动调节阀调节油循环量，维持油压 2.0~2.5MPa，在炉前进行燃油大循环；

⑦ 燃油系统投运后，进行全面检查，确认各部位无泄漏，油系统运行正常。

点火前检查油枪，除去油嘴结焦可以提高雾化质量；确认油枪进入燃烧器；检查供油、回油压力及温度正常；点火后及时送入适量的根部风，调整风油混合，防止局部缺氧燃烧；尽可能提高风温和炉膛温度。通过以上措施可以有效防止烟囱冒黑烟。

当燃油燃烧不稳时，要特别注意排烟温度的变化，防止发生二次燃烧。

第4章 锅 炉 运 行

4.1 锅炉启动前的准备与检查

4.1.1 锅炉启动前的准备

① 锅炉各转动机械经试转正常，各项试验和校验工作均已完成并符合要求。

② 联系化学值班员准备充足的、水质合格的锅炉启动用水。

③ 联系热工和电气人员对以下设备送电：锅炉各辅机及附属设备，所有仪表、电动门、调整门、电磁阀、风机的动静叶调整装置、风门和挡板；各自动装置、程控系统、巡测装置；计算机系统、保护系统、报警信号及有关照明。

④ 联系燃料值班人员启动油泵，使轻油、渣油建立循环，燃油蒸汽伴热系统已投运正常。

⑤ 炉膛风、烟道的看火孔、人孔门、检查门均已关闭，且封闭严密。各吹灰器均在退出备用位置。

⑥ 锅炉的冷却水系统、水封系统、压缩空气系统、燃油雾化蒸汽系统都在运行状态，电除尘灰斗加热系统、暖风器系统已处于热备用状态，底部加热系统具备投运条件。

⑦ 除灰、除渣、冲灰水、轴封水系统及电除尘器、预热器、风机、制粉系统及其附属设备均在良好的备用状态。

⑧ 机炉大联锁、辅机联锁、锅炉保护装置、数据采集、终端电视屏幕显示、各种监控系统等具备投用条件。

⑨ 联系汽轮机、电气值班员，具备机组启动条件。

4.1.2 启动前的检查

锅炉启动前的检查主要包括：转动机械的检查、烟风系统的检查和汽水系统的检查三部分：

1. 转动机械的检查

① 锅炉所有检修工作结束，工作票终结并验收合格，脚手架拆除，现场干净无杂物，各种标志牌齐全正确。

② 各电动执行机构已送电，表计齐全完好，处于投入状态，信号及仪表电源送电。

③ 各转动机械地脚螺栓齐全牢固，靠背轮防护罩完好，电机外壳接地良好。

④ 轴承润滑油质、油位正常，冷却水系统良好。

⑤ 电机侧绝缘良好，盘动转子灵活。

⑥ 所有电动机均送动力电源。

⑦ 捞渣机灰斗内无杂物，通水建立水封，试转正常。

2. 烟风系统的检查

① 现场整齐、清洁、无杂物，所有栏杆完整。平台、通道、楼梯均完好且畅通无阻。现场照明良好光线充足。

② 为检修工作而设置的临时设施已拆除，临时孔、洞已封堵，设备、系统已恢复原状。

③ 炉膛及烟风道内部检修完毕，无杂物，且内部无人工作。所有脚手架应全部拆除，

炉墙及烟风道应完整无裂缝，受热面、管道应无明显的磨损和腐蚀现象。

④ 各燃烧器的位置正确，设备完好，喷口无焦渣，操作及调整装置良好，火焰检测器探头位置正确。

⑤ 各受热面管壁无裂纹及明显的变形现象，各紧固件、管夹、挂钩完整，尾部受热面及烟道内无积灰。

⑥ 冷灰斗内无杂物，冷灰斗水封槽内应充水建立水封，冲渣喷嘴位置正确。

⑦ 吹灰器设备安装正确，进退自如。各风门挡板设备完整，开关正常且内部实际位置与外部开度指示相符。

⑧ 各看火孔、检查门、人孔门应完好，处于关闭状态，各防爆门完整，无影响其动作的杂物存在，各处保温完整，燃油管道保温层上无油迹，制粉系统管道外部无积粉。

⑨ 锅炉钢架、大梁及吊架、刚性梁等外观无明显缺陷，所有的膨胀指示完整良好，并校对其零位。

⑩ 集控室及辅助设备就地控制操作盘上的各仪表、键盘、按钮、操作把手等设备完好，铭牌配置齐全，通信及工作正常照明良好，并有可靠的事故照明和声光报警信号。

3. 汽水系统的检查

① 汽水系统各阀门及操作装置应当完整无损，动作灵活，位置指示与实际位置相符。对电动阀门应当进行遥控试验，证实其电气和机械部分的动作协调。所有阀门正确处于启动前应该开启或关闭的状态。

② 汽包锅炉的就地水位计应当显示清晰，并配有工作、事故两套照明电源，水位计处于正常投入状态，电视监视系统投入运行。

③ 直流锅炉应对启动旁路系统进行全面检查。

④ 强制循环锅炉重点应检查锅水循环泵的冷却装置和密封装置处于正常状态。

⑤ 安全门应当完整，无妨碍其动作的障碍物，且动作灵活。排汽管、疏水管应畅通。

⑥ 汽水管道应当保温齐全，各支吊架牢固，汽水管道上临时加装的各种堵板都应拆除。

⑦ 膨胀指示器应完整良好，并应将指针调至基准点上，针尖与板面的距离为3~5mm。

4.2 煤粉锅炉启动方式

4.2.1 概述

目前大型发电机组的生产方式多为炉、机、电纵向联合的单元式系统，其启动方式多为滑参数启动。滑参数启动是锅炉、汽轮机的联合启动，或称整套启动。所谓滑参数启动就是在机组启动过程中，锅炉蒸汽参数是随着汽轮机暖管、暖机、冲转、升速、带负荷的不同要求而逐渐升高或保持稳定的，锅炉蒸汽参数到达额定值时，整机启动工作全部结束。

滑参数启动具备以下优点：

① 改善了机组启动条件，缩短了机组的启动时间；

② 安全可靠性高；

③ 经济性高；

④ 操作简便；

⑤ 设备利用率高，运行调度灵活；

⑥ 改善环境，减少污染。

滑参数启动的基本方法有真空法和压力法两种。

1. 真空法滑参数启动

启动前，从锅炉到汽轮机的管道上的阀门全部打开，疏水门、空气门全部关闭。启动抽汽器使锅炉的汽包(自然循环锅炉)、过热器、再热器和汽轮机的各汽缸都处在真空状态。锅炉点火后一有蒸汽产生，蒸汽即通过过热器、管道进入汽轮机进行暖管、暖机，当蒸汽参数达到一定值时，汽轮机被冲动旋转，并随蒸汽参数的逐渐升高而升速和带负荷。真空法滑参数启动仅适用于冷态启动，且启动时真空系统太大，抽真空的时间长，尤其对于热惯性大的锅炉，在低负荷时不易控制汽温、汽压，从而不易控制汽轮机升速并网，故目前很少采用。

2. 压力法滑参数启动

采用压力法滑参数启动，锅炉先点火升压，一般气压达0.5~1.0MPa时汽轮机冲转，在升速过程中和低负荷时，进汽参数保持不变，用逐渐开大调节阀的方法增加进汽量，直至调节阀全开(或留一个未开)后，保持开度不变，此时锅炉增加负荷，使蒸汽升温升压，逐步增大汽轮机功率。压力法滑参数启动克服了真空法的缺点，便于维持锅炉在低负荷下的稳定运行，因此，目前的滑参数启动都采用压力法。

4.2.2 锅炉启动曲线

锅炉启动曲线是指启动过程中锅炉出口蒸汽温度、压力、汽轮机的转速和机组的负荷等参数随时间的变化曲线。机组的启动过程大约分为三个阶段。

第一阶段是锅炉从点火开始逐渐升温升压直到汽轮机冲转。在此阶段，应严格控制燃料的投入量，控制炉膛出口烟气温度低于规程规定值，从而保护过热器和再热器。同时应严格按照曲线的要求进行升温升压，以免汽包产生过高的热应力。

第二阶段是从汽轮机开始冲转到并网，继而接带机组初始负荷。此时，汽轮机方面的操作比较多，所以要求锅炉蒸汽参数稳定。锅炉除了控制燃烧外，还可以利用汽轮机高压旁路、低压旁路、喷水减温器以及过热器系统上的疏水阀控制汽轮机主汽门前和中压缸汽门前的蒸汽参数。此阶段主要配合汽轮机暖机和升速。暖机主要是防止汽轮机有过大的热应力，使汽缸膨胀，防止在升负荷过程中汽轮机的胀差大。

第三阶段是锅炉升温升压，汽轮机逐步接带负荷。在此阶段中对于检修后的机组要做的一项主要工作就是洗硅。洗硅结束后，机组继续升温升压并带到额定负荷。

锅炉洗硅是通过连续排污或定期排污，将含盐浓度高的锅炉水排掉，以保证蒸汽含硅量在规定范围内的过程。

4.2.3 自然循环锅炉的冷态启动

1. 自然循环锅炉的上水与底部加热的投入

在锅炉启动前的检查和准备工作结束后，确认机组具备启动条件时，才能向锅炉进水，此时，锅炉各汽、水阀门开关均应处于上水位置。

(1) 水质

上水前水质必须经化学分析化验合格。

(2) 水温和速度

锅炉冷态启动时，各部位的金属温度与环境温度一样，当高温给水进入汽水系统后，汽包上下壁和内、外壁会出现温差而产生热应力，可能造成汽包、联箱发生弯曲变形或焊口产生裂纹等，因此，上水温度应按锅炉制造厂的规定执行，一般规定冷炉上水时，水温不得高于90℃。同时，当有压力的水进入无压力的汽水系统时，会产生大量蒸汽，造成工质与热量损失。为了保证汽水系统的安全，在上水过程中，应始终保持上水温度与汽包壁金属温差小于40℃，且汽包本身金属壁温差不超过40℃，否则应当停止上水。

汽包壁温差的大小不仅与上水温度有关，还与上水速度有关。因此应当控制上水时间。一般规定：中压锅炉，夏季上水时间不少于1小时，冬季上水时间不少于2小时。高压锅炉，夏季上水时间约为2~3小时，冬季上水时间约为4~5小时。各个机组应当根据设备和当地气候条件确定上水时间，如果环境温度低于5℃，应当采取防寒、防冻措施。当上水温度较高，而金属壁温较低时，应适当延长上水速度，反之，则可以适当加快上水时间。

(3) 上水高度

一般当上水至最低可见水位时，停止上水。因为锅炉点火后，在升温升压过程中水受热膨胀，水位会逐渐升高。

(4) 上水方式及方法

上水方式一般有：从省煤器放水门向锅炉上水；通过水冷壁放水管和下联箱的定期排污门向锅炉上水；利用过热器的反冲洗管及过热器出口联箱疏水门向锅炉上水；利用除氧器的静压上水；利用给水泵从给水旁路管上水。在一般情况下，冷态启动时，多采用低压水泵或疏水泵给锅炉上水。

上水方法：上水前记录各部分膨胀指示值，打开炉顶各空气门，选择适当的上水方式，适当控制上水速度。上水过程中密切注意汽包壁温差和受热面膨胀是否正常。上水至最低可见水位时，停止上水。如果在上水过程中或上水结束后发现异常情况，必须查明原因予以消除。

(5) 蒸汽加热(大修后的锅炉不投底部加热)的目的和方法

为了能在启动初期建立稳定的水循环并缩短启动时间，节约点火用油，汽包锅炉一般都安装有锅炉底部加热和汽包加热装置。

锅炉上水结束后，打开底部联箱加热疏水门，微开加热总门进行暖管。暖管时间一般不少于30min。等到疏水疏净后，关闭联箱疏水门，缓慢开启加热总门。之后，逐渐开启加热分门，根据炉墙的振动情况和汽包壁温度上升情况，控制各分门开度，由小到大逐渐开大。控制汽包壁温度上升速度在1℃/min，加热过程中注意监视汽包上、下壁温差，使其不超过40℃，如接近40℃应当关小加热门，减慢升温速度。到锅炉点火时，一般要求汽包下壁温度在100℃以上。一般在汽包起压后停止加热。

2. 锅炉点火

(1) 热工保护、热工信号仪表及有关设备的投用

锅炉点火初期是一个非常不稳定的运行阶段。为了保证锅炉设备的安全，点火前，应当把辅机联锁、锅炉灭火、炉膛正压、再热器、水位等热工保护投入，并将炉膛亮度表、探测式烟气温度计、火焰监视器，工业电视等热工信号仪表投入；自动化程度高的大型锅炉还应当将电子计算机、电传打字机、终端电视屏幕显示、点火程序控制投入，锅炉投粉前还应当把除尘器投入。现代大型锅炉一般都配有暖风器，其作用是防止或减轻空气预热器低温酸性腐蚀和积灰，在锅炉启动时提高风温，以稳定燃烧，所以点火前也应将暖风器投入。使用回转式空气预热器的锅炉，在点火前应当将回转式空气预热器启动，以防止点火后由于受热不均而产生严重变形。

(2) 点火前的吹扫

为了防止炉膛内和烟道内残存的可燃物在点火时发生爆燃，点火前应当先启动引风机、

送风机对炉膛、烟道、风道等进行吹扫。如果是煤粉炉，应对一次风管进行吹扫，吹扫时间一般为 5~10min，吹扫风量一般为额定值的 25%~30%。现代大型锅炉的“吹扫”一般编入程序控制之中，所以吹扫时间一般已由保护程序预定。

对于油燃烧器，点火前应当应用压缩空气或蒸汽对其油管和喷嘴进行吹扫，以保持油路畅通。

吹扫完毕后，调节一、二次风压达到点火所需要的数值，炉膛负压调到负 20~40Pa，准备点火。

(3) 油燃烧器的投入

锅炉多采用容易燃烧、对受热面污染少、容易实现自动控制的轻油作为点火燃料。有的锅炉采用三级点火方法，即先点燃液化气，再点燃轻油，待炉内温度达到一定数值后再点燃煤粉，但是大多数锅炉采用二级点火方法。

冷炉点火时，由于炉膛温度低、燃烧不稳定易灭火，为防止发生灭火，应当同时投入两支油枪，使之相互影响、稳定燃烧，燃烧器四角布置时，应当先点燃对角的两支油枪。点火初期，要定期切换另外两支油枪，以保证锅炉受热面均匀受热。随着汽压、汽温、烟温、风温的提高。根据升温、升压速度可增投油枪。在点火初期，要注意风量的调整和监视油枪的着火情况，经常就地观察火焰，根据火焰颜色判断其着火和风量的配比情况。如果火焰呈暗红色，且烟囱冒黑烟，说明风量不足，应适当提高风量；如果火焰呈亮黄色，说明风量基本合适；火焰发白，说明风量过大，需减少风量；如出现火星太多，则说明油枪雾化不好，严重时要停止使用。此外，根据油枪的雾化情况和着火距离来适当调整油压，油压太高，将使着火推迟，对着火不利。油压太低，对雾化不好，所以一般油压要控制在设计值附近。

(4) 煤粉燃烧器的投入

油枪点燃且着火稳定后，等过热器后的烟温和热风温度上升到一定数值后(200℃左右)，可启动制粉系统制粉。根据汽温、汽压的要求如粉仓有粉，可投入煤粉燃烧器。若为直吹式制粉系统，可启动排粉机(一次风机)、磨煤机、给煤机，先少量给煤，投入煤粉燃烧器。若为中储式制粉系统，待粉位达到了定值后，可先后逐步对角投入油枪上的燃烧器。不同的锅炉要求投粉的时间不尽相同，但综合来看，投粉时间的选择主要是考虑以下几个因素：

① 煤粉气流着火的稳定性。如果燃用的是挥发分较高的煤粉，可以早些投粉，否则要晚些投粉。在投用煤粉燃烧器时，热风温度需达到一定值，一般要求 150℃以上。如果投粉时最先使用最下排的煤粉燃烧器采取了稳燃措施，如采用船形、钝体稳燃器等，也可以早些投粉。

② 对汽温、汽压的影响。煤粉燃烧器的投入提高了炉膛燃烧强度，同时由于煤粉的燃尽时间大于油的燃尽时间，故使火焰中心相对提高，使的锅炉升温、升压的速度加快，所以投粉后一定要控制好汽温、汽压的上升速度。

③ 经济方面考虑。早投粉可以少燃油，降低启动费用。但如果投粉过早，炉膛内的烟气温度就较低，着火后的煤粉燃烧速度较慢，煤粉进入较低的烟气温度区域时，便减弱甚至停止了燃烧反应，从而增加了机械不完全燃烧热损失，造成了浪费。所以就一台具体的锅炉，要综合考虑各种因素，并结合运行经验，选择合理的投粉时间。

(5) 投粉后的调整

投粉后，应及时注意煤粉的着火情况。如投粉不能点燃，在 5s 之内要立即切断煤粉；

如发生灭火，则要通风5min后方可重新点火；如果投粉后着火不良，应及时调整风粉比。点火初期风粉比小些好，具体情况可根据煤种与计算出的不同工况时的最佳风粉比来调整风量。

在最初投粉时，煤粉燃烧器尽量对角投入，根据锅炉汽温、汽压的上升速度和煤粉燃烧器的着火情况，逐渐切除油枪。

3. 锅炉升压

在升压初期，由于只投少数点火油枪，燃烧较弱，炉膛内温度低、火焰充满度较差，故蒸发受热面的加热不均匀程度较大。又因为受热面和炉墙温度较低，故受热面内产汽量少，不能从内部促使受热面均匀受热。因而，蒸发设备的受热面，尤其是汽包，容易产生较大的热应力，所以升压过程的开始阶段温升应比较慢。

另一方面，压力越低，升高单位压力时，相应的饱和温度的升高速度就越大。因此，开始的升压应特别缓慢。在升压的后阶段，虽然汽包的上、下壁和内、外壁的温差已大为减小，升压速度可以比开始升压初期快些，但由于压力升高所产生的机械应力也较大，所以后阶段的升压速度也不应超过规程规定的升压速度。单元机组在达到冲转参数，汽轮机冲转后的升温升压速度主要以满足汽轮机的要求为原则。

因此，在锅炉升温升压过程中，应严格按照锅炉运行操作规程规定操作，控制好各自的升温、升压曲线，保证锅炉设备及汽轮机设备的安全运行。

4. 汽轮机冲转(滑参数启动)

当锅炉的主汽压力、温度升至汽轮机要求的冲转参数时，汽轮机冲转。在汽轮机冲转过程中，主要依靠调整旁路的开度来控制启动时的主蒸汽压力。当汽轮机中速暖机完毕继续升速时，则应通过调整旁路及增加燃料量来控制蒸汽参数。当汽轮机全速，发电机并列带负荷进行暖机时，锅炉应保持主汽压力不变，将汽温逐渐升高，以满足汽轮机低负荷暖机的需要。

5. 发电机并网与带负荷

当汽轮机冲转升速结束、发电机并网后，根据汽轮机的启动升温升压曲线，逐渐加强燃烧，并逐渐关小旁路至全关，在此过程中，要不断进行洗硅。机组带满负荷且运行正常后，应对锅炉进行一次全面检查，并联系热工人员投入有关的自动和保护，同时汇报班长、值长，锅炉启动完毕。

6. 自然循环锅炉启动过程的注意事项

(1) 汽轮机冲转前锅炉应做的几项工作

① 根据汽包水位情况，联系汽轮机给水值班员锅炉上水。上水时，关闭省煤器再循环门。停止进水时，开启再循环门。

② 根据化学要求，开启加药门、取样门，投入连续排污。

③ 检查确认锅炉本体所有疏水门全部关闭。

④ 联系汽轮机投入高、低压旁路。

(2) 汽包壁温差

大容量高参数锅炉在启动过程中，汽包壁温差是必须控制的安全性指标之一。因此，锅炉启动时要严格控制升温升压速度。在启动期间，锅炉的自然循环尚不正常，汽包里的水流动得很慢或局部停滞，对汽包壁的放热系数较小，因此汽包下部金属温度升高不多。

① 汽包壁温产生的原因。锅炉启动过程中汽包上下壁和内外壁总是存在温差的，产生温差的原因主要有：

1）由启动前锅炉进水引起的温差。进入汽包的水都具有一定的温度，同时无论采取哪种进水方式，水进入汽包后总是先与其下部接触，汽包下内壁先受热，因此，汽包上下壁、内外壁之间必然存在温差。进水温度越高，进水速度越快，温差就越大。

2）锅炉升压初期汽包壁受热不均。升压初期水循环尚未正常，汽包中水流速度较慢。汽包上部与蒸汽接触，由于汽包壁温较低，蒸汽会在汽包壁上凝结放热；而汽包下壁与水接触，水会对汽包下壁接触放热。但由于蒸汽凝结的表面放热系数要比水的表面传热系数大得多，因此汽包上壁要比下壁被加热得快，造成上下壁被加热的快，造成上下壁温差。升压速度越快，温差就越大。

3）沿汽包长度和截面的温差。汽包的长度和壁厚随着锅炉容量的增加而增加，必然造成传热缓慢，汽包内的水和蒸汽温度是随气压而变化的，汽压上升，饱和温度也升高。同水和蒸汽接触的汽包内壁温度接近于饱和温度，但外壁温度的升高则受到金属导热的限制，因而造成内外壁之间的温差。在汽包内的工质温度达到额定压力下的饱和温度过程中，这一温差始终是存在的，其大小与升压速度有关。升压速度越快，饱和温度升高的速度越快，汽包内外壁温差也就越大。

4）其他原因。如省煤器再循环门不严，在启动过程中向锅炉补充进水时，一部分给水就不经省煤器直接进入汽包，因而引起汽包壁产生温差。

② 汽包壁温差过大的危害。当汽包上下壁或内外壁有温差时，将在汽包金属壁内产生热应力。这是由于上壁温度高，膨胀量大，并企图拉着下壁一起膨胀；而汽包下壁温度低，膨胀量小，又企图限制汽包上壁的膨胀。因而，汽包上壁金属受到压缩应力；而下壁金属受到拉伸应力。同样，当汽包内壁温度高于外壁温度时，内壁由于温度高，膨胀量大，将受到压缩应力；而外壁温度低，膨胀量小，将受到拉伸应力。产生热应力的大小，除与汽包钢材的性能和制造质量有关系外，还主要取决于温差的大小。温差大时，产生的热应力也大。

锅炉在启动过程中，如果经常出现汽包壁温差过大，再加上其他因素（如高机械应力、高碱水的侵蚀作用等），则最终可能使汽包遭致产生裂纹等损坏。因此，在锅炉升压过程中要严格控制速度，避免造成过大的温差。

③ 防止汽包壁温差过大的措施。在升温升压过程中，要控制汽包壁温差在50℃以下，这样，汽包壁金属就不会产生破坏性的热应力。因此，要采取措施防止汽包壁温差过大，比如：严格控制升压速度，尤其在低压阶段的升压速度要尽量缓慢，这是防止汽包壁温差过大的根本措施。升压初期，尽量避免汽压过大的波动；尽快使水循环正常；设置外来蒸汽加热装置；严格控制进水温度和速度；控制汽包水位稳定等。在升温升压过程中，运行人员还应加强对汽包壁温差的监视，发现问题尽早采取措施，防止汽包温差超限。

（3）再热汽温

在锅炉启动点火过程中，当旁路流量未建立前，防止再热器超温最可靠的方法是控制烟气温度不超过金属材料的允许温度。在启动升压过程中，要将再热器的疏水门打开，将再热器侧的烟气挡板调整至100%，同时联系汽轮机值班员注意旁路的投用是否正常，以确保再热汽温与主汽温差不超过规定限度。

（4）管壁超温

在升负荷期间，应严格监视屏式过热器、高温过热器出口汽温及各管壁壁温，及时调整燃烧，投入一级减温水。在负荷达到一定值时，要联系汽轮机值班员投入高压加热器，防止各系统部件局部壁温超限。当再热汽温上升过快时，可将燃烧器适当下摆，或关小再热器侧的烟气挡板，必要时可投入再热器减温水，使再热器不要超温。

(5) 水位控制

在升压过程中，锅炉工况变化较大，例如燃烧调节、汽压和汽温的逐渐升高、排汽量的改变、进行锅炉下部放水或外来蒸汽加热、连续排污的投用和定期排污等，这些工况的变化都会对水位产生不同程度的影响，若调节控制不当，将会引起水位事故。

在升压过程中，对水位的控制与调节应当根据锅炉工况的变化来进行。在点火至启动旁路系统阶段，一般不用进行水位调整。启动了旁路系统之后，尤其是汽轮机带上一定负荷后，锅炉的消耗水量增多，将使水位下降，这就要求相应地增加给水量，而主给水管流量大，不易控制，所以一般采用低负荷进水管给水。这时可以手动，也可以采用单冲量调节。在锅炉带上较大负荷时，应根据负荷的上升情况，适时切换至主给水管运行。待水位比较稳定后，即可投入给水三冲量自动调节系统。

(6) 压力与温度的协调

锅炉在启动过程中，汽温与汽压的配合不一定恰当，这就要通过各种调节手段来协调。当汽温达不到参数要求时，应加强燃烧，联系汽轮机值班员开大高压旁路，提高汽温；当汽温达到冲转参数要求而汽压已高出规定值时，根据需要可开启对空排汽阀泄压；当汽压低、汽温高时，可适当关小高压旁路。在上述手段进行调节的同时，还要配合燃烧调整或其他手段来实现汽温、汽压的协调。

4.2.4 自然循环锅炉的热态启动

1. 热态启动的定义

对于单元机组而言，启动状态是按汽轮机汽缸金属温度的高低进行划分的。所谓锅炉的热态启动就是指汽轮机在热状态时锅炉的启动。

2. 热态启动参数的要求

在机组热态滑参数启动时，为了避免汽轮机金属剧烈冷却，我国普遍采用压力法。锅炉预先点火，待蒸汽压力与温度符合金属温度的要求（高于金属温度 50～80℃）时冲转，这又称为正温差启动。

中间再热机组热态启动时，还应对再热蒸汽温度有一定的要求。因为启动前中压缸进汽处的金属温度与高压缸调节级温度相近，所以要求再热蒸汽温度与主汽温度要接近，一般要求再热蒸汽温度高于中压缸第一级处内缸金属温度 50℃，同时应注意，再热汽管道直径大而长，所以暖管要充分，严防启动过程中造成中压缸水冲击事故。

3. 热态启动的控制要点

热态启动过程与冷态启动过程基本相同，但在热态启动时要特别注意以下几点：

① 点火前，锅炉各疏水门应在关闭位置。当主蒸汽温度与高温过热器入口汽温之差小于 30℃时，全开高温过热器集汽联箱疏水门。高、低压旁路系统投入后，关小或关闭上述疏水门。

② 热态滑参数启动前，汽包内工质保持一定的压力，在启动升温升压曲线上可以找到一个对应点。锅炉点火后，要很快启动旁路系统，以较快的速度调整燃烧，达到上述对应点，避免因锅炉通风、吹扫等原因使汽包压力有较大幅度的降低。此后按对应的锅炉启动升温升压曲线进行升温升压。

③ 在启动时用机组的旁路减压阀、一次汽和二次汽管道的疏水阀或锅炉的对空排汽阀来控制锅炉的汽压和汽温。汽轮机冲转前，尽量少用或不用减温水来调整汽温。

4.2.5 直流锅炉的冷态启动

直流锅炉的启动特点主要可归纳为以下几点：

① 厚壁部件的热应力是限制机组启停速度的主要原因，直流锅炉的厚壁部件较少，只有联箱和阀门等，因此它的启停速度可比汽包锅炉快些。但当直流锅炉与汽轮机组成单元机组时，机组的启动速度就往往要受到汽轮机的限制。

② 在点火初期为使水冷壁管得到冷却，要有25%~30%的启动流量。但这时从水冷壁甚至过热器出来的只是热水或汽水混合物，不允许进入汽轮机。为此必须另设启动旁路系统。在锅炉熄火后的一段时间内，炉膛温度还很高，也需有一定的水量流经水冷壁，故这时也需投入旁路系统。

③ 直流锅炉由于进入锅炉的给水是一次蒸发完毕的。为了避免有杂质沉积在锅炉管壁上或被蒸汽带入汽轮机中，直流锅炉在点火前一定要进行冷态清洗，待水质合格后方可允许点火。

④ 汽包锅炉的过热器、省煤器和水冷壁各受热面之间有汽包作固定的分界，而直流锅炉的各段受热面是在启动过程中逐步自然形成的，因此在某些受热面内的工质总是存在由水变成蒸汽的体积膨胀过程。

1. 直流锅炉启动程序

(1) 冷态循环清洗

直流锅炉运行时，给水中的杂质除部分随蒸汽带走外，其余都沉积在受热面上。机组停用时，内部还会由于腐蚀而生成氧化铁。为了清除这些污垢，在点火前要用一定温度的除氧水进行循环清洗。

(2) 建立启动压力和启动流量

直流锅炉在点火之前，必须建立一定的启动压力和启动流量。

建立启动压力能够保证在较低压力时，水冷壁内不致汽化，使水冷壁内的工质流动始终稳定。启动流量可确保直流锅炉受热面在启动时的冷却，其大小决定了工质在受热面中的质量流速。

(3) 锅炉的点火

直流锅炉的点火方式及方法基本上与汽包锅炉相同，不再重复介绍，只把它的一些特殊要求加以说明。

① 由于包墙管出口至启动分离器进口的调节阀(简称“低分调”)前无节流管束，为保护阀门，在点火前应将低温过热器出口至启动分离器进口的隔绝阀(简称“低分出”)和“低分调”关闭。包墙管压力由“包分调”维持。具有烟温探针装置的锅炉，在点火前还应将烟温探针装置投用，以便根据烟温核对当时的燃料量。

② 在点火升温过程中，应严格控制包墙管出口及水冷壁各点升温速率不大于规定值，下辐射水冷壁每片管屏的出口温度与各管屏出口平均温度之差不大于规定值，如超过要求则应停止升温。

③ 锅炉点火后，应对启动分离器的有关管道进行暖管，以免后阶段投入时发生管道振动。在对启动分离器汽侧通向凝汽器的管道进行暖管时，应征得汽轮机司机的同意。

(4) 启动分离器升压

启动初期的燃烧率约为额定负荷时的10%~15%，包墙管出口工质温升速度应小于规定值，在过热器和再热器通汽前，它们进口处的烟温不应超过额定汽温。

当包墙管出口温度达到一定值后，工质经节流管束流入分离器，以消除刺耳的噪声。当温度升高后，就可以打开节流管束的旁路阀。

随着分离器进口工质焓的提高，工质汽化量增大，分离器内的水位逐渐下降。当水位稍高于正常水位时，可打开分离器送汽阀，由除氧器和高压加热器回收热量。分离器多余的蒸汽和水，分别进入凝汽器，并由分离器的放气阀和放水阀分别调节其压力和水位。

(5) 过热器、再热器及蒸汽管道的通汽

当启动分离器压力升至1~1.5MPa，且水位较低时，即可缓慢开启分离器至前屏过热器进口的隔绝阀(简称“分出”)，向过热器、再热器及蒸汽管道供汽暖管。

(6) 热态清洗

锅炉点火后，水温在260~290℃时，去除氧化铁的能力最强，超过290℃时铁就开始在受热面上发生沉积。因此热态清洗时。要控制包墙管出口水温不超过290℃，待水质合格后方可升温。包墙管出口水温在260~290℃范围内的清洗过程称为热态清洗。

热态清洗水质合格且征得司机同意后，开启分离器到除氧器的阀门向除氧器给水箱供水。

(7) 汽轮机冲转

当汽轮机前的蒸汽参数达到规定值时，即可依次进行汽轮机的冲转、暖机、升速，同步并接带初始负荷。此过程中，汽轮机要求汽压平稳，汽温缓慢上升。为此，要在固定燃烧率下调节分离器的放汽量，此外，高温过热器及再热器出口所装设的减温减压旁路也可作为调节手段。在汽轮机带初始负荷后，可把主汽阀旁通阀控制改为调节汽门控制。

(8) 锅炉的工质膨胀

① 工质膨胀的定义。随着锅炉热负荷的逐渐增大，水冷壁内的工质温度逐渐升高，一旦达到饱和状态就开始汽化，由于工质汽化时的比体积比水增加了很多倍，汽化点以后管内的工质向锅炉出口即启动分离器排挤，从而使进入启动分离器的工质体积流量比锅炉入口体积流量大得多。这种现象称为直流锅炉工质的膨胀。

② 工质膨胀的原因。在直流锅炉中，水的加热、蒸发、过热三个阶段无固定的分界点，各段受热面是在启动过程中逐步形成的。在加热过程中，高热负荷区域内的工质首先汽化，体积突然增大，引起局部压力突然升高，猛烈地把后部工质推向出口，造成锅炉瞬时排出量大大增加。因此，膨胀现象的基本原因是由于蒸汽与水的比体积不同而造成的

③ 工质膨胀的控制。直流锅炉启动过程中工质膨胀阶段参数的控制将直接影响到启动的安全，因为膨胀量过大，将使锅炉包墙和启动分离器压力、水位都难以控制，控制不当甚至会引起锅炉超压和启动分离器满水。

为了控制好膨胀现象，就必须控制工质的压力和燃烧率。一般启动初期燃烧率控制为额定负荷的10%~15%。燃料量的增加，不宜采用投油枪的方式，因为这种方式扰动比较大，而应采用缓慢提高油压的方式来增加油量。在膨胀过程中应注意维持包墙管出口压力、启动分离器压力和水位在正常范围内。当混合器、水冷壁出口及包墙管出口工质均达到饱和温度时，膨胀即结束，此时应及时调节分离器的调节阀，防止包墙管降压，同时适当增加燃料量，以防膨胀不畅，造成二次膨胀。

(9) 切除启动分离器，过热器升压

切除启动分离器是具有外置式分离器直流锅炉启动过程中的一项关键性操作。这个阶段

的重点是既要防止主蒸汽温度大幅度变化，特别是防止温度的降低，又要防止各受热面管壁超温，以免危及机组的安全运行。为了防止切换过程中汽温的大幅度波动，目前均采用"等焓切换"的方式。"等焓切换"是指在切除启动分离器的过程中始终保持"低出"阀门的旁路调节阀门前后的工质焓相等。

汽轮机定速后将分离器压力提高到规定值，调节高温过热器旁路阀，使低温过热器出口汽焓等于分离器出口饱和汽焓，并使低温过热器内的流量稳定，这样，进入高温过热器的蒸汽量和焓均保持不变，汽轮机前汽压和汽温也不会有明显变动。故这种等焓切换方式对汽轮机是最为有利的。

根据汽轮机升高负荷的信号，继续开大过热器减压阀，高温过热器进口压力逐渐上升，当它超过分离器的压力时，关闭分离器的通汽阀，并逐渐关小低温过热器旁路阀(简称"低调")。当汽轮机负荷升至约1/3额定值时，把它完全关闭，此后它将起锅炉安全阀的作用。随分离器压力的下降，高压加热器和除氧器的汽源由分离器切换为汽轮机的抽汽。分离器切除后，锅炉就以纯直流方式运行。

启动分离器切除后进行过热器升压，过热器升压过程一般可分为两个阶段：第一阶段采用保持汽轮机调节汽门开度不变，逐渐关小高、低压旁路的方法进行升压；第二阶段在高、低压旁路均关闭后，采用关小汽轮机调节汽门的方法进行升压。不论在第一阶段还是第二阶段的升压过程中，当高、低压旁路或汽轮机调节汽门逐渐关小时，过热器和包墙管压力将随之上升。在过热器升压的过程中，应调整减温水和燃烧使过热器各点的温度均随压力的上升而变化。

当锅炉参数升至额定值后，应全面检查锅炉各参数正常，复查各阀门位置符合要求。检查炉内燃烧工况应良好，炉内无泄漏现象。根据规定将烟温探针及暖风器退出运行，通知热工值班员到场，检查设备正常后，将锅炉各系统逐个投入自动。

(10) 升负荷

单元机组的升负荷是一个锅炉根据汽轮机的升负荷曲线，按比例地增加燃料、给水和风量，在维持各参数正常的情况下机组负荷不断升高的过程。

在升负荷过程中，要组织燃烧调整，进行合理配风，保证炉内燃烧工况良好。调节烟气挡板或摆动燃烧器角度，保证再热汽温正常。通过调整给水流量和过热器减温水量，使主蒸汽温度保持稳定。

随着机组负荷的不断升高，可逐渐减少燃油量，燃烧工况稳定后可停用所有油枪，保持燃油系统循环，以保证随时可用。机组负荷升到一定值后，开启包墙管旁路阀，以降低高负荷时汽水系统的阻力。

升负荷结束后，对锅炉进行全面检查，对空气预热器室及烟道各受热面进行一次全面的吹灰工作以清除启动过程中沉积在受热面上的未燃尽可燃物质。至此，锅炉启动结束。

2. 直流锅炉启动中的几个重要问题

(1) 建立合适的启动压力和启动流量

启动过程中，水冷壁内应有一定的工质流过，以保护水冷壁管。工质流量大，压力高，流动稳定性就好。但这时工质焓的提高较缓慢，将会延长启动时间并增加启动损失。一般直流锅炉均采用约30%的额定给水量。启动初期水冷壁内应有足够的压力，并使工质出口温度总低于对应压力下的饱和温度，且有一定的裕量，以保证管内工质不致汽化，维持单相流动使水冷壁得到冷却。但是压力越高，水冷壁与分离器之间的调节阀的压降就越大，磨损和噪声也越大，给水泵所耗功率也越多，因此在启动初期可使水冷壁内只维持较低压力，待工质出口温度上升后，再提高压力至额定值。

（2）发电机并列后的负荷控制

汽轮发电机组升至全速后与电网同步，然后并列。并列后要掌握好加负荷的速度。如果加负荷速度过慢将延长启动时间、增加启动费用。如果加负荷速度过快易造成主蒸汽温度下降，这是因为：

① 加负荷速度过快时，由于主蒸汽压力的下降，将使主蒸汽温度相应下降，如此时减温水已投用，则会因主蒸汽压力的降低造成减温水量增加，而使主蒸汽温度进一步下降。

② 加负荷速度过快，将造成过热器通流量瞬时剧增，引起主蒸汽温度下降。

③ 加负荷速度过快将造成分离器压力突然降低。此时如采用关小分离器到凝汽器的阀门来提高分离器的压力，则将造成过热器的通流量剧增，使主蒸汽温度剧降。

④ 加负荷速度过快，还将使分离器出口饱和蒸汽的湿度增加而造成主蒸汽温度的下降。

综上分析，发电机并列后的加负荷速度应缓慢，主蒸汽与分离器的压力尽量用高、低压旁路来调节，在操作过程中如能保持主蒸汽压力稳定，则主蒸汽温度必将稳定。

（3）切除分离器前及其过程中应注意的问题

① 切除分离器前燃料量已较多，为尽量增加过热器和再热器的通流量，在增加燃料量的同时应逐步开大汽轮机调节汽门，增加汽轮机负荷。

② 开大调节汽门的操作应缓慢，开大后不可随意关小，以免引起汽轮机调节级后的温度突降。

③ 合理组织燃烧，防止燃烧不良及热负荷不均匀而引起水冷壁局部超温。

④ 给水流量的调节应和包墙管压力相互配合，以求稳定。

⑤ 切除分离器前应先将低温过热器前、后管道内的积水放尽，以防切除分离器过程中汽温下降。

⑥ 切除分离器过程中应始终保持包墙管压力和低温过热器出口温度稳定，以实现等焓切换。

⑦ 切除分离器过程中应始终保持减温水量有一定的调节余地。如发生主蒸汽温度迅速下降，应立即关小或关闭减温水，开启过热器部分有关疏水。

⑧ 切除分离器结束时，“低出”阀门旁路调节阀的开度应符合要求。不应盲目开大，以免包墙管压力无法维持。待过热器升压时，方可逐渐开大直至开足。

⑨ 各参数符合一定条件并保持稳定后，方可进行切除启动分离器的操作。

4.2.6　直流锅炉的热态启动

单元机组直流锅炉的热态启动程序与操作方法与冷态启动大致相同。这里只介绍热态启动过程中的几个注意事项。

① 热态启动时的锅炉进水，必须控制其速度和水温，以防进水过快或水温过低造成省煤器等受热面及管道振动和锅炉本体管系金属温降速率过大而产生应力。

② 热态启动时应防止汽轮机缸壁金属发生冷却与蒸汽进入饱和区而产生负胀差现象与水冲击现象，所以要合理选择热态启动时汽轮机的冲转参数，减少启动过程中汽缸及转子各金属部件的热应力。

③ 在热态启动中，常常出现再热汽温提不起来的问题，这时要尽量提高高压旁路后的温度，尽量开大高压旁路，增加高压旁路的通流量，投用位置较高的燃烧器，将燃烧器摆角

上调，适当增加风量，提高过量空气系数或开大再热器侧的烟温挡板以增加再热器的对流吸热量等。但也要注意前屏和再热器等锅炉局部受热面出现壁温超限现象。

4.2.7 强制循环锅炉的冷态启动

强制循环锅炉是在自然循环锅炉的基础上，在汽包的集中下降管上加装锅水循环泵从而建立了良好的锅炉水循环，克服了自然循环锅炉在高参数下的缺点。这种锅炉在点火前就先启动锅水循环泵，形成先建立循环然后才点火的运行方式。这样就使水冷壁在启动过程中，不管各根管子之间吸热差别如何，都能保证每根管中都有相同温度的工质流过，因而使水冷壁温度分布均匀、膨胀自由，有利于缩短启动时间、节约点火用油。

强制循环锅炉的启动，在启动锅水循环泵后的各项操作与自然循环锅炉的基本相同，这里只把启动过程中与自然循环锅炉不同的操作加以说明。

(1) 锅水循环泵的注水排空气操作

锅水循环泵的结构、工作环境、冷却方式决定了锅炉进水前必须先完成锅水循环泵的注水排空气操作，否则就无法保证进入锅水循环泵电动机腔室内的水质，从而引起绕组污染、轴承磨损等不良后果。同时还可能造成电动机内的空气排不出去，电动机得不到良好的冷却而使绕组超温、绝缘损坏。锅水循环泵电动机在注水排空气操作前，必须对注水管路进行冲洗，当注水管路冲洗合格后，才允许向电动机内注水。注水必须从电动机的底部注入且流量要加以限制，以保证电动机内部的空气能全部排出。锅水循环泵启动前要打开低压冷却水门，检查水量是否充足；关闭电动机下部注水门并做好防误开措施，关闭泵出口管路放水门。

启动前使用1000MΩ 绝缘电阻检查绕组对地电阻时，其值应大于5MΩ。

(2) 强制循环锅炉的进水及锅水循环泵的启动

必须在循环泵注水排空气、一次冷却水的冲洗等工作均已结束后才允许向锅炉进水。自然循环锅炉要求上水至最低可见水位，而强制循环锅炉由于循环泵启动时水位会下降，故要求上水至最高可见水位。锅炉进满水后，还应对锅水循环泵的电动机进行彻底的排空气操作。虽然在进水前已对锅水循环泵进行了注水排空气操作，但电动机腔室内仍可能有夹杂的空气泡，所以一般采用短时间启动锅水循环泵的运行方式来排除这些空气泡。

冷炉进水后，启动锅炉水循环泵运行10~15min 后，应联系化学值班员化验锅炉水品质。如水质不合格应立即停止锅炉水循环泵的运行，对锅炉放水，放水完毕后再重新上水。当水质合格，锅炉水循环泵连续运行后，要注意监视锅炉水循环泵的电流、差压和电动机腔室温度，因为此时锅炉水温度较低，锅炉水循环泵的差压较大，其电动机电流有可能超过额定值运行。循环泵启动后，锅炉点火，以后的程序就与前面介绍的自然循环锅炉的启动大致相同。

强制循环泵启动前必须检查的内容：

① 水泵电机是否符合启动条件；

② 绕组绝缘合格、接线盒封闭严密、事故按钮已释放且动作良好；

③ 出入口门关闭，备用强制循环泵旁路门打开；

④ 汽水分离器水位符合启动条件，打开入口门给泵体灌水。

4.3 锅炉运行控制

锅炉运行工况的好坏，很大程度上决定了整个电厂运行的安全性和经济性。锅炉机组的运行，必须与外界负荷相适应，当外界负荷变动时，必须对锅炉机组进行一系列的调整操作，使供给锅炉的燃料量、空气量、给水量等作相应的改变，使锅炉的蒸发量与外界负荷相适应。否则，锅炉运行参数(汽压、汽温、水位等)就不能保持在规定的范围内。严重时，将对锅炉机组和整个发电厂的安全与经济运行产生重大影响。即使在外界负荷稳定的情况下，锅炉机组内部某一因素的改变，也会引起锅炉运行参数的变化，因而也同样要对锅炉机组进行必要的调整操作。

对锅炉机组总的要求是即要安全又要经济，在运行中对锅炉进行监视和调节的主要任务是：

① 使锅炉的蒸发量适应外界负荷的需要。

② 均衡给水并维持正常水位。

③ 保持正常的汽压与汽温。

④ 保持炉水和蒸汽的品质合格。

⑤ 维持经济的燃烧，尽量减少热损失，提高锅炉机组的效率。

4.3.1 锅炉的燃烧调整

锅炉燃烧是否稳定直接关系到锅炉运行的可靠性。例如，锅炉燃烧不稳将引起主蒸汽流量、汽温、汽压等参数发生波动，火焰中心偏上、炉膛温度过高或火焰中心偏斜将可能引起水冷壁、凝渣管结渣或烧损设备，并可能增大过热器的热偏差，造成局部管壁超温等。炉膛温度过低将影响燃料的着火和正常燃烧，易造成锅炉灭火。对于大容量高参数锅炉，燃料完全燃烧、炉膛温度场和热负荷分布均匀是达到安全可靠运行的必要条件。

燃烧过程的经济性要求保持合理的风、煤配比，保持最佳的过量空气系数；合理调整一、二次风配比保证着火迅速、燃烧完全；合理的调整引、送风保持适当的炉膛负压，减少漏风。当运行工况改变时，如果调节及时、得当，就可以减少燃烧损失，提高锅炉效率。对于现代火力发电机组，锅炉热效率每提高1%，将使整个机组效率提高约0.3%~0.4%，标准煤耗可下降3~4g/kW·h。

对于煤粉炉，为达到上述燃烧调节的目的，在运行操作方面应注意喷燃器一、二、三次风的出口风速和风率、各喷燃器之间的负荷分配和运行方式，炉膛的风量即过量空气系数、燃料量和煤粉细度等各参数的调节，使其达到最佳值。

锅炉运行中经常碰到的工况改变是负荷的改变。当锅炉负荷改变时，必须及时调节送入炉膛的燃料量和空气量(风量)，使燃烧工况得以相应的改变。

在大负荷运行时，由于炉膛温度高，着火与混合条件比较好，故燃烧一般是稳定的，但这时排烟损失比较大，为了提高锅炉效率，可以根据煤质等具体条件，考虑适当降低过量空气系数运行。过量空气系数适当减小后，排烟损失必然降低，而且由于炉温高并降低了烟速使煤粉在炉内的停留时间相对增长，因此，不完全燃烧损失可能不增加或者增加很少，其结果可使锅炉效率有所提高。

负荷低时，由于燃烧减弱，投入的喷燃器较少，故炉膛温度较低，火焰充满程度差，使燃烧不稳定，经济性也较差。所以，对于大型煤粉炉一般不宜在70%额定负荷以下运行。低负荷时可以适当降低炉膛负压运行，以减少漏风，使炉膛温度相对有所提高。这样不但能稳定燃烧，也能减少不完全燃烧损失，但这时必须注意安全，防止喷火伤人。

由上所述可知，当运行工况改变时，燃烧调节的正确与否，对锅炉运行的安全性和经济性都有直接的影响。

4.3.1.1 燃料量的调节

（1）中间储仓式制粉系统的锅炉

中间储仓式制粉系统的特点之一是制粉系统运行工况的变化与锅炉负荷不存在直接关系。燃料量的调节可通过改变投、停燃烧器只数、改变给粉机转速或调节给粉机下粉插板的开度来实现。具体采用哪种方式调节，可根据负荷变化的需要和给粉机的工作情况而定。

当锅炉负荷变化较小时，改变给粉机的转速就可以达到调节的目的。

当锅炉负荷变化较大时，改变给粉机转速不能满足调节幅度，则应先以投、停给粉机作粗调节，再以改变给粉机转速作细调节。但投、停给粉机应尽量对称，以免破坏整个炉内工况。

当投入备用燃烧器和给粉机时，应先开启一次风门至所需开度，对一次风管进行吹扫。等风压指示正常后，方可启动给粉机，并开启二次风门，观察着火情况是否正常。当停用燃烧器时，应先停给粉机，并关闭二次风门，而一次风门开启应继续吹扫数分钟后再关闭，以防一次风管中发生煤粉沉积。为防止停用的燃烧器烧坏，其一、二次风门应保持微小开度，以冷却喷口。

运行中要限制给粉机的转速范围。转速过大，一次风中煤粉浓度大，易引起燃烧不完全；反之，煤粉浓度过低，使着火不稳，易发生灭火。其具体转速范围应由锅炉燃烧调整试验确定。此外，对各台给粉机事先都应做好转速-出力试验，了解其出力特性，以保持运行时给粉均匀。给粉调节操作要平稳，应避免大幅度的调节，任何短时间的过量给粉或给粉中断，都会使炉内火焰发生跳动，着火不稳，甚至可能引起灭火。

（2）直吹式制粉系统的锅炉

具有直吹式制粉系统的煤粉炉，一般都装有数台磨煤机，也就是具有几个独立的制粉系统。由于无中间粉仓，所以它的出力大小将直接影响锅炉的蒸发量。

当锅炉负荷变动较大时，需要通过启停制粉系统来调节燃料量。其原则是：一方面使磨煤机在合适的负荷下运行，另一方面则要求燃烧器在新的组合方式下能保证燃烧工况良好，火焰分布均匀，以防止热负荷过于集中造成水冷壁运行工况恶化。在启动制粉系统时，应及时调整一次风、二次风以及炉膛压力，并及时调整其他燃烧器的负荷，保持燃烧稳定，防止负荷骤增或骤减。

当锅炉负荷变化不大时，可通过调节运行制粉系统的出力来调节燃料量，若锅炉负荷增加，要求制粉系统出力增大时，应先加大磨煤机的进口风量，利用磨煤机内的存粉作为增负荷开始时的缓冲调节，然后增加给煤量，同时相应开大二次风门。反之，当锅炉负荷降低时，则应减少给煤量、磨煤机通风量以及二次风量。总之，对配有直吹式制粉系统的锅炉，其燃料量的调节，基本上是用改变给煤量来解决的。

在调节给煤量和风门开度时，应注意辅机的电流变化、挡板的开度指示、风压的变化以及有关的表计指示变化，防止发生电流超限和堵管等异常情况。

（3）燃油量的调节

燃油量的调节方法与燃油系统的型式和油喷嘴的雾化方式有关。燃油量的调节方法主要有进油调节和回油调节两种。雾化方式一般有机械雾化和蒸汽雾化等方式。

采用进油调节系统的调节方法是：当负荷变化时，通常利用改变进油压力来达到改变油量的目的。当负荷降低较大时，则需大幅度降低进油压力，以便减少进油量，但这样会因油的压力低而影响进油的雾化质量。在这种情况下，不可盲目降低油压，而应采取停用部分油嘴的方法来满足降低负荷的需要。反之，当负荷增加较大时，也不可使进油压力太高，而应采用投用部分油嘴的方法满足增负荷的需要。

对于具有内回油的压力雾化喷嘴，除当锅炉负荷有大幅度的变化而需投、停油嘴外，一般可利用调节回油阀开度来改变油量的多少，达到调节燃油量的目的。当锅炉负荷降低时，可适当开大回油阀，使回油增多，而喷入炉内燃烧的油量相应地减少。

对于蒸汽雾化的油喷嘴，燃油雾化蒸汽压力通常采用定压或油压差保持固定的方式运行，故用蒸汽雾化的油枪，一般油压允许在一定范围内波动。当负荷变动小时，可用调整油压的方法满足负荷需要，当负荷变化大时，同样必须采用投、停油枪数的方法满足负荷的需要。

4.3.1.2　风量的调节

(1) 控制 CO_2(或 O_2)值的意义

送入炉内的空气量(风量)可以用炉内的过量空气系数来表示。如前所述，过量空气系数和烟气中的 CO_2、O_2 含量存在如下的近似关系

$$\alpha = RO_2^{max}/RO_2 \text{ 及 } \alpha = 21/(21 - RO_2)$$

对于一定的燃料，由于 RO_2^{max} 是个常数，烟中 RO_2 与 CO_2 值又近似相等，所以控制烟气中的 CO_2(或 O_2)含量实际上就是控制过量空气系数的大小。运行中，从 CO_2 表或 O_2 表指示值的大小即可间接地了解到送入炉内的空气量的多少。

过量空气系数的大小不仅会影响锅炉运行的经济性，而且也会影响到锅炉运行的可靠性。

从运行经济性方面来看，在一定的范围内，随着炉内过量空气系数的增大，可以改善燃料与空气的接触和混合，有利于完全燃烧，使化学未完全燃烧热损失 q_3 和机械未完全燃烧热损失 q_4 降低。但是，当过量空气系数过大时，则因炉膛温度的降低和燃烧时间的缩短(由于烟气流速加快)，可能使不完全燃烧损失反而有所增加。而排烟带走的热损失 q_2 则总是随着过量空气系数的增大而增加的，所以，当过量空气系数过大时，总的热损失就要增加。

合理的过量空气系数应使各项热损失之和为最小，即锅炉热效率为最高，这时的过量空气系数称为锅炉的最佳过量空气系数。显然，送入炉内的空气量应当使过量空气系数维持在最佳值附近。

最佳过量空气系数的大小与燃烧设备的型式和结构、燃料的种类和性质、锅炉负荷的大小以及配风工况等有关。例如，锅炉负荷越高，所需的 α 值越小，但一般在(0.5~1.0)D_e(额定蒸发量)范围内，最适宜的 α 值无显著变化。液态除渣炉较固态除渣炉所需 α 值小。低挥发分的燃料需要较大的 α 值，对于一般的煤粉炉，在经济负荷范围内，炉膛出口处的最佳 α 值大约为 1.15~1.25，全燃油炉大约为 1.05~1.10。对具体的锅炉、燃料和燃烧工况，α 的最佳数值应通过在不同工况下锅炉的热效率试验来确定。

此外，随着炉内过量空气系数的增大，烟气的容积也相应增加，烟气流速也提高，过热器吸热量增大，因而使送、吸风机的耗电量也增加。

从锅炉工作的可靠性方面来看，若炉内过量空气系数过小，则会使燃料不能完全燃烧，造成烟气中含有较多的一氧化碳(CO)等可燃气体。由于灰分在具有还原性气体的介质中熔点将要降低，因此对于固态排渣煤粉炉，易引起水冷壁结渣以及由此而带来的其他不良后果。当锅炉燃油时，如果风量不足，使油雾不能很好地燃尽，则将导致在尾部烟道及其受热

面上沉积油垢，从而可能发生二次燃烧事故，如果处理不当，将使设备招致严重的损坏。

由于飞灰对受热面的磨损量与烟气流速的三次方成正比，因此对于煤粉炉，随着过量空气系数的增大，将使受热面管子和吸风机叶片的磨损加剧，影响设备的使用寿命。此外，过量空气系数增大时，由于过剩氧的相应增加，将使燃料中的硫分易于形成三氧化硫(SO_3)，烟气露点温度也相应提高，从而使烟道尾部的空气预热器更易遭受腐蚀。此点对燃用高硫油的锅炉影响尤其显著。

因此，在锅炉运行中应当保持合理的 CO_2(或 O_2)值，以作为送风调节的依据。用烟气中含氧量的大小作为风量调节的依据较二氧化碳含量为好。因为和二氧化碳含量相比，烟气中最适宜的含氧量与燃料的化学成分和质量无关。

燃烧实践表明，当发生煤粉自流，排粉机带粉增多，以及油压、油温发生变化使送入锅炉内的燃料量突然增多而使风量相对减少时，从 CO_2 表反映出其指示值突然会有大幅度的减少。这是因为在燃料量增多(即风量减少)的情况下，对每千克燃料而言，燃烧产生的干烟气体积虽然减小，但由于风量过小使碳燃烧不完全，有大量的一氧化碳产生，二氧化碳含量大为下降，因此相对的烟气中二氧化碳含量的百分数($CO_2\%$)就减少。燃料量不变，如果风量适当减少，炉内温度升高，水冷壁吸热量增加。

如果采用氧量表就不会出现这种反常的变化，只要空气量小，O_2 值肯定小。因此在现代锅炉中，常用氧量表来代替二氧化碳表。

对于各种燃料，都可以制定出相应的过量空气系数与烟气中二氧化碳和氧量的关系曲线，供运行调节时参考。

根据一些实际运行经验，当燃用烟煤时，在正常负荷范围内，一般控制高温省煤器前 CO_2 值在 15%~16%，O_2 值控制在 4%左右是比较经济的，即这时可使过量空气系数保持在最佳值，相当于炉膛出口处的 $\alpha_1=1.15\sim1.25$。锅炉风量调节应根据燃烧试验确定的不同负荷时最佳烟气氧量来调节风量。通常固态排渣锅炉燃用烟煤时，炉膛出口氧量控制在 4%~5%。

(2) 控制锅炉漏风及其对 CO_2 值(O_2 值)的影响

对于负压燃烧锅炉，由于炉膛和各部烟道都处于负压下运行，空气就会从灰斗、炉墙以及空气预热器等不严密的地方进入燃烧室和烟道，这就是所谓漏风。

漏风会对锅炉的安全性和经济运行带来不利的影响，如风道各处的漏风将使烟气量增大，从而增加排烟热损失 q_2 和引风机的电耗，同时使受热面的磨损加剧。当引风机出力不太富裕时，甚至会因漏风过大而使锅炉被迫减负荷。而冷空气漏入燃烧室，尤其从底部灰斗处漏入时，会降低炉膛温度，炉内辐射量减少，抬高火焰中心，从而影响燃烧完全，并促使汽温升高。冷灰斗大量漏风时，还可能引起燃烧不稳，甚至发生炉膛灭火或向外扑火。炉膛上部漏风对燃烧和炉内传热影响不大，但导致炉膛出口烟气温度降低，漏风点以后的设备受热面的传热量将会减少。

烟道漏风会增加空气预热器的低温腐蚀，使排烟温度下降，尾部受热面换热效果下降。

因此，应当控制和尽量减少锅炉漏风。为了减少漏风，除了在锅炉检修时应尽力保持炉墙、烟道的严密性以外，在运行中，还应做到及时发现漏点及时联系检修处理，以提高锅炉运行的经济性和可靠性。

由于存在漏风，故烟道各处的过量空气系数并不相同，沿着烟气流程它是逐渐增大的。而与此相反，沿着烟气流程烟气中的二氧化碳含量的百分数则逐渐减小。烟道出口与进口的

过量空气系数 α''、α'之差值，称为漏风系数 $\Delta\alpha$。

根据漏风系数的概念，过量空气系数与烟气中二氧化碳百分数之间的关系以及它们沿烟气流程的变化规律，只要测出锅炉任何一段(或整个)烟道进出口处烟气中的 RO_2(%)值，通过计算(或利用曲线图)就可知道该段(或整个)烟道漏风系数 $\Delta\alpha$ 的大小，即

$$\Delta\alpha=\alpha''-\alpha'=RO_2^{max}/RO''_2-RO_2^{max}/RO'_2$$

烟道进、出口处烟气中 RO''_2和 RO'_2可分别取样，用烟气分析器来测定。

当经过测定说明锅炉漏风过大时，应作进一步的检查并采取必要的措施。实践证明，除冷灰斗外，产生漏风最多的是在人孔门、检查孔以及管子穿过炉墙处等。在漏风的地方，一般都留有烟、灰的痕迹，发现后应及时用石棉绳、水玻璃等进行堵塞。

(3) 送风的调节

风量的调节是锅炉运行中一个重要的调节项目，它是使燃烧稳定、完全的一个重要因素。当锅炉负荷发生变化时，随着燃料量的改变，必须同时对送风量进行相应的调节。

正常稳定的燃烧说明风、煤配合比较恰当，这时，炉膛内应具有光亮的金黄色火焰，火焰中心应在炉膛的中部，火焰均匀地充满炉膛但不触及四周水冷壁，火焰稳定，火焰中没有明显的星点(有星点可能是煤粉分离现象，此外炉膛温度过低或煤粉太粗时也会有星点)，从烟囱排出的烟色应呈浅灰色。

如果火焰炽白刺眼，表示风量偏大。如果火焰暗红不稳，则有两种可能：一种可能是风量偏小，另一种可能是送风量过大或漏风严重，致使炉膛温度大大降低。此外，还可能是风量以外的其他原因。例如，煤粉太粗或不均匀，煤的水分高或挥发分低时，火焰发黄无力；煤的灰分高时火焰闪动等等。

当风量大时，CO_2 表指示值低而 O_2 表指示值高；风量不足时，则 CO_2 值高而 O_2 值低，火焰末端发暗，烟气中含有一氧化碳(CO)，烟囱冒黑烟。

应根据 CO_2(或 O_2)表的指示及火色等来判断风量的大小，并进行正确的调节。

目前，发电厂中风量的具体调节方法多数是通过电动执行机构来调节送风机进口导向挡板的开度。除了改变总风量以外，在必要时还可以调节二次风量。

对于容量较大的锅炉，通常都装有两台送风机。当锅炉增、减负荷时，若风机运行的工作点在经济区域内，在出力允许的情况下，一般只需通过调节送风机进口挡板的开度来调节送风量。但如负荷变化较大时，则需变更送风机的运行方式，即开启或停止一台送风机。合理的风机运行方式，应在运行试验的基础上通过技术经济比较来确定。

当两台送风机都运行，需要调节送风量时，一般应同时改变两台风机进口挡板的开度，以使烟道两侧的烟气流动工况均匀。在调节导向挡板开度改变风量的操作中，应注意观察电动机电流表、风压表、炉膛负压表以及 CO_2(或 O_2)表指示值的变化，以判断是否达到调节目的。尤其当锅炉在高负荷情况下，应特别注意防止电动机的电流超限，以免影响设备的安全运行。

(4) 燃烧器出口风速与风率的调节

燃烧器保持适当的一、二、三次风出口速度和风率是建立良好的炉内工况、使风粉混合均匀、保证燃料正常着火与燃烧的必要条件。

一次风速过高会推迟着火时间，过低会烧坏燃烧器喷口，并可能造成一次风管的堵管。二次风速过高或过低都可能破坏气流与燃料的正常混合、搅拌，从而降低燃烧的稳定性和经济性。在表 4-1 中列出了各煤种一、二、三次风速的推荐值。

表 4-1 各煤种一、二、三次风速的推荐值(m/s)

燃烧器型式		无烟煤	贫 煤	烟煤和褐煤
轴向叶轮式	一次风	12~16	16~20	20~26
旋流燃烧器	二次风	18~22	20~26	20~30
四角布置的	一次风	20~30	20~30	25~32
直流燃烧器	二次风	45~50	45~50	30~40
三次风喷口		45~55	45~50	35~45

燃烧器出口断面的尺寸及流速决定了一、二、三次风量的百分率。风率的变化也对燃烧工况有很大影响。当一次风率过大时，为达到风粉混合物着火温度所需的吸热量就要多，因而达到着火所需的时间就延长，这对挥发分低的燃煤着火很不利，如果二次风温较低就更为不利。而对于挥发分较高的燃煤，由于其着火容易，着火后要保证挥发分的及时燃尽，就需要有较高的一次风率。表 4-2 列出了各煤种所用一次风率的推荐值，供调节风率时参考。

表 4-2 各煤种所用一风率的推荐值(%)

煤种 制粉型式	无烟煤	贫 煤	烟 煤		褐 煤
			$V_{daf}>30\%$	$V_{daf}\leqslant30\%$	
乏气送粉	—	20~25	25~35	25~30	20~45
热风送粉	15~20	20~25	25~45	25~40	40~45

① 四角布置的直流燃烧器。四角布置的直流燃烧器是根据煤质对燃烧的要求而设计的。其结构布置形式很多，对不同的燃料，可采用均等配风和分级配风方式，一、二次风速、风率也各不相同。

四角布置的直流燃烧器，由于其燃烧方式是靠四股气流组织的，所以一、二次风量及风速的选择是决定炉内空气动力工况是否良好的基本条件。必须注意对四股气流的调节与配合，任何不适当的一、二次风配比都会破坏气流的正常混合和扰动，从而造成燃烧恶化并引起炉膛内结渣。这类燃烧器的一、二次风出口速度可用下述方法进行调节：

1）改变一、二次风率。

2）改变各层喷口的风量分配或停掉部分喷口。例如，可以改变相应上、下两层燃烧器的一次风量和风速或上、中、下各层二次风的风量和风速。在一般情况下，减少下排的二次风量，增加上排二次风量，可使火焰中心下移，反之，则抬高火焰中心。

3）对有可调节的二次风挡板的直流燃烧器，改变风速挡板的位置即可调节其出口风速，而保持风量不变或风量变化很小。

判断风速和风量是否适宜的标准，第一是燃烧的稳定性、炉膛温度分布的合理性以及对过热汽温的影响；第二是比较经济指标，主要是排烟热损失 q_2 和机械不完全燃烧热损失 q_4 的数值。

② 蜗壳旋流燃烧器：

1）单蜗壳燃烧器和双蜗壳燃烧器。单蜗壳燃烧器的二次风率调节，如有中心锥的结构，可以调节中心锥的位置。对双蜗壳燃烧器的一次风率只能依靠改变一次风量来调节。当一次风量增加时，其风速和风量成比例地增加。

二次风的切向速度可以利用风速挡板(舌形挡板)进行调节，以改变燃烧器出口风粉混合物的扩散状态。当关小舌形挡板时，燃烧器出口气流轴向速度相对减少，切向速度相对增加，旋流强度增强，扩散角变大，烟气回流区增大，靠近喷口的温度提高。当开大舌形挡板时，其结果与上述相反。

运行中对二次风舌形挡板的调节以燃煤挥发分的变化和锅炉负荷的高低作为主要依据。对挥发分低的煤，应适当关小舌形挡板，提高火焰根部的温度，以利于燃料的着火；对挥发分高的煤，由于着火容易，故应适当开大舌形挡板使其射程变远，以防烧损燃烧器或结焦。在高负荷情况下，由于炉膛温度较高，燃料着火的条件较好，燃烧比较稳定，故可将舌形挡板开大些；在低负荷时，则应关小舌形挡板，以增强高温烟气的回流，便于燃料的着火与燃烧。

对舌形挡板的调节，不但能改变气流的速度，还会改变气流的流量，故当关小舌形挡板后，尚需保持风量时，应适当开大风量挡板。此种燃烧器旋流强度较难调节，其调节幅度不大。

2）轴向叶片旋流式燃烧器。这种燃烧器的一次风是稍有旋转的通过燃烧器，而后进入二次风旋流造成的局部负压区。由于一次风通道的阻力较小和二次风的引射作用，以及炉膛内负压的影响，故燃烧器入口处的一次风压很低，而二次风具有可移动的叶轮，故其阻力较大。这种燃烧器的一、二次风轴向风速度只能借改变一、二次风率的分配来调整，二次风出口切向风速度可借改变叶轮的位置进行调整，从而改变着火条件达到稳定燃烧。

③强化燃烧的途径：

1）适当提高一、二次风温度，减少着火热需要的炉内热量。

2）控制一次风量，但要满足挥发分燃烧对氧量的需要。

3）合理控制燃料的颗粒度，使相对表面积增大。

4）合理配风，提高燃料的完全燃烧程度。

5）维持燃烧区域适当温度，使燃烧反应迅速，提供完全燃烧的条件。

6）维持合理的锅炉负荷，防止结渣或缩短燃料在炉膛内停留时间。

（5）炉膛负压的控制和引风量的调节

目前，国内绝大多数锅炉均采用既有送风机又有引风机的平衡通风方式，使炉膛烟气压力稍低于外界大气压，即负压运行。当炉膛负压过大时，会使漏风加大。反之，则高温烟气及烟灰就要向外冒，不但污染环境，还可能造成人身事故，所以不同型式的锅炉都对负压值做了不同的规定。

运行中，单位时间内如果从炉膛排出的烟气量等于燃料燃烧产生的烟气量时，则炉膛负压保持不变。当锅炉负荷变化而燃料量与风量变化时，各部负压也相应变化。炉膛负压增加则各部分负压相应增大，反之则各部负压减小。

锅炉灭火前，炉膛负压会发生大幅度摆动，当炉膛受热面发生爆破时，其负压也会发生大幅度的变化，因此，锅炉风压是反映燃烧工况是否稳定及判断事故的重要参数，所以运行中必须认真监视它的变化，并按不同的情况正确判断并及时调整。

炉膛负压的调节主要采用送风量与引风量联合调节的办法，引风量的具体调节方法，目前主要是通过电动执行机构操纵引风机进口导向挡板，以改变其开度，达到调节引风量的目的，但也有部分机组采用变速调节。在调节时，为避免炉膛出现正压和缺风现象，原则上应先增大引风量，再增大送风量，而后增加燃料量。反之，则应先减少燃料量，再减少送风量，最后减少引风量。若锅炉装有两台引风机，则应同时调节，防止烟道两侧烟气流动不均匀而加大受热面的热偏差。

另外，当锅炉进行除灰、清渣工作时，为保证人员安全，负压应比正常值维持得高一些。

4.3.2 负荷调节

1. 负荷调节的方法

随着系统负荷的变化，锅炉负荷也应随之发生变化，以适应系统负荷变化的需要，为此要进行负荷调节。负荷调节是指对运行锅炉的负荷分配。它有三种方式，即按比例调节、按机组效率调节和按燃料消耗微增率相等来调节。

（1）根据锅炉机组的蒸发量按比例调节

此方式的优点是易于实现负荷分配的自动化。缺点是没有考虑到各台锅炉的效率，因而不能保证运行的经济性。尤其在各台锅炉的型式和性能相差悬殊时更不经济，所以这种调节方式只用于各台锅炉的性能、参数基本相同的情况。

（2）按机组效率调节

按高效率机组带基本负荷、低效率机组带变动负荷的原则调节。

（3）按燃料消耗量微增率相等的原则调节

燃料消耗微增率是指锅炉负荷每增加 1t/h，燃料消耗的增加值。

在某一负荷下的微增率 Δb 就是这一负荷下燃料消耗量特性曲线的斜率。即 $\Delta b=\Delta B/\Delta D$，如图 4-1 所示，所以微增率可以由锅炉的燃料消耗量特性曲线 $B=f(D)$ 求得。

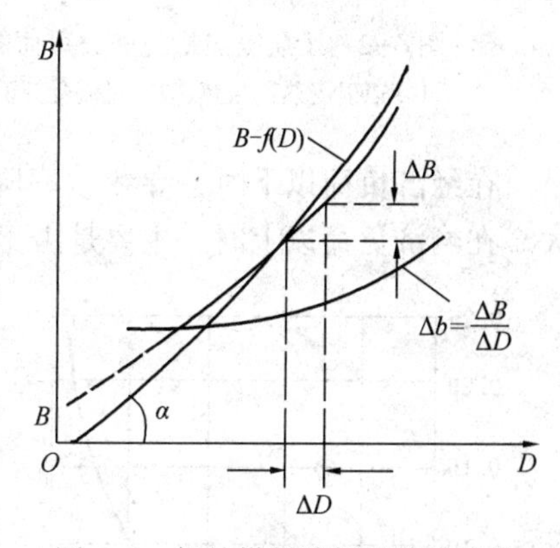

图 4-1 锅炉燃料消耗量特性趋线

在正常负荷范围内，微增率是随负荷的增大而增大的。又根据数学推理可知，当每台锅炉的燃料消耗量微增率相等时，全厂燃料消耗量应为最小值。因而最经济的负荷调节是总负荷变化时，各运行锅炉负荷变化的情况应始终保持其燃料消耗量特性曲线的斜率相同。

锅炉负荷的调节除了考虑燃料消耗量微增率相等外，还必须注意到锅炉稳定运行的最低值。为保证锅炉运行的可靠性，变动工况下负荷调节应使锅炉不低于最低负荷值。

由以上分析可知，按照燃料消耗量微增率相等的原则进行调节最经济，但在实际中，由于运行方式的多变，这种方法对运行人员技术水平要求较高，使其应用受到了限制。而上述的第二种方法比较容易实现，且在一般负荷范围内，其经济性和按 Δb 相等的方法分配负荷也相差不大，故应用较广。

2. 负荷调节带来的影响

（1）对辐射和对流受热面传热的影响

锅炉负荷增加时，炉膛温度与炉膛出口烟气温度均将升高。炉膛温度的提高将使总辐射传热量增加，但是炉膛出口烟温的升高，又使每千克燃料在炉内辐射传热量相应减少。所以锅炉负荷增加时，辐射吸热量增加的比例将小于工质流量增加的比例。也就是说，随着锅炉负荷的增加，辐射受热面内单位工质的吸热量将减少，使锅炉辐射传热的份额相对下降。

锅炉负荷增加时，一方面由于燃料量、风量相应增加，烟气量增多，使流经对流受热面的烟气流速增加，从而增大了烟气对管壁的对流放热系数；另一方面由于炉膛出口烟温提高，使烟温与管壁温度的平均温差增大，导致对流吸热量增加的比例大于负荷增加时工质流量增加的比例，使对流受热面内单位工质的吸热量增加，锅炉对流传热份额上升。

图 4-2 曲线表示出当锅炉负荷变化时，辐射和对流受热面中工质吸热量与锅炉负荷的关系。从图中可以清楚地看到当负荷升高时，辐射吸热量相对减少，而对流吸热量相对增加；当锅炉负荷降低时，辐射吸热量相对增加，而对流吸热量相对减少。

(2) 对锅炉效率的影响

当负荷变化时，锅炉效率随之变化，负荷与锅炉效率的关系如图 4-3 所示。

由图可见，当负荷在 75%~85%范围时，锅炉效率最高，这一负荷称作经济负荷。在经济负荷以下时，负荷增加，效率也增高，超过经济负荷，效率则随负荷的增加而下降。

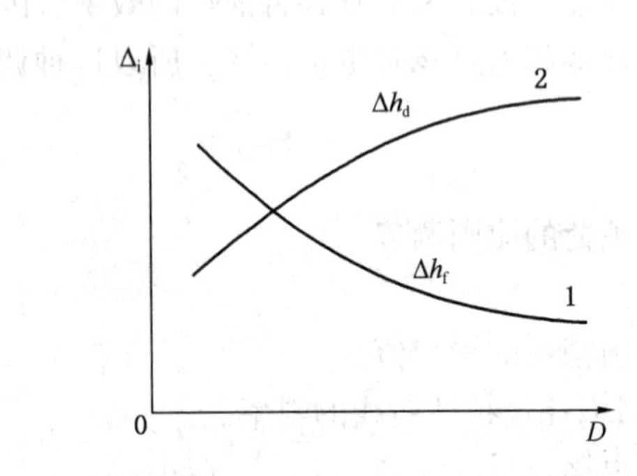

图 4-2 工质吸热量与锅炉负荷的关系

1—辐射受热面吸热；2—对流受热面吸热

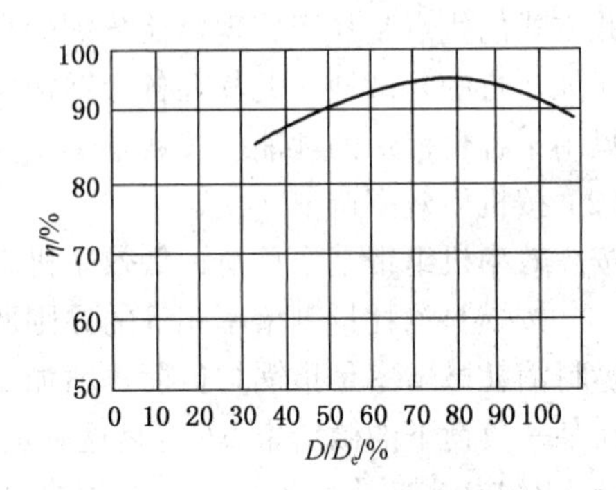

图 4-3 负荷与锅炉效率关系

在经济负荷以下时，导致效率降低的主要因素是炉内温度低，以致不完全燃烧损失增大。在经济负荷以上时，主要是由于排烟损失增大而降低了锅炉效率。

(3) 对燃料消耗量的影响

负荷变动时，由于锅炉效率是变化的，所以在经济负荷以下时，燃料消耗量比略小于负荷增加比（即 $B_2/B_1<D_2/D_1$）；而在经济负荷以上时，燃料消耗量增加比则略高于负荷增加比（即 $B_2/B_1>D_2/D_1$）。

(4) 对汽包蒸汽带水的影响

在蒸汽压力、汽包尺寸及锅水含盐量一定的条件下，蒸汽带水量是随着锅炉负荷的增加而增加的。这是由于负荷增加时，蒸汽流速和汽水混合物的循环速度都加快的缘故。蒸汽流速越大，则蒸汽带水能力就越强，汽水循环越快，汽包内扰越剧烈，产生的水滴数量也就越多。负荷变化与蒸汽带水的关系如图 4-4 所示。

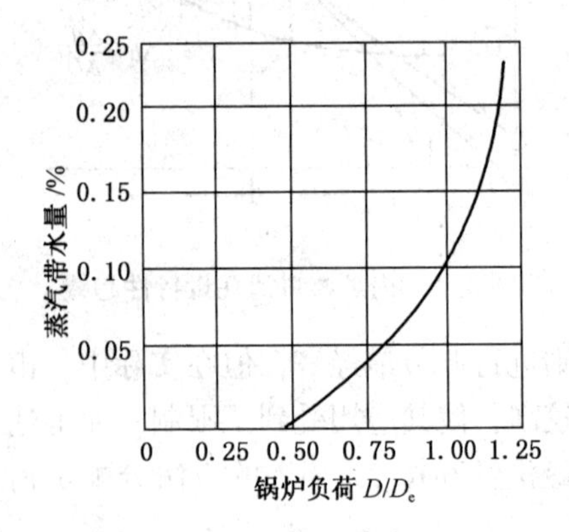

图 4-4 负荷与蒸汽带水的关系

4.3.3 压力调节

蒸汽压力是锅炉安全和经济运行的重要指标之一。压力调节就是通过保持锅炉出力与汽轮机所需蒸汽量的平衡来实现蒸汽压力稳定的。

4.3.3.1 汽压变化的影响

1. 汽压过高、过低对锅炉运行安全性和经济性的影响

汽压过高是很危险的，汽压过高而安全门一旦发生故障拒动，则可能会发生爆炸事故，

严重危害设备与人身安全。即使安全门动作正常，汽压过高时由于机械应力过大，也将危害锅炉设备各承压部件的长期安全性。

当安全门动作时，会排出大量高压蒸汽，也会造成经济上的损失。并且安全门经常动作，由于磨损或有污物沉积在阀座上，容易使安全门回座时关闭不严，导致经常性漏汽，严重时甚至发生安全门无法回座而被迫停炉的后果。

如果汽压降低，则会减少蒸汽在汽轮机中的做功焓降，使蒸汽做功能力降低，汽耗、煤耗增大，会大大降低汽轮发电机运行的经济性。若汽压过低，由于在相同负荷下汽轮机进汽量的增大，使汽轮机轴向推力增加，易发生推力轴瓦烧毁事故。

2. 汽压变化速度的影响

(1) 汽压变化速度对锅炉安全性的影响

对于汽包锅炉，汽压突然变化，容易导致满水或缺水等水位事故的发生；另一方面，汽压突升或突降，还将对锅炉水动力工况产生直接影响，可能造成下降管入口汽化或循环倍率下降等影响锅炉水循环安全性的情况发生。对于直流锅炉，汽压突降时，会造成水冷壁管屏内水动力工况不稳定，使水冷壁各管内流量分配不均匀，严重时甚至引起局部管壁超温。当汽压突变时，还将造成直流锅炉加热、蒸发、过热三区段位置的变化，使相变处受热面的传热工况发生突变，有可能导致管壁温度剧变而损坏。

运行中当锅炉负荷等变动时，如不及时、正确地进行调节，造成汽压经常反复地变化，会使锅炉受热面金属经常处于重复或交变应力的作用，再加上其他因素，例如温度应力的影响，则最终可能导致受热面金属发生疲劳损坏。

(2) 影响汽压变化速度的因素

汽压变化速度说明了锅炉保持或恢复规定汽压的能力，即体现了锅炉抗内、外扰动能力的大小。它主要同扰动量的大小、锅炉的蓄热能力、燃烧设备的惯性、调节品质的好坏和燃料种类等有关。

① 扰动量大小。扰动量的大小对汽压的变化将产生直接的影响。扰动量越大，则汽压变化的速度就越快，变化幅度也就越大，对单元机组而言，特别是直流锅炉，这种影响尤为显著。

② 锅炉的蓄热能力。锅炉的蓄热能力是指锅炉受到外扰的影响而燃烧工况不变时，锅炉能够放出或吸收热量的大小。蓄热能力越大，则外界负荷发生变化时保持汽压稳定的能力越大，即汽压变化的速度就慢；反之，则保持汽压稳定的能力就越小，汽压的变化速度就越快。

锅炉的储热包含在工质、受热面金属以及炉墙中，但现在对于炉墙的储热量一般都忽略不计，因为现代锅炉都采用轻型炉墙，燃烧室的炉墙(整个锅炉炉墙的主要部分)又处于被膜式水冷壁遮盖的状态，故储热量不大。锅炉的储热量可认为是工质和受热面金属的储热量的总和。

锅炉的储热能力与锅炉的水容积和受热面金属量的大小有关。

水容积和受热面金属量越大，则储热能力越大。汽包锅炉由于具有厚壁的汽包及大水容积，因而其储热能力较大。通常，汽包锅炉的蓄热能力是同容量的直流锅炉的2~3倍，所以负荷变化时，前者的压力变化速度比后者的慢。

储热能力对锅炉运行的影响，有好的一面，也有不好的一面。例如汽包锅炉的储热能力大，则当外界负荷变动时，锅炉自行保持出力的能力就大，引起参数变化的速度就慢，这有利于锅炉的运行；但另一方面，当要人为的主动改变锅炉出力时，则由于储热能力大，使出力和参数的反应较为迟钝，因而不能迅速跟上工况变动的要求。

③ 燃烧设备的惯性。燃烧设备的惯性是指燃料量开始变化到炉内建立起新的热负荷所需要的时间。燃烧设备的惯性越大，在变工况或受到内、外扰动时，锅炉汽压恢复的速度就越慢。

燃烧设备的惯性与制粉系统的型式有关。直吹式制粉系统的惯性比中间储仓式制粉系统的惯性为大，由于前者从改变给煤量到进入炉膛的煤粉量发生变化，需要一定的时间，而后者有煤粉仓，故只要增大给粉量就能很快适应负荷的要求。

④ 燃料种类。燃料种类按相态分为气态燃料、液态燃料、固态燃料三种。不同相态的燃料和同种相态但成分不同的燃料，由于其燃烧速度不同，因而稳定汽压的能力也不同。例如，燃煤锅炉比燃油锅炉惯性大；挥发分较高的煤由于其燃烧速度快，热惯性小，稳定汽压的能力强；挥发分较低的煤，稳定汽压的能力较差。

(3) 汽压变化对汽温的影响

当汽压升高时，过热汽温也要升高。当汽压升高时，饱和蒸汽温度会随之升高，给水变为蒸汽必须要消耗更多的热量，在燃料量不变的条件下，锅炉的蒸发量将瞬间减少，即通过过热器的蒸汽量减少，相对吸热量增加，导致过热汽温升高。

(4) 汽压变化对水位的影响

当汽压降低时，由于饱和温度的降低，将引起部分炉水蒸发，使炉水体积膨胀，水位要上升。反之，当汽压升高时，水位要下降。如果汽压的变化是由于负荷变化等原因引起的，则上述水位变化只是暂时的现象，接着就要朝相反的方向变化。如负荷增加、汽压下降时，先引起水位上升，但在给水量没有增加前，由于给水量小于蒸发量，故水位很快就下降。因此，汽压变化对水位有直接的影响，尤其当汽压急剧变化时，若调节不当或误操作，容易发生水位事故。

由上述可知，汽压过高、过低或者急剧的汽压变化(即变化速度很快)对于锅炉以及整个发电机组的运行都是不利的。因此，运行中规定了正常的汽压波动范围，对于高压和超高压锅炉为±(0.1~0.2)MPa。在锅炉操作盘的蒸汽压力表上一般还用红线标明了锅炉的正常汽压数值，以引起值班人员的注意。但是，由于负荷等运行工况的变动，汽压的变化是不可避免的，运行人员必须及时、正确的调整燃烧，以尽可能保持或尽快地恢复汽压的稳定。

对于并列运行的机组，为了使多数锅炉的汽压比较稳定，并使蒸汽母管的汽压稳定，可根据设备特性和其他因素指定一台或几台锅炉应对外界负荷的变化，作调节汽压用，叫做“调压炉”，其余各炉则保持在一定的经济出力下运行。这种运行方式容易做到汽压稳定，同时除调压炉外，多数锅炉都在经济负荷和比较稳定的状况下运行，这对于安全和经济两方面都是有利的。

4.3.3.2 影响汽压变化的因素

汽压的变化实质上反映了锅炉蒸发量与外界负荷之间的平衡关系。但平衡是相对的，不平衡是绝对的。外界负荷的变化以及炉内燃烧情况或锅内工作情况的变化而引起的锅炉蒸发量的变化，经常会破坏上述平衡关系，因而汽压的变化是必然的。

引起汽压变化的原因可归纳为两方面：一是锅炉外部因素，称为外扰。二是锅炉内部因素，称为内扰。

1. 外扰

外扰是指非锅炉本身的设备或运行原因所造成的扰动。对于单元机组来说，主要表现在外界负荷的变化、事故情况下的甩负荷、高压加热器因故突然退出运行和给水压力的变化等方面。

在锅炉汽包的蒸汽空间内，蒸汽是不断流动的。一方面由蒸发受热面中产生的蒸汽不断流进汽包，另一方面蒸汽又不断离开汽包，向汽轮机供汽。当供给锅炉的燃料量和空气量一定时，燃料在炉膛中燃烧所放出的热量是一定的，锅炉蒸发受热面所吸收的热量也是一定的，则锅炉每小时所产生的蒸汽数量(即锅炉蒸发量)就是一定的了。蒸汽在容器内气体分子不断运动碰撞器壁而形成压力，当气体分子的数量越多、分子运动的速度越大时，产生的蒸汽压力就越高；反之，蒸汽的压力就低。当外界负荷变化，例如增加时，由锅炉送往汽轮机的蒸汽量就增多，则在锅炉蒸汽容积内的蒸汽分子数量就减少，因而必然引起汽压下降。此时，如果能及时的调整锅炉燃烧，适当地增加燃料量和风量，使锅炉产生的蒸汽数量相应的增加，则汽压将能较快的恢复至正常的数值。

汽压的稳定决定于锅炉蒸发量(或称锅炉出力)与外界负荷之间是否处于平衡状态。当锅炉的蒸发量正好满足汽轮机需要的蒸汽量(即外界负荷)时，汽压就能保持正常和稳定。而当锅炉蒸发量大于或小于汽轮机所需要的蒸汽量时，则汽压就升高或降低。所以，汽压的变化与外界负荷有密切的关系。

当外界负荷不变时，并列运行锅炉之间的参数变化也会互相产生影响。例如两台锅炉并列运行时，如果 1 号炉由于某种原因汽压下降，则由于 1 号炉与蒸汽母管之间的压差减小，因此 1 号炉的蒸汽流量(送往蒸汽母管的蒸汽量)将减少，此时由于汽轮机所需要的蒸汽量(即外界负荷)没有改变，则 2 号炉的蒸汽流量势必增加，因而引起 2 号炉的汽压也下降。但 2 号炉汽压下降的原因不是由于本炉内部运行因素引起的，因此，并列运行锅炉之间的相互影响，对于受影响的某台锅炉(例如上述的 2 号炉)来说，这种影响仍然属于“外扰”的范畴，即与外界负荷变化时所带来的结果是一样的。

当外界负荷变化时，对于蒸汽母管制系统中并列运行的各台锅炉，其汽压受影响的程度除与负荷变化的大小和各台锅炉特性有关外，还与各台锅炉在系统中的位置有关，边远的锅炉受的影响较小。

对于直流锅炉，锅炉的出力主要取决于给水流量的变化。当发生给水泵或给水系统故障等情况，造成给水压力和给水流量大幅度变化时，主蒸汽流量必将发生变化，此时如果汽轮机调节汽门开度不变，则必将引起锅炉出口汽压发生变化。

2. 内扰

内扰一般是指在外界负荷不变的情况下，由于锅炉设备工作情况(如热交换情况等)或燃烧工况变化(如燃烧不稳定或燃烧失常等)而引起的扰动。内扰主要反映在锅炉蒸汽流量的变化上，因而发生内扰时，锅炉汽压和蒸汽流量总是同向变化。

在外界负荷不变时，汽压的稳定主要取决于炉内燃烧工况的稳定。燃烧工况正常，则汽压变化不大。当燃烧不稳或燃烧失常时，炉膛热强度将发生变化，使蒸发受热面的吸热量发生变化，水冷壁中产生的蒸汽量变化，引起汽压发生较大的变化。影响燃烧不稳定或燃烧失常的因素很多，如煤种改变，燃煤量、煤粉细度改变、风粉配合、风速风量配合不当、炉内结焦、漏风、燃油时油压、油温、油质发生变化以及风量变化等都会造成炉膛温度变化，引起汽压变化。

锅炉热交换情况的改变也会影响汽压的稳定。在锅炉的炉膛内，既进行着燃烧过程，同时又进行着传热的过程。燃料燃烧后所放出的热量以辐射和对流两种方式传递给水冷壁受热面，使水蒸发变成蒸汽(但在炉膛内，对流传热是很少的，一般只占炉内总传热量的5%左右)。因此，如果热交换条件变化，使受热面内的工质得不到所需要的热量或者是传给工质的热量增多，则必然会影响产生的蒸汽量，也就必然会引起汽压发生变化。

水冷壁管外积灰或结渣以及管内结垢时，由于灰、渣和水垢的导热系数很低，都会使水冷壁受热面的热交换条件恶化，因此，为了保持正常的热交换条件，应当根据运行情况，正确地调整燃烧，及时的进行吹灰和排污等，以保持受热面内、外的清洁。

锅炉发生故障时(例如安全门动作、对空排汽阀误开、过热器或蒸汽管道泄漏、爆破等)，若汽轮机调节汽门开度不变，将使锅炉出口压力产生突降。这种扰动对于汽包锅炉和直流锅炉都会产生很大的影响。

对直流锅炉，由于给水是一次流经各受热面完成加热、蒸发、过热等过程的，因此直流锅炉蒸发量的变化，取决于进入锅炉给水流量的变化。而炉内放热量的变化，仅对蒸汽温度产生直接的影响。当给水流量由于某种原因增大时，锅炉的蒸汽流量将相应增加，在外界负荷不变的情况下，锅炉出口汽压将上升；反之，当给水流量减少时，锅炉的出口汽压将下降。对汽包锅炉，给水流量的变化，将引起汽包水位的变化，但由于汽包储存工质和热量的作用，对锅炉的出力及汽压产生的影响将不如直流锅炉反映得快和直接。

在汽包锅炉中，当燃烧工况变化时，炉膛热强度或锅炉受热面的吸热比例将发生变化，使锅炉蒸发受热面的吸热量及产汽量相应改变，在外界负荷不变的情况下，由于锅炉蒸发量的变化必将导致锅炉出口汽压发生变化。而对于直流锅炉，燃烧工况的变化仅影响蒸汽温度，对锅炉出口汽压并不产生直接影响。

3. 外扰和内扰的判别

无论外扰或内扰，汽压的变化总与蒸汽流量的变化紧密相关。因此，在锅炉运行中，当蒸汽压力发生变化时，除了通过“电力负荷表”来了解外界负荷是否发生变化外，一般还可根据汽压与蒸汽流量的变化关系，来判断引起汽压变化是由于外扰或内扰的影响。

① 如果汽压 P 与蒸汽流量 D 的变化方向是相反的，则是由于外扰的影响。这一规律无论对于并列运行的机组或单元机组都是适用的。例如，当 P 下降，同时 D 增加，说明外界要求蒸汽量增多；或当 P 上升，同时 D 减少，说明外界要求蒸汽量减少。故这都属于外扰。

② 如果汽压 P 与蒸汽流量 D 的变化方向是相同的，则大多是由于内扰的影响。例如，当 P 下降，同时 D 减少说明燃料燃烧的供热量不足；或当 P 上升，同时 D 增加，说明燃料燃烧的供热量偏多，这都属于内扰。

判断内扰的这一方法，对于单元机组而言仅适用于工况变化的初期，即汽轮机调速汽门未动作以前，而调速汽门动作以后 P 与 D 的变化方向则是相反的，此点在运行中应予以注意。

对于单元机组内扰的影响过程是这样的：当外界负荷不变时，锅炉燃料量突然增加(内扰)，在最初 P 上升，同时 D 增加；但当汽轮机调速汽门关小(为了维持额定转速)以后，P 继续上升，D 则减少。反之，当燃料量突然减少时，最初 P 下降，同时 D 减少；但当汽轮机调速汽门开大以后，P 则继续下降，而 D 则增加。

4.3.3.3 汽压的调节方法

1. 汽包锅炉的汽压调节

当外界负荷增加使汽压下降时，必须强化燃烧，即增加燃料量和风量以稳定汽压，同时应相应增加给水量以保持正常水位，调整减温水量以保持过热汽温。

外界负荷的变化是客观存在的，而锅炉蒸发量的多少则可以由运行人员通过对锅炉燃烧的调节来控制的。当负荷变化(例如增加)时，如果能及时并正确地调整燃烧，使锅炉蒸发量也相应地随之增加，则汽压就能维持在正常的范围内；如果不能及时和正确的调整燃烧，将会造成蒸发量跟不上负荷的需要，则汽压就不能稳定并要下降。因此，对汽压的控制与调节，就是运行人员如何正确地调整锅炉燃烧，以控制好锅炉蒸发量，使之适应外界负荷需要的问题。对汽压的调节实质上就是对锅炉蒸发量的调节。下面介绍负荷变化时对汽压(即对蒸发量)进行调节的一般方法。

当负荷变化时，例如当负荷增加(蒸汽流量指示值增大)使汽压下降时，必须强化燃烧，即增加燃料量和风量(同时必须相应地增加给水量和改变减温水量)。对于增加燃料量和风量的操作顺序，一般情况下，最好是先增加风量，然后紧接着再增加燃料量。如果先增加燃料量而后增加风量，并且如果风虽增加但较迟，则将造成不完全燃烧。但是，由于炉膛中总是保持有一定的过剩空气量，所以在某些实际操作中，当负荷增加较大或增加的速度较快时，为了保持汽压稳定使之不致有大幅度的下降，则可以先增加燃料量，然后紧接着再适当的增加风量。低负荷情况下，由于炉膛中的过剩空气量相对较多，因而在增加负荷时也可先增加燃料量，后增加风量。增加风量时，应先开大引风机入口挡板，然后再开大送风机的入口挡板。如果先加大送风，则火焰和烟气将可能喷出炉外伤人，并且恶化了锅炉现场的卫生条件。送风量的增加，一般都是增大送风机入口挡板的开度即增加总风量，只有在必要时，才根据需要再调整各个(或各组)喷燃器前的二次风挡板。

增加燃料量的手段是同时或单独的增加各运行喷燃器的燃料量(燃煤时增加给粉机或给煤机转速等；燃油时增加油压或减少回油量)，或者是增加喷燃器的运行只数。例如对于具有中间储仓式制粉系统的锅炉，燃料量的增加可通过增加各运行给粉机的转速，或使备用的给粉机投入运行的方法来实现。在负荷增加不大、各运行给粉机尚有调节裕度的情况下，只需采用前一种方法，否则，必须投入备用的给粉机及相应的喷燃器。有时，也可单独的增加某台给粉机的转速，也就是单独的增加某个喷燃器的给粉量。

燃煤锅炉如果装有油喷燃器，必要时还可以将油喷燃器投入运行或者加大喷油量，以强化燃烧，稳定汽压。但是，如果控制油量的操作不方便(例如不能在操作盘上来控制)或者受燃油量的限制时，则不宜采用“投油”或加大喷油量的方法来调节汽压。

当负荷减少(蒸汽流量指示值减小)使汽压升高时，则必须减弱燃烧，即先减少燃料量再减少风量(还应相应的减少给水量和改变减温水量)，其调节方法与上述汽压下降时的相反。在异常情况下当汽压急剧升高，只靠燃烧调节来不及时，可开启过热器疏水门或对空排汽门，以尽快降压。

2. 直流锅炉汽压的调节

在直流锅炉中，炉内热量的变化，将直接影响各段汽水温度的变化，但对锅炉的蒸发量只起到暂时突变的作用。当参数在新的工况下稳定时，锅炉的蒸发量并未改变。所以说，燃烧改变时并不直接影响锅炉的蒸发量，只有当给水量改变时，才会引起锅炉蒸发量的变化。

从图 4-5 所示直流锅炉的动态特性可知，当给水流量发生变化时，蒸发量和汽压的变化需经过一段时间。如当燃料量不变，而给水流量减少时，锅炉的蒸发量降低。由于过热段的长度增长，过热蒸汽的温度因工质流量降低和过热段长度增加而提高。在外界负荷不变时，蒸发量的降低将引起蒸汽压力的下降。但是由于工质贮量与蓄热能力的影响，蒸汽汽压及温度不会立即发生变化，而是在扰动开始一段时间后才变化。由此可见，如果在调节过程中忽视了这一点，就很难使汽压维持稳定。

此外，燃料量变化时，瞬时锅炉蒸发量变化的滞后时间要比给水量变化引起的蒸发量变化的滞后时间短，如图4-6所示。因此在外界需要锅炉变负荷时，如先改变燃料量，就能保证在过程开始时蒸汽压力的稳定。以后汽压的稳定要通过改变给水量来达到。通过这样的调节手段，可以保证过热汽温、汽压的稳定。

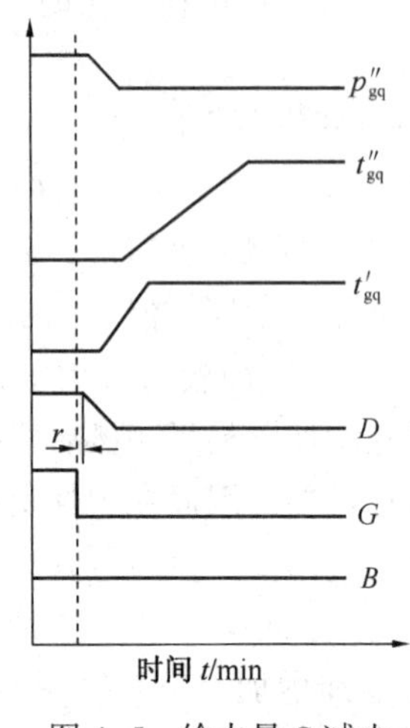

图4-5　给水量G减少扰动时动态特性

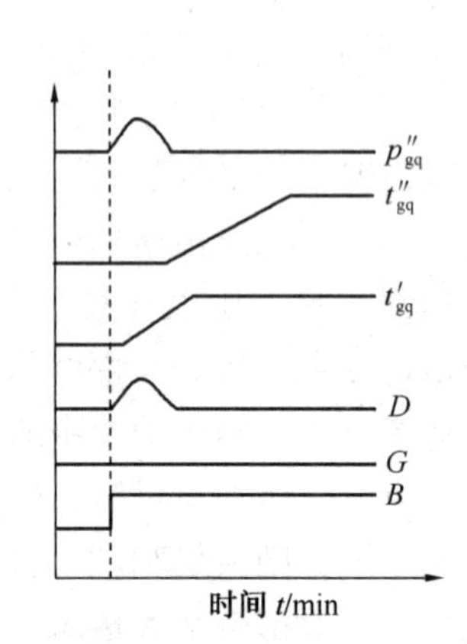

图4-6　燃料量Bt增加扰动时的动态特性（给水量G不变）

在直流锅炉的调节过程中，使给水流量和燃料量同时按一定比例进行调节，才能既保证汽温的稳定，同时又达到调节负荷或汽压的目的。

4.3.4　汽温调节

当蒸汽具有规定的压力和温度时，才具备预定的做功能力，并使热力设备能正常工作，因此蒸汽温度也是锅炉运行中必须监视和控制的主要参数之一。锅炉正常运行中，过热汽温与再热汽温将随着机组负荷、锅炉出力、燃料与给水的比例、给水温度、风量、汽压以及燃烧工况等的变化而变化，过热汽温、再热汽温过高或过低，以及大幅度波动都将严重影响锅炉和汽轮机的安全、经济运行。

4.3.4.1　汽温过高

汽温过高将引起过热器、再热器、蒸汽管道、以及汽轮机汽缸、转子部分金属的强度降低，蠕变速度加快，特别是承压部件的热应力增加，缩短使用寿命。当超温严重时，将造成金属管壁的胀粗和爆破，使锅炉不能正常运行。根据实际运行中过热器发生损坏的情况来看，其损坏大多数就是因为管子金属壁温度过热造成的。因此，汽温过高对设备的安全有很大的威胁。

4.3.4.2　汽温过低

汽温过低的危害主要表现在以下几方面：

① 汽温过低将增加汽轮机的汽耗，降低机组的经济性；

② 汽温过低时，将使汽轮机的末级蒸汽湿度增大，加速对叶片的水蚀，严重时可能产生水冲击，威胁汽轮机的安全；

③ 汽温过低时，将造成汽轮机缸体上下壁温差增大，产生很大的热应力，使汽轮机的胀差和窜轴增大，危害汽轮机的正常运行。

4.3.4.3　汽温波动幅度过大

汽温突升或突降，除对锅炉各受热面焊口及连接部分产生较大的热应力外，还将造成汽轮机的汽缸与转子间相对位移增加，即胀差增加，严重时甚至可能发生叶轮与隔板的动静摩擦，造成汽轮机的剧烈振动。

4.3.4.4　汽温两侧偏差过大

过热汽温和再热汽温两侧偏差过大，将使汽轮机的高压缸和中压缸两侧受热不均，导致热膨胀不均，影响汽轮机的安全运行。

为了避免出现上述情况，在锅炉的运行中，必须具体情况具体分析，及时采取调节措施使汽温维持在规定的范围内。

现代锅炉对过热温度的控制是非常严格的，对高压和超高压锅炉机组，汽温允许波动范围一般不得超过额定值±5℃。

4.3.4.5　影响汽温变化的因素

(1) 燃料性质的变化

燃料性质变化对汽温有很大的影响，如燃料的低位发热量、灰分及煤粉细度等因素变化时，都将造成炉内燃烧工况的变化，从而导致热负荷及汽温的变化。

燃料性质的变化对直流锅炉和汽包锅炉的汽温的影响是不同的。当燃料的挥发分降低、灰分和水分增加时，将使炉膛火焰中心上移，炉膛温度降低。对直流锅炉，这样就增加了加热段，相对减少了过热段，从而使过热汽温降低；而对汽包锅炉，由于灰分、水分的增加，使烟气量增加，对具有对流特性的过热器系统来说，由于导致对流过热器的吸热量增强而使过热汽温升高。

(2) 风量变化的影响

对汽包锅炉，当风量在规定范围内增大时，如保持燃料量不变，则一方面由于炉膛温度降低，水冷壁辐射吸热量减少，使产汽量减少；另一方面，由于风量增大造成烟气量增多，烟气流速加快，使过热器对流吸热量增加，最终造成过热汽温升高。如果保持锅炉负荷不变，则必须增加燃料量，这样一来，由于烟气量的增加，烟速加快，使对流传热加强，也将使过热汽温升高，反之则将下降。

对于直流锅炉，在风量增加的开始阶段，由于炉膛具有一定的热容量，故炉膛的火焰温度无明显变化，烟温几乎不变，此时由于风量的增加使得烟气流速增加，高温过热器的吸热量增加，从而使过热汽温升高。在燃料量不变的情况下，增加风量后经过一段滞后时间，必然造成炉膛温度下降，使锅炉辐射受热面吸热量减少，引起加热段与蒸发段增长，亦即蒸发点后移，过热段缩短，此时对流传热虽有增强，但最终还是造成过热汽温的下降。

在总风量不变的情况下，配风工况的变化也会引起汽温的变化。这是因为配风工况不同，燃烧室火焰中心的位置也不同。例如对于四角布置切圆燃烧方式，当喷燃器上面二次风大而下面二次风小时，将使火焰中心压低，于是炉膛出口烟温降低，使汽温降低。

当送风和引风配合不当，使炉膛负压发生变化时，由于火焰中心位置变化，也会引起汽温发生变化。

(3) 燃烧工况的变化

在锅炉运行中，燃烧工况的变化将引起火焰中心上下移动，这就使辐射受热面和对流受热面的吸热量发生变化，最终使过热汽温变化。

（4）受热面清洁程度的影响

直流锅炉与汽包锅炉的受热面清洁程度对汽温的影响不尽相同。

直流锅炉中，工质在受热面内一次流过，完成加热、蒸发和过热的过程。只要给水流量和减温水流量保持不变，锅炉出力便将保持不变。因而在燃料量不变的情况下，无论在系统的任何部位结渣，都会造成系统内工质吸热量的减少，而使过热汽温下降。

对于汽包锅炉，当水冷壁结渣后，如保持燃料量不变，则锅炉的蒸发量将下降，并因炉膛出口烟温升高，最终使过热汽温升高；如保持锅炉的蒸发量不变，则必须增加燃料量，同样使得炉膛出口烟温升高，同时烟气量增大，使过热汽温升高。当汽包锅炉的过热器部分发生结渣或积灰时，则会由于锅炉蒸发量未变而过热器吸热量减少而导致过热汽温下降。所以汽包锅炉过热汽温的变化应视结渣或积灰的部位而言。

过热器管内结垢不但会影响汽温，而且可能造成管壁过热损坏。若过热器积灰、结渣不均匀时，有的地方流过的烟气量多，这部分汽温就高，有的地方流过的烟气量少，汽温就低。在这种情况下，虽然过热器出口蒸汽温度的平均温度变化不大，但个别管子的壁温将可能很高，这是很危险的。所以要重视保持受热面的清洁，防止结垢、积灰和结渣现象的发生，在运行中应进行必要的吹灰和打焦工作。

（5）给水温度变化的影响

汽轮机负荷的增加，高压加热器的投停，都会引起给水温度变化，给水温度的变化对锅炉过热汽温的变化有较大影响。

对于汽包锅炉，给水温度升高，使给水在水冷壁内的吸热量减少。当燃料量不变时，锅炉的产汽量增加，相对蒸汽的吸热量将减少，从而导致了汽温的降低；若保持锅炉的蒸发量不变，就要相应减少燃料量，这样就使燃烧减弱，烟气量减少，亦使汽温降低。

对于直流锅炉，给水温度的升高，将缩短加热与蒸发段的长度，增长了过热区段，亦即在炉膛热负荷不变时，使蒸发点前移，最终将导致过热汽温的升高。反之，当给水温度降低时，在其他工况不变的情况下，将会使过热汽温下降。

（6）过热汽压变化的影响

过热汽压变化时，直流锅炉与汽包锅炉汽温的变化基本相同，例如：汽压降低时，由于对应的饱和温度降低，从而汽温下降。对于汽包锅炉，汽压降低的瞬间将引起蒸发量增加，导致汽温下降；对于直流锅炉，由于附加蒸发量的产生，使过热区段蒸汽通流量瞬间增加，也使汽温下降。

当主汽压力有较大幅度的变化时，若给水压力不变，则由于减温水和锅内工质的压差发生变化而将造成减温水量的变化。若不及时调整，必将加剧过热汽温的变化。

（7）烟气挡板开度变化的影响

有些锅炉的再热汽温是采用烟气调温挡板来调节的，当烟气挡板开度变化时，就造成流经低温再热器侧和低温过热器侧的烟气量发生变化，使低温过热器的吸热量有所改变，当其他工况不变时，必将引起过热汽温的变化。

（8）锅炉负荷的变化

锅炉运行中负荷是经常变化的。当锅炉负荷变化时，过热汽温也会随之变化。对于不同型式的过热器，其汽温随锅炉负荷变化的特性也不相同。辐射过热器的汽温变化特性是负荷增加时汽温降低，负荷减少时汽温升高；而对流过热器的汽温变化特性是负荷增加时汽温升高，负荷减少时汽温降低。两者的汽温变化特性恰好相反。

无论哪种型式的过热器，当锅炉负荷变化时，过热汽温就要随着变化。但是，上述汽温随锅炉负荷变化的特性是指变化前、后的两个稳定工况。而对于从一个工况向另一个工况变化的动态过程中，汽温的变化情况则与上述不尽相同，例如，当负荷突然增加，而燃烧工况还来不及改变，汽压未恢复以前，由于过热器的加热条件并未改变，而流经过热器的蒸汽流量却增加了，因此，这时的汽温总是降低的。只有经过一段时间后，当燃料量增加达到新的平衡时，汽温才逐渐恢复。这就说明，当锅炉负荷的变化量或变化速度大时，必将引起过热汽温的上下波动。

(9) 饱和蒸汽湿度的变化

对于直流锅炉，由于加热、蒸发和过热没有明显的分界点，所以饱和蒸汽湿度的变化对汽温无明显影响。而对于汽包锅炉，从汽包出来的饱和蒸汽总含有少量水分，在正常情况下，进入过热器的饱和蒸汽湿度一般变化很小，饱和蒸汽的温度保持不变；但运行工况变动时，特别是负荷突增、汽包水位过高或锅水含盐浓度太大而发生汽水共腾时，会使饱和蒸汽湿度大大增加，增加的水分在过热器中汽化将会多吸收热量，若此时燃烧工况不变，则用于使干饱和蒸汽过热的热量相应减少，因而使过热蒸汽温度下降。

(10) 减温水的变化

减温器中减温水温度和流量发生变化时，将引起过热蒸汽侧总吸热量的变化，汽温会发生变化。当用给水做减温水时，如给水系统压力升高，虽然减温水调节阀的开度未变，但减温水量增加了，从而使过热汽温下降。此外当表面式减温器发生泄漏时，也会引起汽温下降。

4.3.4.6　影响再热汽温的因素

(1) 高压缸排汽温度变化的影响

在其他工况不变的情况下，高压缸排汽温度越高，再热器出口温度就越高。机组在定压方式下运行时，汽轮机高压缸排汽温度将随着机组负荷的增加而升高。另外主汽温度、主汽压力、汽轮机高压缸的效率和高压缸抽汽量的大小等因素，均会对高压缸的排汽温度产生影响。

(2) 再热器吸热量的变化

再热汽温与主蒸汽温度一样也受到锅炉机组各种运行因素的影响，如锅炉负荷、燃料性质、燃烧工况、流经再热器侧的烟气流量，以及受热面的清洁程度等都将引起再热器吸热量发生变化，从而导致再热汽温的变化。

(3) 再热蒸汽量变化的影响

在其他工况不变时，再热蒸汽流量越大，再热器出口温度将越低。机组正常运行时，再热蒸汽流量将随着机组负荷、汽轮机高压缸抽汽量大小、吹灰器的投停、安全门、汽轮机旁路或对空排汽阀状态等情况的变化而变化。

此外，再热汽温还受到减温水量大小的影响，在其他工况不变的情况下，减温水量越大，则再热汽温越低。

4.3.4.7　过热汽温的调节

1. 汽包锅炉过热汽温的调节

(1) 利用减温器调节过热汽温

减温器可分为表面式和喷水式两种。表面式减温器是一个热交换器，是利用给水间接地冷却蒸汽。喷水式减温器是把给水或蒸汽冷凝水直接喷入过热器中冷却蒸汽，以改变蒸汽的焓值，从而改变过热蒸汽温度。由于此减温器结构简单，调节速度快，所以现代大型锅炉主要采用喷水减温器来调节汽温。

现代大型锅炉通常设计两级以上喷水减温器，第一级布置在屏式过热器入口之前，对蒸汽温度进行粗调，其喷水量应能保证屏式过热器的管壁温度不超过允许值。第二级喷水减温器布置在高温对流过热器入口前或中间，对汽温进行细调，以保证锅炉出口蒸汽温度的稳定。

喷水减温的特点是：只能使蒸汽温度降低而不能升高。因此锅炉按额定负荷设计时，过热器受热面是超过实际需要量的。也就是说，锅炉在额定负荷下运行时，过热器的吸热量大于蒸汽所需的过热量，这时就须用减温水来降低蒸汽的温度，使之保持额定值。当锅炉负荷降低时，由于一般锅炉的过热器都接近于对流特性，所以汽温也将下降。这时减温水量就要减少，如负荷继续降低，则减温水量应继续减少，直至减温水门全部关闭。

从蒸汽侧采用减温器调温在经济上是有一定损失的。一方面由于在额定负荷时蒸汽必须减温，过热器受热面比实际需要的大，增加了金属消耗量；另一方面由于部分给水用作减温水，使省煤器的水流量减少或省煤器中水温要提高，因而将使锅炉排烟温度升高，排烟损失增加。但由于喷水减温的设备简单，操作方便，调节灵敏，故得到了广泛应用。

由于过热汽温的变化有一定的时滞性和惯性，所以调节过热汽温时，还应根据汽温的变化趋势，进行超前调节。但受运行人员调节经验所限，要保持汽温的稳定，仍有一定的困难。故现代大容量锅炉均采用汽温自动调节。

在自动调节系统中，把被调温度作为主调信号，并利用减温器后的汽温信号及时的反映调节效果。为进一步提高调节质量，在调温系统中还加入其他提前反映汽温变化的信号，如蒸汽负荷、汽轮机功率等。

（2）改变火焰中心位置

由于利用喷水减温调节汽温只能使蒸汽温度降低，所以当汽温低于规定值，而减温水门已全部关闭时，就必须采用其他的辅助调节手段，如改变火焰中心位置就是很有效的辅助调节手段。改变火焰中心位置可以改变炉内辐射吸热量和进入过热器的烟气温度，从而调节过热汽温。当火焰中心位置升高时，炉内辐射吸热量减少，炉膛出口烟温升高，过热汽温升高。反之，汽温降低。改变火焰中心位置的方法主要有：

① 采用摆动式燃烧器改变其倾角。采用摆动式喷燃器时，可以用改变其倾角的办法来改变火焰中心沿炉膛高度的位置，达到调节汽温的目的。在高负荷时，将喷燃器向下倾斜某一角度，可使火焰中心位置下移，使汽温降低；而在低负荷时，将喷燃器向上倾斜适当角度，则可使火焰中心位置提高，使汽温升高。目前使用的摆动式喷燃器上下摆动的转角为±20°。应注意喷燃器倾角的调节范围不可过大，否则可能会增大不完全燃烧损失或造成结渣等。例如向下的倾角过大时，可能会造成水冷壁下部或冷灰斗结渣，若向上的倾角过大时会增加不完全燃烧损失并可能引起炉膛出口的屏式过热器或凝渣管结渣，同时在低负荷时，若向上的倾角过大，还可能发生炉膛灭火。

此方法多用于四角布置的燃烧方式。其优点是：调温幅度大，时滞性小，当喷燃器摆动角度为±20°时，可使炉膛出口烟温变化100℃以上，调节灵敏，设备简单，没有功率消耗。缺点是摆角过大会造成结渣和不完全燃烧损失增加。

② 改变燃烧器的运行方式。如果沿着炉膛高度布置有多排燃烧器时，投入或停用不同

高度的燃烧器可改变火焰中心位置，而达到调节汽温的目的，常用于多排布置旋流燃烧器的锅炉上。

③ 改变配风工况。在总风量不变的情况下，改变上、下排二次风的比例可改变火焰中心位置。当汽温高时，开大上排二次风，关小下排二次风，以压低火焰中心，使汽温下降。汽温低时，则与上述情况相反操作，提高火焰中心，使汽温上升。但进行调整时，尚应根据实际设备的具体特征灵活掌握。

④ 利用吹灰的方法调节过热汽温。发现汽温偏低时，应及时加强对过热器的吹灰；发现汽温升高时，则应加强对炉膛水冷壁及省煤器的吹灰，并在确保燃烧完全的前提下尽量减少锅炉的总风量。

(3) 改变烟气量

若改变流经过热器的烟气量，则烟气流速必然改变，从而改变了烟气对过热器的放热量。烟气量增多时，烟气流速大，使对流传热系数增大，则过热器烟气侧的放热量增加，使汽温升高；烟气量减少时，烟气流速小，使汽温降低。改变烟气量即改变烟气流速的方法有：

① 采用烟气再循环改变再循环烟气量即可调节汽温。

② 采用烟气挡板改变挡板开度即可改变流经受热面的烟气量，以达调节汽温的目的。

③ 在燃烧工况允许的范围内调节送风量，以改变流经过热器的烟气量，即改变烟气流速，达到调节过热汽温的目的。

必须强调指出，对于从烟气侧来调节过热汽温的方法中，喷燃器的运行方式和风量的调节等，首先必须满足燃烧工况的要求，以保证锅炉机组运行的安全性和经济性，用于调节汽温，一般只是作为辅助手段。当汽温问题成为运行中的主要矛盾时，才用燃烧调节来配合调节汽温，这时即使要降低经济性也是可取的。

综上所述，调节过热蒸汽温度的方法很多，这些方法又各有其优缺点，故在应用时应根据具体的情况予以选择。在高参数大容量锅炉中，为了得到良好的汽温调节特性，往往应用两种以上的调节方法，并常以喷水减温与一种或两种烟气侧调温方法相配合。在一般情况下，烟气侧调温只能作为粗调，而蒸汽侧(用减温器)调温才能进行细调。

2. 直流锅炉过热汽温的调节

(1)直流锅炉给水量变化的影响

在直流锅炉中给水进入锅炉后，是一次全部蒸发成过热蒸汽的。在给水变成过热蒸汽的过程中经历了加热、蒸发、过热三个阶段，它们之间没有固定的分界线，是随工况的变化而变化的，如图 4-7 所示。

由图 4-7 可知，在锅炉热负荷和其他条件都不变时，给水流量发生变化将引起三个区段的长度发生变化，引起汽温发生变化。同样可以分析，在给水流量和其他条件都不变时，燃料量发生变化，也可以引起三个区段发生变化，导致汽温发生变化。所以，直流锅炉过热汽温的调节，主要是通过调整给水量和燃料量的比例来完成的。要想使汽温保持稳定，就必须保持燃料量与给水流量之比为一定值，但在实际运行的动态过程中，要始终保持该比例为定值是不现实的，加上实际运行中各种其他因素对过热汽温的影响，使过热汽温的调节除了采用调节此比例作为粗调外，还必须采用减温水作为细调，只有这样，才能保证过热汽温的稳定。

(2) 直流锅炉过热汽温的调节方法

在直流锅炉的汽温调节过程中，为了能够及时调节燃料量与给水流量的比例，我们必须

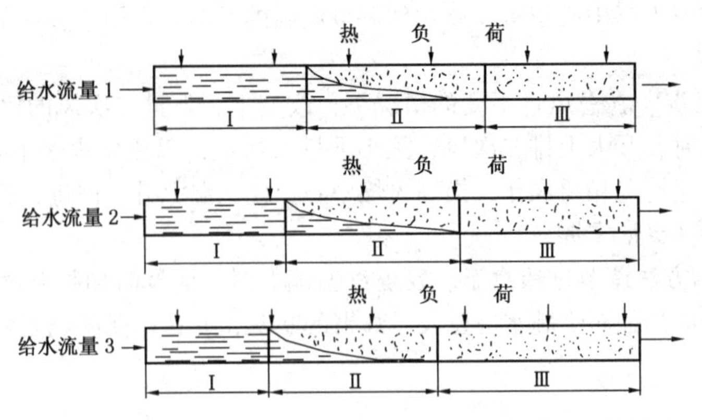

图 4-7　给水流量发生变化时直流锅炉各区段长度变化的影响

Ⅰ—加热区段长度；Ⅱ—蒸发区段长度；Ⅲ—过热区段长度

选择超前信号作为调节依据。

当锅炉的燃料与给水比例发生变化时，一般会在水冷壁出口温度上首先反应出来，但由于水冷壁出口温度接近于饱和温度，遇工况变化时，一旦低至饱和温度便不再发生变化，因而，它不适于用作过热汽温调节的超前信号。而包墙管出口温度有一定的微过热度，能基本保证工况扰动时始终保持微过热状态，因而对燃料与给水比例的变化有较高的灵敏度。如能监视并保持包墙管出口温度正常，就能有效地保证燃料与给水的比例正常，再利用减温水进行细调，便能使主蒸汽温度保持稳定。所以直流锅炉一般都采用包墙管出口温度(也称中间点温度)作为过热汽温调节的超前信号。但是，当锅炉负荷较高时，锅炉本体部分工质的焓增减少，中间点温度要相应降低，并有可能接近甚至达到饱和温度，使之变化迟钝。此时，则应以低温过热器出口汽温即中间温度来代替中间点温度的作用。

中间温度与中间点温度的变化除随燃料量、给水量或负荷的变化而变化外，还将随着风量、汽压、给水温度等因素的变化而相应变化。因此在过热汽温的调节过程中，要对这些因素进行适当调整，保持中间点或中间温度在恰当的控制值，以确保合理的燃料与给水之比作为粗调。在此基础上以减温水作为细调，对过热汽温进行最后的修正。

3. 再热汽温的调节

对于中间再热锅炉，与主蒸汽温度相似，再热汽温偏离额定值同样会影响机组运行的经济性和可靠性。与过热器相比，再热器的工作具有如下特点：一般来说，再热器多布置成对流式，或以对流为主，其汽温特性有显著的对流特性，而且再热蒸汽压力低，其比热较过热蒸汽的小，吸收同样热量时再热汽温的变化大。此外，由于再热器的进汽是汽轮机高压缸的排汽，低负荷时汽轮机排汽温度低，使得再热器需要吸收较多的热量方能使汽温达到额定值。以上特点造成再热汽温对工况变化敏感，波动范围大。

再热汽温的调节方法，原则上与过热汽温的调节相同。

(1) 烟气挡板调节

这是一种应用较为广泛的再热汽温的调节方法。烟气挡板一般布置于尾部受热面省煤器之后、空气预热器之前，用分隔墙将低温过热器和再热器分隔在两个烟道内，通过调节挡板开度改变流经两个烟道的烟气流量，达到调温的目的。烟气挡板使流经两个烟道的烟气量变化的情况：在额定负荷时，烟气挡板全开，两烟道的烟气量各占烟气总量的 50%。负荷降低时，关小过热器烟气挡板，使较多的烟气流经再热器烟道，以维持额定的再热汽温。但挡板不可能绝对严密，故在任何时候每一烟道的烟气流量不能等于锅炉的全部烟气量。

这种调节方法的优点是结构简单，操作方便，主要缺点是挡板开度与汽温变化不成线性关系，调节时对主汽温度也会造成一定的影响。此外，由于挡板布置在烟道中，所以必须用耐热钢板制作，以免挡板产生热变形。另外利用挡板调节汽温，灵敏度也较差，因此一般宜与其他调节方法联合使用。

(2) 烟气再循环

烟气再循环是利用再循环风机从锅炉尾部烟道抽出部分烟气再送入炉膛，改变过热器与再热器的吸热量，达到调节汽温的目的。

当锅炉在低负荷时，再循环烟气从冷灰斗下部送入，随着再循环烟气量的增加，炉膛辐射吸热量相对减少，而对流受热面吸热量增加，且沿着烟气流程，越往后的受热面，其吸热量增加的百分数越大，即调温幅度越大。一般来讲再热器布置在过热器后面，因此把烟气再循环作为调节再热汽温的手段。

当锅炉负荷高时，再循环烟气从炉膛出口处送入，这时炉膛辐射吸热量变化很小，但造成炉膛出口烟温下降和对流受热面烟气量增加。采用这种方式，过热汽温和再热汽温的调温幅度很小，因此，它的目的不是调温，而是降低炉膛出口烟温，防止屏式过热器超温和高温对流过热器结渣。

采用烟气再循环的优点是：调温幅度大，试验表明，每增加再循环量1%，可使再热汽温提高2℃。另外节省再热器受热面，调节反应也较快，同时还可以均匀炉膛热负荷。其缺点是采用了高温的再循环风机，增大了投资和厂用电。且不宜在燃用高灰分燃料或低挥发分燃料时采用，否则会加剧受热面积灰和磨损，对燃烧的稳定性不利。

(3) 改变炉膛火焰中心的高度

改变炉膛火焰中心的高度，可以改变辐射和对流吸热比例，从而达到调节再热汽温的目的。改变火焰中心高度的方法有：改变燃烧器倾角；改变上下层燃烧器的负荷；调节上下层二次风量等。具体的调节方法在前面调节主汽温度时已做了详细介绍。

(4) 汽-汽热交换器

这是一种用过热蒸汽加热再热蒸汽的热交换器。当负荷降低时，加大进入汽-汽热交换器的再热汽份额，以提高再热蒸汽温度。

(5) 喷水减温器

喷水减温器由于其结构简单，调节方便，调节速度快而被广泛用于再热汽温的细调。但它的使用将使机组的热效率降低。因为使用喷水减温，将使中、低压缸工质流量增加，限制了高压缸的做功能力，即等于用部分低压蒸汽循环代替高压蒸汽循环，使热经济性下降。根据计算，超高压机组的再热汽中每喷入锅炉蒸发量1%的水，将使整个机组的热效率降低0.1%~0.2%，因此不宜采用喷水减温作为再热汽温调节的主要手段。一般情况下，再热器中将喷水减温作为汽温的细调或事故喷水。当再热器进口烟温剧烈升高或再热器进口安全门起座无法使之回座时，均可采用事故喷水进行紧急降温，保护再热器。

4. 汽温监视和调节中应注意的问题

① 运行中要控制好汽温，首先要监视好汽温，并经常根据有关工况的改变分析汽温的变化趋势，尽量使调节工作恰当地做在汽温变化之前。如果等汽温变化以后再采取调节措施，则必然形成较大的汽温波动。

应特别注意对过热器中间点汽温(如一、二级减温器出口汽温)的监视，中间点汽温保证了，过热器出口汽温就能稳定。

② 虽然现代锅炉一般都装有汽温自动调节装置，但运行人员除应对有关表计加强监视以外，还需熟悉有关设备的性能，如过热器和再热器的汽温特性、喷水调节门的阀门开度与喷水量之间的关系、过热器与再热器管壁金属的耐温性能等，以便在必要的情况下由自动切换为远方操作时，仍能维持汽温的稳定并确保设备的安全。

③ 在进行汽温调节时，操作应平稳均匀。例如对于减温调节门的操作，不可大开大关，以免引起急剧的温度变化，危害设备安全。

④ 由于蒸汽流量不均或受热不均，过热器和再热器总存在热偏差，在并联工作的蛇形管中总可能有少数蛇形管的汽温和壁温较平均值高，因此运行中不能只满足于平均汽温不超限，而应在燃烧调节上力求做到不使火焰偏斜，避免水冷壁或凝渣管发生局部结渣，注意烟道两侧烟温的变化，加强对过热器和再热器受热面壁温的监视等，以确保设备的安全并使汽温符合规定值。

4.3.5 水位调节

保持汽包的正常水位是汽包锅炉和汽轮机安全运行的重要条件之一。在锅炉运行中，汽包水位总是不停地上下波动。为了保证安全性，汽包水位的波动应限制在一定的范围内。汽包水位过高，蒸汽空间将减小，蒸汽带水增加，使蒸汽品质恶化，还将导致在过热器管内产生盐垢沉积，使管子过热烧坏。严重满水时，会造成蒸汽大量带水，过热汽温急剧下降，引起主蒸汽管道与汽轮机内严重的水冲击，造成设备损坏。水位过低，对自然循环锅炉将破坏正常的水循环，对强制循环锅炉会使锅水循环泵入口汽化，泵组剧烈振动，最终都将导致水冷壁管超温过热，当严重缺水时，如处理不当，还可能造成水冷壁管的爆破。因此，运行中必须保证汽包水位正常。

汽包正常水位，一般是定在汽包中心线之下 50～150mm 左右，其正常变化范围为 ±50mm。允许的汽包最高、最低水位，应通过热化学试验和水循环试验来确定。最高允许水位应不致引起蒸汽突然带盐，最低允许水位应当不影响水循环的安全。

4.3.5.1 影响汽包水位变化的因素

锅炉运行中，水位是经常变化的，引起水位变化的原因是给水量与蒸发量的不平衡，或是工质的状态发生了变化，总之，引起水位变化的主要因素不外乎是锅炉负荷、燃烧工况、给水压力、锅水循环泵的启停与运行工况等。

1. 锅炉负荷

汽包水位是否稳定，首先取决于锅炉负荷即蒸发量的变动量及其变化速度。因为负荷变动不仅影响蒸发设备中水的耗量，而且由此引起汽压变化，将使锅水状态发生变化，其容积也相应变化。当负荷变化，也就是所需要产生的蒸汽量变化时，将引起蒸发受热面中水的消耗量发生变化，因而必然会引起汽包水位发生变化。负荷增加，如果给水量不变或者不能及时地相应增加，则蒸发设备中的水量逐渐被消耗，其最终结果将使水位下降；反之，则将使水位上升。所以，一般来说，水位的变化反映了锅炉给水量与蒸发量(负荷)之间的平衡关系。当不考虑排污、漏水、漏汽等消耗的水量时，如果给水量大于蒸发量，则水位将上升；如果给水量小于蒸发量，则水位将下降。只有当给水量等于蒸发量，即保持蒸发设备中的物质平衡时，水位才保持不变。此外，由于负荷变化而造成的压力变化，将引起炉水状态发生改变，促使它的体积也相应改变，从而也要引起水位发生变化。这一点，可以通过“虚假水位”现象来理解。例如锅炉负荷突然升高时，在给水量和燃烧工况不变时，汽压将迅速下降，这样就造成锅水饱和温度下降，炉内放出蓄热，产生附加蒸发量，汽水混合物的体积增大，体积膨胀，使水位上升，形成虚假水位，如图4-8曲线2所示。但此时给水流量并没有随负荷增加，因而大量蒸汽逸出水面后，水位也随之下降，如图4-8曲线1所示。因此，当负荷突然增加时，汽包水位的变化为先高后低，如图4-8曲线3所示。反之，当负荷突然降低时，在给水和燃烧工况未调整之前，汽包水位将出现先低后高的现象。

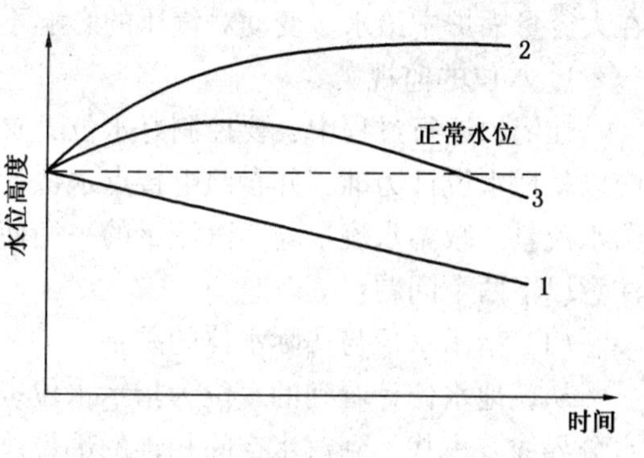

图4-8 各种因素对水位的影响

2. 燃烧工况

在锅炉负荷和给水量没有变动的情况下，炉内燃烧工况发生变动将引起水位发生下列变化。当炉内燃料量突然增多时，炉内放热量增加使锅水吸热量增加，汽泡增多，体积膨胀，导致水位暂时升高。又由于产生的蒸汽量不断增加使汽压升高，相应地提高了饱和温度，使锅水中的汽泡数量减少，又导致水位下降。对于母管制机组，这时由于锅炉压力高于蒸汽母管压力，蒸汽流量增加，则水位将继续下降。对于单元机组，由于汽压上升使蒸汽做功能力提高，在外界负荷不变的情况下，汽轮机调节汽门将关小，以减少进汽量，而此时因锅炉的蒸发量减少而给水流量没有改变故汽包水位升高。当燃料突然减少时，水位变化情况与上述相反。

实践证明，水位波动的大小取决于燃烧工况改变的强烈程度以及运行调节的及时性。

3. 给水压力

汽包水位的变化与给水压力有关，当给水压力变化时，将使给水流量发生变化，从而破坏了给水量与蒸发量的平衡，引起水位变化。当给水压力增加时，给水流量增大，水位上升；当给水压力降低时，给水流量下降，水位降低。这是在锅炉负荷和燃烧工况不变的条件下，水位随给水压力的变化关系。

4. 锅水循环泵的启停及运行工况

强制循环锅炉在启动锅水循环泵前，汽包水位线以上的水冷壁出口至汽包的导管均是空的，所以启动锅水循环泵时，汽包水位将急剧下降。当锅水循环泵全部停运后，这部分水又要全部返回到汽包和水冷壁中，而使汽包水位上升。此外，锅水循环泵的运行工况，也将对汽包水位产生一定的影响。

4.3.5.2 汽包水位的调节

对水位的控制调节比较简单，它是依靠改变给水调节门的开度，即改变给水量来实现的。水位高时，关小调节门；水位低时，开大调节门。现代大型锅炉机组，都采用一套比较可靠的给水自动调节器来自动调节送入锅炉的给水量。调节器的电动(或气动)执行机构除能投入自动以外，还可以切换为远方(遥控)手动操作。

但是，当给水调节投入自动时，运行人员仍需认真地监视水位和有关表计，以便一旦自动调节失灵或锅炉运行工况发生剧烈变化时，能迅速将给水自动解列，切换为远方手动操作，保持水位的正常。为此，运行人员必须掌握水位的变化规律，还应熟悉调节门和系统的调节特性，如阀门开度(或圈数)和流量的关系、调节时滞后的时间等。

当用远方手动调节水位时，操作应尽可能平稳均匀，一般应尽量避免采用对调节门进行大开大关的大幅度调节方法，以免造成水位过大的波动。

当由于对给水量调节不当而造成水位波动过大时，将会影响到汽温、汽压发生变化(但在大容量锅炉中给水量变动对汽压的影响不明显)。

1. 水位的监视

在锅炉运行过程中，要控制好水位，首先要做好对水位的监视工作。对汽包水位的监视应以就地水位计为准，并参照电接点水位计和低地位水位计的指示作为监视手段，通过保持给水流量、减温水流量与蒸汽流量的平衡使汽包水位保持稳定。另外，在监视过程中要特别注意以下两个问题：

(1) 指示水位与实际水位的差别

从就地水位计看到的水位为指示水位。从汽包内部工况分析，已知汽包内没有明显的汽水分界线。也找不到汽水空间相连的部位。但是可以找到比重变化最快的点，这个点定为汽包的实际水位。

现代锅炉除在汽包上就地装有一次水位计以外，通常还装有几只机械式或电子式的二次水位计，其信号直接接到锅炉操作盘上，以增加对水位监视的手段。此外，还应用工业电视来监视汽包水位。

对汽包水位的监视，原则上应以一次水位计为准。正常运行中，一次水位计的水位应清晰可见，而云母水位计的水面还应有轻微的波动。如果停滞不动或模糊不清，则可能是连通管发生堵塞，应对水位计进行冲洗。

汽包水容积中水的温度较高且含有蒸汽泡，而水位计中的水由于有一定的散热，其温度低于汽包压力下的饱和温度且没有汽泡，所以汽包中的水比水位计中水的密度小，因而造成指示水位低于实际水位。如果汽包水容积中充满的是饱和水，则水位指示的偏差则随着工作压力的增高而增大，此外，当就地水位计的连通管发生泄漏和堵塞时，将会引起指示水位与实际水位的误差。若是汽侧泄漏，将使指示水位偏高；若水侧泄漏，则使水位指示偏低。

(2) 虚假水位

虚假水位即不真实水位。当外界负荷急剧变化和锅炉燃烧工况发生突变时，都可能出现虚假水位，此现象易使运行人员产生误判断以致误操作，所以在水位监视与调节中应予以特别的注意。

当负荷急剧增加时，汽压将很快下降，由于炉水温度就是锅炉当时压力下的饱和温度，所以随着汽压的下降，锅水温度就要从原来较高压力下的饱和温度下降到新的、较低压力下的饱和温度，这时锅水(和金属)要放出大量的热量，这些热量又用来蒸发锅水，于是锅水内的汽泡数量大大增加，汽水混合物的体积膨胀，所以促使水位很快上升，形成“虚假水位”。当炉水中多产生的汽泡逐渐逸出水面后，汽水混合物的体积又收缩，所以水位又下降，这时如果不及时的、适当的增加给水量，则由于负荷急剧增加，蒸发量大于给水量，因而水位将会继续很快地下降。

当负荷急剧降低时，汽压将很快上升，则相应的饱和温度提高，因而一部分热量把锅水加热到新的饱和温度，因而用来蒸发锅水的热量则减少，锅水中的汽泡数量减少，使汽水混合物的体积收缩，所以促使水位很快下降，形成“虚假水位”。当锅水温度上升到新压力下的饱和温度以后，不再需要多消耗液体热，锅水中的汽泡数量又逐渐增多，汽水混合物体积膨胀，所以水位又上升，这时如果不及时地、适当地减小给水量，则由于负荷急剧降低，给水量大于蒸发量，因而水位将会继续很快地上升。

知道了“虚假水位”产生的原因以后，就可以找出正确的操作方法。例如，当负荷急剧增加时，起初水位上升，这时运行人员应当明确，从蒸发量与给水量不平衡的情况来看，蒸发量是大于给水量的，因而这时的水位上升现象是暂时的，它不可能无止境地上升，而且很快就会下降的。因而，切不可立即去关小给水调节门，而应当作好强化燃烧、恢复水位的准备，然后待水位即将开始下降时，增加给水量，使其与蒸发量相适应，恢复水位的正常。当负荷急剧降低，水位暂时下降时，则采用与上述相反的调节方法。当然，在出现“虚假水位”现象时，还需根据具体情况具体对待，例如当负荷急剧增加时“虚假水位”现象很严重，即水位上升的幅度很大，上升的速度也很快时，还是应该先适当地关小给水调节门，以避免满水事故的发生，待水位即将开始下降时，再加强给水，恢复水位的正常。

实际上，当锅炉工况变动时，只要引起工质状态发生改变，就会出现“虚假水位”现象，只不过明显程度不一，引起水位波动的大小不同而已。在锅炉负荷的变化幅度和变化速度都很大时，则“虚假水位”的现象比较明显。此外，当发生炉膛灭火和安全门动作的情况下，“虚假水位”现象也会相当严重，如果准备不足或处理不当，则最容易造成缺水或满水事故。因此，我们对于“虚假水位”现象应当予以足够的重视。

2. 水位调节原理

(1) 单冲量自动调节

单冲量自动调节系统是最简单的水位调节方式。它是按汽包水位的偏差来调节给水阀开度的，如图4-9(a)所示，图中H表示汽包水位的信号。

单冲量调节方式的主要缺点为：当蒸汽负荷和蒸汽压力突然变动时，由于水容积中的蒸汽含量和蒸汽比容改变会产生“虚假水位”，使给水调节阀有误动作。因此，单冲量调节只能用于负荷相当稳定的小容量锅炉。

(2) 双冲量自动调节

图4-9(b)所示为双冲量给水调节系统，在这种系统中除水位信号H之外，又加入了蒸汽流量信号D。当蒸汽负荷变动时，信号D要比信号H提前反应，从而可抵消“虚假水位”的影响。这种双冲量给水调节方式可用于负荷经常变动和容量较大的锅炉，但它的缺点是不能及时反映与纠正给水量扰动的影响。

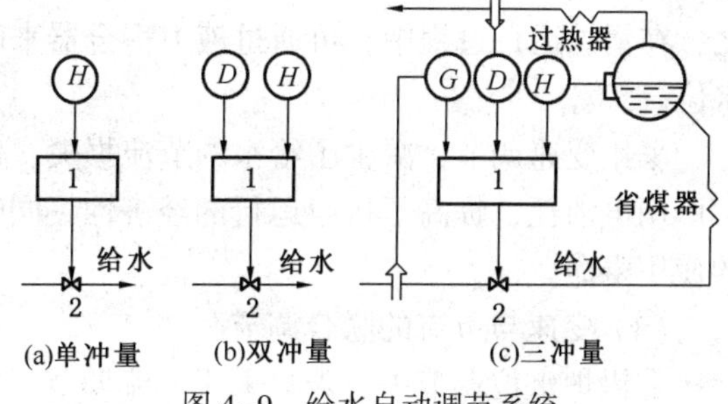

图4-9　给水自动调节系统

1—调节机构；2—给水调节阀

(3) 三冲量自动调节

图4-9(c)所示为三冲量系统是更为完善的给水调节方式，在该系统中除信号H与D之外，又增加了给水流量信号G。在调节系统中各信号的作用如下：汽包水位是主信号，因为任何扰动都会引起水位变化，使调节器动作，改变给水调节器的开度，使水位恢复至规定值。

蒸汽流量是前馈信号，它能防止由于“虚假水位”而引起调节器的误动作，改善蒸汽流量扰动下的调节质量。

给水流量信号是介质的反馈信号，它能克服给水压力变化所引起的给水量变化，使给水流量保持稳定，同时也就不必等到水位波动之后再进行调节，保证了调节质量。

所以三冲量自动调节系统综合考虑了蒸汽量与给水量相等的原则，又考虑到了水位偏差的大小，因而既能补偿“虚假水位”的反应，又能纠正给水量的扰动，是目前大型锅炉普遍采用的水位调节系统。

(4) 给水全程控制调节

给水全程控制调节采用两段式，即调节调速泵的转速来维持给水泵出口压力，控制调节阀开度来维持汽包水位。通过给水启动阀和主给水阀的相互无扰切换，以及系统的单冲量和三冲量的相互无扰切换，实现给水从机组启动到带负荷全过程的自动调节。

3. 水位的调节方法

(1) 节流调节

节流调节比较简单，它是依靠改变给水调节门的开度，即改变给水量来实现的。水位高时关小调节门，水位低时开大调节门。现代大型锅炉都采用可靠的三冲量给水自动调节系统，但在锅炉启停和负荷大幅度波动时，应将自动切换为手动调节，在手动调节时，操作应尽可能平稳均匀。一般应尽量避免采用对调节门进行大开大关的大幅度调节方法，以免造成水位过大的波动。

(2) 变速调节

节流调节中节流损失较大，所以目前大型机组多采用变速给水泵来调节水位。变速调节是通过改变给水泵的转速，从而达到改变其流量来调节锅炉汽包水位的。

采用液力耦合器可实现给水泵的无级调速(液力偶合器工作原理见 2.4.5.3)。在进行水位调节时，通过改变勺管的径向位置来改变液力耦合器的工作油量。当水位低时，可使勺管向“+”的方向移动，增加其工作油量，提高涡轮转速，加大给水流量。当水位高时，可使勺管向“-”的方向移动，减少其工作油量，降低涡轮转速，减小给水流量，使水位降低。总之，在锅炉运行过程中，可通过液力耦合器来改变水泵转速，达到改变水泵流量来调节汽包水位。

采用变速调节，减少了给水的节流损失，使水泵的效率始终保持在最佳范围附近，减少了厂用电消耗，提高了机组运行的经济性，同时还改善了电动机的运行条件，延长了电动机的使用寿命。

(3) 变速与节流的联合调节

在锅炉水位调节中，若只采用节流调节，则节流损失太大。若只采用变速调节，则在调速过程中会影响减温水量，使汽温波动。所以常规的给水调节方案应采取节流与变速的联合调节。

在调节过程中，可先调节给水调节阀，再根据调节阀的前后差压去调节给水泵转速，这种所谓“二段调节”方案，从动态角度看，由于不存在惯性和滞后，给水量随时与给水调节阀开度保持正比的改变，所以不会加大汽包水位的动态惯性，同时也可以通过控制给水阀的开度来控制减温水量，所以目前大型机组都采用节流和调速联合调节。

4.3.6 母管协调控制

4.3.6.1 机炉协调控制

大型火力发电机组基本上都是按一机一炉的单元制组成的，通称单元机组。单元机组是机、电、炉三大主机及其辅机构成的一个整体，其中任何一个环节运行状态的变化都将引起其他环节运行状态的改变。所以，单元机组是一个互相关联的复杂控制对象，在调节上机、电、炉能够共同适应电网负荷的要求。

随着科学技术的不断发展，电网中 200MW 及以上的单元机组已成为主力机组，电网对各单元机组的负荷适应性和稳定性有了更高的要求，为了使单元机组输出功率能迅速满足电网负荷变化，并使输入机组的热能尽快与机组输出功率相适应，目前采用了将负荷变化引起的功率变化信号及压力变化信号，同时送入汽轮机调节器与锅炉调节器进行调节的协调控制方式。

采用机炉协调控制时，可根据单元机组当时的运行和设备状况及时调整工况，较快的满足电网对负荷的要求，并能保证单元机组相关参数在规定值范围内，也能保证机组安全经济运行。

采用了机炉协调控制，则在正常运行中能根据外界负荷的需要快速进行负荷调节，事故情况下能根据故障情况快速降低机组出力，不致因机组故障造成突甩负荷甚至停机而影响电网的稳定。

采用机炉协调控制，使各部汽温、汽压和负荷能按规定升降速率变化，有利于增长机组运行寿命，便于实现全自动调节，在调度室就可以根据电网负荷要求增减某一台单元机组的负荷，实现电网全自动控制。

4.3.6.2　单元机组工作原理及特点

单台锅炉生产的蒸汽不通过母管，直接送到汽轮机，锅炉和汽轮机的运行存在直接的对应关系，锅炉和汽轮机是一个整体，需要有一个共同的控制点，需要锅炉和汽轮机紧密配合、协调一致，通过锅炉的参数调整，保证蒸汽参数符合要求以适应外部负荷的需要。

1. 单元机组的负荷自动调节方式

单元机组的自动调节方式一般分炉跟踪、机跟踪和限负荷运行三种方式。炉跟踪方式为汽轮机根据电网要求调节机组出力，锅炉根据汽轮机负荷的变化，相应调节主汽压力，保证主汽压力在规定值范围内。机跟踪方式是锅炉根据电网要求调整机组出力，汽轮机通过改变调节汽门开度来保证主汽压力在规定值范围内。限负荷运行方式是当机组某一辅机出现故障时，根据故障的范围和性质限制机组出力在某一规定值运行，然后锅炉和汽轮机调整各自参数为对应负荷下参数值。三种方式可以根据需要自动或手动进行切换。

2. 单元机组自动控制系统的发展

从单元机组自动控制总体结构上来看，自动控制形式主要有以下三种类型：分散型控制、集中控制及集散型控制。

(1) 分散控制系统

分布在生产现场的各主辅设备，均设置有各自的模拟控制装置或程序控制装置，通过运行人员的经验和设备的运行状况进行设备和系统的协调管理和控制。

(2) 集中控制系统

集中控制系统是由一台大型计算机来完成各主辅系统的模拟和程序控制，并能完成发电设备的主、辅机的巡回检测和数据处理，并且机组各部分的控制管理协调也由计算机来承担。

运行人员只要在操作键盘上操作设备的开关按钮，或预置设定值，整个机组的启停及运行调整和事故处理等全部由计算机来完成，但一旦计算机发生故障，不能满足上述指标时，运行人员则无法承担所有的操作与管理。

(3) 集散型控制系统

集散型控制系统是在克服分散控制系统和集中控制系统不足的基础上发展起来的控制方式。

集散型控制系统分三级，即综合命令级、功能控制级和执行级。单元综合命令级一般由一台计算机完成，为提高可靠性一般又采用双机系统，作用是以上位机去协调控制下位各级的功能控制，下位各功能控制级有许多并行的子回路，可根据发电设备特点分成各个独立的功能控制回路，分别由微机进行控制管理，这一级可以独立工作，也可与上位机联系。执行级是最低一级，作用是控制就地执行机构。

集散型控制系统功能分散，故障分散，部分设备回路故障不致引起整个控制系统的瘫痪，又能实现各系统的协调控制管理。

4.3.6.3 母管制机组工作原理及特点

母管制锅炉的组成是多机多炉，锅炉连接母管的主蒸汽管道是母管制机组锅炉相互联结的枢纽部件。锅炉生产的蒸汽通过母管后，再送到各台汽轮机，锅炉和汽轮机的运行没有对应关系，不是一个整体，不需要有一个共同的控制点，不需要单台锅炉和单台汽轮机紧密配合、协调一致，通过各台炉的参数调整，保证母管蒸汽参数符合要求即可适应外部负荷的需要。

单元机组，特别是有中间再热器的机组，当外部负荷变化时，由于中间再热器的容积滞后，使中低压缸的功率变化出现惯性，对电力系统调频不利，需要在调节系统上采取措施。单元机组的动态特性与母管制差异较大。一般来讲，单元机组汽包压力、汽轮机进汽压力在燃烧侧扰动时变化较大，而蒸汽流量变化较小。母管制锅炉汽包压力变化小，而蒸汽流量变化较大。因此，单元机组汽压调节系统宜选用汽包压力或汽轮机进汽压力作为被调量，这同母管制锅炉差别较大(母管制的汽压力调节系统一般采用蒸汽流量加汽包压力微分信号)。至于送风和引风调节系统，单元制同母管制差异不大。

母管制机组相对于单元机组的最大优点是机炉影响较小，系统中的任何一台锅炉或汽轮机出现故障都不会对整个系统出现致命故障。由于母管的存在，投资相对较大。

4.3.6.4 母管制锅炉压力调整

在母管制锅炉运行中，可根据汽压和蒸汽流量的变化，来判断引起汽压变化的原因属于内扰还是外扰。汽压与蒸汽流量变化的方向若相反，则属外扰。汽压与蒸汽流量变化的方向若相同，大多数是内扰所致。但对单元机组运行而言，燃料量减少，蒸汽量下降，而炉的蒸汽流量反而增加，此过程，初期受内扰，后期则兼受外扰。

主蒸汽母管压力的调节实质是对进入蒸汽母管流量或各锅炉蒸发量的调节。汽压过高、过低或者急剧变化，对锅炉机组以及整个发电厂运行都是很不利的。因此应加强对汽压的控制并规定其波动范围。汽压变化是不可避免的，但应及时的、正确的调整燃烧，以尽快恢复汽压稳定。对并列运行机组，应指定一台或几台炉为主调压或副调压，以应付外界负荷的变化，使其他炉在经济负荷下运行，做到易操作又安全。

4.4 锅炉试验及维护

4.4.1 锅炉检修后的检查验收及试验

检修后的锅炉验收可分为分段验收、分部试运行、总验收和整体试运行三个阶段进行。

1. 分段验收

在锅炉检修过程中，组织有关技术管理人员对已检修完毕的设备进行检查验收，包括有下列设备：

① 锅炉本体受热面、水冷壁、过热器、再热器、减温器、省煤器、空气预热器、锅水循环泵以及与其相连的管道阀门。

② 汽包及内部汽水分离装置和外部汽水分离器。

③ 锅炉构架、炉墙、护板及其各类支吊设备、膨胀指示装置。

④ 锅炉范围内的风道、烟道及风门、挡板和防爆装置。

⑤ 回转机械，如各类用途的风机及电动机。

⑥ 制粉设备，如磨煤机、排粉机、给煤机、给粉机、一次风机、密封风机、煤粉分离设备及管道、风门挡板等。

⑦ 除渣、除尘、吹灰、排污设备及装置。

⑧ 监视测量仪表、报警与灯光显示装置的安装和试用。

2. 分部试运行内容

① 检查检修项目的完成情况、设备检修质量、技术资料和有关数据的记录、登记、归档情况。

② 质量检验：转机试运行、水压试验、漏风试验。

③ 设备调试：安全门的校验和整定。

④ 性能试验：辅机联锁试验和各种保护装置的试验和整定。

3. 总验收和整体试运行

(1)冷态验收

锅炉启动前根据质量检验、分阶段验收和分部试运行检查结果确定总验收项目，重点内容为：

① 对设备、系统的变动或改造情况以及交底情况。

② 设备标志、安全装置、自动装置、保护装置、照明、通信设备是否完善齐全。

③ 转动机械、执行机构、传动机构的动作是否灵活和正确；炉本体、风烟道、制粉设备、汽水系统有无泄漏。

(2)热态验收

锅炉启动带负荷经过 24h 运行之后，检查下列项目是否达到设计水平及技术改造预计效果：

① 定工况运行的连续性。

② 锅炉各参数，如汽温、汽压、水位、各部金属壁温、烟温是否满足设计要求。

③ 经济性能的反应，如排烟温度、飞灰可燃物，锅炉效率等。

④ 炉膛燃烧的稳定性和可调性。

⑤ 制粉设备、通风设备的出力和经济性能。

⑥ 转动机械的可靠性和连续性。

⑦ 自动调节装置、保护装置的可靠性等。

4.4.2 锅炉水压试验

1. 水压试验的目的

水压试验是检查锅炉承压部件的一种方法，通过试验检查检修部位和其他承压部件是否泄漏、变形等，也是对承压部件强度的检验。

2. 水压试验的种类

(1) 工作压力的水压试验

它是锅炉大、小修或局部受热面检修后必须进行的试验。根据检修人员的要求，可随时随地进行。

(2) 超压水压试验

根据 DL 612—1996《电力工业锅炉压力容器监察规程》14.4 条规定，锅炉遇到下列情况之一时才进行的试验，必须严格控制试验次数。

① 新装和迁移的锅炉投运时；

② 停用一年以上的锅炉恢复运行时；

③ 锅炉改造、受压部件经重大修理或更换后，如水冷壁更换管数在 50%以上，过热器、再热器、省煤器等部件成组更换，汽包进行了重大修理时；

④ 锅炉严重超压达 1.25 倍工作压力及以上时；

⑤ 锅炉严重缺水后受热面大面积变形时；

⑥ 根据运行情况，对设备安全可靠性有怀疑时；

⑦ 一般大修(6~8 年)一次。根椐设备具体情况，经上级主管部门同意，可适当延长或缩短间隔。

3. 超压试验条件

① 具备锅炉工作压力下的水压试验条件。

② 需要重点检查的薄弱部位，保温已拆除。

③ 解列不参加超压试验的部位，并采取了避免安全阀开启的措施。

④ 用两块压力表，压力表精度不低于 1.5 级。

4. 水压及超压试验的范围

① 给水及减温水系统。

② 汽水系统一次门前。

③ 安全门不参加水压及超水压试验。

④ 水位计及水位平衡容器不参加超水压试验。

⑤ 超压试验压力为设计压力的 1.25 倍。

5. 水压及超压试验的要求

① 水压试验时环境温度不低于 5℃。环境温度低于 5℃时，必须有防冻措施。

② 锅炉上水必须是化验合格的除盐水，水温 30~70℃为宜，不得大于 90℃，进入汽包的给水温度与汽包金属温度差不超过 40℃。

③ 水压试验开始前，事故放水调门工作结束并送电，全开全关试验合格后备用。

④ 自进水至满水冬季不少于 4h，其他季节不少于 2~3h，上水前记录膨胀指示器，每隔 1h 检查膨胀指示，发现膨胀异常应减慢上水或停止上水。

⑤ 锅炉进行水压试验时，水压应缓慢的升降(升压速度不大于 0.3MPa/min)。当水压上升到工作压力时，应暂停升压，检查无漏泄或异常现象后，以不大于 0.15MPa/min 的升压速度，再升到超压试验压力，在超压试验压力下保持 20min，降到工作压力，再进行检查，检查期间压力应维持不变。

6. 水压试验操作

① 开启所有空气门。

② 开启定排系统各分门及分总门，省煤器再循环门，减温水电动门、调整门、三次门及旁路门(有四次门的应开启)。

③ 联系汽轮机值班员启动疏水泵，向锅炉上水，用反上水总门控制上水速度。

④ 空气门冒水后依次关闭空气门直至全关。

⑤ 联系汽轮机值班员给水管道冲压，冲压完成后，关闭反上水总门联系汽轮机停疏水泵，全关定排一次门。

⑥ 用打压门控制升压速度，锅炉开始升压。

⑦ 压力升至6.0MPa时，停止升压，检修人员进行一次检查，无异常后继续升压。

⑧ 压力达到工作压力时，关闭上水门，记录5min时间内的压力下降值，然后，稍开上水门保持工作压力，进行设备的全面检查。

⑨ 超压试验应在工作压力试验合格后进行，从工作压力升到超压力试验值的过程中，升压速度每分钟不得超过0.1MPa，达到试验压力值时保持5min后降至工作压力，然后进行全面的检查。超压试验时，严禁做任何检查。

⑩ 水压结束后，用D_g20以下的阀门控制放水泄压，泄压速度不大于每分钟0.5MPa，也可利用此时进行部分管道的冲洗，压力到零开启空气门。

7. 水压试验合格标准

① 受压元件金属壁和焊缝没有任何水珠和水雾的泄漏痕迹。

② 受压元件没有明显的残余变形。

③ 关闭上水门、停止给水泵后，5min内汽包压力下降值不超过0.5MPa，再热器压力下降值不超过0.25MPa。

4.4.3 转动机械试运行

转动机械检修后必须经过试运行来鉴定检修质量是否符合要求，试验时应记录转机转动方向、各轴承振动、轴承温度、电机启动电流、电机启动持续时间以及其他异常情况，以确保其工作的可靠性。

1. 试运前的检查内容

① 试运前应确认锅炉烟风系统和制粉系统无检修工作，相关系统各风门挡板及其传动机构都已校验，并动作正确。

② 试运设备的检修工作确已完毕，无妨碍转动部分运转的杂物，场地干净，照明充足。

③ 地脚螺栓和连接螺栓紧固无松动，保护罩和安全围栏固定牢固无短缺或损坏。

④ 稀油润滑的轴承油位计完整不漏油，最高和最低油位线标志清晰，润滑油品质符合要求，油位在中线以上，用润滑脂润滑的轴承，其装油量符合以下标准：

1）1500r/min以下机械不多于整个轴承室容积的2/3；

2）1500r/min以上机械不多于整个轴承室容积的1/2。

⑤机械及各轴承冷却水系统完好，冷却水量畅通、充足。

⑥电动机的冷却通风道无堵塞，电动机接地线连接可靠。

⑦转机事故按钮完好并附有防止误动的保险罩和明显的设备名称标志牌。

⑧转机试验前必须经过拉、合闸试验，事故按钮静态试验合格后方可进行。

2. 试运步骤及注意事项

① 电动机应单独试转，检查转动方向是否正确和验证事故按钮的可靠性，其后再联带机械试转。启动时必须严密注意电动机电流达到最大值后到返回正常电流的时间，如果超过20s，应立即停止转机的运行，并进行检查。

② 大型转机第一次启动后达到全速即用事故按钮停机，观察轴承和转动部分是否有摩擦、撞击和其他异常。小型转机可在静态时盘动联轴器检查是否存有异常。

③ 转机试运连续时间：新安装的不少于8h，检修后的不少于2h。

④ 试运期间要随时检查机械的轴承温度和振动情况，还可用听针检查轴承内部声音。

⑤ 钢球磨煤机在罐内有钢球时不准做动态试验。

3. 转动机械试运行的合格标准

① 轴承及转动部分无异常现象，各部无漏油和漏水。

② 轴承工作温度正常，一般滑动轴承不超过70℃，滚动轴承不超过80℃。

③ 轴承振动值应不超过厂家规定。

④ 电动机采用循环油系统润滑时，其油压、油量和油温应符合规定要求。

4.4.4 漏风试验

漏风试验的目的是在冷状态下检查炉膛、冷热风系统、烟气系统的严密性，同时找出漏风处予以消除，以提高锅炉的经济运行性能。漏风试验一般有正压法和负压法两种。

1. 负压法

启动引风机，开启挡板保持燃烧室压力-150~200Pa，用小火把靠近锅炉各部件的联接处及人孔、检查孔、防爆门、各风门挡板等，火炬被吹动处画上记号，试验完毕后予以堵塞。

2. 正压法

① 关闭所有人孔门、观察孔、测量孔、引风机挡板门。

② 开启送风机，逐渐开启送风机入口挡板门，使炉膛压力达500~1000Pa。

③ 在送风机入口逐渐加入干燥滑石粉约400~1000kg，运行20min后停止送风。

④ 检查与处理：检查各处，凡有白灰的地方，均应仔细检查泄漏原因。如有耐火材料或保温材料，应把这些覆盖物除去以后，再检查并及时处理，然后再做试验，做到完全消除。

4.4.5 安全门整定与校验

安全门是锅炉的重要保护设备，在新安装的锅炉、经过大修的锅炉、安全门经过大修的情况下应对安全门进行校验，安全门的校验必须在热状态下进行，以保证其动作的可靠性。

1. 安全门动作压力整定值

安全门起座压力的整定值均要以制造厂规定执行，制造厂没有规定时按《电力工业锅炉压力容器监察规程》中的规定执行，见表4-3所示。

表4-3 安全门起座压力

<table>
<tr><th colspan="2">安装位置</th><th colspan="2">起座压力</th></tr>
<tr><td rowspan="2">汽包锅炉的汽包或过热器出口</td><td>汽包锅炉工作压力
$p<5.88$MPa</td><td>控制安全阀
工作安全阀</td><td>1.04倍工作压力
1.06倍工作压力</td></tr>
<tr><td>汽包锅炉工作压力
$p>5.88$MPa</td><td>控制安全阀
工作安全阀</td><td>1.05倍工作压力
1.08倍工作压力</td></tr>
<tr><td colspan="2">直流锅炉的过热器出口</td><td>控制安全阀
工作安全阀</td><td>1.08倍工作压力
1.10倍工作压力</td></tr>
<tr><td colspan="2">再热器</td><td></td><td>1.10倍工作压力</td></tr>
<tr><td colspan="2">启动分离器</td><td></td><td>1.10倍工作压力</td></tr>
</table>

① 对脉冲式安全门，工作压力指冲量接出地点的工作压力；对其他类型，安全门指安全门安装地点的工作压力；

② 过热器出口安全门的起座压力应保证在该锅炉一次汽水系统所有安全门中此安全门最先动作。

2. 安全门校验条件及要求

① 锅炉大修后或安全门检修后，必须进行安全门的热态校验，以保证其动作的准确可靠。

② 安全门校验时，必须制定专项措施(包括安全措施)，检修、运行负责人及总工程师都应在场。

③ 汽包、过热器就地压力表、控制室 CRT 画面二次压力表校验合格，指示正确，水位计指示正确，向空排汽门经试验正常，汽包紧急放水门试验正常。

④ 校验安全门时，就地与控制室应有可靠的通信工具进行联系。

⑤ 校验安全门均以就地机械压力表(标准压力表)指示为准。

⑥ 锅炉点火前，联系汽轮机值班员做好防止汽水进入汽轮机的措施。

⑦ 安全门的校验必须由专人负责并统一指挥，有关技术人员参加。

⑧ 在升压及校验过程中，应经常对照就地压力表与 CRT 指示，并有专人负责监视汽压及联系工作。

⑨ 锅炉应严格按照升压曲线进行正常升压，在升压过程中，严格监视受热面管壁温度不超过允许值；同时应加强对燃烧和水位的监视与调整，防止满水、缺水及超压事故的发生。

⑩ 安全门的校验应按其动作压力以先高后低的顺序进行。

3. 安全门的整定方法

(1) 重锤式安全门的整定

重锤式安全门多数是主安全门的脉冲阀，即控制阀，当压力达到起座压力且保持稳定后，向阀体方向轻轻缓慢地移动重锤位置，使其在蒸汽压力作用下起跳。脉冲阀动作后，约10~15s，主安全门起座。汽压下降后安全门应能自行回座。

主安全门与脉冲阀之间的脉冲管疏水门，在根据要求动作的灵敏度调整好开度之后加封，防止误动后影响安全门的正常工作。

(2) 弹簧式安全门的整定

弹簧式安全门的整定是用旋紧或旋松螺母以改变弹簧紧力来进行整定的。当压力达到起座压力且保持稳定后，缓慢放松螺母使其起座。整定后的起座压力误差在±0. 05MPa 范围内为合格。

(3) 盘形弹簧式安全门的整定

盘形弹簧式安全门的机械动作是以调整弹簧松紧，使弹簧的作用力恰好等于安全门起座要求。安全门自行起座压力误差要求在±0. 15MPa 范围内。为了保证安全，以采用负偏差为妥。机械整定合格后，接通压力继电器，压力升至起座压力，由手动或自动让安全门起座。如无异常，整定即算结束。

(4) 再热器安全门的整定

整定再热器安全门机械部分，须将汽轮机中压缸进汽门关闭严密，堵死汽轮机高压缸排汽管，用一级旁路进行充压整定。

4. 锅炉安全阀校验标准

① 安全阀起回座压差一般应为起座压力的4%~7%，最大不得超过起座压力的10%。

② 安全阀在运行压力下应有良好的密封性能。

③ 安全阀实际动作压力与规定动作压力的偏差不超过规定动作压力的5%。

5. 安全门校验工作的注意事项

① 安全门校验完毕后，应检查各安全门是否泄漏。

② 安全门校验完毕后，将校验结果做好记录。

③ 安全门起座及回座时，必须加强汽包水位的监视工作并作好预调整。

④ 当安全门起座后不回座时，应迅速采取措施强制回座，无效时，应停炉处理。

⑤ 整定安全门的过程中，如果出现其他异常情况或发生事故时，则应终止安全门整定工作。

⑥ 小修停炉前，根据检修要求，进行安全门排汽试验。

4.4.6 辅机联锁试验

在新安装的机组和机组大、小修后均应进行辅机联锁试验。辅机联锁试验通常在静态下进行。静态试验时，6kV 辅机仅送试验电源，400V 低压动力有空气开关的设备或用直流控制合闸的设备只送试验电源，用交流控制合闸的设备送上动力电源。动态试验时，操作、动力电源均送上，动态试验必须在静态试验合格后方可进行。

如图 4-10 所示是锅炉辅机联锁的基本示意图，并根据锅炉的型号不同有所区别，联锁装置一般设置有辅机总联锁开关，给粉电源各设分联锁开关，制粉设备系统各设一个分联锁。联锁开关置于闭合位置时，自上而下为辅机的依次启动顺序，自下而上为辅机依次停止顺序。逆向操作，启动时应拒动，停止时该辅机以下相关的其他辅机也随之跳闸。联锁开关至于断开位置时，联锁功能失去，各辅机可任意启停。

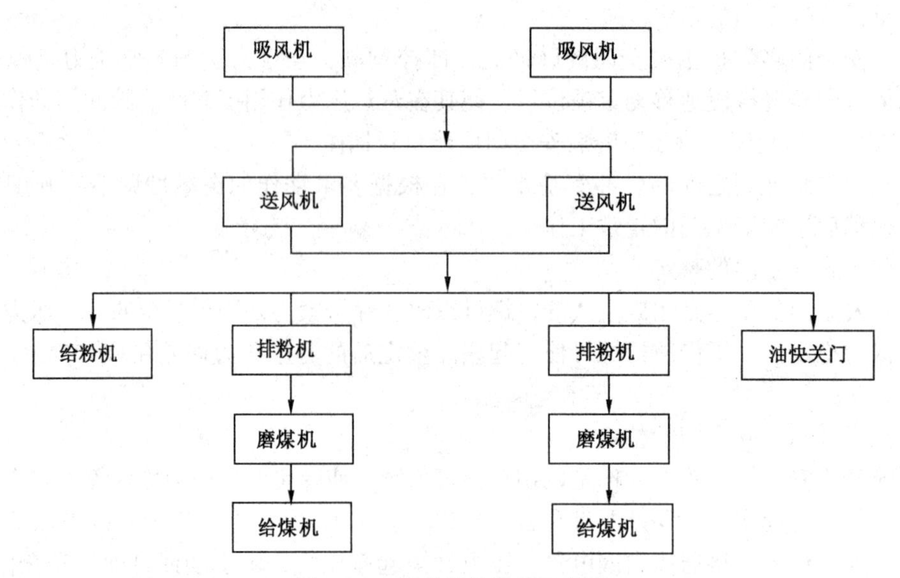

图 4-10 锅炉辅机联锁示意图

1. 试验前的准备

① 试验前联系电气人员将引风机、送风机、排粉机、磨煤机送电(静态试验送试验电源，动态试验送动力电源)，给煤机、给粉电源及给粉机送电。

② 联系热控人员将引风机入口，送风机入口，制粉系统各风门挡板，一、二次风挡板和调节装置送操作控制电源。磨煤机润滑油系统投入运行，并调整油压至正常。

③ 联系热控人员投入各相关表计和光字及音响报警装置。

④ 关闭各给煤机和给粉机下粉挡板。

2. 试验步骤

试验应先局部后整体分阶段进行，根据辅机联锁程序先进行制粉和给粉电源联锁的试验，再进行总联锁试验，最后用事故按钮停止辅机，以便能发现和判明问题及其产生的原因。

3. 制粉系统联锁试验

① 合上某一侧制粉设备联锁开关。

② 依次启动排粉机、磨煤机、给煤机，为防止原煤进入磨煤机，给煤机不加转速。将排粉机入口风门、磨煤机总风门、热风门开启，冷风门关闭，三次风冷却风门关闭。

③ 停止给煤机后热风门关闭、冷风门开启，排粉机、磨煤机不动作；重复步骤(2)，停止磨煤机，则给煤机跳闸、热风门关闭、冷风门开启，排粉机不动作；重复步骤(2)，停止排粉机，则磨煤机、给煤机跳闸、热风门关闭、冷风门开启，三次风冷却风门开启。

④ 由热控人员将磨煤机出口温度高定值的触点接通，热风门自动关闭，冷风门自动打开，其他设备不动作。

⑤ 调整磨煤机润滑油系统再循环门的开度，使润滑油压低于备用泵联启压力时，备用油泵自动启动投入运行。润滑油压低于磨煤机跳闸压力定值时，磨煤机跳闸。

⑥ 重复上述步骤，依次做其余制粉设备联锁试验。

4. 给粉电源联锁试验

① 退出锅炉 FSSS 保护，以保证给粉电源能正常送电。

② 闭合任一段给粉电源联锁开关。

③ 闭合相应给粉工作电源开关，工作侧带电正常，备用侧应不带电。

④ 启动本段给粉电源接带的所有给粉机。

⑤ 停止工作电源时，备用电源应联动而自动带电。观察各给粉机运行状态不改变。

⑥ 闭合工作电源开关，工作电源应带电正常，备用电源应联动而自动停电。

⑦ 重复上述步，进行其余各段给粉电源的联锁试验。

5. 静态联锁试验

① 6kV 辅机送试验电源，400V 低压设备送上动力电源。

② 甲、乙引风机，甲、乙送风机，给粉电源及给粉机，甲、乙排粉机，甲、乙磨煤机(润滑油泵启动，油压正常)，甲、乙给煤机，逐台进行合闸，红灯亮绿灯灭。

③ 投入锅炉大联锁及制粉系统联锁。

④ 手动拉开甲引风机开关，甲引风机红灯灭绿灯亮。手动拉开乙引风机开关，乙引风机红灯灭绿灯亮。事故喇叭响，甲、乙送风机，给粉电源，甲、乙排粉机，甲、乙磨煤机，甲、乙给煤机跳闸，红灯闪烁。

⑤ 手动分别复位甲、乙送风机，给粉电源及给粉机，甲、乙排粉机，甲、乙磨煤机，甲、乙给煤机，相应开关绿灯亮红灯灭。复位结束事故喇叭停止响鸣。

⑥ 甲、乙引风机，甲、乙送风机，给粉电源及给粉机，甲、乙排粉机，甲、乙磨煤机(润滑油泵启动，油压正常)，甲、乙给煤机，逐台进行合闸，红灯亮绿灯灭。

⑦ 手动拉开甲送风机开关，甲送风机红灯灭绿灯亮。手动拉开乙送风机开关，乙送风机红灯灭绿灯亮。事故喇叭响，给粉电源及给粉机，甲、乙排粉机，甲、乙磨煤机，甲、乙给煤机跳闸，红灯闪烁。

⑧ 手动分别复位给粉电源及给粉机，甲、乙排粉机，甲、乙磨煤机，甲、乙给煤机，

相应开关绿灯亮红灯灭。复位结束事故喇叭停止响鸣。

⑨ 手动拉开甲、乙引风机开关，红灯灭绿灯亮。

6. 动态联锁试验

① 6kV 辅机送动力电源，400V 低压设备送上动力电源。

② 甲、乙引风机，甲、乙送风机(调整好炉膛负压)，给粉电源及给粉机，甲、乙排粉机，甲、乙磨煤机(润滑油泵启动，油压正常)，甲、乙给煤机，逐台进行合闸，红灯亮绿灯灭。

③ 投入锅炉大联锁及制粉系统联锁。

④ 手动拉开甲引风机开关，甲引风机红灯灭绿灯亮。手动拉开乙引风机开关，乙引风机红灯灭绿灯亮。

事故喇叭响，甲、乙送风机，给粉电源及给粉机，甲、乙排粉机，甲、乙磨煤机，甲、乙给煤机跳闸，红灯闪烁。

⑤ 手动分别复位甲、乙送风机，给粉电源及给粉机，甲、乙排粉机，甲、乙磨煤机，甲、乙给煤机，相应开关绿灯亮红灯灭。复位结束事故喇叭停止响鸣。

⑥ 甲、乙引风机，甲、乙送风机(调整好炉膛负压)，给粉电源及给粉机，甲、乙排粉机，甲、乙磨煤机(润滑油泵启动，油压正常)，甲、乙给煤机，逐台进行合闸，红灯亮绿灯灭。

⑦ 手动拉开甲送风机开关，甲送风机红灯灭绿灯亮。手动拉开乙送风机开关，乙送风机红灯灭绿灯亮。事故喇叭响，给粉电源及给粉机，甲、乙排粉机，甲、乙磨煤机，甲、乙给煤机跳闸，红灯闪烁。

⑧ 手动分别复位给粉电源及给粉机，甲、乙排粉机，甲、乙磨煤机，甲、乙给煤机，相应开关绿灯亮红灯灭。复位结束事故喇叭停止响鸣。

⑨ 手动拉开甲、乙引风机开关，红灯灭绿灯亮。

⑩ 停止润滑油泵。

⑪ 甲、乙引风机，甲、乙送风机，给粉电源及给粉机，甲、乙排粉机，甲、乙磨煤机，润滑油泵，甲、乙给煤机分别停电。

7. 事故按钮试验

联锁试验全部结束后，合上所有辅机开关，按磨煤机、排粉机、送风机、引风机的顺序依次用事故按钮停止辅机，则相应辅机停止，事故喇叭报警。

8. 联锁试验注童事项

① 试验时应监视跳闸设备的灯光显示应正确，光字牌显示要与辅机对应，事故报警装置应报警。

② 试验过程作好记录，以免遗漏。发现不正常现象应随时查找原因，消除异常后重新试验直至合格。

4.4.7 锅炉保护装置及其试验

锅炉机组设置保护装置的目的是保证机组在异常运行状态下设备的安全，防止事故扩大，从而损坏设备，减少事故造成的损失，延长机组的使用寿命。

炉膛安全监控系统(FSSS)专门用于锅炉的安全保护和燃烧管理。图 4-11 是汽包锅炉安全监控系统保护框图，当锅炉炉膛压力高二值、炉膛压力低二值、汽包水位高三值、汽包水位低三值、燃料全部失去、炉膛火焰全部失去、引风机全停、送风机全停以及 MFT 开关动

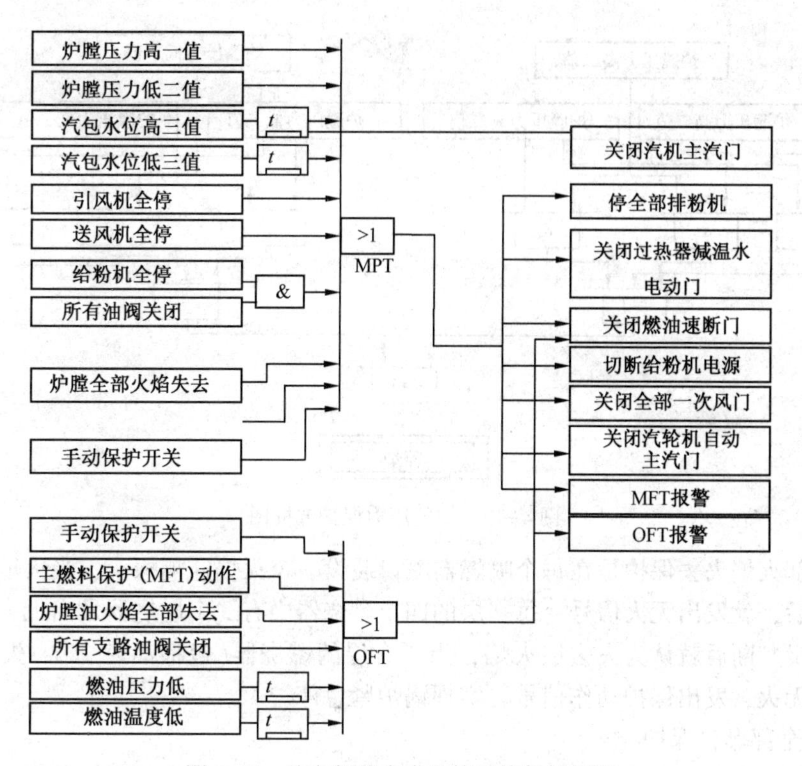

图 4-11　汽包锅炉安全监控系统保护框图

作时，锅炉主燃料保护动作，使锅炉立即停运并进行相应的操作。

1. 水位高、低保护

机组运行中，汽包水位过高直接威胁机组的安全运行，当汽包出现满水会导致进入汽轮机蒸汽的温度急剧下降，严重是可导致汽轮机进水，将造成汽轮机设备严重的损坏事故，是25种电力生产恶性事故之一。汽包水位低会破坏锅炉水循环的安全，严重时可造成受热面大面积爆管，也是锅炉恶性事故之一，所以汽包锅炉均设有汽包水位保护。

水位高低保护分设三值。水位达一值时，信号报警，提示值班员进行预防性的调整和处理，恢复水位至正常范围。一值、二值相继出现，保护装置会自动输出信号给某些装置和设备，强行控制水位的发展趋势。例如，水位高时开启事故放水门，水位低时开启备用给水门、停止锅炉排污。二值、三值同时出现，即认为水位达到极限，保护动作，输出信号给监控系统实施紧急停炉。为了保证保护装置动作的可靠性，水位高、低保护动作的信号一般是从三块不同的表计取三个信号并进行三取二的逻辑判断，经过3~5s的延时，发出保护动作信号。

2. 炉膛压力保护

锅炉的燃烧在炉膛负压达到保护动作值后燃烧稳定性已基本破坏，如不及时停运会造成锅炉灭火放炮事故，所以，都设有炉膛压力保护，以保护锅炉设备的安全。

如图4-12所示为防止保护的误动，炉膛压力保护的取样点一般有三个，三个压力值经过三取二的逻辑判断，再经过3~5s的延时后发出保护动作信号，锅炉实现紧急停炉。

3. 炉膛全部火焰失去保护

如锅炉灭火后不能及时切断燃料，继续向炉内供应燃料，当燃料积聚到一定程度，燃料在炉内就可能发生爆炸事故，为了避免这种事故的发生，锅炉均设有炉膛全部火焰失去保

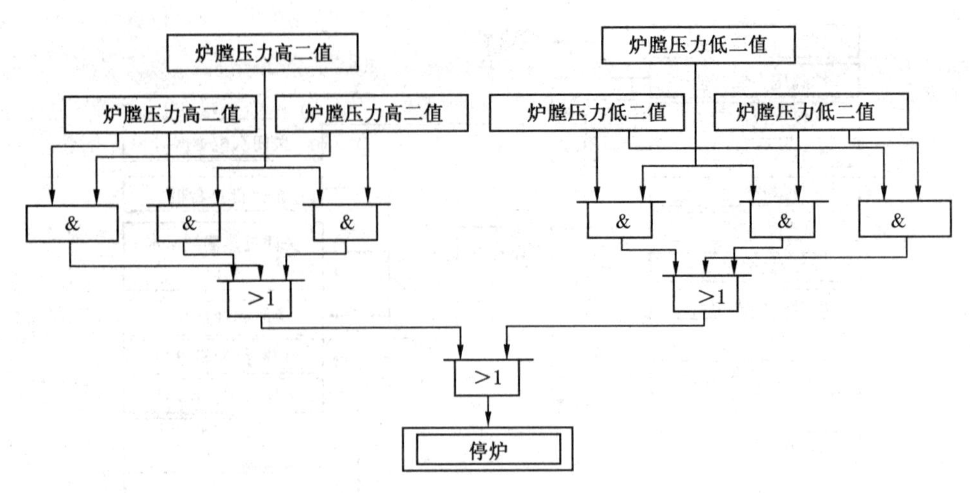

图 4-12　炉膛压力保护方框图

护，炉膛全部火焰失去保护是在每个喷燃器喷口装设一个火焰监测探头，当火焰检测探头检测不到火焰后，就发出无火信号，每一层的四个燃烧器中有二个燃烧器发出无火信号，经过四取三的逻辑判断后就认为失去层火焰，当所有层的燃烧器(包括油燃烧器)失去火焰后就判断为炉内无火，发出保护动作信号，实现锅炉紧急停炉。

4. 失去全部燃料保护

为防止锅炉发生灭火爆燃事故，大容量锅炉均设有失去全部燃料保护，当锅炉运行中燃煤和助燃(油、气)系统同时或相继发生中断后，锅炉无法维持运行，将实行紧急停炉。

失去全部燃料保护是指煤粉喷燃器、油燃烧器全部停运，通过监视给粉机、主油电磁阀、角燃油电磁阀的状态来判断煤粉燃烧器及油燃烧器是否在运行，如发生所有给粉机全部停运、油燃烧器全部停运后发出保护动作信号，实现紧急停炉。

5. 锅炉主燃料保护动作后动作的设备

主燃料保护(MFT)动作，同时中断燃料的供给，其开关全部被闭锁，只有经过炉膛清扫之后才能解除(确保通风量不少于额定风量的30%，清扫时间不少于5min)。切断燃料的同时，为防止汽压、汽温的剧降和防止汽轮机进水，减温水的全部电动门和汽轮机自动主汽门关闭，为防止遗留在管道内的煤粉继续被送入炉膛，全部一次风门关闭，联动停止制粉系统。

6. 炉膛安全监控系统的试验

炉膛安全监控系统的试验一般是进行静态试验，即主要辅机都是在试验电源下进行的。

① 给粉机送电，一次风挡板送电，火检冷却风机送电并投入运行，送风机、引风机、排粉机送试验电源，所有减温水电动门送电。

② 根据炉膛吹扫条件逐项进行，部分吹扫条件在静态下不能满足的由热控人员进行短接触点或从吹扫逻辑中予以满足。全部吹扫条件满足后，进行炉膛吹扫。吹扫完成后复位MFT、OFT。为了防止燃油进入炉膛，试验过程中所有的油枪手动门应在关闭位置。

③ 锅炉保护复位后逐项对锅炉炉膛安全监控系统进行试验，试验时应根据先试子程序，后试主程序的原则进行，以便于发现问题。

④ 试验中的注意事项：汽包锅炉水位、直流锅炉断水、锅水循环泵故障等项目的保护试验，在锅炉上水阶段或启动前进行真实工况的试验，即人为调节水位或控制流量变化至保

护动作值，检查保护装置动作是否符合要求。三取二保护逻辑的轮流退出一块表计，然后将三路信号中的两路信号任意组合全部试验。

炉膛压力可以在炉膛压力测量装置处拆开管接头，用嘴吹或吸的方法使其达到保护值，或者通过给压力开关加信号的方法进行，检查保护装置动作是否符合要求。三取二保护逻辑的轮流退出一块表计，然后将三路信号中的两路信号任意组合全部试验。

火焰监测装置，可以在信号放大器处用专用仪器输给一电压或电流信号，在改变其信号强弱的同时，检查信号传输是否满足要求或保护动作是否正确。

无法采用上述方法进行时，也可用信号短接的方式进行验证。试验时最好选择距实地测量最近的接线端子处进行线路短接，检查保护装置动作的可靠性。

⑤ 保护装置试验标准：

1)保护装置整定值符合设备规定要求；

2)保护动作准确，灯光显示、报警正确；

3)信号传输到位，设备的停运、系统的封闭都应符合保护范围的要求；

4)有关开关闭锁后不能人为解除，条件满足后能自动解除。

4.4.8 化学清洗

所谓化学清洗，就是在碱洗、酸洗、钝化等几个工艺过程中使用某些化学药品溶液除掉锅炉汽水系统中的各种沉积物质，并在金属表面形成很好的防腐保护膜。新安装锅炉有在制造、安装过程会产生的氧化物、焊渣和防护涂覆的油脂物及其他残留杂物，应对炉本体汽水系统外、凝结水泵至锅炉省煤器前的全部炉前水系统管道均应进行清洗。运行以后的锅炉在运行一段时间后，受热面内会产生水垢和金属腐蚀物，一般只清洗锅炉本体的汽水系统。运行以后的直流锅炉只清洗本体和高压加热器汽水系统。

运行后锅炉的清洗主要是以结垢量和运行年限综合考虑的，对最易结垢和腐蚀区域的管子进行割管取样检查结垢量，如炉膛中心处燃烧器附近的管于其热负荷最大，冷灰斗弯管处和焊口附近易沉渣和结垢。具体结垢量和年限的规定见表 4-4。

表 4-4 运行锅炉化学清洗时间参考间隔

炉　型	汽包炉			直流炉
主蒸汽压力/MPa	<5.83	5.88~12.64	>12.74	—
沉积物量/(g/m^2)	600~900	400~600	300~400	200~300
清洗间隔年限/a	一般 12~15	10	6	4

① 燃烧方式以燃煤为主。

② 燃油或燃用天然气锅炉可按表中工作压力高一级的数值考虑。

③ 测定向火面 180°内垢物沉积量达到表内极限量时，应尽快安排在近期大修时进行清洗。

化学清洗有浸泡和流动两种方式，经常采用的是流动清洗，而流动清洗又可分为以下几个方式：

(1)循环清洗方式

循环清洗方式适用各类炉型，常用药品为盐酸。若清洗管材中有奥氏体钢或渗氮钢时，可使用柠檬酸，但废液处理较麻烦。

(2)开路清洗方式

开路清洗方式适用于直流锅炉，常用药品是氢氟酸。该方式特点是系统简单、溶垢速度快、清洗时间短，氢氟酸还可用于奥氏体钢材的清洗。

(3) EDTA 络合剂低压自然循环清洗

该方式最大特点是不必等大修时安装大量临时管道进行清洗，可利用加药或排污管直接将清洗液打入锅炉，在低压自然循环中清洗。这种方法具有清洗工序简化、节省时间和不受金属材质和锅炉结构的限制的优点，但是不能除去硅垢，工艺要求严格，效果不稳定。

1. 化学清洗前的准备工作

① 根据锅炉结构、材质，决定清洗方式、循环回路的划分、系统的连接以及与无关系统的隔绝。

② 根据清洗范围的水容积和表面积、金属重量、系统沿程阻力等，决定清洗设备的流量和储量、临时系统的通流面积和布置、安装以及废液的处理和排放。

③ 割管取样测定锈蚀量、附着物和垢积量后，决定药液的浓度、温度和清洗流速以及清洗时间等工艺条件。必要时还可做小型试验来测定不同温度和流速下的除垢时间以及药液对金属材质的腐蚀程度。

④ 根据与清洗液接触的材质，按要求选择加工试片，并进行编号和记录其表面尺寸和重量，以备清洗之后的检查对比，评估清洗效果。

2. 清洗步骤及要求

(1) 水冲洗

化学药品清洗前进行大水量冲洗，其目的是除去管子内部的锈蚀物和其他杂质以及运行中生成的部分沉积物。同时检查系统的严密性和回路的畅通情况。水冲洗时的水流速度应保持 5m/s 以上。

(2) 碱洗

碱洗主要是除去设备内部油垢和湿润金属表面，同时对三氧化硅、水垢等物有一定的松动和去除作用。运行以后锅炉如垢内无油，一般不进行碱洗。

碱洗的方法是在系统循环时投入加热蒸汽，达到 60~70℃时加入碱液，水循环温度高于 80℃且碱液浓度符合要求时，调整系统流量，继续循环 8~10h 后，停止加热，停止循环泵，放出系统中的碱洗液。循环系统碱液排尽后，用除盐水继续冲洗回路，直到水清无沉积物、pH 值小于 8.5 为止。

(3) 酸洗

酸洗的作用是将金属壁面的沉积物从不溶性转为可溶性的盐类或络合物，溶解在清洗液中，而后在废液排放时排掉。

酸洗系统保持循环，投入加热蒸汽，待水温达到 40℃左右稳定时，加入适量缓蚀剂，循环至均匀后再加酸液，调整温度和药液浓度合乎要求，保持稳定流量（即流速）轮换清洗各循环系统。

酸洗药品采用盐酸时，循环至铁离子不再增加时结束。采用柠檬酸时，应用氨调整 pH 值在 3.5~4.0，酸洗液温度保持在 90℃左右，循环至铁离子饱和时结束酸洗。

(4) 漂洗

漂洗即钝化前的防锈预处理，利用柠檬酸络合铁离子的能力，除去酸液和残留在系统内的铁离子以及冲洗在金属表面可能产生的二次铁锈。酸洗结束时不能用放空法直接排除酸液，防止空气进入而发生严重腐蚀。应使用连续进水继续循环的方法将酸全部置换完，直到排水的 pH 值为 5 左右时，直接加浓度为 0.15%~0.4%的柠檬酸，加氨调 pH 值到 3.5~4.0，漂洗液温度保持60~70℃，循环清洗1~3h。

(5)钝化处理

钝化处理的目的是使洗净的金属表面生成防腐蚀的保护膜，防止清洗后的腐蚀，也为运行后生成更坚实的磁性氧化铁保护膜做好基础。目前，主要采用以下两种钝化法：

① 亚硝酸钠钝化。用1.5%~2%亚硝酸钠溶液加氨水调pH为10~10.5，在60~90℃钝化3~4h，然后将废液排出。

② 联氨钝化。用浓度为300~500mg/L的联氨及0.05%~0.1%的氨溶液，在90℃左右循环钝化12h结束。

3. 化学清洗质量标准

① 被清洗的金属表面应清洁，无残留的氧化铁皮和焊渣，无二次浮锈，无点蚀和镀铜现象。

② 被清洗的金属表面形成完整的保护膜，经亚硝酸钠钝化生成的保护膜呈钢灰色或银灰色，经联氨钝化生成的保护膜呈棕红色或棕褐色。

③ 腐蚀指示片平均腐蚀速度应小于10g/(m^2·h)。

④ 固定设备上的阀门不应受到腐蚀和损伤。

4. 化学清洗注童事项

① 清洗过后的锅炉距点火启动的时间不得超过2~3周，否则，应采取保护措施。

② 酸洗过程会生成氢气，为避免氢气爆炸或气塞影响清洗效果，清洗系统应装设接往室外的排氢管道。

③ 凡是不宜化学清洗或不能接触清洗液的系统或设备(奥氏体钢，渗氮钢和钢合金材料制成的零部件)应采取保护措施，如充防腐液、用橡胶或其他耐腐材料堵塞管口、拆除部分部件或隔断系统。

④ 化学清洗废液的排放必须经过处理，符合国家工业“三废”排放标准要求。

4.4.9 机组现场热力试验

锅炉机组现场热力试验的任务是确定锅炉机组运行的热力性能，如锅炉效率、蒸发量、热损失等，以了解锅炉机组的运行特性和结构缺陷。锅炉机组现场试验可分为三个级别。

1. 第一级试验

第一级试验是保证性能验收试验，主要是检查制造厂的供货保证是否达到要求。要验收和鉴定的内容有：锅炉蒸发量、效率、蒸汽参数及蒸汽品质、锅炉辅机的运行参数等。试验中，必须求出运行负荷范围内的各项损失、炉膛的风平衡和受热面的总吸热量等数据。

2. 第二级试验

第二级试验是运行(热平衡)试验。其试验目的是在额定蒸汽参数下测定锅炉机组的标准运行特性。凡新投产的锅炉按设计功率试运转结束之后，锅炉改造之后，以及由于燃料品种变化或发生参数偏离额定值的情况下，均需进行此类试验。

第二级试验的任务是：

① 查明锅炉机组在自动调节可能达到调整范围的各种负荷下炉膛最合理的运行条件，诸如火焰位置、过剩空气量、燃料和空气在燃烧器及其每层之间的分配情况、煤粉细度等；

② 在不改变原设备和在辅机设备以不同方式编组投入的情况下，定出设备的最大和最小负荷；

③ 求出锅炉机组的实际经济指标和各项热损失；

④ 查明热损失高于计算值的原因，拟出降低热损失和使效率达到计算值的措施；

⑤ 校核锅炉机组个别组件的运行情况；

⑥ 求出烟道的流体阻力特性和锅炉辅机设备的特性曲线；

⑦ 作出锅炉机组典型的(正常的)电负荷特性和蒸汽流量特性，并定出燃料量相对增长的特性。

3. 第三级试验

第三级试验是运行工况调整和校正试验。进行这类试验的目的是：调整锅炉的运行工况并求出其某些单项指标值；确定最合理的过量空气系数和煤粉细度；空气沿燃烧器的合理分配；在辅机设备不同的编组方式下的最大负荷等。运行调整试验时的工作量包括：确定锅炉机组某些组件运行工况的变化范围，查明这些变化对锅炉设备各项技术经济指标的影响，以及消除已暴露出来的缺陷和偏差。

锅炉机组正常大修之后，为了鉴定检修质量和校整设备运行的特性，需按第三级进行快速运行试验。

第一级和第二级的试验，是按照所提出的课题条件相当精确地求出所求量的绝对值大小；而第三级试验则用较为简单的试验方法进行。第二级和第三级试验的差异在于，试验的次数和主要指标的测量精度有所不同。

4.4.10 空气动力场试验

炉膛内空气动力工况的好坏，要根据炉内气流的方向和气流速度来判定。在锅炉运行时的热态条件下测定是很难的，因而一般要进行冷态空气动力场试验。空气动力场试验可以摸清锅炉运行中炉内空气动力场的好坏，以便分析原因，为进一步改造设备提供依据，并给运行操作提供一定的操作依据。良好的炉膛空气动力工况主要表现在以下三个方面：

① 从燃烧中心区有足够的热烟气回流至一次风粉混合物射流根部，使燃料喷入炉膛后能迅速受热着火，且保持稳定的着火前沿。

② 燃料和空气的分布适宜，燃料着火后能得到充分的空气供应，并达到均匀的扩散混合，以利迅速燃尽。

③ 炉膛内应有良好的火焰充满度，并形成适中的燃烧中心。这就要求炉膛内气流无偏斜，不冲刷炉墙，避免停滞区和无益的涡流区；各燃烧器射流也不应发生剧烈的干扰和冲撞。

1. 试验方法及内容和观测内容

(1) 试验方法及内容

进行冷态空气动力场试验时，在冷炉状态下启动引、送风机，调整至运行状态使燃烧器喷口达到试验要求的计算风速。此时，炉膛和燃烧器喷口区域的速度场与热态工况基本相似。在此条件下，可用火花法、飘带法进行观测。飘带法指示气流方向，偏差较大；使用火花法便于摄影或摄像，可得到清晰直观的效果。试验内容包括：一、二、三次风速标定、调平；炉膛速度场及假想切圆分布情况；炉膛出口速度场测定等。

(2) 观测内容

对于炉膛应观察和测定气流在炉膛中的充满度。充满度一般用气流所占截面与炉膛截面之比表示。充满度愈大则炉内涡流区就愈小，炉膛利用率愈高则气体在炉膛流动阻力愈小。

其次应观察和测定炉膛中气流是否出现贴壁冲刷炉壁现象，如存在这种现象，则炉膛易结焦且水冷壁管易发生高温腐蚀。炉膛中气流不应向炉膛一侧偏斜，否则发生气流偏斜的一侧实际运行时烟温将过高，该侧易结焦且将造成该侧水冷壁热负荷过高及过热蒸汽温度过高等不正常工况。

对于燃烧器应观察和测定一、二次风的混合特性以及燃烧器的射流特性。对于旋流式燃烧器应观察和测定射流的旋转特性、扩散角、回流区的大小以及回流速度是否适宜。对于四角布置的直流式燃烧器应观察和测定射流射程及其变化过程，四角射流形成的切回直径及位置是否符合要求。此外，还应观察和测定各燃烧器射流间的相互影响和三次风对燃烧器主射流的影响等工况。

2. 冷态动力场试验应遵循的原则

按照相似理论，锅炉在冷态下模拟热态气流工况应遵循以下原则：

① 在燃烧室及燃烧器各风口断面上，使气流运动状态进入自模化区，即气流的雷诺数 Re 要达到临界值，$Re \geqslant Re^*$（Re^* 为临界雷诺数）。此时，空间各点速度场分别将不再随雷诺数改变而改变。

表 4-5　典型炉子进入自模取得临界雷诺准则数值

序号	炉子型式		进入自模区的临界雷诺准则 Re^* 数值
1	旋风炉		$(3.1\sim4.1)\times10^4$
2	U 型燃烧室		4.5×10^4
3	四角布置燃烧器	一次风	1.48×10^5
		周界风	4.8×10^4
		二次风	7.5×10^4
4	单层四角布置燃烧器燃烧室		$(2\sim6)\times10^4$
5	多层四角布置燃烧器燃烧室		7.5×10^4
6	前墙布置旋流式燃烧器燃烧室		4.4×10^4
7	旋流式燃烧器	蜗壳式	0.9×10^5
		叶片式	1.8×10^5

当缺乏试验数据时，对于各种锅炉燃烧室和燃烧器可按表 4-5 选取其临界雷诺数，或取 $Re^*=10^5$，大体是可靠的。

② 保持入口边界条件相似。即在冷态动力场试验时，让燃烧器喷出的冷态气流在炉内保持一、二、三次风动量比和实际燃烧的热态工况下一、二、三次风动量比相等。

③ 冷态试验时，通过燃烧器各次风口进入炉膛的总风量应不使引风机或送风机过负荷。

④ 满足几何相似的原则。试验时增设的火花及测风装置不可过多占用或遮挡燃烧器喷口面积。

3. 试验风速的计算

冷态动力场试验风速要满足本节提到的各项原则，计算步骤如下：

(1) 燃烧器各风口与燃烧室断面自模化临界风速 w^*

$$w^* = \frac{v}{d} \cdot Re^* \qquad (4-1)$$

式中　w^* ——自模化临界风速，m/s；

Re^*——自模化临界雷诺数，见表 4-5；

v——空气运动黏度，m^2/s；

d——当量直径，m。

由此，可算出一、二、三次风出口及炉子断面的自模化临界风速 w_1^*、w_2^*、w_3^* 和 w_L^*。

（2）冷态试验时一、二、三次风出口及炉子断面的自模化临界风速比 K_{1-2}：

$$K_{1-2}=\frac{w_1}{w_2}=\frac{w_{10}}{w_{20}}\sqrt{\frac{t_{20}+273}{t_{20}+273}}(1+K_{\mu}) \qquad (4-2)$$

（3）冷态试验时一、三次风速比 K_{1-3}

$$K_{1-3}=\frac{w_1}{w_3}=\frac{w_{10}}{w_{30}}\sqrt{\frac{t_{30}+273}{t_{10}+273}}(1+K_{\mu}) \qquad (4-3)$$

式中 w_1、w_2、w_3——冷态试验的一、二三次风速，m/s；

w_{10}、w_{20}、w_{30}——热态额定工况的一、二三次风速，m/s；

t_{10}、t_{20}、t_{30}——热态额定工况的一、二三次风温，℃；

μ——一次风中煤粉的质量浓度，kg/kg；

K——考虑煤粉流速与风速不同的系数，近似取 0.8。

（4）冷态试验风速的确定。先选定冷态试验一次风速 w_1，并且 $w_1 \geqslant w_1^*$，由式(4-2)、式(4-3)计算冷态试验二、三风速：

$$w_2=\frac{w_1}{K_{1-2}} \qquad \text{必须使 } w_2 \geqslant w_2^*$$

$$w_3=\frac{w_1}{K_{1-3}} \qquad \text{必须使 } w_3 \geqslant w_3^*$$

（5）燃烧室达到自模化的临界风量 Q_A

$$Q_A=3600\cdot\overline{W_L}\cdot A\cdot\frac{273}{273+t} \qquad (4-4)$$

式中 Q_A——自模化临界风量，m^3/h；

A——燃烧室断面，m^2；

t——冷态试验风温，℃；

$\overline{W_L}$——燃烧室自模化断面临界风速，m/s；

（6）冷态动力场试验的总风量 Q_B

$$Q_B=3600\cdot[f_1w_1+f_2w_2+f_3w_3] \qquad (4-5)$$

式中 Q_B——总风量，m^3/s；

f_1·f_2·f_3——燃烧器一、二、三次风口截面，m^2。

当 $Q_A \geqslant Q_B$ 时满足燃烧室达到自模化的条件，但不得使风机过负荷。

4. 准备工作及测试内容

在进行火室炉冷态空气动力场测试之前应做好下列准备工作：

① 检查炉膛和燃烧器是否处于正常状态，炉膛中已除焦，燃烧器及各种风口安装准确。各风门挡板应能关闭严密，其开度指示器指示准确。

② 对锅炉上各种风压表进行检查和校正。

③ 在试验前先开支送风机、引风机和排粉机吹扫炉膛及烟、风道 1~2h。在炉膛搭设进

行测试和观察所必需的脚手架并装置足够的照明设备。

进行火室炉炉膛冷态空气动力场测试时应分别对炉膛气流和燃烧器的射流进行观察和测试。

应用飘带测定法：应用质轻易飘的飘带来显示炉膛内气流流动的方向是一种常用的炉膛冷态空气动力场测定方法。这种方法简单易行，一般以纱布作飘带，在需要观察测定区域中装设拉线并将一系列飘带按一定间距扎在拉线上，根据通风后各飘带的飘动方向即可用描绘记录或摄影等方法得出该区域的空气流动方向图。

4.4.11 锅炉热效率试验

锅炉的热平衡一般指锅炉设备的输入热量与输出热量及各项热损失的平衡。对于固体或液体燃料而言，它们通常以每千克燃料量为基础来计算。锅炉热效率是锅炉的输出热量占输入热量的百分比。锅炉热效率的试验方法有两种，即

(1) 正平衡法，即直接测量锅炉输入热量和输出热量求得热效率。

$$\eta = q_1 = \frac{Q_1}{Q_r} \times 100\% \tag{4-6}$$

式中 Q_r——每公斤燃料的输入热量，kJ/kg；

Q_1——每公斤燃料锅炉输出的热量，kJ/kg；

q_1——锅炉输出热量的百分率,%。

在锅炉试验中，按上述公式计算效率需通过测量求得输出热量 Q_1 之值。此种方法称为正平衡法，利用此法求得的效率称为正平衡效率。

(2)反平衡法，即通过确定各项热损失求得各项热效率。

$$\eta = 100 - q_2 - q_3 - q_4 - q_5 - q_6 \tag{4-7}$$

式中 q_2——排烟热损失百分率,%；

q_3——可燃气体未完全燃烧热损失百分率,%；

q_4——固体未完全燃烧热损失百分率,%；

q_5——锅炉散热损失百分率,%；

q_6——灰渣物理热损失百分率,%。

此法为反平衡法或热损失法，它不需求得 Q_1 值。利用此法求得的效率称为反平衡效率。

测定和计算锅炉效率可采用正平衡法，也可采用反平衡法。从表面上看，正平衡法计算效率似乎简单，但对于大容量高效率的锅炉机组，由于燃料量的测量相当困难，以及在输入输出热量的测定上常会引起较大的误差，反而不如反平衡法测定和计算效率更为方便和准确。

1. 正平衡法锅炉热效率的测量项目及效率计算

正平衡法锅炉热效率的测量项目：燃料量；燃料发热量及工业分析；燃料和空气温度；过热蒸汽、再热蒸汽、及其他用途蒸汽的流量、压力和温度；给水和减温水的流量、压力和温度；暖风器出口风温、风量及外来热源的流量、温度及压力；泄漏与排污量；汽包内压力。

2. 反平衡效率试验的测试项目及计算

试验时，由于测试项目和数据多，常将有关效率试验的测试和计算内容编制成表格形式(表4-6)，以利循序计算，校核对比，查找方便。

表 4-6 反平衡效率试验的测试项目及计算方法

序号	项　目	符号	单位	测试方法及计算公式	数值
0	测试编号				
1	试验日期				
2	机组电负荷	P	MW		
3	锅炉蒸发量	D	t/h		
	一、燃料				
4	煤粉采样的工业分析及元素分析(分析基)		%		
5	原煤采样的收到基水分	M_{ar}	%		
6	修正后的入炉煤工业分析及元素分析				
	水分	M_{ar}	%		
	灰分	A_{ar}	%		
	挥发份(无水无灰基)	V_{ar}	%		
	低位发热量	$Q_{ar,net}$	kJ/kg		
	碳	C_{ar}	%		
	氢	H_{ar}	%		
	氧	O_{ar}	%		
	氮	N_{ar}	%		
	硫	S_{ar}	%		
	输入热量	Q_r	kJ/kg	$Q_r = Q_{net}^{ar}$	
7	二、各项损失				
8	飞灰百分率	α_{fh}	%	实际测量	
9	炉渣百分率	α_{lz}	%	实际测量	
10	飞灰可燃物含量	C_{fh}	%	飞灰采样	
11	炉渣可燃物含量	C_{lz}	%	炉渣采样	
12	排烟温度	θ_{py}	℃	热电偶	
13	空气预热器后的烟气成分分析 RO_2	$(RO_2)_{py}$	%	氧量表或燃烧效率仪	
14	O_2	$(O_2)_{py}$	%	实际测量	
15	送风温度	t_{sf}	℃	实际测量	
16	灰渣平均含碳量	C	%	实际测量	
17	按实际烧掉的碳计算的理论燃烧空气量	$(V_{gk}^{\circ})_{py}^{c}$	m^3/kg	$(V_{gk}^{\circ})_{py}^{c} = 1 \times k_2 \times Q_{ar,net}/1000$	k_2：燃料特性系数查表 4-7
18	按实际烧掉的碳计算的理论燃烧烟气量	$(V_{gy}^{\circ})_{py}^{c}$	m^3/kg	$(V_{gy}^{\circ})_{py}^{c} = k_1 \times V_{gk}^{\circ}$	k_1：燃料特性系数查表 4-7

续表

序号	项　　目	符号	单位	测试方法及计算公式	数值
19	排烟的过量空气系数	α_{py}		$21/(21-O_2)$	
20	每公斤燃料燃烧生成的干烟气体积	V_{gy}	m^3/kg	$V_{gy}=(V_{gy}°)^c_{py}+(\alpha_{py}-1)\times(V_{gk}°)^c_{py}$	
21	空气的绝对湿度	d_k	kg/kg	查湿空气线图	
22	烟气中所含水蒸气容积	v_{H_2O}	m^3/kg	$v_{H_2O}=1.24\times[(9H_{ar1.293}+M_{ar})/100$ $+1.293\alpha_{py}\times(V_{gk}°)^c_{py}\times d_k]$	d_k 一般取 0.01kg/kg
23	干烟气比热	$C_{p,gy}$	$kJ/(m^3\cdot℃)$	1.38	
24	水蒸汽比热	C_{p,H_2O}	$kJ/(m^3\cdot℃)$	1.51	
25	干烟气带走的热量	Q_2^{gy}	kJ/kg	$Q_2^{gy}=V_{gy}C_{p,gy}(\theta_{py}-t_{sf})$	
26	烟气所含水蒸汽的湿热	$Q_2^{H_2O}$	kJ/kg	$Q_2^{H_2O}=v_{H_2O}C_{p,H_2O}(\theta_{py}-t_{sf})$	
27	排烟热损失	q_2	%	$(Q_2^{gy}+Q_2^{H_2O})/Q_{ar,net}\times100\%$	
28	排烟可燃气体分析 一氧化碳 氢	 CO H_2	 % %	烟气分析仪	
29	可燃气体未完全燃烧热损失	q_3	%	$q_3=V_{gy}(126.36CO+358.18CH_4+$ $107.98H_2+590.79C_mH_n)/Q_{ar,net}$	
30	机械未完全燃烧热损失	q_4	%	$337.27A_{ar}[\alpha_{lz}C_{lz}/(100-C_{lz})+$ $\alpha_{fh}C_{fh}/(100-C_{fh})]/Q_{ar,net}$	
31	额定负荷下锅炉散热损失	$q_5{}^e$	%	$q_5{}^e=5.82(D_e)^{-0.378}$	
32	锅炉散热损失	q_5	%	$q_5{}^e.D_e/D$	
33	炉渣比热	C_{lz}	$kJ/(kg\cdot K)$	固态排渣炉取 0.96；液态排渣炉取 1.1	
34	飞灰比热	C_{fh}	$kJ/(kg\cdot K)$	$0.71+5.02\times10^{-4}\theta_{py}$	一般取 0.82
35	炉膛排渣温度	t_{lz}	℃	实测	800
36	灰渣物理热损失	q_6	%	$\frac{A_{ar}}{100Q_{net,ar}}\left[\frac{\alpha_{lz}(t_{lz}-t_{sf})c_{lz}}{100-C_{lz}}+\frac{\alpha_{fh}(\theta_{py}-t_{sf})c_{fh}}{100-C_{fh}}\right]$	
	三、反平衡热效率				
37	反平衡热效率	η	%	$100-q_2-q_3-q_4-q_5-q_6$	

注意，试验时投入暖风器，且是外部热源加热，此时燃料输入热量 Q_r(kJ/kg)，应加上这部分外来的附加热量 Q_{wL}(kJ/kg)，即

$$Q_r = Q_{ar,net} + Q_{WL}$$

$$Q_{WL} = \beta\cdot(V^0_{gk})^c\cdot c_k\cdot(t''_{NF} - t'_{NF}) \tag{4-8}$$

K_1、K_2 可根据燃料的种类及燃料无灰干燥基挥发分的数值在表 4-7 中选取。

表 4-7　排烟热损失计算系数表

燃料种类	无烟煤	贫煤	烟煤	烟煤	长焰煤	褐煤
燃料无灰干燥基挥发分/%	5~10 0.98	10~20 0.98	20~30 0.98	30~40 0.98	>37 0.98	>37 0.98
K_2	0.2659	0.2608	0.2620	0.2570	0.2595	0.2620
H_{ar}/%	1~3	2.5~3.5	2.5~3.5	3~5	3~4	3~4

3. 有关试验方法

(1) 燃料采样

煤粉炉的采样应在给煤机出口进行，采样的时间与锅炉试验工况时间相对应。整个采样过程应间隔均匀采样。采样开始时间和结束时间应根据燃料从采样点送至燃烧室所需时间而适当提前。采集的煤样应密封保存。试验结束后应尽快将全部样品缩制成几个平行煤样，缩制后要密封保存。

煤粉的采样原则上同原煤采样。可从给粉机下粉管中插入一小取样落粉管，其中所取粉样能代表炉前煤。也可从细粉分离器下粉管上用活动煤粉取样管采样。

(2) 排烟测量

排烟测量包括排烟温度测量和排烟烟气采样分析。排烟温度测量应靠近末级受热面出口处，且应与烟气取样点位置尽可能一致。烟气取样管的材料应保证在工作温度下不与烟气样品起反应。对于大容量锅炉，应考虑使用网格法布置排烟温度和烟气采样测点。

(3) 温度的测量

送风机入口风温为基准温度，在锅炉能量平衡中它是各项热量和热损失的一个能量起算点。测量时应避免其他热源如暖风器等热源的影响。烟、风温度测点应选择在烟(风)道上速度与温度分布均匀的部位。对于大尺寸风道，应采用多点测量。饱和蒸汽温度可在蒸汽管道任何位置上测量，给水温度尽可能在靠近省煤器进口并在减温器回水管之前测量。

(4) 飞灰、炉渣采样

飞灰炉渣采样应在整个试验期间相等时间间隔进行，以保证样品代表性，且每次取样量应相同，最后应加以混合缩分。灰、渣缩分后应不少于 0.5kg 两份。

飞灰采样一般在锅炉尾部烟道上，最好在排烟温度温度测点附近。对于比较严格的性能试验，采用网格法和飞灰等速采样装置进行多点等速采样。这是因为不同粒径的飞灰颗粒含有可燃物量不尽相同的缘故。

炉渣采样可根据炉底结构和排渣方式不同，从炉渣流中连续取样，或定期从渣槽内掏取。炉渣采样时，每次采样数量尽量保持相同，次数不少于 10 次。

4. 热效率试验的有关注意事项

① 锅炉热效率试验应在设备正常运行的情况下进行，如主辅机组正常运转，炉本体风烟、汽水系统不存在泄漏等缺陷。

② 所有参与试验的仪表、仪器，包括表盘上主要的表记都应工作正常，事先进行过校验。

③ 试验期间，不应进行如排污、吹灰、打焦等操作。

④ 热效率的试验持续时间为 4h。

⑤ 试验期间运行参数的波动范围：

蒸发量 D　　±3%

蒸汽压力 p　　±2%

蒸汽温度 t　　+5~10℃

⑥ 测量的时间要求：

1）表盘记录主要参数(蒸汽温度、压力、流量)　　15min

2）排烟温度、烟气分析、送风温度　　15min

3）其他次要参数　　30min

4）煤粉采样　　每工况不少于 2 次

5）飞灰、灰渣采样　　每工况不少于 2~3 次

⑦ 试验工况由开始至结束时，锅炉燃烧工况、燃料量(包括粉仓粉位)、主蒸汽流量、再热蒸汽流量、给水流量、汽包水位、直流炉中间点温度、过量空气系数、制粉系统运行方式等，尽可能保持稳定，减少大范围的调整。

⑧ 试验过程中或整理试验结果时，如发现观测数据有严重异常，则应考虑试验工况的取舍，或某段时间的部分舍弃。

4.4.12　风机联合试运转调试

1. 试验目的和试验种类

风机是锅炉机组的主要辅机之一。如果引、送风机发生问题会影响锅炉机组出力，或造成厂用电过高等情况。为了检验风机性能指标，必须进行风机的试验。无论进行哪种试验，都应取得送、引风机特性(见图 4-13)的数据。

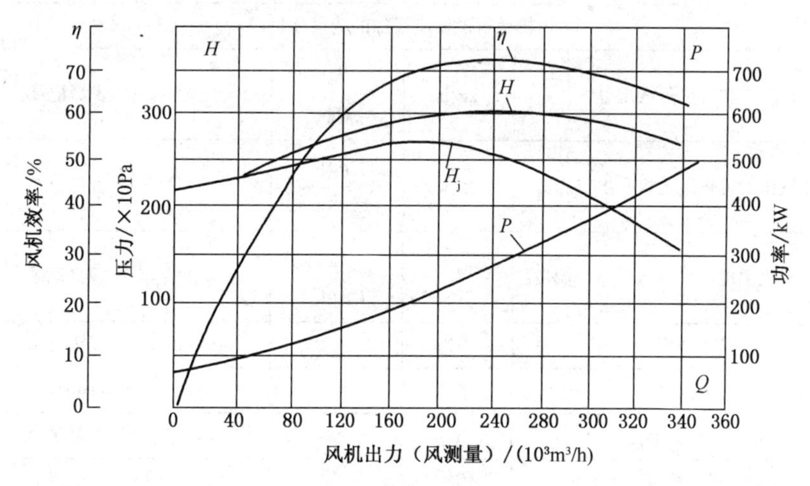

图 4-13　离心式风机特性

H—全压；H_j—静压；P—功率；η—风机效率；Q—风机出力(风量)

引、送风机的试验可分为全特性试验(冷态)和运行试验(热态)。所谓全特性试验是在锅炉冷态时风机单独运行或并列运行条件下进行，目的是要获得全特性曲线。锅炉冷态条件下风机风量不受锅炉燃烧限制，可以在很大范围内变动，这样就可以把风机的特性做得完整一些。此时，要求将风机入口的导向器或节流门全开，用专设的或远离风机的调节设备调节风机的流量。试验中，一般应做 4~6 种风量试验，其中有两次应为风机的最大、最小流量，其余 2~4 次为在两者之间的中间风量试验。进行风机全特性试验时，由于冷态下介质密度

大，要注意不使风机电动机过负荷。

风机的运行试验，是校验风机在工作条件下的运行情况，也就是在运行的锅炉机组上进行的试验。由于这些试验受锅炉负荷范围限制，风机风量是随着负荷变化而变化的，得出的是较窄范围内的风机特性。试验时要求锅炉应分别稳定在约5种不同负荷下进行试验，其中，应有两次为最大和最小负荷。在运行的锅炉机组上的送、引风机试验，其优越之处在于风机出力的改变可以通过其导向叶片或者其他调节手段，即可求出风机的单位耗电量。运行试验取得风机特性和烟道特性后，可不用换算而直接评判所装送风机是否适合于该锅炉出力。

2. 测试项目及测试方法

风机全特性试验的测试项目及风机运行试验的基本测量项目见表4-8。

表4-8 全特性试验的测量项目及运行试验的基本测量项目

序号	测量项目	单位	符号	测试方法
1	风机吸入侧电压	Pa		U型管压力计或倾斜式压力计
2	风机压力侧电压	Pa		U型管压力计或倾斜式压力计
3	大气压力	Pa		大气压力表
4	风机进出口输送介质的温度	Pa		热偶、热电阻或水银温度计
5	输送介质的流量	m^3/h	Q	测速管、或带差压计的截流装置
6	风机转速	r/min	n	转速表
7	风机电动机的轴端功率	kW	P_{zf}	0.2或0.5及电流表电压表
8	电流 电压	A V	I U	0.2或0.5及电流表电压表
风机运行试验应增加的测量项目				
9	新蒸汽和再热蒸汽流量	kg/h	D_{gr} D_{zr}	表盘记录
10	过热蒸汽压力再热器入口、出口压力	MPa	p_{gr} p''_{zr}、p''_{zr}	表盘记录
11	过热器蒸汽温度再热器入口出口温度	℃	t_{gr} t'_{zr}、t''_{zr}	表盘记录
12	给水温度	℃	t_{gs}	表盘记录
13	排烟温度	℃	θ_{py}	热电偶网格测量
14	再循环空气温度	℃	t_{zs}	测量
15	有再循环时送风机后空气温度	℃	t'_{sf}	测量
16	排烟及引风机处烟气成分		RO_2 O_2 CO	网格采样、奥氏仪、CO测定或氢量计
17	燃料及大渣、飞灰采样			定时间间隔采样
18	燃料工业分析、元素分析			化验室煤分析
19	大渣、飞灰中可燃物含量	%		
20	再热器减温水量及其焓值	t/h kJ/kg	ΔD_{jw} i_{jw}	表盘记录

3. 测点位置的选择

(1)风机出力

① 送风机：空气流量的测量，最方便的是在风机吸入侧直管段上装测速管；或装在出口压力管段上也可，但必须在进入空气预热器之前。

② 引风机：可采用测速管或皮托管测风量。由于在引风机吸入侧往往因为没有令人满意的速度场区段，而难于选择装设测速管的位置。因而不得不在较短的吸入管上测量烟气流量，或者在引风机的压力侧扩压管上，甚至在通向烟囱的砖砌烟道上测量烟气流量。这时，截面上的测点数应当比推荐的值增加一倍，以便得到足够精确可靠的数据。

(2)静压测点

① 风机进口：应当尽可能布置在导向装置前1~1.5m处。在导向装置前装有密封挡板时，应将静压测点放在挡板之前或在挡板与导向装置之间。在这种情况下，不允许使用密封挡板进行节流，因为会导致被测压力失真。

② 风机出口：应布置在压力侧扩压管出口截面上。而在速度场严重偏斜时，则静压测点就要移到别的位置。对送风机应当移到空气预热器前的风箱上；对引风机则移到水平烟道初始段。不得已需将静压测点移开时，则风机产生的压头将减少从风机到静压测点这一段管道上的阻力损失。

③ 测点数量：在锅炉每一侧进口风箱或出口扩压管上，测取静压应不少于两点。在圆形烟道中，应装设互成90°的四个测点。

布置静压测点处的管道截面尺寸必须求出，这对计算流速和动压是不可缺少的，动压与静压之和即为该截面上的全压。

4. 试验资料的整理和计算

在送、引风机试验结束后，即应进行测试记录的校核和整理工作：计算出平均值，进行必要的仪表读数修正，最后算出对应于相应压头、功率和效率下的流量。利用表格按一定步骤整理、计算会比较方便一些，见表4-9。

表4-9　锅炉机组NO______风机型号______工况______

序号	名　称	符号	单位	测定方法
1	试验日期和时间	—	—	
2	介质温度	t	℃	平均值
3	大气压力	p_a	Pa	平均值
4	转速	n	r/min	平均值
5	试验条件下介质密度	ρ	kg/m³	$\rho=\rho_0 273/(273+t)\times(p_a\pm p'')/101325$
6	设计参数下介质密度	ρ_{aj}	kg/m³	按技术条件计算
7	风机吸入侧负压	S'	Pa	平均值
8	风机出口压力侧风压	p''	Pa	平均值
9	风量测点动压	h_d	Pa	平均值
10	实测风机风量	Q	m³/h	$Q=5092.7A\sqrt{h_d/\rho}$
11	换算到设计转速下风量	Q_{sj}	m³/h	$Q_{sj}=Qn_{sj}/n$
12	吸入侧静压截面流速	w'	m/h	$w'=Q/3600A''$

续表

序号	名　称	符号	单位	测定方法
13	出口侧静压截面流速	w''	m/h	$A'' = Q/3600A''$
14	风机吸入侧动压	H'_d	Pa	$H'_d = \rho w' w'^2/2$
15	风机压力侧动压	H''_d	Pa	$H''_d = \rho w''^2/2$
16	风机入口气流全压	H'	Pa	$H' = H'_d + S'$
17	风机出口气流全压	H''	Pa	$H'' = H''_d + S''$
18	风机产生的全压	H	Pa	$H = H'' - H'$
19	换算到设计参数	H_{sj}	Pa	$H_{sj} = H(n_{sj}/n)^2 \times \rho_{sj}/\rho$
20	电动机所需功率测量值	P_E	kW	
21	换算到设计参数	P_{sj}	kW	$P_{sj} = P_E(n_{sj}/n)^3 \times \rho_{sj}/\rho$
22	电流	I		平均
23	电压	U		平均
24	功率因数(W_1、W_2 为两个功率因数表的读数)			
25	风机装置的总效率	η	%	$\eta = (QH/1000.3 \times 3600)/P_E 100\%$
26	电动机的效率	η_E	%	产品说明
27	风机的总效率	η_0	%	$\eta_0 = \eta/\eta_E \times 100\%$

5. 风量标定试验调试

送风机性能的测定一般包括送风压力、送风速度、风机功率和效率的测定。常用送风压力和送风速度的测定方法，以及送风量的计算和方法。

(1) 风压力的测定

送风机的压力一般指全压，即动压 p_d 和静压 p_s 之和。静压 p_s 是管道内气体的压力和周围大气压力之差，它垂直作用于平行气流的管壁上，其值通过平行气流管壁上的孔口来测定。当管道内处于正压状态时，静压为正值，反之则为负值。动压 p_d 是管道内气体由于流动所具有的能量，它总是作用于气流流动的方向上，即与气流方向一致。

全压 p(Pa)是管道同一截面上动压 p_d 与静压 p_s 之和，即

$$p = p_d + p_s$$

(2) 送风速度的测定

最常用的风速测定方法是首先利用微压计和标准皮托管测定出风管中某一截面上的平均动压值，然后利用相关公式计算出管道内的气流速度和流量。

具体测定时可利用硅胶管或乳胶管将位于皮托管半圆球头部圆周上的全压测孔与位于皮托管圆周上的静压测孔所感受到的压力引到一台微压计的“+”和“-”接点上，在微压计上即可读出该测点的压差，即动压值 p_d。它与风速之间的关系按伯努力方程来确定。即

$$u = \sqrt{\frac{2}{\rho_g} p_d} \tag{4-9}$$

式中　u——测点的气体速度，m/s；

p_d——测点气体的动压值，Pa；

ρ_g——气体的密度，kg/m³。

由上式可知，气流速度值的大小由两个因素决定：气体的动压 p_d 和密度 ρ_g。其中 ρ_g 与气体的种类和所处的工作状态有关，在温度为0℃、气压为101325Pa 的标准状态下，空气的密度为1.293kg/m³；烟气的密度为1.30~1.34kg/m³(随成分不同而变化)。

对应于工作状态下的气体密度，可按下式计算：

$$\rho_g = \rho_{g0}\frac{(p_{st} + p_a)T_0}{Tp_0} \tag{4-10}$$

式中 ρ_g、ρ_{g0}——工作状态和标准状态下的气体密度，kg/m³；

p_{st}、p_a、p_0——工作状态下管道静压、当地大气压和标准状态下的气体压力，Pa；

T、T_0——工作状态和标准状态下气体的热力学温度，K。

(3) 送风量的计算与标定

在送风管道中，气体的流量 q_v(m³/h)按下式计算：

$$q_v = 3600\bar{u}F \tag{4-11}$$

式中 q_V——气体流量，m³/h；

$\bar{u}$——管道内测点截面上的平均气体速度，m/s；

F——测点处的管道截面积，m²。

当通过公式 $u = \sqrt{\frac{2}{\rho_g}p_d}$ 的方法测得 $\bar{u}$ 后，由管道截面积可以很方便地计算出气体流量 q_V。

实际运行中，人们总是希望随时了解送入炉内的一、二次风量，而测量风量的一次元件一般为笛形管，因笛形管的制作很难满足测量精度的要求，故需用标准皮托管对其进行标定。标定时，分别将标准皮托管和使用的笛形管插入开有测孔的管道中，在完全相同的工况下测量流体的动压，然后将他们的平均动压均方根值进行比较，得出该笛形管的动压修正系数 K。在用笛形管测量风道内的气流速度时可按下式计算：

$$\bar{u} = K\sqrt{\frac{2}{\rho}p_v} \tag{4-12}$$

式中 K——笛形管的动压修正系数；

p_v——笛形管的平均动压值，Pa。

当求出风道中的气流速度后，再按公式 $q_v = 3600\bar{u}F$ 计算出风道中的风量。

4.5 锅炉投运前工作

4.5.1 煮炉

4.5.1.1 *煮炉的目的*

由于新安装的锅炉其受热面管系集箱及汽包的内壁上油锈等污染物，若在运行前不进行处理的话，就会部分附在管壁形成硬的附着物，导致受热面的导热系数减少。从而影响锅炉的热效率，另一部分则会溶解于水中影响蒸汽的品质，危害汽轮机的安全运行，根据《电力建设施工及验收技术规范》(锅炉机组篇)工作压力小于9.8MPa 的汽包锅炉，可不进行化学清洗，而进行碱煮炉。

4.5.1.2 *煮炉应具备的条件*

① 烘炉后期耐火砖灰浆样含水率小于7%。

② 加药、取样管路及机械已全部安装结束并已调试合格。

③ 化学水处理及煮炉的药品已全部准备。

④ 锅炉的各传动设备(包括厂房内的照明设施)均处于正常投运状态。

⑤ 锅炉、化学分析等各部分的操作人员均已全部到岗。

4.5.1.3 煮炉工艺

① 烘炉后期，灰浆样含水率小于7%，用排污将水位降到中心线以下150mm。

② NaOH 160kg、Na_3PO_4 160kg混合配成20%的药液由加药泵打入锅炉内。

③ 开启给水旁路门，向炉内送水，控制水位在中心线以上130mm，停止进水，关闭给水旁路门，开启再循环门，进行煮炉。

煮炉共分三个阶段:

第一阶段:

① 再次检查锅炉辅机及各设备，处于启动状态，开启给煤机、引风机、送风机等，适当调整风量。

② 向锅炉预备好燃料点火升压，当压力升到0.1MPa，敞开过热器疏水门，并冲洗就近水位计一只。

③ 再次缓慢升压到0.4MPa，要求安装人员对所有管道、阀门作全面检查，并拧紧螺栓，在0.4MPa下煮炉8~12h，排汽量为10%额定蒸发量。化验要每隔4h取样分析一次，并将分析结果通知运行人员。

④ 根据现场确定全面排污一次的排污量和排污时间，排污时要严密监视水位，力求稳定，严防水循环破坏，并做好水位记录。

⑤ 在第一期煮炉中，要求水位保持在+130mm下运行，运行人员对烟温、烟压、温度、水位及膨胀指示值等表计每小时抄表一次。

第二阶段:

① 再次缓慢升压到达2.5MPa，然后对各仪表管路进行冲洗。在2.5MPa压力下煮炉10~12h，排汽量为5%左右额定蒸发量。

② 运行值班人员应严格控制水位在+160mm，并每隔2h校对上下水位计一次，做好记录。

③ 化验人员每隔2h取炉水分析一次，炉水碱度不得低于45mgN/L，否则应加药液。同时根据经验通知，全面定期排污一次，在排污中要严格控制水位，要求水位波动小，并做好排污记录。

④ 在2.5MPa压力下运行，测试各风机出力及总风压，并做好记录，同时要求运行人员应对汽压、水位、烟温进行调节、监视，必要时可用过热器疏水调节。

第三阶段:

① 缓慢升压到3.2MPa稳定燃烧，控制水位+160mm，汽温380~400℃，在此压力下运行12~24h。

② 打开给水旁路门，来控制其进水量，然后采用连续进水及放水的方式进行换水。

③ 根据化验员通知，适当打开排污阀，同时派专人监视汽包水位并及时联系。

④ 化验人员每隔1h取样分析一次，并作好详细记录，当炉水碱度在规定范围内(一般≤18mgN/L)时，可停止换水，结束煮炉。

4.5.1.4　煮炉注意事项

① 加药前炉水应在低水位，煮炉中应保持汽包最高水位，但严禁药液进入过热器内。

② 煮炉时，每次排污的时间一般不超过半分钟，以防止破坏水循环。

③ 在煮炉中期结束时，应对灰浆进行分析，一般第Ⅰ期结束，灰浆样含水率应降到4%~5%，在第Ⅱ期结束应到2.5%以下，若没达到，可适当延长煮炉时间，确保灰浆含水率达到要求。

④ 运行人员及化验人员必须严格按规范操作，并做好详细记录。

4.5.1.5　煮炉以后的工作

① 煮炉结束，锅炉停炉放水后应打开汽包仔细彻底清理汽包内附着物和残渣。

② 电厂化验人员及调试人员应会同安装单位人员检查汽包内壁，要求汽包内壁无锈蚀、油污，并有一层磷酸钠盐保护膜形成。

4.5.2　吹管

1. 吹管的目的与方式

吹管是利用具有一定压力的蒸汽吹扫过热器、主蒸汽管道，并将这部分蒸汽排向大气，通过蒸汽吹扫，将管内的铁锈、灰尘油污等杂物除掉，避免这些杂物对锅炉、汽轮机安全运行造成危害。

吹管方式应根据锅炉形式选定，一般直流锅炉采用定压吹洗方式，汽包炉一般采用降压吹洗方式。采用定压方式时要求：达到吹扫压力，逐渐开大吹管控制阀，使燃料量与蒸汽量保持平衡，每次吹扫持续时间15~30min。

2. 吹管前的准备工作

① 煮炉结束，验收合格，关闭汽包阀门，调整进水操作，关闭再循环门。

② 启动给水泵，微开给水旁路门，冲洗汽包内残余化学药品，然后排污，其排污量由化学分析决定。

③ 炉水取样分析，当水质达到要求时，停止冲洗。

④ 将主蒸汽管道从母管隔离门前安装临时管道，接到主厂房外面，并在临时管道口安装“靶板”，靶板暂时可不安装上。

⑤ 吹管管路：

锅炉高温过热器出口集箱—电动截止门—主汽门前电动截止门—主蒸汽管路—临时排汽管路排出。

3. 注意事项及合格标准

① 所用临时管的截面积应大于或等于被吹管的截面积，临时管应尽量短，以减少阻力。

② 临时管应引到室外，并加明显标记，管口应朝上倾斜，保证安全，放临时管时应具有牢固的支承承受其排空反作用力。

③ 吹管前锅炉点火升压过程中，应按锅炉正常点火升压过程的要求严格控制升压、升温速度。

④ 吹管过程中，要严格控制汽包水位的变化，尤其在吹管开始前，将汽包水位调整到比正常水位稍低，防止吹管时水位升高而造成蒸汽带水。

⑤ 连续两次更换铝板检查，铝板上冲击斑痕粒度≤0.8mm，且肉眼可见凹坑不多于8点即冲管合格。

4.5.3 烘炉

由于新安装的锅炉，在炉墙材料中及砌筑过程中吸收了大量的水分，如与高温烟气接触，则炉墙中含有的水分因为温差过大，急剧蒸发，产生大量的蒸汽，由于蒸汽的急剧膨胀，使炉墙变形、开裂。所以，新安装的锅炉在正式投产前，必须对炉墙进行缓慢烘炉，使炉墙中的水分缓慢逸出，确保炉墙热态运行的质量。

常用的烘炉方法有两种，火焰烘炉法和蒸汽烘炉法。

(1) 火焰烘炉法

火焰烘炉法是常用的一种烘炉方法。它是利用燃料在炉膛内燃烧释放的热量逐渐提高炉壁温度，达到烘干炉墙的目的。一般在烘炉前几天，应将风道闸板及各个孔、门全部打开，使其自然通风，干燥数日，减少炉墙的含水率。对于耐热混凝土墙，应在养护期满后进行烘炉，以便提高烘炉的效果。矾土水泥的养护期为3昼夜，硅酸盐水泥为7昼夜。

① 木柴烘炉阶段。首先打开炉门、烟道闸板，开启引风机，使炉膛烟道加强通风5~10min，以排除炉膛和烟道内潮气和灰尘。然后关闭风机，将木材及引燃物铺在炉排中部，不要让木材与炉墙接触。

开始点火烘炉前，应关闭所有阀门，但应打开汽包排气阀，并向锅炉内注入清水，使其达到锅炉运行的最低水位。

用木柴烘炉开始的时候，要靠自然通风，要根据温升的情况来控制火焰的大小，开启烟道闸板的1/6~1/5，使炉膛保持微小负压，烟气缓慢流动。然后逐渐加大火焰，以过热器的烟气温度为监控调节值。

② 煤炭烘炉阶段。当用木柴烘炉已不能使过热器后的温度再提高的时候(木柴烘炉一般为3天左右)，应加煤烘炉，并启动炉排及送、引风机，逐步增大送风量，加强燃烧使烟气温度不断提高。

③ 烘炉期间的温度控制。烘炉期间，控制温度很重要，升温的速度对烘炉的效果有着直接影响。因此，一般都采用测量过热器后部的烟气温度的办法来控制燃料供给量及送、引风量等。

对于重型炉墙，第一天温升不得超过50℃，以后每天温升不得超过20℃。烘炉后期，烟温不得超过220℃。

对于轻型炉墙，温升每天不得超过80℃。烘炉后期不得超过160℃。

对耐热混凝土炉墙，则必须在正常养护期满之后，进行烘炉。温升每小时不得超过10℃。烘炉后期温度不得超过160℃。而在最高温度范围内，烘炉持续时间不得少于24h。

对于特别潮湿的炉墙应适当减慢温升速度。

④ 控制燃烧火焰。烘炉时，木柴或煤炭的火焰应在炉膛中间，燃烧要均匀。对于链条炉排，要定期转动，以免烧坏。同时要按时记录温度读数，并且要注意观察炉体膨胀情况和炉墙干燥情况，以便出现异常时及时处理。

⑤ 及时排出水蒸气。为了及时排出烘炉期间产生的水蒸气，在烘炉时，应打开上部检查门。

⑥ 烘炉时间。烘炉的时间一般为7~14天，究竟多少天适宜，则要根据炉墙的具体情况、当时当地的气候条件等因素具体确定。

(2)蒸汽烘炉法

在有蒸汽条件的地方也可采用蒸汽烘炉法。

① 蒸汽烘炉方法。在水冷壁集箱的排污阀处，接通压力为0.3~0.4MPa的饱和蒸汽，使蒸汽不断地进入锅炉，通过水的自然循环逐渐提高水温，将锅水加热，以达到烘烤炉墙的目的。蒸汽烘炉，应使锅炉保持正常水位，水温应保持在90℃左右。

② 烘炉的时间。对于轻型炉墙，烘炉的时间一般为4~6天；对于重型炉墙，烘炉的时间一般为14~16天。烘烤的后期，可增加火焰烘烤以保证干燥的质量。

(3)烘炉注意事项

① 蒸汽烘炉时，应打开风门、烟道门，加强自然通风；烘炉期间不得间断送汽。

② 燃烧火焰应在炉膛中央，燃烧均匀，升温缓慢，不准时而急火，时而压火。

③ 从烘炉开始2~3天后，可间断开启连续排污阀排除浮污。烘炉的中后期应每隔4h开启定期排污阀排污。排污时先把水补到高水位，排污后水位下降至正常水位即关闭排污阀。

④ 烘炉达到一定温度后，因蒸汽产生会造成水位下降，应及时补水并防止假水位出现。在烘炉过程中，可用事故放水门保持汽包水位，避免很脏的锅水进入过热器。

⑤ 煤炭烘炉时尽量少开检查门、看火门(孔)、人孔门等，防止冷空气进入炉膛使炉墙开裂。

⑥ 烘炉期间，应经常检查炉墙及炉烘情况，按烘炉温度曲线控制温度，并检查炉墙温升情况，勤观察，勤记录，防止炉墙裂纹和鼓凸变形的发生。

⑦ 当炉墙材料含水率达7%以下时，即可开始煮炉，继续烘干炉墙。如果不能通过取样来分析炉墙含水率时，可在过热器前炉墙耐热层温度达到100℃以上，并在此温度下再烘炉24h后，开始化学清洗。

4.6 锅炉运行中的定期工作

4.6.1 吹灰

吹灰器是电厂锅炉的重要附件之一，其使用的正确与否，直接影响着锅炉的安全经济运行。实践证明，在锅炉运行过程中采用足够数量的吹灰器经常对受热面进行吹扫，能较好地预防或减轻锅炉受热面的结渣、积灰和腐蚀，提高机组可用率。同时，由于受热面在运行中保持着清洁状态和有效的传热，还可提高锅炉效率和降低辅机电耗。

常用的吹灰器有枪式吹灰器、振动式吹灰器、超声波吹灰器、爆炸吹灰器和钢珠吹灰器等。

1. 吹灰器的结构

短旋转伸缩式吹灰器主要由提升阀、吹灰内管、吹灰枪和喷嘴、减速传动机构、支撑板和导向杆系统、电气控制机构、墙箱等几部分组成。

旋转长式吹灰器主要由跑车、提升阀、梁、墙箱、动力电缆、内管、前托架、吹灰内管和吹灰枪、电气接线箱等几部分组成。提升阀式吹灰器控制吹灰介质的阀门，位于吹灰器的下部。吹灰枪是一根内壁光滑而外壁加有螺纹的管子，称为螺纹管。吹灰器工作时吹灰枪一边前进(后退)，一边旋转作螺旋运动。吹灰枪管上的喷嘴沿螺旋线轨迹运动时，前进和后退的轨迹是错开的。

2. 吹灰的目的与作用

吹灰的目的和作用就是清除炉膛、过热器、省煤器、空气预热器等受热面的结焦、积灰等污染，增强各受热面的传热能力，增强换热效果，降低炉膛出口温度、避免结焦，减少受热面管壁温度超温，使锅炉各受热面的运行参数处于理想状态下，降低排烟热损失，提高锅炉热效率。

3. 吹灰要求

① 为保证锅炉受热面清洁，提高锅炉热效率，应定期对受热面进行吹灰；

② 吹灰顺序：按烟气流向，从上到下进行；

③ 吹灰完毕，应全面检查锅炉各部分烟气和蒸汽侧温度的变化情况；

④ 负荷降低至50%以前或停炉以前应进行吹灰一次；

⑤ 锅炉正常运行时，若省煤器出口温度高于正常温度16℃时，应进行吹灰；

⑥ 吹灰前联系检修人员到场。

吹灰前通知主操锅炉吹灰，主操将调解器自动改为手动，调整锅炉负压并加强监视，按照从炉膛到烟道的顺序进行，吹扫结束后调整锅炉燃烧，恢复自动。

4. 蒸汽吹灰操作

① 全开疏水门，微开吹灰进汽总门、调整门，暖管疏水后关闭疏水门，全开吹灰进汽总门，投入吹灰蒸汽压力调整装置，调整吹灰蒸汽压力至1.5~2.0MPa；

② 送上吹灰器电源，进行程控吹灰；

③ 吹灰结束，关闭吹灰进汽总门、调整门，开疏水门充分疏水后关闭；

④ 吹灰时若发生吹灰器卡涩或电动失灵，手动将吹灰器退出，若手动无法退出，立即请示停炉；

⑤ 吹灰完毕，汇报班长；

⑥ 定期对吹灰器进行润滑。

5. 声波除灰系统的运行

① 系统在点火前30min投运，停炉1h后停止；

② 系统投运前的检查：

1）油杯油位正常，系统各组件良好；

2）氮气系统投入，系统各阀门开启；

3）将电控箱电源合上，指示灯亮后，将电控箱上的转换开关置于“自动”位置，系统按程序自动工作。时控器时间设定如下：声波吹灰器自动动作时间间隔为30min；每组吹灰器每次动作时间为15s；

4）停炉1h后，将电控箱上的转换开关置于“停”位置，切断电源，关闭系统氮气总门。

6. 遇到下列情况应停止吹灰

① 锅炉运行不正常或燃烧不稳时；

② 吹灰系统故障时；

③ 锅炉低负荷运行时(50%以下)。

4.6.2 排污

锅炉排污分为定期排污和连续排污两种。

锅炉定期排污是从水冷壁下联箱和集中下降管下部定期排水，用以排掉锅水中的沉渣、铁锈和磷酸盐处理后所形成的沉淀物，以防这些杂质在水冷壁管和集中下降管中结垢和堵塞。

锅炉运行时由于锅水不断蒸发而浓缩，使其含盐浓度逐渐增加。连续排污就是为了把锅水的含盐浓度控制在允许的范围内，保证蒸汽品质合格，连续不断地将锅水中含盐浓度最大的锅水排出。连续排污的目的是降低锅水中的含盐量和碱度，防止锅水浓度过高而结垢。

4.7 锅 炉 停 运

根据锅炉停炉前所处的状态以及停炉后的处理，锅炉停运可分为如下几种类型。

(1) 正常停炉

按照计划，停炉后要处于较长时间的备用，或进行大修、小修等。这种停炉需按照降压曲线，进行减负荷、降压，停炉后进行均匀缓慢的冷却，防止产生热应力。

(2) 热备用停炉

按照调试计划，锅炉停止运行一段时间后，还需启动继续运行。这种情况锅炉停运后，要设法减小热量散失，尽可能保持一定的汽压，以缩短再次启动的时间。

(3) 紧急停炉

运行中锅炉发生重大事故，危及人身及设备，需要立即停止锅炉运行。紧急停炉后，往往需要进行检修，以消除故障，所以要适当加快冷却速度。

4.7.1 停炉前的准备

停炉前的准备主要包括以下工作：

① 停炉前对锅炉所有设备进行一次全面检查，详细记录设备缺陷，以便停炉后消除。

② 停炉前对锅炉受热面进行全面吹灰，冲洗、校对就地水位计，并进行一次定期排污。

③ 做好炉前油系统和油燃烧器的投入准备，使其处于良好状态，以便在停炉过程中随时投油稳燃，防止锅炉灭火。

④ 对事故放水电动门、对空排汽电动门及直流锅炉启动分离器的有关调节门和低调阀门等做一次开关试验，缺陷应及时消除，使其处于良好状态。

⑤ 检查启动旁路系统的状况，并做好准备工作。

⑥ 停炉备用或停炉检修时间超过 7 天，需将原煤斗和落煤管中的煤烧尽；停炉超过 3 天时，中间储仓式制粉系统需将煤粉仓中的煤粉烧尽；停炉时间在 3 天以内时，煤粉仓的粉位也应尽量降低，以防煤粉在系统内自燃而引起爆炸。为此，应根据停炉时间，提前停止上煤；根据粉位情况，确定制粉系统停运的时间。

4.7.2 锅炉停运方法

单元机组的正常停运，对于汽包锅炉可分为定参数停运和滑参数停运两种方式；对于直流锅炉可分为投运启动分离器停运和不投启动分离器停运两种方式。

4.7.2.1 汽包锅炉的停运

1. 滑参数停运

接到停炉命令后，按滑参数停炉曲线开始平衡地降低蒸汽压力、温度以及锅炉负荷，严格控制降温、降压速率，保证蒸汽温度有 50℃以上的过热度。中间再热机组进行滑参数停运时，应当控制再热蒸汽温度与过热蒸汽温度变化一致，不允许两者温差过大。

随着锅炉负荷的降低，及时调整送、引风量，保证一、二、三次风的协调配合，保持燃烧稳定。在停炉过程中，煤油混烧时，当排烟温度降低至 100℃时，逐个停止电除尘器各电场，锅炉全燃油时所有电场必须停止，停运的电场应改投连续振打方式。引风机停止后，振打装置连续运行 2~3h 后停止，并将灰斗积灰放净，停止各加热装置。

配有中间储仓式制粉系统的锅炉，应根据煤粉仓煤位和粉仓粉位情况，适时停止磨煤机；根据负荷情况，停用部分给粉机或减少给粉机的出力。停止磨煤机前，应将该制粉系统余粉抽净，停用给粉机后应将一次风系统吹扫干净，然后停用排粉机或一次风机。对于直吹式制粉系统的锅炉，应根据负荷需要适时停用部分制粉系统，且吹扫干净，停用后的煤粉燃烧器应将相应的二次风门关小，停炉后关闭。

根据蒸汽温度情况，及时调整或解列减温器，汽轮机停机后，再热器无蒸汽通过时，控制炉膛出口烟温不大于540℃。

随着锅炉负荷的逐渐降低，应当相应地减少给水量，以保持锅炉正常的水位，此时应注意给水启动调节系统的工作情况。在负荷低到一定程度(约30%额定负荷)，应由主给水管路切到低负荷给水管路供水，同时将水位自动调节三冲量倒为单冲量调节，或改为手动调节。

当锅炉负荷降至某一很低的负荷(约20%额定负荷)时，启动Ⅰ、Ⅱ级旁路系统，并根据汽温情况关闭减温水。随着旁路门的开大、汽轮机调节汽门的关小，汽轮机逐渐降低负荷。这时，机前的蒸汽温度和主蒸汽压力应保持不变，主蒸汽和再热蒸汽要保持50℃以上的过热度，确保汽轮机的安全。

在汽轮机负荷降为零，关闭汽轮机调节汽门后，锅炉切除所有燃料熄火，停炉后的油枪应从炉膛内撤出，吹扫干净，不得向灭火后的燃烧室内吹扫油。维持正常的炉膛压力及30%以上额定负荷的风量进行炉膛通风，吹扫5min后，停止送风机、引风机，关闭所有的风门、挡板、人孔、检查孔，密闭炉膛和烟道，防止冷却过快损坏设备。

保持回转式空气预热器和火焰检测器冷却风机继续运行，待烟温低于相应规定值时方可将其停止。

在整个滑参数停炉过程中，严格监视汽包壁温度，温差不得超过规定值，严格监视汽包水位，保持水位正常。

自然循环锅炉在停炉后，应解除高、低值水位保护，上水至最高可见水位，关闭进水门，停止给水泵，开启省煤器再循环门。强制循环锅炉，在停炉后要至少保留一台强制循环泵连续运行，并维持汽包水位在正常值。

停炉过程中，按规定记录各部膨胀值，冬季停炉应作好防冻措施。

2. 定参数停炉

定参数停运是指在机组停运的降负荷过程中，汽轮机前蒸汽的压力和温度不变或基本不变的机组停运。若机组是短期停运，进入热备用状态，可采用定参数停运，这样锅炉熄火时蒸汽的温度和压力很高，有利于下一次启动。

采用定参数停炉时应尽量维持较高的锅炉主汽压力和温度，减少各种热损失。减负荷过程中应维持主蒸汽压力不变，逐渐关小汽轮机的调节汽门，随着锅炉燃烧的逐渐降低，汽温将逐渐下降，但应保持汽温过热度在规定值以上，否则应适当降低主汽压力。

停炉后适当开启高低压旁路或过热器、再热器出口疏水门约30min，以保证过热器、再热器有适当的冷却。保持空气预热器、火焰检测器冷却风机连续运行，为减少热损失，可在熄火炉膛吹扫完毕后停止送、引风机运行。对于强制循环锅炉，停炉后至少应保留一台强制循环泵运行。

3. 汽包锅炉停炉注意事项

① 锅炉停运过程中禁止吹灰、除尘和除焦。

② 严格控制降温、降压速度，汽包上、下壁温差应当小于规定值，否则应当放慢降压、降温速度。

③ 在滑停过程中，要保证蒸汽有50℃以上的过热度。

④ 停炉过程中，发生故障不能滑停时，可按紧急停运操作进行。待汽轮机打闸后，为保护过热器、再热器，开启Ⅰ、Ⅱ级旁路，30min后关闭。

⑤ 停炉后注意监视排烟温度，检查尾部烟道，防止自燃。

⑥ 强制循环锅炉，停炉过程中必须注意强制循环泵的运行情况，停炉后要控制汽包水位在允许范围内，一旦强制循环泵全停，则应立即停止锅炉通风冷却。

⑦ 停运后的喷燃器要保留少量冷却风，以防止烧坏喷口；停炉后应加强对油喷燃器的检查，若油喷燃器仍然喷油燃烧，应检查炉前油系统确与燃油母管隔绝，并用蒸汽进行吹扫，使之熄灭。

⑧ 对于中储式制粉系统的锅炉，停炉后粉仓有存粉时，应每4h记录一次粉仓温度，防止自燃。

⑨ 停炉后必须注意防止有水通过主蒸汽管道和再热蒸汽管道进入汽轮机，还应注意做好停炉后的保养和防冻工作。

4. 停炉后的冷却与放水

① 停炉后要防止锅炉急剧冷却，对于汽包、联箱有裂纹的锅炉，停炉6h后可开启烟道挡板进行缓慢的自然通风，停炉8h后开启锅炉各人孔门、看火门、打焦孔等增强自然通风，停炉24h后，炉水温度低于100℃方可放水。

② 紧急冷却时，在停炉8~10h后才允许向锅炉上水和放水，炉水温度低于80℃可将水放掉。

③ 锅炉停炉后进行检修，停炉4~6h后，打开烟道挡板逐渐通风，并进行必要的上水和放水。经8~10h后，锅炉再上水和放水。如有加速冷却的必要，可启动引风机(微正压锅炉启动送风机)适当增加放水和上水的次数。当锅炉压力降至0.5~0.8MPa时，方可进行锅炉带压放水。

④ 中压锅炉需要紧急冷却时，在主汽门关闭4~6h后，可以启动引风机(微正压锅炉启动送风机)加强通风，并增加锅炉放水和上水的次数。

⑤ 液态排渣锅炉在溶渣池底未冷却前锅炉不得放水，以免炉底管过热损坏。

⑥ 在锅炉冷却过程中，应监视汽包上、下壁温差不大于规定值。当温差较大时，冷却操作应缓慢或推迟进行。严禁为了加快冷却汽包金属壁温而采取边放水边补水的做法。

⑦ 为防止锅炉受热面内部腐蚀，停炉后根据要求做好停炉保护工作。一般情况下，采用热炉带压放水余热烘干法进行保护。

⑧ 冬季停炉，应做好防冻防凝措施。当进行热炉放水时，应开启炉本体各疏放水门、省煤器放水门、给水和减温水放水门、各部联箱放水门以及仪表导管放水门，放尽管道积水，各转机冷却水应保持畅通。

⑨ 当环境温度低于5℃时，短期备用停炉，可投用底部蒸汽加热防冻。

4.7.2.2 直流锅炉的停运

直流锅炉的正常停炉应根据制造厂提供的正常停炉曲线，进行参数控制和相应操作。下面以1000t/h直流锅炉为例介绍直流锅炉的停运过程及方法。

1. 投入启动分离器的停运方法

(1) 定压降负荷

在该阶段中过热器压力维持不变，锅炉本体压力随着降低而逐步降低。锅炉通过逐步减少燃料和给水量以及关小汽轮机调节汽门进行降负荷。根据负荷及燃烧情况，及时调整送、引风量，保证一、二、三次风的协调配合，保持燃烧稳定，将有关自动控制系统退出运行或进行重新设定，适时投油，稳定燃烧。在此过程中，根据燃料量及时调整风量，根据包墙管出口及低温过热器出口温度调整燃料与给水比例，并通过调节减温水量，维持主蒸汽温度正常，调整烟气调温挡板和再热器减温水量，维持再热蒸汽温度在正常范围内。

机组降负荷过程应呈阶梯型，降负荷速率为每分钟1%额定负荷，从70%额定负荷至发电机解列应控制在3~4h。负荷减至100MW时，应及时调整给水流量、锅炉总风量、过热汽温、再热汽温，使其在规定的范围内。

降负荷过程中，给水流量必须保证大于或等于启动流量的最低限度，直至锅炉灭火，以确保水动力工况稳定，要特别注意保持燃料量与给水量成一定比例，否则，将可能导致前屏过热器进水。在该阶段还应微开有关疏水，对启动分离器所属管道进行暖管，为投入启动分离器做准备。

(2) 过热器降压

过热器降压为投入分离器作准备，此阶段仍为直流运行方式。过热器降压操作是由减少燃料量、开大汽轮机调节汽门或高、低压旁路以及关小“低调”来完成的。要控制降压速率，降压速率不大于0.2~0.3MPa/min，同时保持包覆过热器压力的稳定，保持合理的燃料与给水之比，各项操作要注意协调配合，力求缓慢平稳，以免造成汽温、汽压、给水流量及减温水流量的较大波动。

在过热器降压过程中要采用包墙管出口至启动分离器的蒸汽管路对分离器本体进行暖管。

(3) 投入启动分离器

当启动分离器达到投入条件，且低温过热器出口蒸汽温度、过热蒸汽压力符合要求时，投入启动分离器运行。如不及时投入分离器，前屏过热器将有充水的危险。

当主蒸汽压力降至一定值时，继续缓慢减小燃料量，并将“低调”按一定速率逐渐关小。此时用“包分调”维持包墙管压力不变，在此过程中“包分调”逐渐开大，启动分离器逐步升压。由于“包分调”的逐渐开大，使低温过热器的通流量逐渐减少，低过出口温度逐步上升。当低过出口温度越过规定值时开启“低分进”，调节“低分调”维持低过出口温度在一定范围内。而后“低调”继续关小，用“包分调”维持温度包墙管压力，用“低分调”维持低过出口温度，用“分凝水”维持分离器水位，用“分凝汽”控制分离器升压速度。按此方式，在逐步提高分离器压力的同时继续降低过热器压力，当启动分离器压力大于“分出”后压力时，“分出”逆止门打开，过热器由启动分离器和“低调”的流量逐步转移到“低分调”及“包分调”上去，直至“低调”阀门关闭，然后关闭“低调”隔绝门。此时过热器已全部由启动分离器进行供汽。

上面介绍了分离器的投入方法，在整个投入过程中，应始终保持低温过热器出口温度在一定范围内不变，以满足等焓切换的需要。

(4) 发电机解列和汽轮机停机

投入启动分离器后，保持其压力、水位正常，包墙过热器出口压力在规定值。继续缓慢减少燃料量，当燃料量减至一定值时可停用部分或全部制粉系统。随着燃料量的逐渐减少，当机组负荷降到很小值时，可将发电机与系统解列，然后停运汽轮机。此时锅炉应开启大旁路、Ⅰ级旁路和再热器出口的对空排汽门，以维持过热器及再热器受热面的通汽冷却。

(5) 停炉

汽轮机停机后，应继续减少燃料量。为了保证水冷壁运行工况正常，避免燃烧器逐个停用后，运行燃烧器周围水冷壁局部热负荷过于集中，致使该水冷壁壁温超限或水动力工况不稳定，故在熄火前应始终保持给水量在额定蒸发量的30%左右。

当燃料量降至低限时，停用全部燃烧器，使锅炉熄火。锅炉熄火切断全部燃料后，维持额定负荷风量的30%，对燃烧室和烟道通风吹扫5min，燃油炉时间要延长一些，然后停用送、引风机。

锅炉熄火后继续向本体以小流量进水，使锅炉本体各受热面均匀冷却。

在停炉过程中，煤油混烧时，当排烟温度低于100℃时，逐个停止各电场，锅炉100%投油时，所有电场必须停止，停运的电场应改投连续振打方式。引风机停止后，振打装置应连续运行2~3h左右，并将灰斗积灰放净，停止各加热装置。

保持回转式空预器、点火器、火焰检测装置冷却风机运行，待温度符合要求时，停止其运行。

2. 不投分离器的停运方法

在锅炉不具备投运启动分离器条件时，可采用不投分离器的停运方式。采用该方式停运时，首先按正常减负荷操作减少燃料、风量、给水量，定压将机组负荷减至100MW，并将锅炉各自动装置切至手操位置。根据运行工况的需要，保留一套制粉系统或停用所有制粉设备改为全烧油运行。制粉系统全部停用后应立即切断电除尘器的高压电源，根据规定调整电除尘器振打装置的振打方式。

开启高压旁路及低压旁路，使机组负荷降至10~15MW，按“紧急停炉”或“MFT”按钮，切断进入锅炉的所有燃料，使锅炉熄火。

锅炉熄火后，如电除尘器仍投运，应立即切断电除尘器的高压电源，根据规定调整电除尘器振打装置的振打方式。退出锅炉的有关保护。关闭过、再热蒸汽各减温水隔绝门。根据需要建立或停止轻油及重油循环。如停止重油循环，则应立即对重油系统进行冲洗。为防止超压，锅炉熄火后应立即调整开启高、低压旁路，以不大于0.3MPa/min的速率降低主蒸汽压力至12MPa，然后关闭“低出”及“低调”阀。而后继续通过高、低压旁路，按上述速率将过热器和再热器的压力泄除。当汽轮机凝汽器不允许排入汽、水时，应立即关闭高、低压旁路及其减温水门，通过开启过热器、再热器有关对空排汽门或疏水阀来进行泄压。

锅炉熄火后重油枪的冲洗，应在炉膛和烟道吹扫后并继续维持吹扫状态的过程中进行。重油枪冲洗结束后，锅炉炉膛和烟道的通风吹扫、附属设备的停用、各受热面的去压及锅炉的冷却等操作均按投启动分离器停炉的程序和要求进行。

3. 停炉后的冷却

(1) 自然冷却。

① 直流锅炉停炉后一般采用自然冷却方式，并严格监视包覆过热器和水冷壁的降温、降压速率；

② 停炉后立即开启过热器及再热器有关疏水门，以规定速率降低过热汽和再热汽压力至规定值，然后用过热器、再热器对空排汽门将余压泄掉；

③ 停炉4h后，开启烟道挡板进行自然通风冷却，同时调整炉本体有关疏水门，以规定

速率降低包覆过热器压力至规定值，开启炉本体空气门，将余压泄掉；

④ 停炉6h后，根据需要可启动一台引风机进行通风冷却，当一级混合器工质温度达到要求时，进行省煤器、水冷壁、包覆过热器管子和低温过热器放水，放水时停止通风冷却，结束放水1h后，方可继续通风冷却。

(2) 快速冷却。

① 直流锅炉停炉后如需要快速冷却，则将给水减少至60~100t/h进行循环冷却；

② 快速冷却时，应装有监视表计，严格控制包覆过热器、水冷管屏之间的温差小于40℃；若降温降压速率越过上述值，应立即调整通风量和进水量；若调整无效时，应立即停止快速冷却；当工质温度降至需要温度时，停止进水循环，停用启动分离器。

4.8 锅炉停运后的防腐与保养

4.8.1 锅炉正常停炉的保养

按照计划，锅炉停炉后要处于较长时间的备用，或进行大修、小修等。这种停炉需按照降压曲线，进行降负荷、降压，停炉后进行均匀缓慢的冷却，防止产生热应力。

4.8.2 备用期间的防腐保养

1. 防腐保养的目的

锅炉停止运行或进行检修都要进行防腐保养，这是因为：

① 锅炉停止后，汽水系统管路内表面及汽水设备的内表面往往因受潮而附着一层水膜，当外界空气大量进入内部时，空气中的氧便溶解在水膜中，使水膜饱含溶解氧，引起金属表面氧化腐蚀。锅炉最主要的腐蚀是氧腐蚀，可加剧设备运行时的金属腐蚀过程。

② 金属内表面上有沉积物或水渣，这些物质具有吸收空气中湿分的能力，使金属表面产生水膜，由于金属表面电化学的不均匀性而发生电化学腐蚀。

③ 沉积物中含有盐类物质，会溶解在金属表面的水膜中而产生腐蚀，这种腐蚀为垢下腐蚀。经常启停的锅炉腐蚀尤为严重，腐蚀降低了金属的强度和使用寿命，腐蚀产物会使蒸汽品质恶化，因此锅炉停运期间必须要防腐。

2. 防腐的方法

防止锅炉汽水系统发生停用腐蚀的方法较多，在制定防腐方法时应遵循以下原则：

① 防止空气进入停用的锅炉汽水系统中。

② 保持停用锅炉汽水系统金属表面的干燥。实践证明，当停用设备内部相对湿度小于20%时，就能避免腐蚀。

③ 在金属表面形成具有防腐蚀作用的薄膜(即钝化膜)，或涂上防腐保护膜以隔绝空气。

④ 使金属表面浸泡在含有除氧剂、缓蚀剂或其他保护剂的水溶液中。

锅炉停炉后的保养方法大致分为湿法保养、干法和充气保养、热法保养和采用除湿机保养法。湿法保养常用的方法有碱液防腐法、联氨防腐法、压力防腐法、亚硝酸钠防腐法和Na_3PO_4和$NaNO_2$混合液防腐法；干法防腐法有干燥剂防腐法、冲氮防腐法、充氨防腐法、气相缓蚀剂防腐法；热法保养法有热炉放水防腐法、保持蒸汽压力防腐法。

以上保护方法的本质都是使氧和受热面不发生反应。具体的保养防腐方法叙述如下。

(1) 湿法保养

湿法保养是在锅炉停用并和其他锅炉设备严格隔绝后，用具有保护性的水溶液充满整个锅炉受热面，借以杜绝空气中的氧进入炉内。根据所用水溶液组成的不同，保养方法也不同。采用湿法保养，应注意在冬季不是炉内温度低于0℃，以防冻坏设备。

① 碱液防腐法

碱液防腐法是采用加碱液的方法，即在锅炉受热面管子中充满一定浓度的碱性溶液，使锅炉受热面管子内金属表面生成一层保护膜，以抑制溶解氧对金属的腐蚀。所用的碱为 NaOH 或 Na_3PO_4 等。采用碱液防腐法的锅炉，启动前必须对过热器等设备进行彻底冲洗，否则会影响蒸汽的品质，造成过热器管、汽轮机叶片等处积盐。另外，这种方法所用的药量较大，且须有专用泵及加药系统，一般很少用。

② 联氨防腐法

联氨防腐法是用除氧剂联氨配成保护性水溶液充满锅炉。停炉后不放水，而是用加药泵将联氨和氨水注入锅炉内，来调节炉水的 PH 值在 10 左右，并充满汽水系统各部分。停炉期间，这种水溶液一直留在锅炉内，为防止空气进入汽水系统，最好用泵维持一定的压力，保证锅炉内各部分充满溶液。

长期备用的锅炉采用联氨防腐法效果较好，且此方法对锅炉各受热面都能适用。但对中间再热锅炉不适用，因为再热器与汽轮机系统相连，汽轮机有进水的危险。由于联氨是剧毒品，除了在配药时要做好一定的防护工作外，采用联氨防腐的锅炉，当启动或需要转入检修时，都必须先放净溶液，并用水冲洗干净，使锅炉水中联氨含量小于规定值后，方可点火或转入检修。

联氨剂的加入采用加药泵，同时向过热器和省煤器加药。一般用除盐水配置浓度为 500~700mg/L 的氨溶液。联氨保护投入后应加强监视，保持联氨含量大于 200mg/L、pH = 10~10.5，出现异常时应查明原因，及时处理。

③ 压力防腐法

有给水压力保护、蒸汽压力保护。锅炉停炉后，当主蒸汽温度降到 150℃以下时，开启给水小旁路溢流保压；汽包压力保持在 0.3MPa 以上，防止空气进入锅炉，当汽包压力降至 0.3MPa 时，应点火升压或投入水冷壁下联箱蒸汽加热。在整个保养期间，要保证锅炉水品质合格。强制循环锅炉应保持一台强制循环泵运行，用给水来保护锅炉，其压力一般应控制在 0.5~1.0MPa。这种方法操作简单，有利于再启动，适用于较短期的备用锅炉。

亚硝酸钠防腐法是利用亚硝酸钠与水中溶解氧反应来防止锅炉金属的腐蚀。用于中、低压锅炉较长时间的停炉保养；Na_3PO_4 和 $NaNO_2$ 混合液是一种钝化剂，能在金属表面上形成一层保护膜，可用它来防止锅炉金属停用时的防腐，用于中、低压锅炉的短期的停炉保护。

(2) 干法和充气法保养

干式防腐法是在锅炉停用后，将锅炉水放尽，使金属内表面经常保持干燥，或者冲入氮气或加入缓蚀剂以达到防腐蚀的目的。常用的有以下几种方法：

① 干燥剂法

干燥剂法是采用吸湿能力很强的干燥剂，使锅炉汽水系统中保持干燥，防止金属腐蚀。其方法是：将锅炉水放净后，用压缩空气吹干或利用热风烘干，然后通过人孔和手孔，将放在特制容器内的干燥剂放入汽包和各联箱内，再将人孔和手孔严密封闭，使锅炉与外界隔绝。保养期间要定期检查和更换干燥剂。

常用的干燥剂有氯化钙(粒径为 10~15mm)、生石灰或硅胶。氯化钙和生石灰用过一次后即失效，而硅胶用过后则可定期从汽包或联箱内取出加热驱水后再用，因此用硅胶较好。

此方法只适用于小容量锅炉。因为高压以上的锅炉结构复杂、容量大，锅炉内各部分的水不容易完全放尽，达不到理想的防腐效果，所以一般不采用此种方法。

② 充氮或充气相缓蚀剂保护

这种保护方法，是采用向锅炉内充入氮气或气相缓蚀剂，将氧从锅炉的水容积中驱赶出来，使金属表面保持干燥和与空气隔绝，从而达到防止金属腐蚀的目的。由于氮气不活泼，又无腐蚀性，所以即使炉内有水，也不会引起腐蚀。

充氮防腐时，在锅炉压力降至 0.3～0.5MPa 时，接好充氮管路。当锅炉压力降至 0.05MPa 时向汽包和过热器等处充入高纯度的氮气（>99%）。氮气压力一般保持 0.02～0.049MPa 左右。如果炉内有水或水放不尽时，冲氮前可加入一定量的联氨，调节 pH 值为 10 以上，并应定期检查水中溶解氧量和联氨含量。

气相缓蚀剂是近年来因用于停炉保护的新型药剂，它们对管壁金属有缓蚀作用。这类药剂有无机的铵盐和有机的铵类，如碳酸铵、碳酸氢铵、磷酸氢二铵、尿素、乌洛托平和碳酸环己胺等。这类气相缓蚀剂在较低的温度下就能气化，气化的分子在金属表面上冷凝，它们发生水解和离解可产生缓蚀基团，起到防腐的作用。

气相缓蚀剂中使用较普遍的有碳酸环己胺，它是白色粉末，容易挥发。它作为停炉保护剂使用时，可利用充气装置将气相缓蚀剂冲入锅炉。

使用的氮气或气相缓蚀剂的纯度大于 99.9%。锅炉充氮或气相缓蚀剂保护期间，应经常监视压力的变化和定期进行取样分析，并进行及时补充。

③ 冲氨防腐法

冲氨防腐法是向停用锅炉的汽水系统冲入氨气，排挤出内部空气，降低氧的分压，使金属表面湿润膜中的含氧量下降。同时，氨溶解在湿润膜中，使水膜呈碱性，起到保护作用。

冲氨防腐法对停用的锅炉具有良好的保护作用，但条件要求严格，因而仅适用于长期停用的锅炉。

（3）热法保养

余热烘干法：自然循环锅炉正常停炉后，待汽包压力降至 0.5～0.8MPa 时，开启放水门进行锅炉带压放水，压力降至 0.15～0.2MPa 时，全开空气门、对空排汽门、疏水门，对锅炉进行余热烘干。直流锅炉采用导热烘干防腐时，应在泄压以后进行。在烘干过程中，禁止启动引风机、送风机通风冷却。此法适用于锅炉检修期间的保护。

余热烘干放水时应迅速，防止蒸汽在过热器内凝结。一般不超过 7 天。

3. 选择停用保养方法的原则

锅炉停用保养方法较多，且特点与适用范围也不一样，为了便于选择，我们简单地叙述有关选择的事宜：

① 对大型的超高压汽包锅炉和直流锅炉，由于过热器系统较为复杂，汽水系统内的水不易放尽，故大都采用充氮法和压力防腐法（如有外来汽源加热时）。

② 停用时间的长短。对短期停运的锅炉，采用的保养方法要满足在短时间里启动的要求，应采用压力防腐法。对长时间停用和封存的锅炉设备，备应用干燥剂法、溶液保护法等。

③ 环境温度。在冬季应预想到锅炉内存水和溶液是否有冰冻的可能。如有温度低于 0℃ 的情况，则不宜采取溶液保护法。

④ 现场的设备条件，如锅炉能否利用邻炉热风进行烘干，过热器有无反冲洗装置等。

锅炉冷备用常采用联氨法、氨液法和充氮法。锅炉临修一般采用烘干法。

4.8.3 冬季锅炉的防寒防冻

为了防止冻坏管道和阀门，在冬季要考虑锅炉的防冻问题。对于室内布置的锅炉来说，只要不是锅炉全部停用，一般不会发生冻坏管道和阀门的问题。对于露天或半露天布置的锅炉，如果当地最低气温低于0℃，要考虑冬季防冻问题。由于停用的锅炉本身不再产生热量，且管道内的水处于静止状态，当气温低于0℃时，管道和阀门易冻坏。最易冻坏的部位是水冷壁下联箱定期排污管至一次阀前的一段管道以及各联箱至疏水一次阀前的管道和压力表管。因为这些管线细，管内的水较少，热容量小，气温低于0℃时，首先结冰。

为防止冬季冻坏上述管道和阀门，应将所有疏放水阀门开启，把锅水和仪表管路内的存水全部放掉，并防止有死角积水的存在；因为立式过热器管内的凝结水无法排掉，冬季长时间停用的锅炉，要采取特殊的防冻措施，防止过热器管结冰；仪表管内的存水应从仪表的表接头或疏水阀放出。必要时对锅炉的上述易冻管道要采取伴热措施。

第5章　除灰除尘运行

5.1　灰渣的组成及除灰方式

5.1.1　除灰系统泵的分类

根据除灰系统泵的工作原理及其结构不同，大致可将除灰系统泵分为以下三大类。

① 叶轮式，又称叶片式。一般在除灰系统中常见的为离心泵。

② 定排式，又称容积式。在火力发电厂燃煤机组的除尘、除灰系统中，常见的有柱塞式泥浆泵、活塞式泥浆泵。

③ 其他类型泵。凡是无法归入前两大类的泵都归入这一类中，如喷射泵。

在燃煤电厂的除灰系统中，主要采用离心泵、轴流泵、柱塞泵和喷射泵。

5.1.2　灰渣的组成及特性

锅炉排出的灰渣主要是由省煤器灰斗的落灰、空气预热器灰斗的落灰、除尘器收集的粉煤灰以及炉膛底部冷灰斗内的灰渣组成。

1. 灰的特性

粉煤灰是电厂除灰除渣系统排出量最大的一种灰渣。电厂都广泛采用静电除尘器干式排灰，分离出的粉煤灰如接近完全燃烧时，是一种灰色或灰白色的粉粒状物质，占锅炉排出灰渣总量的80%~90%(指煤粉锅炉)。飞灰的化学成分与煤中所含的矿物质成分有关，主要成分有：二氧化硅(SiO_2)、三氧化二铝(Al_2O_3)、三氧化二铁(Fe_2O_3)、氧化钙(CaO)、碳(C)、镁(Mg)、钛(Ti)、钾(K)、磷(P)、硫(S)等氧化物。粉煤灰中氧化硅含量超过45%时，具有良好的火山灰活性，可用作水泥的掺合料(可改善混凝土特性)，也可作为其他建筑材料的原料。粉煤灰的物理特性包括颗粒形状、细度、密度、承压强度等，其真实密度为2.0~2.2t/m^3，松散时，一般为0.65~0.70t/m^3，但个别煤种达0.80~1.00t/m^3，湿态为1.25~1.45t/m^3。粉煤灰的承压强度较差，当压力为2000kPa时，破损率将近30%，干灰的破损率比湿灰还要高一些。由于破损率高，堆积体的沉降量大，因此，不宜在堆放粉煤灰的灰场荷载较大的各种建筑物或承载架构。粉煤灰作为一种颗粒状物质，硬度较高，输送时对管道、设备、沟道将产生磨损，减小管道和设备的寿命，增大系统的故障率、配件消耗率和检修维护工作量。

2. 渣的特性

灰渣的主要形式有固态渣、液态渣、层燃渣和沸腾渣。目前，大型燃煤电厂锅炉多以固态渣形式对外排渣。

固态渣通常是指固态排渣煤粉炉的灰斗冷凝渣。主要是煤粉燃烧后落下的灰渣熔滴，经炉膛下部冷灰斗冷却形成的颗粒状灰渣。此外，还包括粘结在炉膛水冷壁上面脱落下来的块焦渣。固态渣成分与粉煤灰成分相近，因为是高温燃烧后的熔化物，灰渣中的可燃物含量也很低。真实密度为2.2~2.4t/m^3，堆积密度为0.8~1.0t/m^3。炉渣的颗粒略大于粉煤灰。

5.2 锅炉内部除灰渣设备的运行与维护

5.2.1 内部除灰渣设备

1. 捞渣机

捞渣机的作用是将锅炉底部排出的湿灰渣滤去部分水分并将其排入碎渣机或渣沟，常用的捞渣机有刮板式捞渣机和螺旋式捞渣机两种。

螺旋式捞渣机由螺旋输送器、水槽和驱动装置等部分组成。螺旋式捞渣机是利用螺杆的旋转将灰渣在固定的机壳内推移而进行输送，它既可倾斜也可水平方向输送，倾斜角度不大于20°。

2. 碎渣机

碎渣机是用来破碎炉渣中大渣块的设备，安装在捞渣机落渣口下方。由捞渣机捞出的渣块先经碎渣机粉碎后再掉入渣沟，由喷射泵将渣粒冲入沉渣池内。碎渣机是利用齿辊或锤头等的挤压、撞击、研磨作用将炉渣破碎成小块以满足输送的需要。

3. 喷射泵

在锅炉水力排渣设备中，常采用喷射泵来冲刷炉灰，含灰的水由喷射泵打至沉淀池或贮灰场。如图5-1所示，喷射泵由喷嘴、扩散室、吸入室三个基本部分组成。工作流体经过喷嘴后以很大的速度进入扩散室，由于高速射流周围压力很低，使喷嘴附近产生真空，被抽送流体便被吸进吸入室，与工作流体混合后一起进入扩散室，然后由出口排出。喷射泵的效率一般在15%~30%。

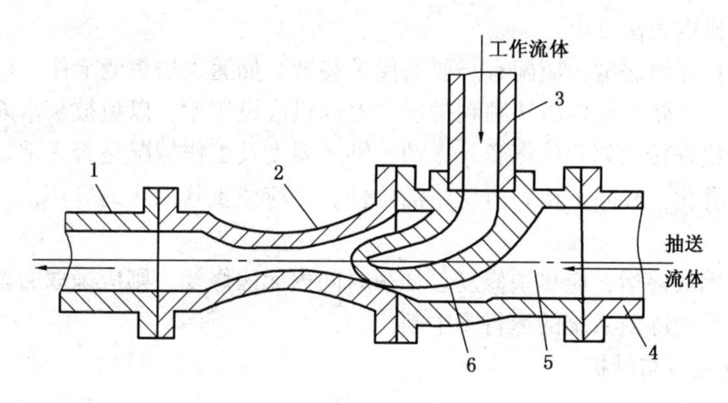

图5-1 喷射泵喷嘴

1—排出管；2—扩散室；3—管子；4—吸入管；5—吸入室；6—喷嘴

5.2.2 除灰渣设备的运行及维护

1. 捞渣机的运行与维护

捞渣机应在锅炉点火前投运，并在空载下启动。以后持续运行，直到锅炉熄火无灰渣排出时，方可停运。换句话说，只要有灰渣排出，捞渣机就不能停运。捞渣机启动时，原则上应以最低速度启动，然后根据灰渣量调节刮板行进速度。调节过程中，主要以刮板上的灰渣刮至斜坡时无灰渣落入水封槽里为原则。

捞渣机启动前的检查

① 灰坑门开启成垂直位置，并围成方框，下部浸入水中形成水封。

② 捞渣机壳体完整无泄漏，链条松紧适度，刮板良好。

③ 运行需要的各种冷却水系统已投入运行。

④ 有关的联锁装置按规定要求放置。

⑤ 电气设备防水装置完整、良好，无漏电现象。

捞渣机运行时应定期检查灰坑的水封、溢流箱的水温是否正常。对刮板式捞渣机的链条、刮板、传动装置、电动机、齿轮箱等运行情况进行全面检查，保证各部运转正常。此外，每月还应对捞渣机的刮板及链条进行一次详细检查。如发现刮板变形、损坏或链条磨损严重、节距伸长、与链条啮合不好有脱链危险时，应及时通知检修处理。

为避免大块焦渣直接落入水封槽内影响除渣系统的安全运行，可在刮板式捞渣机的入口加装固定栅栏或燃尽炉排等装置。

刮板式捞渣机在运行中如因大块焦渣落下引起卡住或有联轴器打滑等现象时，必须及时清理焦渣。运行中发生链条或销子断裂等故障时，应及时通知检修人员处理。如果因为联锁保护动作，则应尽快查出原因，消除故障后重新启动。锅炉运行中，刮板式捞渣机发生故障短时抢修时，可关闭所有灰坑门以形成临时炉底存渣，然后将刮板式捞渣机通过下部滑轨拉出抢修。抢修时间一般不应超过 2h。

2. 碎渣机的运行与维护

燃料燃烧后形成的灰渣大小不一，如果直接排入渣沟或用渣浆泵输送，容易造成渣沟堵塞或引起渣浆泵故障。因此应使用碎渣机先将大块焦渣破碎，然后再进行输送。

在刮板式捞渣机与碎渣机配套使用的除渣系统中，刮板式捞渣机与碎渣机相互间的运行应设置必要的联锁保护。当碎渣机因故停运时，刮板式捞渣机应能联动停运，以免大量渣块落下堆积在碎渣机内无法排出。

碎渣机的工作环境恶劣，应配有必要的保护装置。如遇大块焦渣卡住，电动机应能自动反转数周后再改为正转，使焦渣块顺利排出。电动机应设遮棚，以免被灰水淋浇，碎渣机正常运行时应定期检查转动部分的声音、振动、轴承温度及工作情况是否正常。由于碎渣机齿轮箱的油质易被乳化，故除了检查齿轮箱油位外，更应注重其油质的好坏，以便发现异常情况及时处理。

碎渣机一旦因故停运，应尽快修复。如短时间内无法修复，则应采取必要的临时措施组织力量人工除灰，使除渣系统的运行不中断。

3. 喷射泵的运行与维护

喷射泵喷嘴通常与离心泵相连，由离心泵提供清水。它的运行维护可参照离心泵的运行及维护。

5.3 锅炉外部除灰设备的运行及维护

5.3.1 外部除灰设备

1. 灰渣泵

泵是水力除灰系统的关键输送设备，在单独输送细灰时亦称灰浆泵，其形式多为离心泵。常用的灰渣泵有 PH 型灰渣泵、沃曼型灰渣泵、ZJ 系列型渣浆泵、衬胶泥浆泵等。

根据轴封的不同，灰浆泵又分为填料轴封灰浆泵和副叶轮轴封灰浆泵两类。

2. 回水泵(灰水回收泵，渣水回收泵)

低浓度水力除灰系统中灰浆泵打出的灰浆中水的比重占到75%~85%左右，若直接排到灰场势必造成水资源的极大浪费。因此许多发电厂采用高浓度水力除灰系统，即用浓缩机(池)来浓缩灰浆，将浓缩池溢流水由回水泵重新打入除尘器的办法来节水，节水效果十分明显。通常回水泵采用离心泵，其结构型式与灰浆泵相仿。

3. 搅拌器

电除尘器捕集下来的干灰经落灰管后一般有两种冲灰方式。一种是由箱式冲灰器排向灰浆池，另一种是干灰进入搅拌桶搅拌成灰浆再排向灰浆池。这两种方式的区别在于用水耗量不同，箱式冲灰器的耗水量大，灰浆浓度低。搅拌桶则在节水上有明显优势，但搅拌桶的体积大，占地面积较大，故障处理方面不如箱式冲灰器方便。

4. 箱式冲灰器

冲灰器上口与除尘器下灰管口相连，冲灰器下部装有进水管和喷嘴，在冲灰器内部安装有隔板和灰水出口，水在槽内产生旋流，使灰与水搅拌后经灰水出口排入灰沟。运行中，水位应保持与灰水出口管同样高度，以形成水封。烟道底部的细灰也可通过此装置排入灰沟。

5. 浓缩机(池)

浓缩池是将灰浆浓缩，以满足高浓度水力除灰系统输灰要求的一种设备。它可使灰浆浓度由15%提高到50%左右。目前，常用的浓缩机为周边传动的耙架式浓缩机。浓缩池为一圆形钢筋混凝土结构，池底为锥形，池内装设的耙架沿周边缓慢转动。灰渣从池中心的上部进入，在池内向下沉淀。

6. 柱塞泵

柱塞泵适用于高浓度的灰浆输送。要求灰渣颗粒直径小于3mm，大颗粒灰渣含量不大于20%。灰浆质量分数不大于60%，一般在40%左右为好。柱塞泵的吸入管路应尽可能的直和短，必须拐弯时应采用较大弯曲半径、并用钢筋混凝土支墩固定。吸入管路直径应不小于泵的吸入口径，吸入管路上应配置吸入室空气罐，同时配置放压阀和截止阀。

5.3.2 除灰设备的运行及维护

5.3.2.1 *灰浆泵的运行与维护*

1. 启动前的检查

① 泵体设备完整，盘车灵活无卡涩。

② 轴承润滑油质良好，轴承组件装配得当。

③ 轴封水投运，水压正常。灰浆池或回水池内无异物，液位正常。

④ 泵入口门开启，入口管道畅通。入口放水门放水畅通后，应关闭。

⑤ 灰浆泵出口门关闭，出口管畅通。

⑥ 在投运前，所有表计指示为零，仪表完整良好。

⑦ 泵与电动机底座地脚螺栓完整牢固、电动机接地线牢固，接地可靠。

2. 启动

① 检查工作做完后，合上电动机电源开关，注意电流表指示，启动电流应符合允许值。

② 若启动电流过大，则必须停止启动，查明原因。在未经处理的情况下不得再次启动，以免烧毁电动机。

③ 水泵转数正常后，应注意离心泵出入口压力指示、电流指示。正常情况下，打开出口门，并调整出口水量(一般用调节阀)使泵投入正常运行状态。

④ 离心泵出口门关闭时，离心泵运转时间不应过长，否则，会使泵内液体温度升高，

产生汽化，致使水泵机件因汽蚀或高温而损坏。

3. 运行中的维护

① 定时记录泵的出、入口压力和电动机电流值，轴承温度计的指示值，并分析变化情况，发现异常及时处理。

② 定时对电动机及机械部分的振动、声音、密封、轴封水压、轴承的油质和油位进行检查，如有异常情况应及时处理。

③ 备用设备应定期切换运行。调整入口水量，使水泵不致吸入空气产生振动。

4. 停止

① 离心泵在停运前应先关闭其出口门，然后停泵。其目的是避免水泵倒转，水轮脱落减少振动。

② 停泵前应用清水将泵的出入口管路冲洗干净。

③ 停泵后，关闭轴封水及冷却水，并将水泵内存水放掉。

5.3.2.2 搅拌器的运行与维护

1. 启动前的检查

① 搅拌桶启动前基础应完整牢固。电动机地脚螺栓紧固，叶轮牢固。

② 轴承润滑油质良好。盘车灵活，无卡涩，皮带松紧度适当。

③ 启动搅拌桶前应关闭底部事故放水门，上部清水门开启向搅拌桶内注水，待桶内水位高于叶轮后方可启动搅拌电动机。

2. 搅拌器的启动

① 检查完毕确认搅拌器具备运行条件后，合上搅拌电动机操作开关，将搅拌器投入运行。

② 若启动后皮带摆动大应立即停止搅拌器运行，通知检修人员调整间距，使皮带张紧力适当。

3. 搅拌器运行中的维护

① 定时检查搅拌桶电动机及机械部分，轴承温升正常。

② 叶轮转动力足够大，轴承内部无异常声响。

③ 溢流管畅通，清水来水量与下灰量匹配，灰浆浓度正常，搅拌桶内无积灰。

4. 搅拌器的停止

① 停止搅拌器时，应先停止卸灰机运行，将下灰管内的灰全部排尽。

② 停止搅拌电动机运行，开启事故放水门将桶内灰浆放完，最后关闭清水门。

5.3.2.3 浓缩机(池)的运行及维护

1. 浓缩机(池)启动前的检查

① 投运前检查分配槽、渡槽、溢流槽畅通无杂物。

② 耙架底部与浓缩机(池)底保持一定间隙。浓缩池四周轨道及齿条上无杂物。

③ 传动箱内油位正常，油质良好，减速机、电动机等固定螺栓无松动。

④ 启动浓缩机空转一周，观察运行是否平稳，无打滑现象。传动箱声音正常。

2. 浓缩机(池)的启动

① 完成检查工作确认无异常后，合上操作开关，电流表指针应能迅速回落至工作电流。各转动部件转动平稳均匀，无异常声响。

② 传动齿轮与齿条啮合正常，浓缩机(池)转动一周后，方可向浓缩池加灰浆，投入系

统运行。

3. 浓缩机(池)运行中的检查与维护

① 经常注意监视运行电动机电流表指示变化。发现电流变化较大时，应及时检查浓缩机各部运转情况，消除异常情况。

② 检查减速箱、电动机的转动是否平稳，振动不能超过规定值，无异常声音及摩擦现象。

③ 边齿轮、齿条啮合良好无偏斜，辊轮与轨道接触平稳。浓缩池入口滤网干净、无堵、不溢流。

④ 减速箱油量正常，变速箱油位正常，油质良好。滚动轴承温度不超过80℃，

⑤ 电动机温升不超过65℃。

4. 浓缩机(池)的停运

浓缩池停止进浆后，浓缩机继续运行一段时间，期间用反冲洗水对其冲洗，待流出清水后方可停止备用。

5.3.2.4 柱塞泵的运行及维护

1. 启动前的检查

① 检查操作盘上柱塞泵、注水泵的电动机电流表指示为零。光字盘指示灯齐全。操作开关、联锁开关、启动和停止按钮完整好用。

② 注水泵的主附件完整齐全，连接良好，各地脚螺栓紧固，启动前盘车灵活，泵无卡涩。油窗清晰，减速箱内油质合格，油位正常。

③ 柱塞泵及电动机外形完整。泵的出入口门开关灵活，出口管上压力表完整，指示正确。减速箱内油位正常，油质良好。手压皮带预紧力适当。手拉皮带盘车，以一人或两人能盘动为正常。出入口门和注水泵出口管路上的阀门应处于相应的开启(或关闭)位置。

2. 柱塞泵的启动

① 首先应启动注水泵。

② 检查柱塞泵出口放水门有水流出后，关闭放水门，合上柱塞泵电源开关，投入运行。全面检查轴承及润滑部分的润滑及振动情况。各部运行正常后，缓慢关闭出口再循环门，升压至工作压力(有些系统无再循环装置)。

3. 柱塞泵运行中的维护

① 经常检查各转动机械润滑情况及温度变化情况，发现温度不正常时，查明原因进行处理。

② 检查机组振动情况，保证泵体振动不超过1mm。传动轴串轴不超过2~4mm。

③ 油位保持正常，柱塞密封严密不浸灰水。定期向柱塞表面涂刷二硫化铝。

④ 运行中柱塞泵出口压力不能超过铭牌压力的+0.5~+1.0MPa。如果超压，应改打清水，直至恢复正常。

⑤ 出口压力低于正常工作压力的0.5MPa时，应改打清水30min后停泵，检查压力下降的原因。

⑥ 注水泵传动箱油位低于油窗的油位线时，应及时加油。当注水泵有泄漏或声音不正常时，应停泵处理。注水泵排出压力不得超过额定压力的1.15倍。

4. 柱塞泵的停运

柱塞泵系统停运前，灰浆泵、浓缩池应提前停止进浆，柱塞泵应打清水20min方可停止

柱塞泵、注水泵运行。停止运行后，启动高压冲洗泵冲洗输灰管路，并将柱塞泵的出入口水放尽。

5.3.2.5 油隔离泵的运行及维护

1. 油隔离泵启动前的检查

入口浓度计应投入。各部油位正常，油水分离罐各观察阀畅通。机械装置及各有关设备完好并处于启动前状态。

2. 油隔离泵的启动

① 检查完毕后，将泵的活塞调至活塞缸的中间位置，向油水分离罐内注水加油。

② 加油结束后，检查油中是否带水。为防止油水分离罐中有残余空气，应开启排气阀进行排气。空气排尽后，关闭排气阀，并调整油面位置。

③ 启动前应先启动空气压缩机，向空气罐输送压缩空气，并对浓缩池底部的下浆管、隔离泵入口及出口管段、泵体进行清水冲洗，然后开启有关阀门。

④ 按下启动按钮，使抽隔离泵处于运行状态。全面检查各部件的运转情况。一般油隔离系统启动后必须打清水运行一段时间，然后开启浓缩池下浆门，进行排浆。

3. 油隔离泵运行中的维护

① 检查油水分离罐内油水界面的变化情况和油污染情况。

② 定期进行油水分离罐内的排气。检查各部位的润滑油情况，缺油时应及时补充加油，监测油温保证正常。

③ 检查泵运行中的声响及振动情况，若有异常及时处理、及时分析、抄录各种表计，并根据运行工况判断泵的工作状态，及时调整。

④ 检查各种密封件的密封情况以及易损件的损坏情况。如有损坏，及时更换。

4. 油隔离泵的停止

停止前，应先由输送灰浆改为输送清水，将整个系统清洗干净后方可停止运行。当室外温度低于0℃时，还应将管内积水放尽，以防冻裂管道。

5.3.2.6 水隔离泵的运行及维护

1. 水隔离泵启动前的检查

① 检查清水泵、泥浆泵。齿轮油泵的轴承润滑油的油质应完好，油量应充足。手动盘车转动灵活。

② 电动机接地线良好，地脚螺栓无松动，联轴器的安全罩安装牢固。

③ 各阀门完整。法兰、管道无泄漏，泥浆泵进、出口管无堵灰现象。

④ 齿轮油泵的油箱油位正常。

⑤ 控制机主机切换正常，启动程序控制和手动操作均正常。

⑥ 压力表、流量计投入使用。浮球信号、指示灯应完整齐全，各仪表指示回零。各阀门开关灵活，同位素放射源的表计指示正确。

2. 水隔离泵的启动

① 启动清水泵，电动机的电流回落后，开启清水泵出口门。

② 开启排浆总门，关闭任意两个隔离罐的进水闸板阀。

③ 启动泥浆泵后，开启进浆总门向罐内灌浆。

④ 手动操作三个周期，正常后，将波段开关旋至“自动”，投入自动控制运行。

3. 水隔离泵运行中的维护

监视各表计指示良好，信号值与就地值相符。各电动机电流在规定范围内，清水池补水应正常，高压清水泵不得吸入空气。

4. 水隔离泵的停止

将灰浆泵入口倒为清水，冲洗干净后，将“自动”切换为“手动”，关闭排浆总门，停止清水泵及泥浆泵、油泵，切断控制电源。

5.2.3.7 箱式冲灰器的运行维护

1. 箱式冲灰器启动前的检查

① 箱式冲灰器外壳完整，无泄漏点。

② 管路、阀门完整、无损坏。

③ 排灰沟道畅通。

2. 箱式冲灰器的启动

① 启动冲灰水泵。

② 开启箱式冲灰器冲灰水门。

3. 箱式冲灰器运行中的检查与维护

① 检查各灰斗的落灰管应无堵灰，冲灰器内无杂物。

② 冲灰器槽内旋流正常，水封适当。

③ 运行中排灰畅通正常，无漏风。

4. 箱式冲灰器的停运

① 待电除尘器灰斗内积灰卸尽后，停止卸灰机运行。

② 箱式冲灰器内无灰浆后，关闭冲灰水门。

5.4 除灰方式与设备的选择

5.4.1 除灰方式与系统选择

除灰方式与除灰设备的选择是否合理，会直接影响锅炉能否正常运行，因此各电厂除灰方式与除灰设备的造型和设计都应根据自己的环境和条件认真进行，务求切合实际，既运行方便、可靠又节省投资。

各电厂除灰方式及系统应根据自己的环境和条件进行合理的选择和设计，以往多数电厂采用水力除灰系统，在水力除灰系统中一般是采用灰水比约为1∶15左右的低浓度灰浆输送系统。部分电厂采用了灰水比为1∶2左右的以浓缩池(机)或搅拌桶(器)为主要设备的高浓度除灰系统。一些电厂还采用了将贮灰场的冲灰水经沉淀分离、过滤或加药(化学处理)后送至除灰用水系统重新使用的方式。

低浓度水力除灰系统，冲灰水消耗量大，灰水大量排放已对环境造成污染，同时还存在输灰管线结垢严重的问题，随着电厂运行对排放标准的严格控制及节约用水，此方式将逐渐加以改进。

高浓度水力除灰系统能做到远距离、高落差输灰，为电厂灰场的选择扩大了范围，且耗水量少。采用浓缩机(池)设备的系统，有充分时间对灰水进行处理，可以预防或延缓输灰管结垢，是水力除灰系统中一种较理想的除灰方式。

目前在新建机组中，气力除灰方式已开始被广泛采用。气力除灰方式系统不需要冲灰水，可大量节省资源，且该方式不改变灰的特性，为灰的综合利用提供了有利条件。气力除灰方式有负压气力输灰、正压气力输灰系统、微正压空气斜槽系统。

有些电厂采用以气力除灰为主，水力除灰作为备用的方式来提高输灰系统的运行灵活性。有些电厂采用气力除灰串联水力除灰的系统，利用负压气力除灰先将飞灰收集到干灰库中再经掺水后制成高浓度灰浆用水利输送到灰场。

5.4.2 除灰泵与风机并联及串联

1. 并联

并联是指两台或两台以上的泵或风机向同一压力管路输送流体的工作方式。并联的目的是在压头相同时增加或保证流量、并联多在下列情况下采用：

① 当需要的流量大，而大流量的泵与风机制造困难或造价太高时。

② 为了避免一台泵或风机的事故影响到其他设备运行，需增加一定数量备用泵或风机时。

③ 由于外界负荷变化很大，因而流量的变化幅度也很大，为了发挥泵与风机的经济效果、使其能在高效率范围内工作，往往采用两台或数台并联工作，从而能以增加运行台数来适应外界负荷变化的要求。

2. 串联

串联是指前一台泵或风机的出口向另一台泵的入口输送流体的工作方式。串联运行常用于下列情况：

① 设计制造一台高压的泵或风机比较困难时。

② 在改建或扩建时管道阻力加大，要求提高扬程以输出足够流量时。

③ 使用容积式往复泵时无条件形成一定自然灌注压力，需在容积式往复泵入口前串联一台离心泵满足要求压力时。

5.5 袋式除尘器

5.5.1 袋式除尘设备工作原理

布袋除尘器的工作机理是含尘烟气通过过滤材料，尘粒被过滤下来，过滤材料捕集粗粒粉尘主要靠惯性碰撞作用，捕集细粒粉尘主要靠扩散和筛分作用。滤料的粉尘层也有一定的过滤作用。

5.5.2 袋式除尘器的运行与维护

1. 初期运行应充分注意工况的变化，发现的问题及时排除。

① 处理风量应不超出设计值。

② 处理高温高湿气体，从新开机时应对袋式除尘器预热，应注意由于结露面造成的滤料网眼堵塞和除尘器机壳内表面的腐蚀问题。

③ 收集在灰斗内的粉尘，应按规定的顺序排出。

④ 滤袋吊具的调整。袋式除尘器安装并使用1~2个月后，滤袋会伸长。应对滤袋吊挂机构长度进行调整。弹簧式的滤袋吊挂机构运转1年后，应把不合适的弹簧换掉。

⑤ 附属设备。管道和吸尘罩是重要附属设备，在运转初期是很容易通过异常振动使吸气效果不好，应及时调整。

⑥ 气体温度的急剧变化，可能引起风机运转不平衡，产生振动。运行中应保持平稳，开停时，避免温度急剧上升或下降。

2. 袋式除尘器应注意运行条件的改变，定期进行检查和适当的调节，以延长滤袋的寿命，用最低的运行费用维持最佳运行状态。可通过以下方式进行：

① 利用测试仪表掌握运行状态。如压差、入口气体温度、主电机的电压、电流等数值。通过这些数值变化了解以下所列各项情况：滤袋的清灰是否彻底，滤袋是否出现破损或发生脱落；有没有粉尘堆积；滤袋上有无产生结露；清灰机构是否发生故障，在清灰过程中有无粉尘泄漏情况；风机的运转是否正常；管道是否发生堵塞和泄漏；阀门是否活动灵活，有无故障；滤袋室及通道是否有泄漏；冷却水有无泄漏等。

② 控制风量变化。风量增加会引起滤速增大，导致滤袋泄漏破损、滤袋张力松驰等。风量减少会使管道风速变慢，粉尘在管道内沉积，将影响粉尘抽吸。若发现系统风量发生较大变化，应立即查找原因。

③ 控制清灰的周期和时间。袋式除尘器的清灰是影响设备运行的重要因素。清灰周期过短会影响清灰装置和布袋的寿命，清灰周期过长，会影响清灰效果。袋式除尘器的清灰周期和时间需根据设备的运行工况进行合理调整。

④ 维护正常阻力。如压差增高，意味着滤袋堵塞、滤袋上有水汽冷凝、清灰机构失效、灰斗积灰过多以致堵塞滤袋、风量增多等。而压差降低则可能意味着出现了滤袋破损或松脱、入风侧管道堵塞或阀门关闭、箱体或各分室之间有泄漏现象、辅机转速减慢等情况。在超过压差允许范围时即发出警报，及时检查并采取措施。

3. 停止运行后的维护

① 应避免滤袋室内的结露。要在系统冷却之前，把含湿气体排出去，通入干燥的空气。

② 要注意风机的清扫、防锈等工作，特别要防止灰尘和雨水等进入电动机转子和风机、电动机的轴承部分。风机每 3 个月应启动运转一次。

③ 有冰冻季节的地方，除尘系统停车时，冷却水和压缩空气的冷凝水应完全放掉。

④ 清扫管道和灰斗内积尘，清灰机构与驱动部分要注意注油。如果是长期停车，还应取下滤袋，放在仓库中妥善保管。

5.6 电 除 尘 器

5.6.1 电除尘设备工作原理

电除尘器是利用强电场使气体电离(在两个曲率半径相差较大的阴、阳极上，通上高压直流电，维持一个足以使气体电离的静电场)，即产生电晕放电，进而使粉尘荷电，并在电场力的作用下，将粉尘从气体中分离出来的除尘装置。

用电除尘的方法分离气体中的悬浮尘粒主要包括以下几个复杂而又相互有关的物理过程：施加高电压，产生强电场，使气体电离及产生电晕放电；粉尘经过电除尘的电场时悬浮尘粒的荷电；荷电尘粒在电场力作用下向电极运动而沉积；荷电尘粒在电场中被捕集在阳极板又名集尘板上；产生电除尘电极之间的电晕放电，气体电离所产生的电子、阴离子和阳离子都会吸附在粉尘表面，当粉尘有一定的厚度时，依靠定期振打将沉积在极板上的灰振落入灰斗。

5.6.2 电除尘器的运行与维护

电除尘的运行值班人员做好电除尘器正常运行中的监视与检查、维护工作是保证电除尘器持久、稳定、可靠和高效运行的首要环节。值班人员应做好下列监视和检查工作：

① 根据运行工况随时调节电除尘器运行参数。

② 电除尘器巡回检查路线：

集散控制系统—高压控制柜—低压控制柜—配电设备—卸灰系统—振打系统—本体设备—整流变压器—高压隔离刀闸。

高压控制柜是向电除尘的电场提供电能、达到烟气粉尘荷电和收集粉尘的装置。

整流变压器属于电除尘高压控制装置中的主要设备，具有输出直流负高电压、小电流、温升低的特点。

③ 及时对电除尘器设备进行巡检。

1)集散控制系统检查与要求：

a. 显示正确。

b. 接线紧固。

c. 微机温度正常，无异常声音。

2)低压控制柜检查与要求：

a. 各温度表、指示灯完好。

b. 电加热器加热温度高于烟气露点温度。

c. 柜内接线紧固，无过热现象。

d. 柜内各熔断器良好。

3)配电设备检查与要求：

a. 各刀闸接触良好，无过热现象。

b. 接线紧固，无过热现象。

c. 配电盘内、外清洁，无灰尘。

d. 柜门门锁无损坏。

e. 母线电压正常。

f. 配电盘内无异常声音、异味。

4)卸灰系统检查与要求：

a. 减速机油位不低于油标的 1/2。

b. 电动机、减速机、各轴承温度不超过说明书规定值。

c. 卸灰系统各部分设备振动值不超过说明书规定值。

d. 下灰系统畅通，无堵灰现象。

5)振打系统检查与要求：

a. 减速机油位不低于油标的 1/2。

b. 电动机、减速机、各轴承温度不超过说明书规定值。

c. 振打系统各部分设备振动值不超过说明书规定值。

d. 振打轴保险销无断裂。

6)本体设备检查与要求：

a. 各人孔门严密，无漏风现象。

b. 保温层无损坏。

c. 卸灰系统各部分设备振动值不超过说明书规定值。

d. 楼梯、过道、平台、护栏、照明完好无损。

7)整流变压器检查与要求：

a. 整流变压器内部无异常声音。

b. 整流变压器温升不超过说明书规定值。

c. 整流变压器无漏油现象。

启动前应对整流设备进行测绝缘，其绝缘应该大于1000Ω，保证整流器所有瓷瓶清洁，整流器接地电阻小于4Ω。整流器干燥剂正常为蓝色。

8)高压隔离刀闸检查与要求：

a. 触头接触良好，无过热现象。

b. 接线紧固，无过热现象。

c. 瓷瓶表面清洁，无裂纹。

d. 阻尼电阻完好。

e. 高压隔离刀闸柜内无放电现象。

f. 高压隔离刀闸柜柜门门锁无损坏。

5.6.3 电除尘器的调整及经济运行

电除尘器投运后，经热态调试制定的在各种工况条件下的合理运行工作方式基础上，根据锅炉实际运行的煤种、锅炉的负荷、燃烧情况及灰中可燃物、粉尘情况等来调整，包括控制柜的工作方式、火花频率、供电参数、卸灰机输灰机等的转速(或出力)、冲灰水压与水量等的调整，以适应锅炉运行工况下使电除尘器保持经济高效运行。因而运行人员的认真调整是电除尘高效运行的关键。除锅炉燃用煤种或粉尘特性与设计有明显变化时，需由专业技术人员进行控制方式的相应变动外，其他运行工况中不宜任意改变控制方式。

在锅炉负荷高，煤质较差粉尘量大的情况下，目前采用的高压供电装置的控制性能均能自动跟踪运行工况，此时可适当提高火花闪烁频率，保持高的供电参数，根据料位计指示和下灰情况保持高的卸灰输灰出力(转速)，保持较高的冲灰水压和水量。

在锅炉负荷低、煤质较好，粉尘量较少情况下，可降低火花闪烁频率甚至小火花或无火花的控制方式运行。在保证电除尘器出口排放浓度(或烟囱出口的烟气透明度)情况下，对多电场电除尘器，在保证首、末电场正常投入，为节电可停运第二或第三(对四电场电除尘器)电场，或者各电场投运而适当降低供电参数。在锅炉升降负荷过程中，及时根据锅炉负荷、料位指示、下灰情况进行相应调整。

通过改变运行状态，如选择适当的操作温度、增加烟气湿度、在烟气中加入调节剂(SO_2、NH_3 等)、增大振打频率等可有效地捕集高比电阻粉尘。

针对设备出现的异常情况，可以采取一些特殊的调整手段，如：

① 双侧振打由于一侧故障，可考虑将另一侧改成连续振打，当电极普遍集灰严重时，亦可在一段时间内采用连续振打。从理论上讲，厚灰反而容易振落，但振打落灰有逐渐剥落及从上到下一段滑移的过程，而每个振打部位在一个振打周期中只有一次打击机会，适当增加振打次数，在集灰严重或停机阶段是必要的。

② 当电场中的CO浓度过高($1\% < CO < 2\%$)时，为确保安全，可通过降低运行电压，避免出现火花闪落，引燃易爆气体。

③ 高料位自动排灰在信号失灵时，可采用连续排灰，或利用可编程控制器模拟自动排灰情况，使灰斗仍能保持一定灰位。

5.6.4 电除尘器试验

不管是研制、新建电除尘器，还是用来改造原电除尘器，电除尘器试验都是必不可少的工作，其目的主要有：

① 电除尘器的烟尘排放量或除尘效率是否符合环保要求。

② 查明现有电除尘器存在的问题，为消除缺陷、改进设备提供科学依据。

③ 对新建的电除尘器考核验收，了解掌握其性能，制定合理的运行方式，使电除尘器高效、稳定、安全地运行。

5.6.4.1　气流分布均匀性试验

在锅炉吸风机安装试运行结束，具备正式投运条件下，才能进行本项试验。由于冷态与正常运行的烟温条件不同，因而冷态气流分布均匀性试验时，吸风机入口挡板开度约为50%～60%（因正常运行烟温一般为130～170℃）。一般情况下，只测试第一电场入口气流分布均匀性符合设计要求，并至少达到$\sigma<0.25$。否则，应由设计及安装单位进行调整处理，包括修改导流板位置或角度；改变气流分布板开孔率；消除涡流区或局部短路区等。改动工作量大时，改动后仍需重新复测，直至达到要求。

5.6.4.2　振打性能试验

在常规情况下，由制造厂提供在该厂内试验塔上所测阳极板排和电晕线的小框架的振打加速度分布测试结果。为了校核安装质量，每个电场应抽测2～3个阳极板排和电晕极小框架的振打加速度分布值，与制造厂提供数值比较，误差超出10%～20%时，应由制造厂与安装单位协商分析原因进行处理。测试孔一般应在安装就位前，由安装单位按测试单位要求预先准备好。

5.6.4.3　伏-安特性试验

为了鉴定电场安装质量和高压供电装置性能与控制特性及其安装接线，进行冷态伏安特性试验。

① 逐一启动各电场的高压硅整流变压器供电装置，手动升压到机组额定二次电压值或二次电流值，若没有达到额定值或设计规定值，电场就发生闪烁时，应立即停止高压硅整流变压器组，分析原因是控制部分问题还是电场内问题。属于控制部分问题，由电源配套厂负责处理。属于电场内问题经检查又难以发现造成闪络的故障地点时，可采取可靠的安全措施后进入电场，查找电场内是否有焊条头、金属丝、石棉绳等异物，是否有电晕极大小框架局部放电现象（为查找异物，经采取特殊安全措施后，检查人员可站在第一电场气流分布板间，对故障电场重新升压，观看局部放电位置以便停电后清理异物或处理局部放电问题。

② 对各电场的高压供电装置及其控制部分进行过流、欠压等保护试验，应符合设计要求，否则应由电源制造厂调试人员进行调试或处理。同时应校核电除尘器人孔门与高压供电装置的安全闭锁（人孔门打开，高压供电装置应不能启动）。

③ 逐一启动高压供电硅整流变压器进行伏—安特性试验：首先观察起晕电压，然后用手动升压（二次电压自20、25、30、35、40、45、50、55、60、65、70、75kV），逐点记录一、二次电压，一、二次电流，可控硅导通角。然后手动降压，反向同样逐点记录，复合各点上升与下降时的数值，应基本一致。

通常，在达到机组额定二次电压或电流前，应不出现明显闪烁现象。若冷态试验时机组容量不足，而运行中参数能接近额定值，可将另一台同参数型号的整流变压器组并列供该电场进行试验。

把试验测试结果数据绘制成各电场的伏-安特性曲线，作为安装后交接的冷态试验值，同时提供给电厂生产部门作为在今后大、小修或处理故障后的参考依据。

5.6.4.4　电除尘器漏风试验

电除尘器本体在保温前进行严密性试验合格后，待所有设备全部装复，本体及入、出口烟道的人孔门均已封闭条件下，启动吸风机，对电除尘器本体、入、出口烟道、灰斗及卸、输、除灰系统在额定风压下进行全面严密性检查，对各法兰结合面或焊缝有漏风之处及时消除。

5.6.4.5　电除尘器阻力试验

在吸风机运行额定风量条件下测试电除尘器的本体阻力，初步验证冷态的阻力是否符合设计值。上述各项试验结束而且试验中发现的问题及缺陷经处理符合要求后，电除尘器具备了随锅炉机组整套热态试运行条件。

对于电除尘器大修后的检查验收与试验可视大修项目内容参照上述要求进行。

5.7　其他除尘

5.7.1　水膜除尘

利用含尘气体冲击除尘器内壁或其他特殊构件上用某种方法造成的水膜，使粉尘被水膜捕获，气体得到净化，这类净化设备叫做水膜除尘器。包括冲击水膜、惰性(百叶)水膜和离心水膜除尘器等多种。

5.7.2　文丘里除尘

烟气在文丘里管的收缩部分加速，达到喉部时速度最大，并处于强烈的紊流状态，在喉部喷入的水流被高速烟气击碎，变为大量的细小水滴，并充满喉部空间。由于细小的水滴与烟气中的飞灰存在相对速度，水滴与灰粒之间发生碰撞接触，灰粒被水迅速润湿。在扩散管中速度降低，静压得以恢复，切向进入离心水膜式除尘器后灰水粒被分离流入下部灰斗，烟气在离心力作旋转上升并被抛到壁面，灰粒或飞灰被沿筒壁流下的水膜润湿和冲刷使得飞灰与烟气进一步分离。分离后烟气最后经引风机排入大气。

第6章　锅炉事故处理

6.1　锅炉运行事故

6.1.1　事故停炉

事故及故障处理原则：

① 当机组发生事故或故障时，机组人员应及时做出正确分析和判断，消除事故根源，迅速恢复机组正常运行，满足系统负荷的需要。

② 在设备确已不具备运行条件或继续运行对人身、设备有直接危害时，应停炉处理。否则应尽量维持锅炉机组的运行。

③ 发生事故时，运行人员在班长、调度的指挥下，以炉长为主，迅速处理事故，调度员的命令除对人身、设备有直接危害时，均应坚决执行。

④ 事故处理结束后，做好详细记录，并汇报领导。

⑤ 在处理事故时，不得进行交接班。必须等事故处理全部结束或告一段落方可进行交接班。

1. 紧急停炉

紧急停炉条件：

① 锅炉严重满水或锅炉严重缺水，汽包水位正、负数值达到制造厂家规定紧急停炉的数值。

② 所有吸风机、送风机、一次风机或回转空气预热器停止运行。

③ 所有水位计损坏，无法监视水位。

④ 主给水管道、主蒸汽管道、炉管严重爆破，威胁人身安全。

⑤ 锅炉尾部烟道内发生二次燃烧，炉膛或烟道内爆燃，使设备严重损坏时。

⑥ 锅炉主汽压力高，超过安全阀动作压力而安全阀不动作，同时向空排汽门无法打开时。

⑦ 安全阀动作后不回座，压力下降，汽温变化到汽机不允许时。

⑧ 当DCS所有操作员站出现故障无法进行监视和操作时。

⑨ 炉墙破裂且有倒塌危险，危及人身或设备安全时。

⑩ 锅炉房内发生火警，直接影响锅炉的安全运行时。

⑪ 锅炉灭火。

⑫ 锅炉主保护具备跳闸条件而拒动。

⑬ 锅炉受热面发生爆破不能维持正常汽包水位。

紧急停炉的操作步骤：

① 手动紧急停炉，(无紧急停炉按钮的，立即切断给粉电源，停止制粉系统，停止燃油火嘴)复位各跳闸设备开关，关小吸风机挡板，保持炉膛负压-50Pa，进行通风(如发生二次燃烧应立即停止两台吸风机，关闭其挡板)。

② 解除各自动，手动调整汽包水位，关闭各级减温水门。

③ 关闭主汽门，确认关死后，开启过热器疏水门、对空排汽门，排汽10分钟。

④ 汇报调度及专业领导，通知汽机、化水、电除尘、燃料等工段锅炉事故停炉。

⑤ 如果水冷壁发生严重泄漏，不能保持正常水位时，则停止向锅炉供水。

⑥ 如果尾部烟道中发生泄漏，应维持正常汽包水位。

⑦ 紧急停炉的冷却过程与正常停炉相同，但时间可缩短。

⑧ 如炉管爆破，待蒸汽排除后再停吸风机。

⑨ 其他操作应按正常停炉处理。处理完后将原因及处理过程做好记录。

⑩ 若在事故停炉后10min内，仍然不具备启动条件时，则应停止送风机和吸风机，根据实际情况关闭各取样、加药门，连续排污一次门，通知化水岗位停止加药。

2. 申请停炉

遇下列情况应申请停炉：

① 省煤器、水冷壁管、过热器泄漏无法消除。

② 主蒸汽温度或管壁温度超过限额，经多方设法调整或降低负荷仍无法恢复正常时。

③ 锅炉两侧排烟温度偏差大于100℃，不停炉不能恢复正常时。

④ 给水、炉水、蒸汽品质低于标准，经努力调整，不能恢复正常时。

⑤ 锅炉严重结焦结渣或积灰，虽经努力清除仍难以维持正常运行时。

⑥ 锅炉房内发生火警，威胁设备安全时。

⑦ 汽包二次水位计全部损坏时。

⑧ 炉顶支架、吊杆发生变形或有断裂危险时。

⑨ 炉墙裂缝且有倒塌危险或炉架横梁烧红时。

⑩ 与烟气接触的联箱绝热材料脱落，使联箱壁温超过许可温度时。

3. 手动紧急停炉(MFT)操作

当发生下列条件之一时，系统立即发出主燃料跳闸信号MFT动作：

① 引风机全跳闸；

② 送风机全跳闸；

③ 手动紧急停炉；

④ 炉膛压力过高；

⑤ 炉膛压力过低；

⑥ 汽包水位过高；

⑦ 汽包水位过低；

⑧ 全炉膛火焰丧失；

⑨ 燃料丧失；

⑩ 点火延时；

⑪ 主蒸汽温度过高；

⑫ 再热出口温度过高；

⑬ 床温过高过低；

⑭ 所有高压流化风机全停；

⑮ 旋风分离器出入口温度超过1000℃；

⑯ 所有给水泵跳闸。

当发生MFT时，系统立即切断锅炉的一切燃料，并与机组其他系统自动完成下列操作：

① 报警光字牌发出声光报警；

② 燃油门迅速关闭；

③ 关闭油角阀；

④ 启动锅炉吹扫程序；

⑤ 跳排粉机；

⑥ 跳所有给粉机；

⑦ 跳磨煤机。

其他：应将送引风机挡板切至手操，以维持二次风量在跳闸时的水平。

发生 MFT 时，系统发出 MFT 及首跳原因显示，并且该跳闸的原因（即 MFT 首出条件）闭锁随后而来的其他 MFT 条件的显示，直到该首跳条件消除且启动吹扫计时开始时，解除首跳显示及首跳闭锁。

紧急跳闸（手动 MFT）

当运行人员发现危及机组运行安全或其他需要紧急停炉的情况时，操作人员可在集控室操作盘上按下"手动 MFT"按钮（硬接线），则启动手动紧急跳闸。

6.1.2 煤粉锅炉灭火事故

1. 现象

① 炉膛负荷突然增大，一、二次风压突然减小；

② 炉膛火焰监测指示发暗并报警，炉膛变黑看不到火焰；

③ 锅炉灭火保护动作并报警；

④ 水位瞬间下降随后上升；

⑤ 汽温、汽压下降；

⑥ 烟气含氧量突然增大。

2. 原因

① 引、送风机、一次风机、给粉机全部或部分掉闸；

② 炉膛负压过大，一次风速过大，来粉不均，一次风管堵塞；

③ 低负荷运行时燃烧调整不当或制粉系统调整不当，吹灰、打焦控制不当，燃烧不稳时未及时投油助燃；

④ 煤质变劣，挥发份低，水分太大，煤粉过粗，锅炉燃烧恶化；

⑤ 负荷波动大，风量调整不及时，给粉机转速过低，或运行方式不合理；

⑥ 炉膛大面积掉焦，致使炉内扰动过大；

⑦ 炉膛水冷壁严重爆破，制粉系统爆破；

⑧ 引送风机高低转速切换时操作不当；

⑨ 厂用电消失或引、送风机跳闸，给粉电源消失；

⑩ 燃油系统故障，油温、油压低，油中带水。

3. 处理

① 炉膛灭火后，炉膛灭火保护立即动作，发出灭火信号和显示灭火原因，自动切断给粉总电源，关闭燃油速断阀，关闭一次风挡板，关闭减温水门，停止吹灰或排污，锅炉联锁将制粉系统停运。将所有跳闸辅机开关复位到停止位置；

② 如果灭火保护拒动，则应立即手动同时按下两个 MFT 按钮，实现紧急停炉，检查上述各转机、风门挡板关闭，将所有跳闸辅机开关复位到停止位置；

③ 将自动改手动操作，解列减温器，及时控制汽温、汽包水位正常；

④ 调整炉膛负压-10~20Pa，风量大于30%额定风量，检查吹扫条件满足后按程序进行吹扫，炉膛吹扫时间不少于5min，吹扫完成后复归主燃料和油燃料信号；

⑤ 检查炉前燃油循环系统，开启燃油速断阀，“油跳闸”信号消失，“启动允许”信号出现，调整油压及雾化蒸汽压力正常；

⑥ 查明灭火原因并消除后，按机组热态启动操作程序进行点火带负荷，恢复机组运行。若灭火原因不明或短时无法消除故障时，按正常停炉步骤进行处理。

6.1.3 锅炉主蒸汽压力异常

1. 现象

① 汽压高或低信号报警；

② 汽压表指针超过正常范围。

2. 原因

① 增、减负荷调整不及时；

② 制粉系统启停；

③ 粉位低，给粉机下粉不均；

④ 给粉机故障不来粉；

⑤ 一次风管堵塞；

⑥ 送风不足，燃烧恶化，个别火嘴着火不良，多炉并列运行邻炉压力高；

⑦ 细粉分离器堵塞；

⑧ 煤质变化；

⑨ 给水温度变化。

3. 处理

① 当汽压升高，根据流量变化趋势，立即拉掉火嘴或减少部分给粉机转数。

② 当压力升高，可联系邻炉降压，必要时可开启对空排汽门，此时注意水位、汽压变化。

③ 当压力升高时，对空排汽门不开，注意安全门动作，达到安全门动作压力而安全门不动作时，应电动开启过热器控制安全门，压力正常后关闭安全门，通知热工、电气。

④ 汽压低时，根据负荷变化趋势，增加给粉机转数或启停火嘴。

⑤ 汽压低时，若负荷不变，及时查明原因，是否给粉机故障，给粉机转数降低。同时要看炉膛着火情况，调整好燃烧，投入油火嘴助燃。

⑥ 如果煤质不好汽压低，火嘴已全部投入运行，可联系调度员减少负荷。

6.1.4 锅炉主蒸汽温度异常

1. 现象

① 主汽温度高或低信号报警；

② 主汽温度指示超出正常范围。

2. 原因

① 减温水调整不当；

② 负荷突变，蒸汽压力变化大；

③ 上下排火嘴运行方式不合理；

④ 给粉机故障，来粉中断，煤质和煤粉细度改变，粉位过低，下粉不均；

⑤ 送风量过多或过少，一次风压过大或过小，一、二次风配合不当，火嘴着火不良，燃烧恶化；

⑥ 启停制粉系统；

⑦ 给水温度低；

⑧ 水冷壁、过热器蒸汽吹灰；

⑨ 汽水共腾，水位过高，排污时间长；

⑩ 水冷壁、过热器管泄漏；

⑪ 捞渣机放灰、打焦或底部漏风；

⑫ 细粉分离器堵塞。

3. 处理

汽温高：

① 开大减温水；

② 调整好燃烧，投入下排火嘴或中排火嘴，停止上排火嘴；

③ 减少二次风量，降低一次风压；

④ 停止过热器吹灰、打焦、排污，联系汽机提高给水温度；

⑤ 进行水冷壁吹灰；

⑥ 适当降低蒸汽压力；

⑦ 提高煤质，提高粉位；

⑧ 启动制粉系统，要缓慢进行倒风；

⑨ 多炉并列运行时，联系邻炉降低负荷，增加本炉负荷。

汽温低：

① 关小减温水或关死减温水；

② 调整好燃烧，投入中排或上排火嘴，停止下排火嘴；

③ 增加送风量，提高一次风压；

④ 调整好燃烧，适当提高汽压；

⑤ 提高粉位；

⑥ 进行过热器吹灰；

⑦ 多炉并列运行时，联系邻炉增加负荷，降低本炉负荷。

6.1.5 汽水共腾故障

1. 现象

① 汽包水位发生剧烈波动，各水位计指示摆动，就地水位计看不清水位；

② 过热蒸汽汽温急剧下降；

③ 严重时蒸汽管道内发生水冲击；

④ 饱和蒸汽含盐量和炉水导电度增大。

2. 原因

① 炉水品质不合格；

② 未按规定进行排污；

③ 锅炉负荷增加过快，汽水分离装置损坏；

④ 化学加药调整不当。

3. 处理

① 适当降低负荷，维持汽包水位在稍低水平运行，保持燃烧稳定；

② 关闭炉水加药门，全开连续排污，自然循环锅炉可加强上水和底部放水；

③ 影响蒸汽温度时，应关小或停用减温水并开启联箱疏水和汽轮机主闸门前疏水；

④ 化学加强汽水品质监督，采取措施改善品质；

⑤ 在汽水品质改善前应保持锅炉负荷稳定，品质合格后应冲洗汽包就地水位计，恢复汽包水位正常运行。

6.1.6 锅炉汽包满水和缺水事故

6.1.6.1 锅炉满水故障

1. 现象

① 所有水位指示高于正常水位，给水流量不正常，大于蒸汽流量；

② 水位高信号警报，超过最高值时保护装置自动停止锅炉机组运行，关闭汽轮机自动主汽门；

③ 严重满水时过热蒸汽汽温急剧下降。蒸汽管道发生水冲击，蒸汽含盐量及导电度增大。

2. 原因

① 给水自动装置失灵，给水调整阀、给水泵调速装置故障使给水流量增大或给水压力升高；

② 二次水位计失灵，指示偏低，使运行人员误判断而导致误操作；

③ 锅炉热负荷增加过快，使水冷壁内汽水混合物的温升很快，体积迅速膨胀而水位上升，以致造成满水；

④ 锅炉汽压突然降低(如汽轮机调节汽门突然大开或锅炉安全门动作)，产生虚假低水位，再加给水流量受压差增大的影响迅速大量增加，控制不及时使水位上升；

⑤ 运行人员对水位监视不够，控制不当，造成锅炉满水。

3. 处理

① 当汽包水位不正常地上升时，应对照有关表计指示值(如：水位计、蒸汽流量、给水流量、给水压力、给水泵转速、调整门位置)判明水位上升原因，调整水位；

② 当汽包水位超过高一值(+50mm)时，可采用下列手段控制水位上升：

1) 属给水自动调整装置失灵，应解列给水自动，关小调整门或降低给水泵转速；

2) 属增加负荷速度过快，应适当减缓增加负荷速度或停止增加负荷；

3) 属给水调整门卡涩，应当关小电动给水门减少给水量；

4) 属汽轮机调节汽门突然大开或安全门动作，则应适当降低锅炉负荷，但不宜大量减少给水流量，以防调节汽门关回或安全门回座后给水量不足造成锅炉缺水事故。

③ 汽包水位达到高二值时，事故放水门应自动打开，同时还可关闭电动给水门控制水位上升。此时应严密监视主蒸汽和一级减温水进口蒸汽温度，若汽温迅速下降，应立即全关减温水门，开启过热器出口联箱疏水门，联系汽轮机开启主汽门前疏水；

④ 若汽包水位达到高三值且超过规定的延时时间后，保护装置应自动停止锅炉机组的运行，关闭汽轮机自动主汽门，防止事故扩大。若保护拒动，则应立即手动紧急停止锅炉运行，通知汽轮机关闭自动主汽门；

⑤ 停炉后继续放水至汽包正常水位，待查明异常原因且消除后恢复机组运行。

6.1.6.2 锅炉缺水故障

1. 现象

① 所有水位指示低于正常水位，给水流量不正常地小于蒸汽流量（省煤器或水冷壁爆破时相反）；

② 水位低信号警报，低于最低值时保护装置自动停止锅炉机组运行；

③ 缺水严重时过热蒸汽温度升高。

2. 原因

① 给水自动装置失灵，给水调整阀、给水泵调速装置故障使给水流量下降或给水压力降低；

② 二次水位计失灵，指示偏高，使运行人员误判断而导致误操作；

③ 给水压力低或给水系统故障，高压加热器跳闸旁路同开启速度慢或未开启，运行中给水泵故障停运，备用泵未联动，给水泵再循环门自开等；

④ 给水管道阀门故障，给水管道放水门、省煤器放水门或事故放水门误开，定期排污操作不当或排污门严重泄漏；

⑤ 水冷壁、省煤器、过热器泄漏爆管；

⑥ 运行人员对水位监视不够、控制不当，造成锅炉缺水。

3. 处理

① 同满水的处理方法相同，即综合各参数的变化，判断缺水原因，调整水位恢复正常值；

② 汽包水位超过低一值时，除了采用与处理满水相同手段调整水位外，还应停止锅炉的排污，如属给水泵故障应立即切换或启动备用给水泵；

③ 汽包水位达到低二值时，保护装置会自动停止锅炉的排污，这时可根据给水泵可供给的最大流量迅速降低锅炉的负荷并保持稳定；

④ 因省煤器或水冷壁泄漏造成锅炉缺水时，在增大给水量保持汽包水位的同时应监视给水量和汽包壁温差的变化。供水量增至最大仍不能满足锅炉需要或汽包壁温差超过允许值时，应立即停止锅炉的运行；

⑤ 汽包水位降至低三值超过延时时间后，保护装置会自动停止锅炉运行，若保护拒动，则应立即手操紧急停止锅炉的运行；

⑥ 查明原因，消除故障后，保证正常汽包水位，重新点火恢复运行。

6.1.7 系统低周波事故

系统周波应保持在 50Hz，其瞬间应允许变动范围：当自动调频装置使用时为±0.1Hz，手动调频时为±0.2Hz。系统周波超出允许范围时，为周波异常或周波事故，并规定：周波低于 49.8Hz 延续时间不超过 30min；周波低于 49.5Hz 延续时间不超过 15min，周波高于 50.2Hz 延续时间不超过 15min。

当系统周波低于 49.8Hz，但高于 49.5Hz 时，且维持 5~10min，仍不见恢复，应主动增加出力或按调度要求增加出力。

当系统周波降到 49.5Hz，但在 49.0Hz 以上时，应不待调度命令，主动增加出力，使周波恢复到 49.5Hz 以上，或出力到最大为止，同时报告调度。

当事故或紧急情况下，两部分系统的周波差很大且电源无法调整时，可以降低周波高的系统进行并列，但不得降至 49.5Hz 以下。

6.1.8 自备热电厂黑启动

所谓黑启动，是指整个电力系统因故障停运后，通过启动系统内具有自我启动能力的机组，或通过外部电网的电力，给失去自我启动能力的机组提供厂用电，使其恢复工作。部分系统恢复后，最终整个供电系统恢复正常运行。

大面积停电后，系统的启动电源必须是无需外来电源即能自启动的机组，能在停运后快速恢复发电，并通过输电线输送启动功率至其他机组，带动其他机组启动。这是黑启动过程中首先需要确定的重要问题。方式有"自上而下"的主网恢复后小网恢复，优点是提供了更稳定的电源，它使重新启动的发电机组并网(或同步)及带负荷相对容易，但用户恢复供电过程时间太长。再有就是"自下而上"局部网络恢复后联网恢复主网络运行，局部网络恢复后，发电机组可接待部分负荷，用户停电时间短，但初期主系统恢复过程不稳定，大规模接带负荷困难。

6.1.9 厂用电中断故障

6.1.9.1 6kV 厂用电故障

1. 现象

① 厂用电源盘 6kV 母线指示回零；

② 所有跳闸电动机电流表指示回零，红色指示灯灭，绿色指示灯闪光，事故喇叭响，光字牌显示跳闸设备；

③ 跳闸电动机停止转动，失电段所带的给水泵跳闸，备用泵应自动投入，若未投入，则给水压力、汽包水位急剧下降；

2. 原因

① 电力系统、厂用母线故障；

② 发电机、厂用变压器故障；

③ 电源故障后备用电源未自动投入；

④ 人员误操作。

3. 处理

① 两段 6kV 厂用电母线同时失去电源时，锅炉 FSSS 保护动作，锅炉灭火。此时应迅速将辅机开关置于停止为止，等待恢复；

② 单段 6kV 厂用电母线失电时，应立即联系电气值班员进行处理，同时进行以下操作：

1）将跳闸或失电辅机开关置于停止为止，关闭相应的风机挡板；

2）迅速投入油枪，降低负荷运行，增大运行侧引送风机出力，调整风量，稳定燃烧；

3）失电段给水泵跳闸时，备用泵应自动投入；否则，手动投入，并及时调整出力，保证给水流量和汽包水位正常；

4）将汽包水位、主汽压力、主蒸汽和再热蒸汽自动切为手动。

6.1.9.2 380V 厂用电故障

1. 现象

① 380V 电动机电流指示回零，红灯灭绿灯闪亮，事故喇叭响，光字牌显示跳闸设备；

② 若两段 380V 电源同时失去，则锅炉给粉Ⅰ、Ⅱ段同时失去工作和备用电源，锅炉灭火。若一段 380V 电源失去，则失电段给粉工作电源失去，备用电源应自动投入。

2. 原因

① 厂用变压器或母线故障，备用电源未自动投入；

② 人员误操作；

③ 保护误动。

3. 处理

① 380V 厂用电源全部失去时，锅炉灭火，查明原因并等待处理后启动；

② 若单段 380V 母线故障，应立即联系电气值班员进行处理，同时进行以下操作：

1）将各跳闸转机开关放置停止为止，启动备用辅机；

2）自动调节器切换为手动；

3）电动阀在电源未恢复前需要操作则到现场就地手摇；

4）关闭各减温水门尽量维持汽温合格，汽包水位应保持略低些；

5）若在处理中锅炉灭火，则应按锅炉灭火处理；

6）厂用电恢复后，重新启动辅机点火，恢复正常运行。

6.1.10 控制系统仪表电源中断故障

1. 现象

① 电动执行机构指示灯灭，开度指示表回零，自动调整装置失灵，无法对设备进行电动遥控操作；

② 仪表指示不正常；

③ 记录表计停走；

④ 热电偶温度指示偏离正常值(温度补偿值)，热电阻温度指示回零；

⑤ 锅炉可能燃烧不稳，甚至灭火。

2. 原因

① 电气系统及电源母线故障；

② 开关或刀闸故障，备用电源未能自动投入。

3. 处理

① 如锅炉灭火，按灭火处理；

② 如锅炉尚未灭火，尽量维持锅炉负荷稳定，监视一次仪表或汽轮机进汽压力和温度变化，可短时间运行；

③ 将自动切为手动，远控改为手控，关闭启动执行机构进汽门或用手锁装置固定在原位；

④ 迅速恢复电源，若长时间不能恢复，或在处理过程如果主要以表，如汽温、汽压、水位等长时间不能监视或汽温、汽压、水位超过允许值时应立即停止锅炉运行。

6.1.11 回转式空气预热器故障

1. 现象

① 发出事故信号，跳闸红灯灭，绿灯闪；

② 电动机电流到零，空气预热器电动机故障停运后，空气马达或备用电动机自动投入；

③ 故障跳闸侧出口排烟温度升高，空气预热器出口风温下降；

④ 空气预热器跳闸侧的空气出口挡板和烟气入口挡板自动关闭。

2. 原因

① 空气预热器转子与静子接触面有杂物卡涩；

② 空气预热器电器回路故障，电源中断，热电偶动作；

③ 空气预热器润滑油系统油泵跳闸；

④ 空气预热器减速箱故障；

⑤ 空气预热器主轴承损坏。

3. 处理

(1) 发现空气预热器电流增大或波动的处理

① 在就地用听针检查空气预热器、静密封(轴向、径向、环向)磨擦声，必要时检修调整轴向和径向密封板，扩大密封间隙，若无效果，将负荷单侧空气预热器运行或请示停炉；

② 检查空气预热器上下轴承油位、油质、油温是否正常；

③ 检查减速器有无漏油、有无异声、供油是否正常。

(2) 润滑油泵异常的处理

油泵跳闸，备用油泵未联动，应将联动开关拨到单独运行为止，手动合备用油泵和跳闸油泵各一次，若不成功则应监视运行，当润滑油温超过规定值时，停止空气预热器运行。

(3) 空气预热器跳闸的处理

一台空气预热器跳闸，若在跳闸前无电流过大现象或机械部分故障，可重合闸一次，若重合闸成功，则应查明原因并消除；若重合闸无效，应投入盘车装置，降低锅炉负荷，控制排烟温度不超规定值；

一台空气预热器故障停运排烟温度超限，或两台空气预热器同时故障停运，应按紧急停炉处理。

6.1.12 锅炉安全门故障

1. 现象

① 饱和蒸汽压力或过热蒸汽压力超过动作压力，而安全门未动作；

② 安全门动作后降至回座压力，安全门不回座；

③ 未超过安全门动作压力，而安全门动作。

2. 处理

① 当安全门拒动时，应立即将安全门强制开启，打开对空排汽门，同时降低锅炉热负荷，降低蒸汽压力；

② 当安全门动作后不回座时，应强制回座，若脉冲安全门强制回座无效时，应将脉冲来汽门关闭，使其回座；

③ 当安全门全部失效或锅炉严重超压时，应立即停止锅炉运行；

④ 安全门误动时，解列自动，先强行关回，然后查明原因，予以消除。

6.2 制粉系统故障

6.2.1 制粉系统紧急停运

遇到下列情况时，应立即停止制粉系统的运行：

① 制粉系统爆炸；

② 危及人身安全时；

③ 制粉系统附件着火，危及安全时；

④ 制粉系统内着火，危及安全时；
⑤ 润滑油故障将导致轴承损坏时；
⑥ 轴承温度超过规定时；
⑦ 发生严重振动危及安全生产时；
⑧ 电气设备故障，需停止制粉系统运行时；
⑨ 细粉分离器发生严重堵塞时；
⑩ 锅炉灭火时：
1）通知司炉，立即停止排粉机，关闭排粉机入口风门；
2）将磨煤机、给煤机开关拉回停止位置；
3）关闭磨煤机入口各风门，开启冷风门(制粉系统爆破全关冷风门)；
4）关闭三次风门，开三次风冷却风门；
5）其他操作按正常停止进行；
⑪ 遇到下列情况应请示制粉系统停止运行：
1）粗粉分离器严重堵塞；
2）磨煤机出口温度表失灵，又无其他办法监视出口温度时；
3）波浪瓦脱落，磨煤机电流摆动大。

6.2.2 制粉系统的自燃和爆炸事故

1. 现象
① 磨煤机出口温度急剧升高；
② 磨煤机出入口负压不稳，整个制粉系统负压晃动；
③ 磨煤机出入口不严处向外冒烟；
④ 严重或爆炸时，防爆门爆破，炉膛负压剧烈波动甚至灭火。
2. 原因
① 内部长期积粉自燃；
② 磨煤机出口温度过高；
③ 煤湿，磨煤机入口部分不光滑积粉，时间过长，内部有易燃物；
④ 停止磨煤机时没抽净粉。
3. 处理
① 制粉系统运行时，立即停止，投入氮气灭火装置，隔绝制粉系统的通风；
② 故障消除后，进行内部检查和清理，确认各部件完整，火源已消除，方可重新启动。

6.2.3 制粉系统设备运行故障

6.2.3.1 粗粉分离器堵塞故障

1. 现象
① 磨煤机出入口负压小，压差小，出入口不严处跑粉；
② 回粉管锁气器不动作；
③ 粗粉分离器后，排粉机入口负压增大，电流变小；
④ 煤粉细度变粗。
2. 原因
① 煤粉太潮；

② 回粉管锁气器失灵造成回粉管堵塞；

③ 木屑分离器失灵，粉中含有木屑。

3. 处理

① 停止给煤机或磨煤机抽粉；

② 活动回粉管锁气器，敲打或捅回粉管及分离器；

③ 严重时，停止制粉系统处理。

6.2.3.2 细粉分离器堵塞故障

1. 现象

① 煤粉小篦子活动不了，不严处向外跑粉，锁气器不动作；

② 粉仓粉位下降；

③ 细粉分离器入口负压减小，排粉机入口负压增大，电流增大。

④ 汽温、汽压升高或安全门动作。

2. 原因

① 原煤内杂物过多，检查不及时，造成煤粉小篦子堵塞；

② 细粉分离器下粉管锁气器犯卡或不动作；

③ 粉仓储满，未及时停止制粉系统。

3. 处理

① 根据汽温、汽压停止部分给粉机；

② 停止磨煤机运行，进行抽粉；

③ 清理煤粉小篦子杂物，活动锁气器；

④ 敲打细粉分离器下粉管；

⑤ 检查切向挡板，倒向粉仓位置；

⑥ 若三次风带粉过多，汽温上升很快，立即停止制粉系统处理，进行掏粉。

6.2.3.3 煤粉仓棚粉故障

1. 现象

① 粉仓棚粉后，给粉机下粉不均匀，一次风携带煤粉量变化大，炉膛内烟气温度降低，锅炉汽温、汽压、蒸汽流量、锅炉负荷波动大；

② 一次风压变小(不下粉)；炉膛内燃烧不稳，严重时造成锅炉灭火。

2. 原因

① 粉仓内煤粉温度低，煤粉潮湿；

② 粉仓内煤粉温度过高，煤粉自燃结块；

③ 粉仓长期不降粉。

3. 处理

① 投入油枪助燃，调整风量，稳定燃烧；

② 敲打或活动给粉机挡板，清理粉块；

③ 如果仓内粉位低，尽快补粉；

④ 不下粉的给粉机不应多台运行，应停部分不下粉的给粉机，以免突然下粉造成汽温、汽压急剧升高；

⑤ 如锅炉灭火，按灭火事故处理。

6.2.3.4 木屑分离器堵塞

1. 现象

① 磨煤机出入口负压及压差变小，木屑分离器后至排粉机入口负压增大；

② 排粉机电流变小；

③ 严重时，磨煤机满煤。

2. 原因

① 制粉系统运行中，不及时活动篦子；

② 磨煤机启停前，未清理网上杂物；

③ 原煤中木块、杂物多。

3. 处理

① 活动篦子；

② 无效时停止制粉系统运行进行清理。

6.2.3.5 磨煤机润滑油系统故障

1. 现象

① 润滑油压低，磨煤机跳闸；

② 轴承温度升高；

③润滑油泵跳闸。

2. 原因

① 油位低；

② 油泵故障；

③ 油管路堵塞。

3. 处理

① 复位跳闸开关；

② 向油箱内加油；

③ 通知电气查明原因，故障消除后重新启动。

6.2.3.6 锁气器故障

1. 现象

① 锁气器不动作；

② 锁气器重锤脱落。

2. 原因

① 锁气器内部磨穿；

② 堵煤；

③ 锁气器内有杂物；

④ 粗粉分离器堵。

3. 处理

① 活动锁气器；

② 敲打回粉管；

③ 联系检修处理。

6.2.3.7 排粉机掉闸故障

1. 现象

① 排粉机、磨煤机、给煤机电流到零，红灯熄灭，绿灯闪光，事故喇叭鸣叫；
② 冷风门自动打开。
2. 原因
① 电气故障；
② 机械故障；
3. 处理
① 将跳闸开关拉回停止位置，停止制粉系统运行；
② 关闭排粉机入口门，关磨煤机入口各风门，关闭三次风门，开三次风冷却风门；
③ 联系电气消除故障后，得到司炉同意，重新启动制粉系统。
6.2.3.8　磨煤机掉闸故障
1. 现象
① 磨煤机、给煤机电流到零，红灯熄灭，绿灯闪光，事故喇叭鸣叫；
② 冷风门自动开启。
2. 原因
① 电气故障；
② 油压低；
③ 油泵故障。
3. 处理
① 磨煤机跳闸，不许合闸强送；
② 将跳闸开关拉回停止位置；
③ 保持出口温度正常；
④ 检查油系统，通知电气查明原因，故障消除后重新启动。

6.3　除尘器故障

6.3.1　袋式除尘器常见故障及处理

除尘器冒灰：
1. 原因
① 除尘器滤芯破损；
② 反吹电磁阀故障；
③ 反吹风压力低或无；
④ 除尘器其他设备故障。
2. 处理
① 检查反吹风管线、阀门是否正常；
② 检查电磁阀工作是否正常，若发现故障，请仪表进行检修；
③ 滤芯破，检修前切换灰库；
④ 除尘器解体检修前，必须确认相应的灰库停用。

6.3.2　电除尘器常见故障及处理

6.3.2.1　高压支撑绝缘子破裂
1. 现象

① 解体检查时，发现有裂纹；
② 严重时破碎，电场被迫停电；
③ 工作电压下降到正常值以下，火花次数升高。
2. 原因
① 受力不均有扭曲或其他处应力造成的机械破损；
② 由于开炉前没有很好的加热干燥，潮湿导电击穿；
③ 干燥时温度控制不当，升温太快，产生热应力引起裂纹；
④ 烟气中含有三氧化硫或其他冷凝后形成导电层的气体，引起电弧击穿；
⑤ 炉三管爆破时大量的水蒸汽进入电除尘器，使高压绝缘子表面温度迅速增大引起电击穿。
3. 处理
① 解体检查时发现绝缘子裂纹应立即更换；
② 运行时绝缘子击穿应停止该区的运行，操作方法是：停止相应的电场，断开该区的隔离开关，再送电投入另外一个区的运行。

6.3.2.2 入口气分布板振动

1. 现象
① 除尘器附近能听到响声；
② 打开检修时，发现分布板焊口脱焊。
2. 原因
① 由于焊接质量差，在振打时产生大幅度振动；
② 长期不清灰，造成表面积灰严重分布板重力分布不均，在气流冲击下产生振动。
3. 处理
① 停炉检修时，进行补焊；
② 进行振打清灰。

6.3.2.3 振打锤脱落

1. 现象
① 下灰口发现脱落的锤头，有时卡住转阀；
② 回转阀电流过载报警盘车不动。
2. 原因
① 安装或检修时，轴销没有固定牢固；
② 运行时间长，轴销磨断。
3. 处理
① 解体检查转阀取出下落的锤头并做好记录；
②停炉检修时，换上掉下的锤头。

6.3.2.4 阴极线断线

1. 现象
①断线的电场接地短路电源跳闸操作盘上信号报警；
②测量对地电阻为零。
2. 原因
① 电击断线，收尘极上有毛刺极线摆动使极距缩短或者未设护颈都会引起局部地点电

场强度升高，产生集中的火花放电，把极线击断，此类故障一般起因于电极安装不正或基座错动，致使放电极偏向收尘极(特别是在底部附近)第二类电气故障一般发生在极线中部，极线变细部分的长度可达一米以上，断面为圆形向断点逐渐变细，这类故障通常是因极线的摆动所致，而摆动则是由于气流分布过于不均或上述的共振所造成的。

② 腐蚀断线，放电极的任何部分都会产生腐蚀，其方式也各不相同，如极线与框架吊环连接处的表面腐蚀，这种情况下由于电化腐蚀，极线很快损坏，纯碳钢的吊环构成电源池的阴极与不锈钢的极线保护套管(构成电源池的阴极)二者构成了原电池，使电化腐蚀加剧，接触面有腐蚀以后，导电性能下降，产生电火花又出现了腐蚀，二者叠加使该处的损伤增大，产生断线。

③ 阴极线原有损伤，送电后该处电流增加。

第 7 章　循环流化床锅炉

7.1　循环流化床锅炉简介

7.1.1　循环流化床锅炉的特点

循环流化床燃烧是一种在炉内使高温运动的烟气与其携带的湍流扰动极强的固体颗粒密切接触，并具有大量颗粒返混的流态化燃烧反应过程，同时在炉外将绝大部分高温的固体颗粒捕集并将其送回炉内再次参与燃烧过程，反复循环组织燃烧。循环流化床具有低温的动力控制燃烧；高浓度、高速度、高通量的固体物料流态循环过程；高强度的热量、质量和动量传递过程等特点。高浓度、高速度、高通量是固体物料流态化的主要过程。强烈的动量质量传递使循环流化床内的颗粒产生磨损和碎裂，强化了燃烧。

循环流化床锅炉内的固体物料经历了从炉膛、分离器和返料装置返回炉膛的循环运动，整个燃烧过程和脱硫过程都是在循环运动的动态过程中完成的。在循环流化床锅炉中，大量的固体物料在强烈的湍流下通过炉膛，通过人为操作可以改变炉内物料循环量，并可改变炉内物料的分布规律，以适应不同的燃烧工况。

循环流化床锅炉独特的流体动力特性和结构使其具有许多独特的优点。

（1）燃烧效率高

鼓泡床锅炉燃烧效率低，一般在 90%以下，锅炉效率不足 80%，主要是飞灰含碳量高，为此曾采取加二次风、加分离回燃等措施，但由于鼓泡床燃烧室上部可燃成分少、烟温低、混合差等原因，收效甚微。而循环流化床锅炉是采用分级燃烧，流化速度高，循环量大，燃烧室上部有大量可燃物，二次风比例比较大，混合激烈、温度高，在整个燃烧室甚至分离装置内部继续燃烧，燃烧效率可达 95%~99%，锅炉效率可达 90%左右。

（2）能高效脱硫

炉内加石灰石脱硫能确保烟气 SO_2 排放达到环保要求。由于炉温可方便控制在脱硫反应的最佳数值，且通过分离回送，使加入的石灰石能够得到充分反应，循环流化床锅炉在石灰石的作用下，脱硫效率可达 90%以上。

（3）可降低 NO_x 排放量

流化床锅炉能减少 NO_x 排放的主要原因是低温燃烧和分段燃烧。低温燃烧生成的 NO_x 低，由于分段燃烧，燃烧室下部为还原气氛，燃料中 N 转化为 NO_x 也很少，不需采取特殊的降低 NO_x 的措施，在锅炉运行中 NO_x 能始终保持在 100~200mg/Nm^3。

（4）燃烧强度大，炉膛面积小

炉膛单位截面积的热负荷高是循环流化床锅炉主要优点之一。循环流化床锅炉的截面热负荷接近或高于煤粉炉。在同样热负荷下，鼓泡流化床锅炉需要的炉膛截面积要比循环流化床锅炉大 2~3 倍。

（5）燃料制备系统及给煤装置简单

循环流化床锅炉的给煤粒度一般小于 13mm，与煤粉炉相比，燃料的制备系统简单。由于高的流化速度，大量炉内及炉外循环，使床内物料的混合非常强烈，而且炉膛截面积较小，使所需给煤点的数量大大减少。燃料还可通过返料管加入，使燃料在进入炉膛前经历一个预热过程，既有利于燃烧，也简化了给煤系统。

（6）负荷调节范围广，调节速率快

循环流化床锅炉与鼓泡式流化床锅炉相比调节简单。鼓泡床锅炉由于流化速度限制，再加上受热面积绝大部分在床内，为了保证流化和燃烧温度，最低负荷一般为满负荷的50%。而循环流化床锅炉由于流化速度高，且燃烧风分成一、二次风，受热面又远离床层，因此稳定燃烧负荷可低至25%额定负荷，最高可高至110%额定负荷。由于截面风速高，吸热容易控制，循环流化床锅炉负荷调节速率也很快，每分钟可达4%~5%。

（7）负荷变化时汽温特性好

煤粉炉、链条炉一般70%以下负荷难以保持额定汽温，而循环流化床锅炉负荷低至50%也能保证额定汽温。这是因为随负荷变化，循环流化床锅炉炉温和炉内灰浓度都相应变化，炉膛传热不仅随炉温变化，还随灰浓度变化，同样的负荷变化，炉温相对变化就较小，从而保证了过热汽温相对稳定。

（8）燃料适应性广

由于炉内存有大量高温物料，新加入燃料仅占很小部分，再加之物料流化混合强烈，因而循环流化床锅炉能燃烧各种燃料如煤矸石、煤泥、石油焦、生物燃料、垃圾、各种煤，甚至油、气。但这是指锅炉可以根据不同的燃料来进行设计，而不是指同一台炉子可以烧任何燃料。对已运行锅炉也允许燃料有较大的变动，特别是带外置式热交换器的锅炉。

（9）灰渣可综合利用

循环流化床的燃烧属于低温燃烧，炉内优良的燃尽条件使锅炉灰渣的含碳量低，灰渣易于实现综合利用，如灰渣作为水泥掺和料或建筑材料，低温燃烧也有利于从灰渣中提取稀有金属，脱硫后含有硫酸钙的灰渣还可以用来制作膨胀水泥。

目前循环流化床锅炉也存在诸多问题。

（1）炉膛、分离器、回送装置及其之间的膨胀和密封问题

由于循环流化床锅炉设备表面附着一层厚厚的耐磨材料与保温材料，而且各个部位受热时间和程度不完全一致，所以会产生热应力而造成膨胀不均，易出现泄漏。循环流化床锅炉容易泄漏的部位有过渡烟道、高压风道等。循环流化床锅炉密封性差会造成笑气（N_2O）排放量增大。

（2）由于设计和施工工艺不当导致的磨损问题

锅炉部件的磨损主要与风速、颗粒浓度以及流速的不均匀性有关，磨损与风速的3~4次方和物料的浓度成正比。炉膛、分离器和回送装置内由于大量高浓度物料的循环流动，如果设计和施工工艺不当，一些局部位置，如烟气方向改变的地方会开始磨损，然后逐渐扩大到整个炉膛。磨损是影响炉膛、分离器及返料装置正常工作的主要原因。

（3）飞灰含碳量高的问题

对于循环流化床来说，其底渣含碳量较低，但由于石灰石脱硫温度的限制，使循环流化床锅炉飞灰含碳量较高。

（4）N_2O 排放较高

流化床燃烧技术可有效抑制 NO_x、SO_2 的排放，但循环流化床锅炉低温燃烧是产生 N_2O 最主要的原因。

（5）运行周期短

与煤粉炉相比，循环流化床锅炉运行周期短。

（6）厂用电率高

由于循环流化床锅炉具有布风板、分离器结构以及锅炉料层存在，烟风阻力要比煤粉炉大得多，相应通风电耗也较高。

7.1.2 循环流化床锅炉的分类

（1）按分离器的工作温度分类

循环流化床锅炉按分离器的工作温度分类可以分为高温分离器、中温分离器和组合分离器三种。采用高温分离器的循环流化床锅炉，其分离器工作温度为850~900℃，与炉膛温度基本相同；采用中温分离器的循环流化床锅炉，其分离器温度为400~600℃；采用低温分离器的循环流化床锅炉工作温度一般为200~300℃，这种分离器单独使用时，一般用于鼓泡流化床锅炉的飞灰回燃装置，即在低温区，用分离器将飞灰分离收集后再用气力回送装置送回炉膛回燃。采用高温和低温二级分离的组合分离型循环流化床锅炉，低温分离器可布置在省煤器后。

（2）按分离器结构形式分类

按分离器型式分循环流化床锅炉可分为炉外分离型和炉内分离型。采用旋风分离器的循环流化床锅炉，大多数高温旋风分离器为立式布置，位于炉膛外面；有些则采用水冷型卧式旋风分离器，布置在炉内。采用惯性分离器的循环流化床锅炉，其惯性分离器大多布置在炉内。采用旋涡分离器的循环流化床锅炉，分离器主要布置在炉内。

（3）按物料循环倍率分类

物料的循环倍率是指分离器在单位时间内由回料机构送回炉膛的循环物料质量与单位时间内加入炉膛的燃料质量的比值。根据物料循环倍率的大小，可将循环流化床锅炉分为高循环倍率、中循环倍率、低循环倍率三种循环流化床锅炉。循环倍率大于20的称为高循环倍率的循环流化床锅炉；循环倍率为6~20之间的称为中循环倍率的循环流化床锅炉；循环倍率为1~5之间的称为低循环倍率的循环流化床锅炉。

（4）按炉膛压力分类

按炉膛压力分为常压循环流化床锅炉及增压循环流化床锅炉。常压循环流化床锅炉的炉膛压力为20~30Pa；增压循环流化床锅炉的炉膛压力一般为0.8~1.6MPa。

（5）按有无外置式换热器分类

按是否具有外置式换热器，循环流化床锅炉分为带外置式换热器及无外置式换热器两类。

外置式换热器属于一个细粒子鼓泡流化床换热器，作用是使分离下来的物料部分或全部冷却到500℃左右，然后通过返料器送入炉内再燃烧。外置换热器内部布置有省煤器、蒸发器、过热器、再热器等受热面。外置热交换器在循环流化床锅炉属于一个辅助受热面。布置外置换热器的优点是增加了锅炉受热面，可解决大型锅炉床内受热面布置不下的困难，节约锅炉金属受热面的金属消耗量，而且还增加了过热蒸汽温度和再热蒸汽温度的调节手段，使循环流化床锅炉负荷调节范围增大，增加了同一台循环流化床锅炉对燃料的适应力。布置外置换热器的缺点是使燃烧系统、设备及锅炉整体布置方式变得比较复杂。溢流式热交换器由进料通道、受热面冷却室和返料通道组成。下流式热交换器由内循环通道、固体回料通道、外循环通道、风室、颗粒返回通道组成。

7.2 循环流化床流体动力特性

7.2.1 流态化过程的基本原理

7.2.1.1 流态化现象

流态化现象是指气体或液体以一定的速度向上流过固体颗粒层时，固体颗粒呈现出液体状态的现象。流态化是描述固体颗粒与流体接触的一种运动形态。流态化可以表现出气固颗粒流体的宏观特性。把固体与气体相接触而转变成类似流体情况的操作称为流态化操作。

在流态化过程中，气体或液体总是向上流动。流体连续向上流过固体颗粒堆积的床层，在流体速度较低的情况下，固体颗粒静止不动，流体从颗粒之间的间隙流过，床层高度维持不变，这时的床层称为固定床。在固定床内，固体物料的质量由炉排承载。随着流体速度的增加，颗粒与颗粒之间克服了内摩擦而互相脱离接触，固体颗粒悬浮于流体之中。颗粒扣除浮力以后的质量完全由流体对它的曳力所支持，于是床层显示出不规则的运动。床层的空隙率增加，床层出现膨胀，床层高度也随之升高，并且床层还呈现出类似于流体的一些性质。例如：流化床内任一高度静压约等于同一高度截面固体颗粒的质量；无论床层如何倾斜，床表面总是保持水平；床内固体颗粒可以象流体一样从底部或侧面的孔口排出；床内颗粒混合良好，在流态化加热中，床层的温度基本相同；流态化使密度小的燃料浮在床面，密度大的燃料在床内下沉。如图 7-1。这种现象就是固体流态化，这样的床层称为流化床。

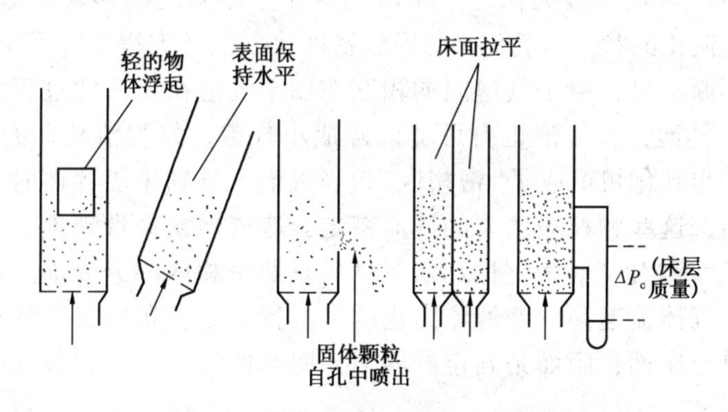

图 7-1　固体颗粒流态化的流体特性

随着流体流速的逐渐增加，流态化将从散式流态化经过鼓泡流态化、腾涌流态化、湍流流态化、快速流态化、密相气力输送状态，最后转变为稀相气力输送状态。

7.2.1.2 流化床的分类

不同的气流速度下，固体颗粒呈现不同的状态，分别是固定床、鼓泡流化床、湍流流化床、快速流化床、气力输送状态。如图 7-2 所示。

循环流化床锅炉属于气固两相的聚式流化床。聚式流态化是指以气体作为流化介质，当气体流速增加时，固体颗粒以各种非均匀的状态分布在流体中。

气固两相的聚式流态化，由于气流速度的不同，所以有不同的流型。料层由静止状态整体转变为完全流化状态时的最小气流速度为临界流化速度。粗大颗粒比例越多的燃料，其流化风速越高。当气体速度超过临界流化速度以后，气体不再是均匀地流过颗粒床层，而是以气泡的形式经过床层逸出，这就是鼓泡流化床，简称鼓泡床。鼓泡流化床气固流动空隙率大

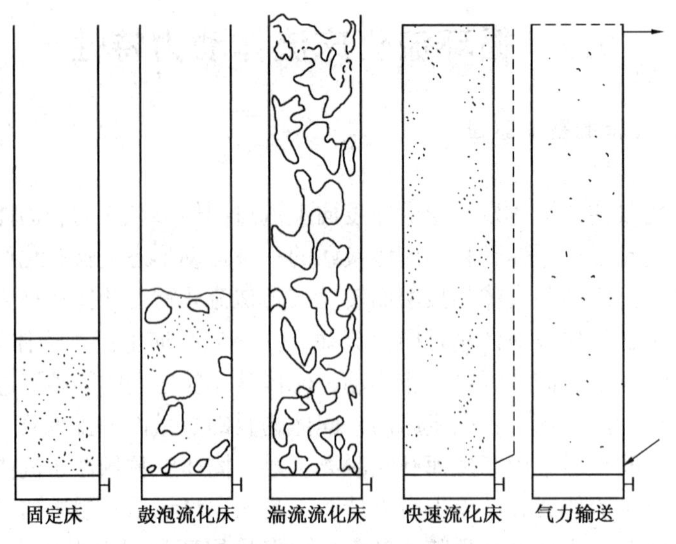

图 7-2　不同气流速度下固体颗粒床层的流动状态

于固定床。形成鼓泡流态化有三个基本条件：① 具有一定的压力空间，炉膛具有一定的高度；②燃料颗粒分布均匀；③炉膛底部有一定的气流。

鼓泡床由两相组成：一相是以气体为主的气泡相，其中常常携带少数固体颗粒，但它的颗粒数量稀少，空隙率较大；另一相由气体和悬浮其间的颗粒组成，称为乳化相，乳化相保持着临界流化的状态。乳化相的颗粒密度比气泡相大得多，而空隙率则小得多。气泡相随着气流不断上升，由于气泡间的相互作用，气泡在上升的过程中，可能会与其他小气泡合并成大气泡，大气泡也有可能破碎成小气泡。鼓泡流化床有个明显的界面，在界面之下气泡相与乳化相组成了“密相区”。当气泡上升到床层界面时发生破裂，喷出其携带的部分颗粒，这些颗粒被上升的气流带走，造成颗粒夹带现象，于是在床层上部的自由空域形成了“稀相区”。上述的床层界面就是两个相区的分界面。鼓泡循环流化床床料平均粒径细，气体流速高。鼓泡流态化的基本特征是：布风板附近形成空穴，迅速合并而长大，并升至床面；床面是确定的界面，周期性的有气泡破裂穿出，有一个较明显幅度的压力波动。

当气流速度继续增加，气泡破碎的作用加剧，使得鼓泡床内的气泡尺寸越来越小，气泡上升的速度变慢，床层的压力脉动幅度却变得越来越大，直到这些微小气泡与乳化相的界限分不出来，床层的压力脉动幅度达到最大值，则床层进入湍流流态化，称为湍流流化床。湍流流态化是鼓泡床的气固密相流态化与快速流化床的气固稀相流态化的过渡流型。

进一步提高气流速度，气流携带颗粒量急剧增加，需要依靠连续加料或颗粒循环来不断补充物料，才不至于使床中颗粒被吹空，于是就形成了快速流化床。循环床中上部区域达到快速流化床状态的循环床称为快速循环流化床。达到快速流化床基本条件是参与物料循环的细物料床存量需达到一个最低限度的量；风速需达到该颗粒床料的最小快速流化床起始速度。这时固体颗粒除了弥散于气流中，还集聚成大量颗粒团形式的絮状物，床上部有颗粒团形成是快速流化床的主要特点。由于强烈的颗粒返混以及外部的物料循环，造成颗粒团不断解体，又不断重新形成，并向各个方向激烈运动。同时快速流化床不再像鼓泡流化床那样具有明显的界面，而是固体颗粒团充满整个上升段空间。快速流化床不产生气泡，气固接触性好，生产能力高，具有处理粘性颗粒能力。循环流化床床料平均粒径细、操作气速高、返料多、无鼓泡，而且床截面颗粒浓度分布均匀，属于快速流化床。

图 7-3 表明了随着气流速度的增加，床层压降的变化规律及鼓泡流化床转变为循环流化床的工作状态。

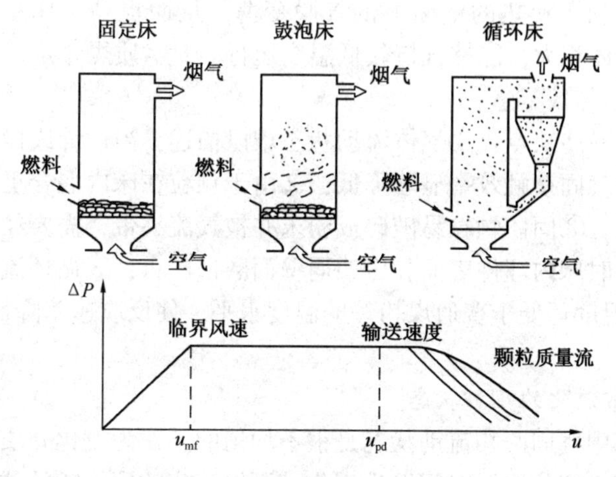

图 7-3　流化床流态转化过程

在循环流化床运行工况下，整个炉内的床料密度要比鼓泡床低得多。对于颗粒尺寸相同的鼓泡床，固体颗粒基本上只飘浮在床层内，没有向上的净流出量，其颗粒的质量流率等于零，气固间有很大的相对速度，此时床层膨胀比和床料密度只决定于流化速度。但循环流化床锅炉炉膛存在气固流动，除了气体向上流动外，固体颗粒也向上流动，此时两相之间存在的相对速度称为滑移速度，如图 7-4 所示。此时，气固两相混合物的密度不单纯取决于流化速度，还与固体颗粒的质量流率有关。在一定的气流速度下，质量流率越大，则床料密度越大，固体颗粒的循环量越大，气固间的滑移速度越大。

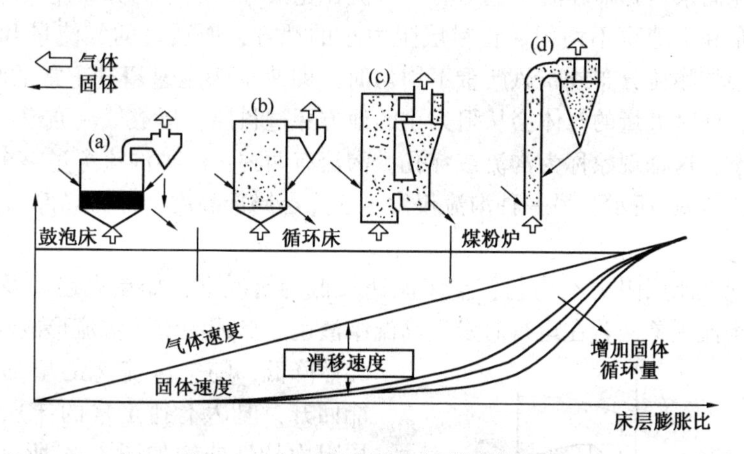

图 7-4　气固滑移速度与床层膨胀比

7.2.1.3　流化床的特点

流化床同其他气固接触方式相比，它具有如下优点：①由于流化的固体颗粒有类似液体的特性，颗粒的流动平稳，从床层中取出颗粒或向床层中加入新的颗粒特别方便，容易实现操作的连续化和自动化；②固体颗粒的激烈运动，使床层温度均匀。流化床所用的固体颗粒比固定床的小得多，颗粒单位体积的表面积很大，因此气固之间的传热和传递速率要比固定床的高。床层的温度分布均匀和传热速率高，使流化床容易调节并维持所需要的温度，而固定床却没有这些特征；③通过两床之间固体颗粒的循环，很容易提供所需要的大量热量；④气体与固体颗粒之间的传热和传递速率高；⑤由于流化床中固体颗粒的激烈运动，不断冲刷换热器壁面，使不利于换热的壁面上的气膜变薄，从而提高了床层对壁面的换热系数；⑥由于颗粒浓度高、体积大，能够维持较低温度运行，对劣质煤燃烧、燃烧中脱硫等反应是有利的。

流态化装置也有一些缺点：①气体流动状态难以描述，当设计或操作不当时会产生不正常的流化形式，导致气固接触效率显著降低；②由于颗粒在床内混合迅速，从而导致颗粒在炉内停留时间不均匀；③固体颗粒易破碎成粉末并被气流夹带，需要经常补料以维持稳定运行；④气流速度较高时床内埋件表面和床四周壁面磨损严重；⑤循环流化床锅炉床温一般在850℃左右，这样的温度远低于普通煤粉炉的温度水平，使反应速率降低；⑥与固体床相比，流化床能耗较高。

7.2.1.4　非正常流化的几种状态

实际燃煤流化床中气固两相流动状况是很不均匀的。作为流化介质的空气和烟气，它们的组分、状态及量随空间位置及时间发生变化。而被流化的固体颗粒群，其组分、状态及量的不均匀性更为突出，既有刚送入床中还没有开始燃烧的煤粒，也有正在燃烧的炽热炭粒，还有送入床内进行脱硫的脱硫剂，以及上述物质燃烧反应生成的固态物质或残留物。它们均处于不规则的运动中，其物理性质和化学性质随时随地发生变化。给煤和排渣的局部集中性，也造成了流化床中各种浓度场、温度场和粒度场的不均匀性。实际燃煤流化床中的气体和固体颗粒并不是均匀分布的，如果设计不合理或运行操作不当，就会加剧这种分布的不均匀性，致使床层出现非正常流化的状态。常见的非正常流化的状态有如下几种：

1. 沟流

当空床流速尚未达到临界流化速度时，气流在宽筛分料层中的分布是不均匀的，料层中颗粒大小的分布和空隙也不均匀。在料层阻力小的地方，所通过的气流量和气流速度都较大。如果料层中的颗粒分布或布风严重不均匀时，即使空床流速超过正常的临界流化速度，料层也不流化，此时大量的气体会从阻力小的地方穿过料层，形成气流通道，而其余部分仍处于固定床状态，这种现象称为沟流或穿孔。沟流有两种：一种沟流穿过整个料层，称为贯穿沟流，如图7-5(a)所示；另一种沟流仅发生在床层局部高度，称为局部沟流或中间沟流，如图7-5(b)所示。

沟流常出现在床层阻力不均匀、空床流速较低的情况下，如点火启动及压火后再启动时，容易产生沟流现象，若在运行时发生高温结渣也会形成沟流。沟流形成时，床层阻力会突然降低，随空床流速的增加，床层阻力可能回升，但达不到正常的床层阻力值，其床层阻力特性曲线如图7-6所示。中间沟流的床层阻力要比贯穿沟流大。床层中产生沟流时，会引起床层结渣，使床层无法正常运行。因此产生沟流后应当迅速予以消除。

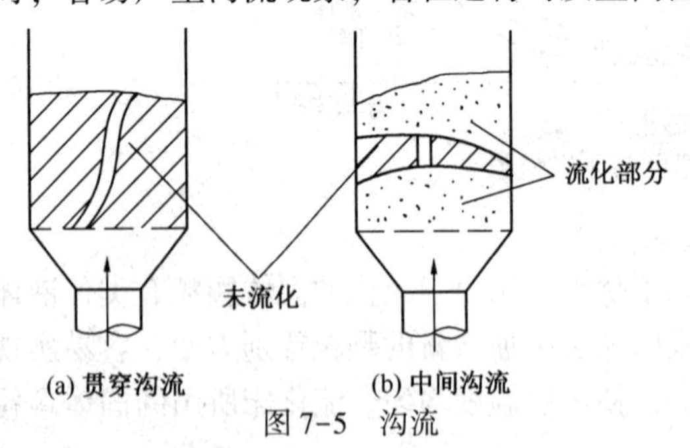

图7-5　沟流

在运行中消除沟流的有效办法是加厚料层，压火时关严所有风门等。

产生沟流的原因有：料层中颗粒粒径分布不均匀，细小颗粒过多，运行时空床流速过低；料层太薄或料层太湿易黏连；启动及压火的方法不当；布风装置设计不合理致使布风不均匀，如单床面积过大或风帽节距太大等。

2. 气泡过大或分布不均

燃煤流化床属聚式流化，必然会产生气泡，如图 7-7 所示。气泡越小，分布越均匀，则流化质量越好，气固之间的接触越好；相反若气泡过大或分布很不均匀时，会使流化床运行不正常或流化质量不佳。

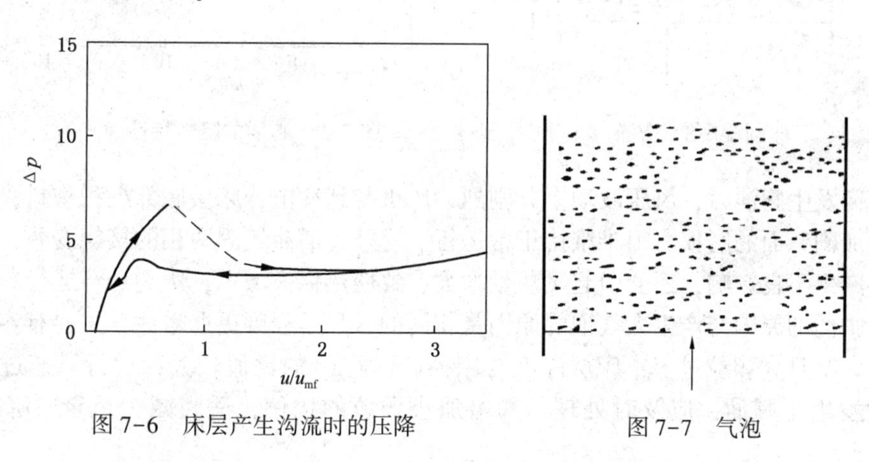

图 7-6　床层产生沟流时的压降

图 7-7　气泡

气泡过大或分布不均匀，一方面会使气泡在向上运动时，引起床层表面很大的起伏波动，带来床层压降的波动，造成运行不稳定。当气泡在床层表面破裂时，还会夹带很多床料粒子溅出床层，一些细小粒子被气流带走，若未能捕集并循环燃烧，会造成不完全燃烧，热损失增加；另一方面，气泡相在初始时储存着大量的空气，而颗粒相则空气相对不足，虽然随着气泡的上升、长大，气泡中的氧会有一部分与颗粒相之间实现交换，但其余部分则不起作用而逸出床外。气泡越大，上升速度越快，气泡内的氧逸出床外的越多，有时甚至是全部，这时两相之间的热交换变差，对流化床锅炉运行的稳定性和燃烧的经济性都带来不利的影响。

造成气泡过大或分布不均匀原因主要有：布风装置设计不合理，风帽小孔直径过大，风帽节距过大，或布风不均匀，致使气泡过大或分布不均匀；床层颗粒越大，产生的气泡越大；流化床的高度与床径(或宽度)的比值较大时，气泡也较大；料层太薄时，气泡分布不均匀。

要防止或改善气泡过大或分布不均匀的现象，必须合理设计布风装置，维持适当的床层厚度等来消除大气泡的产生，并使气泡分布均匀，改善流化质量。

3. 腾涌

料层中气泡会汇合长大，当气泡直径长大到接近床截面时，料层会被分成几段，成为相互间隔的气泡层及颗粒层，颗粒层被气泡推动向上运动，如图 7-8 所示。达到某一高度后崩裂，大量的细小颗粒被抛出床层后，被气流带走，而大颗粒则落回床层，这种现象称为腾涌，或节涌、气截。在出现腾涌现象时，气泡向上推动颗粒层，由于颗粒层与器壁摩擦造成床层压降高于理论值，而在气泡破裂时又低于理论值，床层压降会在理论值范围附近大幅度地波动，如图 7-9 所示。

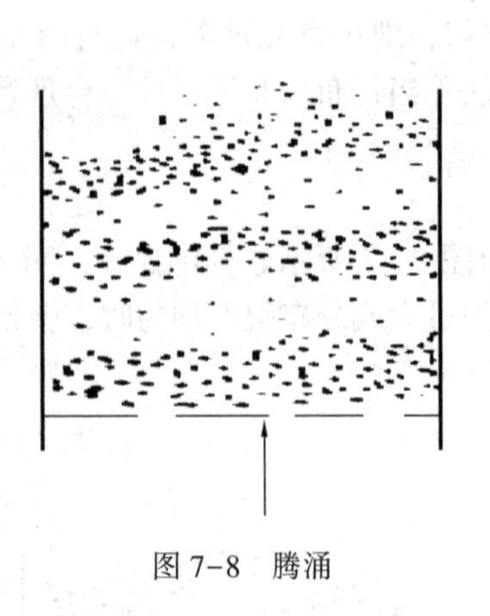

图 7-8　腾涌

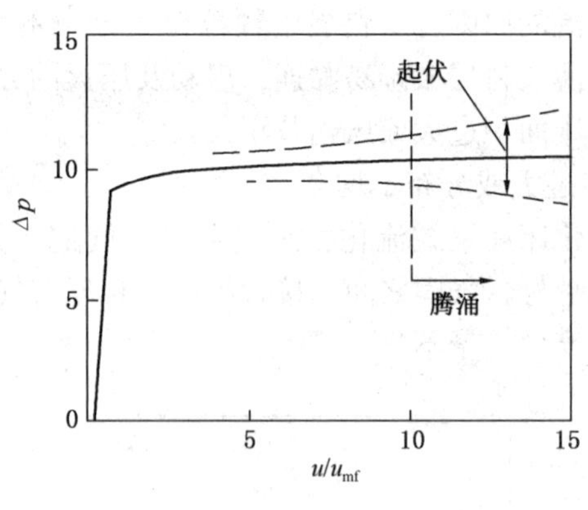

图 7-9　腾涌的阻力特性

流化床发生腾涌时，风压波动十分剧烈，风机受到冲击，床层底部沉积物料，易引起结渣，还会加剧壁面的磨损，很难维持正常运行。另外腾涌使气固两相的接触变差，对燃烧和传热都将产生不良影响，还会引起飞灰量增大，致使热损失增大，影响经济运行。

产生腾涌的原因与产生大气泡的原因是相同的，只是程度更严重些，主要有：床料粒子筛分范围太窄且大颗粒过多；床层高度与床径(或宽度)的比值较大；运行风速过高。如果在运行中发生了腾涌，应及时处理，如增加小颗粒的比例，适当减少风量，降低料层厚度等。

4. 分层

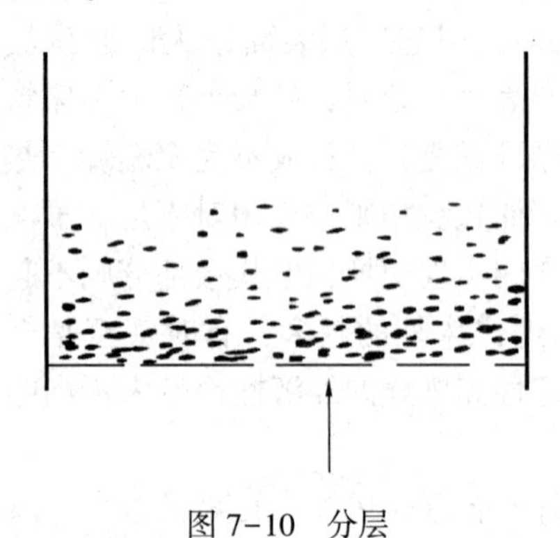

图 7-10　分层

若流化床料层中有大小不同的颗粒，特别是过粗和过细的颗粒所占的比例均很大时，较多小颗粒会集中在床层上部，而大颗粒则沉积在床层底部，这种现象称为分层，如图 7-10 所示。当风速较低，特别是风速刚刚超过大颗粒的临界流化速度时，分层现象较为明显。分层发生后，会造成上部小颗粒流化而底部大颗粒仍处于固定床状态的"假流化"现象，这是导致流化床锅炉结渣的原因之一。流化床锅炉在点火启动过程中，由于风量较小，容易发生分层现象。正常运行时，风速较高，混合十分强烈，料层分层现象不太明显。但如果料层中"冷渣"(料层中有少量密度较大或粒径较大的石块或金属等，或少量燃煤因局部高温而粘结成大块，沉积在床层底部，即称为冷渣)沉积太多，就会产生分层现象，影响床层的流化质量，甚至影响床层的安全稳定运行，因此应及时排掉"冷渣"，以防分层发生。另外，合理配风，采用颗粒分布较均匀、较窄筛分范围的燃料或点火床料，采用倒锥形炉膛结构等都可防止或改善分层现象。

7.2.1.5　气固流化过程及有关现象

图 7-11 给出了气固流化过程及有关现象的方框图。

当气流通过床层时，若流速较低，气流会从粒子间的空隙中通过，粒子不动。当流速稍许增大时，颗粒则被气流吹动而稍微移动其位置，颗粒的排列变得疏松，但颗粒间仍保持接触，床层体积几乎没有变化，此即固定床。若流速渐增，则粒子间空隙率将开始增加，床层体积逐渐增大，成为膨胀床，但整个床层并未全部流化。只有当流速达到某一限值，床层能被流体刚刚托起时，床内全部粒子才开始流化。如果流速进一步提高，床层中将出现大量鼓

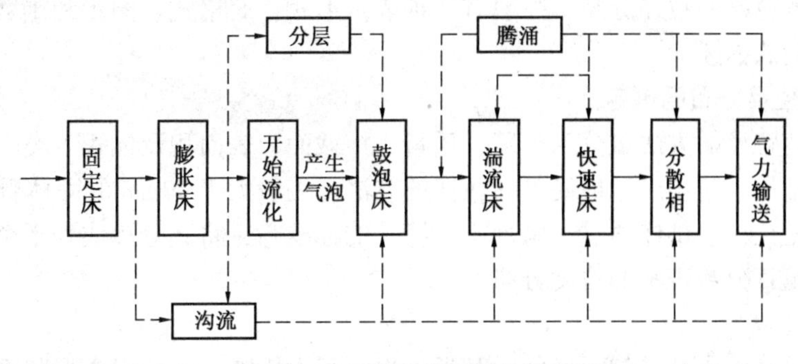

图 7-11　气固流化过程与现象

泡，流速愈高，气泡造成的扰动愈剧烈，但仍有一个清晰的床面，这就是鼓泡床。随着流速的进一步提高，床层中的湍动也随之加剧，此时鼓泡激烈以至难以识别气泡，并且床层密度的波动变得十分严重，许多较小的颗粒被夹带，床层的界面也模糊起来，这就是所谓的湍流床。再进一步增加流速，将导致颗粒被大量带出，为了维持床层的稳定，必须进行粒子循环，这便是快速床。在快速床阶段，原来较清晰的床面已经不存在，颗粒与气体的滑动速度增大并有一最大值。如果流速继续增加，颗粒与气体的滑动速度又趋减小，进入初始气力输送状态。随着流速的进一步增加，颗粒与气流的滑动速度减为零，颗粒随气流一起运动，进入了气力输送状态。从临界流化开始一直到气力输送，床层中的气体随流速的增加，从非连续相一直转变到连续相的整个区间都属于流态化的范围。

沟流一般会在固定床向膨胀床，或膨胀床向流化状态转化的过程中产生，并将根据沟流的严重程度，相应地转入鼓泡床或湍流床或快速床或分散相，最后成为气力输送状态。气泡是从流化开始后产生，随着流速的增加，气泡数量增多，体积一般都会增大，有时甚至会增大至形成腾涌。如果腾涌未形成，气泡将一直存在到鼓泡床转为湍流床，到了湍流床状态，鼓泡已剧烈到无法识别气泡了。腾涌是在鼓泡床形成之后，随流速的增大，气泡汇合长大到很严重时产生。腾涌产生后，可能转为湍流床或快速床或分散相，最后成为气力输送。分层现象则可能出现在由膨胀床到鼓泡床状态的整个过程，但并不是必然出现的一种现象。

7.2.2　固体颗粒的物理特性

流化床的流体动力特性不仅与流体介质密切相关，还与固体颗粒的物理特性，如几何尺寸、形状、密度、宽筛分的分布等性质以及床层的空隙率等有关。循环流化床锅炉的燃料颗粒大小不均、形状各异，对于床层流体动力特性有着直接的影响。循环流化床锅炉固体颗粒在流化过程中可以强化炉内燃烧，在锅炉流化过程中能起到热量传递的作用，使炉内温度分布均匀。同时固体颗粒与碳石颗粒混合可脱硫。

7.2.2.1　颗粒的物理特性参数

1. 单颗粒的尺寸

粒径表示颗粒尺寸的大小。对非球形粒子，一般可用等效直径来规定粒子的大小。在流化床的研究或计算中通常把形状不规则的颗粒等效地用相应的球形颗粒来替代。

2. 颗粒的粒径分布

流化床锅炉中的颗粒通常都是一定尺寸范围内大小不同颗粒的混合体，呈现不同粒度的宽筛分分布。流化床层物料的粒径大小及分布对于分析流化工况和流化质量是十分重要的。在运行中就是通过综合考虑一、二级破碎机出料粒度控制参数及筛子孔径来调节最终成品煤的粒度分布。颗粒群的粒径分布，一般有三种表示形式：表格式、图示和函数式。函数式是粒径分布最精确的描述。

3. 颗粒粒径及分布的测定

测定及表达粒径的方法可分为长度、质量、横截面、表面积及体积五类。筛分法是粒径分布测量中使用早、应用广、最简单和快速的方法。一般大于 40μm 的固体颗粒可用筛网来分级，筛分法是让粉尘试样通过一系列不同筛孔的标准筛，将其分离成若干个粒级，分别称量，求得以质量百分数表示的粒度分布。

4. 颗粒的形状

除了粒子尺寸大小外，粒子形状对其运动也有很大影响。为此引入形状系数作为描述粒子形状的参数，一般采用球形度 Φ_p 来表示。粒子球形度 Φ_p 定义为：

$$\Phi_p = \text{与颗粒等体积的圆球的表面积/颗粒的表面积}$$

对于球形颗粒，$\Phi_p=1$；对于其他形状粒子，$0<\Phi_p<1$。

5. 颗粒密度

颗粒密度是单位体积颗粒的质量。由于颗粒与颗粒之间存在着空隙，颗粒本身还会有内孔隙，所以颗粒的密度有真密度、表观密度、堆积密度等不同的定义。真密度 ρ_s 指颗粒质量除以不包括内孔的颗粒的体积，它是组成颗粒材料本身的真实密度。视密度 ρ_p 指包括内孔的颗粒的密度。颗粒群的颗粒与颗粒间有许多空隙，在颗粒群自然堆积时，单位体积的质量就是堆积密度，记为 ρ_b。

6. 空隙率与颗粒浓度

设流化床床层的总体积为 V_m，颗粒的总体积为 V_p，流体所占的体积为 V_g，则 $V_m=V_p+V_g$。床层的空隙率 ε 是指流体所占的体积 V_g 与床层总体积 V_m 之比：

$$\varepsilon = V_g/V_m = 1 - V_p/V_m \tag{7-1}$$

局部空隙率是指床层某点处的空隙率，也即该点小区域内空隙率的平均值。

床层的颗粒浓度 ε_s 是指颗粒所占的体积 V_p 与床层总体积 V_m 之比：

$$\varepsilon_s = V_g/V_m = 1 - \varepsilon \tag{7-2}$$

7.2.2.2 颗粒的分类

在相近的操作条件下，不同类的颗粒流动表现可能完全不同。在气固流化床中，颗粒的粒度以及颗粒与气体的密度差对于流化特性影响很大。通过对大量不同种类的颗粒床流化状态的研究，Geldart 提出了一种具有实用价值的颗粒分类方法。即以颗粒的直径为横坐标，颗粒与流化气体密度之差为纵坐标，将颗粒分为 A、B、C、D 四类，如图 7-12 所示（流化介质为空气、常温常压和流化速度小于 $10u_{mf}$时的情况）。同一类颗粒一般具有相同或相似的流化行为，而不同类别的颗粒将反映出不同的流化特性。固体颗粒的分类，不仅取决于颗粒的尺寸和密度，也取决于流化气体的性质，与它的温度和压力有关。

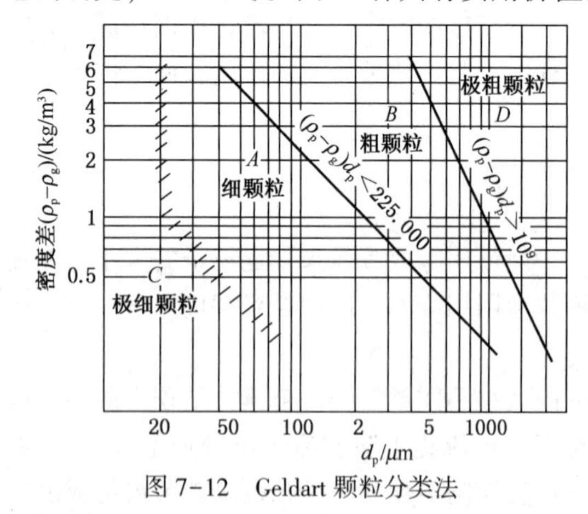

图 7-12 Geldart 颗粒分类法

1. A 类颗粒

A 类颗粒粒度较细，粒径一般为 30~100μm，表观密度也较小，一般小于 1400kg/m³。

这类颗粒的初始鼓泡速度明显高于初始流化速度，在达到流化之后，气泡出现前床层就明显膨胀。形成彭泡床后，乳化相中空隙率明显大于初始流化时的空隙率。床层中气固返混较剧烈，相间气体交换速度较高。

2. B 类颗粒

B 类颗粒属于中等粒度，粒径一般为 100~600μm，其表观密度约为 1400~4000kg/m^3，这类颗粒的初始鼓泡速度与初始流化速度相等。当气体流速达到初始流化速度后，床层内即出现鼓泡现象。其乳化相中的气固返混较小，相间气体交换速度亦较低。砂粒是典型的 B 类颗粒。

3. C 类颗粒

C 类颗粒是超细颗粒或黏性颗粒，一般平均粒度小于 30μm。此类颗粒由于粒径很小，颗粒间的相互作用力相对变大，极易导致颗粒团聚。另外，由于它具有较强的黏聚性，所以容易产生沟流，极难流化。通常采取搅拌和振动的方式使 C 类颗粒流化。

4. D 类颗粒

D 类颗粒粒度和密度都最大，平均粒度一般在 0.6mm 以上，甚至大于 1mm。该类颗粒流化时易产生大气泡或节涌，操作时难以稳定，需相当高的气流速度来流化。大部分燃煤流化床锅炉内床料及燃料颗粒均属于这类颗粒。

四类颗粒的主要特征及其比较见表 7-1。

表 7-1　四类颗粒的主要特征及其比较

特　征	颗粒类别			
	C	A	B	D
粒度($\rho_p = 2500kg/m^3$)	<30	30~100	100~600	>600
沟流程度	严重	轻微	可忽略	可忽略
可喷动性	无	无	浅床时有	明显
最小鼓泡速度 u_{bm}	无气泡	大于临界流化速度	等于临界流化速度	等于临界流化速度
气泡形状	只有沟流	平底圆帽	圆形有凹陷	圆形
固体混合	很低	高	中等	低
气体返混	很低	高	中等	低
气栓流	扁平面状气栓	轴对称	近似轴对称	近似贴壁
粒度对流体动力特性的影响	未知	明显	微小	未知

7.2.3 流化床流体动力特性参数

描述流化床流体动力特性的参数主要有床层压降 Δp、床层膨胀比 R、空隙率 ε、临界流化速度 u_{mf}、终端速度 u_t、夹带分离高度和扬析率等。对于循环流化床锅炉的研究、设计和运行，这些都是十分重要的参数或依据。

7.2.3.1　床层压降、膨胀比及空隙率

当流过床层的气体流速不同时，固体床层将呈现不同的流型，气流通过床层的压降也不尽相同。整个循环流化床锅炉系统的压力平衡关系 $P_{床}+P_{分}+P_{腿}+P_{阀}=0$。循环流化床锅炉循环量也会对炉膛的压力产生影响。循环流化床锅炉风量增加，炉内上部换热量增加，循环量

增加。

当流体通过床层的流速很低时，颗粒之间保持固定的相互关系而静止不动，流体经颗粒之间的空隙流过，床层为固定床状态。随着气流速度的增加，床层厚度、空隙率 ε_0 不变，但阻力会随之增加，此时床层高度称为固定床高 h_0。

当流速增大到某一确定值 u_{mf}时，床层中的颗粒不再保持静止状态，从固定床状态转为流化床状态，此转变点 T 即为临界流化状态。当空床流速继续增大时，床层膨胀得更厉害，固体颗粒上下翻滚，床层仍有一个清晰的上界面，此时整个床层为流化床。

在流化床阶段，若床料颗粒直径相同，气流速度增加，流化床阻力不变。这是因为随着流速的增大，料层高度相应增大，亦即床层体积膨胀，空隙率增加，流体在床内颗粒间的流通截面增大，使流体通过颗粒间的真实流速基本不变，因此料层阻力也保持不变。

随着气流速度的增加，空隙率 ε 也将增加，床层高度 h 随之增加。当气流速度超过 u_t 时，所有的固体颗粒都被气流带出燃烧室，此气流速度 u_t 被称为飞出速度或输送速度，床层处于输送床阶段。在理想情况下，床高为无穷大，此时床层压降在数值上等于床层颗粒重量，床层空隙率 ε 达到最大为 1.0。实际上，由于实际床高有限，因此在该阶段，床层压降突然降为很小，空隙率接近于 1.0。

理想流态化具有以下特点：有确定的临界流态化点和临界流态化速度 u_{mf}，当流速达到 u_{mf}以后，整个颗粒床层开始流化；流态化床层压降为一常数；具有一个平稳的流态化床层上面界；流态化床层的空隙率在任何流速下都具有一个代表性的均匀值，不因床层的位置和操作时间而变化，但随流速的变大而变小。

由于受颗粒之间作用力、颗粒分布、布风板结构特性、颗粒外部特征、床直径大小等因素的影响，造成实际流化床压降和流速的关系偏离理想曲线而呈各种状态。流速在接近临界流态化速度时，在压降还未达到单位面积的浮重之前，床层即有所膨胀。此外，由于颗粒分布的不均匀以及床层充填时的随机性，造成床层内部局部透气性不一致，使固定床和流化床之间的流化曲线不是突变，而是一个逐渐过渡的过程。在此过程中，一部分颗粒先被流化，其他颗粒的质量仍由布风板支撑，此时床层压降低于理论值。随着流速的增加，床层颗粒质量逐渐过渡到全部由流体支撑，压降接近理论值。此时对应床层质量完全由流体承受时的最小流速 u_{mf}，亦即完全流态化速度。由于颗粒表面并不是理想的光滑表面，所以造成颗粒之间"架桥"现象。当床直径较小时，床层和器壁之间的摩擦更为明显，甚至形成初始流态化对应床层压降大于理论值的现象。当床层全部流化之后，颗粒和器壁之间以及颗粒之间不再相互接触或接触较少，压降和理论值相差不大。流化床内存在的循环流动会产生与流化介质运动方向相反的净摩擦力，导致异常压降的出现。当颗粒分布不均以及布风板不能使流体分布均匀时，会出现局部沟流，结果大部分流体短路通过沟道，而床层其余部分仍处于非流态化状态。因此，实际流态化过程总是偏离理想流态化，这与实际颗粒分布、床中流体分布等很难达到理想状态有关。实际流态化过程可能出现的压降和流速曲线如图 7-13。

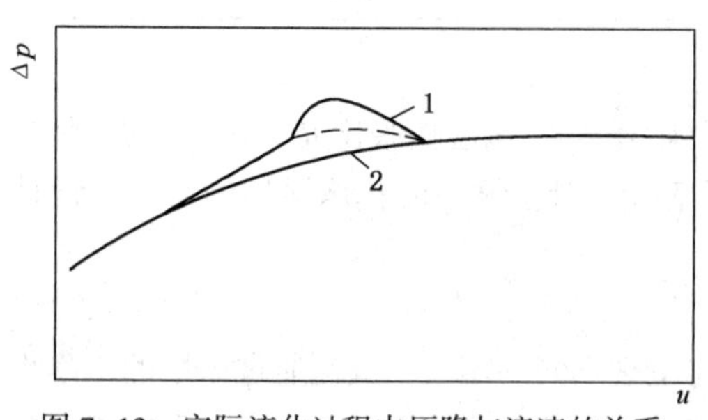

图 7-13　实际流化过程中压降与流速的关系

1—颗粒连锁；2—非流化区

流体通过固定床的压降与许多因素有关，如流体流速 u、流体密度 ρ_f 和黏度 μ、床层空

隙率 ε、颗粒球形度 Φ_s、颗粒表面粗糙度等，床层高度 h 对床层压降影响也很大。

在流化床阶段，随着流速的增大，料层阻力保持不变，这是流化床的重要特性之一。在实际操作中，就是利用流化床中风量增大即空床流速增大时料层压降不变这一显著特征，来判断料层是否进入流化状态的。此时料层阻力约等于单位面积床层的重力，即

$$\Delta p = \rho_p gh(1-\varepsilon) = \rho_p gh_0(1-\varepsilon_0) = \rho_b gh_0 \tag{7-3}$$

对于燃煤流化床，引入压降修正系数 λ，由式(7-3)即可将流化床的料层阻力用固定床状态的参数来估算，即

$$\Delta p \approx \lambda \rho_b gh_0 \tag{7-4}$$

压降修正系数 λ 由实验确定，主要与煤种有关，见表7-2。

表7-2　各煤种的 λ 值

燃料种类	λ 值	燃料种类	λ 值
石煤、煤矸石	0.90~1.00	烟煤矸石	0.82
无烟煤	0.80	油岩煤	0.70
烟煤	0.77	褐煤	0.50~0.60

由于许多实际因素的影响，当流速变化时，流化床料层阻力会有一些波动，保持不变只是相对而言的。

为描述流化床层的膨胀程度，定义流化床流化前后床层的高度之比为膨胀比，即

$$R = h/h_0 = (1-\varepsilon_0)/(1-\varepsilon)$$

$$\text{或}\ \varepsilon = 1-(1-\varepsilon_0)/R \tag{7-5}$$

式(7-5)只适用于等截面床，对于燃煤流化床常见的变截面床，需引入床层结构参数进行推导，得到床层空隙率 ε 与膨胀比 R 之间的关系。

流化床锅炉正常运行时，床层空隙率 $\varepsilon=0.5\sim0.8$。当 $\varepsilon>0.8$ 时将出现不稳定状态，是向气力输送过渡的阶段，对于床径较小的流化床，腾涌现象多出现在这个阶段。对于细粒度窄筛分的料层，腾涌几乎是流化床向气力输送转化的必经过程；对于粗颗粒宽筛分的料层，腾涌则不易发生。随着空床流速的增大，$\varepsilon\to1$，这表明颗粒所占的份额达到最小，床料呈现气力输送状态。

7.2.3.2　临界流化速度

临界流化速度就是床料开始流化时的一次风风速，这时的一次风风量也就称为临界流化风量。临界流化速度是流化床的一个重要的流体动力特性参数。对于实际运行的流化床，为使床层达到充分流化，通常运行流化风速为临界流化风速的2倍左右。

1. 临界流化速度的实验测定

在理想化的系统中，临界流化速度是固定床突然变到流态化状态时的速度，用压降对流速的关系曲线来确定临界流化速度是最方便的方法。

由均匀粒度颗粒组成的床层，当固定床通过的气体流速很低时，随着气体流速的增加，床层压降成正比增加，锅炉风量增加，炉膛压降增加。当风速达到一定值时，床层压降达到最大值 Δp_{max}，该值略高于整个床层的静压。如果再继续提高气体流速，床层空隙率由 ε 增大至 ε_{mf}，床层压降降为床层的静压。随着气体流速超过最小流化速度，床层出现膨胀和鼓泡现象，并导致床层处于非均匀状态，在一段较宽的范围内，进一步增加气体流速，床层的压降仍几乎维持不变。上述从低气体流速上升到高气体流速的压降-流速特性试验，通称为

“上行”试验法。由于床料初始堆积情况的差异，实测临界流化风速往往采用从高气体流速区降低到低速固定床的压降-流速特性试验，通常称其为“下行”试验法。如果通过固定床区(用“下行”试验法)和流态化床区的各点画线，并撇开中间区的数据，这两直线的交点即为临界流态化点，其横坐标的值即是临界流化速度 u_{mf}。用实验测定的临界流化速度不受计算公式和使用条件的限制，所得的数据对测定的系统比较可靠，但如果使用条件与实验条件有差异，则必须进行相应的校正。

2. 临界流化速度的影响因素

影响燃煤流化床临界速度的因素有粒径 d_p、粒子密度 ρ_p 和温度 t。随床料的粒径 d_p、粒子密度 ρ_p 的增加，临界流化速度 u_{mf} 随之增加。粒径增大 1 倍，临界流化速度约增加 40%；燃煤密度由 1500kg/m^3 增加到 2200kg/m^3，临界流化速度将增加大约 21%。热态(800～900℃)临界流化速度约为冷态(20℃)临界流化速度的 2 倍。对于同一筛分范围的床料，随着床温的升高，其临界流化速度会增大，但热态时的临界流化风量要低于冷态时的临界流化风量。这是因为当床温升高时，临界流化速度虽然增加了，但烟气体积却相应地增加了更多。热态临界流化风量只有冷态临界流化风量的 1/2～2/3。

7.2.3.3 最小鼓泡速度

当气流速度超过临界流化速度时，一部分过剩的气体将以气泡的形式穿过床层形成鼓泡床。使床层内产生气泡的最小气流速度称为最小鼓泡速度。鼓泡流化速度一般在 1.5～3.4m/s。最小鼓泡速度随着压力的增加而增加。

在鼓泡流化床中，当气体以较高速度从布风板的孔口喷入床层时，一部分气体以最小鼓泡速度流过颗粒之间，其余则以气泡的形式穿过床层。在气泡上升的过程中，小气泡会合并长大，同时大气泡又会破裂成小气泡。气泡穿出床层表面会爆炸，气体弥散到自由空间，在气体冲入上部空间的同时，一部分颗粒也被夹带了上去。对于一般的颗粒，其终端速度大于气流速度，即使被夹带上去，仍然会沉降返回到床层中来。只有一些终端速度小于气流速度的颗粒会被气流夹带出去。鼓泡流化床锅炉有明显密相区料层界面，不产生高度的二次悬浮燃烧。

7.2.3.4 颗粒终端速度

1. 终端速度 u_t 的定义

在静止气体中开始处于静止状态的一个固体颗粒，由于重力的作用颗粒会加速沉降。随着颗粒降落速度的增加，气体对颗粒降落的阻力也不断增大，直到阻力与颗粒扣除浮力后的重力相平衡，颗粒便作等速降落，这时颗粒的速度称为颗粒的自由沉降速度。由于该速度是颗粒加速段的最终速度，所以又称为颗粒终端速度。

2. 颗粒终端速度与临界流化速度的关系

流化床中的气流量一方面受 u_{mf} 的限制，另一方面也受到固体颗粒被气体夹带的限制。当流化床中上升气流的速度等于颗粒的自由沉降速度时，颗粒就会悬浮于气流中而不沉降。当气流的速度稍大于这一沉降速度时，颗粒就会被推向上方，因此流化床中颗粒的带出速度等于颗粒在静止气体中的沉降速度。流态化操作时应使气流速度小于或者等于此沉降速度，以防颗粒被带出。发生夹带时，这些颗粒必须循环回去，或用新物料来代替，以维持稳定操作状态。

比值 u_t/u_{mf} 是一项操作性能指标，常用其来评价流化床操作灵活性的大小。若比值较小，说明操作灵活性较差。比值大意味着流态化操作速度的可调节范围大，改变流化速度不会明显影响流化床的稳定操作，同时可供选择的操作速度范围也宽，有利于获得最佳流态化操作气体流速。这一比值还可作为流化床最大允许床高的一个指标。因为流体通过床层时存在压降，压力降低必引起流速的增加。床层的最大高度就是底部刚开始流化而顶部刚好达到 u_t 时的床高。

7.2.3.5　夹带分离高度、扬析与夹带速率

夹带分离高度、扬析和夹带速率，是流化床流体动力特性中很重要的特性参数。夹带和扬析在循环流化床锅炉设计和运行中非常重要，因为锅炉燃烧的煤是由一定范围的颗粒组成的，在燃烧和循环过程中，由于煤颗粒收缩、破碎和磨损，有大量的微粒形成，这些微粒很容易被夹带和扬析。为了合理地组织燃烧和传热，保证锅炉有足够的循环物料，以及保证烟气中灰尘排放达到标准，必须从气流中分离回收这些细颗粒。

1. 扬析与夹带

鼓泡流化床的床层有一个明显的界面，界面之上的床体部分称为自由空域，它是流化床的重要组成部分。

当气流通过宽筛分颗粒组成的流化床层时，其中细颗粒由于床层气流速度高于其终端速度，从颗粒混合物中分离，被上升气流带走。鼓泡床表面流化程度根据颗粒的大小进行分离，小颗粒被空气带走，大颗粒又回到密相区，称为颗粒扬析。循环流化床锅炉运行中发生扬析，细颗粒床料会随气流携带出去。循环流化床锅炉被扬析的颗粒源来自：给煤机送入炉内原煤细颗粒；煤在挥发分析出后破碎的细颗粒；燃烧过程中由于碰撞、磨损形成的细颗粒、脱硫剂细颗粒、外界补充物料的细颗粒等。循环流化床锅炉发生扬析时会形成波浪形，料层表面不稳定。

当流化床中的气流速度超过临界流化速度时，床层内出现大量气泡，气泡不断上升，到达床层表面时，会发生破裂并逸出床面。在此过程中，气泡顶上的部分颗粒和气泡尾涡中的颗粒，将被抛入密相床层界面之上的自由空域，并被上升气流夹带走，这个现象称为夹带。被夹带进入自由空域的颗粒中，一些粗颗粒由于其终端速度大于床层气流速度，在经过一定的分离高度后将重新返回床层；另一些终端速度低于床层气流速度的细颗粒最终被夹带出床体。把自由空域内所有粗颗粒都能返回床层的最低高度(高度从床层界面算起)定义为夹带分离高度(*TDH*)，在自由空域内，靠近床层表面处的颗粒浓度最大，随着高度的上升，颗粒浓度逐渐减小，直至 *TDH* 以后，颗粒浓度不再变化，也即颗粒夹带速率达到饱和夹带能力。

夹带与扬析是密切联系却又不同的两个现象。扬析是从混合物中带走细粉的现象，扬析过程可以发生在自由空域内的任何高度上。而夹带是气泡在床层表面破裂逸出时，从床层中带走固体颗粒的现象。

夹带形成的机理包括两个基本步骤：①从密相区到自由空域固体颗粒的输送；②颗粒在自由空域的运动。对于鼓泡床，输送起因于气泡在床层表面的破裂。实验表明：大约一半的气泡尾迹颗粒被气泡喷出。喷出的颗粒中大约50%的颗粒的喷射速度是气泡达到床面时速度的2倍。自由空域的喷射速度主要垂直向上，散射使颗粒在自由空域作径向运动。

2. 扬析率的影响因素

影响扬析率的因素主要有：操作流速 u_0、粒径 d_i 及床料颗粒的平均粒径 d_p。

操作流速 u_0 是影响扬析率的最重要因素，随 u_0 的增加，扬析量迅速增加。试验表明，扬析率常数与 u_0 呈指数关系变化(约2~4次方)。因为 u_0 增大时，鼓泡或气粒流更趋剧烈，

被扬析夹带的粒子粒径增大，数量增多；大颗粒的扬析量较小颗粒的小。试验表明，在相同的操作流速 u_0 下，当 d_p 增大时，扬析量减少，各粒径颗粒的扬析率常数 E 随 d_p 的增大而明显减小。因为在相同的 u_0 下，d_p 增大时，鼓泡或气粒流的剧烈程度趋缓，气泡或气粒流的扬析作用减弱，因此各粒径颗粒的扬析量减少。但一般随 d_p 的增大，u_0 将要增大，这时由于 u_0 的影响，颗粒的扬析量会增加。

7.2.4 循环流化床锅炉炉内的气固流动

鼓泡床、湍流床和快速床是气固两相流动的流态。循环流化床中的气固两相流动状态可以是鼓泡流态化，也可以是湍流流态化，甚至快速流态化。循环流化床装置系统是包括下部颗粒密相区和上部上升段稀相区的循环流化床、气固物料分离装置、固体物料回送装置等三个部分组成的一个闭路循环系统。

研究流化床的流动特性，分析流化床内的气流速度、颗粒速度、颗粒循环流率、压力和空隙率等的分布，以及颗粒聚集和气固混合的过程，对于掌握循环流化床锅炉的流动、燃烧、传热和污染控制，具有十分重要的意义。

7.2.4.1 循环流化床锅炉炉内气固流动的特点

循环流化床锅炉气固两相流动不再像鼓泡床那样具有清晰的床界面，并且有极其强烈的床料混合与成团现象。循环流化床锅炉固体颗粒混合形式有轴向和横向颗粒混合。颗粒聚集成大颗粒团后，颗粒团重量增加，体积增大，有较高的自由沉降速度。在一定的气流速度下，大颗粒团不是被吹上去而是逆着气流向下运动。在下降过程中，气固间产生较大的相对速度，然后被上升的气流打散成细颗粒，再被气流带动向上运动，又再聚集成颗粒团，再沉降下来。这种颗粒团不断聚集、下沉、吹散、上升又聚集形成的物理过程，使循环流化床内气固两相间发生强烈的热量和质量交换。循环流化床锅炉炉膛内存在颗粒浓度、速度、气体的轴向、气体的横向、颗粒横向交、颗粒分布运动。由于颗粒团的沉降和边壁效应，循环流化床锅炉炉膛内气固流动形成靠近炉壁处很浓的颗粒团以旋转状向下运动，炉膛中心则是相对较稀的气固两相向上运动，产生一个强烈的炉内循环运动，强化了炉内传热和传质过程，使进入炉内的新燃料颗粒在瞬间被加热到炉膛温度，保证了整个炉膛内纵向及横向都具有十分均匀的温度场。剧烈的颗粒循环加大颗粒团和气体之间的相对速度，延长了燃料在炉内的停留时间，提高了燃尽率。

如果循环流化床锅炉的燃料颗粒不是很均匀而是具有宽筛分的颗粒，通常为 0~8mm，甚至更大，则炉内的床料也是宽筛分颗粒分布，相应于运行时的流化速度，就会出现以下现象：对于粗颗粒，该流化速度可能刚超过其临界流化速度，而对于细颗粒，该流化速度可能已经达到甚至超过其输送速度，这时循环流化床底部区域(布风板上方很小一个高度范围称为底部)处于鼓泡和湍流床状态，上部为细颗粒组成的湍流床、快速床或输送床的两者叠加的情况。当然，在上下部床层之间，通常还有一定高度的过渡段。循环流化床锅炉炉膛上部颗粒浓度小于下部颗粒浓度。这是目前国内绝大部分循环流化床锅炉炉内的运行工况。循环流化床锅炉燃料颗粒的粒度分布对其运行具有重要影响。

7.2.4.2 下部密相区和上部稀相区

循环流化床是由下部密相区和上部稀相区两个相区组成的。在运行中密相区和稀相区的界面不断变化。下部密相区一般是鼓泡流化床或者湍流流化床，上部稀相区则是快速流化床。在循环流化床锅炉稀相区颗粒扩散程度小于气体扩散程度。随着循环流化床锅炉颗粒循环流率的增大，稀相区颗粒浓度增加。循环流化床锅炉密相区的颗粒则以轴向扩散混合为主。

尽管循环流化床内的气流速度相当高，但是在床层底部颗粒却是由静止开始加速，而且大量颗粒从底部循环回送，因此床层下部是一个具有较高颗粒浓度的密相区，处于鼓泡流态化或者湍流流态化状态。而在上部，由于气体高速流动，特别是循环流化床锅炉往往还有二次风加入，使得床层内空隙率大大提高，转变成典型的稀相区。在这个区域，气流速度远远超过颗粒的自由沉降速度，固体颗粒的夹带量很大，形成了快速流化床甚至密相气力输送。在下部密相区的鼓泡流化床内，密相的乳化相是连续相，气泡相是分散相。当鼓泡床转为快速流化床时，发生了转相过程，稀相成了连续相，而浓相的颗粒絮状聚集物成了分散相。不论循环流化床锅炉运行工况怎么变化，稀相区和密相区的结构不变，只是稀浓两相的比例及其在空间的分布相应发生变化。

7.2.4.3 输送速度与最小循环流率

床层要达到快速流态化的状态，除了必须超过一定的气体流速之外，还需有足够的固体循环量。当床层气流速度超过终端速度时，经过一段时间全部颗粒将被夹带出床层，除非是连续地循环补充等量物料。循环流化床锅炉炉膛上部颗粒大部分由密相区供给，少部分为二次风从床层一定高度供给。随着气流速度的增大，吹空整个床层的时间急剧变短。循环流化床锅炉床内的颗粒速度底部为加速区，上部为充分发展区。当气流速度达到某个转折点之后，吹空床层的时间变化梯度大大减缓。这时，床层进入快速流态化，该转折点的速度就是快速流态化的初始速度，被称为输送速度 u_{tr}。在输送速度下，床层进入快速流化床时的最小加料率被称为最小循环流率 $G_{s,min}$。

7.2.4.4 颗粒絮状物的形成

循环流化床锅炉炉内颗粒混合过程中存在明显的不均匀性，在局部会出现颗粒絮状物的聚集和解体。在快速流化床中，颗粒多数以团聚状态的絮状物存在。颗粒絮状物的形成是与气固之间，以及颗粒之间的相互作用密切相关的。在床层中，当颗粒供料速率较低时，颗粒均匀分散于气流中，每个颗粒孤立地运动。由于气流与颗粒之间存在较大的相对速度，使得颗粒上方形成一个尾涡。当上、下两个颗粒接近时，上面的颗粒会掉入下面颗粒的尾涡。由于颗粒之间的相互屏蔽，气流对上面颗粒向下运动的阻力减小了，该颗粒在重力作用下沉降到下面颗粒上。这两个颗粒的组合质量是原两个颗粒之和，但其迎风面积却小于两个单颗粒的迎风面积之和。因此，它们向下运动受到的总阻力就小于两个单颗粒的阻力之和。于是该颗粒组合被减速，又掉入下面的颗粒尾涡。这样的过程反复进行，使颗粒不断聚集形成絮状物。另一方面，由于迎风效应、颗粒碰撞和湍流流动等影响，在颗粒聚集的同时絮状物也可能被吹散解体。

颗粒絮状物不断地聚集和解体，使气流对于固体颗粒群的曳力大大减小，颗粒群与流体之间的相对速度明显增大。因此，循环流化床在气流速度相当高的条件下，仍然具有良好的反应和传热条件。

7.2.4.5 颗粒返混

在循环流化床内，气固两相的流动无论是气流速度、颗粒速度、还是局部空隙率，沿径向或轴向的分布都是不均匀的。颗粒絮状物也处于不断的聚集和解体之中。特别是在床层的中心区，颗粒浓度较小、空隙率较大，颗粒主要向上运动，局部气流速度增大；而在边壁附近，颗粒浓度较大，空隙率较小，颗粒主要向下运动，局部气流速度减小。因而造成强烈的颗粒混返回流，即固体物料的内循环，再加上整个装置颗粒物料的外部循环，使流化床锅炉具有良好的传热、传质和燃烧、净化条件。

7.2.4.6 循环流化床锅炉炉内气固流动的整体特性

循环流化床锅炉炉膛通常是一个大的方形或矩形燃烧室，床层颗粒为宽筛分分布，100%负荷时的气体流速一般为4~8m/s，它处于床层颗粒筛分的终端速度分布之中。任何操作速度的变化都会改变所夹带的床层颗粒份额。循环流化床固体颗粒停留时间较长，有利于固体颗粒的反应。高固体颗粒内循环率是循环流化床锅炉的一个重要特性。

实验表明，无论是沿纵向还是横向，在炉膛内颗粒的分布都是不均匀的，对于循环流化床燃煤锅炉，沿轴向的颗粒浓度分布的特征是，在底部有一个高度大于1m的颗粒浓度ε_s（即$1-\varepsilon$）相对较高的区域($1-\varepsilon<0.25$)，然后是向上延升数米的飞溅区，再上面是占据了炉膛大部分高度的稀相区，其中截面平均颗粒浓度非常低，一般低于1%。循环流化床燃烧设备的下部可看作是一个鼓泡流化床，可以用鼓泡床的流动规律和模型来描述循环床下部的气固流动特性。在二次风入口以上截面的平均颗粒浓度沿高度一般可用指数函数来表示，这和鼓泡流化床的悬浮区相类似。在循环床的上部区域，截面上颗粒浓度近似呈抛物线分布，即在床层中部颗粒浓度很稀，而在壁面附近颗粒浓度较高。

循环流化床锅炉在床中间的颗粒一般向上流动，而在靠近壁面的区城，会出现颗粒向下流动，且越是靠近壁面颗粒向下流动的趋势越大，在离壁面一定距离内颗粒的净流率为负值，标志着颗粒流动的总效果为向下流动。这就是通常所说的循环流化床环-核流动结构。固体颗粒净流率为零的点定义为壁面区的外边界层或浓度较高的颗粒下流边界层。壁面层的厚度s大约为10cm，壁面区的大小在矩形壁面的四角区域并无很大变化，但是其内的颗粒浓度和降落速度却很高。壁面区厚度s随离布风板高度的增加而变小；在床体的顶部壁面区的厚度变为零。

实验表明，在循环流化床内，固体颗粒常会聚集成颗粒团，在携带着弥散颗粒的连续气流中运动，这在壁面处的下降环流中表现得尤为明显。这些颗粒团的形状细长，空隙率一般在0.6~0.8之间。它们在炉子的中部向上运动，而当它们进入壁面附近的慢速区时，运动方向开始从零向下作加速运动，直到达到一个最大速度。这个最大速度一般在1~2m/s。颗粒团并不是在整个高度上与壁面相接触的，在下降了1~3m后就会在气体剪切力的作用下，或其他颗粒的碰撞下发生破裂，也有可能自己从壁面离开。

在大多数循环流化床锅炉中壁面不是平的。它们或是由管子焊在一起，或是由侧向肋片将相邻的两根管子联在一起。在每一个肋片处，由相邻管子构成深度为半个管子直径的凹槽，这将影响到颗粒在肋片上的运动。实验发现颗粒会聚集在肋片处，在那儿的停留时间要大于停留在管子顶部的时间。

7.2.5 循环流化床的下部流动特性

循环流化床的下部基本上是密相的气固鼓泡流化床，鼓泡循环流化床类似与鼓泡床的密相区。鼓泡循环流化床炉膛燃料随气泡上升过程两侧流动。当鼓泡流化床出现快泡流型时气泡速度大于气体渗透乳化相的向上运动速度。与鼓泡床所不同的是，循环流化床中床料平均粒径较细，并且气体流速又较高，所以循环流化床有别于鼓泡床的一些流动特性。当床层内气体的流动速度超过临界流化速度时，床层开始松动，部分气体将以气泡的形式流过床层。单个气泡在上升的过程中逐渐长大，上升速度也逐渐加快。如果床层中有多个气泡，由于气泡之间的相互作用，会同时发生气泡合并与分裂的现象。有的气泡可能与其他气泡合并成大气泡，也可能发生大气泡分裂成小气泡的现象。在两块模型中气泡相是稀相，气泡周围的乳化相是密相。由于气泡的运动，加速了相间的颗粒运动以及颗粒与气体的剧烈混合，使床层具有良好的传热传质和化学反应性能。气泡的行为在描述密相床内的气固流动以及密相床中的燃烧反应时，起至关重要的作用。

7.2.5.1 气泡的特性

鼓泡循环流化床锅炉的燃料颗粒平均直径小于鼓泡床，气泡行为决定了燃烧反应速度。单个气泡通常接近球形或椭球形，气泡内基本不含固体。气泡的底部有个凹陷，其中的压力低于周围乳化相的压力，固体颗粒被气体曳入。气泡底部的颗粒称为尾涡，它将随着气泡一起上升。

当气泡上升的速度 u_b 大于乳化相中气体向上运动的速度 u_g 时，气泡中的气体将从气泡顶部流出，在气泡与周围的乳化相之间循环流动，形成所谓的气泡晕，如图 7-14(a)所示，这样的气泡称为有晕气泡或快气泡。气泡的上升速度 u_b 越大，气泡晕层越薄。反之，如果 u_b 小于 u_e，乳化相中的气体穿过气泡，并不形成循环流动的气泡晕，如图 7-14(b)所示，这样的气泡称为无晕气泡或慢气泡。

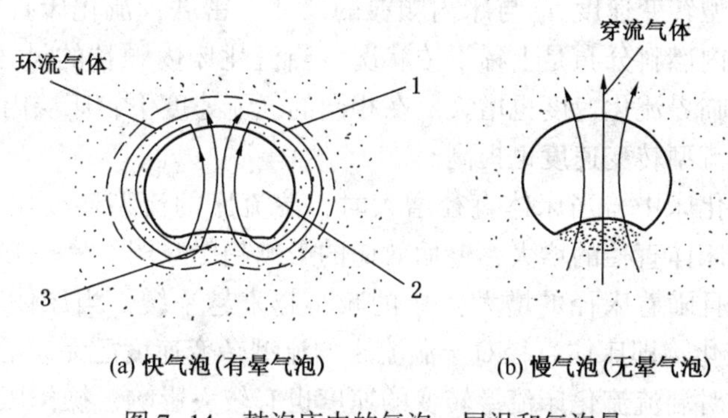

图 7-14 鼓泡床中的气泡、尾涡和气泡晕

1—气泡晕；2—气泡；3—尾涡

气泡相和乳化相之间的气体质交换，一方面靠相间浓度差引起的气体扩散，另一方面通过乳化相和气泡相间的气体流动进行质交换。对于快速气泡流型，当较大时，气泡晕半径较小，由气体流动产生的气体质交换很小，气泡相和乳化相间的气体质交换阻力很大。循环流化床气体流速比较高，密相床处在快速气泡流型，大部分气体留于气泡中随气泡上升，气泡相和乳化相之间的气体得不到充分混合。所以造成气泡中的氧不能及时补充给碳粒，同时碳粒析出的挥发分和其他反应物也不能很快传给气泡相，减缓了反应速度。

在鼓泡流化床中，气泡相与气泡晕相之间、气泡晕相与乳化相之间都存在剧烈的气体质量交换。气泡相与气泡晕相之间的质量交换由两部分组成：一部分是由于气泡内大于气泡上升速度的气流穿过气泡顶部，形成环流使得两相之间引起气体交换；另一部分是由于两相之间的浓度差造成气体扩散。气泡晕相与乳化相之间的质量交换是由气体浓度差造成的气体扩散。

7.2.5.2 湍流流化床的气固流动

当鼓泡流化床的气体流速继续提高时，气泡破裂的程度将加大，气泡尺寸变小，运动加剧。同时小气泡与乳化相之间的质量交换也更加激烈，小气泡内开始含有颗粒，小气泡与乳化相之间的界限越来越趋于模糊。由于小气泡的上升速度变慢，小气泡在床层中滞留时间延长，因而床层膨胀加大，床层的上界面也变得模糊起来。床层渐渐由鼓泡流化床向湍流流化床转型。湍流床具有流化速度高，料层内部气泡消失的特点。在湍流床中气泡全部变为气流进入悬浮区。

湍流床气泡特性是：①气泡的分裂和合并一样快，气泡颗粒小，通常所理解的那种明确的气泡或气栓已看不出。②湍流方式居于鼓泡方式和快速流化方式之间，鼓泡方式中，贫颗粒的气泡分布在富颗粒的乳化相中间；而在快速方式中，颗粒团分布在含少许颗粒的气体连续相中。湍流流化床最显著的直观特征是舌状气流，其中相当分散的颗粒沿着床体呈“之”字形向上抛射。湍流床床面有规律地周期上下波动，造成虚假的气栓流动现象。湍流方式中总的床层空隙率一般在0.7~0.8。

鼓泡流化床当气体流速增大时，气泡运动逐渐加剧，床层压力波动的幅度渐渐变大。当流速增到 u_c 时，床层压力波动的幅度达到极大值，这时床层开始向湍流流化床转变。此后继续增加气流速度，床层内湍流度增加，压力波动幅度逐渐减小，直到气流速度达到 u_k 时，压力波动幅度基本不再发生变化，床层真正进入湍流流态化。所以，把 u_c 作为鼓泡床向湍流床转变的起始流型转变速度，把 u_k 作为床层完全转型为湍流床的速度。

湍流流化床的流型转变速度 u_k 与床内颗粒的尺寸、密度，流化床直径，操作条件等因素有关。湍流床炉膛内燃料分布是上稀下浓状况。当流化床内颗粒的尺寸或者密度加大时，气泡直径随之增大，临界流化速度也增大。在相同的气流速度下，床层内的压力波动幅度将加大，同时湍流床的流型转变速度也提高。

在直径较小的流化床中，当床体直径增大时，湍流床的流型转变起始速度 u_c 将减小。这是因为一方面随着床体直径的增大，壁面效应的影响趋于减弱；另一方面床体直径增大时气泡直径将减小。而且随着床径的增大，u_c 的减小越来越平缓，当床体直径大到一定程度以后，u_c 不再发生变化，即床体直径对于湍流床的流型转变速度已无影响。

流化床操作条件对湍流流化床流型转变的速度也有较大影响。操作压力的提高使得湍流床的流型转变速度减小，提前进入湍流流化床，有利于改善流化质量。随着操作温度的提高，气体的黏度增大，密度减小，临界流化速度将下降，因而湍流床流型转变速度有所加大。但是随着温度的提高，床层内压力波动的幅度却减小了。湍流床燃烧份额一般按循环返料体系、密相区料层、稀相区悬浮段进行分配。起到湍流床中物料平衡的主要条件是构建循环料体系。

7.2.5.3 循环流化床下部的颗粒运动规律

1. 循环流化床下部的颗粒加速区

在循环流化床的下部存在着一个颗粒加速区。在其底部的布风板上，循环回床层的固体颗粒在垂直方向的速度基本为零。流化气体介质从布风板高速流出，由于气固两相间的曳力作用，使固体颗粒逐步加速。沿着床层高度，固体颗粒的速度越来越快，形成了床层下部的颗粒加速区。

循环流化床锅炉除了炉底一次风之外，往往还有二次风从密相床区的上部加入，随着气流速度的提高，在二次风口以上区域还存在一个颗粒加速段。

2. 颗粒速度的轴向分布

由于颗粒的湍动、返混以及运动的随机性，床层下部固体颗粒的速度分布无论在轴向还是径向上都不均匀。床层底部颗粒的加速度比较大，再往上加速度逐渐减小。到床层足够高的位置，颗粒速度基本不变。

在流化床层下部，颗粒速度的变化还与介质气体的流速和颗粒循环流率密切相关。当颗粒循环流率一定时，随着气流速度加大，颗粒速度也增加。当气流速度一定时，随着颗粒循环流率的增加，颗粒速度反而变小。但是其颗粒速度轴向分布的变化趋势却是相似的。

3. 颗粒速度的径向分布

在流化床层中心处颗粒向上运动的速度最大，沿着径向单调下降，直至颗粒速度为零。在接近壁面处颗粒转而向下运动，颗粒速度为负，壁面处颗粒向下运动的速度达到最大，即颗粒速度的负值最大。

7.2.6 循环流化床的上部流动特性

循环流化床的上部是快速流化床的稀相区。快速流化床具有如下基本特征：固体颗粒粒度小，平均粒径通常在100μm以下，属于Geldart分类图中的A类颗粒；操作气速高，可高于颗粒自由沉降速度的5~15倍；虽然气速高，固体颗粒的夹带量大，但颗粒返回床层的量也大，所以床层仍然保持了较高的颗粒浓度；快速流化床整个床截面颗粒浓度分布均匀。在快速流化床中存在着以颗粒团聚状态为特征的密相悬浮夹带。在团聚状态中，大多数颗粒不时地形成浓度相对较大的颗粒团。大多数颗粒团趋于向下运动，床壁面附近的颗粒团尤其如此，但颗粒团周围的一些分散颗粒却迅速向上运动。快速床床层的空隙率通常在0.75~0.95。与床层压降一样，床层空隙率的实际值取决于气体的净流量和气体流速。

7.2.6.1 循环流化床的流型转变

在一定的气固床层条件下，当床内的气流速度逐步提高时，将从固定床、鼓泡流化床、湍流流化床过渡到快速流化床，直至气力输送状态。流态化流型的转变不仅取决于气流速度，还与颗粒物性、颗粒浓度、颗粒循环流率等因素有关。

在具有同样表观速度的同一个床体内，在不同的高度位置表现出不同的气固流态化特征。在一定的操作条件下，循环流化床内上升段为稀相区。当沿轴向的空隙率呈S形分布时，“中部核心区”的颗粒向上运动，“边壁环形区”的颗粒向下运动，形成典型的环-核两区流动，如图7-15，表现出明显的快速流态化特征。而床层底部的浓相区，呈现湍动剧烈、参数较均匀的湍流流态化特征。

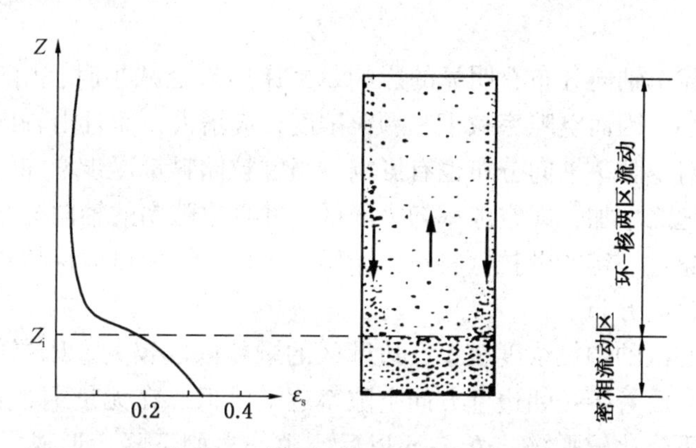

图7-15 循环流化床内的气固运动

床层空隙率 ε 或颗粒浓度 ε_s（$\varepsilon_s=1-\varepsilon$）可以作为定量判断流化状态的特征参数。根据床层压力波动幅度的大小也可判别流化状态。从鼓泡流化床直至气力输送的范围内，床层压降波动的标准方差 σ 主要取决于颗粒浓度 ε_s，而与表观气速、颗粒物性、颗粒循环流率、床层高度位置以及床体直径等无关。

当颗粒浓度 $\varepsilon_s=0.35$ 时，床层压降波动的标准方差 σ 获得极大值，这是从鼓泡流化床向湍流流化床过渡的临界点，这时的气流速度就是 u_c；当 $\varepsilon_s>0.35$ 时，σ 随着 ε_s 的增大而减小，该区域属于鼓泡流化床；当 $\varepsilon_s<0.35$ 时，气固流动已进入湍流流态化。当 ε_s 从 0.35 减小到 0.15 时，σ 减小的变化率几乎成直线。此后继续减小 ε_s，σ 减小的变化趋于平缓。所以把 $\varepsilon_s=0.15$ 作为湍流流化床向快速流化床转变的分界点。当 ε_s 从 0.15 降低到 0.05 以后，σ 不再发生变化，也即床层进入气力输送状态。因此，颗粒浓度 ε_s 为 0.05～0.15 是快速流化床的操作范围。实验表明，用床层的颗粒浓度(或空隙率)来判别其气固流动状态与用气流转变速度的结果是一致的。前者的优点是床层的空隙率可以由实验测定压降分布来得到，而不必顾及表观气速、颗粒循环流率、床层高度位置以及床体直径等因素。

7.2.6.2 循环流化床上部的气固流动特征

循环流化床上部呈快速流态化状态，其床内的气固流动，包括气体速度、颗粒运动速度、床层空隙率(或颗粒浓度)以及颗粒絮状物的形成与解体都十分复杂，无论在轴向还是径向的分布都不均匀。床内气固流动的规律与气流速度、颗粒循环流率、操作温度和压力、气固物性、床体直径和高度、颗粒储料量、床体进出口结构等因素都有关。在讨论参数的轴向分布时，床层高度的参数应视为该截面上的平均值；而讨论参数的径向分布时，一般指在确定高度上的某个径向位置上的局部参数。

1. 床层空隙率

床层空隙率是判断床层流型的重要参数。在快速流化床内，空隙率的轴向和径向分布都不均匀。在气固物性和气流速度已经确定的条件下，床层内颗粒浓度呈上稀下浓状态，随着颗粒循环流率的增加，中心区的空隙率由指数型过渡到 S 形分布。

(1) 空隙率的轴向分布

当颗粒直径增大或密度提高时，床层底部的空隙率将会降低，而床层顶部的空隙率基本不变。因为在床层底部的加速段，直径大的或密度高的颗粒加速较慢，所以底部的颗粒浓度较大，也即空隙率较低。而到床层顶部，即使是粗重颗粒也能被大量夹带向上运动。因此在床层顶部，粗细不同的颗粒会具有几乎一样的空隙率，密度不一的颗粒也会具有相似的空隙率。

床层直径对空隙率轴向分布有明显的影响。当床层直径减小时，由于边壁效应的影响，颗粒向上的速度减小，因而空隙率减小，颗粒浓度相应增大，而且沿轴向分布的不均匀性也增大。颗粒储料量对空隙率轴向分布也有影响。当颗粒储料量逐步增加时，颗粒循环率同时增加，颗粒浓度也随之增加，即空隙率随之降低，并且空隙率的轴向分布趋于均匀。当气流速度较大时，只要超过一定的颗粒储料量，床层空隙率沿轴向可以保持均匀不变。

(2) 空隙率的径向分布

循环流化床中心区的颗粒浓度较小，边壁区的颗粒浓度较大。床层中心的空隙率最大，一般都在 0.9 以上，沿着半径朝边壁方向空隙率逐渐降低。在无量纲半径 $\Phi<0.6(\Phi=r/R)$ 的范围内，空隙率下降比较平缓，$\Phi>0.6$ 以后空隙率急剧下降，形成了典型的中心区颗粒浓度小且向上运动、边壁区颗粒浓度大且向下运动的环–核流动结构。实验表明，空隙率的径向分布与气流速度、颗粒循环流率等因数有关。随着气流速度的增加，整个半径上的空隙率也相应增加；当颗粒循环流率增加时，整个半径上的空隙率减小。

2. 颗粒速度的径向分布

循环流化床床层中心区颗粒向上运动，颗粒速度较大，且在轴心颗粒速度达到最大值。沿着径向颗粒速度逐渐减小，在靠近壁面处颗粒速度较小，颗粒主要向下运动。在颗粒循环流率一定的条件下，当气流速度增大时，整个截面的颗粒速度也增大，而且中心区增加的幅度较大。在气流速度一定的条件下，当颗粒循环流率增大时，床层中心区颗粒速度随着增大，边壁区颗粒向下速度也略有增大。所以，随着气流速度或者颗粒循环流率的增大，颗粒速度的径向分布越趋不均匀。

在所有径向位置，都存在颗粒的向上和向下运动。中心区颗粒运动主要向上，边壁区颗粒运动主要向下。在床层的不同高度上，颗粒速度也有变化。在下部密相区中心的向上速度比上部稀相区的大；在边壁处，下部密相区的平均颗粒速度接近于零，而上部稀相区的颗粒速度主要向下。

3. 局部颗粒流率的径向分布

局部颗粒流率是指在该位置的单位面积上，向上运动(为正数)和向下运动(为负数)颗粒流量的代数和。在不同的操作条件下，床层截面上无因次半径 $\Phi<0.6$ 区域的局部颗粒流率变化较小，但从整个截面上局部颗粒流率的径向分布来看，基本可以分成三种类型：①环-核型分布，循环流化床沿床层截面划分为两个区域，即稀相的中部核心区和密相的边壁环形区。在中部核心区颗粒向上运动，局部颗粒流率最大，沿着径向局部颗粒流率单调下降，直至在边壁环形区域降至负值，颗粒向下流动；② 抛物线型分布，当颗粒浓度较低时，整个床层截面的颗粒运动都向上，并且中心区的颗粒流率略高于边壁区，局部颗粒流率的径向分布近似于抛物线形；③ U 形分布，当截面上气流速度较高或颗粒浓度较低时，边壁区的颗粒浓度相对较高，有可能使边壁区的局部颗粒流率大于中心区的局部颗粒流率，因此，局部颗粒流率径向呈 U 形分布。

4. 气流速度的轴向分布和径向分布

在快速流化床内，如果床层的直径上下保持不变，又没有二次风送入，气体沿轴向的流动是均匀的。但实际上由于气固流动的复杂性以及气固之间的相互作用，气体在颗粒之间流动时，轴向气流速度是很不均匀的，因为壁面效应，床壁对颗粒和气体都会有作用，气固之间也有互相作用。当表观气流速度及平均空隙率确定时，在床层截面上中心气流速度最大，沿着径向单调减小。如果降低空隙率，那么中心区的气流速度将增大，而壁面处的气流速度则减小，径向气流的不均匀性进一步扩大。如果增加表观气流速度，那么整个截面上的气流速度都会有所增加。由于中心区增加的幅度较大，边壁区增加的幅度较小，因此气流沿径向的不均匀性将扩大。

5. 气固局部滑落速度的径向分布

气固滑落速度是指气固之间的相对速度，又称表观滑落速度。一般仅限于气体与固体之间沿轴向上的相对平均速度。由于床层存在环-核流动结构以及颗粒的集聚和解体，使得气固滑落速度远大于单颗粒的终端速度，气固滑落速度也大于局部滑落速度的平均值。由于床层中心的颗粒浓度较稀，大部分以单颗粒或小型颗粒絮状物存在，所以局部滑落速度较小。沿着径向颗粒浓度逐步增大，颗粒的集聚性加强，局部滑落速度会随之提高，并在壁面附近达到最大值。而后由于壁面效应，气体和固体的速度同时降低，使得局部滑落速度又随之减小。

气固局部滑落速度与气流速度、颗粒循环流率有关。当气流速度保持不变而增大颗粒循环流率时，局部滑落速度也随之增大；当颗粒循环流率保持不变而增大气流速度时，局部滑落速度反而略有减小，特别是壁面附近的最大值减小幅度较大。

6. 床层压降及轴向压力分布

压力分布参数属于循环流化床锅炉控制的主要参数。循环流化床床层压降与气流速度、气体和固体的物性、床体几何尺寸、颗粒循环流率等因素有关。循环流化床锅炉炉膛的压降随炉膛内颗粒密度而变化。在床层底部的密相区，颗粒浓度较大，因而压力梯度也较大；在床层上部的稀相区，颗粒浓度较小，因而压力梯度也较小。与其成线性关系的轴向压力呈现三种分布形式，即反指数形、S 形和反 C 形曲线分布。当颗粒循环流率固定时，锅炉床层压降随运行风速的增加而下降，即循环流化床床内压降和速度成反比关系。对于相同的气流速度，随颗粒循环流速增加，床层压降增加。

7.2.6.3　气固混合及停留时间分布

循环流化床内气体和颗粒的混合对于预测和控制床内传热、传质和化学反应过程是极其重要的。由于循环流化床内的气固流动无论在径向还是轴向都有较大的不均匀性，固体颗粒不断形成絮状物的集聚和解体，特别是环-核流动结构带来的中心稀相区与环形浓相区之间的质量交换，所以循环流化床内的气体和颗粒存在着良好的混合过程。使循环流化床锅炉内气体混合的主要原因是气体自身存在径向速度分布所造成的扩散；沿床中心稀薄区向上和沿床边壁稠密区向下的颗粒的不均匀引起的气体扩散；颗粒团的不断形成和解体引起气体的交换或流动造成的气体的混合。

由于径向气体速度的不均匀性以及环-核两区之间的相互作用，循环流化床锅炉内气体扩散主要是横向气体扩散。气体停留时间分布与床层内的混合过程有密切关系。当颗粒循环流率一定时，增加气流速度将使床层截面上的局部气流速度提高，气体停留时间会减少。气体在炉内停留时间随颗粒质量流率的增加而增加。在一定的气体流速下，当颗粒循环流率增大时，截面上的颗粒浓度及其径向不均匀性也增大，导致中心区气速比原来提高，很快离开床层；而边壁区则相反，气体滞留时间会加长。固体颗粒的轴向混合主要是由于颗粒絮状物沿轴向的上下运动及环-核两区间的颗粒返混而引起的。颗粒的径向混合主要是由于气固运动沿径向的不均匀性及环-核两区间的颗粒质量交换造成的。当颗粒循环流率一定，在低气速(约 4~6m/s)下，颗粒返混程度随气速增大而增大，高气速下则反之。当气流速度一定时，颗粒返混程度随颗粒循环流率增大而增大。在相同的操作条件下，气体停留时间分布与颗粒停留时间分布存在很大差别。气体停留时间的分布曲线较窄，峰值较高；而颗粒停留时间的分布曲线较宽，有明显的拖尾。颗粒的返混程度要比气体更强烈等。

7.3　流化床燃烧

7.3.1　流化床燃烧的着火优势

流化床燃烧也称沸腾燃烧，与层燃和室燃方式比，流化床燃烧具有低温(850~1050℃)、强化燃烧、强化传热、降低污染并有利于环境保护等独特优点。

流化床本身蓄热量大，有利于燃料的迅速着火和燃烧。不管是鼓泡流化床还是循环流化床，由于采用宽筛分燃料，在炉膛下部都有一个粒子浓度很高的区域。该区域内积累了大量灼热炉料，在流化床中，每分钟新加入的燃料大约占床料的 1%~3%，大量的热床料并不与新加入的燃料争夺氧气，而是为新加入的燃料提供了一个巨大的热源，将煤粒迅速加热，析出挥发分并着火燃烧。

煤粒中的挥发分和固定碳燃烧所释放的热量部分被床料吸收，使床内的温度始终维持在一个稳定的水平。因此，流化床燃烧对燃料的适应性特别强，良好的着火特性带来的燃料的广泛适应性是流化床燃烧的最突出优点。虽然理论上只要一种燃料燃烧释放的热量大于生成烟气带走的热量与燃烧室的散热之和，该燃料就能在流化床内稳定着火和燃烧。但对于以某一种燃料为对象设计好的流化床锅炉，若改烧其他燃料，必须对锅炉进行燃烧调整，甚至受热面的调整，否则就会带来着火困难、燃烧不稳定、燃烧效率低、锅炉达不到出力等问题。

循环流化床锅炉的热量平衡是指物料平衡与能量平衡，在锅炉设计中具有非常重要的作用。而热量平衡中主要的问题就是燃烧份额的分配问题。燃烧份额分布与灰平衡决定了能量平衡和受热面的设计，并影响到整个系统各部件的设计。鼓泡床锅炉中密相区和稀相区分界较明显，而且燃烧份额主要集中在密相区。当分离器分离效率降到某一低值时，循环流化床锅炉运行状况类似鼓泡流化床。在循环流化床锅炉中，稀相区的燃烧份额也占相当大的一部分，并且在分离器中也有一定的燃烧反应发生。因此在设计过程中需要知道锅炉燃烧份额的分布，才可确定受热面的布置，使锅炉各性能参数满足设计要求。

循环流化床锅炉燃烧份额分布的影响因素主要有：① 一、二次风配比对燃料份额的分布影响。一、二次风配比对锅炉燃烧份额分布的影响程度与燃料的性质有关，一次风的比例增加，密相区的燃烧份额上升；②床温对炉内燃烧份额影响。在循环流化床锅炉中有大量的细灰参与循环，大量细颗粒的循环对维持床内燃烧份额的合理分布以及床内热量平衡，有相当大的作用。降低锅炉分离器的分离效率，密相区的燃烧份额增加。在确定的床温下，一次风所能带走的热量及密相区受热面所能带走的热量基本上就确定了。循环流化床锅炉床内烟气流速越高，密相区的燃烧份额越低。当循环流化床锅炉稀相区达到一定高度时，烟气累计燃烧份额比烟气流速低时的燃烧份额高；③过量空气系数对燃烧分布的影响。一、二次风不变时，增加空气系数，锅炉床内的燃烧效率升高；④煤种挥发分对燃料份额的影响。煤中挥发分含量直接影响挥发分在燃烧室中不同区域的燃烧放热量，当燃料中的挥发分高于设计煤种时，密相区的燃烧份额降低。

7.3.2 流化床中煤粒的燃烧过程及成灰特性

7.3.2.1 流化床中煤粒的燃烧过程

煤粒在流化床中的燃烧，依次经历干燥和加热；挥发分的析出和燃烧；燃料的膨胀和一次破碎；焦炭的燃烧和二次破碎、磨损等过程。如图 7-16 所示。

1. 干燥和加热

新鲜煤粒被送入流化床后，立即被大量灼热惰性床料包围并加热至接近床温。在这个过程中，煤粒被加热干燥，把水分蒸发掉。加热速率一般在 100~1000℃/s，影响燃料加热速率的主要原因是燃料的颗粒度和含水量。加热干燥所吸收的热量只占床层总热容量的千分之几，而且由于燃料燃烧释放出的热量及床料剧烈的混合运动使床温趋于均匀，因而煤粒的加热干燥过程对床层温度影响不大。

2. 挥发分析出和燃烧

当煤粒被持续加热，升高到一定的温度时，煤粒就会分解，产生大量挥发分。煤粒在流化床内热解过程是低温的高速挥发分析出阶段和高温的缓慢析出阶段。挥发分由多种碳氢化合物(焦油和气体)组成，其含量和成分构成受许多因素的影响，如煤粒的显微结构及组成、加热速率、初始温度、最终温度、在最终温度下的停留时间、煤的粒度和挥发分析出时的压力等。挥发分的析出时间与煤质、颗粒尺寸、温度条件和煤粒加热时间等因素有关。一般情况下，大颗粒的挥发分析出需要较长时间，细小颗粒由于析出的路径短，挥发分析出快。

循环流化床的煤粒按在炉内停留的过程可分为三类：不能逃逸出炉膛的大颗粒、逃逸出

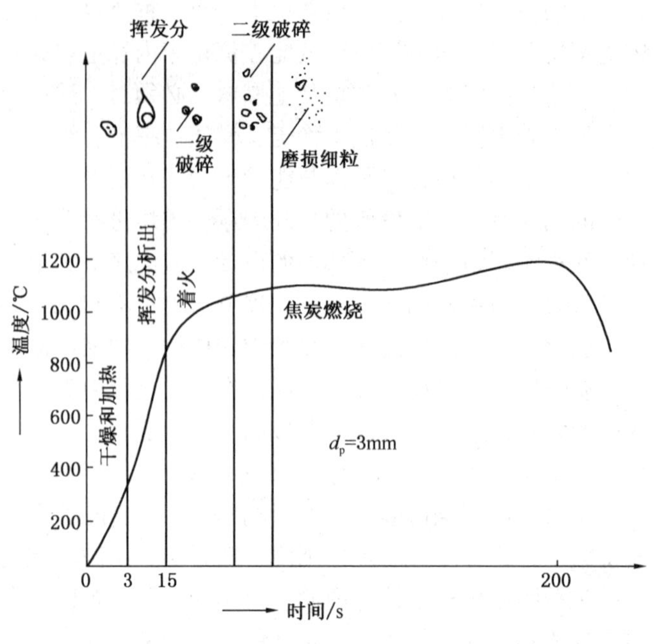

图 7-16　煤粒燃烧过程图

炉膛且能被分离器分离的中等粒径颗粒和逃逸出炉膛不能被分离器捕捉的细小颗粒。粒径小于 20μm 的细小煤粒，挥发分析出释放非常快，而且释放出的挥发分将细小煤粒包围并立即燃烧，产生许多细小的扩散火焰。这些细小的煤粒燃尽时间很短，一般从给煤口进入床内到飞出炉膛时已经燃尽。对于 50～100μm 的小颗粒，分离器对它们的分离效率较低，它们在炉膛内停留时间很短，同时这些颗粒主要在稀相区燃烧，循环床稀相区的气固混合较差，煤粒燃烧速率低，因此这一粒径的颗粒含碳量较高，构成了飞灰含碳量和锅炉固体不完全燃烧损失的主要部分。对于那些大颗粒，尽管一直滞留在炉膛高温区，其挥发分的析出也要慢得多，但其挥发分均可析出。

挥发分的析出与燃烧是重叠进行的，不能把两个过程完全分开。煤燃烧过程中挥发分的析出与燃烧改善了煤粒的着火特性，一方面大量挥发分的析出与燃烧，加热了煤粒，使煤粒的温度迅速升高；另一方面，挥发分的析出改变了煤粒的孔隙结构，改善了挥发分析出后焦炭的燃烧反应。但在循环流化床锅炉运行中挥发分与空气混合越慢，则脱硫效果越差。

3. 焦炭的燃烧

焦炭颗粒的燃烧速率受到颗粒外部流动边界层传质阻力、气相主流区氧含量、焦炭颗粒内孔隙率即颗粒内传质阻力和焦炭颗粒温度四个因素的影响。焦炭的燃烧过程通常是在挥发分析出完成后开始的，但这两个过程存在着重叠，即在初期以挥发分的析出与燃烧为主，后期则以焦炭燃尽为主。两者的持续时间受煤质和运行条件的影响，很难确切划分。一般认为煤中挥发分的析出时间约为 1～10s，挥发分的燃烧时间一般小于 1s，而焦炭的燃尽时间比挥发分的燃烧时间长两个数量级，因此焦炭的燃烧时间控制着煤粒在循环流化床内的整个燃烧时间。

焦炭的燃烧是复杂的多相反应，在流化床中焦炭颗粒周围发生的系列反应方程式如下：

$$C + O_2 \longrightarrow CO_2 + 406957 \qquad kJ/kmol$$

$$C + 1/2O_2 \longrightarrow CO + 123092 \qquad kJ/kmol$$

$$CO + 1/2O_2 \longrightarrow CO_2 + 283466 \quad kJ/kmol$$

$$CO_2 + C \longrightarrow 2CO - 162406 \quad kJ/kmol \tag{7-6}$$

足够长的反应时间、足够高的反应温度和充足的氧气供应是组织良好焦炭燃烧过程的必要条件。焦炭燃烧时，氧气扩散到焦炭颗粒表面，然后在焦炭表面与碳发生氧化反应生成 CO_2 和 CO。焦炭是多孔颗粒，有大量不同尺寸和形状的内孔，这些内孔面积要比焦炭外表面积大好几个数量级。有时氧气还会扩散到内孔并与内孔表面的碳发生氧化反应。燃烧工况依燃烧室的工作条件和焦炭特性可分为动力燃烧、过渡燃烧和扩散燃烧三类。在动力燃烧中，化学反应速率远低于扩散速率；在过渡燃烧中，化学反应速率与扩散速率相当；在扩散燃烧中，氧气扩散到焦炭颗粒表面的速率低于化学反应速率。焦炭颗粒的粒度不同，其燃烧的工况也不同。对于大颗粒焦炭，由于颗粒本身的终端沉降速度大，使烟气和颗粒之间的滑移速度大，颗粒表面的气体边界层薄，扩散阻力小，因此燃烧反应受动力控制；而对细小颗粒焦炭，其本身较小的终端沉降速度使得气固滑移速度小，颗粒表面的气体边界层较厚，扩散阻力大，因而燃烧反应受扩散控制。颗粒粒径越小，焦炭的氧化反应越趋于扩散控制。鼓泡流化床锅炉，颗粒粒径范围大，燃烧温度一般在 850～1050℃，浓相区焦炭颗粒浓度大，粒径粗，焦炭反应受到动力控制和扩散控制的共同作用，即为过渡燃烧。而在鼓泡床的稀相区，燃烧份额小，颗粒浓度低，虽然焦炭颗粒粒径小，但温度与浓相区相比要低 100～250℃，与煤粉炉相比更低，因此焦炭的燃烧趋势受动力控制。循环流化床锅炉的炉膛下部浓相区的流态与鼓泡流化床相似，动力控制作用与扩散控制作用相当，也为过渡燃烧。在循环流化床上部稀相区内，炉膛温度相对较低，燃料的反应速度较慢，加之细颗粒会产生团聚而形成较大的颗粒团，从而加大滑移速度，减薄了颗粒团表面的气体边界层，减小了扩散阻力，提高了扩散速度。与煤粉炉相比，循环流化床稀相区内焦炭的燃烧趋于动力控制。焦炭颗粒的燃尽取决于颗粒在炉内的停留时间和燃料特性所决定的燃烧反应速率，停留时间越长，燃烧反应速率越快，颗粒就越容易燃尽。

7.3.2.2 成灰特性

煤粒成灰特性决定于煤粒在循环流化床燃烧过程中的膨胀、破碎和磨损过程，即热破碎过程。它既与煤粒本身的特征(包括煤种、粒径和矿物组成等)有关，又与循环流化床运行操作条件，如床温、加热速率、运行风速等有关。煤的破碎特性(如图 7-17 所示)直接决定了床内的固体颗粒浓度，物料的扬析夹带过程，炉内的传热过程以及煤颗粒的燃烧过程，从而对炉膛内热负荷的分布有极为重要的影响。

煤粒在循环流化床锅炉内破碎是颗粒急剧变小的过程。引起循环流化床锅炉颗粒变化因素有破碎、磨损、碰撞等。热破碎有两类：第一类破碎是由于煤粒在高温流化床内，煤颗粒挥发分析出，其内部压力增大，产生张力破碎。煤挥发分越高，越容易在锅炉内破碎；第二类破碎是煤粒析出挥发分后，由于高温热应力作用，削弱了煤粒内部各元素之间结合的化学键力，导致各种不规则形状的晶粒之间的联结“骨架”被烧掉，颗粒在流化床中剧烈碰撞运动的作用下引起的破碎(又称为有燃烧的磨损)。锅炉流化程度越大，破碎

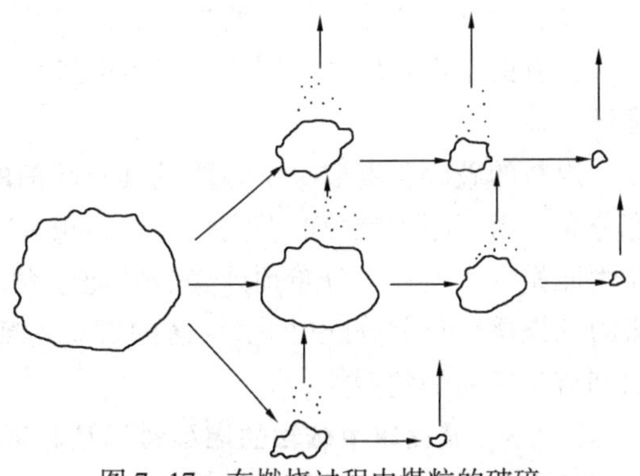

图 7-17　在燃烧过程中煤粒的破碎

能力越大。循环流化床锅炉煤粒的膨胀和破碎主要受以下因素的影响：挥发分析出量；碳水化合物形成的平均质量；颗粒直径；床温；煤结构中有效的空隙数量等。

煤粒进入高温流化床后，受到炽热的床料加热，首先是水分的蒸发，然后当煤粒温度达到热解温度时，煤粒发生脱挥发分反应。由于热解的作用，颗粒物理化学特性发生急剧的变化。对有些高挥发分的煤，热解期间将伴随一个短时发生的拟塑性阶段，即颗粒在热解期间经历了固体转化为热塑性体，又由热塑性体转化为固体的过程。对于大颗粒，由于温度的不均匀性，颗粒表面部分最早经历这一转化过程，即在煤粒内部转化为塑性体时，颗粒外表面可能已固化。因此热解的进行以及热解产物的滞留作用，即所产生的挥发分在颗粒内的集聚，导致颗粒内部存在明显的压力梯度，一旦其压力超过一定值，已固化的颗粒表面层可能会崩裂、破碎。对于低挥发性劣质煤，塑性状态虽不明显，但颗粒内部的热解产物需克服致密的孔隙结构才能从煤粒中逸出，因此颗粒内部亦会产生较高的压力而导致破碎。

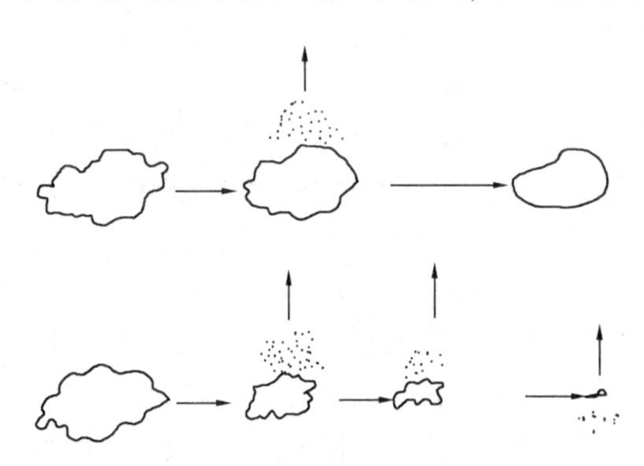
图 7-18　在燃烧过程中煤粒的磨损

煤粒与煤粒之间的碰撞、煤粒与器壁之间的碰撞会引起煤粒尺寸因磨损而减小，如图7-18。磨损对煤粒度变化的影响受煤粒的表面结构特性、机械强度及外部操作条件所控制，并且贯穿整个燃烧过程。由于碰撞和磨损产生的细小颗粒，燃尽后会被带入尾部烟道，对循环流化床锅炉性能的影响不如热破碎明显。煤粒在燃烧过程中的热破碎主要是自身因素引起的颗粒变化的过程，并且具有短时间内快速改变粒度的特点。由它引起的煤粒度的变化对循环流化床锅炉性能的影响起主要作用。

热破碎与挥发分析出有关，是由挥发分析出时造成的压力、热应力以及冲击力引起的，而磨损则是由于煤粒间的相互摩擦以及对其他固体物质或燃烧室壁的摩擦引起的，它导致细炭粒从炭粒上分离下来。破碎产生的炭粒经分离后一般保留在床内，而磨损产生的细粒则很快被带入尾部烟道。由于磨损所产生的小颗粒比较细，所占的比例也较大(相对原始给煤中细颗粒而言)，目前使用在循环流化床的分离装置难以将其分离出来参与循环，因此对循环流化床锅炉的燃烧效率以及尾部的粉尘排放控制都是不利的。但循环流化床燃烧过程中的煤粒的热破碎对燃烧效率、炉内热负荷的分配以及锅炉的正常运行都是有利的，这主要是由于煤粒破碎后所产生的细颗粒易于被分离出来，并参与床内循环燃烧，保证了炉内稀相区内粒子浓度，改善了传热特性，使炉内总的传热系数提高。此外煤粒的破碎加快了碳与氧的反应速率，有助于煤粒燃尽，因此，煤粒的破碎保证了锅炉既有高的燃烧效率，又能达到正常的设计负荷。

煤粒的破碎程度取决于煤质及其破碎前的颗粒大小。煤粒的破碎显著地改变了给煤的粒度分布。由于粗细颗粒的燃烧特性差异很大，如不考虑煤粒的破碎对给煤粒度分布的影响，仅用原始的燃料粒度分布预计煤的燃烧过程，会偏离实际情况。此外，煤粒的破碎会使流化床内的燃烧热负荷分配(即密相区的燃烧份额和稀相区的燃烧份额)偏离设计工况，进而影响到流化床锅炉的性能。

7.3.3　流化床中碳粒的燃尽时间及其影响因素

流化床中碳粒的燃尽时间与床温有关，床温提高，燃尽时间缩短。同时燃尽时间还与碳粒直径的1.16次方成正比，粒子直径越大，燃尽时间越长。小于1mm的煤粒在燃烧室内一次通过的停留时间均远小于其燃尽时间，所以燃烧室出口设置分离器，收集小于1mm的粒子再送入燃烧室循环燃烧，保证其总停留时间大于燃尽时间，以提高燃烧效率。

7.3.4 循环流化床内不同尺寸焦炭颗粒的燃烧行为和燃烧特性

7.3.4.1 粒径2mm以上的大颗粒焦炭的燃烧行为和燃烧特性

燃烧室下部的流化速度一般为3.5~4.5m/s。难燃煤种流化速度取低值，易燃煤种流化速度取高值，对比较好燃的煤种，流化速度取中值。在这个流化速度范围内，2mm以上的煤粒多数不能吹离燃烧室下部而进入燃烧室上部。所以，2mm以上的煤粒多半在浓相床内燃烧。

由于2mm以上的大颗粒煤的终端沉降速度大，烟气和颗粒之间滑移速度大，颗粒表面的气体边界层薄，氧气穿过气体边界层进入颗粒燃烧反应表面的扩散阻力小，燃烧反应的化学反应速率受化学反应动力学控制。颗粒越大，越受化学反应动力学控制，流化床燃烧温度比其他燃烧方式低许多。但是2mm以上的颗粒燃料在燃烧室内的停留时间一般为15~30min。这个停留时间大于煤粒的燃尽时间。所以，大于2mm的颗粒煤在燃烧室下部浓相床内有较好的燃烧行为和燃烧特性，保证锅炉床底渣含碳量低，循环流化床锅炉的炉渣含碳量一般为1%~2%。2mm以上煤颗粒燃尽之后的灰大多从床底排渣口排去。

7.3.4.2 小于1mm煤粒的燃烧行为和燃烧特性

小于1mm的煤粒大多吹离燃烧室下部浓相床进入燃烧室上部稀相床，并进入后部旋风分离器，成为循环床料。它们的燃烧发生在整个燃烧系统内。对于小于1mm的煤粒，其终端沉降速度小，烟气和粒子或粒子团之间的滑移速度小，颗粒或粒子团表面的气体边界层厚，氧气穿过气体边界层进入颗粒或粒子团燃烧反应表面的阻力大，燃烧反应受扩散过程控制。颗粒越小，越受扩散过程控制。这样细颗粒的燃尽也需要较长的燃尽时间。

循环流化床燃烧过程中，小于1mm的经旋风分离器收集下来的煤粒通过返料器送入燃烧室进行循环燃烧。通过循环燃烧，细粒子在循环燃烧系统内的总停留时间远大于其燃尽时间，所以循环床料中细煤粒的燃尽度是很高的。采用旋风分离器，200μm的煤粒能100%地被收集下来，实现循环燃烧。0.2~1mm的煤粒经循环燃烧之后，其含碳量一般为0.1%左右。

7.3.4.3 粒径在20μm以下的煤粒的燃烧行为和燃烧特性

粒径小于20μm的煤粒在循环流化床燃烧过程中受扩散过程控制。这些粒子不能被分离器收集下来实现循环燃烧，但是其反应表面很大，燃烧反应速度快，因此，这些粒子在燃烧室内的停留时间大于燃尽时间。所以，小于20μm的煤粒子在离开燃烧室前已基本燃尽。

7.3.4.4 粒径50~100μm煤粒的燃烧行为和燃烧特性

对这部分粒子，因分离器的收集效率低，大部分粒子不能实现循环燃烧。这部分煤粒在循环流化床燃烧过程中受扩散过程控制，燃尽时间大于在燃烧室内的停留时间，所以，这部分煤粒的含碳量非常高，最大可达20%~40%。提高分离器对这部分粒子的收集效率，是提高锅炉燃烧效率，降低飞灰含碳量的关键措施之一。

7.3.4.5 粒径200μm煤粒的燃烧行为和燃烧特性

这部分粒径的煤粒能100%地被分离器收回，实现循环燃烧，它们的含碳量接近于零。

7.3.5 循环流化床燃烧与沿燃烧室高度方向的温度分布

7.3.5.1 循环流化床锅炉的燃烧区域

循环流化床锅炉有三个区域燃烧：较粗的颗粒在燃烧室的下部分层燃烧；细颗粒在燃烧

室上部稀相区燃烧；烟气夹带的可燃成分在循环返料系统燃烧。

(1) 燃烧室下部密相床区域(二次风口以下区域)

此区为富燃料燃烧区，燃料的平均粒径比较大。流化空气为一次风，一次风一般占总风量的50%~60%，燃料的挥发分析出和部分燃烧发生在该区域。

(2) 燃烧室上部稀相区域(燃烧室变截面以上至炉顶区域)

燃烧所需的空气都流经该区域，此区为富氧燃烧区，燃料平均粒径较细，焦炭颗粒在炉膛截面的中心区域向上运动，同时沿截面贴近炉墙向下移动，或在中心区域随颗粒团向下运动。焦炭颗粒在被夹带出炉膛前已沿炉膛高度多次循环，使焦炭颗粒在炉膛内的停留时间延长，有利于焦炭颗粒的燃尽。

(3) 旋风分离器内残余挥发分和循环床料中碳粒的燃烧区

该区属悬浮燃烧，一般烧挥发分高的燃料，分离器内燃烧温升达100℃左右，烧挥发分低的燃料，分离器内温升为50~70℃。循环流化床锅炉烟气中的CO和挥发分可在旋风分离器内燃烧。分离器除了收集飞灰实现飞灰循环燃烧之外，还起了一个燃尽室的作用。因为此处氧浓度较低，焦炭颗粒停留时间较短，所以燃烧份额较小。

7.3.5.2　循环流化床锅炉燃烧系统各区域燃烧的组织

1. 燃烧室下部浓相区燃烧的组织

根据燃烧煤种提供合理的一次风量，确保良好的流化并提供部分燃烧氧气。控制床层压力和合适的燃烧温度。控制循环燃烧系统的返料量，确保燃烧温度为设计值，确保床料不产生高温结渣和低温熄火。

2. 燃烧室上部稀相床燃烧的组织

控制一、二次风的比例，确保燃烧室出口温度在设计范围内。如果煤粒中细颗粒偏少，需要适当减少二次风量；如果煤粒中粗颗粒偏多，需要适当加大一次风量。在二次风入口处有一段过渡燃烧区，该区域的燃烧组织首先要求燃烧室的设计有利于二次风的吹透，其次要求二次风有一定的速度和风量，确保二次风能吹透到燃烧室中部，使燃烧中心区不缺氧。循环流化床锅炉给煤有两种方式：一种是燃烧室前面给煤，一种是燃烧室后面给煤。二次风的布置要保证给煤一侧有较多的空气量，保证新加入燃料燃烧需要的氧量。一般给煤侧二次风风量较大，非给煤侧二次风风量较小。

3. 分离器内燃烧过程的组织

分离器的主要作用是收集飞灰，然后将其经返料器送入燃烧室循环燃烧。返料器内物料流动方向是物料向燃烧室内流动，返料装置内物料流动是连续性的。循环流化床锅炉返料装置必须保持稳定的物料流动。分离器的另一作用是起燃尽室的作用。由于引风机的作用，分离器压力低于燃烧室压力，为了防止分离器内产生高温结渣，必须控制燃煤的粒度分布和一、二次风的配比。如果流化速度太高，煤中细颗粒较多，吹入分离器的飞灰量大，且飞灰含碳量高，容易造成分离器内燃料燃烧份额偏大，产生高温结渣；如果分离器内产生高温结渣，则必须停炉清渣，给锅炉的经济、安全运行带来重大影响。

循环流化床锅炉的燃烧循环倍率公式是$K=F_S/F_C$，它表示单位时间内锅炉外循环物料量与给煤量的比值。燃料热值高的煤，循环倍率也高，但对挥发分高的煤，则可取较小的循环倍率。在实际运行中，提高循环物料量，对床温影响最大。循环流化床锅炉运行中，物料循环量增加，使理论燃料温度下降。提高循环倍率有以下手段：增加一次风；增加二次风；增加石灰石量。

4. 燃烧过程组织好坏的判别指标

燃烧室出口温度与燃烧室下部温度相差不超过50℃，燃烧室出口氧含量3%~5%，是判别一、二次配比合理的指标。一次风从布风板进入，满足密相区燃料燃烧的需要，应根据燃烧份额配一次风；为减少 NO_x 和 N_2O 的生成量，密相区的实际过量空气系数应接近1，使密相区处于还原气氛。二次风从密相区和稀相区交界处进入，保证燃料完全燃烧。

循环流化床锅炉可以通过炉内燃烧优化试验来组织好燃烧过程。锅炉炉内燃烧优化试验主要由两部分组成，一是风煤均匀混合调整试验；二是针对循环流化床特点进行的燃烧优化试验。炉内燃烧优化试验内容包括二次风配比试验，一、二次风比调整试验及其他优化试验内容。循环流化床锅炉燃烧优化试验中获得最重要的数据是飞灰含碳量。

在循环流化床锅炉中，高温固体物料沿一个封闭的回路循环流动，并把燃料燃烧释放的热量带给受热面和离开炉膛的烟气。固体物料在循环系统中的流动特性对传热、燃烧和脱硫有直接的影响。物料平衡就是指燃料灰分、焦炭、脱硫剂、添加剂在炉膛、分离器、回料装置中形成的动态平衡。

循环流化床锅炉中固体物料在悬浮段的浓度大小直接反映了受热面传热系数的大小，即影响到受热面的传热量，所以必须保证炉内物料有一定的循环量以保证床内的物料浓度。循环流化床锅炉的循环倍率一般在10~40。当锅炉燃烧的煤质好时，可提高循环倍率，减少结焦的可能。但燃用挥发分较低原煤时应降低循环倍率。循环流化床锅炉一般有四个灰渣排放口，即飞灰通过锅炉尾部时，被除尘器收集；流化床底部排渣口；返料机构排放口；空气预热器下部沉降室排放口。返料机构的排灰量由系统灰平衡确定。

7.4 循环流化床的传热

7.4.1 循环流化床锅炉的传热

循环流化床锅炉的传热是指：炉内传热，包括烟气和物料对水冷壁和屏式受热面的传热；水冷或汽冷旋风筒的传热；外置式热交换器的传热及尾部对流受热面的传热。

炉内传热，包括颗粒沿壁面下行时对壁面的导热，也有粒子和烟气对壁面的辐射放热和对流放热。影响循环流化床锅炉炉内传热主要因素有：气流速度；固体颗粒流率；平均颗粒粒径；受热面在炉内布置的高度，循环流化床锅炉传热系数随着受热面布置高度增加而减少；受热面在炉内的横向位置；受热面的外形尺寸等。运行实践表明，炉内细颗粒燃料越多，即粒子浓度越高，传热系数越大。改变颗粒浓度可使循环流化床锅炉炉内传热发生变化。而粒子浓度也与锅炉负荷，一、二次风量，二次风布置，过剩空气，燃料粒度及性质，静止床层厚度，分离装置效率等诸多因素有关。除粒子浓度外，影响传热的最重要因素是温度，炉膛内温度升高辐射传热量增加，传热系数增加。但循环流化床锅炉如燃料含硫较高，又向炉内加石灰石脱硫，则炉内温度一般必须控制在850~900℃，否则脱硫效率大大降低。

炉内屏式受热面传热情况与水冷壁不同，但其传热系数和水冷壁的传热系数不相上下。循环流化床锅炉水冷壁下半部传热系数大于上半部传热系数。炉膛上部传热系数随流化风速升高而增加。目前炉内传热系数一般在418.68~586.15kJ/(m^2·h·℃)，分离效率好的取上限值，差的取下限值。

汽冷或水冷壁分离器，包括水冷壁下部敷耐火材料处。传热系数与销钉密度，耐火层厚度及耐火材料热导率等都有关。耐火材料的热阻是主要热阻，不同的耐火材料可使传热系数在 104.67～167.47kJ/(m^2·h·℃)。

外置式热交换器内传热相当于鼓泡床锅炉埋管的传热系数，不同的是外置式热交换器内物料粒度要小得多，因而其传热系数也比常规鼓泡床锅炉大得多，可达 418.68～586.15kJ/(m^2·h·℃)。因在其内无燃烧，随着传热，床温要下降，因而各处温差是不均匀的。

尾部受热面的传热系数和常规锅炉也有差别，主要是其积灰程度，不仅受烟气速度和燃料影响，还受分离装置影响。分离装置分离效率高，飞灰粒子细，积灰就多，反之积灰就少。因此针对不同的分离效率，应采用相应的烟气流速，分离效率高时积灰是主要矛盾，一般不磨损，此时烟速可取得较高，反之应取较低的流速。

循环流化床锅炉燃烧室中的传热是一个复杂的过程，影响密相区的传热因素有床温、床层压力、流化风速，传热系数的选取直接影响受热面设计的数量，从而影响锅炉的实际出力、蒸汽参数和燃烧温度。如果传热系数取得太高，燃烧室内受热面布置少，锅炉运行会带来燃烧室内和出口烟气温度偏高，导致锅炉达不到设计蒸发量，有时还会导致过热蒸汽温度偏高。相反，如果传热系数取得较低，燃烧室内受热面布置多，带来燃烧室内和出口烟气温度偏低，降低煤在燃烧室内的燃烧效果，飞灰含碳量高，锅炉热效率降低。正确理解和掌握循环流化床锅炉燃烧室内的传热机理和影响传热的因素，对循环流化床锅炉设计、运行和处理运行中发生的问题有重要的作用。

7.4.2 影响循环流化床燃烧室传热的主要因素

影响循环流化床燃烧室中传热的主要因素有：①流化介质、固体颗粒的物理性质，包括流化介质的密度、黏度、比热容、导热系数，固体颗粒的尺寸、密度、球形度、比热容、导热系数等；②最低流化条件，包括临界流化风速和空隙率等；③流化条件，包括固体颗粒浓度、流化风速等；④床层与受热面的布置形式、几何尺寸、材料等；⑤床层与壁面接触程度等。

传热系数是一个与多种参数有关的复杂函数。一方面，它是颗粒浓度，流化风速，床的几何尺寸，气、固物理性质，一、二次风量比，循环倍率，受热面积和床温等因素的函数；另一方面，它受到床内气、固体物理特性，颗粒燃烧特性，颗粒磨损特性，颗粒与壁面碰撞情况，颗粒沿壁面下滑情况，颗粒覆盖壁面程度、与壁面接触时间，脱硫剂的使用及受热面的布置等众多因素的影响。

7.4.2.1 气体物理特性的影响

在流化床传热中，气膜厚度及颗粒与表面的接触热阻对传热起支配作用。因此，气体的物理特性，如气体的密度 ρ_g、气体黏度 μ_g、比定压热容 $c_{p,g}$ 和气体导热系数 λ_g 必将对传热产生影响。

由于压力对传热的影响主要是通过气体密度起作用，而传热系数随着床层压力的增加而增加，故随着气体密度的增加将导致传热系数增加。传热系数随比定压热容的增加而有一定的增加。传热系数随着气体黏度的增加而减小。随着气体导热系数的增加，传热系数近似以1/3～1/2幂次增加。

7.4.2.2 固体颗粒物理特性的影响

固体颗粒的物理特性参数包括固体颗粒尺寸 d_p、固体颗粒密度 ρ_p、球形度、颗粒比定压热容 $c_{p,p}$、固体颗粒导热系数 λ_p 及颗粒粒度分布等。

对于小颗粒床，颗粒的冷却特征时间小于其在受热面上的停留时间，颗粒主要通过气膜与受热面进行热交换，这是一个非稳态过程。所以当流化速度增加时，颗粒在表面的停留时间缩短，使得传热系数迅速增加。对于大颗粒床，其临界流化速度较高，气体的对流换热作用加强，颗粒与受热面间的换热作用因气膜厚度加大而相对减弱，因此传热系数随不同流化速度的变化不如小颗粒床那样剧烈。

实验表明，传热系数随固体颗粒密度的增加而增加。球形和较光滑的颗粒，其换热系数较高。传热系数随颗粒比定压热容的增加而增加。小尺寸范围的床料的颗粒对流传热弱于宽尺寸范围的床料颗粒。固体颗粒导热系数对传热系数的影响很小。

7.4.2.3 流化风速对传热的影响

在循环流化床中风速增大时，一方面使气体对流传热增强，另一方面则由于颗粒浓度减小而使传热系数减小。对于固体浓度较大的床下部浓相区，颗粒以非稳态导热为主，传热系数随风速增大而减小。而对于颗粒浓度较小的稀相区，气体对流比较明显，因而传热系数随流化风速的增大而增大。不过由于在稀相区固体颗粒贴壁下滑，而气流对流分量比固体要小得多，因此在固体颗粒浓度一定时，流化风速变化对传热系数没有明显的直接影响，如图7-19所示。

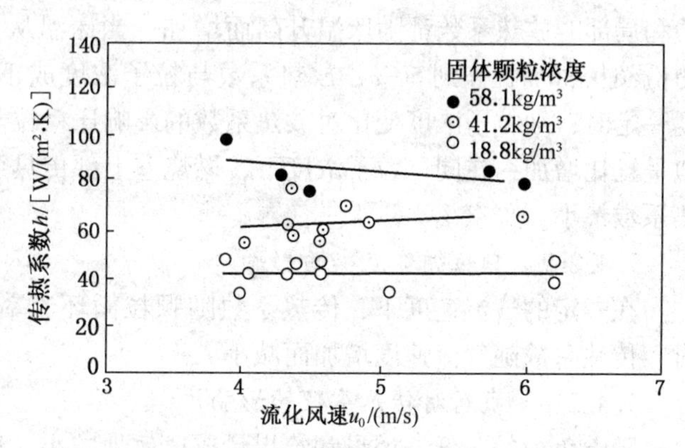

图7-19 流化风速对传热系数的影响

7.4.2.4 床温对传热系数的影响

实验发现，在任何粒子浓度下，传热系数均随床温的升高而增加。由于在较高温度下，气体和颗粒的热阻力减小，气体的导热系数和辐射换热都会增强，它们的综合作用如图7-20所示，在相对高的粒子浓度时(20kg/m³)，传热系数随温度成线性增长，但在辐射换热起主要作用的炉膛上部，情况则不同。

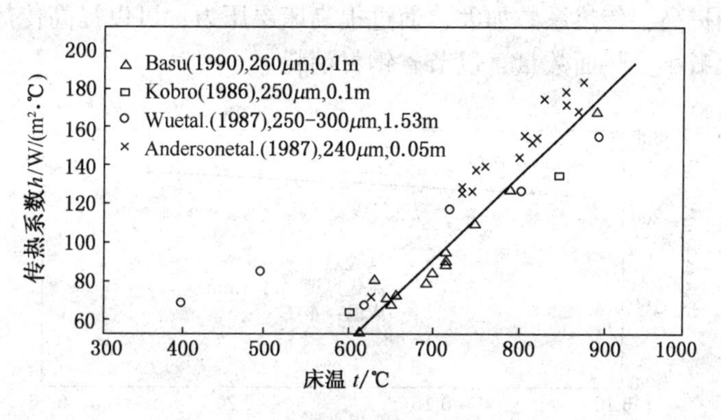

图7-20 床温对传热系数的影响

7.4.2.5 壁温对传热系数的影响

壁温提高使埋管外表面气膜的温度升高，气膜的热阻减小，从而使传热强化。在传热准则方程式中，用壁温和床温的算术平均值作为定性温度就是为了考虑壁温对传热的影响。

7.4.2.6　床层粒子浓度对传热的影响

实验表明，在循环流化床内所发生的传热强烈地受到床内粒子浓度的影响。传热系数随粒子悬浮浓度的增加而增加。固体颗粒的热容要比气体大得多，在传热过程中起重要作用。

影响流化床壁之间的换热因素有流化速度、粒子浓度、床温、管壁温度、平均放热系数。锅炉床层厚度大于2.5m以后放热系数变化很小。床壁附近回流粒子浓度最大，气流速度最小。在循环流化床中燃烧室壁面和床层之间换热决定了燃烧室内温度，而燃烧室中粒子浓度又直接影响着床内的换热情况。粒子浓度随着床高而变化。所以在循环流化床锅炉的运行中可以通过调节一、二次风的比例来控制床内沿高方向的颗粒浓度分布，进而达到控制温度分布、传热系数以及负荷调节的目的。

循环流化床锅炉颗粒浓度、粒径和床温对床层与受热面之间传热系数的影响主要有：总的和局部的放热系数都随床温升高而增加；当床温从500℃升高到900℃时，辐射放热所占的份额从30%提高到50%；放热系数与粒子浓度成正比例关系，是线性的；床温和粒子温度一定时，细粒子浓度变化对放热系数的影响比粗粒子的更大；传热系数随床内粒子浓度近似呈正比增加；在同一粒子浓度下，燃烧室上部传热系数最大，中部传热系数居中，下部传热系数最小。

7.4.2.7　颗粒循环流率的影响

在一定的气流速度下，传热系数随颗粒循环流率的增大而增大。当颗粒循环流率一定时，传热系数随气流速度增加而减小。

7.4.2.8　负荷对传热系数的影响

随着负荷的降低，风量和给煤量成比例地减小，流化速度减小，燃烧室下部粒子浓度增加，上部粒子浓度降低，呈典型的S形分布。这时燃烧室内传热会发生相应的变化：气体和颗粒的对流传热所占的份额随负荷的降低而急剧减小，辐射传热则越来越占主导地位。

7.4.2.9　压力对传热的影响

循环流化床锅炉的炉内压力分布反映了床内固体颗粒的载料量及气固之间的动量交换现象。常压循环流化床锅炉燃烧室内一般为微正压，压力从燃烧室下部到上部逐渐降低。对大颗粒床料，传热随压力升高而加强。对小颗粒床料，压力对传热的影响不明显。如图7-21所示，随着床压的提高，传热系数加大，通过提高床层压力，可以提高传热系数，减小加压床燃烧室的体积，减小受热面数量，以节省钢材消耗。

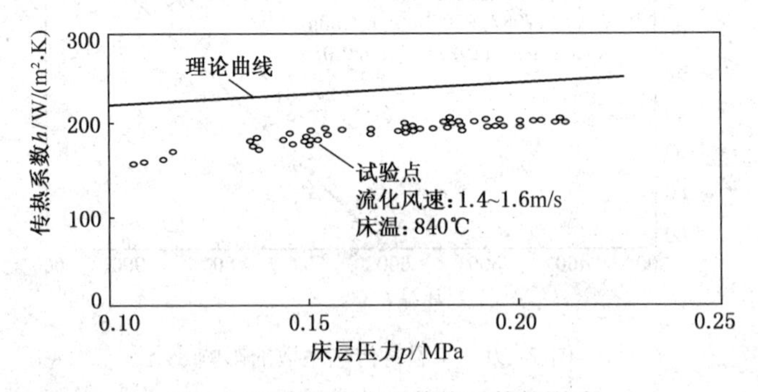

图7-21　床层压力对传热系数的影响

7.4.2.10　肋片对传热的强化

随着床径的增加，燃烧室的包覆面积增加相对较小，靠包覆面积布置的膜式受热面满足不了锅炉设计受热面的要求。可有三种方式解决这个问题：一是采用外部流化床热交换器，在其中布置受热面；二是采用燃烧室内另吊附加屏式受热面；三是采用膜式管上加肋片的方法，扩展受热面，强化传热。

7.4.2.11　传热系数沿燃烧室高度的变化

床温随燃烧室高度增加而略有降低。传热系数沿燃烧室高度增加而降低，近似于线性变化。

7.4.2.12　传热系数沿燃烧室宽度的变化

在床中心区域，由于气泡通过的频率高，受热面上乳化团的置换和更新快，停留时间短，因而传热系数高。靠近边壁区，气泡通过的频率低，受热面上乳化团的置换和更新慢，因而传热系数低。

7.4.2.13　传热系数与受热面管径的关系

当管径<10mm 时，随管径的减小传热系数增加。当管径≥10mm 以后，传热系数与管径没有关系。

7.4.2.14　受热面布置方式对传热的影响

对于错排水平管束，水平和垂直方向管间节距的变化对传热都有很大影响。尤其当垂直节距小时，水平节距的变化对传热的影响程度更大；对于垂直管束，当管间相对节距小于2mm 时，对传热的影响十分明显。传热强度随管间节距变小而变小是由于小节距管束阻碍了粒子的运动。

7.4.2.15　垂直光管和膜式壁传热系数的对比

光管和膜式壁的传热系数，在不同粒子浓度下，都随床温的升高而加大；在 400℃床温以下，光管传热系数与膜式壁传热系数接近；光管传热系数随温度的增加比膜式壁增加得多。

7.5　循环流化床锅炉的基本结构及辅助系统

7.5.1　燃烧系统

循环流化床锅炉的燃烧设备包括风室、布风板、燃烧室、炉膛、燃油及给煤系统等。

7.5.1.1　给煤系统

循环流化床锅炉煤粒大小可按 $V_{daf}+A=85\%\sim90\%$配制，其中 V_{daf}为干燥无灰基挥发分，A 为入炉颗粒中小于 1mm 的份额。循环流化床锅炉燃用的煤经过破碎，粒度一般控制在10mm 以下，入炉平均颗粒度在 1mm 以下。对挥发分高的褐煤可放宽到 13mm，而对贫煤、无烟煤最好 8mm 以下。此外对其筛分，一般要求小于 0.1mm 的煤粒其份额小于 10%，因为小于 0.1mm 的煤粒燃烧生成的灰较难分离。而大于 5mm 的颗粒燃烧时间长，其份额也希望小于 10%。中间颗粒，尤其是 0.5~3mm 的份额应尽可能的多。对不同煤质有不同的要求。FW 公司的循环流化床锅炉一般要求 1.0mm 颗粒的煤粒小于 60%。

给煤系统可分为单级给煤及两级给煤。当煤仓离锅炉较近时，可用单级给煤，煤由给煤机直接从煤仓送至锅炉前的落煤管。在煤仓离锅炉较远时，可用两级给煤，煤先由煤仓用输送机送至锅炉附近再由给煤机送至炉前加煤管。采用单级给煤时，由给煤机控制给煤量。采用两级给煤时，可用煤仓下的输送机控制给煤量，而给煤机则保持始终大于输送机的出力，如用给煤机控制煤量则两级之间应有缓冲小煤仓，根据此仓内的料位控制输送机的出力。前者控制较简单，但输煤机及给煤机都要求保持密封，且给煤机始终在较高转速下运行。后者控制较复杂但不要求输送机密封，而且给煤机的转速也可较低。

给煤遇到的最大问题是给煤堵塞，堵塞发生在煤仓下出口至输煤机或给煤机的进口，有时在给煤机出口至锅炉的落煤管处也发生堵塞。堵煤原因是煤外在水分太高，一般外在水分超过8%时堵煤常常发生，因此设置足够大的干煤棚，是防止堵煤的非常重要的措施。此外煤仓的倾角，内衬材料，下料口的形状，落煤管结构，输送风的设置等对堵煤都有影响。为防止落煤管内堵煤，一般在落煤管的后方布置输煤风，防止下落的煤黏附在斜管上，减少下落煤的冲力、减轻磨损。在落煤管的下端布置播煤风，将煤均匀播散入炉内，加强混合以提高燃烧效率。给煤的另一个问题是密封，为了使给煤进入床层，一般给煤点离布风板高度都不到2m，此外锅炉往往有正压。在锅炉容量较小，分离效率较低时，可以靠提高炉膛负压，提高给煤点标高或降低料层等来保持给煤点处的负压。但随着锅炉容量增大，分离效率提高，炉内正压很高，给煤点附近可达1kPa甚至2kPa，此时要再形成负压，整台锅炉的负压增加很多，除加大电耗外，也增加了漏风。给煤点正压会使炉烟反窜，不但污染环境，如用皮带给煤机还可能烧坏皮带。为此必须将给煤机密封，并在其中通入密封风，使给煤机中保持一定的压力，此压力必须高于炉内给煤口处的压力，阻止烟气反窜。正压给料必须有可靠的隔离装置，以便给煤机故障时可不停炉修理。

循环流化床锅炉的给煤方式按给煤位置来分有床上给煤和床下给煤两种。床上给煤是将煤送入布风板上方的给煤方式。床下给煤是利用底饲喷嘴将较细的物料穿过布风板向上喷洒的给煤方式，只在小型锅炉上应用。给煤方式按给煤点的压力分为正压给煤和负压给煤。负压给煤一般使用在循环倍率较低，有比较明显的料层界面，负压点较多的锅炉上。对于炉内呈湍流床和快速床的中高循环倍率的锅炉，炉内基本处于正压状态，一般采用正压给煤。

锅炉容量较小时，给煤点较少，可以单独布置在前墙、后墙或侧墙上。在后墙给煤时，一般采用回料阀给煤系统，给煤直接由给煤机进入返料管的斜管上，煤和返料混合后进入炉内。这种给煤方式，煤预先与高温灰混合，对提高燃烧效率有利。但因给煤输送路线长，且返料点较给煤点低，此处背压高，给煤口必须很好密封并加密封风。

循环流化床锅炉常用的给煤机一般有以下几种型式。

1. 螺旋给煤机

螺旋给煤机结构简单，最初用于鼓泡床直接将煤送入密相床，是中小锅炉常用的给煤机。优点是自密封性好，可不用密封风，但输送距离长而量大时，其结构限制不太适用。而且由于其是挤压输送，磨损严重，必须经常更换螺旋，还容易发生卡塞，目前在大型循环流化床锅炉上已很少采用。

2. 刮板给煤机

刮板给料机相对螺旋给料机而言，输送距离长，与皮带相比也不易因烟气反窜而烧坏，但也存在磨损的问题。刮板轴有时因刮板、链条带煤等原因会出现卡塞。它无自密封功能，其可靠性优于螺旋而不如皮带。

3. 皮带给煤机

最初皮带给煤机因易被反窜的烟气烧坏，故只用于鼓泡床的负压给煤。随着锅炉容量增大，给煤量及输送距离的加大，在大型锅炉中皮带给料机逐渐取代螺旋和刮板。皮带给煤机可靠性高，距离不受限制，可以称量，为防止烟气反窜，给煤机必须密封，并在其中通入密封风。

7.5.1.2　布风系统

布风装置是循环流化床实现流态化燃烧的关键部件。目前采用的布风装置主要有两种：风帽式和密孔板式。密孔板式布风装置由风帽和密孔板构成。风帽式布风装置由风室、布风板、风帽和隔热层组成。具体内容见7.9章节内容。

7.5.1.3　点火燃烧器

流化床的点火从最初的木柴固定床点火，发展到油枪床上分床点火和目前的床下油枪热烟气点火。木柴点火不用点火燃烧器，床上和床下油枪点火都需要点火燃烧器。

1. 床上点火燃烧器

这种点火燃烧器比较简单，就是装在水冷壁侧墙上的普通油燃烧器，一般用压力雾化，离布风板的高度可根据锅炉容量设计，床上点火由于热损失大，故油枪容量较大，约为锅炉额定输入热量的20%~30%。

2. 床下点火燃烧器

床下点火燃烧器比较复杂，由于热烟气必须经过风室风帽进入燃烧室，为保证风帽安全，进入炉室的烟温一般控制在800℃以下。但在这样低的温度下油燃烧不好，因此燃烧器必须有一耐火材料衬里的燃烧室。在此燃烧室中燃烧温度可达1300℃左右，燃烧室后加冷风混合至800℃以下进入风室，通过风帽进入炉膛。

循环流化床锅炉管式燃烧器启动的必备条件为：火焰检测器吹扫风压力正常；炉膛已准备好，吹扫已结束；燃油调节阀不在点火位置。燃油温度达标不是管式燃烧器启动的必备条件。管式燃烧器启动前增压风机应处于运行状态。

油枪有机械雾化也有压缩空气雾化的。前者系统简单，但调节比有限，低流量时，雾化质量差。后者系统复杂，但低流量时，雾化质量好。

7.5.2　分离器

气固分离器是将固气分离后，固体通过返料装置送回燃烧室。循环流化床锅炉气固分离循环系统包括：物料分离装置及返料装置。气固分离器属于循环流化床锅炉中核心设备，分离器的形式、布置对锅炉性能影响很大。大多数循环流化床锅炉采用离心分离器作为物料分离器。

气固分离器使燃料和脱硫剂多次循环、反复燃烧和反应，因而分离效率大大提高。此外分离效率还与入口物料粒度有关。循环流化床炉内流速一般在5m/s以上，而鼓泡床锅炉仅3m/s左右，因而循环流化床锅炉出口粒度较鼓泡床锅炉出口粒度粗，由于以上原因，循环流化床锅炉分离效率大大提高，有时可达99%。

循环流化床锅炉的燃烧效率与分离器的分离效率成正比，锅炉的燃烧效率随着循环效率的增加而增加。分离效率或者循环倍率并不是越高越好，提高了循环流化床锅炉分离器的分离效率就增加了风机电耗。循环的目的有两个：一为提高燃烧效率和脱硫效率；二为增加炉内传热。循环又分炉内循环和炉外循环。炉内循环是指炉内物料沿炉中部上升而沿四周下降，这种循环增强了水冷壁的吸热，使炉内上下温度更趋均匀，加强了混合，增加了停留时间。炉外循环延长了物料停留时间，同时炉外循环又是炉内循环赖以存在的必备条件。

循环流化床锅炉气固分离器主要分为旋风分离器和惯性分离器。旋风分离器的特点是分离效率高，对细小颗粒的分离效率远远高于惯性分离器，但体积大。而惯性分离器虽然分离效率稍逊，但尺寸小，使锅炉结构布置较为紧凑。按使用条件不同划分有高温分离器、中温分离器、低温分离器。高温分离器的温度在800℃左右。中温分离器的温度在400~600℃。

低温分离器的温度在200~300℃。分离器按布置方式分为外循环分离器、内循环分离器、夹道分离器。

分离器的结构特点是：能在高温下正常工作；能满足极高浓度载粒气体流的分离；具有低阻的特性；具有较高的分离效率；分离器的内部有防磨层和绝热层；与锅炉整体适应，使锅炉结构紧凑。

1. 惯性分离器

惯性分离是利用某种特殊的通道使介质流动的路线突然改变，固体颗粒依靠自身的惯性脱离气体轨迹从而实现固气分离。惯性分离中气体流动的大小与转弯半径的大小成反比。惯性分离的气流越大，分离效果越好。惯性分离通道的形式有S型、U型、槽型、百叶分离。

惯性分离器结构简单，布置方便，与锅炉匹配好，热惯性小，流动阻力不高。在惯性分离器中惯性分离的阻力与流量成二次方关系。但惯性分离对小颗粒捕集的能力差。惯性分离效率一般大于75%，影响惯性分离效率的因素主要有气流速度；粒径和浓度；尾部抽气。

百叶窗分离器属于惯性分离器，气流流经百叶窗转150°弯，气流中的粗粒子由于惯性顺气流原来方向进入集灰斗，百叶窗分离器的效率较低，一般作两级分离系统的高温级，分离较粗粒子。

槽形分离器是在垂直烟气流通方向交叉布置的几排槽形钢板。烟气流过时，曲折通过槽形间隙，其中的粒子因惯性作用，撞击在槽形钢板上而被分离下来。槽形分离效率很低，为了提高分离效率通常排列四排或更多。

下排气旋风筒，也是一种利用离心力分离的装置。因为排气方向与通常旋风分离排气不一样，气流向下，与粒子下落方向相同，易带走靠近出口的粒子，故而分离效率较低。它的主要优点是排气方向与常规锅炉尾部烟道气流方向一致，因而简化了结构。常用作链条炉或煤粉炉改成流化床锅炉时的分离器。由于分离效率低，循环量少，有时在炉膛出口加槽型分离作粗分离。下排气布置在过热器后转向室，而且在炉内加埋管，以增加炉内吸热。

2. 旋风分离器

循环流化床锅炉目前普遍采用的分离器是高温旋风分离器、中温旋风分离器。烟气是以切向进入旋风分离器，然后将高温烟气流中的热固体物料分离。旋风分离器的粗料回到炉膛可保证灰浓度，提高燃烧效率。旋风分离器一般不允许内部有可燃物继续燃烧。但高温旋风分离器可以允许烟气夹带的颗粒不间断燃烧，提高煤的燃尽程度，降低CO浓度，降低N_2O排放浓度。旋风分离器的膨胀方向是向上。锅炉炉膛膨胀方向与旋风分离器的膨胀方向相反。烟气气流速度；烟气温度高低；颗粒浓度；颗粒粒度和密度等运行条件对旋风分离器的性能都有影响。旋风分离器的直径越小，分离效果越好。

① 绝热旋风分离器由进气管、筒体、排气管、圆锥管等部分组成。筒体是由钢板外壳内衬耐磨材料和保温材料制成，总计厚度达300~400mm。其中内衬耐火材料使用温度最高不超过1100℃，但对耐磨和热震性能要求高，以抗高速、高浓度灰的磨损和频繁启动锅炉带来的温差应力。

② 汽冷旋风分离器由于耐火层仍较厚，若启动升温或降温速度太快，耐火层内外温差太大，常导致耐火层开裂剥落，因此锅炉厂商一般都严格限定启动时间，国外在10h以上，国内也要求在6h以上。

③ 方形水冷分离器，该分离器的筒体是方形的，周围由膜式水冷壁围成。膜式壁可用自动焊，因而制造简单，且可与炉膛形成一整体。方形水冷分离器由于四角的涡流，其分离

效率较圆形分离器低。适用于燃用褐煤、生物燃料等易燃燃料。而燃贫煤、无烟煤时，飞灰含碳量较高。

7.5.3 返料装置

循环流化床锅炉最基本的特性就是固体物料的再循环，它是依靠回料装置来实现。回料阀回料量是给煤量的20~40倍。循环流化床锅炉回料装置是将旋风分离器分离出来的物料送回燃烧室。返料一般进入炉室下部的密相区。在该处，炉内一般为正压，达几千帕，而分离器内为负压，返料装置既是一个物料回送器，又是一个锁气器，返料装置能够防止锅炉的高温烟气不经过返料装置短路流过分离器，同时又能将物料从低压送至高压处。在回料装置中，如果立管中的压力差增大，则固体物料速率增大。对回料装置的要求是：①物料流动稳定。这是保证循环流化床锅炉正常运行的一个基本条件。由于固体物料温度较高，回送装置中又有充气，在设计时应保证在回送装置中不结焦，流动通畅；②无气体反窜。由于分离器的压力低于燃烧室的压力，回送装置是将物料从低压区送到高压区，如果有气体从下料管进入分离器会降低分离效率，影响物料循环，必须保证产生足够的压差来克服负压差，既起到气体的密封作用又能将固体颗粒送回床层；③物料流量可控，即能稳定的开启或关闭固体颗粒的循环，同时能够调节或自动平衡固体物料流量，从而适应锅炉运行工况变化的要求。返料装置不正常，循环流化床锅炉的循环燃烧过程无法建立。回料密封装置投入前应在返料器中放入物料，封堵返料器。当床温达到650~700℃，才能投入回料装置。

返料装置一般由料腿和阀两部分组成。料腿的作用是要形成足够的压力来克服分离器与炉膛之间的负压差，防止烟气反窜。阀则起到控制和调节固体颗粒流量的作用。阀有机械阀及非机械(机动)阀两类。机械阀靠机械传动来控制和调节固体颗粒流量，因高温下机械装置会产生膨胀，而且颗粒运动对阀门冲刷严重，现锅炉已很少采用机械阀。非机动阀是靠气体推动固体颗粒运动，作用是使再循环固体颗粒从旋风分离器连续稳定的回到炉膛和上下两侧风隔离密封。与机械回料阀相比，非机械阀具有无机械运动部件、维修量低、成本低、制作方便等优点。常用的非机械阀的形式有L阀、J阀和J阀的简化形。非机械阀的开关是依靠高压风做动力。

非机械阀依其功能分为三类，第一类为可控型阀，形式包括L阀、V阀、J阀、H阀、换向密封阀等。这种阀不仅可以将颗粒输送回燃烧室，可以开启和关闭固体颗粒流，而且可以控制和调节固体颗粒的流量。L阀是最简单的一种可控阀，可以用输风量大小来调节输送物料量。当充气压力大于密集的物料及回炉膛的阻力时，L阀开启。J阀和换向密封阀除了结构外形与L阀不同外，其运行特性与L阀基本相同。回料阀的驱动力来自于充气点的压力，都是通过充气压力开启物料颗粒的流动，用调节充气流量的方式来控制物料颗粒循环流率的大小。回料J阀在运行中较易堵塞，应定期对J阀吹堵。受回料器料位的影响，J阀电动机过流跳闸的故障出现较多。J阀风机常见的故障有风机过电流、风机滤网堵塞、风机皮带过热、风机内磨损等。经常清洗J阀风机过滤器可防止堵塞。防止J阀风机皮带打滑的方法是定期切换风机。回料阀隔板易磨损，主要原因是循环灰的横向运动所致。

第二类为通流阀，包括密闭输送阀、流动密封阀(U阀)、N阀、多点送风L阀等。这类阀主要是通过阀和料腿自身压力平衡自动的平衡固体颗粒的流量，固体颗粒流量的调节作用小，但密封和稳定性能好。流动密封阀(U阀)由一个带溢流管的鼓泡流化床和分离器料腿组成。U阀有两个室，物料在其中一个室下降，是移动床，在另一室上升，是鼓泡床。两个床下分别通风，中间有一隔板。返料室上面隔开下面相通，物料由下部通道从一室到另一室。返料室供风，对容量较小的锅炉回料阀使用的流化风为一次风，对大容量锅炉用罗茨风机。U 阀传送物料量与高度、宽度有关。U 阀控制返料量的手段主要是控制上风箱风量。

第三类是气力输送型阀，主要包括文丘里管式和喷射式等。这类阀门由于气固比大，不能应用在高倍率的循环流化床锅炉，一般用于飞灰回燃式流化床锅炉。

7.5.4 受热面

受热面的布置与常规锅炉有很多相似之处，尤其是尾部受热面，基本相同，但也有一些特殊结构。在循环床中离开固体颗粒循环回路的烟气温度比煤粉炉低，进入对流烟道的烟气温度在1000℃以下，即在主循环回路内的传热份额较大，因此大容量、高参数锅炉中，必须在主循环回路上布置过热或再热受热面，一般布置的特殊受热面种类有炉内布置翼墙受热面、炉内布置 Ω 过热器、布置外置换热器。循环流化床锅炉在固体循环回路上布置外置式流化床热交换器是增加受热面的一个途径。对于省煤器或空气预热器，如果采用组合分离形式，则可能使这些受热面的固体颗粒浓度过高，应采取特殊的防磨措施。循环流化床锅炉在设计布置时应依照以下原则：①燃烧应在炉膛内完成；②炉膛出口烟温应有利于对流受热面的布置；③旋风分离器内烟气温度应保持稳定。

1. 水冷壁

由于炉内下部正压很大，现在的循环流化床锅炉基本上全是膜式水冷壁。循环流化床锅炉炉膛下部区域主要由布风板、绝热炉墙、给煤口、排渣口、循环灰口等组成。循环流化床锅炉中的空气分为一、二次风送入，在二次风口以下的床层如果截面积保持与上部区域相同，则流化风速会下降，低负荷时易产生床层停止流化等现象，所以循环流化床炉膛二次风口以下区域截面积小于二次风口以上截面积。锅炉下部锥形扩口墙在前后墙，炉膛内越靠近布风板其截面积越小，使底部布风板面积约为炉室截面积的一半。收缩的目的主要是保持下部有足够的流化速度，将下部物料向上输送，对形成炉内物料中间上升，沿边下降有一定作用。

由于循环流化床锅炉炉膛下部为还原气氛，且粒子浓度大，冲刷强烈。为保护管子，必须有保护层，现在一般在管子上焊销钉，再浇耐磨浇注料或可塑料，厚度 60～80mm。在下部耐火混凝土和上部光管水冷壁交界处，会发生严重磨损，为此采取多种方法，如喷涂耐磨合金、堆焊金属或特殊的弯管结构。水冷壁内侧不允许有向炉内突出部分，尤其是接近下部，包括所有管子对接焊缝都应磨平。炉膛出口接近旋风筒进口四周也应采取防磨措施，其方法一般也是焊销钉敷耐火可塑料。

2. 炉内水冷屏和屏式过热器

大容量高参数锅炉，炉内要加水冷屏和屏式过热器，以弥补对流受热面传热量的不足。循环流化床锅炉与煤粉炉屏式过热器的最大区别是考虑受热面的磨损问题。为免受旋风筒进口气流的冲刷，屏过的宽度一般不超过炉深的 1/3，采用一次流动回路不采用 U 形回路，屏一般很长，为避免在炉内晃动，屏的下端穿过水冷壁，且和水冷壁固定在一起，而上端穿过炉顶。由于屏式过热器与水冷壁存在膨胀差，因而穿过顶棚处有膨胀节，且支吊也用恒力吊架。由于屏很长，刚性小，加上是下端支撑向上膨胀，膨胀稍有受阻，屏即会弯曲变形，因而此结构设计和安装都必须注意。水冷屏的深度一般也为炉深的 1/3，其下端有从前墙水平穿出的，也有一直向下延伸至炉下水冷风箱后向下穿出的，其下端穿过床层处和水冷壁一样敷耐火耐磨材料。水冷屏或屏过下端弯头和水平段及穿墙处的水冷壁，都应焊销钉敷耐火耐磨材料。早期曾有锅炉屏上端固定而下端穿墙处采取滑动压紧密封结构，但此结构易泄漏，现已很少用。也有采用水平穿过炉膛的受热面，布置于炉膛的中部，为防磨，管子做成Ω型，管排侧面是一平面。

7.5.5 膨胀节

金属构件受热后的三维膨胀，导致变形和胀裂是目前循环流化床锅炉中经常出现的问题。循环流化床锅炉膨胀节一般有5个。循环流化床锅炉在炉膛部分、分离器部分和尾部烟道部分设有3个垂直膨胀中心，膨胀零点设在炉顶顶部，膨胀中心可以设置在各部分的中心线上。锅炉炉膛与旋风分离器之间一般采用非金属膨胀节来消除膨胀差产生的应力，同时保证严格密封。旋风筒出口与尾部竖井烟道之间也存在着膨胀不一致的问题，也可采用非金属膨胀节进行密封。旋风分离器与回料阀之间的膨胀节是将动与静的设备连接在一起。料腿与返料器之间以及返料器与炉膛接口之间的胀差，可采用不锈钢多波纹膨胀节进行补偿，并达到密封的目的。由于炉膛整体向下膨胀，与炉膛连接的二次风分管与母管、给煤机与燃烧室之间也有相对膨胀，其膨胀结构可采用不锈钢多波纹膨胀节。有外置式换热器的循环流化床锅炉，外置式换热器与炉膛和旋风筒的连接管路也要采用密封和膨胀节结构。按循环流化床锅炉膨胀节膨胀方向，膨胀节可划分为单向膨胀节和三相膨胀节。按膨胀节材质可分为金属膨胀节与非金属膨胀节。金属膨胀节由上下导筒管、密封填充材料、金属波纹管等组成。金属膨胀节一般用于循环流化床锅炉高温、截面积小的地方。非金属膨胀节主要由机架、不锈钢丝网、隔热填料层、隔热防尘套、蒙皮及耐磨层组成。非金属膨胀节可吸收三维方向较大的位移，在1500℃高温下运行不会变形。非金属膨胀节一般在循环流化床锅炉炉膛出口的水平烟道中使用。减轻膨胀节磨损的途径是在膨胀节内壁的耐火材料加入耐磨钢针。

7.5.6 耐火内衬

1. 耐火材料的重要性

耐火材料对循环流化床锅炉非常重要，因为循环流化床锅炉炉内及分离器内有大量的高温粒子，不但有磨损问题，还有因温度变化引起的交替应力，从而引起开裂、剥落。循环流化床锅炉事故停炉，由耐火材料引起的占很大的比例。此外循环流化床锅炉耐火材料量大，质高，价格也很昂贵。耐火材料不但初投资高，而且维修工作量大。因此设计好循环流化床锅炉的耐火结构，对循环流化床锅炉是至关重要的。

2. 耐火材料存在的问题

目前耐火材料主要有两类问题。一类是敷在受热面上的浇注料、可塑料，如炉膛下部水冷壁、炉膛出口、旋风分离器进口水冷壁、汽冷和水冷分离器内壁。这部分耐火内衬用销钉固定于管子上，厚度仅50~80mm，由于厚度小，再加上销钉传热，因而内外温差小。但由于管子受热膨胀，与耐火材料膨胀不一致，容易引起开裂或鼓胀。必须要根据金属和耐火材料温度和膨胀系数，以膨胀相等原则计算出耐火材料膨胀系数，来作为选耐火材料的依据。另一类耐火材料主要是用于绝热旋风分离器、返料装置及旋风筒出口烟道的内衬。这种内衬目前有两种结构，一种是定形砖，即在耐火材料厂预制的砖，性能较稳定，但成本高；一种是不定型的浇注料，成本相对较低，对施工有严格的要求。这种内衬由于无受热面冷却，所以内外温差很大，一般由耐火耐磨层、隔热层、保温层组成，总厚度300~400mm。对内层，使用温度很少超过1000℃，最高不超过1100℃，但要求耐压强度、耐热震性好，还要求热导率稍大一些，能减少内外层温差应力。中间隔热层要兼顾强度、耐火度及热导率，而外层保温层则主要要求热导率小。

3. 保证耐火材料安全使用的途径

要保证循环流化床锅炉中耐火内衬长期可靠的使用，延长大修时间，首先是设计，根据锅炉各部分对耐火材料的不同要求来选择材料，同时要根据不同部位运行工况设计相应的结构，包括厚度、膨胀缝、金属锚固件等。其次就是耐火材料的施工，包括配料、砌筑、浇注都要严格按要求进行，施工结束还要认真进行烘炉。最后就是严格按锅炉使用规程中规定的启停时间启停炉，避免快启、快停。

7.5.7 风、烟系统

循环流化床锅炉的风、烟系统比较复杂，风机数量较多。烟系统相对于风系统简单，除了烟气回送系统和风机选型与常规煤粉炉有所不同外，并没有更大的差异。以下主要介绍风系统。

循环流化床锅炉的风系统包括送风系统、引风系统。循环流化床锅炉风系统根据其作用和用途分为一次风、二次风、播煤风、回料风、冷却风和石灰石输送风等。在循环流化床锅炉送风系统中，向锅炉提供风的种类有流化风、二次风、高压风、点火用风、密封风、播煤风等。循环流化床锅炉的送风压力要求的等级不同，所以送风机也分别设置。循环流化床锅炉送风系统至少需要配备一次风机、二次风机、回料高压风机。

1. 一次风

循环流化床锅炉的一次风的作用主要是流化炉内床料，同时给炉膛下部密相区送入一定的氧量供燃料燃烧。一次风由一次风机供给。一次风经风室，通过布风板、风帽进入炉膛。由于布风板、风帽及炉内床料阻力很大，为了使床料流化，一次风压头要求较高。一次风压头大小与床料成分、固体颗粒的物理特性、床料厚度及床温等因素有关。循环流化床锅炉的负荷在70%以下时，密相区的风速保持不变。一次风量取决于流化速度、燃料特性以及炉内燃烧和传热等因素，一次风量占总风量的50%~65%，当燃用挥发分低的燃料时，一次风量则更大。其压头较其他锅炉大得多。一次风机是锅炉耗电最多的辅机，其压头主要由三部分组成，即预热器、布风板和炉室物料形成的压差。

由于一次风要求压头高，流量大。一般鼓风机难以满足要求。大容量锅炉一次风机选型比较困难。因此有的锅炉一次风由两台或两台以上风机供给，对压火要求高的锅炉，一次风机也采用串联的方式提高压头。

由于一次风压高，所以预热器一般用卧式，空气在管内，烟气在管外，这样密封性好。一次风大部分从风室通过布风板上风帽进入燃烧室，有部分锅炉的给煤机密封风、输煤风、播煤风也用一次风，小型锅炉也有返料用一次风的。在低负荷时可不开二次风机。一次风也供床下点火燃烧器作燃烧风、混合风。由于一次风压高，其风道设计要有足够的强度，其上的膨胀节也要有足够的强度。

2. 二次风

二次风由二次风机供给。循环流化床锅炉的二次风压是一次风压的0~40%。二次风分级布置，最常见的分二级从炉膛不同高度送入，也有的分三级送入燃烧室。二次风口根据炉型不同，有的布置在侧墙，有的布置在四周炉墙，还有的四角布置，绝大多数布置于给煤口和回料口以上的某一高度。运行中通过调整一、二次风可改变循环流化床锅炉密相区和稀相区的燃烧份额。循环流化床锅炉二次风调整的原则是启动及低负荷时，不考虑加二次风；在锅炉指定的负荷以上时，维持炉膛出口氧量在规定值，同时调整一、二次风比，使燃烧室上下温差达到最小。进入循环流化床锅炉的给煤量不变和总风量不变时，增大一、二次风比，循环倍率增加。当循环流化床锅炉负荷从100%降到70%时，主要操作是减少二次风。一般循环流化床锅炉负荷在70%以下时，二次风全部关闭。在循环流化床锅炉中一般将一次风及二次风分别送入两个空气预热器。

二次风占总风量35%~45%，二次风在循环流化床锅炉中的作用不仅是燃烧，它也可控制污染、调节床温，对炉内传热也有影响。二次风压头要克服预热器阻力、喷嘴阻力和炉内背压，二次风口位置愈低炉内背压愈大，此外炉内灰浓度愈大炉内背压也愈大。二次风压头一般为6~9kPa，其风速一般为60~80m/s。二次风在布风板上不同的高度送入燃烧室。

3. 播煤风

播煤风一般由二次风机供给，作用主要是使给煤比较均匀的播撒入炉膛，提高燃烧效率，使炉内温度场分布更为均匀。运行中应根据燃煤颗粒、水分及煤量大小适当调节，使给煤播撒的风更均匀。避免因风量太小使给煤堆集在给煤口，造成床内因局部温度过高造成结焦或因煤颗粒燃烧不透就被排出而降低燃烧效率。

4. 回料风(高压风)

非机械回料阀均由回料风作为动力，输送物料返回炉内。根据回料阀的种类不同，回料风的压头、风量大小和调节方法也不相同。当平衡回料阀调整正常后，一般不再作大的调节。L型回料阀往往根据炉内工况需要调节其回料风，从而调节回料量。回料风占总风量的比例很小，但压头要求较高，循环流化床锅炉中风压最高的就是回料风(高压风)。对于中小锅炉一般由一次风机供给，较大容量的锅炉因回料量大，常采用高压罗茨风机或高压离心风机。对回料阀和回料风应经常监视，防止因风量调整不当造成阀内结焦。

5. 冷却风和石灰石输送风

冷却风是专供风冷式冷渣器冷却炉渣的；石灰石用风是对采用气力输送脱硫剂(石灰石)而设计的。风冷式冷渣器是采用流化床原理用冷风与炉渣进行热量交换，把炉渣冷却到一定温度，冷风加热后携带一部分细小颗粒作为二次风的一部分送回炉膛。冷却风必须有足够的压头克服流化床炉内阻力。冷却风常由一次风机出口，不经预热器，引风管供给，或单设冷却风机。循环流化床锅炉通常在炉旁设有石灰石粉仓，因石灰石密度较大，一般风机压头无法将石灰石粉从锅炉房外输送入仓内，若用气力输送时，应经过计算并选择风机类型。

循环流化床锅炉风系统的特点是风机多，风系统复杂，投资大，运行电耗大。风系统设计中应尽可能减少风机，简化系统，但受到运行技术的限制，由于每种风都有其独自的作用，而且锅炉工况变化时，各风的调节趋势和调整幅度不同，往往相互影响，给运行人员的操作带来困难。对风系统的设计必须进行技术经济比较，进行系统优化。另外在风系统设计中还应注意计量和设计余量。由于循环流化床锅炉用风设备多，各自调整方式不同，并对锅炉运行起着重要作用，所以都必须安装风压及风量计量装置，并可远方自动操作，减少运行操作的频繁和盲目，由定性改为定量操作。循环流化床锅炉负荷变化大，外部因素对锅炉运行工况影响较大，因此在风机选型时风压和风量的余量应大于目前规定的设计标准。

7.5.8　出渣系统

煤燃烧后有少量大块灰渣留在燃烧室下部，由于粒度大，它们不会带出炉外，随着时间的延长，其数量愈来愈多，床层厚度会愈来愈高，风室压力会超过风机最高压头，风量会逐渐下降，最后直至不能流化。因此，必须不断排出一定量的较大颗粒的物料，以保持炉内一定的物料储量或一定的静止床高。

最简单的出渣方式是打开出渣管上闸板定期人工排放。出渣管一般用耐热钢管，其上端与布风板齐平，下端穿过风室，也有用水冷夹套作放渣管的，其中的水与水冷壁内水串联。

直接放出的渣温度高，一方面劳动环境差，同时也是热损失，为了改善劳动条件，利用其物理热，必须将渣冷却，使炉渣排出时温度降至100℃左右。冷渣器是保证循环流化床锅炉安全高效运行的重要设备。冷渣器的作用为回收热量、加热空气、加热热水、保持炉膛灰平衡和床料流化、细颗粒分选回送等。冷渣器加热了给水，起到了省煤器的作用，但不能替代省煤器。循环流化床锅炉运行中冷渣器可采取间歇或连续工作方式。对低灰分煤总排渣量少或存在大块残留的燃料时，采用间歇排渣，对高灰分煤则采用连续排渣方式。

7.5.9 石灰石系统

为保证循环流化床锅炉的脱硫效果，循环流化床锅炉有专门的脱硫剂添加系统。一般都采用石灰石脱硫剂。因此都称为石灰石系统，其大致流程如图7-22所示。石灰石系统采用气力输送，由于循环流化床锅炉对石灰石颗粒度有一定要求，所以大部分配有破碎机。石灰石经破碎后送入石灰石仓，每台锅炉配备一个石灰石仓，循环流化床锅炉炉前仓内的空气一般被烟道负压吸出。从石灰石输送系统出来有两条输送线路，在石灰石仓出口布置有：一个带电动操作的排放闸阀，一个有足够密封高度的落料管和一个射线探测装置。

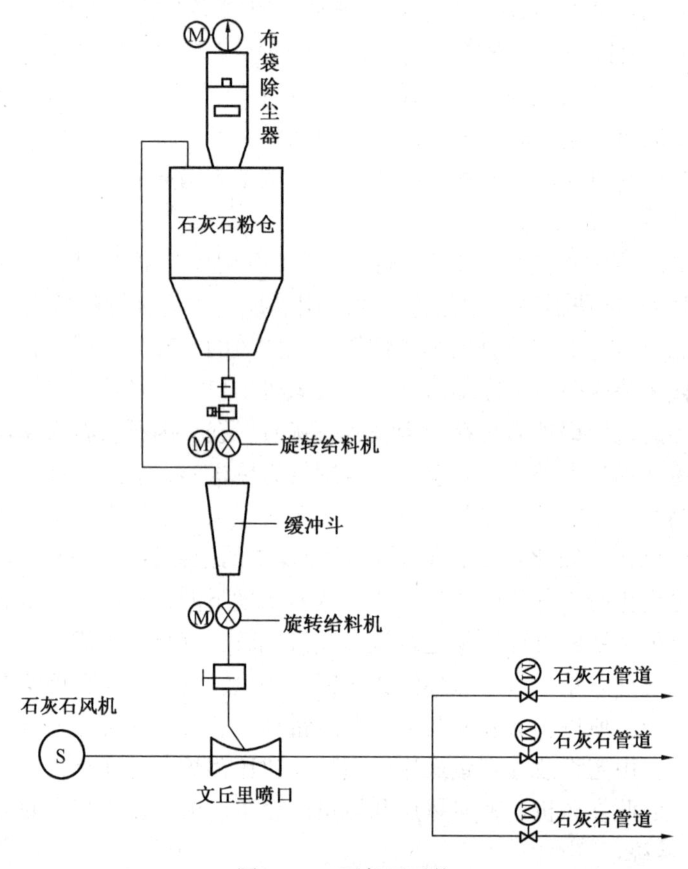

图7-22 石灰石系统

石灰石仓中的石灰石粉，通过一级旋转给料机先进入缓冲斗(仓泵)，石灰石的仓泵是输送石灰石的动力设备。一级旋转给料机由变频电机驱动控制石灰石给料量，再由二级旋转给料机将缓冲斗石灰石送入文丘里喷口，二级旋转给料机不控制石灰石给料量，只是将缓冲斗中石灰石全部送出，并起到密封作用。石灰石输送到炉前的动力依靠风力，石灰石在高压风的作用下，气固混合物以高速气流的方式从石灰石管道进入炉膛参与燃烧达到脱硫的目的。这种双级给料的方式即保证了石灰石的均匀给料，又保证了石灰石在炉膛内的良好混合，使脱硫效果更好。还能有效防止高压风进入石灰石仓，避免石灰石粉在石灰石仓内结块。

7.5.10 循环流化床锅炉的DCS系统

循环流化床锅炉生产过程监视，现场设备直接操作，控制参数的调整都在DCS中进行。循环流化床锅炉的DCS分为就地操作层、过程控制层、控制管理层、生产管理层。就地控制层是DCS系统的基础，主要任务是进行过渡数据采集，进行直接数字的过程控制，进行设备监测和系统的测试、诊断，实施安全性、冗余化方面的措施。过程控制层主要是根据用户的需要，通过组态控制方案，对单元内程序流程实施整体优化，并对下层产生确切命令，功能是优化过程控制，自适应回路控制，优化单元内各装置，使其紧密配合，通过获取直接控制层的实时数据以进行单元内的活动监视。控制管理层是人机接口设备，是生产过程的命令管理系统，功能是进行生产过程监视，现场设备直接操作，控制参数设置，在线、离线自诊断，生产报表打印。生产管理层是全厂自动化的最高层次，是经营决策层，包括工程技术方面、经济活动方面、生产管理方面、人事活动方面，主要功能如机组运行的经济性分析，机组性能分析，机组检修管理，生产资料的合理配置，生产成本核算等。DCS在运行过程控制中，可优化过程控制和适应回路控制。

循环流化床锅炉的燃烧过程是一个复杂的物理化学过程，对于自动控制来说则是一个复杂的多变耦合系统。其控制流程如图7-23所示。

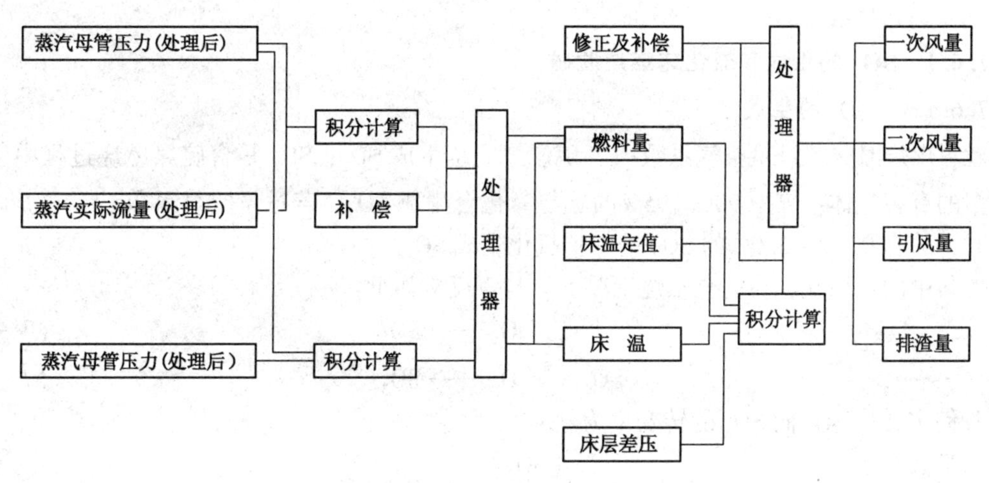

图7-23 控制流程图

循环流化床锅炉燃烧控制的主要目的就是解决锅炉热负荷与出力之间的及时匹配。由于循环流化床锅炉特殊的燃烧方式，不仅要考虑其热迟滞性，还要考虑其床层温度、床层差压和回料量的变化，以及为控制SO_2的排放而加入石灰石后对燃烧工况的影响等。一个典型的循环流化床锅炉的燃烧控制应包括以下功能：负荷指令回路；主蒸汽压调节；燃料控制；给煤量调节；总风量调节；一次风量调节；二次风量调节；二次风压调节；播煤风量调节；床层温度调节；石灰石供量调节；点火风量调节；床层差压调节；炉膛压力调节；汽包水位调节；蒸汽减温调节；燃烧器风量调节；燃烧器油系统调节；汽包连排调节。

通过蒸汽母管的压力(经过蒸汽母管压力调节器处理后)和蒸汽实际流量(经过温度修正)得出锅炉的负荷指令，作为燃料、氧量、床温、一次风量的远方给定值进行控制。在控制燃料量的同时也引入了床温的控制。

根据循环流化床锅炉的燃烧特点，其燃烧控制系统又分为：燃料控制系统、送风及炉膛压力控制系统、床温控制系统、床压控制系统等。

炉膛安全监控系统(FSSS)专门用于火力发电机组锅炉的安全保护和燃烧器管理。它在锅炉启动、运行、停止的各个阶段连续地监测锅炉的有关运行参数，根据锅炉防爆规程规定的安全条件，不断地进行逻辑判断和运算，并经过逻辑判断，合理地发出动作指令，同时与有关主辅机信号合理地联锁，以保证整个机组的安全、经济、稳定、可靠的运行。DCS 已经是不可或缺的组成部分，是锅炉热工保护的一个组成模块。循环流化床锅炉的安全保护侧重于燃料投运操作的正确顺序和联锁关系，以保证循环流化床锅炉稳定燃烧。按照煤粉锅炉的习惯仍将有关循环流化床锅炉的保护功能称作炉膛安全监控系统(FSSS)。

循环流化床锅炉的 FSSS 有以下主要功能：主燃料切除保护(MFT)动作；循环流化床锅炉吹扫；循环流化床锅炉冷态启动；循环流化床锅炉升温控制；循环流化床锅炉热态启动；风道油燃烧器控制；启动油燃烧器控制；油燃烧器火焰检测；煤及石灰石系统控制；一次、二次风机、高压风机、引风机联锁控制；锅炉水系统的保护；机炉协调保护。与煤粉炉相比，循环流化床锅炉的 FSSS 多了床温控制、石灰石控制功能。锅炉炉膛安全监控系统(FSSS)在进行汽机、锅炉、电气联锁和联动试验时，必须纳入到相关系统的试验中。

7.6 流化床燃烧对气体污染排放物的控制

7.6.1 SO_x 的生成和流化床燃烧脱硫

7.6.1.1 SO_x 的生成

燃料燃烧时，若过量空气系数<1，硫燃烧完全生成 SO_2；SO_2 是含硫煤燃烧过程中生成的最多的有害气体。煤中 90%~95%的硫与氧化合生成 SO_2。若过量空气系数>1，生成 SO_2 的同时，约有 0.5%~2.0%的 SO_2 进一步氧化生成 SO_3。

燃料中的可燃硫，在完全燃烧工况下，与氧反应如下：

$$S + O_2 \longrightarrow SO_2 \tag{7-7}$$

$$SO_2 + {}^1/_2 O_2 \longrightarrow SO_3 \tag{7-8}$$

我们定义从 SO_2 向 SO_3 的转变率为

$$X = \frac{[SO_3]}{[SO_2] + [SO_3]} \times 100\% \tag{7-9}$$

当燃料中含硫量越多，过量空气系数越大，火焰中原子氧的浓度就越大，生成的三氧化硫也越多。烟气离开炉膛流经受热面时，温度虽然降低，而 SO_2 的浓度却反而增加，这是由于积灰和氧化物具有催化作用的结果。

7.6.1.2 流化床锅炉炉内脱硫

在煤粉锅炉和燃油锅炉中，目前还不能用改进燃烧技术控制 SO_2 的生成量。因为硫的反应性能比较活泼，燃料完全燃烧时，燃料中的可燃硫将首先全部转化为 SO_2。而流化床锅炉可以使用一种直接而廉价的降低 SO_2 排放措施，即加 $CaCO_3$ 等吸收剂使 SO_2 固定在稳定的 $CaSO_4$ 中，在燃烧过程中脱硫。循环流化床锅炉采用的脱硫方法为炉内干式脱硫。通常使用的脱硫剂有白云石($CaCO_3 \cdot MgCO_3$)和石灰石($CaCO_3$)。循环流化床锅炉炉内脱硫过程：煤中的硫化成分在炉膛内反应生成SO_2和其他的硫化物，同时一定粒度分布的石灰石被送入炉膛，这些石灰石被迅速加热，并发生燃烧反应，产生多孔疏松的$CaO \cdot SO_2$扩散到CaO的表面和内孔，在有氧气参与的情况下，CaO吸收SO_2并生成$CaSO_4$，逐渐把空隙堵塞，并不断的覆盖新鲜CaO表面，达到脱硫目的。$CaSO_4$可以随灰分排掉，也可以再生后重新使用。在氧化性气氛中，这一脱硫反应如下

$$CaCO_3 = CaO + CO_2 - 0.1794 \times 10^6 \quad kJ/kg \tag{7-10}$$

$$CaO + SO_3 = CaSO_4 + 0.502 \times 10^6 \quad kJ/kg \tag{7-11}$$

式(7-10)是一个吸热反应，其反应速度较为缓慢；式(7-11)是放热反应，其反应速度较为迅速。脱硫反应速度决定于CaO的生成速度，$CaCO_3$分解吸热量小于$CaSO_4$生成放热量。

SO_2也能在有氧条件下直接与$CaCO_3$反应生成$CaSO_4$和CO_2

$$CaCO_3 + SO_2 + \frac{1}{2}O_2 \longrightarrow CaSO_4 + CO_2 \tag{7-12}$$

7.6.1.3 影响流化床锅炉炉内脱硫的主要因素

当SO_2的排放量超标时，可增加石灰石量来控制。脱硫效果通常用脱硫效率来表示，即烟气中SO_2被石灰吸收的百分比。锅炉负荷不会影响循环流化床锅炉的脱硫效果。影响脱硫效率的因素主要有Ca/S摩尔比、过量空气系数、床温、脱硫剂粒度和反应性、床层高度(流化速度)、煤的性质、飞灰循环倍率、煤的含硫量和分级燃烧。虽然石灰石投入到循环流化床锅炉内可大幅度降低SO_2污染排放，但运行过程中脱硫剂投入量过多会增加灰渣物理热损失，影响燃烧工况，需综合考虑。

1. Ca/S摩尔比对脱硫效率的影响

Ca/S摩尔比是影响脱硫效率和SO_2排放的主要因素。图7-24表示了Ca/S摩尔比对脱硫效率和Ca利用率的影响。

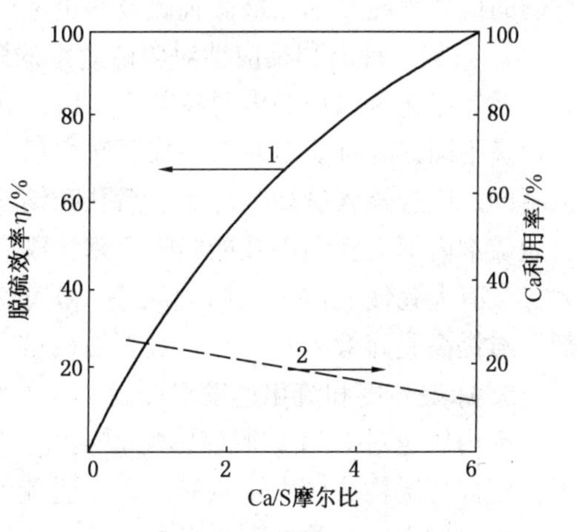

图7-24 Ca/S摩尔比对脱硫效率η和Ca利用率的影响

1—脱硫效率曲线；2—Ca利用率曲线

在其他工况相同的情况下，增加Ca/S比可以有效的减少SO_2的排放。脱硫效率在Ca/S比低于2.5时增加很快，而继续增大Ca/S比，脱硫效率增加的较少，但却增加了灰渣物理热损失，增加了磨损，影响了燃烧工况，使NO_x排放增加。循环流化床锅炉较经济的Ca/S摩尔比一般在1.5~2.5。

2. 床温对脱硫效率的影响

循环流化床锅炉与煤粉锅炉相比脱硫优势在于炉内温度较低。床温对脱硫效率有重要的影响。床温变化会改变脱硫反应的速度、改变脱硫产物的结构分布及孔隙率堵塞特性，从而影响到脱硫效率和脱硫剂的利用率。

为保持良好的脱硫效果，床温最好控制在830~950℃。高于最佳温度之后，随温度的升高，脱硫反应进行十分迅速，$CaSO_4$很快将石灰中的孔道堵塞，脱硫效率下降。低于最佳温度时，SO_2直接与$CaCO_3$反应，脱硫效率下降。

3. 石灰石尺寸对脱硫效率的影响

经过破碎满足粒度分布要求的石灰石，通过气力输送系统进入炉膛参与化学反应，除去燃烧过程中产生的 SO_2。石灰石尺寸对脱硫效率的影响比较大，也比较复杂。图 7-25 表示了石灰石尺寸变化对脱硫效率的影响。图中 A、H、O、T 为四种不同的石灰石。

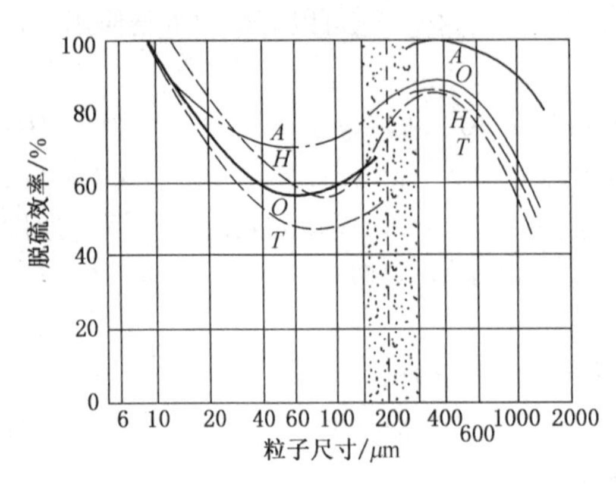

图 7-25　石灰石尺寸对脱硫效率的影响

随着脱硫剂粒子尺寸的增加，脱硫气固反应的表面积减小，导致反应性降低，脱硫效率降低，到 60μm 左右粒径时，脱硫效率最低。继续加大脱硫剂粒子的尺寸，粒子在燃烧室内的停留时间加长，对脱硫的作用大于反应性减小的作用，所以脱硫效率又提高。达到脱硫效率最大值之后，由于反应孔道被 $CaSO_4$ 堵塞，脱硫效率又随着脱硫剂粒子尺寸的加大而降低。采用较小的脱硫剂粒度，循环流化床脱硫效果较好，因为小颗粒的表面积较大。但考虑到石灰石的制备过程和运输等因素，目前循环流化床锅炉脱硫剂粒度平均在 100~500μm。另外，不同的石灰石，由于其反应性的差异，它们的最高脱硫效率和最低脱硫效率也不同。

4. 石灰石种类和反应性对脱硫效率的影响

循环流化床锅炉炉内脱硫效率与脱硫介质有关。不同产地的石灰石，氧化钙和其他成分的含量不同，并且受石灰石烧成石灰之后的孔隙尺寸、分布和孔比表面积的影响，反应活性也不同。应选择含量高，且煅烧后孔隙结构较好的石灰石做脱硫剂。较好的孔隙结构是煅烧后脱硫剂内部大孔和小孔能匹配合理，既有小孔使脱硫反应的表面积增大，初始反应速度较大，又有大孔使气体扩散阻力减小，扩散反应速度增大。使用反应性好的石灰石作为脱硫剂，对提高脱硫效率和减少石灰石消耗量有十分重要的作用。

5. 床层高度和流化速度对脱硫效率的影响

床内风速对 CFB 炉脱硫影响程度较小，只有在风速对流化状态、细颗粒扬析夹带、磨损、气固情况构成较大影响时，改变脱硫效果，即风速对脱硫是一种弱影响因素。循环流化床锅炉过剩空气系数在 1.0 以上，脱硫效果会保持不变。流化速度和床层高度对脱硫效率的影响实质上是停留时间对脱硫效率的影响。烟气以一定的速度通过床层，床层高度增加，则可供反应的停留时间随之增加，脱硫效率提高。床层高度一定，流化速度加大，供反应的停留时间减小，脱硫效率降低。图 7-26 表示了床层高度对脱硫效率的影响，图 7-27 表示了脱硫效率与 Ca/S 摩尔比和流化速度的关系。

6. 煤的性质对脱硫效率的影响

煤的性质指煤中可燃硫的含量和燃煤灰渣中碱土金属氧化物(主要是 CaO)的含量。锅炉产生 SO_2 的多少与燃烧方式和煤种有关。在循环流化床锅炉脱硫过程中如果燃料含硫量增大，会引起脱硫效果下降。在氧化性气氛中，煤在燃烧过程的可燃硫全部生成 SO_2。可燃硫占煤中含硫量的绝大部分，煤中的硫燃烧后生成两倍于煤中硫质量的 SO_2。煤中每 1%的含硫会在烟气中生成约 2000mg/m^3(标准状态下)的 SO_2。图 7-28 表示了煤中含硫量与 SO_2 原始生成浓度及脱硫效率的关系。

煤的灰渣中如果含有 CaO、MeO、Fe_2O_3 等碱性物质，他们和烟气中的 SO_2 发生下面的化学反应而脱除 SO_2。这叫煤灰中碱性氧化物的自脱硫能力。

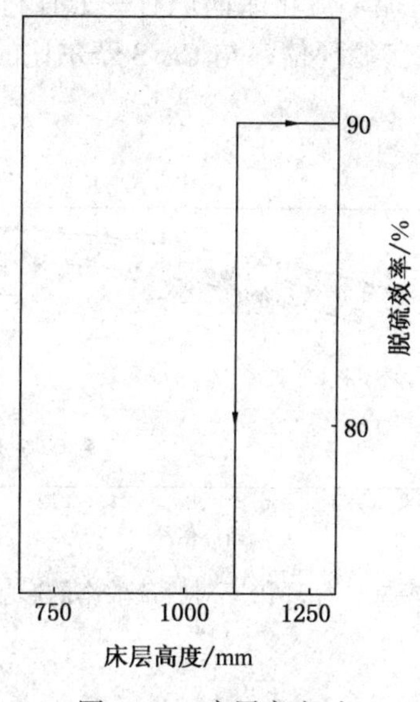

图 7-26　床层高度对脱硫效率的影响

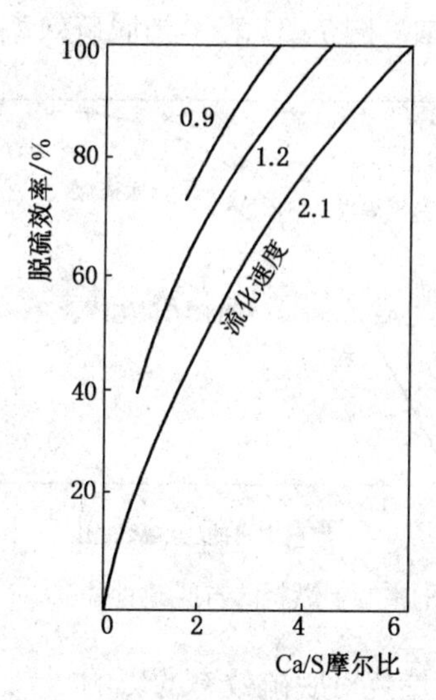

图 7-27　流化速度、Ca/S 摩尔比对脱硫效率的影响

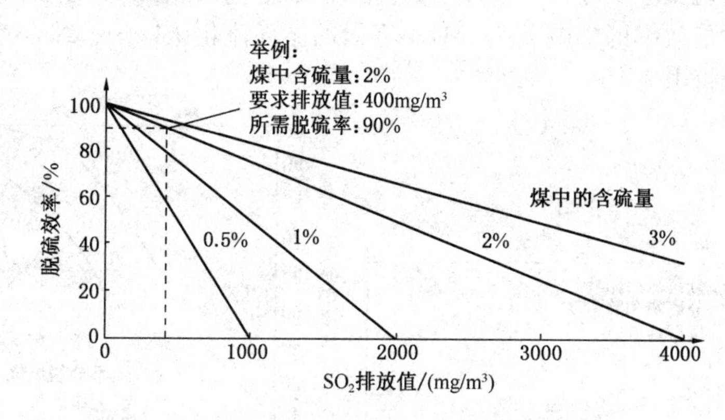

图 7-28　煤中含硫量与 SO_2 的原始生成浓度及脱硫效率的关系

$$CaO+SO_2+1/2O_2 \longrightarrow CaSO_4$$

图 7-29 表示了煤中本身的 Ca/S 摩尔比对自脱硫效率的影响。

7. 循环倍率对脱硫效率的影响

循环流化床锅炉床料的循环能够提高脱硫效率。若循环流化床锅炉采用飞灰再循环同样可以大大提高燃烧效率，减小飞灰含碳量，使脱硫效率提高(Ca/S 摩尔比不变)，或使 Ca/S 摩尔比减小(脱硫效率不变)。

图 7-30 表示了循环倍率对脱硫效率的影响。随着循环倍率的升高，达到一定脱硫效率所需的石灰石投料量下降，即循环倍率越高，脱硫效率越高，因为延长了石灰石在床内的停留时间，提高了脱硫剂的利用率，尤其对较小的颗粒。提高循环倍率同时也提高了悬浮空间的颗粒浓度，使脱硫效率升高，但悬浮空间颗粒浓度大于 30kg/m³ 后进一步增加循环倍率时，脱硫效率增加缓慢，细颗粒逃逸的可能性也增加，密相区颗粒浓度稍有减少，使总体的

气固反应物在接触中吸收的总量基本保持不变，因此对循环流化床锅炉有一个有利于脱硫的循环倍率范围。图 7-31 表示当脱硫效率为 90%时，飞灰循环倍率与 Ca/S 摩尔比的关系。

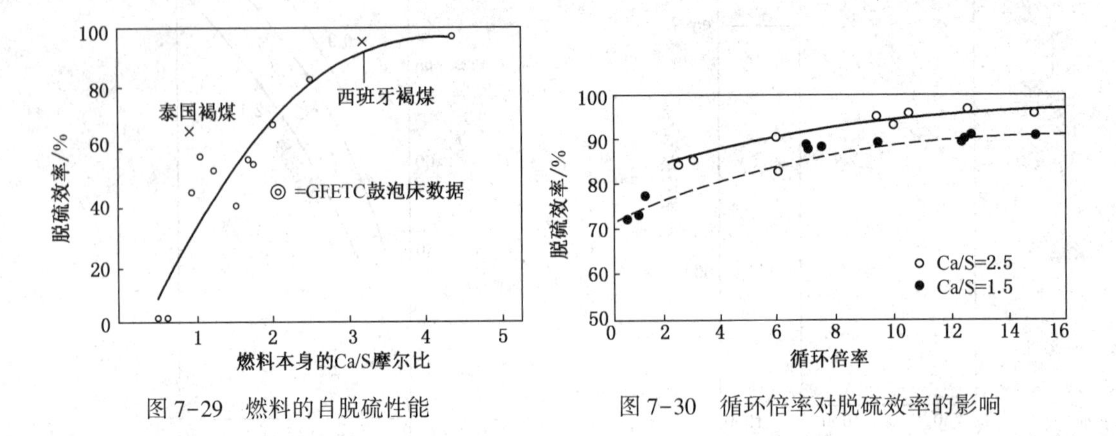

图 7-29　燃料的自脱硫性能

图 7-30　循环倍率对脱硫效率的影响

8. 分级燃烧对脱硫效率的影响

图 7-32 表示了分级燃烧对脱硫效果的影响。分级燃烧时，燃烧室下部二次风口以下为还原燃烧区，即缺氧区，而脱硫要在氧化气氛下进行。分级燃烧降低了发生脱硫反应的燃烧室高度，减少了脱硫反应的时间，从而降低了脱硫效果。大容量循环流化床锅炉燃烧室高度大，分级燃烧对脱硫效率的影响较小。对小容量的循环流化床锅炉，综合考虑脱硫性能和 NO_x 的排放量，取折中值。

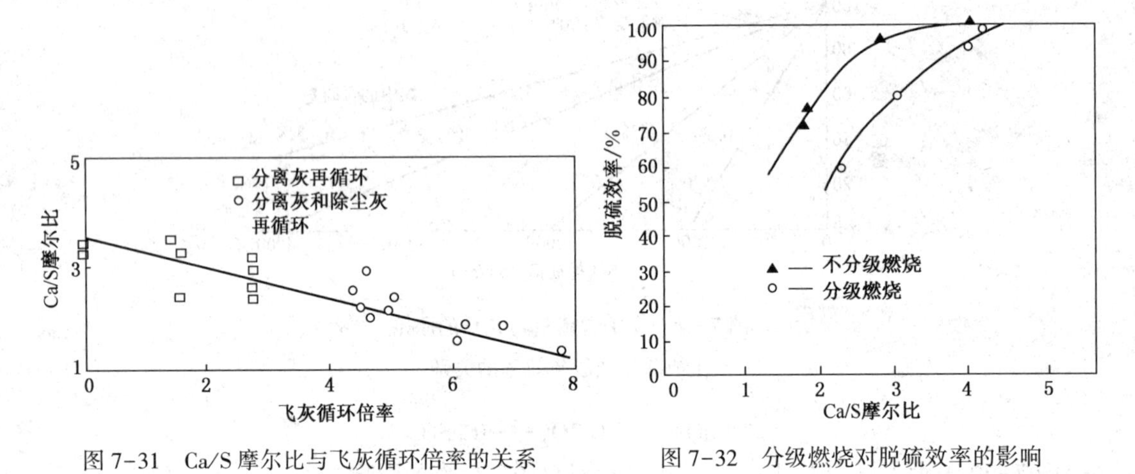

图 7-31　Ca/S 摩尔比与飞灰循环倍率的关系

图 7-32　分级燃烧对脱硫效率的影响

9. 给料方式对脱硫效率的影响

给料方式可分为同点给入或异点给入，床上给入或床下给入。从给料方位和机构看，有前墙给入、前后墙给入、两侧墙给入和循环回路密封器给入等方式。给料方式对燃烧和排放都有较大的影响。石灰石应与煤同点给入，才能达到令人满意的脱硫效果。前后墙平衡给煤时，脱硫剂利用率最高。前墙和回路密封器给煤次之。只用回路密封器给煤时较差。全部从前墙给煤时，脱硫剂利用率最低。

10. 压力对脱硫效率的影响

压力是影响脱硫的因素之一。增加压力可以改善脱硫效率，并能提高硫酸盐化的反应速度。增压流化床的脱硫效率高于常压流化床，但压力增加到一定程度，再继续增大压力时，改善脱硫的作用不再明显。

7.6.2 流化床燃烧过程中 NO_x 的生成规律及其控制措施

7.6.2.1 流化床锅炉燃烧室内 NO_x 的生成规律

煤燃烧中会产生 NO_x，其中 N 的来源主要是来自于煤中。燃料煤中的含氮量一般为 0.5%~1.5%。

(1) 流化床煤燃烧煤中氮生成 N_2 和氮氧化物的途径

煤进入流化床内受热分解，在热分解过程中，煤中氮也作为挥发分而气化。但随温度的不同，气化的氮化合物占总的氮的化合物的比例有所不同，在温度为 800~900℃时，只占总氮含量的 30%，在 1000℃时则有 50%~60%。在热分解气化的氮化合物中，主要成分是 NH_3、HCN 和 N_2，这些中间物质再与含氧化合物反应生成 NO。随着床温不同，它们所占比例也不同，见表 7-3。

表 7-3 流化床中煤气化的氮化物组成

温度/℃	NH_3/%	HCN/%	N_2/%	温度/℃	NH_3/%	HCN/%	N_2/%
910 1000	87 52	6 18	7 20	1100	30	23	47

在通常的床温条件下，NH_3 占相当大的比例。当温度升高时，NH_3 含量减少，这是因为在高温条件下，NH_3 分解成 N_2 和 H_2 的结果。图 7-33 表示了流化床燃烧中煤中氮生成 N_2、NO 和 N_2O 的反应途径。

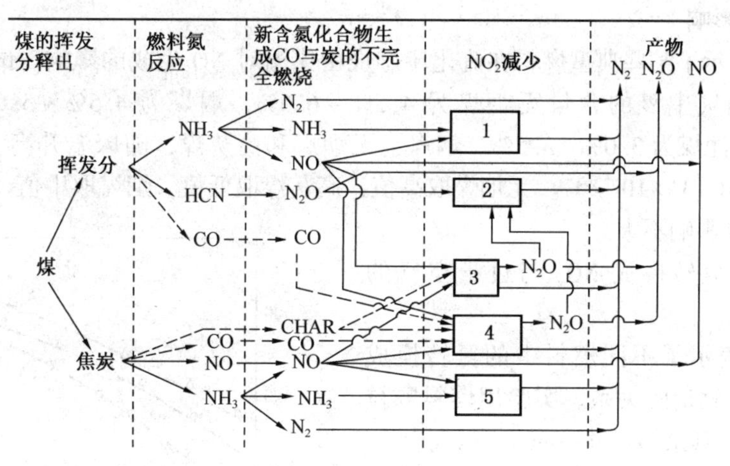

图 7-33 流化床燃烧中煤中氮生成 N_2、NO 和 N_2O 的途径

1—NO 通过 NH_3 单相减少；2—热分解；3—NO 通过 CHAR 多相减少；4—NO 与 CO 在炭表面多相反应；5—NO 通过 NH_3 单相减少

煤中挥发分和焦炭在气化反应过程中分别生成 NH_3、HCN、CO 和 CO、NO、NH_3。这些中间产物在流化床中进一步分解，分别生成 N_2、NH_3、NO、N_2O、CO 和 N_2、NH_3、NO、CO、焦炭，这些新生成的物质通过单相、多相反应最后生成 N_2、N_2O 和 NO。

(2) 流化床煤燃烧中 NO 沿燃烧室高度的分布

通常 NO 浓度是指流化床出口处 NO 浓度。沿流化床锅炉炉膛高度上 NO 浓度分布图(图

7-34）给出的是过量空气系数为 1.09 和 1.01 两个工况。

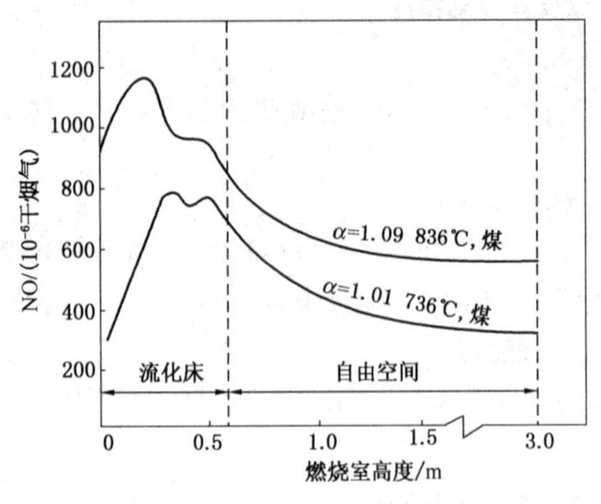

图 7-34　NO 沿燃烧室高度的分布

在布风板附近，NO 浓度急剧地达到最大值，然后随高度方向逐渐下降。在浓相床表面附近，NO 浓度下降速度较快，离开表面一定距离后，下降速度较慢，最后稳定在 NO 的排放浓度。

在流化床的底部，NO_x 浓度急剧上升，达到最大值。因为在床层底部给煤点集中，空气与燃料分配的比例不均，而且底部燃烧还不够强烈，使底部的气流具有较高的氧浓度，致使 NO 大量生成。一方面，随着床层增高，流化床迅速处于强烈的流化燃烧状态，需要大量氧气，而气泡的分割使床层密相区处于空气不足状态，NO 生成量减少；另一方面，流化床锅炉内含有大量可燃烧的炭粒，并且煤在空气不足的条件下（$\alpha<1.0$）燃烧，产生大量的 NH_3、CO 和 H_2 等，使已生成的 NO 与炭粒、NH_3 等发生还原反应，造成 NO 浓度沿着流化床锅炉炉膛高度降低到一个稳定的低值。因此，碳和 NH_3 能够还原 NO 这一点，对组织流化床燃烧，降低 NO 生成量是很重要的。

7.6.2.2　流化床煤燃烧中影响 NO_x 生成因素分析

1. 床温的影响

图 7-35 表示了某些典型燃料在流化床燃烧中床温对 NO 生成的影响。试验条件：燃料尺寸<6mm；烟气中氧的含量无烟煤为 4.5%～6.5%，烟煤为 4.5%～5.0%，高灰煤为 2.5%～4.0%，泥煤为 3.0%～3.5%。烟煤、无烟煤和高灰煤，随床温升高，NO 的生成增加，增加量为$(1\sim3)\times10^{-6}/℃$。无烟煤取高值，高灰煤取低值，烟煤取中值。床温升高对泥煤中 NO 生成量影响不大。

2. 燃料中氮转换成 NO_x 与过量空气的关系

图 7-36 表示了不同燃料中的氮转换成 NO 与烟气中含氧量的关系。实验用燃料颗粒粒径除焦炭外，其余煤尺寸<6mm。烟气中 O_2 含量的变化对 NO 的生成有强烈的影响。影响最大的为无烟煤，其他依次为焦炭、高灰煤、烟煤和泥煤。烟气中含氧量增加时，不同燃料 N 的转换量不同，无烟煤最大，其他依次为：高灰煤、烟煤、焦炭和泥煤。

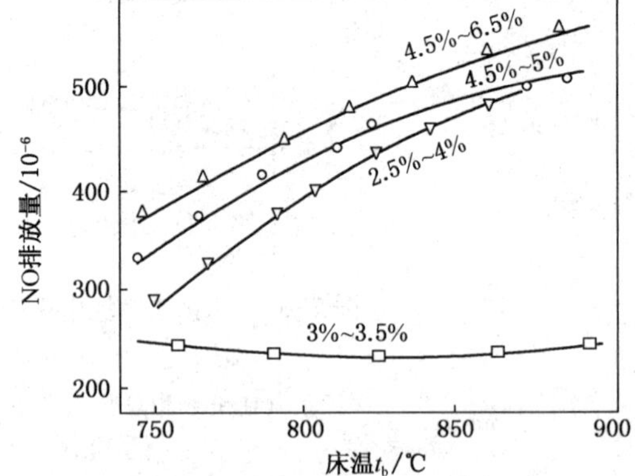

图 7-35　床温对 NO 生成量的影响

○—烟煤；△—无烟煤；□—泥煤；▽—高灰煤

3. 挥发分对氮转换的影响

挥发分含量对氮转换的影响见图 7-37。图中实验曲线旁的数据为燃料的氮含量，烟气中的氧量为 8%。

燃料中挥发分的大小对氮转换成 NO 的百分量有很大的影响。随着燃料挥发分的减小，燃料氮转换成 NO 的百分数加大。氮含量对氮转换成 NO 的影响没有规律性。

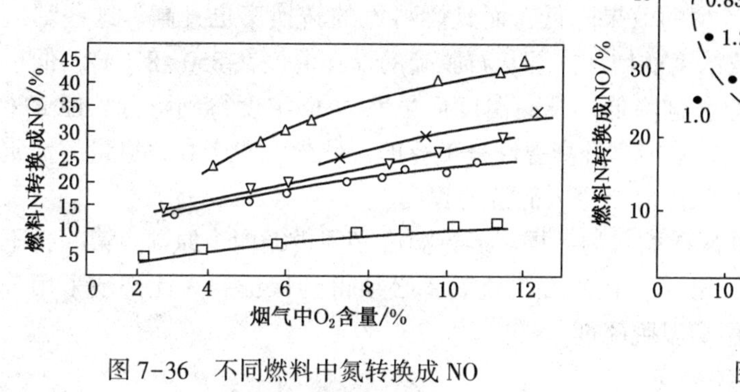

图 7-36　不同燃料中氮转换成 NO 与烟气中含氧量的关系

●—烟煤；△—无烟煤；□—泥煤；▽—高灰煤；X—焦炭

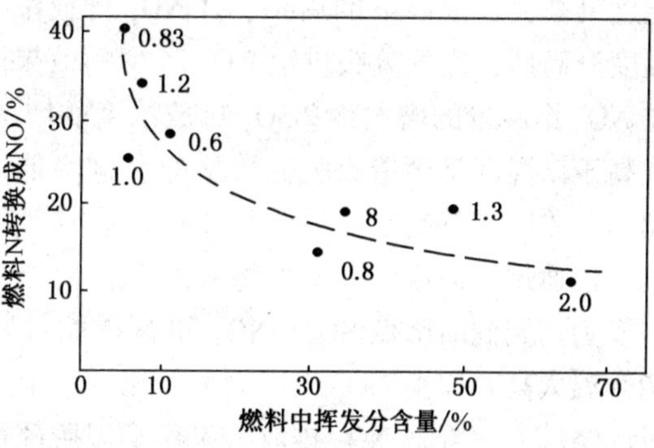

图 7-37　燃料中挥发分含量对氮转换成 NO 的影响

图中 0.83、1.2、0.6、1.0、8、1.3、0.8、2.0 为 8 种燃料的氮含量

4. 床层高度和给煤位置对氮转换成 NO_x 的影响

试验表明，对浅床(床层高度<0.3m)和床表面给原煤(未经破碎的煤)时，燃料中氮的转换率低。当床层≥0.6m，采取床下给煤(经破碎的煤)时，氮转换成 NO 的量加大。

5. 石灰石脱硫对 NO_x 生成的影响

石灰石脱硫对 NO_x 的生成有明显影响。硫酸钙对氮转换成 NO 有催化作用。

6. 循环倍率对 NO_x 生成的影响

提高循环倍率有助于提高燃烧效率，同时也增加了炉内碳浓度，加强了 NO 与焦炭的反应，使其有很大的降低。而且含氮量越高，以及固定碳与挥发分的比值越大，降低的效果越明显。

7.6.2.3　控制流化床煤燃烧中 NO_x 排放的措施

采用低温燃烧和分级配风的燃烧方式，能较好的控制 NO_x 的排放量。流化床燃烧的优点之一就是低 NO_x 排放。

① 限制过剩空气量(15%~20%)是最简单的控制 NO_x 排放的办法。

② 考虑到脱硫最佳温度，降低 NO_x 生成量最好的燃烧效果，就是将床温控制在 850~950℃，具体温度数值根据煤种特性选定。一般来说，易燃尽、含硫高的煤种取低值；低硫难燃尽煤种取高值。

③ 分级燃烧。燃烧分两个阶段或在两个区完成。在燃烧室下方通过布风装置送入一次风作为流化风和部分燃烧风。在燃烧室下部这个区进行第一阶段缺氧燃烧，从而限制 NO_x 的生成。在燃烧室上部送入为二次风提供完全燃烧所需的空气和限制 NO_x 的生成量。此区域内的燃烧为富氧燃烧区，也称第二阶段燃烧。一二次风的比率根据循环流化床锅炉炉型、燃煤种类及特性决定。

7.6.3　控制 N_2O 排放的措施

流化床燃烧作为化石燃料燃烧中最大的 N_2O 排放源，是大气中 N_2O 的一个重要来源。必须采取措施，将 N_2O 排放限制在尽可能小的范围内而又不至于引起 NO_x 排放的增加。

7.6.3.1　提高床温

随温度升高，N_2O 排放迅速减少。提高流化床运行温度无疑会减少 N_2O 的排放，但是温度升高会造成以下的后果：①NO_x 排放浓度的增加。温度升高造成热力型 NO_x 的增加。温度升高后，空气分级供给 NO_x 减少的效果降低，而且燃料氮的转换率也升高。这些都造成 NO_x 排放量的增大；②SO_2 排放浓度的增加。石灰石脱硫的最佳温度在 850~870℃，低于或高于该温度都会造成脱硫效率的急剧降低。升高温度后虽然 N_2O 浓度得到降低，但 NO_x 和 SO_2 浓度却升高了，因此对高硫煤单纯靠升高温度是不行的。此外，对于高含氮量的优质煤，仅通过升高床温并不能将 N_2O 浓度降至令人满意的程度。

为达到同时降低 SO_2、NO_x 和 N_2O 的目的，提高运行温度必须遵循两个原则：第一，不能升温太高，以免 NO_x 生成太大；第二，石灰石脱硫效率必须得到保证。为此必须采用分级燃烧等方法降低 NO_x 排放，采用高温脱硫剂。

7.6.3.2　降低燃烧氧量或分级燃烧

通过降低过氧量或采用分级燃烧可以同时减少 N_2O 及 NO_x 的排放。

7.7　循环流化床锅炉金属受热面的磨损及防磨措施

7.7.1　影响循环流化床锅炉受热面磨蚀的主要因素

7.7.1.1　影响锅炉受热面磨蚀的关系式

$$E \propto u_p^n KCt/2g \tag{7-13}$$

式中　E——磨蚀量；

u_p——烟气中固体粒子的速度；

C——烟气中固体粒子浓度；

K——比例常数，表示物料和气体的磨蚀特性；

t——运行时间；

g——重力加速度。

1. 粒子速度的影响

磨损量与粒子速度的 n 次方成正比。n 值的大小与固体粒子直径、速度有关。固体粒子速度大约以 3 次方的关系影响循环流化床锅炉金属受热面的磨损。与其他影响因素相比，粒子速度是影响受热面磨损的决定性、最主要的因素。循环流化床锅炉中各部分受热面的磨损原因多数是由于粒子速度太高。n 值与床料粒子的直径有关，床料粒子直径越大，n 值越小。固体粒子速度增加，n 值变大。不同的循环流化床锅炉炉型，流化速度是有区别的，因此不同的流化床锅炉炉型的防磨性能不相同；同一台流化床锅炉不同部位的气流速度不同，所以不同部位的金属受热面的抗磨蚀性能是有区别的。锅炉设计决定了流化床锅炉各部位的气流速度，从而决定了锅炉受热面金属的防磨性能。同时锅炉的防磨性能也受制造、安装质量和运行工况的影响。

2. 粒子浓度的影响

金属受热面的磨损量与粒子浓度成正比。在燃烧室内，粒子浓度与飞灰循环倍率有关，循环倍率高，燃烧室内床料浓度高，粒子对燃烧室受热面磨损严重。对流受热面的磨损与分离器布置的位置有关，与分离器分离效率有关。如果分离器布置在燃烧室出口，后部对流受热面因粒子浓度小而磨损轻；如果分离器布置在对流受热面之间的某一个位置，如布置在水平烟道与尾部竖井之间的换向室，则水平烟道内过热器受热面区的粒子浓度高，磨损较严重，这就要求过热器区的烟气流速取低一些。分离器的分离效率低，则布置在分离器之后的受热面区的粒子浓度高，为了防止受热面磨损，其气流速宜取低一些。烟气流中的粒子浓度也与燃煤中的灰分有关。灰分高，烟气流中粒子浓度高，带来的磨损大。

3. 粒子直径的影响

受热面的磨损量与床料粒子直径成正比。随着床料粒径增大，磨损量增加。但当床料粒径加大到某一临界值后，受热面的磨损量随床料直径加大的变化十分缓慢，如图7-38所示。

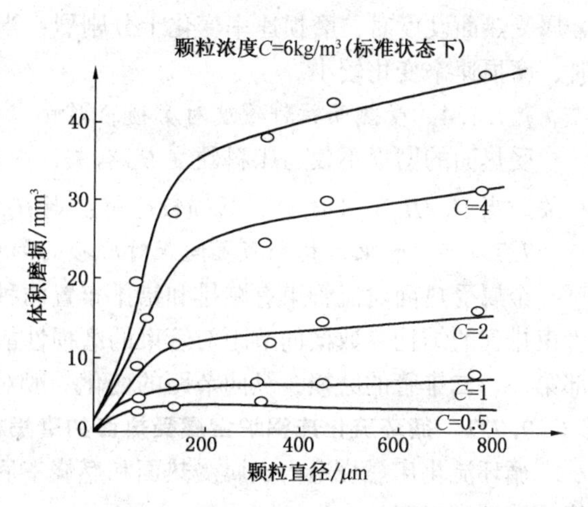

图7-38　冲蚀磨损时磨损量与颗粒直径的关系

4. 床料颗粒密度、灰的成分和床料形状对受热面磨损的影响

床料颗粒的密度越大，粒子撞击受热表面的动量越大，磨损量越大。粒子形状带棱角的多，金属受热面磨损量大。灰渣化学成分中铝、硅含量高，对受热面磨损严重。含钙量高时，磨损较轻。

7.7.1.2　*床料温度对受热面磨损的影响*

床料温度一般比床温高100~200℃，达到900~1150℃。在这个范围内，床料粒子的硬度不会发生很大的变化。因此床料粒子温度的变化不会对金属受热面的磨损带来很大的变化。但是床料温度的变化将使金属受热面外表面温度变化，从而对金属表面产生不同的氧化反应，生成不同的化学生成物。不同化学生成物的硬度是不同的，即其抗磨性能不同。管壁温度在130~400℃时，烟气中的过剩氧与金属壁发生氧化反应生成α-Fe_2O_3的氧化膜，而Fe_2O_3氧化膜的硬度比原管材的硬度要大得多。在管壁温度大于300℃以后，氧与铁反应生成的氧化膜有三层，第一层为α-Fe_2O_3，第二层为γ-Fe_2O_3，第三层为Fe_3O_4。这些氧化膜的硬度都比原管材的硬度大得多。受热面壁温对磨损速率的影响如图7-39所示。当壁温为80℃时，由于氧化膜的生成，磨损速率开始急剧下降。当壁温超过400℃之后，由于热应力的产生以及高温腐蚀的影响，磨损速率又有所增加。

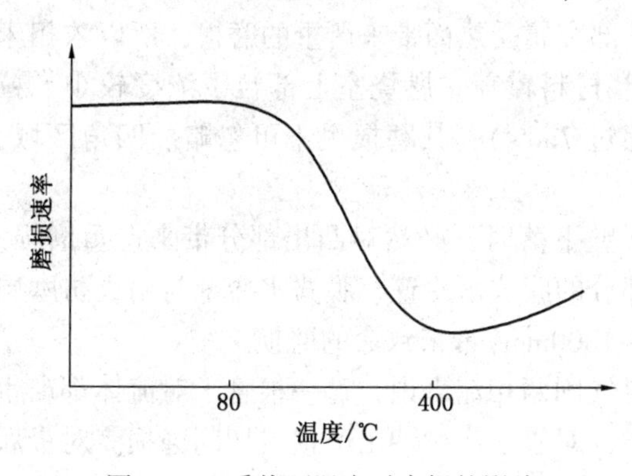

图7-39　受热面温度对磨损的影响

7.7.1.3　*床料硬度对金属受热面的磨损*

床料由燃煤的灰分组成。少灰的煤、劣质煤、洗干形成的床料，其硬度和粒度均比较大，对受热面的磨损较严重。燃烧优质燃料形成的床料，其硬度和粒径均比较小，对受热面磨损较轻。如图7-40所示，当床料硬度接近

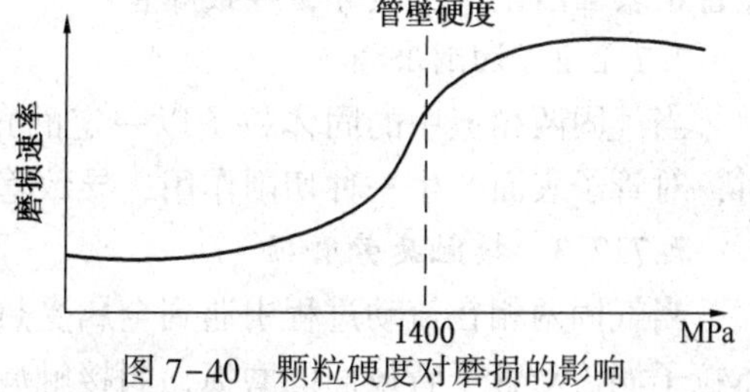

图7-40　颗粒硬度对磨损的影响

金属受热面硬度时，磨损速率变化十分剧烈；当床料硬度比金属受热面硬度小许多或大许多时，磨损速率变化较小。

7.7.1.4 受热面材料硬度对磨损的影响

受热面的磨损不仅与床料硬度 H_p 有关，而且和受热面本身的硬度 H_M 与 H_p 之间的比值有关。当 H_M/H_p 在 1 附近，磨损较严重；当 H_M/H_p 远小于或远大于 1 时，磨损较轻。

7.7.1.5 管束结构和布置间距对磨损的影响

金属受热面对流管束有顺排和错排布置两种形式。错排管束的磨损比顺排管束的严重。管束排列的结构参数横向节距对管束的磨损性能有较大影响，横向节距增大，能降低管束下部第一、二排管的磨损；纵向节距的变化一般对管束的磨损影响不大。

7.7.2 循环流化床锅炉金属受热面的磨损机理

循环流化床燃烧室内金属受热面和燃烧室后部对流金属受热面的磨损机理都与气固两相流的流动模式有关。

循环流化床锅炉燃烧室内气固两相流的流动模式是中心区的气体与固体粒子向上流动，周围四壁区的固体粒子向下流动，形成环-核流动模型。中心区与四壁之间的固体颗粒在向上与向下流动过程中还有横向的主相交换，这种交换由下向上是逐渐减弱的。即燃烧室的下部和过渡区，两区之间粒子的交换比燃烧室上部要强的多。另外，燃烧室内粒子的浓度也是上部小，下部大，中间为一个过渡段。从固体粒子大小分布来分析，燃烧室下部粒子较粗，上部粒子较细，中部粗细粒子均有，在上部循环床四个角的粒子浓度最高。循环床锅炉燃烧室内粒子的流动模式、浓度和粒度的分布规律对金属受热面的磨损带来决定性的影响。燃烧室下部粒子浓度最高、粒子尺寸大的偏多，对下部金属受热面带来严重的磨损，所以浓相床区(离布风板 5~6m 高度内)必须要用耐火、耐磨材料覆盖。燃烧室上部粒子浓度较小，粒子尺寸也较小，但如果选择的气流速度过高(超过 7m/s)，其磨损也不可忽略。四角区域，由于粒子浓度最高，其磨损也要引起足够重视。

燃烧室内受热面如果不是平直的，粒子沿四壁下落时，必然对凸出部分带来严重磨损。如果不采取严格的防磨措施，将会给向外凸出部分的膜式水冷壁、膜式水冷壁与耐火防磨层交界处、耐火台阶以上的一段水冷壁管(约 500~1000mm)带来致命的磨损。

循环流化床锅炉燃烧室后部的对流受热面对气固两相流来说，每一根管子对流体都产生一个阻挡。阻挡时，粒子受动量的作用碰撞管子，对管子产生冲击磨损或切削磨损。对最后 2~3 排管子，气固两相流流过管子之后，在管子背风侧产生旋涡。在旋涡处，粒子对管壁产生切削和疲劳磨损。

7.7.2.1 冲击磨损

当气固两相流中固体粒子沿垂直方向冲击受热面管子时，使管子表面出现塑性变形或产生显微裂纹。经过固体粒子的反复冲击，变形层脱落，导致严重磨损。固体粒子的反复冲击使管子表面产生疲劳破坏，导致爆管。

7.7.2.2 切削磨损

当气固两相流中的固体粒子以一定的角度冲刷管子受热面时，特别是平行、高速冲刷时，对管子表面产生一种切削作用，导致管壁磨损而爆管。

7.7.2.3 接触疲劳磨损

当气固两相在流动过程中遇到金属受热面管子阻挡时，在管子背风面形成涡流，导致固体粒子涡流对管子背风面的磨损，叫接触疲劳磨损。

7.7.2.4 综合磨损

当气固两相流中的固体粒子以一定的角度反复冲刷管子受热面时，对受热管表面同时有冲击磨损、切削磨损和接触疲劳磨损，这种磨损叫综合磨损，如循环流化床锅炉燃烧室内耐火防磨材料与膜式壁的交界台阶处的管子磨损就属于综合磨损。

7.7.3 循环流化床锅炉燃烧室各部位受热面的磨损

循环流化床锅炉燃烧室内受热面的磨损包括以下几个方面：燃烧室下部耐火防磨层与膜式水冷壁交界处以上一段管壁的磨损；燃烧室上部膜式水冷壁的磨损；燃烧室四角膜式水冷壁的磨损；门孔让管引起的磨损；燃烧室附加受热面的磨损；二次风布置不当引起的磨损；管壁上焊缝引起的磨损；燃烧室内热电偶引起的磨损；燃烧室内埋管受热面的磨损。循环流化床锅炉水冷壁外弯管防磨主要途径是设计合理和采用合理的耐磨耐温材料。在工艺上减少循环流化床锅炉水冷壁磨损途径是合理控制烟速。

7.7.3.1 燃烧室下部耐火防磨层与膜式壁交界处以上一段管壁的磨损及防磨处理

燃烧室下部耐火防磨层与膜式壁交界处台阶以上一段管壁的磨损是由燃烧室内粒子的内循环量决定的。如果结构上不采取适当措施，这种磨损是不可避免的。交界处台阶管壁磨损机理(图 7-41)如下：沿四壁下落的床料粒子落到耐火层台阶上，反弹冲击水冷管壁，产生塑性变形或产生显微裂痕。落到耐火层台阶上的固体粒子以一定的角度冲刷水冷管壁，产生切削磨损。耐火防磨层台阶处靠近管壁向下流的粒子流与中心区向上流的粒子流之间产生一个粒子旋涡流，不断对管壁产生疲劳磨损。在耐火防磨层台阶处向下流的粒子流改变流动方向，受离心力的作用，粒子冲刷管壁而产生冲击与切削磨损。

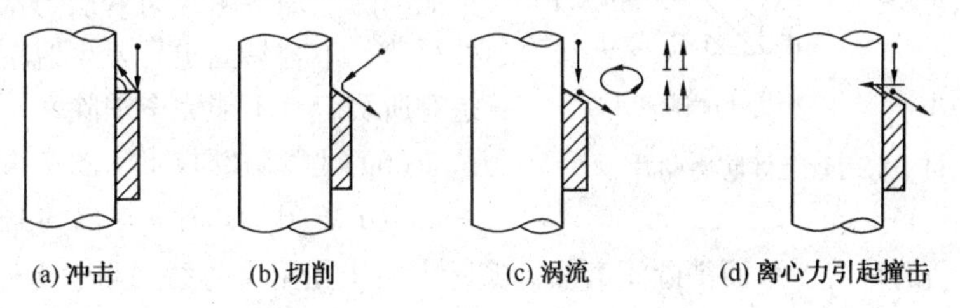

图 7-41 耐火层台阶处膜式水冷壁管的磨损机理

循环流化床锅炉燃烧室下部耐火防磨层与膜式水冷壁交接处水冷管的磨损情况如图7-42所示。国内外的防磨措施有如下几种。

(1) 焊防磨板 如图 7-43 所示，在耐火防磨交界处管子上焊一定长度和厚度的防磨金属板。

(2) 在交界处以上的管于表面焊横向或纵向肋片 如图 7-44 所示，此防磨措施只能确保一个大修期三年的运行。

(3) 加耐火防磨横梁 如图 7-45 所示，此措施是在耐火防磨层与膜式水冷壁交界面之上一定距离加上下两根耐火防磨横梁，用来改变粒子沿四壁下流的方向，以减轻交界处水冷管的磨损。该措施能在一定程度上减轻交界处水冷管的磨损，但不能保证一个大修期的寿命，而且此措施破坏了燃烧室内粒子的内循环，从而对燃烧室内的传热过程产生不利影响。

(4) 粒子软着陆 耐火防磨层与膜式水冷壁的交界面采用如图 7-46 所示的形状。这样在交界面能自然堆积图中所示的灰层，落到灰层上的粒子由于反弹力小，不能打到水冷壁上，从而减轻了对交界面附近水冷壁管的磨损。为了保险，在交界面上一定高度的管子采取防磨金属喷涂，但对涡流产生的磨损仍难消除。

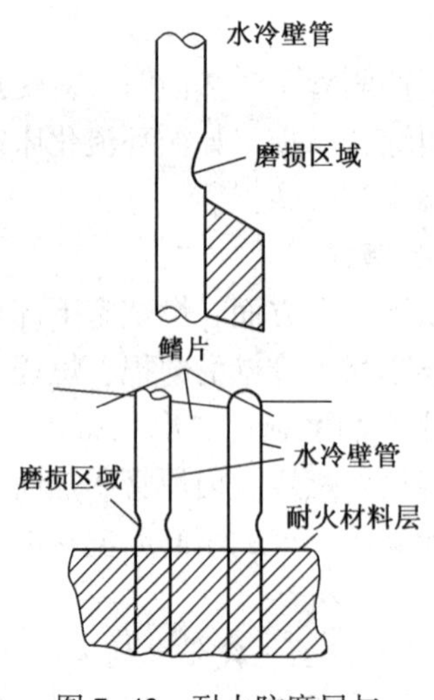

图 7-42 耐火防磨层与水冷壁交界处的磨损情况

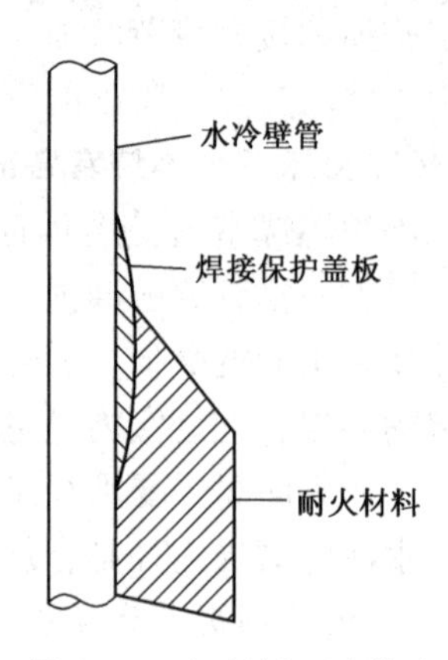

图 7-43 加州循环流化床锅炉水冷壁管防磨措施

（5）耐火层与膜式水冷壁交界面采用倾斜的形式 如图 7-47 所示，倾斜交界面的形式能大大减少粒子向水冷壁管的冲击，但不能完全消除。另外由于粒子改变流向，产生离心力，使粒子冲击和切削水冷壁管带来的磨损还不能消除。加上耐火防磨层与水冷壁管的连接处很薄，不容易固定易发生脱落，磨损问题只是有所缓解，不能完全消除。

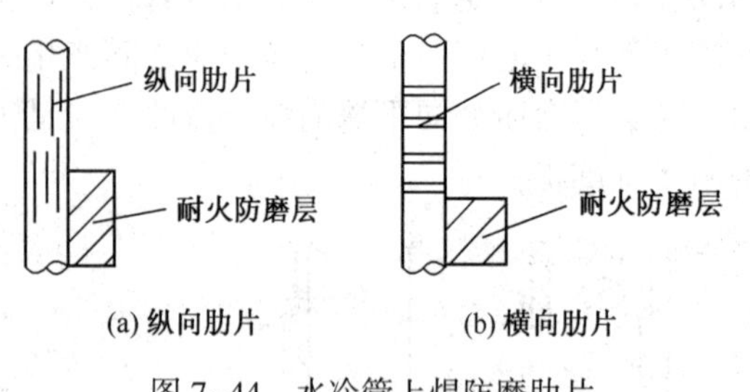

图 7-44 水冷管上焊防磨肋片

（6）让管防磨技术 图 7-48(a)是让管防磨技术示意图。此种防磨技术理论上消除了阻碍粒子向下流动的台阶，从而消除了磨损。实际上由于在耐火防磨层与水冷壁管接触处很难实现平滑过渡，因此磨损还是不能完全消除。图 7-48(b)的让管防磨技术比较好地处理了接缝处的磨损问题，如果再在耐火防磨层以上 1m 高度的水冷壁管采取金属喷渡防磨技术，就能较好地解决耐火防磨材料与水冷壁管交界处台阶所产生的磨损问题。

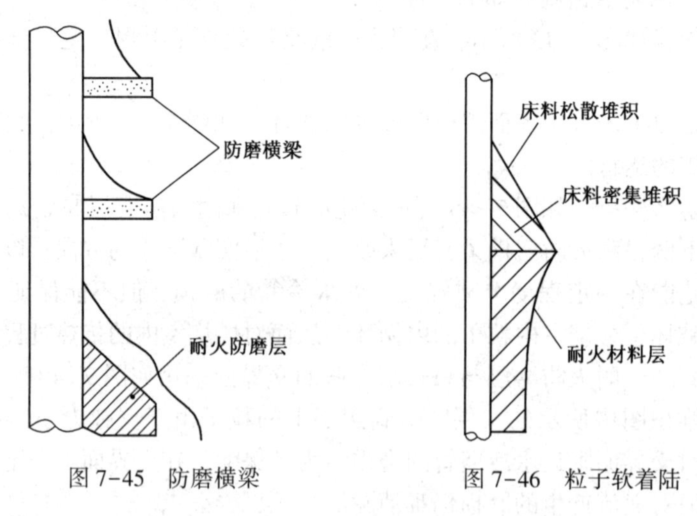

图 7-45 防磨横梁

图 7-46 粒子软着陆

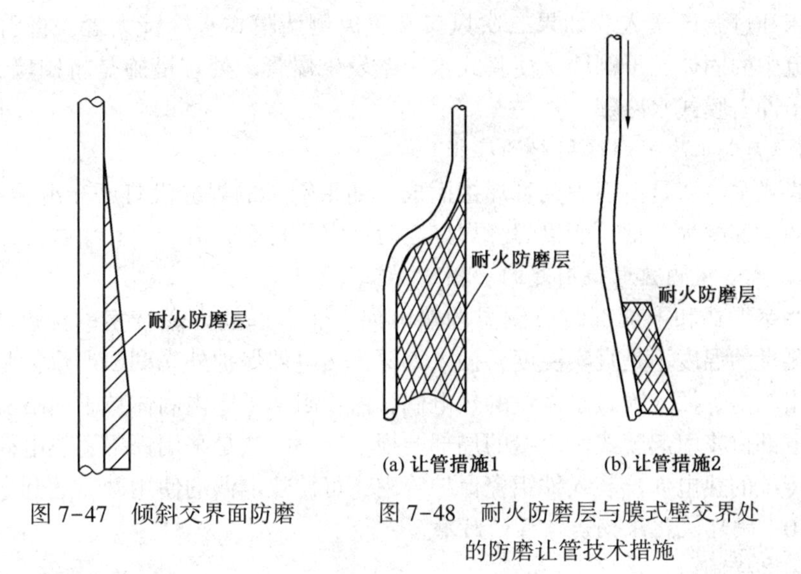

图 7-47　倾斜交界面防磨

图 7-48　耐火防磨层与膜式壁交界处的防磨让管技术措施

7.7.3.2　燃烧室顶部膜式水冷壁的磨损及防磨措施

燃烧室出口一般在水平方向与旋风分离器相连。燃烧室中心区的烟气夹带着细固体粒子向上流动，至烟气出口窗，烟气拐弯 90°进入旋风分离器，烟气中央带的固体粒子由于惯性力的作用直冲炉顶膜式水冷壁，产生冲击和切削磨损，对受粒子冲击的炉顶和烟气出口窗四周膜式壁用敷设耐火防磨层来解决。大容量的循环流化床锅炉，由于燃烧室高度较大，可加大烟气出口窗中心与炉顶之间的距离来减轻磨损。对小容量的循环流化床锅炉，因燃烧室高度较小，采取此种办法，会减小粒子在燃烧室的停留时间，使飞灰含碳量增加，影响锅炉燃烧效率。

7.7.3.3　燃烧室上部四周膜式水冷壁的磨损及防磨措施

如果气流速度在 6m/s 左右，燃烧室上部四周膜式水冷壁管一般不存在磨损。但当气流上升速度超过 8m/s 以后，磨损就比较严重。可采取全部膜式壁防磨金属喷涂技术，缓解燃烧室上部四周膜式壁磨损问题。

7.7.3.4　燃烧室四角膜式水冷壁的磨损及防磨措施

燃烧室四角的粒子浓度比四壁高，因此四角的磨损比四壁要严重。当气流速度选取较高时，问题显得更严重。其防磨措施一是锅炉设计时选择适当的气流速度；二是采取四角喷涂防磨金属。

7.7.3.5　人孔门让弯管引起的磨损及防磨措施

燃烧室内由于点火、维修和防爆要求，往往设置人孔门。几乎所有已投运的循环流化床锅炉中均存在人孔门让弯区磨损问题。此磨损由让管区弯管与直管不在一个平面上引起。消除办法是在弯管上敷设耐火防磨材料。

7.7.3.6　燃烧室内附加受热面的磨损及防磨措施

对高参数大容量循环流化床锅炉，只在燃烧室包覆面积布置受热面是不够的，还得在燃烧室布置附加受热面。全膜式双面水冷壁、蒸发管屏和过热器深入燃烧室的弯头部分需全部用防磨耐火材料覆盖。

7.7.3.7　二次风布置不当引起的磨损及防磨措施

循环流化床锅炉采用空气分级燃烧，以降低 NO_x 的排放浓度。一般二次风分层布置，分别从浓相床和过渡区送入。如果二次风口布置离侧墙膜式水冷壁太近，将引起二次风刷墙，导致气流中的固体粒子刷墙，使膜式水冷壁发生爆管。处理措施是将刷墙二次风关闭，消除固体粒子冲击膜式水冷壁。

7.7.3.8　膜式水冷壁焊缝引起的磨损

燃烧室膜式水冷壁是由锅炉钢管焊接而成。如果管子的焊缝没打磨光滑，在焊缝上下，特别是焊缝的上部磨损严重，所以焊缝焊好之后一定要打磨光滑。

7.7.3.9　燃烧室内热电偶引起的磨损

一般燃烧室下部和上部都装有测温的热电偶。热电偶插入燃烧室的深度大于500mm。插入太浅，测量的温度不是真实温度，插入太深，热电偶保护外壳磨损严重，坚持不了一个月，运行费用较高。插入膜式水冷壁的热电偶，由于阻挡了床内固体粒子向下流动，在插入热电偶的上下部位将引起膜式水冷壁的局部磨损。解决办法是采用铁铝瓷热电偶套管，这种热电偶是将传统的热电偶丝装入铁铝瓷保护管内，可使热电偶的使用寿命达到半年至一年。

7.7.3.10　循环流化床锅炉埋管的防磨

埋管的防磨措施：

① 水平斜埋管的低端至布风板的距离大于600~700mm，优质煤取低值，劣质煤取高值。若低于400mm，磨损较严重；

② 采用水平布风板。布风板面积设计适当，使流化速度保持在2.8~4m/s，流化速度选择过高，埋管磨损严重；

③ 埋管壁厚选板6~8mm，埋管下半部120°范围内焊上纵向或横向肋片，对垂直布置的埋管，弯头部分磨损最严重，在弯头部分焊上横向肋片，肋片管能对埋管磨损起到较好的保护作用。埋管安装防磨护瓦，采用复合肋片管。护瓦与埋管之间传热黏泥内衬的传热性能比空气好许多，但还是有一定的热阻影响传热。复合肋片管是将光埋管与护瓦管熔铸在一起，中间无间隙，消除了空气层带来的热阻，传热性能与光埋管相近；

④ 给煤口和返料口布置在埋管检修通道处，防止煤和循环灰对埋管下部、上部的局部磨损；

⑤ 控制好床料粒度，避免长期大风量和超负荷运行。

7.7.4　循环流化床锅炉对流受热面的磨损

循环流化床锅炉对流受热面的磨损主要是指过热器和省煤器金属受热面的磨损。

7.7.4.1　影响循环流化床锅炉金属对流受热面磨损因素分析

(1) 分离器的布置位置　分离器的布置位置对对流金属受热面的磨损影响很大。分离器的布置位置有两种，一种是分离器布置在燃烧室的出口，对流受热面布置在气流中粉尘浓度较低的分离器之后；另一种是分离器布置在过热器受热面之后，省煤器受热面之前，如中温下排气旋风分离器循环流化床锅炉，过热器区烟气流中的粉尘浓度较高，而磨损是与烟气中粉尘浓度成正比的。

(2) 分离器的分离效率　分离器分离效率的高低决定了分离器前后区域烟气流中粉尘的浓度和粒度大小分布。分离器分离效率高，分离器后面区域中的烟气流中粉尘浓度低、粒度小。而磨损是与粉尘浓度和粒度密切相关的，粉尘浓度大、粒度大，磨损严重。

(3) 煤的成灰特性　煤的成灰特性决定了循环流化床锅炉床料的特性(粒度大小、粉尘浓度大小和硬度数值)。对流金属受热面的磨损是与粉尘浓度、粒度、硬度成正比的。

(4) 气流速度　气流速度是影响对流金属受热面磨损最重要的、决定性的因素。气流速度高，磨损急剧加快；气流速度过低，发生受热面积灰。对流受热面区气流速度需正确选择，使之既不产生积灰，又不发生磨损。

7.7.4.2　高低温过热器的防磨措施

对流金属受热面的磨损与气流速度的3~4次方成正比。为了减轻高低温过热器受热面的磨损，正确选定气流速度是至关重要的。对布置在分离器前面的高低温过热器，气流速度一般取6~7m/s，烧灰分高的煤取低值，烧灰分低的煤取高值。对布置在分离器后面的高低温过热器，气流速度一般取8~10m/s，烧灰分低的煤取高值，烧灰分高的煤取低值。在高低温过热器前面第1~3排的过热器管的迎风面需加防磨罩。为了消除烟气走廊的磨损作用，在过热器下部弯头部位需加防磨罩。低温过热器的后部第1~3排管子的背风面由于气流的旋涡作用产生磨损，对这种局部磨损需采用防磨罩来解决。

7.7.4.3　省煤器的磨损因素及防磨措施

1. 影响省煤器磨损的因素

影响省煤器的磨损因素包括气流的速度，分离器布置的位置，分离器的收集效率，煤的成灰特性和省煤器的形式。

2. 省煤器的防磨措施

(1) 省煤器区气流速度的选择。省煤器金属受热面的磨损与气流速度的3~4次方成正比。对分离器布置在省煤器前面的下排气旋风分离器循环流化床锅炉和分离器布置在省煤器之间的二级分离循环流化床锅炉，考虑到粒子浓度的变化，对气流速度的选择有所不同。对下排气分离器循环流化床锅炉，省煤器区的气流中粒子浓度较低，但考虑到排气的残余旋转，气流速度一般选定为5.5~6.5m/s。对二级分离循环流化床锅炉，分离器布置在二级省煤器之间，省煤器区的气流速度宜取上述数值中的低值；对高温上排气旋风分离器布置在燃烧室出口的循环流化床锅炉，省煤器区气流中的粒子浓度较低，气流速度可取高一些，一般选择8~10m/s。对烧高灰分煤的循环流化床锅炉，设计省煤器区的烟气流速取低值；对烧低灰分煤的循环流化床锅炉，省煤器区的气流速度取高值。

(2) 消除省煤器区的烟气走廊。省煤器蛇形管弯头与烟道之间的间隙形成了烟气走廊，对省煤器弯头部位产生严重磨损。消除烟气走廊的方法，一是在烟气走廊中加隔板，消除烟气走廊；二是将省煤器弯头部分伸入墙内。

(3) 省煤器上几排管的防磨。由于粒子动量的影响，省煤器的磨损多发生在上面几排管子的迎风面。对这种局部磨损，可采用护瓦来防止，也可在省煤器前加2~3排假省煤器管来阻挡磨损，定期更换假省煤器管即可。

(4) 省煤器消旋均流板。对下排气旋风分离器循环流化床锅炉，由于排气管中的气流残余旋转，粒子受离心力的作用，对省煤器上面第1~2排管子的迎风面产生局部磨损。在省煤器之上放置一个多孔消旋均流板，可较好地保护省煤器。定期检查和更换多孔消旋均流板，便可控制省煤器磨损。

3. 省煤器的形式对磨损的影响

光管省煤器与膜式省煤器相比，光管省煤器磨损更严重。顺排管省煤器与错排管省煤器相比，错排管省煤器磨损严重。在省煤器的设计中正确选定气流速度，结构上采取局部的防磨措施，运行中注意不要大风量运行，省煤器的磨损完全能实现磨损可控运行。

7.8 循环流化床锅炉耐火耐磨层的使用部位及相关问题预防

7.8.1 循环流化床锅炉燃烧系统耐火防磨层使用部位、运行工况及对材料的要求

7.8.1.1 燃烧系统耐火防腐层使用部位

循环流化床锅炉一般由风室、燃烧室、分离器、返料器、料腿及连接管组成。锅炉炉膛内最容易磨损的部位是风帽的帽子、双面水冷壁下部、炉衬与水冷壁。旋风分离器入口烟道及上部区域易磨损。回料阀内部也容易受到回料的磨损。物料的分离与循环燃烧发生在燃烧系统内，为满足隔热、防磨要求燃烧系统内各部位均需采用耐火防磨层。

7.8.1.2 燃烧系统各部位的运行工况和对耐火防磨材料的要求

图 7-49 指出了循环流化床锅炉燃烧系统内耐火防磨的使用部位。

(1) 风室　采用风室前燃油热烟气发生器点火时，风室内的温度为600~800℃，整个风室内壁必须敷设绝热层，减少散热损失，保护风室内壁，减少点火油耗。该部位材料一般选用保温混凝土，其主要成分为珍珠岩、蛭石或轻质骨料等。

(2) 燃烧室下部　燃烧室下部燃烧温度一般为 850~1000℃。粒子颗粒粗，浓度大，燃料中含硬杂质越多，越会增加循环流化床锅炉炉内磨损。离布风板一段高度内(二次风口以下)为缺氧燃烧区，流化速度为 5.0~5.5m/s。根据防磨、防腐蚀和热平衡的要求，在燃烧室下部一定高度内要敷设一层带销钉的耐火防磨绝热层，其厚度为 50~150mm。该部位材料要求耐高温，耐磨损。若是重型炉墙一般选用高铝质或刚玉质材料制成的耐火、耐磨砖。若是轻型炉墙则选用高铝质或刚玉质材料的浇注料。浇注料须经高温烧结，而该部分工作温度为 850~1000℃，达不到烧结温度。为此在浇注料中需加入一些降低其烧结温度的添加剂。因该区为还原性气氛，也可选用碳化硅材料。

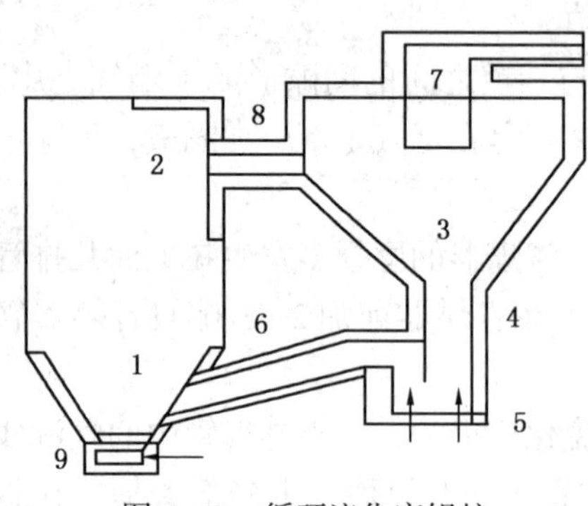

图 7-49　循环流化床锅炉耐火耐磨层敷设部位示意图

1—燃烧室下部；2—燃烧室出口和顶部；3—旋风分离器；4—料腿；5—返料器；6—返料管；7—分离器出口；8—连接管；9—风室

(3) 燃烧室出口　燃烧室出口和顶部由于气流方向改变，要求敷设一层耐火防磨层。该区的工作温度为 800~900℃，气流速度为 5.5~6.0m/s，燃烧在一定的氧化气氛下进行，与燃烧室下部相比运行工况较好，可选用高铝质材料。由于碳化硅材料的热不稳定性，在此区不宜采用。

(4) 旋风分离器　旋风分离器内气流中的粒子由于离心力的作用碰壁而分离下来，对分离器内壁产生严重磨损。该区工作温度为 850~900℃。分离器内壁必须敷设绝热、防磨内衬。该部位宜选用烧制好的高铝质(Al_2O_3 含量大于 85%)砖或刚玉砖，也可采用高铝—刚玉质复合材料砖。由于刚玉质材料的抗热应力性能差，复合料中刚玉质成分不宜太高。分离器在氧化气氛下工作，由于碳化硅热稳定性差，不宜采用。

造成旋风分离器磨损的主要原因有：在启动或停止循环流化床锅炉过程中，受急冷急热影响，产生应力损坏旋风分离器的防磨层；吊顶内钢筋布置过低、耐火混凝材料选择不当、吊钩选择不当等，都属于安装不当造成旋风分离器的磨损；锅炉运行中烟气流速过快会使旋

风分离器磨损加剧。在锅炉运行方面减少旋风器磨损的措施有：运行中应控制风速，避免风速过高加剧磨损；避免燃料粒度过粗。

(5) 料腿、返料器和返料管　料腿、返料器和返料管工作温度为400~850℃，粒子浓度高，粒子细，工作条件相对较好，但仍需布置绝热防磨层。一般选用高铝质材料。这些部位施工条件困难，要特别注意施工工艺，确保施工质量。

7.8.2　循环流化床锅炉耐火防磨层运行中的主要问题及预防

7.8.2.1　耐火防磨层运行中的主要问题

① 燃烧室下部耐火层被固体颗粒切削、冲刷而磨损，造成损坏。高温旋风分离器内耐火层被固体颗粒冲刷、切削而磨损，造成损坏。

② 循环流化床锅炉容易发生耐火材料塌落部位有炉膛出口、旋风分离器、J阀返料器、冷渣器等。耐磨材料属于非均性的脆性材料，其耐磨材料弹性、抗拉强度、抵抗热应力破坏能力、抗热震性低于金属材料。

③ 循环流化床锅炉点火启动或停炉过程太快。紧急抢修时，采取强制通风冷却，耐火层温度急剧变化，产生很大的热应力，造成耐火层开裂，脱落。而且运行中温度频繁波动和热冲击也会使耐火层发生裂纹。

④ 耐火层钢制外壳上未留排气孔，烘、煮炉和点火启动时，蒸汽从耐火层内侧排出受阻，造成耐火层产生裂纹和脱落。

⑤ 燃烧系统中有些死区，烘、煮炉时很难烘干，点火启动时又太快，造成大量水汽排出受阻而引起耐火层开裂和脱落。

燃烧室中耐火层脱落，将破坏流化质量，引起床层结渣，被迫停炉除渣。分离器及其管路上耐火层脱落，将堵塞返料器，使飞灰循环燃烧系统失效，被迫停炉检修。

7.8.2.2　预防耐火防磨层开裂、脱落的措施

① 针对流化床燃烧锅炉系统各部分的工作温度和燃烧气氛，合理地选用耐火防磨层材料，这是保证耐火防磨层长期安全运行的最重要措施。

② 采用浇注料时，保证骨料和粉料的质量，选择合适的结合剂和添加剂。

③ 在浇注料中适量加入钢纤维，改善耐火防磨层的整体性能。另外适量加棉质纤维。棉质纤维在烘炉过程中会烧失，留下许多非贯通的孔隙。这些孔隙能使烘炉过程中产生的水蒸汽顺利排出，防止耐火防磨层因水汽排不出去而产生爆裂和脱落。

④ 耐火防磨层外如有钢壳(如旋风分离器)，在外壳的适当部位布置排汽孔。烘炉和点火启动过程中耐火层侧水汽排出受阻时，能通过钢壳排出，防止耐火层爆裂和脱落。

⑤ 耐火材料制品和浇注料施工时应严格按施工工艺进行，确保施工质量。

⑥ 锅炉安装完毕之后有半个月到一个月的自然干燥期，使耐火层中大部分水分析出。严格按烘炉升温曲线进行烘炉，防止大量水汽不能及时排出而使耐火层产生爆裂和脱落，返料器、风水冷式冷渣器、水冷风室、预燃室、旋风筒均应参与烘炉。

⑦ 循环流化床锅炉在运行操作方面为预防耐火材料损坏应注意：锅炉运行中应严格控制升温速度，确保恒温时间；启停炉要严格按升温及降温曲线进行；运行中床温不能大起大落。防止耐火防磨层内温度梯度大，产生巨大的热应力，使耐火防磨层裂开和脱落。循环流化床锅炉升压过程必须以承压部件的升压、升温速度和耐火材料温升规律同时控制。

7.9 循环流化床锅炉布风装置

布风装置是锅炉流态化燃烧的主要部件，它决定着床料流化的质量，也就是决定了流化床的燃烧工况和热质交换。布风装置主要有两种类型：即风帽式和密孔板，随着我国循环流化术锅炉的大型化，密孔板式布风装置应用的范围越来越小，现在大型循环流化床锅炉多采用风帽式布风板。

7.9.1 循环流化床锅炉布风装置的组成、作用及要求

7.9.1.1 布风装置的组成

循环流化床锅炉的布风装置由风室、布风板、风帽和绝热保护层组成，如图 7-50 所示。

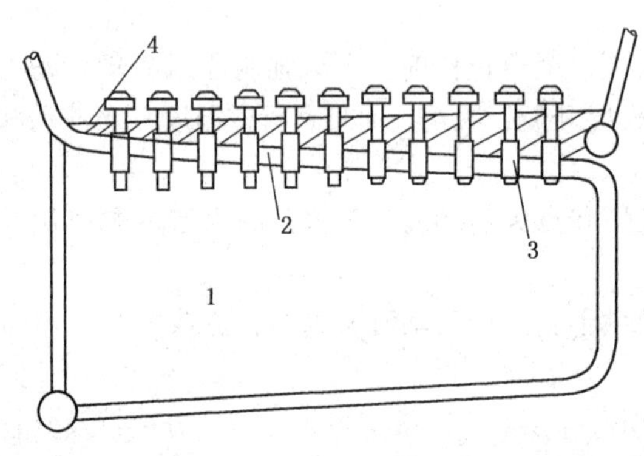

图 7-50 布风板的组成

1—风室；2—布风板；3—风帽；4—绝热保护层

1. 风室

风室是布风板下的空间，流化风由此向上进入布风风帽。循环流化床锅炉要求流化风沿整个燃烧室断面均匀分布，以保证物料流化良好，因此要求风室内各处风压基本均匀，不能有太大的差压。循环流化床锅炉风室的类型有分流式风室和等压风室。等压风室的底部是倾斜面，风室内的静压沿深度各处相等，具有较好的稳压、稳流作用。

风室最初一般是用钢板围成的，随着床下热烟气点火技术的普遍使用、锅炉容量的加大，现在较多采用水冷壁围成，和燃烧室水冷壁为一体。水冷风室内有保温层，以减少水冷壁在点火时的吸热，节约点火燃料。

2. 布风板

布风板分为水冷式和非水冷式两种。非水冷式布风板用厚钢板制作，水冷式布风板用膜式水冷壁制成，属于膜式水冷壁拉稀延伸管。在布风板上敷设耐火耐磨烧注料，下面有保温浇注料。

3. 风帽

风帽是布风装置中的关键设备，它起到细分一次风的作用。风帽安装在布风板上，与鼓泡床相比，循环流化床锅炉流化速度高，还有大量的返料，因此采用较大的风帽，风帽数量减少。

风帽设计上主要考虑布风均匀性、磨损和漏灰渣。为了保证布风均匀，防止局部流化不良，风帽应形成均匀的阻力。运行中风帽阻力不能太小，太小容易发生漏灰渣现象；也不能过大，阻力大，则风机功率大，能耗大。关于风帽的磨损和漏灰渣问题将在后面的有关章节中介绍。

7.9.1.2 布风装置的作用

① 均匀分布一次风。一次风从风管进入风室，风室具有倾斜的底面，起到稳压、稳流作用。布风板上有许多安装风帽的圆孔，一次风从风室进入各个风帽的中心孔，进行一次风的初步均匀分配。每个风帽上开有若干个小孔，将一次风进行进一步细分，使进入炉膛的一

次风更加均匀。

② 及时排出沉积在布风板上的大颗粒，维持正常流化。

③ 维持床层稳定。

④ 布风装置除了均匀分配气流的作用之外，还应有一定的强度，起支撑床料的作用。

7.9.2 循环流化床锅炉风帽的类型及结构特点

风帽形式很多，常见的有以下几种类型：

1. 有帽头的圆柱形风帽

有帽头的圆柱形风帽的结构如图 7-51 所示，帽头上根据计算开有一定数量的小孔，小孔的直径一般为 $\phi4\sim\phi6$mm。此种风帽结构简单，布风均匀，若风帽小孔堵塞，疏通方便。缺点是对较大的沉积物料不能移到排渣口，积多了会影响流化。这种风帽采用耐磨合金材料，布置中选取适当的风帽中心距离。

2. 无帽头的圆柱形风帽

无帽头圆柱形风帽是顶部封闭中空的圆柱体，在圆柱形风帽的上端开若干个小孔，小孔直径为 $\phi4\sim\phi6$mm，结构如图 7-52 所示。此种风帽无帽头，布风均匀，结构更简单，最省材料。若风帽小孔堵塞，疏通方便。缺点是对大块沉积物料不能移到排渣口，积多了会影响流化。采用耐高温、耐磨合金材料浇铸，风帽中心间距合适，风帽磨损不严重。

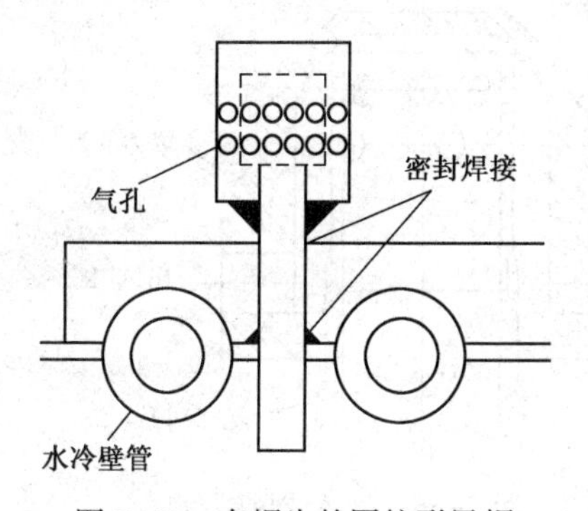

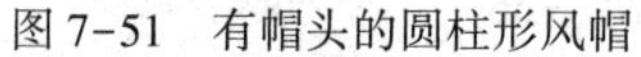

图 7-51　有帽头的圆柱形风帽

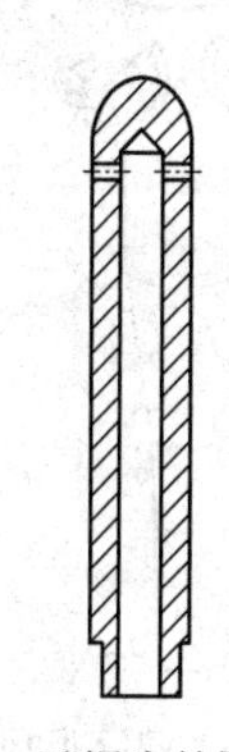

图 7-52　无帽头的圆柱形风帽

3. "┓"字形风帽(定向风帽)

"┓"字形风帽是一种定向风帽，结构如图 7-53 所示，为美国 FW 公司专利技术。此种风帽结构简单，单个出口，出口孔径为 $\phi20\sim\phi25$mm，气流动量大，风帽小孔不易堵塞。但在小孔流速低，低负荷时大渣易漏入风室内。该风帽安装时方向性要求高，如布置不当，会引起严重磨损。"┓"字形风帽对定向排渣有利。

4. 猪尾风帽

猪尾风帽的结构如图 7-54 所示，用不锈钢管弯成，为原奥斯龙公司专利技术。不锈钢管内径为 $\phi20\sim\phi25$mm。此种布风装置不易发生床料泄漏情况。但是如果发生不锈钢管内床料堵塞，疏通十分困难。此种风帽基本上消除了风帽磨损问题。

5. "T"字形风帽

"T"字形风帽结构如图 7-55 所示，此种风帽属原 ABB—CE 专利技术。风帽出口口径较大，只要出口气流速度设计合理，漏渣和堵塞都不会太严重，材料选用优质耐高温合金钢，磨损也不严重。

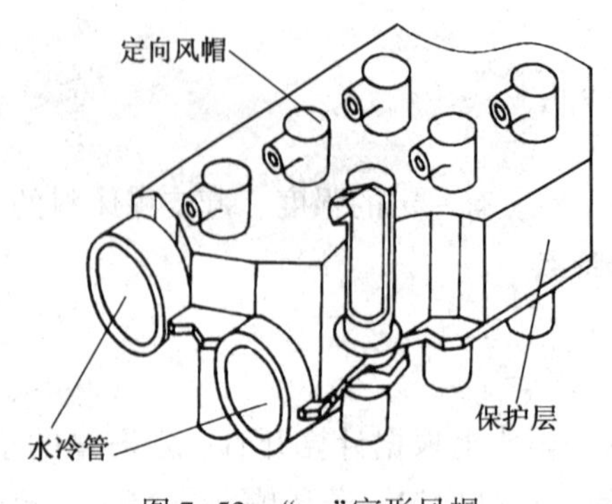

图 7-53 “┑”字形风帽

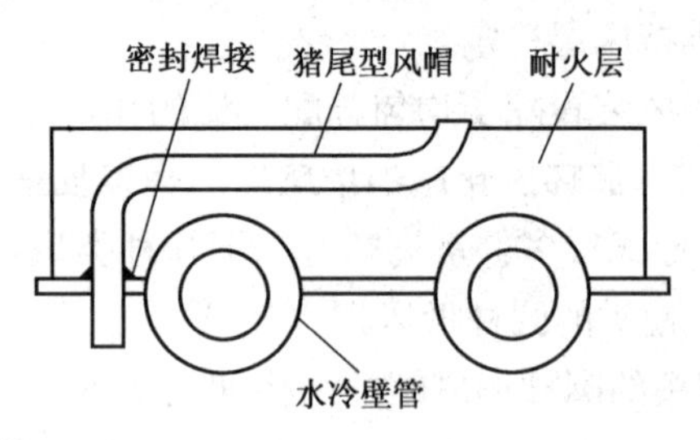

图 7-54 猪尾风帽

6. 钟罩式风帽

钟罩式风帽结构如图 7-56 所示。风帽罩体直径达 159mm，风帽之间距离约为 270mm，风帽数量较少。风帽小孔直径为 22.5mm。罩体与进风管之间采用螺纹连接，罩体损坏后易于更换。出口风速设计为 50~70m/s，布风装置阻力较大，加上出风口与进风管小孔之间有一定的距离，可有效防止灰渣堵塞和床料漏入风室。这种风帽结构较复杂，长时间在高温下运行之后拆装困难；如发现风帽内部结渣，清渣工作量较大。

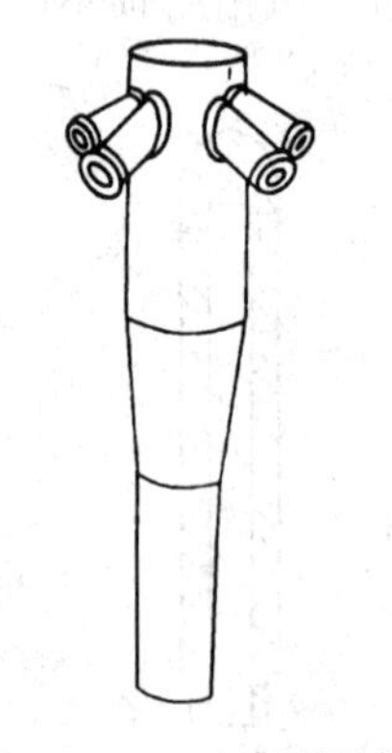

图 7-55 “T”字形风帽

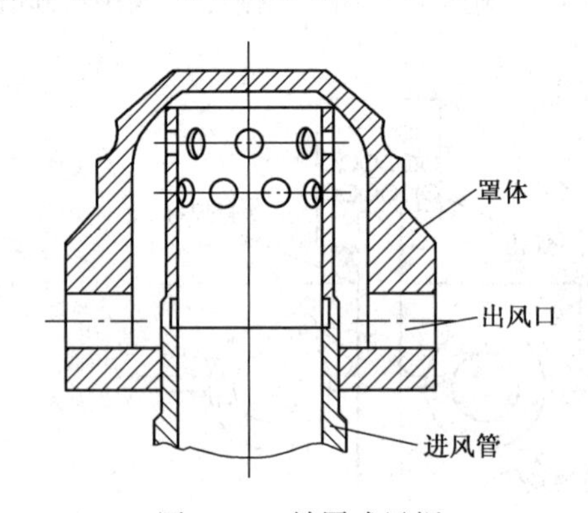

图 7-56 钟罩式风帽

7. 半球形卡箍式整体风帽

半球形卡箍式整体风帽结构如图 7-57 所示。这种风帽由两个铸件(带通风箍的帽头和进口短管)组成。两部件之间采用卡箍式连接，取消了螺纹连接，克服了风帽在长期高温运行之后拆卸不方便的困难。该风帽的优点如下：

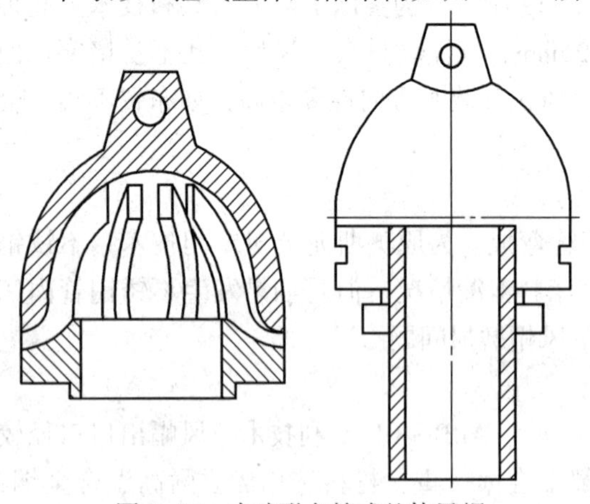

图 7-57 半球形卡箍式整体风帽

① 风帽结构简单，拆装十分方便，只需旋转 90°即可拆装风帽，装卡到位后不会出现自动脱扣现象。

② 帽头和连接短管均为铸造件，无需机械加工。

③ 帽头近似为半圆头形，减轻了床料的冲刷磨损。

④ 风帽设计出口速度合理，出口与连接短管端口之间有一定距离，这对防止床料漏入风室是有利的。

7.9.3 风帽小孔速度与布风装置阻力

风帽小孔速度是影响布风装置阻力的主要因素，也是影响流化床燃烧稳定性的主要因素。小孔风速高，布风装置阻力大，燃烧稳定性好；小孔速度低，布风装置阻力小，燃烧稳定性差，低负荷运行时容易产生床料流化不好，引起某些地方床料吹空，而某些地方床料沉积的现象。

布风装置的阻力由下列几部分组成

$$\Delta P_d = \Delta P_1 + \Delta P_2 + \Delta P_3 + \Delta P_4 \tag{7-14}$$

式中 ΔP_1——风帽进口局部阻力；

ΔP_2——风帽中心管沿程阻力；

ΔP_3——风帽小孔局部阻力；

ΔP_4——风帽帽沿间局部阻力。

通常风帽中心管直径比风帽小孔大许多，中心管内气流速度低，加上中心管长度一般不大于200mm，而沿程阻力系数又小，故 ΔP_2 与 ΔP_1 和 ΔP_3 相比较小，可忽略不计。帽沿间气流速度比风帽小孔速度小许多，ΔP_4 也可忽略不计。

因此布风装置的阻力主要由 ΔP_1 和 ΔP_3 决定，通过计算得出如下结论：布风装置的阻力与风帽小孔局部阻力系数成正比，与风帽小孔速度的平方成正比。也就是说，设计布风装置时，正确选定风帽小孔速度和确定小孔的布置方式对布风装置阻力的影响是决定性的。

经验证明：为了维持床层运行的稳定性，防止床料漏入风室，布风装置的阻力应为整个床阻力(布风装置阻力与料层阻力之和)的25%~30%。对有埋管的循环流化床锅炉布风装置，阻力为2000~2500Pa为宜；对膜式壁循环流化床锅炉布风装置，阻力为2500~3000Pa为宜。

7.9.4 布风装置的阻力特性

图7-58为某一循环流化床锅炉布风装置的阻力特性曲线。对不同的布风装置，阻力特性曲线会有一些差异，但都存在一个阻力变化平稳区和一个阻力变化激烈区。当布风装置在A区工作时，阻力随风量的变化比较平稳，如风量从750m³/h变化到1000m³/h时，阻力变化只有400Pa左右。而当布风装置在B区工作时，阻力随风量的变化比较激烈，如风量从1000m³/h变化到1250m³/h时，阻力变化为2300Pa左右。试验研究指出，A区和B区分界点的小孔风速一般在35~45m/s。如果小孔风速偏低，布风装置在A区工作，风机压头较低，省电，但带来低负荷运行时料层运行不稳定，当燃烧脉动时，床料压力波动增值大于布风装置阻力，造成床料漏入风室内。相反的如果小孔风速偏高，布风装置在B区工作，要求风机压头较高，耗电，但在低负荷时，料层运行稳定，当燃烧脉动时，压力波动增值小于布风装置阻力，不会发生床料漏入风室内的情况。设计布风板时，要求风帽小孔速度大于40m/s，也就是保证布风装置在额定负荷下的工作点落在靠近A区的B区内。工作点也不宜离A区太远，否则布风装置阻力过大，风机压头过高，造成厂用电高。

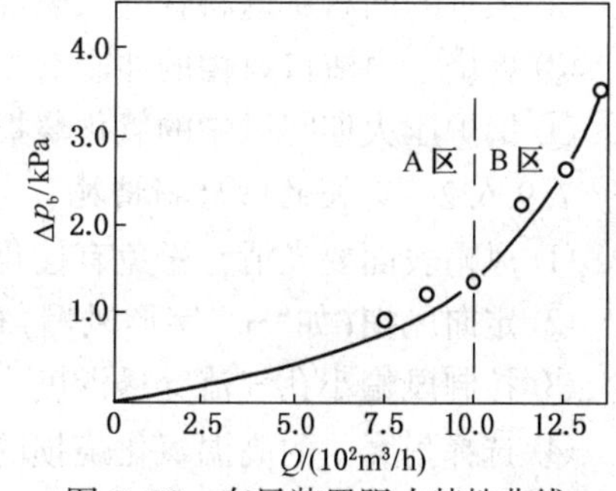

图7-58 布风装置阻力特性曲线

7.9.5 循环流化床锅炉布风装置漏渣分析

布风装置发生床料漏入风室的情况在不同形式的循环床锅炉上均有发生，特别在“┓”字形风帽的布风装置上发生较多。漏渣的原因有二：一是布风板阻力太小，造成床层流化不稳定；二是由循环流化床锅炉燃烧过程中发生床压脉动引起。

7.9.5.1 布风装置压降对流化稳定性的影响

图7-59表示低阻力布风装置和高阻力布风装置对床层流化稳定性的影响。对低阻力布风装置，在某一个阻力下出现了三个不同的工作点，即在床层内不同的区域出现了三个不同的流化速度 u_1、u 和 u_2。速度 u_1 属固定床工作点，即此时床料没有流化，出现了死区；u 比临界流化速度稍高一点，属于流化区；u_2 在流化状态的良好区。当布风装置工作压降偏低时，流化床会运行在不稳定状态。在不稳定状态下，浓相床在流化床与固定床两个状态下随机变化，使得燃烧发生很大的脉动。当脉动压力增值大于布风装置阻力时，床料就会漏入风室。对高阻力布风装置，没有流化床不稳定状态发生，一个布风装置阻力点对应一个流化速度。

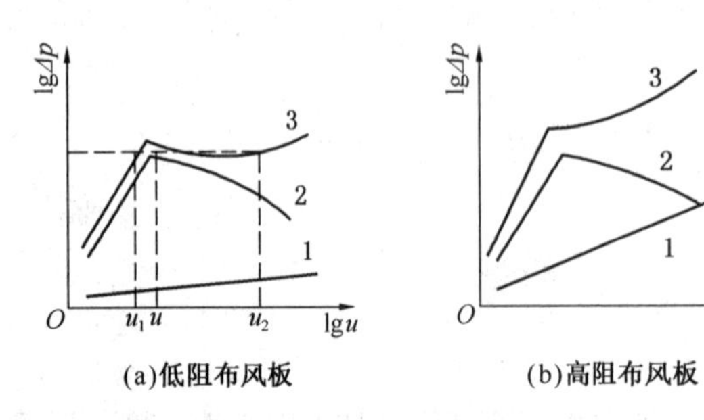

图7-59 布风装置压降对床层流化稳定性的影响

1—布风装置阻力；2—床层阻力；3—床总压降

7.9.5.2 燃烧脉动对床料漏入风室的影响

循环流化床烧宽筛分煤时，燃烧室下部存在一个一定厚度的鼓泡床。燃煤中粗颗粒越多，锅炉负荷越高，这个鼓泡床占有的高度就越大。气泡破裂时对燃烧产生的脉动较大。当燃烧脉动产生的压力增值大于布风装置阻力时，床料就会漏入风室内。

7.9.5.3 风帽种类对床料漏入风室的影响

根据上述分析可以得出以下结论：只要布风装置的阻力大于燃烧脉动产生的压力增值，布风装置就不会发生床料漏入风室的情况。所以，本章介绍的几种风帽，如果有足够大的阻力，燃烧脉动过程中都不会发生床料漏入风室的情形。反之，如果上述几种风帽没有足够大的阻力，燃烧过程中一旦发生脉动时，都有可能使床料漏入风室。

7.9.6 风帽的磨损及预防措施

7.9.6.1 风帽的磨损

风帽的磨损主要有以下几种形式：

① 风从小孔出来带动床料高速冲刷邻近风帽，发生冲击和切削磨损。

② 大量的回料从返料管进入燃烧室，对风帽产生横向冲刷磨损。

③ 燃烧室出渣口风帽的冲刷磨损。

④ 锅炉压火期间风帽的氧化烧损。

7.9.6.2 风帽的防磨损措施

① 风帽表面要光滑，避免有棱角。

② 定向风帽（如“┓”字形风帽）布置时要错开位置，防止后排风帽冲刷前排风帽。

③ 控制风帽小孔气流穿透深度小于风帽之间的净间距。

④ 选择耐磨、耐高温氧化烧损的合金材料。

⑤ 减小煤的粒度尤其是粗粒的比例。

7.10　循环流化床锅炉燃煤粒径保证

循环流化床锅炉的最大优点之一是对燃料的适应性特别好。循环流化床燃烧技术能烧各种优质燃料和劣质燃料。循环流化床锅炉对燃煤的适应范围比其他任何一种形式的锅炉都要广得多。但是循环流化床锅炉对燃煤的粒度范围，平均粒径大小和粒度的分布有较为严格的要求，不同的炉型、不同的煤种对燃煤粒径有不同的要求。如果燃煤粒径变化大，对锅炉的流化工况、燃烧工况、带负荷的能力，对锅炉耐火衬里和受热面的磨损，对某些附属设备的运行，如冷渣器的运行都会带来很大的影响。保证煤的粒度分布是电厂燃煤制备系统设计和运行必须解决的重要问题，必须引起电厂设计和运行人员足够的重视。

7.10.1　煤的种类及循环流化床锅炉炉型对燃煤粒度的要求

7.10.1.1　煤的种类对燃煤粒径的影响

1. 欧美国家对燃煤粒度分布的要求

欧美国家考虑挥发分对煤粒度分布的影响，按式(7-15)制备入炉煤粒度

$$V_{daf} + A = 85\% \sim 90\% \qquad (7-15)$$

式中　V_{daf}——煤的干燥无灰基挥发分,%；

A——入炉煤中粒径≤1mm 煤粒的份额,%。

从式中可以看出：对干燥无灰基挥发分高的煤，≤1mm 粒径煤的份额可以小些；相反，对于干燥无灰基挥发分低的煤，≤1mm 粒径煤的份额要求大些。

2. 我国对燃煤粒度分布的要求

根据长期循环流化床锅炉的运行经验，我国考虑挥发分变化对燃煤粒度分布的影响，提出按式(7-16)制备入炉煤粒度

$$V_{daf} + A = 60\% \sim 75\% \qquad (7-16)$$

比较式(7-15)与式(7-16)，我国入炉煤中粒径小于等于1mm 煤粒所占的百分数比欧美的小。

7.10.1.2　循环流化床锅炉炉型对燃煤粒度的要求

不同的炉型对煤的粒度分布的要求是不同的。高循环倍率的循环流化床锅炉对入炉煤的粒径要求比较细。低中倍率的循环流化床锅炉对入炉煤的粒径要求比较粗。鲁奇型循环流化床锅炉，循环倍率较高，燃煤粒度较细，燃煤中最大颗粒尺寸不大于6~10mm。奥斯龙型循环流化床锅炉循环倍率比鲁奇型低，燃煤中煤粒尺寸不大于10~20mm(低灰煤)，对高灰煤不大于13mm。我国的循环流化床锅炉多为中低倍率的循环流化床锅炉，对高挥发分低灰煤，入炉煤尺寸为0~13mm，对低挥发分高灰煤，入炉煤尺寸为0~8mm。

带埋管的中小型循环流化床锅炉与全膜式水冷壁循环流化床锅炉对燃煤粒度分布的要求也是不同的。带埋管的循环流化床锅炉燃煤平均直径可大一些，全膜式水冷壁循环流化床锅炉入炉煤平均直径要小一些。埋管循环流化床锅炉，因为燃烧室下部布置有较多的埋管受热面，允许吸收较多的热，燃烧室下部的煤燃烧份额和释热份额可大一些。煤粒较粗，在燃烧室下部的燃烧份额和释热份额较大，刚好适应了埋管循环流化床锅炉燃烧室下部吸热多的要求，维持燃烧室下部温度在850~950℃。

判断燃煤粒径范围和平均粒径的规律，有如下结论性认识：

① 煤种不一样，燃煤粒径范围和平均粒径不一样。对挥发分高的煤，燃煤粒径范围和

平均粒径可以大一些；相反，对挥发分低的煤，燃煤粒径范围和平均粒径要小一些。

② 不同的循环流化床锅炉炉型，对燃煤粒径范围和平均粒径的要求是不一样的。B&W循环流化床锅炉燃煤粒径范围和平均粒径较小，Pyroflow 型循环流化床锅炉燃煤粒径范围和平均粒径较大。

③ 高循环倍率循环流化床锅炉燃煤粒径范围和平均粒径较小，而中低倍率循环流化床锅炉燃煤粒径范围和平均粒径较大。

④ 膜式水冷壁循环流化床锅炉对燃煤粒径范围和平均粒径要求较小，而带埋管的循环流化床锅炉对燃煤粒径范围和平均粒径要求可大一些。

⑤ 对高倍率循环流化床锅炉燃煤平均粒径范围为 0.8～2.0mm；对 Pyroflow 型循环流化床锅炉燃煤平均粒径为 2.5～4.0mm；对带埋管循环流化床锅炉燃煤粒径范围为 4.5～5.5mm，高挥发分易燃尽的煤种取高值，低挥发分难燃尽的煤种取低值。

7.10.2 燃煤粒径变化对循环流化床锅炉运行的影响

根据燃煤粒径分布范围、粒度分布及平均粒径，选择合适的流化速度设计循环流化床锅炉。如果锅炉运行时燃煤的粒度分布、平均粒径与设计值相差较大，必将对锅炉运行带来严重影响。

7.10.2.1 燃煤平均粒径对锅炉蒸发量的影响

燃煤平均粒径太大，在设计的流化速度下，吹出浓相床的细颗粒就少。大量的粗颗粒在浓相床内燃烧，释放大量的热量。由于燃烧室下部受热面的布置是一定的，不能吸收过多的热量，造成床下部温度升高。如果床下温度超过 1050℃，继续加煤，床下温度将继续上升，发生床料高温结渣。为了维持床下部浓相床温度在合适的范围内，就限制了给煤量，因而使锅炉达不到额定蒸发量。

7.10.2.2 燃煤粒径分布对循环流化床锅炉受热面和耐火防磨内衬的影响

燃煤粒径达不到循环流化床锅炉设计要求，颗粒太粗，必然导致流化床锅炉粒子循环流量小，蒸发量达不到设计值，燃烧室下部温度偏高，上部温度偏低。为了解决这一问题，作为运行手段之一，常采用加大风量运行，使较大粒子能带到燃烧室上部燃烧，提高燃烧室上部温度，降低燃烧室下部温度，防止结渣，改善煤粒燃尽效果，提高蒸发量。而受热面和防磨耐火内衬的磨损量与气流速度的 3 次方成正比，大风量运行的结果，急剧加速了对锅炉的磨损，有的锅炉一年要换一次省煤器，两年换一次过热器，耐火防磨内衬的维修工作量大，运行维护费用高、发电成本高。

7.10.2.3 燃煤粒径对锅炉燃烧效率的影响

锅炉燃烧热损失中较大的一项是固体不完全燃烧损失 q_4。对循环流化床锅炉，一般床底渣的含碳量≤2.0%，低于煤粉燃烧锅炉。但是，飞灰含碳量高于 10%的偏多，高于煤粉锅炉，特别对燃煤中细颗粒偏多的情况，当燃煤热值较高、挥发分含量较低时，飞灰含碳量高达 20%～30%。对 75t/h 蒸发量以下的循环流化床锅炉由于燃烧室高度有限，细颗粒煤在燃烧室内的停留时间远小于它的燃尽所需时间，从而导致飞灰量大，飞灰含碳不完全燃烧损失大，锅炉燃烧效率低。

7.10.2.4 燃煤粒径对锅炉灰渣比和冷渣器运行的影响

燃煤中粗细颗粒比率的变化影响锅炉底渣和飞灰的比率。燃煤中粗颗粒多，床底渣排放量大，影响冷渣器的设计。如果冷渣器设计不能满足渣量多和粒度大的要求，冷渣温度就达不到设计值。如采用流化床风水冷冷渣器，还会发生冷渣器堵塞和结渣的问题。流化床风水冷选择性冷渣器运行不正常——堵塞和结渣是影响130t/h 以上蒸发量循环流化床锅炉不能带满负荷和连续运行时间短的主要原因。

7.10.3 燃料制备系统的型式

目前，国内循环流化床锅炉燃煤制备系统有以下三种基本型式：

① 煤经过粗碎机(出力大)—煤筛—细碎机(比粗碎机出力小)到原煤仓。这种型式适合于原煤中煤的初始颗粒较大，80%的颗粒都大于25mm，且煤矸石的含量较多。原煤经粗碎后，合格的颗粒从煤筛漏下，送到原煤仓。大于合格粒度的煤则被送入细碎机里进行第二次破碎。

这种型式的优点是对煤颗粒的适应范围较宽，原煤颗粒只要在100mm 以下均可。粗破碎后的煤通过筛子筛下粒度合格的煤，剩下的大颗粒煤则进入细碎机里进行第二次破碎。进入细碎机的煤量较少，而且通过滚轴筛后煤在细碎机轴向上的分布要比输送带均匀的多，煤的粒度容易保证，但土建费用较高。

② 原煤经过粗碎机—细碎机(两者出力一样)，中间没有煤筛。原煤经过粗碎机后，不管粗碎情况如何，都送入细碎机进行第二次破碎。

这种布置型式土建费用较节省，但因前后级破碎机出力一样，电能耗费较大，同时不伦粗碎机破碎情况如何，细碎机又要重复进行第二次破碎，相比之下细碎机的破碎效率较低。破碎机结构决定了煤的破碎不能达到百分之百的破碎，因此这种布置型式难保证煤的粒度。煤的粒度不是过大，就是过小，很难控制在一个合适的粒度范围，因此对锅炉的燃烧有较大影响。

③ 煤筛—细碎机，即不要粗碎机。原煤首先经过煤筛进行筛分，合格的煤粒直接送进原煤仓，不合格的煤粒则进入细碎机进行破碎。

如果原煤质量较好，原煤颗粒较小，这种布置形式最佳。这种形式电耗最小，土建费用相比之下也较节省。但是它对原煤的颗粒适应范围较小，原始颗粒必须有30%~40%的小于7mm，而且原煤的含泥量也要较小才行，否则很难有效地发挥煤筛与细碎机的效率，也较难保证煤的粒度合格。

7.11 循环流化床锅炉灰渣特性及系统

7.11.1 循环流化床锅炉的灰渣特性

了解循环流化床锅炉排放的高温灰渣所具有的特性，包括灰渣形成特性、物料平衡、灰渣粒度及其分布、灰渣温度及灰渣量等，对循环流化床锅炉特别是其灰渣系统的正确设计和正常运行至关重要。目前，国内循环流化床锅炉灰渣冷却装置和系统运行中出现的许多问题，在很大程度上与对灰渣特性的认识不足有关。因此，有必要深入研讨循环流化床锅炉的灰渣特性。

7.11.1.1 灰渣形成特性及其粒度分布

燃煤在循环流化床锅炉燃烧过程中的灰渣形成特性不仅对锅炉的燃烧、传热特性有很大的影响，而且对锅炉的灰渣排放规律也影响很大。

所谓灰渣形成特性是指一定粒度分布的煤燃烧后生成灰渣的粒度分布情况。实际上，灰渣形成特性与煤在燃烧过程中的热破碎特性密切相关。煤的热破碎特性直接决定了床内的固体颗粒粒度与浓度、物料的扬析夹带过程、炉内的传热过程以及煤颗粒的燃烧过程，对燃烧室内热负荷的分布也有极为重要的影响。

不同煤种、不同入炉粒径的煤颗粒经循环流化床燃烧后所产生的灰渣，其颗粒粒度分布有很大的不同。通常，石煤、煤矸石不易破碎，在破碎过程产生的细颗粒量少；而烟煤等则正好相反。只要不发生结渣，煤燃烧后所产生的底渣颗粒粒径都比相应的入炉煤颗粒粒径要小。显然煤颗粒在燃烧过程中发生了包括一次破碎、二次破碎及磨损等过程。而底渣颗粒粒度分布与入炉煤颗粒的粒度分布具有相似性。由此可见，给煤颗粒在某种程度上决定了燃烧所产生的底渣特性。另外，不同特性的煤种在燃烧过程中具有不同的破碎及磨损特性，给煤颗粒的粒度及其分布对燃烧过程渣和灰颗粒的形成有很大的影响。同一种煤种随着挥发分增加，含灰量的降低，底渣中细颗粒的质量份额增高，底渣的平均颗粒粒径与给煤颗粒的平均颗粒粒径的差别增大。其原因在于给煤颗粒中挥发分含量高的颗粒份额增加时，使得颗粒入炉后由于挥发分析出而导致的一次破碎变得更加剧烈，而含灰量低的颗粒份额增加则会使焦炭颗粒在燃烧过程中更容易发生二次破碎。

对同一台循环流化床锅炉，一般不同煤种飞灰颗粒的粒度分布很相近。这是因为循环流化床锅炉飞灰粒度分布通常是由分离器的分离效率和燃烧过程中所产生的细颗粒决定的。旋风分离器分离效率一般由分离器结构、分离器入口烟气速度和颗粒特性决定，而循环流化床燃烧过程中细小颗粒的来源除了给煤带入的一部分外，主要来源于颗粒的破碎和磨损。其中磨损产生的颗粒大部分在 70μm 以下，而且其他物性如密度等也比较接近。这表明飞灰颗粒中相当一部分是磨损产生的灰颗粒。可以说，燃煤特性对飞灰颗粒粒径分布的影响比较小。

7. 11. 1. 2 物料平衡及其影响因素

1. 物料平衡

物料平衡或灰平衡是燃煤锅炉计算锅炉热平衡和热效率的关键数据之一，对循环流化床锅炉尤为重要。在循环流化床锅炉设计和运行中必须保持固体物料的平衡。送入循环流化床锅炉的固体物料主要是燃煤和脱硫剂，燃料中的 C、H、O、N、S 和水分会转化成气体，其余的固体物料(主要是灰分，还有部分未燃尽碳)应在不同的部位排放以维持炉内物料的平衡。加入炉膛的煤燃尽成灰(含石灰石带入灰量)：一部分从炉膛底部排出，称为底灰或底渣；一部分飞出炉膛，进入分离器，其中分离器未能捕集的灰飞出分离器，进入尾部烟道，进而飞出锅炉，成为飞灰；而被分离器分离下来的灰，经返料器返回炉膛，称为循环灰。应当指出：由于燃烧，且粒子间碰撞、磨耗，以及粒子与分离器壁面之间的磨耗，使大的灰粒在逐渐减小，这部分循环灰又有可能成为飞灰。

通常，循环流化床锅炉除了有两个基本的出灰口(一个是流化床的排渣口，一个是尾部除尘器的排灰口)外，一般情况下返料装置或外置式流化床换热器下也应排掉一部分灰，另外在尾部竖井下的转弯烟道也有可能需要排掉一部分飞灰。

流化床燃烧室排渣主要是排放那些不能被流化风带出下部密相区的大颗粒物料，如果不把这些大颗粒物料及时从床内排出，这些物料会在布风板区域越积越多，造成流化质量的下降，从而影响锅炉的正常运行。排渣温度一般等于下部密相区床温。

返料器或外置式流化床热交换器的排灰量由系统的灰平衡确定。如果分离器分离效率较高，燃煤的灰分也不低，可以在返料器或外置式流化床热交换器中排去一部分灰分。这样不仅可以降低尾部受热面的磨损，还可以减轻尾部除尘器的负荷。排灰温度为返料器或外置式流化床热交换器的运行床温。

尾部对流竖井排灰一般是指利用对流受热面下的转弯烟道的惯性力分离的飞灰。但应该注意的是，当对流竖井中吹灰时，可能会造成该处排灰瞬间较大，这在除灰系统的设计与运行时必须予以考虑。此处的排灰温度近似等于排烟温度。

2. 物料平衡的影响因素

循环流化床物料源来自添加床料，如启动用床料、脱硫用石灰石和燃煤形成的灰渣。启动用床料的输入是暂时性的，对于连续运行的流化床稳定物料平衡没有影响，而燃煤形成的灰流及脱硫石灰石流是稳定输入物料流。

一般来说，宽筛分床料的质量构成是进出流化床的固体质量平衡的结果，除了同燃料特性(燃料含灰量、成灰特性、给煤粒度分布)和设备特性(分离器效率、炉膛几何尺寸)有关外，还同运行参数(如给风参数、给煤量、排渣量、循环灰排放量)等因素密切相关。在实际运行中，由于运行参数处在不断地调节过程中，加之燃料粒度变化等的扰动，循环流化床的物料质量平衡是一个连续的动态过程而非稳态过程，因此床料的质量构成、料层的厚度、主燃烧室的压降也处在不断的动态变化过程中。实际上，料层的厚度及压降反映了固体在燃烧室内的净质量累积。

(1) 排渣粒度分布对物料平衡的影响

排渣系统作为流化床“一进二出”系统的一个出口，其排渣粒度分布对于循环物料量影响很大。若燃煤灰分小，则排渣少，排渣系统为常关，床内物料有足够的时间进行物料分层，细颗粒在上，大颗粒下沉，排掉大颗粒，细颗粒作为循环灰；若燃煤灰分多，排渣多，排渣系统为常开，床料来不及进行物料分层，排渣易带走细颗粒，从而使循环灰减少，造成循环床上部灰浓度不够，锅炉负荷上不去。这时需采用选择性排渣装置将排掉的细粒送回循环流化床，以减少循环灰损失。

(2) 煤颗粒的成灰特性对物料平衡的影响

循环流化床锅炉的长期运行表明床内物料循环结果为床料非常均匀，床料粒径为100~300μm，即燃煤成灰的灰粒度在100~300μm的灰分作为循环灰，细粒飞走，粗粒排掉。若煤颗粒的成灰特性差，形不成循环灰所需的粒度，则循环量满足不了运行要求，物料平衡困难，流化床只能以鼓泡床运行。

另外，灰分的磨耗特性的影响也很大。磨耗影响灰分在炉内的停留时间，磨耗越大，停留时间越小，从渣口跑掉的细粒越多，则循环灰越少。对于磨耗程度严重的物料，因磨耗而丢失的物料远比由于分离效率不高减少的多，造成炉内物料平衡的困难。

7.11.1.3 底渣和飞灰份额

底渣或飞灰份额是指底渣或飞灰占入炉灰的质量份额。循环流化床锅炉的底渣和飞灰份额主要与以下因素有关：

① 煤种及其特性，包括挥发分、灰分等的含量，密度及粒度等；

② 燃煤的成灰特性，包括燃烧过程中的破碎特性和磨损特性；

③ 炉型及运行工况，主要是烟气的截面流速。

研究与运行实践均表明，煤质特性对底渣和飞灰份额具有明显的影响。通常，对挥发分含量高、灰分含量低的烟煤，煤中所含有的灰大部分以飞灰形式排出，飞灰份额约为60%~70%；而对挥发分含量低、灰分含量高的石煤，煤中所含有的灰大部分则以底渣形式排出，底渣份额约为60%~70%。一般地，底渣份额随煤中挥发分含量的降低、灰分含量的提高而增加。其原因在于不同煤种具有不同的成灰特性。挥发分高、灰分低的煤颗粒在炉内的一次破碎和二次破碎都比较剧烈，产生更多的细颗粒，而且在燃烧过程中灰分含量低的焦炭颗粒在燃烧过程中所产生的灰层一旦生成，往往自动脱落或很快被磨损剥落，从而产生大量的细灰。另外，含灰量低的煤颗粒所生成的渣颗粒由于其孔隙率大，强度低，在炉内更容易被磨损产生大量的细颗粒。

此外，底渣或飞灰份额还与燃煤密度、粒度和截面流速等有关。煤密度越高，煤越密实，破碎特性越差，也越易沉积，底渣份额越高；粒度越大，产生的大颗粒灰渣越多，底渣份额越高；截面流速越高，飞灰携带能力越强，所引起的燃煤颗粒破碎和磨损的作用越大，飞灰份额越高。

由于底渣和飞灰份额的影响因素较多，也较复杂，在目前循环流化床锅炉炉型多样、燃料多变、运行参数各异的情况下，很难总结出具有普遍参考意义的底渣和飞灰份额的具体数据。有关飞灰份额取值的文献也不多。一般低倍率循环流化床锅炉由于燃用高灰分的劣质煤，燃煤粒度较大，底渣份额较高，通常大于60%；高倍率循环流化床锅炉燃用的煤质相对较好，燃煤粒度也较小，底渣份额较低，通常小于40%；若缺乏相关资料，可以近似地认为底渣和飞灰各占一半。当然，也有极端的情况：当燃用低灰分的优质煤、石油焦等燃料时，底渣份额几乎为零。根据对国产75t/h 循环流化床锅炉的部分考察结果，底渣和飞灰份额分别为40%和60%。各锅炉厂或研发单位设计时往往根据自己的经验选取，差别也很大。国外循环流化床锅炉的底渣份额很低而飞灰份额很高，其典型值分别为20%~30%和80%~70%。由此可见，循环流化床锅炉底渣和飞灰份额取值差别较大，在20%~80%之间变化都有可能。

7.11.1.4　我国循环流化床锅炉底渣的特点

循环流化床锅炉排放的底渣是一种高温(850℃左右)、宽筛分(0~15mm，有的甚至为0~30mm)的固体颗粒，比较难于进行相关的操作和控制处理。大容量或大渣量循环流化床锅炉的底渣排放控制、冷却和输送是锅炉辅机系统中最为棘手的技术之一。

与国外循环流化床锅炉的运行情况相比，国内循环流化床锅炉底渣排放量大，底渣粒度及排放量变化范围大，经常出现底渣粒度及渣量远大于设计值的情况。由于入炉煤复杂多变，尤其是煤中夹杂有矸石或石头时，锅炉实际排放的底渣粒度可达到30mm，甚至达到40mm以上。另外，由于煤源紧张，入炉煤发热量变化范围大(10~25MJ/kg)，灰分变化范围大(10%~70%)，底渣份额变化范围大(20%~70%)，实际锅炉底渣排放量经常远大于设计值。这些都在很大程度上造成无论是国产还是引进的冷渣器难以适应，不仅无法满足冷渣要求，还经常引起排渣事故。例如，引进的流化床式冷渣器要求底渣粒度在0~10mm，因此引进的流化床式冷渣器必然存在先天不足，诸如输送不畅、堵塞和结渣等故障频频发生。

7.11.2　冷渣器

7.11.2.1　冷渣器的作用

从循环流化床锅炉中排出的高温灰渣带走了大量的物理热，恶化了现场运行条件，灰渣中残留的硫和氮仍可以在炉外释放出二氧化硫和氮氧化物，造成环境污染。对灰分高于30%的中低热值燃料，如果灰渣不经冷却，灰渣物理热损失可达2%以上，这一部分热量通过适当的热交换装置可以回收利用。另外，炽热灰渣的处理和运输十分麻烦，不利于机械化操作。一般输送装置可承受的温度上限大多在150~300℃，故灰渣冷却是必需的。循环流化床锅炉主要以底渣形式放渣，这样，为了控制床内存料量和适当床高，防止大渣沉积，保持良好的流化条件，从而避免结渣，就必须对底渣的排放进行控制。此外，底渣中也有很多未完全反应的燃料和脱硫剂颗粒，为进一步提高燃烧和脱硫效率，有必要使这部分细颗粒返回炉膛。这些方面的操作可在冷渣装置中完成。

早期的流化床锅炉一般都未配置冷渣器，只能靠定期排渣或水力冲渣，操作工作量大，劳动强度高，工作环境差，且水力冲渣产生的蒸气造成了局部热污染，灰渣也失去了活性，不利于综合利用。定期排渣还造成床内压力工况的波动。因此，开发和应用冷渣器对循环流化床锅炉整体性能的提高是非常重要的。

综上所述，冷渣器的作用主要有：

① 实现锅炉底渣排放连续均匀可控，保持炉膛存料量。一方面排掉大渣改善流化质量，另一方面若能同时实现细颗粒分选和回送，将有利于提高燃烧和脱硫效率；

② 有效回收高温灰渣的物理热，提高锅炉的热效率。可用来加热给水和空气等；

③ 将高温灰渣冷却至可操作的温度以下(通常为200℃以下)，以便采用机械或气力方式输送灰渣；

④ 保持灰渣活性，便于灰渣的综合利用；

⑤ 尽可能减少高温灰渣的热污染，改善劳动条件，消除安全隐患。

7.11.2.2 流化床式冷渣器

流化床中气体与固体颗粒之间以及床层与受热面之间的换热十分强烈，把它作为灰渣冷却方式是十分适宜的。流化床式冷渣器的种类很多，按床结构可分为单室流化床、多室流化床，按冷却介质则可分为风冷和风水共冷。

1. 风冷式单室流化床冷渣器

风冷式单室流化床冷渣器是结构最简单的一种流化床冷渣器，它仅有一个流化床冷却室，利用流化介质与固体颗粒之间的热交换实现高温灰渣的冷却。典型代表为德国EVT公司设计的流化床冷渣器，如图7-60所示。在紧靠燃烧室下部设置两个或多个风冷式流化床冷渣器。根据锅炉炉内压力控制点的静压，通过脉冲风来控制进入冷渣器的灰渣量。冷却介质由冷风和再循环烟气组成。加入烟气的目的是为了防止残炭在冷渣器内继续燃烧。冷渣器内的流化速度为1～3m/s，冷风量约为燃烧总风量的1%～7%，根据燃料灰分的多少而定。床灰经冷渣器冷却到300℃左右以后，排至下一级冷渣器(如水冷绞龙等)继续冷却到60～80℃。

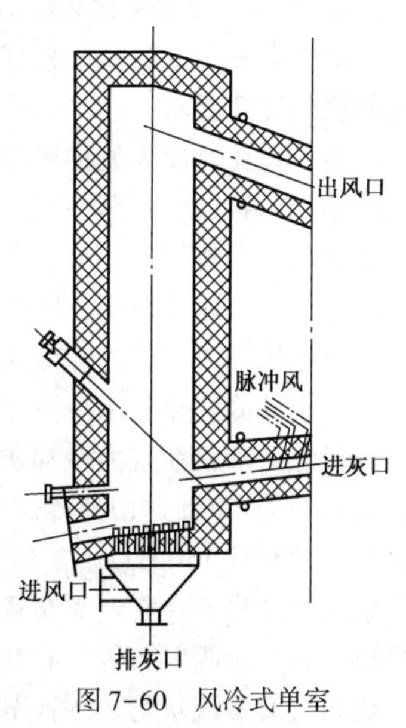

图7-60 风冷式单室流化床冷渣器

2. 多室流化床选择性排灰冷渣器

在风冷式冷渣器中，实现选择性排放灰渣，对于燃用低灰分的循环流化床锅炉是很重要的，因为这是补充循环物料的技术措施之一。所谓选择性排灰，就是将床料进行风力筛选，将粗粒子冷却后排放掉，而将细粒子送回炉内作为循环物料。典型代表为美国FW公司的选择性排灰冷渣器，如图7-61所示。通常，每台锅炉配有两个100%容量的选择性排灰冷渣器。该冷渣器具有下列功能：

① 选择性地排除炉膛内的粗床料，以便控制炉膛下部密相区中的固体床料量，避免炉膛密相区床层流化质量的恶化；

② 将进入冷渣器的细颗粒进行分离，并重新送回炉膛，维持炉内循环物料量；

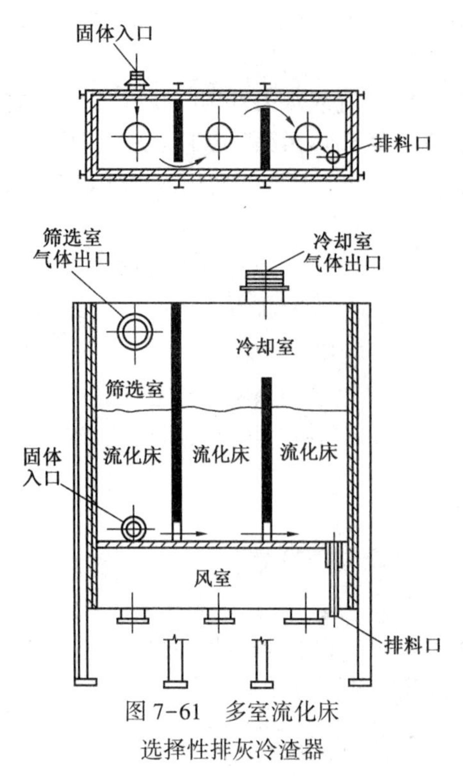

图 7-61　多室流化床选择性排灰冷渣器

③ 将粗床料冷却到排渣设备可以接受的温度；

④ 用冷空气回收床料中的物理热，并将其作为二次风送回炉膛。

选择性排灰冷渣器通常由几个分床组成。第一分床为筛选室，其余则为冷却室。在炉膛下部采用定向风帽将粗床料吹向炉膛侧墙上的排渣口，经有耐火材料衬里的倾斜输送短管流入冷渣器的筛选室。高压空气注入输送短管，以帮助灰渣送入冷渣器。用冷一次风作为各个分床的流化介质。为了提供足够高的流化速度来输送细料，对筛选室内的空气流速采取单独控制，以确保细颗粒能随流化空气重新送回炉膛。冷却室内的空气流速根据物料冷却程度的需要，以及维持良好混合的最佳流化速度的需要而定。筛选室和冷却室都有单独的排气管道，以便将受热后的流化空气作为二次风送回炉膛。在冷渣器内，采用定向风帽来引导颗粒的横向运动。在定向喷射的气流作用下，灰渣经隔墙下部的通道运动至排渣孔。定向风帽的布置应尽可能延长灰渣的横向运动距离。在排渣管上布置有旋转阀来控制排渣量，以确保炉膛床层压差在一恒定值。同时，冷渣器内设有事故喷水系统，用于紧急状态下的灰冷却，以防止局部高温结渣。

采取分床结构，形成逆流换热器布置的形式，各分床以逐渐降低的温度工况运行，可以最大限度地提高加热空气的温度，使冷却用空气量减少，有利于提高冷却效果。从原理上分析，分床数越多，效果越明显，但这往往增加了系统的复杂性，通常以 3~4 个分床为宜。

3. 风水共冷式流化床冷渣器

对于高灰分的燃料或大容量的循环流化床锅炉，单纯的风冷式流化床冷渣器往往难以满足灰渣的冷却要求。这时，除了采用两级冷渣器串联布置外，还可以采用风水共冷式流化床冷渣器。即在风冷式流化床冷渣器中布置埋管受热面用来加热低温给水（替代部分省煤器）或凝结水（替代部分回热加热器）。这样，可以利用床层与埋管受热面间强烈的热交换作用，大幅提高冷却效果，并最大限度地减小冷渣器的尺寸。对于风水共冷式冷渣器，由于灰渣粒度较大，流化速度较高，所以，必须采取严格的防磨措施，以防埋管受热面的磨损。风水共冷式流化床冷渣器的冷却效果好，但系统较风冷式流化床冷渣器复杂。

风水共冷式流化床冷渣器结构如图 7-62 所示，它共分为 4 个分室。第 1 个分室采用气力选择性冷却，在气力冷却灰渣的过程中还可以把较细的底渣（含未燃尽的颗粒，未反应的石灰颗粒等）重新送回到燃烧室；第 2、第 3 分室内布置埋管受热面与灰渣进行热交换，可以把渣冷却到 150℃以下，然后排至除渣系统。每个分室均有独立的布风板和风箱，布风板为钢板式结构，在它上面布置有大直径的风帽。同时布风板上敷设有 200mm 厚的耐磨耐火材料，并且微倾斜布置，有利于渣的定向流动。每个分室均布置有底部排渣管，在第 3 个分室还布置有溢流灰管。3 个分室的配风来自与总风机串联的冷渣器流化风机。冷渣器埋管受热面内的工质为除盐水，来自回热系统，完成换热后送至回热系统中。根据锅炉排渣量的多少及冷却情况，可适当调整进入冷渣器的冷却水量。由于水温很低（约为30℃），可以获得较大的传热温差，因此灰渣冷却效果好。冷渣器的3个分室均处于鼓泡床状态，流化速度不是很高（≤1m/s），同时埋管管束上还焊有防磨鳍片防止磨损，从而保证除渣系统工作的安全性。

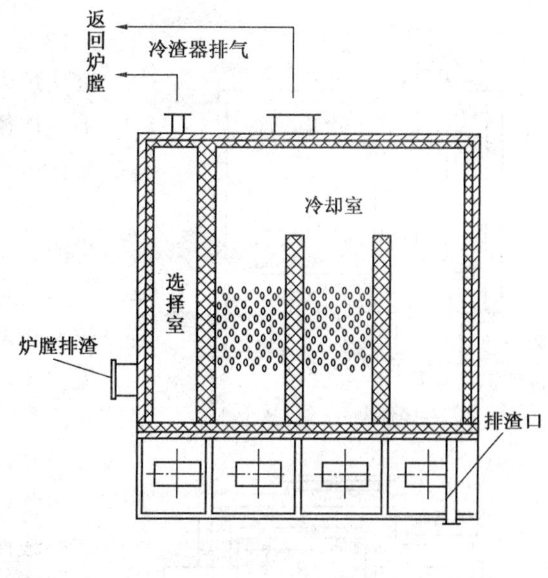

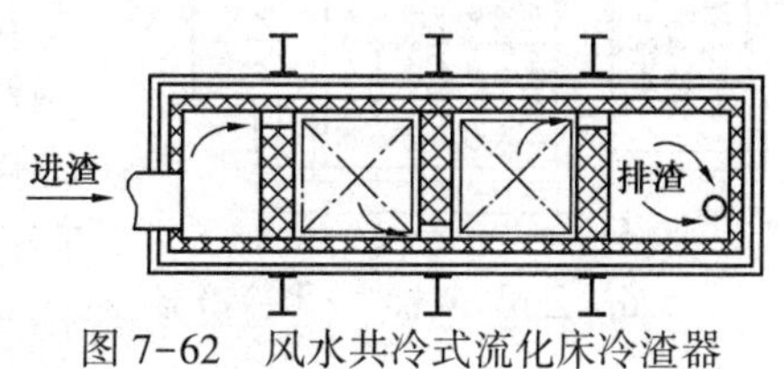

图7-62　风水共冷式流化床冷渣器

这种冷渣器由于通过气固直接接触传热和气固混合物在流态化状态下与受热面间传热达到冷渣的效果，传热系数高达100~250W/(m^2·K)，冷却效果好，处理灰渣量大，单台灰渣处理量可达3.5~25t/h，应用范围广，灰渣物理热能够有效利用。冷渣器的进渣量采用气力控制，也可采用机械阀控制。排渣控制是该冷渣器的关键。

目前，这种冷渣器在国内外都有应用。由于该技术原设计主要适用于低灰分、窄筛分、细颗粒底渣的处理，难以适应国内循环流化床锅炉主要燃用高灰分、宽筛分、粗颗粒、煤质变化大的现状，在国内的应用中出现了许多问题，并经常造成机组停炉。目前存在的问题主要有：

① 灰渣复燃，在冷渣器进渣管（锅炉排渣管）及冷渣器内结渣；

② 对底渣粒度要求高，处理大块的能力不足，稍有大块即造成冷渣器内堵塞。因此，对大块较多的情况，设计上作了一些变动，采用了倾斜布风板，取消了埋管受热面；

③ 热风管道堵塞。这是因为夹带的细灰未能有效地分离下来，或出风管道设计方面的缺陷；

④ 冷渣器受热面、风帽磨损严重。由于冷渣器处理的是宽筛分灰渣，故流化风速不可能降至外置换热器内那么低，这样，为解决磨损问题，需采取有效的防磨措施；

⑤ 送风系统设计上的不足。这种问题在与一次风共用风机时较容易发生，造成调节困难；

⑥ 冷渣器进渣（锅炉排渣）控制失效，出现渣自流或不进渣等问题。进渣阀采用全开或全关运行方式，不利于冷渣器的安全稳定运行，冷渣器的调节能力有待提高。

由此对锅炉机组带来如下影响：

① 机组被迫停运，造成大的经济损失；

② 锅炉运行不稳定，由于出渣不畅，迫使机组降负荷运行；

③ 锅炉不能燃用价格相对较低的低热值高灰分煤；

④ 运行操作难度大，检修维护工作量大，管理困难。

在流化床冷渣器中，从炉膛进入冷渣器的灰渣温度很高，灰渣的输送与控制技术十分重要。显然，常规的机械方式并不可取，推荐采用非机械方式。除了以上介绍的EVT公司的脉冲风以及FW公司的定向风帽和高压风外，德国Lurgi公司在拜尔制药厂循环床锅炉的流

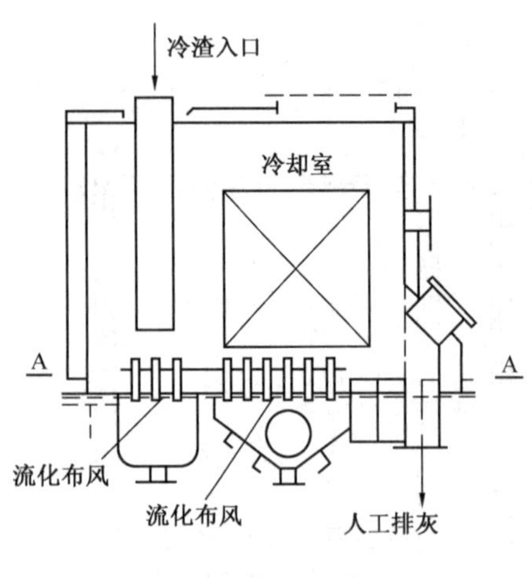

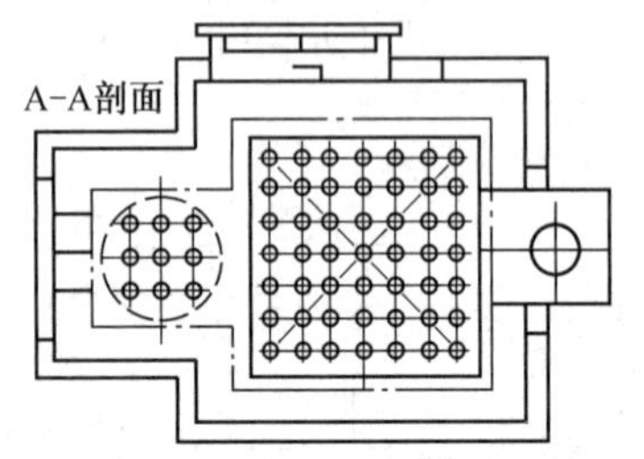

图 7-63　Lurgi 公司“灰锥”技术冷渣器

化床冷渣器中采用的“灰锥”技术也颇具特色，如图7-63所示。该冷渣器布置在流化床燃烧室下部，灰渣从炉内经排灰管落下，在冷渣器布风板上形成灰锥，挡住落灰口。当需要向冷渣器中送灰时，调节流化风量，将灰锥吹走，炉内灰渣即源源不断地向冷渣器内注入。这样就可避免采用机械机构来控制排渣。

流化床冷渣器没有机械设备、结构简单、冷却效果较好、运行维护费用较低，目前在大容量循环流化床锅炉中应用广泛，是一种很有发展前途的灰渣冷却方式。

7.11.2.3　滚筒式冷渣器

常规滚筒式冷渣器主要由具有螺旋导向叶片的空心滚筒、进渣装置、出渣装置、驱动机构、冷却水系统和电控系统等组成。滚筒由不同直径的内外两筒构成，其中内筒内壁沿长度方向螺旋焊接一定高度的钢板形成排渣通道，内筒外壁根据内外筒之间净空也沿长度方向螺旋焊接一定高度的钢板形成冷却水通道，再通过两端封箱的连接使内外筒形成一个整体。工作时锅炉热态炉渣排入内筒，随着冷渣机的转动，炉渣由排渣通道排出，由于同时有外筒冷却水和内筒自然风的共同冷却作用，带走了大批热量，使得炉渣冷却。

滚筒式冷渣器的磨损较小，维护量较小，使用寿命较长，结构简单，运行可靠，但灰渣充满度低，受热面利用差，外形尺寸略大。国内有多家公司相继开发了不同结构特点的风水冷滚筒式冷渣器，在35、75、130甚至220t/h循环床锅炉上使用，有的取得了较好的应用效果。实际应用中也出现了磨损、泄漏、卡涩及冷却效果达不到设计要求等问题。

针对常规滚筒式冷渣器存在的问题，国内一些单位采用了若干改进技术措施，形成了新型的滚筒式冷渣器。有的在滚筒内采用螺旋水冷壁管；有的在原径向螺旋叶片的基础上增加纵向百叶式叶片，强化与高温灰渣的传热；有的将原滚筒内壁更改为多个六棱体管子，管内为灰渣通道，管间为冷却水通道，并将筒体倾斜布置，驱动装置有驱动外筒体的，也有驱动中间转轴的。以下以采用螺旋水冷壁管及采用六棱体管子的滚筒式冷渣器为例介绍其特点。

1. 带螺旋水冷管的滚筒式冷渣器

该冷渣器由进渣排风装置、风水冷滚筒和机架等组成。工作时，滚筒低速旋转，循环流化床锅炉排出的灰渣经落渣管进入冷渣器渣斗，并进入风水冷滚筒内，由膜式水冷螺旋管排向前推进。冷却风不断地在滚筒内通过，灰渣在翻滚流动中与冷风和冷却水管进行热交换。当灰渣冷却到较低温度后，从风水冷滚筒的另一端向下排出。为了防止换热面结垢，冷却水必须采用化学除盐水或软化水。该机具有以下特点：

① 布置在滚筒内的膜式水冷换热元件及冷却风同时与抛散的物料进行热交换，冷渣效果好，能将高达900℃的循环流化床锅炉的高温炉渣冷却到100℃以下。冷却后的炉渣仍然保持了渣的活性，可以很好地实现综合利用，避免红渣直接排放。风冷系统的负压可以保证滚筒内的飞灰不外泄，既有利于环境保护，又可取得可观的经济效益。

② 用锅炉补给水冷却，物料的废热有效回收率高达90%以上。冷却水温升高达60℃，可直接进入除氧器，无需增加加热设备，补给水无损耗，大大提高了锅炉机组的热效率。

③ 本装置有良好的热膨胀系统，热补偿性能好，高温部件采用高温耐热钢制造，运行可靠性高，物料滚动畅通，不会堵塞，能保证长期连续运转，维护简单。

④ 采用滚筒整体转动推进物料前进，膜式水冷换热元件与筒体无相对运动，灰渣对换热器只有轻微的接触，无强烈摩擦，设备磨损轻微，整体寿命高，功耗低，噪声小。

⑤ 该设备拆卸方便，内部的换热元件可以从滚筒内抽出，便于修理和整体更换。

⑥ 采用交流变频调速装置，能实现远程自动控制，保证排渣量可以在大范围内调控，有利于稳定锅炉床压，保证锅炉料层厚度，降低渣的含碳量。

该设备可采用全水冷和风水冷运行方式。当锅炉在额定工况下运行时，本机可提供的水冷换热面积能满足冷渣的需要；当锅炉超负荷运行时，出渣温度有所提高。运行时，应相应加大冷却水量和采用变频调速装置调整滚筒的转速，亦可投入风冷系统，以便达到最佳的冷却效果。

2. 带六棱体管子的滚筒式冷渣器

该水冷滚筒式冷渣器外形如图7-64所示。它是由36根六棱体管子组成的整体作为转子，管子内部是炉渣通道，六棱体管子之间的间隙为水的通道。转子结构如图7-65所示，其特点是将圆筒作倾斜支撑，使灰渣从进口到出口适当下倾7°~15°(高端为入渣口，低端为出渣口)。炉渣经进料口弯头进入六棱体管子，转子旋转，炉渣在管子内只能滚动，不能滑动，由于管子是斜的，炉渣滚动轨迹以类似螺旋状向出渣口滚动。渣粒与金属壁之间是滚动摩擦，摩擦系数低，再加上转子转速在2r/min以下，管子内径小，速度低，因此磨损小。另外用变频电机调节转子速度，控制出渣量，耗用功率小，只有1.1kW，运行费用低，冷却水耗量小，出水温度高。此型冷渣器冷渣排渣工艺合理，换热系数高，排渣温度可降到100℃以下，设备体积小。

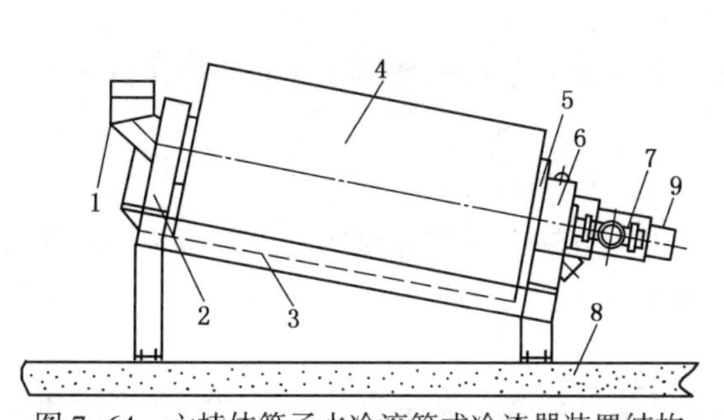

图7-64 六棱体管子水冷滚筒式冷渣器装置结构

1—进渣口；2—滚圈护罩；3—机架；4—转筒；5—齿轮护罩；6—除渣室；7—冷却水系管组；8—底座；9—摆线针轮减速机

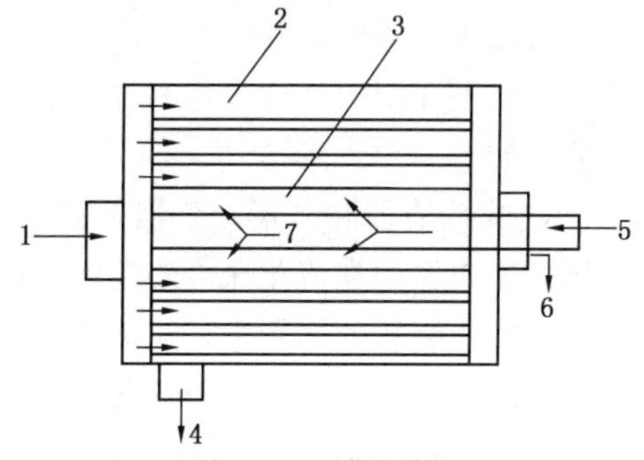

图7-65 转子结构

1—进渣口；2—六棱管；3—冷却水腔室；4—冷却水出口；5—冷却水进口；6—冷渣出口；7—分水管

采用冷却水作为传热介质，冷却水来自除盐水箱。除盐水箱的除盐水经除盐水泵升压后流经冷渣器，一部分直接进入除氧器作为锅炉补给水，多余部分经换热器冷却后回到除盐水箱循环使用。由于除盐水出口温度较低，换热器不易结垢，运行非常稳定。

7.11.2.4 水冷绞龙冷渣器

水冷绞龙冷渣器作为一种特殊的热交换器——螺旋输送机式热交换器，是一种高效换热器，它能在物料的输送过程中实现对物料的搅拌、混合、冷却，用来冷却循环流化床锅炉的高温灰渣，冷却效果好，同时还能有效地利用高温灰渣的余热，节能降耗效果较为明显。

水冷绞龙冷渣器通常由螺旋叶片、空心轴、旋转接头、端封、物料进出口、箱壳、支撑轴承和驱动机构等组成，如图 7-66 所示。

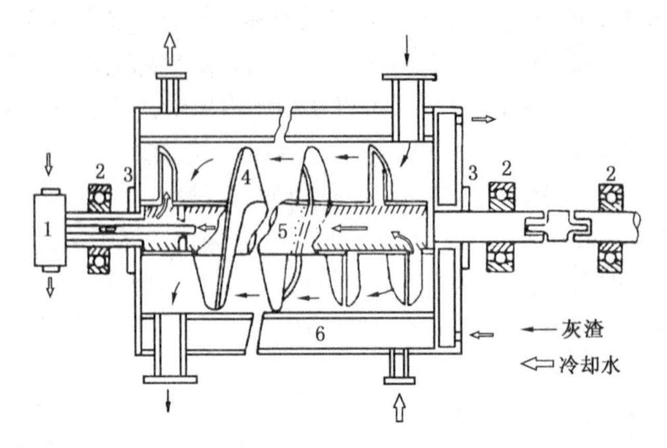

图 7-66　单轴水冷绞龙结构

1—旋转接头；2—轴承；3—端封；4—螺旋叶片；5—轴；6—箱壳

水冷绞龙冷渣器有多种结构型式，如单螺旋轴、双螺旋轴和多螺旋轴结构。冷却方式有外壳、轴和叶片水冷。通常，轴和叶片为空心结构，也有的为普通叶片。

国内在应用水冷绞龙中存在磨损严重、焊缝撕裂、泄漏、转轴卡死等故障，在水冷绞龙应用初期，国外也曾出现过这些故障。随着水冷绞龙不断地改进与完善，这些缺陷都在很大程度上得到了改善。突出的严重磨损问题有所减轻，能实现可控，但磨损始终存在。由于它具有冷却效果好、占用空间小、便于布置等优点，在部分循环流化床锅炉中作为单级或第二级冷渣器应用。

7.11.2.5　其他类型的冷渣器简介

除了以上介绍的几种主要的冷渣器外，还有几种型式的冷渣器也在不同的场合得到了应用，简介如下。

1. 塔式冷渣器和 Z 形冷渣器

塔式冷渣器是在流化床冷渣器的基础上发展的。在冷渣器内流化床的上方布置了一些分流装置。在该装置的作用下，灰渣下落时与来自下部流化床的空气充分接触冷却，再落入流化床继续冷却。因此这种冷渣器冷却效果较好。

Z 形冷渣器实际上是一种带 Z 形落渣槽的流化床冷渣器。灰渣自上而下地沿 Z 形通道下落，来自流化床的空气沿 Z 形通道逆流而上，气固之间产生接触换热。这样就降低了下部流化床内的温度水平，可以获得较好的冷却效果。

这两种流化床式冷渣器的特点是在流化床上部增加了曲折通道，这样不仅增加了气固停留时间，而且曲折通道内气流扰动加强，传热系数较大，从而提高冷却效果。

2. 移动床冷渣器

移动床冷渣器中灰渣靠重力自上而下运动，并与受热面或空气接触换热，冷却后从排灰口排出。在移动床中，如果仅利用空气作为冷却介质，称为风冷式移动床冷渣器。如果在床内布置受热面，仅利用冷却水来吸收灰渣热量，称为水冷式移动床冷渣器。如果上述两种冷却方式都采用，则称为风水共冷式移动床冷渣器。

移动床冷渣器具有结构简单、运行可靠、操作简便等优点，但体积较为庞大、换热效果也有待于进一步提高。作为小容量或低灰分循环流化床锅炉的冷渣装置，也是较为适宜的。

3. 混合床冷渣器

混合床冷渣器由下部的移动床和上部的流化床组成，即在移动床上叠加一个流化床。冷渣器位于锅炉排渣口下方，灰渣从它的顶部落下，与换热介质进行热交换。先以流化床方式迅速冷却，再进入移动床状态继续冷却，最后从底部放渣口排出。冷却方式可以采用风冷或风水共冷，分别称为风冷式混合床冷渣器或风水共冷式混合床冷渣器。

混合床冷渣器可以充分利用上部流化床传热效果好及下部移动床流动阻力低的特点，实现优化设计，达到最佳的冷却效果。如果只是一段较高床层的流化床，除了阻力太大以外，气固间的传热强度远不如浅床流化床，通常难以将高温灰渣的温度降到较低的水平。单纯的移动床虽然阻力低，但换热效果不理想。混合床冷渣器则综合了两者的优点。

4. 钢带式冷渣器

超强钢带式冷渣器主要由壳体、超强钢带、清扫链、端部驱动滚筒、气动张紧装置及紧急喷淋系统组成。壳体由成型钢板制成，超强钢带、清扫链、端部主从动滚筒、气动张紧装置和紧急喷淋系统等均密闭在壳体中。由于渣与超强钢带间无相对运动，钢带的运行速度很低，使得超强钢带的使用寿命非常长，设备的维护工作量小。

锅炉排渣口排出的热底渣经过排渣管落入超强钢带输送机，热渣在输送过程中，被从外部引入逆向流动的空气冷却成适合后续设备输送的冷渣。清扫链将散落到输渣机底部的细渣清扫出排渣机。为避免灰尘飞扬和防止不受控制的外界空气进入，超强钢带输送机和清扫链被完全封闭在排渣机密封的壳体内，在排渣机运行时允许受控制的空气进入壳体内冷却底渣。利用锅炉排渣管内的渣料高度来隔断循环流化床锅炉运行的床压，排渣管配备机械膨胀节，吸收锅炉受热后的膨胀量。

从实际运行情况看，该冷渣器运行稳定可靠，冷却效果好(排渣温度低于150℃)，能根据锅炉负荷、燃用煤种及运行工况控制排渣量，满足锅炉排渣要求，热能利用性好，易于自控，周围环境清洁。该冷渣器设计简单、便于安装维护，但设备造价太高，投资大，设备体积庞大，只适合于大型循环流化床锅炉。

7.11.2.6　几种典型冷渣器比较

1. 风水共冷式流化床冷渣器

该冷渣器利用流化床的气固两相流特性传热，气固间以及床层与受热面间的传热强烈，以风、水联合冷却，冷渣效果好。冷渣温度随风量增加和渣量的减少而降低。采用合理的风水共冷式流化床冷渣器无机械设备，结构简单，维护费用低，出口风温高于200℃，可作二次风入炉，冷渣水可选择低温给水或其他冷凝水，出渣温度在120℃左右，热能回收利用性好，节能效果佳，使配套的输渣设备工作安全可靠，密封性好，缺点是体积略大。是一种很有发展前途的灰渣冷却设备，应推广应用。目前大容量循环流化床锅炉多采用这种冷渣器。

2. 滚筒式冷渣器

滚筒式冷渣器的原理是通过水冷筒体的转动和风的作用将灰冷却和输送。热渣进入滚筒后沿其内筒壁螺旋槽道前进，内外筒夹套内通过冷却水与热渣进行表面逆向换热，同时可接入风冷系统，可将850℃的热渣冷却至较低的温度。滚筒式冷渣器的优点是磨损较小，维护量较小，使用寿命较长，结构简单，运行可靠。对冷却水水质要求不高。缺点是灰渣充满度低，受热面利用差，外形尺寸略大，目前应用范围较广。

3. 水冷绞龙冷渣器

水冷绞龙冷渣器的原理是通过水冷轴、水冷叶片的转动将灰冷却和输送，水冷壳体也对灰起冷却作用。热渣沿螺旋槽道前进，具有一定压力冷却水在绞龙外壳水套内和轴心、叶片的水套内流动，两种介质逆向流动换热，热渣可从850℃冷却到200℃左右，可由调速电机调节转数实现自控。其优点是换热量较大，再燃性小，运行稳定，调节方便，外型尺寸较小。缺点是主轴、叶片磨损量大，易漏泄，每年需要换叶片、防磨护瓦，维护量大，冷却水水质要求高，应合理设置一套水循环系统，目前仍有许多用户在使用。

4. 钢带式冷渣器

该设备是应用于煤粉锅炉上的一种新型干式排渣设备，也可应用于大型循环流化床锅炉。其结构主要由大量条形耐热钢板组成，靠两侧链条带动低速前进，热渣落在钢板上受到负压通风大面积冷却至200℃，冷风吸热升温至300~400℃，可当做送风利用。该设备优点是清洁卫生，运行稳定可靠，热能利用性好，易于自控。但设备造价太高，投资大，设备体积庞大，只适合于大型循环流化床锅炉。

几种冷渣器相比较，水冷螺旋冷渣器和水风冷滚筒式冷渣器的体积较小，布置比较方便，流化床冷渣器体积较大，有时在锅炉布置上会有一些困难，特别是中小容量的循环流化床锅炉。

从使用情况看，水冷绞龙冷渣器的磨损比较严重，检修工作量大，流化床冷渣器的排渣有时不是很可靠。相对地说，滚筒式冷渣器问题少一些。但是，对于大容量循环流化床锅炉或在燃用煤矸石、油页岩等灰分很高的燃料时，其冷渣和输渣能力不足。风水共冷流化床冷渣器获得了大量的应用。

从操作方式上比较，冷渣器可以采取间歇和连续两种运行方式，对低灰分煤或木块等总排渣量较小或可能有大块残留的燃料，一般采取间歇操作，而对高灰分煤，则推荐采用连续操作方式。

7.11.2.7 冷渣器常见问题的预防

目前，绝大多数电站循环流化床锅炉冷渣器运行不正常的主要原因在于燃煤品质和制备水平。燃煤中矸石和水分含量大，制备的燃煤粒度不符合设计要求。此外，冷渣器的设计与运行也存在不少缺陷。因此，应尽量改善燃煤的破碎粒度，同时从设计和运行上采取措施来解决冷渣器的正常运行问题。

防止冷渣器事故最重要的一点是，要将冷渣器作为提高循环流化床锅炉效率和循环流化床安全运行必不可少的辅机设备来对待，进行合理设计，及时通过实践改进，制定合理的运行维护规程和保护措施，规定安全运行极限，从而实现设计目的。一些必要的运行预防措施和合理设计对预防冷渣器事故是有帮助的。通过分析大部分循环流化床锅炉冷渣器事故的原因，下列几方面是需要注意的：

① 冷渣器是循环流化床锅炉的一个重要辅助设备，在设计上要对其系统进行优化，以简单、安全为基本设计原则。要对其运行程序作出规定，冷渣器应以断续、脉冲式排渣方式工作，应根据炉膛内料层阻力去控制冷渣器的开启与关停，防止渣量太大使设备超温损坏。早期循环流化床配套流化床冷渣器被烧坏的大部分原因是进渣量不可控、热渣大量进入冷渣器造成的。在开启状态下，冷渣器进渣控制阀以脉冲控制为宜。

② 冷渣器要设计可靠的进渣、排渣控制阀，设定安全运行程序。运行前，先开冷却水、

冷却风；关闭前，先关热渣，后停冷却风、冷却水。一些水冷绞龙冷渣器无进、排渣控制器，由自身转速控制渣的量，控制简单，但却未与排渣量分开，常出现过载与排渣温度高的情况，但最主要的问题还是渣对冷渣器的摩擦损坏。防止超载的措施是把进料与螺旋排渣机转速分开，即在绞龙入口设计一个闸板门或进渣控制门，减少排渣量，这样可以保证渣的充分冷却和不因加大转速而超载，也可以加大冷却水量，强化冷却，保证冷却效果。冷渣器入口要设计有阀门，防止渣自流。

③ 要重视进渣控制阀的设计。运行中发现，多数冷渣器事故是由于进渣量无法控制造成的。进渣控制阀以流化式U形、J形、L形阀为宜。由于除渣系统位置、工作环境和制造厂商的关系，除渣系统控制程序未得到合理设计，无运行程序或程序标志不明确，是造成无法操作的另一个原因，需要注意。

④ 进渣量应控制在冷渣器工作出力范围以内。由于事故排渣量很大(大于冷渣器设计出力)，因此，事故排渣时应同时开启事故排渣管排渣，以保护冷渣器安全。以设备能力确定其工作负荷是必须遵守的原则。

⑤ 被冷却过的冷渣采取气力输渣是比机械输渣更安全可靠的一种方式，是除渣系统后续设计的发展方向。

⑥ 在事故状态下，底渣用事故排渣管排到炉外大气环境中时，出于安全考虑，可用喷水降温法降低灰渣温度。除此之外，最好不要用水喷渣，一方面，防止造成热污染、影响工作环境。另一方面，防止改变渣的物性。后一点须特别注意，应用循环流化床灰渣的良好特性制造混凝土，已是世界上现代混凝土的基本概念。设计者和循环流化床用户对这个问题要清楚的认识。另外，喷水冷却也常造成灰渣结块、堵塞设备。

7.11.3 除灰除渣系统

除灰除渣系统是循环流化床锅炉的重要辅助系统，对于锅炉的连续可靠经济运行起着至关重要的作用。本节将简要介绍除渣除灰系统，以便对循环流化床锅炉的灰渣系统有所了解。

7.11.3.1 除渣系统

循环流化床锅炉的除渣系统由排渣管、冷渣器(进渣控制阀、冷渣器本体、排渣控制阀)、二级冷渣器(如果一级冷却达不到设计温降时)以及排出系统组成。

由于循环流化床锅炉属低温燃烧，灰渣的活性好，并且炉渣含碳量很低(一般为1%~2%)，可以用做许多建筑材料的掺合剂，因此锅炉灰渣一般可以进行综合利用。炉渣的输送方式和输送设备的选择，主要取决于灰渣的温度，对于温度较高的灰渣(800~1000℃)，一般采用冷风输送。冷风在输渣过程中把炉渣冷却下来，送入渣仓内再用车辆运出。这种输送方式的缺点是需要大量的冷风，管道磨损严重，而且灰渣的温度较高，需要在渣仓储存冷却一定时间才可运出利用。这种方式对于未布置冷渣器、渣量不大的小型循环流化床锅炉可以采用。对于中、大容量的锅炉一般均布置有冷渣器，冷渣器通常把灰渣冷却至200℃以下，此时灰渣可以采用埋刮板输送机把灰渣输送至渣仓内。对于温度低于100℃的炉渣也可采用链带输送机械输送，当然对于较低温度的灰渣亦可采用气力输送方式。气力输送系统简单、投资小，易操作，但管道磨损较大。在电厂中最常用的输渣方式是埋刮板和气力输送。

一般排渣管需要水冷夹套冷却。对水冷绞龙和滚筒式冷渣器，可以将进料控制阀与本体及排料控制阀三个合一。但最好是设计进渣控制阀。流化床冷渣器一般带有进料控制阀和滚筒碎渣式出渣控制阀，以有效控制和保护冷渣器工作安全。排出系统一般由绞龙直接将渣排入输运车运走。由于绞龙事故比较多，目前排渣已趋向于由气力输送完成。由风机来的压力空气将渣带出锅炉房，经分离器后，渣被分离下来由车辆运走，空气则送入炉内或送入风机入口(或排入大气)。也有用浸水式刮板机将渣进一步排到室外的。由于这种方式形成水蒸气，热污染严重，危害运行设备及人身安全，因此，在进行这种设计时，应该进行封闭吸排汽风系统设计。

灰渣冷却处理系统一般设计为两套100%出力系统。作为安全保护措施，应在炉床布风板底部设紧急事故排渣管，可将渣不经冷渣器直接排出炉膛。在这种设计中可以设事故喷水装置，并配有热蒸汽吸排风系统，以利安全。

7.11.3.2　除灰系统

循环流化床锅炉除灰系统与煤粉炉没有大的差别，多采用静电除尘器(或布袋除尘器)和浓相正压输灰或负压除灰系统，应当特别注意循环流化床锅炉飞灰、烟气与煤粉炉的差异，如循环流化床锅炉由炉内脱硫等因素使其烟尘比电阻较高，而且除尘器入口含尘浓度大，飞灰颗粒粗等，这些都将影响电除尘器的除尘效率和飞灰输送。因此对于循环流化床锅炉不宜采用常规煤粉炉的电除尘器，必须特殊设计和试验，对于输灰也应考虑灰量的变化以及飞灰颗粒的影响。

7.11.3.3　冷灰再循环系统

为了便于调节床温，有时会将电除尘器灰斗收集的部分飞灰由仓泵经双通阀门送入再循环灰斗，再由螺旋卸灰机或其他形式的输灰机械排出并由高压风送入燃烧室。这个系统称为冷灰再循环系统。

冷灰再循环的设计在大型循环流化床锅炉上受到重视。实践证明，冷灰再循环系统可以作为维持炉膛内物料浓度的一个辅助手段，还可调节床温，使其保持在最佳的脱硫温度。更重要的是，冷灰再循环可以降低飞灰含碳量，提高燃烧效率，可以提高脱硫剂利用率，减少脱硫剂用量，减少脱硫剂制备能耗，提高锅炉运行经济性。另外，灰渣对氮氧化物有一定控制作用。但冷灰再循环系统使整个锅炉的系统变得更为复杂，控制点增多，对自动化水平要求较高。

冷灰再循环投入时，会对尾部受热面吸热量造成一定影响。这种影响从目前的实践看来主要是提高汽温，但也有一种观点认为，长期投运会因尾部受热面沾污而降低汽温，但对炉内床温影响不大。冷灰再循环系统投入顺序一般如下：

① 调整减温水量，将汽温控制在许可值范围内的下限。

② 开启飞灰送风风机，吹扫系统数分钟，调整风速到气力输送速度。

③ 开启排灰机，观察排灰量与汽温的变化。

④ 控制循环灰量到设计值。注意单台排灰机出力不应超过饱和携带量，防止系统堵塞。

7.12　循环流化床锅炉运行技术

循环流化床锅炉因其特有的颗粒循环、气固流动特性，使其结构与链条炉、煤粉炉有较大差别，因此在冷态试验、点火启动及运行调节等方面也有较大不同。例如循环流化床锅炉具有外部分离器、返料系统、布风系统等，因此它的布风特性、流化特性、物料循环特性、燃烧调整和负荷控制特性等都有其独特的一面。循环流化床锅炉在我国投运时间虽然较短，但以其易实现低 SO_x、NO_x 排放和可燃烧劣质燃料等明显优势而得到迅速发展，目前已具有保证锅炉安全、经济运行的成功经验。

本章就循环流化床锅炉独特的一面，介绍与其燃烧系统有关的启动与运行部分，如有关的布风流化特性、点火启动、燃烧运行调节、变工况运行特性及常见问题与处理方法等。与煤粉炉相同的部分，读者可参考煤粉锅炉运行方面的有关资料。

7.12.1　循环流化床锅炉的冷态试验

循环流化床锅炉在第一次启动之前和检修后，必须进行锅炉本体和有关辅机的冷态试验，以了解各运转机械的性能、布风系统的均匀性及床料的流态化特性等，为热态运行提供必要的数据与依据，保证锅炉顺利点火和安全运行。

冷态试验的内容包括试验前的各项准备工作、风机性能及风量标定、布风均匀性检查、布风系统及料层阻力测定、流化床气体动力特性试验等。试验的准备工作和风机性能及风量标定与煤粉炉基本相同，在此不作介绍，下面仅介绍循环流化床锅炉特有的冷态试验内容。

7.12.1.1　布风均匀性检查

布风板布风均匀与否是循环流化床锅炉能否正常运行的关键。布风的均匀性直接影响着料层的阻力特性及运行中流化质量的好坏，流化不均匀时床内会出现局部死区，进而引起温度场的不均匀，以致引起结渣。

目前在大、中型循环流化床锅炉中检查布风均匀性时，首先是在布风板上铺上一定厚度的料层(常取300~400mm，有的也可高达600~800mm，依不同锅炉而定)，依次开启引风机、送风机，然后逐渐加大风量，并注意观察料层表面是否同时开始均匀地冒小气泡，并慢慢开大风门。试验中要特别注意哪些地方的床料先动起来，对于床料不动的地方可用火钩去探测一下其松动情况。然后继续开大风门，等待床料大部分都流化时，观察是否还有不动的死区。所有那些出现小气泡较晚、松动情况较差，甚至多数床料都已流化时该处床料仍不松动的地方，都是布风不良的地方。这时应注意检查此处床料下是否有杂物或风帽堵塞，查明原因后及时处理并使其恢复正常。

待床料充分流化起来后，维持流化1~2min，再迅速关闭鼓风机、引风机，同时关闭风室风门，观察料层情况。若床内料层表面平整，说明布风基本均匀。如床层高低不平，则料层厚的地方表明风量较小，料层低洼的地方表明风量偏大。发现这种情况时，需检查一下风帽小眼是否被堵塞或布风板局部地方是否有漏风。一般来说，只要布风板设计、安装合理，床料配制均匀，会出现良好的流化状态，床层也会比较平整。当然即使通过冷态试验检查认为布风已经均匀后，在锅炉点火启动时还要特别注意床内流化不太理想的地方，以免引起结焦。

7.12.1.2　流化床空气动力特性试验

流化床锅炉空气动力特性试验，包括布风板阻力和料层阻力测定，通过绘制有关特性曲线，确定临界流化风量(或风速)，进而确定热态运行时的最小风量(或风速)。

1. 布风板阻力特性试验

布风板阻力是指布风板上无床料时的空板阻力。它是由风帽进口端的局部阻力、风帽通道的摩擦阻力及风帽小孔处的出口阻力组成的，前两项阻力之和约占布风板阻力的几十分之一，因而布风板阻力主要是由风帽小孔的出口阻力决定的。如在缺乏试验数据情况下需计算通风阻力时，布风板阻力Δp(Pa)可由下式近似确定：

$$\Delta p = \xi \frac{\rho_g u_{or}^2}{2} \tag{7-17}$$

式中　u_{or}——风帽小孔风速，根据总风量和风帽小孔面积计算，m/s；

ξ——风帽阻力系数，由锅炉制造厂或风帽制造厂家提供；

ρ_g——气体密度，kg/m^3。

测定布风板阻力时布风板上应无任何床料，一次风道的挡板全部开放(一般留送风机入口挡板作调整用)。启动引风机、送风机，并逐渐开大风门，平滑地改变送风量，同时调整引风量，使二次风口处(或炉膛下部测压点处)负压保持为零，此时风室静压计上读出的风压值即可认为是布风板的阻力值。测量时应缓慢、平稳地开启挡板，增加风量，一直到挡板全部开足。挡板从全关到全开，再从全开到全关，选择不同的挡板开度进行测量(一般可选每500m^3/h 风量记录一次数据)。每次读数时，要把风量和风室静压的对应数值都记录下来。把上行和下行两次试验的数据进行整理，取两次测量的平均值作为布风板阻力的最后值，在平面直角坐标系中绘制出布风板阻力与风量的关系曲线，如图 7-67 所示。

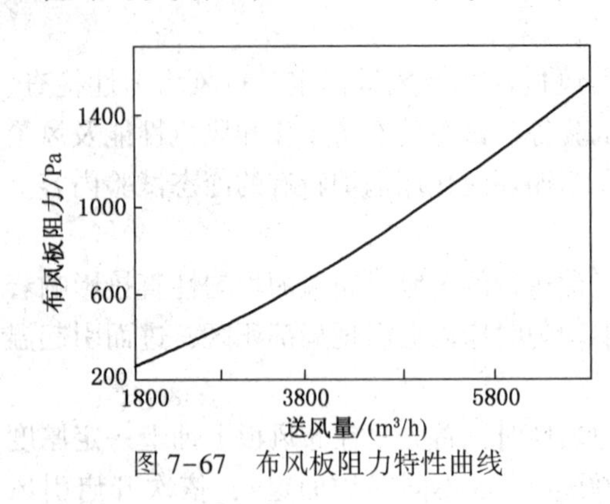

图 7-67　布风板阻力特性曲线

2. 料层阻力特性试验

料层阻力是指气体通过布风板上料层时的压力损失。当布风板阻力特性试验完成后，在布风板上铺上要求粒度的床料(选用流化床锅炉炉渣时一般粒度为 0~6mm，有时也可选用粒度为 0~3mm 的黄砂)作料层，其厚度 H 可根据具体要求而定。一般需要做三个或三个以上不同料层厚度的试验，试验可从低料层做到高料层，也可以反方向进行。试验用的床料要干燥，不能潮湿，否则会给试验结果带来很大的误差。床料铺好后，将表面整平，用标尺量出其准确厚度，然后关好炉门，开始试验。

测定料层阻力和测定布风板阻力的方法相同，调整送、引风机风量使二次风口处(或炉膛下部测压点处)负压保持为零，测定不同风量下的风室静压。以后逐渐改变料层厚度，重复测量风量与风室静压关系。

料层阻力等于风室静压减去布风板阻力，但阻力数值都应当是对应于同一风量所测得的数值。根据以上两个试验测定的结果，就可以得到不同料层厚度下料层阻力与风量之间的关系。也可以绘制出料层阻力与风量或风速关系曲线，如图 7-68 所示。实际工作中料层阻力也可从表 7-4 中近似查取。正在运行的锅炉，当已知燃用煤种、风室压力和同一风量时的布风板阻力时，通过表 7-4 和图 7-68 来估算料层厚度是很有用的。

表 7-4　料层阻力近似值

名　称	每 100mm 厚的料层相应阻力/Pa	名　称	每 100mm 厚的料层相应阻力/Pa
褐煤炉料	500~600	无烟煤炉料	850~900
烟煤炉料	700~750	煤矸石炉料	1000~1100

3. 临界流化风速及运行最小风速的确定

床层从固定状态转化到流化状态时的空气流量，称临界流化流量 Q_{mf}；由此风量并按布风板面积计算成空气流速，称临界流化风速 u_{mf}。

由于在宽筛分物料的料层阻力特性曲线上，不存在明显的拐点(临界流化风速点)，因此，对于宽筛分物料的临界流化风速，一般是用对应流态化与固定床的两条特性线切线的交点来确定的，如图 7-69 中的 u_{mf}，即为临界流化风速。

需要注意的是：由于锅炉冷态和热态两种工况下炉内温度差别很大，所以其临界流化风速也有很大差别。经过计算可知，热态(890℃)运行时的临界流化风速为冷态(20℃)时的 1.8 倍还多，但相同质量的空气，其热态时的流速是冷态时的 $(890+273)/(20+273)=3.97$ 倍。换言之，热态时所需风量仅为冷态时的 $1.8/3.97=45\%$，就可达到同样的流态化效果。

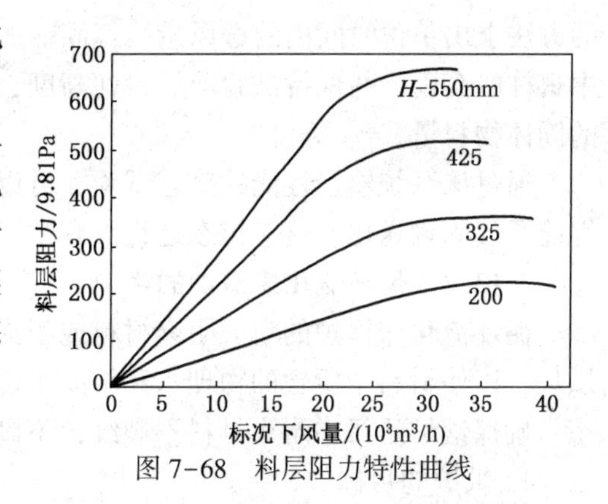

图 7-68　料层阻力特性曲线

对于宽筛分物料，在选择流化速度时，最好不要以临界流化速度为基准，因为宽筛分物料的粒度相差较大，在临界流化速度下，虽然小颗粒已经流化，但大颗粒并未流化，从而造成床层中固定床和流化床共存，如图 7-69所示，曲线存在一个过渡区，直至大颗粒也完全流化时，整个料层才进入流化状态。过渡区和流化区的交点所对应的速度叫最低允许流化速度，用 u_m 表示。选择运行风速时，最好以最低允许流化速度 u_m 为基准，u_m 通过试验确定。

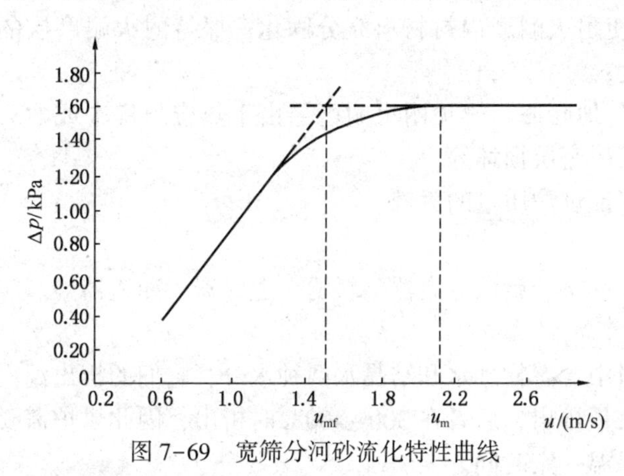

图 7-69　宽筛分河砂流化特性曲线

确定最低允许流化速度 u_m 之后，为保证宽筛分物料的良好流化，其流化速度必须大于 u_m。对于鼓泡床或湍流床来说，为避免过大的扬析夹带，其流化速度不宜选得过大，一般推荐在额定负荷下的流化速度约为临界流化风速的 1.5~2 倍。而对于快速床来说，在额定负荷下其流化风速要比临界流化风速大很多，只是在低负荷时，炉子过渡到鼓泡运行状态，其流化速度不太大，因此这时要特别注意最低流化风速的限制，否则床内会因流化不良出现结焦现象。

7.12.1.3　物料循环系统输送性能试验

物料循环系统如图 7-70 所示。该系统的输送性能试验主要是指返料装置的输送特性试验。返料器的结构不同，其输送特性也不一样。下面以常用的非机械式流化密封阀(U 型阀返料器)为例，说明其冷态试验情况。

在返料器的立管上设置一供试验用加灰漏斗，试验前将 0~1mm 的细灰由此加入，并首先使细灰充满返料器，以保持与实际运行工况基本相同。试验时，缓慢开启送风门，密切注视床内的下灰口。当观察到下灰口处有少许细灰流出时，说明返料器已开始工作，记下此时的输送风量(启动风量)、风室静压、各风门开度等参数。然后可继续开大风门并不断加入细灰，继续记录相关参数，当送灰风量约占总风量的 1%时，此时的送灰量已很大。试验中一般可采用计算时间和对输送灰量进行称重

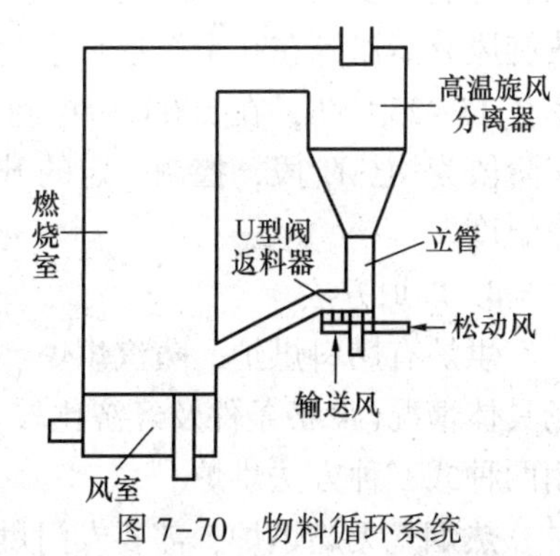

图 7-70　物料循环系统

的方法求出单位时间内的送风量、气固输送比等。试验中应注意连续加入细灰量以维持立管中料柱的高度，并保持试验前后料柱高度，这样试验中加入的细灰量即为该时间内送入炉内的固体物料量。

通过该系统输送性能的冷态试验，可以了解返料器的启动风量、工作范围、风门的调节性能及气固输送比，这对热态运行具有重要的指导意义。

7.12.2 循环流化床锅炉的烘炉

循环流化床锅炉的耐火耐磨材料或耐火耐磨浇注料施工完毕后，在第一次使用前应进行烘炉，以使材料中所含的物理水和结晶水逐步排出，并使其体积、性能达到使用时的稳定状态，确保锅炉运行中耐火材料不裂纹、不剥落。

1. 烘炉的目标

① 为避免水分快速蒸发而导致内衬损坏，必须使耐火耐磨材料内的水分缓慢蒸发析出，而且得到充分的干燥；

② 干燥后，继续加热到一定温度，使耐火耐磨内衬材料充分固化，保持耐火耐磨层的高温强度和稳定性，提高耐火耐磨层强度；

③ 使耐火耐磨层缓慢、充分而又均匀地膨胀，避免耐火耐磨层由于热应力集中或耐火耐磨材料晶格转变时膨胀不均匀造成耐火耐磨层损坏等。

总之，掌握住缓慢而均匀地加热是保证烘炉质量的关键。

2. 烘炉范围

烘炉的范围包括炉膛、水冷风室、预燃室、旋风分离器、料腿、返料器、冷渣器等。

3. 烘炉过程

由于循环流化床锅炉的耐火耐磨材料中含有物理水和结晶水两种水分，它们的析出温度不同，一般前者在100~150℃的温度下大量排出，后者在300~400℃时析出，因此烘炉需要采用一定的升温速率并在不同的温度下保温一定时间。

通常烘炉过程应由耐火耐磨材料生产单位或锅炉制造单位根据材料的性能要求具体提出，轻型炉墙的烘炉过程简单、时间较短(一般在1周以内)；重型炉墙的烘炉过程复杂、时间较长(经常在2周以上)。在循环流化床锅炉中重型炉墙、绝热旋风分离器等的烘炉过程应特别引起重视。一般烘炉中应使其升温速率、保温温度与可能产生的脱水及其他物相变化、变形相适应。烘炉过程大致分为三个阶段：根据水分排出规律在约150℃和350℃分别进行第一阶段和第二阶段低温、中温恒温烘炉，再在550~600℃进行第三阶段高温烘炉。其中第一阶段主要是为了排出物理水或游离水，最初升温速率可控制在10~20℃/h，100℃后控制升温速度在5~10℃/h，当温度在110~150℃时，恒温保温一定时间(如重型炉墙、绝热旋风分离器等在几十至近百小时)；第二阶段主要是为了析出结晶水，升温时控制升温速率在15~25℃/h，在300℃后控制升温速度在15℃/h并在约350℃温度下保温一定时间；第三阶段为均热阶段，控制一定的升温速度并在550℃温度下保温一定时间，然后再升温至工作温度。

4. 烘炉方法

烘炉有燃料烘炉、蒸汽烘炉、热烟气无焰烘炉(烘炉机烘炉)三种方法。烘炉应根据现场具体情况(设备条件及经济比较)来选择适当的烘炉方法。对大型循环流化床锅炉经常采用两种或三种方法烘炉。

热烟气无焰烘炉，需要专门烘炉热烟气发生器(烘炉机)，相比传统的燃料法烘炉有着加热均匀、易于控制等优点。缺点是烘炉前、后烘炉机的安装和恢复工作复杂，需要接临时油管道、空气管道和耐高温热烟气管道，还要在炉膛出口和分离器进口交界处及分离器出口和后烟井进口交界处安装临时隔墙。一般采用几台甚至十几台热烟气发生器进行烘炉，安装在锅炉不同部位。如果设计中未准备更小的油枪，低温时只能通过调节油压来减小油枪出力。这种方法适用于烘炉的各个阶段。

燃料烘炉时一般采用木柴作燃料，有时也采用前期烧木柴、后期烧块煤或其他燃料的方法。燃料烘炉适用于各种类型的炉墙。对于燃料烘炉，开始时可采用自然通风，炉膛负压保持在20~30Pa，此时不得用烈火烘烤；以后可加强燃烧，提高炉膛负压，以烘干锅炉后部炉墙，必要时启动引风机。注意烘炉前应在欲准备投木柴的部位增加临时保护设施，如炉膛铺设钢模板(或加装底料)，以保护风帽和布风板。

蒸汽烘炉适用于烘炉第一阶段。当采用辅助蒸汽烘炉时，邻炉产生的辅助蒸汽可分两路引至锅炉，一路通过给水旁路引至省煤器等处，另一路通过水冷壁联箱的排污门引至水冷壁管、水冷风室水管等处，通汽初期应注意管道疏水。对辅助蒸汽不能通过的冷渣器、水冷风室、预燃室、旋风筒、返料器等处，一般也应通过人孔门投木柴进行烘炉；在不便投木柴的地方，可用槽钢做一长度合适的导流槽把木柴引至燃烧点，或通过小型燃烧器、预燃室等把合适温度的其他气体直接引入具体烘炉部位。

第一阶段烘炉可采用蒸汽法、热烟气法或燃料法，第二阶段烘炉常采用热烟气法或燃料法，如在第一阶段采用蒸汽法烘炉时，该阶段完成后，可向水冷风室、冷渣器、返料器人孔门及预燃室投木柴，开大引风机挡板提升风温至350℃，进行第二阶段恒温烘炉。

第二阶段烘炉结束后，全开各处人孔进行锅炉自然降温，等温度降至常温时，清理炉灰和其他杂物，并检查各处炉墙，如出现耐火或耐磨浇注料开裂或脱落，应采取补救措施，且分析原因防止问题再次出现。

第三阶段烘炉可在炉膛、冷渣器、返料器流化试验完成后进行，一般是和吹管同时进行的。第三阶段烘炉可以点燃启动燃烧器油枪进行升温、恒温，根据油枪雾化试验结果，先采用可行的较小油量进行低负荷点火升温，比如在150℃前控制升温速度在10~20℃/h，以后控制升温速度在15~25℃/h；注意监视燃烧器出口烟气温度不要高于600℃；当床温升至450℃时，最好由给煤机低转速断续往炉膛内投入0~8mm的烟煤，加入适量风量，维持炉膛中部温度在700℃，上部控制在450~500℃，尾部水平烟道在300~400℃，如果床温不容易控制，也可投入床上油枪辅助维持烘炉温度。

烘炉期间，为保证双层衬里耐火材料的水分正常排出，需在外部开排汽孔以保证内衬中水分正常排出；另应注意观察有关排汽孔的水蒸气排出情况，当第一阶段烘炉30h后，可在各排汽孔处取样进行水分化验，若水分含量低于3%，可进入第二阶段烘炉。第二阶段烘炉结束时，耐火材料水分含量应低于1%，产生的裂纹应小于3mm。

5. 烘炉时的注意事项

① 烘炉时应特别注意控制升温速率和恒温温度，温度偏差应符合要求，一般应保持在±20℃以内。

② 烘炉投油时应按《锅炉运行规程》进行操作，注意控制燃烧器出口温度不高于规定值。

③ 烘炉应连续进行，每1~2h分别记录炉膛温度、燃烧器温度、旋风分离器出口烟气温度、冷渣器等处烟气温度，注意观察锅炉膨胀情况，并记录锅炉各部位的膨胀值，不得有裂纹或凹凸等缺陷，如发现异常应及时采取补救措施。

④ 烘炉人员应严格控制烘炉温度，如发现温度偏离要求值，应及时通过增减木材、调整风量或调节油压来进行调整。

⑤ 烘炉过程中应经常检查炉墙情况，防止出现异常。

⑥ 第三阶段烘炉中可根据炉温情况适当投煤控制温度。

⑦ 利用蒸汽烘炉时，应连续均匀供汽，不得间断。

⑧ 重型炉墙烘炉时，应在锅炉上部耐火砖与红砖的间隙处开设临时湿气排出孔。

⑨ 烘炉前锅炉水系统应充入合格的除盐水，并在烘炉过程中始终保持汽包正常水位。

7.12.3 循环流化床锅炉的点火、启动与停运

7.12.3.1 循环流化床锅炉的点火

循环流化床锅炉的点火是锅炉运行的一个重要环节。循环流化床锅炉的点火，实质上是在冷态试验合格的基础上，将床料加热升温，使之从冷态达到正常运行温度的状态，以保证燃料进入炉膛后能稳定燃烧。

1. 点火底料的配制

配制点火底料是点火过程的重要环节。因为底料是进行点火的物质条件，预热时间、配风大小、给煤时机等操作都是以此为依据的，底料不同操作方式就要随之改变。

底料颗粒的大小及均匀性直接影响着点火的难易、成败和经济性的好坏。如果底料颗粒太粗，点火启动时就需要较大的风量才能使底料流化起来，这时较多的点火热量会被风量带走，使底料升温困难，加热时间过长。若底料颗粒太细，大量的细小颗粒在启动中会被烟气带走，使料层减薄造成局部吹穿，点火过程控制困难，易造成结焦。试验结果表明：0~13mm 点火底料所需要的临界流化风量是 0~8mm 点火底料的二倍以上。实际应用中底料颗粒一般要求在 8mm 以下，如有条件达到 6mm 以下更好。另外，底料中大小颗粒的分布要适当，既要有小颗粒(小于 1mm)作为初期的点火源，又要有大颗粒(大于 6mm)作为后期维持床温之用。但大颗粒的比例超过 10%时将不利于初期点火，且容易出现床内结焦，表 7-5 示出点火筛分底料的推荐值。

表 7-5 点火筛分底料推荐值

筛分范围/mm	5 以上	2.5~5	1~2.5	0.5~1	0.5 以下
底料筛分比/%	5~15	12~25	25~35	15~25	5~15

点火底料热值的高低对流化床的点火也将产生影响，底料热值太高会使床温升速太快，温度控制不住造成高温结焦。底料热值太低会使床温升速太慢，温度上升太慢或无法上升，导致点燃失败。一般底料中引燃物(如精煤)的比例在 10%~20%，并视其发热量而定，配好的点火底料热值可控制在 4800~6300kJ/kg。

点火底料的静止高度不宜过高或过低，料层过高，会使加热时间延长，易造成加热不均；料层过低会发生吹穿、使布风不均而结焦，并使爆燃期的给煤配风不易掌握。一般选择静止料层高度在 350~500mm 较为合适。此外，要保持点火底料的干燥，使其水分含量尽可能小，以利于点燃。

2. 点火方式

对床中的点火底料加热首先需要外来热量，该外来热量是由点火装置提供的。加热底料的基本方法有：用油燃烧器加热；用燃气喷嘴加热和用高温烟气进行加热等。下面就常用的基本点火方式和应用方法予以介绍。

(1) 床上点火

床上点火即燃油流态化点火，采用点火油枪加热床料，使整个床料在流态化状态加热并完成点火过程。

点火油枪的容量与个数视锅炉的容量而定，在设计时一般要考虑足够的余量。如果用床上油枪点火时，因为大部分热量会被流化气体带走，这种加热床料的方式其点火热量仅有20%左右的利用率。

为节省点火用油、缩短点火时间，流态化点火时常在底料中加入一定数量的烟煤，且底料的粒度也应比较小(可取0~5mm)。粒度较小、热值相对高的床料，将有利于减小流化风速、减少点火能量。

点火的大致步骤如下：

① 启动引、送风机，并逐渐开大送风门，使床料处于流化状态；

② 引燃点火油枪，调节油枪油压、燃油风量及油枪火焰，使之具有较大的加热容积，一般应使其覆盖火床面积的2/3以上。同时注意油枪火焰与床料间应有一定的倾角(可向下倾斜8°左右)，使之均匀而稳定地加热床料；

③ 当床温达到约650℃时，即可向床内少量进煤。随着床温的逐渐升高，进煤量也相应增加，同时可慢慢减小点火油枪的燃油量；

④ 当床温达900℃左右时，可停运点火油枪，调整给煤、送风，使之在正常工况下稳定运行。

(2) 床下热烟气点火

热烟气加热床料流态化点火是目前应用较好的点火方式，已得到大力推广。下面以热烟气床下点火为例，对该点火方式进行介绍。

在主风道旁增加一个小型燃油热烟气发生器，经它产生的热烟气，从床下送入，并使床料处于流化状态，将床料加热点火。利用热风炉产生热烟气的点火系统如图7-71所示。

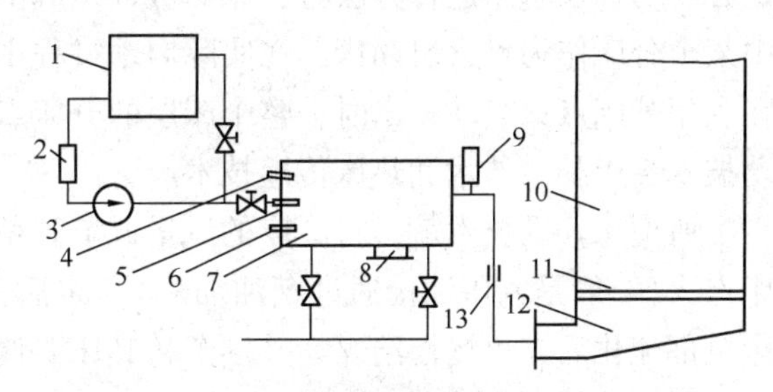

图7-71　循环流化床锅炉热烟气点火系统

1—油箱；2—油过滤器；3—油泵；4—电弧点火器；5—油燃烧器；6—窥视孔；7—热风炉；8—人孔门；9—热电偶；10—循环流化床燃烧室；11—布风板；12—等压风室；13—风量计

该系统主要由油箱、油泵、电弧点火器、热风炉本体、油燃烧器及阀门、管路等组成。热风炉产生的高温烟气通过风道、风室、布风板及风帽等，送入流化的床料中，由于烟气温度较高，所以在相关设计时应充分考虑上述部件的受热、高温下的强度、膨胀等问题。特别是布风板，因其面积较大，且承受着风帽、耐火层及床料的重量，上下受热工作条件较差，更应仔细考虑其支撑、膨胀以及耐高温等问题。

采用燃油热烟气发生器点火的主要步骤是：

① 启动一次风机，全关总风门及点火调节风门，使旁路风门全开；

② 启动油泵，待油压达到约2.0MPa时，可准备点火。打开进入燃烧器前的调油阀门，立即按下电弧点火器的启动按钮，这时从看火孔的视镜中若能看到桔红色的火焰，说明油燃烧器已经点燃。如看不到火焰，应立即关闭调油阀门，开大点火调节风门，清扫热风炉内的

油雾，同时检查油路系统和电弧点火器，分析、找出不能正确点火的原因，并及时处理。待3~5min后，热风炉的油雾基本清扫干净时，再按上述操作重新点火；

③ 油燃烧器点着后，逐渐开大总风门和点火调节风门，密切注视热风炉的燃烧状况、排出的热风温度和风室压力的变化，并逐渐加大风量使床料进入流化状态，以均匀加热床料。同时要注意调整燃烧器的给油量和风量，使热风炉内燃烧良好，并使排出的热风温度逐渐满足床料点火的要求；

④ 当床料加热到800℃左右时，即可向床内投煤，煤量逐渐增加，这时应注意控制温升速度，并可适当减小热风量；

⑤ 当床温上升到930℃左右且基本稳定后，即可停止油燃烧器的运行，进一步调整给煤量，使燃烧投入正常运行。

点火中应注意热风温度的高低随燃用煤种的不同差别较大。如燃用褐煤时，热风温度可控制在600℃左右；燃用低挥发分的无烟煤时，则应把温度控制得高一些。

采用热烟气加热床料点火时，因为床料在流态化状态下加热，迅速而均匀，可以很快地将床温提升到着火的温度，从而有效利用了热风的热量，降低了点火能耗，缩短了点火时间，特别是提高了点火的成功率，安全方便，是值得提倡的一种点火技术。

(3) 分床点火启动技术

分床点火启动技术是循环流化床锅炉大型化的需要。对于大容量锅炉，由于床层面积很大，在点火启动时直接加热整个床层较为困难，因而常采用分床点火启动技术。

分床点火启动是先将部分床面(床料)加热至着火温度，再利用已着火的分床提供热源来加热其余的床面。从点火启动速度和成功率，以及对点火装置容量考虑，分床点火启动都是必要的。在采用这种方法时，床面被设计成由几个相互间可以有物料交换的分床组成，其中某个分床作为点火启动床，在实际启动过程中首先将该床加热到煤的着火温度。事实上，在利用分床点火启动技术时，整个床层的分床点火启动依赖于几种关键的技术。它们是床移动技术、床翻滚技术和热床传递技术。

所谓床移动技术就是将冷床的风量调节到稍高于临界流化所需的风量水平上，待点火分床点火(一般是利用油枪通过燃油加热)稳定后，使已着火的热床料缓缓移动到冷床。当冷床全部流化后，可慢慢给煤，并逐渐将其床温调整到正常运行工况。这种床移动技术的优点是热料与冷料间的混和速度较慢，启动区可以较小，因而不至于使点火分床降温速度太快而导致熄火。

床翻滚技术是利用流化床内的强烈物料混和，在点火启动区数次进行短时流化而使床温均匀。这种方法可用来较快地提高整个床温，同时避免局部超温结焦。因为床上油枪加热床料相对困难，因此在床料中往往混入精煤，使床料平均含碳量在5%左右，加热时的静止床高约为400mm。

热床传递技术的实现过程是：点火启动床的静止床高取1000mm左右，冷床静止床高约为200mm，从而在两床之间建立一个较大的床料高度差。首先将点火启动床的温度在流化状态下提高到850℃左右，并使冷床处于临界流化状态，接着将冷热床之间的料闸(如滑动门)打开，使热床床料流向冷床。注意，这时冷床的风量不要太大，以免热料进入时被吹灭。一般地，滑动门的流通截面积约为最大分床面积的0.5%~2%，就可满足热料传递的需要，此时，只需不到2min时间就可以使冷热床面持平。

3. 点火时需注意的问题

为使点火成功，需要注意以下几个问题：

① 设计上需注意的问题：要有均匀的布风装置、灵活的风量调节手段、可靠的给煤机构、适当的受热面和边角结构设计，并具有可靠的温度和压力监测手段。

② 配风、给煤和停油中需注意的问题：配风对点火十分重要。底料加热和开始着火时，风量应较小，只要保证微流化即可。床温达到600~700℃时可加入少量精煤，760~800℃时可逐渐增加给煤、慢慢关闭油枪，一般床温达到800℃时，可考虑正常给煤，同时注意灵活调节风量以防超温。在点火过程中，炉膛出口的氧浓度监视是极为重要的，氧浓度比床温更能及时准确地反映点火过程后期床内的实际情况。

③ 床料调整中需注意的问题：注意保持床层流化质量和床高。为此，除适当配风外，无论是全床还是分床点火方式，加热过程中都应以短暂流化或钩火方法使床层加热均匀，防止低温结焦。短暂流化(又称松动或翻滚)，一般需多次重复。另外在开始投煤后，应注意及时放渣。

④ 投返料时需注意的问题：锅炉点火稳定一段时间后，即可启动返料装置，逐步增大返料量，并投入二次风。由于锅炉点火中对风量调节要求较高，影响因素也很多，调节相对困难，适时投入返料往往能更好地控制床温。但要注意返料量不能增加太快，因为点火时突然加入大量返料容易造成熄火。

7.12.3.2 *循环流化床锅炉的启动*

根据启动前设备及内部工质的初始状态，可把循环流化床锅炉的启动分为冷态启动、温态启动和热态启动三种。冷态启动是指启动前设备及内部工质的初始温度与环境温度相同情况下的启动；温态启动和热态启动分别是指床温在600℃以内和600℃以上时对锅炉进行的启动。

1. 循环流化床锅炉的启动步骤

循环流化床锅炉的冷态启动一般包括：启动前的检查和准备；锅炉上水；锅炉点火；锅炉升压；锅炉并列几个方面。以床上油枪点火的220t/h循环流化床锅炉为例，冷态启动的大致步骤如下：

① 检查并确认各有关阀门均处于正确的开关状态；

② 检查并确认风机风门、进总风箱的风门、二次风门、返料装置风门等处于关闭状态；

③ 确认锅炉各种门孔、锁气装置严密关闭；

④ 检查并确认控制检测仪表、各机械转动装置和点火装置均处于良好状态；

⑤ 煤仓上煤，化验给水品质，电气设备送电，给水管送水，关闭所有的水侧疏水阀门，开启汽包和过热器所有排气阀，将过热器、再热器管组及主蒸汽管道中的凝结水排出；

⑥ 确认给水温度与汽包金属壁温相差不超过110℃，经省煤器向锅炉缓慢上水，至水位计-50mm处停止；若汽包里已有水，则应验证水位显示的真实性；

⑦ 将配好的底料搅拌均匀后填入流化床，底料静止高度400~500mm，启动引风机和送风机，并逐渐增大风量使床层充分流化几分钟后关闭送、引风机，以备点火；

⑧ 启动引、送风机(投入联锁)并缓慢增大风量，使床层达到确定的流化状态(如微流化状态)，其他风机(如二次风机、返料风机)的开启视具体情况而定；

⑨ 启动点火油泵，调整油压后进行点火，并调整油枪火焰；

⑩ 待底料预热到400~500℃时，可缓慢增大风量使床层达到稳定流化状态，确保底料

温度平稳上升；

⑪ 当底料温度达到600~700℃时可往炉内投入少量的引燃煤，适当增大风量使床层充分流化；

⑫ 当床温达800℃左右时，启动给煤机少量给煤，并视床温变化情况适当调整风量和给煤量。给煤开始5min后停运，监视床温应先下降而后上升，应确认炉膛氧浓度值在下降，给煤90s后炉温应逐渐上升，否则表明给煤没有着火，应立即停止给煤，并进行吹扫。在这一过程中，之所以要在给煤开始90s后读数，是因为给煤入炉后将出现很短的吸热阶段，所以床温会出现先略降低，然后重新上升的现象；

⑬ 调整投煤量和风量逐渐使床温稳定在合适的水平上（如850~900℃）；

⑭ 投入二次风和返料系统，并逐步增加返料量，稳定工况；

⑮ 锅炉缓慢升压，并监视床温、蒸汽温度和炉体膨胀情况，保证水位指示真实，水位正常；

⑯ 当汽包压力上升至额定压力的50%左右时，应对锅炉机组进行全面检查；如发现不正常情况应停止升压，待故障排除后再继续升压；

⑰ 检查并确认各安全阀处于良好的工作状态，并进行动作试验；

⑱ 对蒸汽母管进行暖管，暖管时间：冷态启动不少于2h，温态启动和热态启动一般为30~60min；

⑲ 锅炉并列前应确认：蒸汽温度和压力符合并炉条件且符合汽轮机进汽要求，蒸汽品质合格，汽包水位约为-50mm；

⑳ 锅炉并列，注意保持汽温、汽压和汽包水位；如发现蒸汽参数异常或蒸汽管道有水冲击现象，则应立即停止并列，加强疏水，待情况正常后重新并列；

㉑ 关闭省煤器与汽包间的再循环阀，使给水直接通过省煤器。

以上步骤只是一个例子，各厂锅炉的启动步骤应以本单位的操作规程为准。

温态启动的基本步骤是：炉膛吹扫后，启动点火预燃器，按正常燃烧方式加热床层，检查床温；当床温达到600~700℃时，可开始给煤、调风，使床温逐渐达到稳定状态，并逐步进行升压、暖管和并列等，自点火起各有关步骤与冷态启动时相同。

热态启动比较方便，启动引、送风机后，在很多情况下可以直接给煤来提高床温和汽温。为了不使炉温进一步下跌，所有启动步骤都应越快越好。热态启动一般只需要1~2h，就可达到稳定运行状态。

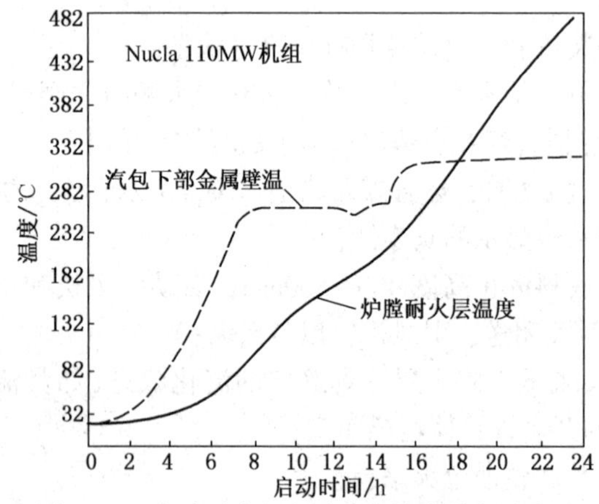

图7-72 启动时汽包金属壁和炉膛耐火层升温

2. 影响循环流化床锅炉启动速度的因素

影响循环流化床锅炉启动速度的主要因素有床层的升温速度、汽包等受压部件金属壁温的上升速度，以及炉膛和分离器耐火材料的升温速度。只有缓慢地加热才能使汽包的金属壁和炉内耐火层避免出现过大的热应力。有研究表明，上述因素中汽包金属壁温的上升速度最为关键。因为过高的汽包金属壁升温速度是导致应力急增，影响锅炉安全运行的主要原因。但在温态启动和热态启动的情况下，限制因素会转移成蒸汽和床温的合理升温速度。图7-72给出了某典型循环流化床锅炉冷态启动时的汽包壁温和炉膛耐火层温度上升曲线。启动时，汽包和主蒸汽管路应同时获得加热，故应将主蒸汽管上的旁路截止阀打开。

在比较好的情况下，从冷态启动到满负荷运行需要 6~12h，前 5h 要求使蒸汽达到60℃的过热度。当然，在最初的 2h 内，汽包金属壁温上升速度不应太大，一般限制在60℃/h 以下；耐火材料的升温速度也不应超过 60℃/h，以免造成大面积的裂纹和剥落。在随后的 3h 中，承压部件的金属壁温上升速度也不应超过 60℃/h。很多厂家将点火装置加热炉膛的升温速率限制在 28~56℃/h。事实上，在选取较低的加热速度后，就可以消除汽包金属不良膨胀的可能，从而达到更快、更平稳启动的目的。与此同时，汽包水位应保持相对稳定。并在汽轮机冲转和 1h 最低负荷运转后，使锅炉逐渐达到满负荷运行。

当过热器管子下部弯头内存积凝结水时会妨碍蒸汽流动，除非通过疏水排除或蒸发掉。在启动过程中，如果过热器或再热器管子中没有蒸汽通过，其金属壁温就等于烟温，这时很容易烧坏。因此，在建立起 10%以上的蒸汽流量之前，应严格控制过热器或再热器的温度使其低于它们的最高承受温度。

温态启动一般经 2~4h，即可达到锅炉的最低安全运行负荷。此时限制启动速度的主要因素是过热汽温和床温的上升速度，这时应合理控制投油、投风、投煤和停油的时间及速度，保证过热汽温和床温的上升速度在要求的范围内。

7.12.3.3 循环流化床锅炉的停炉

停炉分正常停炉和事故停炉两种。正常停炉时，首先慢慢降低锅炉出力，慢慢放出循环灰，在出力降到 50%以下时，根据需要，可以考虑停止二次风机，并继续降低出力。在循环灰放完后，停止给煤，调整一次风量，使床温慢慢下降。在床温降到约 800℃时，停引风机和一次风机，关严所有风门，打开放渣口放渣，直到放不出为止，关严放渣口，使锅炉缓慢降温；事故停炉一般是因为锅炉或其他系统出现问题，需要紧急处理时进行。这时应立即停止给煤，并开始放循环灰，在炉温降到 900℃时，可考虑停止二次风机，炉温降到 800℃时，停一次风机和引风机，关严所有风门和返料风阀门，放循环灰和床料，直到放不出为止，关严放渣口。下面以 220t/h 循环流化床锅炉的正常停炉程序为例简单介绍其主要步骤：

① 减少燃料量和风量，降低锅炉负荷。这一般是通过调节锅炉主调节器的设定值来实现的。调节过程中注意保持正常床温，避免蒸汽温度和压力有大的波动，必要时可通过减温器喷水调节过热器出口温度。当不需要减温时，关闭减温器截止阀。在降负荷中可慢慢放出循环灰；

② 在负荷降到 50%和锅炉停止运行以前，进行吹灰；

③ 负荷降至最小，维持最小稳定负荷 30min，以使旋风分离器内的耐火材料逐渐冷却，并严密监视旋风分离器内受热面壁温差不超过要求值；

④ 在降负荷中，注意保持蒸汽温度高于饱和温度，并注意控制降负荷速度不超过限定值；

⑤ 保持石灰石给料处于自动状态，直至固体燃料停止加料为止；

⑥ 根据负荷与燃烧情况分别解列各自动，转为手动控制状态；

⑦ 停止燃料的输入，停止锅炉的石灰石给料和床料的排出；

⑧ 停炉过程中，维持汽包水位正常，可保持汽包水位在汽包玻璃水位计可见范围的上限；注意保证汽包上下壁温差不超过50℃；

⑨ 停止燃料的输入后，继续流化床料，这时受压部件可以允许的最大可能速度降温；

⑩ 待锅炉停火后，引风机、一次风机和二次风机等仍需继续运行，以吹扫炉内的可燃物。当床温降至400℃以下时，关闭一次风机和二次风机入口的控制挡板；

⑪ 风机入口挡板关闭后，停止风机运行。

7.12.4 循环流化床锅炉压火备用及热态启动

7.12.4.1 锅炉的压火热备用

压火是循环流化床锅炉的一种热备用方式，一般用于锅炉按计划停运并准备在若干小时内再启动的情况。对于短期事故抢修、短期停电或负荷太低而需短期停止供汽时，也常采用压火方式。根据锅炉的性能，压火时间一般为数小时不等。对于较长时间的热备用，也可以采用压火、启动、再压火的方式解决。

通常压火操作的主要步骤是：先将床温提高至950℃，然后再停止给煤，待床温降至900℃以下，并且使给煤挥发分在炉内的残留量基本抽干净后（这一过程持续若干分钟），再将所有送、引风机停掉并关闭风门。一般可根据床温下降程度及氧量读数来完成上述操作。将风机风门关闭，是为了保持床温与耐火层温度不致很快下降，从而有效地缩短再启动时间。需要注意的是，在正常运行时床料中的残留碳含量不超过3%，因此在切断主燃料后，由于床温仍很高，剩余的碳在几分钟内即可消耗完。床料中有碳存在并不意味着就有害，但决不允许挥发分在炉内累积。试验表明，燃料入炉后很短时间就有挥发分析出，切断给煤与关掉风机之间的短时间延迟，加上风机停机所需的时间，可以吹净床上存留的挥发分气体。

炉内物料静止后，要密切监视料层温度。若料层温度下降过快，应查明原因，以避免料层温度太低，使压火时间缩短。为延长压火备用时间，应使压火时物料温度高些，物料浓度大些，这样就需静止料层厚些，以保证有足够的蓄热。料层静止后，在上面撒一层细煤粒效果更好（具体操作：在停风机20min左右，打开炉门，根据压火时间的长短，在料层上铺设一层10~60mm厚的煤，然后关严炉门，这样最长压火时间可大于20h）。

7.12.4.2 锅炉压火后的热态启动

压火后的再启动，可根据床温水平分为热态启动和温态启动两种。由于给煤品质的差别，再启动的步骤也不相同。

① 若压火时间在2h以内，可直接启动引风机和一次风机，开启给煤机，调整一次风量和给煤量来控制床温，注意启动时一次风量不能太大，只需略高于最低流化风量，以后再根据床温的变化，适当增加风量和给煤量。

② 当压火时间在2~5h、床温保持在650℃以上或给煤质量较好时，可先打开炉门，根据底料烧透的程度，向床内加少量引火烟煤，启动送引风机，逐渐开启风门到运行风量，同时开始给煤。

③ 床温在500~600℃、给煤质量一般时，需先抛入适量烟煤，启动风机慢慢增加风量至点火风量，待床温达到给煤着火点后，再加大风量，投入给煤；以上这三种情况属于热态启动。

④ 床温在500℃或更低时，属于温态启动。温态启动的基本步骤是：炉膛吹扫后，启动点火预燃器，按正常启动方式加热床层，检查床温；当床层开始着火时，可以开始逐步给煤

并慢慢达到正常值。

当煤质不同时，以上界定的温度可能不同。温态和热态启动的差别主要在于床温能否允许直接投煤。实践表明，床温为760℃以上时，可直接开始给煤，而床温低于480℃时，则必须投入油枪加热床层。压火后的热启动中，除非床温已低于480℃，否则一般不必进行炉膛吹扫。注意，在温态或热态启动时，如果在3次脉冲给煤后仍未能使床温升高，必须停止给煤，然后对炉膛进行吹扫，以便按正常启动程序重新启动。当床温降至600℃以下时，应启动点火预燃室使床温上升到600℃以上。

7.12.5 循环流化床锅炉的运行特性

锅炉运行的主要任务就是在安全经济条件下满足负荷要求。然而实际生产过程中，蒸汽负荷不可能固定不变。即使担任基本负荷的机组，其负荷也会有些变动。担负调峰的机组，负荷波动情况更为急剧。

为了适应外界负荷的变动，在锅炉运行中就要采取一定的措施，如改变燃料量、空气量以及给水量等。另外燃料性质、风量及风速、床温及床高等的变动也都会影响循环流化床锅炉的工作。在工况改变时，运行人员或自动调节机构就要及时进行调整，使各种指标和参数均在一定限度内变动。为了准确及时地进行调节，运行人员首先必须正确理解锅炉的运行特性。

7.12.5.1 负荷与各运行参数之间的关系

1. 负荷与给煤量及风量的关系

在锅炉运行中，一定的燃料消耗量、风量总是与一定的锅炉负荷相适应。当锅炉负荷变化时，就要采取一定措施来适应这种变化，如改变燃料量、空气量以及给水量等。锅炉负荷在一定范围内变化时，可近似认为锅炉效率为定值，此时锅炉负荷 D 与给煤量 B 之间呈正比关系，即有

$$\frac{D_2}{D_1}=\frac{B_2}{B_1} \tag{7-18}$$

由于燃烧所需总风量和燃料消耗量间也呈正比关系，所以，当锅炉负荷在一定范围内变化时，锅炉给煤量和风量都呈正比变化，同时锅炉的流化风速也必然呈正比变化。

2. 负荷与床温及燃烧效率的关系

床温是循环流化床锅炉运行中的主要控制变量之一。众所周知，循环流化床锅炉的运行床温一般在850~950℃。这样就能在保证较高燃烧效率的同时，降低烟气污染物的排放量。然而在锅炉负荷变化时，由于给煤量和风量都随之变化，必然导致床温发生变化，如以锅炉降负荷为例，当锅炉自满负荷下降时，随着给煤量和风量的减少，燃料在炉内放出的热量减少，床温也就随之下降，如图7-73所示。这一趋势对于大小容量的机组都是相同的，但下降的幅度取决于许多设计和运行因素，如埋管的几何结构和床高等。

负荷与燃烧效率的关系如图7-74。降负荷运行时，在一定范围内，燃烧效率可以基本保持不变，但在较低负荷下运行时，燃烧效率会大大降低。这种变化规律主要是由于床温的影响造成的。研究与测量表明：随运行床温的升高，机械不完全燃烧损失在密相区略有减少，但随着负荷的增加，夹带增加，床温增加，机械不完全燃烧损失又有所增加；化学不完全燃烧损失一般是随床温升高而降低。因而，床温对燃烧效率的影响在相当宽的范围内并不明显，除非是床温过低时才能看到较为明显的下降趋势。

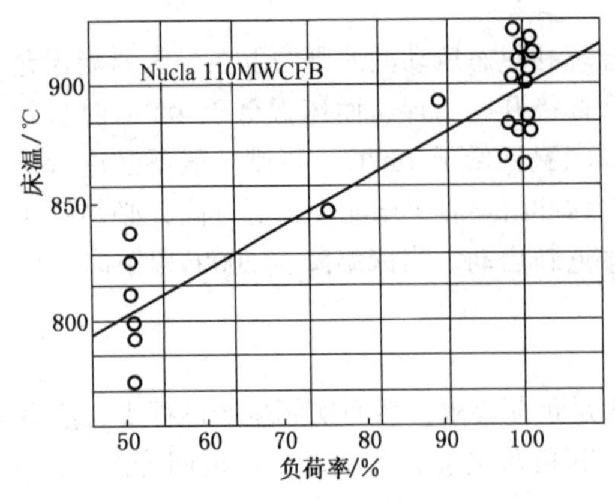

图 7-73　负荷与床温的关系

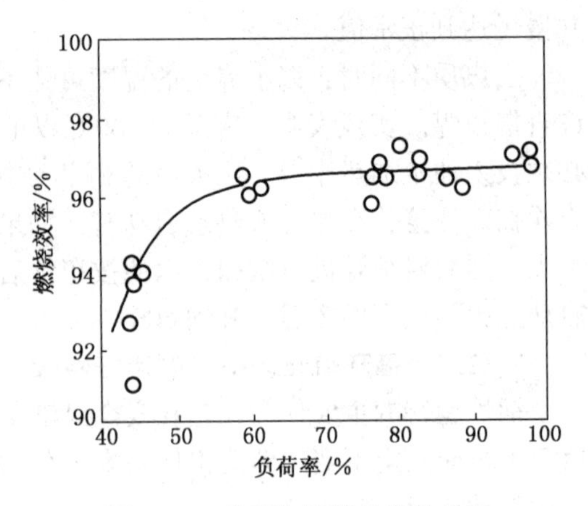

图 7-74　负荷与燃烧效率的关系

3. 负荷与分离器效率及颗粒循环量之间的关系

分离器效率是表征分离器工作性能的重要指标。对于目前常用的旋风分离器来说，其分离效率与分离器入口风速、入口烟温、入口颗粒浓度及颗粒粒径等参数有关。它随着分离器入口风速、入口颗粒浓度及粒径的增大而增大，随着入口烟温的升高而降低。在锅炉负荷降低时，炉膛内，尤其是悬浮空间的颗粒浓度和炉膛上部燃烧份额都下降，从而使分离器入口风速、入口颗粒浓度和入口烟温都下降。风速及颗粒浓度降低导致分离器效率降低，入口烟温降低使分离器效率增加的影响很小。因此在锅炉降负荷时，旋风分离器的效率是降低的，如图 7-75 所示。同时，当负荷降低时，因分离器效率降低，又使悬浮颗粒浓度降低、颗粒循环量降低，如图 7-76。

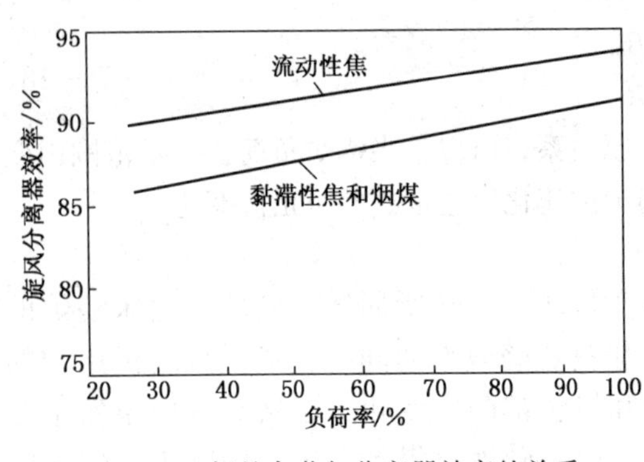

图 7-75　锅炉负荷与分离器效率的关系

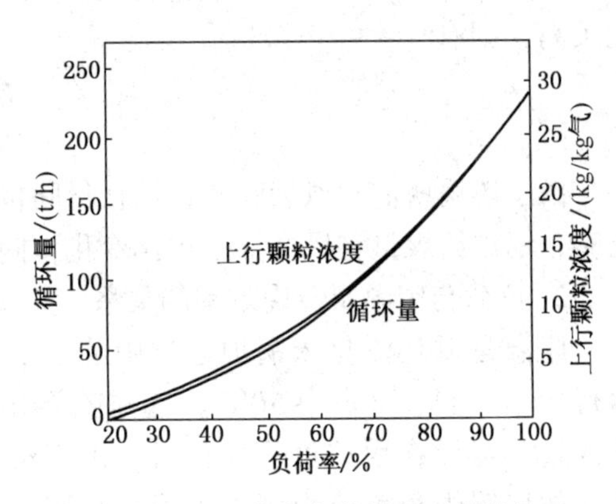

图 7-76　锅炉负荷与物料循环量的关系

4. 负荷与过热汽温的关系

锅炉变负荷运行时，各段受热面传热系数的变化趋势如图 7-77 所示。随着负荷的降低，对流受热面吸热量下降，这主要是由于负荷降低时烟气流速降低而造成的。但由于循环流化床锅炉维持床温的能力较强，所以过热汽温在很大的负荷变化范围内仍可得以维持(如图 7-78)，这正是循环流化床优越性的体现。

7.12.5.2　燃煤性质对锅炉运行的影响

燃煤性质主要决定于煤中挥发分、灰分、水分的含量及发热量和燃煤粒度的大小等。运行中，当这些参数变化时，煤的燃烧特性必然发生变化，从而导致其他一些运行参数的变化。

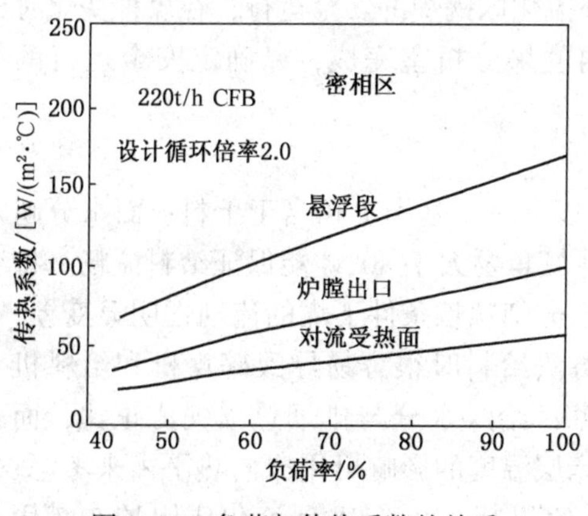

图 7-77 负荷与传热系数的关系

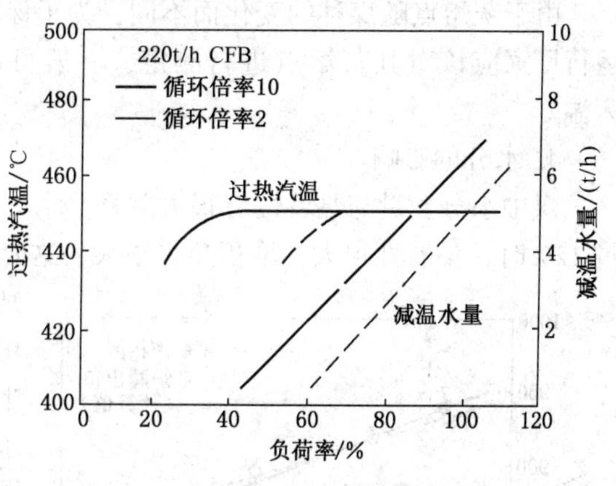

图 7-78 负荷与过热汽温的关系

1. 燃煤发热量的影响

循环流化床燃烧技术具有广泛的煤种适应性，但对给定的循环流化床锅炉而言，并不能燃用所有煤种。首先，当燃料发热量改变时，床内热平衡的改变将影响到床温，这不仅会影响燃烧、传热和负荷，还会产生其他负面效应。例如，当一台锅炉燃用比设计煤种发热量低得多的煤种时，可能会使其密相区温度偏低，从而对燃烧带来不利影响。同时，当煤的发热量较低时，其折算灰分和折算水分必然增加，每公斤燃料带出密相区的热焓增加，使密相区的燃料放热和受热面吸热可能失去平衡，导致床温降低，并使对流受热面磨损加重。如果发热量低至 7500kJ/kg 以下，这种变化会更加突出。对于新设计的锅炉，当燃用低热值的煤种时，应在密相区少布置受热面，才能保证密相区温度维持在正常燃烧所需要的范围内；对于已运行的锅炉，也要特别注意燃料发热量的变化。

2. 挥发分和固定碳的影响

挥发分含量对煤的燃烧特性有着决定性影响，挥发分越高，煤的着火越有利，燃烧速度越快，燃烧效率也越高。固定碳由于其性质比较稳定，燃烧相对困难，一般煤中固定碳含量增高时，其燃烧效率就降低。所以对于不同种类的煤，通常用固定碳与挥发分之比作为影响燃烧效率的主要因素。从褐煤、烟煤到贫煤、无烟煤，由于固定碳与挥发分之比越来越大，因此，对同一锅炉而言其燃烧效率按这个顺序依次减小。

对于低倍率循环流化床而言，随着挥发分含量的变化，其密相区与稀相区燃烧份额发生相应变化。通常挥发分含量高的煤，其密相区燃烧份额减小，稀相区燃烧份额增大，从而使炉膛出口烟温增高。

3. 灰分与灰熔点的影响

煤中灰分含量对循环流化床锅炉的运行性能具有重要影响。灰分越高，投煤量越大，从而燃烧生成的烟气量也相应增大。同时，由于灰分增高使飞灰浓度增大，分离器的分离效率会有所提高，返料量也会增多，这些都将使炉内颗粒浓度增大，使传热效果增强。但与此同时，受热面的磨损也随着灰分的增加而加剧。

灰熔点的高低对流化床的安全运行影响很大，因为在流化床锅炉运行中最忌讳的问题就是结焦，结焦后将难以维持正常的流化状态，更无法保证燃煤在炉膛内的有效燃烧，最终将造成被迫停炉，因此，在循环流化床锅炉运行中一定要注意及时进行燃烧调整，保证床温不超过其灰软化温度 ST(100~150℃)。

由于灰熔点随煤种的变化而不同，为了保证循环流化床锅炉的安全运行，在煤种变化时运行厂家应该对其灰熔点进行测定，一般可由厂内的煤分析室完成，以确定安全运行的床温。

4. 水分的影响

煤中水分含量与黏着性有很大关系。水分在8%以下时，基本上相当于干料；而水分超过12%时，黏着性很大，堆积角也很大，这时，煤斗倾角要大于80°才能保证给料流畅。特别是高水分细颗粒条件下煤的流动性明显变差，用常规方法给料时很容易导致碎煤机和给料机中的堵塞；给煤水分与排烟热损失成正比，而水分对床层温度的影响可用床内热平衡来考虑。图7-79给出某220t/h循环流化床锅炉在燃用不同水分的干燥基发热量20.9MJ/kg煤种时的床温曲线。显然，水分增加时，由于蒸发所吸收的汽化潜热增加，床温将明显下降，但水分的存在对燃烧效率并无不利影响，因为水分可以同时促进挥发分析出和焦炭燃烧。扣除水分增加造成的排烟热损失后，总的锅炉效率变化取决于水分总量和所采用的燃烧方式。

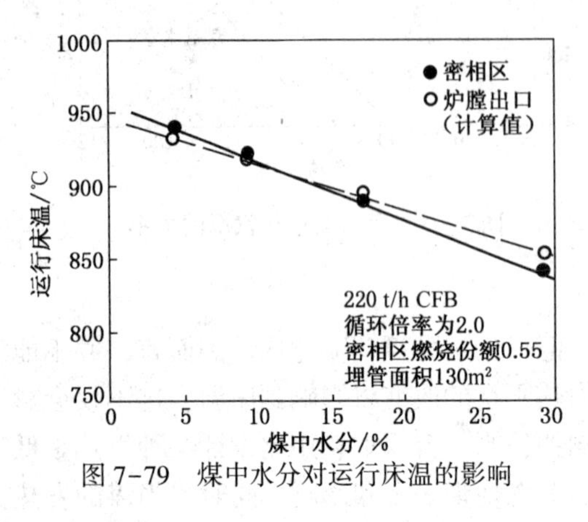

图7-79　煤中水分对运行床温的影响

5. 给煤粒度的影响

当运行风速一定时，给煤量及床料粒度决定了颗粒在床内的行为。燃烧和脱硫效率都受粒度影响。由于小颗粒煤的比表面积较大，其燃烧反应速度也比大颗粒要大，然而小颗粒参加循环的可能性小、在炉内的停留时间却较短，燃尽率较低。所以，提高燃烧效率的关键在于提高颗粒的燃尽率。

给煤粒度分布对运行影响的具体表现为，给煤粒度过大时，飞出床层的颗粒量减少，这时锅炉往往不能维持正常的返料量，造成锅炉出力不够；另一方面，给煤粒度过大会使密相区燃烧份额增大，导致床温升高，从而造成结焦，影响锅炉安全运行。此外，当燃煤粒度增大时，为保证正常的流化状态，运行风速必然增大，这又会造成风机电耗增加，运行经济性降低。

粒度对传热的影响也很明显，一般，小颗粒床的传热系数比大颗粒的大，小颗粒床对埋管和水冷壁的传热系数高于大颗粒床。对于中低倍率循环流化床锅炉，给煤粒度越小则床层膨胀越大，这意味着更多的受热面沉浸于床内，使受热面的总平均传热系数增加。图7-80给出了床料粒度对密相区和悬浮空间传热系数的影响趋势。

综上所述，对运行中的锅炉，给煤粒度偏离设计值过大，对锅炉安全经济运行是不利的。

7.12.5.3　风量和风速对锅炉运行的影响

1. 运行风量的影响

运行风量通常用过量空气系数来表示。在一定范围内，提高过量空气系数可改善燃烧效率，因为燃烧区域氧浓度的提高增加了燃烧速率和燃尽度，但过量空气系数超过1.15后继续增加它对燃烧效率几乎没有影响；另外过量空气系数很高时，将导致床温下降，CO浓度升高，总的燃烧效率略有下降。测试发现：炉膛出口氧浓度由3%提高到10%时，燃烧效率

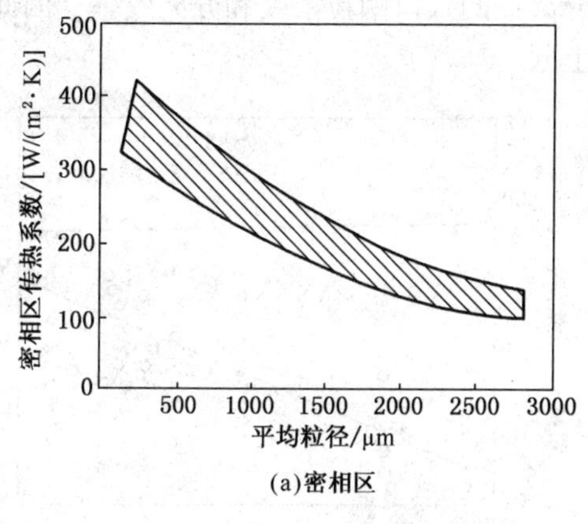

(a)密相区

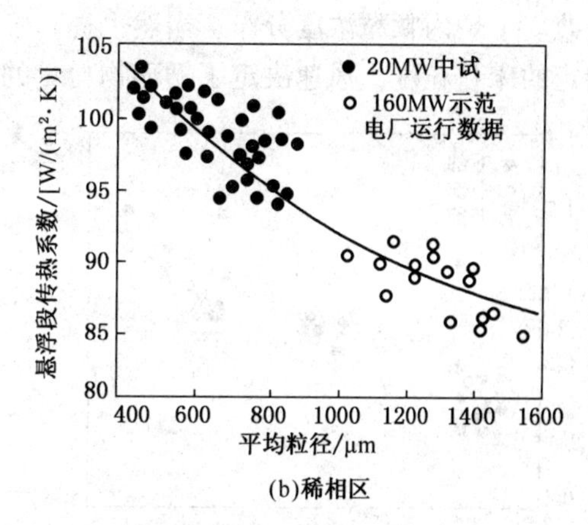

(b)稀相区

图 7-80　床料粒度对密相区和悬浮空间传热系数的影响

始终维持在较高的水平上，且基本上不发生变化，过量空气系数变化对燃烧效率的影响见图 7-81。

另外一、二次风的比例对燃烧效率也有影响。一般，一次风率提高时，燃烧效率提高。但对于不同的煤种，燃烧效率提高的幅度是不同的。

2. 流化风速的影响

流化风速是循环流化床锅炉运行中的主要控制变量之一，但它的影响是多方面的。流化风速不仅对传热产生影响、对燃烧效率产生影响，还会对炉内颗粒浓度分布、对床层温度产生影响。

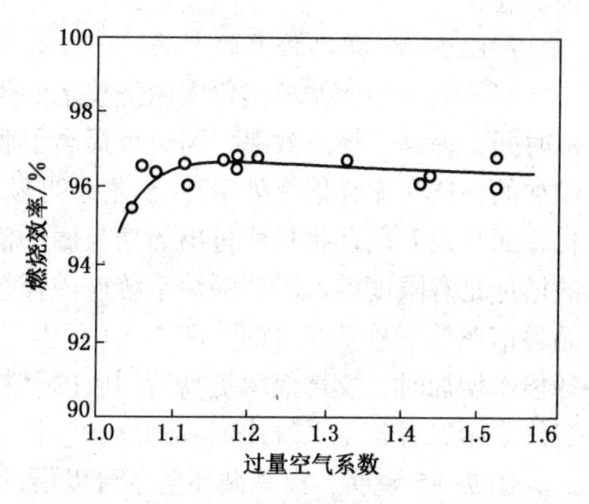

图 7-81　过量空气系数与燃烧效率的关系

（1）流化风速对传热的影响

运行经验表明，在一定范围内，床层对受热面的传热量随风速增加而增加。这是因为：随着风速增加，物料循环量和床内颗粒浓度增加，而传热系数是随着悬浮颗粒浓度的增加而增加的；再者，按照边界层理论，薄膜边界层随着风速增加而变薄，从而使传热系数增加；此外，风速越大，床内颗粒运动越激烈，除了加强颗粒间换热之外，还有助于边界层撕裂、传热系数增加。不仅如此，对有埋管的床层，因为风速增加使床面进一步膨胀，这意味着将有更多的埋管面积浸没在密相床层内，对于小颗粒床层该现象尤为明显。总而言之，随着风速的增加，炉膛热流密度将增加，因此使传热效果增强，如图 7-82 所示。

（2）流化风速对燃烧效率的影响

随着流化床表观风速的增加，气相和细颗粒在炉内的停留时间减小，同时使床温降低，所以会使燃烧效率有所降低，但总体上流化风速增加所造成的燃烧效率下降的倾向是很小的。测试表明：对高循环倍率下运行的循环流化床，可以认为风速对其燃烧效率没有实质性影响，如图 7-83。

（3）流化风速的其他影响

流化风速改变带来的变化是多样的。例如随着风速增加，更多的颗粒将被抛向床层上方，改变了炉内颗粒浓度分布，当然也提高了分离器的入口颗粒浓度和分离效率。因此，对于给定的床料粒度，风速决定了循环物料量的上限。

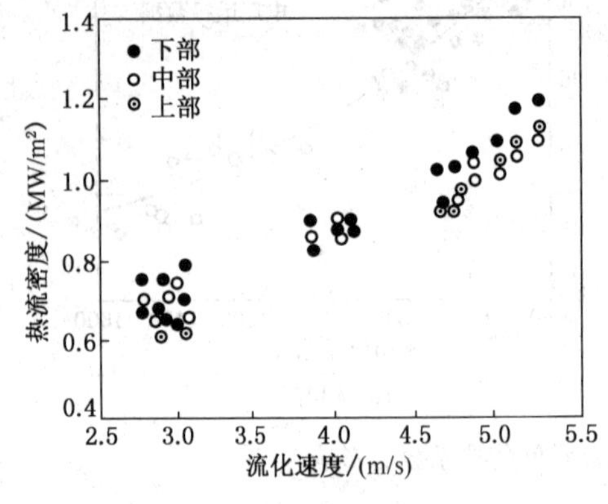

图 7-82　风速对炉膛热流密度的影响

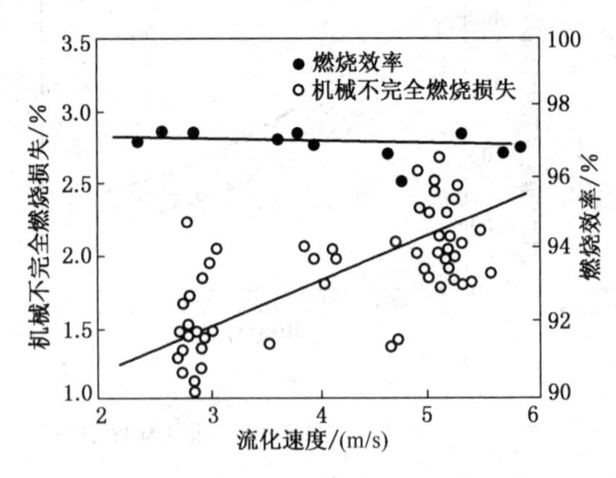

图 7-83　风速对燃烧效率的影响

改变风速的另一个作用是可以用来调节床温，尽管风量改变的范围是有限的，但一旦突然中止给煤或给煤不均，小风速运行时床层温度将更容易保持在适宜的水平上，而不致造成很快熄灭。

7.12.5.4　循环倍率的影响

与鼓泡床相比循环流化床燃烧技术的优势之一是固体物料循环延长了细颗粒在炉内的停留时间，提高了燃烧效率，同时也提高了脱硫效率，而且燃烧效率是随着循环倍率的增加而增加的，这在循环倍率处于0~5尤为明显。然而，由于提高循环倍率的同时增加了风机电耗，而且提升循环物料所付出的功与循环倍率成正比，另外考虑到提高循环倍率对燃烧效率的增加是有限度的，因此锅炉系统应该存在一个能量的最优循环倍率，超过该范围后，提高循环倍率并不总是经济的。图 7-84 示出了循环倍率对机组能耗的影响，图中细实线表示循环倍率增加时，燃烧效率提高所回收的燃料化学能；虚线表示物料循环时风机付出能量；粗实线表示二者相抵系统净回收的能量。很明显，净回收能量存在一个峰值，亦即最佳值。

图 7-85 说明，提高循环倍率可以借助悬浮空间颗粒浓度的增加，使炉膛上部燃烧份额得以增加。这样可以大大减轻在密相区布置埋管的压力，有助于将燃烧与传热分离，从而有利于运行控制。

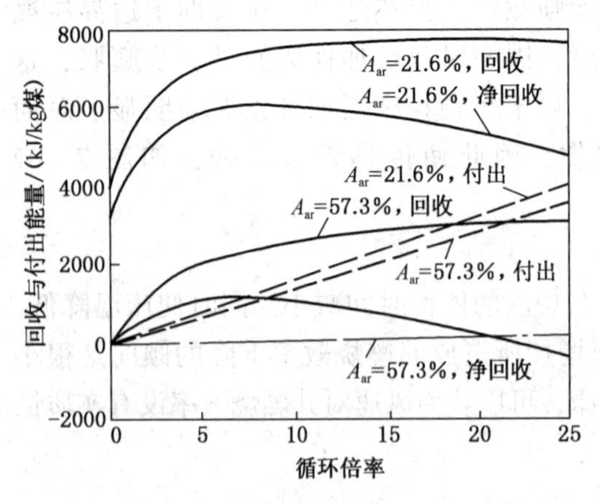

图 7-84　循环倍率对机组能耗的影响

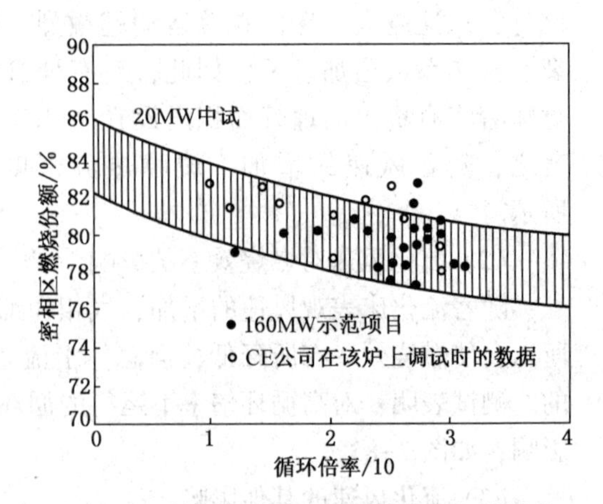

图 7-85　循环倍率对密相区燃烧份额的影响

提高循环倍率时的另一个优点是炉膛内的传热效果将大大改善，这样可以节省受热面。由于循环倍率对炉膛内，尤其是对悬浮空间内的颗粒浓度有重大影响，随着颗粒浓度的增加，水冷壁的对流和辐射换热系数都将增加。

提高循环倍率带来的另一个不利因素是使受热面的磨损加剧，因为磨损量基本上与灰浓度成正比关系。

综合考虑各种因素，可以定性地给出一个最优循环倍率范围。

7.12.6 循环流化床锅炉的运行调节

锅炉设备运行的目的就是生产合格的蒸汽，然而在其生产过程中，反映运行工况的各状态参数会因一些外部或内部因素的变化而发生变化。为了保证锅炉运行的各状态参数能在其安全、经济的范围内波动，就需要通过适当的调节来满足。循环流化床锅炉的广泛应用为我们提供了丰富的经验和有关运行调节的参考依据。下面就循环流化床锅炉运行的性能指标和燃烧、负荷调节作一介绍。

7.12.6.1 蒸汽压力的调节

蒸汽压力是锅炉安全和经济运行的最重要指标之一。一般规定过热蒸汽的工作压力与额定值的偏差不得超过±(0.05~0.1)MPa。当出现外部或内部扰动时，汽压发生变动。如汽压变化速度过大，不仅使蒸汽质量不合格，还会使水循环恶化，影响锅炉安全及经济运行。汽压的稳定与否决定于锅炉蒸发设备输入和输出能量之间是否平衡，输入能量大于输出能量时，蒸发设备内部能量增多，汽压上升；反之，汽压下降。蒸发设备输入能量包括水冷壁吸热量，汽包进水热量；输出能量主要是蒸汽热量，其他还有连续排污、定期排污等。

影响汽压变化速度的因素有两个，一是锅炉蒸发区蓄热能力的大小，二是引起压力变化不平衡趋势的大小。蒸发区的蓄热能力愈大，则发生扰动时蒸汽压力的变动速度就愈小；引起压力变化的不平衡趋势愈大，压力变动的速度也愈大。

蒸汽压力的调节是通过燃烧调节来实现的，当蒸汽压力升高时，应减弱燃烧；当蒸汽压力降低时，应加强燃烧。

7.12.6.2 燃烧调节

由于燃烧方式的不同，循环流化床锅炉的燃烧调节方法与煤粉炉有着很大差别。循环流化床锅炉的燃烧调节，主要是通过对给煤量、返料量、一次风量、一二次风分配、床温和床高等的控制和调节，来保证锅炉稳定、连续运行以及脱硫脱硝。

1. 给煤量调节

当燃煤性质一定时，给煤量总是与一定的锅炉负荷相适应，当锅炉负荷发生变化时，给煤量也要成比例发生变化。再者运行中若煤质发生变化，给煤量也要发生相应的变化。改变给煤量和改变风量应同时进行。一般，在增加负荷时，通常是先加风，后加煤；而在减小负荷时，应先减煤，后减风，以减少燃烧损失。

2. 风量调节

对于循环流化床锅炉的风量调节，不仅包括一次风量的调节、二次风量的调节，有时还包括二次风上下段、以及播煤风和回料风的调节与分配等。

① 一次风量的调节。一次风的主要作用是保证物料处于良好的流化状态，同时为燃料燃烧提供部分氧气。基于这一点，一次风量不能低于运行中所需的最低风量。实践表明，对于粒径为0~10mm的煤粒，所需的最低截面风量约为1800(m^3/h)/m^2。风量过低，燃料不能正常流化，影响锅炉负荷，还可能造成结焦；风量过大，不仅会影响脱硫，而且炉膛下部

难以形成稳定燃烧的密相区，对于鼓泡流化床锅炉还会造成大量的飞灰损失；对于循环流化床锅炉，大风量增大了不必要的循环倍率，使受热面磨损加剧，风机电耗增大。因此，无论在额定负荷还是在最低负荷，都要严格控制一次风量使其保持在良好的流化风量范围内。

一次风量的调节对床温会产生很大影响，给煤量一定时一次风量增大，床温将会下降；反之床温将上升。因此调整一次风量时，必须注意床温的变化，应使其保持在要求的范围之内。

通常在运行中，通过监视一次风量的变化，可以判断一些异常现象。如：风门未动、送风量自行减小，说明炉内物料增多，可能是物料返回量增加的结果；如果风门不动、风量自动增大，表明物料层变薄，阻力降低，原因可能是煤种变化，含灰量减少；或料层局部结渣，风从料层较薄处通过；也可能是物料回送系统回料量减少等。因此，要密切关注一次风的变化，当一次风量出现自行变化时，要及时查明原因、进行调节。

② 一二次风量的配比与调节。燃烧中所需要的空气常分成一次风和二次风，它们从不同位置分别送入流化床燃烧室，这被称做分段送风。分段送风不仅可以在密相区内造成缺氧燃烧形成还原性气氛，大大降低热力型 NO_x 的生成；还可控制燃料型 NO_x 的生成。另外一次风比(一次风占总风量的份额)直接决定着密相区的燃烧份额。在同样的条件下，一次风比大，必然导致高的密相区燃烧份额，此时就要求有较多的低温循环物料返回密相区，带走燃烧释放的热量，以维持密相区温度。如果循环物料量不足，必然会导致床温过高，无法多加煤，负荷带不上去。根据煤种不同，一般一次风量占总风量的60%～40%，二次风量占40%～60%，播煤风及回料风约占5%左右。

通常，二次风一般在密相床的上部喷入炉膛，一是补充燃烧所需要的空气；二是起到扰动作用，加强气、固两相混合；三是改变炉内物料的浓度分布。二次风口的位置很重要，如设置在密相区上部过渡区灰浓度较大的地方，就可将较多的碳粒和物料吹入上部空间，增大炉膛上部的燃烧份额和物料浓度。

一、二次风的配比，对流化床锅炉的运行非常重要。锅炉启动时，先不启动二次风，燃烧所需的空气由一次风供给。实际运行时，当负荷在正常运行变化范围内下降时，一次风按比例下降，当降至临界流化流量时，一次风量基本保持不变，再降低二次风。这时循环流化床锅炉进入鼓泡床锅炉的运行状态。

一般，运行中的一次风量主要根据料层温度来调整，料层温度高时应增加一次风量，反之，应减少。但一次风量在任何情况下，不能低于临界流化风量，否则，易发生结焦；二次风量主要根据烟气的含氧量来调整，氧量低说明炉内缺氧，应增加二次风量，反之则应减少二次风量，一般二次风调整中的参考依据是控制过热器后烟气含氧量在3%～5%。

如果二次风分段送入，第一段的风量必须保证下部形成一个亚化学当量的燃烧区(过量空气系数小于1.0)，以便控制 NO_x 的生成量，降低 NO_x 的排放。

③ 播煤风和回料风调节。播煤风和回料风是根据给煤量和回料量的大小来调节的。负荷增加，给煤量和回料量必须增加，播煤风和回料风也相应增加。因此，播煤风和回料风是随负荷增加而增大的。这样，只要设计合理，在实际运行中可根据给煤量和回料量的大小来做相应调整。

3. 料层高度的调节

维持相对稳定的床高或炉膛压降是循环流化床锅炉运行中十分必要的，通常把循环流化床中某处作为压力控制点，监测此处压力，并用料层压降来反应料层高度的大小。有时料层高度也会用炉床布风板下的风室静压表来反映。冷态试验时，风室静压力是布风板阻力和料层阻力之和。由于布风板阻力相对较小，所以运行中利用风室静压力可大致估计出料层阻力，也就是说，根据静压力的变化情况，可以了解运行中料层的高低与流化质量的好坏。风室静压增大，说明料层增厚；风室静压降低，说明料层减薄。良好的流化燃烧状态下，压力表指针摆动幅度较小且频率高；如果指针变化缓慢且摆动幅度加大，说明流化质量较差，这时应进行合理的调整。

锅炉运行中，床层过高或过低都会影响流化质量，甚至引起结焦。放底渣是常用的稳定床高的方法，在连续放底渣的情况下，放渣速度是由给煤速度、燃料灰分和底渣份额确定的，并与排渣机构或冷渣器本身的工作条件相协调。在定期放渣时，通常的做法是设定床层压降值或用控制点压力的上限作为开始放底渣的基准，而设定的压降或压力下限则作为停止放渣的基准。这一原则对连续排渣也是适用的。如果流化状态恶化，大渣沉积将很快在密相区底部形成低温层，故监测密相区各点温度可以作为放渣的辅助判断手段。

风机风门开度一定时，随着床高或床层阻力的增加，进入床层的风量将减小，故放渣一段时间后风量会自动有所增加。

4. 炉膛差压的调节

燃烧室上部区域与炉膛出口之间的压力差被称为炉膛差压，它是一个反映炉膛内循环物料浓度量大小的参数。炉内循环物料越多，炉膛差压越大，反之越小。炉内循环物料的上下湍动，使炉膛内传热不仅有对流和辐射传热而且还有循环物料与水冷壁之间的热传导，这就大大提高了炉内的传热系数，此炉膛差压越大，炉内传热系数越高，锅炉负荷也越高，反之亦然。一般情况下，炉膛差压应控制在0.3~6.0kPa。在运行中应根据不同负荷保持不同的炉膛差压。差压太大时应从放灰管中放掉部分循环物料。

此外，炉膛差压还是一个反映返料装置工作是否正常的参数，当返料装置堵塞，返料停止后，炉膛差压会突然降低，甚至为零，因此运行中需特别注意。

5. 床层温度的调节

维持正常床温是循环流化床锅炉稳定运行的关键。一般来说，床温是通过布置在密相区和炉膛各处的热电偶来监测的。目前国内外研制和生产的循环流化床锅炉，密相床温度大都选在800~1000℃，温度太高，不利于燃烧脱硫，另当床温超过灰的变形温度时就可能产生高温结焦；温度过低，对煤粒着火和燃烧不利。在安全运行允许的范围内，一般应尽量保持床温高些，燃烧无烟煤时床温可控制在900~1000℃；当燃用较易燃烧的烟煤时，床温可控制在850~950℃。

对于采用石灰石进行炉内脱硫的锅炉，床温最好控制在830~930℃。选用这一床温主要基于该床温是常用石灰石脱硫剂的最佳反应温度，同样条件下能取得更高的脱硫效率。

影响炉内温度变化的原因是多方面的。如负荷变化时，风、煤未能很好地及时配合；给煤量不均或煤质变化；物料返回量过大或过小；一、二次风配比不当；过多过快地排放冷渣等。综合这些因素主要是由风、煤、物料循环量的变化引起的。在正常运行中，如果锅炉负荷没有增减，而炉内温度发生了变化，就说明煤量、煤质、风量或循环物料量发生了变化。当床温波动时，应首先确认给煤速度是否均匀，然后再判断给煤量的多少。给煤过多或过少、风量过小或过大都会使燃烧恶化，床温降低；而在正常范围内，当负荷上升时，同时增加投煤量和风量会使床温水平有所升高。风量一般比较好控制，但给煤量和煤质(特别是混合煤)不易控制。运行中要随时监视炉内温度的变化，可通过及时调整风量来保证床温。

循环流化床锅炉的燃烧室热惯性很大，在炉内温度的调整上，往往采用“前期调节法”、“冲量调节法”或“减量给煤法”。

所谓前期调节法，就是当炉温、汽压稍有变化时，就要及时地根据负荷变化趋势小幅度调节燃料量，不要等炉温、汽压变化较大时才开始调节，否则将难以保证稳定运行，床温会出现更大的波动。

冲量调节法是指当炉温下降时，立即加大给煤量。加大的幅度是炉温未变化时的1~2倍，同时减小一次风量，增大二次风量，维持1~2min后，然后恢复原给煤量。如果在上述操作2~3min时间内炉温没有上升，可将上述过程再重复一次，确保炉温上升。

减量给煤法就是炉温上升时，不要中断给煤量，而把给煤量减到比正常时值低得多的水平，同时增加一次风量，减少二次风量，维持2~3min，观察炉温，如果温度停止上升，就要把给煤量恢复到正常值，不要等炉温下降时再增加给煤量，因煤燃烧有一定的延时时间。

对于采用中温分离器或飞灰再循环系统的锅炉，用调节返回物料量和飞灰量的多少来控制床温是最简单有效的方法。因为中温分离器捕捉到的物料温度和飞来再循环系统返回的飞灰温度都很低，当炉温突升时，增大进入炉床的循环物料量或飞灰再循环量，可迅速抑制床温的上升。但这样会改变炉内的物料浓度，从而对炉内的燃烧和传热产生一定的影响，所以在额定负荷下，一般是通过改变给煤量和风量来调节床温的，尽可能不采用改变返料量的方法。

有的锅炉采用冷渣减温系统来控制床温。其做法是利用锅炉排出的废渣，经冷却至常温干燥后，再由给煤设备送入炉内降温。因该系统的降温介质与床料相同，又是向炉床上直接给入的，冷渣与床温的温差很大，故降温效果良好而且稳定。应该注意的是该方案需经锅炉给煤设备送入床内，故有一定的时间滞后。

对于有外置式换热器的锅炉，也可通过外置式换热器调节床温；对于设置烟气再循环系统的锅炉，还可采用再循环烟气量对床温进行调节。

7.12.6.3 负荷调节

循环流化床锅炉的变负荷运行能力比煤粉炉要大得多，所以其负荷调节灵敏度较好。在调峰电站和供热负荷变化较大的中小型热电站，循环流化床锅炉有很好的应用前景。

循环流化床锅炉的负荷变化范围和变化速度因炉型、燃料种类、性质的不同而不同。一般循环流化床锅炉的负荷可在25%~110%内变化，升负荷速度大约为每分钟5%~7%，降负荷速度约为每分钟10%~15%。

循环流化床锅炉的变负荷调节过程，是通过改变给煤量、送风量和循环物料量或外置换热器(EHE)冷热物料流量分配比例来实施的，这样可以保证在变负荷中维持床温基本稳定。在负荷上升时，投煤量和风量都应增加，如总的过量空气系数及一二次风比不变，则预期密相区和炉膛出口温度将稍有变化，但变化最大的是各段烟速及床层内的颗粒浓度，研究表明，采取上述措施后各受热面传热系数将会增加，排烟温度也会稍有增加。如某220t/h的循环流化床锅炉，负荷率由70%开始每增加10%，床温上升10~20℃，炉膛出口烟温上升30~40℃，排烟温度上升约6℃，同时减温水量也将上升。

对于无外置式换热器的锅炉，变负荷调节一般采用如下方法：

① 改变给煤量和总风量，是最常用也是最基本的负荷调节方法；

② 改变一、二次风比，以改变炉内物料浓度分布，从而达到调节负荷的目的。炉内物料浓度改变，传热系数必然改变，从而使传热量改变。一般随着负荷增加，一次风比减小，

二次风比增加，炉膛上部稀相区物料浓度和燃烧份额都增大，炉膛上部及出口烟温升高，从而增加相应受热面的传热量，满足负荷增加的需要；

③ 改变床层高度。提高或降低床层高度，可以改变密相区与受热面的传热量，从而达到调节负荷的目的。这种调节方式对于密相区布置有埋管受热面的锅炉比较方便；

④ 改变循环灰量。利用循环灰收集器或炉前灰渣斗，在增负荷时可增加煤量、风量及灰渣量；减负荷时可减少煤量、风量和灰渣量；

⑤ 采用烟气再循环方法，改变炉内物料流化状态和供氧量，从而改变物料燃烧份额，达到调节负荷的目的。

对有外置式换热器的循环流化床锅炉，可通过调节冷热物料流量比例来实现负荷调节。负荷增加时，增加外置换热器的热灰流量；负荷降低时，减少外置换热器的热灰流量。外置换热器的热负荷最高可达锅炉总热负荷的25%~30%。

在锅炉变负荷过程中，汽水系统的一些参数也发生变化，所以在进行燃烧调节的同时，必须同时进行汽压、汽温、水位等的调节，维持锅炉的正常运行。

7.12.6.4 SO_2 的调节

锅炉烟气中 SO_2 的含量是环境保护的一项重要指标。它不仅涉及环保指标的完成情况，对锅炉金属的腐蚀也有重大影响，我们在锅炉运行中必须重视对 SO_2 的调节。

在循环流化床锅炉中对 SO_2 含量的控制主要是通过在炉内添加石灰石等脱硫剂来实现的。影响循环流化床锅炉脱硫效率的主要因素请参看前面章节中的叙述。在操作中应从以下几方面予以考虑。

① 保证锅炉床温在最佳脱硫温度830~930℃。

② 及时调节石灰石给料量，以保证必需的Ca/S比，Ca/S摩尔比在1.5~2.5较佳。

③ 合理投入飞灰再循环。

④ 合理调节风量，保证过量空气系数大于1。

7.12.7 循环流化床锅炉的运行监测与联锁保护

为确保循环流化床锅炉的安全运行，应重点考虑如下方面的保护方案。

1. 炉膛燃烧监测

循环流化床锅炉内温度分布均匀，炉膛径向和轴向温度波动很小。为此，一般循环流化床锅炉多采用温度检测方式进行炉膛监测。首先，必须在炉膛内适当位置安装热电偶，通过观察温度的变化间接了解炉膛燃烧的状况，有时也可通过观察炉膛出口处氧浓度来监视炉内的燃烧状况。

2. 主燃料跳闸(MFT)系统

循环流化床锅炉主燃料的跳闸原则应该是根据确保送风压差足够高，使入炉燃料能稳定着火、燃烧来判断。如果床温未达到预定的最低值，应防止主燃料进入床区，该最低值可根据经验设置，一般可取760℃。此外，在下列情况之一发生时，即应紧急停炉，实行主燃料跳闸：

① 所有送风机或引风机或高压流化风机不能正常工作；

② 炉膛压力大于制造商推荐的正常运行上限；

③ 床温或炉膛出口温度超出正常范围；

④ 床温低于允许投煤温度，且辅助燃烧器火焰未被确认；

⑤ 汽包水位达到高限或低限。

主燃料跳闸后，应根据现场情况决定是否停止风机。在不停风机时，应慎重控制入炉风量，而不应盲目地立即减小风量。

3. 联锁保护

联锁系统的基本功能是在装置接近于不合理的或不稳定的运行状态时，依靠预设顺序限定该装置的动作，或是驱动跳闸设备产生一个跳闸动作。对于循环流化床锅炉，当流化床燃烧室内达到正压极限时，锅炉保护将动作，停止输入燃料并切断所有送、引风机。在引风机后面的闭式挡板维持开启位置的同时，全开风机导向挡板，在引风机惰走作用下形成炉膛减压。

但是，由于流化床燃烧室是密闭的，因而存在着由于引风机惰走而迅速达到负荷极限的危险。为此，在引风机后面装了闭式挡板，其关闭时间为2s。当达到炉膛负压极限时，闭式挡板即可关闭，切断引风机的全部气流。

4. 吹扫

循环流化床锅炉在下列情况下需要进行吹扫：

① 冷态启动之前；

② 运行中主燃料跳闸使床温低于760℃；

③ 运行中给煤机故障使床温低于650℃；

④ 进行热态或温态启动之前。

吹扫时应使足够的风量进入炉膛，以将可燃气体从炉膛带走，并防止一切燃料入炉。吹扫时应确认入炉风量符合吹扫要求，执行吹扫程序直到达到规定时间。

7.12.8 固体物料循环系统的运行

固体物料循环系统能否正常投入运行，对循环流化床锅炉运行，特别是对锅炉负荷和燃烧效率具有十分重要的影响。

1. 返料装置的运行

图7-86为循环流化床锅炉上常用的返料装置。它由耐火材料与不锈钢钢板制成，将其分成Ⅰ灰室和Ⅱ灰室。其布风系统由风帽、布风板和两个独立的风室组成。风量由一次风管或单独的返料风管引来，由阀门控制。根据需要可分别调节Ⅰ灰室和Ⅱ灰室的风量，达到改变回送灰量的目的。锅炉点火投运一段时间后(如4h)返料装置中便积满了灰，这时可投入灰循环系统。投运前，先从返料装置底部的放灰管排放一部分沉灰，然后逐渐缓慢开启Ⅰ灰室的风门，使其中的灰有所松动，再逐渐开启Ⅱ灰室的风门，将循环灰送入炉内。开启阀门时，要特别仔细，由于启动过程中物料惰性及摩擦阻力的影响，送风开始时灰不能送入。当风量加大到某一临界值后，循环灰则大量涌入炉内，致使床温骤降，甚至炉床熄火。所以，在准备投运灰循环时，可将床温调整到上限区内，以承受床温骤降的影响。同时，返料装置的风量控制阀门应密封良好，开启灵活，调节性能好。

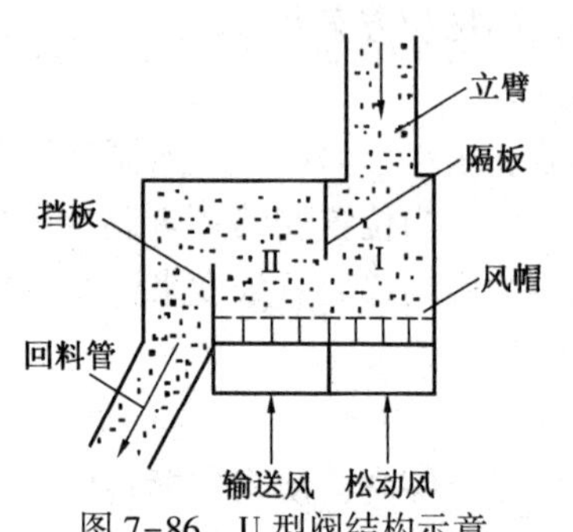

图7-86　U型阀结构示意

循环灰循环系统投运后，要适当调整返料装置的送灰量。通过适当调整两个送风阀门的开度可以方便地控制循环灰量的大小。

有的循环流化床锅炉在锅炉启动前已将返料风门调试好，在锅炉启动开始时，即可启动返料风机，调整好风压，运行中灰循环自动建立，不需进行调整。

2. 物料循环系统的工作特性

物料循环系统正常投运后，返料装置与分离器相连的立管中应有一定的料柱高度，这样一方面可阻止床内的高温烟气反窜入分离器，破坏正常循环，另一方面又具有压力差，使之维持系统的压力平衡。当炉内运行工况变化时，返料装置的输送特性能自行调整。如锅炉负荷增加，飞灰夹带量增大，分离器捕灰量增加；如返料装置仍维持原输送量，则料柱高度上升，压差增大，因而物料输送量自动增加，使之达到平衡。反之，如负荷下降，料柱高度亦随之减小，物料输送量亦自动减小，飞灰循环系统达到新的平衡。因此，在正常运行中，一般不需调整返料装置的风门开度，但要经常监视返料装置及分离器内的温度状况。当炉膛差压过大时，可从返料装置下灰管排放一部分灰，以减轻尾部受热面的磨损和减少后部除尘器的负担；也可排放沉积在返料装置底部的粗灰粒以及因磨损而使分离器壁面脱落下来的耐火材料，由于这些脱落物会对返料装置的正常运行构成危害。

7.12.9　循环流化床锅炉运行中常见问题处理

在循环流化床锅炉的运行中常常出现各种各样的问题，这些问题有循环流化床锅炉所特有的燃烧方面的问题，有与其他锅炉相同的汽水系统方面的问题，还有耐火材料、辅机及控制方面的问题等。下面仅就循环流化床锅炉所特有的一些问题比如锅炉达不到额定出力、受热面及耐火材料磨损等问题及处理方法进行介绍。其他方面问题如结焦、耐火层脱落、返料器堵塞等问题请参看 7.13 中有关介绍。

7.12.9.1　锅炉达不到额定出力

循环流化床锅炉在运行中有时达不到额定出力，分析其原因，主要有两方面的问题，即设计制造方面的问题和运行调整方面的问题。设计制造方面的问题如分离器、受热面参数或燃料燃烧份额的设计以及辅机的选择不合理；运行调整方面的问题如燃料粒度分布或运行参数不合适等，下面就几个主要方面进行简要分析。

1. 锅炉达不到额定出力的原因分析

(1) 分离器达不到设计效率

锅炉达不到额定出力的一个重要原因是分离器运行效率低于设计要求值。实际运行中分离器效率受多方面因素的影响，例如气体速度、温度、颗粒浓度与大小、二次夹带以及负荷变化等，一旦某个因素发生变化，就可能影响到分离器的运行效率。若分离器运行效率低于设计值，将导致小颗粒物料飞灰损失增大和循环物料量的不足，因而造成悬浮段载热质(细灰量)及其传热量不足，使锅炉出力达不到额定值，另外分离器运行效率下降还可能造成飞灰可燃物含量增大，使锅炉燃烧效率下降。

(2) 受热面布置不匹配

悬浮段受热面与密相区受热面布置不恰当或有矛盾，特别是在燃烧煤种与设计煤种差别较大时，受热面布置会不匹配，锅炉负荷变化时导致灰循环系统的各处温度变化，从而影响其安全经济运行，因此限制了锅炉的负荷。

(3) 燃烧份额分配不合理

燃烧份额与设计值不相符或设计分配不合理，将影响循环流化床锅炉正常运行中的物料平衡和热量平衡，从而影响锅炉的额定出力。

物料平衡是指炉内物料与锅炉负荷之间的对应平衡关系。物料的平衡包括三个方面的含义：一是物料量与相应物料量下锅炉负荷之间的平衡关系；二是物料的浓度梯度与相应负荷之间的平衡关系；三是物料的颗粒特性与相应负荷之间的平衡关系。即对于循环流化床锅炉的每一负荷工况，均对应着一定的物料量、物料浓度梯度分布和物料的颗粒特性。炉内物料量的改变，必然影响炉内物料的浓度、传热系数，从而使负荷发生改变。如果仅仅在量上达到了平衡，而浓度的分布不合理，也会影响炉内温度场的均匀性和热量的平衡。另外，即使上述两个条件均满足，但物料的颗粒特性达不到设计要求，也很难使负荷稳定(如颗粒分布影响到燃烧份额、传热系数等)。因为仅仅通过改变一、二次风比的方法来调整物料的浓度分布时，会影响到炉内的动力特性，而且物料的颗粒大小对炉内传热系数也会产生影响。

热量平衡是指燃料在燃烧室内沿炉膛高度上、中、下各部位所放出的热量与受热面所吸收热量之间的平衡。达到热量平衡时，炉内才能有一个较均匀、理想的温度场。一般，循环流化床锅炉燃烧室内横向、纵向温度差都不会超过50℃(一般在20℃左右)。只有在一个较理想的温度场下，炉内各部分才能保证实现设计的放热系数，工质才能吸收所需的热量，从而达到各部位热量的平衡，保证锅炉出力。

要达到热量与物料之间的平衡，必须使进入燃烧室内的燃料在上、中、下各部位的燃烧份额具有合理的分配值。如果在各部位的燃烧份额分配不合理，就必然造成局部温度过高，或温度场不均匀，从而使受热面吸收不到所需的热量，进而影响锅炉出力。

(4)燃料的粒径分布不合理

为了维持循环流化床锅炉的正常燃烧与物料循环，要求入炉煤中所含大、中、小颗粒的比例有一个合理的数值，也就是要求燃料有合适的粒度级配，这主要是由于不同粒径的颗粒具有不同的燃烧、流化和传热等特性。然而在我国目前投产的部分循环流化床锅炉中由于燃料来源不同、燃料制备系统选择不同，不能按燃料的破碎特性去选择合适的工艺系统和破碎设备，或者是燃料制备系统设计合理且适合设计煤种，但实际运行时由于煤种的变化而影响燃料颗粒特性及其级配，必然也会造成锅炉出力下降。

(5) 锅炉配套辅机的选择不合理

循环流化床锅炉的运行正常与否，不仅受锅炉本体结构的影响，锅炉辅机和配套设备是否与锅炉相配套也会产生很大影响。特别是风机，如果它的流量、压头选择不当，将影响锅炉的燃烧与传热，同样也会影响锅炉的出力。

2. 锅炉达不到额定出力的解决途径

如何使循环流化床锅炉能够满负荷运行，这是设计、制造、使用单位需要共同解决的问题。近年来，随着对循环流化床锅炉的工艺技术过程和运行特性的深入了解，并通过细致地原因分析后，已经采取了一些切实可行的改善措施，例如，改进分离器结构设计，提高其分离效率；改进燃料制备系统，改善级配；在一定的燃烧份额分配下，采取有效的措施以保证物料平衡和热平衡；正确地设计和选取辅机及其外围系统；增设飞灰回燃系统和烟气再循环系统等，为循环流化床锅炉的满负荷运行打下了一定的基础。另外，通过合理地调整运行参数后，使循环流化床锅炉的满负荷运行得到了保证。

7.12.9.2　磨损

流体或固体颗粒以一定的速度和角度对受热面和耐火材料表面进行冲击所造成的磨伤和损坏称为磨损。在循环流化床锅炉中磨损是其受热面事故的第一原因，现就运行中磨损方面应注意的几个问题进行说明。

1. 循环流化床锅炉中易磨损的主要部位

在循环流化床中，由于炉内固体物料的浓度、粒径比煤粉炉要大得多，所以流化床锅炉受热面的磨损要严重得多，但炉内的磨损并不是均匀的，一般磨损严重的部位有以下几处：

① 布风装置中风帽磨损最严重的区域位于循环物料回料口附近。

② 水冷壁磨损最严重的部位是炉膛下部炉衬、敷设卫燃带与水冷壁过渡的区域、炉膛角落区域以及一些不规则管壁等，这些不规则管壁包括穿墙管、炉墙开孔处的弯管、管壁上的焊缝等。

③ 二次风喷嘴处和热电偶插入处。

④ 炉内的屏式过热器。

⑤ 旋风分离器的入口烟道及上部区域。

⑥ 对流烟道受热面的某些部位，如过热器、省煤器和空气预热器的某些部位等。

2. 磨损的主要危害

循环流化床锅炉的磨损主要分受热面磨损和耐火材料及布风装置磨损。在受热面磨损中，不管是水管、汽管、烟管还是风管的磨损，轻者导致热应力变化、使其受热不均，重者造成爆管或使受热面泄露，严重时导致锅炉停炉；耐火材料磨损会使耐火层脱落、锅炉漏风或加重磨损受热面；布风装置磨损将导致布风不均，严重时会使锅炉结焦，这些都将不同程度地影响锅炉正常及安全经济运行。

3. 磨损问题的处理

对于可能磨损或已经磨损的部位，检修中要进行认真检查并及时处理。如更换已磨损的风帽、防磨瓦及换热管，补修已磨耐火材料等，也可换成更合适的耐磨材料或加装防护件等，如：

① 适合于流化床的防磨材料；

② 采用金属表面热喷涂技术和其他表面处理技术；

③ 受热面加装防磨构件，安装防磨瓦等；

④ 某些特殊部位改变其几何形状，炉膛内表面的管子和炉墙，做到“平”、“直”、“滑”，不要有凸起部位。

对某些已严重磨损部位并在运行中发现时，如受热面特别是承压部件的受热面发生爆管、泄露等时，应及时停炉维修，防止事故扩大。

7.13 循环流化床锅炉的常见事故及预防处理

本章将总结循环流化床锅炉最常发生的一些事故，并提出其预防和处理措施，对于其他事故请参阅煤粉炉中的有关章节。

7.13.1 循环流化床燃烧熄火

流化床燃烧是介于层燃燃烧与煤粉悬浮燃烧之间的一种燃烧方式。层燃燃烧不容易产生熄火事故；煤粉悬浮燃烧容易产生燃烧熄火事故，只要停止给粉，马上就有熄火的危险。流化床燃烧发生熄火的危险处于层燃燃烧和煤粉燃烧之间。

1. 断煤是引起循环流化床熄火的主要原因

流化床燃烧时，床中有大量灼热的床料，床温一般为850~1000℃，床料中95%以上是热灰渣，5%左右是可燃物质，主要是焦炭。而每分钟加入燃烧室中的新燃料只占床料的1%左右。大量的热床料为惰性灰渣，它不与新加入的燃料争夺氧气，相反为新燃料的加热、着火燃烧提供了丰富的热量。所以在循环流化床燃烧过程中，新加入燃料的着火和燃烧条件是最好的。当循环流化床燃烧发生短时断煤时，床料中的5%左右的可燃物质还能维持3~5min

的燃烧。因此，循环流化床燃烧过程中，只要保持连续给煤并根据负荷变化、煤种变化适当调控给煤量，一般是不会熄火的。

造成断煤的主要原因是煤的水分大于8%，煤在煤仓或给煤机出口管内搭桥、堵塞、不下煤，而运行人员没有发现，未能及时消除。

设计较大的干煤棚，控制煤的水分低于8%；加强给煤监视，设计断煤、堵煤警报器或语音提醒是防止断煤的有效措施。

2. 锅炉负荷大幅度变化时，及时调整给煤量，防止高温结渣及低温熄火

一般，当锅炉负荷变大时，要加风、加煤；相反，当锅炉负荷变小时，要减风、减煤。如果运行人员没有这样做，在负荷变大的情况下，会造成燃烧室温度不断降低，最终导致熄火。在负荷变小的情况下，会造成燃烧室温度不断升高，最终导致高温结渣而停炉。

3. 返料投入运行时控制不当，造成压灭火事故

对中小容量的循环流化床锅炉，投返料不当，也可能将燃烧室火压灭，造成熄火。有的运行人员喜欢在锅炉运行一段时间之后投入返料，而控制不住返料量，造成大量返料进入燃烧室，将燃烧压灭。

4. 煤的发热量发生很大改变时，调整给煤量，防止低温熄火和高温结渣

一般当燃煤热值变低时，必须加大给煤量。当燃煤热值变高时，减少给煤量。如果不及时调整，在煤热值变低的情况下，会发生燃烧室温度越来越低，最终导致熄火。在煤热值变高的情况下，会发生燃烧室温度越来越高，最终导致高温结渣而被迫停炉。。

5. 排底渣失控，造成流化床熄火

运行中还有一种燃烧熄火情况是对排床料量的失控。一定的床料量和一定的燃烧温度对应一定的锅炉负荷。高的床料量和燃烧温度对应高的锅炉负荷；低的床料量和燃烧温度对应低的锅炉负荷。循环流化床锅炉底渣的排除方式有两种：一种是连续排底渣(大容量锅炉常采用)，一种是间断式排底渣(中、小容量锅炉常采用)。第一种连续式排底渣能维持床料量不变。第二种间断式排底渣能维持床料量在一定范围内变化。这两种排底渣方式的锅炉如果出现排底渣失控，床料量排除太多，使床料量太少，床层厚度太薄，不能维持一个稳定的燃烧温度，会发生燃烧灭火。相反，如果底渣不能顺畅排除，造成床料越来越多，床层越来越高，一次风机压头不够，不能将床料吹起来，出现燃烧被压灭。

6. 浓相床受热面布置过多，造成点火和运行过程中经常发生低温熄火

对小型带埋管的循环流化床锅炉，如果浓相床内受热面(埋管)布置过多，造成点火和运行过程中熄火。可以割除部分埋管受热面，也可以采取提高煤的发热量的办法来消除熄火。

7. 点火过程中，油枪撤除过早易造成熄火

采取床下预燃室和床上油枪点火时，当燃烧室温度达到850~900℃时，逐渐撤除油枪的同时，逐渐增加给煤量。确认加入的煤着火、燃烧温度有上升趋势时，撤除最后一根油枪。撤除油枪时，流化介质温度由预燃烟气温度降到比环境温度稍高的温度，这时对燃烧带来较大冲击。如果油枪全部撤除后，发现燃烧温度下降较快、有熄火危险时，赶快重新投入油枪助燃。撤油枪操作处理不当，最易引起熄火事故。

7.13.2 循环流化床燃烧结渣

流化床燃烧结渣是一种最常发生的事故，无论在点火启动、压火启动和运行当中都经常发生。燃烧结渣不仅发生在燃烧室中，也发生在分离装置、返料器和循环管路中。一旦发生

结渣，就要停炉处理，对安全、经济运行带来很大影响。对采用冷渣装置的大型循环流化床锅炉，选择性流化床冷渣器内的结渣是威胁循环流化床锅炉安全、经济运行的最大问题之一。

流化床燃烧过程中，上述各种结渣的原因是操作温度超过了灰渣的熔点。如果控制运行温度低于灰熔点200~300℃，保持良好的流化状态和正常的流动，就不会发生床料和灰渣的结渣现象。灰渣的熔点一般在1250~1350℃，具体数值的大小与灰渣特性、灰渣成分和燃烧气氛有关。燃煤有高灰熔点煤和低灰熔点煤之分，灰渣成分也与煤种有关。不同的煤，钾、钠、铁的含量不同，加石灰石脱硫和不加石灰石脱硫，这些对灰渣熔点都产生影响。燃烧室下部为还原燃烧气氛，其他区域一般为氧化燃烧气氛。还原性燃烧气氛有降低灰溶点的作用。钾、钠、钙的含量高，灰渣的熔点降低。

流化床燃烧室的浓相床内，在点火启动、压火启动和运行当中，由于流化工况不良，燃烧温度超过灰熔点造成结渣是循环流化床锅炉运行事故中比较常见的。处理不当，严重影响锅炉的连续、安全和经济运行。

燃烧室浓相床内结渣分高温结渣和低温结渣两种。结渣一定发生在燃烧中床料温度超过灰渣熔点的情况，也就是说一定发生在高温下。但是根据结渣的具体情况，可分为高温结渣和低温结渣两种情况。对两种结渣采取的处理措施是有区别的。操作中运行人员必须正确判断结渣属于哪一种，针对结渣种类果断采取处理措施，否则结渣越来越严重，最终导致被迫停炉。

循环流化床锅炉除了燃烧室内常发生结渣之外，其他区域——高温过热器区、高温分离器内、返料器内、返料腿、返料器与燃烧室之间的连接管内也常有结渣事故发生，这些结渣也应引起运行人员的注意。上述任何一种结渣事故的发生，都对锅炉的连续、安全和经济运行带来影响。

7.13.2.1　低温结渣

低温结渣多发生在点火启动过程中。低温结渣的特点是整个浓相床温度较低，只有400~600℃，但在个别局部地方的温度，由于没有流化或流化不好，燃料燃烧释放的热量不能被烟气带走或被受热面吸收，造成热量局部堆积，使局部床料温度超过灰渣熔点，而发生灰渣熔融结块。一旦发生了低温结渣，结渣区域流化风量变小，而其他区域流化风量加大，使全床流化质量变差，结渣范围扩大。低温结渣的表现是：浓相床内温度显示偏差大；火色差异大；风室压力波动较大。一旦判断为低温结渣，司炉人员必须立刻采取果断措施消除结渣。对小型人工点火的流化床锅炉，可打开炉门人工打耙子，打散渣块，继续点火。打耙子时，注意将引风机门开大一些，使炉门处为负压，防止炉门处正压冒火烧伤司炉人员。对自动点火的大型循环流化床锅炉，不可能打开炉门人工打耙子。这时赶快加大流化风量将渣块打散。低温结渣的渣块比较疏松，不像高温结渣渣块那样密质，有可能借助风力，在床料的碰撞过程中打散渣块。如果结渣比较严重影响锅炉运行时，需申请停炉处理。

7.13.2.2　高温结渣

1. 高温结渣的特点和处理

高温结渣在运行过程和点火启动阶段均有可能发生。高温结渣的特点是全床完全流化和全床燃烧温度超过灰渣熔点，全床发生灰渣的熔融和结块。运行中的显示是燃烧火焰变成白色，刺眼；床层温度急剧上升，温度显示超过1050~1150℃；有的床层被吹空，火苗从床层往上直冲；风室压力波动异常。一旦发生高温结渣，司炉人员必须采取如下紧急处理措施：

对人工操作运行的小型流化床锅炉紧急停炉，打开炉门扒出渣块，重新启动。如果渣块盖满大半个或几乎整个床，只有停炉，待炉冷却到一定程度时进行人工打渣，然后重新点火启动。如果及时发现了高温结渣，司炉人员也可全开风机，用大风将炉子吹灭。然后，停炉清渣。这种处理可减小高温结渣的严重性，缩短消除渣块的时间，减轻打渣的劳动强度。宁可吹灭燃烧，不可发生全床的高温结渣。

2. 高温结渣的原因分析

(1) 点火过程中爆燃引起高温结渣。点火过程中发生高温结渣的原因是配制的床料中可燃物成分过高，或点火过程中加煤过多，当达到着火温度之后，产生爆燃，大量的热量释放出来，造成床料温度猛涨，超过灰渣熔点而结渣，防止点火过程中产生高温结渣要注意两点：一是配制的床料中煤的含量不要超过3%~5%(实际运行中很多运行厂在底料中并不加煤，只用惰性床料)；二是当床料温度达到煤的着火温度之后，用脉冲给煤的方式投煤，即少量加煤90s后停止加煤90s，确认加入的煤着火之后再继续第二次脉冲给煤，如此重复至少三次。随着床料温度的上升，断续加煤。切忌加煤过多，造成燃料累积，产生爆燃，导致高温结渣。

(2) 负荷大幅度变化导致高温结渣。正常运行过程中，当锅炉负荷大幅度减小时，司炉人员没有注意减煤，这时锅炉蒸汽压力上升，燃烧室温度上升，如果还不快速调小煤量，最终导致高温结渣。

(3) 燃煤热值大幅度改变导致高温结渣。当入炉煤热值大幅度升高时，如果不大量减煤，燃烧室浓相床的温度会大幅度上升，超过灰渣熔点而结渣。我国多数锅炉燃煤供应的品质变化较大，来什么煤，烧什么煤。锅炉运行过程中强化对煤热值的检查，针对煤质的变化及时调整给煤量，保持燃烧温度稳定，对防止产生高温结渣是十分重要的。

(4) 返料器不返料造成高温结渣。由于返料器发生吹空或结渣堵塞，或被脱落的耐火材料、异物堵住不返料，这时流化床燃烧室下部浓相床温度突升，燃烧室出口温度突降，导致浓相床温度超过灰渣熔点而产生高温结渣。发现返料器堵塞或穿空而不返料时，赶快减小给煤量，降低锅炉负荷，边维持低负荷运行，边处理返料器故障。

(5) 浓相床受热面布置过少易引起高温结渣。早期设计的循环流化床锅炉浓相床受热面布置少，二次风布置点偏高，当燃烧煤种热值偏高时，操作稍不注意，就发生浓相床高温结渣和锅炉带不满负荷。

(6) 高温压火时易产生床料高温结渣。计划压火时先停煤，然后继续运行一段时间，当燃烧室温度出现下降趋势时，迅速压火。先停鼓风，接着马上停引风，保证快速风门关闭严密，防止残余流化产生高温结渣。燃烧温度在1000℃以上突然压火，极有可能产生高温结渣。床料结渣必然使以后的压火启动失败。

(7) 渣块落入浓相床造成床料高温局部结渣。Π型循环流化床锅炉燃烧室与尾部烟道之间有水平烟道相连。水平烟道内一般布置有高温、低温过热器。燃烧不正常时，高温过热器区发生高温结渣。高温渣块越结越大，在合适的条件下，渣块落入燃烧室下部浓相床内，破坏流化质量。在落入点，以渣块为核心造成床料结渣。若未及时发现，渣块迅速长大，最后造成床层中大面积高温结渣。调整好燃烧工况，控制燃烧室出口烟温低于850~900℃，避免过热器发生飞灰结渣是防止渣块落入浓相床产生床料高温结渣的关键。一旦有过热器区的渣块落入浓相床，而又不能在浓相床内被打碎，这种情况引起的床内高温结渣很难避免。

总之，循环流化床锅炉浓相床内的高温结渣原因有许多：设计方面的原因——床内受热面布置过少；外界条件的变化——锅炉负荷突然变小或燃煤热值升高许多；运行条件的变化——返料器突然停止返料，高温过热器区的大渣块落入床内，或压火过程操作不当。但是，只要操作人员精心操作，时刻注意床下燃烧温度的变化，分析其变化的原因，采取适当措施，防止点火启动过程中燃料爆燃并注意压火操作程序，循环流化床锅炉浓相床内的高温结渣是不难防止的。

7.13.2.3　高温过热器区结渣

上节已提到了高温过热器区大渣块落入燃烧室内引起浓相床内床料结渣的情形。对中温下排气Π型循环流化床锅炉，高温过热器一般布置在燃烧室出口的水平烟道内，此种炉型有可能发生高温过热器结渣。

影响高温过热器结渣的主要因素：煤的种类，燃煤粒径分布，一、二次风分配和飞灰循环倍率。

① 燃煤种类的影响。烟煤挥发分高，燃烧室上部燃烧份额较大、造成燃烧室出口温度高，有可能造成飞灰发生粘结，在高温过热区发生结渣。

② 灰熔点低的煤，易发生高温过热器结渣。

③ 燃煤小于1mm颗粒的百分数太高，造成燃烧室上部燃烧份额偏大，燃烧室出口温度偏高，产生高温过热器结渣。

④ 煤的灰分高，飞灰循环倍率过大，造成燃烧室出口温度偏高，引起高温过热器结渣。

⑤ 二次风比率偏高，造成燃烧室出口温度升高，引起高温过热器结渣。

总之，煤的种类、粒径分布和一、二次风的比率及飞灰循环倍率对燃烧室出口烟温和高温过热器区的二次燃烧产生影响，从而影响高温过热器结渣。

高温过热器结渣将影响传热；大渣块落入循环床浓相床将破坏正常床料流化过程，引起床料高温结渣。运行人员必须注意监视煤种和煤质的变化，及时调整燃煤粒度分布和一、二次风的比率，及飞灰循环倍率的大小，防止燃烧室出口烟气温度偏高和高温过热器区的二次燃烧。另外，在高温过热器区布置吹灰器，定期吹灰，也是防止高温过热器区积灰和结渣的措施。如果发生了较为严重的结渣，靠吹灰不能消除，需视情况打开人孔门实行人工打渣。打渣时，将引风机风门开大一些，保持过热器区负压较大一些，以防喷火烧伤运行人员。

7.13.2.4　高温分离器结渣

多数类型的循环流化床锅炉均采用高温旋风分离器分离飞灰，被分离下来的飞灰经返料器送入燃烧室，实现循环燃烧。高温旋风分离器发生故障之一是产生循环物料结渣。

1. 影响高温旋风分离器结渣的因素

影响结渣的主要因素是分离器内的温度超过了灰熔点。分离器内的温度受下列因素的影响：

① 煤种的影响。煤的灰熔点低，易发生结渣。

② 烟煤在分离器内燃烧份额比无烟煤大，二次燃烧产生的温度升高，如超过灰熔点会产生结渣。分离器在循环燃烧回路中有两个作用。一是起分离作用，将分离下来的飞灰经返料器送入燃烧室，实现循环燃烧。另外，高温旋风分离还有一个燃尽的作用。未燃尽的飞灰在分离器内有一定的停留时间，加上有氧气和高的燃烧温度，分离器在燃烧室后起了一个燃尽室的作用。一般烧烟煤时，这个温升超过100℃。烧无烟煤时，这个温升要小一些，一般也超过了50℃。

③ 煤的粒度的影响。煤中小于1mm粒径的煤占的份额大，吹入分离器的物料多，在分离器内的燃烧份额大，二次燃烧产生的温升就大，如果超过灰熔点就会发生结渣。相反，如果煤中大于1mm颗粒占的比率大，分离器内燃烧份额小，二次燃烧产生的温升小，结渣的可能性就小。

④ 燃烧室内流化速度的影响。流化速度大，吹入分离器的物料的平均粒径大，物料的数量也多，造成二次燃烧强度加大，燃烧温升大，结渣的机会就大。

⑤ 二次风入口高度和二次风量大小的影响。二次风入口离布风板近，二次风量大，二次风口以上燃烧室内的气流速度和物料浓度加大。这样吹入分离器内的物料量和平均粒径均加大。两个因素的联合作用，将使分离器内二次燃烧产生的温升变大。控制不好，可能引起结渣。

2. 分离器内结渣对燃烧的不利影响

① 分离界内发生结渣，破坏了分离器内的气流场，造成分离器分离效率变低，影响燃烧效率，降低锅炉蒸发量。

② 分离器内渣块变大之后，在合适的情况下堵住料腿，小渣块则落入返料器内破坏返料器正常返料。这两种情况都会恶化循环流化床燃烧工况，必然导致停炉清渣，对锅炉的安全、连续、经济运行带来大的影响。

3. 分离器内发生高温结渣的处理

分离器内一旦发生结渣，燃烧室出口烟气温度降低，锅炉蒸发量带不足，飞灰含碳量升高，分离器进出口之间烟气压差加大。根据这些情况判断分离器结渣之后，立即采取锅炉降负荷运行，并寻求清渣措施。如果不能在运行过程进行人工清渣，只有停炉进行。

7.13.2.5 返料器内结渣

当返料温度超过灰熔点时，返料器内将发生高温结渣。

1. 返料器内结渣的原因

返料器内结渣的原因实质上就是返料器内物料温度超过灰渣熔点。

① 设计上的原因。返料器流化床和移动床面积及送风量都偏大，返料器变成了一个燃烧器，燃烧温度超过灰熔点而结渣。

② 运行上的原因。飞灰含碳量偏高，移动床送风量过大，造成移动床燃烧，燃烧温度超过灰熔点而结渣。

③ 分离器和返料器料腿中的耐磨隔热层脱落，掉入返料器中；或返料风压力不够；或风帽小孔堵塞，都可能破坏移动床和流化床的流动情况而产生结渣。

2. 返料器结渣的判断

返料器结渣的结果导致返料器不能正常返料，锅炉运行工况发生如下明显变化：

① 燃烧室下部温度迅速上升。

② 燃烧室出口温度迅速下降。

③ 锅炉负荷下降。

④ 飞灰含碳量上升。

这几个变化同时发生，证明返料器发生了结渣。

3. 防止返料器结渣的措施

① 正确选定返料器移动床和流化床的风量和气流速度，防止返料器变成一个燃烧器。

② 分别装设移动床和流化床送风风量计，控制运行中的送风量，防止返料器中发生

燃烧。

③ 返料器上设计清渣、打渣孔。

④ 一旦发现返料器结渣，应降低锅炉负荷，边运行、边清渣。

⑤ 如果边低负荷运行、边清渣不能解决问题，申请压火停炉清渣。

⑥ 如果结渣十分严重，短时间内压火清渣不能解决问题，最终采取停炉清渣。

7.13.2.6　返料器料腿中结渣

返料器料腿中的床料有一定的料柱高度，称为料腿高度。料腿之上的床料为稀相流动，料腿中床料的流动属移动床流动。料腿中的结渣多数为返料器移动床结渣的扩展。移动床中严重结渣必然会引起料腿中床料结渣。只要移动床内结渣之后能及时、正确地处理，一般不会发生料腿中的结渣。料腿中如果被脱落的耐火层堵塞，发生床料流动受阻，有可能在受阻处结渣。

料腿中发生结渣后，清渣很不方便，必要时，需在料腿上开孔打渣。

7.13.2.7　返料管结渣

许多循环流化床锅炉的煤和石灰石是从返料管上加入，与返料混合之后，一起经风力送入燃烧室。当给煤不通畅，或回料点流化不好时，煤在返料管内发生燃烧而结渣。

煤种对返料管结渣有影响。烟煤挥发分高、着火点低，在返料管内燃烧易发生结渣。无烟煤挥发分低、着火点高，返料管内不易发生结渣，给煤方式对返料管结渣也有影响。对中小型循环流化床锅炉，大多采取给煤和返料分开布置的形式，返料管内不易产生结渣。对大型循环流化床锅炉，多数从返料管上给煤，使返料管内具备了燃烧三要素：燃料、空气和着火温度。一旦遇到返料不畅，或主床煤加入点区域流化不良，或烧烟煤（着火点低）的情况就会发生返料管内结渣。

7.13.3　返料装置堵塞

返料装置是循环流化床锅炉的关键部件之一，如果返料装置突然停止工作，将会造成炉内循环物料量不足，汽温、汽压急剧降低，床温难以控制，危及锅炉的负荷与正常运行。

一般返料装置堵塞有两种情况：一是由于流化风量控制不足，造成循环物料大量堆积而堵塞。第二是返料装置处的循环灰高温结焦而堵塞（参见上节内容）。以下因素有可能造成物料流化不良而最终使返料装置发生堵塞：

① 分离器和返料器料腿中的耐磨隔热层脱落，掉入返料器中。

② 风帽小孔被灰渣堵塞，造成通风不良。

③ 风压不够。

返料装置堵塞要及时发现、及时处理，否则，堵塞时间一长，物料中可燃物质可能会再次燃烧，造成超温、结焦，扩大事态，从而给问题的处理增加了难度。一般处理这种问题时，需要先关闭流化风，利用下面的排灰管放掉冷灰，然后再采用间断送风的形式投入回料。

由循环灰结焦而产生的堵塞与循环物料的流化程度、循环物料的温度、循环物料量的多少都有关系。如循环倍率太高、返料装置处漏风等，都会造成局部超温结焦而堵塞。为避免此类事故的发生，应对返料装置进行经常性检查，监视其中的物料温度，从观察孔看返料灰的流动情况，对采用高温分离器的回料系统，要选择合适的流化风量和松动风量，随着工况的变化经常对其进行调节，并注意防止返料装置处漏风。

7.13.4 耐火材料脱落

长期在高温条件下运行的循环流化床锅炉，启停及负荷变化容易造成反复的热冲击，炉内又有大量高速运动的高温固体物料的冲击，因此在燃烧室中需要使用耐火材料来对受热面等进行保护。另外在高温分离器、外置式换热器、烟道及物料回送管路等处也要使用大量耐火材料。然而运行中，经常会由于种种原因造成耐火材料脱落，调查表明在锅炉事故中因耐火层脱落而造成的事故约占15%，它是仅次于受热面磨损的第二大事故。

1. 耐火材料破坏的原因分析

① 由于温度波动和热冲击以及机械应力造成耐火材料产生裂缝和剥落。温度波动时，由于耐火材料骨料和粘合料间热膨胀系数不同而形成内应力，从而破坏耐火材料层，造成耐火材料内衬的裂缝和剥落。温度快速变化造成的热冲击(如启动过程中)可使耐火材料内的应力超过抗拉强度而剥落。机械应力所造成的耐火材料的破坏则主要是由于耐火材料与穿过耐火材料内衬处金属件间热膨胀系数不同而造成的，在设计时若不考虑适当的膨胀空间就会造成耐火材料的剥落。

② 由于固体物料对耐火材料的冲刷而造成耐火材料的破坏。循环流化床锅炉内耐火材料易磨损区域包括边角区、旋风分离器和固体物料回送管路等。实验数据表明，耐火材料的磨损随冲击角的增大而增加，因此在进行旋风分离器、烟道等设计、施工时，应使冲击角尽量小。

③ 因碱金属的渗透而造成耐火材料渐衰失效和因渗碳而造成耐火材料的变质破坏。

2. 耐火层脱落的防止措施

要防止耐火层脱落，一方面应从设计角度选用性能良好的耐火材料。在敷设时采用几种不同材料进行分层敷设，并可在衬里内添加金属纤维增加其刚性和抗冲击能力。另外，在锅炉启停过程中，应限制升温或降温的速度，防止产生过大的热应力。

7.13.5 冷渣器堵塞事故

7.13.5.1 流化床式冷渣器的堵塞事故

冷渣器进渣管、冷渣器内部的结渣和堵塞是相互影响的，当出现结渣时，可造成堵塞；反过来，堵塞也可加剧结渣现象的发生。

1. 冷渣器结渣堵塞的原因

① 入炉煤的粒度不符合要求，有大直径的煤或石块送入炉内从而进入冷渣器，由于冷渣器的流化速度较低(通常为1~1.8m/s)，难以使这些大颗粒充分流化，造成局部结渣后蔓延。

② 设计时流化速度偏低，或冷渣器采用一次风作为流化风，运行时没有有效的调节手段。

③ 高温渣在冷渣器进渣管、冷渣器内部结渣堵塞。

④ 冷渣器在运行过程中由于运行床压不稳定、难以控制，流化不均匀而结渣堵塞。

⑤ 在冷渣器进渣管上布置有风嘴起松动作用时，由于风量控制不合理而结渣。当风量过小时，松动作用不明显；风量过大时，因该处的渣温较高，在排渣中出现再燃而结渣堵塞。

⑥ 锅炉炉膛内结渣，形成大渣块，进入冷渣器，堵塞进渣管或冷渣器。

⑦ 锅炉耐火材料脱落，进入冷渣器，堵塞进渣管或冷渣器。

2. 防止冷渣器堵塞的措施

在设计上可采取以下措施：

① 冷渣器进渣管的口径选取要合理，不能太小。

② 冷渣器进渣管采用合适的倾角斜度，通常与水平夹角 $\alpha=5°\sim10°$。

③ 进渣管采用渐扩形式，有利于渣的流动。

④ 进渣管入口处、进渣管中部布置有风嘴，风嘴不宜伸入排渣管内太长，伸入太长也容易造成堵塞。

⑤ 进渣管上设置高压吹扫空气，当进渣管出现堵塞或结渣时，可开启吹扫风。

⑥ 冷渣器的每个冷却室设置排大渣口，定期排放大渣。

⑦ 冷渣器隔墙开孔（绕流孔）大小合理，不宜太小，以利于渣的流动。

⑧ 冷渣器配置单独的流化风机，由于其风机压头高，流量调节灵活，不受一次风的限制，可改善冷渣器的流化质量，增加调节的灵活性。建议采用2×100%容量的风机并联。

⑨ 设置烟气再循环系统，将除尘器后的冷烟气经烟气再循环风机加压后，送入冷渣器作为流化冷却介质，可防止冷渣器内的再燃烧结渣堵塞。

在运行中可采取如下措施防止冷渣器结渣堵塞：

① 从煤的破碎、筛选着手，严格控制煤的入炉粒度。

② 运行前将冷渣器铺一定厚度（约300mm）的启动床料，可有效消除冷渣器投运前期流化不均匀而造成结渣的问题。

③ 建议在锅炉运行前期，采用人工控制方式进行操作，而不宜采用自动控制方式，待运行一段时间，积累经验，获得充分数据后，可投入自动控制。

④ 冷渣器采用溢流式排渣方式，可维持运行中冷渣器床压的稳定，流化均匀，避免冷渣器在进渣、排渣过程中床层高度的剧烈波动。

⑤ 建议冷渣器采用连续排渣方式，一方面可以避免由于间断进渣、排渣对冷渣器内耐火非金属材料的热冲击，另一方面，还可维持运行过程中冷渣器料层的稳定，避免剧烈波动。

⑥ 运行中严格控制冷渣器进渣管上松动风风量，防止冷渣器进渣管中出现再燃。

⑦ 当锅炉燃用结渣性较强的燃料时，冷渣器可采用部分冷烟气（再循环烟气）作为冷却流化介质，可有效防止冷渣器内部出现再燃。

⑧ 运行中根据煤质、床温及床压情况，决定冷渣器各室大渣排放口开启周期及时间，防止大颗粒长时间停留在冷渣器内而又流化不好造成结渣。

⑨ 运行中密切监视冷渣器床温床压，发现异常工况，及早采取措施。如适当加大冷渣器流化风量、开启进渣管上的吹扫空气。由于冷渣器的运行及控制方式不一样，所以应根据具体情况采取相应对策。

7.13.5.2 滚筒式冷渣器和水冷绞龙冷渣器的堵塞

1. 落渣管堵塞

滚筒式冷渣器和水冷绞龙冷渣器最易发生堵塞的部位是落渣管，落渣管堵渣是循环流化床锅炉经常发生的事故之一，它不仅严重影响锅炉的安全运行，而且处理困难且危险，在锅炉运行中应引起重视。

① 落渣管堵塞的原因：

1）锅炉启动和运行中流化不良或其他原因引起结焦，大渣块进入落渣管发生堵塞。

2）燃料粒度太大，炉膛中没有燃尽的燃料进入落渣管继续燃烧，在落渣管内发生结焦堵塞。

3）采用不连续排渣方式，或排渣量太小，热渣在落渣管内停留时间过长而结渣。

4）锅炉内耐火材料脱落，进入落渣管发生堵塞。

② 落渣管堵塞的处理：

落渣管堵塞后的处理，目前主要是采用人工捅渣的方式。当堵塞严重无法处理通时，需申请停炉处理。

③ 预防落渣管堵塞的措施：

1）在锅炉启动和运行中控制好流化风量和床压、床温等，防止炉内结渣，是防止落渣管堵塞的最主要措施。

2）保证入炉燃料的颗粒度符合要求，防止落渣管内发生再燃烧。

3）尽量采用连续排渣方式。

4）在落渣管设置空气炮，对防止落渣管堵渣有一定效果。

2. 冷渣器堵塞

滚筒式冷渣器和水冷绞龙冷渣器堵塞的主要原因：

① 锅炉内的大渣块或脱落的耐火材料通过落渣管进入冷渣器，发生堵塞。

② 冷渣器长期运行磨损，冷却水泄漏，渣遇水板结，这种情况引起的堵塞，情况比较严重，处理较困难。

冷渣器堵塞的处理，可在运行中将冷渣器停止运行，进行检修处理。情况严重者，或运行中无法处理时，需在停炉后处理。

7.13.6　风帽堵塞现象分析判断及预防处理

1. 风帽堵塞的原因

① 由于设计不当，布风装置阻力太小。

② 流化风速过低。

③ 流化风室内有杂物，被流化风吹入风帽风管内。

④ 布风板上结焦。

⑤ 耐火材料施工过程中，没有对风帽小孔作防堵措施，耐火材料堵塞风帽小孔。

2. 风帽堵塞的判断

① 作流化实验时，如果用工具不能轻易接触风帽，则说明此处风帽可能堵塞。

② 作流化实验结束后，床层表面不平整，床层较高的地方可能风帽堵塞。

③ 运行中等压风室压力变化较大。

3. 风帽堵塞的处理

① 当风帽堵塞太多时，降低料层，加大一次风量，进行疏通。

② 当风帽堵塞大多，无法疏通，又有继续结焦可能时，应申请停炉处理。

7.13.7　紧急停炉

7.13.7.1　遇有下列情况应紧急停止锅炉运行

① 风机或高压流化风机不能正常工作；

② 炉膛压力大于制造商推荐的运行上限；

③ 床温或炉膛出口温度超出正常范围，达到紧急停炉温度；

④ 床温低于允许投煤温度，且辅助燃烧器火焰未被确认。

⑤ 锅炉汽包水位达到高限时；

⑥ 锅炉汽包水位达到低限时；

⑦ 受热面爆管，无法维持汽包水位时；

⑧ 主给水管路、主蒸汽管路爆破；

⑨ 锅炉严重结焦；

⑩ 锅炉所有的水位计损坏，无法监视汽包水位时；

⑪ 锅炉出口以后烟道内发生再燃烧，排烟温度不正常升高至200℃时；

⑫ 炉墙破裂且有倒塌危险，危及人身或设备安全时；

⑬ 系统甩负荷，汽压超过极限值安全门拒动而对空排汽不足以泄压时；

⑭ 安全门动作不回座，汽温、汽压降至汽机不允许时；

⑮ DCS系统全部操作员站出现故障，且无可靠的后备操作监视手段；

⑯ 热控仪表电源中断，无法监视、调整主要运行参数；

⑰ 锅炉机组发生火灾，直接威胁锅炉的安全运行；

⑱ MFT应动而拒动。

7.13.7.2 紧急停炉步骤

① 达到紧急停炉条件时MFT动作，按MFT动作处理。

② 如果MFT未动作，同时按下两个“MFT”按钮手动停炉，确认停止向炉内提供一切燃料，根据需要可开启过热器向空排汽阀。

③ 将各自动改为手动操作，控制好汽包水位、床温、汽温、汽压，根据汽温关小或关闭减温水手动门。

④ 给水门关闭后，锅炉停止上水时应开启省煤器再循环(省煤器爆破时除外)。

⑤ 若尾部烟道再燃烧应立即停止风机，密闭烟风挡板，严禁通风。

⑥ 迅速采取措施消除故障，作好恢复准备工作，汇报上级，记录故障情况。

⑦ 短时无法恢复时，维持汽包高水位(炉管爆破不能维持水位时除外)。

7.13.8 申请停炉

遇有下列情况，应申请停止锅炉机组的运行：

① 水冷壁、过热器、省煤器等汽水管道发生泄漏，尚能维持锅炉水位时；

② 锅炉给水、炉水、及蒸汽品质严重恶化，经多方处理无效时；

③ 过热器壁温超过极限，经多方调整无效时；

④ 所有远方水位计失灵，短时无法恢复时；

⑤ 所有氧量表记失灵时；

⑥ 炉结焦，经多方调整无效，难以维持正常运行时；

⑦ 床温超过规定值，经多方调整无效时；

⑧ 流化质量不良，经多方调整无效时；

⑨ 排渣系统故障，经多方处理无法排渣时；

⑩ J阀回料器堵塞，经多方调整无效时；

⑪ 回料器保温脱落，管壁烧红时；

⑫ 所有电除尘电场故障，无法投入。

申请停炉可根据具体情况，按压火停炉或正常停炉步骤进行。

7.14 典型循环流化床锅炉的调试大纲

7.14.1 风量标定及布风板阻力试验调试

1. 试验目的

① 标定送风系统各风量测量元件的流量系数；

② 检验、调整送风系统的运行状况；

③ 测试各主要风门的工作特性；

④ 测定空床状态下布风板阻力特性。

2. 试验项目

① 一次风各测风元件标定；

② 二次风(含启动燃烧器)各测风元件标定；

③ 返料器流化风侧各测风元件标定；

④ 冷渣器流化风测风元件标定；

⑤ 各二次风门、播煤风风门风量特性测试；

⑥ 测定锅炉布风板阻力，绘制无床料时布风板阻力随风量(或风速)变化的特性曲线。

3. 试验应具备的条件

① 风机联合试运转试验结束，试验结果合格；

② 烟风系统的伺服机构能准确投用，开关方向正确，风门开度应做到内外一致，就地和集控室 CRT 画面一致。手动门应开关灵活、方便；

③ 烟风系统无漏风，内部杂物清理完毕；

④ 风量标定试验所需要的测点全部安装完毕，测速元件加工完毕并验收合格；

⑤ 与锅炉烟风系统有关的热工表计全部投用并指示正确；

⑥ 不利于测量的部位应按试验要求搭设牢固的脚手架和临时平台，四周应设有牢固的护栏，各测点处应有足够的照明。

⑦ 试验所用仪器、材料、工具等准备完毕。

4. 试验方法和步骤

(1) 烟风系统风门动态检查

试验前对系统内所有风门(一、二次风机、引风机入口风门、高压流化风机出口风门、冷渣器风机风门、二次热风门、一次热风门等)开关程序及灵活性、开关方向、远操的准确性和可靠性进行检查核对，不一致或存在缺陷，由施工单位进行消缺处理。

(2) 风量测量和测速元件标定

按顺序依次启动引风机、返料器流化风机、二次风机、冷渣器流化风机、一次风机、石灰石风机，调整炉膛出口负压维持在-20~-30Pa。

① 一次风测速元件标定

控制一次风机风量在三个工况下依次进行试验。同时调节引风机挡板，使炉膛负压保持在-20~-30Pa，用皮托管测量相关的一次风道动压、静压，同时测量测速元件差压值，表盘显示值。

② 二次风测速元件标定

控制二次风机风量在三个工况下依次进行试验。炉膛负压保持在-20~-30Pa，用皮托管测量相关的二次风管动压、静压，同时测量测速元件差压值，表盘显示值。

③ 二次风风门特性试验

保持二次风总风量符合 ECR 工况的要求，在 100%、70%、50%、30%和 10%开度下测试各二次风门的风量特性。

④ 返料风测风元件标定试验

调节高压风机有关风门，选三个工况用皮托管测量返料风道动压、静压，同时测量测速元件差压值。

⑤ 冷渣器测风元件标定试验

调节冷渣风机有关风门，选三个工况用皮托管测量返料风道动压、静压，同时测量测速元件差压值。

⑥ 给煤系统风量标定试验

标定播煤风、给煤机密封风和给煤口密封风的风量及风量测量元件的风量系数。其中，播煤风的标定选取三种试验工况。

(3) 空床阻力特性试验

空床阻力特性的测定结合一次风量标定试验同时进行。试验时平滑的改变送风量，同时调整引风，使炉膛出口负压维持在-20~-30Pa。对应每个送风量，从风室静压计上读出当时的风室压力，一直做到一次风机风门全开。再逆向降低一次风风量进行试验直至风量为零。每次读数时，都要记录风量和风室静压。

5. 试验记录项目

① 风量标定过程中记录标准皮托管测试的每点动压、静压、测量元件差压以及各风机电流、开度、风压等；

② 记录各工况下的炉膛各有关压力；

③ 记录试验各工况下的风机挡板开度；

④ 记录风室静压和风量。

6. 试验要求

① 运行人员按照试验人员的要求调整试验工况，协调各风机的运转，保持炉膛出口压力在-20~-30Pa。

② 运行人员按照试验人员的要求调整试验工况，稳定后未经试验人员同意不得作随意调整。

③ 施工单位人员做好运行设备的监护和运行记录，保证设备的安全。

④ 运行人员按照试验人员的要求记录相关的运行数据。

⑤ 试验期间不得进行影响试验工况稳定的任何操作和其他试验。

7.14.2 锅炉流化试验调试

1. 试验目的

① 测试流化床临界流化风量；

② 测试料层阻力特性，为流化床锅炉启动及热态运行提供依据和参数；

③ 测试回料阀特性等；

④ 检查布风板配风均匀性，保证锅炉燃烧安全，防止床面结焦和设备烧损。

2. 试验项目

① 核实引风机、一次风机、二次风机、返料器流化风机的风量和风压，是否满足流化

床锅炉的需要，检查烟风系统有无泄漏。

② 测定料层阻力，绘制料层阻力随风量(或风速)变化的特性曲线，确定各料层厚度下的冷态临界流化风量。

③ 检查布风装置布风均匀性。

④ 回料阀最小返料风量试验。

3. 试验应具备的条件

① 风量标定和布风板阻力试验完成。

② 烟风系统无漏风，炉膛、烟风道、旋风分离器、返料装置、冷渣器及空气预热器等内部杂物清理完毕。

③ 床料准备充足，粒径符合要求。床料最好选用其他流化床的底渣，粒径在 8mm 以内。

④ 与锅炉有关的热工仪表和电气仪表均已安装和调试完毕，校验结束，可投入使用。尤其是各风量、床压、返料器压力和冷渣器压力测点全部投用，并指示正确。

⑤ 不利于测量的测点处无固定平台或扶梯者，应按试验要求搭设牢固的脚手架，所有区域必须有足够的光线适于操作，尤其是各测点处应有足够的照明。

⑥ 为便于观察炉内流化现象和返料情况，锅炉内部应装设防磨(防爆)照明，床上人孔门用有机玻璃门代替。

⑦ 试验所用仪器、材料、工具等准备完毕。

4. 试验方法和步骤

① 烟风系统的检查。施工单位应在试验前清理系统内杂物，尤其是布风板、返料器、分离器和冷渣器等重点部位，保证系统的正常运转和试验的可靠性。经检查合格后方可进行下一步的工作。

② 检查炉膛、冷渣器、回料阀的布风板风帽安装定位是否准确，且无堵塞现象。

③ 床料的检查。应准备足够的符合一定粒径要求的床料，经过筛后方可加入炉内。

④ 料层厚度与床压关系试验。

1) 密封返料口。试验前用经检验合格的床料密封返料口，高度高于返料立腿下部 2~3m。

2) 启动引风机、返料器流化风机、冷渣器流化风机和二次风机，维持炉膛出口负压在-20~-30Pa。

3) 填充床料。由启动床料给入口填充床料至净高 900mm，停止给料。保证床料在床面上分布均匀。

4) 料层阻力测定试验。启动一次风机，逐渐提高一次风量直至充分流化。在一次风额定风量的 10%、20%、30%、40%、50%、60%、70%、80%、90%、100%等工况下进行试验。每个工况稳定 1min 后进行测量和抄表，再逆向降低一次风量进行试验直至风量为零。每次读数时，都要记录风量、床压、风室压力和其他运行参数。

5) 临界流化风量试验。在上述过程中测定并记录该床料厚度下的临界流化风量。

6) 降低床料至 700mm 厚，并铺平上表面。重复上面 d、e 步骤进行该床层厚度下的阻力特性和临界流化风量试验。

7) 填充床料至 500mm 厚，并铺平上表面。重复上面 d、e 步骤进行该床层厚度下的阻力特性和临界流量试验。

以上是以流化床底渣作为启动床料的填充方法。亦可采取不启动风机的方法填充床料，待添加至所需的试验高度时，将表面铺平。按以上方法试验。

⑤ 流化质量试验。

900mm 料层阻力试验结束后，从冷渣器放渣直至料层厚度为 800mm 进行试验。慢慢加大一次风量，使床料充分流化，经 2~3min 后，迅速停止一次风机、引风机并迅速关闭一次风机、引风机入口挡板，然后观察料层厚度的分布情况。若料层在整个布风板上分布平整，无凹陷和突起，可认为布风无明显不均匀。

用同样方式进行其他料层厚度的布风均匀性试验。

⑥ 回料阀最小返料风量试验。

在炉膛内流化床上铺有大于点火时料层厚度的炉料，启动引风机、一次风机、返料流化风机，维持炉膛出口负压，打开炉膛人孔门，通过观察返料口处有无细灰下落判断是否返料。开大风门增大风机风量风压，观察细灰的下落，如果细灰下落，则表明此时返料器开始返料，如果无细灰下落，则表明返料风室风压不够，此时应继续加大高压风量，直到返料口有细灰下落为止，此时记下返料器开始返料的风量和风压值，正常运行中风量应不低于此值。

5. 试验记录项目

① 记录各风机电流、开度、风压等；

② 料层试验记录各工况下的各风烟系统压力、炉膛各部位的有关压力、各工况下流化风量及各种料层厚度下的临界流化风量；

③ 回料实验记录返料器开始返料的风量和风压值；

④ 记录试验各工况下的风机风门和风烟系统中其他风门、挡板的开度。

7.14.3 冷渣器系统调试

以风、水冷联合冷却的流化床冷渣器为例，该冷渣器由锥形阀控制排渣，冷渣器内布置有水冷管束，流化风由冷渣器高压风机供给。

1. 调试目的

① 通过冷渣器的冷态试验及早发现冷渣器系统在设计、制造、安装等方面存在的问题，以尽快地加以处理，保证机组能可靠的投入运行。

② 考验进入冷渣器的风量和风压否满足设计要求。

③ 进行冷态排渣试验，为热态运行提供依据。

2. 试验应具备的条件

① 锅炉本体、烟风系统安装结束，并通过验收合格；

② 一次风机、二次风机、冷渣流化风机和引风机等联合试运转合格；

③ 烟风系统的伺服机构能准确投用，开关方向正确，风门开度应做到内外一致，就地和表盘一致。手动门应开关灵活、方便；

④ 烟风系统无漏风，内部杂物清理完毕；

⑤ 冷态试验所需要的测点全部安装完毕，测速元件加工完毕并验收合格；

⑥ 与锅炉烟风系统有关的热工表计全部投用并指示正确；

⑦ 不利于测量的测点处无固定平台或扶梯者，应按试验要求搭设牢固的脚手架，各测点处应有足够的照明。

⑧ 为便于观察冷渣器内流化现象，冷渣器内部装设防磨(爆)照明，各人孔门用有机玻

璃门代替。

3. 试验方法和步骤

(1) 冷渣器阻力特性试验

在布风板阻力特性试验测定的同时进行冷渣器阻力特性测试，试验时平滑的改变冷渣器送风量，同时调整引风机，使炉膛出口负压维持在-20～-30Pa。对应每个送风量，从风室静压计上读出当时的风室压力，一直做到风门全开。再逆向降低风量进行试验。每次读数时，都要记录风量和风室静压。

(2) 冷渣器流化试验

① 开启引风机、一次风机和冷渣器流化风机，使床料处于微流化状态。

② 通过打开排渣阀向两冷渣器放渣，至冷渣器建立正常渣位，关闭排渣。

③ 在不同的冷渣器料层厚度下，按料层阻力试验方法，调节冷渣器流化风机风量，进行冷渣器阻力特性试验，并进行相关记录。

7.14.4 石灰石输送系统调试

1. 试验目的

① 检查石灰石输送系统安装质量是否达到设计要求。

② 在锅炉整套启动时，顺利实现石灰石系统的投入。

2. 调试范围和项目

① 调试范围

石灰石输送系统，主要包括石灰石输送风机、石灰石粉仓、石灰石粉仓出口给料阀、缓冲仓、缓冲仓出口给料阀。

② 调试项目

1) 石灰输送系统冷态试验；

2) 主要运行表计的检验和检查；

3) 石灰石输送系统的相关联锁保护试验；

4) 锅炉整套启动时顺利实现石灰石添加。

3. 调试应具备的条件

① 整个系统布局已按设计要求施工安装完毕，石灰石粉仓、缓冲仓及石粉、空气输送管道内杂物彻底清扫干净。

② 石灰石输送风机单体试转合格。

③ 施工用的脚手架等杂物已清理干净，地面平整、防护栏杆齐全牢固，无妨碍启动工作的障碍物。

④ 各电动门、给料阀开关方向正确，动作灵活。

⑤ 各转动设备的润滑点，已注入合格的润滑油(脂)，油位计标示清晰，无漏油；安全防护装置齐全牢固。

⑥ 用于设备控制和保护的信号测点、监测仪表等装置，齐全好用。

⑦ 现场的工作照明充足，事故备用电源可靠。

⑧ 与石灰石上料有关的压缩空气系统设备，能够投入使用；所用仪表和输送气源系统管道全部吹扫干净，且经过通风检验无漏泄，工作压力符合系统要求。

4. 调试步骤

(1) 系统中设备的静态试验

系统中各设备先用手动单独启/停，观察方向正确。

（2）系统的动态试验

① 将石灰石粉库注入合格的石灰石粉，料位应保持在1/3以上。

② 开启石灰石至输送管道上的阀门。

③ 启动一台石灰石输送风机。

④ 投入相应的给料阀，石灰石缓冲仓出口旋转给料阀调至最大转速。

⑤ 根据排烟中SO_2含量，调节石灰石给料阀的频率。

7.14.5 炉前给煤系统调试

1. 试验目的

① 检查给煤系统安装质量是否达到设计要求。

② 在锅炉整套启动时，顺利实现投煤。

2. 调试范围和项目

（1）调试范围

炉前给煤系统，主要包括煤仓、给煤机、给煤机进出口插板门及密封风调节门。

（2）调试项目

① 给煤机的冷态试转；

② 风门挡板调试；

③ 锅炉各主要运行表计的检验和检查；

④ 炉前给煤系统的相关联锁保护试验；

⑤ 锅炉整套启动时顺利实现投煤。

3. 调试应具备的条件

（1）基建方面

① 整个系统布局已按设计要求施工安装完毕。

② 施工用的脚手架等杂物已清理干净，地面平整、防护栏杆齐全牢固，无妨碍启动工作的障碍物。

③ 给煤插板、落煤插板检查开关方向正确，动作灵活。

④ 启动设备的工作现场消防水、工业水、污水排放等系统，经冲洗打压试验合格，并按规定要求投入运行。

⑤ 各转动设备的润滑点，已注入合格的润滑油(脂)，油位计标示清晰，无漏油；安全防护装置齐全牢固。

⑥ 皮带松紧度调整余量适中；皮带对接处粘接牢固，边缘整齐。

⑦ 用于设备控制和保护的信号测点、监测仪表等装置，齐全好用。

⑧ 现场的工作照明充足，事故备用电源可靠。

⑨ 煤斗清扫干净。

（2）生产方面

① 控制室内有关热工仪表，如风机电流、电压、风压、风量、风门表计等可正常可靠的投入。

② 炉前给煤系统的各种联锁、程控等，经静态试验合格并投入。

③ 各种保护已投入。

4. 调试步骤

（1）系统中设备的静态试验

① 系统中各设备先用手动单独启/停，观察方向正确，电流返回正常，集控盘上反馈信号正确，皮带无跑偏。

② 称重给煤机进行现场标定试验。

（2）系统的动态试验

① 联系煤仓上煤至正常煤位。

② 各给煤机播煤风、密封风已投入，调整播煤风量、落煤管密封风量、给煤机密封风量。

③ 启动给煤机。

④ 初次投煤应以最小的速率投煤，脉动给煤，试投三次，投90s后停90s，观察到烟气氧量下降，床温上升，确认煤已燃烧。

⑤ 根据床温、负荷的要求增加给煤机转速或投入其他给煤机，并检查煤量指示是否正确。

7.14.6 锅炉燃烧调整调试

1. 试验目的

① 掌握锅炉运行特性，为运行人员提供必要的运行数据；

② 保证锅炉及主辅助设备运行的安全性；

③ 锅炉主要运行参数达到设计值；

④ 实现锅炉首次投油点火成功；

⑤ 降低锅炉燃油消耗量。

2. 试验内容

① 准确控制锅炉的一、二次风速，调整一、二次风配比，使炉内流化良好、燃烧良好、无结焦现象发生。

② 控制炉膛出口过量空气系数，保证燃料完全燃烧，飞灰及炉渣含碳量较低。

③ 控制床温在设计范围。

④ 控制床压在设计范围，冷渣器排渣正常。

3. 试验条件及要求

① 锅炉已具备整套启动条件。

② 碎煤系统经调整后，碎煤机出力、煤粒度符合设计要求。

③ 试验前取原煤样，进行工业分析。

④ 锅炉燃用与设计煤种相近煤种，煤种应基本稳定。

⑤ 锅炉各主要参数仪表经校核合格。

⑥ 试验工况一旦调好，不再进行影响试验工况的任何操作，如吹灰、排污、清焦等；试验结束后再恢复正常运行操作。

⑦ 试验结束后由计算机打印整个试验过程中的有关运行数据及设备状态数据。

4. 试验工况安排

在50%负荷下要进行燃烧初调整，在75%及100%负荷下要进行燃烧调整试验。根据实际情况对个别负荷进行重点调试，初定重点为75%及100%负荷，每个试验工况要求稳定2~3h。试验工况安排如下：

① 点火初期调整；

② 50%负荷调整；

③ 75%负荷调整；

④ 100%负荷调整。

5. 测试项目

(1) 取样

① 碎煤机前取原煤样；

② 给煤机前取入炉煤样；

③ 飞灰取样：烟道飞灰取样装置处取飞灰样；

④ 在空预器出口取烟气样；

⑤ 在出渣口取炉渣样。

(2) 锅炉启动、升温、升压

(3) 锅炉运行调整及各运行指标调节

6. 调整的方法及步骤

① 锅炉的点火、给煤系统的启停、切换应按《锅炉操作规程》进行。

② 点火初期的燃烧调整。

1)依次启动引、送风机等，维持一定的炉膛负压(-30~-50Pa)，将风量调至大于30%总风量，投点火油枪。

2)锅炉点火后应注意观察着火情况和油雾化状况。

3)锅炉点火后按机组启动曲线进行升温、升压。

4)根据升温、升压曲线，增投其余油枪。

5)点火初期，根据燃烧情况风量做适当调整。

③ 投煤初期的燃烧调整。

1) 当床温达到投煤温度(由试验确定)时，开始投煤，在最低给煤量下启动一台给煤机，脉动给煤，观察床温是否上升，氧量是否下降，是则继续缓慢加煤提高床温，同时减少油量。否则应停止投煤。

2) 逐渐增加给煤机转速，调整一次风总风量，使床温逐步上升，当床温大于600℃且有上升趋势时，开始逐步停油枪，适当地调整二次风，确保燃烧稳定。

3) 根据床温和汽机冲转参数调整一次风量、油枪出力和给煤量。

4) 通过排渣维持流化床压降在规定范围内。

5) 升负荷时应满足锅炉的升温、升压曲线及烘炉曲线。

④ 50%负荷时燃烧调整。

1) 在增加各给煤机给煤量的同时，适当停用油枪；

2) 负荷升到50%时，稳定燃烧，调整一次风，维持床温在规定范围内，并相应调整二次风，控制炉膛出口氧量在4%~6%；

3) 根据床温及燃烧情况停全部油枪。

4) 调整石灰石量控制 SO_2 的排放量在允许排放范围内；

5) 维持正常床压。

⑤ 75%负荷燃烧调整。

1) 根据燃烧情况和主汽压力，调整风量，给煤量；

2）在75%负荷时，进行燃烧调整试验，合理控制一、二次风量；

3）调整石灰石量，控制 SO_2 的排放量在允许排放范围内；

4）通过排渣维持正常床压。

⑥ 100%负荷燃烧调整。

1）床温调整。通过调整一、二次风风量和比率、床料量等维持床温在正常范围（850~920℃）。

2）床压调整。根据负荷的大小和床温床压的高低，通过给料量、排渣量的增减进行控制，维持正常的床压。

3）冷渣器的运行

床压达到规定值时排渣，排渣时排渣阀开度不宜过大，避免冷渣器堵塞。床压高于控制值时增加排渣量。

依据冷渣器内差压和温度变化决定冷渣器是否放渣和放渣量。有堵塞现象时，增大相应风室风量，反复数次启动粗灰排放阀。

4）SO_2 排放控制。投入石灰石系统，并投自动；控制床温在设计范围内，维持在较佳的脱硫温度，控制 SO_2 的排放量在允许排放范围内。

5）NO_x 排放控制。调整一、二次风比率，控制床温在设计范围内，维持在较佳的脱硝温度和气体氛围。

6）飞灰可燃物的控制。通过调整过量空气系数和床温来调整飞灰可燃物含量。

7）注意宽筛分煤着火情况，密切监视汽温、汽压变化，防止超温。

7. 试验记录项目

调整完毕，工况稳定后，测量、记录以下参数：

① 炉膛出口氧量、排烟烟气成分；

② 排烟温度；

③ 入炉煤工业分析；

④ 煤宽筛分分析；

⑤ 飞灰、炉渣含碳量；

⑥ 各主要运行数据及试验数据；

⑦ 过热器、再热器壁温；

⑧ 燃油消耗量等。

8. 调试质量检验标准

① 燃烧稳定；

② 床温稳定且在设计要求范围内；

③ 不结焦；

④ 返料正常；

⑤ 冷渣器排渣正常、冷渣不超温；

⑥ 油枪燃烧良好；

⑦ 主要运行参数符合设计要求；

⑧ 主要辅机设备无故障运行。

第8章　装置的安全环保和节能降耗

8.1　安　全

8.1.1　人身安全

① 工作或作业场所的各项安全措施必须符合《电业安全工作规程》和《电力建设安全工作规程》(DL 5009.1—92)有关要求。

② 领导干部应重视人身安全，认真履行自己安全职责。认真掌握各种作业的安全措施和要求，并模范地遵守安全规程制度。做到敢抓敢管，严格要求工作人员认真执行安全规程制度，严格劳动纪律，并经常深入现场检查，发现问题及时整改。管理人员和各岗位工人等人员也必须认真履行各自的安全职责，做到“三不伤害”。

③ 定期对人员进行安全技术培训，提高安全技术防护水平。

1）应经常进行各种形式的安全思想教育，提高职工的安全防护意识和安全防护方法。

2）要对安全规程制度中的主要人员如工作票签发人、工作负责人、工作许可人、工作操作监护人等定期进行正确执行安全规程制度的培训，熟练地掌握有关安全措施和要求，明确职责，加强对工作票、操作票执行情况的动态管理，严把安全关。

④ 加强对各种承包工程的安全管理，反对对工程项目进行层层转包，明确安全责任，做到严格管理，安全措施完善，并根据有关规定严格考核。

⑤ 在防止触电、高处坠落、机器伤害、灼烫伤等类事故方面，应认真贯彻安全组织措施和技术措施，并配备经国家或省、部级质检机构检测合格的、可靠性高的安全工器具和防护用品。完善设备的安全防护设施(如输煤系统等)。从措施上、装备上为安全作业创造可靠的条件。淘汰不合格的工器具和防护用品，以提高作业的安全水平。

⑥ 提高人在生产活动中的可靠性是减少人身事故的重要方面，违章是人的可靠性降低的表现，要通过对每次事故的具体分析，找出规律，从中积累经验，采取针对性措施提高人在生产活动中的可靠性；要以人为本，通过全员控制差错、安全质量标准化、反违章行动计划的落实来保证人的可靠性，防止伤亡事故的发生。

⑦ 实施重点。

1）加强对安全工器具、起重机具、登高用具、厂内运输设备的定期检测、试验工作进行重点监督和检查。

2）对劳保用品、安全工具、安全防护用品的购置、发放和使用进行监督和检查。

3）完善设备的安全防护设施，推行安全设施标准化工作，使人、机、环境互相协调。

4）重点防范触电、高处坠落、物体打击、机器伤害、灼烫伤造成的人身伤亡事故。

8.1.2　设备安全

1. 防止锅炉炉膛爆炸事故的主要措施

① 为防止锅炉灭火及燃烧恶化，应加强煤质管理和燃烧调整，稳定燃烧，尤其是在低负荷运行时更为重要。

② 为防止燃料进入停用的炉膛，应加强锅炉点火及停炉运行操作的监督。

③ 保持锅炉制粉系统、烟风系统正常运行是保证锅炉燃烧稳定的重要因素。

④ 锅炉一旦灭火，应立即切断全部燃料，严禁投油稳燃或采用爆燃法恢复燃烧。

⑤ 锅炉每次点火前，必须按规定进行通风吹扫。

⑥ 锅炉炉膛结渣除影响锅炉受热面安全运行及经济性外，往往由于锅炉在掉渣的动态过程中，引起炉膛负压波动或灭火检测误判等因素而导致灭火保护动作，造成锅炉灭火。因此，除应加强燃烧调整和防止结渣外，还应保持吹灰器正常运行尤为重要。

⑦ 加强锅炉灭火保护装置的维护与管理。

2. 预防锅炉灭火及灭火打炮的措施

① 加强燃煤的监督管理，完善混煤设施，加强配煤管理和煤质分析，及时将煤质情况通知司炉，做好调整燃烧的应变措施，防止发生锅炉灭火；

② 新投产、锅炉改进性大修后或当实用燃料与设计燃料有较大差异时，应进行燃烧调整，以确定一、二次风量、风速、合理的过量空气量、风煤比、煤粉细度、燃烧器倾角或旋流强度及不投油最低稳燃负荷等；

③ 运行中在负荷过低、煤质恶劣、煤粉变粗以及设备故障(如单风机运行)等情况下，应及时进行燃烧调整，投油助燃，并禁止进行受热面吹灰、捞渣机放灰等操作，防止锅炉灭火；

④ 当锅炉已经灭火或已局部灭火并濒临全部灭火时，严禁投助燃油抢。当锅炉灭火后，要立即停止燃料(包括煤、油、燃气、制粉乏气风)供给，严禁用爆燃法恢复燃烧。重新点火前必须对锅炉进行充分通风吹扫，以排除炉膛和烟道内的可燃物质；

⑤ 加强锅炉灭火保护装置的维护和管理，防止火焰探头烧损、污染失灵、炉膛负压管堵塞等问题的发生；

⑥ 严禁随意退出火焰探头或联锁装置，因设备缺陷需退出时，应经总工程师批准，并事先做好安全措施。热工仪表、保护、给粉控制电源应可靠，防止因瞬间失电造成锅炉灭火；

⑦ 加强设备检修管理，重点解决炉膛严重漏风、给粉机下粉不均匀和煤粉自流、一次风管不畅、送风不正常脉动、堵煤、直吹式磨煤机断煤和热控设备失灵等缺陷；

⑧ 加强点火油系统的维护管理，消除泄漏，防止燃油漏入炉膛发生爆燃。对燃油速断阀要定期试验，确保动作正确、关闭严密。

3. 预防尾部烟道再燃烧的预防措施

① 锅炉空气预热器的传热元件在出厂和安装保管期间不得采用浸油防腐方式；

② 锅炉空气预热器在安装后第一次投运时，应将杂物彻底清理干净，经制造、施工、建设、生产等各方验收合格后方可投入运行；

③ 回转式空预器应设有可靠的停转报警装置、完善的水冲洗系统和必要的碱洗手段，并应有停炉时可随时投入的碱洗系统。消防系统要与空预器蒸汽吹灰系统相连接。热态需要时投入蒸汽进行隔绝空气式消防。回转式空气预热器在空气及烟气侧应装设消防水喷淋水管，喷淋面积应覆盖整个受热面；

④ 在锅炉设计时，油燃烧器必须配有调风器及稳燃器，保证油枪根部燃烧所需用氧量。新安装的油枪，在投运前应进行冷态试验；

⑤ 精心调整锅炉制粉系统，保证合格的煤粉细度；

⑥ 根据负荷调整燃烧方式，风、煤、油配比合理，混合均匀，着火稳定，燃烧完全；

⑦ 启动炉时当油枪投入正常、燃烧良好，且尾都烟道前烟温达200℃以上时，方可投入

煤粉燃烧器；

⑧ 锅炉燃用渣油或重油时应保证燃油温度和油压在规定值内，保证油枪雾化良好、燃烧完全。锅炉点火时应严格监视油枪雾化情况，一旦发现油枪雾化不好应立即停用，并进行清理检修；

⑨ 运行规程应明确省煤器、空气预热器烟道在不同工况的烟气温度限制值，当烟气温度超过规定值时，应立即停炉。利用吹灰蒸汽管或专用消防蒸汽将烟道内充满蒸汽，并及时投入消防水进行灭火；

⑩ 回转式空气预热器出入口烟、风挡板，应能电动投入且挡板能全开、关闭严密；

⑪ 回转式空气温热器冲洗水泵应设再循环，每次锅炉点火前必须进行短时间启动试验，以保证空气预热器冲洗水泵及其系统处于良好的备用状态，具备随时投入条件；

⑫ 若发现回转式空气预热器停转，立即将其隔绝，投入消防蒸汽和盘车装置。若挡板隔绝不严或转子盘不动，应立即停炉；

⑬ 锅炉负荷低于25%额定负荷时应连续吹灰，锅炉负荷大于25%额定负荷时至少每8h吹灰一次，当回转式空气预热器烟气侧压差增加或低负荷煤、油混烧时应增加吹灰次数；

⑭ 若锅炉较长时间低负荷燃油或煤油混烧，就可根据具体情况利用停炉对回转式空气预热器受热面进行检查，重点是捡查中层和下层传热元件；若发现有垢时要碱洗；

⑮锅炉停炉1周以上时必须对回转式空气预热器受热面进行检查，若有挂油垢或积灰堵塞的现象，就应及时清理并进行通风干燥。

4. 防止汽包锅炉缺水或满水事故的措施

① 汽包锅炉应至少配置两只彼此独立的就地汽包水位计和两只远传汽包水位计。水位计的配置应采用两种以上工作原理共存的配置方式，以保证在任何运行工况下锅炉汽包水位的正确监视。

② 汽包水位计应正确安装，并采取正确的保温、伴热及防冻措施。

③ 按规定要求对汽包水位计进行零位的核定和校验。当各水位计偏差大于30mm时，应立即汇报，查明原因并予以消除。当不能保证两种类型水位计正常运行时，必须停炉处理。

④ 严格按照运行规程及各项制度，对水位计及其测量系统进行检查和维护。机组启动调试时应对汽包水位进行热态调整及校核。

⑤ 当一套水位测量装置因故障退出运行时，应填写处理故障的工作票，工作票应写明故障原因、处理方案、危险因素预告等注意事项，一般应在8h内恢复。若不能完成，应制定措施，经总工程师批准，允许延长工期，但最多不能超过24h，并上报上级主管部门备案。

⑥ 锅炉汽包水位高、低保护应采用独立测量的三取二逻辑判断方式。当有一点因某种原因需退出运行时，应自动转为二取一的逻辑判断方式，并办理审批手续，限期恢复(不宜超过8h)；当有两点因故退出运行时，应自动转为一取一方式，应制定相应的安全运行措施，经总工程师批准，限期恢复(8h以内)，如逾期不能恢复，应立即停炉。

⑦ 锅炉启动前应进行实际传动校验。用上水方法进行高水位保护试验，用排污门放水的方法进行低水位保护试验，严禁用信号短接方法进行模拟传动替代。

⑧ 在确认水位保护定值时，应充分考虑因温度不同而造成的实际水位与水位计(变送器)中水位差值的影响。

⑨ 锅炉投入运行后，应保证汽包高、低水位保护的正常投入，因缺陷等原因需退出水位保护时，应严格执行审批制度，并制定相应的安全运行措施，尽快恢复。退出保护时间最长不得超过8h。

⑩ 汽包水位保护不完整严禁启动。

⑪ 对于强制循环汽包锅炉，炉水循环泵差压保护采用二取二方式。当有一点故障退出运行时，应自动转为一取一方式，并办理审批手续，限期恢复(不宜超过8h)。当两点故障超过4h时，应立即停止该炉水循环泵运行。

⑫ 当运行中无法判断汽包确实水位时，应紧急停炉。

⑬ 运行人员必须严格遵守值班纪律，监盘思想集中，经常分析各运行参数的变化，调整要及时，准确判断及处理事故。不断加强运行人员的培训，提高事故判断能力及操作技能。

5. 防止“四管”泄漏措施

① 严格执行《防止火电厂锅炉四管爆漏技术导则》(能源电[1992]1069号)。

② 过热器、再热器、省煤器管发生爆漏时，应及早停运，防止扩大冲刷损坏其他管段。大型锅炉在有条件的情况下，可采用漏泄监测装置。

③ 定期检查水冷壁刚性梁四角连接及燃烧器悬吊机构，发现问题及时处理。防止因水冷壁晃动或燃烧器与水冷壁鳍片处焊缝受力过载拉裂而造成水冷壁泄漏。

8.2 环　　保

环境污染事故是指生产及其他活动过程中按有关标准进行不可避免的料排放导致环境质量恶化，危害人身及牲畜安全，影响环境资源，破坏生态环境。火力发电厂在生产过程中会对环境造成一定程度的不良影响。70%粉尘、90%硫氧化物、70%氮氧化物、71% CO、43C_xH_y和85%CO_2均来自于煤的燃烧。锅炉燃烧大气污染主要表现在烟尘污染、SO_2污染和氮氧化物污染。

8.2.1 烟尘气体污染排放物、噪声的危害

8.2.1.1 烟尘的危害

烟尘是燃煤和工业生产过程中排放出来的固体颗粒物。它的主要成份是二氧化硅、氧化铝、氧化铁、氧化钙和未经燃烧的炭微粒等。烟尘对人体健康有较大影响，刺激皮肤和眼睛；使肺部产生进行性、弥漫性的纤维组织增生，出现呼吸机能和其他器官机能的一种全身性疾病，尘肺就是其中的一种；大于5μm的颗粒物能被鼻毛和呼吸道黏液挡住，小于0.5μm的颗粒物一般会粘附在上呼吸道表面，并随痰液排出。直径在0.5~5μm的颗粒物对人体的危害最大。它不仅会在肺部沉积下来，还可以直接进入血液到达人体各部位。由于粉尘粒子表面附着各种有害物质，它一旦进入人体，就会引发各种呼吸系统疾病。

烟尘还可以使材料损坏，农作物减产，增加粉尘污染的净化费用，加剧烟道和引风机的磨损；降低能见度，破坏景观。

8.2.1.2 气体污染排放物的危害

烟气中污染物主要有氮氧化物、硫氧化物、一氧化碳，排放到大气中后，会形成酸雨或者灰尘气，污染大气环境、腐蚀各种设备和设施、危害植物和人的健康，甚至污染地面水源。

1. 硫氧化物的危害

硫氧化物主要是指SO_2、SO_3等气体。燃煤烟气中SO_2所占比例很大。SO_2是一种无色透明有刺激性气味的气体。SO_2对人的危害很大，主要是刺激呼吸道黏膜，引起呼吸道疾病。而且SO_2往往与飘尘结合在一起进入人体肺部，引起各种恶性疾病。SO_2在湿度较高的空气中，在Mn和Fe_2O_3的催化作用下，生成硫酸雾。硫酸雾的毒性比SO_2本身大10倍。SO_2在太阳紫外线和某些粉尘颗粒的作用下经过一系列光化学反应变成SO_3，然后与空气中的水蒸气相遇变成硫酸，随雨水降落形成酸雨。酸雨对植物、建筑物、各种露天设备等的影响很大，会造成森林树木枯黄、粮食减产、建筑物腐蚀，而且会使金属及其制品造成化学腐蚀，使纸制品、丝织品、皮革制品变质、变脆和破碎。

2. 氮氧化物的特性及危害

氮氧化物是指NO、NO_2、N_2O、NO_3、N_2O_3、N_2O_4等气体。燃煤烟气中的氮氧化物主要是NO和NO_2，有时也产生一定的N_2O。NO为无色无味气体，是在高温条件下由空气中的氮或燃料中的氮与氧化合生成的。当NO浓度较大时，其毒性很大。NO容易与动物血液中的血色素结合，造成血液缺氧而引起中枢神经麻痹。NO与血色素的结合力为CO的数百倍至1000倍。NO_2是浓红褐色气体。NO_2由NO氧化而成。NO_2对人和动物的呼吸器官黏膜，尤其对肺部有强烈的刺激作用，其毒性比SO_2和NO都强。浓度为100×10^{-6}的NO_2能使人类和动物死于肺水肿。另外，NO_2对心脏、肝脏、造血等组织也有影响。N_2O是一种在低温下煤燃烧生成的氮氧化物，称为笑气，是一种温室效应气体。它吸收红外线的能力是CO_2的250倍。N_2O也是一种破坏大气中臭氧层的气体。臭氧层有吸收太阳光中紫外线的能力，保护人类少受紫外线的照射，减少人类得皮肤癌的机会。NO_x的最大危害是NO_x与碳氢化合物在强烈的阳光作用下生成一种浅蓝色的有害气体烟雾，称为光化学烟雾。这种光化学烟雾对人体的影响更为强烈。因其可溶性低，很难为呼吸道摄取，容易到达肺部深处，使肺受到侵袭。

8.2.1.3 噪声的危害

从物理定义而言，振幅和频率上完全无规律的震荡称之为噪声。从环境保护角度而言，凡是人们所不需要的声音统称为噪声。

噪声污染是指环境噪声超过国家规定的环境噪声排放标准，并干扰他人正常生活、工作和学习的现象。噪声会妨碍人的工作、休息和睡眠，能损伤人的听力，引起人的心理、生理和病理反应。当人在100dB(A)左右的噪声环境中工作时会感到刺耳、难受，甚至引起暂时性耳聋。超过140dB(A)会引起眼球振动，视觉模糊，呼吸、脉搏、血压波动等。

预防噪声危害的措施：

① 控制噪声源。

② 采用隔声、吸声和消声措施。

③ 加强个人防护，如使用耳塞、防音棉、防音耳罩、防音帽盔等防音器。

8.2.2 烟尘含量的评定

一般采用林格曼黑度进行烟尘评定。这是利用法国人RingelmenChart创制的图表来评定烟尘浓度的简易方法。该图将烟气浓度分为0~5级，其外观颜色分别为全白、微灰、灰、涤灰、灰黑和全黑，对应的烟尘量为0.25、0.7、1、2、3、4~5mg/m³。使用时将烟气黑度分级图对照烟囱排出的烟气的黑度进行对比后，评定烟气黑度。

8.2.3 烟尘及污染气体、噪声的治理

锅炉减排技术主要有燃料的预处理；锅炉的合理运行和使用，提高锅炉的实际使用效率；改造和完善现有锅炉的燃烧系统，提高锅炉的燃烧效率；设计生产高效锅炉，提高锅炉的设计效率。

减少污染气体排放的主要措施有：

① 提高设备完好率，减少二次尘源。

② 合理选用除尘器，并提高除尘效率。粗尘粒可以采用离心式除尘器，而细灰尘则要采用电除尘器或过滤式除尘器来捕集，必要时采用多级除尘器串联运行。提高除尘效率最方便的方法是在电除尘入口处喷入适量的蒸汽和水，增加烟尘的浓度，使其电阻达到一定的数值。

③ 改变燃烧条件，降低 NO_x 排放。采取低过量空气燃烧；空气分级燃烧；燃料分级燃烧；烟气再循环；采用低 NO_x 燃烧器；降低流化床燃烧温度等措施。

采用两级燃烧，火焰最高温度区的氧气浓度较低，而在氧气浓度较高的区域，火焰拉长使得平均温度降低，因此 NO_x 生成量减少，采用两级燃烧一般可减少 NO_x30%左右。

④ 对烟气进行脱硫。燃煤烟气脱硫设备(也叫烟气脱硫装置或烟气脱硫系统)是大气污染防治设备的一种，是指利用气体、液体和固体混合物料、固体物料和其他手段吸收或吸附煤炭燃烧排放烟气的二氧化硫，直接从烟气中分离二氧化硫，或是其转化为无害和稳定的固体物质。应用脱硫技术，对原煤、烟气进行脱硫处理是对大气污染治理的有效措施。

(1) 脱硫技术的分类

按照燃烧过程分类，大致可分为燃烧前脱硫、燃烧中脱硫和燃烧后烟气脱硫。

① 燃烧前脱硫

1) 煤的洗选。结核状、团块状的硫铁矿较易洗选脱掉，但是洗选法不能脱除有机硫。通过洗选，全硫脱除率在45%~55%，硫铁矿硫脱除率约为60%~80%，含硫高的煤脱除率也高。

2) 煤的化学脱硫技术。化学脱硫方式包括碱法脱硫、气体脱硫、热解与氢化脱硫、氧化法脱硫等技术。它们可获得超低灰、低硫分煤，但工艺条件要求苛刻，流程复杂，投资和操作费用昂贵，而且发生化学反应后对煤质有一定的影响，这些因素限制了化学脱硫技术的推广和应用。

3) 煤的温和净化脱硫技术。这种技术的特点是：操作条件极其温和，脱硫都在不太高的温度(一般低于200℃)和常压下进行，并且净化后煤质几乎不变。近年来出现的温和净化技术主要有辐射法、微生物法、电化学法和化学法。我国在煤温和净化研究方面刚起步，大部分方法处于实验室或小规模试验阶段，离实用还有一定的距离。

4) 煤炭转化。煤炭转化是指用化学方法将煤炭转化为气体或液体燃料、化工原料或产品，主要包括煤炭气化和煤炭液化。

5) 煤炭气化。这是在一定温度和压力下，通过加入气化剂使煤转化为煤气的过程，气化过程中，煤中灰分以固态或液态废渣形式排出，硫则主要以 H_2S 形式存在于煤气中，然后可采用各种常规工艺除去 H_2S。

与煤炭气化有关的洁净煤技术有整体煤气化联合循环发电(IGCC)、第二代增压流化床燃烧联合循环发电(PFBC-CC)和燃料电池(FC)。

6）煤炭液化。这是将固体煤在适宜的反应条件下转化为洁净的液体燃料和化工原料的过程。水煤浆技术。将煤磨碎，加水和添加剂制成水煤浆燃烧，可以减少 SO_2 的排放量。

② 燃烧过程中脱硫

燃烧过程中脱硫是指在燃烧过程中添加固硫剂以实现脱硫，一般加石灰石。方式有：炉内喷钙脱硫、循环流化床燃烧脱硫、型煤固硫。

③ 燃烧后烟气脱硫

按脱硫反应产物是否利用分类，有抛弃法和回收法；按脱硫剂是否重复使用分类，有再生法和非再生法。

燃烧后烟气脱硫按脱硫反应物质在反应过程中的状态分类：

包括湿式脱硫、干式脱硫和半干式脱硫等。

1）干式脱硫

脱硫剂和反应产物都是干态，主要有炉内喷钙、电子束烟气脱硫脱氮等。

2）半湿式脱硫

主要有喷雾干燥法、炉内喷钙尾部增湿等，它们的脱硫剂为湿态，但反应产物是干态的。

3）湿式脱硫

脱硫剂、脱硫反应过程、反应副产品及其再生和处理等均在湿态下进行。主要有石灰石/石灰-石膏法、双碱法、海水烟气脱硫等。

（2）烟气脱硫剂

烟气脱硫剂或吸收剂按其来源可分为天然产品和化学制品两类。天然产品包括石灰石、石灰、天然磷矿石、电石渣等；化学制品包括硫酸钠、碱性硫酸铝、氨水、活性炭、氧化镁、氢氧化钠、亚硫酸钠等。

8.2.4 脱硫技术的应用

1. 炉内喷钙脱硫

（1）工作原理

将石灰石（$CaCO_3$）破碎到合适的颗粒度喷入炉内，会发生式（8-1）和式（8-2）所示的反应，即

$$CaCO_3 \longrightarrow CaO + CO_2 \tag{8-1}$$

$$CaO + \frac{1}{2}O_2 + SO_2 = CaSO_4 \tag{8-2}$$

此方法脱硫效率很低，在 Ca/S = 2 时，$\eta_{SO_2} = 10\% \sim 20\%$，主要与脱硫剂的喷射位置有关。

$CaCO_3$ 焙烧生成的 CaO 内部有较多孔径为 0.2~17.5μm 的微孔。微孔越多，CaO 对 SO_2 的吸附能力越强，越有利于脱硫反应。如果喷入点的炉温过高，会导致 CaO 再结晶，微孔被破坏或堵塞，脱硫效率下降；反之，如果喷射点的温度过低，则生成的 CaO 颗粒较粗，比表面积小，脱硫效率也不高。脱硫剂最佳喷入点的温度范围是 950~1100℃。

脱硫剂的颗粒度应该小于 70μm，其中小于 11μm 的应超过 50%。此外，脱硫效果还与煤灰的含钙量有关。对于高钙煤，由于自脱硫效率较高，喷钙脱硫的效果不理想，有的试验结果认为，向炉内喷石灰（CaO）比喷石灰石的脱硫效率低，这是因为焙烧生成的新鲜 CaO 比预先烧制成的 CaO 具有较高的活性。

（2）对锅炉设备运行的影响

① 对流受热面的磨损加重。在应用炉内喷钙脱硫技术时，锅炉的飞灰量增大，而且未反应的 CaO 可能与飞灰中的铝酸盐发生凝硬反应，形成磨损性能强的改性飞灰，这都会使锅炉对流受热面的磨损加重。

② 低温腐损减轻。CaO 与 SO_3 反应生成硫酸钙，使烟气中的 SO_3 浓度减少，露降低，减轻低温腐蚀。

③ 电除尘器的效率下降。飞灰率与灰中矿物质成分及烟气中 SO_3 浓度之间大体存在如式(8-3)所示的关系，即

$$对数电阻率(150℃)=0.44\frac{[CaO]+[MgO]}{[Na_2O]+[SO_3]}+8 \qquad (8-3)$$

式中　[CaO]、[MgO]、[Na_2O]——灰中各成分的含量,%；

[SO_3]——烟气中 SO_3 气体含量,%。

进行炉内喷钙脱硫时，飞灰中的 CaO 和 MgO 含量增加，SO_3 减少，会使飞灰的比增加 3~4个数量级，导致电除尘器的效率下降。

2. 炉内喷钙尾部增湿劣化烟气脱硫技术

炉内喷钙尾部增湿劣化技术简称 LIFAC(limestone injection into the furnace and activation of calcium oxide)，是芬兰 IVO 公司开发的，它是在炉内喷钙脱硫的基础上，于空气预热器之后增加了增湿、活化工序，以提高脱硫率和脱硫剂的利用率。这是一种半干法脱硫技术。

（1）工作原理

在炉内未与 SO_2 反应的 CaO 随烟气进入活化反应器后，被喷水增湿，发生水合、脱硫反应，即

$$CaO + H_2O \longrightarrow Ca(OH)_2 \qquad (8-4)$$

$$Ca(OH)_2 + SO_2 \longrightarrow CaSO_3 + H_2O \qquad (8-5)$$

$$CaSO_3 + \frac{1}{2}O_2 \longrightarrow CaSO_4 \qquad (8-6)$$

LIFAC 的技术特点如下：

① 脱硫效率较高。当 S=0.6%~2.5%，Ca/S=1.5~2 时，采用干灰再循环或灰浆再循环，总脱硫率可达 75%~80%。

② 系统工艺流程简单，占地面积小，无水排放，最终固态废物可作为建筑和筑路材料，初投资低，运行费用较低，适用于容量 50~300MW 机组的锅炉。

③ 脱硫系统启动快，对锅炉负荷变化有良好的跟踪能力。

④ 活化器内的脱硫反应要求的烟气温度尽量接近露点，但不应引起活化器壁、除尘器和引风机结露。

（2）LIFAC 脱硫系统对锅炉工作的影响

① 锅炉热效率略有下降。这是用热空气向炉内输送石灰石粉使排烟量增加，以及石灰石在炉内吸热煅烧，使炉温下降、飞灰可燃物含量增加的结果。有关电厂投用 LIFAC 后，飞灰可燃物含量由 5.68%上升到 7.25%，锅炉效率下降 0.3%~0.6%。

② 对流受热面磨损加重，低温腐蚀减轻。其原因与炕内喷钙脱硫相同。

3. 湿式烟气脱硫技术

湿式脱硫方法是当今占主导地位的烟气脱硫技术，尤以石灰石/石灰洗涤法应用最广泛，

它又可以分为抛弃法和回收法两种，主要区别是回收法中强制使 $CaCO_3$ 氧化成石膏 $CaSO_4$。其他应用较多的湿式脱硫技术还有双碱法、W-L 法、氧化镁法及氨法等。

湿法烟气脱硫技术的共同特点是：脱硫系统位于烟道末端，脱硫过程在湿态下进行，反应温度低于露点，烟气排向烟囱前需经再加热。

8.3 节 能 降 耗

8.3.1 节煤

对于煤粉锅炉来说，节煤效益主要体现在提高锅炉效率上，而与锅炉效率关系最为密切的是排烟热损失和固体不完全燃烧热损失。

8.3.1.1 提高锅炉热效率

锅炉热效率每提高 1%，发电煤耗约减少 3.0～4.0g/kW·h。提高锅炉热效率的途径有：

① 严格控制汽水品质。一般来自水中含有大量的溶解气体和硬度盐类。如果锅炉给水未加软化处理、除盐处理或处理不当，锅炉汽水品质较差，会使锅炉受热面的金属内壁造成腐蚀和结垢现象，结垢使热阻增大，影响传热，降低锅炉热效率，增加煤耗。水垢的导热系数约为钢板导热系数的 1/30～1/50，如果受热面上结垢 1mm，锅炉燃料消耗量要增加 2%～3%。

② 防止漏水冒汽。热力管道及法兰、阀门填料处，容易产生漏水、冒汽现象，使有效利用热量减少。锅炉补给水量增加，也会降低锅炉热效率。

③ 合理控制煤粉细度，降低飞灰可燃物。

④ 及时吹灰。

⑤ 减少炉膛、烟道漏风。

⑥ 合理控制氧量。

⑦ 进行锅炉燃烧调整试验。

8.3.1.2 降低排烟热损失

大型锅炉排烟温度每升高 16～20℃，排烟热损失会增加 1%，锅炉效率降低 1%。影响排烟热损失的主要因素是排烟容积和排烟温度。排烟温度越高，排烟容积越大，则排烟损失就越大。降低排烟温度可以降低排烟热损失，但要降低排烟温度就要增加锅炉尾部受热面积，因而增大了锅炉的金属耗量和烟气流动阻力；另一方面，烟温太低会引起锅炉尾部受热面的低温腐蚀。降低排烟热损失的措施为：

① 降低排烟容积。排烟容积的大小取决于炉内过量空气系数、锅炉漏风量和煤粉湿度。过量空气系数越小，漏风量越小，在排烟容积越小，排烟损失有可能减少。但是过量空气系数的减小，会引起可燃气体未完全燃烧损失和固体未完全燃烧损失的增大，所以应控制锅炉的过量空气系数，使其保持最佳值。煤的含水量过大，不但要降低炉膛温度，减少有效热的利用，而且还会造成排烟损失的增加(排烟容积增加)，因此要控制入炉煤湿度。

② 控制火焰中心位置，防止局部高温。正常运行时，一般应投下层燃烧器，以控制火焰中心位置，维持炉膛出口正常烟温。针对煤种变化选择适当的一次风温，在不烧坏喷口的前提下尽量提高一次风温，对降低排烟温度和稳定燃烧均有好处。要根据煤种变化合理调整风粉配合，及时调整风速和风量配比，避免煤粉气流冲墙，防止局部高温区域的出现，减少

结渣的发生。

③ 保持受热面清洁。灰垢的导热系数约为钢板导热系数的1/450~1/750，可见积灰的热阻是很大的。锅炉在运行中，受热面积灰、结渣等会使传热减弱，促使排烟温度升高，锅炉受热面上的积灰厚1mm时，锅炉热效率就要降低4%~5%。因此，锅炉在运行中应注意及时地吹灰打焦，经常保持受热面的清洁。必要时根据实际情况增加吹灰器或改造更换原有吹灰器。

④ 减少漏风。排烟过量空气系数每增加0.1，排烟损失将增加0.45%。炉膛及烟道中的烟气压力低于大气压力，在运行中，外界空气将会从不严密处漏入炉膛及烟道中，使炉膛温度降低，排烟量增加，其结果造成锅炉排烟热损失和引风机电耗增大，锅炉效率降低。炉膛漏风还会使炉膛温度降低，对燃烧不利。因此减少炉膛、烟道漏风，使降低排烟热损失的另一有效途径。

⑤ 保证省煤器的正常运行。一般地讲，省煤器出口水温增高1%，烟气温度降低2~3℃，锅炉如果省煤器停运，将多消耗燃料5%~15%。

8.3.1.3 降低固体不完全燃烧损失

固体不完全燃烧热损失每降低1%，发电煤耗降低1.2g/kW·h。固体不完全燃烧热损失与燃料的性质和运行人员的操作水平有直接关系。降低固体不完全燃烧热损失的措施有：

① 煤中灰分、水分越少，飞灰含炭量相对降低。

② 适当增大过量空气系数，对炭的燃尽有利，但是过量空气系数过大，会降低炉内温度，且使排烟容积增大，导致排烟损失增大，因此运行中，要选择最佳的过量空气系数。

③ 合理调整和降低煤粉细度，理论研究表明：煤粉完全燃烧所需要的时间与煤粉颗粒直径的1~2次方成正比。造成飞灰含碳量高主要是煤粉中存在大颗粒的粗粉，细而均匀的煤粉容易实现完全燃烧。挥发分高的煤粉，因其着火与燃烧的条件较好，煤粉可适当粗些；反之，对挥发分低的煤，其煤粉应细些，并提高燃烧温度水平，以利于煤粉的燃尽，而提高燃烧温度的有效措施是提高热风温度。煤粉细度可以通过改变通风量或粗粉分离器出口套筒高度来调节。

④ 合理组织炉内空气动力工况。炉膛中煤粉是在悬浮状态下燃烧的，空气与煤粉的相对速度很小，混合条件很不理想。为了能使煤粉与补充的二次风充分混合，除了二次风应具有较高的速度外，还应合理组织好炉内空气动力工况，促进煤粉和空气混合。合理组织炉内空气动力工况，可以改善火焰并充满整个炉膛。充满程度越高，炉膛的有效容积越大，可燃物在炉内实际停留时间越长。另外通过燃烧器的结构设计以及燃烧起在炉膛中的合理布置，可以组织好炉内高温烟气的合理流动，使更多的烟气回流到煤粉气流的着火区，增大煤粉气流与高温烟气的接触周界，以增强煤粉气流与高温烟气之间的对流换热，这是改善着火性能的重要措施。

⑤ 运行中根据煤种变化，使一、二次风适时混合，保持火焰不偏斜，维持适当炉温，可降低飞灰含碳量。

⑥ 安装高质量的飞灰含碳量在线检测装置和煤质在线装置，可以使运行人员根据煤质和飞灰可燃物大小及时调整一、二次风的大小和比例。

8.3.2 节水

锅炉废水排放的回收利用有经常性排水和非经常性排水两种。锅炉设备主要的非正常生产用水一般是设备清洗用水和锅炉排污。

锅炉经常性排水主要是指排渣水，锅炉排渣水直接进入电厂的排渣系统。这里主要简述锅炉非经常排水的处理。

8.3.2.1 设备清洗排放水

① 热力设备化学清洗和停用保护排放水。

化学清洗时排出的水量很大，每台次锅炉化学清洗大约要排水10万吨。

锅炉的停用保护一般采用碱性联氨水溶液保护热力设备。N_2H_4 的浓度一般控制在50~200mg/L，并用 NH_3 调节其pH值大于10。

上述两种废水外观大多呈深褐色，悬浮物含量上千mg/L，酸性废液pH一般均小于4，碱性废液pH高达10~11。而且含有亚硝酸钠、联氨这类致癌物质，另外它的排水量较大，且集中，往往在2~3天内需排出，所以这类废水会给环境造成影响。

② 锅炉受热面清洗水。这部分水主要是指清洗空气预热器和暖风器沉积物的水，这种清洗一般在检修时进行，当用清水进行冲洗时，冲洗排水的pH约为2~6，固形物约4000mg/L，还有大量的 Fe^{3+}、Fe^{2+} 等。

空气预热器冲洗每次用水量约数千吨，因此如此大量的高浊度、酸性水直接排入水体，必然造成环境污染。

③ 冲灰及除渣水。冲灰及除渣水是水力输送灰及底渣的载体。由于与灰接触，所以灰渣中的可溶性物质将溶于水中，灰水中的主要污染物为 $Ca(OH)_2$，此外还有少量的砷、氟、硒等有毒物质，但一般灰水除因含大量 $Ca(OH)_2$ 而使pH超标外，其他污染物都不要超过排入标准。对于灰水pH高而超标，可通过减少排放，加酸处理等手段来满足环保规定。

8.3.2.2 热力系统化学清洗和停用保护排水的处理

热力系统化学清洗包括水冲洗、碱洗、酸洗、漂洗和钝化等几个阶段，由于各个阶段清洗的目的和所用的化学药品不同，所以各个阶段排出的废水中的污染物不同，处理的方法也就不同。

① 水冲洗阶段排水的处理，由于水中含的油的浓度低，且水量较大，所以对油一般不作处理，而只对悬浮物进行处理，通常将排水送入废水集中处理装置中通过凝聚、澄清除去这部分悬浮物。

碱洗废液中的污染物为有磷酸盐的碱洗液、COD、一定量的油和少量的悬浮物。废液中的COD通常可以贮放池中用曝气的办法进行处理，曝气可用风机或压缩空气向池底部的分配管道进入废液中，在处理过程中定时测定废液的的COD，直到其符合排放标准。对碱洗废液中所含的油，如含量不大，可不考虑对其处理。但如废液表面可见明显的油层，就应该对其进行处理。可用临时处理设备将碱洗废液表面的含油层吸取，并用泵送入含油污水系统中进行处理。在碱洗废液中的COD和油被先行去除后，便可送入集中处理装置进行中和及凝聚、澄清处理。当废液的悬浮物和pH被处理合格后便可排入环境水体中。

酸洗目前广泛使用的无机酸洗剂有盐酸和氢氟酸，有机酸洗剂有柠檬酸。无论使用何种酸进行酸洗，酸洗液中都加有一定浓度的缓蚀剂和其他添加剂。

② 锅炉排污水。

从锅炉排出的炉水中一般含磷酸钠盐、氨和少量的联氨，这些污染物本身由于其含量较低，都能满足废水排放特殊处理。但由于炉水中存在上述的碱性物质，使这部分排水呈碱性，一般pH值都大于9，因此需进行加酸中和处理。这部分排水通常是被送到废水集中处理系统一齐处理。对采用分散处理的系统，它可被送入化学处理排水中和池与化学水处理设备排水一同进行中和处理。

8.3.3 节电

8.3.3.1 降低风机单耗

风机耗电率为全部厂用电量的22%左右，单耗一般在3.0~5.0kW·h/t，降低送引风机单耗的措施为：

① 减少风量消耗，消除烟道及风道的漏风，尤其是空气预热器和除尘器的漏风应不超过5%(管式预热器、电气除尘器)，漏风可能引起吸风机过负荷。

② 防止省煤器、空气预热器受热面积灰，减少空气通道、烟气通道多余的闸门和封门。

③ 采用高效率电动机，电动机容量与风机匹配，采用变频调接风量。

④ 选用高效率风机，送风机效率应不低于75%，否则应对效率低的送风机进行节能改造。

⑤ 通过试验，在机组低负荷时采用单吸风机、单送风机运行，降低风机单耗。

⑥ 利用大修机会消除空气预热器和烟道漏风。

8.3.3.2 降低磨煤机单耗

磨煤机耗电率是指发电过程中磨煤机耗用的电量与相应机组发电量的比率。与煤质、煤的可磨性系数、磨煤机运行经济性等有关。降低磨煤机单耗的措施为：

① 钢球磨煤机和风扇磨煤机均有很大的空载损失，因此应尽量使其满负荷运行。

② 确定最合适的钢球装载量，定期添加钢球。在钢球磨煤机运行2500~3000h后要清理一次，将小于150mm的钢球及杂物除掉。

③ 磨煤机系统的漏风会降低磨煤机出力，而是单位耗电量增加，运行中要注意堵塞漏风。

④ 磨煤机的耗电量随着煤粉细度的增加而增加，应通过试验确定最佳煤粉细度。

⑤ 进入磨煤机的煤快越小，耗电量越低，但破碎机(也叫碎煤机)的耗电量增加，试验表明碎煤机比磨煤机更省电，因此应尽量利用碎煤机破碎煤块，进入磨煤机的煤质粒度不应大于300mm。

⑥ 煤的水分过多会引起燃煤的细粒粘在钢球表面上，或者被中速磨煤机压成煤饼，以致磨煤机出力大为降低，用电量增加，因此应限制煤的水分在12%以下。

⑦ 作干燥剂用的烟气温度高、煤的可磨性系数高，均可降低风扇磨煤机的电耗。

⑧ 煤种三块(石块、铁块、木块)对中速磨煤机出力影响大，应采取措施清除燃煤三块，减少耗电量。

⑨ 由于风扇磨煤机的打击板磨损，会降低磨煤机出力30%~40%，致使耗电量增加。打击板的使用寿命一般可达1000h左右，因此应经常检查、监视磨煤机打击板的磨损情况。

⑩ 煤质太硬和灰分过多会导致金属磨损加剧，影响中速磨煤机的出力，使耗电量增加。所以煤质越差，磨煤机耗电量越大。

⑪ 选择合适的钢球尺寸和配比，例如某电厂通过制粉系统优化试验，确定钢球规格为30/40mm，配比为35%/65%。

8.3.3.3 降低排粉机单耗

排粉机的作用是克服气粉混合物流动过程中的阻力，完成煤粉的气力输送。排粉机单耗是指计算期内排粉机为磨煤机磨制1t煤粉时，排出风、粉混合物所耗用的电量。

降低排粉机单耗的措施为：

① 排粉机的负荷越大，耗电量越大，因此应在运行中降低漏风，以减少排粉机不必要

的负荷。

② 选择高效率驱动电动机，电动机容量应与排粉机匹配，不应使富裕容量过多。

③ 排粉机叶轮磨损后，效率降低，应采取防磨措施。

④ 保持煤粉空气通道中的乏气含粉浓度在适当范围内，不应过大。

⑤ 排粉机叶轮进行切割。例如某300MW锅炉排粉机叶轮直径2.2m，轴功率为739kW。由于风机的初始选型风量富裕较大，运行中风机入口乏气总门开度很小(30%)，节流损失大，系统效率低。与大修期间对排粉机叶轮切割改造，叶轮直径减为2mm，排粉机的运行电流由原来的60A降到了50A，估计全年节电40万kW·h。

8.3.3.4 降低制粉系统电耗

制粉系统单耗是指计算期内制粉系统每磨1t煤，制粉系统(磨煤机、排粉机和给煤机)所耗用的电量。制粉系统漏风会降低磨煤机出力，使单位电量增加，因此在运行中应注意堵塞漏风。一般情况下，钢球磨制粉系统用电单耗为26~33kW·h/t，中速磨制粉系统的用电单耗为22~28kW·h/t，风扇磨制粉系统的用电单耗约为21~26kW·h/t。

降低制粉单耗的主要措施有：

① 利用大修期筛选钢球，定期添加钢球，降低制粉电耗。

② 制粉系统采用料位监控、仿真等技术，实现制粉系统优化运行，提高制粉系统出力。

③ 做好制粉系统维护工作，减少制粉系统漏风。

④ 通过试验核实和确定磨煤机最佳通风量。

⑤ 通过试验核实和确定最佳煤粉细度。

⑥ 降低制粉系统阻力，及时清理木屑分离器，粗粉分离器回粉管畅通。

⑦ 控制磨煤机进、出口温度。

⑧ 中速磨煤机的上盘压紧弹簧，应通过处理试验确定，并在运行中监视。

⑨ 加强制粉系统的运行管理与维护，例如吸潮阀、绞龙下粉插板、锁气器、木块分离器等的管理与维护均应形成制度。

⑩ 对制粉系统的运行方式进行全面的优化调整，选择合理的排粉机的运行方式和磨煤机运行方式等。

参 考 文 献

1. 肖淑琴主编. 油品计量员读本. 北京：中国石化出版社，2004
2. 史永刚主编. 化学计量学. 北京：中国石化出版社，2004
3. 肖素琴主编. 质量流量计. 北京：中国石化出版社，1999
4. 梁春裕主编. 计量管理. 北京：中国计量出版社 . 1997
5. 丁钟旦主编. 电工学. 北京人民教育出版社 . 1979
6. 哈尔滨船舶工程学院电工教研室编主编. 电工基础. 北京：国防工业出版社出版，1979
7. 苏邦礼等编著. 雷电与避雷工程. 广州：中山大学出版社 . 1996
8. 白国亮主编 . 锅炉设备运行 . 北京：中国电力出版社
9. 王国清主编. 汽轮机设备运行 . 北京：中国电力出版社
10. 山西省电力工业局编 . 热工仪表及自动装置 . 北京：中国电力出版社
11. 王汝武主编 . 节能技术及工程实例 . 北京：化学工业出版社
12. 王魁汉等编 . 工业过程检测技术 . 中国仪器仪表学会过程检测控制仪表学会，1992
13. 翁维勤等编. 过程控制系统及工程 . 北京：化学工业出版社，2002
14. 有关标准

   （1）GB 13223—1996 火电厂大气污染物排放标准

   （2）GB/T 16157—1996 固定污染源排气中颗粒物测定与气态污染物采样方法

   （3）HJ/T 47—1999 烟气采样器技术条件

   （4）HJ/T 48—1999 烟尘采样器技术条件

   （5）GB/T 3101—86 有关量、单位和符号的一般原则

   （6）GB/T 11920—89 电站电气部分集中控制装置通用技术条件

   （7）SDJ 9—87 测量仪表装置设计技术规程

   （8）NEMA—ICS4 工业控制设备及系统的端子板

   （9）NEMA—ICS6 工业控制装置及系统的外壳

   （10）HJ/T 75—2001 火电厂烟气排放连续监测技术规范

   （11）HJ/T 76—2001 固定污染源排放烟气连续监测系统技术条件及检测方法
15. 刘德昌等编 . 循环流化床锅炉运行及事故处理 . 北京：中国电力出版社，2006
16. 路春美等 . 循环流化床锅炉设备与运行 . 北京：中国电力出版社，2003
17. 山西省电力工业局编 . 热工仪表及自动装置 . 北京：中国电力出版社，2003
18. 丁明舫，崔百成，陆其虎等编. 锅炉技术问答 1100 题. 北京：中国电力出版社，2002
19. 李青，张兴营，徐光照编著 . 火力发电厂生产指标管理手册 . 北京：中国电力出版社，2006
20. 胡荫平主编 . 电站锅炉手册 . 北京：中国电力出版社，2005